作者简介

钱林方

1961 年 12 月生，江苏省张家港人，毕业于南京理工大学，长期从事火炮总体理论和应用研究。担任国务院第六、第七届学位委员会兵器科学与技术学科召集人，中国兵工学会常务理事、火炮专业委员会副主任委员、安全防范专业委员会主任委员，多项国防重点项目首席科学家，4 型车载炮和 1 型大口径舰炮总设计师。获首届国家卓越工程师、国防科技工业杰出人才奖、全国创新争先奖等荣誉，获国家技术发明奖二等奖、国家科技进步奖二等奖、国防科学技术进步奖特等奖、省级科技进步奖一等奖、省级技术发明奖一等奖、全国优秀教材二等奖等奖励。

国 家 科 学 技 术 学 术 著 作 出 版 基 金 资 助 出 版

现代火炮技术丛书

中远程压制火炮射击精度理论

钱林方　陈光宋　著

科 学 出 版 社
北 京

内 容 简 介

本书较系统地介绍了中远程压制火炮发射无控弹药的射击精度理论和方法，其中包括射击精度的基本概念，运动耦合内弹道方程，火炮刚柔耦合动力学建模分析，弹丸膛内运动微分方程，弹带热弹塑性动力学建模，不确定性参数建模，弹丸膛内运动精度分析，弹丸空中飞行精度分析，火炮射击精度估算分析等。本书是对中远程压制火炮射击精度理论研究成果的总结和拓展，适应了现代火炮高射击精度、低成本发展方向的需要。

本书可供火炮武器系统、兵器科学与技术中其他武器系统等研究领域的科研、工程技术人员和军队干部参考，也可作为兵器科学与技术学科的硕士和博士研究生的教材。

图书在版编目(CIP)数据

中远程压制火炮射击精度理论／钱林方,陈光宋著．—北京：科学出版社,2020.12
（现代火炮技术丛书）
ISBN 978－7－03－066994－0

Ⅰ.①中⋯　Ⅱ.①钱⋯　②陈⋯　Ⅲ.①火炮－射击精度－研究　Ⅳ.①E920.2

中国版本图书馆 CIP 数据核字(2020)第 233166 号

责任编辑：许　健／责任校对：谭宏宇
责任印制：黄晓鸣／封面设计：殷　靓

科 学 出 版 社 出版
北京东黄城根北街16号
邮政编码：100717
http://www.sciencep.com

南京展望文化发展有限公司排版
广东虎彩云印刷有限公司印刷
科学出版社发行　各地新华书店经销

*

2020年12月第 一 版　开本：787×1092　1/16
2025年12月第五次印刷　印张：30 1/2　插页：2
字数：720 000

定价：180.00元
（如有印装质量问题，我社负责调换）

现代火炮技术丛书
编写委员会

主任委员

钱林方

副主任委员

王中原　林德福

委　员

（以姓名笔画为序）

王中原　王宏涛　王经涛　王满意　严如强
佟明昊　余永刚　宋忠孝　张　龙　陈龙淼
陈光宋　范天峰　林德福　钞红晓　钱林方
徐亚栋　高天成　程　明

丛 书 序

火炮武器在近现代历次世界大战中发挥着决定性的作用,被誉为“战争之神”。现代火炮武器装备已经由单一的发射装置发展成为集火力、信息、侦察、控制、动力、防护等多种技术于一体的武器系统,广泛装备于陆、海、空等各军兵种。当前,世界格局的演化、局部冲突和现代化的局部战争证实和表明:作为火力战的主体装备,在未来信息化、智能化的战场中,火炮武器装备必将续写战争的神话。

当前,正进入第四次工业革命时代,代表性技术包括人工智能技术、大数据技术、高速通信技术、物联网技术、自动和无人技术、大规模算力技术、新能源技术等,伴随这些前沿技术的涌现和落地,火炮武器装备也正进入快速的更新换代阶段,向着自动化、信息化、智能化的方向发展。在此背景下,出版一套反映国际先进水平、体现国内最新研究成果的丛书,既切合国家发展战略,又有益于我国现代火炮武器装备的基础研究和学术水平的提升。

“现代火炮技术丛书”主要涉及火炮武器系统、弹炮结合系统、自动装填系统、数字化和并行系统、随动与控制系统、弹道学、发射动力学、射击精度、载荷缓冲与振动抑制、感知与测试、信息化和智能化、人机工程、系统可靠性与维修性等相关的系统及基础研究。内容包括领域内专家和学者取得的理论和技术成果,也包括来自一线设计和工程人员的实践成果。

“现代火炮技术丛书”由科学出版社出版,该丛书理论和工程结合的特色非常鲜明,贯穿了基础研究、工程技术和型号研制等方面,凝结了国内外该领域研究人员的智慧和成果,具有较强的系统性、交叉性、实用性和前沿性,可作为工程实践的指导用书,也可作为相关研究人员的参考用书,还可作为高校的教学用书。希望能够促进该领域的人才培养、技术创新和发展,特别是为现代火炮武器装备的研究提供借鉴和参考。

钱林方

前　　言

对火炮动力学的研究始于1976年，这年在加利福尼亚州蒙特利市召开了为期两天的火炮弹丸膛内运动动力学大会，是火炮技术发展史的里程碑，标志着火炮动力学问题成为当下美国最引人瞩目的研究热点之一，也标志着对火炮技术的研究由传统的静态设计向动态设计转变的开始。1977年美国召开了第一届火炮动力学年会，由此正式拉开了对火炮发射动态特性进行系统性研究的序幕，随后直到2001年，美国陆续召开了十届火炮动力学年会。从会议发表的论文可以看出，美国在这个领域研究的内涵广泛，就火炮发射过程中的各种动力学问题进行了深入的研讨，表明美国在该领域研究处于世界领先地位。1974年美国召开了第一届国际弹道学会议，至2019年在印度召开了第三十一届，会议将弹炮耦合运动和火炮动力学纳入了大会讨论的议题，每次会议均有相关的论文对这两个议题进行交流讨论。由于美国在该领域的研究起步早，人员参与面广，既有军方论证和使用部门的人士又有靶场试验人员，既有工业部门的工程研制人员又有科研院所的研究人员，因此对火炮动力学的研究和推广应用使美国火炮技术处于世界领先地位，如美国研制的M1A2主战坦克、XM777轻型155毫米牵引火炮、M109A6履带自行火炮、斯崔克装甲自行火炮等的动力学性能均比较优异。

我国对火炮动力学系统性的研究始于20世纪80年代，随着1978年我国恢复招收研究生工作，相关大学和科研院所陆续开设了火炮动力学的研究方向，一批研究生走上科研工作岗位，与动力学研究相关的成果不断涌现，许多论文和著作陆续发表，这些为我国火炮行业的技术进步、火炮型号研制水平的提升作出了历史性的贡献，也为我国火炮装备走向世界、达到世界先进水平奠定了坚实的理论基础。

目前国内外有许多学者在研究火炮射击精度问题，也取得了巨大的进步，但由于火炮射击精度问题涉及装药结构、内弹道学、火炮技术、火炮与地面的接触边界条件、弹药技术、外弹道学、探测技术、气象条件、固体材料本构关系、结构力学等，所涉及的学科门类多，每个门类中又涉及许多复杂的参数，参数之间还存在着强关联性等，再加上所建立的动力学模型又具有强非线性，求解误差较大，目前鲜有对火炮射击精度进行系统性的论述和研究，致使理论研究成果对火炮型号研制过程中射击精度的设计指导性不够充分，以至于在国家靶场对射击精度的考核过程中存在不确定性，既妨碍了型号研制进度又妨碍了高水平火炮的研制。因此，系统性的理论和方法缺失造成了不必要的浪费和型号研制过程中的困惑。

为了丰富以射击精度为目标的火炮总体设计理论，提高火炮的总体设计水平，促使火炮向低成本、远射程、高精度、大威力、高机动、智能化方向发展，本书总结了作者三十多年来刚体动力学、固体力学、结构动力学、连续介质力学在火炮总体设计中的应用心得，通过对火炮内弹道学、外弹道学的研究和为本科生讲解形成的体会，结合国防973、国防预研、国防基础科研和国家自然科学基金等科研项目对射击精度进行系统性的理论研究，以担任4型火炮装备型号总师、均一次性高于指标要求的结果通过靶场射击精度考核的实践经历及5年多对型号研制的经验总结，研读和参考国内外有关资料，初步形成了现代火炮高射击精度的理论、控制方法及其应用框架，希望为读者提供有价值的参考读物。

由于作者水平有限，书中不妥在所难免，敬请望读者批评指正。

本书第1章由钱林方教授、陈光宋博士完成，第2章至第7章由钱林方教授完成，第8章、第9章由陈光宋博士、钱林方教授完成，第10章由钱林方教授、陈光宋博士完成，第11章由陈光宋博士、钱林方教授完成。其中，第2章与火炮射击精度相关的基础理论引用了潘承泮、黄克智、Carleone、Riegel、Belytschko、Simo、Johnson、Romesh等的成果，并增加了作者的一些研究体会；第4章部分选用了由钱林方和侯保林合编的教材《火炮弹道学》中的内容，付佳维博士、孙佳博士、林通博士、王明明博士、朱一宬博士也参加部分章节的编写及相关算例的计算工作。全书由钱林方教授统稿。本书还参考了大量国内外专家、学者、工程技术人员和研究生发表的论文、著作，在此表示衷心的感谢！

本书得到了刘怡昕院士、朱荻院士、李魁武院士的鼎力推荐和支持，顺利申请到了国家科学技术学术著作出版基金，本书的出版也得到了科学出版社的大力支持，在此一并表示衷心的感谢！

最后，我要感谢我已故的老师王家庠教授和董殿军教授，感谢他们把我引进火炮动力学的研究领域，并给予了无私的指导和帮助。在我学习、成长过程中老师给予的鼓励和支持，让我至今不能忘却，愿老师一路快乐！

钱林方

2020年6月于南京理工大学

目　　录

第1章　绪　　论

1.1　本书研究的背景和意义

火炮具有射程远、威力大、精度好、效费比高，以及全天时、全天候持续作战力强等特点，一直是世界各国陆军常规作战的主战装备。这里的精度是指火炮的打击精度，亦称为射击精度。随着网络、信息、智能等技术的飞速发展，以及这些技术在战场探测、通信和弹药等技术领域中的成功应用，未来的战场呈敏捷、高效、透明、网络、智能等发展趋势，这也为火炮技术的发展提出了低成本、远射程、大威力、高精度、高机动、智能化等更高要求。低成本就是要充分发扬火炮的优点，在保持远射程、高精度、大威力、高机动、智能化等特点的基础上，通过技术进步来降低火炮的作战使用成本；远射程就是要在保持高精度、低成本和高机动等特点的基础上，通过装药和发射技术的进步，合理利用现代弹丸飞行增程技术来加以实现；高精度就是要通过减少火炮对弹丸的发射扰动来提高密集度，通过低成本弹药修正技术来降低气象、系统等误差的影响，从而提高准确度；大威力就是要在保持远射程、高精度的前提下，降低对非打击目标的副作用，提高对打击目标的毁伤概率；高机动就是要实现火炮在机动中快速准确射击，射击后迅速高机动转移；智能化就是要充分利用数字化模型、数字孪生和大数据挖掘等技术，替代或降低战士的作用，实现战场上火炮在补给、维护、使用、评估等各个环节中快速、准确的判断和决策。上述对未来火炮技术的发展要求，均需要构建火炮系统工作性能状态特征的表征理论和方法，其中系统、全面地构建火炮射击过程的动态特性建模理论和方法尤为重要。若将该建模理论和方法应用到基于误差和不确定性特征的火炮射击过程误差分析，则可指导火炮射击精度分析；若将该建模理论和方法应用到基于性能状态特征抽取的火炮运用过程中，则可指导火炮的状态管理；若将该建模理论和方法应用到模型修正、数据生成、数据挖掘等火炮战场作战环境中，并根据信息和数据通过推理和决策，则可形成智能化火炮战场运用的数字孪生模型，等等。

然而，在向低成本、远射程、大威力、高精度、高机动、智能化方向的发展过程中，射击精度问题一直是困扰火炮行业型号研制的重大技术难题，其主要原因有以下四个方面。

(1) 影响射击精度的因素繁多复杂。宏观上影响射击精度的因素主要有 7 大类：目标和炮位位置的探测精度、气象条件、装药结构参数、弹丸几何和物理参数、火炮结构和物理参数、火炮与地面间的边界条件、射击诸元的弹道解算模型精度等。由于在这 7 大类的每一个类中又有许多的因素影响着射击精度，所以在如此众多的因素中寻找影响射击精度的关键因素是一个非常复杂的数学优化问题，需要建立系统而庞大的数学模型。

（2）影响射击精度关键因素误差分布和传递规律不明确。射击精度问题本质上是射击过程中，对影响射击精度关键因素误差分布规律、对弹丸飞行状态参数误差的传递和演变过程的掌控问题。要实现掌控，首先要掌握关键参数误差的分布规律，其次要建立系统性的误差传递模型，再次要建立关键参数误差对弹丸飞行状态参数误差的概率密度演化规律，这需要大量的数据统计和数值演绎。

（3）射击全过程中系统性、精细化的建模理论和方法不完备。由于射击精度问题涉及装药结构、内弹道、弹药、外弹道、火炮等多个学科和专业，在这些学科中人们对每个相关的技术问题研究得非常精深，也有许多理论著作问世，但在解决射击精度问题时更需要一套比较完备的系统性、精细化的建模理论和方法来分析这些不同学科界面上各种参数间的相互影响规律和控制方法，而这是一个非常复杂的跨学科、跨专业问题，需要人们具备更加丰富的跨学科的专业知识。

（4）射击过程中关键参数的获取缺手段和方法。由于火炮发射环境非常恶劣，一些先进的测试手段和方法不能在这种发射环境条件下使用，这也导致人们在对一些问题的认识理解上还不充分，如人们常采用天幕靶或多普勒雷达来测量弹丸速度的模，没有给出速度的偏角，再如目前人们只能通过立靶来测量零高低射角时弹丸飞行攻角，但还不能精确测量任意射角条件下弹丸飞行的攻角和攻角速度，而这些却是影响弹丸射击精度非常重要的运动状态参数，为此需要具备更加丰富的跨学科知识来构建非接触式测量理论和方法。

火炮射击精度是由火炮武器系统射击过程中各个环节、各系统随机因素引起的，也是火炮作战效能的一个重要指标。在高新技术普遍使用的现代战场，尤其是侦察与反侦察设备的普遍应用，提高火炮武器的射击精度，尤其是首群覆盖、首发命中、命中即摧毁的作战要求，更为突出、更为重要。提高火炮低成本、高效打击能力是世界各国对火炮作为主战装备发展提出的要求，也是竞相发展的重要方向。

本书就是在这样的背景下，经过 5 年多的凝练和总结，形成了现代火炮高射击精度的理论、控制方法及其应用框架，希冀为读者提供有价值的参考读物。

1.2 火炮射击精度研究概况

火炮射击精度是指一组弹丸炸点位置离目标点位置偏差的统计值，是火炮的核心指标之一，也是世界各国的热点研究问题。

1.2.1 国外研究概况

对火炮动力学的研究始于 1976 年，这年在加利福尼亚州蒙特利市召开了为期两天的火炮弹丸膛内运动动力学大会，是火炮技术发展史上的里程碑，标志着美国对火炮动力学问题的研究上升为最关注的热点问题，也标志着对火炮技术的研究由传统的静态设计向动态设计转变的开始。

从 1977 年至 2001 年美国陆军司令部共召开了 10 届火炮动力学会议，发表论文数百篇，内容涉及火炮动力学、射击精度原理、弹炮相互作用机制、炮口振动参数测试技术和方法、火炮动力学发展综述等，这些研究成果较全面地反映了美国等西方国家在火炮动力学、射击精度分析及振动参数测试等领域取得的技术进展，也反映了他们在研究火炮动力学时所采用的理论、方法和手段。从中可以看出，研究火炮动力学主要是为了研究影响火炮散布的因素、提高火炮射击精度的技术途径和方法。美国同行们在会议论文中提出了一些在当时是比较前沿的观点，如“建模和仿真是火炮研制的一种工具”，提出了弹性身管弯曲引起的 Bourden 效应（Thomas, 1976），基于试验修正的火炮动力学模型修正技术，弹炮耦合中的虚拟仿真技术，弹丸前定心部与身管内膛间的接触碰撞模型（Simkins, 1993），半约束期身管对弹丸的炮口扰动（Kathe, 1998），以及围绕火炮和弹丸运动状态参数测试提出的实弹射击参数测试技术和方法（Erengil, 2001）、密集度试验技术等。由于当时计算机性能的限制，所有的模型均比较简单，如在分析弹炮耦合时，将弹带简化成等效刚度系统，而没有考虑复杂的固态本构关系，将弹丸前定心部与身管间的碰撞简化成简单的刚度模型，整个研究内容覆盖面虽比较广泛，但仅限于某一点上的工作，对射击精度的研究系统性不强。

从 1974 年在美国召开了第一届国际弹道会议，至 2019 年在印度召开了第 31 届国际弹道会议，弹丸膛内运动和火炮动力学是会议的两个重要主题。弹丸膛内运动主要讨论弹丸膛内运动规律、作用在弹丸上的力、弹丸动态稳定性、弹丸与身管间的摩擦、弹丸射后回收技术、内弹道挤进模型、弹丸膛内过载问题、弹带特性及本构关系、相关点火技术问题等。火炮动力学主要讨论火炮射击跳动及控制问题、火炮膛内气体流场的计算和测试技术、炮口冲击波的测试、考虑身管弯曲的弹丸膛内动力学问题、射击过程中火炮架体之间的相互作用关系、射击过程中的应力波问题、射击误差源分析、火炮动力学模拟仿真、弯曲身管的动力学影响、射击过程中身管的热力学问题、利用实验数据进行动力学模型修正、身管内膛强化方法、射击精度的影响因素等。本书中采用的弹带 Johnson-Cook 本构模型就是 Johnson 和 Cook 在第 7 届国际弹道会议上发表的，该模型也是目前普遍使用的适用于高温、高应变条件下材料等效强度与材料运动状态参数之间的关系模型。又如，Dursun（2020）探讨了炮架刚度、弹丸初速和制造公差等对弹丸散布的影响；Rabbath 等（2017）通过比较样本标准差置信区间的假设检验方法来评估火炮的射击精度；Khalil 等（2009）利用 PRODAS 软件建立了 M107 型 155 毫米弹丸六自由度的发射动力学模型，分析了弹丸质量、初速、炮口角对射击精度的影响，等等。

进入 21 世纪，西方国家把研究重点放在比较复杂的火炮系统动力学建模（Newill et al., 2003）、弹丸与柔性炮身耦合的运动（Tabiei et al., 2010; Perry et al., 2003; Chen, 1999; Montgomery, 1983）、半约束期炮口动态载荷（Bohnsack, 2006）、弹丸运动状态参数测试技术等方面，实现了弹丸外弹道飞行轨迹的全程跟踪，但从公开发表的文章来看目前还没有弹丸运动姿态的非接触式测试方法，弹丸膛内运动状态参数的非接触式测试技术也鲜有报道。

1.2.2 国内研究概况

我国在火炮发射非制导弹药射击精度方面的研究起步比西方国家晚，也没有一个专门的主题会议来讨论研究此项工作，但从近 10 年在国际弹道会议上发表的论文数可以看出，我国在该领域投入的人力比西方任何一个国家都多。我国在该领域的主要研究内容主要有以下几个方面。

（1）弹丸膛内起始运动研究。主要研究弹丸输弹卡膛后弹带挤进过程对弹丸膛内运动的影响规律，同时也考虑对传统内弹道中挤进压力的修正，涉及弹丸起始运动建模研究和弹带材料的本构方程。研究模型由最初的二维轴对称模型拓展到了三维模型，同时也构建了有效的试验手段，如短管炮试验装置等。孙全兆等（2015）用有限元方法建立了三维模型，对弹丸挤进过程进行了模拟计算，弹底压力由实验测量值的膛底压力换算得到，计算得到挤进过程中最大火药气体压力超过 200 MPa，最大挤进阻力在10^6 N 左右，对应最大挤进阻力时刻的弹丸速度超过 60 m/s，这些数值给人们提供了比较实用的参考价值。孙河洋等（2012）将经典内弹道方程组的解作为力学边界引入弹丸挤进有限元仿真过程，并且考虑塑性弹带材料损伤退化，对两种坡膛结构下的内弹道特性进行了研究，其模型中也没有考虑热传导作用。马明迪等（2015）对初始装填角、弹炮间隙及装填不到位等三种情况下的挤进过程进行了有限元与光滑粒子法耦合计算，该算法充分利用了有限元法边界清晰、计算高效以及光滑粒子法模拟大变形过程中不存在网格畸变的优点，计算结果表明弹炮间隙增大及装填不到位会导致弹丸挤进速度变大，但在上述所有的计算模型中均没有考虑摩擦热的影响，也没有给出挤进过程中弹丸运动姿态计算值。

由于唯象本构方程具有参数少、参数获取简单、对各向同性材料适用性强，且易于在本构积分算法中使用等优点，因此在弹带挤进过程计算模型中得到了较好的应用，目前常用的本构方程为 Johnson-Cook 方程，该方程有 5 个待定参数需要通过 Hopkinson 压杆试验测试得到。由于弹带的高温和高应变率作用，需要对 Johnson-Cook 方程及其相关参数进行修正。Lin 等（2010）修正了 Johnson-Cook 模型，考虑应变率与温度的耦合作用，并且将应变强化项写为二次多项式形式，所提模型可以通过实验逐一确定，利用新模型对高温环境下的合金钢动态行为进行数值计算。彭建祥（2006）通过 SHPB 实验和准静态压缩实验确定铜的 Johnson-Cook 材料本构参数，并通过对比计算得到的冲击界面下时间-位移关系与实验结果发现，铜材料在 20 GPa 以下得到的计算结果与实验一致。

（2）高速高接触压力条件下的摩擦特性。主要揭示弹带和身管在膛内的接触摩擦规律，包括摩擦系数、摩擦温度、弹带的相变时机等，这些研究需要通过建立理论模型和试验验证模型来展开。与国外在该领域的研究成果相比，国内在该领域的研究还是比较少而浅，还没有刻画出弹带与身管相互作用界面的摩擦特性。国外的研究成果表明（Montgomery，1985；1976a；1976b），弹带材料与身管内表面间的摩擦系数随着接触面压力和相对滑动速度的增大而减小，进一步的研究表明，摩擦热在弹带表面大量积累使得弹带材料达到熔点温度，弹带与身管之间的固体接触转化为熔化液膜润滑是导致摩擦系数下降的直接原因。殷军辉等（2012a；2012b）对回收的弹带进行金相分析，认为弹带在发射过程中表面出现了金属熔化润滑膜，且在高速高压滑动状态下，摩擦热会导致熔点较低的金属出现表面熔化层。Wei 等（2010）和 Batra 等（2006）假设高速高压摩擦表面材料为纯剪切变形，对纯剪切下的滑块局部剪切现象进行了热力耦合数值模拟，其中热能是由塑性变形能及摩擦能热传导而来，其分别计算了不同边界速度及不同边界热流下的边界层材料的温度和应力应变分布，给出了温度和应力-应变在空间和时间上的分布。

（3）火炮发射动力学研究。对该方向研究的目的是揭示火炮发射过程中火炮牵连运动对弹丸飞行扰动的影响规律，主要研究内容是刚性和柔性身管动态特性、弹炮耦合模型、全炮动力学特性等。在该领域发表的文章比较多，也取得了积极的进展，主要表现是形成了较为完备的发射动力学理论，构建了丰富的试验条件来支撑火炮动力学研究，并在许多型号工程实践中得到了应用，有关我国学者在该领域发表的论文，请参见本书的参考文献。

(4) 火炮发射过程关键参数的研究。火炮发射过程对弹丸炮口扰动有较大影响的参数称为关键参数。确定关键参数不仅要确定其名义值，而且还要确定其波动范围。通常以身管炮口的某些状态参数最小为优化目标，建立该状态参数与火炮相关参数之间的动力学关系，进而建立关键参数名义值及其误差的不确定性反求模型，通过综合优化设计方法获得关键参数的名义值及其取值范围。建立动力学模型的方法有基于浮动坐标系的刚柔耦合动力学模型、基于分析力学方法的弹炮刚柔耦合动力学微分方程、基于第一类拉格朗日方程的刚体动力学模型、基于牛顿-欧拉方程的刚体动力学模型等。不确定性反求综合优化方法有稳健优化设计方法、关键参数误差直接优化设计方法等。

(5) 弹丸炮口参数对射击密集度的影响研究。弹丸炮口状态参数由火炮发射过程赋予，理清弹丸炮口状态参数误差对地面密集度的影响，为火炮总体设计提供依据，对提高火炮射击精度具有重要意义。韩子鹏等(2014)通过建立不同复杂程度的外弹道方程，系统地分析了影响弹丸落点分布的因素，并给出了炮口状态参数对射击精度影响的物理解释。郭锡福(2004)构建了远程火炮射击精度与弹丸炮口状态参数之间的计算分析模型，并对影响因素、试验技术等进行了深入研究。芮筱亭等(2002)基于最大熵法对射击密集度进行了分析，得到弹丸落点的分布为具有偏态性质的类正态分布，这对火炮射击精度数据的运用具有非常重要的实用价值。王宝元(2015)讨论了影响火炮射击密集度的因素，并归纳了火炮武器型号研制和提高射击密集度所采取的技术措施。Feng 等(2018)基于拉丁超立方试验设计方法和极差分析法进行了射击密集度灵敏度计算，分析了结构参数对射击密集度的影响规律。王丽群等(2016)提出一种面向指标要求的随机因素参数区间计算方法，在给定密集度指标的前提下，给出了最终的优选参数方案。总之，我国在该领域的研究成果还是比较丰硕的，对我国火炮射击精度的提高提供了重要理论支撑，为我国火炮技术的进步奠定了良好的基础

(6) 火炮发射过程中弹炮关键状态参数的测试技术。火炮发射过程中往往伴随高温高压、强烈的冲击与振动、炮口烟焰、冲击波、电磁干扰等，被测参数变化速度快、作用时间短，火炮测试技术的核心问题都是复杂环境、火炮系统、测量系统之间的耦合和匹配问题，也就是火炮系统结构特性、被测参数特性、测试设备特性、负效应、安装连接机构特性以及它们相互之间的影响和匹配问题，涉及火炮技术、兵器实验技术、弹药、结构力学及冲击动力学、测试计量技术以及信号处理等专业领域。因此，火炮发射过程测试技术，尤其是动态测试技术一直是研究的难点和热点。火炮技术的发展驱动试验测试技术向精细化方向发展，即试验测试技术从传统的解决参数获取的有无问题转向精确可靠与以解决实际问题为导向的测量和分析；从静止、外置、附加、侵入破坏式和间断式测量向跟随式、嵌入式、非接触和全生命周期的监测的转变；从单项性能测试向系统的时空统一的试验测试转变，从火炮全系统角度进行整体、科学的试验设计及规划，进行同步联合关联分析，便于全面、系统地掌握火炮系统的性能；从单纯测试向仿测诊断一体化方向发展，将传统静止的试验数据获取转换为可视化的快速诊断的转变；从单纯提高传感器或仪器性能向多技术手段、软硬一体的干扰信号抑制方向转变；从关注宏观运动及力学响应向微观方向发展，从关注

外围的输入/输出参数的准确获取向研究系统整体和内部相互作用及响应机制、固有特性参数等内核参数系统的测量辨识的转变。因此,注重复杂工况下的测试效果验证及效能的评估,面对复杂的测试环境,特别的测试对象,如何在有限时间、空间限制下,以最小代价获得尽可能多的信息,建立测试效果验证及效能的评估体系就显得非常重要。

1.3 本书研究内容

本书系统地研究火炮武器射击过程中与射击精度有关的理论建模和分析估算方法,由于影响射击精度的因素繁多复杂,在着手理论研究时也不明确何种因素对射击精度的影响程度,因此在理论建模时尽可能多地把因素考虑周全,然后将其体现在理论模型中,通过全局优化的方法获取对射击精度有重要影响的因素,这样就可以大大减少评估分析的计算工作量。本书的主要研究内容按以下章节展开。

第 2 章介绍火炮武器射击精度理论分析中需要掌握的基础理论,涉及张量分析基础、刚体运动学、连续介质力学、材料热弹塑性本构模型、概率论与数理统计、概率密度演化理论等,后面章节中的推导、讨论及分析均会采用本章中的基本理论。

第 3 章讨论射击精度的基本概念,包括介绍火炮射击过程及射击方式,讨论火炮发射过程误差及误差传递、弹丸运动状态参数的分布特征、射击精度的有效控制问题、射击精度的估算与统计推断等问题,使读者能对射击精度所涉及的相关问题有明晰的了解,最后通过算例分析使读者能进一步理解射击精度的基本概念。

第 4 章讨论与发射过程弹炮运动相耦合的内弹道方程,即在内弹道过程基本方程中采用的弹丸膛内运动方程为与全炮牵连运动相耦合的、考虑身管弹性振动的、在惯性坐标系下的运动方程,从而使内弹道方程更加接近于实际工况。本章的最后一节还讨论了身管内膛损伤机制及烧蚀模型,给出了每发射一发弹丸身管内膛磨损量的近似计算模型。

第 5 章讨论火炮刚柔耦合动力学建模分析过程。本章将火炮从结构上分解为后坐部分、摇架部分、上架部分和底盘部分,其中用刚体运动分析方法建立了上述四部分的刚体动力学方程,用考虑截面剪切变形的三维铁木辛柯梁来描述身管的弹性振动。火炮刚柔耦合动力学是指身管刚体运动与弹性运动相互耦合的运动关系。此外,本章中将各个部件简化为自由-自由的部件,通过施加连接约束关系来构建系统的装配约束方程,从而得到系统的整体受约束的运动方程。部件间的约束有运动约束和位置约束。在讨论运动约束关系时,如反后坐装置的运动,均考虑了系统的绝对运动条件,这样得到的模型精度更高(如由此得到的后坐阻力比传统计算的结果要低,更加符合实际);在讨论位置约束关系时也给出了具体的处理方式,如给出了膛线约束解析表达式等。本章还对全炮刚柔耦合运动微分方程进行了讨论,指出了提高火炮射击稳定性的结构措施和方法,包括合理匹配系统质心位置矢量与系统约束支撑位置矢量间的关系,合理匹配力和力矩的作用关系,降低附加力矩的形成方法等。本章最后通过算例来说明所提出方法的合理性,并使读者能对系统中结构参数对射击稳定性的影响有更加明晰的理解。本章中火炮运动方程的推导过程虽是基于某车载炮的结构来展开的,但该方法可以推广到所有火炮的建模方法中。

第 6 章讨论弹丸膛内运动分析。本章首先根据火炮发射过程中各个阶段的特点将弹丸膛内运动分解成输弹运动、卡膛运动、挤进运动、膛内运动、半约束期 5 个阶段，构建了确定弹丸膛内运动位置的基准模型，建立了从火炮系统运动到弹丸运动过程中各个分系统间的运动转换关系模型，构建了弹丸膛内运动分析模型和状态参数运动微分方程，分析了各种膛线缠度对弹丸膛内运动的影响规律，给出了为了减少弹丸膛内运动的扰动中大口径身管不宜采用变缠度的膛线结构，最后对各种参数对弹丸膛内运动过程的扰动进行了分析，指出了减少弹丸膛内运动扰动的具体措施和方法。

第 7 章讨论弹带的热弹塑性动力学问题。在火炮发射弹丸的全过程中，弹带是弹丸上唯一全程与火炮身管内膛紧密接触的部件，且弹带除了承受火药气体压力作用外，其径向运动受身管内膛结构的约束，其轴向运动受膛线缠度的约束，而且较发射前弹带的外形发生了巨大的变化，中间还经历了由摩擦引起的高温相变，因此其运动性能状态对弹丸的运动状态影响非常大，弹带损伤会引起翻边、脱落等异常现象，由此引起空中飞行过程中空气阻力的变化，造成射击精度的下降。对大变形弹带热弹塑性建模的分析遇到两个重大理论和方法问题，一个是热弹塑性条件下弹带的热弹塑性本构关系和损伤模型问题，另一个是大变形引起的弹带运动微分方程数值计算精度下降和不收敛问题。本章对这些问题进行了详细的讨论，并给出了弹带卡膛、挤进、膛内运动过程中与内膛结构的相互作用关系和计算模型。

第 8 章讨论了火炮发射过程中相关不确定性参数的辨识方法。不确定性参数主要有弹丸上定心部与身管内膛非理想表面的接触碰撞参数、气液式高平机中的气体和油液压力等相关参数、机理模糊的座圈连接界面参数、非理想土壤与火炮边界界面参数、弹带身管内膛间的高速摩擦系数等，辨识这些参数需要构建包含这些参数的性能模性，并在实验室搭建试验测试条件来获得性能参数的试验值，从而利用试验参数来构建性能模型中参数的辨识方法，达到理论与实际的吻合。

第 9 章讨论弹丸膛内运动精度问题，在第 3 至第 7 章确定性建模的基础上，利用第 8 章获得火炮发射过程中不确定性参数的辨识值后，就可以利用概率密度演化理论和方法来讨论火炮弹丸膛内的运动精度问题。本章定义了弹丸膛内运动精度的概念，主要分析了弹丸膛内运动状态的影响因素，通过参数的全局灵敏度分析方法获得了影响弹丸膛内运动的重要影响参数，构建了弹丸膛内运动过程中状态参数的概率密度演化方程，提出了利用计算效率和精度较好的稀疏积分法来估算弹丸膛内运动精度的方法，对弹丸运动状态分布不确定的参数提出了参数概率密度极大熵估计方法，最后基于弹丸膛内运动精度进一步构建了稳健的火炮参数优化设计方法。

第 10 章讨论了弹丸空中飞行精度问题。弹丸空中飞行的初始条件由第 3 章至第 9 章理论分析模型中计算得到的弹丸炮口的状态参数确定，这些参数需要结合实弹射击试验进行部分或全部的验证。本章首先讨论了弹丸空中飞行的运动分析，考虑了地球转动角速度的影响，进一步讨论了弹丸的陀螺稳定性效应，建立了弹丸空中飞行运动方程，构建了弹丸空中飞行的状态参数概率密度演化方程，并通过算例讨论了弹丸空中飞行精度问题，获得了单因素和多因素条件下弹丸炮口状态参数误差分布的统计参数与弹丸最大射程射击密集度关系的估算公式，最后还讨论了弹丸炮口初始条件对千米立靶精度的影响规律，给出了弹丸千米立靶散布均方差与弹丸炮口状态参数均方差的综合估算公式。

第 11 章讨论了火炮发射过程中射击精度的估算问题。由于本书建立的各种数学模型之间具有强非线性耦合、跨时间尺度大等特点，直接影响射击精度的数值估算精度，因此本章首先讨论了火炮射击过程系统运动微分方程的求解策略，提出了各分系统模型验证方法，讨论了弹丸相对身管运动的状态参数对射击精度的影响，在此基础上通过算例讨论了发射过程全要素对火炮射击精度的影响规律；最后以相关算例的形式安排了对射击精度问题的综合性讨论，围绕作者在靶场射击试验过程中如何利用相关理论和方法来分析、比对、查找、解决影响各种射击精度问题，分享作者在处理此类问题时的做法和体会。

第2章　火炮射击精度分析中的基础理论

2.1　基本概念

2.1.1　求和约定

考虑如下求和：

$$s = a_1x_1 + a_2x_2 + \cdots + a_nx_n \tag{2.1.1}$$

也可以写成如下紧凑形式：

$$s = \sum_{i=1}^{n} a_ix_i = \sum_{j=1}^{n} a_jx_j = \sum_{m=1}^{n} a_mx_m \tag{2.1.2}$$

式(2.1.2)可进一步用 Einstein 求和约定来表示：同一项中若一个指标重复出现两次，即表示对该指标指定的范围进行求和。按照 Einstein 求和约定，式(2.1.2)可简化成

$$s = a_ix_i = a_jx_j = a_mx_m \tag{2.1.3}$$

式中，指标 i、j 和 m 被称为"哑指标"，取值范围从 1 到 n。注意到上述约定不适用于对三个或三个以上的指标求和，如 $a_ib_ix_i$。若出现三个或三个以上的指标求和，应采用式(2.1.2)的求和符号。

在以下的讨论中，除非特别指定，一般取 $n = 3$，因此

$$a_ix_i = a_1x_1 + a_2x_2 + a_3x_3 \tag{2.1.4A}$$

$$a_{ii} = a_{11} + a_{22} + a_{33} \tag{2.1.4B}$$

上述求和约定可以推广到两个或两个以上的求和，如求和 $\sum_{i=1}^{3}\sum_{j=1}^{n} a_{ij}x_ix_j$ 可简写成 $a_{ij}x_ix_j$，其表示对以下 9 项求和：

$$\begin{aligned} a_{ij}x_ix_j = {} & a_{11}x_1x_1 + a_{12}x_1x_2 + a_{13}x_1x_3 \\ & + a_{21}x_2x_1 + a_{22}x_2x_2 + a_{23}x_2x_3 \\ & + a_{31}x_3x_1 + a_{32}x_3x_2 + a_{33}x_3x_3 \end{aligned}$$

2.1.2 自由指标

考虑由如下三个方程组成的系统：

$$y_1 = a_{11}x_1 + a_{12}x_2 + a_{13}x_3 \tag{2.1.5A}$$

$$y_2 = a_{21}x_1 + a_{22}x_2 + a_{23}x_3 \tag{2.1.5B}$$

$$y_3 = a_{31}x_1 + a_{32}x_2 + a_{33}x_3 \tag{2.1.5C}$$

其可以简写成

$$y_i = a_{ij}x_j,\quad i = 1,\ 2,\ 3 \tag{2.1.6}$$

如上式所示,若指标在等式的每一项中只出现一次,如 i, 则该指标称为“自由指标”。自由指标每次只取一个值,如 1、2 或 3,因此可以推断等式每一项中的自由指标必须是相同的,如 $a_i = b_j$ 是没有任何意义的。而以下方程是有意义的:

$$a_i + k_i = c_i$$

$$a_i + b_i c_j d_j = 0$$

若一个等式中出现两个自由指标,如

$$T_{ij} = A_{im}A_{jm},\quad i = 1,\ 2,\ 3,\quad j = 1,\ 2,\ 3 \tag{2.1.7}$$

则表示如下 9 个方程:

$$\begin{aligned}
&T_{11} = A_{1m}A_{1m} = A_{11}A_{11} + A_{12}A_{12} + A_{13}A_{13}\\
&T_{12} = A_{1m}A_{2m} = A_{11}A_{21} + A_{12}A_{22} + A_{13}A_{23}\\
&T_{13} = A_{1m}A_{3m} = A_{11}A_{31} + A_{12}A_{32} + A_{13}A_{33}\\
&\cdots\\
&T_{33} = A_{3m}A_{3m} = A_{31}A_{31} + A_{32}A_{32} + A_{33}A_{33}
\end{aligned} \tag{2.1.8}$$

上述值 T_{ij} 可以写成 3 × 3 的矩阵形式:

$$\boldsymbol{T} = \begin{bmatrix} T_{11} & T_{12} & T_{13} \\ T_{21} & T_{22} & T_{23} \\ T_{31} & T_{32} & T_{33} \end{bmatrix}$$

矩阵的转置为行与列互换,这样式(2.1.8)可写成如下矩阵形式:

$$\boldsymbol{T} = \boldsymbol{A}\boldsymbol{A}^{\mathrm{T}} \tag{2.1.9}$$

式中, $\boldsymbol{T}$ 为 3 × 3 阶矩阵 T_{ij}; $\boldsymbol{A}^{\mathrm{T}}$ 为 $\boldsymbol{A}$ 的转置。矩阵 $\boldsymbol{A}$ 与 $\boldsymbol{B}$ 的乘积 $\boldsymbol{AB}$ 为

$$(\boldsymbol{AB})_{ij} = A_{ik}B_{kj}$$

上述表达式中的求和指标 k 是矩阵 $\boldsymbol{A}$ 的第二个下标和矩阵 $\boldsymbol{B}$ 的第一个下标。

2.1.3 Kronecker Delta 符号

Kronecker delta 符号由以下运算规则表示:

$$\delta_{ij}=\begin{cases}1, & i=j\\0, & i\neq j\end{cases} \tag{2.1.10}$$

即

$$\delta_{11}=\delta_{22}=\delta_{33}=1$$

$$\delta_{12}=\delta_{13}=\delta_{21}=\delta_{23}=\delta_{31}=\delta_{32}=0$$

由此可得

$$\begin{bmatrix}\delta_{11} & \delta_{12} & \delta_{13}\\ \delta_{21} & \delta_{22} & \delta_{23}\\ \delta_{31} & \delta_{32} & \delta_{33}\end{bmatrix}=\begin{bmatrix}1 & 0 & 0\\0 & 1 & 0\\0 & 0 & 1\end{bmatrix} \tag{2.1.11}$$

注意到以下关系:

$$\delta_{ii}=\delta_{11}+\delta_{22}+\delta_{33}=3 \tag{2.1.12A}$$

$$\delta_{im}a_m=\delta_{i1}a_1+\delta_{i2}a_2+\delta_{i3}a_3=a_i \tag{2.1.12B}$$

同样有

$$\delta_{im}T_{mj}=T_{ij} \tag{2.1.13A}$$

$$\delta_{im}\delta_{mj}=\delta_{ij} \tag{2.1.13B}$$

2.1.4 字母指标法

在直角坐标系中的任意点通常是用该点在 x、y、z 轴坐标系下的坐标点 x、y、z 来表示的，x、y、z 轴的单位向量分别记为 $\boldsymbol{i}$、$\boldsymbol{j}$、$\boldsymbol{k}$；若为一矢量 $\boldsymbol{u}$，其在 x、y、z 轴分量为 u_x、u_y、u_z，则 $\boldsymbol{u}$ 可写成:

$$\boldsymbol{u}=u_x\boldsymbol{i}+u_y\boldsymbol{j}+u_z\boldsymbol{k}$$

上述表示法直观明了，但不能用比较简洁的方法来表示。为此本书将坐标轴 x、y、z 用 x_1、x_2、x_3 来表示，对应的单位向量用 $\boldsymbol{e}_1$、$\boldsymbol{e}_2$、$\boldsymbol{e}_3$ 来表示，对应的坐标点用 x_1、x_2、x_3 来表示，矢量 $\boldsymbol{u}$ 在坐标轴 x_1、x_2、x_3 上的投影分量用 u_1、u_2、u_3 来表示，这样 $\boldsymbol{u}$ 可用非常简洁的形式表达

$$\boldsymbol{u}=u_1\boldsymbol{e}_1+u_2\boldsymbol{e}_2+u_3\boldsymbol{e}_3=u_j\boldsymbol{e}_j$$

同样有

$$\boldsymbol{v}=v_1\boldsymbol{e}_1+v_2\boldsymbol{e}_2+v_3\boldsymbol{e}_3=v_j\boldsymbol{e}_j$$

由此可得两矢量的内积为

$$\boldsymbol{u}\cdot\boldsymbol{v}=u_1v_1+u_2v_2+u_3v_3=u_jv_j \tag{2.1.14}$$

由于 $\boldsymbol{e}_1$、$\boldsymbol{e}_2$、$\boldsymbol{e}_3$ 相互正交，因此有

$$\boldsymbol{e}_i\cdot\boldsymbol{e}_j=\delta_{ij} \tag{2.1.15}$$

指标表示法的另外两个有用的方面是线元长度的表示和微积分的表示。分量为 $\mathrm{d}x_1$、$\mathrm{d}x_2$、$\mathrm{d}x_3$ 的线元，其长度 $\mathrm{d}s$ 的平方值可表示成

$$ds^2 = dx_1^2 + dx_2^2 + dx_3^2 = dx_i dx_i = \delta_{ij} dx_i dx_j \tag{2.1.16}$$

对函数 $f(x_1, x_2, x_2)$ 的微分可表示成

$$df = \frac{\partial f}{\partial x_1}dx_1 + \frac{\partial f}{\partial x_2}dx_2 + \frac{\partial f}{\partial x_3}dx_3 = \frac{\partial f}{\partial x_i}dx_i = f_{,i}dx_i \tag{2.1.17}$$

式中，$f_{,i} = \partial f / \partial x_i$。

2.1.5 置换符号

置换符号 e_{ijk} 定义为

$$\varepsilon_{ijk} = \begin{cases} 1 \\ -1, \quad 若 i、j、k \\ 0 \end{cases} \begin{cases} 偶排列 \\ 奇排列 \\ 无排列 \end{cases} \tag{2.1.18}$$

所谓偶数或奇数排列是指指标排列 ijk 从 i 起往后(右)数分别找 j、k 比 i 小的数、k 比 j 小的数，并将这些个数求和，若和为偶数，则为偶数排列，若和为奇数则是奇数排列。例如排列 312 中，1 和 2 均比 3 小、2 比 1 大，这样小的总数为 1+1=2，2 是偶数，所以 312 为偶排列；再如排列 213 中，1 比 2 小、3 比 2 大、3 比 1 大，这样小的总数为 1，1 是奇数，所以排列 213 为奇数排列。由此可得

$$\begin{aligned} e_{123} &= e_{231} = e_{312} = 1 \\ e_{132} &= e_{213} = e_{321} = -1 \\ e_{111} &= e_{211} = e_{133} = 0 \end{aligned} \tag{2.1.19}$$

上式中最后一式为零，是由于 111、211、133 的指标重复，不符合指标不能重复的排列约束要求，且有

$$e_{ijk} = e_{jki} = e_{kij} = -e_{ikj} = -e_{kji} = -e_{jik} \tag{2.1.20}$$

以下公式是非常有用的：

$$e_{ijm}e_{klm} = \delta_{ik}\delta_{jl} - \delta_{il}\delta_{jk} \tag{2.1.21}$$

用 det $\boldsymbol{A}$ 表示矩阵 $\boldsymbol{A}$ 的行列式：

$$\begin{aligned} \det \boldsymbol{A} &= \det\begin{bmatrix} A_{11} & A_{12} & A_{13} \\ A_{21} & A_{22} & A_{23} \\ A_{31} & A_{32} & A_{33} \end{bmatrix} \\ &= A_{11}(A_{22}A_{33} - A_{23}A_{32}) - A_{21}(A_{12}A_{33} - A_{32}A_{13}) + A_{31}(A_{12}A_{23} - A_{22}A_{13}) \\ &= A_{11}(e_{1jk}A_{j2}A_{k3}) - A_{21}(-e_{2jk}A_{j2}A_{k3}) + A_{31}(e_{3jk}A_{j2}A_{k3}) \\ &= A_{i1}\varepsilon_{ijk}A_{j2}A_{k3} = \varepsilon_{ijk}A_{i1}A_{j2}A_{k3} \end{aligned} \tag{2.1.22A}$$

同样可以证明：

$$\det \boldsymbol{A} = e_{ijk}A_{1i}A_{2j}A_{3k} \tag{2.1.22B}$$

排列符号有时也称为排列张量、变换张量或 Levi-Civita 张量。

2.1.6　字母指标法的运算

用指标表示的符号运算主要有替换、乘法、提取因子和缩减四个方面。

1）替换

若有两个指标表示的符号：

$$a_i = v_{im}b_m,\quad b_i = v_{im}c_m$$

要将上述第二式中的 b_i 代入第一式中的 b_m，首先应将 b_i 和 v_{im} 中的指标 i 改写成 m，再将 b_i 项 $v_{im}c_m$ 中的哑指标 m 用在 a_i 项中没有出现过的符号(如 n)来替换，经替换后 $b_i = v_{im}c_m$ 变成 $b_m = v_{mn}c_n$，再将 b_m 的表达式代入第一式得

$$a_i = v_{im}v_{mn}c_n$$

上式表示用一个自由指标 i 表示的三个方程，每个方程中用两个哑指标 m 和 n 表示，表明每个方程中含有 9 项（m 和 n 的组合为 9）。

上述为了确保在代入运算过程中不对指标运算形成奇异，需要进行调换的过程称为指标的替换。

2）乘法

若有两个指标表示的符号：

$$p = a_m b_m,\quad q = c_m d_m$$

则有

$$pq = a_m b_m c_n d_n$$

注意到 $pq \neq a_m b_m c_m d_m$。

在上述对数进行乘法运算过程中，在保持一个哑指标不变的条件下，必须要对另一个哑指标进行替换，使其与其他哑指标不相同。

3）提取因子

若有

$$T_{ij}n_j - \lambda n_i = 0$$

则可以采用克罗内克符号，将上式左端第二项中的 n_i 改写成

$$n_i = \delta_{ij}n_j$$

这样可得

$$T_{ij}n_j - \lambda\delta_{ij}n_j = 0$$

即

$$(T_{ij} - \lambda\delta_{ij})n_j = 0$$

由此可见，通过引入克罗内克符号，形成相同的因子，并进行提取的过程称为因子提取。

4）缩减

使两个指标相同并对其进行求和的运算称为缩减。如 T_{ii} 是 T_{ij} 的缩减：

$$T_{ii} = T_{11} + T_{22} + T_{33}$$

T_{ijj} 是 T_{ijk} 的缩减：

$$T_{ijj} = T_{i11} + T_{i22} + T_{i33}$$

注意 T_{iii} 不是 T_{ijj} 的缩减，因为指标 i 重复出现三次。

若

$$T_{ij} = \lambda E_{kk}\delta_{ij} + 2\mu E_{ij}$$

则

$$T_{ii} = \lambda E_{kk}\delta_{ii} + 2\mu E_{ii} = 3\lambda E_{kk} + 2\mu E_{kk} = (3\lambda + 2\mu)E_{kk}$$

T_{ii} 称为矩阵 $\boldsymbol{T}$ 的迹，记为 $\mathrm{tr}\boldsymbol{T}$。

2.2 张量分析

2.2.1 矢量与张量的概念

2.2.1.1 矢量

目前对矢量的定义共有三种：

(1) 用一个有大小和方向的量表示矢量 $\boldsymbol{a}$；

(2) 用三个数(标量)的集合 (a_1, a_2, a_3) 定义一个三维空间中的矢量；

(3) 用分解式定义矢量。

第一种表示方法虽然简单且几何直观，但不便于推广到张量的表述，而第二种表示方法虽然可推广到张量，但其缺点是依赖于坐标系，写法不够简洁且缺乏几何直观性。因此本书采用第三种表示方法，即用分解式定义矢量。

以 ${}^{i_X}\boldsymbol{e}_i$ 和 ${}^{i_x}\boldsymbol{e}_i$ 分别表示两个沿笛卡儿坐标系(分别记为 $\boldsymbol{i}_X$、$\boldsymbol{i}_x$)的单位矢量，称基矢量，如图 2.2.1 所示。

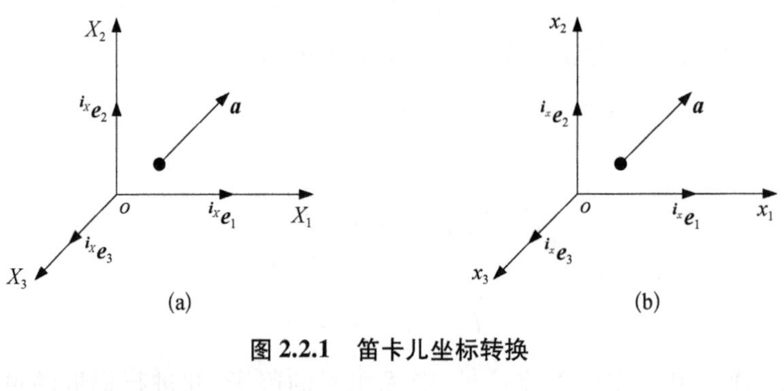

图 2.2.1　笛卡儿坐标转换

矢量 $\boldsymbol{a}$ 在 $\boldsymbol{i}_X$ 中可表示成

$$\boldsymbol{a} = \boldsymbol{a}_i{}^{i_X}\boldsymbol{e}_i \tag{2.2.1}$$

$\boldsymbol{a}$ 就是我们所定义的矢量，$\boldsymbol{a}_i$ 为矢量 $\boldsymbol{a}$ 的分量。

假定基矢量 ${}^{i_X}\boldsymbol{e}_i$ 和 ${}^{i_x}\boldsymbol{e}_i$ 之间有如下变换：

$$ {}^{i_x}\boldsymbol{e}_i = Q_{ij}{}^{i_X}\boldsymbol{e}_j \tag{2.2.2} $$

其中，$\boldsymbol{Q}$ 为正交矩阵，即 $\boldsymbol{QQ}^{\mathrm{T}} = \boldsymbol{1}$，$\boldsymbol{1}$ 表示单位矩阵。

矢量 $\boldsymbol{a}$ 也可以在基矢量 ${}^{i_x}\boldsymbol{e}_i$ 上表达：

$$ \boldsymbol{a} = a_i{}^{i_x}\boldsymbol{e}_i \tag{2.2.3} $$

将式(2.2.2)代入上式，得

$$ \boldsymbol{a} = a_i Q_{ij}{}^{i_X}\boldsymbol{e}_j = A_i{}^{i_X}\boldsymbol{e}_i \tag{2.2.4A} $$

其中

$$ A_i = a_j Q_{ji} \tag{2.2.4B} $$

记

$$ \{A_i\} = \{A_1 \quad A_2 \quad A_3\}^{\mathrm{T}}, \quad \{a_i\} = \{a_1 \quad a_2 \quad a_3\}^{\mathrm{T}} \tag{2.2.4C} $$

比较式(2.2.1)或式(2.2.3)可以发现，用分量与基矢量的这一线性组合来表达的矢量 $\boldsymbol{a}$，虽分量与基矢量均不同，但它们组合起来得到的结果不变，是不依赖于坐标系的量。这种用一个字母 $\boldsymbol{a}$ 表示矢量的方法称为抽象记法或绝对记法。由于此种表达矢量的方法与坐标系无关，故又称为不变记法。式(2.2.1)或式(2.2.3)称为在坐标系中 $\boldsymbol{a}$ 的分解式表示法。将分解表示法中分量组成的列矩阵式(2.2.4C)称为矢量 $\boldsymbol{a}$ 的列矩阵表示法。

在本书各章节中，抽象记法、分解式表示法及矩阵表示法并用，如公式采用抽象记法或矩阵表示法，具体演算仍需要分解式。

2.2.1.2　张量

设有两矢量 $\boldsymbol{a} = a_i{}^{i_X}\boldsymbol{e}_i$、$\boldsymbol{b} = b_j{}^{i_X}\boldsymbol{e}_j$，定义矢量 $\boldsymbol{a}$ 与 $\boldsymbol{b}$ 之间有变换运算 $\boldsymbol{b} = \boldsymbol{T}\cdot\boldsymbol{a}$，其中运算符号“·”称为点积(内积)，其运算规则将在2.2.2节讨论。上述运算可表达成

$$ b_j{}^{i_X}\boldsymbol{e}_j = \boldsymbol{T}\cdot\boldsymbol{a} = \boldsymbol{T}\cdot a_j{}^{i_X}\boldsymbol{e}_j = a_j(\boldsymbol{T}\cdot{}^{i_X}\boldsymbol{e}_j) $$

上式两端内积 ${}^{i_X}\boldsymbol{e}_i$，得

$$ b_j{}^{i_X}\boldsymbol{e}_i\cdot{}^{i_X}\boldsymbol{e}_j = a_j{}^{i_X}\boldsymbol{e}_i\cdot(\boldsymbol{T}\cdot{}^{i_X}\boldsymbol{e}_j) $$

或

$$ b_i = a_j T_{ij} \tag{2.2.5A} $$

其中

$$ T_{ij} = {}^{i_X}\boldsymbol{e}_i\cdot(\boldsymbol{T}\cdot{}^{i_X}\boldsymbol{e}_j) = {}^{i_X}\boldsymbol{e}_i\cdot\boldsymbol{T}\cdot{}^{i_X}\boldsymbol{e}_j \tag{2.2.5B} $$

为 $\boldsymbol{T}$ 相对于基矢量 ${}^{i_X}\boldsymbol{e}_i$、${}^{i_X}\boldsymbol{e}_j$ 的分量。为了便于计算，式(2.2.5A)还可以写成如下矩阵形式：

$$ \boldsymbol{b} = \boldsymbol{Ta} \tag{2.2.5C} $$

与对矢量的表达式(2.2.1)或(2.2.3)相类似，在此定义二阶张量 $\boldsymbol{T}$：

$$ \boldsymbol{T} = \boldsymbol{T}_{ij}{}^{i_X}\boldsymbol{e}_i\otimes{}^{i_X}\boldsymbol{e}_j \tag{2.2.6} $$

其中，${}^{i_X}\boldsymbol{e}_i \otimes {}^{i_X}\boldsymbol{e}_j$ 称为由各自基向量组成的并矢基；符号“$\otimes$”表示将基矢量 ${}^{i_X}\boldsymbol{e}_i$、${}^{i_X}\boldsymbol{e}_j$ 并乘为二阶并矢基；T_{ij} 为在并矢基 ${}^{i_X}\boldsymbol{e}_i \otimes {}^{i_X}\boldsymbol{e}_j$ 上的分量。

若在另一并矢基 ${}^{i_x}\boldsymbol{e}_i \otimes {}^{i_x}\boldsymbol{e}_j$ 上定义另一个张量 $\boldsymbol{t}$，且 t_{ij} 为在并矢基 ${}^{i_x}\boldsymbol{e}_i \otimes {}^{i_x}\boldsymbol{e}_j$ 上的分量，则

$$\boldsymbol{t} = t_{ij}{}^{i_x}\boldsymbol{e}_i \otimes {}^{i_x}\boldsymbol{e}_j$$

且基矢量间满足关系式(2.2.2)，将此关系式代入上式，经运算可得

$$\begin{aligned}\boldsymbol{t} &= t_{ij}{}^{i_x}\boldsymbol{e}_i \otimes {}^{i_X}\boldsymbol{e}_j = t_{ij}(Q_{ik}{}^{i_X}\boldsymbol{e}_k) \otimes (Q_{jl}{}^{i_X}\boldsymbol{e}_l) \\ &= Q_{ik}t_{ij}Q_{jl}{}^{i_X}\boldsymbol{e}_k \otimes {}^{i_X}\boldsymbol{e}_l = T_{kl}{}^{i_X}\boldsymbol{e}_k \otimes {}^{i_X}\boldsymbol{e}_l = \boldsymbol{T}\end{aligned} \tag{2.2.7A}$$

其中

$$T_{kl} = Q_{ik}t_{ij}Q_{jl} \tag{2.2.7B}$$

与矢量的定义相同，张量 $\boldsymbol{T}$ 与 $\boldsymbol{t}$ 的分量与基的选取有关，但它们组合起来得到的结果不变，是不依赖于坐标系的量。用符号 $\boldsymbol{T}$ 表示张量的抽象记法，用式(2.2.6)表示张量 $\boldsymbol{T}$ 的分解式。式(2.2.1)与式(2.2.7A)表明矢量与张量均具有不变性。

以后会看到，应力、应变及转动惯量等都是二阶张量。矢量可以看成一阶张量，而标量则为零阶张量，因此以后谈到张量的某些运算法则时也包括矢量。

由此可知，二阶张量 $\boldsymbol{T}$ 是将某个一阶张量 $\boldsymbol{a}$ 转换到另一个一阶张量 $\boldsymbol{b}$ 的变换 $\boldsymbol{b} = \boldsymbol{Ta}$。

2.2.1.3 高阶张量

同理，还可以定义高阶张量，如三阶张量和四阶张量等。

三阶张量是将二阶张量转换成一阶张量，或将一阶张量转换成二阶张量的一种变换。三阶张量的分量表达式为

$$\boldsymbol{A} = A_{ijk}{}^{i_X}\boldsymbol{e}_i \otimes {}^{i_X}\boldsymbol{e}_j \otimes {}^{i_X}\boldsymbol{e}_k \tag{2.2.8A}$$

与式(2.2.7A)的运算相类似，并利用转换关系式(2.2.2)，可得

$$\begin{aligned}\boldsymbol{a} &= a_{ijk}{}^{i_x}\boldsymbol{e}_i \otimes {}^{i_x}\boldsymbol{e}_j \otimes {}^{i_x}\boldsymbol{e}_k = a_{ijk}Q_{il}{}^{i_X}\boldsymbol{e}_l \otimes Q_{jm}{}^{i_X}\boldsymbol{e}_m \otimes Q_{kn}{}^{i_X}\boldsymbol{e}_n \\ &= a_{ijk}Q_{il}Q_{jm}Q_{kn}{}^{i_X}\boldsymbol{e}_l \otimes {}^{i_X}\boldsymbol{e}_m \otimes {}^{i_X}\boldsymbol{e}_n = A_{lmn}{}^{i_X}\boldsymbol{e}_l \otimes {}^{i_X}\boldsymbol{e}_m \otimes {}^{i_X}\boldsymbol{e}_n = \boldsymbol{A}\end{aligned} \tag{2.2.8B}$$

其中

$$A_{lmn} = a_{ijk}Q_{il}Q_{jm}Q_{kn} \tag{2.2.8C}$$

或

$$a_{ijk} = Q_{il}Q_{jm}Q_{kn}A_{lmn} \tag{2.2.8D}$$

同样，四阶张量是将一个二阶张量转换成另一个二阶张量变换。四阶张量的分量表达式为

$$\boldsymbol{C} = C_{ijkl}{}^{i_X}\boldsymbol{e}_i \otimes {}^{i_X}\boldsymbol{e}_j \otimes {}^{i_X}\boldsymbol{e}_k \otimes {}^{i_X}\boldsymbol{e}_l \tag{2.2.9A}$$

与式(2.2.8B)的运算相类似，并利用转换关系式(2.2.2)，可得

$$\begin{aligned}\boldsymbol{c} &= c_{ijkl}{}^{i_x}\boldsymbol{e}_i \otimes {}^{i_x}\boldsymbol{e}_j \otimes {}^{i_x}\boldsymbol{e}_k \otimes {}^{i_x}\boldsymbol{e}_l = c_{ijkl}Q_{im}{}^{i_X}\boldsymbol{e}_m \otimes Q_{jn}{}^{i_X}\boldsymbol{e}_n \otimes Q_{ko}{}^{i_X}\boldsymbol{e}_o \otimes Q_{lp}{}^{i_X}\boldsymbol{e}_p \\ &= c_{ijkl}Q_{im}Q_{jn}Q_{ko}Q_{lp}{}^{i_X}\boldsymbol{e}_m \otimes {}^{i_X}\boldsymbol{e}_n \otimes {}^{i_X}\boldsymbol{e}_o \otimes {}^{i_X}\boldsymbol{e}_p = C_{mnop}{}^{i_X}\boldsymbol{e}_m \otimes {}^{i_X}\boldsymbol{e}_n \otimes {}^{i_X}\boldsymbol{e}_o \otimes {}^{i_X}\boldsymbol{e}_p = \boldsymbol{C}\end{aligned} \tag{2.2.9B}$$

其中

$$C_{mnop} = c_{ijkl} Q_{im} Q_{jn} Q_{ko} Q_{lp} \tag{2.2.9C}$$

或

$$c_{ijkl} = Q_{im} Q_{jn} Q_{ko} Q_{lp} C_{mnop} \tag{2.2.9D}$$

显然，$\boldsymbol{C}$ 具有 $3^4 = 81$ 分量元素。

式(2.2.5B)、式(2.2.7B)、式(2.2.8C)和式(2.2.9C)给出了张量的另一种定义，所谓张量就是其分量满足以转换系数 Q_{ij} 表示的转换关系的量，Q_{ij} 在转换关系中出现的次数就是张量的阶数。

由于四阶张量在材料的应力与应变本构关系中非常有用，为此有必要作进一步的讨论。

若将对称的高阶张量写成矩阵，则称为矩阵的 Voigt 标记，二阶张量可以写成列矩阵的形式，四阶张量可以写成二阶矩阵的形式。一个动力学量（如应力）或者运动学量（如应变）的张量是对称的，因此这些张量是可以进行列矩阵的 Voigt 标记，这个过程称为动力学 Voigt 规则。例如：

$$\boldsymbol{\sigma} = \begin{bmatrix} \sigma_{11} & & \sigma_{12} & \leftarrow & \sigma_{13} \\ & \searrow & & & \uparrow \\ \sigma_{21} & & \sigma_{22} & & \sigma_{23} \\ & & & \searrow & \uparrow \\ \sigma_{31} & & \sigma_{32} & & \sigma_{33} \end{bmatrix} \Rightarrow \begin{Bmatrix} \sigma_{11} \\ \sigma_{22} \\ \sigma_{33} \\ \sigma_{23} \\ \sigma_{13} \\ \sigma_{12} \end{Bmatrix} = \boldsymbol{\sigma} \tag{2.2.10A}$$

$$\boldsymbol{\varepsilon} = \begin{bmatrix} \varepsilon_{11} & & \varepsilon_{12} & \leftarrow & \varepsilon_{13} \\ & \searrow & & & \uparrow \\ \varepsilon_{21} & & \varepsilon_{22} & & \varepsilon_{23} \\ & & & \searrow & \uparrow \\ \varepsilon_{31} & & \varepsilon_{32} & & \varepsilon_{33} \end{bmatrix} \Rightarrow \begin{Bmatrix} \varepsilon_{11} \\ \varepsilon_{22} \\ \varepsilon_{33} \\ \varepsilon_{23} \\ \varepsilon_{13} \\ \varepsilon_{12} \end{Bmatrix} = \boldsymbol{\varepsilon} \tag{2.2.10B}$$

任何通过 Voigt 规则转换的张量或者矩阵称为 Voigt 形式，并且由括号括起来。

若一二阶对称张量 $\boldsymbol{T}$ 经如下四阶张量变换后形成的新二阶张量 $\boldsymbol{t}$ 仍为对称张量，则称四阶张量 $\boldsymbol{C}$ 为对称张量：

$$\boldsymbol{t} = \boldsymbol{C} : \boldsymbol{T}$$

式中，符号"："为双点积，将在 2.2.2 节介绍。根据双点积原理，有

$$t_{ij} = C_{ijkl} T_{kl}$$

若 $\boldsymbol{T}$ 对称，即 $T_{kl} = T_{lk}$，则必有

$$C_{ijkl} = C_{ijlk}$$

若 $\boldsymbol{t}$ 对称，即 $t_{ij} = t_{ji}$，则必有

$$C_{ijkl} = C_{jikl}$$

总之,有

$$C_{ijkl} = C_{jikl} = C_{ijlk} \tag{2.2.11}$$

上述对称性也称为四阶张量 $\boldsymbol{C}$ 的 Voigt 对称性。在上述对称性约束条件下, $\boldsymbol{C}$ 还有 36 个独立的分量元素,与 36 个独立的分量元素对应的对称基为

$$\frac{1}{2}({}^{i_X}\boldsymbol{e}_i \otimes {}^{i_X}\boldsymbol{e}_j + {}^{i_X}\boldsymbol{e}_j \otimes {}^{i_X}\boldsymbol{e}_i) \otimes \frac{1}{2}({}^{i_X}\boldsymbol{e}_k \otimes {}^{i_X}\boldsymbol{e}_l + {}^{i_X}\boldsymbol{e}_l \otimes {}^{i_X}\boldsymbol{e}_k)$$

对称张量 $\boldsymbol{C}$ 中的 36 个元素可以用一个 6×6 矩阵来表示,称为张量 $\boldsymbol{C}$ 的 Voigt 标记,为了方便,仍记为 $\boldsymbol{C}$。 $\boldsymbol{C}$ 的 Voigt 标记形式为

$$\boldsymbol{C} = \begin{bmatrix} C_{1111} & C_{1122} & C_{1133} & C_{1123} & C_{1131} & C_{1112} \\ C_{2211} & C_{2222} & C_{2233} & C_{2223} & C_{2231} & C_{2212} \\ C_{3311} & C_{3322} & C_{3333} & C_{3323} & C_{3331} & C_{3312} \\ C_{2311} & C_{2322} & C_{2333} & C_{2323} & C_{2331} & C_{2312} \\ C_{3111} & C_{3122} & C_{3133} & C_{3123} & C_{3131} & C_{3112} \\ C_{1211} & C_{1222} & C_{1233} & C_{1223} & C_{1231} & C_{1212} \end{bmatrix} \tag{2.2.12}$$

由上式可得到 6×6 矩阵 $\boldsymbol{C}$ 两个下标与对称张量 $\boldsymbol{C}$ 四个下标之间的对应关系为

$$1 \Leftrightarrow 11,\ 2 \Leftrightarrow 22,\ 3 \Leftrightarrow 33,\ 4 \Leftrightarrow 23,\ 5 \Leftrightarrow 31,\ 6 \Leftrightarrow 12 \tag{2.2.13}$$

这里特别要注意的是式(2.2.11)和式(2.2.12)给出了对称张量 $\boldsymbol{C}$ 元素与矩阵 $\boldsymbol{C}$ 元素之间的对应关系,若这些元素需要在不同基矢量下表示,不能直接对矩阵 $\boldsymbol{C}$ 采用变换形式来得到,而应通过变换式(2.2.9)得到在新基矢量下的张量 $\boldsymbol{c}$ 的元素,再利用式(2.2.12)或式(2.2.13)的对应关系得到经变换后的矩阵 $\boldsymbol{c}$。

若张量 $\boldsymbol{C}$ 除了满足对称要求式(2.2.11)外,还满足以下条件:

$$C_{ijkl} = C_{klij} \tag{2.2.14}$$

则 6×6 矩阵 $\boldsymbol{C}$ 为对称矩阵,张量 $\boldsymbol{C}$ 和矩阵 $\boldsymbol{C}$ 具有 21 个独立元素。

本节介绍的基本概念在下文讨论的连续介质力学中是非常有用的。

2.2.2 张量代数

在张量代数的讨论中,假定坐标系为 x_j, 对应的基矢量为 $\boldsymbol{e}_j$。

2.2.2.1 数乘

设有矢量 $\boldsymbol{a} = a_i\boldsymbol{e}_i$ 和 $\boldsymbol{b} = b_i\boldsymbol{e}_i$, 若 $\boldsymbol{b} = \alpha\boldsymbol{a}$ 则 $b_i = \alpha\boldsymbol{a}_i$, 其中 α 为一标量,反之亦然,即

$$\boldsymbol{b} = \alpha\boldsymbol{a} \Leftrightarrow b_i = \alpha a_i \tag{2.2.15}$$

同理,若有二阶张量 $\boldsymbol{T} = T_{ij}\boldsymbol{e}_i \otimes \boldsymbol{e}_j$ 和 $\boldsymbol{S} = S_{ij}\boldsymbol{e}_i \otimes \boldsymbol{e}_j$, 则

$$\boldsymbol{T} = \alpha\boldsymbol{S} \Leftrightarrow T_{ij} = \alpha S_{ij} \tag{2.2.16}$$

2.2.2.2　加法

若有 $\boldsymbol{T}=T_{ij}\boldsymbol{e}_i\otimes\boldsymbol{e}_j$ 和 $\boldsymbol{S}=S_{ij}\boldsymbol{e}_i\otimes\boldsymbol{e}_j$，则

$$\boldsymbol{B}=\boldsymbol{T}+\boldsymbol{S}\Leftrightarrow B_{ij}=T_{ij}+S_{ij} \tag{2.2.17}$$

2.2.2.3　点积

矢量的点积定义为

$$\boldsymbol{a}\cdot\boldsymbol{b}=(a_i\boldsymbol{e}_i)\cdot(b_j\boldsymbol{e}_j)=a_ib_j\delta_{ij}=a_ib_i$$

二阶张量与矢量的点积为

$$\boldsymbol{b}=\boldsymbol{T}\cdot\boldsymbol{a}=(T_{ij}\boldsymbol{e}_i\otimes\boldsymbol{e}_j)\cdot(a_k\boldsymbol{e}_k)=T_{ij}a_k\delta_{jk}\boldsymbol{e}_i=T_{ij}a_j\boldsymbol{e}_i$$

所以

$$\boldsymbol{b}=\boldsymbol{T}\cdot\boldsymbol{a}\Leftrightarrow b_i=T_{ij}a_j \tag{2.2.18}$$

上右式表示 b_i 是 a_j 的线性组合,其系数为 T_{ij}。所以一些现代教材把二阶张量定义为一个线性变换。

同理

$$\boldsymbol{c}=\boldsymbol{a}\cdot\boldsymbol{T}\Leftrightarrow c_j=a_iT_{ij}$$

根据上述点积的定义可知,一阶、二阶张量的点积运算与一阶、二阶矩阵的乘积运算完全相同。

二阶张量的迹为

$$\mathrm{tr}\,\boldsymbol{T}=T_{ij}\boldsymbol{e}_i\cdot\boldsymbol{e}_j=T_{ij}\delta_{ij}=T_{ii} \tag{2.2.19}$$

所以“迹”就是二阶张量在其并矢的两个矢量之间取点积,等于对两个指标取和(又称缩并),它等于张量主对角线分量之和。

二阶张量之间的点积和双点积为

$$\boldsymbol{T}=T_{ij}\boldsymbol{e}_i\otimes\boldsymbol{e}_j,\ \boldsymbol{S}=S_{kl}\boldsymbol{e}_k\otimes\boldsymbol{e}_l$$

$$\begin{aligned}\boldsymbol{U}=\boldsymbol{T}\cdot\boldsymbol{S}&=(T_{ij}\boldsymbol{e}_i\otimes\boldsymbol{e}_j)\cdot(S_{kl}\boldsymbol{e}_k\otimes\boldsymbol{e}_l)=T_{ij}S_{kl}(\boldsymbol{e}_j\cdot\boldsymbol{e}_k)\boldsymbol{e}_i\otimes\boldsymbol{e}_l\\&=T_{ij}S_{kl}\delta_{jk}\boldsymbol{e}_i\otimes\boldsymbol{e}_l=T_{ij}S_{jl}\boldsymbol{e}_i\otimes\boldsymbol{e}_l\end{aligned}$$

所以

$$\boldsymbol{U}=\boldsymbol{T}\cdot\boldsymbol{S}\Leftrightarrow U_{il}=T_{ij}S_{jl} \tag{2.2.20}$$

$$\boldsymbol{T}:\boldsymbol{S}=(T_{ij}\boldsymbol{e}_i\otimes\boldsymbol{e}_j):(S_{kl}\boldsymbol{e}_k\otimes\boldsymbol{e}_l)=T_{ij}S_{kl}(\boldsymbol{e}_i\cdot\boldsymbol{e}_k)(\boldsymbol{e}_j\cdot\boldsymbol{e}_l)=T_{ij}S_{kl}\delta_{ik}\delta_{jl}=T_{ij}S_{ij} \tag{2.2.21}$$

假定 $\boldsymbol{A}$、$\boldsymbol{B}$、$\boldsymbol{C}$ 均为二阶张量,则有以下张量运算公式:

$$\boldsymbol{A}:\boldsymbol{B}=\mathrm{tr}(\boldsymbol{A}\cdot\boldsymbol{B}^{\mathrm{T}})=\mathrm{tr}(\boldsymbol{A}^{\mathrm{T}}\cdot\boldsymbol{B})=\boldsymbol{A}^{\mathrm{T}}:\boldsymbol{B}^{\mathrm{T}} \tag{2.2.22A}$$

$$\mathrm{tr}(\boldsymbol{A}\cdot\boldsymbol{B}\cdot\boldsymbol{C})=\mathrm{tr}(\boldsymbol{B}\cdot\boldsymbol{C}\cdot\boldsymbol{A})=\mathrm{tr}(\boldsymbol{C}\cdot\boldsymbol{A}\cdot\boldsymbol{B}) \tag{2.2.22B}$$

现证明如下:

由式(2.2.21)得

$$\boldsymbol{A}:\boldsymbol{B}=A_{ij}B_{ij}=A_{ji}B_{ji}=\boldsymbol{A}^{\mathrm{T}}:\boldsymbol{B}^{\mathrm{T}}$$

由式(2.2.19)得

$$\mathrm{tr}(\boldsymbol{A}\cdot\boldsymbol{B}^{\mathrm{T}})=\mathrm{tr}(A_{ij}\boldsymbol{e}_i\otimes\boldsymbol{e}_j\cdot B_{lk}\boldsymbol{e}_k\otimes\boldsymbol{e}_l)=\mathrm{tr}(A_{ij}B_{lj}\boldsymbol{e}_i\otimes\boldsymbol{e}_l)=A_{ij}B_{ij}$$

$$\mathrm{tr}(\boldsymbol{A}^{\mathrm{T}}\cdot\boldsymbol{B})=\mathrm{tr}(A_{ji}\boldsymbol{e}_i\otimes\boldsymbol{e}_j\cdot B_{kl}\boldsymbol{e}_k\otimes\boldsymbol{e}_l)=\mathrm{tr}(A_{ji}B_{jl}\boldsymbol{e}_i\otimes\boldsymbol{e}_l)=A_{ji}B_{ji}$$

式(2.2.22A)证毕。同样:

$$\begin{aligned}\mathrm{tr}(\boldsymbol{A}\cdot\boldsymbol{B}\cdot\boldsymbol{C})&=\mathrm{tr}(A_{ij}\boldsymbol{e}_i\otimes\boldsymbol{e}_j\cdot B_{kl}\boldsymbol{e}_k\otimes\boldsymbol{e}_l\cdot C_{mn}\boldsymbol{e}_m\otimes\boldsymbol{e}_n)=\mathrm{tr}(A_{ij}B_{jl}C_{ln}\boldsymbol{e}_i\otimes\boldsymbol{e}_n)\\&=A_{Bj}b_{jl}C_{li}=B_{jl}C_{li}A_{ij}=\mathrm{tr}(\boldsymbol{B}\cdot\boldsymbol{C}\cdot\boldsymbol{A})=C_{li}A_{ij}B_{jl}=\mathrm{tr}(\boldsymbol{C}\cdot\boldsymbol{A}\cdot\boldsymbol{B})\end{aligned}$$

式(2.2.22B)证毕。

2.2.2.4 并乘

设 $\boldsymbol{a}$、$\boldsymbol{b}$ 为两矢量,定义二阶张量 $\boldsymbol{T}$ 为

$$\boldsymbol{T}=\boldsymbol{a}\otimes\boldsymbol{b}=(a_i\boldsymbol{e}_i)\otimes(b_j\boldsymbol{e}_j)=a_ib_j\boldsymbol{e}_i\otimes\boldsymbol{e}_j\Leftrightarrow T_{ij}=a_ib_j\tag{2.2.23}$$

设 $\boldsymbol{a}$ 为矢量, $\boldsymbol{T}$ 为二阶张量,定义三阶张量 $\boldsymbol{W}$ 为

$$\boldsymbol{W}=\boldsymbol{a}\otimes\boldsymbol{T}=(a_i\boldsymbol{e}_i)\otimes(T_{jk}\boldsymbol{e}_j\otimes\boldsymbol{e}_k)=a_iT_{jk}\boldsymbol{e}_i\otimes\boldsymbol{e}_j\otimes\boldsymbol{e}_k\Leftrightarrow W_{ijk}=a_iT_{jk}\tag{2.2.24}$$

2.2.2.5 叉乘

不难验证:

$$\boldsymbol{e}_j\times\boldsymbol{e}_k=e_{ijk}\boldsymbol{e}_i\tag{2.2.25A}$$

$$\boldsymbol{e}_i=\frac{1}{2}(\boldsymbol{e}_j\times\boldsymbol{e}_k-\boldsymbol{e}_k\times\boldsymbol{e}_j)=\frac{1}{2}e_{ijk}\boldsymbol{e}_j\times\boldsymbol{e}_k\tag{2.2.25B}$$

利用置换符号,叉乘可表示为

$$\boldsymbol{c}=\boldsymbol{a}\times\boldsymbol{b}=(a_j\boldsymbol{e}_j)\times(b_k\boldsymbol{e}_k)=e_{ijk}a_jb_k\boldsymbol{e}_i=c_i\boldsymbol{e}_i\tag{2.2.26A}$$

$$c_i=e_{ijk}a_jb_k\tag{2.2.26B}$$

借助上式及式(2.1.21),可以证明以下公式成立:

$$\boldsymbol{u}\times(\boldsymbol{v}\times\boldsymbol{w})=(\boldsymbol{u}\cdot\boldsymbol{w})\boldsymbol{v}-(\boldsymbol{u}\cdot\boldsymbol{v})\boldsymbol{w}\tag{2.2.27A}$$

另一方面,对三个矢量叉乘,有如下雅可比公式:

$$\boldsymbol{u}\times(\boldsymbol{v}\times\boldsymbol{w})+\boldsymbol{v}\times(\boldsymbol{w}\times\boldsymbol{u})+\boldsymbol{w}\times(\boldsymbol{u}\times\boldsymbol{v})=\boldsymbol{0}\tag{2.2.27B}$$

2.2.2.6 转置

$\boldsymbol{T}$、$\boldsymbol{S}$ 为二阶张量:

$$\boldsymbol{T}=T_{ij}\boldsymbol{e}_i\otimes\boldsymbol{e}_j,\ \boldsymbol{S}=S_{ij}\boldsymbol{e}_i\otimes\boldsymbol{e}_j$$

若 $S_{ij}=T_{ji}$, 则记 $\boldsymbol{S}=\boldsymbol{T}^{\mathrm{T}}$, $\boldsymbol{T}$ 与 $\boldsymbol{S}$ 互为转置。显然,

$$\boldsymbol{S}=T_{ij}\boldsymbol{e}_j\otimes\boldsymbol{e}_i=T_{ji}\boldsymbol{e}_i\otimes\boldsymbol{e}_j$$

用 $\boldsymbol{a}$ 和 $\boldsymbol{c}$ 表示矢量,显然,

$$\boldsymbol{T} \cdot \boldsymbol{a} = \boldsymbol{a} \cdot \boldsymbol{T}^{\mathrm{T}} \Leftrightarrow T_{ij}a_j = a_j T_{ji}^{\mathrm{T}} \tag{2.2.28A}$$

$$\boldsymbol{c} \cdot \boldsymbol{T} = \boldsymbol{T}^{\mathrm{T}} \cdot \boldsymbol{c} \Leftrightarrow c_i T_{ij} = T_{ji}^{\mathrm{T}} c_i \tag{2.2.28B}$$

当$\boldsymbol{A}$和$\boldsymbol{B}$为二阶张量时,

$$(\boldsymbol{A} \cdot \boldsymbol{B})^{\mathrm{T}} = \boldsymbol{B}^{\mathrm{T}} \cdot \boldsymbol{A}^{\mathrm{T}} \tag{2.2.29A}$$

$$(\boldsymbol{A}^{\mathrm{T}})^{\mathrm{T}} = \boldsymbol{A} \tag{2.2.29B}$$

若$\boldsymbol{T} = \boldsymbol{T}^{\mathrm{T}}$,则$T_{ij} = T_{ji}$,这时称$\boldsymbol{T}$为对称张量。应力张量与应变张量均为对称的二阶张量。若$-\boldsymbol{T} = \boldsymbol{T}^{\mathrm{T}}$,则$T_{ij} = -T_{ji}$,这时称$\boldsymbol{T}$为反对称张量。可以证明,对于对称张量一定可以找到三个互相正交的主方向,沿主方向的坐标系称为主坐标系。若$\boldsymbol{e}_1$、$\boldsymbol{e}_2$、$\boldsymbol{e}_3$为主坐标系的基矢量,则对称张量$\boldsymbol{N}$一定可以表示为标准型:

$$\boldsymbol{N} = N_1 \boldsymbol{e}_1 \otimes \boldsymbol{e}_1 + N_2 \boldsymbol{e}_2 \otimes \boldsymbol{e}_2 + N_3 \boldsymbol{e}_3 \otimes \boldsymbol{e}_3$$

其中,N_1、N_2、N_3为对称张量$\boldsymbol{N}$的特征值(也称为主值或主分量);$\boldsymbol{e}_1$、$\boldsymbol{e}_2$、$\boldsymbol{e}_3$为与特征值对应的单位特征向量方向,上述分解也称为张量的谱分解。在主坐标系中$\boldsymbol{N}$的非对角线分量均为零。如果对于任意的非零矢量$\boldsymbol{a}$,$\boldsymbol{a} \cdot \boldsymbol{N} \cdot \boldsymbol{a} > 0$,则称对称张量$\boldsymbol{N}$为正定张量。显然,正定张量$\boldsymbol{N}$的三个主值$N_1$、$N_2$、$N_3$均为正数:$N_1 > 0$, $N_2 > 0$, $N_3 > 0$。

2.2.2.7 几种常用的二阶张量

1)单位张量

$$\boldsymbol{1} = \delta_{ij} \boldsymbol{e}_i \otimes \boldsymbol{e}_j = \boldsymbol{e}_1 \otimes \boldsymbol{e}_1 + \boldsymbol{e}_2 \otimes \boldsymbol{e}_2 + \boldsymbol{e}_3 \otimes \boldsymbol{e}_3 \tag{2.2.30}$$

在任何笛卡儿坐标系中单位张量的分量都是克罗内克符号。

性质:若$\boldsymbol{a}$和$\boldsymbol{T}$分别为任意矢量和任意二阶张量,则

$$\boldsymbol{1} \cdot \boldsymbol{a} = \boldsymbol{a},\ \boldsymbol{a} \cdot \boldsymbol{1} = \boldsymbol{a} \tag{2.2.31A}$$

$$\boldsymbol{1} \cdot \boldsymbol{T} = \boldsymbol{T},\ \boldsymbol{T} \cdot \boldsymbol{1} = \boldsymbol{T} \tag{2.2.31B}$$

$$\boldsymbol{1} : \boldsymbol{A} = \mathrm{tr}(\boldsymbol{A}) \tag{2.2.31C}$$

2)置换张量是以置换符号E_{ijk}、e_{ijk}为分量的三阶张量,记作

$$\boldsymbol{E} = E_{ijk}{}^{i_X}\boldsymbol{e}_i \otimes {}^{i_X}\boldsymbol{e}_j \otimes {}^{i_X}\boldsymbol{e}_k = e_{ijk}{}^{i_x}\boldsymbol{e}_i \otimes {}^{i_x}\boldsymbol{e}_j \otimes {}^{i_x}\boldsymbol{e}_k \tag{2.2.32}$$

上式可通过三阶张量的转换关系证明。但需注意:若转换前的坐标系为右手系,转换后也必须为右手系,否则上式相差一个负号。利用置换张量可将叉乘表示为

$$\boldsymbol{c} = \boldsymbol{a} \times \boldsymbol{b} = \boldsymbol{E} : (\boldsymbol{a} \otimes \boldsymbol{b}) \tag{2.2.33}$$

3)逆张量

二阶张量$\boldsymbol{T}$的逆$\boldsymbol{T}^{-1}$,由下式定义:

$$\boldsymbol{T} \cdot \boldsymbol{T}^{-1} = \boldsymbol{1},\ T_{ij} T_{jk}^{-1} = \delta_{ik} \tag{2.2.34A}$$

$$\boldsymbol{T}^{-1} \cdot \boldsymbol{T} = \boldsymbol{1},\ T_{ij}{}^{-1} T^{jk} = \delta_{ik} \tag{2.2.34B}$$

式中,T_{jk}^{-1}和$T_{ij}{}^{-1}$表示$\boldsymbol{T}^{-1}$中的元素。

并非所有二阶张量都有逆,有逆存在的张量称为可逆张量。

性质: 若 $\boldsymbol{A}$、$\boldsymbol{B}$ 均为可逆张量,则

$$(\boldsymbol{A}\cdot\boldsymbol{B})^{-1}=\boldsymbol{B}^{-1}\cdot\boldsymbol{A}^{-1} \tag{2.2.35A}$$

$$(\boldsymbol{A}^{-1})^{-1}=\boldsymbol{A} \tag{2.2.35B}$$

4) 正交张量

$$\boldsymbol{R}=R_{ij}\boldsymbol{e}_i\otimes\boldsymbol{e}_j$$

若满足 $\boldsymbol{R}\cdot\boldsymbol{R}^{\mathrm{T}}=\boldsymbol{R}^{\mathrm{T}}\cdot\boldsymbol{R}=\boldsymbol{1}$, 即

$$\boldsymbol{R}^{\mathrm{T}}=\boldsymbol{R}^{-1} \tag{2.2.36}$$

则 $\boldsymbol{R}$ 称为正交张量。若 $\boldsymbol{b}=\boldsymbol{R}\cdot\boldsymbol{a}$, 其中 $\boldsymbol{a}$, $\boldsymbol{b}$ 为矢量,则可证明 $\|\boldsymbol{b}\|=\|\boldsymbol{a}\|$, 且 $\boldsymbol{a}\cdot\boldsymbol{b}=(\boldsymbol{R}\cdot\boldsymbol{a})\cdot(\boldsymbol{R}\cdot\boldsymbol{b})$。所以正交张量对应的线性变换是保持矢量的长度和内积不变的变换,这种变换代表一个刚体转动,所有正交变换对应的是一种刚体旋转变换。

5) 各向同性张量

若张量的分量在任意正交基矢量上的分量相同,则该张量称为各向同性张量。根据定义,对一阶、二阶、四阶各向同性张量 $\boldsymbol{a}$、$\boldsymbol{T}$ 和 $\boldsymbol{C}$, 有

$$a_i=Q_{ij}a_j \tag{2.2.37A}$$

$$T_{ij}=Q_{ik}Q_{jl}T_{kl} \tag{2.2.37B}$$

$$C_{ijkl}=Q_{im}Q_{jn}Q_{ko}Q_{lp}C_{mnop} \tag{2.2.37C}$$

对任意正交矩阵 $\boldsymbol{Q}$, 当且仅当下式成立,式(2.2.37)为各向同性张量:

$$a_i=0 \tag{2.2.38A}$$

$$T_{ij}=\alpha\delta_{ij} \tag{2.2.38B}$$

$$C_{ijkl}=\lambda\delta_{ij}\delta_{kl}+\mu\delta_{ik}\delta_{jl}+\gamma\delta_{il}\delta_{jk} \tag{2.2.38C}$$

其中, α、λ、μ、γ 为常数。

在材料本构关系中,其变换张量为四阶张量,若材料是各向同性的,则可利用式(2.2.38C)来确定各材料常数间的相互关系,从而将 81 个材料常数简化成式(2.2.38C)中的 λ、μ、γ 三个材料常数;再利用四阶张量的 Voigt 对称性,将三个材料常数简化成两个独立的材料常数。

6) 四阶等同张量

以 $\boldsymbol{I}$ 表示四阶等同张量,其分量形式为

$$I_{ijkl}=\frac{1}{2}(\delta_{ik}\delta_{jl}+\delta_{jk}\delta_{il}) \tag{2.2.39}$$

易证 I_{ijkl} 具有下列三重对称特性,又称为 Voigt 对称性:

$$I_{ijkl}=I_{jikl}=I_{ijlk}=I_{klij} \tag{2.2.40}$$

例如,按照四阶等同张量, I_{klij} 可表示为

$$I_{klij}=\frac{1}{2}(\delta_{ki}\delta_{lj}+\delta_{li}\delta_{kj})=\frac{1}{2}(\delta_{ik}\delta_{jl}+\delta_{il}\delta_{jk})=I_{ijkl}$$

对任意二阶对称张量 $\boldsymbol{A}$，四阶等同张量 $\boldsymbol{I}$ 具有以下特性：

$$\boldsymbol{I}:\boldsymbol{A}=\boldsymbol{A} \tag{2.2.41A}$$

$$\boldsymbol{I}:\boldsymbol{I}=\boldsymbol{I} \tag{2.2.41B}$$

以下定义的四阶张量 $\bar{\boldsymbol{I}}$ 称为四阶特殊等同张量：

$$\bar{\boldsymbol{I}}=\boldsymbol{I}-\frac{1}{3}\mathbf{1}\otimes\mathbf{1} \tag{2.2.42}$$

对任意二阶对称张量 $\boldsymbol{A}$，四阶特殊等同张量 $\bar{\boldsymbol{I}}$ 具有以下特性：

$$\bar{\boldsymbol{I}}:\boldsymbol{A}=\boldsymbol{A}^{\mathrm{dev}}=\boldsymbol{A}-\frac{1}{3}\mathrm{tr}(\boldsymbol{A})\mathbf{1} \tag{2.2.43A}$$

$$\bar{\boldsymbol{I}}:\bar{\boldsymbol{I}}=\bar{\boldsymbol{I}} \tag{2.2.43B}$$

注意在推导上式的过程中用到了式(2.2.31C)。

2.2.2.8　加法分解

任何二阶张量均可分解为对称张量 $\boldsymbol{N}$ 和反对称张量 $\boldsymbol{\Omega}$ 之和：

$$\boldsymbol{T}=\boldsymbol{N}+\boldsymbol{\Omega} \tag{2.2.44A}$$

$$\boldsymbol{N}=\frac{1}{2}(\boldsymbol{T}+\boldsymbol{T}^{\mathrm{T}}) \tag{2.2.44B}$$

$$\boldsymbol{\Omega}=\frac{1}{2}(\boldsymbol{T}-\boldsymbol{T}^{\mathrm{T}}) \tag{2.2.44C}$$

而对称张量 $\boldsymbol{N}$ 又可分解为球形张量 $\boldsymbol{P}$ 和偏斜张量 $\boldsymbol{N}^{\mathrm{dev}}$：

$$\boldsymbol{N}=\boldsymbol{P}+\boldsymbol{N}^{\mathrm{dev}}\Leftrightarrow N_{ij}=P_{ij}+N_{ij}^{\mathrm{dev}} \tag{2.2.45A}$$

$$\boldsymbol{P}=\frac{1}{3}N_{kk}\mathbf{1} \tag{2.2.45B}$$

$$\boldsymbol{N}^{\mathrm{dev}}=\boldsymbol{N}-\frac{1}{3}N_{kk}\mathbf{1} \tag{2.2.45C}$$

2.2.2.9　乘法分解(极分解)

设 $\boldsymbol{T}$ 为任意一个可逆的二阶张量，则它可以分解为

$$\boldsymbol{T}=\boldsymbol{R}_1\cdot\boldsymbol{U}=\boldsymbol{V}\cdot\boldsymbol{R}_2 \tag{2.2.46}$$

其中，$\boldsymbol{R}_1$ 和 $\boldsymbol{R}_2$ 为正交张量，可证明 $\boldsymbol{R}_1=\boldsymbol{R}_2=\boldsymbol{R}$，$\boldsymbol{R}$ 代表刚体旋转；$\boldsymbol{U}$ 和 $\boldsymbol{V}$ 均为对称的正定张量(即其三个主值均为正数)，代表纯变形。上式的前后两项分别称为右极分解和左极分解。这样 $\boldsymbol{T}$ 对应的线性变换就可以写为

$$\boldsymbol{T}\cdot\boldsymbol{a}=\boldsymbol{R}\cdot\boldsymbol{U}\cdot\boldsymbol{a}=\boldsymbol{V}\cdot\boldsymbol{R}\cdot\boldsymbol{a} \tag{2.2.47}$$

等式的前一段表示先拉伸变形 $\boldsymbol{U}$、后转动 $\boldsymbol{R}$，等式的后一段则表示先刚体转动 $\boldsymbol{R}$、后拉伸变形 $\boldsymbol{V}$。下面我们直接由 $\boldsymbol{T}$ 求出 $\boldsymbol{U}$ 和 $\boldsymbol{R}$，也就证明了 $\boldsymbol{T}$ 可做上述的极分解。

$$\boldsymbol{T}^{\mathrm{T}} = (\boldsymbol{R} \cdot \boldsymbol{U})^{\mathrm{T}} = \boldsymbol{U}^{\mathrm{T}} \cdot \boldsymbol{R}^{\mathrm{T}} = \boldsymbol{U} \cdot \boldsymbol{R}^{\mathrm{T}}$$

$$\boldsymbol{T}^{\mathrm{T}} \cdot \boldsymbol{T} = (\boldsymbol{U} \cdot \boldsymbol{R}^{\mathrm{T}}) \cdot (\boldsymbol{R} \cdot \boldsymbol{U}) = \boldsymbol{U} \cdot \boldsymbol{U} = \boldsymbol{U}^2$$

由于已经假设 $\boldsymbol{T}$ 可逆，因此 $\boldsymbol{T}^{\mathrm{T}} \cdot \boldsymbol{T}$ 必为正定张量（因 $\boldsymbol{a} \cdot (\boldsymbol{T}^{\mathrm{T}} \cdot \boldsymbol{T}) \cdot \boldsymbol{a} = (\boldsymbol{T} \cdot \boldsymbol{a}) \cdot (\boldsymbol{T} \cdot \boldsymbol{a}) > 0$，$\boldsymbol{a}$ 为任意非零矢量，$\boldsymbol{T}$ 为可逆），显然它也是对称张量，因此我们可以将其写为标准型：

$$\boldsymbol{T}^{\mathrm{T}} \cdot \boldsymbol{T} = \lambda_1^2 \boldsymbol{e}_1 \otimes \boldsymbol{e}_1 + \lambda_2^2 \boldsymbol{e}_2 \otimes \boldsymbol{e}_2 + \lambda_3^2 \boldsymbol{e}_3 \otimes \boldsymbol{e}_3 = \boldsymbol{U}^2 \tag{2.2.48}$$

其中，λ_1、λ_2、λ_3 均大于零，所以

$$\boldsymbol{U} = \lambda_1 \boldsymbol{e}_1 \otimes \boldsymbol{e}_1 + \lambda_2 \boldsymbol{e}_2 \otimes \boldsymbol{e}_2 + \lambda_3 \boldsymbol{e}_3 \otimes \boldsymbol{e}_3 \tag{2.2.49}$$

利用

$$\boldsymbol{T} \cdot \boldsymbol{U}^{-1} = \boldsymbol{R} \tag{2.2.50}$$

则可求出 $\boldsymbol{R}$。$\boldsymbol{R}$ 为正交张量，因为利用式(2.2.48)，可证

$$\boldsymbol{R} \cdot \boldsymbol{R}^{\mathrm{T}} = (\boldsymbol{T} \cdot \boldsymbol{U}^{-1}) \cdot (\boldsymbol{T} \cdot \boldsymbol{U}^{-1})^{\mathrm{T}} = \boldsymbol{T} \cdot (\boldsymbol{U} \cdot \boldsymbol{U})^{-1} \cdot \boldsymbol{T}^{\mathrm{T}} = \mathbf{1}$$

利用 $\boldsymbol{T} \cdot \boldsymbol{T}^{\mathrm{T}}$ 重复上述步骤则可得 $\boldsymbol{V}$。在进行大变形的几何分析时需要用到乘法分解。

2.2.2.10　商法则

若某量 $\boldsymbol{T}$ 与任意一个张量 $\boldsymbol{a}$ 的点积 $\boldsymbol{b}$ 为张量，则 $\boldsymbol{T}$ 必为张量。例如，$\boldsymbol{a}$ 为任意矢量（一阶张量），$\boldsymbol{T}$ 与 $\boldsymbol{a}$ 点积所得的 $\boldsymbol{b}$，即 $\boldsymbol{T} \cdot \boldsymbol{a} = \boldsymbol{b}$ 都是张量（一阶），即 $\boldsymbol{b}$ 的分量服从坐标转换关系，$b_i = b_j \beta_{ji}$，则 $\boldsymbol{T}$ 必为张量。

2.2.2.11　二阶张量的不变量

特征值和特征向量一般是为偶阶张量定义的，若一阶向量 $\boldsymbol{a}$ 为二阶张量 $\boldsymbol{T}$ 的特征向量，当且仅当有一标量 λ，下式成立：

$$\boldsymbol{T} \cdot \boldsymbol{a} = \lambda \boldsymbol{a} \Leftrightarrow T_{ij} a_j = \lambda a_i \tag{2.2.51}$$

标量 λ 称为与特征向量 $\boldsymbol{a}$ 对应的特征值。式(2.2.51)为变量 a_1、a_2、a_3 的线性齐次方程组，若有非凡解，下式必须成立：

$$\det[\boldsymbol{T} - \lambda \mathbf{1}] = 0 \tag{2.2.52}$$

上式左端为 λ 的三次多项式。该多项式通常有三个实根，或一个实根、两个复数根；若 $\boldsymbol{T}$ 为对称，则三个根均为实根；若 $\boldsymbol{T}$ 为对称且是正定张量，则上式有三个正的实根，分别为 λ_1、λ_2、λ_3。

式(2.2.52)可以展开成下列三次多项式：

$$\lambda^3 - J_1 \lambda^2 + J_2 \lambda - J_3 = 0 \tag{2.2.53}$$

其中

$$J_1 = \mathrm{tr}(\boldsymbol{T}) = \lambda_1 + \lambda_2 + \lambda_3 \tag{2.2.54A}$$

$$J_2 = \frac{1}{2}[(\mathrm{tr}(\boldsymbol{T}))^2 - tr(\boldsymbol{T}^2)] = \lambda_1\lambda_2 + \lambda_2\lambda_3 + \lambda_3\lambda_1 \tag{2.2.54B}$$

$$J_3 = \det(\boldsymbol{T}) = \lambda_1\lambda_2\lambda_3 \tag{2.2.54C}$$

其中，J_1、J_2、J_3 称为张量 $\boldsymbol{T}$ 的主不变量，由主不变量组成的方程(2.2.53)为二阶张量 $\boldsymbol{T}$ 的特征方程。

上述张量不变量对张量本身的导数在后续大变形本构关系的讨论中非常有用，其结果为

$$\frac{\partial J_1}{\partial \boldsymbol{T}} = \mathbf{1},\ \frac{\partial J_2}{\partial \boldsymbol{T}} = J_1\mathbf{1} - \boldsymbol{T}^{\mathrm{T}},\ \frac{\partial J_3}{\partial \boldsymbol{T}} = J_3\boldsymbol{T}^{-\mathrm{T}} \tag{2.2.55}$$

2.2.2.12 张量的度量

一阶张量 $\boldsymbol{a}$、二阶张量 $\boldsymbol{T}$、三阶张量 $\boldsymbol{A}$、四阶张量 $\boldsymbol{C}$ 的大小度量由下式给出：

$$\|\boldsymbol{a}\| = (\boldsymbol{a}\cdot\boldsymbol{a})^{1/2} = (a_i a_i)^{1/2} \tag{2.2.56A}$$

$$\|\boldsymbol{T}\| = (\boldsymbol{T}:\boldsymbol{T})^{1/2} = (T_{ij}T_{ij})^{1/2} \tag{2.2.56B}$$

2.2.2.13 Hamilton-Cayley 原理

Hamilton-Cayley 原理认为，张量 $\boldsymbol{T}$ 应满足其自身的特征方程，即

$$\boldsymbol{T}^3 - J_1\boldsymbol{T}^2 + J_2\boldsymbol{T} - J_3\mathbf{1} = 0 \tag{2.2.57}$$

若张量 $\boldsymbol{T}$ 为非奇异，即 $J_3 \neq 0$，由上式可得

$$\boldsymbol{T}^{-1} = (\boldsymbol{T}^2 - J_1\boldsymbol{T} + J_2\mathbf{1})/J_3 \tag{2.2.58}$$

对上式两端求迹，并利用式(2.2.54)，得

$$J_2 = J_3\mathrm{tr}(\boldsymbol{T}^{-1}) \tag{2.2.59}$$

2.2.3 张量的微积分

2.2.3.1 梯度

设有标量函数 $\varphi(X_1, X_2, X_3)$，例如表示物体温度和密度的函数，当坐标转换时，同一点的新旧坐标值不同了，即由 (X_1, X_2, X_3) 变换成 (x_1, x_2, x_3)，函数 φ 的形式也随之改变，但同一点的 φ 值保持不变（即不随坐标变换而改变）。$\partial\varphi/\partial X_i$ 有三个分量，它们的几何集合构成一个矢量。由复合函数求导法则，有

$$\frac{\partial\varphi}{\partial x_i} = \frac{\partial\varphi}{\partial X_j}\frac{\partial X_j}{\partial x_i} = Q_{ji}\frac{\partial\varphi}{\partial X_j}$$

$$Q_{ji} = \frac{\partial X_j}{\partial x_i}$$

上式表明 $\partial\varphi/\partial X_j$ 是矢量的分量。利用运算符 ∇（读作 nabla）把它记作

$$\varphi\nabla = \frac{\partial\varphi}{\partial X_i}{}^{i_X}\boldsymbol{e}_i = \frac{\partial\varphi}{\partial x_i}{}^{i_x}\boldsymbol{e}_i \tag{2.2.60A}$$

$$\nabla\varphi = {}^{i_X}\boldsymbol{e}_i \frac{\partial\varphi}{\partial X_i} = {}^{i_x}\boldsymbol{e}_i \frac{\partial\varphi}{\partial x_i} \tag{2.2.60B}$$

$\varphi\nabla$、$\nabla\varphi$ 分别称为右梯度和左梯度。

梯度为一矢量场,其方向垂直于 φ 的等值面并指向 φ 增加的方向。梯度可以推广到矢量场和张量场。设 $\boldsymbol{v}(X_1, X_2, X_3)$ 为一矢量场,例如速度或位移场,则有

$$\boldsymbol{v} = v_i {}^{i_X}\boldsymbol{e}_i$$

$$\boldsymbol{v}\nabla = \frac{\partial \boldsymbol{v}}{\partial X_j} \otimes {}^{i_X}\boldsymbol{e}_j = \frac{\partial}{\partial X_j}(v_i {}^{i_X}\boldsymbol{e}_i) \otimes {}^{i_X}\boldsymbol{e}_j = \frac{\partial v_i}{\partial X_j} {}^{i_X}\boldsymbol{e}_i \otimes {}^{i_X}\boldsymbol{e}_j = v_{i,j} {}^{i_X}\boldsymbol{e}_i \otimes {}^{i_X}\boldsymbol{e}_j \tag{2.2.61A}$$

$$\nabla \boldsymbol{v} = {}^{i_X}\boldsymbol{e}_i \otimes \frac{\partial \boldsymbol{v}}{\partial X_i} = {}^{i_X}\boldsymbol{e}_i \otimes \frac{\partial}{\partial X_i}(v_j {}^{i_X}\boldsymbol{e}_j) = \frac{\partial v_j}{\partial X_i} {}^{i_X}\boldsymbol{e}_i \otimes {}^{i_X}\boldsymbol{e}_j = v_{j,i} {}^{i_X}\boldsymbol{e}_i \otimes {}^{i_X}\boldsymbol{e}_j \tag{2.2.61B}$$

显然,$\boldsymbol{v}\nabla$ 为二阶张量场,$\boldsymbol{v}\nabla = (\nabla\boldsymbol{v})^{\mathrm{T}}$。

2.2.3.2 散度和旋度

(1) $\mathrm{tr}(\boldsymbol{v}\nabla)$ 称为矢量场 $\boldsymbol{v}$ 的散度:

$$\mathrm{tr}(\boldsymbol{v}\nabla) = \boldsymbol{v}\cdot\nabla = \frac{\partial \boldsymbol{v}}{\partial X_j}\cdot {}^{i_X}\boldsymbol{e}_j = v_{i,j} {}^{i_X}\boldsymbol{e}_i \cdot {}^{i_X}\boldsymbol{e}_j = v_{i,j}\delta_{ij} = v_{i,i} \tag{2.2.62A}$$

$$\mathrm{tr}(\nabla\boldsymbol{v}) = \nabla\cdot\boldsymbol{v} = {}^{i_X}\boldsymbol{e}_i \cdot \frac{\partial \boldsymbol{v}}{\partial X_i} = v_{j,i} {}^{i_X}\boldsymbol{e}_i \cdot {}^{i_X}\boldsymbol{e}_j = v_{i,j}\delta_{ij} = v_{i,i} \tag{2.2.62B}$$

显然,散度 $\boldsymbol{v}\cdot\nabla = \nabla\cdot\boldsymbol{v}$ 为一标量场。

假定 $\boldsymbol{A}$、$\boldsymbol{B}$ 均为二阶张量,则由此可推得

$$(\boldsymbol{A}\cdot\boldsymbol{B})\cdot\nabla = \boldsymbol{A}\cdot(\boldsymbol{B}\cdot\nabla) + (\boldsymbol{A}\nabla):\boldsymbol{B} \tag{2.2.63}$$

(2) $\nabla\times\boldsymbol{v}$ 称为旋度,它是一个矢量场,定义为

$$\boldsymbol{v}\times\nabla = \frac{\partial \boldsymbol{v}}{\partial X_j}\times {}^{i_X}\boldsymbol{e}_j = v_{i,j} {}^{i_X}\boldsymbol{e}_i \times {}^{i_X}\boldsymbol{e}_j = v_{i,j}\boldsymbol{e}_{ijk} {}^{i_X}\boldsymbol{e}_k \tag{2.2.64A}$$

$$\nabla\times\boldsymbol{v} = {}^{i_X}\boldsymbol{e}_i \times \frac{\partial \boldsymbol{v}}{\partial X_i} = v_{j,i} {}^{i_X}\boldsymbol{e}_i \times {}^{i_X}\boldsymbol{e}_j = v_{j,i} e_{ijk} {}^{i_X}\boldsymbol{e}_k \tag{2.2.64B}$$

由置换符号的性质可知 $\boldsymbol{v}\times\nabla = -\nabla\times\boldsymbol{v}$。

由上可见,∇ 运算可施加于任意阶张量 $\boldsymbol{T}$,并可以证明所得到的是高一阶的张量。例如,

$$\boldsymbol{T} = T_{ij} {}^{i_X}\boldsymbol{e}_i \otimes {}^{i_X}\boldsymbol{e}_j \tag{2.2.65A}$$

$$\boldsymbol{T}\nabla = \frac{\partial \boldsymbol{T}}{\partial X_k} \otimes \boldsymbol{e}_k = T_{ij,k} {}^{i_X}\boldsymbol{e}_i \otimes {}^{i_X}\boldsymbol{e}_j \otimes {}^{i_X}\boldsymbol{e}_k \tag{2.2.65B}$$

$$\nabla\boldsymbol{T} = {}^{i_X}\boldsymbol{e}_i \otimes \frac{\partial \boldsymbol{T}}{\partial X_i} = T_{jk,i} {}^{i_X}\boldsymbol{e}_i \otimes {}^{i_X}\boldsymbol{e}_j \otimes {}^{i_X}\boldsymbol{e}_k \tag{2.2.65C}$$

显然 $\boldsymbol{T}\nabla \neq \nabla\boldsymbol{T}$。类似有

$$\boldsymbol{T}\cdot\nabla=\frac{\partial\boldsymbol{T}}{\partial X_k}\cdot{}^{iX}\boldsymbol{e}_k=T_{ij,k}{}^{iX}\boldsymbol{e}_i\otimes({}^{iX}\boldsymbol{e}_j\cdot{}^{iX}\boldsymbol{e}_k)=T_{ij,k}\delta_{jk}{}^{iX}\boldsymbol{e}_i=T_{ij,j}{}^{iX}\boldsymbol{e}_i \tag{2.2.66A}$$

$$\nabla\cdot\boldsymbol{T}={}^{iX}\boldsymbol{e}_i\cdot\frac{\partial\boldsymbol{T}}{\partial X_i}=T_{jk,i}({}^{iX}\boldsymbol{e}_i\cdot{}^{iX}\boldsymbol{e}_j)\otimes{}^{iX}\boldsymbol{e}_k=T_{jk,i}\delta_{ij}{}^{iX}\boldsymbol{e}_k=T_{ik,i}{}^{t}\boldsymbol{e}_k \tag{2.2.66B}$$

2.2.3.3 Gauss 定理

如图 2.2.2 所示，Ω 为三维空间的域，Γ 为其封闭表面，面元 $\mathrm{d}a$ 处的单位外法线记作 $\boldsymbol{n}$，面元可表示为矢量 $\mathrm{d}\boldsymbol{a}$：

$$\mathrm{d}\boldsymbol{a}=\boldsymbol{n}\mathrm{d}a$$

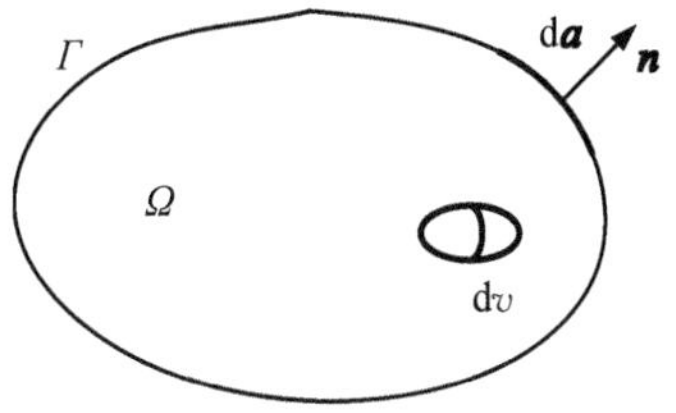

图 2.2.2　三维空间的域 Ω 与封闭表面 S

可以证明

$$\int_\Omega(\boldsymbol{v}\cdot\nabla)\mathrm{d}v=\int_\Gamma\boldsymbol{v}\cdot\mathrm{d}\boldsymbol{a}=\int_\Gamma\boldsymbol{v}\cdot\boldsymbol{n}\mathrm{d}a \tag{2.2.67}$$

其中，$\boldsymbol{v}$ 为矢量场(如速度场)。若 $\boldsymbol{v}$ 为速度场，等式左端的 $\boldsymbol{v}\cdot\nabla$ 表示单位时间内单位体积向外的流量。若 $\boldsymbol{v}$ 为一函数 φ，则式(2.2.67)可改写成

$$\int_\Omega\varphi\nabla\mathrm{d}v=\int_\Gamma\boldsymbol{n}\varphi\mathrm{d}a \tag{2.2.68}$$

2.2.4　矩阵运算表示

本书将使用与张量相同的标记来表示矩阵，一般用大写黑体字母 $\boldsymbol{A}$ 表示高阶矩阵、用小写黑体字母 $\boldsymbol{v}$ 表示列矩阵，矩阵第一个下标代表行、第二个下表代表表列，矩阵之间的运算不采用连接符号。例如 $\boldsymbol{x}$、$\boldsymbol{v}$ 为列矩阵，且有

$$\boldsymbol{x}=\begin{Bmatrix}x_1\\x_2\\x_3\end{Bmatrix},\quad\boldsymbol{v}=\begin{Bmatrix}v_1\\v_2\\v_3\end{Bmatrix}$$

则它们之间的乘法运算标记为 $\boldsymbol{v}^{\mathrm{T}}\boldsymbol{x}$，其中上标“T”表示矩阵的转置。再如，一个 3×3 的矩阵 $\boldsymbol{A}$ 和一个 2×3 的矩阵 $\boldsymbol{B}$ 写成下面的形式：

$$\boldsymbol{A}=\begin{bmatrix}A_{11}&A_{12}&A_{13}\\A_{21}&A_{22}&A_{23}\\A_{31}&A_{32}&A_{33}\end{bmatrix},\quad\boldsymbol{B}=\begin{bmatrix}B_{11}&B_{12}&B_{13}\\B_{21}&B_{22}&B_{23}\end{bmatrix}$$

为了表示各种标记的运算关系，以下给出了与张量、矩阵、Voigt 标记表示的矩阵相关的运算规则：

$$\underbrace{\boldsymbol{x}\cdot\boldsymbol{A}\cdot\boldsymbol{x}}_{\text{张量}}=\underbrace{\boldsymbol{x}^{\mathrm{T}}\boldsymbol{A}\boldsymbol{x}}_{\text{矩阵}}=\underbrace{x_i\cdot A_{ij}\cdot x_j}_{\text{指标}} \tag{2.2.69A}$$

$$\frac{1}{2}\underbrace{\boldsymbol{\varepsilon}:\boldsymbol{C}:\boldsymbol{\varepsilon}}_{\text{张量}}=\frac{1}{2}\underbrace{\varepsilon_{ij}\cdot C_{ijkl}\cdot\varepsilon_{kl}}_{\text{指标}}=\frac{1}{2}\underbrace{\boldsymbol{\varepsilon}^{\mathrm{T}}\boldsymbol{C}\boldsymbol{\varepsilon}}_{\text{Voigt}} \tag{2.2.69B}$$

前面几节中的基本理论，参考了黄克智等(1999)、Romesh(2005)等文献，读者若需要研读，请查阅相关文献。

2.3 刚体运动学

本节介绍刚体上任一点的位置、速度和加速度在坐标系中的表达式,引入角速度和角加速度的概念,并讨论刚体转动的基本性质。

2.3.1 刚体上点的位置矢量

如图2.3.1所示,固定在刚体上的坐标系 $O-X_1X_2X_3$ 为参考坐标系,记为 $\boldsymbol{i}_X$, 基矢量为 ${}^{i_X}\boldsymbol{e}_i$, 点 O 称为刚体运动的基点,刚体上任意一点 p_X 在坐标系 $\boldsymbol{i}_X$ 中的位置矢量为 $\boldsymbol{X}=X_i{}^{i_X}\boldsymbol{e}_i$; 固定在空间上的坐标系 $o-x_1x_2x_3$ 为空间坐标系,记为 $\boldsymbol{i}_x$, 其基矢量为 ${}^{i_x}\boldsymbol{e}_i$; 假定运动开始时坐标系 $\boldsymbol{i}_X$ 与坐标系 $\boldsymbol{i}_x$ 重合。任意时刻 t, 经转动运动后,刚体上同一点 p_X 在坐标系 $\boldsymbol{i}_x$ 中的投影矢量为 $\boldsymbol{x}=\boldsymbol{Q}^{\mathrm{T}}\cdot\boldsymbol{X}$, 其中 $\boldsymbol{Q}$ 为刚体相对于空间坐标系的转动张量,是跨两坐标系的张量。注意到张量 $\boldsymbol{Q}$ 为正交张量,即 $\boldsymbol{Q}\cdot\boldsymbol{Q}^{\mathrm{T}}=\boldsymbol{1}$。任意时刻 t, 刚体上任意点 p_X 位移 $\boldsymbol{u}(t)$ 为

$$\boldsymbol{u}(t)=\boldsymbol{u}_0(t)+\boldsymbol{Q}^{\mathrm{T}}(t)\cdot\boldsymbol{X}\tag{2.3.1}$$

式中,张量 $\boldsymbol{Q}$ 包含了刚体的姿态。上述变换公式的推导及其具体公式将在2.3.5节中给出。$\boldsymbol{Q}^{\mathrm{T}}(t)\cdot\boldsymbol{X}$ 的物理意义是刚体转动引起的任意点 p_X 在空间坐标系中的位移。而式(2.3.1)的物理意义是刚体上任意点 p_X 在空间坐标系中的运动位移 $\boldsymbol{u}(t)$ 可以分解为基点 O 的平动位移 $\boldsymbol{u}_0(t)$ 与绕基点转动位移 $\boldsymbol{Q}^{\mathrm{T}}(t)\cdot\boldsymbol{X}$ 之矢量和。

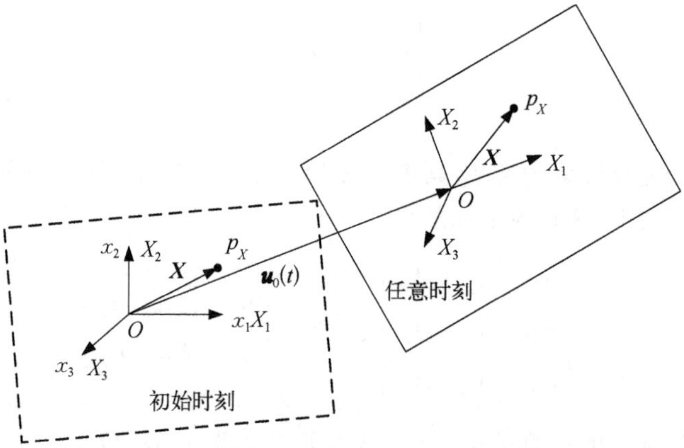

图2.3.1 刚体上任意点的运动位置关系

2.3.2 刚体上运动速度

对式(2.3.1)求时间导数,得

$$\dot{\boldsymbol{u}}(t)=\dot{\boldsymbol{u}}_0(t)+\dot{\boldsymbol{Q}}^{\mathrm{T}}\cdot\boldsymbol{X}=\dot{\boldsymbol{u}}_0(t)+\dot{\boldsymbol{Q}}^{\mathrm{T}}\cdot\boldsymbol{Q}\cdot\boldsymbol{Q}^{\mathrm{T}}\cdot\boldsymbol{X}=\dot{\boldsymbol{u}}_0(t)+\tilde{\boldsymbol{\omega}}\cdot\boldsymbol{x}\tag{2.3.2A}$$

式中

$$\tilde{\boldsymbol{\omega}} = \dot{\boldsymbol{Q}}^{\mathrm{T}} \cdot \boldsymbol{Q} \tag{2.3.2B}$$

虽然 $\boldsymbol{Q}$ 为跨参考坐标系和空间坐标系的张量，但 $\tilde{\boldsymbol{\omega}} = \dot{\boldsymbol{Q}}^{\mathrm{T}} \cdot \boldsymbol{Q}$ 为在空间坐标系下的张量。

由 $\boldsymbol{Q} \cdot \boldsymbol{Q}^{\mathrm{T}} = \boldsymbol{1}$，对其求时间导数得 $\dot{\boldsymbol{Q}} \cdot \boldsymbol{Q}^{\mathrm{T}} + \boldsymbol{Q} \cdot \dot{\boldsymbol{Q}}^{\mathrm{T}} = 0$，根据刚体的有限转动理论（见 2.3.4 节），$\tilde{\boldsymbol{\omega}} = \dot{\boldsymbol{Q}}^{\mathrm{T}} \cdot \boldsymbol{Q} = \tilde{\omega}_{ij} {}^{i_x}\boldsymbol{e}_i \otimes {}^{i_x}\boldsymbol{e}_j$ 是一个反对称旋转张量，必有一定轴转动矢量 $\boldsymbol{\omega} = \omega_i {}^{i_x}\boldsymbol{e}_i$ 存在，使下式成立：

$$\tilde{\boldsymbol{\omega}} \cdot \boldsymbol{x} = \boldsymbol{\omega} \times \boldsymbol{x} \tag{2.3.3}$$

可以证明 $\boldsymbol{\omega}$ 与 $\tilde{\boldsymbol{\omega}}$ 间存在以下关系：

$$\tilde{\boldsymbol{\omega}} = \begin{bmatrix} 0 & -\omega_3 & \omega_2 \\ \omega_3 & 0 & -\omega_1 \\ -\omega_2 & \omega_1 & 0 \end{bmatrix} \tag{2.3.4}$$

$\tilde{\boldsymbol{\omega}}$ 也称为矢量 $\boldsymbol{\omega}$ 的叉乘矩阵，且有 $\tilde{\boldsymbol{\omega}}^{\mathrm{T}} = -\tilde{\boldsymbol{\omega}}$。

这样式（2.3.2A）可改写成

$$\dot{\boldsymbol{u}}(t) = \dot{\boldsymbol{u}}_0(t) + \boldsymbol{\omega} \times \boldsymbol{x} \tag{2.3.5}$$

式（2.3.5）的物理意义为刚体上任意点 p_X 的速度 $\dot{\boldsymbol{u}}(t)$ 为基点 O 的平动运动速度 $\dot{\boldsymbol{u}}_0(t)$ 与点 p_X 相对于基点 O 转动速度 $\boldsymbol{\omega} \times \boldsymbol{x}$ 之和，矢量 $\boldsymbol{\omega}$ 定义为刚体的角速度矢量。

2.3.3 刚体上运动加速度

对式（2.3.2A）求时间导数，可得任一点的加速度为

$$\ddot{\boldsymbol{u}}(t) = \ddot{\boldsymbol{u}}_0(t) + \dot{\tilde{\boldsymbol{\omega}}} \cdot \boldsymbol{x} + \tilde{\boldsymbol{\omega}} \cdot \dot{\boldsymbol{x}} = \ddot{\boldsymbol{u}}_0(t) + (\tilde{\boldsymbol{\varepsilon}} + \tilde{\boldsymbol{\omega}} \cdot \tilde{\boldsymbol{\omega}}) \cdot \boldsymbol{x} \tag{2.3.6A}$$

$$\tilde{\boldsymbol{\varepsilon}} = \dot{\tilde{\boldsymbol{\omega}}} = \tilde{\varepsilon}_{ij} {}^{i_x}\boldsymbol{e}_i \otimes {}^{i_x}\boldsymbol{e}_j = \ddot{\boldsymbol{Q}}^{\mathrm{T}} \cdot \boldsymbol{Q} + \dot{\boldsymbol{Q}}^{\mathrm{T}} \cdot \dot{\boldsymbol{Q}} \tag{2.3.6B}$$

式中，$\tilde{\boldsymbol{\varepsilon}}$ 为反对称旋转张量，因此必有一转动矢量 $\boldsymbol{\varepsilon} = \varepsilon_i {}^{i_x}\boldsymbol{e}_i$ 存在，使下式成立：

$$\tilde{\boldsymbol{\varepsilon}} \cdot \boldsymbol{x} = \boldsymbol{\varepsilon} \times \boldsymbol{x} \tag{2.3.7}$$

可以证明 $\boldsymbol{\varepsilon}$ 与 $\tilde{\boldsymbol{\varepsilon}}$ 间存在以下关系：

$$\tilde{\boldsymbol{\varepsilon}} = \begin{bmatrix} 0 & -\varepsilon_3 & \varepsilon_2 \\ \varepsilon_3 & 0 & -\varepsilon_1 \\ -\varepsilon_2 & \varepsilon_1 & 0 \end{bmatrix} \tag{2.3.8}$$

$\tilde{\boldsymbol{\varepsilon}}$ 也称为矢量 $\boldsymbol{\varepsilon}$ 的叉乘矩阵。

利用式（2.3.3）得

$$\tilde{\boldsymbol{\omega}} \cdot \tilde{\boldsymbol{\omega}} \cdot \boldsymbol{x} = \tilde{\boldsymbol{\omega}} \cdot (\boldsymbol{\omega} \times \boldsymbol{x}) = \boldsymbol{\omega} \times (\boldsymbol{\omega} \times \boldsymbol{x}) \tag{2.3.9}$$

这样，式（2.3.6A）可改写成

$$\ddot{\boldsymbol{u}}(t) = \ddot{\boldsymbol{u}}_0(t) + \boldsymbol{\varepsilon} \times \boldsymbol{x} + \boldsymbol{\omega} \times (\boldsymbol{\omega} \times \boldsymbol{x}) \tag{2.3.10}$$

式(2.3.10)的物理意义为刚体上任意点 p_X 的加速度 $\ddot{\boldsymbol{u}}(t)$ 为基点 O 的平动加速度 $\ddot{\boldsymbol{u}}_0(t)$ 与相对于基点 p_X 的转动加速度 $\boldsymbol{\varepsilon}\times\boldsymbol{x}+\boldsymbol{\omega}\times(\boldsymbol{\omega}\times\boldsymbol{x})$ 之和,其中转动加速度可分解成切向加速度 $\boldsymbol{\varepsilon}\times\boldsymbol{x}$ 与向心加速度 $\boldsymbol{\omega}\times(\boldsymbol{\omega}\times\boldsymbol{x})$ 之和,矢量 $\boldsymbol{\varepsilon}$ 定义为刚体的角加速度。

2.3.4 刚体的有限转动

前面曾经说过,若某时刻刚体上存在一个反对称旋转张量 $\tilde{\boldsymbol{\omega}}$, 则刚体在该时刻必存在一个轴 A, 使转动矢量 $\boldsymbol{\omega}$ 绕该轴旋转。本节将给出轴 A 的计算公式。

对刚体而言,在研究其转动姿态时可以不考虑基点的平动运动,因此可将刚体平移,使坐标系 $\boldsymbol{i}_X$ 的原点与坐标系 $\boldsymbol{i}_x$ 的原点重合。

刚体绕某固定点由某个位置转动到另一位置的有限角位移称为刚体的有限转动。欧拉定理表明,刚体绕定点的任意有限转动可以由绕通过该点轴 A 的一次有限转动实现。

证明:假定坐标系 $\boldsymbol{i}_x$ 与坐标系 $\boldsymbol{i}_X$ 之间的坐标变换张量为 $\boldsymbol{Q}^{\mathrm{T}}$, 则其特征方程由式(2.2.53)给出:

$$|(\boldsymbol{Q}^{\mathrm{T}}-\lambda\mathbf{1})|=\lambda^3-J_1\lambda^2+J_2\lambda-J_3=0 \tag{2.3.11A}$$

其中不变量 J_1、J_3 由式(2.2.53)给出:

$$J_1=\mathrm{tr}(\boldsymbol{Q}^{\mathrm{T}})=\mathrm{tr}(\boldsymbol{Q}),\quad J_3=\det(\boldsymbol{Q}^{\mathrm{T}})=\det(\boldsymbol{Q})=1$$

不变量 J_2 由式(2.2.59)给出,利用 $\boldsymbol{Q}$ 的正交性,得

$$J_2=J_3\mathrm{tr}(\boldsymbol{Q}^{-\mathrm{T}})=\mathrm{tr}(\boldsymbol{Q})$$

这样,式(2.3.11A)可改写成

$$\lambda^3-\mathrm{tr}(\boldsymbol{Q})\lambda^2+\mathrm{tr}(\boldsymbol{Q})\lambda-1=0 \tag{2.3.11B}$$

上式至少存在一个根(即特征根)$\lambda=1$, 记 $\lambda=1$ 特征值对应的特征向量为 $\boldsymbol{p}$, 则有

$$(\boldsymbol{Q}^{\mathrm{T}}-\lambda\mathbf{1})\cdot\boldsymbol{p}=0 \tag{2.3.12}$$

即

$$\boldsymbol{p}=\boldsymbol{Q}^{\mathrm{T}}\cdot\boldsymbol{p} \tag{2.3.13}$$

上式表明,刚体若在参考坐标系 $\boldsymbol{i}_X$ 中有一有向线段 $\boldsymbol{p}$, 经变换张量 $\boldsymbol{Q}^{\mathrm{T}}$ 的作用,其在空间坐标系 $\boldsymbol{i}_x$ 中的位置 $\boldsymbol{Q}^{\mathrm{T}}\cdot\boldsymbol{p}$ 与在参考坐标系 $\boldsymbol{i}_X$ 中的位置 $\boldsymbol{p}$ 相同,即有向线段 $\boldsymbol{p}$ 上的所有点还在原位,则有向线段 $\boldsymbol{p}$ 的方向就是该时刻刚体的转轴 $\boldsymbol{A}$。

2.3.5 欧拉变换

若不考虑刚体的平动运动,只考虑其转动,则将 $\boldsymbol{i}_X$ 的原点 O 与坐标系 $\boldsymbol{i}_x$ 的原点 o 重合,如图 2.3.2 所示,由此可方便地将坐标系按一定顺序进行旋转。总体而言,空间坐标系 $\boldsymbol{i}_x$ 可由参考坐标系 $\boldsymbol{i}_X$ 按以下三种顺序得到。

2.3.5.1 欧拉变换一

坐标系 $\boldsymbol{i}_x$ 由坐标系 $\boldsymbol{i}_X$ 依次按(3-2-1)顺序旋转 α_3、$-\alpha_2$、α_1 得到,主要用于弹丸运动中的坐标变换, $-\alpha_2$ 的原因是弹丸右旋造成偏流向右,右偏流旋转方向为顺时针方向,

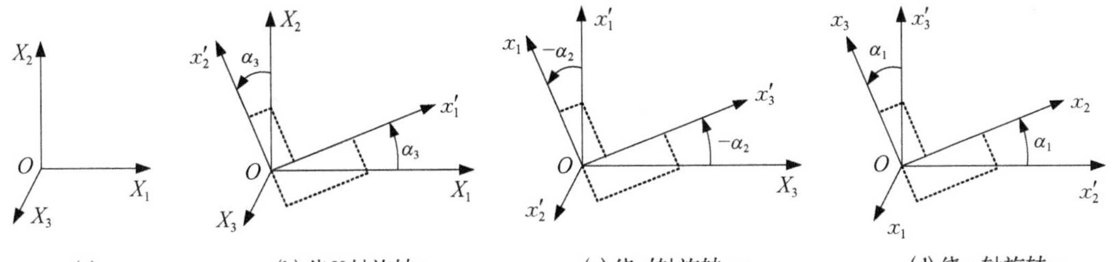

(a)　(b) 绕X_3轴旋转α_3　(c) 绕x_2'轴旋转$-\alpha_2$　(d) 绕x_1轴旋转α_1

图 2.3.2　按(3－2－1)顺序旋转分解示意图

与绕坐标轴 Ox_2 方向相反。

如图 2.3.2 及图 2.3.3 所示,依次按(3－2－1)顺序旋转 α_3、$-\alpha_2$、α_1 是指:

(1) 坐标系 $\boldsymbol{i}_X$ 的 $O-X_1X_2$ 平面绕 OX_3 轴旋转 α_3,得坐标系 $O-x_1'x_2'X_3$,其中 OX_1 轴成为 Ox_1' 轴、OX_2 轴成为 Ox_2' 轴;

(2) 坐标系 $O-x_1'x_2'X_3$ 的 $O-x_1'X_3$ 平面绕 Ox_2' 轴旋转 $-\alpha_2$,得坐标系 $O-x_1x'_2x'_3$,其中 Ox'_1 轴成为 Ox_1 轴、OX_3 轴成为 Ox_3' 轴;

(3) 坐标系 $O-x_1x_2'x_3'$ 的 $O-x_2'x_3'$ 平面绕 Ox_1 轴旋转 α_1,得坐标系 $\boldsymbol{i}_x$,其中 Ox_2' 轴成为 Ox_2 轴、Ox_3' 轴成为 Ox_3 轴。

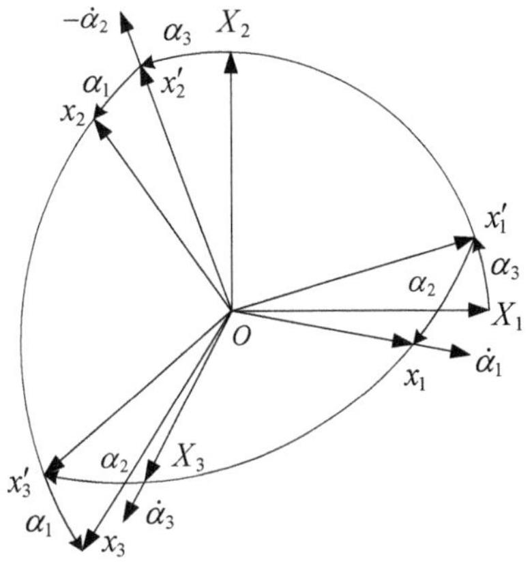

图 2.3.3　按(3－2－1)顺序坐标转换示意图

因此,有

$$^{i_x}\boldsymbol{e}_i = {}^{321}Q_{ij}^{\mathrm{T}}(\alpha_1,\ \alpha_2,\ \alpha_3)\,{}^{i_X}\boldsymbol{e}_j \tag{2.3.14}$$

上述表示方法对欧拉变换二和欧拉变换三亦相同。

式(2.3.14)中 ${}^{321}\boldsymbol{Q}^{\mathrm{T}}(\alpha_1,\ \alpha_2,\ \alpha_3) = {}^{321}Q_{ij}^{\mathrm{T}}\,{}^{i_x}\boldsymbol{e}_i \otimes {}^{i_X}\boldsymbol{e}_j$ 为跨坐标系的二阶转换张量,用 ${}^{321}\boldsymbol{Q}^{\mathrm{T}}(\alpha_1,\ \alpha_2,\ \alpha_3)$ 表示转换张量 ${}^{321}\boldsymbol{Q}^{\mathrm{T}}$ 中的元素是角 α_1、α_2、α_3 的三角函数关系,符号左上角的数字排列表示坐标轴的转动顺序(3－2－1),其矩阵表达式为

$${}^{321}\boldsymbol{Q}^{\mathrm{T}}(\alpha_1,\alpha_2,\alpha_3) = \begin{bmatrix} \cos\alpha_2\cos\alpha_3 & \cos\alpha_2\sin\alpha_3 & \sin\alpha_2 \\ -\sin\alpha_1\sin\alpha_2\cos\alpha_3 - \cos\alpha_1\sin\alpha_3 & -\sin\alpha_1\sin\alpha_2\sin\alpha_3 + \cos\alpha_1\cos\alpha_3 & \sin\alpha_1\cos\alpha_2 \\ -\cos\alpha_1\sin\alpha_2\cos\alpha_3 + \sin\alpha_1\sin\alpha_3 & -\cos\alpha_1\sin\alpha_2\sin\alpha_3 - \sin\alpha_1\cos\alpha_3 & \cos\alpha_1\cos\alpha_2 \end{bmatrix} \tag{2.3.15}$$

由式(2.3.2B)和式(2.3.4)可得刚体在空间坐标系 $\boldsymbol{i}_x$ 下的转动角速度 ${}^{321}\boldsymbol{\omega} = \omega_i\,{}^{i_x}\boldsymbol{e}_i$:

$$\begin{aligned} {}^{321}\boldsymbol{\omega} = {} & (\dot{\alpha}_1 + \dot{\alpha}_3\sin\alpha_2)\,{}^{i_x}\boldsymbol{e}_1 + (-\dot{\alpha}_2\cos\alpha_1 + \dot{\alpha}_3\sin\alpha_1\cos\alpha_2)\,{}^{i_x}\boldsymbol{e}_2 \\ & + (\dot{\alpha}_2\sin\alpha_1 + \dot{\alpha}_3\cos\alpha_1\cos\alpha_2)\,{}^{i_x}\boldsymbol{e}_3 \end{aligned} \tag{2.3.16}$$

由式(2.3.6B)和式(2.3.8)可得刚体在空间坐标系 $\boldsymbol{i}_x$ 下的转动角加速度 ${}^{321}\boldsymbol{\varepsilon} = \varepsilon_i\,{}^{i_x}\boldsymbol{e}_i$:

$$
\begin{aligned}
{}^{321}\boldsymbol{\varepsilon} = &(\ddot{\alpha}_1 + \ddot{\alpha}_3\sin\alpha_2 + \dot{\alpha}_2\dot{\alpha}_3\cos\alpha_2)\,{}^{i_x}\boldsymbol{e}_1 \\
&+ (-\ddot{\alpha}_2\cos\alpha_1 + \ddot{\alpha}_3\sin\alpha_1\cos\alpha_2 - \dot{\alpha}_2\dot{\alpha}_3\sin\alpha_1\sin\alpha_2 + \dot{\alpha}_1\omega_3)\,{}^{i_x}\boldsymbol{e}_2 \\
&+ (\ddot{\alpha}_2\sin\alpha_1 + \ddot{\alpha}_3\cos\alpha_1\cos\alpha_2 - \dot{\alpha}_2\dot{\alpha}_3\cos\alpha_1\sin\alpha_2 - \dot{\alpha}_1\omega_2)\,{}^{i_x}\boldsymbol{e}_3
\end{aligned}
\tag{2.3.17}
$$

特别地,若令上述三个欧拉角中任意一个角、角速度和角加速度均为零,则旋转公式(2.3.14)~(2.3.17)就退化成只有两个欧拉角的旋转。同样,若令上述三个欧拉角中任意两个角、角速度和角加速度均为零,则旋转公式就退化成只有一个欧拉角的旋转。

2.3.5.2 欧拉变换二

坐标系 $\boldsymbol{i}_x$ 由坐标系 $\boldsymbol{i}_X$ 依次按(2-3-1)顺序旋转 $-\alpha_2$、α_3、α_1 得到,主要用于火炮运动中的运动变换。由于调炮时,一般先调方向再调高低,$-\alpha_2$ 的原因是方向调炮以正北顺时针方向为正。

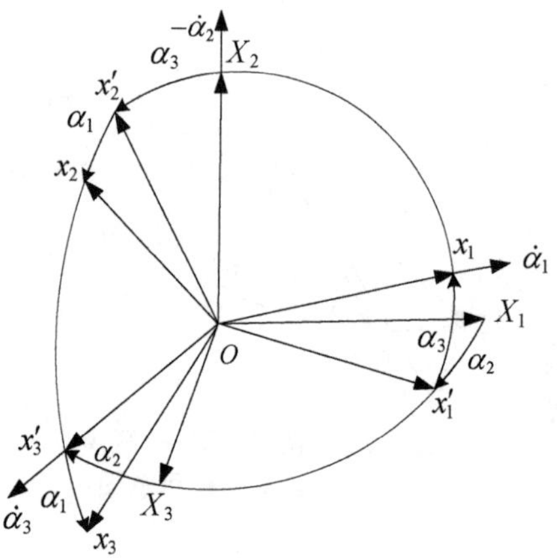

图 2.3.4 按(2-3-1)顺序坐标转换示意图

如图 2.3.4 所示,依次按(2-3-1)顺序旋转 $-\alpha_2$、α_3、α_1 是指:

(1) 坐标系 $\boldsymbol{i}_X$ 的 $O-X_1X_3$ 平面绕 OX_2 轴旋转 $-\alpha_2$,得坐标系 $O-x_1'X_2x_3'$,其中 OX_1 轴成为 Ox_1' 轴、OX_3 轴成为 Ox_3' 轴;

(2) 坐标系 $O-x_1'X_2x_3'$ 的 $O-x_1'X_2$ 平面绕 Ox_3' 轴旋转 α_3,得坐标系 $O-x_1x_2'x_3'$,其中 Ox_1' 轴成为 Ox_1 轴、OX_2 轴成为 Ox_2' 轴;

(3) 坐标系 $O-x_1x_2'x_3'$ 的 $O-x_2'x_3'$ 平面绕 Ox_1 轴旋转 α_1,得坐标系 $\boldsymbol{i}_x$,其中 Ox_2' 轴成为 Ox_2 轴、Ox_3' 轴成为 Ox_3 轴。

则转换矩阵和角速度 ${}^{231}\boldsymbol{\omega} = \omega_i\,{}^{i_x}\boldsymbol{e}_i$、角加速度 ${}^{231}\boldsymbol{\varepsilon} = \varepsilon_i\,{}^{i_x}\boldsymbol{e}_i$ 列阵分别为

$$
{}^{231}\boldsymbol{Q}^{\mathrm{T}}(\alpha_1,\alpha_2,\alpha_3) = \begin{bmatrix}
\cos\alpha_2\cos\alpha_3 & \sin\alpha_3 & \sin\alpha_2\cos\alpha_3 \\
-\cos\alpha_1\cos\alpha_2\sin\alpha_3 - \sin\alpha_1\sin\alpha_2 & \cos\alpha_1\cos\alpha_3 & -\cos\alpha_1\sin\alpha_2\sin\alpha_3 + \sin\alpha_1\cos\alpha_2 \\
\sin\alpha_1\cos\alpha_2\sin\alpha_3 - \cos\alpha_1\sin\alpha_2 & -\sin\alpha_1\cos\alpha_3 & \cos\alpha_1\cos\alpha_2 + \sin\alpha_1\sin\alpha_2\sin\alpha_3
\end{bmatrix}
\tag{2.3.18}
$$

$$
\begin{aligned}
{}^{231}\boldsymbol{\omega} = &(\dot{\alpha}_1 - \dot{\alpha}_2\sin\alpha_3)\,{}^{i_x}\boldsymbol{e}_1 + (-\dot{\alpha}_2\cos\alpha_1\cos\alpha_3 + \dot{\alpha}_3\sin\alpha_1)\,{}^{i_x}\boldsymbol{e}_2 \\
&+ (\dot{\alpha}_2\sin\alpha_1\cos\alpha_3 + \dot{\alpha}_3\cos\alpha_1)\,{}^{i_x}\boldsymbol{e}_3
\end{aligned}
\tag{2.3.19}
$$

$$
\begin{aligned}
{}^{231}\boldsymbol{\varepsilon} = &(\ddot{\alpha}_1 - \ddot{\alpha}_2\sin\alpha_3 - \dot{\alpha}_2\dot{\alpha}_3\cos\alpha_3)\,{}^{i_x}\boldsymbol{e}_1 \\
&+ (-\ddot{\alpha}_2\cos\alpha_1\cos\alpha_3 + \ddot{\alpha}_3\sin\alpha_1 + \dot{\alpha}_2\dot{\alpha}_3\cos\alpha_1\sin\alpha_3 + \dot{\alpha}_1\omega_3)\,{}^{i_x}\boldsymbol{e}_2 \\
&+ (\ddot{\alpha}_2\sin\alpha_1\cos\alpha_3 + \ddot{\alpha}_3\cos\alpha_1 - \dot{\alpha}_2\dot{\alpha}_3\sin\alpha_1\sin\alpha_3 - \dot{\alpha}_1\omega_2)\,{}^{i_x}\boldsymbol{e}_3
\end{aligned}
\tag{2.3.20}
$$

2.3.5.3 欧拉变换三

坐标系 $\boldsymbol{i}_x$ 由坐标系 $\boldsymbol{i}_X$ 依次按(1-3-2)顺序旋转 α_1、α_3、$-\alpha_2$ 得到,主要用于弹丸弹

带在膛内运动的变换，膛内运动期间弹丸和弹带绕身管轴线而不是绕弹丸轴线滚转。

如图 2.3.5 所示，依次按（1 − 3 − 2）顺序旋转 α_1、α_3、$-\alpha_2$ 是指：

（1）坐标系 $\boldsymbol{i}_X$ 的 $O-X_2X_3$ 平面绕 OX_1 轴旋转 α_1，得坐标系 $O-X_1x_2'x_3'$，其中 OX_2 轴成为 Ox_2' 轴、OX_3 轴成为 Ox_3' 轴；

（2）坐标系 $O-X_1x_2'x_3'$ 的 $O-X_1x_2'$ 平面绕 Ox_3' 轴旋转 α_3，得坐标系 $O-x_1'x_2x_3'$，其中 OX_1 轴成为 Ox_1' 轴、Ox_2' 轴成为 Ox_2 轴；

（3）坐标系 $O-x_1'x_2x_3'$ 的 $O-x_1'x_3'$ 平面绕 Ox_2 轴旋转 $-\alpha_2$，得坐标系 i_x，其中 Ox'_1 轴成为 Ox_1 轴、Ox_3' 轴成为 Ox_3 轴。

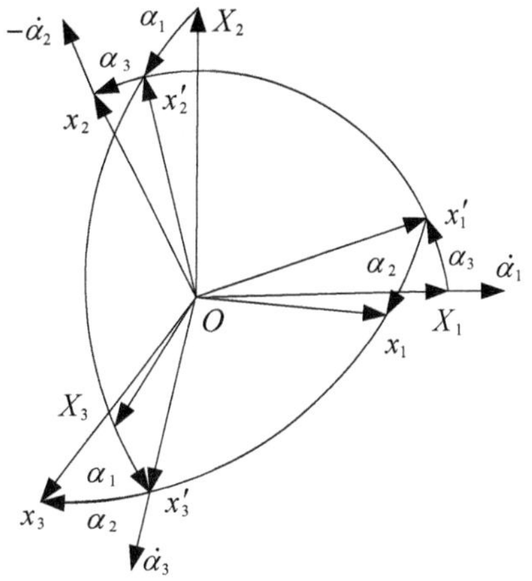

图 2.3.5　按(1－3－2)顺序坐标转换示意图

则转换矩阵和角速度 ${}^{231}\boldsymbol{\omega} = \omega_i{}^{i_x}\boldsymbol{e}_i$、角加速度 ${}^{132}\boldsymbol{\varepsilon} = \varepsilon_i{}^{i_x}\boldsymbol{e}_i$ 列阵分别为

$$
{}^{132}\boldsymbol{Q}^{\mathrm{T}}(\alpha_1,\alpha_2,\alpha_3)=\begin{bmatrix}\cos\alpha_2\cos\alpha_3 & \cos\alpha_1\cos\alpha_2\sin\alpha_3-\sin\alpha_1\sin\alpha_2 & \sin\alpha_1\cos\alpha_2\sin\alpha_3+\cos\alpha_1\sin\alpha_2\\ -\sin\alpha_3 & \cos\alpha_1\cos\alpha_3 & \sin\alpha_1\cos\alpha_3\\ -\sin\alpha_2\cos\alpha_3 & -\cos\alpha_1\sin\alpha_2\sin\alpha_3-\sin\alpha_1\cos\alpha_2 & -\sin\alpha_1\sin\alpha_2\sin\alpha_3+\cos\alpha_1\cos\alpha_2\end{bmatrix} \tag{2.3.21}
$$

$$
\begin{aligned}
{}^{132}\boldsymbol{\omega} = {} & (\dot{\alpha}_1\cos\alpha_2\cos\alpha_3+\dot{\alpha}_3\sin\alpha_2){}^{i_x}\boldsymbol{e}_1+(-\dot{\alpha}_1\sin\alpha_3-\dot{\alpha}_2){}^{i_x}\boldsymbol{e}_2\\
& +(-\dot{\alpha}_1\sin\alpha_2\cos\alpha_3+\dot{\alpha}_3\cos\alpha_2){}^{i_x}\boldsymbol{e}_3
\end{aligned} \tag{2.3.22}
$$

$$
\begin{aligned}
{}^{132}\boldsymbol{\varepsilon} = {} & (\ddot{\alpha}_1\cos\alpha_2\cos\alpha_3+\ddot{\alpha}_3\sin\alpha_2-\dot{\alpha}_1\dot{\alpha}_3\cos\alpha_2\sin\alpha_3+\dot{\alpha}_2\omega_3){}^{i_x}\boldsymbol{e}_1\\
& +(-\ddot{\alpha}_1\sin\alpha_3-\ddot{\alpha}_2-\dot{\alpha}_1\dot{\alpha}_3\cos\alpha_3){}^{i_x}\boldsymbol{e}_2\\
& +(-\ddot{\alpha}_1\sin\alpha_2\cos\alpha_3+\ddot{\alpha}_3\cos\alpha_2+\dot{\alpha}_1\dot{\alpha}_3\sin\alpha_2\sin\alpha_3-\dot{\alpha}_2\omega_1){}^{i_x}\boldsymbol{e}_3
\end{aligned} \tag{2.3.23}
$$

2.4　连续介质力学的基础理论

弹带的热弹塑性大变形动力学问题涉及连续介质力学问题中的基本理论和方法，本节将对此作简要讨论。

2.4.1　变形几何学

2.4.1.1　构形和坐标系

结构变形前的形态称为初始构形，记为 $\mathfrak{R}_0$；若以结构在某一时刻 t 的变形状态作为参考状态，则该状态的结构形状称为参考构形，记为 $\mathfrak{R}_t$；若没有特别说明，常用初始构形 $\mathfrak{R}_0$ 作为参考构形；若结构工作在当前时刻 τ（$\tau > t$），其当前工作状态所构成的形态称为当前构形（也称为即时构形），记为 $\mathfrak{R}_\tau$。在研究结构大变形弹塑性问题时，常采用增量法进行求解，其基本原理是以参考构形 $\mathfrak{R}_t$ 上的变量张量为增量求解的起始(参考)值，通过平衡方程求解当前构形 $\mathfrak{R}_\tau$ 上变量张量与参考构形 $\mathfrak{R}_t$ 上的变量张量之间的差值(增量)，求参考值与增量值之和从而获得当前构形 $\mathfrak{R}_\tau$ 上变量张量。参考构形 $\mathfrak{R}_t$ 的选取可任意，只要方便简易就可以，在结构大变形弹塑性问题的求解过程中常给定一个时间增量 Δt，以 t 时刻的构形作为参考构形 $\mathfrak{R}_t$，以 $t+\Delta t$ 时刻的构形作为当前构形 $\mathfrak{R}_{t+\Delta t}$。显然，当 $\tau - t = 0$ 时，参考构形 $\mathfrak{R}_t$ 与当前构形 $\mathfrak{R}_\tau$ 重合，由此推断两构形上定义的各种张量应相同。

定义拉格朗日和欧拉两种直角坐标系。

在参考构形 $\mathfrak{R}_0$ 中任意选定某个以 O 为原点的坐标系，任意物质点 P 的位置矢量用 X 表示：

$$\boldsymbol{X} = X_i{}^{i_X}\boldsymbol{e}_i \tag{2.4.1}$$

式中，${}^{i_X}\boldsymbol{e}_i$ 为参考构形中正交坐标系的单位基矢量；X_i 为位置矢量在参考构形中的分量，如图 2.4.1(a)所示。

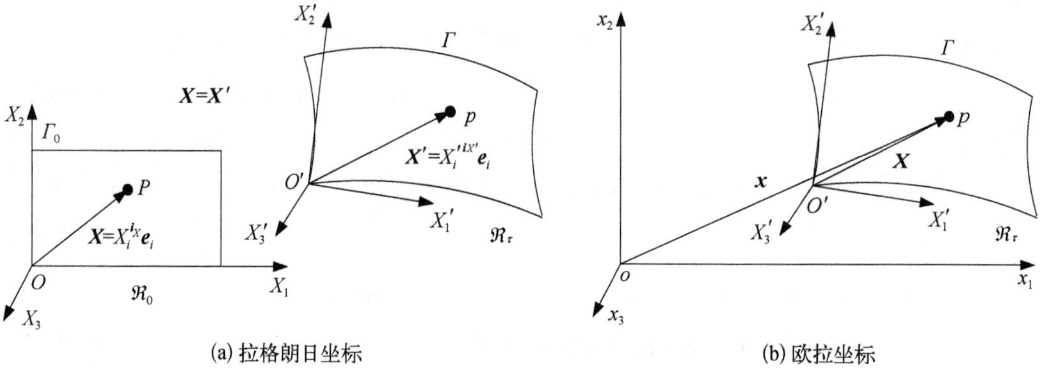

图 2.4.1　拉格朗日坐标和欧拉坐标

在随后的运动时刻 t，参考构形中同一物质点 P、坐标系原点 O 经过变形后成为在当前构形 $\mathfrak{R}_\tau$ 中点 p 和点 O'，固联在参考构形 $\mathfrak{R}_0$ 上的坐标系 $O-X_1X_2X_3$(记为 $\boldsymbol{i}_X$) 变形后成为另一协变正交坐标系 $O'-X_1'X_2'X_3'$(注意坐标系的度量刻度发生了变化，记为 $\boldsymbol{i}_X'$)，单位基矢量 ${}^{i_X}\boldsymbol{e}_i$ 变成协变基矢量 ${}^{i_X}\boldsymbol{e}_i'$，参考构形中物质点 P 虽经变形成为当前构形中的点 p，但点 P 在坐标系 $\boldsymbol{i}_X$ 中的分量 X_i 与点 p 在坐标系 $\boldsymbol{i}_{X'}$ 中的分量 X_i' 相等即 $X_i = X_i'$。有关协变正交坐标系的基本概念，请参考黄克智等(1999)的文献。由此可知，对于物体中一个给定的物质点 P，无论物体怎样运动和变形，物体中的每个物质点变化到什么位置，同一物质点 P 的位置矢量 $\boldsymbol{X}$ 并不随时间而发生变化，位置矢量 $\boldsymbol{X}$ 称为材料坐标，或拉格朗日坐标，$\boldsymbol{X}$ 提供了物体中材料点的标识。在物体的运动过程中，如果我们需要关注某一材料点 $\boldsymbol{X}$ 上物理场变量(应力、应变、温度、位移、速度、加速度等)随时间的变化规律 $f(\boldsymbol{X}, t)$，就可以以 $\boldsymbol{X}$ 为常量来跟踪该场变量。

如图 2.4.1(b)所示，在空间任意选定一个固定点 o 为直角坐标系 $o-x_1x_2x_3$(记为 $\boldsymbol{i}_x$)的原点，用坐标系 $\boldsymbol{i}_x$ 来描述点 p 的运的规律，当前构形中点 p 的位置矢量为

$$\boldsymbol{x} = x_i{}^{i_x}\boldsymbol{e}_i \tag{2.4.2}$$

式中，${}^{i_x}\boldsymbol{e}_i$ 为坐标系 $o-x_1x_2x_3$ 的单位基矢量；x_i 为位置矢量在当前构形中的分量；$\boldsymbol{x}$ 给出了

点 p 在空间的位置,称为空间坐标或欧拉坐标。在物体的运动过程中,如果我们需要关注物体运动经过空间某一位置点 $\boldsymbol{x}$ 上物理场变量(应力、应变、温度、位移、速度、加速度等)随时间的变化规律 $f(\boldsymbol{x}, t)$,就可以给定 $\boldsymbol{x}$ 来观察物体运动经过该点的场变量。

记参考构形 $\mathfrak{R}_0$ 上有一点 P,其位置矢量为 $\boldsymbol{X} = X_i{}^{i_X}\boldsymbol{e}_i$,经某一时间 τ 的弹塑性变形运动 $\boldsymbol{u}$ 后(可考虑含构形刚体运动,但为了便于对弹塑性问题的描述,暂不考虑构形的刚体运动),运动至当前构形 $\mathfrak{R}_\tau$ 上点 p,其在欧拉坐标系 $\boldsymbol{i}_x$ 下的位置矢量为 $\boldsymbol{x} = x_i{}^{i_x}\boldsymbol{e}_i$,由图 2.4.2 可得

$$\boldsymbol{u} = \boldsymbol{x} - {}^0\boldsymbol{x} - \boldsymbol{X} \tag{2.4.3A}$$

式中,${}^0\boldsymbol{x}$ 为空间坐标系 $o-x_1x_2x_3$ 原点 o 与参考坐标系 $\boldsymbol{i}_X$ 原点 O 的位置矢量,可假定两坐标系原点重合,即 ${}^0\boldsymbol{x} = \boldsymbol{0}$。这样式(2.4.3A)简化成

$$\boldsymbol{u} = \boldsymbol{x} - \boldsymbol{X} \text{ 或 } \boldsymbol{x} = \boldsymbol{u} + \boldsymbol{X} \tag{2.4.3B}$$

对式(2.4.3B)分别求时间的一阶和二阶导数,得

$$\dot{\boldsymbol{u}} = \frac{\partial \boldsymbol{u}}{\partial t} = \frac{\partial \boldsymbol{x}}{\partial t}, \quad \ddot{\boldsymbol{u}} = \frac{\partial^2 \boldsymbol{u}}{\partial t^2} = \frac{\partial^2 \boldsymbol{x}}{\partial t^2} \tag{2.4.4}$$

上式将对结构中某一点弹塑性变形的时间导数转化为对当前构形上该点位置坐标 x 的导数。式(2.4.3)和式(2.4.4)是讨论分析结构弹塑性运动的基础。

这里要注意的是式(2.4.4)中 $\dot{\boldsymbol{u}}$、$\ddot{\boldsymbol{u}}$ 分别为位移 $\boldsymbol{u}$ 的一阶和二阶偏导数,而不是全导数,因此认为参考构型 $\mathfrak{R}_0$ 是被固定的,即 $\mathrm{d}\boldsymbol{X}/\mathrm{d}t = 0$, $\mathrm{d}^2\boldsymbol{X}/\mathrm{d}t^2 = 0$。这也表明在后面所讨论的所有公式均是当前构形 $\mathfrak{R}_\tau$ 相对于参考构型 $\mathfrak{R}_0$ 的相对量;若要得到绝对值,必须考虑构形的牵连运动。

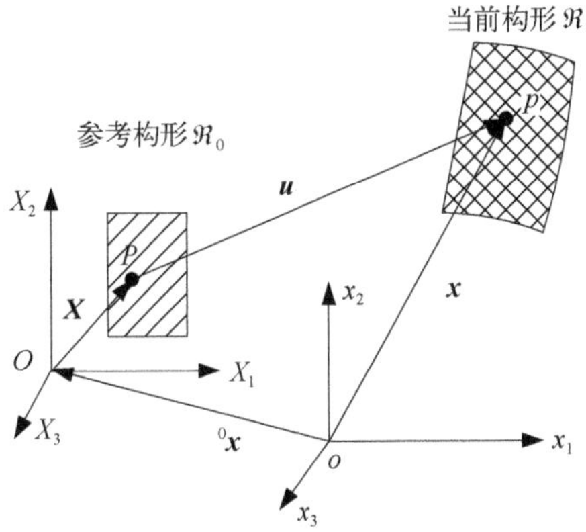

图 2.4.2　结构变形运动

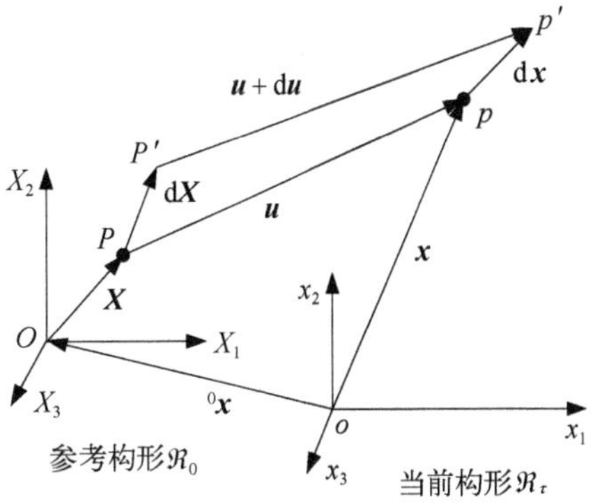

图 2.4.3　结构变形的度量

2.4.1.2　变形梯度

在点 P 附近取一微线元 $\mathrm{d}\boldsymbol{X}$,变形后成为点 p 附近的微线元 $\mathrm{d}\boldsymbol{x}$,如图 2.4.3 所示,由此可得变形位移增量为

$$\mathrm{d}\boldsymbol{x} = \left(\frac{\mathrm{d}\boldsymbol{u}}{\mathrm{d}\boldsymbol{X}} + \boldsymbol{1}\right) \cdot \mathrm{d}\boldsymbol{X} \tag{2.4.5A}$$

另一方面,若变化 d$\boldsymbol{X}$, 则点 p 位置矢量 $\boldsymbol{x}$ 的变化为

$$\mathrm{d}\boldsymbol{x} = \frac{\partial \boldsymbol{x}}{\partial \boldsymbol{X}} \cdot \mathrm{d}\boldsymbol{X} \tag{2.4.5B}$$

记

$$\boldsymbol{F} = \frac{\partial \boldsymbol{x}}{\partial \boldsymbol{X}} = F_{ij}{}^{i_x}\boldsymbol{e}_i \otimes {}^{i_X}\boldsymbol{e}_j \tag{2.4.5C}$$

由式(2.4.5A)、式(2.4.5B)可得

$$\boldsymbol{F} = \frac{\partial \boldsymbol{x}}{\partial \boldsymbol{X}} = \boldsymbol{1} + \frac{\partial \boldsymbol{u}}{\partial \boldsymbol{X}} \tag{2.4.5D}$$

其中, $\boldsymbol{F}$ 为变形梯度,是二阶张量,它包含了结构中当前构形 $\mathfrak{R}_\tau$ 相对于参考构形 $\mathfrak{R}_0$ 变形 $\boldsymbol{u}$ 的全部信息(大小和方向),是一个横跨参考构形 $\mathfrak{R}_0$ 与当前构形 $\mathfrak{R}_\tau$ 的两点张量。

由式(2.4.5D)可知 $\det(\boldsymbol{F}) \neq 0$, 因此 $\boldsymbol{F}$ 的逆 $\boldsymbol{F}^{-1}$ 是存在的。由式(2.4.5B)可得

$$\mathrm{d}\boldsymbol{x} = \boldsymbol{F} \cdot \mathrm{d}\boldsymbol{X} \tag{2.4.5E}$$

由式(2.2.28),上式也可以改写成

$$\mathrm{d}\boldsymbol{x} = \mathrm{d}\boldsymbol{X} \cdot \boldsymbol{F}^{\mathrm{T}} \tag{2.4.5F}$$

式(2.4.5E)和式(2.4.5F)给出了变形梯度 $\boldsymbol{F}$ 的物理意义,即参考构形 $\mathfrak{R}_0$ 中线元 d$\boldsymbol{X}$, 在外力作用下经过时间的变化和演绎成为当前构形中的变量 d$\boldsymbol{x}$, 其变化规律为变形梯度 $\boldsymbol{F}$ 与参考构形中线元 d$\boldsymbol{X}$ 的点积。

由

$$\boldsymbol{F} \cdot \boldsymbol{F}^{-1} = \boldsymbol{F}^{-1} \cdot \boldsymbol{F} = \boldsymbol{1} \tag{2.4.6}$$

和式(2.4.5E)或式(2.4.5F),可得:

$$\mathrm{d}\boldsymbol{X} = \boldsymbol{F}^{-1} \cdot \mathrm{d}\boldsymbol{x} = \mathrm{d}\boldsymbol{x} \cdot (\boldsymbol{F}^{-1})^{\mathrm{T}} \tag{2.4.7}$$

显然,根据 $\boldsymbol{F}^{-1}$ 的定义,可得

$$\boldsymbol{F}^{-1} = F_{ij}^{-1\,i_X}\boldsymbol{e}_i \otimes {}^{i_x}\boldsymbol{e}_j = \frac{\partial \boldsymbol{X}}{\partial \boldsymbol{x}} = \boldsymbol{1} - \frac{\partial \boldsymbol{u}}{\partial \boldsymbol{x}} \tag{2.4.8}$$

2.4.1.3 变形梯度分解及标架

记参考构形 $\mathfrak{R}_0$ 中线元 d$\boldsymbol{X}$ 的长度为 dL, 则有

$$(\mathrm{d}L)^2 = \mathrm{d}\boldsymbol{X} \cdot \mathrm{d}\boldsymbol{X} \tag{2.4.9A}$$

记变形后当前构形 $\mathfrak{R}_\tau$ 中线元 d$\boldsymbol{x}$ 的长度为 dl, 由式(2.4.5E)和式(2.4.5F)得

$$(\mathrm{d}l)^2 = \mathrm{d}x \cdot \mathrm{d}x = \mathrm{d}\boldsymbol{X} \cdot (\boldsymbol{F}^{\mathrm{T}} \cdot \boldsymbol{F}) \cdot \mathrm{d}\boldsymbol{X} = \mathrm{d}\boldsymbol{X} \cdot \boldsymbol{C} \cdot \mathrm{d}\boldsymbol{X} \tag{2.4.9B}$$

其中

$$\boldsymbol{C} = \boldsymbol{F}^{\mathrm{T}} \cdot \boldsymbol{F} = C_{ij}{}^{i_X}\boldsymbol{e}_i \otimes {}^{i_X}\boldsymbol{e}_j \tag{2.4.10A}$$

将式(2.4.5D)代入变形张量公式(2.4.10A)中,得用位移表达的变形张量式:

$$C = \mathbf{1} + \frac{\partial \boldsymbol{u}}{\partial \boldsymbol{X}} + \left(\frac{\partial \boldsymbol{u}}{\partial \boldsymbol{X}}\right)^{\mathrm{T}} + \left(\frac{\partial \boldsymbol{u}}{\partial \boldsymbol{X}}\right)^{\mathrm{T}} \cdot \frac{\partial \boldsymbol{u}}{\partial \boldsymbol{X}} \tag{2.4.10B}$$

$\boldsymbol{C}$ 为格林变形张量。由于 $(\mathrm{d}l)^2 \geqslant 0$，所以 $\boldsymbol{C}$ 是对称正定的。通过上述推导可见 $\boldsymbol{C}$ 反映了结构上任意线微元长度变化的大小，而不涉及变形的方向，通过 $\boldsymbol{C}$ 可由 $\mathrm{d}\boldsymbol{X}$ 求出变量 $\mathrm{d}\boldsymbol{x}$ 的长度 $\mathrm{d}l$。

同样，将式(2.4.7)代入式(2.4.9A)得

$$(\mathrm{d}L)^2 = \mathrm{d}\boldsymbol{X} \cdot \mathrm{d}\boldsymbol{X} = \mathrm{d}\boldsymbol{x} \cdot ((\boldsymbol{F}^{-1})^{\mathrm{T}} \cdot \boldsymbol{F}^{-1}) \cdot \mathrm{d}\boldsymbol{x} = \mathrm{d}\boldsymbol{x} \cdot \boldsymbol{b}^{-1} \cdot \mathrm{d}\boldsymbol{x} \tag{2.4.11A}$$

其中

$$\boldsymbol{b} = \boldsymbol{F} \cdot \boldsymbol{F}^{\mathrm{T}} = b_{ij}\,{}^{i_x}\boldsymbol{e}_i \otimes {}^{i_x}\boldsymbol{e}_j, \quad \boldsymbol{b}^{-1} = (\boldsymbol{F}^{-1})^{\mathrm{T}} \cdot \boldsymbol{F}^{-1} \tag{2.4.11B}$$

$\boldsymbol{b}^{-1}$ 为柯西变形张量，其与位移的关系为

$$\boldsymbol{b}^{-1} = \mathbf{1} - \frac{\partial \boldsymbol{u}}{\partial \boldsymbol{x}} - \left(\frac{\partial \boldsymbol{u}}{\partial \boldsymbol{x}}\right)^{\mathrm{T}} + \left(\frac{\partial \boldsymbol{u}}{\partial \boldsymbol{x}}\right)^{\mathrm{T}} \cdot \frac{\partial \boldsymbol{u}}{\partial \boldsymbol{x}} \tag{2.4.11C}$$

由式(2.4.9B)和式(2.4.11A)可知，通过格林变形张量 $\boldsymbol{C}$，可由参考构形 $\mathfrak{R}_0$ 中的线元 $\mathrm{d}\boldsymbol{X}$ 求出当前构形 $\mathfrak{R}_\tau$ 中线元 $\mathrm{d}\boldsymbol{x}$ 的长度 $\mathrm{d}l$；通过柯西变形张量 $\boldsymbol{b}^{-1}$，可由当前构形 $\mathfrak{R}_\tau$ 中的线元 $\mathrm{d}\boldsymbol{x}$ 求出参考构形 $\mathfrak{R}_0$ 中线元 $\mathrm{d}\boldsymbol{X}$ 的长度 $\mathrm{d}L$。显然格林变形张量 $\boldsymbol{C}$ 是定义在参考构形上的张量，柯西变形张量 $\boldsymbol{b}^{-1}$ 是定义在当前构形 $\mathfrak{R}_\tau$ 上的张量。

根据 2.2.2.9 节中有关张量的极分解原理，由于变形梯度 $\boldsymbol{F}$ 的逆存在，$\boldsymbol{F}$ 可右极分解

$$\boldsymbol{F} = \boldsymbol{R} \cdot \boldsymbol{U} \tag{2.4.12A}$$

或左极分解

$$\boldsymbol{F} = \boldsymbol{V} \cdot \boldsymbol{R} \tag{2.4.12B}$$

可以证明上述分解存在且是唯一的，其中 $\boldsymbol{R}$ 是正交张量 $(\boldsymbol{R} \cdot \boldsymbol{R}^{\mathrm{T}} = \mathbf{1})$，代表刚体转动，$\boldsymbol{U}$ 和 $\boldsymbol{V}$ 是对称正定张量，代表拉伸压缩变形。式(2.4.12)说明结构中任意一点的变形总可以分解成拉伸变形 $\boldsymbol{U}$ 与保角旋转 $\boldsymbol{R}$ 的点积或保角旋转 $\boldsymbol{R}$ 与拉伸变形 $\boldsymbol{V}$ 的点积，如图 2.4.4 所示，无论是何种极分解形式，其最终结果是相同的。

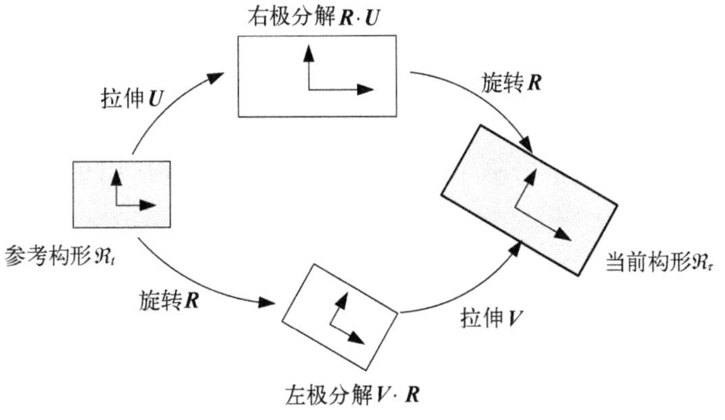

图 2.4.4　变形梯度张量的左右极分解

根据 2.2.2.6 节中对称正定张量的主分解原理，由于 $\boldsymbol{U}$ 是对称正定的，因此可对其进行特征分解。记 $\boldsymbol{U}$ 的三个特征值为 λ_i，特征向量为 $\boldsymbol{\phi}_i(i=1,2,3)$，取 $\boldsymbol{a}_i=\boldsymbol{\phi}_i/\|\boldsymbol{\phi}_i\|$，则 $\boldsymbol{U}$ 可沿其特征向量方向展开：

$$\boldsymbol{U}=\sum_{i=1}^{3}\lambda_i\boldsymbol{a}_i\otimes\boldsymbol{a}_i \tag{2.4.13}$$

将上式代入式(2.4.12A)，再将结果代入式(2.4.5E)得

$$\mathrm{d}\boldsymbol{x}=\boldsymbol{R}\cdot\left(\sum_{i=1}^{3}\lambda_i\boldsymbol{a}_i\otimes\boldsymbol{a}_i\right)\cdot\mathrm{d}\boldsymbol{X}=\sum_{i=1}^{3}\lambda_i\mathrm{d}X_i(\boldsymbol{R}\cdot\boldsymbol{a}_i)=\sum_{i=1}^{3}\lambda_i\mathrm{d}X_i\boldsymbol{b}_i \tag{2.4.14A}$$

其中

$$\mathrm{d}X_i=\boldsymbol{a}_i\cdot\mathrm{d}\boldsymbol{X},\quad \boldsymbol{b}_i=\boldsymbol{R}\cdot\boldsymbol{a}_i \tag{2.4.14B}$$

显然 $\boldsymbol{a}_i$、$\boldsymbol{b}_i$ 均为正交的单位矢量，因此可以分别作为参考构形 $\mathfrak{R}_0$ 和当前构形 $\mathfrak{R}_\tau$ 的标架。可以证明 λ_i、$\boldsymbol{b}_i$ 也是张量 $\boldsymbol{V}$ 的三个特征值及三个主方向的单位特征向量。$\boldsymbol{a}_i$ 称为参考构形 $\mathfrak{R}_0$ 上的拉格朗日标架，$\boldsymbol{b}_i$ 称为当前构形 $\mathfrak{R}_\tau$ 的欧拉标架。

式(2.4.14)表明，变换 $\mathrm{d}\boldsymbol{x}=\boldsymbol{F}\cdot\mathrm{d}\boldsymbol{X}$ 首先将参考构形 $\mathfrak{R}_0$ 中的 $\mathrm{d}\boldsymbol{X}$ 分别沿拉格朗日标架 $\boldsymbol{a}_i$ 方向拉伸 λ_i 倍，这个拉伸过程为体积膨胀的过程，随后通过保角旋转 $\boldsymbol{R}$ 转化到欧拉标架 $\boldsymbol{b}_i$ 下，形成欧拉标架 $\boldsymbol{b}_i$ 下的分量 $\lambda_i\mathrm{d}X_i$。

由此可知，结构上的嵌入式坐标系，如拉格朗日坐标系，当其由参考构形 $\mathfrak{R}_0$ 变化至当前构形 $\mathfrak{R}_\tau$ 时，该变换为保角变换，即变换前为直角坐标系，变换后依旧是直角坐标系。

2.4.1.4 应变张量

在有限变形中，有多种应变的定义，其中格林应变和阿尔曼西应变是非常有用的应变张量。

格林应变张量的定义为

$$\boldsymbol{E}=\frac{1}{2}(\boldsymbol{C}-\boldsymbol{1})=\frac{1}{2}(\boldsymbol{F}^{\mathrm{T}}\cdot\boldsymbol{F}-\boldsymbol{1}) \tag{2.4.15}$$

阿尔曼西应变张量的定义为

$$\boldsymbol{e}=\frac{1}{2}(\boldsymbol{1}-\boldsymbol{b}^{-1})=\frac{1}{2}[\boldsymbol{1}-(\boldsymbol{F}^{-1})^{\mathrm{T}}\cdot\boldsymbol{F}^{-1}] \tag{2.4.16}$$

式中，变形张量 $\boldsymbol{C}$、$\boldsymbol{b}$ 分别由式(2.4.10A)和式(2.4.11B)给出。

格林应变张量 $\boldsymbol{E}$ 反映了在参考构形 $\mathfrak{R}_0$ 上用拉格朗日标架描述时长度 $(\mathrm{d}l)^2-(\mathrm{d}L)^2$ 的变化。阿尔曼西应变张量 $\boldsymbol{e}$ 反映了在当前构形 $\mathfrak{R}_\tau$ 上用欧拉标架描述时长度 $(\mathrm{d}l)^2-(\mathrm{d}L)^2$ 的变化。

将式(2.4.10B)代入式(2.4.15)，经整理可得用位移表达的格林应变张量 $\boldsymbol{E}$：

$$\boldsymbol{E}=\frac{1}{2}\left[\frac{\partial\boldsymbol{u}}{\partial\boldsymbol{X}}+\left(\frac{\partial\boldsymbol{u}}{\partial\boldsymbol{X}}\right)^{\mathrm{T}}+\left(\frac{\partial\boldsymbol{u}}{\partial\boldsymbol{X}}\right)^{\mathrm{T}}\cdot\frac{\partial\boldsymbol{u}}{\partial\boldsymbol{X}}\right] \tag{2.4.17}$$

将式(2.4.11C)代入式(2.4.16)，经整理可得用位移表达的阿尔曼西应变张量 $\boldsymbol{e}$：

$$e = \frac{1}{2}\left(\frac{\partial \boldsymbol{u}}{\partial \boldsymbol{x}} + \left(\frac{\partial \boldsymbol{u}}{\partial \boldsymbol{x}}\right)^{\mathrm{T}} - \left(\frac{\partial \boldsymbol{u}}{\partial \boldsymbol{x}}\right)^{\mathrm{T}} \cdot \frac{\partial \boldsymbol{u}}{\partial \boldsymbol{x}}\right) \tag{2.4.18}$$

式(2.4.17)给出了用位移表示的在参考构形 $\mathfrak{R}_0$ 上用拉格朗日标架描述的格林应变张量 $\boldsymbol{E}$，式(2.4.18)给出了用位移表示的在当前构形 $\mathfrak{R}_\tau$ 上用欧拉标架描述的阿尔曼西应变张量 $\boldsymbol{e}$。它们之间存在着以下转换关系：

$$\boldsymbol{e} = \boldsymbol{F}^{-\mathrm{T}} \cdot \boldsymbol{E} \cdot \boldsymbol{F}^{-1} \tag{2.4.19A}$$

或

$$\boldsymbol{E} = \boldsymbol{F}^{\mathrm{T}} \cdot \boldsymbol{e} \cdot \boldsymbol{F} \tag{2.4.19B}$$

特别地，对于微小变形，有 $\partial \boldsymbol{u}/\partial \boldsymbol{X} \approx \partial \boldsymbol{u}/\partial \boldsymbol{x}$，且其元素的绝对值远远小于 1，忽略式(2.4.17)和式(2.4.18)中的二阶小量，因此可以认为应变张量 $\boldsymbol{E}$ 和 $\boldsymbol{e}$ 相同，记为 $\boldsymbol{\varepsilon}$，则有

$$\boldsymbol{\varepsilon} = \frac{1}{2}\left[\frac{\partial \boldsymbol{u}}{\partial \boldsymbol{X}} + \left(\frac{\partial \boldsymbol{u}}{\partial \boldsymbol{X}}\right)^{\mathrm{T}}\right] \tag{2.4.20}$$

$\boldsymbol{\varepsilon}$ 就是微小变形弹塑性力学中的对称应变张量，有 6 个独立的应变分量(3 个线应变和 3 个剪应变)。特别要注意的是，在有限变形中，不同构形上定义的应变张量 $\boldsymbol{E}$、$\boldsymbol{e}$ 是对称的，也有 6 个应变分量，但与 $\boldsymbol{\varepsilon}$ 的几何意义不同，$\boldsymbol{E}$ 和 $\boldsymbol{e}$ 中的 6 个应变分量不直接对应 3 个线应变和 3 个剪应变，要通过一定的计算才能甄别出相关应变的几何意义。

2.4.1.5 几何元素变换

本节给出有限变形条件下参考构形 $\mathfrak{R}_0$ 与当前构形 $\mathfrak{R}_\tau$ 之间线元、面元和体积元间的变化关系。

线元的变化公式由式(2.4.5E)或式(2.4.7)给出：

$$\mathrm{d}\boldsymbol{x} = \boldsymbol{F} \cdot \mathrm{d}\boldsymbol{X} = \mathrm{d}\boldsymbol{X} \cdot \boldsymbol{F}^{\mathrm{T}} \tag{2.4.21A}$$

或

$$\mathrm{d}\boldsymbol{X} = \boldsymbol{F}^{-1} \cdot \mathrm{d}\boldsymbol{x} = \mathrm{d}\boldsymbol{x} \cdot \boldsymbol{F}^{-\mathrm{T}} \tag{2.4.21B}$$

由式(2.2.53)和式(2.2.54)可知，任意一个对称二阶张量有三个不变量，即 J_1、J_2、J_3，其中变形梯度 $\boldsymbol{F}$ 的第三个不变量 $J_3(\boldsymbol{F})$ 在变形几何学中具有特别重要的含义，其表达式为

$$J_3(\boldsymbol{F}) = \det(\boldsymbol{F}) = J \tag{2.4.22A}$$

格林变形张量 $\boldsymbol{C}$ 的第三个不变量为

$$J_3(\boldsymbol{C}) = J_3(\boldsymbol{F}^{\mathrm{T}} \cdot \boldsymbol{F}) = J_3(\boldsymbol{F}^{\mathrm{T}})J_3(\boldsymbol{F}) = J^2 \tag{2.4.22B}$$

同理

$$J_3(\boldsymbol{b}) = J_3(\boldsymbol{F} \cdot \boldsymbol{F}^{\mathrm{T}}) = J_3(\boldsymbol{F})J_3(\boldsymbol{F}^{\mathrm{T}}) = J^2 \tag{2.4.22C}$$

由于 $J_3(\boldsymbol{R}) = 1$，故

$$J_3(\boldsymbol{U}) = J_3(\boldsymbol{V}) = J \tag{2.4.22D}$$

由高等数学可知，当前构形 $\mathfrak{R}_\tau$ 下的体积微元体 $\mathrm{d}v$ 与参考构形 $\mathfrak{R}_0$ 下体积微元体 $\mathrm{d}V$

之比为变形梯度 $\boldsymbol{F}$ 的行列式值：

$$\frac{\mathrm{d}v}{\mathrm{d}V}=J_3(\boldsymbol{F})=\det(\boldsymbol{F})=J \tag{2.4.23A}$$

或

$$\mathrm{d}v=J\mathrm{d}V \tag{2.4.23B}$$

参考构形 $\Re_0$ 下有向面积微元 $\mathrm{d}\boldsymbol{A}$ 与当前构形 $\Re_\tau$ 下的有向面积微元 $\mathrm{d}\boldsymbol{a}$ 之间有如下变换关系：

$$\mathrm{d}\boldsymbol{a}=J\boldsymbol{F}^{-\mathrm{T}}\cdot\mathrm{d}\boldsymbol{A} \tag{2.4.24}$$

2.4.2 变形运动学

2.4.2.1 速度梯度

变形梯度的物质导数为

$$\dot{\boldsymbol{F}}=\frac{\mathrm{D}F}{\mathrm{D}t}=\frac{\mathrm{D}}{\mathrm{D}t}\left(\frac{\partial\boldsymbol{x}}{\partial\boldsymbol{X}}\right)=\frac{\partial^2\boldsymbol{x}}{\partial\boldsymbol{X}\partial t}=\frac{\partial\dot{\boldsymbol{u}}}{\partial\boldsymbol{X}} \tag{2.4.25A}$$

上式还可以进一步运算得

$$\dot{\boldsymbol{F}}=\frac{\partial\dot{\boldsymbol{u}}}{\partial\boldsymbol{X}}=\frac{\partial\dot{\boldsymbol{u}}}{\partial\boldsymbol{x}}\cdot\frac{\partial\boldsymbol{x}}{\partial\boldsymbol{X}}=\boldsymbol{l}\cdot\boldsymbol{F} \tag{2.4.25B}$$

其中

$$\boldsymbol{l}=\frac{\partial\dot{\boldsymbol{u}}}{\partial\boldsymbol{x}}=\dot{\boldsymbol{u}}\nabla \tag{2.4.25C}$$

或

$$\boldsymbol{l}=\dot{\boldsymbol{F}}\cdot\boldsymbol{F}^{-1} \tag{2.4.25D}$$

$\boldsymbol{l}$ 为在当前构形 $\Re_\tau$ 中物质点的速度矢量 $\dot{\boldsymbol{u}}$ 的梯度。

2.4.2.2 变形率

对线元变换式(2.4.21A)求时间的物质导数得

$$(\mathrm{d}\boldsymbol{x})^*=\frac{\mathrm{D}}{\mathrm{D}t}\mathrm{d}\boldsymbol{x}=\dot{\boldsymbol{F}}\cdot\mathrm{d}\boldsymbol{X}=\dot{\boldsymbol{F}}\cdot\boldsymbol{F}^{-1}\cdot\mathrm{d}\boldsymbol{x}=\boldsymbol{l}\cdot\mathrm{d}\boldsymbol{x} \tag{2.4.26}$$

上式表明，在当前构形 $\Re_\tau$ 下空间线元的物质导数 $(\mathrm{d}\boldsymbol{x})^*$ 等于其当前构形 $\Re_\tau$ 上速度梯度 $\boldsymbol{l}$ 与当前构形 $\Re_\tau$ 上空间线元 $\mathrm{d}\boldsymbol{x}$ 的点积。上述公式反映了空间线元的变化速度。

由 $\boldsymbol{F}\cdot\boldsymbol{F}^{-1}=\boldsymbol{1}$，经对其求物质导数并进行运算得

$$(\boldsymbol{F}^{-1})^*=-\boldsymbol{F}^{-1}\cdot\dot{\boldsymbol{F}}\cdot\boldsymbol{F}^{-1}=-\boldsymbol{F}^{-1}\cdot\boldsymbol{l} \tag{2.4.27}$$

由于 $\boldsymbol{l}^{-1}$ 未必存在，因此宜将 $\boldsymbol{l}$ 进行加法分解：

$$\boldsymbol{l}=\frac{1}{2}\boldsymbol{l}+\frac{1}{2}\boldsymbol{l}^{\mathrm{T}}+\frac{1}{2}\boldsymbol{l}-\frac{1}{2}\boldsymbol{l}^{\mathrm{T}}=\frac{1}{2}(\boldsymbol{l}+\boldsymbol{l}^{\mathrm{T}})+\frac{1}{2}(\boldsymbol{l}-\boldsymbol{l}^{\mathrm{T}})=\boldsymbol{d}+\boldsymbol{w} \tag{2.4.28}$$

其中

$$\boldsymbol{d}=\frac{1}{2}(\boldsymbol{l}+\boldsymbol{l}^{\mathrm{T}})=\frac{1}{2}(\dot{\boldsymbol{u}}\nabla+\nabla\dot{\boldsymbol{u}}) \tag{2.4.29A}$$

$$\boldsymbol{w}=\frac{1}{2}(\boldsymbol{l}-\boldsymbol{l}^{\mathrm{T}})=\frac{1}{2}(\dot{\boldsymbol{u}}\nabla-\nabla\dot{\boldsymbol{u}}) \tag{2.4.29B}$$

式中，$\nabla\dot{\boldsymbol{u}}=(\dot{\boldsymbol{u}}\nabla)^{\mathrm{T}}$；$\boldsymbol{d}$ 为对称张量，称为变形率或应变率；$\boldsymbol{w}$ 为反对称张量，称为旋率或物质旋率。

将式(2.4.28)代入式(2.4.26)得

$$(\mathrm{d}^{\tau}\boldsymbol{x})^{*}=d\cdot\mathrm{d}\boldsymbol{x}+\boldsymbol{w}\cdot\mathrm{d}\boldsymbol{x} \tag{2.4.30}$$

由于 $\boldsymbol{d}$ 为二阶对称张量，则必存在特征值 $d_i(t)$（时间函数）和特征向量 $\boldsymbol{\varphi}_i^d$，取 $\boldsymbol{n}_i^d=\boldsymbol{\varphi}_i^d/\|\boldsymbol{\varphi}_i^d\|$，则 $\boldsymbol{d}$ 可分解成

$$\boldsymbol{d}=\sum_{i=1}^{3}d_i(t)\boldsymbol{n}_i^d\otimes\boldsymbol{n}_i^d \tag{2.4.31}$$

由此可得

$$\boldsymbol{d}\cdot\mathrm{d}\boldsymbol{x}=\left(\sum_{i=1}^{3}d_i(t)\boldsymbol{n}_i^d\otimes\boldsymbol{n}_i^d\right)\cdot\mathrm{d}\boldsymbol{x}=\sum_{i=1}^{3}d_i(t)\mathrm{d}x_i\boldsymbol{n}_i^d \tag{2.4.32A}$$

$$\mathrm{d}x_i=\boldsymbol{n}_i^d\cdot\mathrm{d}\boldsymbol{x} \tag{2.4.32B}$$

由式(2.4.32A)可见，$\boldsymbol{d}\cdot\mathrm{d}\boldsymbol{x}$ 表示在点 $\boldsymbol{x}$ 附近的一个微小领域内沿三个主方向 $\boldsymbol{n}_i^d$ 上线元长度每单位时间增加 $d_i(t)$ 倍，且保持方向不变，$\boldsymbol{n}_i^d$ 称为变形率标架。

$\boldsymbol{w}$ 为反对称张量，一定存在一个轴转动角速度矢量 $\boldsymbol{\omega}$，使得下式运算成立：

$$\boldsymbol{w}\cdot\mathrm{d}\boldsymbol{x}=\boldsymbol{\omega}\times\mathrm{d}\boldsymbol{x} \tag{2.4.33A}$$

$$\boldsymbol{\omega}=\frac{1}{2}\nabla\times\boldsymbol{v}=\omega_i{}^{i_x}\boldsymbol{e}_i \tag{2.4.33B}$$

上式的物理意义是在点 $\boldsymbol{x}$ 附近的一个微小领域内，线元 $\mathrm{d}\boldsymbol{x}$ 以角速度 $\boldsymbol{\omega}$ 进行定轴旋转。

将式(2.4.32A)与式(2.4.33A)代入式(2.4.30)，得

$$(\mathrm{d}\boldsymbol{x})^{*}=\sum_{i=1}^{3}d_i(t)\mathrm{d}x_i\boldsymbol{n}_i^d+\boldsymbol{\omega}\times\mathrm{d}\boldsymbol{x} \tag{2.4.34}$$

由此可见，物质导数 $(\mathrm{d}\boldsymbol{x})^{*}$ 可以分解成沿变形率标架 $\boldsymbol{n}_i^d(i=1,2,3)$ 方向的膨胀速率 $d_i(t)\mathrm{d}x_i$ 与刚体旋转速度 $\boldsymbol{\omega}\times\mathrm{d}\boldsymbol{x}$ 之和。

变形率张量 $\boldsymbol{d}$ 在本构理论的研究中起着非常重要的作用。所有在当前构形 $\mathfrak{R}_\tau$ 中写出的率形式的本构关系，都是指变形率张量 $\boldsymbol{d}$ 与某种应力率之间的关系。必须指出，变形率张量 $\boldsymbol{d}$ 并不是某个应变张量的物质导数，但与格林变形张量的物质导数 $\dot{\boldsymbol{E}}$ 存在着非常重要的关系：

$$\dot{\boldsymbol{E}}=\frac{1}{2}\dot{\boldsymbol{C}}=\boldsymbol{F}^{\mathrm{T}}\cdot\boldsymbol{d}\cdot\boldsymbol{F} \tag{2.4.35}$$

对阿尔曼西应变张量 $\boldsymbol{e}$ 求物质导数,经推导演算,得

$$\dot{\boldsymbol{e}} = -\frac{1}{2}(\boldsymbol{b}^{-1})^{*} = -\frac{1}{2}[(\boldsymbol{F}^{-\mathrm{T}})^{*}\cdot\boldsymbol{F}^{-1} + \boldsymbol{F}^{-\mathrm{T}}\cdot(\boldsymbol{F}^{-1})^{*}] = \boldsymbol{d} - (\boldsymbol{l}^{\mathrm{T}}\cdot\boldsymbol{e} + \boldsymbol{e}\cdot\boldsymbol{l}) \tag{2.4.36}$$

比较式(2.4.35)和式(2.4.36)可见,若 $\boldsymbol{d}=\boldsymbol{0}$,则 $\dot{\boldsymbol{E}}=\boldsymbol{0}$,但 $\dot{\boldsymbol{e}}=-(\boldsymbol{w}^{\mathrm{T}}\cdot\boldsymbol{e}+\boldsymbol{e}\cdot\boldsymbol{w})\neq\boldsymbol{0}$。这意味着:① 在当前构形 $\mathfrak{R}_\tau$ 中,虽然线元长度不变化 ($\boldsymbol{d}=\boldsymbol{0}$),但由于还存在着旋率张量 ($\boldsymbol{w}\neq\boldsymbol{0}$),且阿尔曼西应变张量 $\boldsymbol{e}\neq\boldsymbol{0}$,其应变率仍存在 ($\dot{\boldsymbol{e}}\neq\boldsymbol{0}$);② 在参考构形 $\mathfrak{R}_0$ 中,线元长度不变化 ($\boldsymbol{d}=\boldsymbol{0}$),其应变率也不变化 ($\dot{\boldsymbol{E}}=\boldsymbol{0}$)。

由此可知 $\dot{\boldsymbol{E}}\neq\boldsymbol{d}\neq\dot{\boldsymbol{e}}$,因为 $\dot{\boldsymbol{E}}$ 是以参考构形 $\mathfrak{R}_0$ 为基准的应变率,而 $\boldsymbol{d}$ 或 $\dot{\boldsymbol{e}}$ 是以当前构形 $\mathfrak{R}_\tau$ 为基准的应变率,而当前构形 $\mathfrak{R}_\tau$ 比参考构形 $\mathfrak{R}_0$ 有一时间差,因此它还是在不断变化,仅当该时间差为零,即当前构形 $\mathfrak{R}_\tau$ 与参考构形 $\mathfrak{R}_0$ 重合 ($\boldsymbol{F}=\boldsymbol{1}$) 时,才有

$$\dot{\boldsymbol{E}} = \boldsymbol{d} \tag{2.4.37}$$

对于小变形情况 ($\boldsymbol{F}\approx\boldsymbol{1}$),才有 $\dot{\boldsymbol{E}}=\boldsymbol{d}$,由对 $\boldsymbol{d}$ 时间的积分才具有应变张量 $\boldsymbol{E}=\boldsymbol{\varepsilon}$ (见式(2.4.20))的物理意义。因此在大变形的情况下,应变张量 $\boldsymbol{E}$ 是没有具体物理意义的,只是度量材料变形的一种工具。

2.4.3 应力理论

在大变形理论中,由于有不同的应变定义,因此与不同应变功共轭的应力也将会有多种,最常用的主要有柯西应力张量 $\boldsymbol{\sigma}$、第一类 Piola-Kirchhoff(P-K)应力张量 $\boldsymbol{P}$、第二类 Piola-Kirchhoff(P-K)应力张量 $\boldsymbol{T}$。

1) 柯西应力张量 $\boldsymbol{\sigma}$

在当前构形 $\mathfrak{R}_\tau$ 上,应用截面法取一微小面积 $\mathrm{d}a$,其面的法线方向为 $\boldsymbol{n}$,如图 2.4.5 所示,面积 $\mathrm{d}a$ 上存在内力 $\mathrm{d}\boldsymbol{P}$,欧拉应力矢定义为

$$\boldsymbol{\sigma}_n = \lim_{\Delta s\to 0}\frac{\Delta\boldsymbol{P}}{\Delta a} = \frac{\mathrm{d}\boldsymbol{P}}{\mathrm{d}a} \tag{2.4.38}$$

$\boldsymbol{n}$ 取不同方向,有不同的应力矢,$\boldsymbol{\sigma}_n$ 是当前构形 $\mathfrak{R}_\tau$ 上的真实应力矢量。若 $\boldsymbol{n}$ 分别取微小

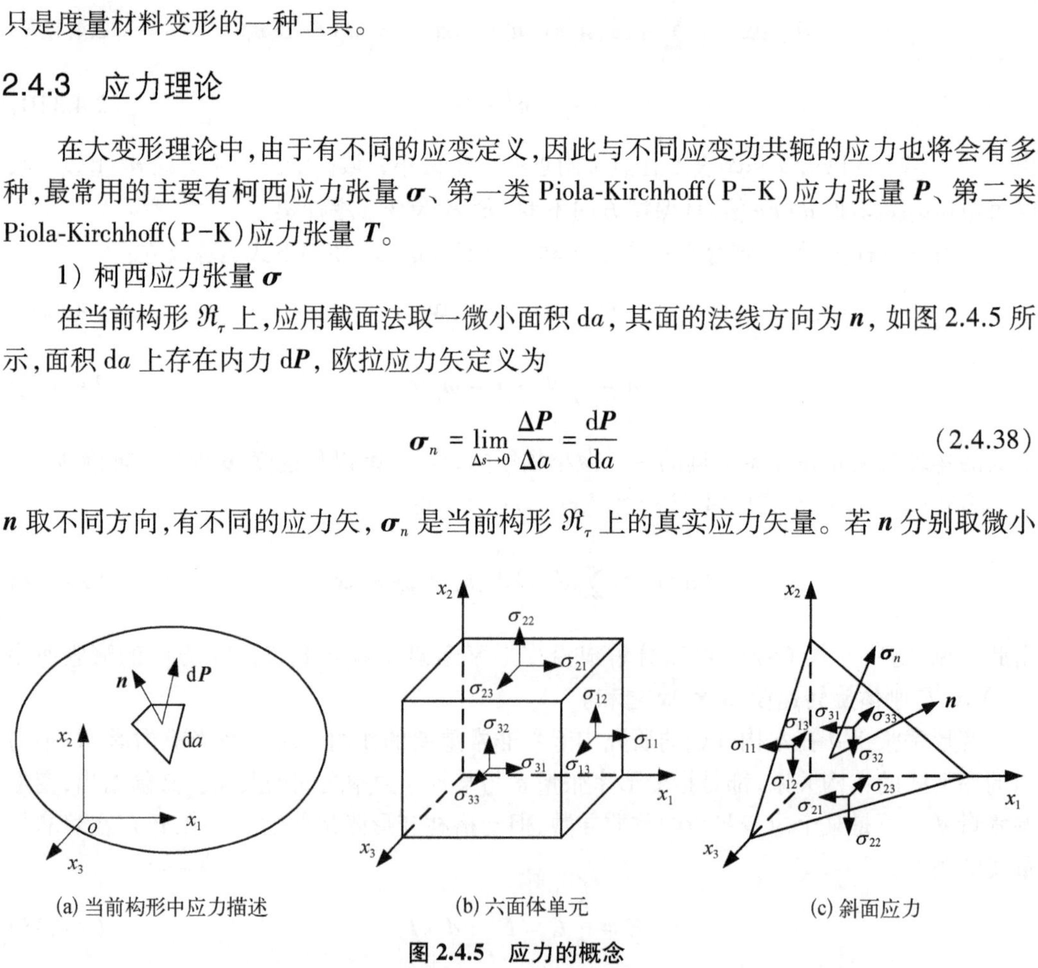

图 2.4.5　应力的概念

六面体上的三个面的外法线方向 $\boldsymbol{e}_l(l=1,2,3)$，则任一面上的应力矢量 $\boldsymbol{\sigma}_k$ 与应力分量 σ_{kl} 的关系为

$$\boldsymbol{\sigma}_k = \sigma_{kl}{}^{i_x}\boldsymbol{e}_l \tag{2.4.39A}$$

或

$$\sigma_{kl} = \boldsymbol{\sigma}_k \cdot {}^{i_x}\boldsymbol{e}_l \tag{2.4.39B}$$

σ_{kl} 称为欧拉应力分量。

若以 ${}^{i_x}\boldsymbol{e}_l(l=1,2,3)$ 为基矢量，则欧拉应力分量 σ_{kl} 在 ${}^{i_x}\boldsymbol{e}_k$、${}^{i_x}\boldsymbol{e}_l(k,l=1,2,3)$ 空间上的张量 $\boldsymbol{\sigma}$ 称为欧拉应力张量，也称为柯西应力张量：

$$\boldsymbol{\sigma} = \sigma_{kl}{}^{i_x}\boldsymbol{e}_k \otimes {}^{i_x}\boldsymbol{e}_l \tag{2.4.39C}$$

由单元力平衡方程，可得外法线方向为 $\boldsymbol{n}$ 的斜面上的应力矢量 $\boldsymbol{\sigma}_n$：

$$\boldsymbol{\sigma}_n = \boldsymbol{\sigma} \cdot \boldsymbol{n} \tag{2.4.39D}$$

作用在 $\mathrm{d}a$ 面上的力为

$$\boldsymbol{\sigma}_n \mathrm{d}a = \boldsymbol{\sigma} \cdot \boldsymbol{n}\mathrm{d}a = \boldsymbol{\sigma} \cdot \mathrm{d}\boldsymbol{a} \tag{2.4.39E}$$

式中，$\mathrm{d}\boldsymbol{a}=\boldsymbol{n}\mathrm{d}a$，为面元矢量。由式(2.4.39D)可知，柯西应力张量 $\boldsymbol{\sigma}$ 点乘当前构形 $\Re_\tau$ 上任何面元的外法线矢量 $\boldsymbol{n}$ 就得到作用在该面上单位面积上的应力矢量 $\boldsymbol{\sigma}_n$。当前构形 $\Re_\tau$ 上的单位面积就是实际结构变形后的真实面积，由此得到的应力矢量 $\boldsymbol{\sigma}_n$ 为真实应力矢量，因此柯西应力张量 $\boldsymbol{\sigma}$ 就是真实应力张量。考虑到六面体的力矩平衡，可知在无偶应力作用的经典连续介质力学理论中，$\boldsymbol{\sigma}$ 为对称张量，共有 6 个独立分量。

在实际计算过程中，当前构形 $\Re_\tau$ 上的变量是通过增量法由参考构形 $\Re_0$ 上的变量经对平衡方程的迭代计算得到，因此在迭代刚开始时，当前构形 $\Re_\tau$ 是不确定的，因此柯西应力张量 $\boldsymbol{\sigma}$ 只有当迭代稳定后才能反映当前构形 $\Re_\tau$ 上的真实应力，柯西应力张量 $\boldsymbol{\sigma}$ 在迭代过程还不能方便应用，为此还需要引进其他的应力张量来进行迭代计算。

2）第一类 P-K 应力张量 $\boldsymbol{P}$

第一类 P-K 应力张量 $\boldsymbol{P}$ 又称名义应力，当前构形 $\Re_\tau$ 中的面元矢量 $\mathrm{d}\boldsymbol{a}$ 对应于参考构形 $\Re_0$ 中的面元矢量 $\mathrm{d}\boldsymbol{A}$，$\mathrm{d}\boldsymbol{a}$ 与 $\mathrm{d}\boldsymbol{A}$ 满足关系式(2.4.24)。如果已知参考构形 $\Re_0$ 中的面积 $\mathrm{d}\boldsymbol{A}$，欲求它所对应的在当前构形 $\Re_\tau$ 中的面元 $\mathrm{d}\boldsymbol{a}$ 上作用的内力，则有

$$\boldsymbol{\sigma} \cdot \mathrm{d}\boldsymbol{a} = J\boldsymbol{\sigma} \cdot \boldsymbol{F}^{-\mathrm{T}} \cdot \mathrm{d}\boldsymbol{A} = \boldsymbol{P} \cdot \mathrm{d}\boldsymbol{A} \tag{2.4.40A}$$

其中

$$\boldsymbol{P} = J\boldsymbol{\sigma} \cdot \boldsymbol{F}^{-\mathrm{T}} \tag{2.4.40B}$$

称为第一类 P-K 应力张量。由式(2.4.40A)可知，当已知参考构形 $\Re_0$ 中的面元矢量 $\mathrm{d}\boldsymbol{A}$，$\boldsymbol{P}\cdot\mathrm{d}\boldsymbol{A}$ 就是实际作用在当前构形 $\Re_\tau$ 上的面元 $\mathrm{d}\boldsymbol{a}$ 上的力，可见 $\boldsymbol{P}$ 不是直接作用在面积 $\mathrm{d}\boldsymbol{A}$ 上，而是一个当量值。例如，若参考构形 $\Re_0$ 为自然状态，$\mathrm{d}\boldsymbol{A}$ 上就没有任何内力作用，但第一类 P-K 应力张量 $\boldsymbol{P}$ 是以参考构形 $\Re_0$ 中单位面积为基准来折算的，所以称为名义应力张量。显然 $\boldsymbol{P}$ 已不是对称张量了。

令

$$\boldsymbol{\tau} = J\boldsymbol{\sigma} \tag{2.4.41}$$

$\boldsymbol{\tau}$ 为基尔霍夫应力张量,与 $\boldsymbol{\sigma}$ 一样 $\boldsymbol{\tau}$ 也是对称张量。这样式(2.4.40B)可改写成

$$\boldsymbol{P} = \boldsymbol{\tau} \cdot \boldsymbol{F}^{-\mathrm{T}} \tag{2.4.42A}$$

或

$$\boldsymbol{\tau} = \boldsymbol{P} \cdot \boldsymbol{F}^{\mathrm{T}} \tag{2.4.42B}$$

3）第二类 P-K 应力张量 $\boldsymbol{T}$

构造一个新的应力张量 $\boldsymbol{T}$:

$$\boldsymbol{T} = \boldsymbol{F}^{-1} \cdot \boldsymbol{P} = \boldsymbol{F}^{-1} \cdot \boldsymbol{\tau} \cdot \boldsymbol{F}^{-\mathrm{T}} \tag{2.4.43}$$

$\boldsymbol{T}$ 为第二类 P-K 应力张量,是对称张量。由式(2.4.43)可得

$$\boldsymbol{P} = \boldsymbol{F} \cdot \boldsymbol{T} \tag{2.4.44A}$$

$$\boldsymbol{\tau} = \boldsymbol{F} \cdot \boldsymbol{T} \cdot \boldsymbol{F}^{\mathrm{T}} \tag{2.4.44B}$$

作用在当前构形 $\mathfrak{R}_\tau$ 面元 d$\boldsymbol{a}$ 上的力可以由以下三种表示方法:

$$\boldsymbol{\sigma} \cdot \mathrm{d}\boldsymbol{a} = \boldsymbol{P} \cdot \mathrm{d}\boldsymbol{A} = \boldsymbol{F} \cdot \boldsymbol{T} \cdot \mathrm{d}\boldsymbol{A} \tag{2.4.45}$$

由上式看出,参考构形 $\mathfrak{R}_0$ 上的面元矢量 d$\boldsymbol{A}$ 与当前构形 $\mathfrak{R}_\tau$ 上的面元矢量 d$\boldsymbol{a}$ 相对应,它们之间满足变换公式(2.4.24),若用第一类 P-K 应力张量 $\boldsymbol{P}$ 点乘 d$\boldsymbol{A}$, 由此得到的在参考构形 $\mathfrak{R}_0$ 面元 d$\boldsymbol{A}$ 上的内力 $\boldsymbol{P} \cdot \mathrm{d}\boldsymbol{A}$ 与当前构形 $\mathfrak{R}_\tau$ 面元 d$\boldsymbol{a}$ 上的内力 $\boldsymbol{\sigma} \cdot \mathrm{d}\boldsymbol{a}$ 相同;若用第二类 P-K 应力张量 $\boldsymbol{T}$ 点乘 d$\boldsymbol{A}$, 由此得到的在参考构形 $\mathfrak{R}_0$ 面元 d$\boldsymbol{A}$ 上的内力 $\boldsymbol{T} \cdot \mathrm{d}\boldsymbol{A}$ 比当前构形 $\mathfrak{R}_\tau$ 面元 d$\boldsymbol{a}$ 上的内力 $\boldsymbol{\sigma} \cdot \mathrm{d}\boldsymbol{a}$ 放大 $\boldsymbol{F}^{-1}$ 倍,即 $\boldsymbol{T} \cdot \mathrm{d}\boldsymbol{A} = \boldsymbol{F}^{-1} \cdot (\boldsymbol{\sigma} \cdot \mathrm{d}\boldsymbol{a})$。

对式(2.4.43)求物质导数:

$$\dot{\boldsymbol{T}} = (\boldsymbol{F}^{-1} \cdot \boldsymbol{\tau} \cdot \boldsymbol{F}^{-\mathrm{T}})^{*} = \boldsymbol{F}^{-1} \cdot \boldsymbol{\tau}^{\nabla O} \cdot \boldsymbol{F}^{-\mathrm{T}} \tag{2.4.46A}$$

式中, $\boldsymbol{\tau}^{\nabla O}$ 表示基尔霍夫应力 $\boldsymbol{\tau}$ 的奥伊洛特(Oldroyd)导数,其表达式为

$$\boldsymbol{\tau}^{\nabla O} = \dot{\boldsymbol{\tau}} - \boldsymbol{l} \cdot \boldsymbol{\tau} - \boldsymbol{\tau} \cdot \boldsymbol{l}^{\mathrm{T}} \tag{2.4.46B}$$

2.4.4 张量的转移

变形梯度 $\boldsymbol{F}$ 为两个构形之间的转换关系,也称为两点张量。例如,参考构形中的矢量 d$\boldsymbol{X}$ 由 $\boldsymbol{F}$ 前推得到当前构形中的矢量 d$\boldsymbol{x}$, 即

$$\mathrm{d}\boldsymbol{x} = \boldsymbol{F} \cdot \mathrm{d}\boldsymbol{X} = \phi_{*}\mathrm{d}\boldsymbol{X} \tag{2.4.47}$$

当前构形中的矢量 d$\boldsymbol{x}$ 由 $\boldsymbol{F}^{-1}$ 后拉得到参考构形中的矢量 d$\boldsymbol{X}$, 即

$$\mathrm{d}\boldsymbol{X} = \boldsymbol{F}^{-1} \cdot \mathrm{d}\boldsymbol{x} = \phi^{*}\mathrm{d}\boldsymbol{x} \tag{2.4.48}$$

式中, ϕ_{*}、ϕ^{*} 分别表示前推和后拉运算符号。一种构形上的张量经前推或后拉运算到另一种构形上的张量的运算称为张量转移。

对二阶张量也具有类似的前推与后拉运算。功(势能)在前推与后拉过程中始终保

持不变，功共轭的应变（运动学量）与应力（动力学量）张量被前推或后拉后得到了不同构形上所定义的应变和应力张量，在参考构形 $\mathfrak{R}_0$ 和当前构形 $\mathfrak{R}_\tau$ 上运动学和动力学张量之间的前推、后拉关系如下。

1）运动学张量的前推与后拉运算

前推

$$\phi_* \boldsymbol{C} = \boldsymbol{F}^{-\mathrm{T}} \cdot \boldsymbol{C} \cdot \boldsymbol{F}^{-1} = \boldsymbol{g} \tag{2.4.49A}$$

$$\phi_* \boldsymbol{E} = \boldsymbol{F}^{-\mathrm{T}} \cdot \boldsymbol{E} \cdot \boldsymbol{F}^{-1} = \boldsymbol{e} \tag{2.4.49B}$$

$$\phi_* \dot{\boldsymbol{E}} = \boldsymbol{F}^{-\mathrm{T}} \cdot \dot{\boldsymbol{E}} \cdot \boldsymbol{F}^{-1} = \boldsymbol{d} \tag{2.4.49C}$$

$$\phi_* \dot{\boldsymbol{E}}^{\mathrm{dev}} = \boldsymbol{F}^{-\mathrm{T}} \cdot \dot{\boldsymbol{E}}^{\mathrm{dev}} \cdot \boldsymbol{F}^{-1} = \boldsymbol{d}^{\mathrm{dev}} \tag{2.4.49D}$$

后拉

$$\phi^* \boldsymbol{g} = \boldsymbol{F}^{\mathrm{T}} \cdot \boldsymbol{g} \cdot \boldsymbol{F} = \boldsymbol{C} \tag{2.4.50A}$$

$$\phi^* \boldsymbol{e} = \boldsymbol{F}^{\mathrm{T}} \cdot \boldsymbol{e} \cdot \boldsymbol{F} = \boldsymbol{E} \tag{2.4.50B}$$

$$\phi^* \boldsymbol{d} = \boldsymbol{F}^{\mathrm{T}} \cdot \boldsymbol{d} \cdot \boldsymbol{F} = \dot{\boldsymbol{E}} \tag{2.4.50C}$$

$$\phi^* \boldsymbol{d}^{\mathrm{dev}} = \boldsymbol{F}^{\mathrm{T}} \cdot \boldsymbol{d}^{\mathrm{dev}} \cdot \boldsymbol{F} = \dot{\boldsymbol{E}}^{\mathrm{dev}} \tag{2.4.50D}$$

2）动力学张量的前推与后拉运算

前推

$$\phi_* \boldsymbol{T} = \boldsymbol{F} \cdot \boldsymbol{T} \cdot \boldsymbol{F}^{\mathrm{T}} = \boldsymbol{\tau} \tag{2.4.51A}$$

$$\phi_* \dot{\boldsymbol{T}} = \boldsymbol{F} \cdot \dot{\boldsymbol{T}} \cdot \boldsymbol{F}^{\mathrm{T}} = \boldsymbol{\tau}^{\nabla O} \tag{2.4.51B}$$

$$\phi_* \boldsymbol{T}^{\mathrm{dev}} = \boldsymbol{F} \cdot \boldsymbol{T}^{\mathrm{dev}} \cdot \boldsymbol{F}^{\mathrm{T}} = \boldsymbol{\tau}^{\mathrm{dev}} \tag{2.4.51C}$$

后拉

$$\phi^* \boldsymbol{\tau} = \boldsymbol{F}^{-1} \cdot \boldsymbol{\tau} \cdot \boldsymbol{F}^{-\mathrm{T}} = \boldsymbol{T} \tag{2.4.52A}$$

$$\phi^* \boldsymbol{\tau}^{\nabla O} = \boldsymbol{F}^{-1} \cdot \boldsymbol{\tau}^{\nabla O} \cdot \boldsymbol{F}^{-\mathrm{T}} = \dot{\boldsymbol{T}} \tag{2.4.52B}$$

$$\phi^* \boldsymbol{\tau}^{\mathrm{dev}} = \boldsymbol{F}^{-1} \cdot \boldsymbol{\tau}^{\mathrm{dev}} \cdot \boldsymbol{F}^{-\mathrm{T}} = \boldsymbol{T}^{\mathrm{dev}} \tag{2.4.52C}$$

3）混合转移

还有一种非对称张量，如 $\boldsymbol{l} = \dot{\boldsymbol{F}} \cdot \boldsymbol{F}^{-1}$ 及其转置 $\boldsymbol{l}^{\mathrm{T}} = \boldsymbol{F}^{-\mathrm{T}} \cdot \dot{\boldsymbol{F}}^{\mathrm{T}}$，由于张量基的变化，其前推与后拉运算遵循如下规则。

前推

$$\phi_* \boldsymbol{L} = \boldsymbol{F} \cdot \boldsymbol{L} \cdot \boldsymbol{F}^{-1} = \boldsymbol{l} \tag{2.4.53A}$$

$$\phi_* \boldsymbol{L}^{\mathrm{T}} = \boldsymbol{F}^{-\mathrm{T}} \cdot \boldsymbol{L}^{\mathrm{T}} \cdot \boldsymbol{F}^{\mathrm{T}} = \boldsymbol{l}^{\mathrm{T}} \tag{2.4.53B}$$

后拉

$$\phi^* \boldsymbol{l} = \boldsymbol{F}^{-1} \cdot \boldsymbol{l} \cdot \boldsymbol{F} = \boldsymbol{L} \tag{2.4.53C}$$

$$\phi^* \boldsymbol{l}^{\mathrm{T}} = \boldsymbol{F}^{\mathrm{T}} \cdot \boldsymbol{l}^{\mathrm{T}} \cdot \boldsymbol{F}^{-\mathrm{T}} = \boldsymbol{L}^{\mathrm{T}} \tag{2.4.53D}$$

2.4.5 张量的客观导数

由于应力率 $\dot{\boldsymbol{\sigma}}$ 与坐标系转换等因素有关,因此是非客观的,为此需要定义与坐标变换无关的客观应力率 $\boldsymbol{\sigma}^{\nabla}$,并通过客观应力率来构建与应变率的弹性和塑性部分有关的本构关系。一种客观应力率就对应于一种本构关系,不同客观应力率之间的本构关系是不同的,但它们之间可以根据客观应力率的定义进行转换。

用符号 $\boldsymbol{\kappa}$ 代表柯西应力 $\boldsymbol{\sigma}$、基尔霍夫应力 $\boldsymbol{\tau}$ 和第二类 P-K 应力张量 $\boldsymbol{T}$ 中的任何一种,用 $\boldsymbol{\iota}$ 代表速度矢量梯度 $\boldsymbol{l}$、物质旋率 $\boldsymbol{w}$、相对旋率 $\boldsymbol{\Omega}$ 中的任何一种,满足包含有应力时间导数 $\dot{\boldsymbol{\kappa}}$ 的以下等式称为客观应力率 $\boldsymbol{\kappa}^{\nabla}$:

$$\boldsymbol{\kappa}^{\nabla} = \dot{\boldsymbol{\kappa}} - \boldsymbol{\iota} \cdot \boldsymbol{\kappa} - \boldsymbol{\kappa} \cdot \boldsymbol{\iota}^{\mathrm{T}} \tag{2.4.54}$$

据此,有以下几种客观应力率:

(1) 柯西应力的 Jaumann 率 $\boldsymbol{\sigma}^{\nabla J}$, 令式(2.4.54)中 $\boldsymbol{\kappa} = \boldsymbol{\sigma}$、$\boldsymbol{\iota} = \boldsymbol{w}$, 则有

$$\boldsymbol{\sigma}^{\nabla J} = \dot{\boldsymbol{\sigma}} - \boldsymbol{w} \cdot \boldsymbol{\sigma} - \boldsymbol{\sigma} \cdot \boldsymbol{w}^{\mathrm{T}} \tag{2.4.55}$$

(2) 基尔霍夫应力 $\boldsymbol{\tau}$ 的 Jaumann 率 $\boldsymbol{\tau}^{\nabla J}$, 令式(2.4.54)中 $\boldsymbol{\kappa} = \boldsymbol{\tau}$、$\boldsymbol{\iota} = \boldsymbol{w}$, 则有

$$\boldsymbol{\tau}^{\nabla J} = \dot{\boldsymbol{\tau}} - \boldsymbol{w} \cdot \boldsymbol{\tau} - \boldsymbol{\tau} \cdot \boldsymbol{w}^{\mathrm{T}} \tag{2.4.56}$$

(3) Oldroyd 客观率 $\boldsymbol{\tau}^{\nabla O}$, 令式(2.4.54)中 $\boldsymbol{\kappa} = \boldsymbol{\tau}$、$\boldsymbol{\iota} = \boldsymbol{l}$, 则有

$$\boldsymbol{\tau}^{\nabla O} = \dot{\boldsymbol{\tau}} - \boldsymbol{l} \cdot \boldsymbol{\tau} - \boldsymbol{\tau} \cdot \boldsymbol{l}^{\mathrm{T}} \tag{2.4.57}$$

(4) Green-Naghdi 率 $\boldsymbol{\sigma}^{\nabla G}$, 令式(2.4.54)中 $\boldsymbol{\kappa} = \boldsymbol{\sigma}$、$\boldsymbol{\iota} = \boldsymbol{\Omega}$, 则有

$$\boldsymbol{\sigma}^{\nabla G} = \dot{\boldsymbol{\sigma}} - \boldsymbol{\Omega} \cdot \boldsymbol{\sigma} - \boldsymbol{\sigma} \cdot \boldsymbol{\Omega}^{\mathrm{T}} \tag{2.4.58}$$

与 $\boldsymbol{\sigma}^{\nabla J}$ 相类似的另一种率,称为 Truesdell 率:

$$\boldsymbol{\sigma}^{\nabla T} = \dot{\boldsymbol{\sigma}} - \boldsymbol{w} \cdot \boldsymbol{\sigma} - \boldsymbol{\sigma} \cdot \boldsymbol{w}^{\mathrm{T}} + \mathrm{tr}(\boldsymbol{d})\boldsymbol{\sigma} = \boldsymbol{\sigma}^{\nabla J} + \mathrm{tr}(\boldsymbol{d})\boldsymbol{\sigma} \tag{2.4.59}$$

对存在大转动的材料,如弹带材料,可采用对数率

$$\boldsymbol{\tau}^{\nabla \mathrm{Log}} = \dot{\boldsymbol{\tau}} - \boldsymbol{\Omega}^{\mathrm{Log}} \cdot \boldsymbol{\tau} - \boldsymbol{\tau} \cdot \boldsymbol{\Omega}^{\mathrm{Log}T} \tag{2.4.60A}$$

$$\boldsymbol{\Omega}^{\mathrm{Log}} = \boldsymbol{w} + \sum_{r \neq s}^{m} \left[\frac{1 + (\lambda_r/\lambda_s)}{1 - (\lambda_r/\lambda_s)} + \frac{2}{\ln(\lambda_r/\lambda_s)} \right] \boldsymbol{\Phi}_r \cdot \boldsymbol{d} \cdot \boldsymbol{\Phi}_s \tag{2.4.60B}$$

$$\boldsymbol{\Phi}_r = \boldsymbol{\phi}_r \otimes \boldsymbol{\phi}_r \tag{2.4.60C}$$

式中, $\boldsymbol{\Omega}^{\mathrm{Log}}$ 为对数旋率; λ_r、$\boldsymbol{\phi}_r (r = 1, \cdots, m)$ 分别为左柯西-格林张量 $\boldsymbol{b}$ 的特征值和对应的特征投影矩阵; m 为 $\boldsymbol{b}$ 的阶数。

2.4.6 变形功及功率

前面几节定义了结构在当前构形和参考构形上的运动学变量(变形速度梯度、应变、应变率)和动力学变量(应力、应力率),这些变量均可通过前推或后拉的变换形式进行相互转换。当前构形(参考构形)的动力学变量会在当前构形(或参考构形)的运动学变量

上做功(功率),一旦在当前构形(参考构形)上确定了某一动力学变量,必然会在当前构形(参考构形)上存在某一运动学变量,若当前构形(参考构形)上两个变量之积与参考构形(当前构形)上两个变量之积相等,则该两个变量称为功共轭的变量。本节将在参考构形上和当前构形上给出功共轭的变量。

1) 变形功

根据前段的分析结果,可知 $\boldsymbol{T}$ 与 $\boldsymbol{E}$ 为在参考构形上的应力与应变张量,由式(2.2.22),可得参考构形上单位体积的比功 W 为 $W=\boldsymbol{T}:\boldsymbol{E}$, 利用式(2.4.50B)、(2.4.52A),分别将当前构形上的阿尔曼西应变 $\boldsymbol{e}$ 和基尔霍夫应力 $\boldsymbol{\tau}$ 后拉,并代入上式,得

$$W=\boldsymbol{T}:\boldsymbol{E}=(\boldsymbol{F}^{-1}\cdot\boldsymbol{\tau}\cdot\boldsymbol{F}^{-\mathrm{T}}):(\boldsymbol{F}^{\mathrm{T}}\cdot\boldsymbol{e}\cdot\boldsymbol{F})=\boldsymbol{\tau}:\boldsymbol{e}=J\boldsymbol{\sigma}:\boldsymbol{e} \tag{2.4.61}$$

上式表明,在参考构形上单位体积的变形功是第二类基尔霍夫应力 $\boldsymbol{T}$ 与格林应变张量 $\boldsymbol{E}$ 的双点积,与在当前构形上基尔霍夫应力 $\boldsymbol{\tau}=J\boldsymbol{\sigma}$ 与阿尔曼西应变 $\boldsymbol{e}$ 的双点积相等,因此我们称 $\boldsymbol{T}$ 与 $\boldsymbol{E}$、$\boldsymbol{\tau}$ 与 $\boldsymbol{e}$ 是功共轭的。该比功是柯西应力 $\boldsymbol{\sigma}$ 与阿尔曼西应变 $\boldsymbol{e}$ 的双点积的 J 倍。

2) 变形功率

在当前构形上的基尔霍夫应力 $\boldsymbol{\tau}$ 与变形率张量 $\boldsymbol{d}$ 之双点乘为单位体积内功率 $\dot{W}=\boldsymbol{\tau}:\boldsymbol{d}$, 利用式(2.4.49C)、式(2.4.51A)分别将参考构形上的格林应变张量率 $\dot{\boldsymbol{E}}$ 和第二类基尔霍夫应力 $\boldsymbol{T}$ 前推到当前构形上,并代入 $\boldsymbol{W}=:\boldsymbol{d}$, 得

$$\begin{aligned}\dot{W}&=J\boldsymbol{\sigma}:\boldsymbol{d}=\boldsymbol{\tau}:\boldsymbol{d}=\boldsymbol{F}\cdot\boldsymbol{T}\cdot\boldsymbol{F}^{\mathrm{T}}:\boldsymbol{F}^{-\mathrm{T}}\cdot\dot{\boldsymbol{E}}\cdot\boldsymbol{F}^{-1}=\boldsymbol{F}\cdot\tilde{\boldsymbol{a}}\otimes\tilde{\boldsymbol{b}}\cdot\boldsymbol{F}^{\mathrm{T}}:\boldsymbol{F}^{-\mathrm{T}}\cdot\tilde{\boldsymbol{c}}\otimes\tilde{\boldsymbol{d}}\cdot\boldsymbol{F}^{-1}\\&=\boldsymbol{F}\cdot\tilde{\boldsymbol{a}}\otimes\boldsymbol{F}\cdot\tilde{\boldsymbol{b}}:\boldsymbol{F}^{-\mathrm{T}}\cdot\tilde{\boldsymbol{c}}\otimes\boldsymbol{F}^{-\mathrm{T}}\cdot\tilde{\boldsymbol{d}}=(\boldsymbol{F}\cdot\tilde{\boldsymbol{a}}\cdot\boldsymbol{F}^{-\mathrm{T}}\cdot\tilde{\boldsymbol{c}})(\boldsymbol{F}\cdot\tilde{\boldsymbol{b}}\cdot\boldsymbol{F}^{-\mathrm{T}}\cdot\tilde{\boldsymbol{d}})\\&=\boldsymbol{F}\cdot\boldsymbol{F}^{-1}\cdot\tilde{\boldsymbol{a}}\otimes\boldsymbol{F}\cdot\boldsymbol{F}^{-1}\cdot\tilde{\boldsymbol{b}}:\tilde{\boldsymbol{c}}\otimes\tilde{\boldsymbol{d}}=\tilde{\boldsymbol{a}}\otimes\tilde{\boldsymbol{b}}:\tilde{\boldsymbol{c}}\otimes\tilde{\boldsymbol{d}}=\boldsymbol{T}:\dot{\boldsymbol{E}}\end{aligned} \tag{2.4.62}$$

由此可见,参考构形中单位体积的功率 $\dot{W}$ 是第二类 P-K 应力张量 $\boldsymbol{T}$ 和应变张量率 $\dot{\boldsymbol{E}}$ 的双点积,与在当前构形上的基尔霍夫应力 $\boldsymbol{\tau}$ 与变形率张量 $\boldsymbol{d}$ 之双点积相等。由于连续介质力学均以能量原理为基础,本节引入的第二类 P-K 应力张量 $\boldsymbol{T}$ 和应变张量 $\boldsymbol{E}$ 从能量的角度符合功共轭, $\boldsymbol{\tau}$ 与 $\boldsymbol{d}$ 也符合功共轭,为这些变量之间的本构关系建立奠定了基础。

2.5 连续介质力学中的基本方程

火炮发射过程涉及机械能与热能的形成与转化,这些转化规律需要通过连续介质力学中的基本方程来揭示。基本方程包括动量守恒方程、质量守恒定律、机械能平衡律方程、能量平衡律方程、熵平衡律方程等,全面了解这些基本方程对准确刻画火炮发射过程具有非常重要的意义,因此这些基本方程是构建火炮发射过程中各种运动方程的基础。

2.5.1 动量守恒方程

连续介质的动量方程一般是从当前构形 $\mathfrak{R}_\tau$ 构建的。在当前构形 $\mathfrak{R}_\tau$ 中,任意取一个域 Ω, 体积元为 $\mathrm{d}v$, Ω 的封闭表面用 Γ 表示,面元 $\mathrm{d}a$ 的外法线单位矢量为 $\boldsymbol{n}$, $\mathrm{d}\boldsymbol{a}=\boldsymbol{n}\mathrm{d}a$ 为

面元矢量。对域 Ω 应用动量定理,有

$$\int_{\Gamma}\boldsymbol{\sigma}\cdot\boldsymbol{n}\mathrm{d}a+\int_{\Omega}\rho\boldsymbol{f}\mathrm{d}v=\int_{\Omega}\rho\ddot{\boldsymbol{u}}\mathrm{d}v \tag{2.5.1}$$

式中,ρ 为当前构形 $\mathfrak{R}_\tau$ 上的质量密度;左端第一项为作用在表面 Γ 上的力 $\boldsymbol{\sigma}\cdot\boldsymbol{n}=\bar{\boldsymbol{f}}$,第二项为作用于域 Ω 上的体积力,其中 $\boldsymbol{f}$ 为单位质量的体积力;右端 $\ddot{\boldsymbol{u}}$ 为加速度。

根据高斯积分公式(2.2.67),将上述左端第一项面积分转化成体积分,考虑到域 Ω 的任意性,下式成立:

$$\boldsymbol{\sigma}\cdot\nabla+\rho\boldsymbol{f}=\rho\ddot{\boldsymbol{u}} \tag{2.5.2}$$

式(2.5.2)也称为柯西动量方程。如果体积力 $\boldsymbol{f}=\boldsymbol{0}$,且系统是静止的,$\ddot{\boldsymbol{u}}=\boldsymbol{0}$,则上式简化成 $\boldsymbol{\sigma}\cdot\nabla=0$,这就是连续介质力学中的静平衡方程。

2.5.2 质量守恒定律

记 ρ_0、$\mathrm{d}V$ 分别为参考构形 $\mathfrak{R}_0$ 中的质量密度和体积微元,ρ、$\mathrm{d}v$ 分别为当前构形 $\mathfrak{R}_\tau$ 中的质量密度和体积微元。质量守恒定律可表示为

$$\rho\mathrm{d}v=\rho_0\mathrm{d}V \tag{2.5.3A}$$

或

$$\rho J=\rho_0 \tag{2.5.3B}$$

对式(2.5.3B)求时间导数,可得率形式的质量守恒定律:

$$\dot{\rho}+\rho\frac{\dot{J}}{J}=0 \tag{2.5.4A}$$

可以证明

$$\frac{\dot{J}}{J}=\mathrm{div}\dot{\boldsymbol{u}}=\nabla\cdot\dot{\boldsymbol{u}}=\mathrm{tr}(\boldsymbol{d}) \tag{2.5.4B}$$

式(2.5.4A)率形式的质量守恒定律可改写成

$$\dot{\rho}+\rho\mathrm{tr}(\boldsymbol{d})=0 \tag{2.5.4C}$$

2.5.3 机械能平衡律

如图 2.5.1 所示,当前构形 $\mathfrak{R}_\tau$ 中任意域 Ω 内的动能为

$$K=\frac{1}{2}\int_{\Omega}\rho\dot{\boldsymbol{u}}\cdot\dot{\boldsymbol{u}}\mathrm{d}v \tag{2.5.5}$$

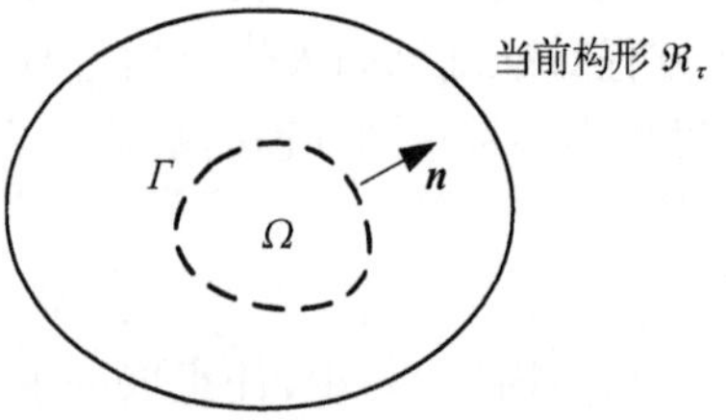

图 2.5.1 结构中的任意域 Ω

求域 Ω 内动能的物质导数,并注意到 $\rho\mathrm{d}v$ 为常量,则有

$$\dot{K}=\frac{1}{2}\int_{\Omega}\rho\frac{\mathrm{d}}{\mathrm{d}t}(\dot{\boldsymbol{u}}\cdot\dot{\boldsymbol{u}})\mathrm{d}v=\int_{\Omega}\rho\dot{\boldsymbol{u}}\cdot\ddot{\boldsymbol{u}}\mathrm{d}v \tag{2.5.6}$$

将柯西动量方程(2.5.2)代入上式,并利用式(2.2.63),式(2.5.6)可改写成

$$\dot{K}=\int_{\Omega}(\dot{\boldsymbol{u}}\cdot\boldsymbol{\sigma})\cdot\nabla\mathrm{d}v+\int_{\Omega}\rho\dot{\boldsymbol{u}}\cdot\boldsymbol{f}\mathrm{d}V-\int_{\Omega}\dot{\boldsymbol{u}}\nabla:\boldsymbol{\sigma}\mathrm{d}v$$

注意公式

$$\dot{\boldsymbol{u}}\nabla:\boldsymbol{\sigma}=\boldsymbol{\sigma}:\boldsymbol{l}=\boldsymbol{\sigma}:\boldsymbol{d}=\boldsymbol{d}:\boldsymbol{\sigma}\tag{2.5.7}$$

并应用高斯积分公式(2.2.67)，则有

$$\dot{K}=\int_{\Gamma}\dot{\boldsymbol{u}}\cdot\boldsymbol{\sigma}_n\mathrm{d}a+\int_{\Omega}\rho\dot{\boldsymbol{u}}\cdot\boldsymbol{f}\mathrm{d}v-\int_{\Omega}\boldsymbol{\sigma}:\boldsymbol{d}\mathrm{d}v\tag{2.5.8}$$

上式左端表示在当前构形 $\mathfrak{R}_\tau$ 中域 Ω 内的动能的物质变化率，右端第一项表示作用于域 Ω 表面 Γ 上的面力功率，第二项表示作用于域 Ω 上体积力的功率，第三项中 $-\boldsymbol{\sigma}:\boldsymbol{d}$ 表示域 Ω 内的内力功率。注意到在当前构形 $\mathfrak{R}_\tau$ 中，单位体积的内力功率为 $-\boldsymbol{\sigma}:\boldsymbol{d}$，即与变形功率 $\boldsymbol{\sigma}:\boldsymbol{d}$ 相差一负号。式(2.5.8)还说明变形能消耗系统的动能，即缓冲原理。

2.5.4 能量平衡律

如图 2.5.1 所示，当前构形 $\mathfrak{R}_\tau$ 中任意域 Ω 内的总能量 P 为动能 K 与内能 E 之和：

$$P=K+E\tag{2.5.9}$$

系统的内能 E 通常由三部分组成：通过域 Ω 表面 Γ 流入域的热量，从外部加给域 Ω 的热量(热源)，域 Ω 的变形功。若以 e 表示单位质量的体积内能，则有

$$E=\int_{\Omega}\rho e\mathrm{d}v\tag{2.5.10}$$

根据热力学第一定律，总能量 P 的物质导数 $\dot{P}$ 应等于作用于域 Ω 的外力功率与单位时间从域 Ω 外部所加的热量：

$$\dot{P}=\int_{\Gamma}\boldsymbol{v}\cdot\boldsymbol{\sigma}_n\mathrm{d}a+\int_{\Omega}\rho\boldsymbol{v}\cdot\boldsymbol{f}\mathrm{d}v-\int_{\Gamma}\boldsymbol{h}\cdot\mathrm{d}\boldsymbol{a}+\int_{\Omega}\rho Q\mathrm{d}v\tag{2.5.11}$$

式中，$\boldsymbol{h}$ 表示热流矢量(或称热通量，从域 Ω 向外流出为正)，即单位时间单位面积的热流；Q 为物体内部的热源，即单位质量接受外部的热。

对式(2.5.10)求导，利用 $\rho\mathrm{d}v$ 为常量的条件，经整理可得

$$\dot{E}=\int_{\Omega}\rho\dot{e}\mathrm{d}v=\dot{P}-\dot{K}=-\int_{\Gamma}\boldsymbol{h}\cdot\mathrm{d}\boldsymbol{a}+\int_{\Omega}Q\rho\mathrm{d}v+\int_{\Omega}\boldsymbol{\sigma}:\boldsymbol{d}\mathrm{d}v\tag{2.5.12}$$

式(2.5.12)称为积分形式的热力学第一定律。右端第一项表示单位时间经过表面 Γ 流入域 Ω 的热量，第二项表示单位时间外部加给域 Ω 的热量，第三项表示域 Ω 的变形功率。比较式(2.5.8)与式(2.5.12)右端的第三项，可以发现 $\dot{K}$ 式中的变形功率项前带有一负号，因为该项表示内力的功，而 $\dot{E}$ 式中的变形功项不带负号，表示变形功转化成内能。因此，内力做功使系统的动能下降、内能增加，在单位时间内下降和增加的数值相同。

应用高斯积分公式(2.2.67)，式(2.5.12)右端的第一项在表面 Γ 的积分转化成在域 Ω 内的积分，并考虑到 Ω 域的任意性，可得

$$\rho\dot{e}=-\boldsymbol{h}\cdot\nabla+\rho Q+\boldsymbol{\sigma}:\boldsymbol{d}\tag{2.5.13}$$

式(2.5.13)称为微分形式的热力学第一定律。

2.5.5 熵平衡律

以 η 表示单位质量内的熵,如图 2.5.1 所示,当前构形 $\mathfrak{R}_\tau$ 中任意域 Ω 内的总熵 H 为

$$H = \int_\Omega \rho\eta \mathrm{d}v \Rightarrow \dot{H} = \int_\Omega \rho\dot{\eta}\mathrm{d}v \tag{2.5.14}$$

以 θ 表示绝对温度 $(\theta > 0)$,则由热力学第二定律,必有

$$\dot{H} \geqslant -\int_\Gamma \frac{1}{\theta}\boldsymbol{h}\cdot \mathrm{d}\boldsymbol{a} + \int_\Omega \frac{1}{\theta}Q\rho\mathrm{d}v \tag{2.5.15}$$

式中,$\boldsymbol{h}/\theta$ 称为熵流;Q/θ 称为熵源。式(2.5.15)称为熵不等式,或 Clausius-Duhem 不等式,也称为积分形式的热力学第二定律。该式表明域 Ω 从外部或邻域中吸收热量的结果是使其总熵增加,熵的实际增加超过式(2.5.15)右端的增量部分是不可逆的,称为熵的生成率 $\Gamma_H(>0)$。由此可得如下等式:

$$\dot{H} = -\int_\Gamma \frac{1}{\theta}\boldsymbol{h}\cdot \mathrm{d}\boldsymbol{a} + \int_\Omega \frac{1}{\theta}Q\rho\mathrm{d}v + \Gamma_H \tag{2.5.16}$$

式中,若以 γ 表示单位质量的熵生成率,则有

$$\Gamma_H = \int_\Omega \gamma\rho\mathrm{d}v, \quad \gamma \geqslant 0 \tag{2.5.17}$$

式(2.5.16)称为积分形式的熵平衡律。应用高斯积分公式(2.2.67),将式(2.5.16)右端的第一项在表面 Γ 的积分转化成在域 Ω 内的积分,可得

$$\int_\Omega \dot{\eta}\rho\mathrm{d}v = -\int_\Omega\left(\frac{1}{\theta}\boldsymbol{h}\right)\cdot\nabla\mathrm{d}v + \int_\Omega\left(\frac{1}{\theta}Q + \gamma\right)\rho\mathrm{d}v \tag{2.5.18A}$$

注意到在对式(2.5.16)求导时,应用了 $\rho\mathrm{d}v$ 常量的条件。由于 v 域的任意性,则有

$$\rho\dot{\eta} = -\left(\frac{1}{\theta}\boldsymbol{h}\right)\cdot\nabla + \rho\left(\frac{1}{\theta}Q + \gamma\right) \tag{2.5.18B}$$

式(2.5.18B)称为微分形式的熵平衡方程。利用式(2.2.63),调整式(2.5.18B)右端第一项,经整理后得

$$\theta\dot{\eta} = -\frac{1}{\rho}(\boldsymbol{h}\cdot\nabla) + \frac{1}{\rho\theta}(\theta\nabla)\cdot\boldsymbol{h} + Q + \theta\gamma \tag{2.5.19}$$

根据式(2.5.19)对 $\gamma \geqslant 0$ 的要求,上式可改写成

$$\theta\gamma = \theta\gamma_{\mathrm{th}} + \theta\gamma_{\mathrm{ith}} \geqslant 0 \tag{2.5.20A}$$

其中

$$\theta\gamma_{\mathrm{th}} = -\frac{1}{\rho\theta}(\theta\nabla)\cdot\boldsymbol{h} \tag{2.5.20B}$$

$$\theta\gamma_{\text{int}} = \theta\dot{\eta} - \left[-\frac{1}{\rho}(h \cdot \nabla) + Q \right] \tag{2.5.20C}$$

式(2.5.20)表明熵的生成率γ可以分成两部分：一部分γ_{th}是由热传导所产生的熵的生成率；另一部分γ_{int}是由于熵增加率$\dot{\eta}$超过单位质量从域Ω外或邻域中吸收的热的率所产生的，γ_{int}称为熵内部生成率。热力学第二定律要求γ_{th}与γ_{int}之和γ大于零，但是人们通常假设γ_{th}与γ_{int}分别都大于零，即

$$\theta\gamma_{\text{th}} = -\frac{1}{\rho\theta}(\theta\nabla) \cdot \boldsymbol{h} \geqslant 0 \tag{2.5.21A}$$

$$\theta\gamma_{\text{int}} = \dot{\eta}\theta - \left[-\frac{1}{\rho}(\boldsymbol{h} \cdot \nabla) + Q \right] \geqslant 0 \tag{2.5.21B}$$

$\theta\gamma$、$\theta\gamma_{\text{th}}$、$\theta\gamma_{\text{int}}$又分别称为单位质量的总耗散率、热耗散率和内部耗散率。式(2.5.21A)表明热流矢量$\boldsymbol{h}$与温度梯度$\theta\nabla$方向成钝角，对于铜弹带材料，由傅里叶热传导定理可知热流矢量$\boldsymbol{h}$与温度梯度$\theta\nabla$方向成π角，即

$$\boldsymbol{h} = -k(\theta\nabla) \tag{2.5.22}$$

式中，k为热传导系数。

将式(2.5.13)代入式(2.5.21B)，得

$$\theta\gamma_{\text{int}} = \theta\dot{\eta} - \left(\dot{e} - \frac{1}{\rho}\boldsymbol{\sigma} : \boldsymbol{d} \right) \tag{2.5.23}$$

在实际使用中不以熵η为自变量，而是以温度θ作为自变量，为此再引进另一个热力学函数ψ，称为单位质量的亥姆霍兹自由能：

$$\psi = e - \theta\eta \tag{2.5.24A}$$

对上式求导，得

$$\dot{\psi} = \dot{e} - \dot{\theta}\eta - \theta\dot{\eta} \tag{2.5.24B}$$

这样式(2.5.23)可改写成

$$\theta\gamma_{\text{int}} = -\eta\dot{\theta} - \left(\dot{\psi} - \frac{1}{\rho}\boldsymbol{\sigma} : \boldsymbol{d} \right) \tag{2.5.25}$$

2.5.6 热传导方程

定义材料的比热容c_{v}为

$$c_{\text{v}} = \theta\frac{\partial\eta}{\partial\theta} \tag{2.5.26}$$

则有

$$\theta\dot{\eta} = \theta\frac{\partial\eta}{\partial\theta}\dot{\theta} = c_{\text{v}}\dot{\theta} \tag{2.5.27}$$

令式(2.5.21B)中 $\theta\gamma_{\text{int}}=0$(此处假定熵的内部生成率为零,即假定材料处于弹性变形阶段),并利用式(2.5.27),则有

$$c_v\dot{\theta}-\left[-\frac{1}{\rho}(\boldsymbol{h}\cdot\nabla)+Q\right]=0 \tag{2.5.28}$$

式中,Q 为物体内部的热源。物体(弹带)塑性变形所做功率的一部分被转化成热源 Q,因此假定在某时刻,物体内某一点处的等效塑性应变率为 $\dot{\bar{\varepsilon}}_p$,等效应力为 σ_{eq},根据屈服准则,$\sigma_Y=\sigma_{eq}$,σ_Y 为材料的屈服强度,由材料性能试验得到。塑性应变率 $\dot{\bar{\varepsilon}}_p$ 产生的热为

$$Q=\frac{1}{\rho}\chi\sigma_Y\dot{\bar{\varepsilon}}_p \tag{2.5.29}$$

式中,χ 为 Taylor-Quinney 系数(也称为塑性功转换为热能的比例系数),一般取为0.9。

由傅里叶热传导定律式(2.5.22)得

$$\boldsymbol{h}=-k(\theta\nabla) \tag{2.5.30}$$

若材料为各向异性,将上式中的热传导率 k 改写成二阶张量形式 $\boldsymbol{k}$,即可得到热传导方程:

$$c_v\rho\dot{\theta}=[\boldsymbol{k}\cdot(\theta\nabla)]\cdot\nabla+\rho Q \tag{2.5.31}$$

以下两种情况在实践中经常遇到:

(1) 等温系统,即 $\dot{\theta}=0$,式(2.5.31)简化成

$$[\boldsymbol{k}\cdot(\theta\nabla)]\cdot\nabla+\rho Q=0 \tag{2.5.32A}$$

(2) 绝热系统,即 $\boldsymbol{h}=\boldsymbol{0}$,式(2.5.31)简化成

$$c_v\dot{\theta}=Q \tag{2.5.32B}$$

2.5.7 虚功率原理

式(2.5.2)给出了给定边界力 $\boldsymbol{\sigma}\cdot\boldsymbol{n}=\bar{\boldsymbol{f}}$ 条件下的动力学方程。对于一些简单的问题,可以采用解析的方法求出其精确解,但像火炮这样复杂的结构,只能采用数值方法来求近似解。近似解通常不能在全域和边界上满足运动方程和边界条件:

$$\boldsymbol{r}=\boldsymbol{\sigma}\cdot\nabla+\rho\boldsymbol{f}-\rho\ddot{\boldsymbol{u}}\neq\boldsymbol{0},\text{在域 }\Omega\text{ 内} \tag{2.5.33A}$$

$$\bar{\boldsymbol{r}}=\boldsymbol{\sigma}\cdot\boldsymbol{n}-\bar{\boldsymbol{f}}\neq\boldsymbol{0},\quad\text{在力边界 }\Gamma_\sigma\text{ 上} \tag{2.5.33B}$$

式中,$\boldsymbol{r}$、$\bar{\boldsymbol{r}}$ 分别为在域内和边界上运动方程和边界条件的余量。

加权余量法是求微分方程近似解的一种常用方法,它允许运动方程和边界条件在各点都存在余量,但要求这些余量在域 Ω 和力边界 Γ_σ 上的加权积分为零:

$$\int_\Omega\boldsymbol{w}\cdot(\boldsymbol{\sigma}\cdot\nabla+\rho\boldsymbol{f}-\rho\ddot{\boldsymbol{u}})\mathrm{d}v+\int_{\Gamma_\sigma}\bar{\boldsymbol{w}}\cdot(\boldsymbol{\sigma}\cdot\boldsymbol{n}-\bar{\boldsymbol{f}})\mathrm{d}a=0 \tag{2.5.34}$$

式中,$\boldsymbol{w}$、$\bar{\boldsymbol{w}}$ 分别为域和边界上的权函数。若 $\boldsymbol{w}$、$\bar{\boldsymbol{w}}$ 选择为真实速度的变分 $\delta\dot{\boldsymbol{u}}$ 及其边界值的负值 $-\delta\dot{\boldsymbol{u}}$,则式(2.5.34)变成

$$\int_{\Omega}\delta\dot{\boldsymbol{u}}\cdot(\boldsymbol{\sigma}\cdot\nabla+\rho\boldsymbol{f}-\rho\ddot{\boldsymbol{u}})\mathrm{d}v-\int_{\Gamma_{\sigma}}\delta\dot{\boldsymbol{u}}\cdot(\boldsymbol{\sigma}\cdot\boldsymbol{n}-\bar{\boldsymbol{f}})\mathrm{d}a=0 \tag{2.5.35}$$

利用式(2.2.63)，$\delta\dot{\boldsymbol{u}}\cdot(\boldsymbol{\sigma}\cdot\nabla)$ 可以改写成

$$\delta\dot{\boldsymbol{u}}\cdot(\boldsymbol{\sigma}\cdot\nabla)=(\delta\dot{\boldsymbol{u}}\cdot\boldsymbol{\sigma})\cdot\nabla-\delta\dot{\boldsymbol{u}}\nabla:\boldsymbol{\sigma}$$

将上式代入式(2.5.35)中第一个积分中的第一项，得

$$\begin{aligned}\int_{\Omega}\delta\dot{\boldsymbol{u}}\cdot(\boldsymbol{\sigma}\cdot\nabla)\mathrm{d}v&=\int_{\Omega}[(\delta\dot{\boldsymbol{u}}\cdot\boldsymbol{\sigma})\cdot\nabla-(\delta\dot{\boldsymbol{u}}\nabla:\boldsymbol{\sigma})]\mathrm{d}v\\&=\int_{\Omega}(\delta\dot{\boldsymbol{u}}\cdot\boldsymbol{\sigma})\cdot\nabla\mathrm{d}v-\int_{\Omega}\nabla(\delta\dot{\boldsymbol{u}}\nabla:\boldsymbol{\sigma})\mathrm{d}v=\int_{\Gamma}\delta\dot{\boldsymbol{u}}\cdot\boldsymbol{\sigma}\cdot\boldsymbol{n}\mathrm{d}a-\int_{\Omega}\delta\boldsymbol{l}:\boldsymbol{\sigma}\mathrm{d}v\\&=\int_{\Gamma_{\sigma}}\delta\dot{\boldsymbol{u}}\cdot\boldsymbol{\sigma}\cdot\boldsymbol{n}\mathrm{d}a-\int_{\Omega}\delta\boldsymbol{d}:\boldsymbol{\sigma}\mathrm{d}v\end{aligned}$$

式中用到了 $\delta\boldsymbol{l}:\boldsymbol{\sigma}=(\delta\boldsymbol{d}+\delta\boldsymbol{w}):\boldsymbol{\sigma}=\delta\boldsymbol{d}:\boldsymbol{\sigma}$，其中 $\boldsymbol{\sigma}$、$\delta\boldsymbol{w}$ 分别为对称和反对称张量，因此 $\delta\boldsymbol{w}:\boldsymbol{\sigma}=0$。将上式代入式(2.5.35)，经整理得

$$-\int_{\Omega}\rho\delta\dot{\boldsymbol{u}}\cdot\ddot{\boldsymbol{u}}\mathrm{d}v-\int_{\Omega}\delta\boldsymbol{d}:\sigma\mathrm{d}v+\int_{\Omega}\rho\delta\dot{\boldsymbol{u}}\cdot\boldsymbol{f}\mathrm{d}v+\int_{\Gamma_{\sigma}}\delta\dot{\boldsymbol{u}}\cdot\bar{\boldsymbol{f}}\mathrm{d}a=0 \tag{2.5.36}$$

上式称为虚功率原理，它表明力系（外力、内力、惯性力）在虚速度和虚变形率上所做的功之和为零。由于在上式的推导过程中没有涉及应力-应变之间的本构关系，所以上式适用于各种线性、非线性弹性及弹塑性非线性问题。

将式(2.5.36)在时间间隔 t_1 到 t_2 之间对时间积分：

$$-\int_{t_1}^{t_2}\int_{\Omega}\rho\delta\dot{\boldsymbol{u}}\cdot\ddot{\boldsymbol{u}}\mathrm{d}v\mathrm{d}t-\int_{t_1}^{t_2}\int_{\Omega}\delta\boldsymbol{d}:\boldsymbol{\sigma}\mathrm{d}v\mathrm{d}t+\int_{t_1}^{t_2}\int_{\Omega}\rho\delta\dot{\boldsymbol{u}}\cdot\boldsymbol{f}\mathrm{d}v\mathrm{d}t+\int_{t_1}^{t_2}\int_{\Gamma_{\sigma}}\delta\dot{\boldsymbol{u}}\cdot\bar{\boldsymbol{f}}\mathrm{d}a\mathrm{d}t=0 \tag{2.5.37}$$

上式表明，对于一个真实运动，系统虚功率在任意时间间隔内对时间的积分等于零，此即为哈密顿原理。

2.6 材料的热弹塑性本构模型

前面几节讨论了不同构形上定义的各种应变张量和应力张量，导出了连续介质力学中的动量守恒方程、质量守恒定律、机械能平衡律方程、能量平衡律方程、熵平衡律方程等基本方程，但一直没有给出应力张量和应变张量之间的关系。材料中应力张量与应变张量之间的关系称为材料的本构关系，若这种关系能用数学的公式来表达，则称为本构方程。有了基本方程与本构方程，才能在数学上得到封闭的方程组，并在一定的初始条件和边界条件下对问题进行求解。

由于本构关系与材料的特性有关，是材料宏观力学性能的综合反映，与材料加载后在各受力阶段的性能有关，由此形成了一个专门研究材料本构关系的重要方向。在火炮发

射过程中,弹带材料性能和构形的变化涉及塑性大变形,而且弹性应变要小于塑性应变,这种材料也称为次弹塑性材料,黄铜弹带材料属于与应变率的率无关的材料。注意到次弹性材料在变形闭合回路中能量是非保守的,但由于弹性变形较小,弹性引起的误差较小,弹性响应用次弹性模型来表述是比较合适的。在实际工况中弹带的塑性变形是非常大的,若要准确刻画大变形弹带的弹塑性响应,且要求弹性材料在变形闭合回路中能量保守,这时就要考虑材料的超弹塑性问题。

本节假定材料的特性与应变率的率无关,由于弹带在塑性变形过程中温度上升也非常大,因此本节重点讨论材料在大变形条件下与温度有关的热弹塑性本构关系。

2.6.1 一维塑性

塑性理论主要研究以下四个方面的内容:

(1) 应变的每一增量分解为弹性可逆部分 $\mathrm{d}\boldsymbol{\varepsilon}^{\mathrm{e}}$ 和塑性不可逆部分 $\mathrm{d}\boldsymbol{\varepsilon}^{\mathrm{p}}$。

(2) 屈服函数 $f(\boldsymbol{\sigma}, \boldsymbol{\xi})$ 控制了塑性变形的突变和连续,$\boldsymbol{\sigma}$ 为柯西应力张量,$\boldsymbol{\xi}$ 是材料内部变量的集合。

(3) 塑性流动法则控制了塑性流动,即确定了塑性应变的增量。

(4) 内部变量的演化方程控制了屈服函数的演化,包括应变-硬化关系。

为了对材料的塑性变化有较为清晰的概念和认知,本节首先讨论一维拉伸和卸载条件下的塑性变化规律。

材料卸载后若产生永久应变,则材料已进入塑性状态。材料进入塑性状态所对应的弹性应力称为屈服强度,第一次到达的屈服强度称为初始屈服强度,一旦加载超过了初始屈服强度,材料就会发生塑性应变。

弹-塑性定律一定是与路径相关和耗能的,大部分的功消耗在材料的塑性变形中,其不可逆功转换成热的形式散发掉,见式(2.5.25)中的 $\boldsymbol{\sigma}:\boldsymbol{d}$。应力取决于整个变形的历史,不能表示成应变的单值函数,仅能指定应力率和应变率之间的关系,所以在构建本构关系时,重点在构建应力率和应变率之间的关系上。

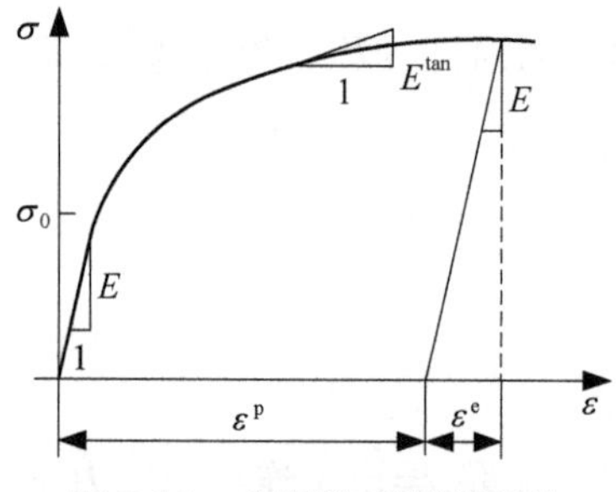

图 2.6.1 典型弹-塑性材料的应力-应变曲线

金属材料在单轴应力拉伸下的应力-应变曲线如图 2.6.1 所示。从初始加载到达初始屈服应力 σ_0,材料表现为弹性,在弹性区段后是弹-塑性区段,这里称弹-塑性区段的原因是进入塑性区段后,整个卸载过程表现为弹性。在该区段内进一步加载将导致永久的不可逆的塑性应变。在卸载过程中,应力-应变响应遵循弹性定理。假定应变增量可分解成弹性部分和塑性部分之和:

$$\mathrm{d}\boldsymbol{\varepsilon} = \mathrm{d}\boldsymbol{\varepsilon}^{\mathrm{e}} + \mathrm{d}\boldsymbol{\varepsilon}^{\mathrm{p}} \tag{2.6.1}$$

上式两端分别除以时间增量 $\mathrm{d}t$, 成为率的形式:

$$\dot{\varepsilon} = \dot{\varepsilon}^{\mathrm{e}} + \dot{\varepsilon}^{\mathrm{p}} \tag{2.6.2}$$

应力增量与弹性应变增量和弹性模量有关:

$$\mathrm{d}\sigma = E\mathrm{d}\varepsilon^{\mathrm{e}}, \quad \dot{\sigma} = E\dot{\varepsilon}^{\mathrm{e}} \tag{2.6.3}$$

在弹-塑性区段,应力-应变关系为

$$\mathrm{d}\sigma = E\mathrm{d}\varepsilon^{\mathrm{e}} = E^{\tan}\mathrm{d}\varepsilon,\quad \dot{\sigma} = E\dot{\varepsilon}^{\mathrm{e}} = E^{\tan}\dot{\varepsilon} \tag{2.6.4}$$

式中, $E^{\tan}$ 为弹-塑性区段内全应变 ε 时的切线模量。

注意式(2.6.4)是三维弹塑性问题的基础,在对三维弹塑性问题讨论中,时常要推导得到与式 $\dot{\sigma} = E^{\tan}\dot{\varepsilon}$ 相类似的切线模量公式。

当满足以下条件时材料发生屈服:

$$f = f(\sigma,\ \varepsilon^{\mathrm{p}}) = \sigma_{\mathrm{eq}}(\sigma) - \sigma_{\mathrm{Y}}(\varepsilon^{\mathrm{p}}) = 0 \tag{2.6.5}$$

式中, σ_{eq} 为等效应力; $\sigma_{\mathrm{Y}}(\varepsilon^{\mathrm{p}})$ 为屈服强度; ε^{p} 为塑性应变; ε^{p} 常被用以表征材料塑性演变的一个内变量,当是多维条件时, ε^{p} 可以用等效塑性应变 $\bar{\varepsilon}^{\mathrm{p}}$ 来替代。等效应力是对结构在载荷作用下强度状况的一种度量,如三维问题中的 Von Mises 等效应力公式,究竟选用柯西应力、基尔霍夫应力,还是其他应力来计算等效应力,取决于屈服强度 $\sigma_{\mathrm{Y}}(\bar{\varepsilon}^{\mathrm{p}})$ 测试构建时选用何种应力;屈服强度是对结构选用材料强度能力的度量,可通过对材料的基本试验测试获得,如三维问题中的 Johnson-Cook 公式。

流动法则给出了塑性应变率 $\dot{\varepsilon}^{\mathrm{p}}$ 并行于屈服函数的外法向,即所谓的正交法则:

$$\dot{\varepsilon}^{\mathrm{p}} = \dot{\lambda}\frac{\partial f}{\partial \sigma} \tag{2.6.6}$$

式中, $\dot{\lambda}$ 为塑性流动因子。上式表明,塑性应变率 $\dot{\varepsilon}^{\mathrm{p}}$ 的方向平行于 $\partial f/\partial\sigma$, 其系数为 $\dot{\lambda}$。满足上式关系的材料称为关联性材料,即流动方向就是屈服面的法线方向。金属弹带材料均满足上述关系式。

当材料满足屈服条件 $f = 0$ 时,发生塑性变形。当继续进行加载时,应力必须保持在屈服表面上,确保满足上述条件的约束方程称为一致性条件。对式(2.6.5)的时间导数恒为零,即得一致性条件:

$$\dot{f}(\sigma,\ \varepsilon^{\mathrm{p}}) = \dot{\sigma}_{\mathrm{eq}}(\sigma) - \dot{\sigma}_{\mathrm{Y}}(\varepsilon^{\mathrm{p}}) = 0 \tag{2.6.7}$$

式中

$$\dot{\sigma}_{\mathrm{eq}} = \frac{\partial\sigma_{\mathrm{Y}}(\varepsilon^{\mathrm{p}})}{\partial\varepsilon^{\mathrm{p}}}\dot{\varepsilon}^{\mathrm{p}} = E_{\mathrm{p}}\dot{\varepsilon}^{\mathrm{p}} \tag{2.6.8}$$

式中, E_{p} 为材料的塑性模量,与加载历程有关。

应用式(2.6.2)、式(2.6.4)、式(2.6.6)、式(2.6.8)得到

$$\dot{\sigma} = E\dot{\varepsilon}^{\mathrm{e}} = E^{\tan}\dot{\varepsilon} \tag{2.6.9A}$$

其中

$$\frac{1}{E^{\tan}} = \frac{1}{E} + \frac{1}{E_{\mathrm{p}}},\quad E^{\tan} = \frac{EE_{\mathrm{p}}}{E + E_{\mathrm{p}}} = E - \frac{E^2}{E + E_{\mathrm{p}}} \tag{2.6.9B}$$

式(2.6.9A)表明,应力率 $\dot{\sigma}$ 与应变率 $\dot{\varepsilon}$ 之间的本构关系,既可以通过弹性模量 E 与弹性应变率 $\dot{\varepsilon}^{\mathrm{e}}$ 来构建,也可以通过切线模量 $E^{\tan}$ 与全应变率 $\dot{\varepsilon}$ 来构建。下文中对三维塑性本构关系的构建也遵循这一思路加以推导。

2.6.2 大变形弹性本构关系

在讨论大变形弹塑性问题时,首先要讨论大变形弹性问题。

所谓弹性就是指材料单位质量耗散率 $\theta\gamma$［见式(2.5.20A)］的两部分［见式(2.5.21A)、式(2.5.21B)］中只有热耗散率 $\rho\theta\gamma_{\text{th}}$ 为正或零,而内部耗散率 $\rho\theta\gamma_{\text{int}}$ 恒为零:

$$\rho\theta\gamma_{\text{th}} = -\frac{1}{\theta}(\theta\nabla)\cdot\boldsymbol{h} \geqslant 0 \tag{2.6.10}$$

$$\rho\theta\gamma_{\text{int}} = \rho\dot{\eta}\theta - [-(\boldsymbol{h}\cdot\nabla)+\rho Q] = \rho\theta\dot{\eta} - (\rho\dot{e} - \boldsymbol{\sigma}:\boldsymbol{d}) = 0 \tag{2.6.11}$$

式(2.6.10)与式(2.6.11)表明弹性体能量耗散 $\rho\theta\gamma_{\text{th}}$ 的唯一来源是热传导。

取材料的状态变量为格林应变张量 $\boldsymbol{E}$ 和单位质量的熵 η, 单位质量的内能 e 是这两个状态变量的函数:

$$e = e(\boldsymbol{E},\ \eta) \tag{2.6.12}$$

e 的变化率为

$$\dot{e} = \frac{\partial e}{\partial \boldsymbol{E}}:\dot{\boldsymbol{E}} + \frac{\partial e}{\partial \eta}:\dot{\eta} \tag{2.6.13}$$

将变形功率 $\dot{W} = J\boldsymbol{\sigma}:\boldsymbol{d} = \boldsymbol{T}:\dot{\boldsymbol{E}}$ 表达式(2.4.61)及质量守恒定律式(2.5.3B)代入式(2.6.11),有

$$\rho_0\dot{e} = \rho_0\theta\dot{\eta} + \boldsymbol{T}:\dot{\boldsymbol{E}} \tag{2.6.14}$$

比较式(2.6.13)和式(2.6.14),有

$$\boldsymbol{T} = \rho_0\frac{\partial e}{\partial \boldsymbol{E}},\quad \theta = \frac{\partial e}{\partial \eta} \tag{2.6.15}$$

上式隐含了 $\boldsymbol{E}$、η 为独立变量,而 $\boldsymbol{T}$、θ 为响应函数,由于温度是可直接测量得到的量,因此常将温度 θ 取为自变量,熵 η 取为响应变量。这样可取亥姆霍兹自由能 $\psi = e - \theta\eta$ 作为热力学函数,且被认为是 $\boldsymbol{E}$、θ 的函数。通过变换,式(2.6.11)变换成

$$\rho\theta\gamma_{\text{int}} = -\rho\dot{\psi} - \rho\eta\dot{\theta} + \boldsymbol{\sigma}:\boldsymbol{d} = 0 \tag{2.6.16A}$$

或

$$\rho_0\dot{\psi} = -\rho_0\eta\dot{\theta} + \boldsymbol{T}:\dot{\boldsymbol{E}} \tag{2.6.16B}$$

于是类似于式(2.6.15)的推导,可得

$$\boldsymbol{T} = \rho_0\frac{\partial \psi}{\partial \boldsymbol{E}},\quad \eta = -\frac{\partial \psi}{\partial \theta} \tag{2.6.17}$$

上式也称为弹性本构关系。

将上式分别对时间 t 求物质导数,并注意到应力张量 $\boldsymbol{T}$ 和熵 η 分别是 $\boldsymbol{E}$、θ 的函数,因此有

$$\dot{\boldsymbol{T}} = \rho_0\frac{\partial^2\psi}{\partial \boldsymbol{E}\partial \boldsymbol{E}}:\dot{\boldsymbol{E}} + \rho_0\frac{\partial^2\psi}{\partial \boldsymbol{E}\partial \theta}\dot{\theta} \tag{2.6.18A}$$

$$\dot{\eta} = -\frac{\partial^2 \psi}{\partial \theta \partial \boldsymbol{E}} : \dot{\boldsymbol{E}} - \frac{\partial^2 \psi}{\partial \theta^2}\dot{\theta} \tag{2.6.18B}$$

记

$$\begin{aligned} \boldsymbol{C}_E &= \rho_0 \frac{\partial^2 \psi}{\partial \boldsymbol{E} \partial \boldsymbol{E}} = \frac{\partial \boldsymbol{T}}{\partial \boldsymbol{E}} \\ \boldsymbol{c}_\theta &= \rho_0 \frac{\partial^2 \psi}{\partial \boldsymbol{E} \partial \theta} = \frac{\partial \boldsymbol{T}}{\partial \theta} \\ \zeta_\theta &= \rho_0 \frac{\partial^2 \psi}{\partial \theta^2} = \rho_0 \frac{\partial \eta}{\partial \theta} \end{aligned} \tag{2.6.19A}$$

由式(2.4.15)可知 $2\mathrm{d}\boldsymbol{E} = \mathrm{d}\boldsymbol{C}$，上式改写成

$$\begin{aligned} \boldsymbol{C}_E &= 4\rho_0 \frac{\partial^2 \psi}{\partial \boldsymbol{C} \partial \boldsymbol{C}} = 2\frac{\partial \boldsymbol{T}}{\partial \boldsymbol{C}} \\ \boldsymbol{c}_\theta &= 2\rho_0 \frac{\partial^2 \psi}{\partial \boldsymbol{C} \partial \theta} = \frac{\partial \boldsymbol{T}}{\partial \theta} \\ \zeta_\theta &= \rho_0 \frac{\partial^2 \psi}{\partial \theta^2} = \rho_0 \frac{\partial \eta}{\partial \theta} \end{aligned} \tag{2.6.19B}$$

则式(2.6.18)改写成

$$\dot{\boldsymbol{T}} = \boldsymbol{C}_E : \dot{\boldsymbol{E}} + \boldsymbol{c}_\theta \dot{\theta} \tag{2.6.20A}$$

$$\dot{\eta} = -\frac{1}{\rho_0}(\boldsymbol{c}_\theta : \dot{\boldsymbol{E}} + \zeta_\theta \dot{\theta}) \tag{2.6.20B}$$

将上式本构关系前推至当前构形中，为此将式(2.4.50C)分别代入式(2.6.20A)、式(2.6.20B)，将式(2.4.52B)代入式(2.6.20A)，记 $\boldsymbol{C}_E = C_{EMNOP}\boldsymbol{e}_M \otimes \boldsymbol{e}_N \otimes \boldsymbol{e}_O \otimes \boldsymbol{e}_P$，$\boldsymbol{c}_\theta = c_{\theta MN}\boldsymbol{e}_M \otimes \boldsymbol{e}_N$，得

$$\boldsymbol{\tau}^{\nabla O} = \boldsymbol{F} \cdot (\boldsymbol{C}_E : \boldsymbol{F}^{\mathrm{T}} \cdot \boldsymbol{d} \cdot \boldsymbol{F} + \boldsymbol{c}_\theta \dot{\theta}) \cdot \boldsymbol{F}^{\mathrm{T}} = \boldsymbol{C}_E^\tau : \boldsymbol{d} + \boldsymbol{c}_\theta^\tau \dot{\theta} \tag{2.6.21A}$$

$$\dot{\eta} = -\frac{1}{\rho_0}(\boldsymbol{c}_\theta : \boldsymbol{F}^{\mathrm{T}} \cdot \boldsymbol{d} \cdot \boldsymbol{F} + \zeta_\theta \dot{\theta}) = -\frac{1}{\rho_0}(\boldsymbol{c}_\theta^\tau : \boldsymbol{d} + \zeta_\theta \dot{\theta}) \tag{2.6.21B}$$

其中

$$\boldsymbol{C}_E^\tau = F_{iM}F_{jN}F_{kO}F_{lP}C_{EMNOP}\boldsymbol{e}_i \otimes \boldsymbol{e}_j \otimes \boldsymbol{e}_k \otimes \boldsymbol{e}_l = \frac{\partial x_i}{\partial X_M}\frac{\partial x_j}{\partial X_N}\frac{\partial x_k}{\partial X_O}\frac{\partial x_l}{\partial X_P}C_{EMNOP}\boldsymbol{e}_i \otimes \boldsymbol{e}_j \otimes \boldsymbol{e}_k \otimes \boldsymbol{e}_l \tag{2.6.22A}$$

$$\boldsymbol{c}_\theta^\tau = F_{iM}F_{jN}c_{\theta MN}\boldsymbol{e}_i \otimes \boldsymbol{e}_j = \frac{\partial x_i}{\partial X_M}\frac{\partial x_j}{\partial X_N}c_{\theta MN}\boldsymbol{e}_i \otimes \boldsymbol{e}_j \tag{2.6.22B}$$

下面分别讨论 $\boldsymbol{C}_E^\tau$、$\boldsymbol{c}_\theta^\tau$ 公式的推导。

张量 $\boldsymbol{d}$ 可以分解成两个独立矢量的并积，四阶 Voigt 对称张量 $\boldsymbol{C}_E$ 可分解成四个独立的矢量之并积，因此有

$$\boldsymbol{d} = \boldsymbol{a} \otimes \boldsymbol{b} \tag{2.6.23A}$$

$$\boldsymbol{C}_E = \tilde{\boldsymbol{a}} \otimes \tilde{\boldsymbol{b}} \otimes \tilde{\boldsymbol{c}} \otimes \tilde{\boldsymbol{d}} \tag{2.6.23B}$$

将式(2.6.23)代入式(2.6.21A)第一式,有

$$\boldsymbol{F} \cdot (\boldsymbol{C}_E : \boldsymbol{F}^{\mathrm{T}} \cdot \boldsymbol{d} \cdot \boldsymbol{F} + \boldsymbol{c}_\theta \dot{\theta}) \cdot \boldsymbol{F}^{\mathrm{T}} = \boldsymbol{F} \cdot \bar{\boldsymbol{a}} \otimes \bar{\boldsymbol{b}} \otimes \bar{\boldsymbol{c}} \otimes \bar{\boldsymbol{d}} : \boldsymbol{F}^{\mathrm{T}} \cdot \boldsymbol{a} \otimes \boldsymbol{b} \cdot \boldsymbol{F} \cdot \boldsymbol{F}^{\mathrm{T}}$$

利用点乘的定义,对上式进一步运算如下:

$$\begin{aligned}
&\boldsymbol{F} \cdot \bar{\boldsymbol{a}} \otimes \bar{\boldsymbol{b}} \otimes (\bar{\boldsymbol{c}} \otimes \bar{\boldsymbol{d}} : \boldsymbol{F}^{\mathrm{T}} \cdot \boldsymbol{a} \otimes \boldsymbol{F}^{\mathrm{T}} \cdot \boldsymbol{b}) \cdot \boldsymbol{F}^{\mathrm{T}} = \boldsymbol{F} \cdot \bar{\boldsymbol{a}} \otimes \bar{\boldsymbol{b}} \cdot \boldsymbol{F}^{\mathrm{T}}(\bar{\boldsymbol{c}} \cdot \boldsymbol{F}^{\mathrm{T}} \cdot \boldsymbol{a})(\bar{\boldsymbol{d}} \cdot \boldsymbol{F}^{\mathrm{T}} \cdot \boldsymbol{b}) \\
&= \boldsymbol{F} \cdot \bar{\boldsymbol{a}} \otimes \boldsymbol{F} \cdot \bar{\boldsymbol{b}}(\boldsymbol{F} \cdot \bar{\boldsymbol{c}} \cdot \boldsymbol{a})(\boldsymbol{F} \cdot \bar{\boldsymbol{d}} \cdot \boldsymbol{b}) = \boldsymbol{F} \cdot \bar{\boldsymbol{a}} \otimes \boldsymbol{F} \cdot \bar{\boldsymbol{b}} \otimes \boldsymbol{F} \cdot \bar{\boldsymbol{c}} \otimes \boldsymbol{F} \cdot \bar{\boldsymbol{d}} : (\boldsymbol{a} \otimes \boldsymbol{b}) \\
&= \boldsymbol{F} \cdot \bar{\boldsymbol{a}} \otimes \boldsymbol{F} \cdot \bar{\boldsymbol{b}} \otimes \boldsymbol{F} \cdot \bar{\boldsymbol{c}} \otimes \boldsymbol{F} \cdot \bar{\boldsymbol{d}} : \boldsymbol{d} = \boldsymbol{C}_E^{\tau} : \boldsymbol{d}
\end{aligned}$$

同样,对式(2.6.21A)第二式,若 $\boldsymbol{c}_\theta = \bar{\boldsymbol{e}} \otimes \bar{\boldsymbol{f}}$, 则有

$$\boldsymbol{F} \cdot \boldsymbol{c}_\theta \cdot \boldsymbol{F}^{\mathrm{T}} \dot{\theta} = \boldsymbol{F} \cdot \bar{\boldsymbol{e}} \otimes \bar{\boldsymbol{f}} \cdot \boldsymbol{F}^{\mathrm{T}} \dot{\theta} = \boldsymbol{F} \cdot \bar{\boldsymbol{e}} \otimes \boldsymbol{F} \cdot \bar{\boldsymbol{f}} \dot{\theta} = \boldsymbol{c}_\theta^{\tau} \dot{\theta}$$

对式(2.6.21B)第一式,有

$$\begin{aligned}
\boldsymbol{c}_\theta : \boldsymbol{F}^{\mathrm{T}} \cdot \boldsymbol{d} \cdot \boldsymbol{F} &= \bar{\boldsymbol{e}} \otimes \bar{\boldsymbol{f}} : \boldsymbol{F}^{\mathrm{T}} \cdot \boldsymbol{d} \cdot \boldsymbol{F} = \mathrm{tr}(\bar{\boldsymbol{e}} \otimes \bar{\boldsymbol{f}} \cdot \boldsymbol{F}^{\mathrm{T}} \cdot \boldsymbol{d} \cdot \boldsymbol{F}) = \mathrm{tr}(\boldsymbol{F} \cdot \bar{\boldsymbol{e}} \otimes \bar{\boldsymbol{f}} \cdot \boldsymbol{F}^{\mathrm{T}} \cdot \boldsymbol{d}) \\
&= \mathrm{tr}(\boldsymbol{F} \cdot \bar{\boldsymbol{e}} \otimes \boldsymbol{F} \cdot \bar{\boldsymbol{f}} \cdot \boldsymbol{d}) = \boldsymbol{F} \cdot \bar{\boldsymbol{e}} \otimes \boldsymbol{F} \cdot \bar{\boldsymbol{f}} : \boldsymbol{d} = \boldsymbol{c}_\theta^{\tau} : \boldsymbol{d}
\end{aligned}$$

讨论完毕。

下面通过一个例子对上述超弹性问题的本构关系式(2.6.21)作进一步说明。

在参考构形 $\mathfrak{R}_0$ 上,温度 $\theta = \theta_0$, 亥姆霍兹自由能 $\psi(\boldsymbol{E}, \theta)$ 函数为

$$\begin{aligned}
\rho_0 \psi(\boldsymbol{E}, \theta) = &- \rho_0 \eta_0 (\theta - \theta_0) - \frac{1}{2\theta_0} \rho_0 c_{v0} (\theta - \theta_0)^2 - \frac{1}{2} \alpha K_0 [\mathrm{tr}(\boldsymbol{C}) - 3](\theta - \theta_0) \\
&+ \frac{1}{2} \lambda_0 (\ln J)^2 - \mu_0 \ln J + \frac{1}{2} \mu_0 [\mathrm{tr}(\boldsymbol{C}) - 3]
\end{aligned} \tag{2.6.24}$$

上式可以看成各向同性热弹性材料亥姆霍兹自由能 $\psi(\boldsymbol{E}, \theta)$ 函数的一般表达式,其中右端前两项为由温度引起的自由能的贡献,第三项为热和机械耦合对自由能的贡献,第四项至第六项为机械变形对自由能的贡献;ρ_0、η_0、c_{v0} 分别为参考构形中的质量密度、单位质量内的熵和比热容,α 为热体积膨胀系数,λ_0、μ_0、K_0 分别为参考构形中的拉梅常量和体积模量,$J = \det(\boldsymbol{F})$;若取参考构形中的熵为基准,则 $\eta_0 = 0$。

弹性模量 E_0、泊松系数 ν_0、体积模量 K_0 与拉梅常量之间关系为

$$\mu_0 = \frac{E_0}{2(1 + \nu_0)}, \ \lambda_0 = \frac{\nu_0 E_0}{(1 + \nu_0)(1 - 2\nu_0)}, \ K_0 = \lambda_0 + \frac{2}{3}\mu_0 \tag{2.6.25}$$

将式(2.6.24)代入式(2.6.17),并利用式(2.2.55),且有 $J^2 = \det(\boldsymbol{C})$、$2\partial J/\partial \boldsymbol{C} = J\boldsymbol{C}^{-1}$、$2\partial/\partial \boldsymbol{C} = \partial/\partial \boldsymbol{E}$, 得

$$\boldsymbol{T} = 2\rho_0 \frac{\partial \psi(\boldsymbol{C})}{\partial \boldsymbol{C}} = \mu_0 \boldsymbol{1} - (\mu_0 - \lambda_0 \ln J)\boldsymbol{C}^{-1} - \alpha K_0 (\theta - \theta_0)\boldsymbol{1} \tag{2.6.26A}$$

$$\eta = -\frac{\partial\psi}{\partial\theta} = \eta_0 + \frac{1}{\theta_0}c_{v0}(\theta - \theta_0) + \frac{\alpha}{2\rho_0}K_0\mathrm{tr}(\boldsymbol{C}) \tag{2.6.26B}$$

将式(2.6.24)代入式(2.6.19B),得率形式的本构关系式

$$\dot{\boldsymbol{T}} = \boldsymbol{C}_E : \dot{\boldsymbol{E}} + \boldsymbol{c}_\theta\dot{\theta} \tag{2.6.27A}$$

$$\dot{\eta} = -\frac{1}{\rho_0}(\boldsymbol{c}_\theta : \dot{\boldsymbol{E}} + \zeta_\theta\dot{\theta}) \tag{2.6.27B}$$

其中

$$\boldsymbol{C}_E = \frac{\partial\boldsymbol{T}}{\partial\boldsymbol{E}} = \lambda\boldsymbol{C}^{-1}\otimes\boldsymbol{C}^{-1} + \mu\boldsymbol{C}^{-1}\cdot\boldsymbol{I}\cdot\boldsymbol{C}^{-1} \tag{2.6.28A}$$

式中,$\boldsymbol{I}$ 为四阶各向同性等同张量,$\lambda = \lambda_0$,$\mu = \mu_0 - \lambda_0\ln J$,$\boldsymbol{C}_E$ 的分量形式为

$$C_{EABCD} = \lambda C_{AB}^{-1}C_{CD}^{-1} + \mu(C_{AC}^{-1}C_{DB}^{-1} + C_{AD}^{-1}C_{CB}^{-1}) \tag{2.6.28B}$$

以及

$$\boldsymbol{c}_\theta = \frac{\partial\boldsymbol{T}}{\partial\theta} = -\alpha K_0\mathbf{1} \tag{2.6.28C}$$

$$\zeta_\theta = \rho_0\frac{\partial\eta}{\partial\theta} = \frac{1}{\theta_0}\rho_0c_{v0} \tag{2.6.28D}$$

在上述推导过程中,涉及 $\partial\boldsymbol{C}^{-1}/\partial\boldsymbol{C}$ 表达式,其推导过程如下。

由张量等式 $\boldsymbol{C}^{-1}\cdot\boldsymbol{C} = \mathbf{1}$,对上式两边求偏导,得

$$\frac{\partial\boldsymbol{C}^{-1}}{\partial\boldsymbol{C}}\cdot\boldsymbol{C} + \boldsymbol{C}^{-1}\cdot\boldsymbol{I} = \mathbf{0} \tag{2.6.29A}$$

由此可得

$$\frac{\partial\boldsymbol{C}^{-1}}{\partial\boldsymbol{C}} = -\boldsymbol{C}^{-1}\cdot\boldsymbol{I}\cdot\boldsymbol{C}^{-1} \tag{2.6.29B}$$

另一方面,分量形式的等式为 $C_{AB}^{-1}C_{BD} = \delta_{AD}$,上式两端对元素 C_{MN} 求偏导,得

$$\frac{\partial C_{AB}^{-1}}{\partial C_{MN}}C_{BD} + C_{AB}^{-1}\frac{\partial C_{BD}}{\partial C_{MN}} = \frac{\partial C_{AB}^{-1}}{\partial C_{MN}}C_{BD} + C_{AB}^{-1}\delta_{BM}\delta_{DN} = \frac{\partial C_{AB}^{-1}}{\partial C_{MN}}C_{BD} + C_{AM}^{-1}\delta_{DN} = 0$$

将上式右端最后等式两端乘以 C_{DO}^{-1},得

$$\frac{\partial C_{AB}^{-1}}{\partial C_{MN}}C_{BD}C_{DO}^{-1} + C_{AM}^{-1}\delta_{DN}C_{DO}^{-1} = \frac{\partial C_{AB}^{-1}}{\partial C_{MN}}\delta_{BO} + C_{AM}^{-1}C_{NO}^{-1} = \frac{\partial C_{AO}^{-1}}{\partial C_{MN}} + C_{AM}^{-1}C_{NO}^{-1} = 0$$

由此可得

$$\frac{\partial C_{AB}^{-1}}{\partial C_{MN}} = -C_{AM}^{-1}C_{NB}^{-1} \tag{2.6.29C}$$

由式(2.6.29C)同样可得

$$\frac{\partial C_{AB}^{-1}}{\partial C_{NM}} = -C_{AN}^{-1} C_{MB}^{-1} \tag{2.6.29D}$$

经对称化处理后，$\partial \boldsymbol{C}^{-1}/\partial \boldsymbol{C} = -\boldsymbol{C}^{-1} \cdot \boldsymbol{I} \cdot \boldsymbol{C}^{-1}$ 的分量形式为

$$\frac{1}{2}\left(\frac{\partial C_{AB}^{-1}}{\partial C_{CD}} + \frac{\partial C_{AB}^{-1}}{\partial C_{DC}}\right) = -\frac{1}{2}(C_{AC}^{-1} C_{DB}^{-1} + C_{AD}^{-1} C_{CB}^{-1}) \tag{2.6.29E}$$

将式(2.6.27)代入式(2.6.22)即可求得当前构形中的张量 $\boldsymbol{C}_E^\tau$ 和 $\boldsymbol{c}_\theta^\tau$，其中 ζ_θ 与构形无关，从而得到当前构形中的本构关系式(2.6.21)。

本节所给出的率形式的本构关系是以式(2.6.11)为基础推导得到的,可以保证若自变量 $\boldsymbol{E}$、θ 经过一个变形循环后返回原值,响应函数 $\boldsymbol{T}$、η 也返回原值,也就是真正意义上的弹性,称之为超弹性本构关系。

若在当前构形上采用小变形的弹性本构关系式:

$$\boldsymbol{\tau}^{\nabla O} = \boldsymbol{C}_E^\tau : \boldsymbol{d} + \boldsymbol{c}_\theta^\tau \dot{\theta} \tag{2.6.30A}$$

$$\boldsymbol{C}_E^\tau = \lambda \boldsymbol{1} \otimes \boldsymbol{1} + 2\mu \boldsymbol{I} \tag{2.6.30B}$$

$$\boldsymbol{c}_\theta^\tau = -\alpha K \boldsymbol{1} \tag{2.6.30C}$$

式中，$K = K_0$。

黄克智等(1999)已经证明上述由小变形得到的当前构形中的弹性本构关系不能实现返回原值,即 $\rho\theta\gamma_{\text{int}} \neq 0$，故称为次弹性本构关系。

2.6.3 有限变形热弹塑性本构关系

2.6.3.1 应力分解

柯西应力 $\boldsymbol{\sigma}$ 可以分解成应力偏量 $\boldsymbol{\sigma}^{\text{dev}}$ 和静水(体积)部分 $\boldsymbol{\sigma}^{\text{hyd}}$（也称为张量的球形部分)之和:

$$\boldsymbol{\sigma} = \boldsymbol{\sigma}^{\text{dev}} + \boldsymbol{\sigma}^{\text{hyd}} \tag{2.6.31A}$$

其中

$$\boldsymbol{\sigma}^{\text{hyd}} = -p\boldsymbol{1} = \frac{1}{3}\text{tr}(\sigma)\boldsymbol{1} \tag{2.6.31B}$$

$$p = -\frac{1}{3}\text{tr}(\boldsymbol{\sigma}) \tag{2.6.31C}$$

式中，p 为静水压力。这样,将上述两式代入式(2.6.31A)得

$$\boldsymbol{\sigma}^{\text{dev}} = \boldsymbol{\sigma} - \boldsymbol{\sigma}^{\text{hyd}} = \boldsymbol{\sigma} - \frac{1}{3}\text{tr}(\boldsymbol{\sigma})\boldsymbol{1} = \bar{\boldsymbol{I}} : \boldsymbol{\sigma} \tag{2.6.31D}$$

式中，$\bar{\boldsymbol{I}}$ 为特殊等同张量。

利用式(2.4.41)将上述表达式的柯西应力 σ 转换成基尔霍夫应力 $\boldsymbol{\tau}$，有

$$\boldsymbol{\tau} = \boldsymbol{\tau}^{\text{dev}} + \boldsymbol{\tau}^{\text{hyd}} \tag{2.6.32A}$$

其中

$$\boldsymbol{\tau}^{\text{hyd}} = -Jp\mathbf{1} = \frac{1}{3}\text{tr}(\boldsymbol{\tau})\mathbf{1} \tag{2.6.32B}$$

式中，p 的表达式仍为(2.6.31C)式，$J=\det(\boldsymbol{F})$。这样，将上述两式代入式(2.6.32A)得

$$\boldsymbol{\tau}^{\text{dev}} = \boldsymbol{\tau} - \boldsymbol{\tau}^{\text{hyd}} = \boldsymbol{\tau} - \frac{1}{3}\text{tr}(\boldsymbol{\tau})\mathbf{1} = \bar{\boldsymbol{I}} : \boldsymbol{\tau} \tag{2.6.32C}$$

利用式(2.4.44B)和式(2.4.10A)，将式(2.6.32)后拉到参考构形上，得

$$\boldsymbol{T} = \boldsymbol{F}^{-1}\cdot(\boldsymbol{\tau}^{\text{dev}} + \boldsymbol{\tau}^{\text{hyd}})\cdot\boldsymbol{F}^{-\text{T}} = \boldsymbol{T}^{\text{dev}} + \boldsymbol{T}^{\text{hyd}} \tag{2.6.33A}$$

$$\begin{aligned}\boldsymbol{T}^{\text{hyd}} &= \boldsymbol{F}^{-1}\cdot\boldsymbol{\tau}^{\text{hyd}}\cdot\boldsymbol{F}^{-\text{T}} = \frac{1}{3}\boldsymbol{F}^{-1}\cdot\text{tr}(\boldsymbol{F}\cdot\boldsymbol{T}\cdot\boldsymbol{F}^{\text{T}})\mathbf{1}\cdot\boldsymbol{F}^{-\text{T}}\\ &= \frac{1}{3}\text{tr}(\boldsymbol{F}\cdot\boldsymbol{T}\cdot\boldsymbol{F}^{\text{T}})\boldsymbol{F}^{-1}\cdot\boldsymbol{F}^{-\text{T}} = \frac{1}{3}(\boldsymbol{T}:\boldsymbol{C})\boldsymbol{C}^{-1}\end{aligned} \tag{2.6.33B}$$

$$\boldsymbol{T}^{\text{dev}} = \boldsymbol{T} - \frac{1}{3}(\boldsymbol{T}:\boldsymbol{C})\boldsymbol{C}^{-1} \tag{2.6.33C}$$

式(2.6.33B)表明分解式(2.6.33A)考虑了静水压力的影响，且是由当前构形上的真实应力后拉得到的，因此反映了真实应力在当前构形上的影响规律，因此是精确的应力表达式，这一关系在下文中会常用到。

2.6.3.2　一般的热弹塑性本构关系

有限变形的弹塑性分析有两种途径，一种是给出弹性和塑性变形的定义，另一种是对弹性和塑性变形不加定义，而只定义弹性变形率和塑性变形率。

目前塑性力学中一般假定：① 对率无关的材料，在应力或应变空间中存在一个弹性区，该弹性区位于空间屈服面以内的区域；② 对率相关的材料，应力和应变的瞬态响应是弹性的。塑性变形是由材料的内部结构经过位错、孪晶、扩散、相变等变化所引起的；内部结构可以想象通过某种约束来固定住，此时应力-应变遵循弹性关系；假定可以通过一组内变量来约束固定结构，当内变量一一释放后，结构就按释放规律进入塑性。由于熵是一种能量耗散的度量，材料内部结构在位错等变化过程中必然会产生熵，我们把塑性变形产生的熵称为塑性熵，这样在总熵中增加了一种塑性熵；由于结构内能是由弹性变形产生的，因此塑性熵不影响结构内能的变化。

格林应变张量 $\boldsymbol{E}$ 可分解为格林弹性应变张量 $\boldsymbol{E}^{\text{e}}$ 和格林塑性应变张量 $\boldsymbol{E}^{\text{p}}$ 之和：

$$\boldsymbol{E} = \boldsymbol{E}^{\text{e}} + \boldsymbol{E}^{\text{p}},\quad \boldsymbol{E}^{\text{e}} = \boldsymbol{E} - \boldsymbol{E}^{\text{p}} \tag{2.6.34A}$$

上述格林应变张量均是在参考构形中的张量。

同样，单位质量的熵 η 也可分解为弹性熵 η^{e} 和塑性熵 η^{p} 之和：

$$\eta = \eta^{\text{e}} + \eta^{\text{p}},\quad \eta^{\text{e}} = \eta - \eta^{\text{p}} \tag{2.6.34B}$$

选择 $\boldsymbol{E}^{\text{p}}$ 和 $\boldsymbol{\xi}$ 为内变量，当内变量不变时，材料为弹性响应，采用 $\boldsymbol{E}^{\text{e}}$ 和绝对温度 θ 为自变量，由式(2.6.17)可得

$$\boldsymbol{T}=\rho_0\frac{\partial\psi(\boldsymbol{E}^{\mathrm{e}},\boldsymbol{E}^{\mathrm{p}},\theta,\boldsymbol{\xi})}{\partial\boldsymbol{E}^{\mathrm{e}}}\bigg|_{\boldsymbol{E}^{\mathrm{p}},\boldsymbol{\xi}},\quad \eta=-\frac{\partial\psi(\boldsymbol{E}^{\mathrm{e}},\boldsymbol{E}^{\mathrm{p}},\theta,\boldsymbol{\xi})}{\partial\theta}\bigg|_{\boldsymbol{E}^{\mathrm{p}},\boldsymbol{\xi}}\tag{2.6.35}$$

上式右下标表示在求导过程中内变量 $\boldsymbol{E}^{\mathrm{p}}$、$\boldsymbol{\xi}$ 保持不变,这样系统是弹性的。

对上式分别求物质导数,得

$$\dot{\boldsymbol{T}}=\boldsymbol{C}_E:\dot{\boldsymbol{E}}^{\mathrm{e}}+\boldsymbol{C}_P:\dot{\boldsymbol{E}}^{\mathrm{p}}+\boldsymbol{c}_\theta\dot{\theta}+\boldsymbol{c}_{T\xi}\cdot\dot{\boldsymbol{\xi}}\tag{2.6.36A}$$

$$\dot{\eta}=-\frac{1}{\rho_0}(\boldsymbol{c}_E:\dot{\boldsymbol{E}}^{\mathrm{e}}+\boldsymbol{c}_P:\dot{\boldsymbol{E}}^{\mathrm{p}}+\zeta_\theta\dot{\theta}+\boldsymbol{c}_{\eta\xi}\cdot\dot{\boldsymbol{\xi}})\tag{2.6.36B}$$

式中

$$\begin{aligned}
&\boldsymbol{C}_E=\rho_0\frac{\partial^2\psi(\boldsymbol{E}^{\mathrm{e}},\boldsymbol{E}^{\mathrm{p}},\theta,\boldsymbol{\xi})}{\partial\boldsymbol{E}^{\mathrm{e}}\partial\boldsymbol{E}^{\mathrm{e}}}=\frac{\partial\boldsymbol{T}}{\partial\boldsymbol{E}^{\mathrm{e}}},\ \boldsymbol{C}_P=\rho_0\frac{\partial^2\psi(\boldsymbol{E}^{\mathrm{e}},\boldsymbol{E}^{\mathrm{p}},\theta,\boldsymbol{\xi})}{\partial\boldsymbol{E}^{\mathrm{e}}\partial\boldsymbol{E}^{\mathrm{p}}}=\frac{\partial\boldsymbol{T}}{\partial\boldsymbol{E}^{\mathrm{p}}}\\
&\boldsymbol{c}_\theta=\rho_0\frac{\partial^2\psi(\boldsymbol{E}^{\mathrm{e}},\boldsymbol{E}^{\mathrm{p}},\theta,\boldsymbol{\xi})}{\partial\boldsymbol{E}^{\mathrm{e}}\partial\theta}=\frac{\partial\boldsymbol{T}}{\partial\theta},\ \boldsymbol{c}_{T\xi}=\rho_0\frac{\partial^2\psi(\boldsymbol{E}^{\mathrm{e}},\boldsymbol{E}^{\mathrm{p}},\theta,\boldsymbol{\xi})}{\partial\boldsymbol{E}^{\mathrm{e}}\partial\boldsymbol{\xi}}=\frac{\partial\boldsymbol{T}}{\partial\boldsymbol{\xi}}\\
&\boldsymbol{c}_E=\rho_0\frac{\partial^2\psi(\boldsymbol{E}^{\mathrm{e}},\boldsymbol{E}^{\mathrm{p}},\theta,\boldsymbol{\xi})}{\partial\theta\partial\boldsymbol{E}^{\mathrm{e}}}=\rho_0\frac{\partial\eta}{\partial\boldsymbol{E}^{\mathrm{e}}},\ \boldsymbol{c}_P=\rho_0\frac{\partial^2\psi(\boldsymbol{E}^{\mathrm{e}},\boldsymbol{E}^{\mathrm{p}},\theta,\boldsymbol{\xi})}{\partial\theta\partial\boldsymbol{E}^{\mathrm{p}}}=\rho_0\frac{\partial\eta}{\partial\boldsymbol{E}^{\mathrm{p}}}\\
&\zeta_\theta=\rho_0\frac{\partial^2\psi(\boldsymbol{E}^{\mathrm{e}},\boldsymbol{E}^{\mathrm{p}},\theta,\boldsymbol{\xi})}{\partial\theta^2}=\rho_0\frac{\partial\eta}{\partial\theta},\quad \boldsymbol{c}_{\eta\xi}=\rho_0\frac{\partial^2\psi(\boldsymbol{E}^{\mathrm{e}},\boldsymbol{E}^{\mathrm{p}},\theta,\boldsymbol{\xi})}{\partial\theta\partial\boldsymbol{\xi}}=\rho_0\frac{\partial\eta}{\partial\boldsymbol{\xi}}
\end{aligned}\tag{2.6.37}$$

假定流动法则具有以下形式:

$$\dot{\boldsymbol{E}}^{\mathrm{p}}=\dot{\lambda}\boldsymbol{R}(\boldsymbol{T},\boldsymbol{C},\theta,\boldsymbol{\xi})\tag{2.6.38A}$$

式中,$\dot{\lambda}\geqslant 0$。

内变量演化规律(硬化规律)为

$$\dot{\boldsymbol{\xi}}=\dot{\lambda}\boldsymbol{H}(\boldsymbol{T},\boldsymbol{C},\theta,\boldsymbol{\xi})\tag{2.6.38B}$$

对高应变率工况下使用的弹带,可以看成是各向同性等向硬化,屈服面的大小与屈服应力有关,考虑到静水压力 p 的影响,屈服面应与柯西-格林应变张量 $\boldsymbol{C}$ 有关,因此屈服方程为

$$F(\boldsymbol{T},\boldsymbol{C},\theta,\boldsymbol{\xi})=0\tag{2.6.39}$$

对上式求导,得一致性条件为

$$\frac{\partial F}{\partial\boldsymbol{T}}:\dot{\boldsymbol{T}}+\frac{\partial F}{\partial\boldsymbol{C}}:\dot{\boldsymbol{C}}+\frac{\partial F}{\partial\boldsymbol{\xi}}\cdot\dot{\boldsymbol{\xi}}+\frac{\partial F}{\partial\theta}\dot{\theta}=0\tag{2.6.40}$$

由于金属材料的塑性流动是关联的,因此可以假定广义正交法则成立:

$$\boldsymbol{R}(\boldsymbol{T},\boldsymbol{C},\theta,\boldsymbol{\xi})=\frac{\partial F(\boldsymbol{T},\boldsymbol{C},\theta,\boldsymbol{\xi})}{\partial\boldsymbol{T}}=F_T(\boldsymbol{T},\boldsymbol{C},\theta,\boldsymbol{\xi})=\frac{1}{2}(F_T+F_T^{\mathrm{T}})=\mathrm{Sym}(F_T)\tag{2.6.41A}$$

$$\boldsymbol{H}(\boldsymbol{T},\boldsymbol{C},\theta,\boldsymbol{\xi})=\frac{\partial F(\boldsymbol{T},\boldsymbol{C},\theta,\boldsymbol{\xi})}{\partial\boldsymbol{\xi}}=F_{\xi}(\boldsymbol{T},\boldsymbol{C},\theta,\boldsymbol{\xi})\tag{2.6.41B}$$

式(2.6.41A)中第三个等式的目的是求对称化,因为塑性应变率张量 $\dot{\boldsymbol{E}}^{\mathrm{p}}$ 是对称的。

联立求解式(2.6.36)、式(2.6.38)~式(2.6.41),并注意到 $\dot{\boldsymbol{C}}=2\dot{\boldsymbol{E}}$, 经整理得

$$\dot{\lambda}=\frac{(F_T:\boldsymbol{C}_E+2F_C):\dot{\boldsymbol{E}}+(F_T:\boldsymbol{c}_\theta+F_\theta)\dot{\theta}}{F_T:(\boldsymbol{C}_E-\boldsymbol{C}_P):\mathrm{Sym}(F_T)-(F_T:\boldsymbol{c}_{T\xi}+F_\xi)\cdot F_\xi} \tag{2.6.42}$$

$$\dot{\boldsymbol{T}}=\boldsymbol{C}_E^T:\dot{\boldsymbol{E}}+\boldsymbol{c}_\theta^T\dot{\theta} \tag{2.6.43A}$$

$$\dot{\eta}=-\frac{1}{\rho_0}(\boldsymbol{c}_E^\eta:\dot{\boldsymbol{E}}+\zeta_\theta^\eta\dot{\theta}) \tag{2.6.43B}$$

其中

$$\boldsymbol{C}_E^{\boldsymbol{T}}=\boldsymbol{C}_E-\frac{[(\boldsymbol{C}_E-\boldsymbol{C}_P):\mathrm{Sym}(F_{\boldsymbol{T}})+\boldsymbol{c}_{\boldsymbol{T}\boldsymbol{\xi}}\cdot F_{\boldsymbol{\xi}}]\otimes(F_{\boldsymbol{T}}:\boldsymbol{C}_E+2F_C)}{F_{\boldsymbol{T}}:(\boldsymbol{C}_E-\boldsymbol{C}_P):\mathrm{Sym}(F_{\boldsymbol{T}})-(F_{\boldsymbol{T}}:\boldsymbol{c}_{\boldsymbol{T}\boldsymbol{\xi}}+F_\xi)\cdot F_{\boldsymbol{\xi}}} \tag{2.6.44A}$$

$$\boldsymbol{c}_\theta^{\boldsymbol{T}}=\boldsymbol{c}_\theta-\frac{[(\boldsymbol{C}_E-\boldsymbol{C}_P):\mathrm{Sym}(F_{\boldsymbol{T}})+\boldsymbol{c}_{\boldsymbol{T}\boldsymbol{\xi}}\cdot F_{\boldsymbol{\xi}}]\otimes(F_{\boldsymbol{T}}:\boldsymbol{c}_\theta+F_\theta)}{F_{\boldsymbol{T}}:(\boldsymbol{C}_E-\boldsymbol{C}_P):\mathrm{Sym}(F_{\boldsymbol{T}})-(F_{\boldsymbol{T}}:\boldsymbol{c}_{\boldsymbol{T}\boldsymbol{\xi}}+F_\xi)\cdot F_{\boldsymbol{\xi}}} \tag{2.6.44B}$$

$$\boldsymbol{c}_E^\eta=\boldsymbol{c}_E-\frac{[(\boldsymbol{c}_E-\boldsymbol{c}_P):\mathrm{Sym}(F_{\boldsymbol{T}})+\boldsymbol{c}_{\eta\boldsymbol{\xi}}\cdot F_{\boldsymbol{\xi}}]\otimes(F_{\boldsymbol{T}}:\boldsymbol{C}_E+2F_C)}{F_{\boldsymbol{T}}:(\boldsymbol{C}_E-\boldsymbol{C}_P):\mathrm{Sym}(F_{\boldsymbol{T}})-(F_{\boldsymbol{T}}:\boldsymbol{c}_{\boldsymbol{T}\boldsymbol{\xi}}+F_{\boldsymbol{\xi}})\cdot F_{\boldsymbol{\xi}}} \tag{2.6.44C}$$

$$\zeta_\theta^\eta=\zeta_\theta-\frac{[(\boldsymbol{c}_E-\boldsymbol{c}_P):\mathrm{Sym}(F_{\boldsymbol{T}})+\boldsymbol{c}_{\eta\boldsymbol{\xi}}\cdot F_{\boldsymbol{\xi}}]\otimes(F_{\boldsymbol{T}}:\boldsymbol{c}_\theta+F_\theta)}{F_{\boldsymbol{T}}:(\boldsymbol{C}_E-\boldsymbol{C}_P):\mathrm{Sym}(F_{\boldsymbol{T}})-(F_{\boldsymbol{T}}:\boldsymbol{c}_{\boldsymbol{T}\boldsymbol{\xi}}+F_{\boldsymbol{\xi}})\cdot F_{\boldsymbol{\xi}}} \tag{2.6.44D}$$

将式(2.6.43)代入式(2.6.21)即可求得在当前构形中的本构关系:

$$\boldsymbol{\tau}^{\nabla O}=\boldsymbol{C}_E^\tau:\boldsymbol{d}+\boldsymbol{c}_\theta^\tau\dot{\theta} \tag{2.6.45A}$$

$$\dot{\eta}=-\frac{1}{\rho_0}(\boldsymbol{c}_d^\tau:\boldsymbol{d}+\zeta_\theta^{\eta\tau}\dot{\theta}) \tag{2.6.45B}$$

式中, $\boldsymbol{C}_E^\tau$、$\boldsymbol{c}_\theta^\tau$、$\boldsymbol{c}_\theta^{\eta\tau}$ 的分量分别由式(2.6.22)给出。

$$C_{Eijkl}^\tau=F_{iM}F_{jN}F_{kO}F_{lP}C_{EMNOP}^{\boldsymbol{T}}=\frac{\partial x_i}{\partial X_M}\frac{\partial x_j}{\partial X_N}\frac{\partial x_k}{\partial X_O}\frac{\partial x_l}{\partial X_P}C_{EMNOP}^{\boldsymbol{T}} \tag{2.6.46A}$$

$$\boldsymbol{c}_{\theta ij}^\tau=F_{iM}F_{jN}c_{\theta MN}^{\boldsymbol{T}}=\frac{\partial x_i}{\partial X_M}\frac{\partial x_j}{\partial X_N}c_{\theta MN}^{\boldsymbol{T}} \tag{2.6.46B}$$

$$\boldsymbol{c}_{dij}^\tau=F_{iM}F_{jN}c_{\theta MN}^\eta=\frac{\partial x_i}{\partial X_M}\frac{\partial x_j}{\partial X_N}c_{EMN}^\eta \tag{2.6.46C}$$

$$\zeta_\theta^\tau=\zeta_\theta^\eta \tag{2.6.46D}$$

2.7 概率论与数理统计

火炮射击精度属于随机过程问题,本节先介绍与随机过程有关的概率论与数理统计

的基本理论，详细内容参见盛骤等(2011)和 Li 等(2009)的文献。

2.7.1 随机变量的基本概念

2.7.1.1 随机试验

火炮发射弹丸进行最大射程试验，该试验记为 E，试验结果有两种可能：达到或没有达到，记达到为 T，达不到为 F。这个最大射程试验可以在相同条件下发射一组或多组弹丸来重复进行。该试验有以下三个特点：

(1) 可以在相同的条件下重复进行；

(2) 每次试验可能达到、也可能达不到；

(3) 进行一次试验前不能确定会出现哪一个结果。

在概率论中，同时具有上述三个特点的试验称为随机试验。

2.7.1.2 样本空间

在火炮最大射程随机试验 E 中，尽管在每次射击试验之前不能预知结果，但射击试验的所有可能的结果 (T、F) 组成的集合，记为 S：$\{T, F\}$，是已知的，该集合 S 称为随机试验 E 的样本空间，样本空间的元素 (T 或 F)，即试验的结果，称为样本点。

2.7.1.3 随机事件

在火炮最大射程随机试验 E 中，试验的集合 S 有两个子集：满足最大射程要求的子集 $\{T\}$ 和不满足最大射程要求的子集 $\{F\}$，我们称集合 S 中满足规定要求的子集为随机试验 E 的随机事件，因此 $\{T\}$ 和 $\{F\}$ 均为随机事件。在每次试验中，当且仅当 $\{T\}$ 或 $\{F\}$ 中的一个样本点出现时，称 $\{T\}$ 或 $\{F\}$ 这一事件发生。当 $\{T\}$ 或 $\{F\}$ 中仅有一个样本点时称为基本事件。若集合 S 包含所有的 $\{T\}$ 或所有的 $\{F\}$，在每次试验中总是发生的，则 S 称为必然事件；若集合 S 包含所有的 $\{T\}$，$\{F\}$ 为空集，则 $\{F\}$ 称为不可能事件。

2.7.1.4 概率

假定 E 是火炮的随机试验，S 是它的样本空间，对于 E 的每一事件 A 赋予一个 0 到 1 的实正数，记为 $P(A)$，称 $P(A)$ 为事件 A 的概率。

2.7.1.5 条件概率

火炮发射两发弹丸进行最大射程随机试验，假定事件 A 中至少有一次为 T，事件 B 为两发均为 T 或 F，求在已知事件 A 已经发生的条件下事件 B 发生的概率，该概率为条件概率，其定义为

$$P(B \mid A) = \frac{P(AB)}{P(A)} \tag{2.7.1}$$

式中，$P(AB)$ 为事件 AB 同时发生的概率。

设 $A_1, A_2, \cdots, A_n$ 为火炮试验中的 n 个事件，$n \geqslant 2$，则有

$$P(A_1A_2\cdots A_n) = P(A_n \mid A_1A_2\cdots A_{n-1})P(A_{n-1} \mid A_1A_2\cdots A_{n-2})\cdots P(A_2 \mid A_1)P(A_1) \tag{2.7.2}$$

2.7.1.6 独立性

设 $A_1, A_2, \cdots, A_n$ 为火炮试验中的 n 个事件，$n \geqslant 2$，如果对于其中任意 2 个、任意 3

个，⋯，任意 n 个事件积的概率等于各事件概率之积，则称事件 A_1，A_2，⋯，A_n 相互独立。

2.7.1.7　随机变量

有了上述基本概念后，再来讨论随机变量的概念。

设 $X = X(e)$ 是定义在样本空间 S 上的实单值函数，对于任意实数 x，使得 $X(e) \leqslant x$ 的所有样本点 e 的集合 $\{e \mid X(e) \leqslant x\}$ 有确定的概率，称 $X = X(e)$ 为随机变量。可见随机变量是一个有确定概率的变量的集合（不止一个值），其取值在集合中获得，在试验之前不能预知它取什么值，与之相对应的普通函数被认为是一个具体的确定值，这就是随机变量与普通函数的本质差异。随机变量的引入使我们能用随机变量来描述火炮射击过程中的各种随机现象及变化规律，并能用数学分析的方法对随机试验结果进行讨论和研究。

若用一门火炮进行射击，火炮参数观测值中的部分参数是常量，部分参数是随机变量。例如不管如何发射弹丸，身管长度是一直不变的，因此身管长度是常量；但身管内膛参数在发射每发弹丸之后是变化的，且符合随机变量的特征，因此内膛参数是随机变量。

若用多门火炮进行射击，火炮参数值 $\boldsymbol{x}$ 全部是随机变量 $\boldsymbol{X}$ 的取值。例如身管长度，虽与发射弹丸数量没有关系，但由于制造误差，每门身管的长度是不同的，且满足随机变量的条件，$\boldsymbol{X}$ 中的其他参数都具有这样的特征。

由于火系统炮参数 X 是多维随机变量，因此需要定义多维随机变量。

设火炮系统随机试验的样本空间为 $S = \{e\}$，$X_i = X_i(e)$ 是定义在样本空间 S 上 $\boldsymbol{X}$ 参数中的第 i $(i = 1, 2, \cdots, n)$ 个实单值函数，对于任意实数 $x_i \in \boldsymbol{x}(i = 1, 2, \cdots, n)$，使得 $X_i(e) \leqslant x_i$ 的所有样本点 e 的集合 $\{e \mid X_i(e) \leqslant x_i\}$ 有确定的概率，称由 $X_i = X_i(e)$ 组成的向量 $X = \{X_1, X_2, \cdots, X_n\}^{\mathrm{T}}$ 为多维随机变量，或称为 n 维随机向量。多维随机变量的性质不仅与 $X_i = X_i(e)$、$X_j = X_j(e)$ 有关，而且还依赖于随机变量间的相互关系。因此，逐个研究 $X_i = X_i(e)$ 的性质是不够的，还需研究 X_i 与 X_j 间的相互关系，或将 $\boldsymbol{X}$ 作为一个整体来研究。与单变量相比，多维随机变量的分布函数为联合分布函数，概率密度函数为联合概率密度函数。

2.7.2　随机变量的分布

火炮随机变量有一维和多维情况，对随机变量的研究既与其维数有关，也与其分布特性有关。

2.7.2.1　一维随机变量的分布

1）分布函数

设 X 是火炮中的一个随机变量，x 为任意实数，则

$$F_X(x) = P\{X \leqslant x\}, \quad -\infty < x < \infty$$

称为 X 的分布函数。

对于任意实数 x_1，$x_2(x_1 < x_2)$，有

$$F_X(x) = P\{x_1 < X \leqslant x_2\} = P\{X \leqslant x_2\} - P\{X \leqslant x_1\} = F_X(x_2) - F_X(x_1) \tag{2.7.3}$$

因此,若已知 X 的分布函数,就可以获得 X 落在任一区间 $(x_1, x_2]$ 上的概率,分布函数完整地描述了随机变量的统计规律。

一般地,如果对于随机变量的分布函数 $F_X(x)$,存在非负可积函数 $f_X(x)$,使对于任意实数 x 有

$$F_X(x) = \int_{-\infty}^{x} f_X(t)\,\mathrm{d}t \tag{2.7.4}$$

则称 X 为连续型随机变量,称 $f_X(x)$ 为 X 的概率密度函数,简称概率密度。

概率密度 $f_X(x)$ 具有以下性质:

(1) $f_X(x) \geqslant 0$;

(2) $\int_{-\infty}^{\infty} f_X(x)\,\mathrm{d}x = 1$;

(3) 对于任意实数 $x_1, x_2 (x_1 < x_2)$,有

$$P\{x_1 < X \leqslant x_2\} = F_X(x_2) - F_X(x_1) = \int_{x_1}^{x_2} f_X(x)\,\mathrm{d}x$$

(4) 若 $f_X(x)$ 在点 x 处连续,则有 $\mathrm{d}F_X(x)/\mathrm{d}x = f_X(x)$。

2) 典型分布

在火炮系统随机分析中,要用到以下三种分布的随机变量。

(1) 均匀分布。若随机变量 X 具有概率密度:

$$f_X(x) = \begin{cases} \dfrac{1}{b-a}, & a < x < b \\ 0, & \text{其他} \end{cases} \tag{2.7.5}$$

则称 X 在区间 (a, b) 上服从均匀分布,记为 $X \sim U(a, b)$。图 2.7.1 给出了均匀分布的示意图。

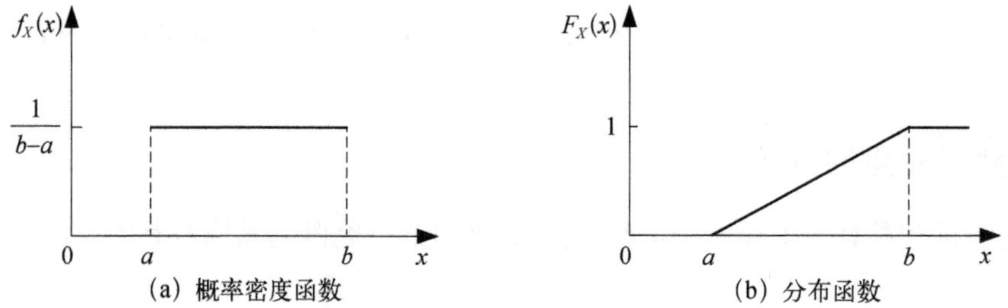

图 2.7.1　均匀分布示意图

(2) 指数分布。若随机变量 X 具有概率密度:

$$f_X(x) = \begin{cases} \dfrac{1}{\theta}\mathrm{e}^{-x/\theta}, & x > 0 \\ 0, & \text{其他} \end{cases} \tag{2.7.6}$$

其中,$\theta > 0$ 为常数,则称 X 服从参数为 θ 的指数分布,图 2.7.2 给出了指数分布的示意图。

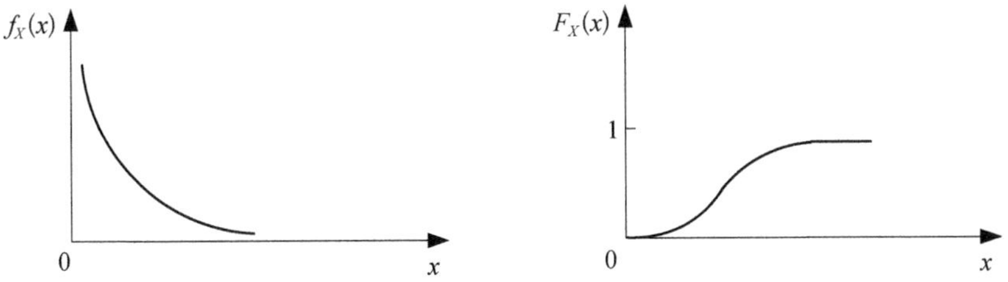

(a) 概率密度函数　　(b) 分布函数

图 2.7.2　指数分布示意图

（3）正态分布。若随机变量 X 具有概率密度：

$$f_X(x) = \frac{1}{\sqrt{2\pi}\sigma} e^{-\frac{(x-\mu)^2}{2\sigma^2}}, \quad -\infty < x < \infty \tag{2.7.7}$$

其中，μ, σ $(\sigma > 0)$ 为常数，则称 X 服从参数为 μ、σ 的正态分布或高斯分布，记为 $X \sim N(\mu, \sigma^2)$。图 2.7.3 给出了正态分布的示意图。

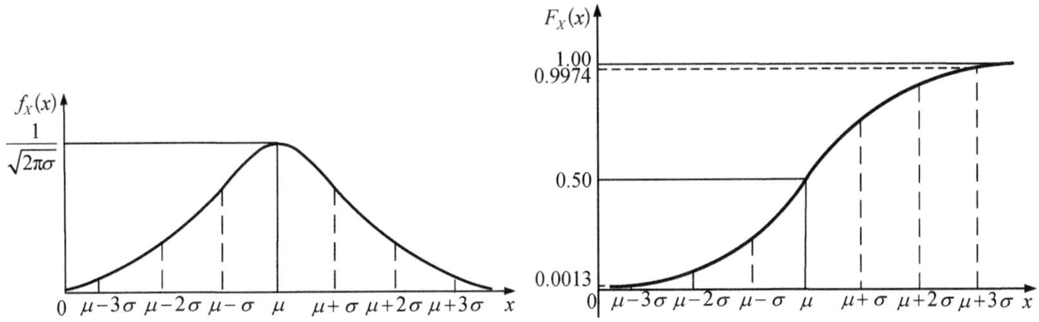

(a) 概率密度函数　　(b) 分布函数

图 2.7.3　正态分布示意图

由于正态分布在火炮试验中大量采用，因此有必要对其作进一步的讨论。

正态分布 $X \sim N(\mu, \sigma^2)$ 的密度函数具有以下性质。

性质 1：曲线关于 $x = \mu$ 对称，这表明对于 $h > 0$，有

$$P\{\mu - h < X \leqslant \mu\} = P\{\mu < X \leqslant \mu + h\}$$

即在区间 $(\mu - h, \mu]$ 和 $(\mu, \mu + h]$ 上概率密度曲线下的面积相等。

性质 2：当 $x = \mu$ 时取到最大值 $f_X(\mu) = 1/\sqrt{2\pi}\sigma$，$x$ 离 μ 越远，$f_X(x)$ 的值越小，这表明对于同样长度的区间，当区间离 μ 越远，X 落在整个区间上的概率就越小。

性质 3：在 $x = \mu \pm \sigma$ 处曲线有拐点，曲线以 x 轴为渐近线。

性质 4：如果 σ 固定，改变 μ 的值，则图形沿 x 轴平移，而不改变其形状，可见正态分布的概率密度曲线 $f_X(x)$ 的位置完全由参数 μ 所确定，μ 称为位置参数；

性质 5：如果固定 μ，改变 σ，由最大值 $f_X(\mu) = 1/\sqrt{2\pi}\sigma$ 可知，σ 越小 $f_X(\mu)$ 值就越大，图形就变得越尖，因而 X 落在 μ 附近的概率就越大。

性质 6：$X \sim N(\mu, \sigma^2)$ 在区间 $(\mu - \sigma, \mu + \sigma)$、$(\mu - 2\sigma, \mu + 2\sigma)$、$(\mu - 3\sigma, \mu + 3\sigma)$

的概率分别为

$$P\{\mu - \sigma < X < \mu + \sigma\} = 68.26\% \tag{2.7.8A}$$

$$P\{\mu - 2\sigma < X < \mu + 2\sigma\} = 95.44\% \tag{2.7.8B}$$

$$P\{\mu - 3\sigma < X < \mu + 3\sigma\} = 99.74\% \tag{2.7.8C}$$

可见,尽管正态变量 x 的取值范围是 $(-\infty, \infty)$,但它落在 $(\mu-3\sigma, \mu+3\sigma)$ 内几乎是肯定的,这就是人们所说的“3σ”法则。

性质 7:若取 $E = 0.674\,5\sigma$,在区间 $(\mu - E, \mu + E)$ 的概率为

$$P\{\mu - E < X < \mu + E\} = 50\% \tag{2.7.8D}$$

由此可见,$X \sim N(\mu, \sigma^2)$ 落在 $(\mu - E, \mu + E)$ 内的概率为 50%,这就是人们称 E 为中间误差的原因所在,E 也称为概率误差、或然误差。

2.7.2.2 多维随机变量的分布

1)联合分布函数

n 维随机向量 $\boldsymbol{X}$,其取值为 $\boldsymbol{x}$ 的联合分布函数定义如下:

$$F_{\boldsymbol{X}}(x_1, x_2, \cdots, x_n) = P\{X_1 < x_1, X_2 < x_2, \cdots, X_n < x_n\}$$
$$= \int_{-\infty}^{x_1}\int_{-\infty}^{x_2}\cdots\int_{-\infty}^{x_n} f_X(x_1, x_2, \cdots, x_n)\,\mathrm{d}x_1\mathrm{d}x_2\cdots\mathrm{d}x_n = \int_{-\infty}^{x} f_X(x)\,\mathrm{d}x \tag{2.7.9}$$

式中,$f_{\boldsymbol{X}}(x_1, x_2, \cdots, x_n)$ 称为随机变量 $\boldsymbol{X}$ 的联合概率密度,具有以下几个性征。

性质 1:

$$f_{\boldsymbol{X}}(x_1, x_2, \cdots, x_n) \geqslant 0 \tag{2.7.10}$$

性质 2:

$$\int_{-\infty}^{\infty}\int_{-\infty}^{\infty}\cdots\int_{-\infty}^{\infty} f_X(x_1, x_2, \cdots, x_n)\,\mathrm{d}x_1\mathrm{d}x_2\cdots\mathrm{d}x_n = 1 \tag{2.7.11}$$

性质 3:

$$f_X(x_1, x_2, \cdots, x_n) = \frac{\partial^n F_X(x_1, x_2, \cdots, x_n)}{\partial x_1 \partial x_2 \cdots \partial x_n} \tag{2.7.12}$$

2)边缘分布

当要考虑 n 维随机向量 $\boldsymbol{X}$ 中任意随机变量 X_i 的分布关系时,称随机变量 X_i 的分布为边缘分布,其定义如下:

$$F_{X_i}(x_i) = P\{X_i < x_i\} = F_{\boldsymbol{X}}(\infty, \cdots, \infty, x_i, \infty, \cdots, \infty) \tag{2.7.13}$$

随机变量 X_i 的边缘概率密度函数定义为

$$f_{X_i}(x_i) = \int_{-\infty}^{\infty}\cdots\int_{-\infty}^{\infty} f_X(x_1, x_2, \cdots, x_n)\,\mathrm{d}x_1\mathrm{d}x_2\cdots\mathrm{d}x_{i-1}\mathrm{d}x_{i+1}\cdots\mathrm{d}x_n \tag{2.7.14}$$

上式中带运算的下标置入括号中,避免混淆。

由此可见边缘分布 $F_{X_i}(x_i)$ 是从联合分布 $F_{\boldsymbol{X}}(x_1, x_2, \cdots, x_n)$ 得到的,这表明 $F_X(x_1,$

$x_2, \cdots, x_n)$ 中包含了 $F_{X_i}(x_i)$ 所具有的信息，反之，$F_{X_i}(x_i)$ 不包含 $F_{\boldsymbol{X}}(x_1, x_2, \cdots, x_n)$ 的所有信息。

3）条件分布

当要考虑 n 维随机向量 $\boldsymbol{X}$ 中任意随机变量 X_i 具有某种条件时，随机向量 $\boldsymbol{X}$ 相对于该随机变量 X_i 的分布关系称为 $\boldsymbol{X}$ 相对 X_i 的条件分布，其定义如下：

$$F_{\boldsymbol{X}|X_i}(x_1, \cdots, x_{i-1}, x_i \cdots, x_n) = P\{X_1 < x_1, \cdots, X_{i-1} < x_{i-1}, X_{i+1} < x_{i+1}, \cdots, X_n < x_n\} \tag{2.7.15}$$

条件概率密度函数定义为

$$f_{\boldsymbol{X}|X_i}(x_1, \cdots, x_{i-1}, x_{i+1} \cdots, x_n \mid x_i) = \frac{f_{\boldsymbol{X}}(x_1, x_2, \cdots, x_n)}{\int_{-\infty}^{\infty} \cdots \int_{-\infty}^{\infty} f_{\boldsymbol{X}}(x_1, x_2, \cdots, x_n) \mathrm{d}x_1 \mathrm{d}x_2 \cdots \mathrm{d}x_{i-1} \mathrm{d}x_{i+1} \cdots \mathrm{d}x_n} \tag{2.7.16}$$

如果对所有的 $x_1, x_2, \cdots, x_n$，下式成立：

$$F_{\boldsymbol{X}}(x_1, x_2, \cdots, x_n) = F_{X_1}(x_1) F_{X_2}(x_2) \cdots F_{X_n}(x_n) \tag{2.7.17}$$

或

$$f_{\boldsymbol{X}}(x_1, x_2, \cdots, x_n) = f_{X_1}(x_1) f_{X_2}(x_2) \cdots f_{X_n}(x_n) \tag{2.7.18}$$

则称随机变量 $X_1, X_2, \cdots, X_n$ 在统计意义上是独立的随机变量。此时，随机变量 X_i 的边缘概率分布函数等于其条件概率分布函数。

4）随机变量函数分布

假定随机变量函数为 $Y = Y(X_1, X_2, \cdots, X_n)$，对任意实数 y，其概率分布函数为

$$F_Y(y) = P\{Y(X_1, X_2, \cdots, X_n) < y\} = \int_{Y(X_1, X_2, \cdots, X_n) < y} f_{\boldsymbol{X}}(x_1, x_2, \cdots, x_n) \mathrm{d}x_1 \mathrm{d}x_2 \cdots \mathrm{d}x_n \tag{2.7.19}$$

同样，对 m 个函数 $Y_l = Y_l(X_1, X_2, \cdots, X_n)$，$l = 1, 2, \cdots, m$，令 $\boldsymbol{Y} = \{Y_1, Y_2, \cdots, Y_m\}^{\mathrm{T}}$，对任意实数 $\boldsymbol{y} = \{y_1, y_2, \cdots, y_m\}^{\mathrm{T}}$，有

$$\begin{aligned} F_{\boldsymbol{Y}}(y_1, y_2, \cdots, y_m) &= P\{Y_l(X_1, X_2, \cdots, X_n) < y_l, l = 1, 2, \cdots, m\} \\ &= \int_{Y_l(X_1, X_2, \cdots, X_n) < y_l, 1 \leqslant l \leqslant m} f_{\boldsymbol{X}}(x_1, x_2, \cdots, x_n) \mathrm{d}x_1 \mathrm{d}x_2 \cdots \mathrm{d}x_n \end{aligned} \tag{2.7.20}$$

假定 $m = n$，函数 $y_l = y_l(x_1, x_2, \cdots, x_n)$ 可逆，得 $x_i = x_i(y_1, y_2, \cdots, y_n)$，且 $\partial x_i / \partial y_l$ 存在，则 n 维随机变量函数 $\boldsymbol{Y}$ 的概率密度为

$$f_{\boldsymbol{Y}}(y_1, y_2, \cdots, y_n) = \begin{cases} f_{\boldsymbol{X}}(x_1, x_2, \cdots, x_n) J, & 若 (y_1, y_2, \cdots, y_n) \in \Omega_{y_1, y_2, \cdots, y_n} \\ 0, & 其他 \end{cases} \tag{2.7.21}$$

式中，$\boldsymbol{\Omega}_{y_1, y_2, \cdots, y_n}$ 为函数 $y_l = y_l(x_1, x_2, \cdots, x_n)$ 的值域，$J = \det \boldsymbol{J}$ 为 Jacobi 行列式的值：

$$\boldsymbol{J}^{\mathrm{T}} = \begin{bmatrix} \dfrac{\partial x_1}{\partial y_1} & \dfrac{\partial x_2}{\partial y_1} & \cdots & \dfrac{\partial x_n}{\partial y_1} \\ \dfrac{\partial x_1}{\partial y_2} & \dfrac{\partial x_2}{\partial y_2} & \cdots & \dfrac{\partial x_n}{\partial y_2} \\ \vdots & \vdots & & \vdots \\ \dfrac{\partial x_1}{\partial y_n} & \dfrac{\partial x_2}{\partial y_n} & \cdots & \dfrac{\partial x_n}{\partial y_n} \end{bmatrix} \tag{2.7.22}$$

由式(2.7.21)可知，函数的概率密度为随机变量概率密度与 Jacobi 行列式值之积，该式可以理解为两者的变换关系。

若函数 $y_l = y_l(x_1, x_2, \cdots, x_n)$ 为多值函数，则可将区域进行剖分成若干单一函数，再在单一区域应用式(2.7.21)，并求和得到

$$f_{\boldsymbol{Y}}(y_1, y_2, \cdots, y_n) = \begin{cases} \sum_k f_{\boldsymbol{X}}(x_{1,k}, x_{2,k}, \cdots, x_{n,k}) J_k, & 若(y_1, y_2, \cdots, y_n) \in \boldsymbol{\Omega}_{y_1, y_2, \cdots, y_n} \\ 0, & 其他 \end{cases} \tag{2.7.23}$$

2.7.2.3　随机变量的数字特征

根据前面的讨论可知，要获得火炮中 n 维随机变量的分布，需要得到 n 维的联合概率分布函数，这几乎是不可能得到的，但能方便地得到随机变量的期望值。本节讨论随机变量的期望值、方差、协方差相关系数等数学特征问题。

1) 期望值

对随机变量 $\boldsymbol{X} = \{X_1, X_2, \cdots, X_n\}^{\mathrm{T}}$，其期望值用 $\boldsymbol{\mu} = E(\boldsymbol{X}) = \{E(X_1), E(X_2), \cdots, E(X_n)\}^{\mathrm{T}}$ 来表示，且有

$$\mu_i = E(X_i) = \int_{-\infty}^{\infty} x_i f_{X_i}(x_i)\,\mathrm{d}x_i \tag{2.7.24}$$

2) 方差

随机变量 $\boldsymbol{X} = \{X_1, X_2, \cdots, X_n\}^{\mathrm{T}}$ 中单个变量 X_i 的方差为

$$D(X_i) = \int_{-\infty}^{\infty} [x_i - E(X_i)]^2 f_{X_i}(x_i)\,\mathrm{d}x_i = \sigma_i^2 \tag{2.7.25A}$$

将上式展开，得

$$D(X_i) = E(X_i^2) - [E(X_i)]^2 \tag{2.7.25B}$$

或

$$E(X_i^2) = [E(X_i)]^2 + D(X_i) \tag{2.7.25C}$$

上式表明，随机变量的二阶原点矩 $E(X_i^2)$ 是其期望值的平方 $[E(X_i)]^2$ 与其方差 $D(X_i)$ 之和，后面将会看到，若将 $E(X_i^2)$、$[E(X_i)]^2$、$D(X_i)$ 分别理解为火炮射击精度的平方、射击准确度的平方和密集度的平方，则式(2.7.25C)表明射击精度的平方可分解为射击准

确度和射击密集度各自平方之和。

若 $\sigma_i^2 \neq 0$, 记

$$X_i^* = \frac{X_i - \mu_i}{\sigma_i} \tag{2.7.26}$$

则有

$$E(X_i^*) = 0, \quad D(X_i^*) = 1$$

即 X_i^* 的数学期望值为 0、方差为 1, X_i^* 称为 X_i 的标准化随机变量。

3) 协方差

前面讨论的期望值和方差是仅对单一随机变量 X_i 本身来定义的,在实际应用中,不同随机变量之间的关联信息也是非常重要的,随机变量 X_i 与 X_j 间的协方差定义为

$$\begin{aligned} c_{ij} &= \mathrm{Cov}(X_i, X_j) = E\{[X_i - E(X_i)][X_j - E(X_j)]\} \\ &= \int_{-\infty}^{\infty} [x_i - E(X_i)][x_j - E(X_j)] f_{X_iX_j}(x_i, x_j)\mathrm{d}x_i\mathrm{d}x_j \end{aligned} \tag{2.7.27}$$

由 c_{ij} 组成的矩阵称为协方差矩阵:

$$\boldsymbol{\Sigma}_X = \begin{bmatrix} c_{11} & c_{12} & \cdots & c_{1n} \\ c_{21} & c_{22} & \cdots & c_{2n} \\ \vdots & \vdots & & \vdots \\ c_{n1} & c_{n2} & \cdots & c_{nn} \end{bmatrix} \tag{2.7.28}$$

若随机变量 $\boldsymbol{X} = \{X_1, X_2, \cdots, X_n\}^{\mathrm{T}}$ 服从正态分布,则其概率密度函数为

$$f_X(x_1, x_2, \cdots, x_n) = \frac{1}{(2\pi)^{n/2}[\det(\boldsymbol{\Sigma}_X)]^{1/2}}\exp\left\{-\frac{1}{2}(\boldsymbol{X} - \boldsymbol{\mu})^{\mathrm{T}}\boldsymbol{\Sigma}_X^{-1}(\boldsymbol{X} - \boldsymbol{\mu})\right\} \tag{2.7.29}$$

将式(2.7.27)展开,有

$$c_{ij} = \int_{-\infty}^{\infty} x_i x_j f_{X_iX_j}(x_i, x_j)\mathrm{d}x_i\mathrm{d}x_j - E(X_i)E(X_j) = E(X_iX_j) - E(X_i)E(X_j)$$

或

$$E(X_iX_j) = c_{ij} + E(X_i)E(X_j) \tag{2.7.30}$$

4) 相关系数

随机变量 X_i 与 X_j 间的相关系数 ρ_{ij} 定义如下:

$$\rho_{ij} = \frac{\mathrm{Cov}(X_i, X_j)}{\sqrt{D(X_i)D(X_j)}} \tag{2.7.31}$$

相关系数 ρ_{ij} 表明两个随机变量 X_i 与 X_j 之间是否线性相关。若 $\rho_{ij} = \pm 1$, 则 X_i 与 X_j 之间完全相关,即在概率意义上 X_i 与 X_j 完全等价;若 $\rho_{ij} = 0$, 则 X_i 与 X_j 之间完全不相关。注意到,不相关并不意味着是独立的,独立通常指随机变量之间没有函数关系;根据正态随

机变量的特点,若 $\boldsymbol{X}$ 服从正态分布,则 X_i 与 X_j 相互独立与 X_i、X_j 两两不相关是等价的。

根据前面的讨论,相关系数本质上是经归一化后的两个随机变量 $[X_i - E(X_i)]/D(X_i)$、$[X_j - E(X_j)]/D(X_j)$ 之间的协方差,因此下列矩阵称为归一化的协方差矩阵,或相关系数矩阵:

$$\boldsymbol{\rho}_X = \begin{bmatrix} \rho_{11} & \rho_{12} & \cdots & \rho_{1n} \\ \rho_{21} & \rho_{22} & \cdots & \rho_{2n} \\ \vdots & \vdots & & \vdots \\ \rho_{n1} & \rho_{n2} & \cdots & \rho_{nn} \end{bmatrix} \tag{2.7.32}$$

5）函数期望值

一个随机函数 $Y = g(X_1, X_2, \cdots, X_n)$ 的期望值定义为

$$E[g(X_1, X_2, \cdots, X_n)] = \int_{-\infty}^{\infty}\int_{-\infty}^{\infty}\cdots\int_{-\infty}^{\infty} g(X_1, X_2, \cdots, X_n) f_X(x_1, x_2, \cdots, x_n)\mathrm{d}x_1\mathrm{d}x_2\cdots\mathrm{d}x_n \tag{2.7.33}$$

由此可见,随机变量函数的期望值可通过直接对其随机变量的概率密度分布函数进行积分得到,而不需要响应函数的概率密度分布函数 $f_Y(y)$。这一结论为对火炮射击精度进行分析计算带来方便。

对一个复杂函数 $Y=g(X_1, X_2, \cdots, X_n)$,可将其在期望值 $E(X_i)$ 处展开成级数形式:

$$\begin{aligned} Y = {} & g(E(X_1), E(X_2), \cdots, E(X_n)) + \sum_{i=1}^{n} \left.\frac{\partial g}{\partial X_i}\right|_{X=\boldsymbol{\mu}} [X_i - E(X_i)] \\ & + \frac{1}{2}\sum_{i=1}^{n}\sum_{j=1}^{n} \left.\frac{\partial^2 g}{\partial X_i \partial X_j}\right|_{X=\boldsymbol{\mu}} [X_i - E(X_i)][X_j - E(X_j)] + o(X_{ij}^3) \end{aligned} \tag{2.7.34}$$

且有

$$E(Y) = g(E(X_1), E(X_2), \cdots, E(X_n)) = g(\boldsymbol{\mu}) \tag{2.7.35}$$

$$D(Y) = \sum_{i=1}^{n}\sum_{j=1}^{n}\left(\left.\frac{\partial g}{\partial X_i}\right|_{X=\boldsymbol{\mu}} \mathrm{Cov}(X_i, X_j) \left.\frac{\partial g}{\partial X_j}\right|_{X=\boldsymbol{\mu}}\right) = \frac{\partial g(\boldsymbol{\mu})}{\partial \boldsymbol{X}} \cdot \boldsymbol{\Sigma}_X \cdot \left(\frac{\partial g(\boldsymbol{\mu})}{\partial \boldsymbol{X}}\right)^{\mathrm{T}} \tag{2.7.36}$$

若只保留式(2.7.34)中的线性项,并利用式(2.7.35),有

$$\begin{aligned} Y & = g(E(X_1), E(X_2), \cdots, E(X_n)) + \sum_{i=1}^{n} \left.\frac{\partial g}{\partial X_i}\right|_{X=\boldsymbol{\mu}} [X_i - E(X_i)] \\ & = g(\boldsymbol{\mu}) + \sum_{i=1}^{n} \left.\frac{\partial g}{\partial X_i}\right|_{X=\boldsymbol{\mu}} [X_i - E(X_i)] \end{aligned} \tag{2.7.37}$$

特别地,当函数为以下 m 维复杂函数时:

$$\boldsymbol{Y} = \begin{Bmatrix} g_1(X_1, X_2, \cdots, X_n) \\ g_2(X_1, X_2, \cdots, X_n) \\ \vdots \\ g_m(X_1, X_2, \cdots, X_n) \end{Bmatrix} = \boldsymbol{g}(\boldsymbol{X}) \tag{2.7.38}$$

也可将其展开成如下线性形式：

$$\boldsymbol{Y}=\boldsymbol{g}(\boldsymbol{\mu})+\left.\frac{\partial \boldsymbol{g}}{\partial \boldsymbol{X}}\right|_{\boldsymbol{X}=\boldsymbol{\mu}}\cdot(\boldsymbol{X}-\boldsymbol{\mu}) \tag{2.7.39}$$

有

$$E(\boldsymbol{Y})=g(\boldsymbol{\mu}) \tag{2.7.40}$$

$$\boldsymbol{\Sigma}_Y=\mathrm{Cov}(\boldsymbol{Y}\cdot\boldsymbol{Y}^{\mathrm{T}})=\boldsymbol{G}\cdot\boldsymbol{\Sigma}_X\cdot\boldsymbol{G}^{\mathrm{T}} \tag{2.7.41}$$

其中

$$\boldsymbol{G}=\left.\frac{\partial \boldsymbol{g}}{\partial \boldsymbol{X}}\right|_{\boldsymbol{X}=\boldsymbol{\mu}} \tag{2.7.42A}$$

$$\boldsymbol{\Sigma}_Y=\begin{bmatrix}\mathrm{Cov}(Y_1,Y_1) & \mathrm{Cov}(Y_1,Y_2) & \cdots & \mathrm{Cov}(Y_1,Y_m)\\ \mathrm{Cov}(Y_2,Y_1) & \mathrm{Cov}(Y_2,Y_2) & \cdots & \mathrm{Cov}(Y_2,Y_m)\\ \vdots & \vdots & & \vdots\\ \mathrm{Cov}(Y_m,Y_1) & \mathrm{Cov}(Y_m,Y_2) & \cdots & \mathrm{Cov}(Y_m,Y_m)\end{bmatrix} \tag{2.7.42B}$$

式(2.7.34)~式(2.7.42)是火炮射击精度理论分析的基础。

2.7.3 随机变量的统计推断

在上文的讨论中，假定所有随机变量的概率分布或概率密度函数在$(-\infty,\infty)$的范围内是已知的，由此通过一阶矩和二阶矩形式的期望值积分得到随机变量的均值和方差，此类问题可理解为概率分析中的正问题。但在实际工作中，有些随机变量的概率分布函数往往是不知道的，而且分布范围也是不确定的，但人们可通过多次反复的试验后得到在一定分布范围内的一些试验观测值。如何利用这些数据进行分析，估算得到所关心的随机变量的分布规律、均值和方差，并判断这些值与期望值之间的差异性等，就是本节所要讨论的基于试验数据的随机变量的统计推断问题，此类问题可理解为概率分析中的反问题，在火炮射击试验中经常遇到。

2.7.3.1 抽样分布

我们将火炮试验中全部可能的观察值称为总体，这些值可能相同，也可能不同，数目一般是有限的，每一个可能观察值称为个体，总体中所包含的个体的个数称为总体的容量，有限的容量称为有限总体。

设X是具有分布函数F_X的随机变量，若$X_1, X_2, \cdots, X_n$是具有同一分布函数F_X的相互独立的随机变量，则称$X_1, X_2, \cdots, X_n$为服从分布函数F_X得到的容量为n的简单随机样本，它的观测值$x_1, x_2, \cdots, x_n$称为样本值，又称为X的n个独立观测值。

下面给出几个常用的统计量。设$X_1, X_2, \cdots, X_n$来自总体X的一个样本，$x_1, x_2, \cdots, x_n$是这个样本的观测值，则有：

样本平均值为

$$\bar{X}=\frac{1}{n}\sum_{l=1}^{n}X_l \tag{2.7.43A}$$

样本方差为

$$S^2 = \frac{1}{n-1}\sum_{l=1}^{n}(X_l - \bar{X})^2 = \frac{1}{n-1}\left(\sum_{l=1}^{n}(X_l)^2 - n\bar{X}^2\right) \tag{2.7.43B}$$

样本标准差为

$$S = \sqrt{\frac{1}{n-1}\sum_{l=1}^{n}(X_l - \bar{X})^2} \tag{2.7.43C}$$

样本 k 阶原点矩为

$$A_k = \frac{1}{n}\sum_{l=1}^{n}(X_l)^k, \quad k = 1, 2, \cdots \tag{2.7.43D}$$

样本 k 阶中心矩为

$$B_k = \frac{1}{n}\sum_{l=1}^{n}(X_l - \bar{X})^k, \quad k = 1, 2, \cdots \tag{2.7.43E}$$

它们的观测值分别为

$$\bar{x} = \frac{1}{n}\sum_{l=1}^{n}x_l \tag{2.7.44A}$$

$$s^2 = \frac{1}{n-1}\sum_{l=1}^{n}(x_l - \bar{x})^2 = \frac{1}{n-1}\left(\sum_{l=1}^{n}(x_l)^2 - n\bar{x}^2\right) \tag{2.7.44B}$$

$$s = \sqrt{\frac{1}{n-1}\sum_{l=1}^{n}(x_l - \bar{x})^2} \tag{2.7.44C}$$

$$a_k = \frac{1}{n}\sum_{l=1}^{n}(x_l)^k, \quad k = 1, 2, \cdots \tag{2.7.44D}$$

$$b_k = \frac{1}{n}\sum_{l=1}^{n}(x_l - \bar{x})^k, \quad k = 1, 2, \cdots \tag{2.7.44E}$$

这些观察值仍分别称为样本 X 的均值、样本方差、样本标准差、样本 k 阶原点矩以及样本 k 阶中心矩。根据概率论中的辛钦大数定理，上述观察值当 $n \to \infty$ 时，将依概率趋近于其期望值。

下面简要介绍在参数估计和假设性检验中非常有用的四个分布。

1) χ^2 分布

设 $X_1, X_2, \cdots, X_n$ 来自总体 $N(0, 1)$ 的样本，则称统计量：

$$\chi^2 = X_1^2 + X_2^2 + \cdots + X_n^2 \tag{2.7.45}$$

服从自由度为 n 的 χ^2 分布，记为 $\chi^2 \sim \chi^2(n)$。

$\chi^2(n)$ 分布的概率密度为

$$f_Y(y) = \begin{cases} \dfrac{1}{2^{n/2}\Gamma(n/2)} y^{n/2-1} e^{-y/2}, & y > 0 \\ 0, & \text{其他} \end{cases} \tag{2.7.46}$$

一般地，我们把

$$f_Y(y)=\begin{cases}\dfrac{1}{\theta^{\alpha}\Gamma(\alpha)}y^{\alpha-1}\mathrm{e}^{-y/\theta}, & y>0\\ 0, & 其他\end{cases} \tag{2.7.47}$$

称为 Y 服从 $\Gamma(\alpha,\ \theta)$ 分布，记为 $Y\sim\Gamma(\alpha,\ \theta)$。

伽马函数 $\Gamma(\alpha)$ 的具体表达式为

$$\Gamma(\alpha)=\int_0^{\infty}t^{\alpha-1}\mathrm{e}^{-t}\mathrm{d}t=2\int_0^{\infty}t^{2\alpha-1}\mathrm{e}^{-t^2}\mathrm{d}t \tag{2.7.48}$$

由此得出一个特别有用的积分公式 $\Gamma(1/2)=2\int_0^{\infty}\mathrm{e}^{-t^2}\mathrm{d}t=\sqrt{\pi}$。

$\chi^2(n)$ 有以下特点：

（1）可加性。设 $\chi_1^2\sim\chi^2(n_1)$，$\chi_2^2\sim\chi^2(n_2)$，并且 χ_1^2、χ_2^2 相互独立，则有

$$\chi_1^2+\chi_2^2\sim\chi^2(n_1+n_1) \tag{2.7.49}$$

（2）期望值和方差。若 $\chi^2\sim\chi^2(n)$，则有

$$E(\chi^2)=n,\quad D(\chi^2)=2n \tag{2.7.50}$$

（3）分位点。对于给定的正数 α，$0<\alpha<1$，满足条件

$$P\{\chi^2>\chi_{\alpha}^2(n)\}=\int_{\chi_{\alpha}^2(n)}^{\infty}f_Y(y)\mathrm{d}y=\alpha \tag{2.7.51}$$

的点 $\chi_{\alpha}^2(n)$ 就是 $\chi^2(n)$ 分布的上 α 分位点，如图 2.7.4 所示，对于不同的 α、n，上 α 分位点已制成表格，可以查用。

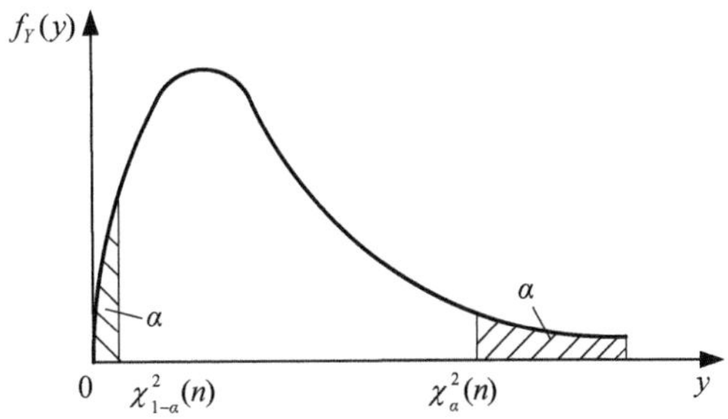

图 2.7.4　χ^2 分布分位点的示意图

2）t 分布

设 $X\sim N(0,\ 1)$，$Y\sim\chi^2(n)$，且 X、Y 相互独立，则称随机变量：

$$t=\frac{X}{\sqrt{Y/n}} \tag{2.7.52}$$

服从自由度为 n 的 t 分布，记为 $t\sim t(n)$。

t 分布又称学生氏分布，$t(n)$ 分布的概率密度函数为

$$h(t)=\frac{\Gamma[(n+1)/2]}{\sqrt{\pi n}\Gamma(n/2)}\left(1+\frac{t^2}{n}\right)^{-(n+1)/2},\quad -\infty<t<\infty \tag{2.7.53}$$

且有

$$\lim_{n\to\infty}h(t)=\frac{1}{\sqrt{2\pi}}\mathrm{e}^{-t^2/2} \tag{2.7.54}$$

对于给定的正数 α，$0<\alpha<1$，满足条件

$$P\{t > t_{\alpha}(n)\} = \int_{t_{\alpha}(n)}^{\infty} h(t)\mathrm{d}t = \alpha \tag{2.7.55}$$

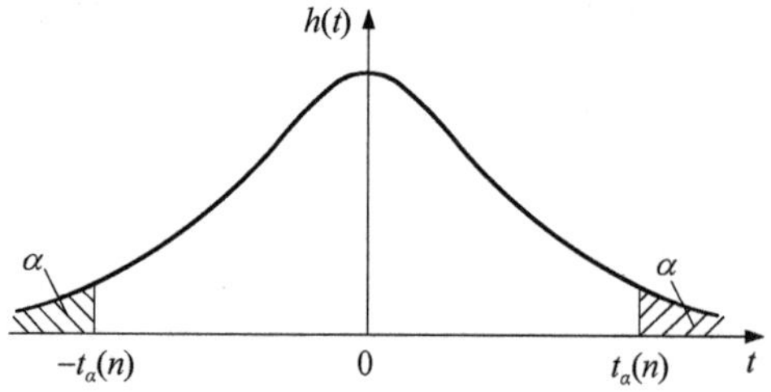

图 2.7.5 t 分布分位点示意图

的点 $t_{\alpha}(n)$ 就是 $t(n)$ 分布的上 α 分位点，如图 2.7.5 所示，对于不同的 α、n，上 α 分位点已制成表格，可以查用。由于对称性，有

$$P\{t > -t_{\alpha}(n)\} = \int_{-t_{\alpha}(n)}^{\infty} h(t)\mathrm{d}t = 1 - \alpha$$

根据定义，故有

$$t_{1-\alpha}(n) = -t_{\alpha}(n) \tag{2.7.56}$$

3) F 分布

设 $U \sim \chi^2(n_1)$，$V \sim \chi^2(n_2)$，且 U、V 相互独立，则称随机变量

$$F = \frac{U/n_1}{V/n_2} \tag{2.7.57}$$

服从自由度为 (n_1, n_2) 的 F 分布，记为 $F \sim F(n_1, n_2)$。

$F(n_1, n_2)$ 的概率密度为

$$\psi(y) = \begin{cases} \dfrac{\Gamma[(n_1+n_2)/2]\ (n_1/n_2)^{n_1/2} y^{n_1/2-1}}{\Gamma(n_1/2)\Gamma(n_2/2)\ [1+(n_1 y/n_2)]^{(n_1+n_2)/2}}, & y > 0 \\ 0, & \text{其他} \end{cases} \tag{2.7.58}$$

根据定义，若 $F \sim F(n_1, n_2)$，则

$$\frac{1}{F} \sim F(n_2, n_1) \tag{2.7.59}$$

对于给定的正数 α，$0 < \alpha < 1$，满足条件

$$P\{F > F_{\alpha}(n_1, n_2)\} = \int_{F_{\alpha}(n_1, n_2)}^{\infty} \psi(y)\mathrm{d}y = \alpha \tag{2.7.60}$$

的点 $F_{\alpha}(n_1, n_2)$ 就是 $F(n_1, n_2)$ 分布的上 α 分位点，如图 2.7.6 所示，对于不同的 α、n，上 α 分位点已制成表格，可以查用。

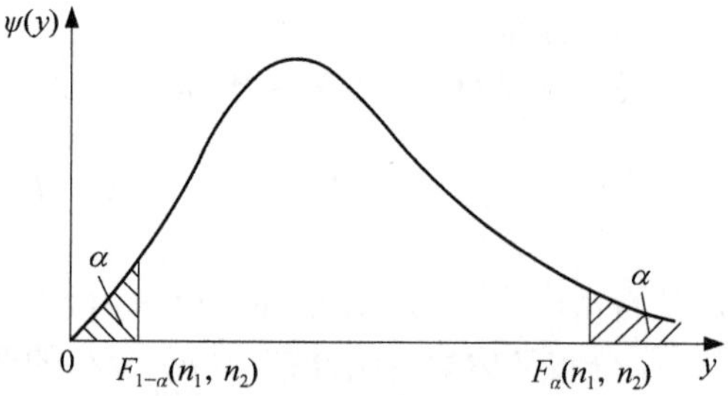

图 2.7.6 F 分布分位点示意图

F 分布的上 α 分位点，有如下重要性质：

$$F_{1-\alpha}(n_1, n_2) = \frac{1}{F_{\alpha}(n_2, n_1)} \tag{2.7.61}$$

4) 正态总体的样本均值与样本方差的分布

设总体 X 的均值为 μ，方差为 σ^2，X_1，X_2，…，X_n 是来自 X 的一个样本，$\overline{X}$、S^2 分别是样本均值和样本方差，则有

$$E(\bar{X})=\frac{1}{n}\sum_{i=1}^{n}E(X_i)=\mu$$

$$D(\bar{X})=\frac{1}{n^2}\sum_{i=1}^{n}D(X_i)=\sigma^2/n \tag{2.7.62}$$

利用上式,可得

$$\begin{aligned}E(S^2)&=\frac{1}{n-1}\sum_{i=1}^{n}E[(X_i-\bar{X})^2]=\frac{1}{n-1}\left\{\sum_{i=1}^{n}E[(X_i)^2]-E(n\bar{X}^2)\right\}\\&=\frac{1}{n-1}\left[\sum_{i=1}^{n}E(X_i^2)-nE(\bar{X}^2)\right]=\frac{1}{n-1}\left(\sum_{i=1}^{n}(\sigma^2+\mu^2)-n(\sigma^2/n+\mu^2)\right)\\&=\frac{1}{n-1}[n(\sigma^2+\mu^2)-n(\sigma^2/n+\mu^2)]=\sigma^2\end{aligned} \tag{2.7.63}$$

对正态总体的 $X\sim N(\mu,\ \sigma^2)$ 的样本均值 $\bar{X}$ 和样本方差 S^2,有以下结论:

(1) $\bar{X}$ 与 S^2 相互独立; (2.7.64A)

(2) $\bar{X}\sim N(\mu,\ \sigma^2/n)$; (2.7.64B)

(3) $\dfrac{(n-1)S^2}{\sigma^2}\sim\chi^2(n-1)$; (2.7.64C)

(4) $\dfrac{\bar{X}-\mu}{S/\sqrt{n}}\sim t(n-1)$。 (2.7.64D)

后面将会看到,在参数估计中常利用以上的结论(3)来评估 S^2,利用结论(4)来评估 S。

下面来讨论多维统计问题。

设 $X_{1j}(j=1,\ 2,\ \cdots,\ n_1)$ 与 $X_{2j}(j=1,\ 2,\ \cdots,\ n_2)$ 分别是来自正态总体 $N(\mu_1,\ \sigma_1^2)$ 和 $N(\mu_2,\ \sigma_2^2)$ 的样本,且两个样本相互独立,设 $\bar{X}_1$、$\bar{X}_2$ 分别是这两个样本的均值,S_1^2、S_2^2 分别是这两个样本的方差,则有

(1) $\dfrac{S_1^2/S_2^2}{\sigma_1^2/\sigma_2^2}\sim F(n_1-1,\ n_2-1)$; (2.7.65A)

(2) 当 $\sigma_1^2=\sigma_2^2=\sigma^2$ 时,

$$\frac{(\bar{X}_1-\bar{X}_2)-(\mu_1-\mu_2)}{S_w\sqrt{\dfrac{1}{n_1}+\dfrac{1}{n_2}}}\sim t(n_1+n_2-2) \tag{2.7.65B}$$

其中

$$S_w=\sqrt{\frac{(n_1-1)S_1^2+(n_2-1)S_2^2}{n_1+n_2-2}} \tag{2.7.65C}$$

又设总体 $X_i(i=1,\ 2,\ \cdots,\ m)$ 的均值为 μ_i,协方差为 $c_{ij}(i=1,\ 2,\ \cdots,\ m,\ j=1,\ 2,\ \cdots,\ n)$,$X_{ij}(i=1,\ 2,\ \cdots,\ m,\ j=1,\ 2,\ \cdots,\ n)$ 是来自 $X_i(i=1,\ 2,\ \cdots,\ m)$ 的样本,考察以下公式:

$$\mathrm{Cov}(\bar{X}_i, \bar{X}_j) = E\left\{\left[\frac{1}{n}\sum_{k=1}^{n} X_{ik} - E(\bar{X}_i)\right]\left[\frac{1}{n}\sum_{l=1}^{n} X_{jl} - E(\bar{X}_j)\right]\right\}$$

$$= \frac{1}{n^2}E\left\{\sum_{k=1}^{n}\sum_{l=1}^{n}[X_{jk} - E(\bar{X}_j)][X_{il} - E(\bar{X}_i)]\right\}$$

注意到上式中，$k = l$ 表示同次试验，只有同次试验的数据才有关联统计价值，其他不关联的数据无统计意义，这样上式可改写成

$$\mathrm{Cov}(\bar{X}_i, \bar{X}_j) = \frac{1}{n^2}E\left\{\sum_{k=1}^{n}[X_{ik} - E(\bar{X}_i)][X_{jk} - E(\bar{X}_j)]\right\}$$

$$= \frac{1}{n^2}\sum_{k=1}^{n}E\{[X_{ik} - E(\bar{X}_i)][X_{jk} - E(\bar{X}_j)]\}$$

$$= \frac{1}{n^2}\sum_{k=1}^{n}c_{ij} = \frac{1}{n}c_{ij} \tag{2.7.66}$$

协方差统计表达式为

$$\hat{c}_{ij} = \frac{1}{n-1}\sum_{k=1}^{n}(X_{ik} - \bar{X}_i)(X_{jk} - \bar{X}_j) \tag{2.7.67}$$

利用式(2.7.66)，对协方差统计表达式(2.7.67)求期望值，有

$$E(\hat{c}_{ij}) = \frac{1}{n-1}\sum_{k=1}^{n}E[(X_{ik} - \bar{X}_i)(X_{jk} - \bar{X}_j)] = E\left\{\frac{1}{n-1}\left(\sum_{k=1}^{n}(X_{ik}X_{jk}) - n\bar{X}_i\bar{X}_j\right)\right\}$$

$$= \frac{1}{n-1}\left(\sum_{k=1}^{n}E(X_{ik}X_{jk}) - E(n\bar{X}_i\bar{X}_j)\right) = \frac{1}{n-1}\left(\sum_{k=1}^{n}E(X_{ik}X_{jk}) - nE(\bar{X}_i\bar{X}_j)\right)$$

$$= \frac{1}{n-1}\left(\sum_{k=1}^{n}(c_{ij} + \mu_i\mu_j) - n\left(\frac{c_{ij}}{n} + \mu_i\mu_j\right)\right) = c_{ij}, \quad i, j = 1, 2, \cdots, m \tag{2.7.68}$$

由此可见，估算式(2.7.67)为无偏估算。无偏估算的概念见第 2.7.3.2 节。

2.7.3.2　参数估计

1）矩估计法

设 X 为连续型随机变量，其概率密度为 $f_X(x;\theta_1, \theta_2, \cdots, \theta_k)$，其中 $\theta_1, \theta_2, \cdots, \theta_k$ 是待估参数，$X_1, X_2, \cdots, X_n$ 是 X 的一个样本，$x_1, x_2, \cdots, x_n$ 是相应的一个样本值。假设总体 X 的前 k 阶矩：

$$\mu_l = \int_{-\infty}^{\infty} x^l f_X(x;\theta_1, \theta_2, \cdots, \theta_k)\mathrm{d}x, \quad l = 1, 2, \cdots, k$$

存在，且是 $\theta_1, \theta_2, \cdots, \theta_k$ 的函数，则样本矩

$$A_l = \frac{1}{n}\sum_{i=1}^{n}X_i^l$$

依概率收敛于相应的总体矩 μ_l，$l = 1, 2, \cdots, k$。将 A_l 替代 μ_l，得到 k 组方程，求解得到

$$\hat{\theta}_i = \theta_i(A_1, A_2, \cdots, A_k)$$

分别作为 θ_i 的估计量。这种估计量称为矩估计量，其观察值称为矩估计值。

2）估算的评判标准

估算的评判标准分为无偏性、有效性和相互性三部分。

估算的无偏性是指估算无系统误差，其定义为：若估计量 $\hat{\theta}=\theta(X_1, X_2, \cdots, X_n)$ 的数学期望 $E(\hat{\theta})$ 存在，且对任意 $\theta \in \Theta$，其中 Θ 为 θ 的取值范围，有

$$E(\hat{\theta})=\theta \tag{2.7.69}$$

则称 $\hat{\theta}$ 为 θ 的无偏估计量。

估算的有效性是指估算离真值的接近程度，其定义为：设 $\hat{\theta}_1=\hat{\theta}_1(X_1, X_2, \cdots, X_n)$ 与 $\hat{\theta}_2=\hat{\theta}_2(X_1, X_2, \cdots, X_n)$ 都是 θ 的无偏估计量，若对任意 $\theta \in \Theta$，有

$$D(\hat{\theta}_1) \leqslant D(\hat{\theta}_2) \tag{2.7.70}$$

且至少对于某一个 $\theta \in \Theta$ 上式中的不等号成立，则称 $\hat{\theta}_1$ 较 $\hat{\theta}_2$ 有效。

估算的相合性是指估算值依概率收敛于真值的特性，其定义为：设 $\hat{\theta}=\hat{\theta}(X_1, X_2, \cdots, X_n)$ 为参数 θ 的估计量，若对任意 $\theta \in \Theta$，当 $n \to \infty$ 时，$\hat{\theta}=\hat{\theta}(X_1, X_2, \cdots, X_n)$ 依概率收敛于 θ，则称 $\hat{\theta}$ 为 θ 的相合估计量。若估计量不具有相合性，那么不论样本容量 n 取多大，估计都不会足够准确。

3）区间估计

在火炮射击密集度的估算中，我们得到了均值 $\bar{X}$ 和方差 S^2，但不知道 $\bar{X}$、S^2 分别与真值 μ、σ^2 的误差，需要知道这些估计值 $\bar{X}$、S^2 的精确程度。类似地，对于未知参数 θ，除了求出它的点估计 $\hat{\theta}$，我们还希望估计出一个范围，并希望知道这个范围包含参数 θ 真值的可信程度。这个范围通常以区间形式给出，同时给出此区间包含参数 θ 真值的可信程度。这种形式的估计称为区间估计。

设总体 X 的分布函数 $F_X(x;\theta)$ 含有一个未知参数 θ，$\theta \in \Theta$，对于给定值 α $(0<\alpha<1)$，若来自 X 样本 $X_1, X_2, \cdots, X_n$ 确定的两个统计量 $\theta^-=\theta^-(X_1, X_2, \cdots, X_n)$ 和 $\theta^+=\theta^+(X_1, X_2, \cdots, X_n)$ $(\theta^-<\theta^+)$，对于任意 $\theta \in \Theta$，满足

$$P\{\theta^-(X_1, X_2, \cdots, X_n)<\theta<\theta^+(X_1, X_2, \cdots, X_n)\} \geqslant 1-\alpha \tag{2.7.71}$$

则称随机区间 (θ^-, θ^+) 是 θ 的置信水平为 $1-\alpha$ 的置信区间，θ^- 和 θ^+ 分别称为置信水平为 $1-\alpha$ 的双侧置信区间的置信下限和置信上限，$1-\alpha$ 称为置信水平。

2.8 概率密度演化理论

物理学中守恒定律普遍存在，例如力学中三大守恒定律：质量守恒定律、能量守恒定律以及动量守恒定律。类似地，概率守恒原理认为：对于一个随机系统，在其系统状态的演化过程中，既没有随机因素消失，也没有新的随机因素加入，则该系统被称为保守的随机系统，而保守随机系统的状态演化过程中遵循概率守恒原理。

2.8.1 概率守恒原理的随机事件描述

考虑一个 n 维的随机动力学系统：

$$\dot{\boldsymbol{Y}} = \boldsymbol{A}(\boldsymbol{Y}, t), \quad \boldsymbol{Y}(t_G) = \boldsymbol{Y}_G \tag{2.8.1}$$

这里，$\boldsymbol{Y} = \{Y_1, Y_2, \cdots, Y_n\}^{\mathrm{T}}$ 为 n 维状态向量；$\boldsymbol{Y}_G = \boldsymbol{Y}(t_G)$ 为在 $t = t_G$ 的初始向量；$\boldsymbol{A}(\boldsymbol{Y}, t)$ 为确定性算子。不难发现，当 $\boldsymbol{Y}_G$ 为随机向量时，$\boldsymbol{Y}(t)$ 为随机过程向量。可以将状态方程(2.8.1)看成一个从 $\boldsymbol{Y}_G$ 到 $\boldsymbol{Y}(t)$ 的映射：

$$\boldsymbol{Y}(t) = g(\boldsymbol{Y}_G, t), \quad \boldsymbol{Y}(t_G) = \boldsymbol{Y}_G \tag{2.8.2}$$

若 $\boldsymbol{Y}_G$ 是随机向量，用 Ω_{t_G} 表示 $\boldsymbol{Y}_G$ 分布空间中的任意区域，则 $\{\boldsymbol{Y}_G \in \Omega_{t_G}\}$ 成为一个随机事件。根据状态方程(2.8.1)，$\boldsymbol{Y}_G$ 在任意时刻 t 演化成 $\boldsymbol{Y}(t)$，相应地，区域 Ω_{t_G} 在时刻 t 则演化成 Ω_t，如图 2.8.1 所示。

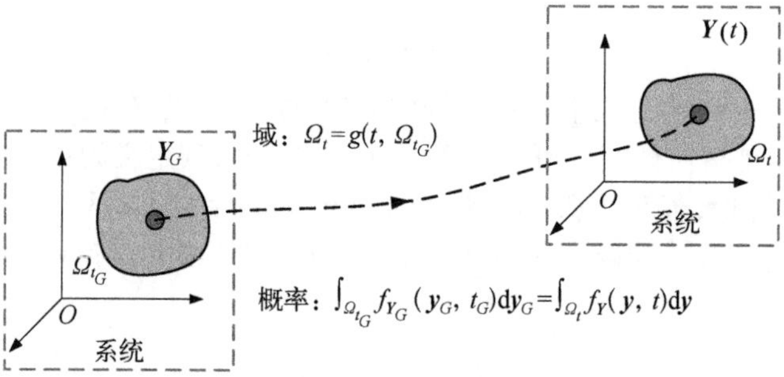

图 2.8.1　动力系统、映射与概率演化

由于系统在演化过程中没有新的随机源加入，因而随机事件的概率保持不变。换言之，$\{\boldsymbol{Y}_G \in \Omega_{t_G}\}$ 与 $\{\boldsymbol{Y}(t) \in \Omega_t\}$ 在概率上是同一个随机事件，即

$$\Pr\{\boldsymbol{Y}_G \in \Omega_{t_G}\} = \Pr\{\boldsymbol{Y}(t) \in \Omega_t\} \tag{2.8.3}$$

其中，$\Pr\{\cdot\}$ 表示事件 $\{\cdot\}$ 的概率。式(2.8.3)还可以表示成

$$\int_{\Omega_{t_G}} f_{\boldsymbol{Y}_G}(\boldsymbol{y}_G)\,\mathrm{d}\boldsymbol{y}_G = \int_{\Omega_t} f_{\boldsymbol{Y}}(\boldsymbol{y}, t)\,\mathrm{d}\boldsymbol{y} \tag{2.8.4}$$

其中，$f_{\boldsymbol{Y}_G}(\boldsymbol{y}_G)$ 为 $\boldsymbol{Y}_G$ 的概率密度函数，$\boldsymbol{y}_G = \{y_1^G, y_2^G, \cdots, y_n^G\}^{\mathrm{T}}$ 为 $\boldsymbol{Y}_G$ 的一个取值；$f_{\boldsymbol{Y}}(\boldsymbol{y}, t)$ 为 $\boldsymbol{Y}(t)$ 的概率密度函数，$\boldsymbol{y} = \{y_1, y_2, \cdots, y_n\}^{\mathrm{T}}$ 为 $\boldsymbol{Y}(t)$ 的一个取值。显然，上式在 $t + \Delta t$ 时刻依然成立，从而有

$$\frac{\mathrm{D}}{\mathrm{D}t}\int_{\Omega_t} f_{\boldsymbol{Y}}(\boldsymbol{y}, t)\,\mathrm{d}\boldsymbol{y} = 0 \tag{2.8.5}$$

这里，$\mathrm{D}(\cdot)/\mathrm{D}t$ 表示全导数或物质导数。不难看出，式(2.8.5)中被积函数与积分区域都是随时间变化的，其根本原因是保守随机系统式(2.8.1)中物理状态的变迁导致了其概率的迁移，因而引发概率密度的演化。故式(2.8.5)可以进一步写成如下形式：

$$\frac{\mathrm{D}}{\mathrm{D}t}\int_{\Omega_t} f_{\boldsymbol{Y}}(\boldsymbol{y}, t)\,\mathrm{d}\boldsymbol{y} = \lim_{\Delta t \to 0}\frac{1}{\Delta t}\left[\int_{\Omega_{t+\Delta t}} f_{\boldsymbol{Y}}(\boldsymbol{y}, t+\Delta t)\,\mathrm{d}\boldsymbol{y} - \int_{\Omega_t} f_{\boldsymbol{Y}}(\boldsymbol{y}, t)\,\mathrm{d}\boldsymbol{y}\right] \tag{2.8.6}$$

或

$$\frac{\mathrm{D}}{\mathrm{D}t}\int_{\Omega_t} f_{\boldsymbol{Y}}(\boldsymbol{y}, t)\,\mathrm{d}\boldsymbol{y} = \lim_{t' \to t}\frac{1}{t' - t}\left[\int_{\Omega_t'} f_{\boldsymbol{Y}}(\boldsymbol{y}, t')\,\mathrm{d}\boldsymbol{y} - \int_{\Omega_t} f_{\boldsymbol{Y}}(\boldsymbol{y}, t)\,\mathrm{d}\boldsymbol{y}\right] \tag{2.8.7}$$

上式是从同一随机事件所携带的概率不变这一角度推出的,故也称之为概率守恒原理的随机事件描述。

2.8.2 概率守恒原理的状态空间描述

仍然考察随机动力系统(2.8.1),令状态空间 $\boldsymbol{Y}$ 中任意一点 $\boldsymbol{y}=\{y_1, y_2, \cdots, y_n\}^{\mathrm{T}}$ 的速度为 $\boldsymbol{v}=\boldsymbol{A}(\boldsymbol{y}, t)$,如图 2.8.2 所示。

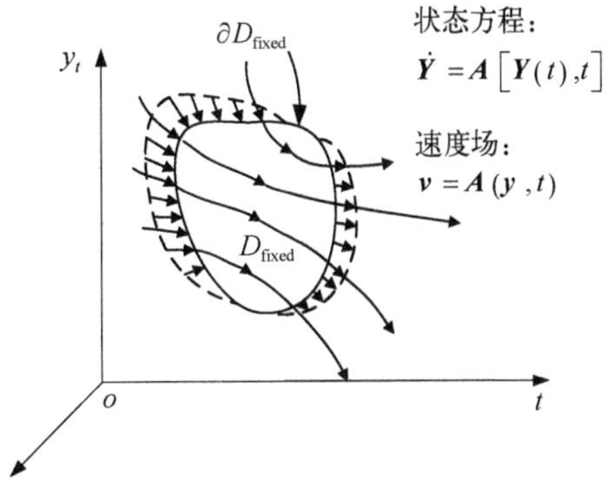

图 2.8.2 动力系统与概率守恒原理的状态空间描述

图 2.8.2 中,D_{fixed} 为该速度场中的任意区域,$\partial D_{\text{fixed}}$ 为其边界,则在任意时间区间 $[t_1, t_2]$ 内,区域 D_{fixed} 的概率增量必等于穿越边界 $\partial D_{\text{fixed}}$ 进入该区域的概率:

$$\Delta_{[t_1, t_2]}P_{D_{\text{fixed}}}=\Delta_{[t_1, t_2]}P_{\partial D_{\text{fixed}}} \quad (2.8.8)$$

其中,$[t_1, t_2]$ 内区域 D_{fixed} 的概率增量为

$$\Delta_{[t_1, t_2]}P_{D_{\text{fixed}}}=\int_{D_{\text{fixed}}}f_{\boldsymbol{Y}}(\boldsymbol{y}, t_2)\mathrm{d}\boldsymbol{y}-\int_{D_{\text{fixed}}}f_{\boldsymbol{Y}}(\boldsymbol{y}, t_1)\mathrm{d}\boldsymbol{y}=\int_{t_1}^{t_2}\int_{D_{\text{fixed}}}\frac{\partial f_{\boldsymbol{Y}}(\boldsymbol{y}, t)}{\partial t}\mathrm{d}\boldsymbol{y}\mathrm{d}t \quad (2.8.9)$$

另外,由图 2.8.2 可知,边界微元为 $\mathrm{d}\boldsymbol{A}=\boldsymbol{n}\mathrm{d}A$,$\boldsymbol{n}$ 为边界 $\partial D_{\text{fixed}}$ 的外向法向量,在时间 $\mathrm{d}t$ 内穿越 $\mathrm{d}\boldsymbol{A}$ 的概率为 $f_{\boldsymbol{Y}}(\boldsymbol{y}, t)(\boldsymbol{v}\mathrm{d}t)\cdot\boldsymbol{n}\mathrm{d}A$,$[t_1, t_2]$ 内通过边界 $\partial D_{\text{fixed}}$ 进入该区域的概率为

$$\Delta_{[t_1, t_2]}P_{\partial D_{\text{fixed}}}=-\int_{t_1}^{t_2}\int_{\partial D_{\text{fixed}}}f_{\boldsymbol{Y}}(\boldsymbol{y}, t)(\boldsymbol{v}\mathrm{d}t)\cdot\boldsymbol{n}\mathrm{d}A \quad (2.8.10)$$

故

$$\int_{t_1}^{t_2}\int_{D_{\text{fixed}}}\frac{\partial f_{\boldsymbol{Y}}(\boldsymbol{y}, t)}{\partial t}\mathrm{d}\boldsymbol{y}\mathrm{d}t=-\int_{t_1}^{t_2}\int_{\partial D_{\text{fixed}}}f_{\boldsymbol{Y}}(\boldsymbol{y}, t)(\boldsymbol{v}\mathrm{d}t)\cdot\boldsymbol{n}\mathrm{d}A \quad (2.8.11)$$

上式即概率守恒原理在状态空间中的描述。

2.8.3 广义概率密度演化方程

考虑过程中参数的不确定性,一个用随机变量表示的二阶非线性系统随机动力学方程的一般形式如下:

$$\boldsymbol{M}_B(\boldsymbol{X}_P)\ddot{\boldsymbol{X}}=\boldsymbol{F}_B(\boldsymbol{X}, \dot{\boldsymbol{X}}, \boldsymbol{X}_F, t) \quad (2.8.12)$$

其中,$\boldsymbol{X}_P$ 表示系统过程中的随机系统参数变量;$\boldsymbol{X}_F$ 表示系统过程中的随机载荷参数变量;$\boldsymbol{M}_B$ 为 $n\times n$ 的随机广义质量矩阵矩阵;$\boldsymbol{F}_B(\boldsymbol{X}, \dot{\boldsymbol{X}}, \boldsymbol{X}_F, t)$ 为 6 维随机载荷向量;$\dot{\boldsymbol{X}}$、$\ddot{\boldsymbol{X}}$ 分别表示系统状态参数广义速度和广义加速度的 n 维随机变量。

假定方程(2.8.12)的随机初始条件为

$$[\boldsymbol{X}, \dot{\boldsymbol{X}}]_{t=t_G}=[\boldsymbol{X}_G, \dot{\boldsymbol{X}}_G] \quad (2.8.13)$$

令 $\boldsymbol{Y}=[\boldsymbol{X}_P, \boldsymbol{X}_F]$,用 $\boldsymbol{y}$ 表示 $\boldsymbol{Y}$ 的一个取值,记 $\boldsymbol{Y}$ 的联合概率密度为 $f_{\boldsymbol{Y}}(\boldsymbol{y})$,则系统随机动力学的系统响应可表示成如下形式:

$$\boldsymbol{X}(t)=\boldsymbol{H}(\boldsymbol{X}_G,\dot{\boldsymbol{X}}_G,\boldsymbol{Y},t)$$
$$=[H_1(\boldsymbol{X}_G,\dot{\boldsymbol{X}}_G,\boldsymbol{Y},t),H_2(\boldsymbol{X}_G,\dot{\boldsymbol{X}}_G,\boldsymbol{Y},t),\cdots,H_n(\boldsymbol{X}_G,\dot{\boldsymbol{X}}_G,\boldsymbol{Y},t)]^{\mathrm{T}} \tag{2.8.14}$$

$$\dot{\boldsymbol{X}}(t)=\frac{\partial}{\partial t}H(\boldsymbol{X}_G,\dot{\boldsymbol{X}}_G,\boldsymbol{Y},t)=\dot{\boldsymbol{H}}(\boldsymbol{X}_G,\dot{\boldsymbol{X}}_G,\boldsymbol{Y},t)$$
$$=[\dot{H}_1(\boldsymbol{X}_G,\dot{\boldsymbol{X}}_G,\boldsymbol{Y},t),\dot{H}_2(\boldsymbol{X}_G,\dot{\boldsymbol{X}}_G,\boldsymbol{Y},t),\cdots,\dot{H}_n(\boldsymbol{X}_G,\dot{\boldsymbol{X}}_G,\boldsymbol{Y},t)]^{\mathrm{T}} \tag{2.8.15}$$

式中，$H_l(\boldsymbol{X}_G,\dot{\boldsymbol{X}}_G,\boldsymbol{Y},t)=X_l(\boldsymbol{X}_G,\dot{\boldsymbol{X}}_G,\boldsymbol{Y},t)=X_l(l=1,2,\cdots,n)$ 为系统状态参数 $\boldsymbol{X}(t)$ 中的第 l 个分量；$\dot{H}_l(\boldsymbol{X}_G,\dot{\boldsymbol{X}}_G,\boldsymbol{Y},t)=\dot{X}_l(\boldsymbol{X}_G,\dot{\boldsymbol{X}}_G,\boldsymbol{Y},t)$ 为系统状态参数导数 $\dot{\boldsymbol{X}}(t)$ 的第 l 分量，记 $\boldsymbol{h}(\boldsymbol{X}_G,\dot{\boldsymbol{X}}_G,\boldsymbol{Y},t)$ 为 $\dot{\boldsymbol{H}}(\boldsymbol{X}_G,\dot{\boldsymbol{X}}_G,\boldsymbol{Y},t)$ 的一个任意取值。

定义随机事件 $\{(\boldsymbol{X}(t),\boldsymbol{Y})\in\boldsymbol{\Omega}_t\times\boldsymbol{\Omega}_{\boldsymbol{Y}}\}$，其物理意义是，在 t 时刻，由随机初始条件 $\boldsymbol{X}_G$、$\dot{\boldsymbol{X}}_G$ 引起的系统随机动力学响应 $\boldsymbol{X}(t)$ 落在区域 $\boldsymbol{\Omega}_t$ 内，同时系统所涉及的随机参数变量 $\boldsymbol{Y}$ 落在区域 $\boldsymbol{\Omega}_{\boldsymbol{Y}}$ 内，$\boldsymbol{Y}$ 称为基本随机变量。注意此处没有将 $\boldsymbol{X}_G$ 单独表示在随机事件中，其原因是 $\boldsymbol{X}(t_G)=\boldsymbol{X}_G$、$\dot{\boldsymbol{X}}(t_G)=\dot{\boldsymbol{X}}_G$，即将 $\boldsymbol{X}_G$、$\dot{\boldsymbol{X}}_G$ 分别纳入了 $\boldsymbol{X}(t)$、$\dot{\boldsymbol{X}}(t)$。由于随机参数变量 $\boldsymbol{Y}$ 的分布及取值不随时间发生变化，故该随机事件在微小时间增量 $\mathrm{d}t$ 之后演化成事件 $\{(\boldsymbol{X}(t+\mathrm{d}t),\boldsymbol{Y})\in\boldsymbol{\Omega}_{t+\mathrm{d}t}\times\boldsymbol{\Omega}_{\boldsymbol{Y}}\}$。与此同时，增广系统 $[\boldsymbol{X}(t),\boldsymbol{Y}]$ 可以构成一个保守的随机系统，即系统所涉及的所有随机因素都包含在其中，记其联合概率密度函数为 $f_{X,Y}(\boldsymbol{X},\boldsymbol{Y},t)$。

根据概率守恒原理的随机事件描述，可知：

$$\Pr\{(\boldsymbol{X}(t),\boldsymbol{Y})\in\boldsymbol{\Omega}_t\times\boldsymbol{\Omega}_{\boldsymbol{Y}}\}=\Pr\{(\boldsymbol{X}(t+\mathrm{d}t),\boldsymbol{Y})\in\boldsymbol{\Omega}_{t+\mathrm{d}t}\times\boldsymbol{\Omega}_{\boldsymbol{Y}}\} \tag{2.8.16}$$

记 $\boldsymbol{x}$、$\boldsymbol{y}$ 分别为随机变量 $\boldsymbol{X}$、$\boldsymbol{Y}$ 的一个取值，则上式也可写成

$$\int_{\Omega_t\times\Omega_Y}f_{X,Y}(\boldsymbol{x},\boldsymbol{y},t)\mathrm{d}\boldsymbol{x}\mathrm{d}\boldsymbol{y}=\int_{\Omega_{t+\mathrm{d}t}\times\Omega_Y}f_{X,Y}(\boldsymbol{x},\boldsymbol{y},t+\mathrm{d}t)\mathrm{d}\boldsymbol{x}\mathrm{d}\boldsymbol{y} \tag{2.8.17}$$

根据概率守恒原理的状态空间描述，$\boldsymbol{\Omega}_{t+\mathrm{d}t}$ 又可以看成是 $\boldsymbol{\Omega}_t$ 及其边界运动叠加的结果，即

$$\boldsymbol{\Omega}_{t+\mathrm{d}t}=\boldsymbol{\Omega}_t+\int_{\partial\Omega_t}(\dot{\boldsymbol{x}}\mathrm{d}t)\cdot\boldsymbol{n}\mathrm{d}A=\boldsymbol{\Omega}_t+\int_{\partial\Omega_t}[\boldsymbol{h}(\boldsymbol{y},t)\mathrm{d}t]\cdot\boldsymbol{n}\mathrm{d}A \tag{2.8.18}$$

式(2.8.18)、式(2.8.17)表明，边界运动及其引起的概率密度演化是系统物理状态演化的结果。

将式(2.8.18)代入式(2.8.17)等式的右侧，可得

$$\int_{\Omega_{t+\mathrm{d}t}\times\Omega_Y}f_{X,Y}(\boldsymbol{x},\boldsymbol{y},t+\mathrm{d}t)\mathrm{d}\boldsymbol{x}\mathrm{d}\boldsymbol{y}=\int_{\Omega_t\times\Omega_Y}f_{X,Y}(\boldsymbol{x},\boldsymbol{y},t+\mathrm{d}t)\mathrm{d}\boldsymbol{x}\mathrm{d}\boldsymbol{y}$$
$$+\int_{\partial\Omega_t\times\Omega_Y}f_{X,Y}(\boldsymbol{x},\boldsymbol{y},t+\mathrm{d}t)[\boldsymbol{h}(\boldsymbol{y},t)\mathrm{d}t]\cdot\boldsymbol{n}\mathrm{d}A\mathrm{d}\boldsymbol{y}$$

将表达式 $f_{X,Y}(\boldsymbol{x},\boldsymbol{y},t+\mathrm{d}t)$ 在时刻 t 线性展开，有

$$f_{X,Y}(\boldsymbol{x},\boldsymbol{y},t+\mathrm{d}t)=f_{X,Y}(\boldsymbol{x},\boldsymbol{y},t)+\frac{\partial f_{X,Y}(\boldsymbol{x},\boldsymbol{y},t)}{\partial t}\mathrm{d}t \tag{2.8.19}$$

将式(2.8.19)代入其前式，有

$$\int_{\Omega_{t+\mathrm{d}t}\times\Omega_Y} f_{X,Y}(\boldsymbol{x},\boldsymbol{y},t+\mathrm{d}t)\mathrm{d}\boldsymbol{x}\mathrm{d}\boldsymbol{y}=\int_{\Omega_t\times\Omega_Y}\left(f_{X,Y}(\boldsymbol{x},\boldsymbol{y},t)+\frac{\partial f_{X,Y}(\boldsymbol{x},\boldsymbol{y},t)}{\partial t}\mathrm{d}t\right)\mathrm{d}\boldsymbol{x}\mathrm{d}\boldsymbol{y}$$
$$+\int_{\partial\Omega_t\times\Omega_Y}\left(f_{X,Y}(\boldsymbol{x},\boldsymbol{y},t)+\frac{\partial f_{X,Y}(\boldsymbol{x},\boldsymbol{y},t)}{\partial t}\mathrm{d}t\right)[\boldsymbol{h}(\boldsymbol{y},t)\mathrm{d}t]\cdot\boldsymbol{n}\mathrm{d}A\mathrm{d}\boldsymbol{y} \tag{2.8.20}$$

将式(2.8.20)代入式(2.8.17),整理得

$$\int_{\Omega_t\times\Omega_Y}\frac{\partial f_{X,Y}(\boldsymbol{x},\boldsymbol{y},t)}{\partial t}\mathrm{d}t\mathrm{d}\boldsymbol{x}\mathrm{d}\boldsymbol{y}$$
$$=-\int_{\partial\Omega_t\times\Omega_Y}\left(f_{X,Y}(\boldsymbol{x},\boldsymbol{y},t)+\frac{\partial f_{X,Y}(\boldsymbol{x},\boldsymbol{y},t)}{\partial t}\mathrm{d}t\right)\boldsymbol{h}(\boldsymbol{y},t)\mathrm{d}t\cdot\boldsymbol{n}\mathrm{d}A\mathrm{d}\boldsymbol{y} \tag{2.8.21}$$

可以看出,式(2.8.21)左侧刚好为时间 $\mathrm{d}t$ 内指定区域的概率增量,右侧为通过边界流入的概率增量,与概率守恒原理的状态空间描述相符。

进一步对式(2.8.21)右端的边界积分应用高斯定理式(2.2.67),并略去 $\mathrm{d}t$ 高阶项,经整理得

$$\int_{\Omega_t\times\Omega_Y}\frac{\partial f_{X,Y}(\boldsymbol{x},\boldsymbol{y},t)}{\partial t}\mathrm{d}t\mathrm{d}\boldsymbol{x}\mathrm{d}\boldsymbol{y}=-\int_{\Omega_t\times\Omega_Y}\sum_{j=1}^{n}\frac{\partial[f_{X,Y}(\boldsymbol{x},\boldsymbol{y},t)h_j(\boldsymbol{y},t)]}{\partial x_j}\mathrm{d}t\mathrm{d}\boldsymbol{x}\mathrm{d}\boldsymbol{y} \tag{2.8.22}$$

上式对任意的 $\boldsymbol{\Omega}_t\times\boldsymbol{\Omega}_Y$ 都成立,故可以去除积分过程,得到

$$\frac{\partial f_{X,Y}(\boldsymbol{x},\boldsymbol{y},t)}{\partial t}=-\sum_{j=1}^{n}\frac{\partial[f_{X,Y}(\boldsymbol{x},\boldsymbol{y},t)h_j(\boldsymbol{y},t)]}{\partial x_j}=-\sum_{j=1}^{n}h_j(\boldsymbol{y},t)\frac{\partial f_{X,Y}(\boldsymbol{x},\boldsymbol{y},t)}{\partial x_j} \tag{2.8.23}$$

考虑式(2.8.15),上式也可以写成

$$\frac{\partial f_{X,Y}(\boldsymbol{x},\boldsymbol{y},t)}{\partial t}+\sum_{j=1}^{n}\dot{x}_j\frac{\partial f_{X,Y}(\boldsymbol{x},\boldsymbol{y},t)}{\partial x_j}=0 \tag{2.8.24}$$

上式的边界条件与初始条件为

$$f_{X,Y}(\boldsymbol{x},\boldsymbol{y},t)\big|_{x_j\to\pm\infty}=0,\quad j=1,2,\cdots,n \tag{2.8.25}$$

$$f_{X,Y}(\boldsymbol{x},\boldsymbol{y},t)\big|_{t=t_G}=\prod_{j=1}^{n}\delta(x_j-x_j^G)f_Y(\boldsymbol{y}) \tag{2.8.26}$$

式中,$f_Y(\boldsymbol{y})$ 为基本随机变量 $\boldsymbol{Y}$ 的概率密度函数,$x_l^G=x_l(t_G)$,$j=1,2,\cdots,n$。

求解式(2.8.24)可得到概率密度函数 $f_{X,Y}(\boldsymbol{x},\boldsymbol{y},t)$,再进一步对 $\boldsymbol{y}$ 求积分即可得到系统响应 $\boldsymbol{X}(t)$ 的概率密度函数:

$$f_X(\boldsymbol{x},t)=\int_{\Omega_Y}f_{X,Y}(\boldsymbol{x},\boldsymbol{y},t)\mathrm{d}\boldsymbol{y} \tag{2.8.27}$$

需要特别指出的是,当只关心 $\boldsymbol{X}$ 中某一个响应 X_l 时,对 $f_{X,Y}(\boldsymbol{x},\boldsymbol{y},t)$ 关于 $x_1,\cdots,$

x_{l-1}, x_{l+1}, …, x_n 进行多重积分,即可得到边缘概率密度函数:

$$f_{X_l,\,\boldsymbol{Y}}(x_l,\,\boldsymbol{y},\,t)=\int_{-\infty}^{x_1}\cdots\int_{-\infty}^{x_{l-1}}\int_{-\infty}^{x_{l+1}}\cdots\int_{-\infty}^{x_n}f_{\boldsymbol{X},\,\boldsymbol{Y}}(\boldsymbol{x},\,\boldsymbol{y},\,t)\,\mathrm{d}x_1\cdots\mathrm{d}x_{l-1}\mathrm{d}x_{l+1}\cdots\mathrm{d}x_n \tag{2.8.28}$$

同样地,对式(2.8.24)进行多重积分,等式左侧为

$$\begin{aligned}&\int_{-\infty}^{x_1}\cdots\int_{-\infty}^{x_{l-1}}\int_{-\infty}^{x_{l+1}}\cdots\int_{-\infty}^{x_n}\frac{\partial f_{\boldsymbol{X},\,\boldsymbol{Y}}(\boldsymbol{x},\,\boldsymbol{y},\,t)}{\partial t}\mathrm{d}x_1\cdots\mathrm{d}x_{l-1}\mathrm{d}x_{l+1}\cdots\mathrm{d}x_n\\&=\frac{\partial}{\partial t}\int_{-\infty}^{x_1}\cdots\int_{-\infty}^{x_{l-1}}\int_{-\infty}^{x_{l+1}}\cdots\int_{-\infty}^{x_n}f_{\boldsymbol{X},\,\boldsymbol{Y}}(\boldsymbol{x},\,\boldsymbol{y},\,t)\,\mathrm{d}x_1\cdots\mathrm{d}x_{l-1}\mathrm{d}x_{l+1}\cdots\mathrm{d}x_n\\&=\frac{\partial}{\partial t}f_{X_l,\,\boldsymbol{Y}}(x_l,\,\boldsymbol{y},\,t)\end{aligned} \tag{2.8.29}$$

等式右侧为

$$\begin{aligned}&-\int_{-\infty}^{x_1}\cdots\int_{-\infty}^{x_{l-1}}\int_{-\infty}^{x_{l+1}}\cdots\int_{-\infty}^{x_n}\sum_{j=1}^{n}\dot{x}_j\frac{\partial f_{\boldsymbol{X},\,\boldsymbol{Y}}(\boldsymbol{x},\,\boldsymbol{y},\,t)}{\partial x_j}\mathrm{d}x_1\cdots\mathrm{d}x_{l-1}\mathrm{d}x_{l+1}\cdots\mathrm{d}x_n\\&=-\sum_{j=1}^{n}\dot{x}_j\frac{\partial}{\partial x_j}\int_{-\infty}^{x_1}\cdots\int_{-\infty}^{x_{l-1}}\int_{-\infty}^{x_{l+1}}\cdots\int_{-\infty}^{x_n}f_{\boldsymbol{X},\,\boldsymbol{Y}}(\boldsymbol{x},\,\boldsymbol{y},\,t)\,\mathrm{d}x_1\cdots\mathrm{d}x_{l-1}\mathrm{d}x_{l+1}\cdots\mathrm{d}x_n\\&=-\sum_{j=1}^{n}\dot{x}_j\frac{\partial f_{X_l,\,\boldsymbol{Y}}(x_l,\,\boldsymbol{y},\,t)}{\partial x_j}=-\dot{x}_l\frac{\partial f_{X_l,\,\boldsymbol{Y}}(x_l,\,\boldsymbol{y},\,t)}{\partial x_l}\end{aligned} \tag{2.8.30}$$

最终有

$$\frac{\partial f_{X_l,\,\boldsymbol{Y}}(x_l,\,\boldsymbol{y},\,t)}{\partial t}=-\dot{x}_l\frac{\partial f_{X_l,\,\boldsymbol{Y}}(x_l,\,\boldsymbol{y},\,t)}{\partial x_l} \tag{2.8.31}$$

由上式可见,系统中某一状态参数变量 X_l 与系统过程随机参数变量 $\boldsymbol{y}$ 的联合概率密度函数 $f_{X_l,\,\boldsymbol{Y}}(x_l,\,\boldsymbol{y},\,t)$ 关于时间的变化率 $\partial f_{X_l,\,\boldsymbol{Y}}(x_l,\,\boldsymbol{y},\,t)/\partial t$ 与关于空间的变化率 $\partial f_{X_l,\,\boldsymbol{Y}}(x_l,\,\boldsymbol{y},\,t)/\partial x_l$ 成比例,其比例系数由该参数对应的瞬时速度 $\dot{x}_l$ 决定。

同理,求解式(2.8.31)即可得到 $f_{X_l,\,\boldsymbol{Y}}(x_l,\,\boldsymbol{y},\,t)$,对 y 求积分即可得到系统随机参数 X_l 的概率密度函数:

$$f_{X_l}(x_l,\,t)=\int_{\Omega_{\boldsymbol{Y}}}f_{X_l,\,\boldsymbol{Y}}(x_l,\,\boldsymbol{y},\,t)\,\mathrm{d}\boldsymbol{y} \tag{2.8.32}$$

上式也可利用式(2.7.14)对由式(2.8.27)求解得到的 $f_{\boldsymbol{X}}(\boldsymbol{x},\,t)$ 关于 x_1, …, x_{k-1}, x_{k+1}, …, x_{l-1}, x_{l+1}, …, x_n 进行多重积分直接得到:

$$f_{X_l}(x_l,\,t)=\int_{-\infty}^{x_1}\cdots\int_{-\infty}^{x_{l-1}}\int_{-\infty}^{x_{l+1}}\cdots\int_{-\infty}^{x_n}f_{\boldsymbol{X}}(\boldsymbol{x},\,t)\,\mathrm{d}x_1\cdots\mathrm{d}x_{l-1}\mathrm{d}x_{l+1}\cdots\mathrm{d}x_n \tag{2.8.33}$$

由此可得随机参数 X_l 的期望值(均值):

$$E(X_l)=\int_{-\infty}^{+\infty}x_l f_{X_l}(x_l,\,t)\,\mathrm{d}x_l \tag{2.8.34}$$

方差为

$$D(X_l)=\int_{-\infty}^{+\infty}[x_l-E(X_l)]^2 f_{X_l}(x_l,\ t)\mathrm{d}x_l \tag{2.8.35}$$

当只关心 $\boldsymbol{X}$ 中任意两个响应 X_k、X_l 时,利用式(2.7.14)对由式(2.8.27)求解得到的 $f_{\boldsymbol{X}}(\boldsymbol{x},\ t)$ 关于 $x_1,\ \cdots,\ x_{k-1},\ x_{k+1},\ \cdots,\ x_{l-1},\ x_{l+1},\ \cdots,\ x_n$ 进行多重积分,即可得到边缘概率密度函数为

$$f_{X_k,\ X_l}(x_k,\ x_l,\ t)=\int_{-\infty}^{x_1}\cdots\int_{-\infty}^{x_{k-1}}\int_{-\infty}^{x_{k+1}}\cdots\int_{-\infty}^{x_{l-1}}\int_{-\infty}^{x_{l+1}}\cdots\int_{-\infty}^{x_n} f_{\boldsymbol{X}}(\boldsymbol{x},\ t)\mathrm{d}x_1\cdots\mathrm{d}x_{k-1}\mathrm{d}x_{k+1}\cdots\mathrm{d}x_{l-1}\mathrm{d}x_{l+1}\cdots\mathrm{d}x_n \tag{2.8.36}$$

由此可得随机参数 X_k、X_l 的协方差为

$$\mathrm{Cov}(X_k,\ X_l)=\int_{-\infty}^{\infty}[x_k-E(X_k)][x_l-E(X_l)]f_{X_k,\ X_l}(x_k,\ x_l,\ t)\mathrm{d}x_k\mathrm{d}x_l \tag{2.8.37}$$

式中,$E(X_k)$、$E(X_l)$ 分别由单变量的期望值计算公式(2.8.33)得到;特别是,当 $k,\ l=1,\ 2,\ \cdots,\ n$ 变化时,由上式即可得到随机变量 $\boldsymbol{X}$ 的协方差矩阵。

第3章　射击精度的基本概念

火炮射击过程中出现的现象是多种多样的。有一类现象在一定条件下必然发生，例如发射过程中炮身内必然产生火药气体，火药气体必然有温度和压力，等等，这类必然出现的现象称为确定性现象。在火炮发射过程中还存在着另一类现象，例如火药气体压力、温度的大小以及弹丸的落点坐标等，在射击之前是无法预测得到确定的值，这类现象在一定条件下，可能出现这样的结果，也可能出现那样的结果，而在射击试验之前不能预测得到一个确切的结果，但在经过反复射击并加以深入研究之后，发现在大量重复试验下，其结果呈现出某种规律性分布。这种在大量重复试验中所呈现出的固有规律性，称为统计规律性。这种在个别试验中其结果呈现出不确定性，在大量重复试验中其结果又具有统计规律性的现象，我们称之为随机现象。火炮射击精度属于随机现象，随机现象需要用概率论和数理统计的方法来加以研究。

火炮射击精度定义为一组弹丸炸点坐标相对于目标点坐标的统计量。本书重点讨论火炮发射无动力飞行弹丸的射击精度问题。

3.1　火炮射击过程及射击方式

研究火炮射击精度，除了要掌握火炮的结构及工作原理外，还要了解火炮的射击过程和射击方式。

3.1.1　火炮射击过程

火炮射击过程一般要经历以下6个阶段。

(1) 目标探测阶段。该阶段首先探测敌目标位置信息，确定要打击摧毁的敌目标区域位置信息和/或点目标坐标位置信息，测量我火炮阵地的位置信息。

(2) 气象探测阶段。利用气象雷达等手段，测量射击区域内大气的风速、风向、温度、湿度、气压等气象信息随空间位置和时间的变化规律，以便火控弹道计算机在确定打击诸元时对气象条件进行修正。

(3) 射击诸元确定阶段。根据要打击的敌目标位置坐标和我炮兵阵地位置信息以及气象信息，利用火控弹道计算机进行诸元解算，确定装药号、方向射角和高低射角。

(4) 发射弹丸阶段。这一阶段主要包括弹药输送入膛阶段(含装定引信)，身管指向随动到位，击发点火，弹丸挤进阶段，弹丸膛内运动阶段，弹丸半约束期运动阶段，弹丸后效期运动阶段，由此得到后效期结束时弹丸的飞行速度。

（5）外弹道飞行阶段。无动力飞行弹丸在初始飞行条件作用下惯性飞行至目标点附近。

（6）毁伤评估阶段。当发射一组射弹至敌目标区后，需要对打击效果进行评估，以便确定下一步的打击策略。目前评估的方法有无人机接近地区录像、拍照，并将信息通过有线或无线电信息传送至指挥车；还可通过前沿侦察来获取对目标的毁伤情况。

本书假定上述（1）、（2）、（3）中与射击精度有关的因素作为已知条件，输入到（4）、（5），并对（4）、（5）进行详细的讨论，不对（6）进行讨论。

3.1.2 弹丸运动时间段划分

为了便于表达弹丸在各个阶段的运动特性，将弹丸运动从输弹开始经卡膛、挤进、膛内运动、半约束期、飞离炮口制退器、获得最大速度、到达落点整个运动过程进行划分，见图 3.1.1。其中：

（1）输弹开始的时间为系统运动的开始时间，记为 $t = t_0 = 0$；

（2）不考虑卡膛过程，卡膛开始时间即为卡膛结束时间，记为 $t = t_K$；

（3）击发点火开始时间亦为挤进开始时间，记为 $t = t_D$；

（4）挤进结束时间亦为弹丸膛内运动开始时间，记为 $t = t_J$；

（5）弹丸膛内运动半约束期开始时间，记为 $t = t_B$；

（6）半约束期结束时间也即弹丸飞离炮口的时间，亦为弹丸膛内运动结束时间，记为 $t = t_G$；

（7）弹丸飞离炮口制退器的时间亦为后效期开始时间，记为 $t = t_Q$；

（8）后效期结束的时间，也即弹丸获得最大飞行速度的时间，记为 $t = t_M$；

（9）弹丸到达炸点，也即飞行结束的时间，记为 $t = t_C$。

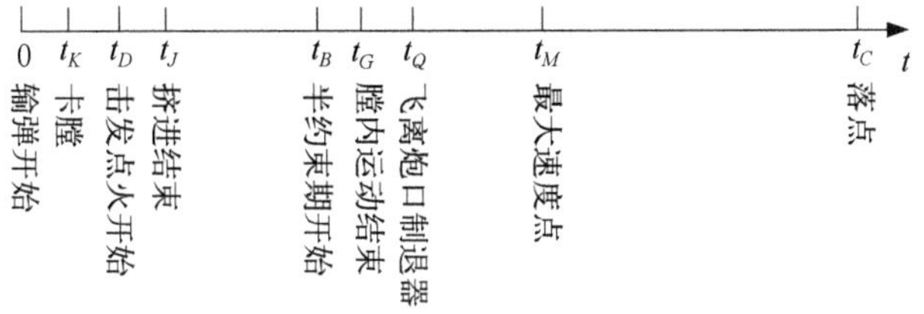

图 3.1.1 弹丸运动各阶段划分示意图

3.1.3 射击过程参数确定

3.1.3.1 随机参数及分类

火炮对目标的射击方式有两种，一种是单门火炮发射一组弹丸对某一目标进行射击，另一种是多门火炮发射一组弹丸对同一目标进行射击，这里多门火炮通常是指一个连（6 门或 9 门）或一个营（18 门）的火炮数目。两种射击方式的不同点在于参与射击火炮数量的变化导致火炮系统中参数类型的变化。若是同一门火炮射击，则除由于发射引起身管内表面几何尺寸（药室容积、坡膛尺寸、阴线和阳线尺寸）、物理特性（表面硬度、表面光洁度、材料组分等）和与地面接触的边界条件参数变化外，其余几何和物理参数，如火炮质量、身管长度、质心位置、材料弹性模量和泊松系数等是常量；但若是多门火炮，由于制造工艺的局限性，这些参数是不相同的，从而形成参数散布。对一门火炮而言，火炮参数分为确定性参数和随机参数两种；对多门火炮而言，火炮参数均为随机参数。由于确定性参数可以看成随机参数的特例，因此在以下的讨论中，除特殊说明外，所有的火炮参数均假定为随机参数。

火炮发射的一组弹丸参数和一组装药参数均为随机参数，火炮每发射一发弹丸后的操瞄参数也认定为随机参数。

3.1.3.2　射击过程相关状态参数模型

第 3.1.1 节给出了火炮射击过程中各个阶段的任务。本节给出完成各个阶段任务所需要的状态参数模型，如图 3.1.2 所示。

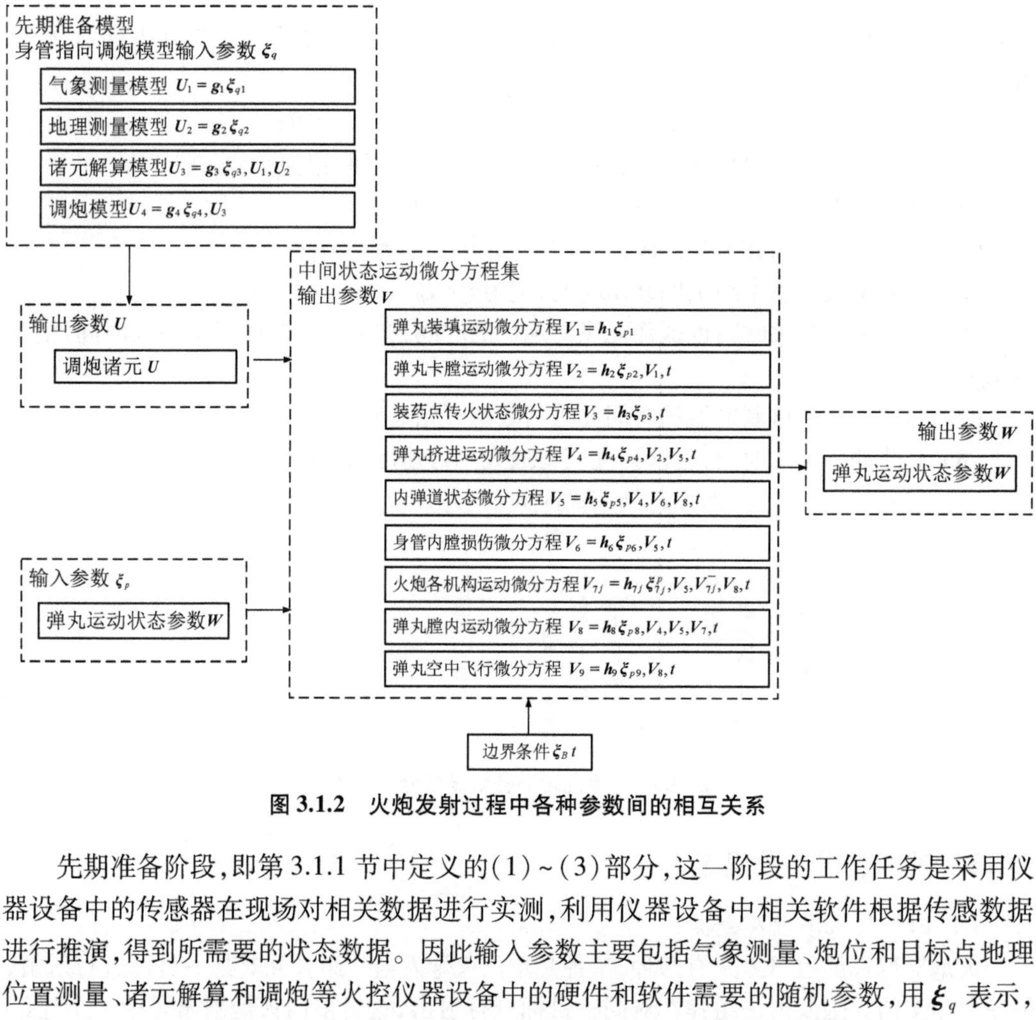

图 3.1.2　火炮发射过程中各种参数间的相互关系

先期准备阶段，即第 3.1.1 节中定义的(1)～(3)部分，这一阶段的工作任务是采用仪器设备中的传感器在现场对相关数据进行实测，利用仪器设备中相关软件根据传感数据进行推演，得到所需要的状态数据。因此输入参数主要包括气象测量、炮位和目标点地理位置测量、诸元解算和调炮等火控仪器设备中的硬件和软件需要的随机参数，用 $\boldsymbol{\xi}_q$ 表示，与时间无关；仪器设备根据测量结果通过软件分享得到的数据为输出随机参数，用 $\boldsymbol{U}$ 开头的符号表示，与时间无关。这一阶段的测量模型分别为：

（1）气象测量模型，$\boldsymbol{U}_1 = \boldsymbol{g}_1(\boldsymbol{\xi}_{q1})$，$\boldsymbol{\xi}_{q1}$ 为输入温度计、压力计、风速仪、高度计等的测量精度参数，$\boldsymbol{U}_1$ 为包括风速、风向、气温、湿度、气压等随高度和射程方向变化的输出随机参数。

（2）地理测量模型，$\boldsymbol{U}_2 = \boldsymbol{g}_2(\boldsymbol{\xi}_{q2})$，$\boldsymbol{\xi}_{q2}$ 为卫星位置测量仪的测量精度，$\boldsymbol{U}_2$ 为目标点位置

和炮位位置的测量值。

(3) 诸元解算模型，$U_3 = g_3(\xi_{q3}, U_1, U_2)$，$\xi_{q3}$ 为模型解算中的各种配置参数，U_3 为身管高低和方向诸元参数。

(4) 调炮模型，$U_4 = g_4(\xi_{q4}, U_3)$，ξ_{q4} 为随动调炮系统中的电机位置精度、间隙、调炮控制策略中的配置参数，U_4 为火炮身管的高低和方向指向随机参数。

且有 $\xi_q = \xi_{q1} \cup \xi_{q2} \cup \xi_{q3} \cup \xi_{q4}$。上述测量模型中，模型(1)、(2)的输出作为模型(3)的输入，模型(3)的输出作为模型(4)的输入。因此对结果 U_4 而言，模型 U_1、U_2、U_3 为中间过程，这些模型中的输入参数一部分为系统预先确定的参数 ξ_{q1}、ξ_{q2}、ξ_{q3}，还有一部分是需要将中间过程响应作为下一阶段的输入参数。

图 3.1.2 给出了先期准备阶段的相关模型。

调炮到位后，火炮射击的先期准备工作已经完成，接下来进入正式的发射阶段，即 3.1.1 节中的(4)、(5)部分。这一阶段采用基本理论模型和仪器设备验证相结合的方法得到相关状态数据。由于我们关心弹丸运动精度，整个射击过程中的参数可以分成以下四类随机参数：

(1) 运动方程的起始参数 $\xi_{W0} \cup \xi_p$，包括弹丸运动状态参数的初始条件 ξ_{W0} 及系统中所有与时间无关的结构参数和物理参数 ξ_p。

(2) 中间过程参数 V，为通过运动方程描述的相关随机状态参数，是与时间有关的随机状态参数。若将输入-输出之间按时间和空间划分成若干个并行和串型的中间过程，则参数 V 为所有中间过程 V_i 集合，即 $V = V_1 \cup V_2 \cup \cdots \cup V_n$。任一中间过程 V_i 的输入参数，由两部分组成：一部分为预先确定的系统随机参数 $\xi_{pi} \in \xi_p$，另一部分是由上一中间过程和/或并行中间过程响应 $V_i \in V$。由于若干个中间过程 V_i 可能耦合在一起，所以求解时需要进行迭代运算。

(3) 边界条件参数 ξ_B，火炮与地面土壤间的接触关系不含中间过程中的边界条件参数，ξ_B 是与时间有关的随机参数。

(4) 弹丸运动状态参数 W，该参数可看成输出参数，后面会看到 W 中包含了 22 个分量，其中 12 个为独立参数、10 个为非独立参数，W 为与时间有关的随机状态参数。

举个例子对上述各种参数分类加以说明。火药气体压力 p 是使火炮系统状态发生变化的关键状态参数，按上述分类方法，该参数属于中间状态参数，因此我们将其归至内弹道中间过程 $V_5 \in V$ 中。它的生成规律遵循内弹道运动方程，与药室容积、装药结构等参数有关，这些结构和物理参数属 $\xi_{p5} \in \xi_p$。它的初始条件为底火状态和传火管的结构参数，由于火药气体压力是中间状态参数，我们把底火状态和传火管的结构参数也归到 ξ_{p5} 中，是与时间无关的随机参数。求解内弹道方程的边界条件为弹带在坡膛上的卡膛位置和弹带飞离炮口的位置，这些边界条件亦归到 ξ_{p5} 中，是与时间无关的随机参数。在传统的内弹道理论中，忽略击发底火和传火过程，直接将挤进压力作为初始条件，这样可将挤进压力归至 ξ_{p5} 中，是与时间无关的随机参数。

图 3.1.2 给出了这一阶段若干重要的中间运动状态方程。

(1) 弹丸装填运动微分方程，即 $V_1 = h_1(\xi_{p1}, t)$，ξ_{p1} 为装填机构中的输入随机参数，V_1 为弹丸卡膛到位瞬间的运动状态随机参数。

(2) 弹丸卡膛运动微分方程，即 $V_2 = h_2(\xi_{p2}, V_1, t)$，$\xi_{p2}$ 为与弹丸几何结构和物理

特性、身管坡膛结构和表面物理特性等相关的输入随机参数，$\boldsymbol{V}_2$ 为卡膛结束后弹丸位置、姿态等状态随机参数。

（3）装药点传火状态微分方程，即 $\boldsymbol{V}_3=\boldsymbol{h}_3(\boldsymbol{\xi}_{p3},t)$，$\boldsymbol{\xi}_{p3}$ 为与点火药质量、性能、状态和传火管几何结构等相关的输入随机参数，$\boldsymbol{V}_3$ 为火药被点燃状态的随机参数。

（4）弹丸挤进运动微分方程，即 $\boldsymbol{V}_4=\boldsymbol{h}_4(\boldsymbol{\xi}_{p4},\boldsymbol{V}_2,\boldsymbol{V}_5,t)$，$\boldsymbol{\xi}_{p4}$ 为与弹带几何结构和物理特性、弹丸物理特性和几何特性、身管坡膛和膛线几何结构等相关的输入随机参数，$\boldsymbol{V}_4$ 为弹丸挤进过程的运动位置、速度、姿态、姿态角速度等随机参数。

（5）内弹道状态微分方程，即 $\boldsymbol{V}_5=\boldsymbol{h}_5(\boldsymbol{\xi}_{p5},\boldsymbol{V}_4,\boldsymbol{V}_6,\boldsymbol{V}_8,t)$，$\boldsymbol{\xi}_{p5}$ 为与装药几何尺寸和物理特性、身管内膛几何结构特性、弹丸几何和物理特性等有关的随机参数，$\boldsymbol{V}_5$ 为膛内弹后空间中的压力、温度、气流速度、药粒运动等的分布及火药气体组分结构等随机参数。

（6）身管内膛损伤状态方程，即 $\boldsymbol{V}_6=\boldsymbol{h}_6(\boldsymbol{\xi}_{p6},\boldsymbol{V}_5,t)$，$\boldsymbol{\xi}_{p6}$ 为与身管内膛表面几何和物理特性、火药物理特性有关的输入随机参数，$\boldsymbol{V}_6$ 为身管内膛表面烧蚀、磨损状态，膛线阳线和阴线的烧蚀和磨损规律，表面材料性能沿径向变化等随机参数。

（7）火炮各机构运动微分方程，即 $\boldsymbol{V}_{7j}=\boldsymbol{h}_{7j}(\boldsymbol{\xi}_{7j}^{\mathrm{p}},\boldsymbol{V}_5,\boldsymbol{V}_{7j}^{-},\boldsymbol{V}_8,t)$，$\boldsymbol{\xi}_{7j}^{\mathrm{p}}$ 为与火炮各机构几何、物理和连接形式等有关的输入随机参数，$\boldsymbol{V}_{7j}$ 为各机构运动状态参数、力学特性变化等随机参数，$\boldsymbol{V}_{7j}^{-}$ 为除 $\boldsymbol{V}_{7j}$ 以外的参数，$j=1,2,\cdots$。

（8）弹丸膛内运动分析，即 $\boldsymbol{V}_8=\boldsymbol{h}_8(\boldsymbol{\xi}_{p8},\boldsymbol{V}_4,\boldsymbol{V}_5,\boldsymbol{V}_7,t)$，$\boldsymbol{\xi}_{p8}$ 为与弹丸几何结构、物理特性等有关的输入随机参数，$\boldsymbol{V}_8$ 为弹丸膛内运动随机状态参数。

（9）弹丸空中飞行微分方程，即 $\boldsymbol{V}_9=\boldsymbol{h}_9(\boldsymbol{\xi}_{p9},\boldsymbol{V}_8,t)$，$\boldsymbol{\xi}_{p9}$ 为与弹丸几何和物理特性、弹丸外表面特性等有关的输入随机参数，$\boldsymbol{V}_9$ 为弹丸空中运动随机状态参数。

且有 $\boldsymbol{\xi}_p=\boldsymbol{\xi}_{p1}\cup\boldsymbol{\xi}_{p2}\cup\cdots\cup\boldsymbol{\xi}_{7j}^{\mathrm{p}}\cup\boldsymbol{\xi}_{p8}\cup\boldsymbol{\xi}_{p9}$。上述所有运动方程的输出结果均为最终得到弹丸运动状态参数 $\boldsymbol{W}$ 提供输入条件。$\boldsymbol{V}_j(j=1,2,\cdots,9)$、$\boldsymbol{W}$ 均是与时间有关的状态随机变量。与土壤接触的边界条件参数 $\boldsymbol{\xi}_B$ 与发射过程有关，与发射过程中的时间有关。

3.1.3.3 火炮系统运动方程建模

将复杂的火炮系统按发射时序和作动原理构建时间和空间层次结构，如图 3.1.3 所示。

按发射时序来建模，则有以下弹丸运动时序模型：输弹模型、卡膛模型、击发点火模型、挤进模型、内弹道模型、弹丸膛内运动模型、弹丸半约束期模型、弹丸空中飞行模型等。

按火炮空间结构来划分，则有以下火炮结构的动力学响应模型：身管、摇架、耳轴、上架、制退机、复进机、高低机、平衡机、开关闩机构、座圈、底盘、千斤顶、座盘、驻锄等关键部件的结构动力学响应模型。

上述时空模型中，对机制确定的结构，采用确定性方法构建理论模型，并通过实验进行校验；对机制模糊的结构，通过实验与理论相结合的方法构建统计模型，并进行校验；最后根据火炮拓扑约束关系，建立综合响应模型，利用靶场全炮射击试验，对综合响应模型进行确认。

在构建火炮系统总体模型和各机构模型中，还应关注以下三类模型，它们与 3.1 节所述的中间过程中驱动火炮机构运动、速度位置精度有着密切的传递关系。

第一类是液压动力学控制模型，该模型涉及压力、温度、油液含气量、体积与油缸杆位移、速度之间的关系。

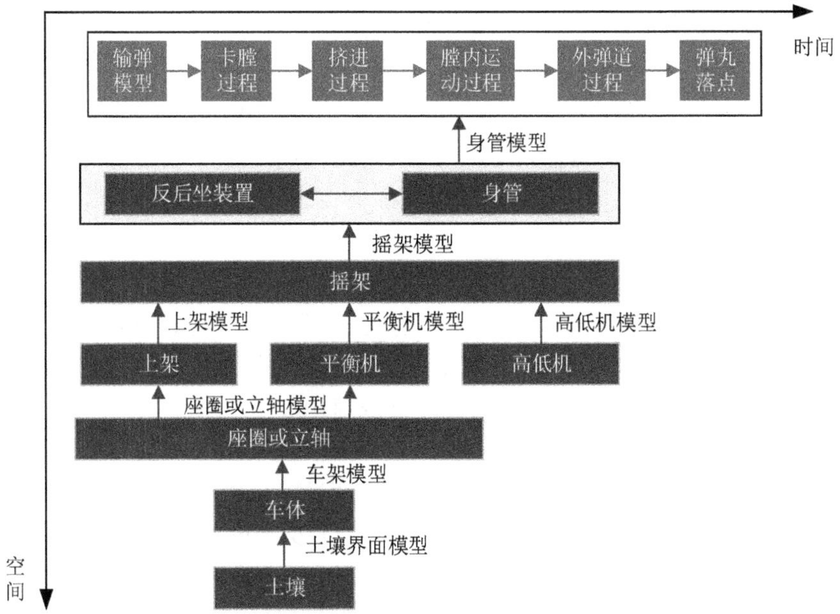

图 3.1.3　时间和空间层次结构模型

第二类是气体动力学控制模型,该模型涉及压力、温度、体积与气缸杆位移、速度之间的关系。

第三类是电驱动力学控制模型,该模型涉及功率、电流、扭矩与转角、转速之间的关系。

上述火炮系统运动方程建模方法将在第 4 章至第 7 章中讨论。

3.2　发射过程误差及误差传递

3.2.1　误差分析的基本理论和方法

3.2.1.1　输入随机变量的误差分析方法

在上述诸多运动模型中,假定已知随输入参数机变量 $\boldsymbol{Y}$ 中的任意一分量 $Y_l,\ Y_m \in \boldsymbol{Y}$ 的概率密度分布函数 $f_{Y_l}Y_l$,则随机参数 Y_l 的期望值为

$$\mu_{Y_l} = E(Y_l) = \int_{-\infty}^{+\infty} Y_l f_{Y_l}(Y_l)\,\mathrm{d}Y_l \tag{3.2.1}$$

方差为

$$\sigma_{Y_l}^2 = D(Y_l) = \int_{-\infty}^{+\infty} [Y_l - E(Y_l)]^2 f_{Y_l}(Y_l)\,\mathrm{d}Y_l \tag{3.2.2}$$

随机参数 Y_l、Y_m 的协方差为

$$\sigma_{Y_lY_m}^2 = \mathrm{Cov}(Y_l,\ Y_m) = \int_{-\infty}^{\infty} [Y_l - E(Y_l)][Y_m - E(Y_m)] f_{Y_l,\,Y_m}(Y_l,\ Y_m)\,\mathrm{d}Y_l\mathrm{d}Y_m \tag{3.2.3}$$

由式(3.2.2)和式(3.2.3)可知,当 $l=m$ 时,$\sigma_{Y_l}^2=\sigma_{Y_lY_l}^2$。

一般地,若假定已知输入参数随机变量 $\boldsymbol{Y}$ 的联合概率密度分布函数 $f_{\boldsymbol{Y}}(\boldsymbol{Y})$,则随机参数 $\boldsymbol{Y}$ 的期望值为

$$\boldsymbol{\mu}_Y=E(\boldsymbol{Y})=\int_{-\infty}^{+\infty}\boldsymbol{Y}f_{\boldsymbol{Y}}(\boldsymbol{Y})\,\mathrm{d}\boldsymbol{Y} \tag{3.2.4}$$

协方差为

$$\boldsymbol{\Sigma}_Y=[\sigma_{Y_lY_m}^2] \tag{3.2.5}$$

本节给出的随机变量特征统计值的计算公式[详见盛骤等(2011)和 Li 等(2009)的文献]是基于连续型随机变量来展开的,当随机变量为离散型时,可通过离散求和的方法得到相应的特征统计值公式,在此不再进一步展开讨论。

3.2.1.2　输出随机变量的误差分析方法

对上一节的任意求解模型,假定已知响应随机变量的一般表达式为 $W=h(\boldsymbol{Y},\,t)$,若已知输入参数随机变量 $\boldsymbol{Y}$ 的联合概率密度函数 $f_{\boldsymbol{Y}}(Y)$ 及 Y 的均值 $\boldsymbol{\mu}_Y$ 和协方差矩阵 $\boldsymbol{\Sigma}_Y$,则有两种方法来获得响应随机变量 W 的均值和方差。

第一种方法为利用输入变量的概率密度函数,直接积分得到。

$$\mu_W=E(W)=\int_{-\infty}^{+\infty}h(\boldsymbol{Y},\,t)f_{\boldsymbol{Y}}(\boldsymbol{Y})\,\mathrm{d}\boldsymbol{Y} \tag{3.2.6}$$

$$\sigma_W^2=\int_{-\infty}^{+\infty}\{h(\boldsymbol{Y},\,t)-E[h(\boldsymbol{Y},\,t)]\}^2f_{\boldsymbol{Y}}(\boldsymbol{Y})\,\mathrm{d}\boldsymbol{Y} \tag{3.2.7}$$

上述表达式的重要意义在于当我们要求 $E(W)$、σ_W^2 时,不必算出 W 的概率密度函数,而只需利用 $\boldsymbol{Y}$ 的概率密度函数 $f_{\boldsymbol{Y}}(\boldsymbol{Y})$ 直接积分得到。上述表达式为概率论中的一个定理,见式(2.7.33),在后面随机方程的求解中将常被用到。

当 $\boldsymbol{W}=\boldsymbol{h}(\boldsymbol{Y},\,t)$ 为 n 维输出函数时,且记 $W_l=h_l(\boldsymbol{Y},\,t)$,有

$$\boldsymbol{\mu}_W=E(\boldsymbol{W})=\int_{-\infty}^{+\infty}\boldsymbol{h}(\boldsymbol{Y},\,t)f_{\boldsymbol{Y}}(\boldsymbol{Y})\,\mathrm{d}\boldsymbol{Y} \tag{3.2.8}$$

$$\sigma_{W_lW_m}^2=\int_{-\infty}^{+\infty}\{h_l(\boldsymbol{Y},\,t)-E[h_l(\boldsymbol{Y},\,t)]\}\{h_m(\boldsymbol{Y},\,t)-E[h_m(\boldsymbol{Y},\,t)]\}f_{\boldsymbol{Y}}(\boldsymbol{Y})\,\mathrm{d}\boldsymbol{Y} \tag{3.2.9}$$

$$\boldsymbol{\Sigma}_Y=[\sigma_{W_lW_m}^2] \tag{3.2.10}$$

当 $\boldsymbol{W}$ 服从正态分布 $N\sim N(E(\boldsymbol{W}),\,\boldsymbol{\Sigma}_{\boldsymbol{W}})$ 时,响应随机变量 $\boldsymbol{W}$ 的概率密度函数 $f_{\boldsymbol{W}}$ 为

$$f_{\boldsymbol{W}}(\boldsymbol{W})=\frac{1}{\sqrt{(2\pi)^n}\det(\boldsymbol{\Sigma}_{\boldsymbol{W}})}\exp[(\boldsymbol{W}-\boldsymbol{\mu}_W)^{\mathrm{T}}\cdot\boldsymbol{\Sigma}_{\boldsymbol{W}}^{-1}\cdot(\boldsymbol{W}-\boldsymbol{\mu}_W)] \tag{3.2.11}$$

第二种方法为展开法,将 $\boldsymbol{W}$ 在 $\boldsymbol{\mu}_Y=E(\boldsymbol{Y})$ 处二阶展开,有

$$\boldsymbol{W}=\boldsymbol{W}(\boldsymbol{\mu}_Y)+\frac{\partial\boldsymbol{h}(\boldsymbol{\mu}_Y,t)}{\partial\boldsymbol{Y}}\cdot(\boldsymbol{Y}-\boldsymbol{\mu}_Y)+\frac{1}{2}(\boldsymbol{Y}-\boldsymbol{\mu}_Y)^{\mathrm{T}}\cdot\frac{\partial^2\boldsymbol{h}(\boldsymbol{\mu}_Y,t)}{\partial\boldsymbol{Y}\partial\boldsymbol{Y}}\cdot(\boldsymbol{Y}-\boldsymbol{\mu}_Y)+o^3(\boldsymbol{Y}) \tag{3.2.12A}$$

$$\frac{\partial \boldsymbol{h}(\boldsymbol{\mu}_Y,t)}{\partial \boldsymbol{Y}}=\left.\frac{\partial \boldsymbol{h}(\boldsymbol{Y},t)}{\partial \boldsymbol{Y}}\right|_{Y=\mu_Y},\quad \frac{\partial^2 \boldsymbol{h}(\boldsymbol{\mu}_Y\ )}{\partial \boldsymbol{Y}\partial \boldsymbol{Y}}=\left.\frac{\partial^2 \boldsymbol{h}(\boldsymbol{Y},t)}{\partial \boldsymbol{Y}\partial \boldsymbol{Y}}\right|_{Y=\mu_Y} \tag{3.2.12B}$$

对上式求期望值,得

$$E(\boldsymbol{W})=\boldsymbol{W}(\boldsymbol{\mu}_Y)+\frac{1}{2}\frac{\partial^2 \boldsymbol{h}(\boldsymbol{\mu}_Y,t)}{\partial \boldsymbol{Y}\partial \boldsymbol{Y}}:\boldsymbol{\Sigma}_Y \tag{3.2.13}$$

从上式可以看出, $\boldsymbol{W}$ 期望值不仅与 $\boldsymbol{W}$ 在输入参量期望值的取值有关,还与输入参量的协方差 $\boldsymbol{\Sigma}_Y$ 有关,协方差 $\boldsymbol{\Sigma}_Y$ 对 $E\boldsymbol{W}$ 影响大小取决于误差传递张量矩阵 $\partial^2\boldsymbol{h}\boldsymbol{\mu}_{Y,t}/\partial\boldsymbol{Y}\partial\boldsymbol{Y}$ 中元素的大小。当 $\partial^2\boldsymbol{h}\boldsymbol{\mu}_{Y,t}/\partial\boldsymbol{Y}\partial\boldsymbol{Y}$ 的影响可以忽略时,则式(3.2.12A)、式(3.2.13)简化成

$$\boldsymbol{W}=\boldsymbol{W}(\boldsymbol{\mu}_Y)+\frac{\partial \boldsymbol{h}(\boldsymbol{\mu}_Y,t)}{\partial \boldsymbol{Y}}\cdot(\boldsymbol{Y}-\boldsymbol{\mu}_Y) \tag{3.2.14A}$$

$$E(\boldsymbol{W})=\boldsymbol{W}(\boldsymbol{\mu}_Y) \tag{3.2.14B}$$

对式(3.2.14A)求协方差,得

$$E\{[\boldsymbol{W}-\boldsymbol{W}(\boldsymbol{\mu}_Y)][\boldsymbol{W}-\boldsymbol{W}(\boldsymbol{\mu}_Y)]^{\mathrm{T}}\}=\frac{\partial \boldsymbol{h}(\boldsymbol{\mu}_Y,t)}{\partial \boldsymbol{Y}}\cdot\boldsymbol{\Sigma}_Y\cdot\left[\frac{\partial \boldsymbol{h}(\boldsymbol{\mu}_Y,t)}{\partial \boldsymbol{Y}}\right]^{\mathrm{T}} \tag{3.2.15}$$

式中, $\partial\boldsymbol{h}(\boldsymbol{\mu}_Y,t)/\partial\boldsymbol{Y}$ 称为误差传递系数矩阵。

上述计算响应随机变量 W 统计特征值的两种计算方法的差异性在于:

第一种方法的优点是直接在高斯点处积分,计算精度高;缺点是输入参数误差传递到输出参数误差的过程不清晰。

第二种方法的优点是误差传递的路径很清晰,输入参数的误差通过传递系数矩阵被放大或缩小至输出参数的误差,从中我们看到输出误差不仅与 $\boldsymbol{\Sigma}_Y$ 有关,还与放大系数矩阵 $\partial\boldsymbol{h}(\boldsymbol{\mu}_Y,t)/\partial\boldsymbol{Y}$ 中的元素有关;缺点是该方法舍弃了高阶项,高阶项引起的误差需要进行判断,增加了输出误差的不确定性。

基于上述讨论,本书在对误差的具体计算时采用了第一种方法,以确保计算精度,但在讨论误差传递过程时采用了第二种方法,以便读者能清晰了解误差的传递过程和控制误差的关键点。

3.2.1.3 高斯积分

从前面的讨论可知,无论是均值表达式,还是方差或协方差表达式,均与以下类型的积分有关,其中 Y 为随机变量, $f_Y(Y)$ 为该变量的概率密度函数:

$$\mu_W(t)==\int_{-\infty}^{\infty}g(Y,t)f_Y(Y)\,\mathrm{d}Y \tag{3.2.16}$$

下面来讨论式(3.2.16)的积分。由式(2.7.4)可知,概率分布与概率密度有以下关系式:

$$F_Y=\int_{-\infty}^{Y}f_Y(Y)\,\mathrm{d}Y \tag{3.2.17}$$

上式表明,对任何随机变量 Y, 只要给定其概率密度函数 $f_Y(Y)$, 就可以利用上式建立该随机变量 Y 与其概率函数 F_Y 之间的关系。上述关系可以理解为通过概率密度函数,

建立了随机变量空间 $[-\infty, +\infty]$ 与概率空间 $[0, 1]$ 间的映射关系。对上式微分，得

$$\mathrm{d}F_Y = f_Y(Y)\mathrm{d}Y \tag{3.2.18}$$

对式(3.2.17)求逆，有

$$Y = \phi(F_Y), \quad 0 \leqslant F_Y \leqslant 1 \tag{3.2.19}$$

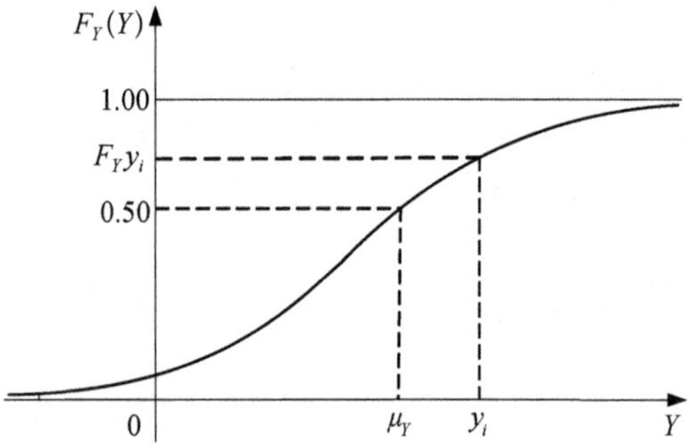

图 3.2.1　随机变量与概率函数关系

上式函数关系可以通过图 3.2.1 来加以说明。对随机变量 Y 的任意一个取值 y_i，总能在概率空间找到一概率值 $F_Y(y_i)$ 与之相对应；反过来，对概率空间给定任意一概率值 $F_Y(y_i)$，总能在随机变量空间找到某一取值 $y_i = \phi[F_Y(y_i)]$ 与 $F_Y(y_i)$。可见 $F_Y(y_i)$ 与 y_i 是一一对应的关系。

将式（3.2.18）、式（3.2.19）代入式（3.2.16），有

$$\mu_W(t) = \int_0^1 g[\phi(F_Y), t]\mathrm{d}F_Y \tag{3.2.20}$$

式中，$g(\phi(F_Y), t)$ 可以理解为随机变量函数在概率空间的概率点 F_Y 处取值。

对上式采用高斯积分法，有

$$\mu_W(t) = \sum_{m=1}^{N} w_m g[\phi(\xi_m), t] \tag{3.2.21}$$

式中，ξ_m、w_m 分别为概率变量 F_{Y_m} 在第 m 个高斯点上的值和加权系数；N 为概率变量 F_{Y_m} 在概率空间的高斯积分点数。

式(3.2.21)有以下几个特点：

(1) 利用概率定理式(3.2.6)回避了响应随机变量 $W(t)$ 概率密度函数的计算，直接利用随机变量微分方程在高斯积分点处的响应进行计算，高斯积分点处的响应应为某一取值时确定性微分方程的解，因此求解随机微分方程问题转换成在一系列高斯点处的确定性问题解的组合。

(2) 计算工作量少，其积分点数即为高斯积分点数。

(3) 计算精度高，当 Y 为正态分布时，可采用高斯-埃尔米特积分法；当 Y 为均匀分布时，则选取高斯-勒让德积分法；高斯积分在数值积分中的计算精度是比较高的。

上述一维积分方法可以推广到 n 维积分。假定时刻 t，弹丸状态变量 $W(t) \in \Omega_t$ 可以表示为多维随机参数变量 $\boldsymbol{Y} \in \Omega_{\boldsymbol{Y}}$ 的函数关系：$W(t) = g(\boldsymbol{Y}, t)$（$g$ 为连续函数），根据概率论中的定理(盛骤等，2011；Li et al.，2009)，如果 $\boldsymbol{Y}$ 为连续型随机变量，其概率密度 $f_{\boldsymbol{Y}}(\boldsymbol{Y})$ 已知，则有

$$\mu_W(t) = E[W(t)] = \int_{\Omega_{\boldsymbol{Y}}} g(\boldsymbol{Y}, t) f_{\boldsymbol{Y}}(Y)\mathrm{d}\boldsymbol{Y} \tag{3.2.22}$$

$g(\boldsymbol{Y}, t)$、$f_{\boldsymbol{Y}}(\boldsymbol{Y})$ 可以写成如下形式：

$$g(\boldsymbol{Y}, t) = g(Y_1, Y_2, \cdots, Y_n, t), \quad f_{\boldsymbol{Y}}(\boldsymbol{Y}) = f_{\boldsymbol{Y}}(Y_1, Y_2, \cdots, Y_n) \tag{3.2.23}$$

与式(3.2.19)相类似,作以下变换:

$$Y_i = \phi_i(F_{Y_i}),\quad i = 1,\ 2,\ \cdots,\ n \tag{3.2.24A}$$

$$f_{\boldsymbol{Y}}(\boldsymbol{Y})\,\mathrm{d}\boldsymbol{Y} = \mathrm{d}F_{Y_1}\mathrm{d}F_{Y_2}\cdots\mathrm{d}F_{Y_n} \tag{3.2.24B}$$

式中, F_{Y_i} 为第 $i\ (=1,\ 2,\ \cdots,\ n)$ 个随机变量 Y_i 的概率函数, $0 \leqslant F_{Y_i} \leqslant 1$。

将式(3.2.23)、(3.2.24)代入式(3.2.22),得

$$\begin{aligned}\mu_W(t) &= \int_0^1\int_0^1\cdots\int_0^1 g(\phi_1(F_{Y_1}),\ \phi_2(F_{Y_2}),\ \cdots,\ \phi_n(F_{Y_n}),\ t)\,\mathrm{d}F_{Y_1}\mathrm{d}F_{Y_2}\cdots\mathrm{d}F_{Y_n}\\ &= \int_0^1\int_0^1\cdots\int_0^1 g_\phi(F_{Y_1},\ F_{Y_2},\ \cdots,\ F_{Y_n},\ t)\,\mathrm{d}F_{Y_1}\mathrm{d}F_{Y_2}\cdots\mathrm{d}F_{Y_n}\end{aligned} \tag{3.2.25}$$

式中

$$g_\phi(F_{Y_1},\ F_{Y_2},\ \cdots,\ F_{Y_n},\ t) = g(\phi_1(F_{Y_1}),\ \phi_2(F_{Y_2}),\ \cdots,\ \phi_n(F_{Y_n}),\ t) \tag{3.2.26}$$

将高斯积分法应用于 n 维变量的积分式(3.2.25),得

$$\mu_W(t) = \sum_{j_1=1}^{N_1}\sum_{j_2=1}^{N_2}\cdots\sum_{j_n=1}^{N_n} w_{j_1}w_{j_2}\cdots w_{j_n}g_\phi(\xi_{j_1},\ \xi_{j_2},\ \cdots,\ \xi_{j_n},\ t) \tag{3.2.27}$$

式中, N_i 为第 $i(i=1,\ 2,\ \cdots,\ n)$ 个变量的高斯积分点数; ξ_{j_i}、w_{j_i} 分别为第 $i\ (i=1,\ 2,\ \cdots,\ n)$ 个变量在第 j_i 个高斯点上的坐标值和加权系数。

式(3.2.27)表明,直接利用随机变量微分方程在高斯积分点处的响应值,就可得到响应随机变量 $W(t)$ 的均值。计算某一高斯积分点处的响应,可理解为在某一取值时确定性微分方程的解,因此求解随机微分方程问题可转换成 n 维随机变量 Y 在一系列高斯点处确定性问题解的组合。

3.2.2 调炮精度及误差传递

应用 3.2.1 误差分析理论,本节将讨论火炮实际使用过程中的误差传递。对火炮系统中的任意一个子系统,输入该子系统的随机参量误差,通过子系统的响应器放大或缩小,使子系统响应输出随机变量发生变化,此为子系统随机变量的误差传递。

在调炮模型 $\boldsymbol{U}_4 = \boldsymbol{g}_4(\boldsymbol{\xi}_{q4},\ \boldsymbol{U}_3)$ 中,根据诸元解算结果 $\boldsymbol{U}_3$, 驱动方向和高低随动参数 $\boldsymbol{\xi}_{q4}$ 实现身管所需要的指向 $\boldsymbol{U}_4$ 要求;其中 $\boldsymbol{\xi}_{q4}$ 包括火力线与瞄准线的相关参数,这些参数在总装总调中通过对火力线和瞄准线进行标定得到。$\boldsymbol{\xi}_{q4}$、$\boldsymbol{U}_3$ 为输入随机变量, $\boldsymbol{g}_4(\boldsymbol{\xi}_{q4},\ \boldsymbol{U}_3)$ 为响应器, $\boldsymbol{U}_4$ 为响应输出随机变量。

根据测量得到的目标位置和炮位信息 $\boldsymbol{U}_2 = \boldsymbol{g}_2(\boldsymbol{\xi}_{q2})$、弹道空间上的气象信息 $\boldsymbol{U}_1 = \boldsymbol{g}_1(\boldsymbol{\xi}_{q1})$, 经弹道计算得到诸元解算结果 $\boldsymbol{U}_3 = \boldsymbol{g}_3(\boldsymbol{\xi}_{q3},\ \boldsymbol{U}_1,\ \boldsymbol{U}_2)$; 其中 $\boldsymbol{\xi}_{q1}$、$\boldsymbol{\xi}_{q2}$ 分别为气象测试和位置测试系统中对测试结果有影响的参数, $\boldsymbol{\xi}_{q3}$ 为诸元解算模型准确性参数及模型中所选用的参数,这些参数由于选择不准确,影响了诸元解算结果 $\boldsymbol{U}_3$。

从上述讨论中我们可以看出,随机参数 $\boldsymbol{\xi}_{q1}$、$\boldsymbol{\xi}_{q2}$、$\boldsymbol{\xi}_{q3}$、$\boldsymbol{\xi}_{q4}$ 是系统工作前已经客观存在于系统中的参数,因此称为初始输入参数;随机输出参数 $\boldsymbol{U}_1$、$\boldsymbol{U}_2$、$\boldsymbol{U}_3$ 是为了得到 $\boldsymbol{U}_4$、通过经历的一些中间环节产生的、作为对 $\boldsymbol{U}_4$ 的一种输入随机参数,这些中间环节的输入/输

出响应关系可以通过模型或实验测试等方法获得，$\boldsymbol{U}_1$、$\boldsymbol{U}_2$、$\boldsymbol{U}_3$ 为中间过程随机参数。

下面我们采用 3.2.1.2 中的第二种方法来讨论上述调炮过程中误差的传递模型。

假定已知初始输入随机参数 $\boldsymbol{\xi}_{q1}$、$\boldsymbol{\xi}_{q2}$、$\boldsymbol{\xi}_{q3}$、$\boldsymbol{\xi}_{q4}$ 的均值 $\boldsymbol{\mu}_{\xi_{q1}}$、$\boldsymbol{\mu}_{\xi_{q2}}$、$\boldsymbol{\mu}_{\xi_{q3}}$、$\boldsymbol{\mu}_{\xi_{q4}}$，协方差矩阵 $\boldsymbol{\Sigma}_{\xi_{q1}}$、$\boldsymbol{\Sigma}_{\xi_{q2}}$、$\boldsymbol{\Sigma}_{\xi_{q3}}$、$\boldsymbol{\Sigma}_{\xi_{q4}}$，概率密度函数 $f_{\xi_{q1}}(\boldsymbol{\xi}_{q1})$、$f_{\xi_{q2}}(\boldsymbol{\xi}_{q2})$、$f_{\xi_{q3}}(\boldsymbol{\xi}_{q3})$、$f_{\xi_{q4}}(\boldsymbol{\xi}_{q4})$，参数 $\boldsymbol{\xi}_{qi}$、$\boldsymbol{\xi}_{qj}(i \neq j,\ i,\ j=1,\ 2,\ 3,\ 4)$ 是相互独立、线性无关的，协方差矩阵 $\boldsymbol{\Sigma}_{\xi_{q1}}$、$\boldsymbol{\Sigma}_{\xi_{q2}}$、$\boldsymbol{\Sigma}_{\xi_{q3}}$、$\boldsymbol{\Sigma}_{\xi_{q4}}$ 即为输入参数的误差。从前面的分析可知，$\boldsymbol{U}_4=\boldsymbol{g}_4(\boldsymbol{\xi}_{q4},\ \boldsymbol{U}_3)$ 可以表示成如下的隐函数关系：

$$\boldsymbol{U}_4=\boldsymbol{g}_4\{\boldsymbol{\xi}_{q4},\ \boldsymbol{g}_3[\boldsymbol{\xi}_{q3},\ \boldsymbol{g}_1(\boldsymbol{\xi}_{q1}),\ \boldsymbol{g}_2(\boldsymbol{\xi}_{q2})]\} \tag{3.2.28}$$

将上式中的随机变量 $\boldsymbol{U}_4$ 在 $\boldsymbol{\xi}_{q1}$、$\boldsymbol{\xi}_{q2}$、$\boldsymbol{\xi}_{q3}$、$\boldsymbol{\xi}_{q4}$ 的均值处一阶展开，得

$$\begin{aligned}\boldsymbol{U}_4=&\ \boldsymbol{U}_4(\boldsymbol{\mu}_{\xi_{q1}},\boldsymbol{\mu}_{\xi_{q2}},\boldsymbol{\mu}_{\xi_{q3}},\boldsymbol{\mu}_{\xi_{q4}})+\boldsymbol{G}_{44}(\boldsymbol{\xi}_{q4}-\boldsymbol{\mu}_{\xi_{q4}})+\boldsymbol{G}_{43}(\boldsymbol{\xi}_{q3}-\boldsymbol{\mu}_{\xi_{q3}})\\&+\boldsymbol{G}_{42}(\boldsymbol{\xi}_{q2}-\boldsymbol{\mu}_{\xi_{q2}})+\boldsymbol{G}_{41}(\boldsymbol{\xi}_{q1}-\boldsymbol{\mu}_{\xi_{q1}})\end{aligned} \tag{3.2.29}$$

式中

$$\boldsymbol{G}_{44}=\left.\frac{\partial \boldsymbol{g}_4}{\partial \boldsymbol{\xi}_{q4}}\right|_{\substack{\xi_{q1}=\mu_{\xi_{q1}}\ \xi_{q2}=\mu_{\xi_{q2}}\\ \xi_{q3}=\mu_{\xi_{q3}}\ \xi_{q4}=\mu_{\xi_{q4}}}},\quad \boldsymbol{G}_{43}=\left.\frac{\partial \boldsymbol{g}_4}{\partial \boldsymbol{g}_3}\cdot\frac{\partial \boldsymbol{g}_3}{\partial \boldsymbol{\xi}_{q3}}\right|_{\substack{\xi_{q1}=\mu_{\xi_{q1}}\ \xi_{q2}=\mu_{\xi_{q2}}\\ \xi_{q3}=\mu_{\xi_{q3}}\ \xi_{q4}=\mu_{\xi_{q4}}}}$$

$$\boldsymbol{G}_{42}=\left.\frac{\partial \boldsymbol{g}_4}{\partial \boldsymbol{g}_3}\cdot\frac{\partial \boldsymbol{g}_3}{\partial \boldsymbol{g}_2}\cdot\frac{\partial \boldsymbol{g}_2}{\partial \boldsymbol{\xi}_{q2}}\right|_{\substack{\xi_{q1}=\mu_{\xi_{q1}}\ \xi_{q2}=\mu_{\xi_{q2}}\\ \xi_{q3}=\mu_{\xi_{q3}}\ \xi_{q4}=\mu_{\xi_{q4}}}},\quad \boldsymbol{G}_{41}=\left.\frac{\partial \boldsymbol{g}_4}{\partial \boldsymbol{g}_3}\cdot\frac{\partial \boldsymbol{g}_3}{\partial \boldsymbol{g}_1}\cdot\frac{\partial \boldsymbol{g}_1}{\partial \boldsymbol{\xi}_{q1}}\right|_{\substack{\xi_{q1}=\mu_{\xi_{q1}}\ \xi_{q2}=\mu_{\xi_{q2}}\\ \xi_{q3}=\mu_{\xi_{q3}}\ \xi_{q4}=\mu_{\xi_{q4}}}} \tag{3.2.30}$$

对式(3.2.29)求系统的期望值，得

$$\boldsymbol{\mu}_{U_4}=\boldsymbol{U}_4(\boldsymbol{\mu}_{\xi_{q1}},\boldsymbol{\mu}_{\xi_{q2}},\boldsymbol{\mu}_{\xi_{q3}},\boldsymbol{\mu}_{\xi_{q4}}) \tag{3.2.31}$$

调炮过程中，总希望调炮结果 $\boldsymbol{U}_4$ 能实现一种理想的期望值 $\widehat{\boldsymbol{U}}_4$，由此我们就可以定义如下调炮精度，即 $\boldsymbol{U}_4$ 相对于 $\widehat{\boldsymbol{U}}_4$ 的协方差统计值：

$$\begin{aligned}\boldsymbol{\Upsilon}_{U_4}&=E[(\boldsymbol{U}_4-\widehat{\boldsymbol{U}}_4)(\boldsymbol{U}_4-\widehat{\boldsymbol{U}}_4)^{\mathrm{T}}]=E[(\boldsymbol{U}_4-\boldsymbol{\mu}_{U_4}+\boldsymbol{\mu}_{U_4}-\widehat{\boldsymbol{U}}_4)(\boldsymbol{U}_4-\boldsymbol{\mu}_{U_4}+\boldsymbol{\mu}_{U_4}-\widehat{\boldsymbol{U}}_4)^{\mathrm{T}}]\\&=E[(\boldsymbol{U}_4-\boldsymbol{\mu}_{U_4})(\boldsymbol{U}_4-\boldsymbol{\mu}_{U_4})^{\mathrm{T}}]+(\boldsymbol{\mu}_{U_4}-\widehat{\boldsymbol{U}}_4)(\boldsymbol{\mu}_{U_4}-\widehat{\boldsymbol{U}}_4)^{\mathrm{T}}\\&=\boldsymbol{\Sigma}_{U_4}+\boldsymbol{\Pi}_{U_4}\end{aligned} \tag{3.2.32}$$

其中

$$\boldsymbol{\Sigma}_{U_4}=\boldsymbol{G}_{44}\cdot\boldsymbol{\Sigma}_{\xi_{q4}}\cdot\boldsymbol{G}_{44}^{\mathrm{T}}+\boldsymbol{G}_{43}\cdot\boldsymbol{\Sigma}_{\xi_{q3}}\cdot\boldsymbol{G}_{43}^{\mathrm{T}}+\boldsymbol{G}_{42}\cdot\boldsymbol{\Sigma}_{\xi_{q2}}\cdot\boldsymbol{G}_{42}^{\mathrm{T}}+\boldsymbol{G}_{41}\cdot\boldsymbol{\Sigma}_{\xi_{q1}}\cdot\boldsymbol{G}_{41}^{\mathrm{T}} \tag{3.2.33A}$$

$$\boldsymbol{\Pi}_{U_4}=(\boldsymbol{\mu}_{U_4}-\widehat{\boldsymbol{U}}_4)(\boldsymbol{\mu}_{U_4}-\widehat{\boldsymbol{U}}_4)^{\mathrm{T}} \tag{3.2.33B}$$

分别称为调炮散布和调炮准确度。

式(3.2.31)~(3.2.33)是基于一阶线性展开后得到的调炮精度模型。调炮精度可以分解为调炮散布和调炮准确度之和；调炮散布是围绕散布中心 $\boldsymbol{\mu}_{U_4}$ 的协方差，调炮准确度是散布中心 $\boldsymbol{\mu}_{U_4}$ 与理想期望值 $\widehat{\boldsymbol{U}}_4$ 的统计值，其模 $\|\boldsymbol{\Pi}_{U_4}\|$ 为两点间距离的平方。

从调炮精度表达式(3.2.32)和(3.2.33)，我们可以看出输入参数的误差 $\boldsymbol{\Sigma}_{\xi_{q1}}$、$\boldsymbol{\Sigma}_{\xi_{q2}}$、

$\boldsymbol{\Sigma}_{\xi_{q3}}$、$\boldsymbol{\Sigma}_{\xi_{q4}}$ 及调炮期望值$\boldsymbol{\mu}_{U_4}$ 是分别通过传递系数矩阵 $\boldsymbol{G}_{41}$、$\boldsymbol{G}_{42}$、$\boldsymbol{G}_{43}$、$\boldsymbol{G}_{44}$ 传递给 $\boldsymbol{U}_4$ 的,控制调炮精度需要从以下几个方面去着手考虑。

(1) 控制输入误差 $\boldsymbol{\Sigma}_{\xi_{q1}}$、$\boldsymbol{\Sigma}_{\xi_{q2}}$、$\boldsymbol{\Sigma}_{\xi_{q3}}$、$\boldsymbol{\Sigma}_{\xi_{q4}}$,这与制造工艺水平有关。

(2) 控制中间过程误差的传递 $\boldsymbol{G}_{41}$、$\boldsymbol{G}_{42}$、$\boldsymbol{G}_{43}$、$\boldsymbol{G}_{44}$,这与设计水平有关。当 $\|\boldsymbol{G}_{4i}\| > 1$时,系统误差起了放大作用,即 $\|\boldsymbol{G}_{4i}\cdot\boldsymbol{\Sigma}_{\xi_{qi}}\cdot\boldsymbol{G}_{4i}^{\mathrm{T}}\| = \|\boldsymbol{G}_{4i}\|^2\|\boldsymbol{\Sigma}_{\xi_{qi}}\| > \|\boldsymbol{\Sigma}_{\xi_{qi}}\|$,调炮系统设计不科学,应考虑重新调整。

(3) 中间过程设计是否合理直接影响火炮武器系统误差传递水平,在控制总体误差水平时应重点关注每个中间过程子系统误差控制水平。

(4) 准确度 $\boldsymbol{\Pi}_{U_4}$ 控制与控制$\boldsymbol{\mu}_{U_4}$ 有关,而$\boldsymbol{\mu}_{U_4}$ 与制造业的水平有关,若不能通过提高制造水平来控制$\boldsymbol{\mu}_{U_4}$,还可以通过修正来提高准确度 $\boldsymbol{\Pi}_{U_4}$,这属于实际使用范畴;若考虑 $\boldsymbol{U}_4$ 的高阶展开,我们发现$\boldsymbol{\mu}_{U_4}$ 还与中间过程中的传递 $\boldsymbol{G}_{41}$、$\boldsymbol{G}_{42}$、$\boldsymbol{G}_{43}$ 矩阵有关,参见式(3.2.33)。

3.2.3 弹丸运动精度与误差传递

弹丸运动,无论是膛内运动还是空中飞行,均具有共同的目标,即弹丸按所期望的运动轨迹飞行,高效完成火炮发射任务。弹丸膛内运动是为其空中飞行提供输入,若输入偏差较大,则空中飞行就会偏离理想的期望。

下面我们采用 3.2.1.2 中的第二种方法来讨论上述弹丸运动过程中误差的传递模型。

假定已知初始输入随机参数 $\boldsymbol{\xi}_{pi}$ 的均值$\boldsymbol{\mu}_{\xi_{pi}}$、协方差矩阵 $\boldsymbol{\Sigma}_{\xi_{pi}}(i=1,\ 2,\ \cdots,\ 9)$,协方差矩阵 $\boldsymbol{\Sigma}_{\xi_{pi}}$ 即为弹丸运动的输入参数误差;初始参数 $\boldsymbol{\xi}_{X0}$ 的均值和协方差矩阵分别为$\boldsymbol{\mu}_{X0}$、$\boldsymbol{\Sigma}_{X0}$。根据 3.1.3.2 节的讨论我们知道,弹丸实际的运动轨迹 $\boldsymbol{W}t$ 与初始条件 $\boldsymbol{\xi}_{W0}$、初始参数 $\boldsymbol{\xi}_p=\boldsymbol{\xi}_{p1}\cup\boldsymbol{\xi}_{p2}\cup\cdots\cup\boldsymbol{\xi}_{pj}^{\mathrm{p}}\cup\boldsymbol{\xi}_{p8}\cup\boldsymbol{\xi}_{p9}$、中间状态参数 $\boldsymbol{V}_j=\boldsymbol{h}_j[\boldsymbol{\xi}_{pj},\ \boldsymbol{V}_k(\boldsymbol{\xi}_{pk}),\ t]$ $(j,\ k=1,\ 2,\ \cdots,\ j\neq k)$ 和边界条件 $\boldsymbol{\xi}_B$ 有关。为了便于讨论,不妨假定弹丸运动的中间过程为如下串联(并联或其他关系亦可按相同的原理处理)的嵌套关系:

$$\boldsymbol{W}(\boldsymbol{\xi}_{X0},\ \boldsymbol{\xi}_p,\ t)=\boldsymbol{W}(\boldsymbol{\xi}_{X0},\ \boldsymbol{\xi}_{p9},\ \boldsymbol{V}_8,\ t) \tag{3.2.34}$$

$$\boldsymbol{V}_i=\boldsymbol{V}_i(\boldsymbol{\xi}_{pi},\ \boldsymbol{V}_{i-1},\ t),\ i=2,\ 3,\ \cdots,\ 8,\quad \boldsymbol{V}_1=\boldsymbol{V}_1(\boldsymbol{\xi}_{p1},\ t) \tag{3.2.35}$$

将 $\boldsymbol{W}$ 在 $\boldsymbol{\xi}_{pi}$、$\boldsymbol{\xi}_{X0}$ 的均值处$\boldsymbol{\mu}_{\xi_{pi}}$、$\boldsymbol{\mu}_{X0}$ 一阶展开,得

$$\boldsymbol{W}(t)=\boldsymbol{W}(\boldsymbol{\mu}_{X0},\boldsymbol{\mu}_{\xi_{p1}},\boldsymbol{\mu}_{\xi_{p2}},\ \cdots,\boldsymbol{\mu}_{\xi_{p9}},\ t)+\boldsymbol{G}_{WX0}\cdot(\boldsymbol{\xi}_{X0}-\boldsymbol{\mu}_{X0})+\sum_{i=1}^{9}\boldsymbol{G}_{Wi}\cdot(\boldsymbol{\xi}_{pi}-\boldsymbol{\mu}_{\xi_{pi}}) \tag{3.2.36}$$

式中

$$\boldsymbol{G}_{WX0}=\left.\frac{\partial\boldsymbol{W}}{\partial\boldsymbol{\xi}_{X0}}\right|_{\boldsymbol{\xi}_{X0}=\boldsymbol{\mu}_{X0},\ \boldsymbol{\xi}_{pi}=\boldsymbol{\mu}_{\xi_{pi}}},\ \boldsymbol{G}_{Wi}=\left.\frac{\partial\boldsymbol{W}}{\partial\boldsymbol{V}_8}\cdot\frac{\partial\boldsymbol{V}_8}{\partial\boldsymbol{V}_7}\cdots\frac{\partial\boldsymbol{V}_i}{\partial\boldsymbol{\xi}_{pi}}\right|_{\boldsymbol{\xi}_{X0}=\boldsymbol{\mu}_{X0},\ \boldsymbol{\xi}_{pi}=\boldsymbol{\mu}_{\xi_{pi}}},\ i=1,\ 2,\ \cdots,\ 8$$

$$\boldsymbol{G}_{W9}=\left.\frac{\partial\boldsymbol{W}}{\partial\boldsymbol{\xi}_{p9}}\right|_{\boldsymbol{\xi}_{X0}=\boldsymbol{\mu}_{X0},\ \boldsymbol{\xi}_{p9}=\boldsymbol{\mu}_{\xi_{p9}}} \tag{3.2.37}$$

对式(3.2.36)求系统的期望值,得

$$\boldsymbol{\mu}_W(t)=\boldsymbol{W}(\boldsymbol{\mu}_{X0},\boldsymbol{\mu}_{\xi_{p1}},\boldsymbol{\mu}_{\xi_{p2}},\cdots,\boldsymbol{\mu}_{\xi_{p9}},t) \tag{3.2.38}$$

注意上述期望值是在线性化条件下得到的,对二阶情况,期望值$\boldsymbol{\mu}_W(t)$还与这些参数的协方差矩阵和二次传递系数的三阶张量有关。

假定火炮发射一组弹丸对目标点M实施打击,经过前期准备我们已知目标点和炮位的位置坐标,亦得到了弹道上的气象信息,通过弹道计算也得到了发射诸元信息(如装药号、身管高低和方向等)。理论上我们有一条期望的理想弹道$\widehat{\boldsymbol{W}}(t)$,在时刻$t=t_C$,$\widehat{\boldsymbol{W}}(t_C)$通过目标点$M$,完成摧毁目标的任务。

我们在下达火炮射击任务时,总希望火炮射击一组弹丸的射击结果$\boldsymbol{W}(t)$能实现上述期望的理想$\widehat{\boldsymbol{W}}(t)$轨迹,由此我们定义如下弹丸运动精度,即$\boldsymbol{W}(t)$相对于$\widehat{\boldsymbol{W}}(t)$的协方差的统计值:

$$\begin{aligned}\boldsymbol{Y}_W(t)&=E\{[\boldsymbol{W}(t)-\widehat{\boldsymbol{W}}(t)][\boldsymbol{W}(t)-\widehat{\boldsymbol{W}}(t)]^{\mathrm{T}}\}\\&=E\{[\boldsymbol{W}(t)-\boldsymbol{\mu}_W(t)+\boldsymbol{\mu}_W(t)-\widehat{\boldsymbol{W}}(t)][\boldsymbol{W}(t)-\boldsymbol{\mu}_W(t)+\boldsymbol{\mu}_W(t)-\widehat{\boldsymbol{W}}(t)]^{\mathrm{T}}\}\\&=E\{[\boldsymbol{W}(t)-\boldsymbol{\mu}_W(t)][\boldsymbol{W}(t)-\boldsymbol{\mu}_W(t)]^{\mathrm{T}}\}+[\boldsymbol{\mu}_W(t)-\widehat{\boldsymbol{W}}(t)][\boldsymbol{\mu}_W(t)-\widehat{\boldsymbol{W}}(t)]^{\mathrm{T}}\\&=\boldsymbol{\Sigma}_W(t)+\boldsymbol{\Pi}_W(t)\end{aligned} \tag{3.2.39}$$

式中,$\boldsymbol{Y}_W(t)$为弹丸飞行精度,其中

$$\boldsymbol{\Sigma}_W(t)=E\{[\boldsymbol{W}(t)-\boldsymbol{\mu}_W(t)][\boldsymbol{W}(t)-\boldsymbol{\mu}_W(t)]^{\mathrm{T}}\} \tag{3.2.40A}$$

$$\boldsymbol{\Pi}_W(t)=[\boldsymbol{\mu}_W(t)-\widehat{\boldsymbol{W}}(t)][\boldsymbol{\mu}_W(t)-\widehat{\boldsymbol{W}}(t)]^{\mathrm{T}} \tag{3.2.40B}$$

分别称为弹道飞行散布和准确度。

将式(3.2.36)代入式(3.2.40A),经整理得

$$\boldsymbol{\Sigma}_W(t)=\boldsymbol{G}_{WX0}\cdot\boldsymbol{\Sigma}_{X0}\cdot\boldsymbol{G}_{WX0}^{\mathrm{T}}+\sum_{i=1}^{9}\boldsymbol{G}_{Wi}(t)\cdot\boldsymbol{\Sigma}_{\xi_{pi}}\cdot\boldsymbol{G}_{Wi}^{\mathrm{T}}(t) \tag{3.2.41}$$

特别当$t=t_C$时,$\boldsymbol{\Sigma}_W(t_C)$、$\boldsymbol{\Pi}_W(t_C)$分别称为该时刻的密集度和准确度,$\widehat{\boldsymbol{W}}(t_C)$即为目标点$M$的位置状态。

式(3.2.38)、式(3.2.40)、式(3.2.41)是基于一阶线性展开后得到的弹丸运动精度模型。弹丸运动精度可以分解为飞行散布$\boldsymbol{\Sigma}_W(t)$和飞行准确度$\boldsymbol{\Pi}_W(t)$之和;弹丸飞行散布$\boldsymbol{\Sigma}_W(t)$是围绕散布中心$\boldsymbol{\mu}_W(t)$的协方差,弹丸飞行准确度是散布中心$\boldsymbol{\mu}_W(t)$与理想期望值$\widehat{\boldsymbol{W}}(t)$的统计值,其模$\|\boldsymbol{\Pi}_W(t)\|$为两点间的距离的平方。

从弹丸飞行精度表达式(3.2.39)、(3.2.41),我们可以看出输入参数的误差$\boldsymbol{\Sigma}_{X0}$、$\boldsymbol{\Sigma}_{\xi_{pi}}$及飞行期望值$\boldsymbol{\mu}_W(t)$是分别通过传递系数矩阵$\boldsymbol{G}_{WX0}$、$\boldsymbol{G}_{Wi}(i=1,2,\cdots,9)$传递给$\boldsymbol{W}(t)$的,控制弹丸运动精度需要从以下几个方面去着手考虑:

(1) 控制输入误差$\boldsymbol{\Sigma}_{X0}$、$\boldsymbol{\Sigma}_{\xi_{pi}}(i=1,2,\cdots,9)$,这与制造工艺水平有关。

(2) 控制中间过程误差的传递$\boldsymbol{G}_{Wi}(i=1,2,\cdots,9)$,这与设计水平有关。当$\|\boldsymbol{G}_{Wi}\|>1$时,系统误差起了放大作用,即$\|\boldsymbol{G}_{Wi}\cdot\boldsymbol{\Sigma}_{\xi_{pi}}\cdot\boldsymbol{G}_{Wi}^{\mathrm{T}}\|=\|\boldsymbol{G}_{Wi}\|^2\|\boldsymbol{\Sigma}_{\xi_{pi}}\|>\|\boldsymbol{\Sigma}_{\xi_{pi}}\|$,火炮系统设计不科学,应考虑重新调整。注意到$\boldsymbol{G}_{Wi}$与中间过程$\partial \boldsymbol{V}_i/\partial\boldsymbol{\xi}_{pi}$有关。

(3) 由式(3.2.37)可知,中间过程设计是否合理($\partial \boldsymbol{V}_i / \partial \boldsymbol{\xi}_{pi}$)直接影响火炮武器系统射击精度水平,在控制总体误差水平时应重点关注每个中间过程子系统误差控制水平。

(4) 准确度 $\boldsymbol{\Pi}_W(t)$ 控制与控制 $\boldsymbol{\mu}_W(t)$ 有关,而 $\boldsymbol{\mu}_W(t)$ 与制造业的水平和设计有关,若不能通过提高制造水平和设计水平来控制 $\boldsymbol{\mu}_W(t)$,还可以通过修正来提高准确度 $\boldsymbol{\Pi}_W(t)$,这属于实际使用范畴;若考虑 $\boldsymbol{W}(t)$ 的高阶展开,我们发现 $\boldsymbol{\mu}_W(t)$ 还与中间过程中的传递 $\boldsymbol{G}_{Wi}$ 和对应的协方差矩阵 $\boldsymbol{\Sigma}_{\xi_{pi}}$ 有关。

3.2.4 气象条件对射击精度的影响

前面讨论了 $\boldsymbol{W}(t)$ 相对于 $\hat{\boldsymbol{W}}(t)$ 的运动精度问题,事实上 $\boldsymbol{W}(t)$ 包含了气象等环境因素在内的影响,本节将以弹丸对目标点射击为例,来进一步讨论气象条件对射击精度的影响。

假定对目标点 $\boldsymbol{w}_M = \hat{\boldsymbol{W}}(t_C)$ 进行射击,得炸点随机变量 $\boldsymbol{W}(t_C)$。

若按标准气象弹道条件来换算,标准化条件下 $\boldsymbol{w}_M$ 的值为 $\boldsymbol{w}_{M0}$(不变量),在确定效力射诸元对该目标进行射击时得到实际炸点为 $\boldsymbol{W}(t_C)$,若将 $\boldsymbol{W}(t_C)$ 按标准气象弹道条件换算成标准化值 $\boldsymbol{W}_{p0}(t_C)$,则有

$$\boldsymbol{W}_{p0}(t_C) = \boldsymbol{W}(t_C) + \Delta \boldsymbol{W}_Q \tag{3.2.42}$$

式中,$\Delta \boldsymbol{W}_Q$ 为考虑实际气象弹道条件与标准化气象条件间差别等因素引起的弹丸状态参数的修正量。

$\Delta \boldsymbol{W}_Q$ 由两部分因素组成:实际气象条件与标准化模型间的修正量 $\Delta \boldsymbol{W}_0^Q$ 以及气象引起的当日误差 $\boldsymbol{\Delta}_Q$,当日误差 $\boldsymbol{\Delta}_Q$ 为随机变量,其统计值为

$$\boldsymbol{\mu}_{\Delta_Q} = E(\boldsymbol{\Delta}_Q) \tag{3.2.43A}$$

$$\boldsymbol{\Sigma}_{\Delta_Q} = E[(\boldsymbol{\Delta}_Q - \boldsymbol{\mu}_{\Delta_Q})(\boldsymbol{\Delta}_Q - \boldsymbol{\mu}_{\Delta_Q})^{\mathrm{T}}] \tag{3.2.43B}$$

这样 $\Delta \boldsymbol{W}_Q$ 可分解成

$$\Delta \boldsymbol{W}_Q = \Delta \boldsymbol{W}_0^Q + \boldsymbol{\Delta}_Q \tag{3.2.44}$$

另一方面,若采用相同的效力射诸元在标准化气象条件下进行射击,得到标准化射程 $\boldsymbol{W}_0(t_C)$(不变量),由于存在散布误差 $\Delta \boldsymbol{W}$(与气象条件无关)、标准化模型间的修正量 $\Delta \boldsymbol{W}_0^Q$,无当日误差 $\boldsymbol{\Delta}_Q$(标准化气象条件),其实际射程 $\boldsymbol{W}(t_C)$ 可表示成

$$\boldsymbol{W}(t_C) = \boldsymbol{W}_0(t_C) + \Delta \boldsymbol{W} - \Delta \boldsymbol{W}_0^Q \tag{3.2.45}$$

将式(3.2.44)、(3.2.45)代入式(3.2.42)得

$$\boldsymbol{W}_{p0}(t_C) = \boldsymbol{W}_0(t_C) + \Delta \boldsymbol{W} - \Delta \boldsymbol{W}_0^Q + \Delta \boldsymbol{W}_Q = \boldsymbol{W}_0(t_C) + \Delta \boldsymbol{W} + \boldsymbol{\Delta}_Q \tag{3.2.46}$$

对式(3.2.46)求期望值,注意到 $E(\Delta \boldsymbol{W}) = 0$, $E[\boldsymbol{W}_0(t_C)] = \boldsymbol{W}_0(t_C)$,有

$$\boldsymbol{\mu}_{W_{p0}}(t_C) = \boldsymbol{W}_0(t_C) + \boldsymbol{\mu}_{\Delta_Q} \tag{3.2.47}$$

标准气象条件下对目标点 $\boldsymbol{w}_{M0}$ 的射击精度为

$$\boldsymbol{\Upsilon}_{W_{p0}} = E\{[\boldsymbol{W}_{p0}(t_C) - \boldsymbol{w}_{M0}][\boldsymbol{W}_{p0}(t_C) - \boldsymbol{w}_{M0}]^{\mathrm{T}}\} = \boldsymbol{\Sigma}_{W_{p0}} + \boldsymbol{\Pi}_{W_{p0}} \tag{3.2.48}$$

其中

$$\begin{aligned}\boldsymbol{\Sigma}_{W_{p0}} &= E\{[\boldsymbol{W}_{p0}(t_C) - \boldsymbol{\mu}_{W_{p0}}(t_C)][\boldsymbol{W}_{p0}(t_C) - \boldsymbol{\mu}_{W_{p0}}(t_C)]^{\mathrm{T}}\} \\ &= E[(\Delta\boldsymbol{W} + \boldsymbol{\Delta}_Q - \boldsymbol{\mu}_{\Delta_Q})(\Delta\boldsymbol{W} + \boldsymbol{\Delta}_Q - \boldsymbol{\mu}_{\Delta_Q})^{\mathrm{T}}] \\ &= E(\Delta\boldsymbol{W}\Delta\boldsymbol{W}^{\mathrm{T}}) + E[(\boldsymbol{\Delta}_Q - \boldsymbol{\mu}_{\Delta_Q})(\boldsymbol{\Delta}_Q - \boldsymbol{\mu}_{\Delta_Q})^{\mathrm{T}}] \\ &= \boldsymbol{\Sigma}_W + \boldsymbol{\Sigma}_{\Delta_Q}\end{aligned} \tag{3.2.49}$$

$$\begin{aligned}\boldsymbol{\Pi}_{W_{p0}} &= [\boldsymbol{\mu}_{W_{p0}}(t_C) - \boldsymbol{w}_{M0}][\boldsymbol{\mu}_{W_{p0}}(t_C) - \boldsymbol{w}_{M0}]^{\mathrm{T}} \\ &= [\boldsymbol{W}_0(t_C) - \boldsymbol{w}_{M0} + \boldsymbol{\mu}_{\Delta_Q}][\boldsymbol{W}_0(t_C) - \boldsymbol{w}_{M0} + \boldsymbol{\mu}_{\Delta_Q}]^{\mathrm{T}} \\ &= \boldsymbol{\Pi}_W\end{aligned} \tag{3.2.50}$$

从式(3.2.49)和式(3.2.50)可以得出如下结论。

(1) 射击密集度 $\boldsymbol{\Sigma}_{W_{p0}}$ 不仅与散布误差 $\boldsymbol{\Sigma}_W$ 有关,还与气象引起的当日误差 $\boldsymbol{\Delta}_Q$ 的散布误差 $\boldsymbol{\Sigma}_{\Delta_Q}$ 有关。若射击时间较短,在这段时间内当日误差 $\boldsymbol{\Delta}_Q$ 可以假定为常量, $\boldsymbol{\Sigma}_{\Delta_Q} = 0$,在此条件下射击密集度 $\boldsymbol{\Sigma}_{W_{p0}}$ 与气象条件引起的当日误差 $\boldsymbol{\Delta}_Q$ 无关。若射击时间较长,在这段时间内当日误差 $\boldsymbol{\Delta}_Q$ 不为常量,射击密集度 $\boldsymbol{\Sigma}_{W_{p0}}$ 与气象条件引起的当日误差散布 $\boldsymbol{\Sigma}_{\Delta_Q}$ 有关系。这就解释了一组密集度射击试验要在半个小时内完成($\boldsymbol{\Sigma}_{\Delta_Q} = 0$),组与组之间的试验要间隔四个小时($\boldsymbol{\Sigma}_{\Delta_Q} \neq 0$)的原因。同时,当组与组之间由于射击密集度不同时,就要对试验结果进行判断,判断其是否同分布,有关判断方法在 3.5 节中讨论。

(2) 射击准确度 $\boldsymbol{\Pi}_{W_{p0}} = \boldsymbol{\Pi}_W$ 不仅与火炮的射击诸元误差 $\boldsymbol{W}_0(t_C) - \boldsymbol{w}_{M0}$ 有关,而且还与 $\boldsymbol{\Delta}_Q$ 的当日误差 $\boldsymbol{\mu}_{\Delta_Q}$ 有关,因此射击准确度为系统误差。注意到 $\boldsymbol{\Delta}_Q$ 与时间有关 $\boldsymbol{\Delta}_Q(t)$,因而 $\boldsymbol{\mu}_{\Delta_Q}$ 也与时间有关 $\boldsymbol{\mu}_{\Delta_Q}(t)$,可见一天内不同时刻射击对当日误差 $\boldsymbol{\mu}_{\Delta_Q}$ 引起的系统修正也是随时间而变化的。

3.3 弹丸运动状态参数近似服从正态分布

弹丸无论是在膛内还是在空中,总可以将其运动状态参量展开成如下线性形式:

$$\boldsymbol{W}(t) = \boldsymbol{W}(\boldsymbol{\mu}_{X0}, \boldsymbol{\mu}_{\xi_{p1}}, \boldsymbol{\mu}_{\xi_{p2}}, \cdots, \boldsymbol{\mu}_{\xi_{p9}}, t) + \boldsymbol{G}_{WX0} \cdot (\boldsymbol{\xi}_{X0} - \boldsymbol{\mu}_{X0}) + \sum_{i=1}^{9} \boldsymbol{G}_{Wi} \cdot (\boldsymbol{\xi}_{pi} - \boldsymbol{\mu}_{\xi_{pi}}) \tag{3.3.1}$$

其中, $\boldsymbol{G}_{WX0} \cdot (\boldsymbol{\xi}_{X0} - \boldsymbol{\mu}_{X0})$ 表示初始条件的影响项; $\boldsymbol{G}_{Wi} \cdot (\boldsymbol{\xi}_{pi} - \boldsymbol{\mu}_{\xi_{pi}})$ 为随机变量的影响项。对线性展开项,有

$$\boldsymbol{\mu}_W(t) = \boldsymbol{W}(\boldsymbol{\mu}_{X0}, \boldsymbol{\mu}_{\xi_{p1}}, \boldsymbol{\mu}_{\xi_{p2}}, \cdots, \boldsymbol{\mu}_{\xi_{p9}}, t) \tag{3.3.2}$$

式(3.3.1)的本质是在 $\boldsymbol{\mu}_W$ 的任意 $\| \boldsymbol{W}(t) - \boldsymbol{\mu}_W \| \leqslant \varepsilon$ 邻域内,可以用过点 $\boldsymbol{\mu}_W$ 的线性方程(3.3.1)替代复杂解的表达式,使复杂解的表达式线性化。

式(3.3.1)可改写成

$$\Delta \boldsymbol{W} = \boldsymbol{W}(t) - \boldsymbol{\mu}_{\boldsymbol{W}}(t) = \boldsymbol{G}_{\boldsymbol{W}X0} \cdot (\boldsymbol{\xi}_{X0} - \boldsymbol{\mu}_{X0}) + \sum_{i=1}^{9} \boldsymbol{G}_{\boldsymbol{W}i} \cdot (\boldsymbol{\xi}_{pi} - \boldsymbol{\mu}_{\boldsymbol{\xi}_{pi}}) = \sum_{i=1}^{10} \Delta \boldsymbol{\xi}_i \tag{3.3.3}$$

其中

$$\begin{aligned} &\Delta \boldsymbol{\xi}_i = \boldsymbol{G}_{\boldsymbol{W}i} \cdot (\boldsymbol{\xi}_{pi} - \boldsymbol{\mu}_{\boldsymbol{\xi}_{pi}}), \quad i = 1, 2, \cdots, 9 \\ &\Delta \boldsymbol{\xi}_{10} = \boldsymbol{G}_{\boldsymbol{W}X0} \cdot (\boldsymbol{\xi}_{X0} - \boldsymbol{\mu}_{X0}) \end{aligned} \tag{3.3.4}$$

记 ΔW_k 为 $\Delta \boldsymbol{W}$ 的第 k 个分量，$G_{kj}^{\boldsymbol{W}i}$、$G_{kj}^{\boldsymbol{W}X0}$ 分别为 $\boldsymbol{G}_{\boldsymbol{W}i}$、$\boldsymbol{G}_{\boldsymbol{W}X0}$ 的第 k 行第 j 列元素，ξ_j^{pi}、μ_j^{pi} 和 ξ_j^{X0}、μ_j^{X0} 分别为 $\boldsymbol{\xi}_{pi}$、$\boldsymbol{\mu}_{\boldsymbol{\xi}_{pi}}$ 和 $\boldsymbol{\xi}_{X0}$、$\boldsymbol{\mu}_{X0}$ 的第 j 个分量，式(3.3.3)可写成如下分量形式：

$$\Delta W_k = \sum_{i=1}^{9} \sum_{j=1}^{n_i} G_{kj}^{\boldsymbol{W}i}(\xi_j^{pi} - \mu_j^{pi}) + \sum_{j=1}^{n_{10}} G_{kj}^{\boldsymbol{W}X0}(\xi_j^{X0} - \mu_j^{X0}) = \sum_{l=1}^{n_w} \Delta \boldsymbol{\xi}_{kl}, \quad k = 1, 2, \cdots, 22 \tag{3.3.5}$$

式中，矩阵 $\boldsymbol{G}_{\boldsymbol{W}i}$、$\boldsymbol{G}_{\boldsymbol{W}X0}$ 的维数分别为 $n_i \times n_i$、$n_{10} \times n_{10}$；$n_w = \sum_{i=1}^{10} n_i$。令 $l = 0$，则 $\Delta \xi_{kl}$ 的表达式为

$$\begin{aligned} &\Delta \xi_{kl} = \boldsymbol{G}_{kj}^{\boldsymbol{W}i}(\xi_j^{pi} - \mu_j^{pi}) = \xi_{kl} - \mu_{kl}, \\ &l = l + 1, j = 1, 2, \cdots, n_i, i = 1, 2, \cdots, 10, k = 1, 2, \cdots, 22 \end{aligned} \tag{3.3.6}$$

式(3.3.5)表明随机变量 $\Delta \boldsymbol{W}$ 中的元素 ΔW_k 是随机变量 $\Delta \xi_{kl}(l = 1, 2, \cdots, n_w)$ 之和。假定随机变量 ξ_{kl} 相互独立，由式(3.3.6)可知，其期望值和方差分别为

$$E(\xi_{kl}) = \mu_{kl}, \quad l = 1, 2, \cdots, n_w, k = 1, 2, \cdots, 22 \tag{3.3.7}$$

$$D(\xi_{kl}) = \sigma_{kl}^2, \quad l = 1, 2, \cdots, n_w, k = 1, 2, \cdots, 22 \tag{3.3.8}$$

记

$$B_k^2 = \sum_{l=1}^{n_w} \sigma_{kl}^2, \quad k = 1, 2, \cdots, 22 \tag{3.3.9}$$

若存在一个正数 δ，使得下式成立时，

$$\lim_{n_w \to \infty} B_k^{2+\delta} \sum_{l}^{n_w} E\{| \xi_{kl} - \mu_{kl} |^{2+\delta}\} = 0$$

随机变量之和 $\sum_{l=1}^{n_w} \xi_{kl}$ 的标准化

$$Z_k = \frac{\sum_{l=1}^{n_w} [\xi_{kl} - E(\xi_{kl})]}{\sqrt{\sum_{l=1}^{n_w} \sigma_{kl}^2}} = \frac{\sum_{l=1}^{n_w} (\xi_{kl} - \mu_{kl})}{B_k}, \quad k = 1, 2, \cdots, 22 \tag{3.3.10}$$

的分布函数 $F_{Z_k}(Z_k)$ 对任意的 Z_k 满足

$$\lim_{n_w \to \infty} F_{Z_k}(Z_k) = \lim_{n_w \to \infty} P\left\{ \frac{\sum_{l=1}^{n_w} (\xi_{kl} - \mu_{kl})}{B_k} \leqslant \xi_k \right\} = \int_{-\infty}^{Z_k} \frac{1}{\sqrt{2\pi}} e^{-t^2/2} dt = \Phi(Z_k) \tag{3.3.11}$$

即 Z_k 服从正态分布 $N(0, 1)$。

而式(3.3.10)可改写为

$$\sum_{l=1}^{n_w} \xi_{kl} = B_k Z_k + \sum_{l=1}^{n_w} \mu_{kl}, \quad k = 1, 2, \cdots, 22 \tag{3.3.12}$$

则随机变量 $\sum_{l=1}^{n_w} \xi_{kl}$ 亦服从正态分布 $N\left(\sum_{l=1}^{n_w} \mu_{kl}, B_k^2\right)$。

由于 $W_k = \sum_{l=1}^{n_w} \xi_{kl}$，因此响应 W_k 服从正态分布 $N\left(\sum_{l=1}^{n_w} \mu_{kl}, B_k^2\right)$。

弹丸运动状态参数 $\boldsymbol{W}$ 是由大量随机因素 $\boldsymbol{\xi}_{pi}$、$\boldsymbol{\xi}_{X0}$ 综合影响所形成的。式(3.3.1)表明，$\boldsymbol{W}$ 是这些随机变量的线性组合，我们虽然无法得到随机变量 $\boldsymbol{\xi}_{pi}$、$\boldsymbol{\xi}_{X0}$ 的分布特性，但根据李雅谱诺夫定理，弹丸在某一时刻 t 的运动 $\boldsymbol{W}$ 是近似服从正态分布的，每一个别因素对弹丸运动的总影响是微小的，不会改变其分布形态，但在不同时刻 t 时 $\boldsymbol{W}$ 的期望值 $\boldsymbol{\mu}_W(t)$ 和扩散项 $\boldsymbol{G}_{Wi} \cdot (\boldsymbol{\xi}_{pi} - \boldsymbol{\mu}_{\xi_{pi}})$ 通过与时间有关的扩散项演变。利用弹丸运动近似服从正态分布这一结论，将高维的弹丸运动随机状态变量概率密度的演化规律降至一维和二维的演化规律，可提高弹丸运动随机状态变量协方差矩阵的数值计算效率。

3.4 射击精度讨论

本节我们只讨论 $\boldsymbol{W}$ 中弹丸几何中心三个平动位移分量 $W_1 \cup W_2 \cup W_3 = \boldsymbol{U}$ 的炸点位置 $\boldsymbol{U}(t_C)$ 的精度问题，记为 $\boldsymbol{Y}_U = \boldsymbol{\Sigma}_U + \boldsymbol{\Pi}_U$，其中 $\boldsymbol{\Sigma}_U$、$\boldsymbol{\Pi}_U$ 分别为协方差矩阵和准确度矩阵。

3.4.1 射击密集度讨论

3.4.1.1 射击密集度的主方向

假定 $\boldsymbol{U}$ 的三个分量线性无关，则 $\boldsymbol{U}$ 分量方向为散布主方向，并与射击坐标系的 $o_G - X_1^G X_2^G X_3^G$ 方向重叠，见图 3.4.1(a)所示，$\boldsymbol{\Sigma}_U$ 矩阵具有以下形式：

$$\boldsymbol{\Sigma}_U = \begin{bmatrix} \sigma_{P1}^2 & 0 & 0 \\ 0 & \sigma_{P2}^2 & 0 \\ 0 & 0 & \sigma_{P3}^2 \end{bmatrix} \tag{3.4.1}$$

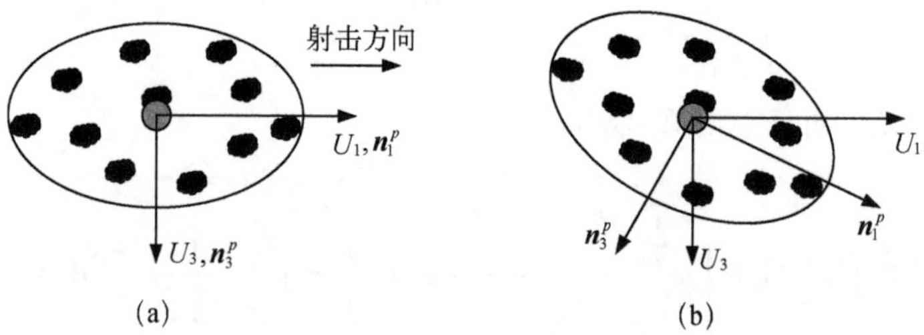

图 3.4.1　二维散布的主方向示意图

其中，$\sigma_{Pi}=\sqrt{\sigma_{Pi}^2}$ 为弹丸炸点位置 $\boldsymbol{U}(t_C)$ 在其第 i $(i=1, 2, 3)$ 个位置分量方向上的均方差，亦称为该方向的散布密集度。

由于密集度的大小与弹丸炸点距火炮阵地的距离 $\|E(\boldsymbol{U})\|$ 有关，因此一般采用考虑距离影响的变异系数 $A_i(i=1, 2, 3)$ 来定义密集度：

$$A_i=\frac{0.6745\sigma_{Pi}}{\|E(\boldsymbol{U})\|}=\frac{E_{Pi}}{\|E(\boldsymbol{U})\|},\quad i=1, 2, 3 \tag{3.4.2A}$$

$$E_{Pi}=0.6745\sigma_{Pi},\quad i=1, 2, 3 \tag{3.4.2B}$$

E_{Pi} 为第 i $(i=1, 2, 3)$ 个方向上的中间差，在炮兵的误差分析中常用中间差来描述。

一般情况下，$\boldsymbol{U}$ 的三个方向上的分量是通过弹丸飞行的控制微分方程相关联的，因此这些变量虽独立但还是相关的。这样 $\boldsymbol{\Sigma}_U$ 不具备式(3.4.1)的对角形式，即主方向与坐标轴方向不一致，如图 3.4.1(b)所示。为此构建以下特征方程：

$$\boldsymbol{\Sigma}_U\boldsymbol{\phi}=\lambda\boldsymbol{\phi} \tag{3.4.3}$$

利用式(2.2.51)~式(2.2.54)，得以下特征值方程：

$$\lambda^3-J_1\lambda^2+J_2\lambda-J_3=0 \tag{3.4.4}$$

其中

$$J_1=\mathrm{tr}(\boldsymbol{\Sigma}_U),\ J_2=J_3\mathrm{tr}(\boldsymbol{\Sigma}_U^{-1}),\ J_3=\det(\boldsymbol{\Sigma}_U) \tag{3.4.5}$$

其中，J_1、J_2、J_3 为张量 $\boldsymbol{\Sigma}_U$ 的主不变量。由于 $\boldsymbol{\Sigma}_U$ 是一个对称正定矩阵，则特征方程(3.4.4)具有三个实根 $\lambda_i(i=1, 2, 3)$。记

$$\sigma_{Pi}=\sqrt{\lambda_i} \tag{3.4.6}$$

为三个主方向上散布的均方差。

将 $\lambda_i(i=1, 2, 3)$ 代入式(3.4.3)得到与之对应的特征向量 $\boldsymbol{\phi}_i(i=1, 2, 3)$，记

$$\boldsymbol{n}_{Pi}=\frac{1}{\|\boldsymbol{\phi}_i\|}\boldsymbol{\phi}_i \tag{3.4.7}$$

$\boldsymbol{n}_{Pi}(i=1, 2, 3)$ 即为密集度 $\boldsymbol{\Sigma}_U$ 的三个主方向矢量，由于是两两正交，因此也可作为基矢量。

记

$$\boldsymbol{n}_P=[\boldsymbol{n}_{P1}\quad \boldsymbol{n}_{P2}\quad \boldsymbol{n}_{P3}] \tag{3.4.8}$$

将上式代入式(3.4.3)，并左乘 $\boldsymbol{n}_P^{\mathrm{T}}$ 得

$$\boldsymbol{n}_P^{\mathrm{T}}\boldsymbol{\Sigma}_U\boldsymbol{n}_P=\begin{bmatrix}\lambda_1 & 0 & 0\\ 0 & \lambda_2 & 0\\ 0 & 0 & \lambda_3\end{bmatrix} \tag{3.4.9}$$

这样，对一般形式的密集度 $\boldsymbol{\Sigma}_U$，由式(3.4.9)可知，可以表达成在 $\boldsymbol{n}_{Pi}(i=1, 2, 3)$ 方向上的均方差 $\sigma_{Pi}(i=1, 2, 3)$，或中间差 $E_{Pi}=0.6745\sigma_{Pi}$。若用变异系数表示，则在主方向的变异系数依旧可用式(3.4.2)得到。

3.4.1.2　空间散布区域方程

下面来推导弹丸炸点散布区域的求解公式。

利用式(3.4.8)，将 $\boldsymbol{\mu}=E(\boldsymbol{U})$ 在散布的三个主方向 $\boldsymbol{n}_P$ 上投影，有

$$\bar{\boldsymbol{\mu}}=\boldsymbol{\mu}\cdot\boldsymbol{n}_P \tag{3.4.10}$$

假定散布 $\boldsymbol{U}$ 在三个主方向上服从正态分布，$\boldsymbol{U}\sim N(\bar{\boldsymbol{\mu}},\boldsymbol{\sigma}_P^2)$，根据正态分布的概率密度公式(2.8.29)，并令 $n=3$、$\bar{\boldsymbol{\mu}}$、$\boldsymbol{C}_U=\mathrm{diag}(\boldsymbol{\sigma}_{Pi}^2)$、$\boldsymbol{U}(i=1,2,3)$，得

$$f_U(u_1,u_2,u_3)=\frac{1}{(2\pi)^{3/2}\sqrt{\det(\boldsymbol{C}_U)}}\exp\left[-\frac{1}{2}(\boldsymbol{U}-\bar{\boldsymbol{\mu}})^{\mathrm{T}}\boldsymbol{C}_U^{-1}(\boldsymbol{U}-\bar{\boldsymbol{\mu}})\right] \tag{3.4.11}$$

根据正态分布的特点，在散布主方向上给出该区域的分布方程比较便利。散布区域 Ω_P 的形心为 $\boldsymbol{\mu}=\bar{\boldsymbol{\mu}}$，假定弹丸炸点落在该区域的概率为 P_D，用三个主方向的方差 $Y_i(i=1,2,3)$ 来表示，由此得到散布区域 Ω_P 方程为

$$P_D=\frac{1}{(2\pi)^{3/2}\sqrt{\det(\boldsymbol{C}_U)}}\int_{\bar{\mu}_3-Y_3}^{\bar{\mu}_3+Y_3}\int_{\bar{\mu}_2-Y_2}^{\bar{\mu}_2+Y_2}\int_{\bar{\mu}_1-Y_1}^{\bar{\mu}_1+Y_1}\exp\left[-\frac{1}{2}(\boldsymbol{U}-\bar{\boldsymbol{\mu}})^{\mathrm{T}}\boldsymbol{C}_U^{-1}(\boldsymbol{U}-\bar{\mu})\right]\mathrm{d}U_1\mathrm{d}U_2\mathrm{d}U_3$$

或

$$\frac{1}{(2\pi)^{3/2}\sqrt{\det(\boldsymbol{C}_U)}}\int_{\bar{\mu}_3-Y_3}^{\bar{\mu}_3+Y_3}\int_{\bar{\mu}_2-Y_2}^{\bar{\mu}_2+Y_2}\int_{\bar{\mu}_1-Y_1}^{\bar{\mu}_1+Y_1}\exp\left[-\frac{1}{2}(\boldsymbol{U}-\bar{\boldsymbol{\mu}})^{\mathrm{T}}\boldsymbol{C}_U^{-1}(\boldsymbol{U}-\bar{\boldsymbol{\mu}})\right]\mathrm{d}U_1\mathrm{d}U_2\mathrm{d}U_3-P_D=0 \tag{3.4.12}$$

根据弹丸炸点落在该区域的概率 P_D，由式(3.4.12)可求对应的方差 $Y_i(i=1,2,3)$。

记散布区域 Ω_P 的体积为 V_P，考虑以下三个特例。

(1) 当 $P_D=0.5$ 时，将有50%的弹丸炸点落在该区域 $\Omega_{0.5}$ 内，即中间误差的概念，记区域 $\Omega_{0.5}$ 的体积为 $V_{0.5}$，则 $Y_1=0.674\,5\sigma_{P1}$，$Y_2=0.674\,5\sigma_{P2}$，$Y_3=0.674\,5\sigma_{P3}$。

(2) 当 $P_D=0.682\,6$ 时，将有68.26%的弹丸炸点落在该区域 Ω_σ 内，即标准误差的概念，记区域 Ω_σ 的体积为 V_σ，则 $Y_1=\sigma_{P1}$，$Y_2=\sigma_{P2}$，$Y_3=\sigma_{P3}$。

(3) 当 $P_D=0.997\,4$ 时，将有99.74%的弹丸炸点落在该区域内，即"3σ"的概念，记区域 $\Omega_{3\sigma}$ 的体积为 $V_{3\sigma}$，则 $Y_1=3\sigma_{P1}$，$Y_2=3\sigma_{P2}$，$Y_3=3\sigma_{P3}$。

3.4.1.3　指定平面内分布区域方程

设在坐标系 $o_G-x_1^Gx_2^Gx_3^G$ 下，指定平面过点 $\boldsymbol{\mu}_G=\boldsymbol{\mu}_1^{Gi_G}\boldsymbol{e}_1+\boldsymbol{\mu}_2^{Gi_G}\boldsymbol{e}_2+\boldsymbol{\mu}_3^{Gi_G}\boldsymbol{e}_3$ 且法向矢量为 $\boldsymbol{n}_G=\boldsymbol{n}_1^{Gi_G}\boldsymbol{e}_1+\boldsymbol{n}_2^{Gi_G}\boldsymbol{e}_2+\boldsymbol{n}_3^{Gi_G}\boldsymbol{e}_3$。利用式(3.4.8)将法向矢量 $\boldsymbol{n}_G$、点 $\boldsymbol{\mu}_G$ 分别转换到散布主方向的坐标系 $\boldsymbol{n}_{Pi}(i=1,2,3)$ 下，有 $\bar{\boldsymbol{n}}_G=\bar{\boldsymbol{n}}_1^G\boldsymbol{n}_{P1}+\bar{\boldsymbol{n}}_2^G\boldsymbol{n}_{P2}+\bar{\boldsymbol{n}}_3^G\boldsymbol{n}_{P3}$，$\bar{\boldsymbol{\mu}}_G=\bar{\boldsymbol{\mu}}_1^G\boldsymbol{n}_{P1}+\bar{\boldsymbol{\mu}}_2^G\boldsymbol{n}_{P2}+\bar{\boldsymbol{\mu}}_3^G\boldsymbol{n}_{P3}$，具体表达式为

$$\bar{\boldsymbol{n}}_G=\boldsymbol{n}_G\cdot\boldsymbol{n}_P,\quad \bar{\boldsymbol{\mu}}_G=\boldsymbol{\mu}_G\cdot\boldsymbol{n}_P \tag{3.4.13}$$

由此得到在散布主方向坐标系 $\boldsymbol{n}_{Pj}(j=1,2,3)$ 下的平面方程：

$$\bar{n}_1^G(Y_1-\bar{\mu}_1^G)+\bar{n}_2^G(Y_2-\bar{\mu}_2^G)+\bar{n}_3^G(Y_3-\bar{\mu}_3^G)=0 \tag{3.4.14}$$

式(3.4.14)与式(3.4.12)一起构成了空间曲线方程，该方程即为指定平面内分布区域方

程。同样，当概率 P_D 发生变化时，对应的曲线形貌也发生变化。

3.4.2 射击准确度主方向

由式(2.2.51)~式(2.2.54)，可得准确度特征值:

$$J_3 = \det(\boldsymbol{\Pi}_U) = 0,\ J_2 = 0,\ J_1 = \mathrm{tr}(\boldsymbol{\Pi}_U) \tag{3.4.15}$$

因此 $\boldsymbol{\Pi}_U$ 的特征值分别为 $\lambda_{A1} = \mathrm{tr}(\boldsymbol{\Pi}_U)$, $\lambda_{A2} = \lambda_{A3} = 0$, 定义

$$\sigma_{A1} = \sqrt{\lambda_{A1}},\quad E_{A1} = 0.674\,5\sigma_{A1} \tag{3.4.16}$$

为弹丸炸点位置 $\boldsymbol{U}$ 的期望值 $E(\boldsymbol{U})$ 距目标点 $\boldsymbol{u}_M(t_C)$ 的距离，其中 σ_{A1}、E_{A1} 分别为准确度的均方差和中间差。

将 $\lambda_{Ai}(i = 1, 2, 3)$ 代入特征方程得到与之对应的特征向量 $\boldsymbol{\phi}_{Ai}(i = 1, 2, 3)$, 记

$$\boldsymbol{n}_{Ai} = \frac{1}{\|\boldsymbol{\phi}_{Ai}\|}\boldsymbol{\phi}_{Ai} \tag{3.4.17}$$

$\boldsymbol{n}_{Ai}(i = 1, 2, 3)$ 即为准确度 $\boldsymbol{\Pi}_U$ 的三个主方向矢量，特别是 $\boldsymbol{n}_{A1}$ 确定了 λ_{A1} 的方向。

事实上，

$$\lambda_{A1} = \sum_{i=1}^{3}\left[E(U_i) - u_i^M\right]^2 = \sum_{i=1}^{3}(\Delta u_{Ai})^2 \tag{3.4.18}$$

因此

$$\Delta u_{Ai} = E(U_i) - u_i^M,\quad i = 1, 2, 3 \tag{3.4.19}$$

几何上为第 i $(i = 1, 2, 3)$ 个坐标方向上的准确度分量，见图 3.4.2 所示。

因此有

$$\boldsymbol{n}_{A1} = \frac{1}{\sigma_{A1}}\left\{E(U_1) - u_1^M \quad E(U_2) - u_2^M \quad E(U_3) - u_3^M\right\}^{\mathrm{T}} \tag{3.4.20}$$

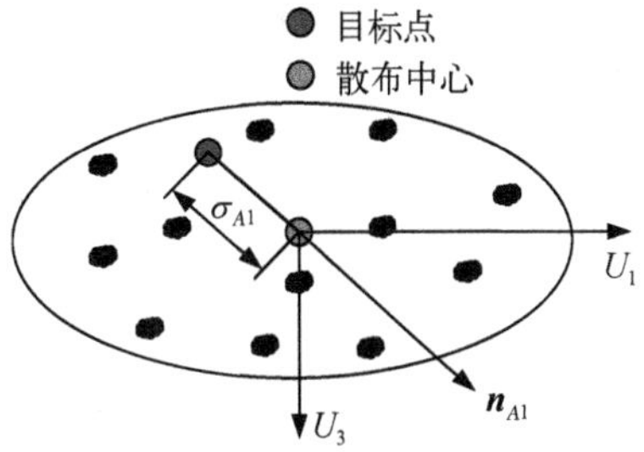

图 3.4.2 准确度示意图

3.4.3 射击精度讨论

式 $\boldsymbol{Y}_U = \boldsymbol{\Sigma}_U + \boldsymbol{\Pi}_U$ 表明，对目标点 $\boldsymbol{u}_M$ 的射击精度 $\boldsymbol{Y}_U$ 可以分解成射击准确度 $\boldsymbol{\Pi}_U$ 与射击密集度 $\boldsymbol{\Sigma}_U$ 之和。当弹丸运动位置矢量 $\boldsymbol{U}$ 期望值 $E(\boldsymbol{U})$ 的变化规律符合目标点的运动规律 $\boldsymbol{u}_M$ 时，准确度就好；当弹丸炸点的散布 $\boldsymbol{\Pi}_U$ 紧贴在散布中心 $E(\boldsymbol{U})$ 周围时，密集度就好。射击准确度和射击密集度单方面好均不能提高射击精度，只有两者同时好才能获得好的射击精度，如图 3.4.3 所示。

若把射击精度 $\boldsymbol{Y}_U$ 看成是一个随时间变化的随机过程，则射击精度与目标点位置 $\boldsymbol{u}_M$ 和射击距离 $\boldsymbol{U}$ 有关。与式(3.3.1)类似，$\boldsymbol{U}$ 亦可线性表示成

$$\boldsymbol{U}(t) = \boldsymbol{U}(\boldsymbol{\mu}_{X0}, \boldsymbol{\mu}_{\xi_{p1}}, \boldsymbol{\mu}_{\xi_{p2}}, \cdots, \boldsymbol{\mu}_{\xi_{p9}}, t) + \boldsymbol{G}_{UX0}\cdot(\boldsymbol{\xi}_{X0} - \boldsymbol{\mu}_{X0}) + \sum_{i=1}^{9}\boldsymbol{G}_{Ui}\cdot(\boldsymbol{\xi}_{pi} - \boldsymbol{\mu}_{\xi_{pi}})$$

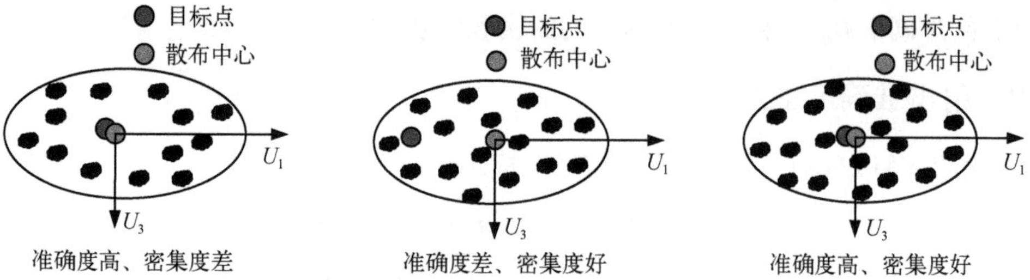

图 3.4.3　准确度与密集度之间的关系

式中，$\boldsymbol{U}(\boldsymbol{\mu}_{X0}, \boldsymbol{\mu}_{\xi_{p1}}, \boldsymbol{\mu}_{\xi_{p2}}, \cdots, \boldsymbol{\mu}_{\xi_{p9}}, t)$ 可理解为随时间变化的迁徙项；$\sum_{i=1}^{9} \boldsymbol{G}_{Ui} \cdot (\boldsymbol{\xi}_{pi} - \boldsymbol{\mu}_{\xi_{pi}})$ 可理解为随时间变化的扩散项。这样，射击精度的变化规律可以理解成随准确度 $\boldsymbol{\Pi}_U$ 的迁徙、围绕炸点散布中心 $E(\boldsymbol{U})$ 的扩散 $\boldsymbol{\Sigma}_U$。由于迁徙和扩散与时间和距离有关，这就解释了越远越打不准的原理。

由于准确度为系统误差，当系统的密集度较好时，可通过系统修正来提高准确度，从而实现对目标的覆盖。但若密集度不好，就难以通过系统修正来实现对目标的覆盖。目前正在发展的低成本修正弹药就是在密度较好的前提下，通过提高系统打击准确度来提高射击精度的思想来进行的。

3.4.4　圆概率误差

射击精度还可以用另外一种方式度量，即圆概率误差。

若以目标点 $\boldsymbol{u}_M(t)$ 为圆心画一个半径为 R 的球，则在坐标系 $o_G - x_1^G x_2^G x_3^G$ 下的球方程为

$$(x_1^G - u_1^M)^2 + (x_2^G - u_2^M)^2 + (x_3^G - u_3^M)^2 = R^2 \tag{3.4.21}$$

利用式(3.4.8)将点 $\boldsymbol{u}_M(t) = u_1^{Mi_G}\boldsymbol{e}_1 + u_2^{Mi_G}\boldsymbol{e}_2 + u_3^{Mi_G}\boldsymbol{e}_3$ 在散布主方向 $\boldsymbol{n}_{Pi}(i=1, 2, 3)$ 下投影，得到 $\bar{\boldsymbol{u}}_M(t) = \bar{u}_1^M \boldsymbol{n}_{P1} + \bar{u}_2^M \boldsymbol{n}_{P2} + \bar{u}_3^M \boldsymbol{n}_{P3}$，具体表达式为

$$\bar{\boldsymbol{u}}_M = \boldsymbol{u}_M \cdot \boldsymbol{n}_P \tag{3.4.22}$$

这样在散布主方向 $\boldsymbol{n}_{Pi}(i = 1, 2, 3)$ 下的球面方程为

$$(Y_1 - \bar{u}_1^M)^2 + (Y_2 - \bar{u}_2^M)^2 + (Y_3 - \bar{u}_3^M)^2 = R^2 \tag{3.4.23}$$

记上述球面方程与散布区域 Ω_P 的方程(3.4.12)形成的交为空间区域 Ω_R，记 Ω_R 的体积为 V_R，V_R 的大小与球面半径 R 有关，而 R 的大小与 $E(\boldsymbol{U}) - \boldsymbol{u}_M$ 有关。记 V_P 为概率 P_D 时区域 Ω_P 的体积，令

$$V_R = \chi V_P \tag{3.4.24}$$

由此得到球的半径 R_χ。当 $P_D = 1$，$V_P = 1$ 时，若 $\chi = 0.5$，则球的体积为 V_R 为 V_P 的 1/2，此时球半径记为 $R_{0.5}$，$R_{0.5}$ 表明将有一半的弹丸炸点区域(或散布区域体积)落在半径为 $R_{0.5}$ 的球内，如图 3.4.4 所示。

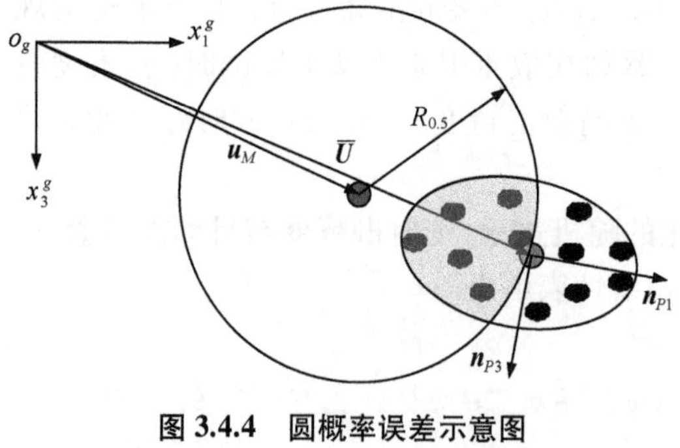

图 3.4.4　圆概率误差示意图

若在某平面中讨论射击精度问题，则

采用与上述相同的方法，求解得到 1/2 弹丸炸点（或散布区域体积）落在半径为 $R_{0.5}$ 的圆内，$R_{0.5}$ 为圆概率误差（CEP）。

3.5 射击精度的估算与统计推断

前文讨论的射击精度问题是在假定气象条件不变、射弹数量无限多的理想条件下得到的理论公式，实际射击工况射击条件是很难满足这些理想条件的，因此需要研究在有限样本条件下、在某一固定时间内的射击精度推断与估算问题，即通过一定量的子样本来推断、估算总体样本的特性。

射击精度估算是火炮在满足规定的使用环境和条件下，通过有限数量的射击试验，经理论估算得到的射击精度；这是受实际使用条件、环境、各种随机因素等影响的抽样试验获得的射击精度。

为了估算火炮射击精度，特作如下假设：

（1）目标点 $\boldsymbol{u}_M$ 的坐标是精确的；

（2）气象条件满足射击试验的标准要求；

（3）弹丸的物理特性满足规定的标准要求；

部 （4）弹丸初速的或然误差在规定的标准要求之内；

（5）炮手不出现明显的操作误差；

（6）火炮发射阵地满足设计时对其提出的设置要求；

（7）火炮及其零部件性能合格；

（8）身管已发射的弹丸发数满足国军标要求。

估算射击精度的样本必须要按一定效力射诸元，通过测量一定数量 N 的实弹射击炸点数据才能获得。射击 N 发弹药需要一定时间，当时间跨度较大时，气象条件等因素将不一致，为此将 N 发弹丸分成 m 组，确保每组的射击时间较短且可控，以消除气象的影响，但也增加了估算射击精度的复杂性。

3.5.1 射击密集度的估算与统计推断

3.5.1.1 射击密集度的无偏估算

火炮进行射击密集度试验，其射程总体 U 的均值 μ 和方差 σ^2 存在，但未知，且有 $\sigma^2 > 0$。为了考虑各种气象因素的影响，火炮密集度试验通常分成 m 组，每组之间规定一定的时间间隔。又设 $U_1, U_2, \cdots, U_m$ 是来自总体 U 的 m 组的试验样本子集，即 U 的子集，试分别求 μ、σ^2 的矩估计量 $\hat{\mu}$、$\hat{\sigma}^2$。

根据期望值和二阶矩的定义，得

$$\mu = E(U), \quad E(U^2) = D(U) + [E(U)]^2 = \sigma^2 + \mu^2$$

利用子集中的样本进行计算：

$$A_1 = \frac{1}{m}\sum_{i=1}^{m} U_i, \quad A_2 = \frac{1}{m}\sum_{i=1}^{m} U_i^2$$

将 A_1、A_2 分别替代前式中的 $E(U)$、$E(U^2)$ 值,得估算值:

$$\hat{\mu}=\frac{1}{m}\sum_{i=1}^{m}U_i=\hat{\boldsymbol{U}},\quad \hat{\sigma}^2=\frac{1}{m}\sum_{i=1}^{m}U_i^2-\hat{\boldsymbol{U}}^2=\frac{1}{m}\sum_{i=1}^{m}(U_i-\hat{\boldsymbol{U}})^2 \tag{3.5.1}$$

由上式可见,$\hat{\mu}$、$\hat{\sigma}^2$ 的估算公式与射程 U 的分布规律无关。

由式(3.5.1),有

$$E(\hat{\mu}^2)=\frac{1}{m}\sum_{i=1}^{m}E(U_i)=\mu \tag{3.5.2A}$$

$$E(\hat{\sigma}^2)=\frac{1}{m}\sum_{i=1}^{m}E(U_i^2)-E(\hat{\boldsymbol{U}}^2)=\frac{m-1}{m}\sigma^2 \tag{3.5.2B}$$

式(3.5.1)对 $\hat{\sigma}^2$ 的估算为有偏估算,估算系统相对误差为 $1/m$,中大口径火炮射击密集度试验通常用3组射击,当 $m=3$ 时,系统相对误差为33.3%,因此在估算均值和方差时应采用如下无偏估算公式,即

$$\hat{\mu}=\frac{1}{m}\sum_{i=1}^{m}U_i=\hat{\boldsymbol{U}},\quad \hat{\sigma}^2=\frac{1}{m-1}\sum_{i=1}^{m}(U_i-\hat{\boldsymbol{U}})^2 \tag{3.5.3}$$

事实上,如果组与组之间的射击试验持续多天,或相隔几个小时,期间若气象变化较大,子样本 $U_1, U_2, \cdots, U_m$ 与总体 U 同分布的假定就会不成立,这样采用式(3.5.3)来估算组与组之间的结果就失去了意义。目前行业内仍采用平均的方法,即式(3.5.1)来估算均值和方差,但要进行同分布检验。

下面来考察第 j 组射击试验样本 U_j 的特征参数 $\hat{\mu}_j$、$\hat{\sigma}_j^2$ 估算公式。一般地,第 j 组试验采用在规定的时间内射击 n 发弹丸,测得其弹丸落点坐标来进行特征参数估算。

$$U_j:\ u_{j1},\ u_{j2},\ \cdots,\ u_{ji},\ \cdots,\ u_{jn} \tag{3.5.4}$$

由于一组内的射弹时间可控,认为气象条件稳定,因此发与发之间的采样数据能比较严格地服从同分布的原则,因此将式(3.5.4)代入式(3.5.3)得

$$\hat{\mu}_j=\frac{1}{n}\sum_{i=1}^{n}u_{ji}=\hat{\boldsymbol{U}}_j,\ \hat{\sigma}_j^2=\frac{1}{n-1}\sum_{i=1}^{n}(u_{ji}-\hat{\boldsymbol{U}}_j)^2,\quad j=1,2,\cdots,m \tag{3.5.5}$$

m 组的均值为

$$\hat{\mu}=\frac{1}{m}\sum_{i=1}^{m}\hat{\boldsymbol{U}}_j=\hat{\boldsymbol{U}},\quad \hat{\sigma}^2=\frac{1}{m}\sum_{j=1}^{m}\hat{\boldsymbol{U}}_j^2-\hat{\boldsymbol{U}}^2=\frac{1}{m}\sum_{j=1}^{m}\hat{\sigma}_j^2 \tag{3.5.6}$$

式(3.5.5)为 $\hat{\sigma}_j^2$ 的无偏估算表达式,但可以证明(梁小筠,1997),若用 $\hat{\sigma}_j=\sqrt{\hat{\sigma}_j^2}$ 来估算 $\hat{\sigma}_j$,也是有偏估算,但应用下式来估算 $\hat{\sigma}_j$ 是无偏估算:

$$\hat{\sigma}_j=\frac{1}{\alpha_n}\sqrt{\hat{\sigma}_j^2} \tag{3.5.7}$$

其中

$$\alpha_n = \sqrt{\frac{2}{n-1}}\frac{\Gamma\left(\frac{n}{2}\right)}{\Gamma\left(\frac{n-1}{2}\right)} \tag{3.5.8}$$

式中，$\Gamma(\cdot)$ 为伽马函数。

表 3.5.1 给出了 $1/\alpha_n$ 随 n 的变化关系。由表可见，随着 n 增大，$1/\alpha_n$ 由右侧趋近于 1，这表明无偏估计的均方差大于有偏估计的均方差。

表 3.5.1　$1/\alpha_n$ 随 n 的变化关系

n	2	3	4	5	6	7	8	9	10	11
$1/\alpha_n$	1.253 3	1.128 4	1.085 4	1.063 8	1.050 9	1.042 4	1.036 2	1.031 7	1.028 1	1.025 3
n	12	13	14	15	16	17	18	19	20	21
$1/\alpha_n$	1.023 0	1.021 0	1.019 4	1.018 0	1.016 8	1.015 7	1.014 8	1.014 0	1.013 2	1.012 6

3.5.1.2　射击密集度的统计推断

火炮进行射击密集度试验，其射程总体 U 的均值 μ 和方差 σ^2 存在，但未知，且有 $\sigma^2 > 0$。又设 $U_1, U_2, \cdots, U_n$ 是来自总体 U 的样本，μ、σ^2 的估计量分别为 $\hat{\boldsymbol{U}}$、$\hat{\sigma}^2$，求置信水平为 $1-\alpha$ 的 μ、σ^2 的置信区间。依据置信区间求 μ、σ^2 存在区间的方法称为统计推断。

弹丸空中运动近似服从正态分布 $U \sim N(\mu, \sigma^2)$。我们知道 $\hat{\boldsymbol{U}}$ 是 μ 的无偏估计，则有以下 t 分布（盛骤等，2011）：

$$\frac{\hat{\boldsymbol{U}}-\mu}{\hat{\sigma}/\sqrt{n}} \sim t(n-1)$$

按照 t 分布的 α 分位点定义，有

$$P\left\{\left|\frac{\hat{\boldsymbol{U}}-\mu}{\hat{\sigma}/\sqrt{n}}\right| < t_{\alpha/2}(n-1)\right\} = 1-\alpha \tag{3.5.9A}$$

即

$$P\left\{\hat{\boldsymbol{U}} - \frac{\hat{\sigma}}{\sqrt{n}}t_{\alpha/2}(n-1) < \mu < \hat{\boldsymbol{U}} + \frac{\hat{\sigma}}{\sqrt{n}}t_{\alpha/2}(n-1)\right\} = 1-\alpha \tag{3.5.9B}$$

这样，我们就得到了 μ 的一个置信水平为 $1-\alpha$ 的置信区间：

$$\hat{\boldsymbol{U}} - \frac{\hat{\sigma}}{\sqrt{n}}t_{\alpha/2}(n-1) < \mu < \hat{\boldsymbol{U}} + \frac{\hat{\sigma}}{\sqrt{n}}t_{\alpha/2}(n-1) \tag{3.5.9C}$$

另一方面，$\hat{\sigma}^2$ 是 σ^2 的无偏估计，则有以下 χ^2 分布（盛骤等，2011）：

$$\frac{(n-1)\hat{\sigma}^2}{\sigma^2} \sim \chi^2(n-1) \tag{3.5.10A}$$

按照 χ^2 分布的 α 分位点定义，有

$$P\left\{\chi^2_{1-\alpha/2}(n-1) < \frac{(n-1)\hat{\sigma}^2}{\sigma^2} < \chi^2_{\alpha/2}(n-1)\right\} = 1-\alpha \qquad (3.5.10B)$$

这样,我们就得到了 σ^2 的一个置信水平为 $1-\alpha$ 的置信区间:

$$\frac{(n-1)\hat{\sigma}^2}{\chi^2_{\alpha/2}(n-1)} < \sigma^2 < \frac{(n-1)\hat{\sigma}^2}{\chi^2_{1-\alpha/2}(n-1)} \qquad (3.5.10C)$$

特别地,当 α、n 变化时,通过查表得 $t_{\alpha/2}(n-1)$、$\chi^2_{\alpha/2}(n-1)$、$\chi^2_{1-\alpha/2}(n-1)$,将其代入式(3.5.9C)和式(3.5.10C),估算结果见表 3.5.2,表中 $\hat{U}$、$\hat{\sigma}^2$ 分别为估计量的均值和均方差,该估计量可以是弹丸运动三个方向的任意变量。

表 3.5.2　不同 α、n 时,均值 μ 和均方差 σ 的估算区间

估计量	n \ α	0.05	0.02	0.01
均值 μ	7	$(\hat{U}-0.9248\hat{\sigma}$, $\hat{U}+0.9248\hat{\sigma})$	$(\hat{U}-1.1878\hat{\sigma}$, $\hat{U}+1.1878\hat{\sigma})$	$(\hat{U}-1.4013\hat{\sigma}$, $\hat{U}+1.4013\hat{\sigma})$
	11	$(\hat{U}-0.6718\hat{\sigma}$, $\hat{U}+0.6718\hat{\sigma})$	$(\hat{U}-0.8333\hat{\sigma}$, $\hat{U}+0.8333\hat{\sigma})$	$(\hat{U}-0.9556\hat{\sigma}$, $\hat{U}+0.9556\hat{\sigma})$
	30	$(\hat{U}-0.3734S$, $\hat{U}+0.3734S)$	$(\hat{U}-0.4495\hat{\sigma}$, $\hat{U}+0.4495\hat{\sigma})$	$(\hat{U}-0.5032\hat{\sigma}$, $\hat{U}+0.5032\hat{\sigma})$
均方差 σ	7	$(0.6450\hat{\sigma}, 2.2024\hat{\sigma})$	$(0.5974\hat{\sigma}, 2.6231\hat{\sigma})$	$(0.5688\hat{\sigma}, 2.9792\hat{\sigma})$
	11	$(0.6987\hat{\sigma}, 1.7549\hat{\sigma})$	$(0.6564\hat{\sigma}, 1.9772\hat{\sigma})$	$(0.6301\hat{\sigma}, 2.1537\hat{\sigma})$
	30	$(0.7964\hat{\sigma}, 1.3401\hat{\sigma})$	$(0.7647\hat{\sigma}, 1.4263\hat{\sigma})$	$(0.7444\hat{\sigma}, 1.4867\hat{\sigma})$

由此可见,根据目前靶场射击密集度试验 ($n=7$) 得到射程和均方差的估算结果 $\hat{U}$、$\hat{\sigma}$,若选 $\alpha=0.05$,其期望值 μ、σ 分别落在区间 $(\hat{U}\pm0.9248\hat{\sigma})$ 和 $(0.6450\hat{\sigma}, 2.2024\hat{\sigma})$ 中的置信度将有 95%。这就意味着,若某 155 火炮在估算最大射程 $\hat{U}=30$ km 时的密集度为 1/300($n=7$),估算值 $\hat{\sigma}=148$ m,期望值 μ、σ 分别落在区间 (30 000 ±136.9) 和 (95, 326) 中的置信度将有 95%,区间的长度分别为 273.8 m 和 231.0 m。为了确保估算结果 $\hat{U}$、$\hat{\sigma}$ 趋于真值 μ、σ,应增加考核样本量 n,当 $n=30$,密集度仍为 1/300 时,μ、σ 分别落在区间 (30 000 ±55.3) 和 (117.9, 198.3) 中,区间的长度分别缩小到 110.6 m 和 80.4 m,可见估算值离真值越来越接近。当火炮实现自动化后,在半个小时之内射击 30 发弹丸是完全有可能的,这样可通过加大估算样本量来提高对真值的逼近度,掌握火炮的真实性能,也是提高火炮发射无控弹药射角水平的重要途径。

3.5.2　一致性检验

某火炮厂为检查火炮生产质量,抽查两门火炮进行射击密集度试验,检验得到最大射程 $\hat{U}_1=31500$ m、$\hat{U}_2=30900$ m 时的密集度变异系数分别为 $A_1=1/286$、$A_2=1/345$,假定试验是独立进行的,得到两个样本 U_1、U_2 的落点结果 $u_{ij}(i=1, 2, j=1, 2, \cdots, n)$,$n=7$,是相互独立的,且认为 $U_1\sim N(\mu_1, \sigma_1^2)$、$U_2\sim N(\mu_2, \sigma_2^2)$,但 μ_i、$\sigma_i^2(i=1, 2)$ 未知,试问两门火炮射击密集度性能是否具有显著性差异?

此问题属于对火炮进行一致性检验问题。

已知 $U_1 \sim N(\mu_1, \sigma_1^2)$、$U_2 \sim N(\mu_2, \sigma_2^2)$，$\hat{\sigma}_i^2$ 是 σ_i^2 的无偏估计，由此构建服从 F 分布的表达式（盛骤等，2011）：

$$\frac{\hat{\sigma}_1^2/\hat{\sigma}_2^2}{\sigma_1^2/\sigma_2^2} \sim F(n-1, n-1) \tag{3.5.11A}$$

按照 F 分布的上 α 分位点定义，有

$$P\left\{F_{1-\alpha/2}(n-1, n-1) < \frac{\hat{\sigma}_1^2/\hat{\sigma}_2^2}{\sigma_1^2/\sigma_2^2} < F_{\alpha/2}(n-1, n-1)\right\} = 1-\alpha \tag{3.5.11B}$$

这样，我们就得到了 σ_1^2/σ_2^2 的一个置信水平为 $1-\alpha$ 的置信区间：

$$\frac{\hat{\sigma}_1^2}{\hat{\sigma}_2^2}\frac{1}{F_{\alpha/2}(n-1, n-1)} < \frac{\sigma_1^2}{\sigma_2^2} < \frac{\hat{\sigma}_1^2}{\hat{\sigma}_2^2}\frac{1}{F_{1-\alpha/2}(n-1, n-1)} \tag{3.5.11C}$$

根据给定数据，经运算估计有 $\hat{\sigma}_1^2 = 163.3\ \text{m}^2$，$\hat{\sigma}_2^2 = 132.8\ \text{m}^2$，$\hat{\sigma}_1^2/\hat{\sigma}_2^2 = 1.23$，特别地，当 $\alpha = 0.05$、$n = 7$ 时，查表得 $F_{\alpha/2}(6, 6) = 5.82$、$F_{1-\alpha/2}(6, 6) = 0.171\,8$，将其代入式(3.5.11C)，得

$$0.21 < \frac{\sigma_1^2}{\sigma_2^2} < 7.16$$

由于 σ_1^2/σ_2^2 的置信区间包含 1，意味着存在 $\sigma_1^2 = \sigma_2^2$ 的可能性，因此可以认为这两门火炮在射击密集度性能方面没有显著性差异。

3.5.3 射击精度检验

先讨论火炮射击密集度的检验问题。火炮射击密集度 $[\sigma]$ 是指在特定的假设 H_0 条件下与火炮显著水平 α 相称的值，这是一种通过有限数量 N（m 组，每组 n 发）实弹射击试验来检验火炮估计射击密集度 $\hat{\sigma}$ 是否满足规定的射击密集度 σ_0 要求的检验指标。

火炮估计射击密集度 $\hat{\sigma}$ 是否满足规定的射击密集度 σ_0（给定）要求，是需要检验的。检验的假设是

$$H_0: \hat{\sigma} \leqslant \sigma_0 \tag{3.5.12}$$

这是单侧假设检验问题，可采用 χ^2 检验法得到。

作统计量：

$$\chi_v^2 = v\frac{\hat{\sigma}^2}{\sigma_0^2}, \quad v = n-1 \tag{3.5.13}$$

式中，$\hat{\sigma}$ 为通过检验试验估算得到的射击密集度值。

在 $\hat{\sigma} = \sigma_0$ 的条件下，χ_v^2 为自由度 v 的 χ^2 变量。若给定显著性水平 α，利用 χ^2 分布表可决定界限 χ_α^2，使满足概率：

$$P(\chi_v^2 > \chi_\alpha^2) = \alpha \tag{3.5.14}$$

这样,拒绝假设 H_0 的区间是 $(\chi_\alpha^2,\ \infty)$, 也即当

$$v\frac{\hat{\sigma}^2}{\sigma_0^2} > \chi_\alpha^2 \tag{3.5.15}$$

成立时,拒绝假设 H_0, 即火炮射击密集度没有达到规定的射击密集度要求。上式可改写为

$$\hat{\sigma} > \sqrt{\frac{\chi_\alpha^2}{v}}\sigma_0 = [\sigma] \tag{3.5.16}$$

即当 $\hat{\sigma} > [\sigma]$ 时,估计射击密集度没有达到规定射击密集度要求,因此 $[\sigma]$ 就是火炮射击密集度的检验值。由 χ^2 分布表可知, $\chi_\alpha^2 > \nu$, 因此有

$$[\sigma] > \sigma_0 \tag{3.5.17}$$

上式说明检验射击密集度要低于规定的射击密集度,这是由假设性检验方法所决定的。同样对火炮的检验射击准确度 $[\sigma_A]$ 为

$$[\sigma_A] = \sqrt{\frac{\chi_\alpha^2}{v}}\sigma_{A0} \tag{3.5.18}$$

式中, σ_{A0} 为规定的射击准确度。

3.6 算例分析

3.6.1 对目标射击精度分析

算例 1: 某火炮对距离为 $\|X\| = 30\,000$ m 的某一长为 $2l_x$、宽为 $2l_z$ 的矩形目标进行射击,矩形目标的几何中心为目标瞄准点,假定火炮的射击方向与矩形的长度方向相同,矩形的长宽比为 a_L, 矩形的面积为 $A = 4a_L l_z^2$, 火炮纵向和横向射击炸点误差服从正态分布,其散布中心和均方差分别为 μ_x、μ_z、σ_x、σ_z, 讨论该矩形目标被命中的概率与参数 μ_x、μ_z、σ_x、σ_z 之间的关系。

解: 设 X 和 Z 分别为纵向和横向射击误差的随机变量,由假设得 X 和 Z 的边缘概率密度分别为

$$f_X(x) = \frac{1}{\sqrt{2\pi}\sigma_x}e^{-\frac{1}{2}\frac{(x-\mu_x)^2}{\sigma_x^2}}, \quad -\infty < x < +\infty$$

$$f_Z(z) = \frac{1}{\sqrt{2\pi}\sigma_z}e^{-\frac{1}{2}\frac{(z-\mu_z)^2}{\sigma_z^2}}, \quad -\infty < z < +\infty$$

假定 X 和 Z 相互独立的情况,即 $r_{xz} = 0$, 故 $(X,\ Z)$ 的概率密度为

$$f_{X,Z}(x,\ z) = \frac{1}{2\pi\sigma_x\sigma_z}e^{-\frac{1}{2}\left[\frac{(x-\mu_x)^2}{\sigma_x^2}+\frac{(z-\mu_z)^2}{\sigma_z^2}\right]}$$

按题意需要求概率 $P\{-l_x \leqslant X \leqslant l_x, -l_z \leqslant Z \leqslant l_z\} = P\{-l_x \leqslant X \leqslant l_x\}P\{l_z \leqslant Z \leqslant l_z\}$，因此有

$$P\{-l_x \leqslant X \leqslant l_x\} = \int_{-l_x}^{l_x} \frac{1}{\sqrt{2\pi}\sigma_x} e^{-\frac{1}{2}\frac{(x-\mu_x)^2}{\sigma_x^2}} dx = \Phi\left(\frac{l_x + \mu_x}{\sigma_x}\right) + \Phi\left(\frac{l_x - \mu_x}{\sigma_x}\right) - 1$$

$$P\{-l_z \leqslant Z \leqslant l_z\} = \int_{-l_z}^{l_z} \frac{1}{\sqrt{2\pi}\sigma_z} e^{-\frac{1}{2}\frac{(z-\mu_z)^2}{\sigma_z^2}} dz = \Phi\left(\frac{l_z + \mu_z}{\sigma_z}\right) + \Phi\left(\frac{l_z - \mu_z}{\sigma_z}\right) - 1$$

式中，函数 $\Phi(\cdot)$ 为标准正态分布函数。

从而有

$$\begin{aligned} &P\{-l_x \leqslant X \leqslant l_x, -l_z \leqslant Z \leqslant l_z\} \\ &= \left[\Phi\left(\frac{l_x + \mu_x}{\sigma_x}\right) + \Phi\left(\frac{l_x - \mu_x}{\sigma_x}\right) - 1\right]\left[\Phi\left(\frac{l_z + \mu_z}{\sigma_z}\right) + \Phi\left(\frac{l_z - \mu_z}{\sigma_z}\right) - 1\right] \end{aligned} \tag{3.6.1}$$

式(3.6.1)就是所谓的命中概率公式。

根据给出的已知条件得：$l_z = \sqrt{A/a_L}/2$，$l_x = a_L l_z = \sqrt{a_L A}/2$，$x_2 = l_x$，$x_1 =- l_x$，$z_2 = l_z\ z_1 =- l_z$，并将其代入式(3.6.1)得命中概率随命中目标的关系式：

$$\begin{aligned} &P\{-l_x \leqslant X \leqslant l_x, -l_z \leqslant Z \leqslant l_z\} \\ &= \left[\Phi\left(\frac{\sqrt{a_L A} + 2\mu_x}{2\sigma_x}\right) + \Phi\left(\frac{\sqrt{a_L A} - 2\mu_x}{2\sigma_x}\right) - 1\right]\left[\Phi\left(\frac{\sqrt{A/a_L} + 2\mu_z}{2\sigma_z}\right) + \Phi\left(\frac{\sqrt{A/a_L} - 2\mu_z}{2\sigma_z}\right) - 1\right] \end{aligned}$$

图 3.6.1 给出了 $A = 1\ 000\ \text{m}^2$、$a_L = 2$ 时的命中概率 P 与参数 μ_x、μ_z、σ_x、σ_z 的变化关系，从图中可以看出以下规律。

（1）就命中目标而言，准确度非常重要，当准确度大于 10 m 时，依照目前火炮最大射程散布水平，直接命中目标的概率非常低。

（2）当准确度为零时，即散布中心与目标点中心重合，则当 $\sigma_x > 60$ m 或 $\sigma_z > 29$ m 时，命中目标的可能性小于 $P < 0.5$。

（3）若不考虑炸点爆炸半径对命中概率的贡献，远程压制火炮直接命中目标的概率是非常低的。

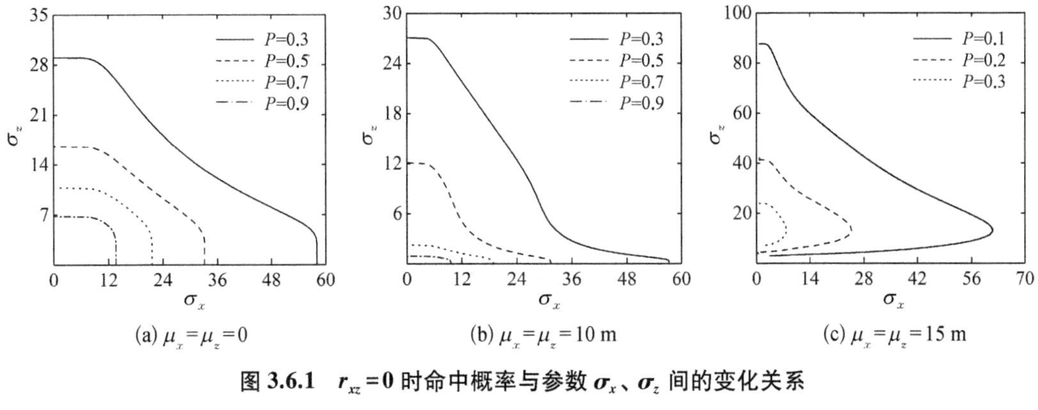

图 3.6.1　r_{xz}=0 时命中概率与参数 σ_x、σ_z 间的变化关系

3.6.2 射击密集度问题的统计推断

算例 2：某 122 mm 榴弹炮，在靶场进行六组射击试验，每组的射弹数及试验结果见表 3.6.1，试求这六组试验的平均结果，并验证纵向落点与横向落点是否相关。

表 3.6.1 射击试验测试结果

序号	第一组		第二组		第三组		第四组		第五组		第六组	
	X/m	Z/m	X/m	Z/m	X/m	Z/m	X/m	Z/m	X/m	Z/m	X/m	Z/m
1	19 194	10	19 468	−4	20 010	−34	19 494	−23	19 522	−21	19 459	−14
2	19 190	3	19 560	−10	19 853	−45	19 460	−11	19 569	−12	19 622	−2
3	19 069	−16	19 383	−17	19 850	−42	19 542	−14	19 545	3	19 533	−4
4	19 117	−15	19 448	−10	19 928	−46	19 607	−22	19 428	−5	19 659	−9
5	19 110	−10	19 596	6	19 816	−50	19 429	−22	19 529	0	19 657	−22
6	19 314	−12	19 631	−7	19 809	−43	19 383	−9	19 517	−23	19 554	−47
7	19 180	−11	19 510	8	19 695	−55	19 521	−7	—	—	—	—
8	—	—	—	—	19 940	−30	19 600	−25	—	—	—	—
9	—	—	—	—	19 780	−45	19 650	−22	—	—	—	—
均值	19 168	−7	19 514	−5	19 853	−43	19 521	−17	19 518	−10	19 581	−16
$\Vert \bar{\boldsymbol{X}}_i \Vert$	19 168		19 514		19 853		19 521		19 518		19 581	
变异系数	1/355	0.33	1/330	0.3	1/311	0.26	1/327	0.23	1/602	0.37	1/366	0.56
中间误差	54	6.3	59.1	5.9	63.7	5.1	59.7	4.7	32.4	7.3	53.5	11.2

根据题意有以下基本数据：

$$m = 6,\ n_1 = n_2 = 7,\ n_3 = n_4 = 9,\ n_5 = n_6 = 6,\ N = 44$$

1）密集度计算

六组射程平均值为

$$\Vert \bar{\boldsymbol{X}} \Vert = \frac{1}{m}\sum_{i=1}^{6} \Vert \bar{\boldsymbol{X}}_i \Vert = 19\,527\ \text{m}$$

六组中间误差的均值为

$$\hat{E}_{px} = \sqrt{\frac{1}{N-m}\sum_{i=1}^{m}(n_i - 1)\hat{E}_{pxi}^2} = 42\ \text{m},\quad \hat{E}_{pz} = \sqrt{\frac{1}{N-m}\sum_{i=1}^{m}(n_i - 1)\hat{E}_{pzi}^2} = 6.3\ \text{m}$$

上式估算中没有采用无偏估算系数 $1/\alpha_n$。

若采用如下算术平均法计算，则六组中间误差的均值为

$$\hat{E}_{px} = \sqrt{\frac{1}{m}\sum_{i=1}^{m}\hat{E}_{pxi}^2} = 55\ \text{m},\quad \hat{E}_{pz} = \sqrt{\frac{1}{m}\sum_{i=1}^{m}\hat{E}_{pzi}^2} = 7.1\ \text{m}$$

可见采用两种公式得到的计算结果有较大的偏差,算术平均法偏保守。

2) 相关性计算

根据相关性计算公式可得相关性结果,见表 3.6.2。从表中可以推断,纵向落点与横向落点之间是不相关的。

表 3.6.2　射击试验落点相关性系数

组　号	第一组	第二组	第三组	第四组	第五组	第六组
相关性系数	0.29	0.47	0.19	−0.51	−0.05	0.10

算例 3: 在靶场进行某 155 毫米火炮最大射程试验时,得到两组弹丸炸点坐标的观测值,见表 3.6.3。

表 3.6.3　射 击 试 验

n		1	2	3	4	5	6	7
组一	X	32 358	32 230	32 427	32 469	32 202	32 331	32 433
	Z	124	113	80	102	31	95	83
组二	X	30 782	30 693	30 652	30 594	30 603	30 275	30 309
	Z	92	94	133	103	71	53	−13

将两组观测数据代入 3.5 节中相应的估算公式,结果见表 3.6.4。

表 3.6.4　密集度参数估算结果

内　容	组　一	组　二
最大射程估算值/m	$\hat{X} = 32\,350,\ \hat{Z} = 89.7$	$\hat{X} = 30\,558,\ \hat{Z} = 76.1$
密集度矩阵 $\boldsymbol{\Sigma}_U$	$\begin{bmatrix} 10\,618 & 1\,037.7 \\ 1\,037.7 & 913.9 \end{bmatrix}$	$\begin{bmatrix} 37\,107.9 & 6\,798.1 \\ 6\,798.1 & 2\,172.1 \end{bmatrix}$
特征值/m²	$\lambda_1 = 10\,727.7,\ \lambda_2 = 804.2$	$\lambda_1 = 38\,384.1,\ \lambda_2 = 895.9$
特征向量	$n_{p1} = \begin{Bmatrix} 0.994\,5 \\ 0.105\,1 \end{Bmatrix},\ n_{p2} = \begin{Bmatrix} -0.105\,1 \\ 0.994\,5 \end{Bmatrix}$	$n_{p1} = \begin{Bmatrix} 0.982\,8 \\ 0.184\,5 \end{Bmatrix},\ n_{p2} = \begin{Bmatrix} -0.184\,5 \\ 0.982\,8 \end{Bmatrix}$
主方向上方差/m	$\hat{\sigma}_{P1} = 103.6,\ \hat{\sigma}_{P3} = 28.4$	$\sigma_{P1} = 195.9,\ \sigma_{P2} = 29.9$
变异系数	纵向: 1/463,横向: 0.59 mil	纵向: 1/235,横向: 0.98 mil

将组一、组二的散布结果画成散布图,如图 3.6.2 所示,比较两组之间的差异性,可得到如下结论。

(1) 无论是密集度较好的组一,还是密集度不好的组二,散布主方向都偏离了射击方向,而且密集度越差,偏离就越大,弱偏离是一种系统测试误差引起的正常现象,强偏离则属于不正常现象。

(2) 散布主方向偏离射击方向,意味着射击过程中弹丸纵向运动与横向运动的相关性较大,表明弹丸运动方程中存在比较强的因素将弹丸的纵向位移和横向位移关联在一起。

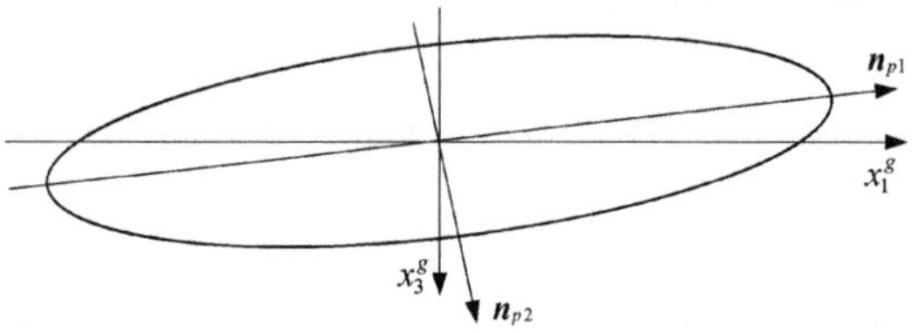

图 3.6.2 两种试验的散布示意图

(3) 根据前面的讨论,弹丸空中飞行近似服从正态分布,射击出现强相关是不正常现象。

(4) 有两个因素影响弹丸纵向位移和横向位移的相关性,一种情况是弹丸运动不服从正态分布,另一种情况是有外来因素引入改变了系统的随机动力特性。

(5) 若出现弹丸运动不服从正态分布现象,原因是火炮发射过程中出现运动不连续。造成不连续的因素主要有火炮牵连运动出现跳跃(运动失稳),或弹丸与身管之间出现严重撞击碰撞(速度突变)。

(6) 外来因素引入主要反映了弹带在膛内运动期间与身管相互作用发生强非线性塑性变形后引起的翻边、损伤等,改变了对弹带稳定、一致性的假定,使得弹丸在空中飞行时,无论弹带脱落与否,其阻力系数均会发生显著的变化;经理论分析计算发现,某 155 毫米火炮弹带阻力的变化会使弹丸射程发生 1.1 km 的极值变化。

(7) 用概率守恒原理来分析密集度问题,若不考虑气象因素的影响,弹丸在空中飞行运动其最终的炸点仅与其初始条件有关。火炮发射弹丸过程中,弹丸的运动可分解成火炮的牵连运动与弹丸相对于火炮身管的运动,弹丸飞离炮口的初始条件与火炮的牵连运动和弹丸相对于身管的运动有关,当其中的任何一个因素变化时,弹丸初始条件必受影响。

(8) 控制弹丸初始条件需要从控制火炮的牵连运动与控制弹丸相对身管的运动两个方面同时着手,其着手方法可从炸点位置的相关性分析开始。

3.6.3 射击密集度的假设性检验

算例 4: 经战术技术论证,某车载炮的最大射程指标为 $\|\boldsymbol{X}_0\| = 19\,000$ m, 在最大射程 $\|X_0\|$ 上散布密集度指标分别为纵向 $E_{pX_0} = 63$ m、横向 $E_{pZ_0} = 19$ m, 变异系数分别为纵向 $A_{X_0} = 1/300$、横向 $A_{Z_0} = 1$ mil。检验试验时,射击三组弹药 ($m = 3$), 每组 7 发 ($n = 7$), 试验数据见表 3.6.5。若分别给定显著水平 $\alpha = 1\%$、$\alpha = 5\%$ 和 $\alpha = 10\%$, 请讨论此车载炮是否满足战术技术指标要求?

表 3.6.5 射击试验测试结果

序号	第一组		第二组		第三组	
	X/m	Z/m	X/m	Z/m	X/m	Z/m
1	19 600	740	19 338	1 115	19 387	1 138
2	19 665	761	19 254	1 103	19 397	1 142
3	19 482	752	19 141	1 116	19 664	1 167
4	19 575	752	19 202	1 104	19 404	1 151
5	19 579	757	19 152	1 086	19 304	1 124
6	19 330	743	19 234	1 100	19 442	1 137
7	19 571	742	19 245	1 099	19 367	1 144

此问题属于假设性检验问题,按以下步骤进行分析。

(1) 计算各界限值。对给定显著水平 $\alpha=1\%$、$\alpha=5\%$ 和 $\alpha=10\%$, $v=n-1=6$, 查χ_α^2表分别得对应的χ_α^2 值,利用式(3.5.8C),计算得到如表 3.6.6 给出的检验界限值。

表 3.6.6 检验界限值

序 号	计算变量	$\alpha=1\%$	$\alpha=5\%$	$\alpha=10\%$
1	χ_α^2	16.812	12.592	10.645
2	$[E_{pX}]$	105	91	84
3	$[E_{pZ}]$	32	28	25
4	$[A_X]$	1/179	1/207	1/226
5	$[A_Z]$ /mil	1.67	1.45	1.33

(2) 计算各估算值。根据相应的公式,由已知条件,求得各估算值见表 3.6.7。

表 3.6.7 射角精度估算值

序号	计 算 变 量		第一组	第二组	第三组
1	平均射程/m	$\bar{X}$	19 543	19 224	19 423
		$\bar{Z}$	750	1 103	1 143
		$\Vert\bar{X}_i\Vert$	19 558	19 255	19 457
2	密集度/m	$\hat{E}_{pX}$	73	45	77
		$\hat{E}_{pZ}$	5.4	6.9	6.5
3	变异系数	A_X	1/268	1/425	1/252
		A_Z /mil	0.27	0.34	0.49

(3) 进行数据异常判断。将三组数据从小到大进行排列,得三组中最大的数据:

$$X_{\max 1}=19\ 665\ \text{m},\ Z_{\max 1}=761\ \text{m},$$

$$X_{\max 2}=19\ 338\ \text{m},\ Z_{\max 2}=1\ 116\ \text{m},$$

$$X_{\max 3}=19\ 664\ \text{m},\ Z_{\max 3}=1\ 167\ \text{m}$$

三组数据的均方差为

$$\hat{\sigma}_{X1}=108.2\ \text{m},\ \hat{\sigma}_{Z1}=8.0\ \text{m},\ \hat{\sigma}_{X2}=66.7\ \text{m},\ \hat{\sigma}_{Z2}=10.2\ \text{m},\ \hat{\sigma}_{X3}=114.1\ \text{m},\ \hat{\sigma}_{Z3}=14.1\ \text{m}$$

计算统计量 G:

$$G_{X1}=|X_{\max 1}-\bar{X}_1|/\hat{\sigma}_{X1}=1.128,\ G_{Z1}=1.375,$$

$$G_{X2}=1.709,\ G_{Z2}=1.275,$$

$$G_{X3}=2.112,\ G_{Z3}=1.702$$

当 $\alpha=1\%$ 时, 根据 GJB2974-97 附录 A 的格拉布斯检验值的临界值表 A1,由 $n=7$ 查出

临界值 $G_{1-\alpha}=2.097$。将 G_{Xi}、$G_{Zi}(i=1,2,3)$ 分别与 $G_{1-\alpha}$ 比对，可得 $G_{X3}>G_{1-\alpha}$，表明第三组的第三个数据存在异常，应予以剔除。将该数据剔除后，取 $n=6$ 重新进行计算，得到下列相关结果：

$$\bar{X}_3=19\,384\ \text{m},\ \bar{Z}_3=1\,139\ \text{m},\ \|\bar{X}_3\|=19\,417.4\ \text{m},$$

$$\hat{E}_{pX3}=31\ \text{m},\ \hat{E}_{pZ3}=5.8\ \text{m},\ A_{X3}=1/623,\ A_{Z3}=0.30\ \text{mil},$$

$$\hat{E}_{CX3}=62\ \text{m},\ \hat{E}_{CZ3}=841.6\ \text{m},\ \hat{E}_{X3}=69.32\ \text{m},\ \hat{E}_{Z3}=841.62\ \text{m}$$

三组平均值为

$$\|\bar{X}\|=19\,410.1\ \text{m},\ \hat{E}_{pX}=53.6\ \text{m},\ \hat{E}_{pZ}=6.1\ \text{m},\ A_X=\frac{\hat{E}_{pX}}{\|\bar{X}\|}=\frac{1}{362.1},\ A_Z=\frac{\hat{E}_{pZ}}{\|\bar{X}\|}=0.31\ \text{mil}$$

（4）结论。对给定最大射程 $\|\boldsymbol{X}_0\|=19\,000$ m，三组的均值 $\|\bar{\boldsymbol{X}}\|>\|\boldsymbol{X}_0\|$；对给定三种显著性水平 $\alpha=10\%$、$\alpha=5\%$ 和 $\alpha=1\%$，$\hat{E}_{pX}<[E_{pX}]$；表明此车载榴弹炮的最大射程、最大射程地面密集度均满足战术技术指标要求。若按变异系数进行考核，则 $A_X\leqslant A_{X0}=1/300$，$A_Z\leqslant A_{Z0}=1$ mil，表明此车载榴弹炮均满足战术技术指标要求。可见两种检验方法的结论是一致的。如果按照 $\hat{E}_X\leqslant E_{X_0}=63$ m 要求，显然第一组数据是不合格的；但由于采用 χ^2 检验法，所得到的 $\hat{E}_{pX}<[E_{pX}]=84$ m，所以该组数据应为合格。

3.7 小结

射击精度涉及装药、点火、弹丸、火炮、气象等系统中所有随机变量和运动状态随机变量的相互作用。对这些相互作用的描述关系非常复杂，这也是分析研究射击精度难点所在。

本章为了描述方便，给出了一组抽象的弹丸运动与相关变量之间的函数关系表达式，由此利用该函数关系式给出了有关射击精度的各种概念、影响因素、分布规律、变化趋势等。在后面几章中，将详细推导与之相关的复杂表达式。

由于射击精度属于概率的范畴，因此研究射击精度需要概率和统计学的理论和方法，与一般的确定性问题研究系统响应规律不同，对不确定性问题需要从概率的角度来研究系统特性出现的概率。既然用概率来描述，就涉及概率密度函数或概率分布函数，若得到了随机变量的概率密度函数，则随机变量出现某种特性的概率就能得到。

当随机变量的变化规律与时间有关时，系统就变成随机动力学系统，随机变量就变成随机过程。对随机过程的研究涉及随机变量概率密度函数随时间的变化规律，可以理解成概率问题中的动力学问题（一般的概率问题可理解成与时间无关的静力学问题）。随机动力学问题涉及的因素较多，同时整个火炮发射过程中的各种强非线性使得求解更加困难、稳定性问题更加突出。

射击精度研究中的另一类问题是射击精度的检验问题，此类问题涉及数理统计和估算的有效性，这可以理解为射击精度研究的反问题。在前面的讨论中均假定火炮系统中各种随机变量的概率分布都是已知的，由此得到各种推演结果；但在数理统计中，火炮系统中的随机变量的分布是未知的,或者是完全不知道的,这就要需要对这些随机变量进行重复的观测检验,才能统计推断得到这些随机变量分布的变化规律;在进行统计推断时又要进行某种概率分布的假设,这又涉及假设性检验问题等。对这些反问题的研究需要统计及统计推断的理论与方法。

第 4 章　运动耦合内弹道方程

在传统内弹道学中,将弹丸运动方程简化成质点运动方程,并与火炮发射过程中身管的牵连运动完全解耦,认为所得到的弹丸运动速度就是绝对速度,由此得到的弹丸运动规律与实际发射工况存在差别,这些误差通过内弹道次要功计算系数及实弹射击试验进行标定修正。第 6 章中,将弹丸膛内运动简化成六自由度的刚体运动,并建立了与身管相互耦合和考虑全炮牵连运动的弹丸耦合运动方程,使得所建立的弹丸运动方程更能反映实际工况。本章中弹道方程也采用该耦合运动方程。由于内弹道方程与全炮运动方程耦合在一起,我们将本章建立的内弹道方程称为运动耦合内弹道方程。

4.1　火炮发射的内弹道过程

火药(发射药)为发射弹丸提供了能源。在适当的外界能量作用下,火药自身能在密闭条件下进行迅速而有规律的燃烧,同时生成大量高温燃气。在内弹道过程中,身管中的固体火药通过燃烧将火药中的化学能转变为热能,弹后空间中的热气急剧膨胀驱动弹丸在身管内高速前进。

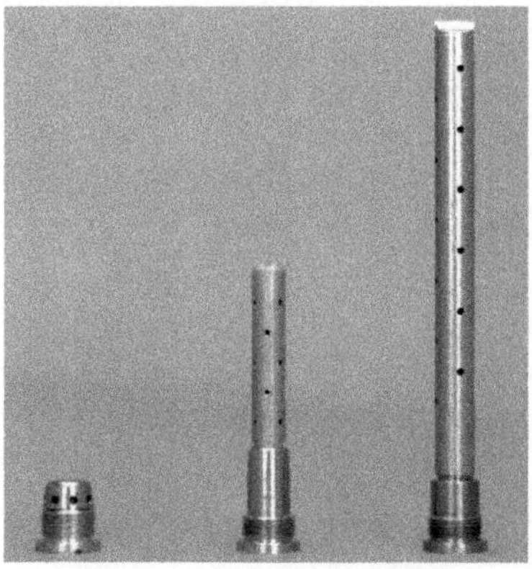

图 4.1.1　不同尺寸和类型的底火和传火管

为了发射弹丸,首先要点燃发射药。击发是整个弹道过程的开始,通常利用机械(或用电、光)方式作用于底火(或火帽),使底火药着火。在现代大口径或者大威力火炮中普遍采用中心传火管,这对于提高药床点火一致性、减小压力波、提高发射的安全性,具有非常重要的意义。图 4.1.1 显示了不同尺寸和类型的底火和传火管。

传统底火被击发后,底火产生的火焰穿过底火盖而引燃火药床中的点火药,产生高温高压的燃气和灼热的固体微粒,通过对流换热的方式,将靠近点火源的发射药首先点燃。而后,点火药和发射药的混合燃气逐层地点燃整个火药床,这就是内弹道过程开始阶段的点火和传火过程。

在完成点火和传火过程之后,随着火药的燃烧,产生的高温高压燃气推动弹丸运动。弹丸开始启动瞬间的压力称为启动压力。弹丸启动后,因弹带的直径略大于膛内阴线的直径,弹带必须逐渐挤进膛线。当弹带全部挤进时,弹带已被膛线刻成沟槽并与膛线紧密吻合,此时相应的燃气压力称为挤进压力。这个过程也称为挤进过程。

弹带全部挤入膛线后，弹后空间的火药固体仍在继续燃烧而不断补充高温燃气，高温高压气体急速膨胀做功，使火炮及身管膛内产生了多种形式的复杂运动，包括弹丸的直线运动和旋转运动（对于线膛身管），弹带与膛线之间的摩擦，正在燃烧的药粒和燃气的运动，火炮后坐部分的后座运动，火药气体与身管、身管与外界的热交换，身管的弹性振动，全炮的跳动，等等。所有这些运动既同时发生又相互影响，形成了复杂的射击现象。

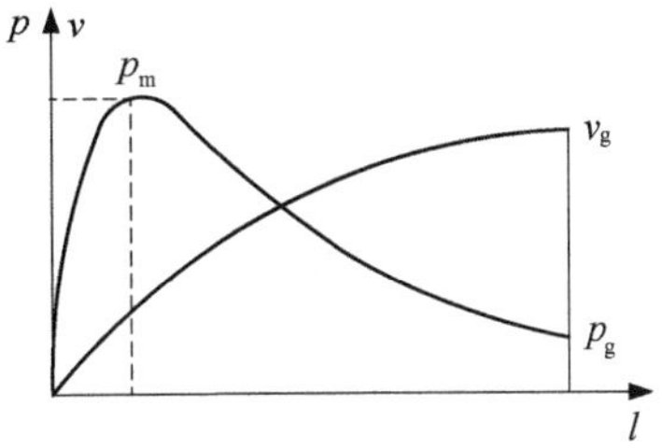

图 4.1.2　典型膛压与弹丸速度曲线图

膛内不同现象的相互制约和相互作用，形成了膛内燃气压力变化的特性。其中，火药燃气生成速率和由于弹丸运动而形成的弹后空间增加的速率，是决定这种变化的两个主要因素。前者的增加使压力上升，后者的增加使压力下降，而压力的变化又反过来影响火药的燃烧和弹丸的运动。在开始阶段，燃气生成速率的因素超过弹后空间增长的因素，压力曲线将不断上升。当这两种相反效应达到平衡时，膛内达到最大压力 p_m。而后随弹丸速度不断增大，弹后空间增大的因素超过燃气生成速率的因素，膛内压力开始下降。当火药全部燃完时，膛压随着弹丸运动速度的增加而不断下降，直至弹丸射出炮口，完成了整个内弹道过程。这时燃气在炮口的压力称为炮口压力 p_g，弹丸速度称为炮口速度 v_g。典型膛压与弹丸速度曲线如图 4.1.2 所示。

图 4.1.3　弹丸出炮口后继续加速飞行

当弹丸飞出炮口之后，弹丸后面的火药气体也随着一起流出（图 4.1.3），由于这时气体的速度大于弹丸的速度，所以对弹丸仍然起一定的推动作用，从而使弹丸的速度继续增加。由于气体出炮口之后要向四周迅速扩散，因而在炮口前的一定距离上，火药气体的速度很快地衰减到小于弹丸运动的速度，对弹丸不再起加速作用，这时弹丸就达到射击过程中的最大速度 v_m。

4.2　定容条件下火药燃烧的基本方程

4.2.1　密闭爆发器

热静力学研究定容条件下火药固体的燃烧规律和火药气体的生成规律。热力学研究连续变容情况下火药固体的燃烧规律和火药气体的生成规律。

热静力学环境既可以产生于密闭爆发器中，也可以产生于弹丸开始运动前的火炮药室中，人们常采用密闭爆发器来研究火药在定容情况下的燃烧过程以及相应的火药燃烧规律。

密闭爆发器(图 4.2.1)的本体是用炮钢制成的圆筒 1,在其两端开口的内表面上制有螺纹。一端旋入点火塞 2,依靠电流点燃火药 3,从而使火药 4 燃烧,产生随时间变化的压力,由另一端旋入的测压传感器 5 并通过各种记录仪器记录,并由排气装置泄压。

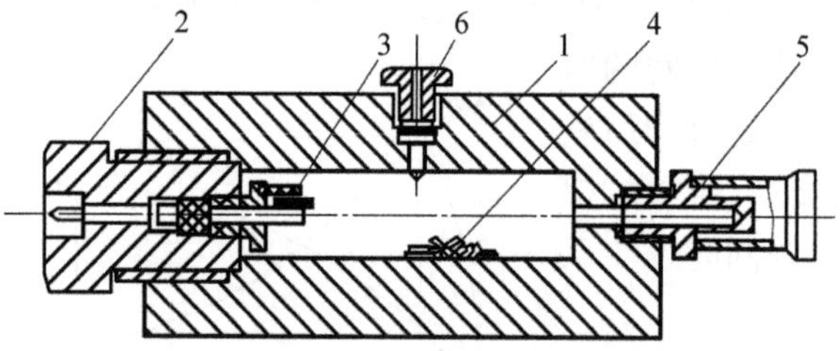

图 4.2.1　密闭爆发器

1—圆筒;2—点火塞;3、4—火药;5—传感器;6—排气装置

在弹丸开始运动前,火药在火炮药室中的燃烧过程与火药在密闭爆发器中的燃烧过程可以认为是相同的,即定容条件下的燃烧。

假定未装火药的火炮药室的初始容积为 W_0, ω 为装药质量。随着火药固体的不断燃烧,产生了质量为 ω_g 的火药气体,此时的火药气体体积为

$$W = W_0 - W_{\text{pwd}} \tag{4.2.1}$$

其中, W_{pwd} 为未燃的火药固体体积与气体分子自身所占体积之和。

引入一火药相对燃烧量,即火药燃去的质量百分比: $\psi = \omega_g/\omega$ (ω_g 为燃烧过程中转变为气相的装药质量),有

$$\omega_g = \omega\psi \tag{4.2.2}$$

生成的火药气体的弹道特性可由以下状态参数来描述: 压力 p, 密度 ρ 和温度 T, 气体状态方程可以建立起这些参数之间的相互联系。

4.2.2　火药气体的状态方程

气体状态方程是如下函数关系(钱林方等,2016):

$$F = F(p, \rho, T) \tag{4.2.3}$$

它把压力 p、密度 ρ 和温度 T 三个状态参数联系在一起。

式(4.2.3)的具体表达式取决于气体是理想的还是非理想的。所谓理想气体是指气体分子没有体积而且气体分子间不存在相互作用力的一类气体。理想气体的状态方程可由下面的方程描述。

对于单位质量理想气体:

$$pW = RT \tag{4.2.4}$$

对于气体质量为 ω_g 的理想气体:

$$pW = \omega_g RT \tag{4.2.5}$$

其中, R 为气体常数。

实际的火药气体具有很高的密度,气体分子自身占有体积,因此火药气体为非理想气体。考虑到非理想气体特性,对火药气体就必须使用非理想气体的状态方程:

$$p(1/\rho - \alpha) = RT \tag{4.2.6A}$$

其中, α 是考虑了每个分子作用范围的气体分子自身所占体积,称为余容; ρ 为气体密度;

气体常数 R 的物理意义是：1 kg 火药气体在一个大气压下，温度升高 1℃对外膨胀所做的功。火药气体质量 ω_g 的气体状态方程为

$$p\omega_g(1/\rho - \alpha) = \omega_g RT$$

注意到 $W = \omega_g/\rho$，上式变成

$$p(W - \omega_g\alpha) = \omega_g RT \tag{4.2.6B}$$

为了能够运用上述状态方程，我们需要掌握产生质量 ω_g 的火药气体的效率，即火药燃烧过程中的气体生成速率。

4.2.3 火药燃烧速度定律

定义 $u = \mathrm{d}e/\mathrm{d}t$ 为火药燃烧的线速度，其中 e 为火药的尺寸，即单位时间内沿药粒垂直表面方向燃烧掉的药粒厚度。

火药燃烧速度定律描述了火药燃烧线速度 u 与气体压力 p 的函数关系。目前常用的函数关系主要有以下三种(钱林方等，2016)。

(1) 指数式：

$$u = ap^{v} \tag{4.2.7}$$

(2) 二项式：

$$u = a + bp \tag{4.2.8}$$

(3) 正比式：

$$u = u_1 p \tag{4.2.9}$$

这里，v、a、b、u_1 是由实验确定的常数，常用密闭爆发器实验求得。

4.2.4 火药几何燃烧定律

在大量的射击实验中，人们发现，燃烧过程中的火药除了药粒的绝对尺寸发生变化以外，它的形状仍和原来的形状相似；在密闭爆发器的实验中，也发现这样的事实。这说明性质和装填密度相同的两种火药，如果它们的燃烧层厚度分别为 $2e_1$ 和 $2e_2$，燃烧结束时间分别为 t_{k1} 和 t_{k2}，则它们近似地有如下关系：

$$\frac{2e_1}{2e_2} = \frac{t_{k1}}{t_{k2}}$$

即火药燃烧完的时间与燃烧层厚度成正比。

根据以上事实，火药燃烧过程可以认为是按药粒表面平行层逐层燃烧的。这种燃烧规律称为皮奥伯特定律或几何燃烧定律。几何燃烧定律是理想化的燃烧模型，它是建立在如下假设基础上的：

(1) 装药中所有药粒的理化性质相同；

(2) 装药中所有药粒具有完全相同的几何形状和尺寸；

(3) 所有药粒表面都同时着火；

(4) 所有药粒沿药粒的表面法线方向按平行层燃烧，在任一瞬间都具有相同燃烧速度；

(5) 药粒燃烧过程中保持其初始外形不变。

在上述假设的理想条件下,所有药粒都按平行层燃烧,并始终保持相同的几何形状和尺寸。因此只要通过对一颗药粒燃气生成规律的研究,就可以表达出全部药粒的燃气生成规律。而一颗药粒的燃气生成规律在上述假设条件下将完全由其几何形状和尺寸所确定。这就是几何燃烧定律的实质和称之为几何燃烧定律的原因。

不管火药的几何形状如何,都可以用统一的几何形状函数来表示(钱林方等,2016):

$$\psi = \chi z(1 + \lambda z + \mu z^2) \tag{4.2.10A}$$

$$z = e/e_1 \tag{4.2.10B}$$

式中,e 为药粒烧掉厚度的一半;e_1 为药粒原始厚度的一半;χ、λ、μ 为仅取决于火药形状和尺寸的常量,通常称为火药形状特征量。表 4.2.1 给出了几种不同形状火药的形状特征量。

表 4.2.1 不同形状火药的形状特征量

序号	药粒形状	$2a$	$2c$	α	χ	λ	μ
1	管状	—	∞	0	$1+\beta$	$-\beta/(1+\beta)$	0
2	带状	—	—	—	$1+\alpha+\beta$	$-\dfrac{\alpha+\beta+\alpha\beta}{1+\alpha+\beta}$	$\dfrac{\alpha\beta}{1+\alpha+\beta}$
3	方片状	$2a=2b$	$2c=2a$	$\alpha=\beta$	$1+2\beta$	$-\dfrac{(2\beta+\beta^2)}{(1+2\beta)}$	$\dfrac{\beta^2}{(1+2\beta)}$
4	方棍状	$2a=2e_1$	—	1	$2+\beta$	$-\dfrac{1+2\beta}{2+\beta}$	$\dfrac{\beta}{2+\beta}$
5	立方体状	$2c=2e_1$	$2c=2e_1$	$\alpha=\beta=1$	3	−1	1/3

除上述药粒形状以外,多孔火药(7 孔、14 孔、19 孔)在火炮内弹道中也有非常广泛的应用,根据火药药粒的几何形状,药粒燃烧可以是增面燃烧、等面燃烧或减面燃烧。

4.2.5 火药燃烧线速度、火药气体生成速率与形状函数

4.2.5.1 火药燃烧线速度

把式(4.2.10B)对时间 t 求导,我们可以得到

$$\frac{\mathrm{d}z}{\mathrm{d}t} = \frac{1}{e_1}\frac{\mathrm{d}e}{\mathrm{d}t}$$

$\mathrm{d}e/\mathrm{d}t$ 反映火药燃烧速度的快慢,称为火药燃烧的线速度。

对于指数式燃烧规律:

$$\frac{\mathrm{d}z}{\mathrm{d}t} = \frac{u}{e_1} = \frac{ap^v}{e_1} \tag{4.2.11}$$

对于正比式燃烧规律:

$$\frac{\mathrm{d}z}{\mathrm{d}t} = \frac{u}{e_1} = \frac{u_1 p}{e_1} \tag{4.2.12}$$

4.2.5.2　火药气体生成速率

记Λ_1、Λ分别为药粒燃前体积和当前体积，则火药已燃百分数$\psi = 1 - \Lambda/\Lambda_1$，为了确定参数$\psi$，对$\psi$求时间$t$导数：

$$\frac{\mathrm{d}\psi}{\mathrm{d}t} = \frac{1}{\Lambda_1}\frac{\mathrm{d}\Lambda}{\mathrm{d}t} = \frac{1}{\omega}\frac{\mathrm{d}\omega_g}{\mathrm{d}t}$$

或

$$\frac{\mathrm{d}\psi}{\mathrm{d}t} = \frac{S_1}{\Lambda_1}\sigma\frac{\mathrm{d}e}{\mathrm{d}t} \tag{4.2.13}$$

式中，$\sigma = S/S_1$，是正在燃烧的药粒表面积S与药粒初始表面积S_1之比，称为相对燃烧表面积。

4.2.5.3　相对燃烧表面积的确定与形状函数

由式(4.2.13)可知，相对燃烧表面积σ与气体生成速率成正比关系。将式(4.2.10A)对时间t求导，可得

$$\frac{\mathrm{d}\psi}{\mathrm{d}t} = \chi(1 + 2\lambda z + 3\mu z^2)\frac{\mathrm{d}z}{\mathrm{d}t} \tag{4.2.14}$$

联立式(4.2.13)和式(4.2.14)，得

$$\sigma\frac{S_1 e_1}{\Lambda_1}\frac{\mathrm{d}z}{\mathrm{d}t} = \chi(1 + 2\lambda z + 3\mu z^2)\frac{\mathrm{d}z}{\mathrm{d}t} \tag{4.2.15}$$

当燃烧开始时，$z = 0$，$\sigma = 1$，由上式可得

$$\chi = \frac{S_1 e_1}{\Lambda_1} \tag{4.2.16}$$

将式(4.2.16)代入式(4.2.15)，得到相对燃烧表面积σ的计算公式：

$$\sigma = 1 + 2\lambda z + 3\mu z^2 \tag{4.2.17}$$

将式(4.2.17)代入式(4.2.14)，并对其进行积分，有

$$\psi = \chi\int_0^z \sigma\mathrm{d}z = \chi z(1 + \lambda z + \mu z^2)$$

可见，如果以z为自变量，则$\sigma = f_1(z)$，$\psi = f_2(z)$，因此称f_1和f_2为形状函数。

4.2.6　压力全冲量与火药气体生成速率的另一种表达形式

4.2.6.1　压力全冲量概念及燃烧速度函数的实验确定

遵循正比式燃速函数规律的燃气压力与时间的变化曲线具有一种重要的特性，在内弹道应用上有重要的意义。对式(4.2.12)中的表达式$u = u_1 p$积分，得

$$\frac{e}{u_1} = \int_0^t p\mathrm{d}t = I \tag{4.2.18}$$

式中，I 称为压力冲量，亦即 $p-t$ 曲线下的面积。当火药燃烧结束时，则有 $t=t_k$，$I=I_k$ 称为压力全冲量，它可以根据密闭爆发器试验得到的 $p-t$ 曲线计算确定，其中 I_k 对应于出现最大压力 p_m 的瞬间。显然 p_m 及 t_k 随试验采取的装填密度 Δ 有关，Δ 越大，p_m 增大而 t_k 减小；如果火药燃烧速度确实遵循正比式，那么对一定性质、一定厚度、一定温度的火药，其 I_k 应等于常量 e_1/u_1，而与装填密度无关。这种不同装填密度下的 $p-t$ 曲线全面积的等同性，正是正比式燃速函数反映在压力曲线上的特点，可以用来作为实验、判别火药燃烧是否遵循正比式燃烧速度函数的方法。在证实可以应用正比式时，还可由该方法确定燃烧速度系数：

$$u_1 = e_1/I_k \tag{4.2.19}$$

由密闭爆发器试验所求出的 u_1 值，用于火炮内弹道计算时往往误差较大，膛内的燃烧速度往往大于密闭爆发器中的燃烧速度（在相同压力 p 时），所以在实际应用时，u_1 值的选取要以实际射击试验的结果进行修正。尽管如此，用密闭爆发器测得的 u_1 值，对不同种类火药或同类火药不同批号间火药的燃烧速度性能的比较是有实际应用价值的。

应用密闭爆发器的实测 $p-t$ 曲线，确定火药的燃烧速度函数是内弹道发展中的一个重要标志，这个问题的解决使得火药燃烧规律的数学模型建立得以完成，为经典内弹道体系和数学模型的建立打下了基础。

根据实测的 $p-t$ 曲线，可通过气体状态方程将它换算为 $\psi-t$ 关系式，再利用形状函数可转化为 $z-t$，从而得到 $e-t$ 的变化关系，然后采用数值微分方法计算求得燃烧速度 u，其最简单的方法是令 $u=\Delta e/\Delta t$。这样就得到了燃烧速度 u 与压力 p 的函数关系 $u-p$。

4.2.6.2 压力冲量表达的火药气体生成速率公式

将式(4.2.18)、式(4.2.19)代入式 $z=e/e_1$，得

$$z = \frac{I}{I_k} \tag{4.2.20}$$

对式(4.2.18)求时间导数，有

$$\frac{\mathrm{d}I}{\mathrm{d}t} = p \tag{4.2.21}$$

对式(4.2.20)求时间导数，并将式(4.2.18)代入，得

$$\frac{\mathrm{d}z}{\mathrm{d}t} = \frac{\mathrm{d}I}{I_k\mathrm{d}t} = \frac{p}{I_k} \tag{4.2.22}$$

药粒分裂前：

$$\frac{\mathrm{d}\psi}{\mathrm{d}t} = \chi_1(1 + 2\lambda_1 z + 3\mu_1 z^2)\frac{p}{I_k} \tag{4.2.23A}$$

药粒分裂后：

$$\frac{\mathrm{d}\psi}{\mathrm{d}t} = \chi_2(1 + 2\lambda_2 z)\frac{p}{I_k} \tag{4.2.23B}$$

式(4.2.23)即为用压力冲量表达的火药气体生成速率公式。

4.2.7 能量平衡方程

在密闭爆发器中,若不计热量损失,并考虑到密闭爆发器中的装药量比较小,根据热力学第一定律,有

$$dQ = dE + pdW \tag{4.2.24}$$

其中, dQ 为进入到工作容积内的热能变化量; dE 为气体内能的变化量; pdW 为气体膨胀做功能量的变化量。

在定容条件下,如果火药固体体积很小,则气体膨胀做功 pdW 项可以忽略。那么,方程(4.2.24)变为 $dQ = dE$, 或

$$Q = E \tag{4.2.25}$$

上式表明,在定容条件下火药燃烧产生的所有热能 Q 全部转化成了火药气体的内能 E。

在火药燃烧过程中,由式(4.2.2)可知气体质量 $\omega_g = \omega\psi$ 是不断增大的。因此,与之对应的热能也不断增多:

$$Q = Q_w\omega_g \tag{4.2.26}$$

其中, Q_w 为火药的爆热。爆热定义为 1 kg 火药在绝热定容条件下燃烧,燃气冷却至 15℃ 所放出的热量,单位是 kJ/kg。爆热高的火药,其做功的能力越大。

在定容条件下,特别是对于密闭爆发器,气体内能可表示为

$$E = \omega_g c_v T \tag{4.2.27}$$

引入比热比 $k = c_p/c_v$, 并考虑迈耶方程:

$$c_p - c_v = R \tag{4.2.28}$$

式(4.2.27)可简化成 $E = \omega_g RT/(k - 1)$, 再利用状态方程(4.2.5)有

$$E = \frac{pW}{\theta} \tag{4.2.29}$$

其中, $\theta = k - 1$。

将式(4.2.26)代入,并利用式 $\omega_g = \omega\psi$, $Q_w = c_v T_1$, $c_v = R/\theta$, 经整理得

$$p = \frac{RT_1\omega\psi}{W} \tag{4.2.30}$$

从式(4.2.30)可知: 在定容条件下,药室内压 p 取决于火药已燃百分比 ψ。若我们把这个压力记作 $p_\psi = p$, 气体体积记作 $W_\psi = W$, 那么

$$p_\psi = \frac{f\omega\psi}{W_\psi} \tag{4.2.31}$$

式中, $f = RT_1$ 在内弹道学中称为"火药力",其物理意义是: 1 kg 火药燃烧后的气体生成物,在一个大气压下,当温度由 0 升高到 T_1 时膨胀所做的功; f 表示单位质量火药做功的能力。由于火药的成分不同,气体常数 R 和爆温 T_1 就不同,因而火药力 f 也就不同。

在式(4.2.31)中,气体所占的体积 W_ψ 由下式给出:

$$W_\psi = W_0 - \frac{\omega}{\delta}(1-\psi) - \alpha\omega\psi \tag{4.2.32}$$

其中，W_ψ 为药室自由容积；W_0 为药室的初始容积，简称为药室容积。

由式(4.2.32)可知药室自由容积 W_ψ 为药室初始容积 W_0(注意已考虑图 4.3.2 中的提及 V_1+V_n)分别与未燃完的火药体积 $\omega(1-\psi)/\delta$ 和火药气体自身占有体积 $\alpha\omega\psi$ 之差。

特别地，在 $t=0$(火药燃烧开始前)时，由式(4.2.32)可得

$$W_\psi = W_0 - \frac{\omega}{\delta} \tag{4.2.33}$$

当 $\psi=1$(燃烧结束点)时，有

$$W_\psi = W_0 - \alpha\omega \tag{4.2.34}$$

比较以上两式可以得出结论：当 $1/\delta < \alpha$ 时，W_ψ 值不断减小。

由式(4.2.31)可知，在定容条件下的压力最大值发生在火药燃烧结束瞬间。此时 $\psi=1$，有

$$p_m = p\,|_{\psi=1} = \frac{f\omega}{W_0 - \alpha\omega} \tag{4.2.35}$$

引入装填密度 $\Delta = \omega/W_0$，代入上式得

$$p_m = \frac{f\Delta}{1-\alpha\Delta} \tag{4.2.36}$$

方程(4.2.36)称为 Nobel-Abel 公式，它确定了最大的热静力学压力与装填密度的关系。利用这个方程，通过密闭爆发器实验，我们可以求出火药弹道特性参量 f 和 α。

4.3 内弹道基本方程

4.3.1 起动压力和挤进压力概念

火炮射击时，击针撞击底火，点燃点火药，根据经典内弹道学的基本假设，瞬时点燃发射药，而后发射药继续燃烧，膛内气体压力逐渐上升，当达到某个值 p_0 时，弹丸上点 o_Q(见图 4.3.1)开始运动，弹丸开始运动。p_0 称为弹丸的起动压力。

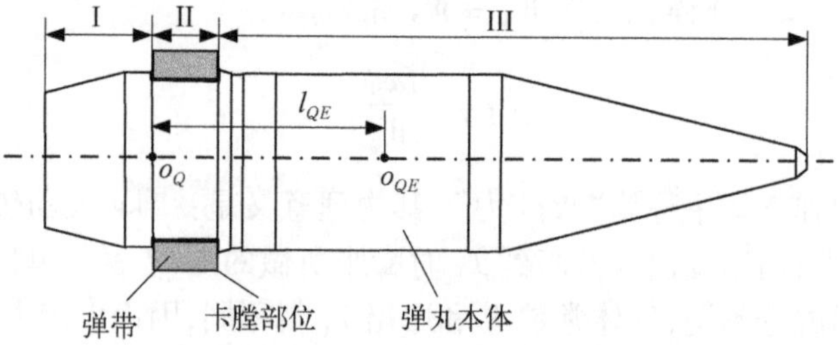

图 4.3.1　典型榴弹外形结构示意图

当火药气体压力 $p \leqslant p_0$ 时,弹丸上点 o_Q 处于静止状态,弹丸没有运动,火药的燃烧满足定容条件,4.2 节中压力、温度、燃速等有关计算公式全部能应用,但此时的药室容积 W_0 应理解为弹丸卡膛到位后的弹后药室自由空间。

当火药气体压力 $p > p_0$ 时,弹丸开始运动,弹带被迫挤进坡膛并渐渐挤进膛线,弹带产生塑性大变形,形成挤进阻力 p_J。在火药气体压力持续作用下,弹丸继续前行直至点 o_Q 与膛线全深起点重合。在这一挤进过程中火药的燃烧规律遵循变容燃烧条件,产生的最大挤进阻力 $p_{J\max}$ 称为弹带的挤进压力。变容条件下火药气体状态方程在4.3.2 节给出。假定弹丸在挤进过程中全炮运动处于静止状态。

4.3.2 变容条件下火药气体状态方程

当火药气体压力 $p > p_0$ 时,弹丸开始运动,弹后空间将随时间发生变化,膛内压力不仅是时间的函数,而且还是弹后空间的函数。如果认为弹后空间火药气体处于平衡状态,则可利用定容状态方程建立变容情况下的状态方程。图 4.3.2 为身管剖面及结构尺寸示意图,在以下的讨论中,假定药室部分任意断面上炮膛横断面面积为 $A(x)(0 \leqslant x \leqslant l_{D_{T2}})$,膛线全深部分任意断面上的炮膛横断面面积为 $A_S(l_{D_{T2}} \leqslant x \leqslant l_{Ds})$,在药室容积 W_0 中装有 ω 千克火药,弹丸的质量为 m_Q。

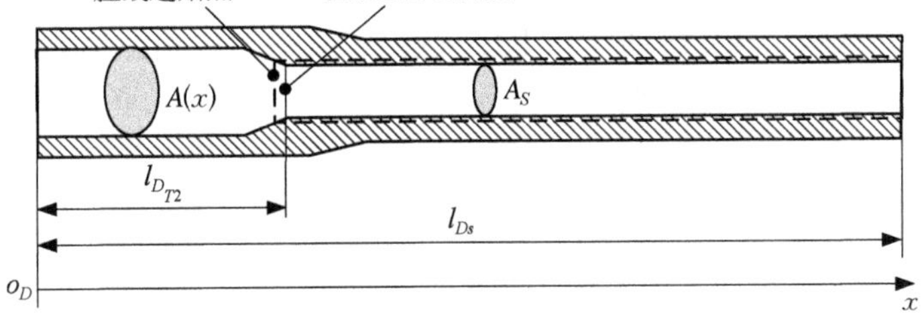

图 4.3.2 身管剖面及结构尺寸示意图

4.3.2.1 弹丸膛内相对运动

卡膛挤进阶段弹丸膛内运动的具体表达式可参见 6.6 节的讨论,全膛深阶段弹丸膛内运动的具体表达式可参见 6.7~6.9 节的讨论;坐标系 $\boldsymbol{i}_D$ 的建立见第 5 章;卡膛挤进阶段假定不考虑全炮的牵连运动,全膛深阶段弹丸膛内运动要考虑全炮的牵连运动;令式(6.7.12)中与火炮牵连运动位移和速度、角位移和角速度等相关项为零,可得上述三个阶段点 o_Q 相对于坐标系 $\boldsymbol{i}_D$ 原点 o_D 的位置矢量、速度分别为

$$\boldsymbol{U}_D^Q = \boldsymbol{x}_1^{Dq}(t) + \boldsymbol{y}_Q(t) \tag{4.3.1A}$$

$$\dot{\boldsymbol{U}}_D^Q = \dot{\boldsymbol{x}}_1^{Dq}(t) + \dot{\boldsymbol{y}}_Q(t) \tag{4.3.1B}$$

同样,可得点 o_{Q_E} 相对于坐标系 $\boldsymbol{i}_D$ 原点 o_D 的位置矢量和速度分别为

$$\boldsymbol{U}_D^E = \boldsymbol{x}_1^{Dq}(t) + \boldsymbol{y}_Q(t) + \boldsymbol{l}_{Q_E} \tag{4.3.2A}$$

$$\dot{\boldsymbol{U}}_D^E = \dot{\boldsymbol{x}}_1^{Dq}(t) + \dot{\boldsymbol{y}}_Q(t) + \boldsymbol{\omega}_Q^r \times \boldsymbol{l}_{Q_E} \tag{4.3.2B}$$

式中,$\boldsymbol{x}_1^{Dq}(t)$、$\boldsymbol{y}_Q(t)$、$\boldsymbol{\omega}_Q^r$ 分别为弹丸在膛内相对于身管的轴向运动、横向运动、角速度。

运动表达式(4.3.1)、式(4.3.2)适用于弹丸膛内所有阶段的运动。

4.3.2.2 挤进阶段火药气体状态方程

在讨论弹丸挤进前,先来观察一下弹丸的具体外形结构,图 4.3.1 是一典型的榴弹外形结构,弹丸下弹带上有一点 o_Q。将弹丸分成三个体积区域,其中 I 区是由弹尾至过点 o_Q 横截面所覆盖的区域,记该区域的体积为 V_{I}; II 区是由过点 o_Q 横截面至上弹带前端面所覆盖的区域,记该区域的体积为 V_{II}; III 区是由上弹带前端面至弹头横截面所覆盖的区域,记该区域的体积为 V_{III}; 记点 o_Q 至弹丸几何中心 o_{Q_E} 的距离为 l_{Q_E}。弹带与身管坡膛卡膛发生在上弹带前端面部位,具体卡膛位置如图 4.3.3 所示,表达式见式(6.4.13)和式(6.4.14)。

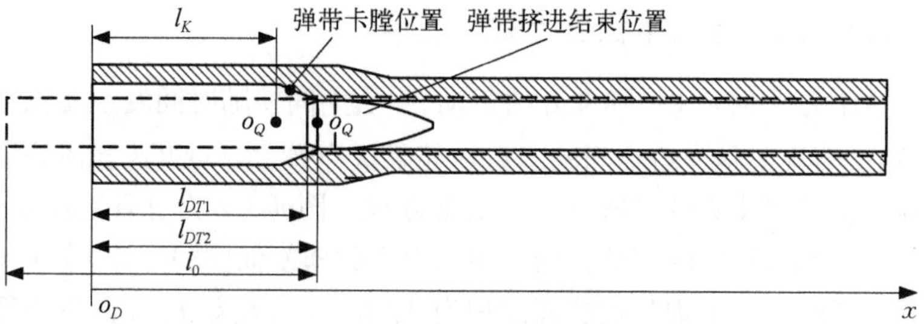

图 4.3.3 挤进阶段弹、身管相互关系示意图

当满足卡膛终止条件式(6.6.45)时,求解卡膛 $\boldsymbol{\omega}_Q = \boldsymbol{\omega}_Q^r$, $\boldsymbol{w}_{Qf}$ 为弹带的弹塑性变形, 运动微分方程(6.6.24)就结束, 得到弹带上任意点 $\boldsymbol{x}_{Qf}$ 处的卡膛塑性位移分布 $\boldsymbol{w}_{Qf}(\boldsymbol{x}_{Qf})$, 当 $\boldsymbol{x}_{Qf} = \boldsymbol{x}_{Qf}$ 时, 由式(6.4.13)可得下弹带上点 o_Q 距坐标系 $\boldsymbol{i}_D$ 原点 o_D 的位置矢量为

$$\boldsymbol{U}_D^Q(t_K) = \boldsymbol{x}_1^{Dq}(t_K) + \boldsymbol{y}_Q(t_K) \tag{4.3.3A}$$

令

$$l_K = \boldsymbol{x}_1^{Dq}(t_K) = \boldsymbol{U}_D^Q(t_K) \cdot {}^{i_D}\boldsymbol{e}_1 \tag{4.3.3B}$$

式中, $\boldsymbol{x}_1^{Dq}(t_K)$ 为点 o_Q 沿身管轴线的卡膛深。

当满足挤进终止条件式(6.6.46)时,挤进运动微分方程(6.6.24)求解结束,得到弹带上任意点 $\boldsymbol{x}_{Qf}$ 处的挤进塑性位移分布 $\boldsymbol{w}_{Qf}(\boldsymbol{x}_{Qf}, t)$, 下弹带上点 o_Q 距坐标系 $\boldsymbol{i}_D$ 原点 o_D 的位置矢量为

$$\boldsymbol{U}_D^Q(t) = \boldsymbol{x}_1^{Dq}(t) + \boldsymbol{y}_Q(t) \tag{4.3.4A}$$

令

$$x_1^{Dq}(t) = \boldsymbol{U}_D^Q(t) \cdot {}^{i_D}\boldsymbol{e}_1 \tag{4.3.4B}$$

挤进结束后点 o_Q 距坐标原点 o_D 的位置坐标为 $l_{D_{T2}}$。下面将给出挤进运动 ($l_K \leqslant x_1^{Dq}(t) \leqslant l_{D_{T2}}$) 阶段火药气体的状态方程。

t 时刻火药燃烧到 ψ 瞬间,弹丸上点 o_Q 向前移动到 $x_1^{Dq}(t)$, 弹后空间增加了体积 W_y, 有

$$W_y = \int_{l_K}^{x_1^{Dq}} A(x_1)\,\mathrm{d}x_1 \tag{4.3.5}$$

此时弹丸后部的自由容积为

$$W = W_\psi + W_y = W_0 - \frac{\omega}{\delta}(1-\psi) - \alpha\omega\psi + W_y$$

$$= W_0\left[\left(1-\frac{\Delta}{\delta}\right) - \left(\alpha - \frac{1}{\delta}\right)\Delta\psi\right] + W_y \tag{4.3.6}$$

将 W 代入式(4.2.5)，有

$$p\left[W_0 - \frac{\omega}{\delta}(1-\psi) - \alpha\omega\psi + W_y\right] = \omega\psi RT \tag{4.3.7}$$

记

$$l_\psi = \frac{W_\psi}{A_S} = \frac{W_0}{A_S}\left[\left(1-\frac{\Delta}{\delta}\right) - \left(\alpha - \frac{1}{\delta}\right)\Delta\psi\right] = l_0\left[\left(1-\frac{\Delta}{\delta}\right) - \left(\alpha - \frac{1}{\delta}\right)\Delta\psi\right] \tag{4.3.8A}$$

$$l_0 = \frac{W_0}{A_S} \tag{4.3.8B}$$

$$l_y = \frac{W_y}{A_S} \tag{4.3.8C}$$

式中，l_0、l_ψ、l_y 分别为药室容积缩径长、药室自由容积缩径长和弹带挤进容积缩径长，其中传统内弹道中忽略了 l_y。

将式(4.3.8)代入式(4.3.7)得挤进阶段火药气体状态方程的最终形式：

$$A_S p(l_\psi + l_y) = \omega\psi RT \tag{4.3.9}$$

注意式中的 p 应为弹后空间中的平均压力。

由图4.3.3可知，当 $x_1^{Dq}(t_J) = l_{D_{T2}}$ 时，W_y 达到最大值：

$$W_{y\max} = \int_{l_K}^{l_{D_{T2}}} A(x_1)\,\mathrm{d}x_1 \tag{4.3.10A}$$

$W_{y\max}$ 为挤进阶段增加的药室容积。

由此可得

$$l_{y\max} = \frac{W_{y\max}}{A_S} \tag{4.3.10B}$$

挤进结束后 $(t = t_J)$ 弹丸上点 o_Q 相对于坐标系原点 o_D 的速度为 $\dot{\boldsymbol{U}}_D^Q(t_J)$。

4.3.2.3 膛内运动阶段火药气体状态方程

如图 4.3.4 所示，火药燃烧到 ψ 瞬间，弹丸上点 o_Q 由膛线全深起点向前移动到 $x_1^{Dq}(t)$，使弹后空间增加了 W_x，因此有

$$W_x(t) = \int_{l_{D_{T2}}}^{x_1^{Dq}(t)} A_S\,\mathrm{d}x_1 = A_S\left[x_1^{Dq}(t) - l_{D_{T2}}\right] \tag{4.3.11A}$$

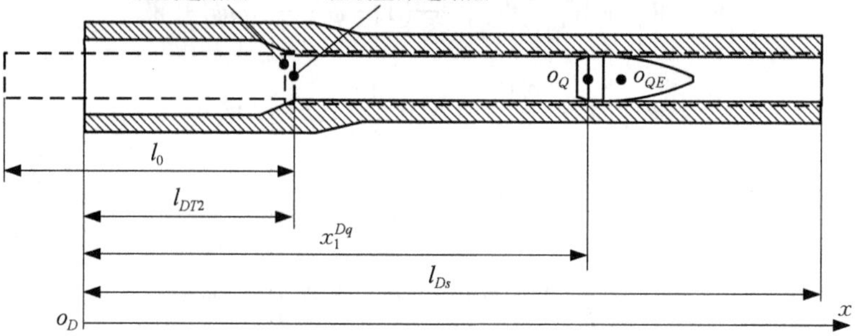

图 4.3.4　膛内运动阶段弹、身管相互关系示意图

$$l_x = \frac{W_x}{A_S} \tag{4.3.11B}$$

此时弹丸后部的自由容积为

$$\begin{aligned} W &= W_\psi + W_y + W_x = W_0 - \frac{\omega}{\delta}(1-\psi) - \alpha\omega\psi + W_{y\max} + W_x \\ &= W_0\left[\left(1-\frac{\Delta}{\delta}\right) - \left(\alpha - \frac{1}{\delta}\right)\Delta\psi\right] + W_{y\max} + W_x \end{aligned} \tag{4.3.12}$$

将 W 代入式(4.2.5)，有

$$p\left[W_0 - \frac{\omega}{\delta}(1-\psi) - \alpha\omega\psi + W_{y\max} + W_x\right] = \omega\psi RT \tag{4.3.13}$$

利用式(4.3.8)、式(4.3.10B)、式(4.3.11B)，上式改写成

$$A_S p(l_x + l_{y\max} + l_\psi) = \omega\psi RT \tag{4.3.14}$$

注意式中的 p 应为弹后空间中的平均压力。

对式(4.3.14)求时间导数，得

$$A_S(l_x + l_{y\max} + l_\psi)\frac{\mathrm{d}p}{\mathrm{d}t} = \omega\frac{\mathrm{d}\psi}{\mathrm{d}t}RT + \omega\psi R\frac{\mathrm{d}T}{\mathrm{d}t} - A_S p\left[\dot{x}_1^{Dq}(t) - l_0\Delta\left(\alpha - \frac{1}{\delta}\right)\frac{\mathrm{d}\psi}{\mathrm{d}t}\right] \tag{4.3.15}$$

式中，$\partial l_x/\partial t = \partial x_1^{Dq}/\partial t = \dot{x}_1^{Dq} = \dot{\boldsymbol{U}}_D^Q(t)\cdot{}^{i_D}\boldsymbol{e}_1$ 为点 o_Q 在 ${}^{i_D}\boldsymbol{e}_1$ 方向的速度，$\mathrm{d}\psi/\mathrm{d}t$ 由式(4.2.23)给出。在对炮口气流特性进行分析时，$\mathrm{d}p/\mathrm{d}t$ 是一个非常重要的参数。

4.3.3　弹后空间气体速度与膛内气体压力分布

4.3.3.1　基本假设

由于弹丸的运动，弹后空间的火药气体也跟随着一起运动，膛内火药气体产生了速度分布，因而也形成了压力分布。在弹底部，气流速度最大，压力最小；在膛底，气流速度最小，压力最高。由于气体具有黏性，气体和身管膛壁之间存在摩擦，药室端面与炮膛端面不同，火药气体和未燃完的火药固体两相混合流动，压力波传递和反射，所有这些现象都表明火药气体在膛内的真实流动是非常复杂的。为此作如下基本假设。

(1) 不考虑气体沿膛壁流动的摩擦阻力和气体的内摩擦,即忽略气体的黏性。因此认为弹后空间任一端面上的气体流速和压力均相等。这样气流参数仅仅是一维坐标的函数。

(2) 不考虑药室端面与炮膛端面变化引起的气流变化因素。

(3) 火药气体及未燃尽的火药固体在整个弹后空间内是均匀分布的,即弹后空间内气相和固相的混合质量密度对各炮膛各个横截面来说是相等的,由此得出火药气体运动速度的分布规律,应该是从膛底的气流速度为零至弹底的气流速度为弹丸速度中间的速度按线性变化规律变化。

4.3.3.2　挤进阶段弹后气体速度分布

如图 4.3.5 所示,在距原点 o_D 任意位置 y 处取一微元 $\mathrm{d}y$, 建立该微元的平衡方程,有

$$-A(y)\mathrm{d}p = \mathrm{d}m_Q \frac{\mathrm{d}v_y}{\mathrm{d}t} \tag{4.3.16}$$

由 4.3.3.1 的假设(3),有

$$\mathrm{d}m_Q = \frac{\omega}{g}\frac{\mathrm{d}y}{x_1^{Dq}} \tag{4.3.17}$$

$$v_y = \frac{\dot{x}_1^{Dq}}{x_1^{Dq}}y \tag{4.3.18}$$

对式(4.3.18)求全导数,并注意到 $\dot{x}_1^{Dq} = \partial x_1^{Dq}/\partial t$, $v_y = \partial y/\partial t$, 经整理得

$$\frac{\mathrm{d}v_y}{\mathrm{d}t} = \ddot{x}_1^{Dq}\frac{y}{x_1^{Dq}} + \dot{x}_1^{Dq}\frac{x_1^{Dq}\dot{y} - y\dot{x}_1^{Dq}}{(x_1^{Dq})^2} = \frac{y}{x_1^{Dq}}\ddot{x}_1^{Dq} \tag{4.3.19}$$

由此可见,气流的加速度也是按线性分布的。将式(4.3.17)、式(4.3.19)代入式(4.3.16),经整理得

$$\mathrm{d}p = -\frac{\omega}{g}\frac{y}{A(y)\ (x_1^{Dq})^2}\ddot{x}_1^{Dq}\mathrm{d}y \tag{4.3.20}$$

对式(4.3.20)中的 y 在区间 $[0,\ y]$($l_K \leqslant y \leqslant l_{DT2}$) 上积分,得任意截面 y 上的压力 $p_y = p(y)$, 且有 $p_t = p(0)$ 为膛底压力,经整理得

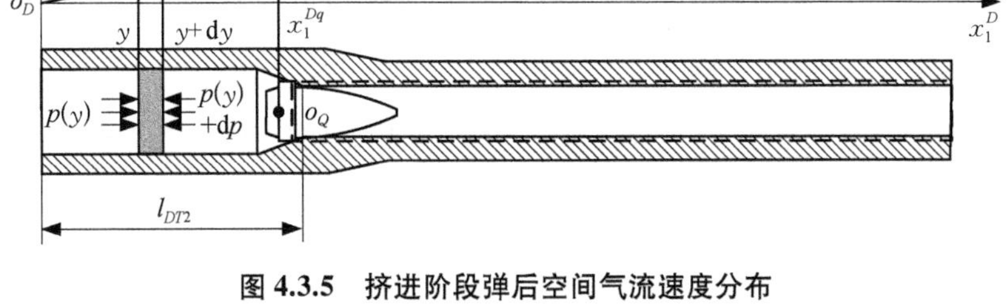

图 4.3.5　挤进阶段弹后空间气流速度分布

$$p_y = p_t - \frac{\omega}{(x_1^{Dq})^2 g}\left[\int_0^y \frac{z}{A(z)}\mathrm{d}z\right]\ddot{x}_1^{Dq} \tag{4.3.21}$$

记

$$g_t(y) = \int_0^y \frac{z}{A(z)}\mathrm{d}z \tag{4.3.22A}$$

$$G_t(x_1^{Dq}) = \int_0^{x_1^{Dq}} g_t(y)\,\mathrm{d}y \tag{4.3.22B}$$

为与药室和坡膛几何结构有关的参数，将其代入式(4.3.21)，得

$$p_y = p_t - \frac{\omega}{(x_1^{Dq})^2 g} g_t(y)\,\ddot{x}_1^{Dq} \tag{4.3.23}$$

由式(4.3.8)即可得到任意截面 y 上的温度 T_y：

$$T_y = \frac{p_y}{\omega\psi R}\left[W_0 - \frac{\omega}{\delta}(1-\psi) - \alpha\omega\psi + W_y\right] \tag{4.3.24}$$

特别地，当 $y = x_1^{Dq}$ 时，$p_y = p_d$（弹底压力），由式(4.3.23)得

$$p_d = p_t - \frac{\omega}{(x_1^{Dq})^2 g} g_t(x_1^{Dq})\,\ddot{x}_1^{Dq} \tag{4.3.25}$$

弹后空间气体压力的平均值为平均压力 p，由下式计算：

$$p = \frac{1}{x_1^{Dq}}\int_0^{x_1^{Dq}}\left[p_t - \frac{\omega}{(x_1^{Dq})^2 g} g_t(y)\,\ddot{x}_1^{Dq}\right]\mathrm{d}y = p_t - \frac{\omega}{(x_1^{Dq})^3 g} G_t(x_1^{Dq})\,\ddot{x}_1^{Dq} \tag{4.3.26}$$

或用弹底压力来表达：

$$p = p_d + \frac{\omega}{(x_1^{Dq})^2 g}\left[g_t(x_1^{Dq}) - \frac{1}{x_1^{Dq}} G_t(x_1^{Dq})\right]\ddot{x}_1^{Dq} \tag{4.3.27}$$

特别地，在式(4.3.25)、式(4.3.27)中，当 $x_1^{Dq} = l_{D_{T2}}$ 时，对应的弹底压力记为 p_{dW_0}：

$$p_{dW_0} = p_t - \frac{g_t(l_{D_{T2}})\,\omega}{(l_{D_{T2}})^2 g}\ddot{x}_1^{Dq} \tag{4.3.28A}$$

平均压力记为 p_{W_0}：

$$p_{W_0} = p_d + \frac{\omega}{(l_{D_{T2}})^2 g}\left[g_t(l_{D_{T2}}) - \frac{1}{l_{D_{T2}}} G_t(l_{D_{T2}})\right]\ddot{x}_1^{Dq} \tag{4.3.28B}$$

4.3.3.3 膛内运动阶段弹后气体速度分布

在膛内运动阶段式(4.3.20)依然成立，对 y 在区间 $[0,\ y]$（$l_{D_{T2}} \leqslant y \leqslant l_{Ds}$）积分，如图 4.3.6 所示，并注意到 $\int_0^y \mathrm{d}y = \int_0^{l_{D_{T2}}}\mathrm{d}y + \int_{l_{D_{T2}}}^y \mathrm{d}y$，经运算整理得任意截面 y 上的压力 $p_y = p(y)$ 为

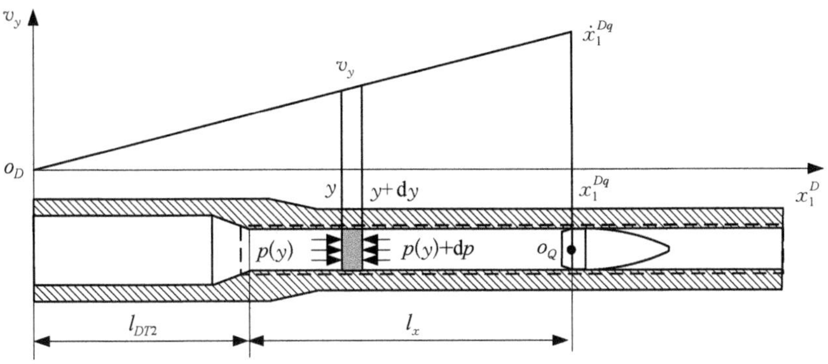

图 4.3.6　膛内运动阶段弹后空间气流速度分布

$$p_y = p_t - \frac{\omega}{(x_1^{Dq})^2 g}\left\{g_t(l_{D_{T2}}) + \frac{1}{2A_S}[y^2 - (l_{D_{T2}})^2]\right\}\ddot{x}_1^{Dq} \tag{4.3.29A}$$

由式(4.3.8)即可得到任意截面 y 上的温度 T_y：

$$T_y = \frac{p_y}{\omega\psi R}\left[W_0 - \frac{\omega}{\delta}(1-\psi) - \alpha\omega\psi + W_{y\max} + A_S(y - l_{D_{T2}})\right] \tag{4.3.29B}$$

特别地，当 $y = x_1^{Dq}$ 时，$p_y = p_d$（弹底压力），由式(4.3.29A)得

$$p_d = p_t - \frac{\omega}{g}\left\{\frac{1}{(x_1^{Dq})^2}g_t(l_{D_{T2}}) + \frac{1}{2A_S}\left[1 - \left(\frac{l_{D_{T2}}}{x_1^{Dq}}\right)^2\right]\right\}\ddot{x}_1^{Dq} \tag{4.3.29C}$$

对式(4.3.29A)进行积分平均，得弹后空间气体压力的平均值 p：

$$p = \frac{1}{x_1^{Dq}}\int_0^{x_1^{Dq}}\left(p_t - \frac{\omega}{g\,(x_1^{Dq})^2}\left\{g_t(l_{D_{T2}}) + \frac{1}{2A_S}[y^2 - (l_{D_{T2}})^2]\right\}\ddot{x}_1^{Dq}\right)dy$$

$$= p_t - \frac{\omega}{g}\left\{\frac{g_t(l_{D_{T2}})}{(x_1^{Dq})^2} + \frac{1}{6A_S}\left[1 - 3\left(\frac{l_{D_{T2}}}{x_1^{Dq}}\right)^2\right]\right\}\ddot{x}_1^{Dq} \tag{4.3.30A}$$

或用弹底压力来表达：

$$p = p_d + \frac{\omega}{3A_S g}\ddot{x}_1^{Dq} \tag{4.3.30B}$$

4.3.4　能量平衡方程

固体火药燃烧进入弹后空间的热能 Q 应与火药气体的内能 E、火药气体做的各种功 A_Q、弹后空间的能量 Q_1 和热损失能量 Q_L 相平衡，假定流入为 +、流出为 -：

$$Q = E + A_Q \pm Q_1 + Q_L \tag{4.3.31}$$

式中，热能 Q 由式(4.2.26)给出，并利用 $\omega_g = \omega\psi$，$Q_w = c_v T_1$，$c_v = R/\theta$，经整理得

$$Q = \frac{\omega\psi R}{\theta}T_1 \tag{4.3.32A}$$

式中，θ 见式(4.2.29)中的定义。

火药气体的内能 E 由式(4.2.29)给出：

$$E = \frac{pW}{\theta} \tag{4.3.32B}$$

弹后空间的能量 Q_L 可假定与火药总能量 Q 成比例，其比例系数为 K_q，由此可得

$$Q_L = K_q Q = \frac{K_q \omega \psi R}{\theta} T_1 \tag{4.3.32C}$$

射击过程中火药气体所做的功 A_Q 主要有以下几种：

（1）强迫弹丸向前运动；

（2）弹丸在线膛身管内的旋转运动；

（3）克服膛线与弹带之间的摩擦阻力；

（4）膛内气固混合物的运动；

（5）火炮后坐部分的运动及全炮的振动；

（6）弹丸挤进膛线消耗的能量；

（7）身管的弹性变形；

（8）身管、药筒和弹丸的发热；

（9）弹丸前端空气被压缩推动；

（10）气流流出弹丸与膛壁之间间隙造成的能量损失，从炮口流出的能量损失。

前五个功吸收了火药燃烧能量的大部分，其可以用弹丸的动能来表示：

$$\sum_{i=1}^{5} A_{Qi} = (K_1 + K_2 + K_3 + K_4 + K_5) \frac{m_Q (\dot{x}_1^{Dq})^2}{2} \tag{4.3.33A}$$

记 $\varphi = K_1 + K_2 + K_3 + K_4 + K_5$，那么我们可以得到

$$A_Q \approx \sum_{i=1}^{5} A_{Qi} = \frac{1}{2}\varphi m_Q (\dot{x}_1^{Dq})^2 \tag{4.3.33B}$$

膛内气固混合物运动的能量系数可以近似表达成 $K_4 = \omega/3m_Q$，若引入系数 $K = K_1 + K_2 + K_3 + K_5$，则有

$$\varphi = K + \frac{1}{3}\frac{\omega}{m_Q} \tag{4.3.34}$$

这里，系数 K 包含了除气固混合物运动动能以外的所有次要功影响，系数 φ 称为次要功计算系数。

将式(4.3.32)、式(4.3.33)代入式(4.3.31)，经整理得

$$pW = (1 - K_q) f\omega\psi - \theta\varphi \frac{m_Q (\dot{x}_1^{Dq})^2}{2} \pm \theta Q_1 \tag{4.3.35}$$

记$f_0=(1-K_q)f$，我们最终得到

$$pW=f_0\omega\psi-\theta\varphi\frac{m_Q\,(\dot{x}_1^{Dq})^2}{2}\pm\theta Q_1 \tag{4.3.36}$$

方程(4.3.36)称为热力学基本方程。这个方程是由法国弹道学家 H.Resal 在 19 世纪提出的，因此，又被称为 Resal 方程。分析 Resal 方程可知，对于弹丸在膛内运动的任一时刻，火药已燃质量百分比 ψ 的变化都转化成了火药气体的内能和弹丸的动能，而平均膛压的变化取决于火药在变容情况下燃烧的条件和能量输入。由于燃烧能量的输入伴随次要功的产生，所以需要计算次要功系数 φ。

能量方程(4.3.36)不仅能够用于计算火药气体压力，还可以用于计算气体温度和弹丸极限速度。

1）膛内气体平均温度

让我们把式(4.3.36)转变为如下形式。由于 $pW=\omega\psi RT$，$f=RT_1$，那么通过变换我们可以得到计算膛内气体平均温度的方程：

$$T=(1-K_q)T_1-\frac{\frac{1}{2}\theta\varphi m_Q\,(\dot{x}_1^{Dq})^2\mp\theta Q_1}{R\omega\psi} \tag{4.3.37}$$

对上式求时间导数，得

$$\frac{\mathrm{d}T}{\mathrm{d}t}=-\theta\varphi m_Q\dot{x}_1^{Dq}\frac{2\psi\dfrac{\mathrm{d}\dot{x}_1^{Dq}}{\mathrm{d}t}-\dot{x}_1^{Dq}\dfrac{\mathrm{d}\psi}{\mathrm{d}t}}{2R\omega\psi^2} \tag{4.3.38}$$

2）弹丸极限速度的概念

在没有热损失、额外气体流入以及额外能量流入的情况下，所有气体内能都用于推动弹丸，并且 $E\to 0$，$p\to 0$，$T\to 0$ 和 $l_x=l_g\to\infty$，此时弹丸可以获得极限弹丸速度 v_j。在这些前提下，热力学基本关系式可以写为 $f\omega-0.5\theta\varphi m_Q v_j=0$。那么

$$v_j=\sqrt{\frac{2f\omega}{\theta\varphi m_Q}}=\sqrt{\frac{2RT_1\omega}{\theta\varphi m_Q}} \tag{4.3.39}$$

对上式公式进行分析可知，为了提高弹丸速度，我们可以使用气体常数 R 较大的气体或者提高气体温度 T_1。

4.3.5 弹丸运动方程

前面公式中的弹丸轴向运动位移 x_1^{Dq}、加速度 $\dot{x}_1^{Dq}$ 和加速度 $\ddot{x}_1^{Dq}$ 由第 6 章中的弹、炮、内弹道耦合运动方程获得。在第 6 章中，我们把弹丸简化成 6 自由度的刚体，获得了弹丸在膛内（包括卡膛、挤进运动）的各种表达式，以及在考虑火炮牵连运动后，获得了弹丸在全膛线深的膛内运动方程。弹丸全膛线深运动方程将弹丸膛内运动、内弹道方程中的压力和火炮发射过程中的牵连运动耦合在一起。卡膛、挤进运动方程为(6.6.24)，膛内运动方程为(6.9.13)，本节可直接引用这些方程。

4.4 内弹道方程组及其求解

4.4.1 内弹道不同时期的特点

火炮膛内射击过程的内弹道按其特点来划分包含以下 4 个时期：前期(热静力学阶段),热力学第一时期,热力学第二时期,后效期。这 4 个时期的划分与前面按弹丸运动来划分没有关系,而是按火药燃烧的进度来确定的。

下面对这 4 个时期的特点作简要说明。

4.4.1.1 前期

当药室压力低于弹丸运动的起动压力 p_0 时,弹丸在膛内不发生运动,此时弹带的阻力大于起动压力 p_0。这一时期内弹道的特点是火药燃烧为定容燃烧,可采用第 4.2 节中的公式来刻画火药的燃烧规律。当火药继续燃烧,达到射击起动压力 p_0,弹丸开始运动,记该时刻火药燃烧的参数分别为 I_{k0}、z_0 和 ψ_0。挤进过程中弹带弹塑性模型及阻力计算模型由第 7 章完成。

4.4.1.2 热力学第一时期

热力学第一时期从弹丸启动时刻开始一直持续到火药燃烧结束,这一时期内弹道的特点是火药燃烧为变容燃烧,可采用第 4.3 节中的公式来刻画火药的燃烧规律。

这一时期还进一步分成两个阶段：弹带挤进阶段和弹丸在全膛线深中的第一阶段膛内运动,直至火药燃烧结束为止。

挤进阶段的特点是弹带发生剧烈的瞬态弹塑性变形,火药气体作用在弹丸上的横截面积是变化的,弹丸的挤进阻力也发生了剧烈的变化,弹带表面产生塑性热,弹带挤进弹塑性变形规律由第 7 章给出,弹丸的挤进运动规律遵循第 6 章给出的运动方程(6.6.24)。弹丸挤进运动使弹后空间体积增大但变化不大,火药是在变容情况下燃烧。挤进结束时刻记为 t_{J},相应的火药燃烧参数分别记作 I_{kJ}、z_{J} 和 ψ_{J}。

全深膛线运动的特点是弹带完成了剧烈的塑性变形,弹带表面产生塑性热,弹丸的运动是在全炮牵连运动下进行的,弹丸的运动遵循第 6 章给出的运动方程(6.9.13)。弹丸在膛内运动使弹后空间体积不断增大,火药是在变容情况下燃烧。弹底和膛底之间容积变化率随着弹丸速度的增加而增加。在这一时期的开始阶段,弹丸速度很小,以至于火药燃烧后的气体生成速率迅速升高,因此膛内压力增加。在 t_{m} 时刻,达到了容积变化率和气体生成速率的平衡,此时膛内压力达到了最大压力 p_{m}。在最大膛压 p_{m} 以后,由于气体生成速率不能补偿弹后容积的增大变化率,膛压开始下降。t_{m} 时刻的燃烧参数用下标 m 标记,即为 I_{m}、z_{m} 和 ψ_{m},弹丸速度和行程分别记为 v_{m} 和 l_{m}。

在某一特定时刻 t_{k},火药燃烧结束。在该时刻相应的火药燃烧参数用下标 k 来标记,分别记为 t_{k}、p_{k}、I_{k}、z_{k}、$\psi_{\mathrm{k}}=1$、v_{k} 和 l_{k}。图 4.4.1 给出了膛压和弹丸速度随弹丸行程及时间的变化关系。

由式(4.3.15)和式(4.3.38)可得这个时期的压力时间变化率和温度变化率。

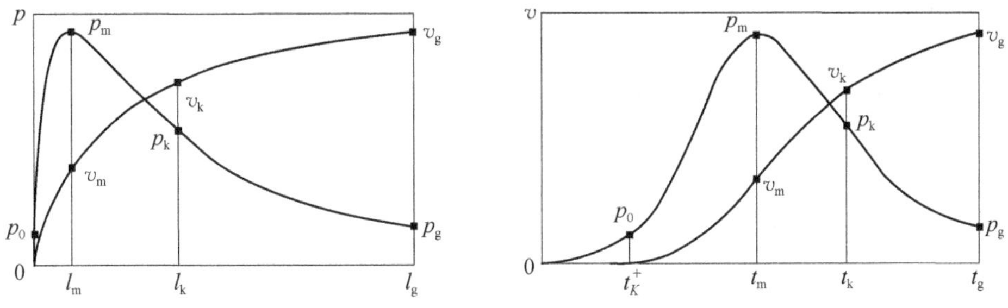

(a) 膛压　　(b) 弹丸速度

图 4.4.1　膛压和弹丸速度随弹丸行程及时间的变化关系

$$A_S(l_x + l_{y\max} + l_\psi)\frac{\mathrm{d}p}{\mathrm{d}t} = \omega\frac{\mathrm{d}\psi}{\mathrm{d}t}RT - A_S p\left[\dot{x}_1^{Dq}(t) - l_0\Delta\left(\alpha - \frac{1}{\delta}\right)\frac{\mathrm{d}\psi}{\mathrm{d}t}\right] - \theta\varphi m_Q \dot{x}_1^{Dq}\left(\frac{\mathrm{d}\dot{x}_1^{Dq}}{\mathrm{d}t} - \frac{\dot{x}_1^{Dq}}{2\psi}\frac{\mathrm{d}\psi}{\mathrm{d}t}\right) \tag{4.4.1}$$

4.4.1.3　热力学第二时期

弹丸第二阶段膛内运动是从火药燃烧结束点（$t = t_k$，$\psi = 1$，$z = z_k$）开始，一直持续到弹带上点 o_Q 与炮口点 o_{Ds}（图 5.5.3）重合时刻（$t = t_G$）结束。这一时期内弹道的特点是火药气体在变容条件下进行热膨胀，可采用第 4.3 节中的公式来刻画这一阶段的内弹道规律。

在这个时期，弹丸在弹底压力作用下继续加速，在 t_G 时刻弹丸获得炮口速度 v_g，弹丸在身管中运动行程为 $l_x = l_g$。

由式(4.3.15)和式(4.3.38)可得这个时期的压力时间变化率和温度变化率。

$$\frac{\mathrm{d}p}{\mathrm{d}t} = -\frac{pA_S\dot{x}_1^{Dq} + \theta\varphi m_Q \dot{x}_1^{Dq}\dfrac{\mathrm{d}\dot{x}_1^{Dq}}{\mathrm{d}t}}{W_0 - \alpha\omega + W_{y\max} + W_x} \tag{4.4.2}$$

4.4.1.4　后效期

从 t_G 时刻开始，一直持续到平均弹道压力等于临界压力 $p = p_{cr}$ 时结束。对于火药气体流出到空气中（$k = 1.4$）的情况，临界压力 p_{cr} 约等于 0.18 MPa。后效期的时间段为 $[t_G, t_M]$，其中 t_M 为后效期结束、弹丸飞行速度达到最大值的时刻。弹丸飞离炮口后之所以加速飞行是由于弹丸上还存在着由膛内流出的火药气体继续推动弹丸加速飞行。

图 4.4.2 给出了发射某 155 弹丸，在其炮口附近气体流场中各种气体组分分布图，其中红色为火药气体组分，蓝色为空气，其他颜色为混合气体组分，图(a)～(c)分别为弹丸空中飞行 0 ms、0.78 ms、1.98 ms 三个时间上气体流场中各种气体组分分布图，可以

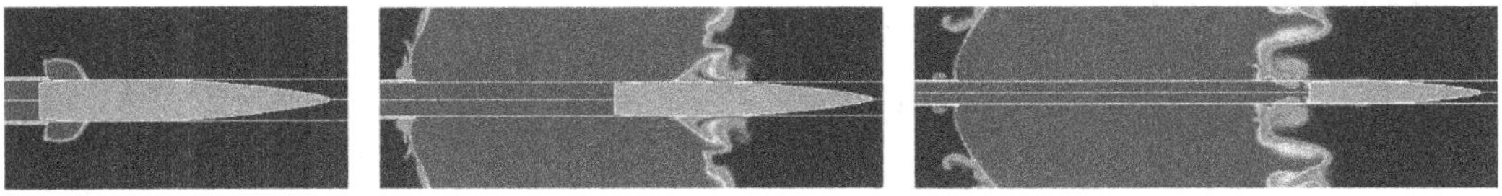

(a)　(b)　(c)

图 4.4.2　炮口附近火药气体对弹丸作用计算流场

看出在后效期内从膛内流出的火药气体基本上作用在弹丸底部及船尾部表面的小区域上。这一结论也可从图 4.4.3 得到验证,图 4.4.3 为弹丸飞离炮口瞬间至空中飞行 0.6 ms 时间段内作用在弹丸底部的火药气体作用力与作用在弹丸上全部火药气体作用力的对比曲线,可以看出作用在弹丸船尾部上的合力非常小,弹丸底部的作用力曲线与合力曲线几乎完全重合。

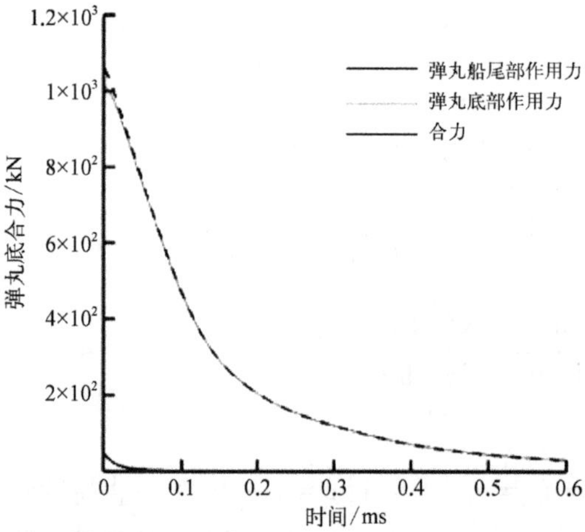

图 4.4.3　后效期内作用在弹丸上的火药气体作用力

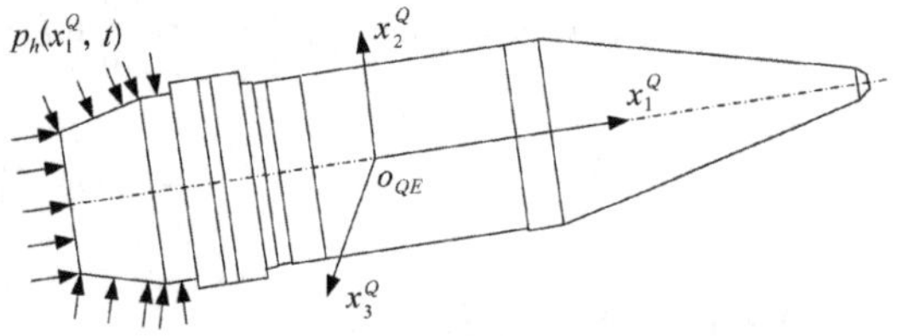

图 4.4.4　作用在弹丸上火药气体力

根据上面的讨论,可以认为火药气体仅作用在弹带以下部位的弹丸船尾及底部表面上(简称弹尾),如图 4.4.4 所示。在 $t = t_G$ 时,弹尾上作用着火药气体压力 $p(t_G)$,压力下降率为 $\dot{p}(t_G)$,在此后的某一时刻 t,弹尾上的火药气体压力 $p_h(t)$ 随时间的变化关系呈指数衰减规律,类似于炮口火药气体的衰减特性,即

$$p_h(t) = p(t_G)\mathrm{e}^{-\beta_d(t-t_G)} \tag{4.4.3}$$

其中,β_d 是一个以时间倒数为量纲的量。式(4.4.3)给出的近似指数衰减规律与 CFD 仿真模拟结果非常吻合。

令 $\dot{p}_h(t_G) = \dot{p}(t_G)$,由式(4.4.3)得

$$\beta_d = -\frac{\dot{p}_h(t_G)}{p(t_G)} = -\frac{\dot{p}(t_G)}{p(t_G)} \tag{4.4.4}$$

假设炮口速度为 $\dot{x}_1^{Dq}(t_G)$,身管直径为 $2r_d$,β_d 还可用一个无量纲量 λ_d 来表示:

$$\beta_d = \lambda_d \frac{\dot{x}_1^{Dq}(t_G)}{2r_d} \tag{4.4.5}$$

由式(4.4.4)和式(4.4.5)可得

$$\lambda_d = \frac{-2r_d\dot{p}(t_G)}{\dot{x}_1^{Dq}(t_G)p(t_G)} \tag{4.4.6}$$

这样式(4.4.3)可改写成

$$p_h(t) = p_g \mathrm{e}^{\dot{p}_G(t-t_G)/p_G} \tag{4.4.7}$$

火药气体压力速率 $\dot{p}(t)$ 由式(4.4.2)给出,火药气体的作用面积仍为 A_S。

4.4.2 内弹道基本方程组

4.4.2.1 前期

前期为定容燃烧,因此这一阶段的内弹道基本方程如下。

(1) 初始条件如下。

$$p = p_b,\ p_t = p_b,\ p_d = p_b,\ T = T_b,\ T_t = T_b,\ T_d = T_b,\ z_i = 0,\ \psi_i = 0,$$
$$l = 0,\ A_S = 4n_s r_d^2$$

式中,p_b、T_b 分别为点火压力和温度;A_S 为炮膛横截面积;n_s 为膛线深系数;$2r_d$ 为火炮口径。

弹丸的初始条件由式(6.4.13)和式(6.4.14)给出。

(2) 基本参数计算如下。

① 所有装药燃烧后产生的膛内气体总质量:

$$\omega_g = \sum_i \omega_{g_i}$$

② 混合气体等效常数:

$$R = \frac{1}{\omega_g}\sum_i R_i\omega_i\psi_i$$

③ 混合气体爆温等效值:

$$T_1 = \frac{1}{\omega_g}\sum_i T_{1i}\omega_i\psi_i$$

④ 混合气体等效比热比:

$$\theta = \frac{\sum_i \dfrac{f_i\omega_i\psi_i}{T_{1i}}}{\sum_i \dfrac{f_i\omega_i\psi_i}{T_{1i}\theta_i}}$$

⑤ 混合气体等效余容:

$$\alpha = \frac{1}{\omega_g}\sum_i \alpha_i\omega_{g_i}$$

(3) t 时刻火药燃烧冲量为

$$\frac{\mathrm{d}I}{\mathrm{d}t} = p$$

(4) t 时刻火药药粒燃烧相对厚度为

$$z_i = I/I_{k_i}$$

(5) 气体生成如下。

① 若 $z<1$：

多孔火药在药孔相遇前某一瞬间的相对气体质量 $\psi_i=\chi_{1i}z_i(1+\lambda_{1i}z_i+\mu_{1i}z_i^2)$；

多孔火药在药孔相遇前某一瞬间的气体生成速率 $\dfrac{\mathrm{d}\psi_i}{\mathrm{d}t}=\chi_{1i}(1+2\lambda_{1i}z_i+3\mu_{1i}z_i^2)\dfrac{p}{I_{ki}}$。

② 若 $z=1$：

多孔火药燃烧到火药孔彼此相切瞬间的相对气体质量 $\psi_{si}=\chi_{1i}(1+\lambda_{1i}+\mu_{1i})$；

多孔火药燃烧到药孔彼此相切瞬间的气体生成速率 $\dfrac{\mathrm{d}\psi_i}{\mathrm{d}t}=\chi_{1i}(1+2\lambda_{1i}+3\mu_{1i})\dfrac{p}{I_{ki}}$。

③ 若 $z>1$：

$$z_{1i}=z_i-1$$

多孔火药药孔相切后某时刻的相对气体质量 $\psi_i=\psi_{si}+\chi_{2i}z_{1i}+\lambda_{2i}\chi_{2i}{z_{1i}}^2$；

药孔相遇后某时刻气体生成速率 $\dfrac{\mathrm{d}\psi_i}{\mathrm{d}t}=\chi_{2i}(1+2\lambda_{2i}z_{1i})\dfrac{p}{I_{ki}}$。

(6) 弹丸开始运动前火药气体所占体积为

$$W_\psi=W_0-\sum_i\left[\frac{\omega_i}{\delta_i}(1-\psi_i)+\alpha_i\omega_i\psi_i\right]$$

(7) 定容状态方程为

$$pW_\psi=\omega_g RT$$

(8) 能量方程为

$$p=\frac{(1-K_q)f\omega\psi}{W_\psi}$$

(9) 计算在初始条件和压力 $p_d=p$ 作用下的弹丸运动方程(6.6.24)，获得弹丸上点 o_Q 的相对运动位移 $\boldsymbol{U}_D^Q$，由式(4.3.4B)得 x_1^{Dq}。若 $x_1^{Dq}>0$，则弹丸开始运动，前期阶段结束，对应的压力 p 即为启动压力 p_0。

此阶段待求的未知量有：火药气体所占的体积 W_ψ、压力 p、温度 T、相对燃烧厚度 z、已燃烧比例 ψ、气体生成速率 $\mathrm{d}\psi_i/\mathrm{d}t$、压力冲量 I 等共 7 个未知量。上述(3)~(8)有 7 个方程，问题可解。在得到压力 p 后，求解弹丸运动方程(6.6.24)，计算得到弹丸运动位移 x_1^{Dq}，若 $x_1^{Dq}>0$，则弹丸开始运动，前期阶段结束。

4.4.2.2 挤进阶段

挤进阶段的初始条件由内弹道前期结束点的参数值给出，此阶段为变容燃烧，因此这一阶段的内弹道基本方程如下。

(10) 4.4.2.1 节中前期阶段的(1)~(4)公式适用于本阶段。

(11) t 时刻药室几何尺寸如下。

① 挤进容积

$$W_y=\int_{l_K}^{x}A(x)\,\mathrm{d}x$$

② 挤进特征参数

$$G_t(x) = \int_0^x g_t(y)\,\mathrm{d}y$$

③ 挤进特征参数

$$g_t(y) = \int_0^y \frac{z}{A(z)}\mathrm{d}z$$

（12）火药气体所占体积

$$W = W_0 - \sum_i \left[\frac{\omega_i}{\delta_i}(1-\psi_i) + \alpha_i\omega_i\psi_i\right] + W_y$$

（13）变容状态方程

$$pW = \omega_g RT$$

（14）能量方程

$$pW = f_0\omega\psi - \theta\varphi\frac{m_Q\,(\dot{x}_1^{Dq})^2}{2} \pm \theta Q_1$$

（15）弹底压力方程

$$p_d = p - \frac{\omega}{(x_1^{Dq})^2 g}\left[g_t(x_1^{Dq}) - \frac{1}{x_1^{Dq}}G_t(x_1^{Dq})\right]\frac{\mathrm{d}\dot{x}_1^{Dq}}{\mathrm{d}t}$$

（16）在弹底压力 p_d 作用下，利用弹丸运动方程（6.6.24），获得弹丸上点 o_Q 的运动位移 x_1^{Dq} 和速度 $\dot{x}_1^{Dq}$。

当满足条件 $x_1^{Dq}(t) = l_{D_{T2}}$ 时，则弹丸挤进阶段结束，对应的最大压力 $p_{\max}$ 即为挤进压力 $p_{J\max}$。

此阶段待求的未知量有：火药气体所占的体积 W_ψ、平均压力 p、弹底压力 p_d、温度 T、相对燃烧厚度 z、已燃烧比例 ψ、气体生成速率 $\mathrm{d}\psi_i/\mathrm{d}t$、压力冲量 I、弹丸运动位移 x_1^{Dq}、$\boldsymbol{y}_Q$ 和速度 $\dot{x}_1^{Dq}$、$\dot{\boldsymbol{y}}_Q$ 等共 12 个未知量。上述（3）~（5）有 4 个方程，（12）~（15）有 4 个方程，再加上式（6.6.24）中的 4 个方程，共 12 个方程，问题可解。

4.4.2.3　膛内运动阶段

膛内运动阶段的初始条件由内弹道挤进结束点的参数值给出，此阶段为变容燃烧。根据前面的讨论，此阶段还分成火药燃烧分裂前燃烧的第一阶段和分裂后燃烧的第二阶段。

第一阶段内弹道基本方程如下。

（17）弹丸膛内运动火药气体所占体积

$$W = W_0 - \sum_i \left[\frac{\omega_i}{\delta_i}(1-\psi_i) + \alpha_i\omega_i\psi_i\right] + W_{y\max} + A_S l_x$$

（18）变容状态方程

$$pW = \omega_g RT$$

(19) 能量方程

$$pW = f_0\omega\psi - \theta\varphi \frac{m_Q(\dot{x}_1^{Dq})^2}{2} \pm \theta Q_1$$

(20) 弹底压力方程

$$p_d = p - \frac{\omega}{3A_S g}\frac{\mathrm{d}\dot{x}_1^{Dq}}{\mathrm{d}t}$$

(21) 压力变化率

$$A_S(l_x + l_{y\max} + l_\psi)\frac{\mathrm{d}p}{\mathrm{d}t} = \omega\frac{\mathrm{d}\psi}{\mathrm{d}t}RT + \omega\psi R\frac{\mathrm{d}T}{\mathrm{d}t} - A_S p\left[\dot{x}_1^{Dq}(t) - l_0\Delta\left(\alpha - \frac{1}{\delta}\right)\frac{\mathrm{d}\psi}{\mathrm{d}t}\right] - \theta\varphi m_Q\dot{x}_1^{Dq}\left(\frac{\mathrm{d}\dot{x}_1^{Dq}}{\mathrm{d}t} - \frac{\dot{x}_1^{Dq}}{2\psi}\frac{\mathrm{d}\psi}{\mathrm{d}t}\right)$$

(22) 在膛底压力 p_t 和弹底压力 p_d 作用下,利用全炮运动方程(5.9.1)和弹丸运动方程(6.9.13),进行联合求解得到弹丸上点 o_Q 的运动位移 x_1^{Dq} 和速度 $\dot{x}_1^{Dq}$。

若 $\psi = 1$, 则弹丸膛内运动第一阶段结束,进入第二阶段。

第二阶段的内弹道基本方程如下。

(23) 基本参数计算如下。

① 所有装药燃烧结束后产生的膛内气体总质量

$$\omega_g = \sum_N \omega_{g_i}$$

② 燃烧结束后气体混合物的气体常数等效值

$$R = \frac{1}{\omega_g}\sum_i R_i\omega_i$$

③ 燃烧结束后气体混合物火焰温度(爆温)的等效值

$$T_1 = \frac{1}{\omega_g}\sum_i T_{1i}\omega_i$$

④ 燃烧结束后气体混合物比热比

$$\theta = \frac{\sum_N \frac{f_i\omega_i}{T_{1i}}}{\sum_N \frac{f_i\omega_i}{T_{1i}\theta_i}}$$

⑤ 气体混合物的余容等效值

$$\alpha = \frac{1}{\omega_g}\sum_i \alpha_i\omega_{g_i}$$

(24) 燃烧结束后弹丸膛内运动火药气体所占体积

$$W = W_0 - \sum_{i=1}^{N} \alpha_i \omega_i + W_{ymax} + A_S l_x$$

（25）变容状态方程

$$pW = \omega_g RT$$

（26）燃烧结束后能量方程

$$pW = f_0 \omega - \theta\varphi \frac{m_Q (\dot{x}_1^{Dq})^2}{2} \pm \theta Q_1$$

（27）弹底压力方程

$$p_d = p - \frac{\omega}{3A_S g} \frac{d\dot{x}_1^{Dq}}{dt}$$

（28）压力变化率

$$\frac{dp}{dt} = -\dot{x}_1^{Dq} \frac{pA_S + \theta\varphi m_Q \dfrac{d\dot{x}_1^{Dq}}{dt}}{W_0 - \alpha\omega + W_{ymax} + W_x}$$

膛内运动阶段待求的未知量有：火药气体所占的体积 W_ψ、平均压力 p、膛底压力 p_t、弹底压力 p_d、压力变化率 dp/dt、温度 T、相对燃烧厚度 z、已燃烧比例 ψ、气体生成速率 $d\psi_i/dt$、压力冲量 I 共 10 个未知量。全炮牵连运动自由度、弹丸相对运动自由度：$\boldsymbol{U}_G^A$、$\dot{\boldsymbol{U}}_G^A$、$\boldsymbol{\beta}_A$、$\boldsymbol{\omega}_A$、$\boldsymbol{x}_{AB}$、$\dot{\boldsymbol{x}}_{AB}$、$\boldsymbol{\beta}_{Br}$、$\boldsymbol{\omega}_B^r$、$\boldsymbol{x}_{BC}$、$\dot{\boldsymbol{x}}_{BC}$、$\boldsymbol{\beta}_{Cr}$、$\boldsymbol{\omega}_C^r$、$\boldsymbol{x}_{CD}$、$\dot{\boldsymbol{x}}_{CD}$、$\boldsymbol{\beta}_{Dr}$、$\boldsymbol{\omega}_D^r$、$\boldsymbol{w}_D$、$\dot{\boldsymbol{w}}_D$、$\boldsymbol{\omega}_{Dq}^r$、$\boldsymbol{x}_1^{Dq}$、$\dot{\boldsymbol{x}}_1^{Dq}$、$\boldsymbol{y}_Q$、$\dot{\boldsymbol{y}}_Q$、$(\phi, \kappa_2, \kappa_1)$、$\boldsymbol{\omega}_Q^r$、$\boldsymbol{w}_{Qf}$、$\dot{\boldsymbol{w}}_{Qf}$ 27 个未知量，总共有 37 个未知量。上述(3)~(5)有 4 个方程，(24)~(28)有 5 个方程，平均压力与膛底压力公式(4.3.30A)1 个，再加上全炮牵连运动方程(5.9.1)9 个方程，弹丸运动方程(6.9.13)共 5 个方程，速度和角速度补充方程 13 个，共 37 个方程，问题可进行联合求解。

4.4.2.4 *后效期*

后效期的时间段为$[t_G, t_M]$，作用在弹底上的压力由式(4.4.7)给出。利用弹丸外弹道飞行控制微分方程式(10.5.8)，并考虑作用在弹丸上的气动载荷，第二阶段结束时($t = t_G$)内弹道基本方程得到的弹丸运动状态参数为初始条件，进行求解得到。后效期的时间不超过 2 毫秒，弹丸飞离炮口的距离在 2 米左右。至此，整个内弹道计算全部结束。

4.5 身管内膛损伤机制及烧蚀模型

4.5.1 身管损伤机制

身管受到火药燃气烧蚀和弹带摩擦磨损的双重作用，随着射击次数的增加，内膛逐渐损伤，最终达到一定阈值时身管寿命终止。该阈值的表征方式有多种，其中主要的有以下四个方式：

（1）身管膛线起始部沿身管轴线的前移量；

（2）弹丸初速的下降量；

（3）弹带削光；

（4）最大射程密集度明显下降。

上述四个方面的表征形式虽不同，但有其内在关联关系。膛线起始部前移量的增大意味着药室容积的增加，在同样的装药条件下必然导致初速下降；起始部前移量的增大也意味着卡膛一致性下降，弹丸状态参数初始条件变化也必然导致射击密集度下降；当烧蚀、磨损量增加时，膛线切入弹带中的深度减少，对弹带的作用下降，直至弹带削光，弹丸无陀螺效应，也必然导致射击密集度下降。

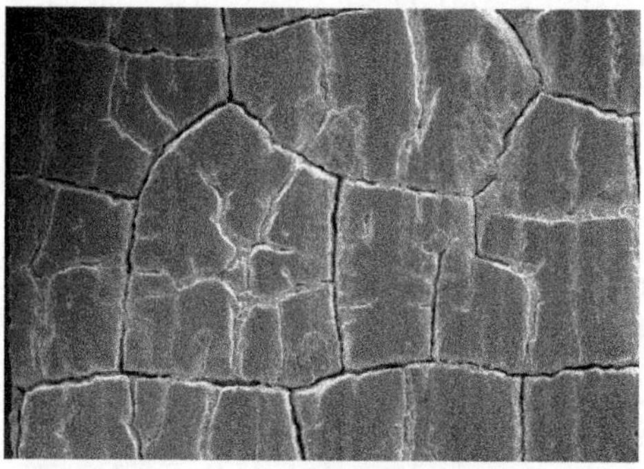

图 4.5.1　身管内膛形貌检测图

对身管内膛形貌测试表明，内膛表面存在大量或深或浅的纵向、横向的裂纹，见图 4.5.1。这些裂纹表明，身管损伤是“化学—热—机械”三个基本因素共同作用的结果。

这里，身管损伤量可简单理解为阳线直径的扩大量。对一定射击次数的身管内膛表层微观测试表明，内膛沿径向从内及外分为三层：化学影响层、热影响层、基体层。

化学影响层又称为白层，可细分为化学反应层和化学扩散层。化学反应层主要是 C、H、N、O 等活性原子与炮钢金属发生化学反应形成的稳定化合物；化学扩散层中的活性原子浓度较大，但不足以形成化合物。

热影响层是在火药燃气高温冲击作用下形成的组织相变层，其厚度一般大于白层，炮钢金属微观结构的改变导致宏观材料性能退化。

基体层是未受到火药燃气的热化学影响或影响可恢复的原始炮钢材料层。

造成身管损伤的原因众多，又相互耦合，非常复杂。造成身管损伤机制，客观来讲，身管内膛受到火药燃气和弹丸弹带两个外载荷的作用，因此火药燃气的化学烧蚀规律和弹带的摩擦磨损规律是两大客观损伤子机制；主观来讲，在外载荷作用下的身管自身退化会促进外载荷的影响，退化包括材料性能退化和几何尺寸变化两个方面。因此，身管机械性能跨尺度演化规律和内壁裂纹演化规律是两大主观损伤子机制。身管损伤机制还包括各个子机制的耦合作用，即化学烧蚀和摩擦磨损的耦合规律、身管性能退化对烧蚀磨损的影响规律。

4.5.2　基本假设

本节将讨论身管温度场分布及温度对身管的烧蚀作用规律，为此作如下基本假定。

（1）身管的温度分布沿身管轴向是变化的，沿其环向是均匀的；

（2）身管烧蚀损伤分布沿身管轴向是变化的，沿其环向是均匀的。

根据上述基本假设，身管的温度场分布和烧蚀损伤分布问题可简化成沿身管轴线和径向变化的平面问题，o_D 为身管轴线与尾端面上的交点，以 o_D 为原点建立如图 4.5.2 所示的坐标系 $o_D - x_1^D r$，记为 $\boldsymbol{i}_r$，其中 Γ_A、Γ_B、Γ_C、Γ_D 为身管的四个自然边界，x_1^{Dq} 为任意时刻 t 弹带上点 o_Q 在距原点 o_D 的横坐标。

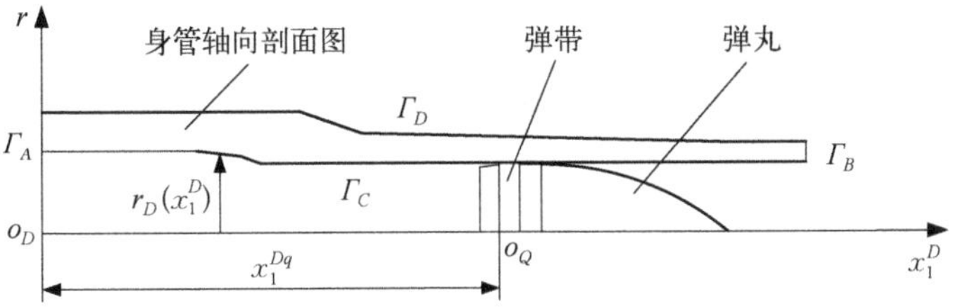

图 4.5.2　身管平面坐标系

4.5.3　身管内壁温度场计算

考虑到身管几何形状及燃气载荷的轴对称性,身管二维瞬态温度场控制方程可写为

$$\frac{\partial T(r,\ x_1^D,\ t)}{\partial t}=\frac{k_D}{\rho_D c_D}\left[\frac{\partial^2}{\partial r^2}+\frac{1}{r}\frac{\partial}{\partial r}+\frac{\partial^2}{(\partial x_1^D)^2}\right]T(r,\ x_1^D,\ t) \tag{4.5.1}$$

式中, $T(r,\ x_1^D,\ t)$ 为身管内的温度; ρ_D、k_D、c_D 分别为身管材料的质量密度、热传导系数和比热;热扩散系数定义为 $\alpha_D=k_D/\rho_D c_D$; t 为时间。

边界条件如下:

在 Γ_A 上, $q_x(r,\ 0,\ t)=0$, 炮尾不与环境换热;

在 Γ_B 上, $q_x(r,\ l_{Ds},\ t)=0$, 炮口不与环境换热, l_{Ds} 为身管长度;

在 Γ_C 上, $q_r(r_d,\ x_1^D,\ t)=-H_C[T(r_d,\ x_1^D,\ t)-T_g(x_1^D,\ t)]$, 身管内壁与火药燃气发生强制对流换热, H_C 为内壁与燃气的换热系数, T_g 为燃气温度;

在 Γ_D 上, $q_r(r_D,\ x_1^D,\ t)=H_D[T(r_D,\ x_1^D,\ t)-T_a]$, 身管外壁与大气自由换热, H_D 为换热系数, T_a 为大气温度, r_D 为身管外径。

初始温度场可以表达为 $T(r,\ x_1^D,\ 0)=T_0(r,\ x_1^D)$。

已知身管初始温度和边界条件,利用有限差分法可以求解身管温度场控制方程,获得内表面温度 $T(r_d,\ x_1^D,\ t)$。对空间域采用中心差分,时间域采用向前差分,可得式(4.5.1)的差分格式为

$$\frac{T_{i,j}^{n+1}-T_{i,j}^{n}}{h_t}=\alpha_D\left(\frac{T_{i-1,j}^{n}-2T_{i,j}^{n}+T_{i+1,j}^{n}}{h_r^{\ 2}}+\frac{1}{r_i}\frac{T_{i+1,j}^{n}-T_{i-1,j}^{n}}{2h_r}+\frac{T_{i,j-1}^{n}-2T_{i,j}^{n}+T_{i,j+1}^{n}}{h_x^{\ 2}}\right) \tag{4.5.2}$$

其中, h_r、h_x、h_t 分别为径向坐标步长、轴向坐标步长、时间步长。径向第 i 个、轴向第 j 个网格点,在第 n 个时刻温度记为

$$\begin{gathered}T_{i,j}^{n}\triangleq T[r_d+(i-1)h_r,\ (j-1)h_x,\ (n-1)h_t],\\ i=1,\ 2,\ \cdots,\ I;\ j=1,\ 2,\ \cdots,\ J;\ n=1,\ 2,\ \cdots,\ N\end{gathered} \tag{4.5.3}$$

按照相同的差分格式对边界离散后,可获得完整的身管温度场求解差分公式。

算例: $\rho_D=7\,800\ \text{kg/m}^3$, $k_D=45\ \text{W/mK}$, $c_D=460\ \text{J/kgK}$, $r_d=0.077\,5\ \text{m}$, $r_D=0.137\,5\ \text{m}$, $T_g=(2\,700e^{-7t}+300)\text{K}$, $H_C=14\,000\ \text{W/(m}^2\cdot\text{K)}$, $H_D=200\ \text{W/(m}^2\cdot\text{K)}$, $T_a=T_0=$

300 K。身管轴向均匀划分为 100 段；径向从内往外分成 3 层，第 1 层 10 mm、径向 100 等分，第 2 层 10 mm、径向 50 等分，第 3 层剩余厚度、径向 20 等分。单发射击时身管内表面温度随时间的变化如图 4.5.3 所示；内弹道结束时刻，身管径向温度场分布如图 4.5.4 所示。

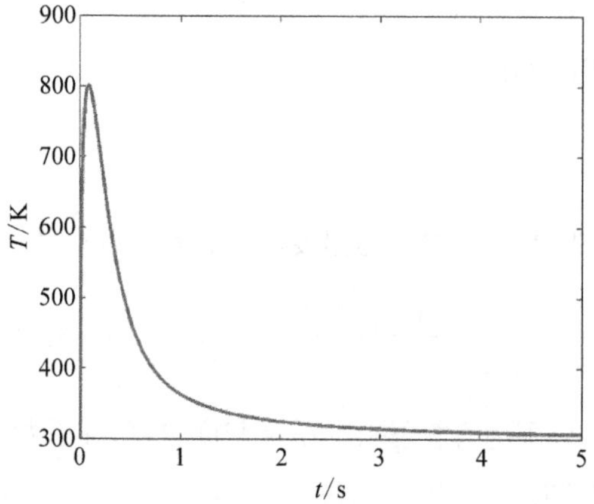

图 4.5.3　单发射击时身管的内表面温度随时间变化曲线

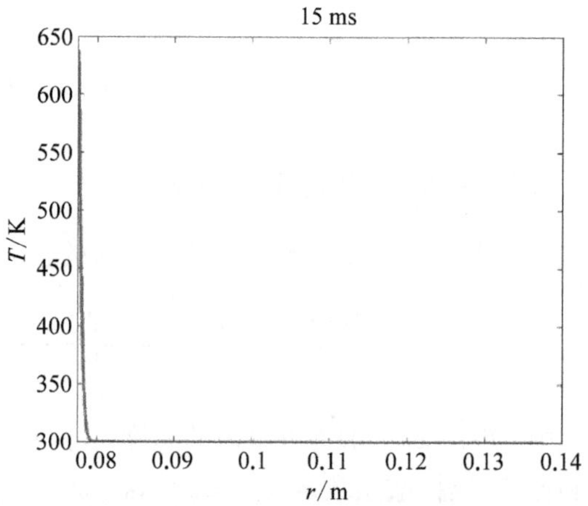

图 4.5.4　内弹道结束时刻身管径向温度场分布

4.5.4　基于烧蚀的身管内膛损伤量计算

单发射击周期内，身管表层温度呈现瞬态变化，同时由于化学作用，活性原子向炮钢金属结构内扩散，并伴随着表层一定厚度的烧蚀损伤。新身管在几发射击之后，表层活性原子浓度分布在每发射击后几乎保持不变，或者说，表层活性原子浓度呈周期性变化。如图 4.5.5 所示，建立身管径向损伤模型，将身管内表面固定于 $r=r_D(x_1^D)$ 处，射击周期内，内表面以一定的烧蚀速度 v 扩大。根据物质导数的表达式，并考虑到烧蚀层很薄，忽略其曲率影响，活性原子扩散方程可写为

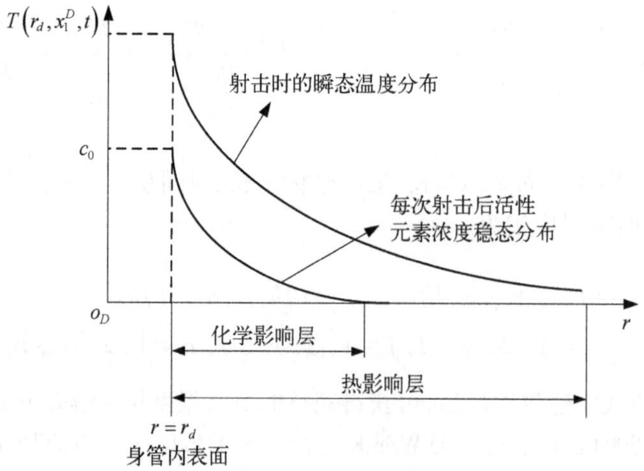

图 4.5.5　身管损伤模型

$$\frac{\partial c}{\partial t}+v\frac{\partial c}{\partial r}=\kappa\left[\frac{\partial^2 c}{\partial r^2}+\frac{\partial^2 c}{(\partial x_1^D)^2}\right] \tag{4.5.4}$$

其中，c 为活性原子浓度；κ 为质量扩散系数，一般不是常数，可表达为阿伦尼乌斯（Arrhenius）方程的形式（Lawton et al., 1996）：

$$\kappa = B\exp[-\Delta E/R_0T(r,\ x_1^D,\ t)] \tag{4.5.5}$$

其中，B 为常数；ΔE 为激活能；R_0 为火药燃气气体常数。显然，温度越高，扩散系数越大。

对式(4.5.4)在一个射击周期 t_1 内积分，可得

$$\int_0^{t_1}\mathrm{d}c+\int_0^{t_1}v\frac{\partial c}{\partial r}\mathrm{d}t=\int_0^{t_1}B\exp\left[\frac{-\Delta E}{R_0T(r,\ x_1^D,\ t)}\right]\left[\frac{\partial^2 c}{\partial r^2}+\frac{\partial^2 c}{(\partial x_1^D)^2}\right]\mathrm{d}t \tag{4.5.6}$$

考虑到浓度的周期性，上式第一项积分为 0，令 $v=\partial w/\partial t$，w 为一个射击周期内的损伤量，$\partial c/\partial r$、$\partial^2 c/\partial r^2$、$\partial^2 c/(\partial x_1^D)^2$ 分别用其表面处的平均值 $\mathrm{d}\bar{c}/\mathrm{d}r$、$\mathrm{d}^2\bar{c}/\mathrm{d}r^2$、$\mathrm{d}^2\bar{c}/(\mathrm{d}x_1^D)^2$ 来替代，$T(r,\ x_1^D,\ t)$ 用内表面 $r=r_d$ 处的温度 $T(r_d,\ x_1^D,\ t)$ 来替代，得

$$\bar{w}=A_1\int_0^{t_1}\exp\left[\frac{-\Delta E}{R_0T(r_d,\ x_1^D,\ t)}\right]\mathrm{d}t \tag{4.5.7}$$

其中

$$A_1=B\left[\frac{\mathrm{d}^2\bar{c}}{\mathrm{d}r^2}+\frac{\mathrm{d}^2\bar{c}}{(\mathrm{d}x_1^D)^2}\right]\Big/\left.\frac{\mathrm{d}\bar{c}}{\mathrm{d}r}\right|_{r=r_d} \tag{4.5.8}$$

已知内表面温度 $T(r_d,\ x_1^D,\ t)$ 和系数 A_1 时，可由式(4.5.7)计算得到单发射击时身管的损伤量 $\bar{w}$。式(4.5.7)中，激活能 ΔE 和火药燃气成分相关，可取69 MJ/(kg · mol)（Lawton et al., 1996），燃气气体常数 R_0 可取 360 ~ 380 J/(kg · K)（钱林方等,2016）。烧蚀系数 A_1 与燃气成分关系密切，可由模拟实验进行参数辨识得到。此外，考虑到发射药或者药筒自燃的可能性，大口径火炮身管内壁初始温度不应高于 480 K。

需要说明的是，本小节所建立的简易模型仅考虑了火药燃气对身管的化学烧蚀作用，并未考虑弹带对白层的摩擦磨损作用，由此带来的误差可通过对 A_1 进行修正，以匹配身管内膛损伤测试结果。

第5章　火炮刚柔耦合动力学建模分析

5.1　概述

火炮动力学特性是指火炮结构在发射弹丸过程中具有的动力学响应特性，包括系统的刚体响应特性和炮身的刚柔耦合响应特性等。若仅考虑火炮射击精度问题，则良好的动力学响应特性包括弹丸在膛内运动时期炮身应具有良好的指向不变性、身管对弹丸应具有较小的附加牵连运动、火炮射击前后应具有较小的姿态变位，等等。要实现具有良好的火炮动力学响应特性，火炮结构几何参数和物理参数、结构连接特性、载荷特性和载荷传递之间应具有良好的时空匹配关系，以确保火炮赋予弹丸炮口的扰动较小。

本章以某典型的车载炮结构为例，来阐述火炮刚柔耦合动力学特性分析的理论和方法，本章所采用的分析方法和原理同样适用于其他类型的火炮。

5.2　火炮结构分析

5.2.1　火炮结构组成及其功能

图5.2.1是一种典型的车载炮总体结构，主要由炮身（包括身管、炮口制退器、炮尾、定向栓等）、闩体（图中未画出）、反后坐装置（制退机、复进机）、摇架、上架、高平机、座圈、大架、千斤顶、座盘、底盘等组成。

如图5.2.2所示，反后坐装置一端与炮尾上的连接支座连接，另一端与摇架上的连接支架相连接，实现炮身在摇架前后衬套上的相对移动。安装在炮尾上的定向栓插入摇架上的定向栓室，阻止炮身在后坐过程中由于弹丸旋转引起的炮身旋转。

如图5.2.3所示，摇架通过摇架上的耳轴安装在上架的耳轴支座上，摇架的前端通过高平机（或高低机齿弧和平衡机）连接在上架的支座上。摇架、高平机、上架构成三角形结构。液压系统通过伸缩高平机杆（或通过电机启动高低机齿轮），迫使摇架绕耳轴旋转，从而实现了摇架绕耳轴高低转动的功能。

如图5.2.4所示，座圈由外座圈与内座圈组成，内、外座圈间通过滚柱配合接触，上架通过螺栓与内座圈相连接，外座圈通过螺栓与安装在车体大梁上的座圈支座相连接。方向机齿

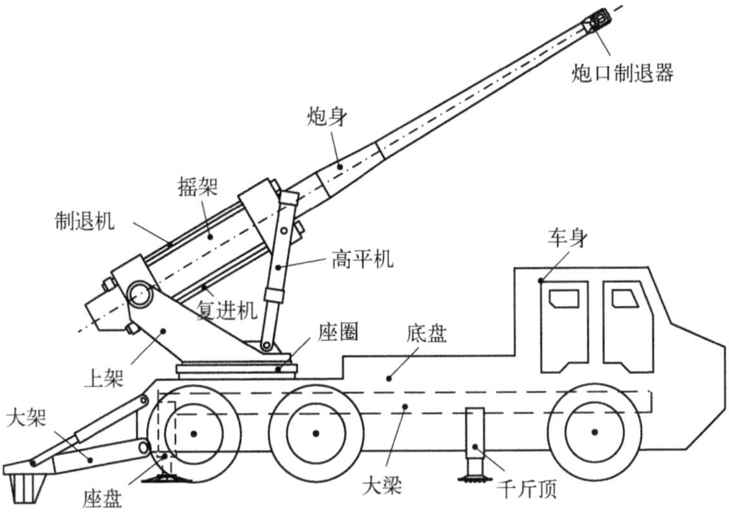

图 5.2.1　车载炮总体结构图

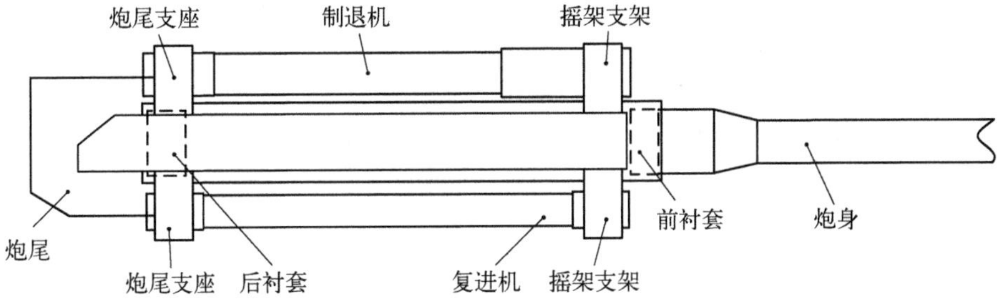

图 5.2.2　炮身与摇架的连接结构图

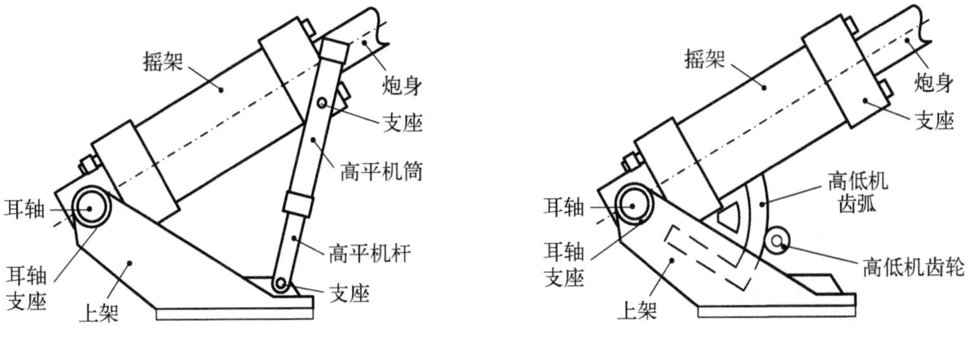

(a) 高低机和平衡机一体的高平机结构　(b) 高低机和平衡机分离结构

图 5.2.3　摇架与上架的连接结构图

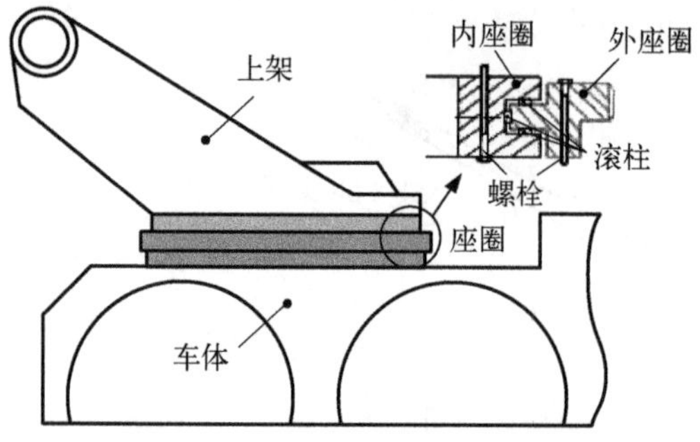

图 5.2.4　上架与底盘的连接结构图

轮与外座圈咬合,通过转动方向机迫使方向机齿轮及火炮回转部分绕外座圈的轴线转动。

如图 5.2.5 所示,大架一端通过连接轴与底盘大梁连接,另一端通过油缸筒与底盘大梁连接,伸缩大架油缸杆实现大架绕连接轴的回转,安装在大架上的驻锄与地面接触,该车载炮共有两个大架。座盘通过油缸筒与底盘大梁连接,通过伸缩油缸杆实现座盘的上下运动,座盘上的座板与地面接触,该车载炮共有一个座盘。千斤顶通过千斤顶油缸筒与底盘大梁连接,通过伸缩千斤顶内筒实现千斤顶的上下运动,千斤顶座板与地面接触,该车载炮共有两个千斤顶。

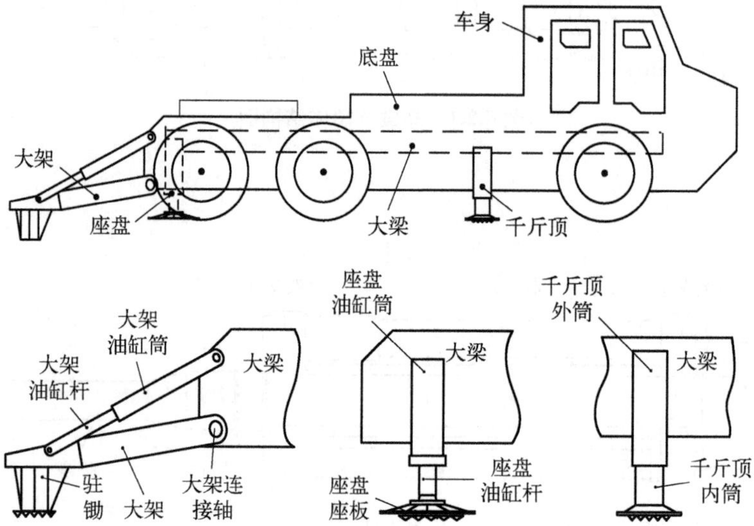

图 5.2.5　底盘与地面的接触关系体结构图

底盘上的油气弹簧一端通过支座连接到底盘的车架上,另一端连接到悬挂臂上,而悬挂臂与车轮连接。

火炮发射前,油气悬挂使底盘整体下降到位,后依次作动大架、座盘、千斤顶使它们处于发射状态,通过火控系统计算火炮身管指向诸元,依次转动方向和高低机,使身管定向至所需要的指向 $\boldsymbol{n}_0$。在炮兵实践中,身管指向以正北方向 N 为基准,按顺时针方向为正旋转一方向角 Θ_N,后进行高低操作一高低角 θ_1^0,身管向上打时该角为正,见图 5.2.6。

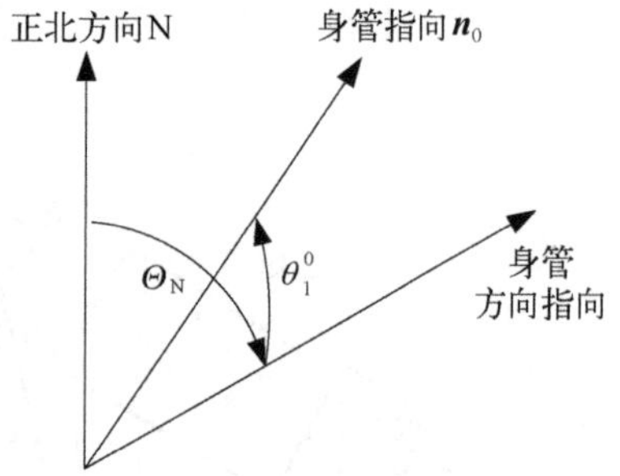

图 5.2.6　火炮射角的概念

5.2.2　基本约定和假定

5.2.2.1　基本约定

就火炮动力学特性分析中的有关问题,本书约定如下。

1）火炮动力学结构划分

为了便于进行火炮动力学特性分析，将整体火炮结构划分成底盘部分、上架部分、摇架部分、后坐部分等4个广义结构。广义结构是指该结构不但包含其本身，还包含安装在该结构上的其他部件或组件。广义结构的组成如下。

后坐部分广义结构（简称后坐部分），包含炮身（身管、炮尾、炮口制退器）、闩体、与炮尾连接的部分反后坐装置结构（反后坐装置中参与运动的部分，含运动的制退液）等。

摇架广义结构（简称摇架部分），包含有摇架本体、惯导、测速雷达、反后坐装置中不运动组件（含复进机储能器）、与摇架连接的部分高平机（或高低机齿弧、与摇架连接的部分平衡机）、输弹机组件（含输弹机、协调机构等）、部分液压系统，以及安装在摇架上的其他组件及传感器等。

上架广义结构（简称上架部分），包含上架本体、瞄准装置、瞄准架、与上架连接的部分高平机（或高低机齿轮、与上架连接的部分平衡机）、与上架连接的内座圈、方向机、传感器、部分液压系统，以及安装在上架上的其他组件等。

底盘广义结构（简称底盘部分），包含底盘、安装在底盘上的火控系统、电器系统、弹药箱及弹药、行军固定器、部分液压系统、工具箱、电瓶、千斤顶、座盘、大架，以及安装在底盘上的其他组件等。

2）广义结构的质量特性

根据火炮动力学结构划分原则，广义结构的质量包含广义结构中所有部件的质量。另外，广义结构间连接机构的质量必须简化到对应的连接点上，如高平机连接了摇架部分和上架部分，包含在摇架部分中的高平机质量按集中质量简化到摇架的连接点上，等等。由此可以得到广义结构的质量、质心、转动惯量等，称为广义结构的质量特性。

3）连接特性

火炮结构间的连接由以下几种：

（1）炮身在摇架衬套上的滑移连接；

（2）炮尾防转驻栓在摇架驻栓室中的移动；

（3）摇架耳轴与上架耳轴座的转动连接；

（4）上架内座圈与底盘外座圈的滚动连接；

（5）安装驻锄的下架与底盘在轴耳上的转动连接；

（6）千斤顶、座盘、下架等结构中与液压油缸的运动连接。

这种连接应考虑间隙的影响。

4）拓扑结构

根据上述结构划分原则和质量特性的计算规则，可以给出火炮后坐部分、摇架部分、上架部分、底盘部分之间的连接拓扑结构关系如图5.2.7所示。图中矩形框表示上述四大部分；圆形圈表示结构部分之间的连接功能，其质量特性已归入对应的动力学结构中，这些连接功能均可

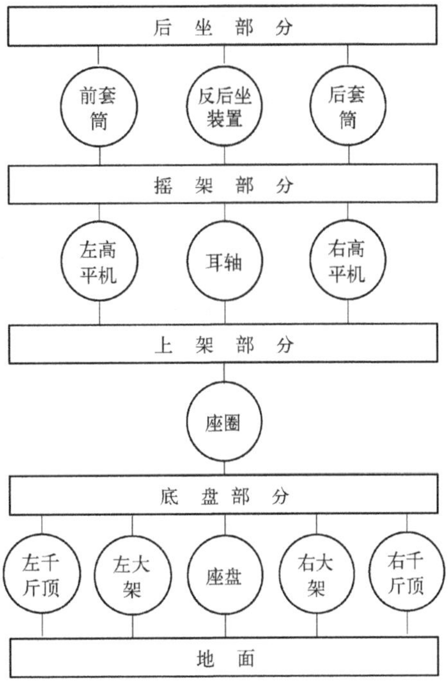

图5.2.7 火炮拓扑结构图

以用“3)”中给出的连接特性来表达。有关各结构部分的动力学特性将在各自的章节中进行讨论。

5）符号命名约定

火炮底盘部分、上架部分、摇架部分、后坐部分、弹丸部分分别用大写英文字母 A、B、C、D、Q 来表示，安装在底盘部分、上架部分、摇架部分、后坐部分上的下级部件分别用 A_i、B_i、C_i、$D_i(i = a, b, \cdots, z)$ 来表示，如惯导为安装在摇架上的第 4 个部件，则其命名为 C_d 等。

火炮底盘部分、上架部分、摇架部分、后坐部分的局部坐标系一律用 $o_i - x_1^i x_2^i x_3^i (i = A, B, C, D)$ 表示，并记为 $\boldsymbol{i}_i$；各结构部分下属的局部坐标系一律用 $o_j - x_1^j x_2^j x_3^j$ 表示，并记为 $\boldsymbol{i}_j$ $(j = A_i, B_i, C_i, D_i, i = a, b, \cdots, z)$ 来表示，如惯导局部坐标系记为 $\boldsymbol{i}_{C_d}$，具体表示为 $o_{C_d} - x_1^{C_d} x_2^{C_d} x_3^{C_d}$。

各部件中的任意一点用 $O_i(i = A, B, C, D)$ 表示；点 O_i 在各自局部坐标系下的位置坐标一律用 $\boldsymbol{x}_i$ 来表示；点 O_i 在跨结构坐标系下的位置矢量用 $\boldsymbol{U}_j^i(j = A, B, C, D)$，其分量的列矩阵形式亦用 $\boldsymbol{U}_j^i$ 表示；点 O_i 在惯性坐标系 $\boldsymbol{i}_G$ 下的位置矢量用 $\boldsymbol{U}_i$ 表示。如在后坐部分结构中有任意一点 O_D，该点在坐标系 $\boldsymbol{i}_D$ 中的位置矢量为 $\boldsymbol{x}_D$，在坐标系 $\boldsymbol{i}_A$ 中的位置矢量为 $\boldsymbol{U}_A^D$，在惯性坐标系 $\boldsymbol{i}_G$ 下的位置矢量用 $\boldsymbol{U}_D$ 表示。由于要考虑弹性身管，则对弹性炮身上任意一点用 O_d，其下属部件上的点用 $O_{di}(i = a, b, \cdots, z)$ 来表示。

各部件在各自结构中的几何、物理等参数一律在参数符号右上或右下标表明该参数所属的结构部件号，例如，若弹性模量用符号 E 表示，则身管的弹性模量表示为 E_D 或 E^D；又如，若某结构参数的长度用符号 l 表示，则摇架上某结构参数的长度表示为 l_C 或 l^C。

5.2.2.2　基本假定

为了能化繁就简地建立火炮动力学模型，并与实际用炮状况相符，作以下几点假定。

（1）除与弹丸直接接触的身管考虑弹性外，所有其他剩余三个结构部分（底盘部分、上架部分、摇架部分）均假定为刚体。考虑到弹丸在膛内运动的时间非常短暂（十几毫秒），并且有反后坐装置和高平机缓冲，这些与弹丸不直接相接触部件的弹性响应（不考虑应力波传播）对弹丸运动的影响可以忽略。

（2）各结构部分的连接采用运动约束模型来描述。

（3）按炮目相对位置放列火炮。火炮在实际操作过程中，除了要遵循 3.1.1 节中流程外，还要根据射击目标，利用火控弹道计算机计算炮目连线与正北方向的角度 Θ_N'，如图 5.2.8 所示，Θ_N' 位于炮目连线与正北方向组成的平面内，概略计算考虑气象修正后的射击

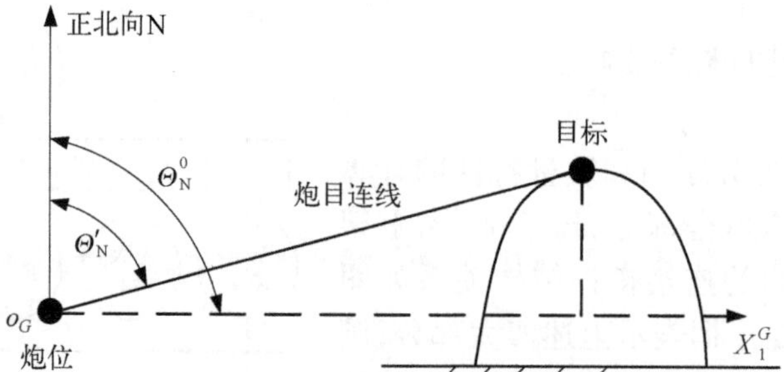

图 5.2.8　身管概略指向示意图

诸元,火炮行驶至已确定的火炮阵地,利用火控计算机计算炮目连线在水平面上的投影坐标轴$o_G X_1^G$(见5.3节)与正北方向的夹角 Θ_N^0,并将车头概略指向到北向夹角 Θ_N^0 附近。放列支撑火炮射击时的各种机构,操作方向机将火炮回转部分转动到指定的方向诸元位置,操作高低机将火炮起落部分转动到指定的高低诸元位置。

5.3 坐标系建立及其变换

5.3.1 坐标系建立

为了描述火炮的运动,需要建立相关坐标系。要特别注意的是,若以总体装配图为依据得到的位置关系为系统在无重力作用下的关系,而以实物测得的位置关系为系统在重力作用下的关系,两者之间的关系为在自身重力作用下的静力平衡关系。本书是以总体装配图为依据建立坐标系的。

(1) 惯性坐标系 $o_G - x_1^G x_2^G x_3^G$,记为 $\boldsymbol{i}_G$。坐标原点 o_G 位于地面上,并与左右驻锄中心连线的中点重合,$o_G x_1^G$ 轴沿射向的水平方向(假定 $o_G x_1^G$ 轴与正北向的夹角为 Θ_N^0),$o_G x_2^G$ 轴垂直向上,$o_G x_3^G$ 由右手螺旋定则确定,坐标轴的单位基矢量用 ${}^{i_G}\boldsymbol{e}_j (j = 1, 2, 3)$ 来表示。该坐标系用来描述系统的整体运动,见图5.3.1所示。

图 5.3.1 惯性坐标系 $\boldsymbol{i}_G$

(2) 底盘坐标系 $o_A - x_1^{A'} x_2^{A'} x_3^{A'}$,记为 $\boldsymbol{i}_{A'}$。坐标原点 o_A 位于底盘前桥轴线的中点上,$o_A x_1^{A'}$ 轴沿行驶反向的底盘水平方向,$o_A x_3^{A'}$ 轴垂直于 $o_A x_1^{A'}$ 向上,$o_A x_2^{A'}$ 由右手螺旋定则确定,坐标系的基矢量用 ${}^{i_{A'}}\boldsymbol{e}_j (j = 1, 2, 3)$ 来表示。该坐标系用来描述底盘部分的局部运动,见图5.3.2。

在点 o_A 处建立一个过渡坐标系 $o_A - x_1^A x_2^A x_3^A$,记为 $\boldsymbol{i}_A$,坐标轴的单位基矢量用 ${}^{i_A}\boldsymbol{e}_j (j = 1, 2, 3)$ 来表示,见图5.3.2,坐标系 $\boldsymbol{i}_{A'}$ 与 $\boldsymbol{i}_A$ 间的关系为

$$
{}^{i_{A'}}\boldsymbol{e}_i = \boldsymbol{L}_{i_{A'}} \cdot {}^{i_A}\boldsymbol{e}_j \tag{5.3.1A}
$$

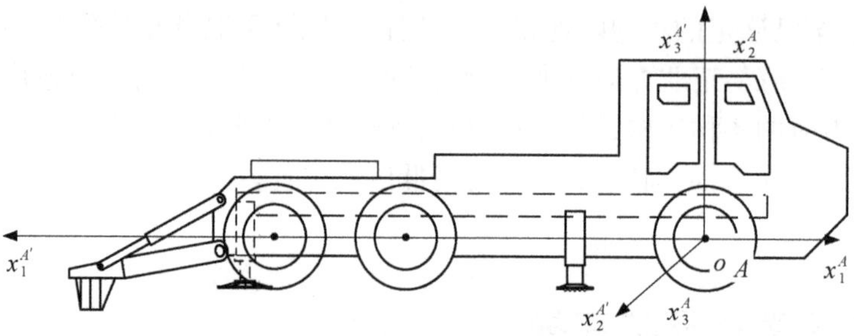

图 5.3.2　底盘坐标系 i_A

其中

$$L_{i_{A'}} = -{}^{i_{A'}}e_1 \otimes {}^{i_A}e_1 + {}^{i_{A'}}e_2 \otimes {}^{i_A}e_3 + {}^{i_{A'}}e_3 \otimes {}^{i_A}e_2 \tag{5.3.1B}$$

（3）上架坐标系 $o_B - x_1^B x_2^B x_3^B$，记为 $\boldsymbol{i}_B$。坐标原点 o_B 位于上架下平面与内座圈圆心相重合的位置上，$o_B x_1^B$ 轴沿上架下平面的水平方向（射击方向），$o_B x_2^B$ 轴垂直上架下平面向上，$o_B x_3^B$ 由右手螺旋定则确定，坐标轴的单位基矢量用 ${}^{i_B}\boldsymbol{e}_j(j=1,\ 2,\ 3)$ 来表示。该坐标系用来描述上架部分的局部运动，见图 5.3.3。

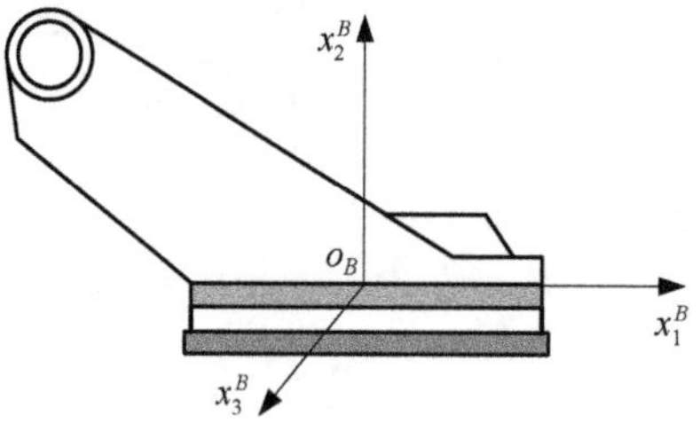

图 5.3.3　上架坐标系 i_B

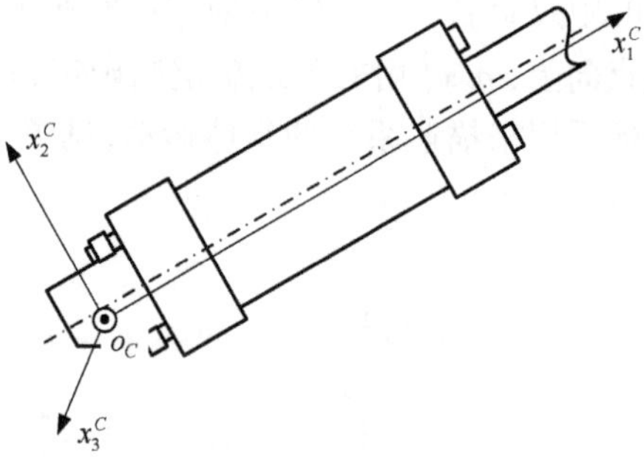

图 5.3.4　摇架坐标系 i_C

（4）摇架坐标系 $o_C - x_1^C x_2^C x_3^C$，记为 $\boldsymbol{i}_C$。坐标原点 o_C 位于摇架上耳轴连线的中点上，$o_C x_1^C$ 轴与摇架轴线并行指向射击方向，$o_C x_2^C$ 轴垂直于 $o_C x_1^C$ 并向上，$o_C x_3^C$ 由右手螺旋定则确定，坐标系的单位基矢量用 ${}^{i_C}\boldsymbol{e}_j(j=1,\ 2,\ 3)$ 来表示。该坐标系用来描述摇架部分的局部运动，见图 5.3.4。

（5）炮身坐标系 $o_D - x_1^D x_2^D x_3^D$，记为 $\boldsymbol{i}_D$。坐标原点 o_D 位于身管轴线与炮尾前端面的交点上，$o_D x_1^D$ 轴为身管轴线方向，$o_D x_2^D$ 轴垂直于 $o_D x_1^D$ 并向上，$o_D x_3^D$ 由右手螺旋定则确定，坐标系的单位基矢量用 ${}^{i_D}\boldsymbol{e}_j(j=1,\ 2,\ 3)$ 来表示。该坐标系用来描述后坐部分的局部运动和身管的弹性运动，见图 5.3.5。

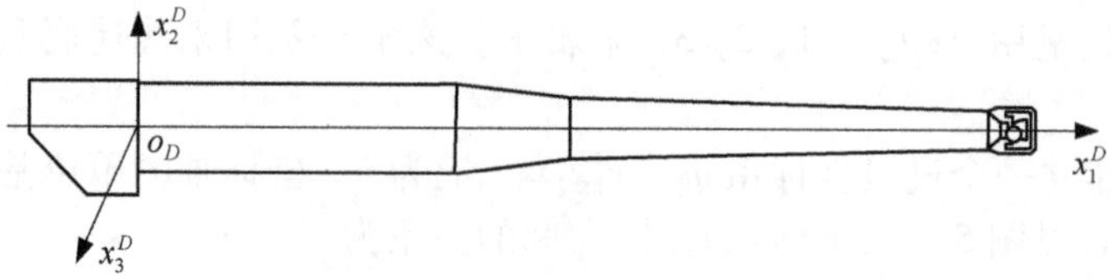

图 5.3.5　炮身坐标系 i_D

5.3.2 坐标系变换

（1）底盘坐标系 $\boldsymbol{i}_A$ 的变换。任意时刻 t，底盘相对地面有角运动，该角运动可以用欧拉角来表示。坐标系 $\boldsymbol{i}_A$ 可由惯性坐标系 $\boldsymbol{i}_G$ 按(2－3－1)顺序旋转三个欧拉角 $-\beta_2^A$、$\beta_3^A+\Theta_{\mathrm{E}}^0$、$\beta_1^A+\Theta_{\mathrm{R}}^0$ 得到，其中 Θ_{E}^0、Θ_{R}^0 分别为底盘相对于惯性坐标系 $\boldsymbol{i}_G$ 的初始俯仰角和侧倾角，由火炮阵地地形确定，坐标系 $\boldsymbol{i}_A$ 与坐标系 $\boldsymbol{i}_G$ 相互关系见图 5.3.6。

由式(2.3.18)和式(2.3.14)可得坐标系 $\boldsymbol{i}_A$ 与坐标系 $\boldsymbol{i}_G$ 之间的转换关系：

$$^{i_A}\boldsymbol{e}_i={}^{231}Q_{ij}^{\mathrm{T}}(\beta_1^A+\Theta_R^0,\ \beta_2^A,\ \beta_3^A+\Theta_E^0)\,^{i_G}\boldsymbol{e}_j \tag{5.3.2A}$$

记

$$\boldsymbol{L}_{i_A}={}^{231}Q_{ij}^{\mathrm{T}}(\beta_1^A+\Theta_{\mathrm{R}}^0,\ \beta_2^A,\ \beta_3^A+\Theta_{\mathrm{E}}^0)\,^{i_A}\boldsymbol{e}_i\otimes{}^{i_G}\boldsymbol{e}_j \tag{5.3.2B}$$

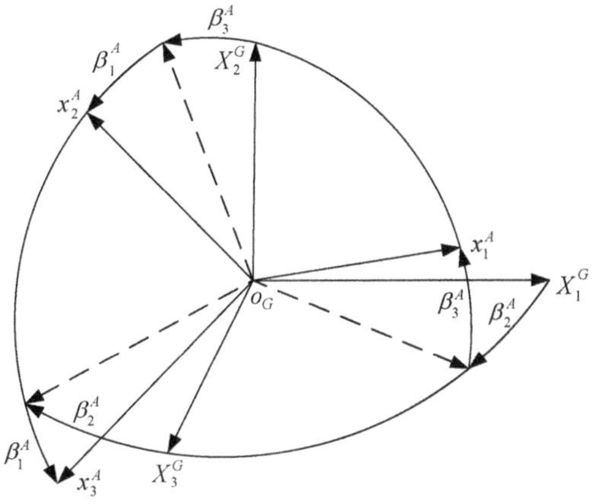

图 5.3.6　$\boldsymbol{i}_A$ 与 $\boldsymbol{i}_G$

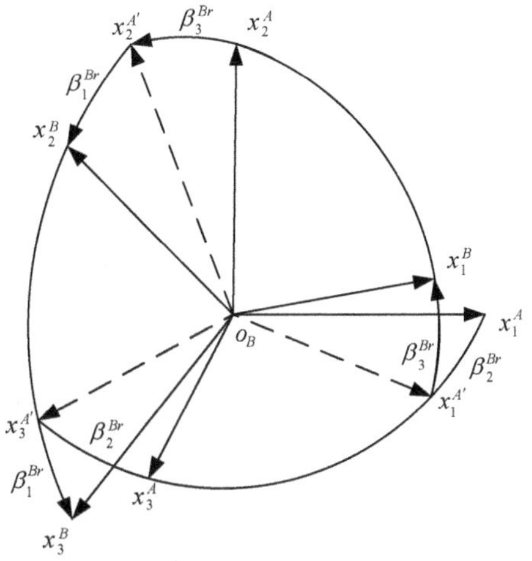

图 5.3.7　$\boldsymbol{i}_B$ 与 $\boldsymbol{i}_A$

（2）上架坐标系 $\boldsymbol{i}_B$ 的变换。任意时刻 t，上架相对底盘有角运动，该角运动可以用欧拉角来表示。坐标系 $\boldsymbol{i}_B$ 可由坐标系 $\boldsymbol{i}_A$ 按(2－3－1)顺序旋转三个欧拉角 $-(\beta_2^{Br}+\Theta_{\mathrm{N}})$、$\beta_3^{Br}$、$\beta_1^{Br}$ 得到，其中 $\Theta_{\mathrm{N}}=\theta_2^0+\Theta_{\mathrm{N}}^0$、$\theta_2^0$ 为对车头概略方向 Θ_{N}^0 偏离实际方向 Θ_{N} 的修正值。坐标系 $\boldsymbol{i}_B$ 与坐标系 $\boldsymbol{i}_A$ 间的相互关系见图 5.3.7。

由式(2.3.18)和式(2.3.14)可得坐标系 $\boldsymbol{i}_A$ 与坐标系 $\boldsymbol{i}_G$ 之间的转换关系：

$$^{i_B}\boldsymbol{e}_i={}^{231}Q_{ij}^{\mathrm{T}}(\beta_1^{Br},\ \beta_2^{Br}+\Theta_{\mathrm{N}},\ \beta_3^{Br})\,^{i_A}\boldsymbol{e}_j \tag{5.3.3A}$$

记

$$\boldsymbol{L}_{i_B}={}^{231}Q_{ij}^{\mathrm{T}}(\beta_1^{Br},\ \beta_2^{Br}+\Theta_{\mathrm{N}},\ \beta_3^{Br})\,^{i_B}\boldsymbol{e}_i\otimes{}^{i_A}\boldsymbol{e}_j \tag{5.3.3B}$$

（3）摇架坐标系 $\boldsymbol{i}_C$ 的变换。任意时刻 t，摇架相对上架有角运动，该角运动可以用欧拉角来表示。坐标系 $\boldsymbol{i}_C$ 可由坐标系 $\boldsymbol{i}_B$ 按(3－2－1)顺序旋转三个欧拉角 $\beta_3^{Cr}+\theta_1^0$、$-\beta_2^{Cr}$、β_1^{Cr} 得到，其中 θ_1^0 为身管的高低仰角，坐标系 $\boldsymbol{i}_C$ 与坐标系 $\boldsymbol{i}_B$ 间的相互关系见图 5.3.8。

由式(2.3.15)和式(2.3.14)可得坐标系 $\boldsymbol{i}_C$ 与坐标系 $\boldsymbol{i}_B$ 之间的转换关系：

$$^{i_C}\boldsymbol{e}_i={}^{321}Q_{ij}^{\mathrm{T}}(\beta_1^{Cr},\ \beta_2^{Cr},\ \beta_3^{Cr}+\theta_1^0)\,^{i_B}\boldsymbol{e}_j \tag{5.3.4A}$$

记

$$\boldsymbol{L}_{i_C} = {}^{321}Q_{ij}^{\mathrm{T}}(\beta_1^{Cr},\ \beta_2^{Cr},\ \beta_3^{Cr} + \theta_1^0)\,{}^{i_C}\boldsymbol{e}_i \otimes {}^{i_B}\boldsymbol{e}_j \tag{5.3.4B}$$

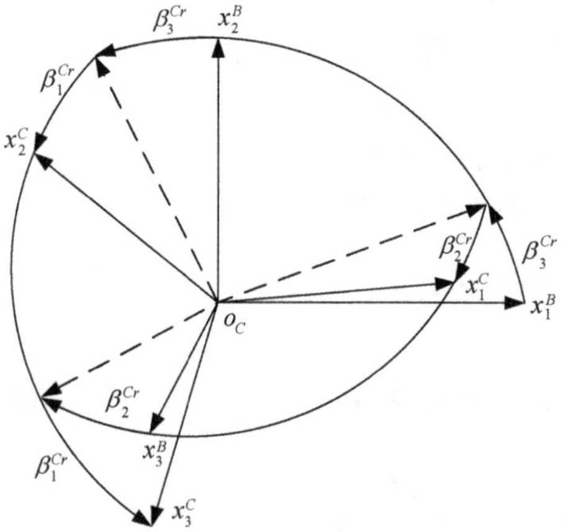

图 5.3.8　$\boldsymbol{i}_C$ 与 $\boldsymbol{i}_B$

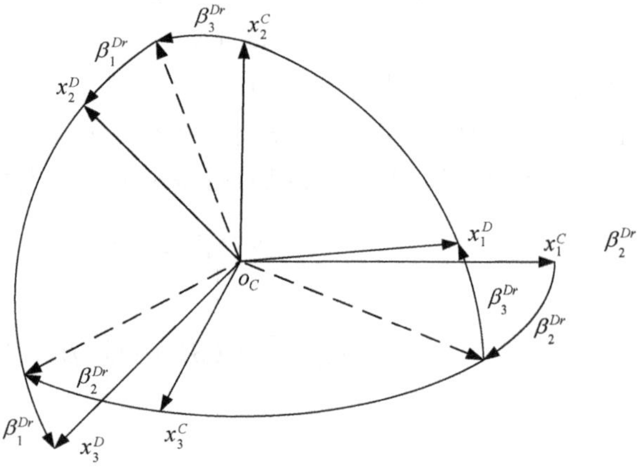

图 5.3.9　$\boldsymbol{i}_D$ 与 $\boldsymbol{i}_C$

(4) 炮身坐标系 $\boldsymbol{i}_D$ 的变换。任意时刻 t，炮身相对上架有角运动，该角运动可以用欧拉角来表示。坐标系 $\boldsymbol{i}_D$ 可由坐标系 $\boldsymbol{i}_C$ 按(3－2－1)顺序旋转三个欧拉角 β_3^{Dr}、$-\beta_2^{Dr}$、β_1^{Dr} 得到，坐标系 $\boldsymbol{i}_D$ 与坐标系 $\boldsymbol{i}_C$ 间的相互关系见图 5.3.9。

由式(2.3.15)和式(2.3.14)可得坐标系 $\boldsymbol{i}_G$ 与坐标系 $\boldsymbol{i}_C$ 之间的转换关系：

$${}^{i_D}\boldsymbol{e}_i = {}^{321}Q_{ij}^{\mathrm{T}}(\beta_1^{Dr},\ \beta_2^{Dr},\ \beta_3^{Dr})\,{}^{i_C}\boldsymbol{e}_j \tag{5.3.5A}$$

记

$$\boldsymbol{L}_{i_D} = {}^{321}Q_{ij}^{\mathrm{T}}(\beta_1^{Dr},\ \beta_2^{Dr},\ \beta_3^{Dr})\,{}^{i_D}\boldsymbol{e}_i \otimes {}^{i_C}\boldsymbol{e}_j \tag{5.3.5B}$$

5.3.3　坐标系间的转换关系

不同坐标系间的转换关系可以用图 5.3.10 所示的方法来表示，图中矢量箭头所指端为转换关系中等号左侧，矢量箭头的起始端为转换关系等号的右侧，矢量箭头上方的符号即为转换关系的张量。由于是正交转换，转换关系张量的逆与该张量的转置相同，即 $(\boldsymbol{L}_{i_D})^{-1} = (\boldsymbol{L}_{i_D})^{\mathrm{T}}$。例如，坐标系 $\boldsymbol{i}_D$ 与坐标系 $\boldsymbol{i}_G$ 间的转换关系可以利用此图直接给出：$\boldsymbol{i}_D = \boldsymbol{L}_{i_D} \cdot \boldsymbol{L}_{i_C} \cdot \boldsymbol{L}_{i_B} \cdot \boldsymbol{L}_{i_A} \cdot \boldsymbol{i}_G$，对上式求逆得 $\boldsymbol{i}_G = (\boldsymbol{L}_{i_D} \cdot \boldsymbol{L}_{i_C} \cdot \boldsymbol{L}_{i_B} \cdot \boldsymbol{L}_{i_A} \cdot \boldsymbol{i}_G)^{-1} \cdot \boldsymbol{i}_D = (\boldsymbol{L}_{i_D} \cdot \boldsymbol{L}_{i_C} \cdot \boldsymbol{L}_{i_B} \cdot \boldsymbol{L}_{i_A} \cdot \boldsymbol{i}_G)^{\mathrm{T}} \cdot \boldsymbol{i}_D$。

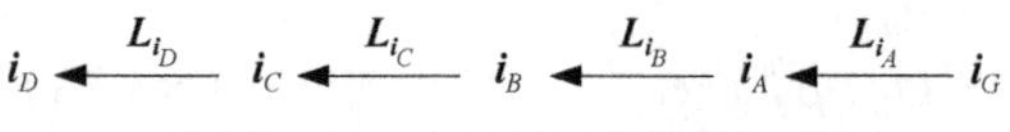

图 5.3.10　坐标系间的转换关系

在本书的以下各章节中，系统的几何量（位置矢量、运动位移、速度、加速度、结构变形等）、物理量（质量矩阵、惯量矩阵、刚度矩阵、载荷矩阵等）直接用张量或矢量来表示，不再给出具体坐标系下的转换关系公式。但在具体的编程计算过程中，应将这些量转换到相应的坐标系下，其转换关系由图 5.3.10 给出。

5.3.4　起始状态

在 5.3.2 节坐标系变换中，$t = 0$ 时各变量的值为起始值，火炮所对应的姿态即为起始姿态，该姿态角可通过系统在重力作用下的静平衡方程得到。这些变量的起始值一律用该变量的右下标加“0”来表示。

$$\boldsymbol{L}_{i_{A0}} = {}^{231}Q_{ij}^{\mathrm{T}}(\beta_{10}^{A} + \Theta_{\mathrm{R}}^{0},\ \beta_{20}^{A},\ \beta_{30}^{A} + \Theta_{\mathrm{E}}^{0})\,{}^{i_{A0}}\boldsymbol{e}_i \otimes {}^{i_G}\boldsymbol{e}_j \tag{5.3.6A}$$

$$\boldsymbol{L}_{i_{B0}} = {}^{231}Q_{ij}^{\mathrm{T}}(\beta_{10}^{B},\ \beta_{20}^{B} + \Theta_{\mathrm{N}},\ \beta_{30}^{B})\,{}^{i_{B0}}\boldsymbol{e}_i \otimes {}^{i_{A0}}\boldsymbol{e}_j \tag{5.3.6B}$$

$$\boldsymbol{L}_{i_{C0}} = {}^{321}Q_{ij}^{\mathrm{T}}(\beta_{10}^{C},\ \beta_{20}^{C},\ \beta_{30}^{C} + \theta_{3}^{0})\,{}^{i_{C0}}\boldsymbol{e}_i \otimes {}^{i_{B0}}\boldsymbol{e}_j \tag{5.3.6C}$$

$$\boldsymbol{L}_{i_{D0}} = {}^{231}Q_{ij}^{\mathrm{T}}(\beta_{10}^{D},\ \beta_{20}^{D},\ \beta_{30}^{D})\,{}^{i_{D0}}\boldsymbol{e}_i \otimes {}^{i_{C0}}\boldsymbol{e}_j \tag{5.3.6D}$$

5.4 底盘上架摇架结构运动分析

本节将分别给出底盘部分、上架部分、摇架部分的运动分析表达式。

5.4.1 底盘部分刚体运动分析

5.4.1.1 角运动分析

底盘坐标系 $\boldsymbol{i}_A$ 相对于地面惯性坐标系 $\boldsymbol{i}_G$ 的角速度和角加速度分别由式(2.3.19)和式(2.3.20)给出：

$$\begin{aligned}\boldsymbol{\omega}_A = \omega_i^{A}{}^{i_A}\boldsymbol{e}_i &= (\dot{\beta}_1^A - \dot{\beta}_2^A\sin\beta_3^A)\,{}^{i_A}\boldsymbol{e}_1 + (-\dot{\beta}_2^A\cos\beta_1^A\cos\beta_3^A + \dot{\beta}_3^A\sin\beta_1^A)\,{}^{i_A}\boldsymbol{e}_2\\ &\quad + (\dot{\beta}_2^A\sin\beta_1^A\cos\beta_3^A + \dot{\beta}_3^A\cos\beta_1^A)\,{}^{i_A}\boldsymbol{e}_3\end{aligned} \tag{5.4.1A}$$

$$\boldsymbol{\varepsilon}_A = \varepsilon_i^{A}{}^{i_A}\boldsymbol{e}_i = \boldsymbol{\varepsilon}_{A1}^{r} + \boldsymbol{\mu}_A \tag{5.4.1B}$$

式中

$$\begin{aligned}\boldsymbol{\varepsilon}_{A1}^{r} &= (\ddot{\beta}_1^A - \ddot{\beta}_2^A\sin\beta_3^A)\,{}^{i_A}\boldsymbol{e}_1 + (-\ddot{\beta}_2^A\cos\beta_1^A\cos\beta_3^A + \ddot{\beta}_3^A\sin\beta_1^A)\,{}^{i_A}\boldsymbol{e}_2\\ &\quad + (\ddot{\beta}_2^A\sin\beta_1^A\cos\beta_3^A + \ddot{\beta}_3^A\cos\beta_1^A)\,{}^{i_A}\boldsymbol{e}_3\end{aligned} \tag{5.4.1C}$$

$$\begin{aligned}\boldsymbol{\mu}_A &= -\dot{\beta}_2^A\,\dot{\beta}_3^A\cos\beta_3^{A}{}^{i_A}\boldsymbol{e}_1 + (\dot{\beta}_2^A\dot{\beta}_3^A\cos\beta_1^A\sin\beta_3^A + \dot{\beta}_1^A\omega_3^A)\,{}^{i_A}\boldsymbol{e}_2\\ &\quad - (\dot{\beta}_2^A\dot{\beta}_3^A\sin\beta_1^A\sin\beta_3^A + \dot{\beta}_1^A\omega_2^A)\,{}^{i_A}\boldsymbol{e}_3\end{aligned} \tag{5.4.1D}$$

5.4.1.2 平动运动分析

如图 5.4.1 所示，任意时刻 t，底盘坐标系 $\boldsymbol{i}_A$ 原点 o_A 距坐标系 $\boldsymbol{i}_G$ 原点 o_G 的位置矢量为 $\boldsymbol{U}_G^A$，底盘部分上有任意一点 O_A，该点在坐标系 $\boldsymbol{i}_A$ 中的位置矢量为 $\boldsymbol{x}_A$；坐标系 $\boldsymbol{i}_A$ 的转动角速度和角加速度分别为 $\boldsymbol{\omega}_A$、$\boldsymbol{\varepsilon}_A$；点 O_A 相对于地面坐标系 $\boldsymbol{i}_G$ 原点 o_G 的位置矢量为

$$\boldsymbol{U}_A = U_j^{A}{}^{i_G}\boldsymbol{e}_j = \boldsymbol{U}_G^A + \boldsymbol{x}_A \tag{5.4.2A}$$

对式(5.4.2A)分别求一阶和二阶时间导数，并将式(5.4.1)代入，经运算整理得点 O_A 相对于地面坐标系 $\boldsymbol{i}_G$ 原点 o_G 的刚体运动速度和加速度分别为

$$\dot{\boldsymbol{U}}_A = \frac{\mathrm{d}\boldsymbol{U}_A}{\mathrm{d}t} = \dot{\boldsymbol{U}}_G^A + \boldsymbol{\omega}_A \times \boldsymbol{x}_A \tag{5.4.2B}$$

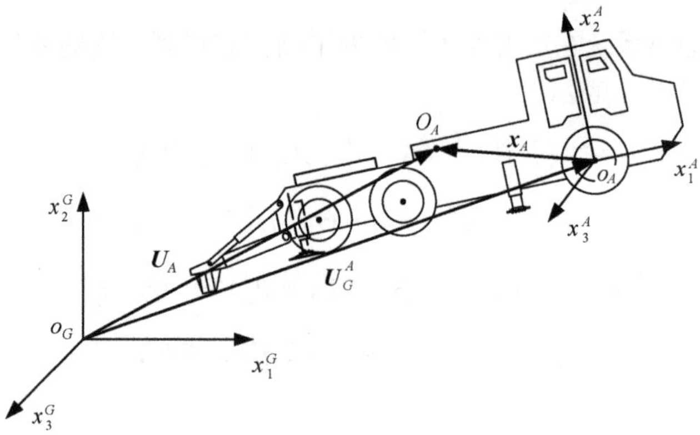

图 5.4.1　底盘上任意一点 O_A 的位形示意图

$$\ddot{\boldsymbol{U}}_A=\frac{\mathrm{d}\dot{\boldsymbol{U}}_A}{\mathrm{d}t}=\ddot{\boldsymbol{U}}_G^A+\boldsymbol{\varepsilon}_{A1}^r\times\boldsymbol{x}_A+\boldsymbol{a}_A \tag{5.4.2C}$$

$$\boldsymbol{a}_A=\boldsymbol{\mu}_A\times\boldsymbol{x}_A+\boldsymbol{\omega}_A\times(\boldsymbol{\omega}_A\times\boldsymbol{x}_A) \tag{5.4.2D}$$

式(5.4.2D)中 $\boldsymbol{a}_A$ 为向心加速度项。

5.4.2　上架部分刚体运动分析

5.4.2.1　角运动分析

1）相对角运动

上架坐标系 $\boldsymbol{i}_B$ 相对于底盘坐标系 $\boldsymbol{i}_A$ 的角速度和角加速度分别由式(2.3.19)和式(2.3.20)给出：

$$\boldsymbol{\omega}_B^r=\omega_i^{B_r\boldsymbol{i}_B}\boldsymbol{e}_i=(\dot{\beta}_1^{Br}-\sin\beta_3^{Br})^{\boldsymbol{i}_B}\boldsymbol{e}_1+(-\dot{\beta}_2^{Br}\cos\beta_1^{Br}\cos\beta_3^{Br}+\dot{\beta}_3^{Br}\sin\beta_1^{Br})^{\boldsymbol{i}_B}\boldsymbol{e}_2$$
$$+(\dot{\beta}_2^{Br}\sin\beta_1^{Br}\cos\beta_3^{Br}+\dot{\beta}_3^{Br}\cos\beta_1^{Br})^{\boldsymbol{i}_B}\boldsymbol{e}_3 \tag{5.4.3A}$$

$$\boldsymbol{\varepsilon}_B^r=\varepsilon_i^{B_r\boldsymbol{i}_B}\boldsymbol{e}_i=\boldsymbol{\varepsilon}_{B1}^r+\boldsymbol{\mu}_{B1}^r \tag{5.4.3B}$$

式中

$$\boldsymbol{\varepsilon}_{B1}^r=(\ddot{\beta}_1^{Br}-\ddot{\beta}_2^{Br}\sin\beta_3^{Br})^{\boldsymbol{i}_B}\boldsymbol{e}_1+(-\ddot{\beta}_2^{Br}\cos\beta_1^{Br}\cos\beta_3^{Br}+\ddot{\beta}_3^{Br}\sin\beta_1^{Br})^{\boldsymbol{i}_B}\boldsymbol{e}_2$$
$$+(\ddot{\beta}_2^{Br}\sin\beta_1^{Br}\cos\beta_3^{Br}+\ddot{\beta}_3^{Br}\cos\beta_1^{Br})^{\boldsymbol{i}_B}\boldsymbol{e}_3 \tag{5.4.3C}$$

$$\boldsymbol{\mu}_{B1}^r=-\dot{\beta}_2^{Br}\dot{\beta}_3^{Br}\cos\beta_3^{Br\boldsymbol{i}_B}\boldsymbol{e}_1+(\dot{\beta}_2^{Br}\dot{\beta}_3^{Br}\cos\beta_1^{Br}\sin\beta_3^{Br}+\dot{\beta}_1^{Br}\omega_3^{B_r})^{\boldsymbol{i}_B}\boldsymbol{e}_2$$
$$-(\dot{\beta}_2^{Br}\dot{\beta}_3^{Br}\sin\beta_1^{Br}\sin\beta_3^{Br}+\dot{\beta}_1^{Br}\omega_2^{B_r})^{\boldsymbol{i}_B}\boldsymbol{e}_3 \tag{5.4.3D}$$

2）绝对角运动

记上架坐标系 $\boldsymbol{i}_B$ 相对于惯性坐标系 $\boldsymbol{i}_G$ 的角速度和角加速度分别为 $\boldsymbol{\omega}_B=\omega_i^{B\boldsymbol{i}_B}\boldsymbol{e}_i$、$\boldsymbol{\varepsilon}_B=\varepsilon_i^{B\boldsymbol{i}_B}\boldsymbol{e}_i$，根据运动合成原则，上架的角运动应是底盘的牵连角运动和上架相对于底盘的角运动之和：

$$\boldsymbol{\omega}_B=\boldsymbol{\omega}_A+\boldsymbol{\omega}_B^r \tag{5.4.4A}$$

对上式求一阶时间导数，得

$$\boldsymbol{\varepsilon}_B=\frac{\mathrm{d}\boldsymbol{\omega}_B}{\mathrm{d}t}=\boldsymbol{\varepsilon}_A+\boldsymbol{\varepsilon}_B^r+\boldsymbol{\omega}_A\times\boldsymbol{\omega}_B^r=\boldsymbol{\varepsilon}_A+\boldsymbol{\varepsilon}_{B1}^r+\boldsymbol{\mu}_B^r \tag{5.4.4B}$$

$$\boldsymbol{\mu}_B^r = \boldsymbol{\mu}_{B1}^r + \boldsymbol{\omega}_A \times \boldsymbol{\omega}_B^r \tag{5.4.4C}$$

将式(5.4.1B)、式(5.4.3B)代入上式,得

$$\boldsymbol{\varepsilon}_B = \boldsymbol{\varepsilon}_{A1}^r + \boldsymbol{\varepsilon}_{B1}^r + \boldsymbol{\mu}_B \tag{5.4.4D}$$

$$\boldsymbol{\mu}_B = \boldsymbol{\mu}_A + \boldsymbol{\mu}_B^r \tag{5.4.4E}$$

5.4.2.2 平动运动分析

如图 5.4.2 所示,定义了一个中间坐标系 $\boldsymbol{i}_{B0}(o_0^B - x_{10}^B x_{20}^B x_{30}^B)$, $t=0$ 时, $\boldsymbol{i}_{B0}$ 与 $\boldsymbol{i}_B$ 重合;任意时刻 t,上架部分上有任意一点 O_B,该点在坐标系 $\boldsymbol{i}_B$ 中的位置矢量为 $\boldsymbol{x}_B$;坐标系 $\boldsymbol{i}_B$ 的转动角速度和角加速度分别为 $\boldsymbol{\omega}_B$、$\boldsymbol{\varepsilon}_B$;点 O_B 相对于地面坐标系 $\boldsymbol{i}_G$ 原点 o_G 的位置矢量为

$$\boldsymbol{U}_B = U_j^{B i_G} \boldsymbol{e}_j = \boldsymbol{U}_G^A + \boldsymbol{U}_A^B + \boldsymbol{x}_{AB} + \boldsymbol{x}_B \tag{5.4.5A}$$

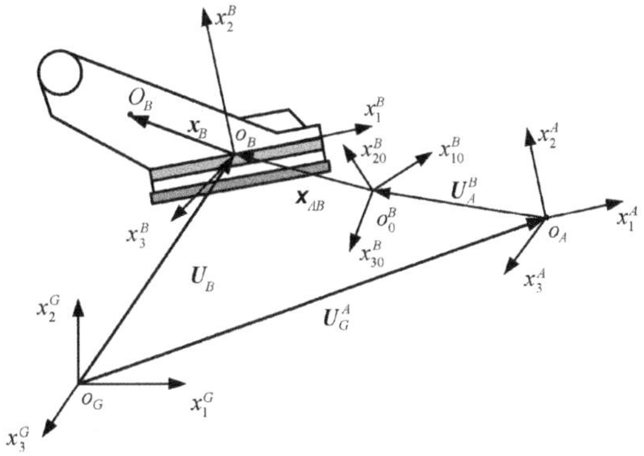

图 5.4.2 上架上任意一点 O_B 的位形示意图

式中, $\boldsymbol{x}_{AB}$ 的存在是为了考虑内座圈与外座圈间的相对运动而引入的,其几何意义是由于相对运动的存在,坐标系 $\boldsymbol{i}_A$、$\boldsymbol{i}_B$ 原点间的位置矢量为静态位置矢量 $\boldsymbol{U}_A^B$ 与运动位置矢量 $\boldsymbol{x}_{AB}$ 之和,若不考虑内、外座圈间的相对运动,可令 $\boldsymbol{x}_{AB} = \boldsymbol{0}$。在以下的推导过程中,由于 $\boldsymbol{x}_{AB}$ 很小,只考虑其引起的速度 $\dot{\boldsymbol{x}}_{AB}$ 和加速度 $\ddot{\boldsymbol{x}}_{AB}$,忽略其对位置矢量的贡献。

对式(5.4.5A)分别求一阶和二阶时间导数,并将式(5.4.1)、式(5.4.3)、式(5.4.4)代入,经运算整理得点 O_B 相对于地面坐标系 $\boldsymbol{i}_G$ 原点 o_G 的刚体运动速度和加速度分别为

$$\dot{\boldsymbol{U}}_B = \frac{\mathrm{d}U_B}{\mathrm{d}t} = \dot{\boldsymbol{U}}_G^A + \boldsymbol{\omega}_A \times (\boldsymbol{U}_A^B + \boldsymbol{x}_B) + \dot{\boldsymbol{x}}_{AB} + \boldsymbol{\omega}_B^r \times \boldsymbol{x}_B \tag{5.4.5B}$$

$$\ddot{\boldsymbol{U}}_B = \frac{\mathrm{d}\dot{\boldsymbol{U}}_B}{\mathrm{d}t} = \ddot{\boldsymbol{U}}_G^A + \boldsymbol{\varepsilon}_{A1}^r \times (\boldsymbol{U}_A^B + \boldsymbol{x}_B) + \ddot{\boldsymbol{x}}_{AB} + \boldsymbol{\varepsilon}_{B1}^r \times \boldsymbol{x}_B + \boldsymbol{a}_B \tag{5.4.5C}$$

$$\boldsymbol{a}_B = \boldsymbol{a}_{B1} + \boldsymbol{a}_B^r \tag{5.4.5D}$$

$$\boldsymbol{a}_{B1} = \boldsymbol{\omega}_A \times (\boldsymbol{\omega}_A \times \boldsymbol{U}_A^B) + \boldsymbol{\mu}_A \times \boldsymbol{U}_A^B + 2\boldsymbol{\omega}_A \times \dot{\boldsymbol{x}}_{AB} \tag{5.4.5E}$$

$$\boldsymbol{a}_B^r = \boldsymbol{\mu}_B \times \boldsymbol{x}_B + \boldsymbol{\omega}_B \times (\boldsymbol{\omega}_B \times \boldsymbol{x}_B) \tag{5.4.5F}$$

式中, $\dot{\boldsymbol{x}}_{AB}$、$\ddot{\boldsymbol{x}}_{AB}$ 的存在是为了考虑内座圈与外座圈间的相对运动而引入的,若不考虑内外座圈间的相对运动,可令 $\dot{\boldsymbol{x}}_{AB} = \ddot{\boldsymbol{x}}_{AB} = \boldsymbol{0}$。$\boldsymbol{a}_B$ 为上架部分除切向以外的加速度,包括哥氏加速度和向心加速度。

5.4.3 摇架部分刚体运动分析

5.4.3.1 角运动分析

1) 相对角运动

记摇架坐标系 $\boldsymbol{i}_C$ 相对于上架坐标系 $\boldsymbol{i}_B$ 的角速度和角加速度分别由式(2.3.16)和式

(2.3.17)给出：

$$\boldsymbol{\omega}_C^r = \omega_i^{C_r i_C}\boldsymbol{e}_i = (\dot{\beta}_1^{Cr} + \dot{\beta}_3^{Cr}\sin\beta_2^{Cr})^{i_C}\boldsymbol{e}_1 + (-\dot{\beta}_2^{Cr}\cos\beta_1^{Cr} + \dot{\beta}_3^{Cr}\sin\beta_1^{Cr}\cos\beta_2^{Cr})^{i_C}\boldsymbol{e}_2 + (\dot{\beta}_2^{Cr}\sin\beta_1^{Cr} + \dot{\beta}_3^{Cr}\cos\beta_1^{Cr}\cos\beta_2^{Cr})^{i_C}\boldsymbol{e}_3 \tag{5.4.6A}$$

$$\boldsymbol{\varepsilon}_C^r = \boldsymbol{\varepsilon}_{C1}^r + \boldsymbol{\mu}_{C1}^r \tag{5.4.6B}$$

式中

$$\boldsymbol{\varepsilon}_{C1}^r = (\ddot{\beta}_1^{Cr} + \ddot{\beta}_3^{Cr}\sin\beta_2^{Cr})^{i_C}\boldsymbol{e}_1 + (-\ddot{\beta}_2^{Cr}\cos\beta_1^{Cr} + \ddot{\beta}_3^{Cr}\sin\beta_1^{Cr}\cos\beta_2^{Cr})^{i_C}\boldsymbol{e}_2 + (\ddot{\beta}_2^{Cr}\sin\beta_1^{Cr} + \ddot{\beta}_3^{Cr}\cos\beta_1^{Cr}\cos\beta_2^{Cr})^{i_C}\boldsymbol{e}_3 \tag{5.4.6C}$$

$$\boldsymbol{\mu}_{C1}^r = \dot{\beta}_2^{Cr}\dot{\beta}_3^{Cr}\cos\beta_2^{Cr i_C}\boldsymbol{e}_1 + (-\dot{\beta}_2^{Cr}\dot{\beta}_3^{Cr}\sin\beta_1^{Cr}\sin\beta_2^{Cr} + \dot{\beta}_1^{Cr}\omega_3^{C_r})^{i_C}\boldsymbol{e}_2 - (\dot{\beta}_2^{Cr}\dot{\beta}_3^{Cr}\cos\beta_1^{Cr}\sin\beta_2^{Cr} + \dot{\beta}_1^{Cr}\omega_2^{C_r})^{i_C}\boldsymbol{e}_3 \tag{5.4.6D}$$

2）绝对角运动

记摇架坐标系 $\boldsymbol{i}_C$ 相对于惯性坐标系 $\boldsymbol{i}_G$ 的角速度和角加速度分别为 $\boldsymbol{\omega}_C = \omega_i^{Ci_C}\boldsymbol{e}_i$，$\boldsymbol{\varepsilon}_C = \varepsilon_i^{Ci_C}\boldsymbol{e}_i$，根据运动合成原则，摇架的角运动应是上架的牵连角运动和摇架相对于上架的角运动之和：

$$\boldsymbol{\omega}_C = \boldsymbol{\omega}_B + \boldsymbol{\omega}_C^r \tag{5.4.7A}$$

对上式求一阶时间导数，得

$$\boldsymbol{\varepsilon}_C = \frac{\mathrm{d}\boldsymbol{\omega}_C}{\mathrm{d}t} = \boldsymbol{\varepsilon}_B + \boldsymbol{\varepsilon}_C^r + \boldsymbol{\omega}_B \times \boldsymbol{\omega}_C^r = \boldsymbol{\varepsilon}_B + \boldsymbol{\varepsilon}_{C1}^r + \boldsymbol{\mu}_C^r \tag{5.4.7B}$$

$$\boldsymbol{\mu}_C^r = \boldsymbol{\mu}_{C1}^r + \boldsymbol{\omega}_B \times \boldsymbol{\omega}_C^r \tag{5.4.7C}$$

将式(5.4.3B)、式(5.4.6B)代入上式，得

$$\boldsymbol{\varepsilon}_C = \boldsymbol{\varepsilon}_{A1}^r + \boldsymbol{\varepsilon}_{B1}^r + \boldsymbol{\varepsilon}_{C1}^r + \boldsymbol{\mu}_C \tag{5.4.7D}$$

$$\boldsymbol{\mu}_C = \boldsymbol{\mu}_A + \boldsymbol{\mu}_B^r + \boldsymbol{\mu}_C^r \tag{5.4.7E}$$

5.4.3.2　平动运动分析

如图 5.4.3 所示，定义了一个中间坐标系 $\boldsymbol{i}_{C0}(o_0^C - x_{10}^C x_{20}^C x_{30}^C)$，$t = 0$ 时，$\boldsymbol{i}_{C0}$ 与 $\boldsymbol{i}_C$ 重合；任意时刻 t，摇架部分上有任意一点 O_C，该点在坐标系 $\boldsymbol{i}_C$ 中的位置矢量为 $\boldsymbol{x}_C$；坐标系 $\boldsymbol{i}_C$ 的转动角速度和角加速度分别为 $\boldsymbol{\omega}_C$、$\boldsymbol{\varepsilon}_C$；点 O_C 相对于地面坐标系 $\boldsymbol{i}_G$ 原点 o_G 的位置矢量为

$$\boldsymbol{U}_C = U_j^{Ci_G}\boldsymbol{e}_j = \boldsymbol{U}_G^A + \boldsymbol{U}_A^B + \boldsymbol{x}_{AB} + \boldsymbol{U}_B^C + \boldsymbol{x}_{BC} + \boldsymbol{x}_C \tag{5.4.8A}$$

式中，$\boldsymbol{x}_{BC}$ 的存在是为了考虑摇架耳轴与上架耳轴座间的相对运动而引入的，若不考虑该相对运动，可令 $\boldsymbol{x}_{BC} = \boldsymbol{0}$。

对式(5.4.8A)分别求一阶和二阶时间导数，并将式(5.4.1)、式(5.4.3)、式(5.4.6)、式(5.4.7)代入，经运算整理得点 O_C 相对于地面坐标系 $\boldsymbol{i}_G$ 原点 o_G 的刚体运动速度和加速度分别为

$$\dot{\boldsymbol{U}}_C = \frac{\mathrm{d}\boldsymbol{U}_C}{\mathrm{d}t} = \dot{\boldsymbol{U}}_G^A + \boldsymbol{\omega}_A \times (\boldsymbol{U}_A^C + \boldsymbol{x}_C) + \dot{\boldsymbol{x}}_{AB} + \boldsymbol{\omega}_B^r \times (\boldsymbol{U}_B^C + \boldsymbol{x}_C) + \dot{\boldsymbol{x}}_{BC} + \boldsymbol{\omega}_C^r \times \boldsymbol{x}_C \tag{5.4.8B}$$

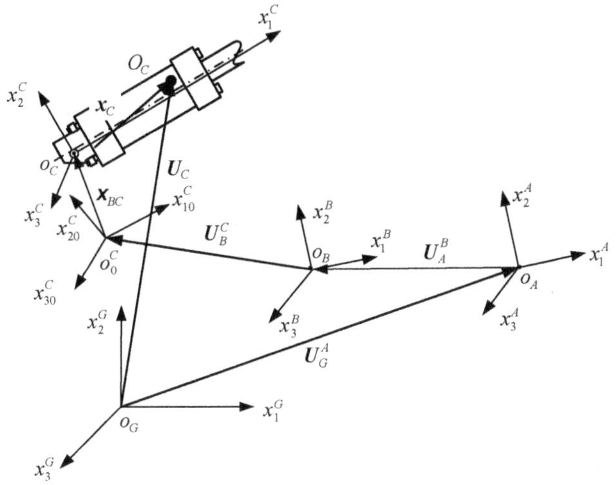

图 5.4.3　摇架上任意一点 O_C 的位形示意图

$$\ddot{\boldsymbol{U}}_C=\frac{\mathrm{d}\dot{\boldsymbol{U}}_C}{\mathrm{d}t}=\ddot{\boldsymbol{U}}_G^A+\boldsymbol{\varepsilon}_{A1}^r\times(\boldsymbol{U}_A^C+\boldsymbol{x}_C)+\ddot{\boldsymbol{x}}_{AB}+\boldsymbol{\varepsilon}_{B1}^r\times(\boldsymbol{U}_B^C+\boldsymbol{x}_C)+\ddot{\boldsymbol{x}}_{BC}+\boldsymbol{\varepsilon}_{C1}^r\times\boldsymbol{x}_C+\boldsymbol{a}_C \tag{5.4.8C}$$

$$\boldsymbol{a}_C=\boldsymbol{a}_{C1}+\boldsymbol{a}_C^r \tag{5.4.8D}$$

$$\boldsymbol{a}_{C1}=\boldsymbol{\mu}_A\times\boldsymbol{U}_A^B+\boldsymbol{\mu}_B\times\boldsymbol{U}_B^C+2\boldsymbol{\omega}_A\times\dot{\boldsymbol{x}}_{AB}+2\boldsymbol{\omega}_B\times\dot{\boldsymbol{x}}_{BC}+\boldsymbol{\omega}_A\times(\boldsymbol{\omega}_A\times\boldsymbol{U}_A^B)+\boldsymbol{\omega}_B\times(\boldsymbol{\omega}_B\times\boldsymbol{U}_B^C) \tag{5.4.8E}$$

$$\boldsymbol{a}_C^r=\boldsymbol{\mu}_C\times\boldsymbol{x}_C+\boldsymbol{\omega}_C\times(\boldsymbol{\omega}_C\times\boldsymbol{x}_C) \tag{5.4.8F}$$

$$\boldsymbol{U}_A^C=\boldsymbol{U}_A^B+\boldsymbol{U}_B^C \tag{5.4.8G}$$

式中，$\dot{\boldsymbol{x}}_{BC}$、$\ddot{\boldsymbol{x}}_{BC}$ 的存在是为了考虑摇架耳轴与上架耳轴座间的相对运动而引入的，若不考虑该相对运动，可令 $\dot{\boldsymbol{x}}_{BC}=\ddot{\boldsymbol{x}}_{BC}=\boldsymbol{0}$，同时由于 $\boldsymbol{x}_{BC}$ 很小，在考虑与位置矢量有关的运算表达式中将其忽略。$\boldsymbol{a}_C$ 为摇架部分除切向以外的加速度，包括哥氏加速度和向心加速度。

5.5　后坐部分刚柔耦合运动分析

5.5.1　刚体运动分析

5.5.1.1　角运动分析

1）相对角运动

后坐部分坐标系 $\boldsymbol{i}_D$ 相对于摇架坐标系 $\boldsymbol{i}_C$ 的角速度和角加速度分别由式(2.3.16)和式(2.3.17)给出：

$$\boldsymbol{\omega}_D^r=\omega_i^{D_r i_D}\boldsymbol{e}_i=(\dot{\beta}_1^{D_r}+\dot{\beta}_3^{D_r}\sin\beta_2^{D_r})^{i_D}\boldsymbol{e}_1+(-\dot{\beta}_2^{D_r}\cos\beta_1^{D_r}+\dot{\beta}_3^{D_r}\sin\beta_1^{D_r}\cos\beta_2^{D_r})^{i_D}\boldsymbol{e}_2+(\dot{\beta}_2^{D_r}\sin\beta_1^{D_r}+\dot{\beta}_3^{D_r}\cos\beta_1^{D_r}\cos\beta_2^{D_r})^{i_D}\boldsymbol{e}_3 \tag{5.5.1A}$$

$$\boldsymbol{\varepsilon}_D^r = \boldsymbol{B}_{\dot{\beta}_D}\ddot{\boldsymbol{\beta}}_D + \boldsymbol{\mu}_D^r = \boldsymbol{\varepsilon}_{D1}^r + \boldsymbol{\mu}_{D1}^r \tag{5.5.1B}$$

式中

$$\begin{aligned}\boldsymbol{\varepsilon}_{D1}^r = &(\ddot{\beta}_1^{D_r} + \ddot{\beta}_3^{D_r}\sin\beta_2^{D_r})^{i_D}\boldsymbol{e}_1 + (-\ddot{\beta}_2^{D_r}\cos\beta_1^{D_r} + \ddot{\beta}_3^{D_r}\sin\beta_1^{D_r}\cos\beta_2^{D_r})^{i_D}\boldsymbol{e}_2\\&+(\ddot{\beta}_2^{D_r}\sin\beta_1^{D_r} + \ddot{\beta}_3^{D_r}\cos\beta_1^{D_r}\cos\beta_2^{D_r})^{i_D}\boldsymbol{e}_3\end{aligned} \tag{5.5.1C}$$

$$\begin{aligned}\boldsymbol{\mu}_{D1}^r = &\dot{\beta}_2^{D_r}\dot{\beta}_3^{D_r}\cos\beta_2^{D_r i_D}\boldsymbol{e}_1 + (-\dot{\beta}_2^{D_r}\dot{\beta}_3^{D_r}\sin\beta_1^{D_r}\sin\beta_2^{D_r} + \dot{\beta}_1^{D_r}\omega_3^{D_r})^{i_D}\boldsymbol{e}_2\\&-(\dot{\beta}_2^{D_r}\dot{\beta}_3^{D_r}\cos\beta_1^{D_r}\sin\beta_2^{D_r} + \dot{\beta}_1^{D_r}\omega_2^{D_r})^{i_D}\boldsymbol{e}_3\end{aligned} \tag{5.5.1D}$$

2）绝对角运动

记后坐部分坐标系 $\boldsymbol{i}_D$ 相对于惯性坐标系 $\boldsymbol{i}_G$ 的角速度和角加速度分别为 $\boldsymbol{\omega}_D = \omega_i^{Di_D}\boldsymbol{e}_i$、$\boldsymbol{\varepsilon}_D = \varepsilon_i^{Di_D}\boldsymbol{e}_i$，根据运动合成原则,后坐部分的角运动应是摇架的牵连角运动和后坐部分相对于摇架的角运动之和：

$$\boldsymbol{\omega}_D = \boldsymbol{\omega}_C + \boldsymbol{\omega}_D^r \tag{5.5.2A}$$

对上式求一阶时间导数,得

$$\boldsymbol{\varepsilon}_D = \frac{\mathrm{d}\boldsymbol{\omega}_D}{\mathrm{d}t} = \boldsymbol{\varepsilon}_C + \boldsymbol{\varepsilon}_D^r + \boldsymbol{\omega}_C \times \boldsymbol{\omega}_D^r = \boldsymbol{\varepsilon}_C + \boldsymbol{\varepsilon}_{D1}^r + \boldsymbol{\mu}_D^r \tag{5.5.2B}$$

$$\boldsymbol{\mu}_D^r = \boldsymbol{\mu}_{D1}^r + \boldsymbol{\omega}_C \times \boldsymbol{\omega}_D^r \tag{5.5.2C}$$

将式(5.4.3B)、式(5.4.6B)、式(5.4.9B)代入上式,得：

$$\boldsymbol{\varepsilon}_D = \boldsymbol{\varepsilon}_{A1}^r + \boldsymbol{\varepsilon}_{B1}^r + \boldsymbol{\varepsilon}_{C1}^r + \boldsymbol{\varepsilon}_{D1}^r + \boldsymbol{\mu}_D \tag{5.5.2D}$$

$$\boldsymbol{\mu}_D = \boldsymbol{\mu}_A + \boldsymbol{\mu}_B^r + \boldsymbol{\mu}_C^r + \boldsymbol{\mu}_D^r \tag{5.5.2E}$$

5.5.1.2 平动运动分析

如图 5.5.1 所示,定义了一个中间坐标系 $\boldsymbol{i}_{D0}(o_0^D - x_{10}^D x_{20}^D x_{30}^D)$，$t = 0$ 时，$\boldsymbol{i}_{D0}$ 与 $\boldsymbol{i}_D$ 重合;任意时刻 t，$\boldsymbol{i}_D$ 原点 o_D 相对于 $\boldsymbol{i}_{D0}$ 原点 o_0^D 后坐运动了 $\boldsymbol{x}_{CD} = x_j^{CDi_C}\boldsymbol{e}_j$；后坐部分上有任意一点

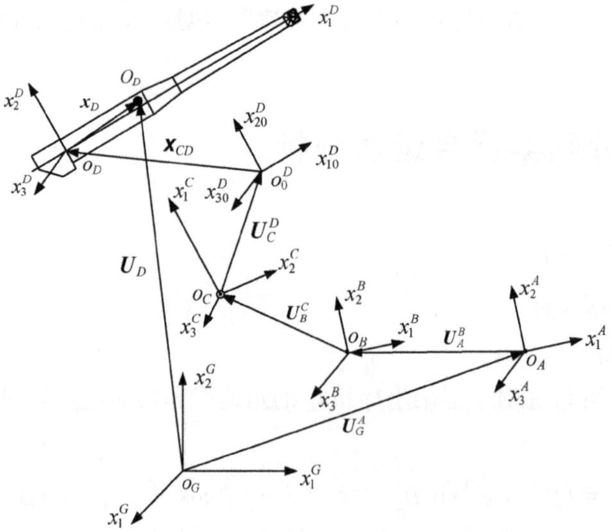

图 5.5.1　后坐部分上任意一点 O_D 的位形示意图

O_D，该点在坐标系 $\boldsymbol{i}_D$ 中的位置矢量为 $\boldsymbol{x}_D$；坐标系 $\boldsymbol{i}_D$ 的转动角速度和角加速度分别为 $\boldsymbol{\omega}_D$、$\boldsymbol{\varepsilon}_D$；点 O_D 相对于地面坐标系 $\boldsymbol{i}_G$ 原点 o_G 的位置矢量为

$$\boldsymbol{U}_D = U_j^{D i_G}\boldsymbol{e}_j = \boldsymbol{U}_G^A + \boldsymbol{U}_A^B + \boldsymbol{x}_{AB} + \boldsymbol{U}_B^C + \boldsymbol{x}_{BC} + \boldsymbol{U}_C^D + \boldsymbol{x}_{CD} + \boldsymbol{x}_D \tag{5.5.3A}$$

对式(5.5.3A)分别求一阶和二阶时间导数，并将式(5.4.1)、式(5.4.3)、式(5.4.6)、式(5.4.7)、式(5.5.1)、式(5.5.2)代入，考虑到若点 O_D 有后坐复进运动，其位置矢量 $\boldsymbol{x}_{CD}$ 有运动速度和加速度，经运算整理得点 O_D 相对于地面坐标系 $\boldsymbol{i}_G$ 原点 o_G 的刚体运动速度和加速度分别为

$$\begin{aligned}\dot{\boldsymbol{U}}_D = \frac{\mathrm{d}\boldsymbol{U}_D}{\mathrm{d}t} = {} & \dot{\boldsymbol{U}}_G^A + \boldsymbol{\omega}_A \times (\boldsymbol{U}_A^D + \boldsymbol{x}_{CD} + \boldsymbol{x}_D) + \dot{\boldsymbol{x}}_{AB} + \boldsymbol{\omega}_B^r \times (\boldsymbol{U}_B^D + \boldsymbol{x}_{CD} + \boldsymbol{x}_D) + \dot{\boldsymbol{x}}_{BC} \\ & + \boldsymbol{\omega}_C^r \times (\boldsymbol{U}_C^D + \boldsymbol{x}_{CD} + \boldsymbol{x}_D) + \dot{\boldsymbol{x}}_{CD} + \boldsymbol{\omega}_D^r \times \boldsymbol{x}_D\end{aligned} \tag{5.5.3B}$$

$$\begin{aligned}\ddot{\boldsymbol{U}}_D = \frac{\mathrm{d}\dot{\boldsymbol{U}}_D}{\mathrm{d}t} = {} & \ddot{\boldsymbol{U}}_G^A + \boldsymbol{\varepsilon}_{A1}^r \times (\boldsymbol{U}_A^D + \boldsymbol{x}_{CD} + \boldsymbol{x}_D) + \ddot{\boldsymbol{x}}_{AB} + \boldsymbol{\varepsilon}_{B1}^r \times (\boldsymbol{U}_B^D + \boldsymbol{x}_{CD} + \boldsymbol{x}_D) + \ddot{\boldsymbol{x}}_{BC} \\ & + \boldsymbol{\varepsilon}_{C1}^r \times (\boldsymbol{U}_C^D + \boldsymbol{x}_{CD} + \boldsymbol{x}_D) + \ddot{\boldsymbol{x}}_{CD} + \boldsymbol{\varepsilon}_{D1}^r \times \boldsymbol{x}_D + \boldsymbol{a}_D\end{aligned} \tag{5.5.3C}$$

$$\boldsymbol{a}_D = \boldsymbol{a}_{D1} + \boldsymbol{a}_D^r \tag{5.5.3D}$$

$$\begin{aligned}\boldsymbol{a}_{D1} = {} & \boldsymbol{\mu}_A \times \boldsymbol{U}_A^B + \boldsymbol{\mu}_B \times \boldsymbol{U}_B^C + \boldsymbol{\mu}_C \times (\boldsymbol{U}_C^D + \boldsymbol{x}_{CD}) + \boldsymbol{\omega}_A \times (\boldsymbol{\omega}_A \times \boldsymbol{U}_A^B) + \boldsymbol{\omega}_B \times (\boldsymbol{\omega}_B \times \boldsymbol{U}_B^C) \\ & + \boldsymbol{\omega}_C \times [\boldsymbol{\omega}_C \times (\boldsymbol{U}_C^D + \boldsymbol{x}_{CD})] + 2\boldsymbol{\omega}_A \times \dot{\boldsymbol{x}}_{AB} + 2\boldsymbol{\omega}_B \times \dot{\boldsymbol{x}}_{BC} + 2\boldsymbol{\omega}_C \times \dot{\boldsymbol{x}}_{CD}\end{aligned} \tag{5.5.3E}$$

$$\boldsymbol{a}_D^r = \boldsymbol{\mu}_D \times \boldsymbol{x}_D + \boldsymbol{\omega}_D \times (\boldsymbol{\omega}_D \times \boldsymbol{x}_D) \tag{5.5.3F}$$

$$\boldsymbol{U}_A^D = \boldsymbol{U}_A^B + \boldsymbol{U}_B^C + \boldsymbol{U}_C^D \tag{5.5.3G}$$

$$\boldsymbol{U}_B^D = \boldsymbol{U}_B^C + \boldsymbol{U}_C^D \tag{5.5.3H}$$

式中，$\dot{\boldsymbol{x}}_{CD}$、$\ddot{\boldsymbol{x}}_{CD}$ 分别为后坐部分的运动速度和加速度；$\boldsymbol{a}_D$ 为后坐部分除切向外的加速度。式(5.5.3D)中前三项为相对速度引起的哥氏加速度，剩余项为向心加速度。

从后坐部分的运动速度公式(5.5.3B)可知，影响身管刚体运动速度的因素主要有：

(1) 底盘的平动速度 $\dot{\boldsymbol{U}}_G^A$ 和转动角度 $\boldsymbol{\omega}_A$，由 $\boldsymbol{\omega}_A \times (\boldsymbol{U}_A^D + \boldsymbol{x}_{CD} + \boldsymbol{x}_D)$ 可知 $\boldsymbol{\omega}_A$ 对身管运动速度的影响直接与模 $\|\boldsymbol{U}_A^D + \boldsymbol{x}_{CD} + \boldsymbol{x}_D\|$ 有关，而 $\|\boldsymbol{U}_A^D\|$ 的大小与结构设计有关。

(2) 上架的平动速度 $\dot{\boldsymbol{x}}_{AB}$ 和转动角速度 $\boldsymbol{\omega}_B^r$，由 $\boldsymbol{\omega}_B^r \times (\boldsymbol{U}_B^D + \boldsymbol{x}_{CD} + \boldsymbol{x}_D)$ 可知 $\boldsymbol{\omega}_B^r$ 对身管运动速度的影响直接与模 $\|\boldsymbol{U}_B^D + \boldsymbol{x}_{CD} + \boldsymbol{x}_D\|$ 有关，而 $\|\boldsymbol{U}_B^D\|$ 的大小与结构设计有关。

(3) 摇架的平动速度 $\dot{\boldsymbol{x}}_{BC}$ 和转动角速度 $\boldsymbol{\omega}_C^r$，由 $\boldsymbol{\omega}_C^r \times (\boldsymbol{U}_C^D + \boldsymbol{x}_{CD} + \boldsymbol{x}_D)$ 可知 $\boldsymbol{\omega}_C^r$ 对身管运动速度的影响直接与模 $\|\boldsymbol{U}_C^D + \boldsymbol{x}_{CD} + \boldsymbol{x}_D\|$ 有关，而 $\|\boldsymbol{U}_C^D\|$ 的大小与结构设计有关。

(4) 后坐部分的平动速度 $\dot{\boldsymbol{x}}_{CD}$ 和转动角速度 $\boldsymbol{\omega}_D^r$，由 $\boldsymbol{\omega}_D^r \times (\boldsymbol{x}_{CD} + \boldsymbol{x}_D)$ 可知 $\boldsymbol{\omega}_D^r$ 对身管运动速度的影响直接与模 $\|\boldsymbol{x}_{CD} + \boldsymbol{x}_D\|$ 有关。

(5) 若分别控制住内外座圈间、耳轴与耳轴座间的相对平动运动，$\dot{\boldsymbol{x}}_{AB} = 0$、$\dot{\boldsymbol{x}}_{BC} = 0$，影响身管运动速度的因素就简化为底盘、上架、摇架、后坐部分的角速度 $\boldsymbol{\omega}_A$、$\boldsymbol{\omega}_B^r$、$\boldsymbol{\omega}_C^r$、$\boldsymbol{\omega}_D^r$ 及后坐部分的平动速度 $\dot{\boldsymbol{x}}_{CD}$，$\dot{\boldsymbol{x}}_{CD}$ 由后坐运动设计来控制，$\boldsymbol{\omega}_A$、$\boldsymbol{\omega}_B^r$、$\boldsymbol{\omega}_C^r$、$\boldsymbol{\omega}_D^r$ 由火炮结构设计来控制。

(6) 身管运动速度是时间与空间的函数,若弹丸在膛内运动时期,底盘和上架的角速度 $\boldsymbol{\omega}_A$、$\boldsymbol{\omega}_B^r$ 均很小,则影响身管运动速度的因素就简化为摇架、后坐部分的角速度 $\boldsymbol{\omega}_C^r$、$\boldsymbol{\omega}_D^r$ 及后坐部分的平动速度 $\dot{\boldsymbol{x}}_{CD}$。

(7) 控制好摇架及后坐部分的角速度 $\boldsymbol{\omega}_C^r$、$\boldsymbol{\omega}_D^r$,就控制好了身管对弹丸的牵连平动运动。

(8) 从后坐部分的运动角速度公式(5.5.2A),即 $\boldsymbol{\omega}_D = \boldsymbol{\omega}_A + \boldsymbol{\omega}_B^r + \boldsymbol{\omega}_C^r + \boldsymbol{\omega}_D^r$ 可知,影响身管刚体运动角速度的因素主要有 $\boldsymbol{\omega}_C^r$、$\boldsymbol{\omega}_D^r$,所以控制好 $\boldsymbol{\omega}_C^r$、$\boldsymbol{\omega}_D^r$ 就控制好了身管对弹丸的牵连角运动。

(9) 由此可见控制了摇架和炮身运动的角速度 $\boldsymbol{\omega}_C^r$、$\boldsymbol{\omega}_D^r$,就控制了弹丸附加的牵连运动(平动运动速度和角运动速度)。

5.5.2 炮身弹性运动分析

炮身弹性运动是指炮身上任意点 O_D 相对于坐标系 $\boldsymbol{i}_D$ 的弹性变形,变形后点 O_D 至点 O_d,如图 5.5.2 所示,根据约定点 O_D 可以是刚体身管上的点 O_{Da}、也可以是炮尾炮闩上的点 O_{Db} 和炮口制退器上的点 O_{Dc},这些点经弹性变形后分别至点 O_{da}、O_{db}、O_{dc}。

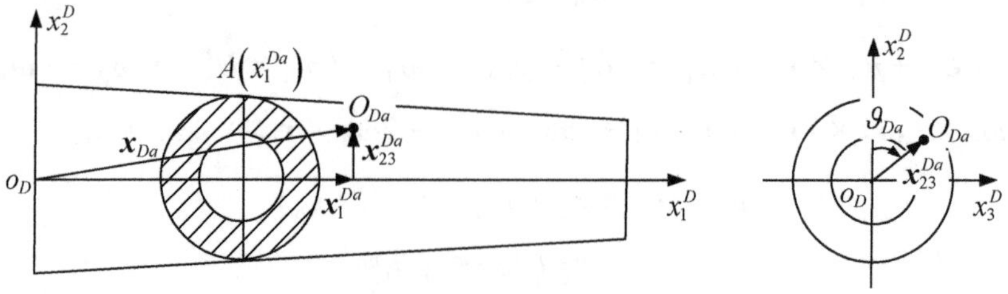

图 5.5.2 变截面梁

身管是一种变圆截面细长结构,可以简化成由若干空间变截面梁并通过梁的端节点依次连接组成的结构。铁木辛柯梁理论考虑梁截面的惯性效应和剪切变形效应,具有较高的模型精度;基于谱方法推导出变截面弹性梁的单元高阶插值函数具有计算精度高、求解速度快等特点。本节将应用上述理论和方法来推导炮身的刚柔耦合振动公式。

身管横截面积 $A_D(x_1^D)$ 是随坐标 x_1^D 发生变化的,假定身管的中性面不受挤压、横截面变形前后均为平面结构,如图 5.5.2 所示,则身管的弹性位移可以借用铁木辛柯梁理论来表征。

假定身管上任意一点 O_{Da} 的位置矢量 $\boldsymbol{x}_{Da}$ 可以表示成

$$\boldsymbol{x}_{Da} = x_i^{Da\,\boldsymbol{i}_D}\boldsymbol{e}_i = \boldsymbol{x}_1^{Da} + \boldsymbol{x}_{23}^{Da} \tag{5.5.4A}$$

其中

$$\boldsymbol{x}_1^{Da} = x_1^{Da\,\boldsymbol{i}_D}\boldsymbol{e}_1 \tag{5.5.4B}$$

$$\boldsymbol{x}_{23}^{Da} = x_2^{Da\,\boldsymbol{i}_D}\boldsymbol{e}_2 + x_3^{Da\,\boldsymbol{i}_D}\boldsymbol{e}_3 = \|\boldsymbol{x}_{23}^{Da}\|(\cos\vartheta_{Da}\,{}^{\boldsymbol{i}_D}\boldsymbol{e}_2 + \sin\vartheta_{Da}\,{}^{\boldsymbol{i}_D}\boldsymbol{e}_3) \tag{5.5.4C}$$

定义截面 $\boldsymbol{x}_1^{Da}$ 处的二阶截面惯性矩 $\boldsymbol{J}_{23}^D = \boldsymbol{J}_{ij}^{D\,\boldsymbol{i}_D}\boldsymbol{e}_i \otimes {}^{\boldsymbol{i}_D}\boldsymbol{e}_j$:

$$\boldsymbol{J}_{23}^D = \int_{A(x_1^D)} \tilde{\boldsymbol{x}}_{23}^{Da} \cdot (\tilde{\boldsymbol{x}}_{23}^{Da})^{\mathrm{T}} \mathrm{d}A \tag{5.5.5}$$

式中，$\tilde{\boldsymbol{x}}_{23}^{Da}$ 为张量 $\boldsymbol{x}_{23}^{Da}$ 的反对称旋量。

假定身管中性轴上任意一点 $\boldsymbol{x}_1^{Da}$ 处的弹性变形 $\boldsymbol{w}_0$ 为

$$\boldsymbol{w}_0 = w_i^{0\boldsymbol{i}}\boldsymbol{e}_i \tag{5.5.6}$$

不考虑横截面剪切变形，则点 $\boldsymbol{x}_1^{Da}$ 处绕三个坐标轴 x_i^D 的弹性角位移分别为 ϕ_i^0，小变形条件下该角位移可写成如下张量形式：

$$\boldsymbol{\phi}_0 = \phi_i^{0\boldsymbol{i}}\boldsymbol{e}_i \tag{5.5.7}$$

其中，ϕ_i^0 为绕 x_i^D 轴的转动角位移。

铁木辛柯梁理论认为，若角位移 $\boldsymbol{\phi}_0$ 为小量，则身管上点 O_{Da} 处的弹性总位移 $\boldsymbol{w}_{Da}$ 可表示成

$$\boldsymbol{w}_{Da}(\boldsymbol{x}_{Da}) = \boldsymbol{w}_0(\boldsymbol{x}_1^{Da}) + \boldsymbol{\phi}_0(\boldsymbol{x}_1^{Da}) \times \boldsymbol{x}_{Da} = [\mathbf{1} \quad \tilde{\boldsymbol{x}}_{Da}^{\mathrm{T}}]\begin{Bmatrix}\boldsymbol{w}_0(\boldsymbol{x}_1^{Da})\\ \boldsymbol{\phi}_0(\boldsymbol{x}_1^{Da})\end{Bmatrix} = \boldsymbol{Z}_{Da}\boldsymbol{W}_0(\boldsymbol{x}_1^{Da}) \tag{5.5.8A}$$

式中，$\boldsymbol{\phi}_0 \times \boldsymbol{x}_{Da}$ 为截面弹性转角 $\boldsymbol{\phi}_0$ 引起的在点 $\boldsymbol{x}_{Da}$ 处的弹性位移。且有

$$\boldsymbol{Z}_{Da} = [\mathbf{1} \quad \tilde{\boldsymbol{x}}_{Da}^{\mathrm{T}}], \quad \boldsymbol{W}_0(\boldsymbol{x}_1^{Da}) = \begin{Bmatrix}\boldsymbol{w}_0(\boldsymbol{x}_1^{Da})\\ \boldsymbol{\phi}_0(\boldsymbol{x}_1^{Da})\end{Bmatrix} \tag{5.5.8B}$$

点 o_{Da} 处的弹性变形速度、加速度由式(5.5.8A)求得

$$\dot{\boldsymbol{w}}_{Da}(\boldsymbol{x}_{Da}) = \dot{w}_j^{Da\boldsymbol{i}_D}\boldsymbol{e}_j = \dot{\boldsymbol{w}}_0(\boldsymbol{x}_1^{Da}) + \dot{\boldsymbol{\phi}}_0(\boldsymbol{x}_1^{Da}) \times \boldsymbol{x}_{Da} = \boldsymbol{Z}_{Da}\dot{\boldsymbol{W}}_0(\boldsymbol{x}_1^{Da}) \tag{5.5.8C}$$

$$\ddot{\boldsymbol{w}}_{Da}(\boldsymbol{x}_{Da}) = \ddot{w}_j^{Da\boldsymbol{i}_D}\boldsymbol{e}_j = \ddot{\boldsymbol{w}}_0(\boldsymbol{x}_1^{Da}) + \ddot{\boldsymbol{\phi}}_0(\boldsymbol{x}_1^{Da}) \times \boldsymbol{x}_{Da} = \boldsymbol{Z}_{Da}\ddot{\boldsymbol{W}}_0(\boldsymbol{x}_1^{Da}) \tag{5.5.8D}$$

如图 5.5.3 所示，炮尾炮闩上任意一点 O_{Db} 经身管弹性变形运动后运动至点 O_{db}，点 O_{Db} 距坐标原点 o_D 的位置矢量为 $\boldsymbol{x}_{Db} = x_j^{Db\boldsymbol{i}_D}\boldsymbol{e}_j$，点 O_{db} 相对于坐标系 $\boldsymbol{i}_D$ 的弹性变形位移、速度和加速度分别为

$$\boldsymbol{w}_{Db} = w_j^{Db\boldsymbol{i}_D}\boldsymbol{e}_j = \boldsymbol{w}_0(\mathbf{0}) + \boldsymbol{\phi}_0(\mathbf{0}) \times \boldsymbol{x}_{Db} = \boldsymbol{Z}_{Db}\boldsymbol{W}_0(\mathbf{0}) \tag{5.5.9A}$$

$$\dot{\boldsymbol{w}}_{Db} = \dot{w}_j^{Db\boldsymbol{i}_D}\boldsymbol{e}_j = \dot{\boldsymbol{w}}_0(\mathbf{0}) + \dot{\boldsymbol{\phi}}_0(\mathbf{0}) \times \boldsymbol{x}_{Db} = \boldsymbol{Z}_{Db}\dot{\boldsymbol{W}}_0(\mathbf{0}) \tag{5.5.9B}$$

$$\ddot{\boldsymbol{w}}_{Db} = \ddot{w}_j^{Db\boldsymbol{i}_D}\boldsymbol{e}_j = \ddot{\boldsymbol{w}}_0(\mathbf{0}) + \ddot{\boldsymbol{\phi}}_0(\mathbf{0}) \times \boldsymbol{x}_{Db} = \boldsymbol{Z}_{Db}\ddot{\boldsymbol{W}}_0(\mathbf{0}) \tag{5.5.9C}$$

$$\boldsymbol{Z}_{Db} = [\mathbf{1} \quad \tilde{\boldsymbol{x}}_{Db}^{\mathrm{T}}], \quad \boldsymbol{W}_0(\mathbf{0}) = \begin{Bmatrix}\boldsymbol{w}_0(\mathbf{0})\\ \boldsymbol{\phi}_0(\mathbf{0})\end{Bmatrix} \tag{5.5.9D}$$

如图 5.5.3 所示，炮口制退器上任意一点 O_{Dc} 经身管弹性变形后运动至点 O_{dc}，点 O_{Dc} 坐标原点 o_D 的位置矢量为 $\boldsymbol{x}_{Dc} = x_j^{Dc\boldsymbol{i}_D}\boldsymbol{e}_j$，点 O_{dc} 相对于坐标系 $\boldsymbol{i}_D$ 的弹性变形位移、速度和加速度分别为

$$\boldsymbol{w}_{Dc} = w_j^{Dc\boldsymbol{i}_D}\boldsymbol{e}_j = \boldsymbol{w}_0(\boldsymbol{l}_{Ds}) + \boldsymbol{\phi}_0(\boldsymbol{l}_{Ds}) \times \boldsymbol{x}_{Dc} = \boldsymbol{Z}_{Dc}\boldsymbol{W}_0(\boldsymbol{l}_{Ds}) \tag{5.5.10A}$$

$$\dot{\boldsymbol{w}}_{Dc} = \dot{w}_j^{Dc\boldsymbol{i}_D}\boldsymbol{e}_j = \dot{\boldsymbol{w}}_0(\boldsymbol{l}_{Ds}) + \dot{\boldsymbol{\phi}}_0(\boldsymbol{l}_{Ds}) \times \boldsymbol{x}_{Dc} = \boldsymbol{Z}_{Dc}\dot{\boldsymbol{W}}_0(\boldsymbol{l}_{Ds}) \tag{5.5.10B}$$

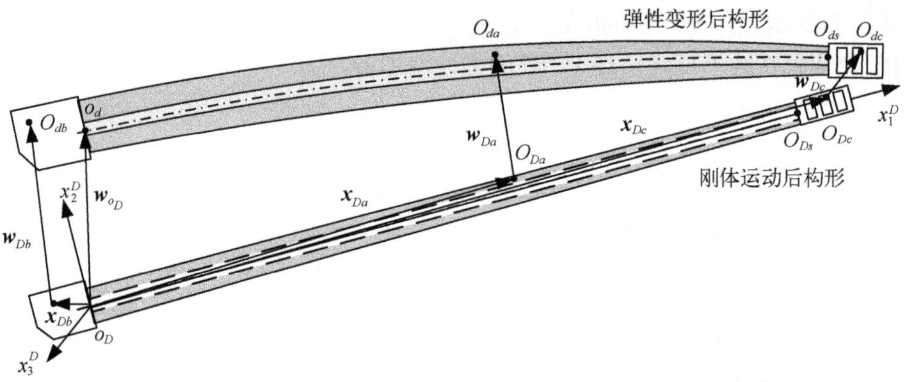

图 5.5.3　炮身上任意一点 O_{Da}、O_{Db}、O_{Dc} 的位形示意图

$$\ddot{\boldsymbol{w}}_{Dc} = \ddot{w}_j^{Dc}{}^{i_D}\boldsymbol{e}_j = \ddot{\boldsymbol{w}}_0(\boldsymbol{l}_{Ds}) + \ddot{\boldsymbol{\phi}}_0(\boldsymbol{l}_{Ds}) \times \boldsymbol{x}_{Dc} = \mathbf{Z}_{Dc}\ddot{\mathbf{W}}_0(\boldsymbol{l}_{Ds}) \tag{5.5.10C}$$

$$\mathbf{Z}_{Dc} = [\,\mathbf{1} \quad \tilde{\boldsymbol{x}}_{Dc}^{\mathrm{T}}\,], \quad \mathbf{W}_0(\boldsymbol{l}_{Ds}) = \begin{Bmatrix} \boldsymbol{w}_0(\boldsymbol{l}_{Ds}) \\ \boldsymbol{\phi}_0(\boldsymbol{l}_{Ds}) \end{Bmatrix} \tag{5.5.10D}$$

式中，$\boldsymbol{l}_{Ds} = l_{Ds}{}^{i}\boldsymbol{e}_1$ 为炮口制退器与身管连接界面点 O_{Ds} 的位置矢量，身管变形后点 O_{Ds} 成为点 O_{ds}；$\boldsymbol{w}_0(\boldsymbol{l}_{Ds})$、$\boldsymbol{\phi}_0(\boldsymbol{l}_{Ds})$ 分别表示 $\boldsymbol{w}_0$、$\boldsymbol{\phi}_0$ 在 $\boldsymbol{x}_{Da} = \boldsymbol{l}_{Ds}$ 处的值；$\dot{\boldsymbol{w}}_0(\boldsymbol{l}_{Ds})$、$\ddot{\boldsymbol{w}}_0(\boldsymbol{l}_{Ds})$、$\dot{\boldsymbol{\phi}}_0(\boldsymbol{l}_{Ds})$、$\ddot{\boldsymbol{\phi}}_0(\boldsymbol{l}_{Ds})$ 也均表示相同的意义。

5.5.3　炮身刚弹耦合运动分析

炮身的运动可以分解成炮身的刚体运动和身管的弹性运动两部分，见图 5.5.4。坐标原点 o_G 至弹性身管上任意一点 O_{Da} 的位置矢量为

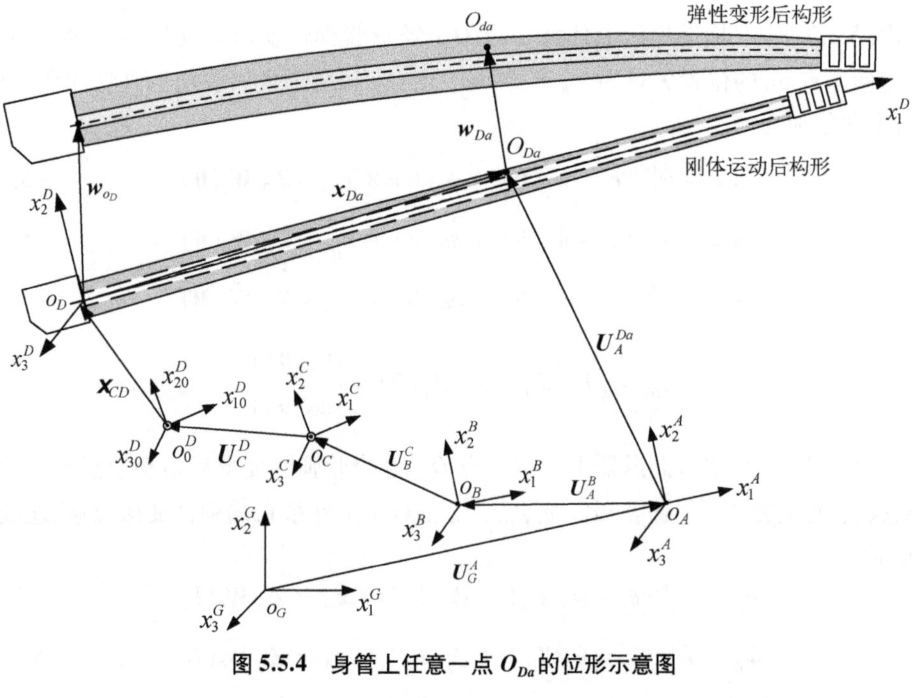

图 5.5.4　身管上任意一点 O_{Da} 的位形示意图

$$\boldsymbol{U}_d = U_j^{dic}\boldsymbol{e}_j = \boldsymbol{U}_G^A + \boldsymbol{U}_A^D + \boldsymbol{x}_{CD} + \boldsymbol{x}_D + \boldsymbol{w}_D \tag{5.5.11A}$$

$$\boldsymbol{w}_D = \begin{cases} \boldsymbol{w}_{Da}, & \boldsymbol{x}_D \in \Omega_{Da} \\ \boldsymbol{w}_{Db}, & \boldsymbol{x}_D \in \Omega_{Db} \\ \boldsymbol{w}_{Dc}, & \boldsymbol{x}_D \in \Omega_{Dc} \end{cases} \tag{5.5.11B}$$

对式(5.5.11A)求一阶时间导数,经整理得到该点的速度:

$$\dot{\boldsymbol{U}}_d = \dot{\boldsymbol{U}}_j^{dic}\boldsymbol{e}_j = \dot{\boldsymbol{U}}_G^A + \boldsymbol{\omega}_A \times (\boldsymbol{U}_A^D + \boldsymbol{x}_{CD} + \boldsymbol{x}_D) + \dot{\boldsymbol{x}}_{AB} + \boldsymbol{\omega}_B^r \times (\boldsymbol{U}_B^D + \boldsymbol{x}_{CD} + \boldsymbol{x}_D) + \dot{\boldsymbol{x}}_{BC} + \boldsymbol{\omega}_C^r \times (\boldsymbol{U}_C^D + \boldsymbol{x}_{CD} + \boldsymbol{x}_D) + \dot{\boldsymbol{x}}_{CD} + \boldsymbol{\omega}_D^r \times \boldsymbol{x}_D + \dot{\boldsymbol{w}}_D \tag{5.5.12A}$$

$$\dot{\boldsymbol{w}}_D = \begin{cases} \dot{\boldsymbol{w}}_{Da}, & \boldsymbol{x}_D \in \Omega_{Da} \\ \dot{\boldsymbol{w}}_{Db}, & \boldsymbol{x}_D \in \Omega_{Db} \\ \dot{\boldsymbol{w}}_{Dc}, & \boldsymbol{x}_D \in \Omega_{Dc} \end{cases} \tag{5.5.12B}$$

对式(5.5.11A)求二阶时间导数,经整理得到该点的加速度:

$$\ddot{\boldsymbol{U}}_d = \ddot{U}_j^{dic}\boldsymbol{e}_j = \ddot{\boldsymbol{U}}_G^A + \boldsymbol{\varepsilon}_{A1}^r \times (\boldsymbol{U}_A^D + \boldsymbol{x}_{CD} + \boldsymbol{x}_D) + \ddot{\boldsymbol{x}}_{AB} + \boldsymbol{\varepsilon}_{B1}^r \times (\boldsymbol{U}_B^D + \boldsymbol{x}_{CD} + \boldsymbol{x}_D) + \ddot{\boldsymbol{x}}_{BC} + \boldsymbol{\varepsilon}_{C1}^r \times (\boldsymbol{U}_C^D + \boldsymbol{x}_{CD} + \boldsymbol{x}_D) + \ddot{\boldsymbol{x}}_{CD} + \boldsymbol{\varepsilon}_{D1}^r \times \boldsymbol{x}_D + \ddot{\boldsymbol{w}}_D + \boldsymbol{a}_d \tag{5.5.13A}$$

式中

$$\ddot{\boldsymbol{w}}_D = \begin{cases} \ddot{\boldsymbol{w}}_{Da}, & \boldsymbol{x}_D \in \Omega_{Da} \\ \ddot{\boldsymbol{w}}_{Db}, & \boldsymbol{x}_D \in \Omega_{Db} \\ \ddot{\boldsymbol{w}}_{Dc}, & \boldsymbol{x}_D \in \Omega_{Dc} \end{cases} \tag{5.5.13B}$$

$$\boldsymbol{a}_d = \begin{cases} \boldsymbol{a}_{D1} + \boldsymbol{a}_{da}^r, & \boldsymbol{x}_D \in \Omega_{Da} \\ \boldsymbol{a}_{D1} + \boldsymbol{a}_{db}^r, & \boldsymbol{x}_D \in \Omega_{Db} \\ \boldsymbol{a}_{D1} + \boldsymbol{a}_{dc}^r, & \boldsymbol{x}_D \in \Omega_{Dc} \end{cases} \tag{5.5.13C}$$

$$\boldsymbol{a}_{da}^r = \boldsymbol{a}_D^r + 2\boldsymbol{\omega}_D \times \dot{\boldsymbol{w}}_{Da},\ \boldsymbol{a}_{db}^r = \boldsymbol{a}_D^r + 2\boldsymbol{\omega}_D \times \dot{\boldsymbol{w}}_{Db},\ \boldsymbol{a}_{dc}^r = \boldsymbol{a}_D^r + 2\boldsymbol{\omega}_D \times \dot{\boldsymbol{w}}_{Dc} \tag{5.5.13D}$$

式中,$\boldsymbol{a}_{D1}$、$\boldsymbol{a}_D^r$ 分别由式(5.5.3E)、式(5.5.3F)给出。

由于身管弹性振动的位移 $\boldsymbol{w}_D$ 很小,在上述位置矢量的表达式中被忽略,但保留了 $\dot{\boldsymbol{w}}_D$、$\ddot{\boldsymbol{w}}_D$,即

$$\boldsymbol{U}_A^D + \boldsymbol{x}_{CD} + \boldsymbol{x}_D + \boldsymbol{w}_D \doteq \boldsymbol{U}_A^D + \boldsymbol{x}_{CD} + \boldsymbol{x}_D \tag{5.5.14A}$$

$$\boldsymbol{U}_B^D + \boldsymbol{x}_{CD} + \boldsymbol{x}_D + \boldsymbol{w}_D \doteq \boldsymbol{U}_B^D + \boldsymbol{x}_{CD} + \boldsymbol{x}_D \tag{5.5.14B}$$

$$\boldsymbol{U}_C^D + \boldsymbol{x}_{CD} + \boldsymbol{x}_D + \boldsymbol{w}_D \doteq \boldsymbol{U}_C^D + \boldsymbol{x}_{CD} + \boldsymbol{x}_D \tag{5.5.14C}$$

$$\boldsymbol{x}_D + \boldsymbol{w}_D \doteq \boldsymbol{x}_D \tag{5.5.14D}$$

与式(5.5.3)相比较可以发现,考虑身管弹性运动后的运动速度和加速度与只考虑刚体运动的速度和加速度相比,分别增加了弹性运动速度项 $\dot{\boldsymbol{w}}_D$ 和加速度项 $\ddot{\boldsymbol{w}}_D$、$2\boldsymbol{\omega}_D \times \dot{\boldsymbol{w}}_D$。

5.5.4 身管应变和应力分析

5.5.4.1 应变分析

在 5.5.3 节中给出了在坐标系 $\boldsymbol{i}_D$ 下距坐标原点 o_D 任意点 $\boldsymbol{x}_{Da}$ 处的身管弹性位移 $\boldsymbol{w}_{Da}$ 式(5.5.8A),假定 $\boldsymbol{w}_{Da}$ 为小变形位移,由式(2.4.20)可得小变形条件下身管中的应变张量为

$$\boldsymbol{\varepsilon}_D = \varepsilon_{ij}^{D i_D}\boldsymbol{e}_i \otimes {}^{i_D}\boldsymbol{e}_j = \frac{1}{2}\left[\frac{\partial \boldsymbol{w}_{Da}}{\partial \boldsymbol{x}_D} + \left(\frac{\partial \boldsymbol{w}_{Da}}{\partial \boldsymbol{x}_D}\right)^{\mathrm{T}}\right] \tag{5.5.15A}$$

其在坐标系 $\boldsymbol{i}_D$ 下的矩阵形式为

$$\boldsymbol{\varepsilon}_D = [\varepsilon_{ij}^D] = \begin{bmatrix} \varepsilon_{11}^D & \varepsilon_{12}^D & \varepsilon_{13}^D \\ \varepsilon_{21}^D & \varepsilon_{22}^D & \varepsilon_{23}^D \\ \varepsilon_{31}^D & \varepsilon_{32}^D & \varepsilon_{33}^D \end{bmatrix} \tag{5.5.15B}$$

且有

$$\varepsilon_{ij}^D = \frac{1}{2}\left(\frac{\partial w_i^{Da}}{\partial x_j^D} + \frac{\partial w_j^{Da}}{\partial x_i^D}\right) \tag{5.5.15C}$$

由此可知

$$\boldsymbol{\varepsilon}_D = (\boldsymbol{\varepsilon}_D)^{\mathrm{T}} \tag{5.5.15D}$$

将式(5.5.8A)展开,得

$$\boldsymbol{w}_{Da} = \begin{Bmatrix} w_1^0 + x_3^{Da}\phi_2^0 - x_2^{Da}\phi_3^0 \\ w_2^0 - x_3^{Da}\phi_1^0 + x_1^{Da}\phi_3^0 \\ w_3^0 + x_2^{Da}\phi_1^0 - x_1^{Da}\phi_2^0 \end{Bmatrix} \tag{5.5.15E}$$

将上式代入式(5.6.13C),展开得应变分量的具体表达式:

$$\begin{cases} \varepsilon_{11}^D = \dfrac{\partial w_1^0}{\partial x_1^D} + x_3^D\dfrac{\partial \phi_2^0}{\partial x_1^D} - x_2^D\dfrac{\partial \phi_3^0}{\partial x_1^D},\ \varepsilon_{22}^D = \varepsilon_{33}^D = 0,\ \varepsilon_{23}^D = \varepsilon_{32}^D = 0 \\ \varepsilon_{12}^D = \varepsilon_{21}^D = \dfrac{1}{2}\left(\dfrac{\partial w_2^0}{\partial x_1^D} - x_3^D\dfrac{\partial \phi_1^0}{\partial x_1^D} + x_1^D\dfrac{\partial \phi_3^0}{\partial x_1^D}\right) \\ \varepsilon_{13}^D = \varepsilon_{31}^D = \dfrac{1}{2}\left(\dfrac{\partial w_3^0}{\partial x_1^D} + x_2^D\dfrac{\partial \phi_1^0}{\partial x_1^D} - x_1^D\dfrac{\partial \phi_2^0}{\partial x_1^D}\right) \end{cases} \tag{5.5.15F}$$

5.5.4.2 应力分析

小变形条件下与应变张量 $\boldsymbol{\varepsilon}_D$ 功共轭的应力张量为柯西应力张量:

$$\boldsymbol{\sigma}_D = \sigma_{ij}^{D i_D}\boldsymbol{e}_i \otimes {}^{i_D}\boldsymbol{e}_j \tag{5.5.16A}$$

其在坐标系 $\boldsymbol{i}_D$ 下的矩阵形式为

$$\boldsymbol{\sigma}_D = [\sigma_{ij}^D] = \begin{bmatrix} \sigma_{11}^D & \sigma_{12}^D & \sigma_{13}^D \\ \sigma_{21}^D & \sigma_{22}^D & \sigma_{23}^D \\ \sigma_{31}^D & \sigma_{32}^D & \sigma_{33}^D \end{bmatrix} \tag{5.5.16B}$$

且有

$$\boldsymbol{\sigma}_D = (\boldsymbol{\sigma}_D)^{\mathrm{T}} \tag{5.5.16C}$$

5.5.4.3 本构关系

身管材料通常为各向同性的,各向同性材料率形式的本构关系由式(2.6.15)给出,若不考虑温度的影响,则有

$$\boldsymbol{\sigma}_D = \boldsymbol{E}_D : \boldsymbol{\varepsilon}_D \tag{5.5.17A}$$

其中,$\boldsymbol{E}_D$ 称为 4 阶刚度张量,具体形式由式(2.6.28A)按小变形条件,简化得到:

$$\boldsymbol{E}_D = E_{ijkl}^D\,{}^{i_D}\boldsymbol{e}_i \otimes {}^{i_D}\boldsymbol{e}_j \otimes {}^{i_D}\boldsymbol{e}_k \otimes {}^{i_D}\boldsymbol{e}_l \tag{5.5.17B}$$

其分量形式为

$$E_{ijkl}^D = \frac{E_D}{1+\nu_D}\left[\frac{1}{2}(\delta_{ik}\delta_{jl} + \delta_{il}\delta_{jk}) + \frac{\nu_D}{1-2\nu_D}\delta_{ij}\delta_{kl}\right] \tag{5.5.17C}$$

式中,E_D、ν_D 分别为身管材料的弹性模量和泊松系数;δ_{ij} 为克罗内克符号。

式(5.5.17A)亦可以写成如下分量形式:

$$\sigma_{ij}^D = E_{ijkl}^D\varepsilon_{kl}^D = \lambda_D\delta_{ij}\varepsilon_{kk}^D + 2\mu_D\varepsilon_{ij}^D \tag{5.5.17D}$$

$$\lambda_D = \frac{E_D\nu_D}{(1+\nu_D)(1-2\nu_D)},\quad \mu_D = \frac{E_D}{2(1+\nu_D)} \tag{5.5.17E}$$

式中,λ_D、μ_D 为材料的拉梅常量。

5.5.5 弹性虚功率的计算

下面计算功率值 $\dot{w}_D = \dot{\boldsymbol{\varepsilon}}_D : \boldsymbol{\sigma}_D$,将式(5.5.15)、式(5.5.16)、式(5.5.17)代入 $\dot{w}_D$ 的表达式,经运算整理得

$$\dot{w}_D = \dot{\boldsymbol{\varepsilon}}_D : \boldsymbol{\sigma}_D = \dot{\boldsymbol{\varepsilon}}_D : \boldsymbol{E}_D : \boldsymbol{\varepsilon}_D = \dot{\varepsilon}_{ij}^D E_{ijmn}^D \varepsilon_{mn}^D \tag{5.5.18}$$

当 $\dot{\boldsymbol{\varepsilon}}_D$ 有一虚应变率 $\delta\dot{\boldsymbol{\varepsilon}}_D$ 时,对应的虚功率为

$$\delta\dot{w}_D = \delta\dot{\varepsilon}_{ij}^D E_{ijmn}^D \varepsilon_{mn}^D \tag{5.5.19}$$

总的虚功率为

$$\delta\dot{W}_D = \int_{\Omega_D}\delta\dot{w}_D\mathrm{d}V = \int_{\Omega_D}\delta\dot{\varepsilon}_{ij}^D E_{ijmn}^D \varepsilon_{mn}^D\mathrm{d}V = \int_{l_{Ds}}\int_{A_D}\delta\dot{\varepsilon}_{ij}^D E_{ijmn}^D \varepsilon_{mn}^D\mathrm{d}A\mathrm{d}x_1^D \tag{5.5.20}$$

对上式在横截面上积分,并注意到在对称横截面上的奇函数积分为零,经运算、简化后得如下表达式:

$$\delta\dot{W}_D = \int_{l_{Ds}}(\dot{\boldsymbol{\gamma}}_D)^{\mathrm{T}}\boldsymbol{D}_D\boldsymbol{\gamma}_D\mathrm{d}x_1^D \tag{5.5.21}$$

其中

$$(\boldsymbol{\gamma}_D)^{\mathrm{T}} = \left\{ \frac{\partial w_1^0}{\partial x_1^D} \quad \frac{\partial w_2^0}{\partial x_1^D} \quad \frac{\partial w_3^0}{\partial x_1^D} \quad \frac{\partial \phi_1^0}{\partial x_1^D} \quad \frac{\partial \phi_2^0}{\partial x_1^D} \quad \frac{\partial \phi_3^0}{\partial x_1^D} \right\} \tag{5.5.22A}$$

$$(\dot{\boldsymbol{\gamma}}_D)^{\mathrm{T}} = \left\{ \frac{\partial \dot{w}_1^0}{\partial x_1^D} \quad \frac{\partial \dot{w}_2^0}{\partial x_1^D} \quad \frac{\partial \dot{w}_3^0}{\partial x_1^D} \quad \frac{\partial \dot{\phi}_1^0}{\partial x_1^D} \quad \frac{\partial \dot{\phi}_2^0}{\partial x_1^D} \quad \frac{\partial \dot{\phi}_3^0}{\partial x_1^D} \right\} \tag{5.5.22B}$$

$\boldsymbol{D}_D = [D_{ij}^D]$，除以下参数外，其余 $D_{ij}^D = 0$，

$$\begin{cases} D_{11}^D = (2\mu_D + \lambda_D)A_D,\ D_{22}^D = D_{33}^D = \dfrac{1}{2}\mu_D A_D,\ D_{44}^D = \dfrac{1}{2}\mu_D J_{23}^D \\ D_{55}^D = (2\mu_D + \lambda_D)J_3^D + \dfrac{1}{2}\mu_D A_D\,(x_1^D)^2,\ D_{66}^D = (2\mu_D + \lambda_D)\displaystyle\int_{A_D} x_2^{D2}\mathrm{d}A + \dfrac{1}{2}\mu_D x_1^{D2} \\ D_{26}^D = D_{62}^D = \dfrac{1}{2}\mu_D A_D x_1^D,\ D_{35}^D = D_{53}^D = -\dfrac{1}{2}\mu_D A_D x_1^D \\ A_D = \displaystyle\int_{A_D}\mathrm{d}A,\ \boldsymbol{J}_{23}^D = \int_{A_D}[(x_2^D)^2 + (x_3^D)^2]\mathrm{d}A,\ J_3^D = \int_A (x_3^D)^2\mathrm{d}A \\ J_2^D = \displaystyle\int_{A_D}(x_2^D)^2\mathrm{d}A \end{cases}$$

$$\tag{5.5.22C}$$

5.5.6 炮身离散化

5.5.6.1 身管离散化

身管力学模型简化如图 5.5.5 所示，将身管沿其轴线方向剖分成 m_D 个梁单元、n_D 个节点的离散模型，节点号沿轴线方向从左向右、由小到大进行编排。对身管离散化带来的响应误差、收敛性和稳定性等问题在关于有限元的著作中已有较多的叙述，一般可通过增加单元数量和形函数的阶数达到有效控制响应精度的目的，在此不再赘述。本章的第 5.11 节，将通过一些实例来证明本节给出的离散模型具有较高的精度，并具有稳定性和收敛性。

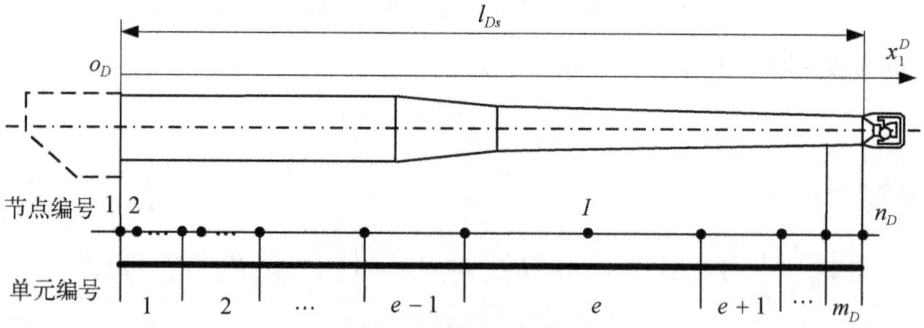

图 5.5.5 身管力学模型

第 e 个梁单元的结构及运动示意图见图 5.5.6 所示，每个梁单元内总的节点数为 n_D^e，梁单元左端第一个节点的整体编号为 n^e，右端最后一个节点的整体编号为 n^{e+1}，左端的

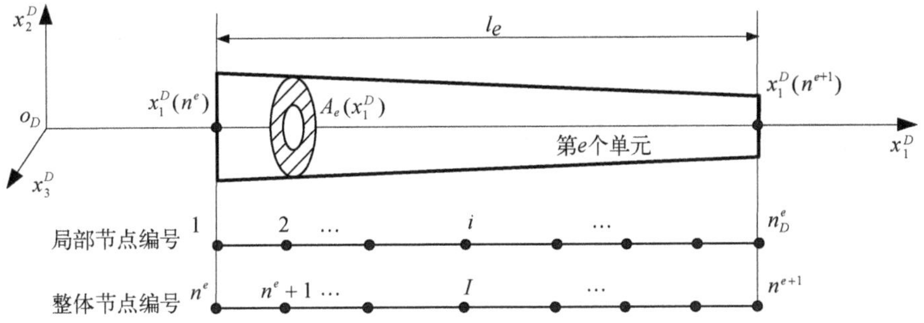

图 5.5.6　第 e 个梁单元的结构及运动示意图

坐标为 $x_1^D(n^e)$，右端点的坐标为 $x_1^D(n^{e+1})$，梁单元的长度为 $l_e = x_1^D(n^{e+1}) - x_1^D(n^e)$，横截面积为 $A_e(x_1^D)$，单元第 i（$i = 1, 2, \cdots, n_D^e$）个局部节点编号与整体节点编号 I 的关系为

$$I = \sum_{j=1}^{e-1} (n_D^j - 1) + i, \quad i = 1, 2, \cdots, n_D^e \tag{5.5.23A}$$

特别地，当 i 分别等于 1 和 n_D^e 时，由上式可得

$$I = \sum_{j=1}^{e-1} (n_D^j - 1) + 1 = n^e, \quad I = \sum_{j=1}^{e-1} (n_D^j - 1) + n_D^e = n^{e+1} \tag{5.5.23B}$$

特别地，当 e 分别等于 1 和 m_D 时，上式简化成

$$I = 1 = n^1, \quad I = n_D = \sum_{j=1}^{m_D-1} (n_D^j - 1) + n_D^{m_D} \tag{5.5.23C}$$

5.5.6.2　单元谱插值函数

如图 5.5.7 所示，对第 e 个梁单元，$x_1^{Da} \in [x_1^{Da}(n^e), x_1^{Da}(n^{e+1})]$，作变换：

$$x_1^{Da} = \sum_{I=n^e}^{n^{e+1}} x_{1I}^{Da} N_I(\zeta), \quad \zeta \in [-1, 1] \tag{5.5.24A}$$

式中，x_{1I}^{Da} 为第 I 个节点的坐标值，且有

$$\mathrm{d}x_1^{Da} = J_e \mathrm{d}\zeta, \quad J_e = \sum_{I=n^e}^{n^{e+1}} x_{1I}^{Da} \frac{\partial N_I(\zeta)}{\partial \zeta} \tag{5.5.24B}$$

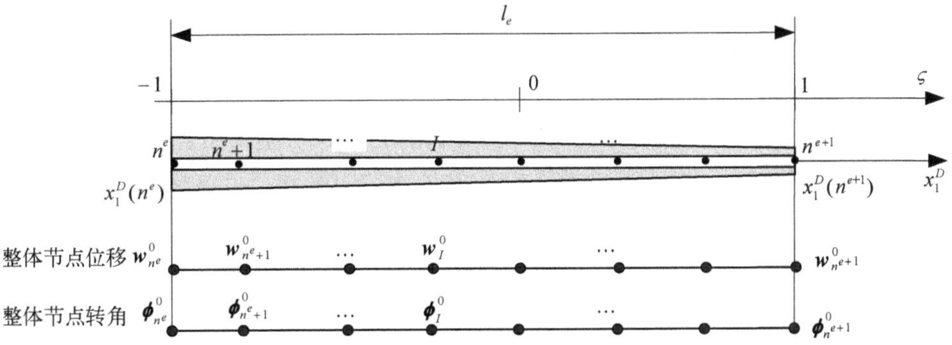

图 5.5.7　第 e 个梁单元上整体节点配置示意图

由此建立 $\boldsymbol{x}_{Da}$ 与局部坐标系间的关系：

$$\boldsymbol{x}_{Da}=\boldsymbol{x}_1^{Da}(\zeta)+x_2^{Da}(\zeta)^{i_D}\boldsymbol{e}_2+x_3^{Da}(\zeta)^{i_D}\boldsymbol{e}_3 \tag{5.5.24C}$$

$$\boldsymbol{x}_1^{Da}(\zeta)=\sum_{I=n^e}^{n^{e+1}}\boldsymbol{x}_{1I}^{Da}N_I(\zeta)^{i_D}\boldsymbol{e}_1 \tag{5.5.24D}$$

假定某一时刻 t，身管上有一特定点的坐标为 $\boldsymbol{x}_1^{Dq}(t)=x_1^{Dq}(t)^{i_D}\boldsymbol{e}_1$，该点位于第 k_{Dq} 个身管单元上，利用式(5.5.24A)，由下式求解得到 ζ_{Dq}：

$$x_1^{Dq}(t)=\sum_{I=n^{k_{Dq}}}^{n^{k_{Dq}+1}}x_{1I}^{Da}N_I(\zeta_{Dq}) \tag{5.5.24E}$$

式中，ζ_{Dq} 表示在第 k_{Dq} 个单元上与坐标 $x_1^{Dq}(t)$ 对应的局部坐标。

身管单元上任意点 $\boldsymbol{x}_1^{Da}(\zeta)$ 处的横向变形位移 $\boldsymbol{w}_0(\boldsymbol{x}_1^{Da})=w_j^0(x_1^{Da})^{i_D}\boldsymbol{e}_j$ 和角位移 $\boldsymbol{\phi}_0(\boldsymbol{x}_1^{Da})=\phi_j^0(\boldsymbol{x}_1^{Da})^{i_D}\boldsymbol{e}_j$ 可通过各自独立的 $n_D^e(e=1,2,\cdots,m_{Da})$ 个节点处的位移 $\boldsymbol{w}_I^0=\{w_{I1}^0\quad w_{I2}^0\quad w_{I3}^0\}^{\mathrm{T}}$，$\boldsymbol{\phi}_I^0=\{\phi_{I1}^0\quad \phi_{I2}^0\quad \phi_{I3}^0\}^{\mathrm{T}}(I=n^e,n^e+1,\cdots,n^{e+1},e=1,2,\cdots,m_D)$ 插值得到，这里 $\boldsymbol{w}_I^0$、$\boldsymbol{\phi}_I^0$ 分别表示整体节点 I 上的横向位移和转角位移，即任意点处分量的插值形式为

$$w_j^0=\sum_{e=1}^{m_D}\sum_{I=n^e}^{n^{e+1}}N_I^e(\zeta)w_{Ij}^0,\quad j=1,2,3 \tag{5.5.25A}$$

$$\phi_j^0=\sum_{e=1}^{m_D}\sum_{I=n^e}^{n^{e+1}}N_I^e(\zeta)\phi_{Ij}^0,\quad j=1,2,3 \tag{5.5.25B}$$

式中，N_I^e 为第 e 个单元上第 I 个节点的形函数。

任意点处三个位移 $\boldsymbol{w}_0$ 和三个转角 $\boldsymbol{\phi}_0$ 的插值形式为

$$\boldsymbol{W}_0=\begin{Bmatrix}\boldsymbol{w}_0\\ \boldsymbol{\phi}_0\end{Bmatrix}=\sum_{e=1}^{m_D}\sum_{I=n^e}^{n^{e+1}}N_I^e\mathbf{1}_{6\times6}\begin{Bmatrix}\boldsymbol{w}_I^0\\ \boldsymbol{\phi}_I^0\end{Bmatrix}=\sum_{e=1}^{m_D}\boldsymbol{N}_e\boldsymbol{W}_e^0\overset{\triangle}{=}\boldsymbol{N}_D\boldsymbol{W}_D \tag{5.5.26A}$$

$$\boldsymbol{N}_e=[\mathbf{1}_{6\times6}N_{n^e}^e\quad \mathbf{1}_{6\times6}N_{n^e+1}^e\quad \cdots\quad \mathbf{1}_{6\times6}N_{n^{e+1}}^e] \tag{5.5.26B}$$

$$(\boldsymbol{W}_e^0)^{\mathrm{T}}=\{(\boldsymbol{w}_{n^e}^0)^{\mathrm{T}}\quad(\boldsymbol{\phi}_{n^e}^0)^{\mathrm{T}}\quad(\boldsymbol{w}_{n^e+1}^0)^{\mathrm{T}}\quad(\boldsymbol{\phi}_{n^e+1}^0)^{\mathrm{T}}\quad\cdots\quad(\boldsymbol{w}_{n^{e+1}}^0)^{\mathrm{T}}\quad(\boldsymbol{\phi}_{n^{e+1}}^0)^{\mathrm{T}}\} \tag{5.5.26C}$$

$$(\boldsymbol{W}_D)^{\mathrm{T}}=\{(\boldsymbol{W}_1^0)^{\mathrm{T}}\quad(\boldsymbol{W}_2^0)^{\mathrm{T}}\quad\cdots\quad(\boldsymbol{W}_I^0)^{\mathrm{T}}\quad\cdots\quad(\boldsymbol{W}_{n_D}^0)^{\mathrm{T}}\} \tag{5.5.26D}$$

式中，“$\overset{\triangle}{=}$”为定义符号；$\mathbf{1}_{6\times6}$ 为 6×6 阶单位矩阵；$\boldsymbol{N}_e$、$\boldsymbol{W}_e^0$ 分别为第 e 个单元的形函数矩阵和节点位移列阵；$\boldsymbol{N}_D$、$\boldsymbol{W}_D$ 分别为整个结构的形函数矩阵和节点位移列阵。$\boldsymbol{W}_D$ 的自由度数为 $6n_D$。

形函数 $N_I^e(I=n^e,n^e+1,\cdots,n^{e+1})$ 可通过拉格朗日插值法得到，即

$$N_I^e=N_I^e(\zeta)=\prod_{j=n^e,j\neq I}^{n^{e+1}}\frac{\zeta-\zeta_j}{\zeta_I-\zeta_j} \tag{5.5.27A}$$

上式中插值点 ζ_j 不再沿坐标轴方向均匀分布，而是以下等式的根，也称为 Gauss-Lobatto-Legendre（GLL）点分布：

$$(1-\zeta^2)L'_{n_e-1}(\zeta)=0 \tag{5.5.27B}$$

式中，$L'_{n_e-1}(\zeta)$ 为 n_e-1 阶 Legendre 正交多项式 L_{n_e-1} 的一阶导数。

任意谱函数 $f(\zeta)$ 的数值积采用 GLL 积分方案，即积分点与 GLL 插值方案的插值点一致：

$$\int_{-1}^{1} f(\zeta)\,\mathrm{d}\zeta=\sum_{i=1}^{n_D^e}\lambda_i f(\zeta_i) \tag{5.5.27C}$$

其中，ζ_i 为积分点位置；λ_i 为权系数。有关谱函数配点位置 ζ_i 和权系数 λ_i 与多项式阶数 n_D^e 的关系见表 5.5.1。

表 5.5.1 GLL 配点和积分权系数

多项式阶数 n_D^e	配点 ζ_i	积分权系数 λ_i
2	0 ±1	1.333 333 333 333 333 3 0.333 333 333 333 333 3
3	±0.447 213 595 499 957 9 ±1	0.833 333 333 333 333 4 0.166 666 666 666 666 7
4	0 ±0.654 653 670 707 977 2 ±1	0.711 111 111 111 111 1 0.544 444 444 444 444 5 0.100 000 000 000 000 0
5	±0.285 231 516 480 645 1 ±0.765 055 323 929 464 7 ±1	0.554 858 377 035 486 2 0.378 474 956 297 847 0 0.066 666 666 666 666 7
6	0 ±0.468 848 793 470 714 2 ±0.830 223 896 278 567 0 ±1	0.487 619 047 619 047 6 0.431 745 381 209 862 7 0.276 826 047 361 565 9 0.047 619 047 619 047 6
7	±0.209 299 217 902 478 9 ±0.591 700 181 433 142 3 ±0.871 740 148 509 606 6 ±1	0.412 458 794 658 703 8 0.341 122 692 483 504 4 0.210 704 227 143 506 1 0.035 714 285 714 285 7
8	0 ±0.363 117 463 826 178 2 ±0.677 186 279 510 737 7 ±0.899 757 995 411 460 2 ±1	0.371 519 274 376 417 2 0.346 428 510 973 046 3 0.274 538 712 500 161 7 0.165 495 361 560 805 5 0.027 777 777 777 777 8
9	±0.165 278 957 666 387 0 ±0.477 924 949 810 444 5 ±0.738 773 865 105 505 0 ±0.919 533 908 166 458 9 ±1	0.327 539 761 183 897 6 0.292 042 683 679 683 8 0.224 889 342 063 126 4 0.133 305 990 851 070 1 0.022 222 222 222 222 2

（续表）

多项式阶数 n_D^e	配点 ζ_i	积分权系数 λ_i
10	0 ±0.295 758 135 586 939 4 ±0.565 235 326 996 205 0 ±0.784 483 473 663 144 4 ±0.934 001 430 408 059 2 ±1	0.300 217 595 455 690 7 0.286 879 124 779 008 0 0.248 048 104 264 028 4 0.187 169 881 780 305 2 0.109 612 273 266 994 9 0.018 181 818 181 818 2
11	±0.136 552 932 854 927 6 ±0.399 530 940 965 348 9 ±0.632 876 153 031 860 6 ±0.819 279 321 644 006 7 ±0.944 899 272 222 882 2 ±1	0.271 405 240 910 696 2 0.251 275 603 199 201 3 0.212 508 417 761 021 1 0.157 974 705 564 370 1 0.091 684 517 413 196 2 0.015 151 515 151 515 2
12	0 ±0.249 286 930 106 240 0 ±0.482 909 821 091 336 2 ±0.686 188 469 081 757 5 ±0.846 347 564 651 872 3 ±0.953 309 846 642 163 9 ±1	0.251 930 849 333 446 7 0.244 015 790 306 676 3 0.220 767 793 566 110 1 0.183 646 865 203 550 1 0.134 981 926 689 608 3 0.077 801 686 746 818 9 0.012 820 512 820 512 8

插值函数 $N_I^e(\zeta)$ 能保证其定义的未知位移和未知转角在相邻单元之间连续，且包含有任意线性项。因此，由插值函数 $N_I^e(\zeta)$ 构成的单元满足完备性要求和协调性要求，其解是收敛的。此外，$N_I^e(\zeta)$ 还有如下特性：

$$(1)\ N_I^e(\zeta_J)=\begin{cases}1, & I=J\\ 0, & I\neq J\end{cases} \tag{5.5.28A}$$

$$(2)\ \sum_{I=1}^{n_D^e} N_I^e(\zeta)=1 \tag{5.5.28B}$$

记

$$(3)\ \boldsymbol{N}_e(-1)=[\boldsymbol{1}_{6\times6}\quad \boldsymbol{0}\quad \cdots\quad \boldsymbol{0}] \tag{5.5.28C}$$

$$(4)\ \boldsymbol{N}_e(1)=[\boldsymbol{0}\quad \boldsymbol{0}\quad \cdots\quad \boldsymbol{1}_{6\times6}] \tag{5.5.28D}$$

式(5.5.25)、式(5.5.26)就是在离散身管上位移场的表达式，与有限元方法中低价多项式形函数相比，谱插值函数因具有谱方法的高精度、指数收敛和应用的灵活性，像身管这样自由度较少的结构是一种较好的方法。

特别要指出的是，对身管上特定点 $x_1^{Dq}(t)$ 处的位移，由式(5.5.24D)确定 ζ_{Dq}，再由式(5.5.26)得到该点的变形位移和转角位移：

$$\boldsymbol{W}_0[\boldsymbol{x}_1^{Dq}(t)]=\boldsymbol{N}_{k_{Dq}}(\zeta_{Dq})\boldsymbol{W}_{k_{Dq}}^0 \triangleq \boldsymbol{N}_D(\zeta_{Dq})\boldsymbol{W}_D \tag{5.5.29A}$$

式中利用了形函数矩阵 $\boldsymbol{N}_D(\zeta_{Dq})$ 仅在第 k_{Dq} 个单元上有值、在其他单元上为零的特点，由此当 $\boldsymbol{x}_1^{Dq}=\boldsymbol{0}$, $\boldsymbol{x}_1^{Dq}=l_{Ds}$ 时，由上式可得

$$\boldsymbol{W}_0(\boldsymbol{0}) = \boldsymbol{N}_1(-1)\boldsymbol{W}_1^0 \stackrel{\triangle}{=} \boldsymbol{N}_D(\boldsymbol{0})\boldsymbol{W}_D \tag{5.5.29B}$$

$$\boldsymbol{W}_0(\boldsymbol{l}_{Ds}) = \boldsymbol{N}_{m_D}(1)\boldsymbol{W}_{m_D}^0 \stackrel{\triangle}{=} \boldsymbol{N}_D(\boldsymbol{l}_{Ds})\boldsymbol{W}_D \tag{5.5.29C}$$

式中，$\boldsymbol{N}_D(\boldsymbol{0})$、$\boldsymbol{N}_D(\boldsymbol{l}_{Ds})$ 为一种定义，其含义是 $\boldsymbol{N}_D(\zeta)$ 分别在第 1 个单元第 1 个节点 ($\zeta=-1$) 和第 m_D 个单元最后一个节点 ($\zeta=1$) 处的值。此定义将用于第 5.6 节公式的推导中。

对式(5.5.25)分别求导，得

$$\frac{\partial w_j^0}{\partial x_1^D} = \sum_{e=1}^{m_D}\sum_{I=n^e}^{n^{e+1}} (J_e)^{-1}\frac{\partial N_I^e(\zeta)}{\partial \zeta} w_{Ij}^0,\quad j=1,2,3 \tag{5.5.30A}$$

$$\frac{\partial \phi_j^0}{\partial x_1^D} = \sum_{e=1}^{m_D}\sum_{I=n^e}^{n^{e+1}} (J_e)^{-1}\frac{\partial N_I^e(\zeta)}{\partial \zeta} \phi_{Ij}^0,\quad j=1,2,3 \tag{5.5.30B}$$

将上式代入式(5.5.22A)、式(5.5.22B)，并利用式(5.5.26)得

$$\boldsymbol{\gamma}_D = \sum_{e=1}^{m_D}\sum_{I=n^e}^{n^{e+1}} \frac{\partial N_I^e}{\partial \zeta}\boldsymbol{1}_{6\times 6}\begin{Bmatrix}\boldsymbol{w}_I^0\\ \boldsymbol{\phi}_I^0\end{Bmatrix} = \sum_{e=1}^{m_D}\frac{\partial \boldsymbol{N}_e^D}{\partial \zeta}\boldsymbol{W}_e^0 \stackrel{\triangle}{=} \frac{\partial \boldsymbol{N}_D}{\partial \zeta}\boldsymbol{W}_D \tag{5.5.31A}$$

$$\dot{\boldsymbol{\gamma}}_D = \sum_{e=1}^{m_D}\sum_{I=n^e}^{n^{e+1}} \frac{\partial N_I^e}{\partial \zeta}\boldsymbol{1}_{6\times 6}\begin{Bmatrix}\dot{\boldsymbol{w}}_I^0\\ \dot{\boldsymbol{\phi}}_I^0\end{Bmatrix} = \sum_{e=1}^{m_D}\frac{\partial \boldsymbol{N}_e^D}{\partial \zeta}\dot{\boldsymbol{W}}_e^0 \stackrel{\triangle}{=} \frac{\partial \boldsymbol{N}_D}{\partial \zeta}\dot{\boldsymbol{W}}_D \tag{5.5.31B}$$

将式(5.5.31)代入式(5.5.21)，并利用式(5.5.24A)，经整理得

$$\delta\dot{W}_D = \sum_{e=1}^{m_D}(\delta\dot{\boldsymbol{W}}_e^0)^{\mathrm{T}}\left(\int_{-1}^{1} J_e\frac{\partial N_I^e}{\partial \zeta}\frac{\partial N_J^e}{\partial \zeta}\boldsymbol{D}_D\mathrm{d}\zeta\right)\boldsymbol{W}_e^0 = \sum_{e=1}^{m_D}(\delta\dot{\boldsymbol{W}}_e^0)^{\mathrm{T}}\boldsymbol{K}_e\boldsymbol{W}_e^0 \stackrel{\triangle}{=} (\delta\dot{\boldsymbol{W}}_D)^{\mathrm{T}}\boldsymbol{K}_D\boldsymbol{W}_D \tag{5.5.32}$$

式中

$$\boldsymbol{K}_e = \int_{-1}^{1} J_e\frac{\partial N_I^e}{\partial \zeta}\frac{\partial N_J^e}{\partial \zeta}\boldsymbol{D}_D\mathrm{d}\zeta \tag{5.5.33}$$

为单元的刚度矩阵；$\boldsymbol{K}_D$ 为系统的总刚度矩阵。上式积分项中，$\boldsymbol{D}_D$ 亦是 ζ 的函数。

5.6 火炮刚柔耦合动力学方程

本节利用虚功率原理来建立火炮刚柔耦合运动微分方程。记底盘部分、上架部分、摇架部分的体积区域、面积区域、质量密度分别为 (Ω_j、Γ_j、ρ_j, $j=A, B, C$)，作用在上述区域内的体力和面力分别为 $\boldsymbol{f}_j=f_k^{ji_j}\boldsymbol{e}_k$，$\bar{\boldsymbol{f}}_j=\bar{f}_k^{ji_j}\boldsymbol{e}_k$，$j=A, B, C$；后坐部分炮身的体积域 Ω_D 和面积域 Γ_D 可以分解成身管 (Ω_{Da}、Γ_{Da})、炮尾 (Ω_{Db}、Γ_{Db}) 和炮口制退器 (Ω_{Dc}、Γ_{Dc}) 之和，对应的质量密度分别为 ρ_{Da}、ρ_{Db}、ρ_{Dc}，作用在上述三部分上的体力、面力分别为 $\boldsymbol{f}_j=f_k^{ji_j}\boldsymbol{e}_k$，$\bar{\boldsymbol{f}}_j=\bar{f}_k^{ji_j}\boldsymbol{e}_k$，$j=Da, Db, Dc$。由式(2.5.35)虚功率原理，可得具体形式如下：

$$\sum_{j=A,B,C}\left[\int_{\Omega_j}\rho_j\delta\dot{\boldsymbol{U}}_j\cdot\ddot{\boldsymbol{U}}_j\mathrm{d}V-\int_{\Omega_j}\delta\dot{\boldsymbol{U}}_j\cdot\boldsymbol{f}_j\mathrm{d}V-\int_{\Gamma_j}\delta\dot{\boldsymbol{U}}_j\cdot\bar{\boldsymbol{f}}_j\mathrm{d}A\right]$$
$$+\int_{\Omega_D}\rho_D\delta\dot{\boldsymbol{U}}_d\cdot\ddot{\boldsymbol{U}}_d\mathrm{d}V-\int_{\Omega_D}\delta\dot{\boldsymbol{U}}_d\cdot\boldsymbol{f}_D\mathrm{d}V-\int_{\Gamma_D}\delta\dot{\boldsymbol{U}}_d\cdot\bar{\boldsymbol{f}}_D\mathrm{d}A+\int_{\Omega_D}\delta\dot{w}_D\mathrm{d}V=0 \quad (5.6.1)$$

式中，$\delta\dot{w}_D$ 的表达式由式(5.5.19)给出。

下面分别给出上述积分形式的具体表达式。

5.6.1 底盘运动微分方程

5.6.1.1 底盘运动功率计算

当式(5.6.1)的下标变量为 A 时，为底盘部分的虚功率，其左端有一项是底盘部分运动产生的功率，记为

$$\delta E_v^A=\int_{\Omega_A}\rho_A\delta\dot{\boldsymbol{U}}_A\cdot\ddot{\boldsymbol{U}}_A\mathrm{d}V \quad (5.6.2)$$

记

$$\dot{z}_1=\dot{\boldsymbol{U}}_G^A,\ \ddot{z}_1=\ddot{\boldsymbol{U}}_G^A,\ \dot{z}_2=\boldsymbol{\omega}_A,\ \ddot{z}_2=\boldsymbol{\varepsilon}_{A1}^r \quad (5.6.3\mathrm{A})$$

$$\boldsymbol{b}_1^A=\mathbf{1},\ \boldsymbol{b}_2^A=\tilde{\boldsymbol{x}}_A \quad (5.6.3\mathrm{B})$$

对速度公式(5.4.2B)中的速度项进行变分，得

$$\delta\dot{\boldsymbol{U}}_A=\sum_{i=1}^{2}\delta\dot{z}_i\cdot\boldsymbol{b}_i^A \quad (5.6.4\mathrm{A})$$

底盘运动的加速度表达式(5.4.2C)改写为

$$\ddot{\boldsymbol{U}}_A=\sum_{j=1}^{2}(\boldsymbol{b}_j^A)^{\mathrm{T}}\cdot\ddot{z}_j+\boldsymbol{a}_A \quad (5.6.4\mathrm{B})$$

将速度变分式和加速度式(5.6.4)代入式(5.6.2)，并在底盘部分上进行积分，得

$$\delta E_v^A=\sum_{i=1}^{2}\delta\dot{z}_i\cdot\left(\sum_{j=1}^{2}\boldsymbol{M}_{ij}^A\cdot\ddot{z}_j-\boldsymbol{P}_i^{AI}\right) \quad (5.6.5)$$

其中

$$\boldsymbol{M}_{ij}^A=\int_{\Omega_A}\rho_A\boldsymbol{b}_i^A\cdot(\boldsymbol{b}_j^A)^{\mathrm{T}}\mathrm{d}V,\quad \boldsymbol{P}_i^{AI}=-\int_{\Omega_A}\rho_A\boldsymbol{b}_i^A\cdot\boldsymbol{a}_A\mathrm{d}V \quad (5.6.6)$$

$\boldsymbol{M}_{ij}^A$ 的具体表达式见附录 A，$\boldsymbol{P}_i^{IA}$ 的具体表达式为

$$\boldsymbol{P}_1^{AI}=\boldsymbol{P}_I^{AI},\quad \boldsymbol{P}_2^{AI}=\boldsymbol{P}_{IV}^{AI} \quad (5.6.7\mathrm{A})$$

式中，$\boldsymbol{P}_i^{AI}(i=1,2)$，为底盘部分除切向惯性载荷外的惯性载荷。其中

$$\boldsymbol{P}_I^{AI}=-\int_{\Omega_A}\rho_A\boldsymbol{a}_A\mathrm{d}V=-m_A\boldsymbol{a}_{A_G},\ \boldsymbol{a}_{A_G}=-(\tilde{\boldsymbol{\mu}}_A+\tilde{\boldsymbol{\omega}}_A\cdot\tilde{\boldsymbol{\omega}}_A)\cdot\boldsymbol{x}_{A_G},$$
$$\boldsymbol{P}_{IV}^{AI}=-\int_{\Omega_A}\rho_A\tilde{\boldsymbol{x}}_A\cdot\boldsymbol{a}_A\mathrm{d}V=-(\boldsymbol{I}_A\cdot\boldsymbol{\mu}_A+\tilde{\boldsymbol{\omega}}_A\cdot\boldsymbol{I}_A\cdot\boldsymbol{\omega}_A),$$

$$\boldsymbol{I}_A=\int_{\Omega_A}\rho_A(\tilde{\boldsymbol{x}}_A\cdot\tilde{\boldsymbol{x}}_A^{\mathrm{T}})\mathrm{d}V \tag{5.6.7B}$$

5.6.1.2 外载荷功率计算

式(5.6.1)左端有两项为作用在底盘上的载荷做的虚功率,记为

$$\delta E_f^A=\int_{\Omega_A}\delta\dot{\boldsymbol{U}}_A\cdot\boldsymbol{f}_A\mathrm{d}V-\int_{S_A}\delta\dot{\boldsymbol{U}}_A\cdot\bar{\boldsymbol{f}}_A\mathrm{d}S \tag{5.6.8}$$

将式(5.6.4A)代入,并进行积分,得

$$\delta E_f^A=\sum_{i=1}^{2}\delta\dot{z}_i\cdot\boldsymbol{P}_i^A \tag{5.6.9}$$

式中,$\boldsymbol{P}_i^A$ 的具体表达式为

$$\boldsymbol{P}_1^A=\boldsymbol{P}_{II}^A+\boldsymbol{P}_{III}^A,\quad \boldsymbol{P}_2^A=\boldsymbol{P}_V^A+\boldsymbol{P}_{VI}^A \tag{5.6.10A}$$

其中

$$\boldsymbol{P}_{II}^A=\int_{\Omega_A}\boldsymbol{f}_A\mathrm{d}V,\ \boldsymbol{P}_{III}^A=\int_{\Gamma_A}\bar{\boldsymbol{f}}_A\mathrm{d}A,\ \boldsymbol{P}_V^A=\int_{\Omega_A}\tilde{\boldsymbol{x}}_A\cdot\boldsymbol{f}_A\mathrm{d}V,\ \boldsymbol{P}_{VI}^A=\int_{\Gamma_A}\tilde{\boldsymbol{x}}_A\cdot\bar{\boldsymbol{f}}_A\mathrm{d}A \tag{5.6.10B}$$

5.6.1.3 底盘运动微分方程的建立

将式(5.6.5)、式(5.6.9)代入式(5.6.1),得

$$\sum_{i=1}^{2}\delta\dot{z}_i\cdot\left(\sum_{j=1}^{2}\boldsymbol{M}_{ij}^A\cdot\ddot{z}_j-\boldsymbol{P}_i^{AI}-\boldsymbol{P}_i^A\right)=0$$

上式对任意虚变量的变分 $\delta\dot{z}_i$ 均成立,令与 $\delta\dot{z}_i$ 相点乘项为零即可满足,经整理得如下一组底盘刚体运动微分方程:

$$\sum_{j=1}^{2}\boldsymbol{M}_{ij}^A\cdot\ddot{z}_j-\boldsymbol{P}_i^{AI}-\boldsymbol{P}_i^A=\boldsymbol{0},\quad i=1,\ 2 \tag{5.6.11}$$

式(5.6.11)就是无约束底盘刚体运动微分方程组。

5.6.2 上架运动微分方程

5.6.2.1 上架运动功率计算

当式(5.6.1)的下标变量为 B 时,为上架部分的虚功率,其左端有一项为上架部分运动产生的功率,记为

$$\delta E_v^B=\int_{\Omega_B}\rho_B\delta\dot{\boldsymbol{U}}_B\cdot\ddot{\boldsymbol{U}}_B\mathrm{d}V \tag{5.6.12}$$

记

$$\dot{\boldsymbol{z}}_3=\dot{\boldsymbol{x}}_{AB},\ \ddot{\boldsymbol{z}}_3=\ddot{\boldsymbol{x}}_{AB},\ \dot{\boldsymbol{z}}_4=\boldsymbol{\omega}_B^r,\ \ddot{\boldsymbol{z}}_4=\boldsymbol{\varepsilon}_{B1}^r \tag{5.6.13A}$$

$$\boldsymbol{b}_1^B=\boldsymbol{1},\ \boldsymbol{b}_2^B=\tilde{\boldsymbol{U}}_A^B+\tilde{\boldsymbol{x}}_B,\ \boldsymbol{b}_3^B=\boldsymbol{1},\ \boldsymbol{b}_4^B=\tilde{\boldsymbol{x}}_B \tag{5.6.13B}$$

对速度公式(5.4.5B)中的速度项进行变分,得

$$\delta \dot{\boldsymbol{U}}_B = \sum_{i=1}^{4} \delta \dot{z}_i \cdot \boldsymbol{b}_i^B \tag{5.6.14A}$$

上架运动的加速度表达式(5.4.5C)改写为

$$\ddot{\boldsymbol{U}}_B = \sum_{j=1}^{4} (\boldsymbol{b}_j^B)^{\mathrm{T}} \cdot \ddot{z}_j + \boldsymbol{a}_B \tag{5.6.14B}$$

将速度变分式和加速度式(5.6.14)代入式(5.6.12),并在上架部分上进行积分,得

$$\delta E_v^B = \sum_{i=1}^{4} \delta \dot{z}_i \cdot \left(\sum_{j=1}^{4} \boldsymbol{M}_{ij}^B \cdot \ddot{z}_j - \boldsymbol{P}_i^{BI} \right) \tag{5.6.15}$$

其中

$$\boldsymbol{M}_{ij}^B = \int_{\Omega_B} \rho_B \boldsymbol{b}_i^B \cdot (\boldsymbol{b}_j^B)^{\mathrm{T}} \mathrm{d}V, \quad \boldsymbol{P}_i^{BI} = -\int_{\Omega_B} \rho_B \boldsymbol{b}_i^B \cdot \boldsymbol{a}_B \mathrm{d}V \tag{5.6.16}$$

$\boldsymbol{M}_{ij}^B$ 的具体表达式见附录 A, $\boldsymbol{P}_i^{BI}$ 的具体表达式为

$$\boldsymbol{P}_1^{BI} = \boldsymbol{P}_3^{BI} = \boldsymbol{P}_I^{BI}, \ \boldsymbol{P}_2^{BI} = \tilde{\boldsymbol{U}}_A^B \cdot \boldsymbol{P}_I^{BI} + \boldsymbol{P}_{IV}^{BI}, \ \boldsymbol{P}_4^{BI} = \boldsymbol{P}_{IV}^{BI} \tag{5.6.17A}$$

式中, $\boldsymbol{P}_i^{BI}$ 为上架部分除切向惯性载荷外的惯性载荷。其中

$$\begin{cases} \boldsymbol{P}_I^{BI} = -\int_{\Omega_B} \rho_B \boldsymbol{a}_B \mathrm{d}V = -m_B (a_{B1} + a_{B_G}^r) \\ \boldsymbol{a}_{B_G}^r = -(\tilde{\boldsymbol{\mu}}_B + \tilde{\boldsymbol{\omega}}_B \cdot \tilde{\boldsymbol{\omega}}_B) \cdot \boldsymbol{x}_{B_G} \\ \boldsymbol{P}_{IV}^{BI} = -\int_{\Omega_B} \rho_B \tilde{\boldsymbol{x}}_B \cdot \boldsymbol{a}_B \mathrm{d}V = -m_B \tilde{\boldsymbol{x}}_{B_G} \cdot \boldsymbol{a}_{B1} - (\boldsymbol{I}_B \cdot \boldsymbol{\mu}_B + \tilde{\boldsymbol{\omega}}_B \cdot \boldsymbol{I}_B \cdot \boldsymbol{\omega}_B) \\ \boldsymbol{I}_B = \int_{\Omega_B} \rho_B (\tilde{\boldsymbol{x}}_B \cdot \tilde{\boldsymbol{x}}_B^{\mathrm{T}}) \mathrm{d}V \end{cases} \tag{5.6.17B}$$

5.6.2.2 外载荷功率计算

式(5.6.1)左端有两项是作用在上架上的载荷做的虚功率,记为

$$\delta E_f^B = \int_{\Omega_B} \delta \dot{\boldsymbol{U}}_B \cdot \boldsymbol{f}_B \mathrm{d}V - \int_{\Gamma_B} \delta \dot{\boldsymbol{U}}_B \cdot \bar{\boldsymbol{f}}_B \mathrm{d}A \tag{5.6.18}$$

将式(5.6.14A)代入,并进行积分,得

$$\delta E_f^B = \sum_{i=1}^{4} \delta \dot{z}_i \cdot \boldsymbol{P}_i^B \tag{5.6.19}$$

式中, $\boldsymbol{P}_i^B$ 的具体表达式为

$$\boldsymbol{P}_1^B = \boldsymbol{P}_3^B = \boldsymbol{P}_{II}^B + \boldsymbol{P}_{III}^B, \ \boldsymbol{P}_2^B = \tilde{\boldsymbol{U}}_A^B \cdot \boldsymbol{P}_1^B + \boldsymbol{P}_4^B, \ \boldsymbol{P}_4^B = \boldsymbol{P}_V^B + \boldsymbol{P}_{VI}^B \tag{5.6.20A}$$

其中

$$\boldsymbol{P}_{II}^B = \int_{\Omega_B} \boldsymbol{f}_B \mathrm{d}V, \ \boldsymbol{P}_{III}^B = \int_{S_B} \bar{\boldsymbol{f}}_B \mathrm{d}S, \ \boldsymbol{P}_V^B = \int_{\Omega_B} \tilde{\boldsymbol{x}}_B \cdot \boldsymbol{f}_B \mathrm{d}V, \ \boldsymbol{P}_{VI}^B = \int_{S_B} \tilde{\boldsymbol{x}}_B \cdot \bar{\boldsymbol{f}}_B \mathrm{d}S \tag{5.6.20B}$$

5.6.2.3　上架运动微分方程的建立

将式(5.6.15)、式(5.6.19)代入式(5.6.1),得

$$\sum_{i=1}^{4} \delta \dot{\boldsymbol{z}}_i \cdot \left(\sum_{j=1}^{4} \boldsymbol{M}_{ij}^{A} \cdot \ddot{\boldsymbol{z}}_j - \boldsymbol{P}_i^{BI} - \boldsymbol{P}_i^{B} \right) = 0$$

上式对任意虚变量的变分 $\delta \dot{z}_i$ 均成立,令与 $\delta \dot{z}_i$ 相点乘项为零即可满足,经整理得如下一组底盘刚体运动微分方程:

$$\sum_{j=1}^{4} \boldsymbol{M}_{ij}^{B} \cdot \ddot{\boldsymbol{z}}_j - \boldsymbol{P}_i^{BI} - \boldsymbol{P}_i^{B} = \boldsymbol{0}, \quad i = 1, 2, 3, 4 \tag{5.6.21}$$

式(5.6.21)就是无约束上架部分刚体运动微分方程组。

5.6.3　摇架运动微分方程

5.6.3.1　摇架运动功率计算

当式(5.6.1)的下标变量为 C 时,为摇架部分的虚功率,其左端有一项为摇架运动产生的功率,记为

$$\delta E_v^C = \int_{\Omega_C} \rho_C \delta \dot{\boldsymbol{U}}_C \cdot \ddot{\boldsymbol{U}}_C \mathrm{d}V \tag{5.6.22}$$

记

$$\dot{\boldsymbol{z}}_5 = \dot{\boldsymbol{x}}_{BC}, \ \ddot{\boldsymbol{z}}_5 = \ddot{\boldsymbol{x}}_{BC}, \ \dot{\boldsymbol{z}}_6 = \boldsymbol{\omega}_C^r, \ \ddot{\boldsymbol{z}}_6 = \boldsymbol{\varepsilon}_{C1}^r \tag{5.6.23A}$$

$$\boldsymbol{b}_1^C = \boldsymbol{1}, \ \boldsymbol{b}_2^C = \tilde{\boldsymbol{U}}_A^C + \tilde{\boldsymbol{x}}_C, \ \boldsymbol{b}_3^C = \boldsymbol{1}, \ \boldsymbol{b}_4^C = \tilde{\boldsymbol{U}}_B^C + \tilde{\boldsymbol{x}}_C, \ \boldsymbol{b}_5^C = \boldsymbol{1}, \ \boldsymbol{b}_6^C = \tilde{\boldsymbol{x}}_C \tag{5.6.23B}$$

对速度公式(5.4.8B)中的速度项进行变分,得

$$\delta \dot{\boldsymbol{U}}_C = \sum_{i=1}^{6} \delta \dot{\boldsymbol{z}}_i \cdot \boldsymbol{b}_i^C \tag{5.6.24A}$$

摇架运动的加速度表达式(5.4.8C)可改写为

$$\ddot{\boldsymbol{U}}_C = \sum_{j=1}^{6} (\boldsymbol{b}_j^C)^{\mathrm{T}} \cdot \ddot{\boldsymbol{z}}_j + \boldsymbol{a}_C \tag{5.6.24B}$$

将速度变分式和加速度式(5.6.24)代入式(5.6.22),并在摇架部分上进行积分,得

$$\delta E_v^C = \sum_{i=1}^{6} \delta \dot{\boldsymbol{z}}_i \cdot \left(\sum_{j=1}^{6} \boldsymbol{M}_{ij}^{C} \cdot \ddot{\boldsymbol{z}}_j - \boldsymbol{P}_i^{CI} \right) \tag{5.6.25}$$

其中

$$\boldsymbol{M}_{ij}^C = \int_{\Omega_C} \rho_C \boldsymbol{b}_i^C \cdot (\boldsymbol{b}_j^C)^{\mathrm{T}} \mathrm{d}V, \quad \boldsymbol{P}_i^{CI} = -\int_{\Omega_C} \rho_C \boldsymbol{b}_i^C \cdot \boldsymbol{a}_C \mathrm{d}V \tag{5.6.26}$$

$\boldsymbol{M}_{ij}^C$ 的具体表达式见附录 A, $\boldsymbol{P}_i^{CI}$ 的具体表达式为

$$\boldsymbol{P}_1^{CI} = \boldsymbol{P}_3^{CI} = \boldsymbol{P}_5^{CI} = \boldsymbol{P}_I^{CI}, \ \boldsymbol{P}_2^{CI} = \tilde{\boldsymbol{U}}_A^C \cdot \boldsymbol{P}_I^{CI} + \boldsymbol{P}_{IV}^{CI}, \ \boldsymbol{P}_4^{CI} = \tilde{\boldsymbol{U}}_B^C \cdot \boldsymbol{P}_I^{CI} + \boldsymbol{P}_{IV}^{CI}, \ \boldsymbol{P}_6^{CI} = \boldsymbol{P}_{IV}^{CI} \tag{5.6.27A}$$

式中，$\boldsymbol{P}_i^{CI}$ 为摇架部分除切向外的惯性载荷。其中

$$\begin{cases}\boldsymbol{P}_I^{CI} = -\int_{\Omega_C}\rho_C\boldsymbol{a}_C\mathrm{d}V = -m_C(\boldsymbol{a}_{C1}+\boldsymbol{a}_{C_G}^r),\ \boldsymbol{a}_{C_G}^r = -(\tilde{\boldsymbol{\mu}}_C+\tilde{\boldsymbol{\omega}}_C\cdot\tilde{\boldsymbol{\omega}}_C)\cdot\boldsymbol{x}_{C_G}\\ \boldsymbol{P}_{IV}^{CI} = -\int_{\Omega_C}\rho_C\tilde{\boldsymbol{x}}_C\cdot\boldsymbol{a}_C\mathrm{d}V = -m_C\tilde{\boldsymbol{x}}_{C_G}\cdot\boldsymbol{a}_{C1}-(\boldsymbol{I}_C\cdot\boldsymbol{\mu}_C+\tilde{\boldsymbol{\omega}}_C\cdot\boldsymbol{I}_C\cdot\boldsymbol{\omega}_C)\\ \boldsymbol{I}_C = \int_{\Omega_C}\rho_C(\tilde{\boldsymbol{x}}_C\cdot\tilde{\boldsymbol{x}}_C^{\mathrm{T}})\mathrm{d}V\end{cases} \tag{5.6.27B}$$

5.6.3.2 外载荷功率计算

式(5.6.1)左端有两项是作用在摇架部分上的载荷做的虚功率，记为

$$\delta E_f^C = \int_{\Omega_C}\delta\dot{\boldsymbol{U}}_C\cdot\boldsymbol{f}_C\mathrm{d}V - \int_{\Gamma_C}\delta\dot{\boldsymbol{U}}_C\cdot\bar{\boldsymbol{f}}_C\mathrm{d}A \tag{5.6.28}$$

将式(5.6.24A)代入，并进行积分，得

$$\delta E_f^C = \sum_{i=1}^{6}\delta\dot{z}_i\cdot\boldsymbol{P}_i^C \tag{5.6.29}$$

式中，$\boldsymbol{P}_i^C$ 的具体表达式为

$$\begin{gathered}\boldsymbol{P}_1^C = \boldsymbol{P}_3^C = \boldsymbol{P}_5^C = \boldsymbol{P}_{II}^C + \boldsymbol{P}_{III}^C,\\ \boldsymbol{P}_2^C = \tilde{\boldsymbol{U}}_A^C\cdot\boldsymbol{P}_1^C + \boldsymbol{P}_6^C,\ \boldsymbol{P}_4^C = \tilde{\boldsymbol{U}}_B^C\cdot\boldsymbol{P}_1^C + \boldsymbol{P}_6^C,\ \boldsymbol{P}_6^C = \boldsymbol{P}_V^C + \boldsymbol{P}_{VI}^C\end{gathered} \tag{5.6.30A}$$

其中

$$\boldsymbol{P}_{II}^C = \int_{\Omega_C}\boldsymbol{f}_C\mathrm{d}V,\ \boldsymbol{P}_{III}^C = \int_{S_C}\bar{\boldsymbol{f}}_C\mathrm{d}S,\ \boldsymbol{P}_V^C = \int_{\Omega_C}\tilde{\boldsymbol{x}}_C\cdot\boldsymbol{f}_C\mathrm{d}V,\ \boldsymbol{P}_{VI}^C = \int_{S_C}\tilde{\boldsymbol{x}}_C\cdot\bar{\boldsymbol{f}}_C\mathrm{d}S \tag{5.6.30B}$$

5.6.3.3 摇架运动微分方程的建立

将式(5.6.25)、式(5.6.29)代入式(5.6.1)，得

$$\sum_{i=1}^{6}\delta\dot{z}_i\cdot\left(\sum_{j=1}^{6}\boldsymbol{M}_{ij}^C\cdot\ddot{z}_j - \boldsymbol{P}_i^{CI} - \boldsymbol{P}_i^C\right) = \boldsymbol{0}$$

上式对任意虚变量的变分 $\delta\dot{z}_i$ 均成立，令与 $\delta\dot{z}_i$ 相点乘项为零即可满足，经整理得如下一组摇架刚体运动微分方程：

$$\sum_{j=1}^{6}\boldsymbol{M}_{ij}^C\cdot\ddot{z}_j - \boldsymbol{P}_i^{CI} - \boldsymbol{P}_i^C = \boldsymbol{0},\quad i = 1,\ 2,\ \cdots,\ 6 \tag{5.6.31}$$

式(5.6.31)就是无约束摇架部分刚体运动微分方程组。

5.6.4 后坐部分刚柔耦合运动微分方程

5.6.4.1 后坐部分运动功率计算

当式(5.6.1)的下标变量为 D(或 d) 时，为后坐部分的虚功率原理，其左端共有三项是后坐部分运动产生的功率，记为

$$\delta E_v^D = \int_{\Omega_D} \rho_D \delta \dot{\boldsymbol{U}}_d \cdot \ddot{\boldsymbol{U}}_d \mathrm{d}V \tag{5.6.32}$$

式(5.5.12A)给出了速度 $\dot{\boldsymbol{U}}_d$ 公式,注意到式(5.5.8)、式(5.5.9)、式(5.5.10)、式(5.5.26),定义

$$\begin{cases} \dot{\boldsymbol{w}}_{Da}(\boldsymbol{x}_{Da}) = \sum_{e=1}^{m_D} \boldsymbol{Z}_e^{Da} \boldsymbol{N}_e \delta \dot{\boldsymbol{W}}_e^0 \triangleq \boldsymbol{Z}_{Da} \boldsymbol{N}_D \dot{\boldsymbol{W}}_D \\ \dot{\boldsymbol{w}}_{Db} = \boldsymbol{Z}_{Db} \boldsymbol{N}_D(\boldsymbol{0}) \dot{\boldsymbol{W}}_D \\ \dot{\boldsymbol{w}}_{Dc} = \boldsymbol{Z}_{Dc} \boldsymbol{N}_D(\boldsymbol{l}_{Ds}) \delta \dot{\boldsymbol{W}}_D \end{cases} \tag{5.6.33A}$$

$$\begin{cases} \ddot{\boldsymbol{w}}_{Da}(\boldsymbol{x}_{Da}) = \sum_{e=1}^{m_D} \boldsymbol{Z}_e^{Da} \boldsymbol{N}_e \delta \dot{\boldsymbol{W}}_e^0 \triangleq \boldsymbol{Z}_{Da} \boldsymbol{N}_D \ddot{\boldsymbol{W}}_D \\ \ddot{\boldsymbol{w}}_{Db} = \boldsymbol{Z}_{Db} \boldsymbol{N}_D(\boldsymbol{0}) \dot{\boldsymbol{W}}_D \\ \ddot{\boldsymbol{w}}_{Dc} = \boldsymbol{Z}_{Dc} \boldsymbol{N}_D(\boldsymbol{l}_{Ds}) \delta \dot{\boldsymbol{W}}_D \end{cases} \tag{5.6.33B}$$

其中

$$\boldsymbol{Z}_e^{Da} = \begin{bmatrix} 1 & 0 & 0 & 0 & x_3^D(\zeta) & -x_2^D(\zeta) \\ 0 & 1 & 0 & -x_3^D(\zeta) & 0 & (x_1^D(n^e) + l_e(\zeta+1)/2) \\ 0 & 0 & 1 & x_2^D(\zeta) & -[x_1^D(n^e) + l_e(\zeta+1)/2] & 0 \end{bmatrix} \tag{5.6.33C}$$

$$\boldsymbol{Z}_{Db} = \begin{bmatrix} 1 & 0 & 0 & 0 & x_3^{Db} & -x_2^{Db} \\ 0 & 1 & 0 & -x_3^{Db} & 0 & x_1^{Db} \\ 0 & 0 & 1 & x_2^{Db} & -x_1^{Db} & 0 \end{bmatrix} \tag{5.6.33D}$$

$$\boldsymbol{Z}_{Dc} = \begin{bmatrix} 1 & 0 & 0 & 0 & x_3^{Dc} & -x_2^{Dc} \\ 0 & 1 & 0 & -x_3^{Dc} & 0 & x_1^{Dc} \\ 0 & 0 & 1 & x_2^{Dc} & -x_1^{Dc} & 0 \end{bmatrix} \tag{5.6.33E}$$

记

$$\dot{z}_7 = \dot{\boldsymbol{x}}_{CD},\ \ddot{z}_7 = \ddot{\boldsymbol{x}}_{CD},\ \dot{z}_8 = \boldsymbol{\omega}_D^r,\ \ddot{z}_8 = \boldsymbol{\varepsilon}_{D1}^r,\ \dot{z}_9 = \dot{\boldsymbol{W}}_D,\ \ddot{z}_9 = \ddot{W}_D \tag{5.6.34A}$$

$$\begin{cases} \boldsymbol{b}_1^D = \boldsymbol{1},\ \boldsymbol{b}_2^D = \tilde{\boldsymbol{U}}_A^D + \tilde{\boldsymbol{x}}_{CD} + \tilde{\boldsymbol{x}}_D,\ \boldsymbol{b}_3^D = \boldsymbol{1},\ \boldsymbol{b}_4^D = \tilde{\boldsymbol{U}}_B^D + \tilde{\boldsymbol{x}}_{CD} + \tilde{\boldsymbol{x}}_D,\ \boldsymbol{b}_5^D = \boldsymbol{1} \\ \boldsymbol{b}_6^D = \tilde{\boldsymbol{U}}_C^D + \tilde{\boldsymbol{x}}_{CD} + \tilde{\boldsymbol{x}}_D,\ \boldsymbol{b}_7^D = \boldsymbol{1},\ \boldsymbol{b}_8^D = \tilde{\boldsymbol{x}}_D \\ \boldsymbol{b}_9^D = \begin{cases} (\boldsymbol{Z}_{Da}\boldsymbol{N}_D)^{\mathrm{T}}, & \boldsymbol{x}_D \in \boldsymbol{\Omega}_{Da} \\ (\boldsymbol{Z}_{Db}\boldsymbol{N}_D(\boldsymbol{0}))^{\mathrm{T}}, & \boldsymbol{x}_D \in \boldsymbol{\Omega}_{Db} \\ (\boldsymbol{Z}_{Dc}\boldsymbol{N}_D(\boldsymbol{l}_{Ds}))^{\mathrm{T}}, & \boldsymbol{x}_D \in \boldsymbol{\Omega}_{Dc} \end{cases} \end{cases} \tag{5.6.34B}$$

将式(5.6.33A)代入 $\dot{\boldsymbol{U}}_{da}$ 的表达式中,并对速度项进行变分,得如下通用表达式:

$$\delta \dot{\boldsymbol{U}}_{da} = \sum_{i=1}^{9} \delta \dot{z}_i \cdot \boldsymbol{b}_i^D \tag{5.6.35A}$$

后坐部分加速度表达式(5.5.13A)改写为

$$\ddot{\boldsymbol{U}}_d = \sum_{j=1}^{9} (\boldsymbol{b}_j^D)^{\mathrm{T}} \cdot \ddot{z}_j + \boldsymbol{a}_d \tag{5.6.35B}$$

将速度变分式和加速度式(5.6.35)代入式(5.6.32),并在后坐部分上进行积分,得

$$\delta E_v^D = \sum_{i=1}^{9} \delta \dot{z}_i \cdot \Big(\sum_{j=1}^{9} \boldsymbol{M}_{ij}^D \cdot \ddot{z}_j - \boldsymbol{P}_i^{DI} \Big) \tag{5.6.36}$$

其中

$$\begin{aligned} \boldsymbol{M}_{ij}^D &= \int_{\Omega_D} \rho_D \boldsymbol{b}_i^D \cdot (\boldsymbol{b}_j^D)^{\mathrm{T}} \mathrm{d}V \\ \boldsymbol{P}_i^{DI} &= -\int_{\Omega_D} \rho_D \boldsymbol{b}_i^D \cdot (\boldsymbol{a}_{D1} + \boldsymbol{a}_D^{\mathrm{r}}) \mathrm{d}V - 2\int_{\Omega_D} \rho_D \boldsymbol{b}_i^D \cdot \tilde{\boldsymbol{\omega}}_D \cdot \dot{\boldsymbol{w}}_D \mathrm{d}V \end{aligned} \tag{5.6.37}$$

$\boldsymbol{M}_{ij}^D$ 的具体表达式见附录 A, $\boldsymbol{P}_i^{DI}$ 的具体表达式为

$$\begin{cases} \boldsymbol{P}_1^{DI} = \boldsymbol{P}_3^{DI} = \boldsymbol{P}_5^{DI} = \boldsymbol{P}_7^{DI} = \boldsymbol{P}_I^{DI} \\ \boldsymbol{P}_2^{DI} = (\tilde{\boldsymbol{U}}_A^D + \tilde{\boldsymbol{x}}_{CD}) \cdot \boldsymbol{P}_I^{DI} + \boldsymbol{P}_{IV}^{DI},\ \boldsymbol{P}_4^{DI} = (\tilde{\boldsymbol{U}}_B^D + \tilde{\boldsymbol{x}}_{CD}) \cdot \boldsymbol{P}_I^{DI} + \boldsymbol{P}_{IV}^{DI} \\ \boldsymbol{P}_6^{DI} = (\tilde{\boldsymbol{U}}_C^D + \tilde{\boldsymbol{x}}_{CD}) \cdot \boldsymbol{P}_I^{DI} + \boldsymbol{P}_{IV}^{DI},\ \boldsymbol{P}_8^{DI} = \boldsymbol{P}_{IV}^{DI} \\ \boldsymbol{P}_9^{DI} = -\left(\begin{aligned} &\sum_{e=1}^{m_D} \int_{\Omega_{Da}} \rho_{Da} (\boldsymbol{Z}_e^{Da} \boldsymbol{N}_e)^{\mathrm{T}} \cdot (\boldsymbol{a}_{D1} + \boldsymbol{a}_D^{\mathrm{r}}) \mathrm{d}V + [\boldsymbol{N}_D(\boldsymbol{0})]^{\mathrm{T}} \int_{\Omega_{Db}} \rho_{Db} (\boldsymbol{Z}_{Db})^{\mathrm{T}} \cdot (\boldsymbol{a}_{D1} + \boldsymbol{a}_D^{\mathrm{r}}) \mathrm{d}V \\ &+ [\boldsymbol{N}_D(\boldsymbol{l}_{Ds})]^{\mathrm{T}} \int_{\Omega_{Dc}} \rho_{Dc} (\boldsymbol{Z}_{Dc})^{\mathrm{T}} \cdot (\boldsymbol{a}_{D1} + \boldsymbol{a}_D^{r}) \mathrm{d}V \end{aligned} \right) \\ \qquad - 2\sum_{e=1}^{m_D} \int_{\Omega_{Da}} \rho_{Da} (\boldsymbol{Z}_e^{Da} \boldsymbol{N}_e)^{\mathrm{T}} \cdot \tilde{\boldsymbol{\omega}}_D \cdot \dot{\boldsymbol{w}}_{Da} \mathrm{d}V - 2[\boldsymbol{N}_D(\boldsymbol{0})]^{\mathrm{T}} \int_{\Omega_{Db}} \rho_{Db} (\boldsymbol{Z}_{Db})^{\mathrm{T}} \cdot \tilde{\boldsymbol{\omega}}_D \cdot \dot{\boldsymbol{w}}_{Db} \mathrm{d}V \\ \qquad - 2[\boldsymbol{N}_D(\boldsymbol{l}_{Ds})]^{\mathrm{T}} \int_{\Omega_{Dc}} \rho_{Dc} (\boldsymbol{Z}_{Dc})^{\mathrm{T}} \cdot \tilde{\boldsymbol{\omega}}_D \cdot \dot{\boldsymbol{w}}_{Dc} \mathrm{d}V \\ a_{D_G}^{\mathrm{r}} = -(\tilde{\boldsymbol{\mu}}_D + \tilde{\boldsymbol{\omega}}_D \cdot \tilde{\boldsymbol{\omega}}_D) \cdot \boldsymbol{x}_{D_G} \end{cases} \tag{5.6.38A}$$

式中, $\boldsymbol{P}_i^{DI}$ 为后坐部分除切向外的惯性载荷。其中

$$\begin{cases} \boldsymbol{P}_I^{DI} = -\int_{\Omega_D} \rho_D (\boldsymbol{a}_{D1} + \boldsymbol{a}_D^{r}) \mathrm{d}V - 2\int_{\Omega_D} \rho_D \tilde{\boldsymbol{\omega}}_D \cdot \dot{w}_D \mathrm{d}V \\ \qquad = -m_C (\boldsymbol{a}_{D1} + a_{D_G}^{r}) - 2\int_{\Omega_D} \rho_D \tilde{\boldsymbol{\omega}}_D \cdot \dot{w}_D \mathrm{d}V \\ \boldsymbol{P}_{IV}^{DI} = -\int_{\Omega_D} \rho_D \tilde{\boldsymbol{x}}_D \cdot (\boldsymbol{a}_{D1} + \boldsymbol{a}_D^{r}) \mathrm{d}V - 2\int_{\Omega_D} \rho_D \tilde{\boldsymbol{x}}_D \cdot \tilde{\boldsymbol{\omega}}_D \cdot \dot{w}_D \mathrm{d}V \\ \qquad = -m_D \tilde{\boldsymbol{x}}_{D_G} \cdot \boldsymbol{a}_{D1} - (I_D \cdot \mu_D + \tilde{\boldsymbol{\omega}}_D \cdot I_D \cdot \boldsymbol{\omega}_D) - 2\int_{\Omega_D} \rho_D \tilde{\boldsymbol{x}}_D \cdot \tilde{\boldsymbol{\omega}}_D \cdot \dot{w}_D \mathrm{d}V \\ I_D = \int_{\Omega_D} \rho_D (\tilde{\boldsymbol{x}}_D \cdot \tilde{\boldsymbol{x}}_D^{\mathrm{T}}) \mathrm{d}V \end{cases} \tag{5.6.38B}$$

5.6.4.2 外载荷功率计算

式(5.6.1)左端有六项是作用在后坐部分上的载荷做的虚功率：

$$\delta E_f^D = \int_{\Omega_D} \delta \dot{\boldsymbol{U}}_d \cdot f_D \mathrm{d}V + \int_{S_D} \delta \dot{\boldsymbol{U}}_{db} \cdot \bar{\boldsymbol{f}}_{Db} \mathrm{d}S \tag{5.6.39}$$

将式(5.6.35A)代入，并进行积分，得

$$\delta E_f^D = \sum_{i=1}^{9} \delta \dot{z}_i \cdot \boldsymbol{P}_i^D \tag{5.6.40}$$

式中，$\boldsymbol{P}_i^D$ 具体表达式为

$$\begin{cases} \boldsymbol{P}_1^D = \boldsymbol{P}_3^D = \boldsymbol{P}_5^D = \boldsymbol{P}_7^D = \boldsymbol{P}_{II}^D + \boldsymbol{P}_{III}^D,\ \boldsymbol{P}_2^D = (\tilde{\boldsymbol{U}}_A^D + \tilde{\boldsymbol{x}}_{CD}) \cdot \boldsymbol{P}_1^D + \boldsymbol{P}_8^D \\ \boldsymbol{P}_4^D = (\tilde{\boldsymbol{U}}_B^D + \tilde{\boldsymbol{x}}_{CD}) \cdot \boldsymbol{P}_1^D + \boldsymbol{P}_8^D,\ \boldsymbol{P}_6^D = (\tilde{\boldsymbol{U}}_C^D + \tilde{\boldsymbol{x}}_{CD}) \cdot \boldsymbol{P}_1^D + \boldsymbol{P}_8^D \\ \boldsymbol{P}_8^D = \boldsymbol{P}_V^D + \boldsymbol{P}_{VI}^D,\boldsymbol{P}_9^D = \boldsymbol{P}_{9II}^D + \boldsymbol{P}_{9III}^D \end{cases} \tag{5.6.41A}$$

其中

$$\begin{cases} \boldsymbol{P}_{II}^D = \int_{\Omega_{Da}} \boldsymbol{f}_{Da} \mathrm{d}V + \int_{\Omega_{Db}} \boldsymbol{f}_{Db} \mathrm{d}V + \int_{\Omega_{Dc}} \boldsymbol{f}_{Dc} \mathrm{d}V \\ \boldsymbol{P}_{III}^D = \int_{S_{Da}} \bar{f}_{Da} \mathrm{d}S + \int_{S_{Db}} \bar{\boldsymbol{f}}_{Db} \mathrm{d}S + \int_{S_{Dc}} \bar{\boldsymbol{f}}_{Dc} \mathrm{d}S \\ \boldsymbol{P}_V^D = \int_{\Omega_{Da}} \tilde{\boldsymbol{x}}_{Da} \cdot \boldsymbol{f}_{Da} \mathrm{d}V + \int_{\Omega_{Db}} \tilde{\boldsymbol{x}}_{Db} \cdot \boldsymbol{f}_{Db} \mathrm{d}V + \int_{\Omega_{Dc}} \tilde{\boldsymbol{x}}_{Dc} \cdot \boldsymbol{f}_{Dc} \mathrm{d}V \\ \boldsymbol{P}_{VI}^D = \int_{S_{Da}} \tilde{\boldsymbol{x}}_{Da} \cdot \bar{\boldsymbol{f}}_{Da} \mathrm{d}S + \int_{S_{Db}} \tilde{\boldsymbol{x}}_{Db} \cdot \bar{\boldsymbol{f}}_{Db} \mathrm{d}S + \int_{S_{Dc}} \tilde{\boldsymbol{x}}_{Dc} \cdot \bar{\boldsymbol{f}}_{Dc} \mathrm{d}S \\ \boldsymbol{P}_{9II}^D = \sum_{e=1}^{m_D} \int_{\Omega_{Da}} (\boldsymbol{Z}_e^{Da} \boldsymbol{N}_e)^{\mathrm{T}} \boldsymbol{f}_e^{Da} \mathrm{d}V + [\boldsymbol{N}_D(\boldsymbol{0})]^{\mathrm{T}} \int_{\Omega_{Db}} (\boldsymbol{Z}_{Db})^{\mathrm{T}} \boldsymbol{f}_{Db} \mathrm{d}V + [\boldsymbol{N}_D(\boldsymbol{0})]^{\mathrm{T}} \int_{\Omega_{Db}} (\boldsymbol{Z}_{Db})^{\mathrm{T}} \bar{\boldsymbol{f}}_{Db} \mathrm{d}V \\ \qquad + [\boldsymbol{N}_D(\boldsymbol{l}_{Ds})]^{\mathrm{T}} \int_{\Omega_{Dc}} (\boldsymbol{Z}_{Dc})^{\mathrm{T}} \boldsymbol{f}_{Dc} \mathrm{d}V + [\boldsymbol{N}_D(\boldsymbol{l}_{Ds})]^{\mathrm{T}} \int_{\Omega_{Dc}} (\boldsymbol{Z}_{Dc})^{\mathrm{T}} \bar{\boldsymbol{f}}_{Dc} \mathrm{d}V \\ \boldsymbol{P}_{9III}^D = \sum_{e=1}^{m_D} \int_{S_{Da}} (\boldsymbol{Z}_e^{Da} \boldsymbol{N}_e)^{\mathrm{T}} \bar{\boldsymbol{f}}_e^{Da} \mathrm{d}S \end{cases}$$

$$\tag{5.6.41B}$$

5.6.4.3 后坐部分运动微分方程的建立

式(5.6.1)左端有一项弹性身管的变形功率，记为

$$\delta \dot{W}_D = \int_{\Omega_D} \delta \dot{w}_D \mathrm{d}V \tag{5.6.42}$$

由式(5.5.32)，得

$$\delta \dot{W}_D = \int_{l_{Ds}} (\dot{\boldsymbol{\gamma}}_D)^{\mathrm{T}} \boldsymbol{D}_D \dot{\boldsymbol{\gamma}}_D \mathrm{d}x_1^D = \delta \dot{\boldsymbol{W}}_D \cdot \boldsymbol{K}_D \cdot \boldsymbol{W}_D \tag{5.6.43}$$

将式(5.6.36)、式(5.6.40)、式(5.6.43)代入式(5.6.1)，得

$$\sum_{i=1}^{9}\delta\dot{z}_i\cdot\left(\sum_{j=1}^{9}\boldsymbol{M}_{ij}^{D}\cdot\ddot{z}_j-\boldsymbol{P}_i^{DI}-\boldsymbol{P}_i^{D}\right)+\delta\dot{\boldsymbol{W}}_D\cdot\boldsymbol{K}_D\cdot\boldsymbol{W}_D=\boldsymbol{0}$$

上式对任意虚变量的变分 $\delta\dot{z}_i$ 均成立，令与 $\delta\dot{z}_i$ 相点乘项为零即可满足，经整理得如下一组后坐部分的刚柔耦合运动微分方程：

$$\sum_{j=1}^{8}\boldsymbol{M}_{ij}^{D}\cdot\ddot{z}_j-\boldsymbol{P}_i^{DI}-\boldsymbol{P}_i^{D}=\boldsymbol{0},\quad i=1,2,\cdots,8 \tag{5.6.44A}$$

$$\sum_{j=1}^{8}\boldsymbol{M}_{9j}^{D}\cdot\ddot{z}_j+\boldsymbol{M}_{99}^{D}\ddot{\boldsymbol{W}}_D+\boldsymbol{K}_D\cdot\boldsymbol{W}_D-\boldsymbol{P}_9^{DI}-\boldsymbol{P}_9^{D}=\boldsymbol{0} \tag{5.6.44B}$$

式(5.6.44A)为耦合了身管弹性运动(方程左端最后一项)的全炮刚体运动微分方程，式(5.6.44B)为耦合了全炮刚体运动的身管弹性运动微分方程。

5.7 火炮运动约束关系

火炮发射过程中，除与地面接触的边界条件外，其内部存在着运动约束关系，如安装在底盘上的外座圈与安装在上架上的内座圈之间的约束、方向机齿轮与外座圈齿弧间的约束、耳轴与轴座之间的约束、上架和摇架通过高平机的约束、后坐部分驻栓与摇架上驻栓室间的约束、身管在摇架前后套筒上滑移存在的约束，这些约束表现为在几何约束条件下运动位移、速度与约束力之间的关系，本节将给出部件间的运动位移、速度等约束表达式，有关约束力的讨论参见第 8 章的讨论。

5.7.1 座圈运动约束关系

如图 5.7.1 所示，座圈由内、外座圈组成，外座圈通过螺栓与安装在底盘大梁上的座圈支座相连接，内座圈通过螺栓与上架相连接。座圈一般通过上下两排滚柱承受垂直向载荷，通过中排一组滚柱承受横向载荷，通过内座圈的转动使火炮回转部分旋转，实现方向转动功能。本节将分别在坐标系 $\boldsymbol{i}_A$、$\boldsymbol{i}_B$ 下讨论与滚柱接触点处的运动约束关系。

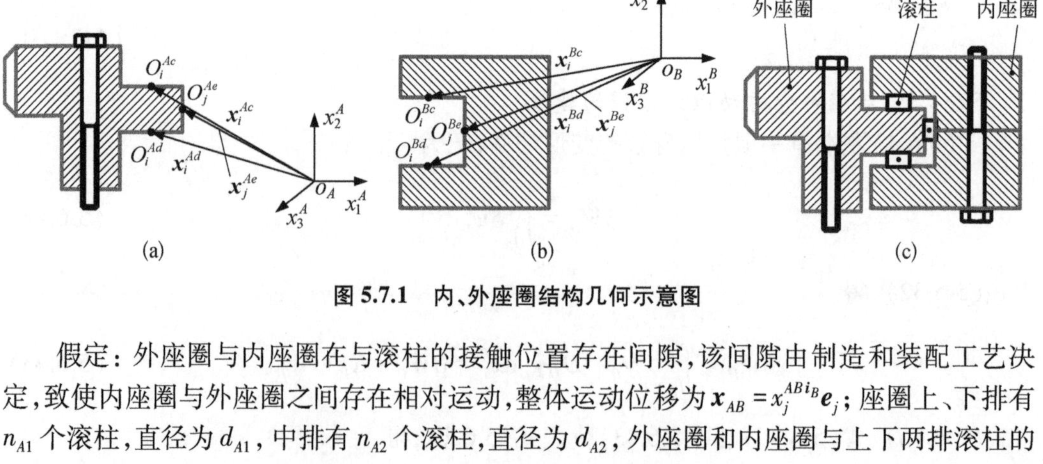

图 5.7.1　内、外座圈结构几何示意图

假定：外座圈与内座圈在与滚柱的接触位置存在间隙，该间隙由制造和装配工艺决定，致使内座圈与外座圈之间存在相对运动，整体运动位移为 $\boldsymbol{x}_{AB}=x_j^{AB\boldsymbol{i}_B}\boldsymbol{e}_j$；座圈上、下排有 n_{A1} 个滚柱，直径为 d_{A1}，中排有 n_{A2} 个滚柱，直径为 d_{A2}，外座圈和内座圈与上下两排滚柱的

接触点分别记为 O_i^{Ac}、O_i^{Bc}、O_i^{Ad}、$O_i^{Bd}(i=1,2,\cdots,n_{A1})$，外座圈和内座圈与中排滚柱的接触点分别记为 O_j^{Ae}、$O_j^{Be}(j=1,2,\cdots,n_{A2})$；每个滚柱接触点在坐标系 $\boldsymbol{i}_A$、$\boldsymbol{i}_B$ 下的位置坐标分别记为 $\boldsymbol{x}_i^{Ac}$、$\boldsymbol{x}_i^{Ad}$、$\boldsymbol{x}_j^{Ae}$、$\boldsymbol{x}_i^{Bc}$、$\boldsymbol{x}_i^{Bd}$、$\boldsymbol{x}_j^{Be}$。

由式(5.4.2A)、式(5.4.2B)可得点 O_i^{Ac}、O_i^{Ad}、O_j^{Ae} 的位置矢量和速度分别为

$$\boldsymbol{U}_i^l = U_{ik}^{l\ \boldsymbol{i}_A}\boldsymbol{e}_k = \boldsymbol{U}_G^A + \boldsymbol{x}_i^l,\quad i=1,2,\cdots,n_{A1},\ l=Ac,Ad \tag{5.7.1A}$$

$$\boldsymbol{U}_j^{Ae} = U_{jk}^{Ae\boldsymbol{i}_A}\boldsymbol{e}_k = \boldsymbol{U}_G^A + \boldsymbol{x}_j^{Ae},\quad j=1,2,\cdots,n_{A2} \tag{5.7.1B}$$

$$\dot{\boldsymbol{U}}_i^l = \dot{U}_{ik}^{l\ \boldsymbol{i}_A}\boldsymbol{e}_k = \dot{\boldsymbol{U}}_G^A + \boldsymbol{\omega}_A\times\boldsymbol{x}_i^l,\quad i=1,2,\cdots,n_{A1},\ l=Ac,Ad \tag{5.7.2A}$$

$$\dot{\boldsymbol{U}}_j^{Ae} = \dot{U}_{jk}^{Ae\boldsymbol{i}_A}\boldsymbol{e}_k = \dot{\boldsymbol{U}}_G^A + \boldsymbol{\omega}_A\times\boldsymbol{x}_j^{Ae},\quad j=1,2,\cdots,n_{A2} \tag{5.7.2B}$$

由式(5.4.5A)、式(5.4.5B)可得点 O_i^{Bc}、O_i^{Bd}、O_j^{Be} 的位置矢量和速度分别为

$$\boldsymbol{U}_i^l = U_{ik}^{l\ \boldsymbol{i}_B}\boldsymbol{e}_k = \boldsymbol{U}_G^A + \boldsymbol{U}_A^B + \boldsymbol{x}_{AB} + \boldsymbol{x}_i^l,\quad i=1,2,\cdots,n_{A1},\ l=Bc,Bd \tag{5.7.3A}$$

$$\boldsymbol{U}_j^{Be} = U_{jk}^{Be\boldsymbol{i}_B}\boldsymbol{e}_k = \boldsymbol{U}_G^A + \boldsymbol{U}_A^B + \boldsymbol{x}_{AB} + \boldsymbol{x}_j^{Be},\quad j=1,2,\cdots,n_{A2} \tag{5.7.3B}$$

$$\dot{\boldsymbol{U}}_i^l = \dot{U}_{ik}^{l\ \boldsymbol{i}_B}\boldsymbol{e}_k = \dot{\boldsymbol{U}}_G^A + \boldsymbol{\omega}_A\times(\boldsymbol{U}_A^B + \boldsymbol{x}_i^l) + \dot{\boldsymbol{x}}_{AB} + \boldsymbol{\omega}_B^r\times\boldsymbol{x}_i^l,$$
$$i=1,2,\cdots,n_{A1},\ l=Bc,Bd \tag{5.7.4A}$$

$$\dot{\boldsymbol{U}}_j^{Be} = \dot{U}_{jk}^{Be\boldsymbol{i}_B}\boldsymbol{e}_k = \dot{\boldsymbol{U}}_G^A + \boldsymbol{\omega}_A\times(\boldsymbol{U}_A^B + \boldsymbol{x}_j^{Be}) + \dot{\boldsymbol{x}}_{AB} + \boldsymbol{\omega}_B^r\times\boldsymbol{x}_j^{Be},\quad j=1,2,\cdots,n_{A2} \tag{5.7.4B}$$

点 O_i^{Bc} 相对于点 O_i^{Ac}、点 O_i^{Bd} 相对于点 O_i^{Ad}、点 O_j^{Be} 相对于点 O_j^{Ae} 的位移和速度分别为

$$\boldsymbol{\delta}_i^{Ac} = \delta_{ik}^{Ac\boldsymbol{i}_A}\boldsymbol{e}_k = \boldsymbol{U}_i^{Bc} - \boldsymbol{U}_i^{Ac} = \boldsymbol{U}_A^B + \boldsymbol{x}_{AB} + \boldsymbol{x}_i^{Bc} - \boldsymbol{x}_i^{Ac},\quad i=1,2,\cdots,n_{A1} \tag{5.7.5A}$$

$$\boldsymbol{\delta}_i^{Ad} = \delta_{ik}^{Ad\boldsymbol{i}_A}\boldsymbol{e}_k = \boldsymbol{U}_i^{Bd} - \boldsymbol{U}_i^{Ad} = \boldsymbol{U}_A^B + \boldsymbol{x}_{AB} + \boldsymbol{x}_i^{Bd} - \boldsymbol{x}_i^{Ad},\quad i=1,2,\cdots,n_{A1} \tag{5.7.5B}$$

$$\boldsymbol{\delta}_j^{Ae} = \delta_{jk}^{Ae\boldsymbol{i}_A}\boldsymbol{e}_k = \boldsymbol{U}_j^{Be} - \boldsymbol{U}_j^{Ae} = \boldsymbol{U}_A^B + \boldsymbol{x}_{AB} + \boldsymbol{x}_j^{Be} - \boldsymbol{x}_j^{Ae},\quad j=1,2,\cdots,n_{A2} \tag{5.7.5C}$$

$$\dot{\boldsymbol{\delta}}_i^{Ac} = \dot{\delta}_{ik}^{Ac\boldsymbol{i}_A}\boldsymbol{e}_k = \dot{\boldsymbol{U}}_i^{Bc} - \dot{\boldsymbol{U}}_i^{Ac} = \dot{\boldsymbol{x}}_{AB} + \boldsymbol{\omega}_B^r\times\boldsymbol{x}_i^{Bc},\quad i=1,2,\cdots,n_{A1} \tag{5.7.6A}$$

$$\dot{\boldsymbol{\delta}}_i^{Ad} = \dot{\delta}_{ik}^{Ad\boldsymbol{i}_A}\boldsymbol{e}_k = \dot{\boldsymbol{U}}_i^{Bd} - \dot{\boldsymbol{U}}_i^{Ad} = \dot{\boldsymbol{x}}_{AB} + \boldsymbol{\omega}_B^r\times\boldsymbol{x}_i^{Bd},\quad i=1,2,\cdots,n_{A1} \tag{5.7.6B}$$

$$\dot{\boldsymbol{\delta}}_j^{Ae} = \dot{\delta}_{jk}^{Ae\boldsymbol{i}_A}\boldsymbol{e}_k = \dot{\boldsymbol{U}}_j^{Be} - \dot{\boldsymbol{U}}_j^{Ae} = \dot{\boldsymbol{x}}_{AB} + \boldsymbol{\omega}_B^r\times\boldsymbol{x}_j^{Be},\quad j=1,2,\cdots,n_{A2} \tag{5.7.6C}$$

注意，在上述速度的表达式中，假定项 $\boldsymbol{\delta}_i^{Ac}$、$\boldsymbol{\delta}_i^{Ad}$、$\boldsymbol{\delta}_j^{Ae}$ 为小量。

上述相对位移 $\boldsymbol{\delta}_i^{Ac}$、$\boldsymbol{\delta}_i^{Ad}$，相对速度 $\dot{\boldsymbol{\delta}}_i^{Ac}$、$\dot{\boldsymbol{\delta}}_i^{Ad}$ 在 ${}^{\boldsymbol{i}_A}\boldsymbol{e}_2$ 方向的投影为

$$\delta_i^{Ac} = \boldsymbol{\delta}_i^{Ac}\cdot{}^{\boldsymbol{i}_A}\boldsymbol{e}_2 = (\boldsymbol{U}_A^B + \boldsymbol{x}_{AB} + \boldsymbol{x}_i^{Bc})\cdot{}^{\boldsymbol{i}_A}\boldsymbol{e}_2 - x_2^{Ac} \tag{5.7.7A}$$

$$\delta_i^{Ad} = \boldsymbol{\delta}_i^{Ad}\cdot{}^{\boldsymbol{i}_A}\boldsymbol{e}_2 = (\boldsymbol{U}_A^B + \boldsymbol{x}_{AB} + \boldsymbol{x}_i^{Bd})\cdot{}^{\boldsymbol{i}_A}\boldsymbol{e}_2 - x_2^{Ad} \tag{5.7.7B}$$

$$\dot{\delta}_i^{Ac} = (\dot{\boldsymbol{x}}_{AB} + \boldsymbol{\omega}_B^r\times\boldsymbol{x}_i^{Bc})\cdot{}^{\boldsymbol{i}_A}\boldsymbol{e}_2 \tag{5.7.7C}$$

$$\dot{\delta}_i^{Ad} = (\dot{\boldsymbol{x}}_{AB} + \boldsymbol{\omega}_B^r\times\boldsymbol{x}_i^{Bd})\cdot{}^{\boldsymbol{i}_A}\boldsymbol{e}_2 \tag{5.7.7D}$$

记 $\boldsymbol{x}_j^{Ae}$ 在下座圈平面内的径向单位矢量为 $\boldsymbol{n}_j^{Ae}$，则有

$$\boldsymbol{n}_j^{Ae} = (x_{j2}^{Ae\boldsymbol{i}_A}\boldsymbol{e}_2 + \boldsymbol{x}_{j3}^{Ae\boldsymbol{i}_A}\boldsymbol{e}_3) / \sqrt{(x_{j2}^{Ae})^2 + (x_{j3}^{Ae})^2} \tag{5.7.8}$$

相对位移 $\boldsymbol{\delta}_j^{Ae}$，相对速度 $\dot{\boldsymbol{\delta}}_j^{Ae}$ 在 $\boldsymbol{n}_j^{Ae}$ 方向的投影为

$$\delta_{nj}^{Ae} = \boldsymbol{\delta}_j^{Ae} \cdot \boldsymbol{n}_j^{Ae} = (\boldsymbol{U}_A^B + \boldsymbol{x}_{AB} + \boldsymbol{x}_j^{Be} - \boldsymbol{x}_j^{Ae}) \cdot \boldsymbol{n}_j^{Ae} \tag{5.7.9A}$$

$$\dot{\delta}_{nj}^{Ae} = \dot{\boldsymbol{\delta}}_j^{Ae} \cdot \boldsymbol{n}_j^{Ae} = (\dot{\boldsymbol{x}}_{AB} + \boldsymbol{\omega}_B^r \times \boldsymbol{x}_j^{Be}) \cdot \boldsymbol{n}_j^{Ae} \tag{5.7.9B}$$

5.7.2 方向机运动约束关系

如图 5.7.2 所示，安装在上架上的方向机齿轮与安装在底盘上的外座圈上的外齿轮分别在方向机齿轮的点 O_{Bf} 与外座圈外齿轮的点 O_{Af} 咬合，齿轮咬合面在咬合点 O_{Bf}、O_{Af} 处的外法向单位矢量分别为 $\boldsymbol{n}_{Bf}$ 与 $\boldsymbol{n}_{Af}$，点 O_{Af}、O_{Bf} 在坐标系 $\boldsymbol{i}_A$、$\boldsymbol{i}_B$ 下的位置矢量分别为 $\boldsymbol{x}_{Af} = x_j^{Af\boldsymbol{i}_A}\boldsymbol{e}_j$、$\boldsymbol{x}_{Bf} = x_j^{Bf\boldsymbol{i}_B}\boldsymbol{e}_j$。本节将分别在坐标系 $\boldsymbol{i}_A$、$\boldsymbol{i}_B$ 下讨论咬合点处的运动约束关系，假定咬合点处的间隙为 $\boldsymbol{\varepsilon}_{ABf} = \boldsymbol{\varepsilon}_{ABf}\boldsymbol{n}_{Af}$。

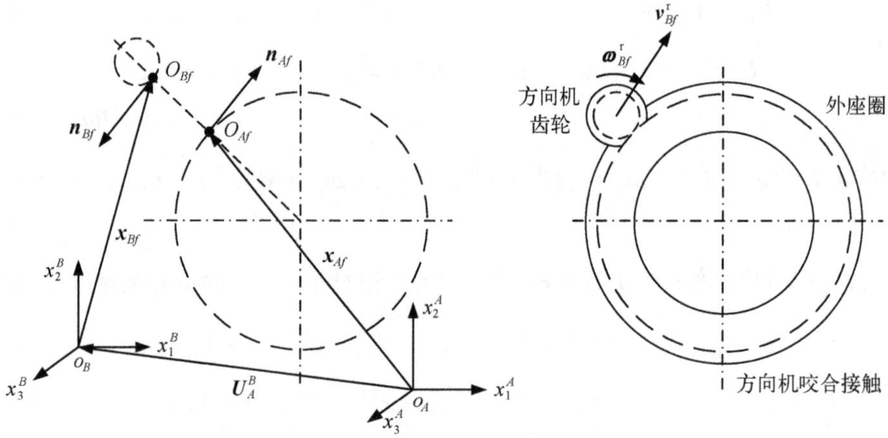

图 5.7.2　方向机齿轮与外座圈齿轮的咬合几何示意图

由式(5.4.2A)、式(5.4.2B)可得点 O_{Af} 处的位置矢量和速度分别为

$$\boldsymbol{U}_{Af} = U_k^{Af\boldsymbol{i}_A}\boldsymbol{e}_k = \boldsymbol{U}_G^A + \boldsymbol{x}_{Af} \tag{5.7.10A}$$

$$\dot{\boldsymbol{U}}_{Af} = \dot{U}_k^{Af\boldsymbol{i}_A}\boldsymbol{e}_k = \dot{\boldsymbol{U}}_G^A + \boldsymbol{\omega}_A \times \boldsymbol{x}_{Af} \tag{5.7.10B}$$

由式(5.4.5A)、式(5.4.5B)可得点 O_{Bf} 处的位置矢量和速度分别为

$$\boldsymbol{U}_{Bf} = U_k^{Bf\boldsymbol{i}_B}\boldsymbol{e}_k = \boldsymbol{U}_G^A + \boldsymbol{U}_A^B + \boldsymbol{x}_{AB} + \boldsymbol{x}_{Bf} \tag{5.7.11A}$$

$$\dot{\boldsymbol{U}}_{Bf} = \dot{U}_k^{Bf\boldsymbol{i}_B}\boldsymbol{e}_k = \dot{\boldsymbol{U}}_G^A + \boldsymbol{\omega}_A \times (\boldsymbol{U}_A^B + \boldsymbol{x}_{Bf}) + \dot{\boldsymbol{x}}_{AB} + \boldsymbol{\omega}_B^r \times \boldsymbol{x}_{Bf} \tag{5.7.11B}$$

点 O_{Bf} 相对于点 O_{Af} 的位移和速度分别为

$$\boldsymbol{\delta}_{BAf} = \delta_k^{BAf\boldsymbol{i}_B}\boldsymbol{e}_k = \boldsymbol{U}_{Bf} - \boldsymbol{U}_{Af} = \boldsymbol{U}_A^B + \boldsymbol{x}_{AB} + \boldsymbol{x}_{Bf} - \boldsymbol{x}_{Af} \tag{5.7.12A}$$

$$\dot{\boldsymbol{\delta}}_{BAf} = \dot{\delta}_k^{BAf\boldsymbol{i}_B}\boldsymbol{e}_k = \dot{\boldsymbol{U}}_{Bf} - \dot{\boldsymbol{U}}_{Af} = \dot{\boldsymbol{x}}_{AB} + \boldsymbol{\omega}_B^r \times \boldsymbol{x}_{Bf} \tag{5.7.12B}$$

注意，在上述速度的表达式中，假定项 $\boldsymbol{\delta}_{Af}$ 为小量。

上述相对位移 $\boldsymbol{\delta}_{BAf}$、相对速度 $\dot{\boldsymbol{\delta}}_{BAf}$ 在 $\boldsymbol{n}_{Af}$ 方向的投影为

$$\delta_{BAf} = \boldsymbol{\delta}_{BAf} \cdot \boldsymbol{n}_{Af} = (\boldsymbol{U}_A^B + \boldsymbol{x}_{AB} + \boldsymbol{x}_{Bf} - \boldsymbol{x}_{Af}) \cdot \boldsymbol{n}_{Af} \tag{5.7.13A}$$

$$\dot{\delta}_{BAf} = \dot{\boldsymbol{\delta}}_{BAf} \cdot \boldsymbol{n}_{Af} = (\dot{\boldsymbol{x}}_{AB} + \boldsymbol{\omega}_B^r \times \boldsymbol{x}_{Bf}) \cdot \boldsymbol{n}_{Af} \tag{5.7.13B}$$

5.7.3 摇架运动约束关系

如图 5.7.3 所示,摇架通过耳轴轴承与上架耳轴座(孔)相连接,耳轴通过紧配合装在耳轴轴承中,耳轴轴承由轴承座、轴承圈和滚柱等组成,耳轴通过轴承绕耳轴座转动。耳轴一般是由左、右两个形成一对,每个耳轴轴承有两排倾斜排放的滚柱,倾角为 α_{Cg},每排共有 $2n_C$ 个滚柱,左右耳轴最左边一排滚柱与轴承座和轴承圈的接触点分别记为 O_i^{Bh}、O_i^{Ch},对应接触点的单位法向矢量分别 $\boldsymbol{n}_i^{Bh}$、$\boldsymbol{n}_i^{Ch}$;左右耳轴最右边一排滚柱与轴承座和轴承圈的接触点分别记为 O_i^{Bg}、O_i^{Cg},对应接触点的单位法向矢量分别 $\boldsymbol{n}_i^{Bg}$、$\boldsymbol{n}_i^{Cg}$;编号为 1 至 n_C 的滚柱位于左耳轴,编号 n_C+1 至 $2n_C$ 的滚柱位于右耳轴。在实际结构中,耳轴轴承存在间隙,致使摇架与上架之间存在着相对平动运动和绕耳轴座转动运动,假定耳轴轴承间隙为 $\boldsymbol{\varepsilon}_{BC} = \varepsilon_j^{BC\,i_C}\boldsymbol{e}_j$,该间隙由制造和装配工艺确定。每个滚柱接触点在坐标系 $\boldsymbol{i}_B$、$\boldsymbol{i}_C$ 下的位置坐标分别记为 $\boldsymbol{x}_i^{Bg}$、$\boldsymbol{x}_i^{Bh}$、$\boldsymbol{x}_i^{Cg}$、$\boldsymbol{x}_i^{Ch}$($i=1, 2, \cdots, 2n_C$)。

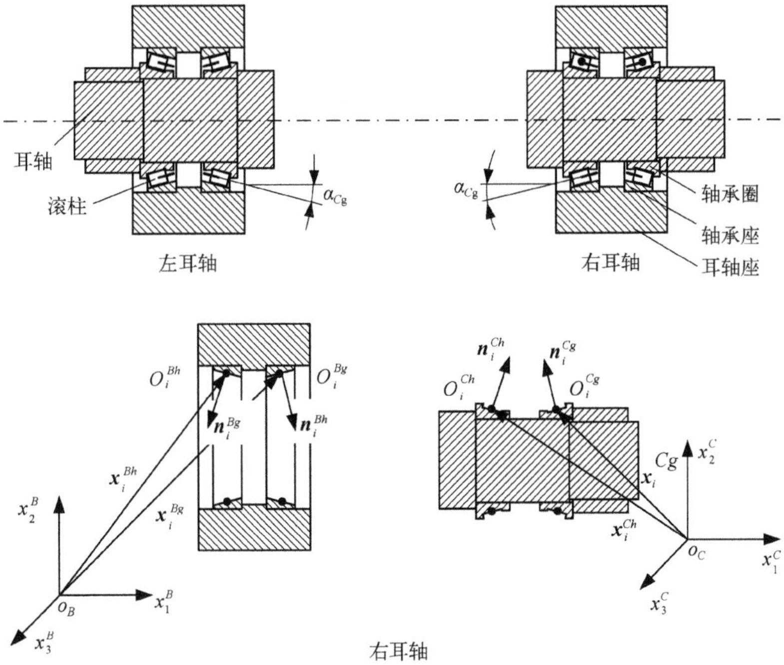

图 5.7.3 耳轴与耳轴座示意图

由式(5.4.5A)、式(5.4.5B)可得点 O_i^{Bg}、O_i^{Bh} 的位置矢量和速度分别为

$$\boldsymbol{U}_i^l = U_{ik}^{l\ i_B}\boldsymbol{e}_k = \boldsymbol{U}_G^A + \boldsymbol{U}_A^B + \boldsymbol{x}_{AB} + \boldsymbol{x}_i^l, \quad i = 1, 2, \cdots, 2n_C, \ l = Bg, Bh \tag{5.7.14}$$

$$\dot{\boldsymbol{U}}_i^l = \dot{U}_{ik}^{l\ i_B}\boldsymbol{e}_k = \dot{\boldsymbol{U}}_G^A + \boldsymbol{\omega}_A \times (\boldsymbol{U}_A^B + \boldsymbol{x}_i^l) + \dot{\boldsymbol{x}}_{AB} + \boldsymbol{\omega}_B^r \times \boldsymbol{x}_i^l,$$
$$i = 1, 2, \cdots, 2n_C, \ l = Bg, Bh \tag{5.7.15}$$

由式(5.4.8A)、式(5.4.8B)可得点 O_i^{Cg}、O_i^{Ch} 的位置矢量和速度分别为

$$\boldsymbol{U}_i^l = U_{ik}^{l\ \boldsymbol{i}_C}\boldsymbol{e}_k = \boldsymbol{U}_G^A + \boldsymbol{U}_A^B + \boldsymbol{x}_{AB} + \boldsymbol{U}_B^C + \boldsymbol{x}_{BC} + \boldsymbol{x}_i^l,\quad i = 1,\ 2,\ \cdots,\ 2n_C,\ l = Cg,\ Ch \tag{5.7.16}$$

$$\dot{\boldsymbol{U}}_i^l = \dot{U}_{ik}^{l\ \boldsymbol{i}_C}\boldsymbol{e}_k = \dot{\boldsymbol{U}}_G^A + \boldsymbol{\omega}_A \times (\boldsymbol{U}_A^C + \boldsymbol{x}_i^l) + \dot{\boldsymbol{x}}_{AB} + \boldsymbol{\omega}_B^r \times (\boldsymbol{U}_B^C + \boldsymbol{x}_i^l) + \dot{\boldsymbol{x}}_{BC} + \boldsymbol{\omega}_C^r \times \boldsymbol{x}_i^l,\quad i = 1,\ 2,\ \cdots,\ 2n_C,\ l = Cg,\ Ch \tag{5.7.17}$$

点 O_i^{Cg} 相对于点 O_i^{Bg}、点 O_i^{Ch} 相对于点 O_i^{Bh} 的位移和速度分别为

$$\boldsymbol{\delta}_i^{CBg} = \delta_{ik}^{CBg\boldsymbol{i}_B}\boldsymbol{e}_k = \boldsymbol{U}_i^{Cg} - \boldsymbol{U}_i^{Bg} = \boldsymbol{U}_B^C + \boldsymbol{x}_{BC} + \boldsymbol{x}_i^{Cg} - \boldsymbol{x}_i^{Bg} \tag{5.7.18A}$$

$$\boldsymbol{\delta}_i^{CBh} = \delta_{ik}^{CBh\boldsymbol{i}_B}\boldsymbol{e}_k = \boldsymbol{U}_i^{Ch} - \boldsymbol{U}_i^{Bh} = \boldsymbol{U}_B^C + \boldsymbol{x}_{BC} + \boldsymbol{x}_i^{Ch} - \boldsymbol{x}_i^{Bh},\quad i = 1,\ 2,\ \cdots,\ 2n_C \tag{5.7.18B}$$

$$\dot{\boldsymbol{\delta}}_i^{CBg} = \dot{\delta}_{ik}^{CBg\boldsymbol{i}_B}\boldsymbol{e}_k = \dot{\boldsymbol{U}}_i^{Cg} - \dot{\boldsymbol{U}}_i^{Bg} = \dot{\boldsymbol{x}}_{BC} + \boldsymbol{\omega}_C^r \times \boldsymbol{x}_i^{Cg} \tag{5.7.19A}$$

$$\dot{\boldsymbol{\delta}}_i^{CBh} = \dot{\delta}_{ik}^{CBh\boldsymbol{i}_B}\boldsymbol{e}_k = \dot{\boldsymbol{U}}_i^{Ch} - \dot{\boldsymbol{U}}_i^{Bh} = \dot{\boldsymbol{x}}_{BC} + \boldsymbol{\omega}_C^r \times \boldsymbol{x}_i^{Ch},\quad i = 1,\ 2,\ \cdots,\ 2n_C \tag{5.7.19B}$$

注意,在上述速度的表达式中,假定项 $\boldsymbol{\delta}_i^{CBg}$、$\boldsymbol{\delta}_i^{CBh}$ 为小量。

上述相对位移 $\boldsymbol{\delta}_i^{CBg}$、$\boldsymbol{\delta}_i^{CBh}$,相对速度 $\dot{\boldsymbol{\delta}}_i^{CBg}$、$\dot{\boldsymbol{\delta}}_i^{CBh}$ 分别在 $\boldsymbol{n}_i^{Bg}$、$\boldsymbol{n}_i^{Bh}$ 方向的投影为

$$\delta_i^{CBg} = \boldsymbol{\delta}_i^{CBg} \cdot \boldsymbol{n}_i^{Bg} = (\boldsymbol{U}_B^C + \boldsymbol{x}_{BC} + \boldsymbol{x}_i^{Cg} - \boldsymbol{x}_i^{Bg}) \cdot \boldsymbol{n}_i^{Bg} \tag{5.7.20A}$$

$$\delta_i^{CBh} = \boldsymbol{\delta}_i^{CBh} \cdot \boldsymbol{n}_i^{Bh} = (\boldsymbol{U}_B^C + \boldsymbol{x}_{BC} + \boldsymbol{x}_i^{Ch} - \boldsymbol{x}_i^{Bh}) \cdot \boldsymbol{n}_i^{Bh},\quad i = 1,\ 2,\ \cdots,\ 2n_C \tag{5.7.20B}$$

$$\dot{\delta}_i^{CBg} = \dot{\boldsymbol{\delta}}_i^{CBg} \cdot \boldsymbol{n}_i^{Bg} = (\dot{\boldsymbol{x}}_{BC} + \boldsymbol{\omega}_C^r \times \boldsymbol{x}_i^{Cg}) \cdot \boldsymbol{n}_i^{Bg} \tag{5.7.21A}$$

$$\dot{\delta}_i^{CBh} = \dot{\boldsymbol{\delta}}_i^{CBh} \cdot \boldsymbol{n}_i^{Bh} = (\dot{\boldsymbol{x}}_{BC} + \boldsymbol{\omega}_C^r \times \boldsymbol{x}_i^{Ch}) \cdot \boldsymbol{n}_i^{Bh},\quad i = 1,\ 2,\ \cdots,\ 2n_C \tag{5.7.21B}$$

5.7.4 高平机运动约束关系

如图 5.7.4 所示,身管高低射角为 θ_1^0,高平机外筒在点 O_{Cp} 与摇架连接、油缸杆在点 O_{Bp} 与上架连接,点 O_{Bp}、O_{Cp} 在坐标系 $\boldsymbol{i}_B$、$\boldsymbol{i}_C$ 下的位置矢量分别为 $\boldsymbol{x}_{Bp}$、$\boldsymbol{x}_{Cp}$,显然 $\boldsymbol{x}_{Cp}$ 是射角 θ_1^0 的函数。高平机由外筒、中筒(油缸杆)和内筒组成,外筒、中筒、内筒将高平机划分为 A、B 和 C 三个腔室。控制 A、B 腔室的油液进出使中筒相对外筒伸缩,实现火炮高低调炮,C 腔与蓄能器相连,提供平衡力。火炮发射时,高平机双向液压锁关闭,使 A、B 腔处于闭锁状态,但由于蓄能器气体和液压油中气体的弹性缓冲,中筒(油缸杆)相对外筒产生运动,使油液受到反复拉伸压缩,造成压力振荡。

由式(5.4.5A)、式(5.4.5B)可得点 O_{Bp} 的位置矢量和速度分别为

$$\boldsymbol{U}_{Bp} = U_k^{Bk\boldsymbol{i}_B}\boldsymbol{e}_k = \boldsymbol{U}_G^A + \boldsymbol{U}_A^B + \boldsymbol{x}_{AB} + \boldsymbol{x}_{Bp} \tag{5.7.22A}$$

$$\dot{\boldsymbol{U}}_{Bp} = \dot{U}_{\mathrm{k}}^{Bp\boldsymbol{i}_B}\boldsymbol{e}_k = \dot{\boldsymbol{U}}_G^A + \boldsymbol{\omega}_A \times (\boldsymbol{U}_A^B + \boldsymbol{x}_{Bp}) + \dot{\boldsymbol{x}}_{AB} + \boldsymbol{\omega}_B^r \times \boldsymbol{x}_{Bp} \tag{5.7.22B}$$

由式(5.4.8A)、式(5.4.8B)可得点 O_{Cp} 的位置矢量和速度分别为

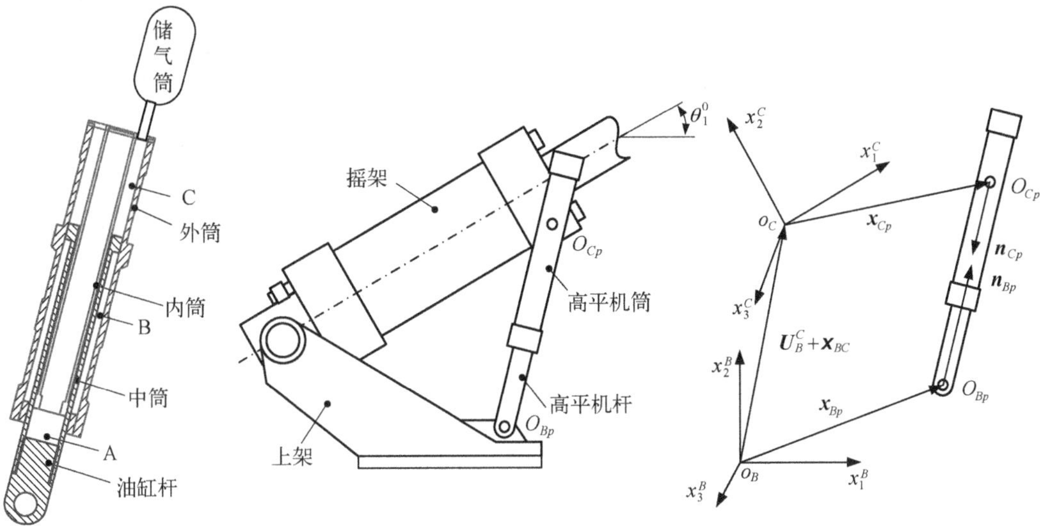

图 5.7.4　高平机几何示意图

$$\boldsymbol{U}_{Cp} = U_k^{Cp\boldsymbol{i}_C}\boldsymbol{e}_k = \boldsymbol{U}_G^A + \boldsymbol{U}_A^B + \boldsymbol{x}_{AB} + \boldsymbol{U}_B^C + \boldsymbol{x}_{BC} + \boldsymbol{x}_{Cp} \tag{5.7.23A}$$

$$\dot{\boldsymbol{U}}_{Cp} = \dot{U}_k^{Cp\boldsymbol{i}_C}\boldsymbol{e}_k = \dot{\boldsymbol{U}}_G^A + \boldsymbol{\omega}_A \times (\boldsymbol{U}_A^C + \boldsymbol{x}_{Cp}) + \dot{\boldsymbol{x}}_{AB} + \boldsymbol{\omega}_B^r \times (\boldsymbol{U}_B^C + \boldsymbol{x}_{Cp}) + \dot{\boldsymbol{x}}_{BC} + \boldsymbol{\omega}_C^r \times \boldsymbol{x}_{Cp} \tag{5.7.23B}$$

点 O_{Cp} 相对于点 O_{Bp} 的位移和速度分别为

$$\boldsymbol{\delta}_{CBp} = \delta_k^{CBp\boldsymbol{i}_B}\boldsymbol{e}_k = \boldsymbol{U}_{Cp} - \boldsymbol{U}_{Bp} = \boldsymbol{U}_B^C + \boldsymbol{x}_{BC} + \boldsymbol{x}_{Cp} - \boldsymbol{x}_{Bp} \tag{5.7.24A}$$

$$\dot{\boldsymbol{\delta}}_{CBp} = \dot{\delta}_k^{CBp\boldsymbol{i}_B}\boldsymbol{e}_k = \dot{\boldsymbol{U}}_{Cp} - \dot{\boldsymbol{U}}_{Bp} = \dot{\boldsymbol{x}}_{BC} + \boldsymbol{\omega}_C^r \times \boldsymbol{x}_{Cp} \tag{5.7.24B}$$

注意，在上述速度的表达式中，假定项 $\boldsymbol{\delta}_{CBp}$ 为小量。

点 O_{Bp} 至点 O_{Cp} 间的单位方向矢量 $\boldsymbol{n}_{CBp}$ 为

$$\boldsymbol{n}_{CBp} = (\boldsymbol{U}_B^C + \boldsymbol{x}_{BC} + \boldsymbol{x}_{Cp} - \boldsymbol{x}_{Bp}) / \| \boldsymbol{U}_B^C + \boldsymbol{x}_{BC} + \boldsymbol{x}_{Cp} - \boldsymbol{x}_{Bp} \| \tag{5.7.25}$$

上述相对位移 $\boldsymbol{\delta}_{CBp}$、相对速度 $\dot{\boldsymbol{\delta}}_{CBp}$ 在 $\boldsymbol{n}_{CBp}$ 方向的投影分别为

$$\delta_{CBp} = \boldsymbol{\delta}_{CBp} \cdot \boldsymbol{n}_{CBp} = (\boldsymbol{U}_B^C + \boldsymbol{x}_{BC} + \boldsymbol{x}_{Cp} - \boldsymbol{x}_{Bp}) \cdot \boldsymbol{n}_{CBp} \tag{5.7.26A}$$

$$\dot{\delta}_{CBp} = \dot{\boldsymbol{\delta}}_{CBp} \cdot \boldsymbol{n}_{CBp} = (\dot{\boldsymbol{x}}_{BC} + \boldsymbol{\omega}_C^r \times \boldsymbol{x}_{Cp}) \cdot \boldsymbol{n}_{CBp} \tag{5.7.26B}$$

5.7.5　后坐部分运动约束关系

5.7.5.1　驻栓运动约束关系

火炮后坐过程中由于膛线对弹丸的约束作用，使得弹丸对身管有一反作用力矩，炮尾驻栓与摇架驻栓室配合的作用就是约束炮身后坐过程中绕其轴线的旋转。当弹丸飞离炮口后该反作用力矩也就消失，因此驻栓运动约束关系仅在弹丸膛内运动阶段起作用。

图 5.7.5 给出了炮尾、驻栓、驻栓室相互位置示意图，驻栓与驻栓室的配对一般只有一个，特殊情况下也可以有两个。工作时驻栓插入驻栓室，通过驻栓室约束驻栓的转动。在

实际结构中,驻栓与驻栓室的配合存在间隙,致使后坐部分与摇架之间存在相对转动自由度,同时由于摇架套筒与身管间存在间隙,因此还存在后坐部分相对摇架除后坐运动外的另外两个平动和两个转动自由度。假定驻栓与驻栓室的配合间隙为 $\boldsymbol{\varepsilon}_{CD1}=\varepsilon_j^{CD1\boldsymbol{i}_D}\boldsymbol{e}_j$,该间隙由制造和装配工艺假定。

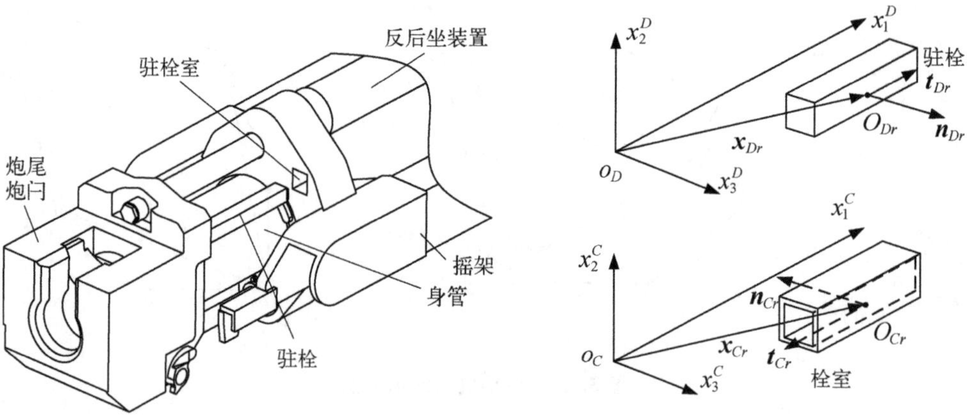

图 5.7.5　炮尾、驻栓、驻栓室相互位置示意图

记驻栓和驻栓室接触点分别位于驻栓上点 O_{Dr} 和驻栓室上点 O_{Cr},点 O_{Dr} 和点 O_{Cr} 在坐标系 $\boldsymbol{i}_D$ 和 $\boldsymbol{i}_C$ 中的位置矢量分别为 $\boldsymbol{x}_{Dr}=x_j^{Dr\boldsymbol{i}_D}\boldsymbol{e}_j$ 和 $\boldsymbol{x}_{Cr}=x_j^{Cr\boldsymbol{i}_C}\boldsymbol{e}_j$,接触点 O_{Cr}、O_{Dr} 的单位外法线方向矢量分别为 $\boldsymbol{n}_{Cr}$、$\boldsymbol{n}_{Dr}$。

由式(5.4.8A)、式(5.4.8B)可得点 O_{Cr} 的位置矢量和速度分别为

$$\boldsymbol{U}_{Cr}=U_k^{Cr\boldsymbol{i}_C}\boldsymbol{e}_k=\boldsymbol{U}_G^A+\boldsymbol{U}_A^B+\boldsymbol{x}_{AB}+\boldsymbol{U}_B^C+\boldsymbol{x}_{BC}+\boldsymbol{x}_{Cr}\tag{5.7.27A}$$

$$\begin{aligned}\dot{\boldsymbol{U}}_{Cr}=\dot{U}_k^{Cr\boldsymbol{i}_C}\boldsymbol{e}_k=&\dot{\boldsymbol{U}}_G^A+\boldsymbol{\omega}_A\times(\boldsymbol{U}_A^C+\boldsymbol{x}_{Cr})+\dot{\boldsymbol{x}}_{AB}+\boldsymbol{\omega}_B^r\\&\times(\boldsymbol{U}_B^C+\boldsymbol{x}_{Cr})+\dot{\boldsymbol{x}}_{BC}+\boldsymbol{\omega}_C^r\times\boldsymbol{x}_{Cr}\end{aligned}\tag{5.7.27B}$$

由式(5.5.3A)、式(5.5.3B)可得点 O_{Dr} 的位置矢量和速度分别为

$$\boldsymbol{U}_{Dr}=U_j^{Dr\boldsymbol{i}_G}\boldsymbol{e}_j=\boldsymbol{U}_G^A+\boldsymbol{U}_A^B+\boldsymbol{x}_{AB}+\boldsymbol{U}_B^C+\boldsymbol{x}_{BC}+\boldsymbol{U}_C^D+\boldsymbol{x}_{CD}+\boldsymbol{x}_{Dr}\tag{5.7.28A}$$

$$\begin{aligned}\dot{\boldsymbol{U}}_{Dr}=&\dot{\boldsymbol{U}}_G^A+\boldsymbol{\omega}_A\times(\boldsymbol{U}_A^D+\boldsymbol{x}_{CD}+\boldsymbol{x}_{Dr})+\dot{\boldsymbol{x}}_{AB}+\boldsymbol{\omega}_B^r\times(\boldsymbol{U}_B^D+\boldsymbol{x}_{CD}+\boldsymbol{x}_{Dr})+\dot{\boldsymbol{x}}_{BC}\\&+\boldsymbol{\omega}_C^r\times(\boldsymbol{U}_C^D+\boldsymbol{x}_{CD}+\boldsymbol{x}_{Dr})+\dot{\boldsymbol{x}}_{CD}+\boldsymbol{\omega}_D^r\times(\boldsymbol{x}_{CD}+\boldsymbol{x}_{Dr})\end{aligned}\tag{5.7.28B}$$

点 O_{Dr} 相对于点 O_{Cr} 的位移和速度分别为

$$\boldsymbol{\delta}_{DCr}=\delta_k^{DCr\boldsymbol{i}_C}\boldsymbol{e}_k=\boldsymbol{U}_{Dr}-\boldsymbol{U}_{Cr}=\boldsymbol{U}_C^D+\boldsymbol{x}_{CD}+\boldsymbol{x}_{Dr}-\boldsymbol{x}_{Cr}\tag{5.7.29A}$$

$$\dot{\boldsymbol{\delta}}_{DCr}=\dot{\delta}_k^{DCr\boldsymbol{i}_C}\boldsymbol{e}_k=\dot{\boldsymbol{U}}_{Dr}-\dot{\boldsymbol{U}}_{Cr}=\dot{\boldsymbol{x}}_{CD}+\boldsymbol{\omega}_D^r\times(\boldsymbol{x}_{CD}+\boldsymbol{x}_{Dr})\tag{5.7.29B}$$

注意,在上述速度的表达式中,假定项 $\boldsymbol{\delta}_{DCr}$ 为小量。

上述相对位移 $\boldsymbol{\delta}_{DCr}$、相对速度 $\dot{\boldsymbol{\delta}}_{DCr}$ 分别在 $\boldsymbol{n}_{Cr}$ 方向的投影为

$$\delta_{DCr}=\boldsymbol{\delta}_{DCr}\cdot\boldsymbol{n}_{Cr}=(\boldsymbol{U}_C^D+\boldsymbol{x}_{CD}+\boldsymbol{x}_{Dr}-\boldsymbol{x}_{Cr})\cdot\boldsymbol{n}_{Cr}\tag{5.7.30A}$$

$$\dot{\delta}_{DCr}=\dot{\boldsymbol{\delta}}_{DCr}\cdot\boldsymbol{n}_{Cr}=[\dot{\boldsymbol{x}}_{CD}+\boldsymbol{\omega}_D^r\times(\boldsymbol{x}_{CD}+\boldsymbol{x}_{Dr})]\cdot\boldsymbol{n}_{Cr}\tag{5.7.30B}$$

5.7.5.2 炮身与衬套间的运动约束关系

炮身在摇架前后套筒上后坐滑移，由于两者之间有间隙，在制退机和复进机力的作用下炮身还可能在套筒上出现跳动，形成接触碰撞，图 5.7.6 给出了炮身、摇架及套筒相互位置示意图。记炮身和套筒接触点分别位于身管上点 O_1^{Ds}、O_2^{Ds} 和摇架前后套筒上点 O_1^{Cs}、O_2^{Cs}，点 O_1^{Ds}、O_2^{Ds} 和点 O_1^{Cs}、O_2^{Cs} 在坐标系 $\boldsymbol{i}_D$ 和 $\boldsymbol{i}_C$ 中的位置矢量分别为 $\boldsymbol{x}_1^{Ds}=x_{1j}^{Ds\boldsymbol{i}_D}\boldsymbol{e}_j$、$\boldsymbol{x}_2^{Ds}=x_{2j}^{Ds\boldsymbol{i}_D}\boldsymbol{e}_j$ 和 $\boldsymbol{x}_1^{Cs}=x_{1j}^{Cs\boldsymbol{i}_C}\boldsymbol{e}_j$、$\boldsymbol{x}_2^{Cs}=x_{2j}^{Cs\boldsymbol{i}_C}\boldsymbol{e}_j$，接触点 O_1^{Ds}、O_2^{Ds} 和点 O_1^{Cs}、O_2^{Cs} 的单位外法线方向矢量分别为 $\boldsymbol{n}_1^{Ds}$、$\boldsymbol{n}_2^{Ds}$ 和 $\boldsymbol{n}_1^{Cs}$、$\boldsymbol{n}_2^{Cs}$，假定炮身与套筒的配合间隙为 $\boldsymbol{\varepsilon}_{CD2}=\varepsilon_j^{CD2\boldsymbol{i}_D}\boldsymbol{e}_j$，该间隙由制造和装配工艺确定。

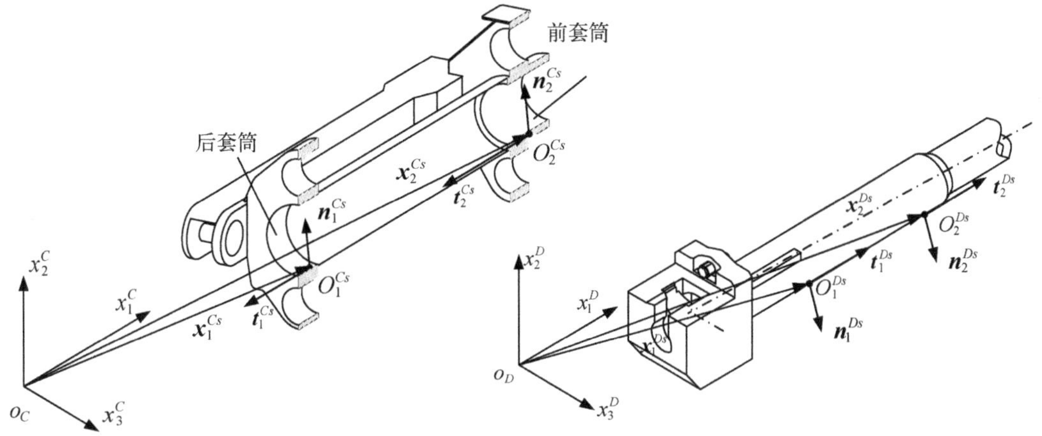

图 5.7.6 摇架、套筒与身管相互位置示意图

由式(5.4.8A)、式(5.4.8B)可得点 O_1^{Cs}、O_2^{Cs} 的位置矢量和速度分别为

$$\boldsymbol{U}_j^{Cs}=U_{jk}^{Cs\boldsymbol{i}_C}\boldsymbol{e}_k=\boldsymbol{U}_G^A+\boldsymbol{U}_A^B+\boldsymbol{x}_{AB}+\boldsymbol{U}_B^C+\boldsymbol{x}_{BC}+\boldsymbol{x}_j^{Cs},\quad j=1,2 \tag{5.7.31}$$

$$\begin{aligned}\dot{\boldsymbol{U}}_j^{Cs}=\dot{U}_{jk}^{Cs\boldsymbol{i}_C}\boldsymbol{e}_k=&\dot{\boldsymbol{U}}_G^A+\boldsymbol{\omega}_A\times(\boldsymbol{U}_A^C+\boldsymbol{x}_j^{Cs})+\dot{\boldsymbol{x}}_{AB}+\boldsymbol{\omega}_B^r\times(\boldsymbol{U}_B^C+\boldsymbol{x}_j^{Cs})\\&+\dot{\boldsymbol{x}}_{BC}+\boldsymbol{\omega}_C^r\times\boldsymbol{x}_j^{Cs},\quad j=1,2\end{aligned} \tag{5.7.32}$$

由式(5.5.3A)、式(5.5.3B)可得点 O_1^{Ds}、O_2^{Ds} 的位置矢量和速度分别为

$$\boldsymbol{U}_j^{Ds}=U_{jk}^{Ds\boldsymbol{i}_G}\boldsymbol{e}_k=\boldsymbol{U}_G^A+\boldsymbol{U}_A^B+\boldsymbol{x}_{AB}+\boldsymbol{U}_B^C+\boldsymbol{x}_{BC}+\boldsymbol{U}_C^D+\boldsymbol{x}_{CD}+\boldsymbol{x}_j^{Ds},\quad j=1,2 \tag{5.7.33}$$

$$\begin{aligned}\dot{\boldsymbol{U}}_j^{Ds}=\dot{U}_{jk}^{Ds\boldsymbol{i}_G}\boldsymbol{e}_k=&\dot{\boldsymbol{U}}_G^A+\boldsymbol{\omega}_A\times(\boldsymbol{U}_A^D+\boldsymbol{x}_{CD}+\boldsymbol{x}_j^{Ds})+\dot{\boldsymbol{x}}_{AB}+\boldsymbol{\omega}_B^r\times(\boldsymbol{U}_B^D+\boldsymbol{x}_{CD}+\boldsymbol{x}_j^{Ds})\\&+\dot{\boldsymbol{x}}_{BC}+\boldsymbol{\omega}_C^r\times(\boldsymbol{U}_C^D+\boldsymbol{x}_{CD}+\boldsymbol{x}_j^{Ds})+\dot{\boldsymbol{x}}_{CD}+\boldsymbol{\omega}_D^r\times(\boldsymbol{x}_{CD}+\boldsymbol{x}_j^{Ds}),\\&j=1,2\end{aligned} \tag{5.7.34}$$

点 O_1^{Ds} 相对于点 O_1^{Cs}、点 O_2^{Ds} 相对于点 O_2^{Cs} 的位移和速度分别为

$$\boldsymbol{\delta}_j^{DCs}=\delta_{jk}^{DCs\boldsymbol{i}_C}\boldsymbol{e}_k=\boldsymbol{U}_j^{Ds}-\boldsymbol{U}_j^{Cs}=\boldsymbol{U}_C^D+\boldsymbol{x}_{CD}+\boldsymbol{x}_j^{Ds}-\boldsymbol{x}_j^{Cs},\quad j=1,2 \tag{5.7.35}$$

$$\dot{\boldsymbol{\delta}}_j^{DCs}=\dot{\delta}_{jk}^{DCs\boldsymbol{i}_C}\boldsymbol{e}_k=\dot{\boldsymbol{U}}_j^{Ds}-\dot{\boldsymbol{U}}_j^{Cs}=\dot{\boldsymbol{x}}_{CD}+\boldsymbol{\omega}_D^r\times(\boldsymbol{x}_{CD}+\boldsymbol{x}_j^{Ds}),\quad j=1,2 \tag{5.7.36}$$

注意，在上述速度的表达式中，假定项 $\boldsymbol{\delta}_j^{DCs}$ 为小量。

上述相对位移 $\boldsymbol{\delta}_j^{DCs}$ 和相对速度 $\dot{\boldsymbol{\delta}}_j^{DCs}$ 在 $\boldsymbol{n}_j^{Cs}$ 方向的投影分别为

$$\delta_j^{DCs} = \boldsymbol{\delta}_j^{DCs} \cdot \boldsymbol{n}_j^{Ds} = (\boldsymbol{U}_C^D + \boldsymbol{x}_{CD} + \boldsymbol{x}_j^{Ds} - \boldsymbol{x}_j^{Cs}) \cdot \boldsymbol{n}_j^{Ds}, \quad j = 1, 2 \tag{5.7.37}$$

$$\dot{\delta}_j^{DCs} = \dot{\boldsymbol{\delta}}_j^{DCs} \cdot \boldsymbol{n}_j^{Cs} = [\dot{\boldsymbol{x}}_{CD} + \boldsymbol{\omega}_D^r \times (\boldsymbol{x}_{CD} + \boldsymbol{x}_j^{Ds})] \cdot \boldsymbol{n}_j^{Cs}, \quad j = 1, 2 \tag{5.7.38}$$

5.7.6 膛线的几何约束关系

5.7.6.1 膛线的几何表示

图 5.7.7(a)为未变形身管内壁膛线几何结构横剖面示意图,假定膛线数为 n_T、阴线宽度为 $2b_T$、阳线半径为 r_d、阴线半径为 r_y。膛线几何形状是通过以下几何作图得到的:以半径 b_T、r_d、r_y 画三个圆,分别记为圆 Y_1、Y_2、Y_3,以圆 Y_1 的直径为切点作两平行直线,均与圆 Y_2、Y_3 相交,得到一条阴线的截面形状;将圆 Y_1 的直径依次旋转 n_T-1 次,每次旋转增量 $\Delta\beta = 2\pi/n_T$,得到余下 n_T-1 条阴线;Y_1 两平行直线与 Y_2 相交的截面形状即为阳线,由此可确定阳线宽度 a_T。

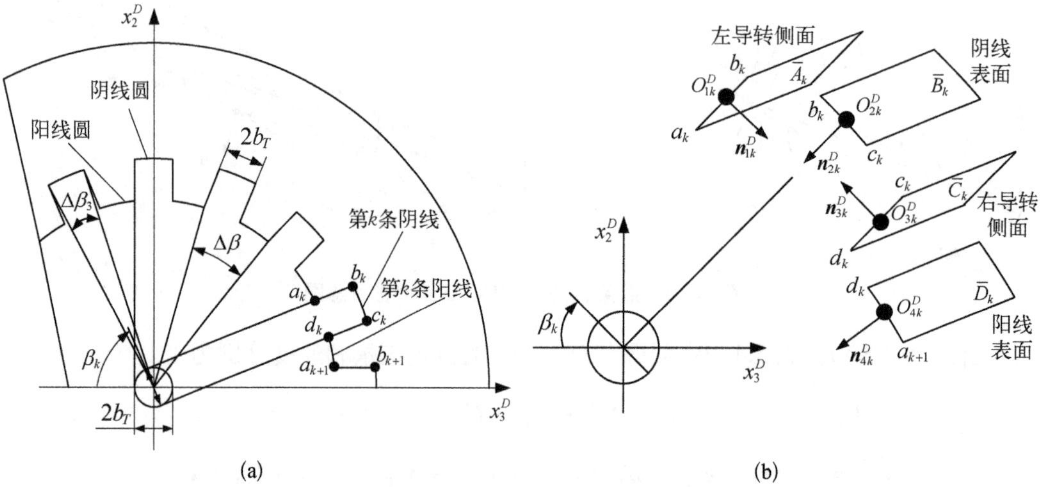

图 5.7.7 膛线的几何示意图

假定第一条阴线与坐标轴 x_3^D 的初始夹角为 β_0,β_0 由身管装配确定,且每门火炮均不同,第 k 条阴线宽度对应圆 Y_1 的直径与坐标轴 x_3^D 呈夹角 $\pi-\beta_k$,其中 $\beta_k=(k-1)\Delta\beta+\beta_0$,$(k=1, 2,\cdots,n_T)$,则有

$$\Delta\beta = \Delta\beta_1 + \Delta\beta_2 \tag{5.7.39A}$$

其中

$$\Delta\beta_1 = \frac{2\pi}{n_T} - \Delta\beta_2 = 2\arcsin(a_T/r_d), \ \Delta\beta_2 = 2\arcsin(b_T/r_d),$$

$$\Delta\beta_3 = 2\arcsin(b_T/r_y) \tag{5.7.39B}$$

式中,$\Delta\beta_1$、$\Delta\beta_2$ 分别为阳线和阴线宽度对应的圆心角;$\Delta\beta_3$ 为每根阴线宽度在阴线半径处对应的圆心角。显然 $\beta_k(k=1, 2,\cdots,n_T)$ 能确定所有膛线(阴线和阳线)相对于坐标轴 x_3^D 的角位置。

在身管膛线起始位置处 $x_1^D = x_{10}^{D_T}$,第 k $(k=1, 2, \cdots, n_T)$ 条阴线的角点分别记为 a_k^0、

b_k^0、c_k^0、d_k^0，由于缠度 $\eta_d(x_1^D)$ 的作用，同一根膛线在身管轴线上点 x_1^D 比其起始点 $x_{10}^{D_T}$ 绕身管轴线 x_1^D 旋转了 $\phi_D(x_1^D)$，此时这些特征角点分别记为 a_k、b_k、c_k、d_k；$\phi_D(x_1^D)$ 的计算公式由式(6.8.15A)给出：

$$\phi_D(x_1^D)=\frac{\pi}{r_d}\int_{x_{10}^{D_T}}^{x_1^D}\frac{1}{\eta_d(x_1)}\mathrm{d}x_1=\frac{1}{r_d}[y_\eta(x_1^D)-y_\eta(x_{10}^{D_T})] \tag{5.7.40A}$$

式中，$y_\eta(x_1^D)$ 为膛线的展开方程，见表 6.8.1。

特别当缠度 $\eta_d(x_1^D)$ 为常量时，有

$$\phi_D(x_1^D)=\frac{\pi(x_1^D-x_{10}^{D_T})}{r_d\eta_d} \tag{5.7.40B}$$

对式(5.7.40A)求导得

$$\phi'_D(x_1^D)=\frac{\partial\phi_D}{\partial x_1^D}=\frac{\pi}{r_d\eta_d(x_1^D)} \tag{5.7.40C}$$

记第 k ($k=1, 2, \cdots, n_T$) 条膛线上点 a_k 与点 b_k、点 b_k 与点 c_k、点 c_k 与点 d_k、点 d_k 与点 a_{k+1} 的连线或弧线分别为 $\widehat{A}_k$、$\widehat{B}_k$、$\widehat{C}_k$ 和 $\widehat{D}_k$，在线 $\widehat{A}_k$、弧线 $\widehat{B}_k$、线 $\widehat{C}_k$、弧线 $\widehat{D}_k$ 上任意各任取一点 O_{1k}^D、O_{2k}^D、O_{3k}^D、O_{4k}^D，如图 5.7.7(b)所示，记这些点 O_{ik}^D 距身管原点 o_D 的位置矢量为 $\boldsymbol{x}_{ik}^D(i=1, 2, 3, 4)$，则有

$$\boldsymbol{x}_{ik}^D=x_1^{D\,i_D}\boldsymbol{e}_1+x_{i2}^D(k)^{i_D}\boldsymbol{e}_2+x_{i3}^D(k)^{i_D}\boldsymbol{e}_3,\quad i=1, 2, 3, 4 \tag{5.7.41}$$

经复杂的几何推导运算，得点 O_{1k}^D 的坐标为

$$\begin{cases}\chi_{1k}=\beta_k+\phi_D\\ x_{12}^D(k)=b_T[\sin\chi_{1k}+\sqrt{(r/b_T)^2-1}\cos\chi_{1k}]\\ x_{13}^D(k)=-b_T[\cos\chi_{1k}-\sqrt{(r/b_T)^2-1}\sin\chi_{1k}],\quad r_d\leqslant r\leqslant r_y\end{cases} \tag{5.7.42A}$$

特别地，当 r 分别取 $r=r_d$ 和 $r=r_y$ 值时，由上式可分别得到点 a_k 和 b_k 处的坐标，再在各自公式中令 $\phi(x_1^D)=\phi(x_{10}^{D_T})$，即得 a_k 和 b_k 起始点 a_k^0 和 b_k^0 的坐标。

同样可得点 O_{2k}^D 的坐标为

$$\begin{cases}r_{yT}=\sqrt{(r_y/b_T)^2-1}\\ x_{22}^D(k)=b_T[\sin(\chi_{1k}+\beta_D)+r_{yT}\cos(\chi_{1k}+\beta_D)]\\ x_{23}^D(k)=-b_T[\cos(\chi_{1k}+\beta_D)-r_{yT}\sin(\chi_{1k}+\beta_D)],\quad 0\leqslant\beta_D\leqslant\Delta\beta_3\end{cases} \tag{5.7.42B}$$

特别地，当 β_D 分别取 $\beta_D=0$ 和 $\beta_D=\Delta\beta_3$ 时，由上式可分别得到点 b_k 和 c_k 处的坐标，再在各自公式中令 $\phi_D(x_1^D)=\phi_D(x_{10}^{D_T})$，即得 b_k 和 c_k 起始点 b_k^0 和 c_k^0 的坐标。

同样可得点 O_{3k}^D 的坐标为

$$\begin{cases} \chi_{2k} = \chi_{1k} + \Delta\beta_2 \\ x_{32}^D(k) = -b_T\left[\sin\chi_{1k} - \sqrt{(r/b_T)^2 - 1}\cos\chi_{1k}\right] \\ x_{33}^D(k) = b_T\left[\cos\chi_{1k} + \sqrt{(r/b_T)^2 - 1}\sin\chi_{1k}\right], \quad r_d \leqslant r \leqslant r_y \end{cases} \tag{5.7.42C}$$

特别地,当 r 分别取 $r = r_y$ 和 $r = r_d$ 时,由上式可分别得到点 c_k 和 d_k 处的坐标,再在各自公式中令 $\phi_D(x_1^D) = \phi_D(x_{10}^{D_T})$,即得 c_k 和 d_k 起始点 c_k^0 和 d_k^0 的坐标。

同样可得点 O_{4k}^D 的坐标为

$$\begin{cases} r_{dT} = \sqrt{(r_d/b_T)^2 - 1} \\ x_{42}^D(k) = b_T\left[\sin(\chi_{2k} + \beta_D) + r_{dT}\cos(\chi_{2k} + \beta_D)\right] \\ x_{43}^D(k) = -b_T\left[\cos(\chi_{2k} + \beta_D) - r_{dT}\sin(\chi_{2k} + \beta_D)\right], \quad 0 \leqslant \beta_D \leqslant \Delta\beta_1 \end{cases} \tag{5.7.42D}$$

特别地,当 $\beta_D = 0$ 和 $\beta_D = \Delta\beta_1$ 时,由上式可分别得到点 d_k 和 a_{k+1} 处的坐标,再在各自公式中令 $\phi_D(x_1^D) = \phi_D(x_{10}^{D_T})$,即得 d_k 和 a_{k+1} 起始点 d_k^0 和 a_{k+1}^0 的坐标。

若令式(5.7.42A)中的 $\beta_k(k = 1, 2, \cdots, n_T)$ 变化,并注意 $a_{n_T+1} = a_1$,即可得到不同膛线上相应点的位置坐标,这样膛线表面上所有点的位置坐标由式(5.7.42)确定。

5.7.6.2 膛线表面的法向矢量

由图 5.7.7(b)可知,第 k 根膛线有四个表面,该表面分别由线段 $\widehat{A}_k$、$\widehat{B}_k$、$\widehat{C}_k$、$\widehat{D}_k$ 沿 x_1^D 轴方向按转角 $\phi_D(x_1^D)$ 进行旋转拉伸得到。为了便于表达,这四个表面分别用 $\bar{A}_k$、$\bar{B}_k$、$\bar{C}_k$、$\bar{D}_k$ 来命名。由于这些表面与弹带相互接触,因此需要给出这些表面上的单位法向矢量 $\boldsymbol{n}_{jk}^D(j = 1, 2, 3, 4)$ 的计算公式,本节定义的膛线表面相关切线方向矢量 $\boldsymbol{t}$、$\boldsymbol{\tau}$ 是与弹带的运动方向的矢量相一致的,见式(6.6.41)。

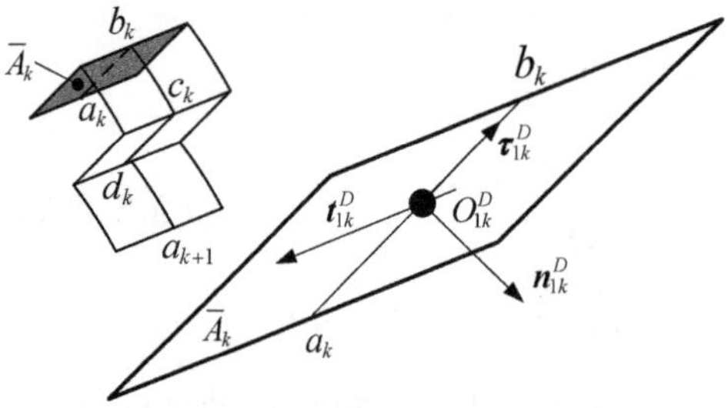

图 5.7.8 面 $\bar{A}_k$ 的切线和法向矢量

面 $\bar{A}_k$ 的单位法向矢量 $\boldsymbol{n}_{1k}^D$ 计算,见图 5.7.8。由式(5.7.42A)可知面上任意一点 x_1^D、$x_{12}^D(k)$、$x_{13}^D(k)$ 是参数 r 和 x_1^D 的函数,根据微分几何原理,有

$$\boldsymbol{\tau}_{1k}^D = \frac{\partial \boldsymbol{x}_{1k}^D}{\partial r} = \frac{\partial x_1^D}{\partial r}{}^{i_D}\boldsymbol{e}_1 + \frac{\partial x_{12}^D(k)}{\partial r}{}^{i_D}\boldsymbol{e}_2 + \frac{\partial x_{13}^D(k)}{\partial r}{}^{i_D}\boldsymbol{e}_3$$

$$= \frac{r}{b_T\sqrt{(r/b_T)^2 - 1}}\left(\cos\chi_{1k}{}^{i_D}\boldsymbol{e}_2 + \sin\chi_{1k}{}^{i_D}\boldsymbol{e}_3\right)$$

$$\boldsymbol{t}_{1k}^D = -\frac{\partial \boldsymbol{x}_{1k}^D}{\partial x_1^D} = -\left[\frac{\partial x_1^D}{\partial x_1^D}{}^{i_D}\boldsymbol{e}_1 + \frac{\partial x_{12}^D(k)}{\partial x_1^D}{}^{i_D}\boldsymbol{e}_2 + \frac{\partial x_{13}^D(k)}{\partial x_1^D}{}^{i_D}\boldsymbol{e}_3\right]$$

$$= -{}^{i_D}\boldsymbol{e}_1 - \frac{\pi b_T}{r_d\eta_d}\begin{Bmatrix} \left[\cos\chi_{1k} - \sqrt{(r/b_T)^2 - 1}\sin\chi_{1k}\right]{}^{i_D}\boldsymbol{e}_2 \\ + \left[\sin\chi_{1k} + \sqrt{(r/b_T)^2 - 1}\cos\chi_{1k}\right]{}^{i_D}\boldsymbol{e}_3 \end{Bmatrix}$$

$$\boldsymbol{n}_{1k}^{D}=\frac{\boldsymbol{\tau}_{1k}^{D}\times\boldsymbol{t}_{1k}^{D}}{\|\boldsymbol{\tau}_{1k}^{D}\times\boldsymbol{t}_{1k}^{D}\|}=g_{1}^{D}(r)\left(\frac{\pi b_{T}\sqrt{(r/b_{T})^{2}-1}}{r_{d}\eta_{d}}{}^{i_D}\boldsymbol{e}_{1}+\sin\chi_{1k}{}^{i_D}\boldsymbol{e}_{2}-\cos\chi_{1k}{}^{i_D}\boldsymbol{e}_{3}\right)$$

$$g_{1}^{D}(r)=\frac{r_{d}\eta_{d}}{\sqrt{(r_{d}\eta_{d})^{2}+\pi[r^{2}-(b_{T})^{2}]}}\tag{5.7.43}$$

$-\boldsymbol{t}_{1k}^{D}$ 为膛线轨迹的切线矢量，$\boldsymbol{\tau}_{1k}^{D}$ 为身管截面内阴线的切线方向。$\boldsymbol{\tau}_{1k}^{D}\cdot\boldsymbol{t}_{1k}^{D}\neq 0$，表明 $\boldsymbol{t}_{1k}^{D}$ 与 $\boldsymbol{\tau}_{1k}^{D}$ 在面 $\bar{A}_k$ 内是不垂直的。

面 $\bar{B}_k$ 的单位法向矢量 $\boldsymbol{n}_{2k}^{D}$ 计算，见图 5.7.9。由式(5.7.42B)可知，面上任意一点 x_1^D、$x_{22}^D(k)$、$x_{23}^D(k)$ 是参数 β_D 和 x_1^D 的函数，根据微分几何原理，有

$$\boldsymbol{\tau}_{2k}^{D}=\frac{\partial\boldsymbol{x}_{2k}^{D}}{r_{y}\partial\beta_{D}}=\frac{b_{T}}{r_{y}}[\cos(\chi_{1k}+\beta_{D})-r_{yT}\sin(\chi_{1k}+\beta_{D})]^{i_D}\boldsymbol{e}_{2}$$
$$+\frac{b_{T}}{r_{y}}[\sin(\chi_{1k}+\beta_{D})+r_{yT}\cos(\chi_{1k}+\beta_{D})]^{i_D}\boldsymbol{e}_{3}$$

$$\boldsymbol{t}_{2k}^{D}=-\frac{\partial\boldsymbol{x}_{2k}^{D}}{\partial x_{1}^{D}}=-\left\{{}^{i_D}\boldsymbol{e}_{1}+\frac{\pi b_{T}}{r_{d}\eta_{d}(x_{1}^{D})}[\cos(\chi_{1k}+\beta_{D})-r_{yT}\sin(\chi_{1k}+\beta_{D})]^{i_D}\boldsymbol{e}_{2}\right\}$$
$$-\frac{\pi b_{T}}{r_{d}\eta_{d}(x_{1}^{D})}[\sin(\chi_{1k}+\beta_{D})+r_{yT}\cos(\chi_{1k}+\beta_{D})]^{i_D}\boldsymbol{e}_{3}$$

$$\boldsymbol{n}_{2k}^{D}=\frac{\boldsymbol{\tau}_{2k}^{D}\times\boldsymbol{t}_{2k}^{D}}{\|\boldsymbol{\tau}_{2k}^{D}\times\boldsymbol{t}_{2k}^{D}\|}=-g_{2}^{D}\left\{\begin{aligned}&[\sin(\chi_{1k}+\beta_{D})-r_{yT}\cos(\chi_{1k}+\beta_{D})]^{i_D}\boldsymbol{e}_{2}\\&-[\cos(\chi_{1k}+\beta_{D})-r_{yT}\sin(\chi_{1k}+\beta_{D})]^{i_D}\boldsymbol{e}_{3}\end{aligned}\right\}$$

$$g_{2}^{D}=\frac{b_{T}}{r_{y}}\tag{5.7.44}$$

$-\boldsymbol{t}_{2k}^{D}$ 表示膛线轨迹的切线方向，$\boldsymbol{\tau}_{2k}^{D}$ 表示身管横截面内阴线圆处的切线方向。$\boldsymbol{\tau}_{2k}^{D}\cdot\boldsymbol{t}_{2k}^{D}\neq 0$，表明 $\boldsymbol{t}_{2k}^{D}$ 与 $\boldsymbol{\tau}_{2k}^{D}$ 在面 $\bar{B}_k$ 内是不垂直的。

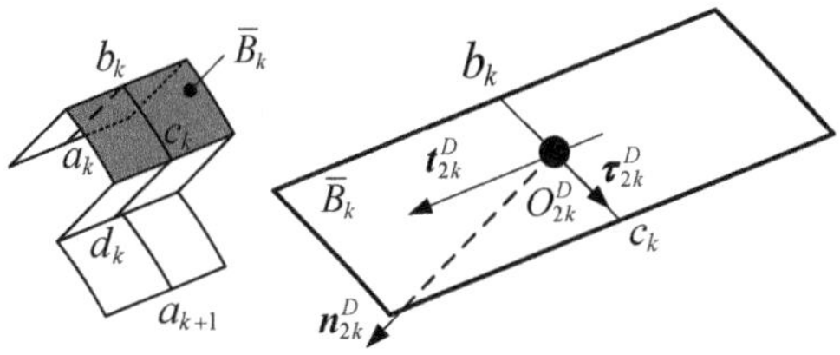

图 5.7.9　面 $\bar{B}_k$ 的切线和法向矢量

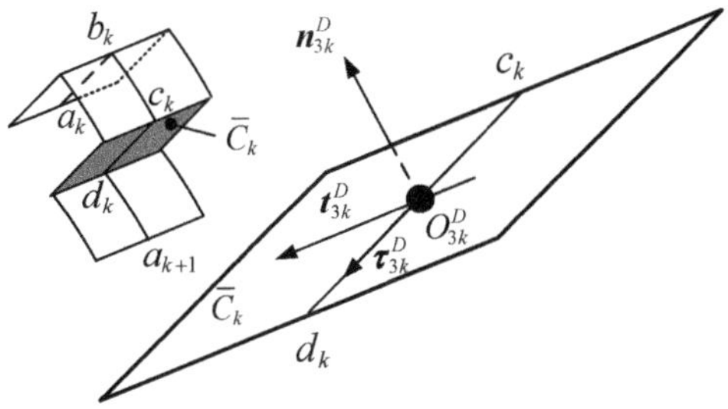

图 5.7.10　面 $\bar{C}_k$ 的切线和法向矢量

面 $\bar{C}_k$ 的单位法向矢量 $\boldsymbol{n}_{3k}^{D}$ 计算，见图 5.7.10。由式(5.7.42C)可知，面上任意一点 x_1^D、$x_{32}^D(k)$、$x_{33}^D(k)$ 是参数 r 和 x_1^D 的函数，根据微分几何原理，有

$$\boldsymbol{\tau}_{3k}^{D}=-\frac{\partial\boldsymbol{x}_{3k}^{D}}{\partial r}=\frac{r}{b_{T}\sqrt{(r/b_{T})^{2}-1}}(\cos\chi_{1k}{}^{i_D}\boldsymbol{e}_{2}+\sin\chi_{1k}{}^{i_D}\boldsymbol{e}_{3})$$

$$\boldsymbol{t}_{3k}^{D}=-\frac{\partial \boldsymbol{x}_{3k}^{D}}{\partial x_{1}^{D}}=-\left\{{}^{i_D}\boldsymbol{e}_{1}+\frac{\pi b_{T}}{r_{d}\eta_{d}}\left[\begin{array}{l}\left[\cos\chi_{1k}-\sqrt{(r/b_{T})^{2}-1}\sin\chi_{1k}\right]{}^{i_D}\boldsymbol{e}_{2}\\ \quad+\left[\sin\chi_{1k}+\sqrt{(r/b_{T})^{2}-1}\cos\chi_{1k}\right]{}^{i_D}\boldsymbol{e}_{3}\end{array}\right]\right\}$$

$$\boldsymbol{n}_{3k}^{D}=\frac{\boldsymbol{\tau}_{3k}^{D}\times\boldsymbol{t}_{3k}^{D}}{\|\boldsymbol{\tau}_{3k}^{D}\times\boldsymbol{t}_{3k}^{D}\|}=-g_{1}^{D}(r)\left(\frac{\pi b_{T}\sqrt{(r/b_{T})^{2}-1}}{r_{d}\eta_{d}}{}^{i_D}\boldsymbol{e}_{1}+\sin\chi_{1k}{}^{i_D}\boldsymbol{e}_{2}-\cos\chi_{1k}{}^{i_D}\boldsymbol{e}_{3}\right)$$

(5.7.45)

$-\boldsymbol{t}_{3k}^{D}$ 表示膛线轨迹的切线方向，$-\boldsymbol{\tau}_{3k}^{D}$ 表示身管截面内阴线的切线方向。$\boldsymbol{\tau}_{3k}^{D}\cdot\boldsymbol{t}_{3k}^{D}\neq 0$，表明 $\boldsymbol{t}_{3k}^{D}$、$\boldsymbol{\tau}_{3k}^{D}$ 在面 $\bar{C}_{k}$ 内是不垂直的。

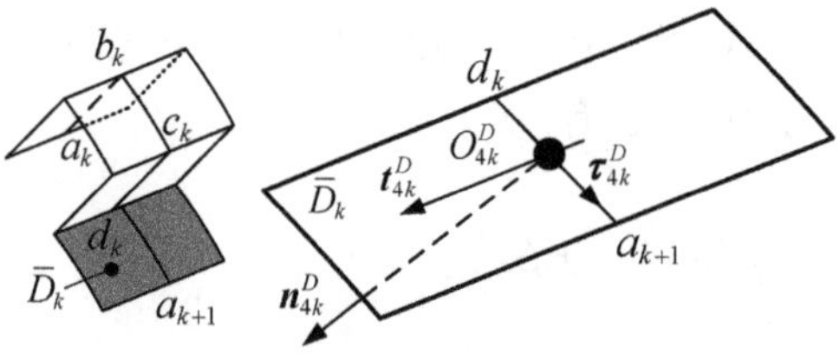

图 5.7.11　面 $\bar{D}_k$ 的切线和法向矢量

面 $\bar{D}_{k}$ 的单位法向矢量 $\boldsymbol{n}_{4k}^{D}$ 计算，见图 5.7.11。由式(5.7.42C)可知，面上任意一点 x_{1}^{D}、$x_{42}^{D}(k)$、$x_{43}^{D}(k)$ 是参数 r 和 x_{1}^{D} 的函数，根据微分几何原理，有

$$\boldsymbol{\tau}_{4k}^{D}=\frac{\partial \boldsymbol{x}_{4k}^{D}}{r_{d}\partial\beta_{D}}=\frac{b_{T}}{r_{d}}\left[\cos(\chi_{2k}+\beta_{D})-r_{dT}\sin(\chi_{2k}+\beta_{D})\right]{}^{i_D}\boldsymbol{e}_{2}+\frac{b_{T}}{r_{d}}\left[\sin(\chi_{2k}+\beta_{D})+r_{dT}\cos(\chi_{2k}+\beta_{D})\right]{}^{i_D}\boldsymbol{e}_{3}$$

$$\boldsymbol{t}_{4k}^{D}=-\frac{\partial \boldsymbol{x}_{4k}^{D}}{\partial x_{1}^{D}}=-\left\{{}^{i_D}\boldsymbol{e}_{1}+\frac{\pi b_{T}}{r_{d}\eta_{d}(x_{1}^{D})}\left[\cos(\chi_{2k}+\beta_{D})-r_{dT}\sin(\chi_{2k}+\beta_{D})\right]{}^{i_D}\boldsymbol{e}_{2}\right\}-\frac{\pi b_{T}}{r_{d}\eta_{d}(x_{1}^{D})}\left[\sin(\chi_{2k}+\beta_{D})+r_{dT}\cos(\chi_{2k}+\beta_{D})\right]{}^{i_D}\boldsymbol{e}_{3}$$

$$\boldsymbol{n}_{4k}^{D}=\frac{\boldsymbol{\tau}_{4k}^{D}\times\boldsymbol{t}_{4k}^{D}}{\|\boldsymbol{\tau}_{4k}^{D}\times\boldsymbol{t}_{4k}^{D}\|}=-g_{4}^{D}\left\{\begin{array}{l}\left[\sin(\chi_{2k}+\beta_{D})-r_{dT}\cos(\chi_{2k}+\beta_{D})\right]{}^{i_D}\boldsymbol{e}_{2}\\ \quad-\left[\cos(\chi_{2k}+\beta_{D})-r_{dT}\sin(\chi_{2k}+\beta_{D})\right]{}^{i_D}\boldsymbol{e}_{3}\end{array}\right\}$$

$$g_{4}^{D}=\frac{b_{T}}{r_{d}}\tag{5.7.46}$$

$-\boldsymbol{t}_{4k}^{D}$ 表示膛线轨迹的切线方向，$\boldsymbol{\tau}_{4k}^{D}$ 表示身管横截面内阳线圆的切线方向。$\boldsymbol{\tau}_{4k}^{D}\cdot\boldsymbol{t}_{4k}^{D}\neq 0$，表明 $\boldsymbol{t}_{4k}^{D}$、$\boldsymbol{\tau}_{4k}^{D}$ 在面 $\bar{D}_{k}$ 内是不垂直的。

5.8　作用在火炮上的等效载荷

本节将根据底盘部分、上架部分、摇架部分和后坐部分等效载荷的一般表达式(5.6.10)、式(5.6.20)、式(5.6.30)、式(5.6.41)，分别给出对应等效载荷的具体计算表达式。由于集中载荷可以通过狄拉克函数转换成体积分布载荷的形式，因此本节给出的体积载荷包括了集中载荷和集中碰撞冲击载荷。

5.8.1 底盘部分等效载荷计算

底盘基本承力结构如图 5.8.1 所示,主要有贯穿前后的两根纵梁和若干横梁,纵梁和横梁上安装了若干连接支座等。底盘与地面接触的结构有千斤顶、座盘、驻锄、轮胎(若考虑其与地面接触工况),安装在底盘上的外座圈分别与安装在上架上的内座圈配合,方向机齿轮与内座圈固连并与外座圈咬合,当转动方向机齿轮时外座圈不运动,迫使方向齿轮与内座圈一起转动,实现了上架部分的方向回转。假定射击时轮胎离地,这样可以不考虑地面对轮胎的作用。记左右千斤顶、座盘、左右驻锄横板中心、左右驻锄立板中心与地面的接触点位置分别为 O_{12}^{Aa}、O_{22}^{Aa}、O_{2}^{Ab}、O_{12}^{Ar}、O_{22}^{Ar}、O_{12}^{As}、O_{22}^{As},这些点距坐标系 $\boldsymbol{i}_A$ 原点 o_A 的位置矢量分别为 $\boldsymbol{x}_{12}^{Aa}$、$\boldsymbol{x}_{22}^{Aa}$、$\boldsymbol{x}_{2}^{Ab}$、$\boldsymbol{x}_{12}^{Ar}$、$\boldsymbol{x}_{22}^{Ar}$、$\boldsymbol{x}_{12}^{As}$、$\boldsymbol{x}_{22}^{As}$(图中未画出)。

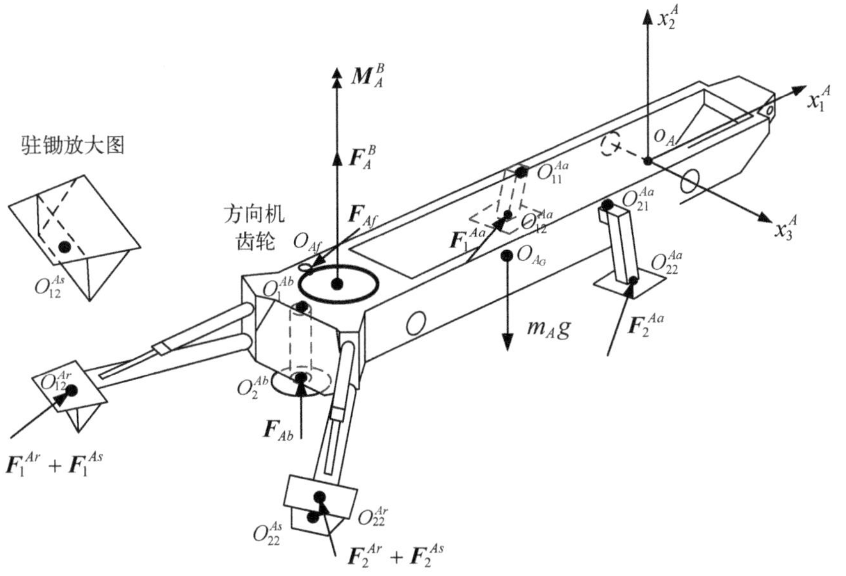

图 5.8.1 底盘承力结构

作用在底盘上的外载荷有自身重力、千斤顶与地面间的载荷、座盘与地面间的载荷、驻锄与地面间的载荷、上架方向机对外座圈的载荷等,上架上的内座圈对底盘外座圈的位移和转动约束作用载荷。

5.8.1.1 体积载荷

1) 重力

底盘部分的重力分布为

$$(\boldsymbol{f}_A)_1 = -\rho_A g^{i_G}\boldsymbol{e}_2 \tag{5.8.1A}$$

将式(5.8.1A)代入式(5.6.10)中 $\boldsymbol{P}_{II}^A$、$\boldsymbol{P}_V^A$ 的表达式,得

$$(\boldsymbol{P}_{II}^A)_1 = \int_{\Omega_A}(\boldsymbol{f}_A)_1 \mathrm{d}V = -\int_{\Omega_A}\rho_A g \mathrm{d}V^{i_G}\boldsymbol{e}_2 = -m_A g^{i_G}\boldsymbol{e}_2 \tag{5.8.1B}$$

$$(\boldsymbol{P}_V^A)_1 = \int_{\Omega_A}\tilde{\boldsymbol{x}}_A\cdot(\boldsymbol{f}_A)_1 \mathrm{d}V = -\int_{\Omega_A}\rho_A g\tilde{\boldsymbol{x}}_A\cdot{}^{i_G}\boldsymbol{e}_2 \mathrm{d}V = -m_A g\tilde{\boldsymbol{x}}_{A_G}\cdot{}^{i_G}\boldsymbol{e}_2 \tag{5.8.1C}$$

式中，$\boldsymbol{x}_{A_G}$ 为底盘的质心位置矢量。

2）方向机作用力

由于对齿轮的作用力永远与其齿弧的法向矢量方向相反，方向机在点 O_{Af} 处对外座圈的作用力为 $\boldsymbol{F}_{Af}=-F_{Af}\boldsymbol{n}_{Af}=F_j^{Af i_A}\boldsymbol{e}_j$，$F_{Af}$ 的计算公式由 8.2 节中的基本公式给出，$\boldsymbol{n}_{Af}$ 方向见图 5.8.2。

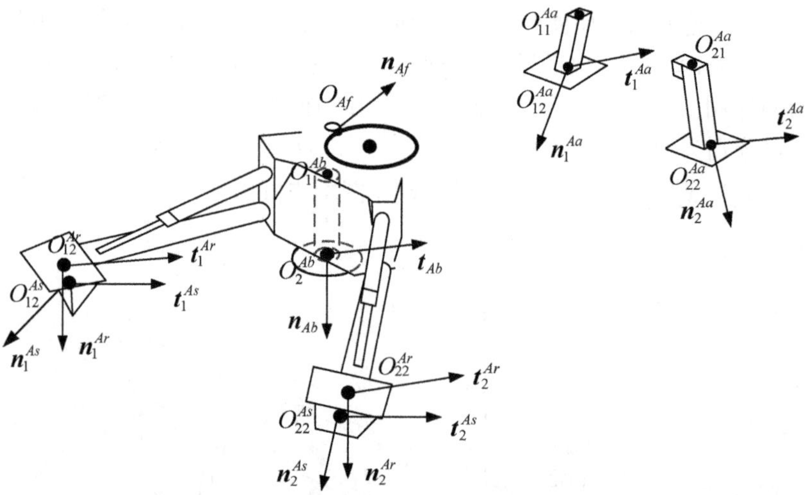

图 5.8.2　底盘接触界面的法线方向

$\boldsymbol{F}_{Af}$ 可以写成如下体积力的分别形式：

$$(\boldsymbol{f}_A)_2=\boldsymbol{F}_{Af}\delta(\boldsymbol{x}_A-\boldsymbol{x}_{Af}) \tag{5.8.2A}$$

式中，$\delta(\boldsymbol{x}_A-\boldsymbol{x}_{Af})$ 为三维狄拉克函数的简化表述，其定义式为

$$\delta(\boldsymbol{x}_A-\boldsymbol{x}_{Af})=\delta(x_1^A-x_1^{Af})\delta(x_2^A-x_2^{Af})\delta(x_3^A-x_3^{Af}) \tag{5.8.2B}$$

将式(5.8.2A)代入式(5.6.10)中 $\boldsymbol{P}_{II}^A$、$\boldsymbol{P}_V^A$ 的表达式，得

$$(\boldsymbol{P}_{II}^A)_2=\int_{\Omega_A}(\boldsymbol{f}_A)_2\mathrm{d}V=\int_{\Omega_A}\boldsymbol{F}_{Af}\delta(\boldsymbol{x}_A-\boldsymbol{x}_{Af})\mathrm{d}V=\boldsymbol{F}_{Af} \tag{5.8.2C}$$

$$(\boldsymbol{P}_V^A)_2=\int_{\Omega_A}\tilde{\boldsymbol{x}}_A\cdot(\boldsymbol{f}_A)_2\mathrm{d}V=\int_{\Omega_A}\tilde{\boldsymbol{x}}_A\cdot\boldsymbol{F}_{Af}\delta(\boldsymbol{x}_A-\boldsymbol{x}_{Af})\mathrm{d}V=\tilde{\boldsymbol{x}}_{Af}\cdot\boldsymbol{F}_{Af} \tag{5.8.2D}$$

3）土壤对左右千斤顶作用力

土壤对左右千斤顶压板的作用力具有以下形式：

$$\boldsymbol{F}_i^{Aa}=\begin{cases}-F_i^{Aa}[\boldsymbol{n}_i^{Aa}+\mathrm{sign}(v_i^{Aa})\mu_t\boldsymbol{t}_i^{Aa}], & F_i^{Aa}>0\\ \boldsymbol{0}, & F_i^{Aa}\leqslant 0\end{cases},\quad i=1,\ 2 \tag{5.8.3}$$

式中，F_i^{Aa} 的计算公式由 8.5 节中的基本公式给出；$\boldsymbol{n}_i^{Aa}$、$\boldsymbol{t}_i^{Aa}$ 方向见图 5.8.2；v_i^{Aa} 为沿 $\boldsymbol{t}_i^{Aa}$ 方向的速度；μ_t 见式(8.5.5)。上式表明，地面对千斤顶的作用力永远与千斤顶地板的法向矢量方向相反，否则为零。

$\boldsymbol{F}_i^{Aa}$ 可以写成如下体积力的形式：

$$(\boldsymbol{f}_A)_3 = \sum_{i=1}^{2} \boldsymbol{F}_i^{Aa}\delta(\boldsymbol{x}_A - \boldsymbol{x}_{i2}^{Aa}) \tag{5.8.4A}$$

引入一参考点 $\boldsymbol{F}_i^{Aa} O_{Au}$，该点距坐标系 $\boldsymbol{F}_i^{Aa} \boldsymbol{i}_A$ 原点 o_A 的位置矢量为 $\boldsymbol{x}_{Au} = x_j^{Au\boldsymbol{i}_A}\boldsymbol{e}_j$，可选择驻锄工作时点 O_{12}^{As} 与点 O_{22}^{As} 连线的中点为 O_{Au}。记 $\bar{\boldsymbol{x}}'^{Aa}_j$ 为 O_{Au} 至点 O_{j2}^{Aa} 的位置矢量，因此有

$$\boldsymbol{x}_{j2}^{Aa} = \boldsymbol{x}_{Au} + \bar{\boldsymbol{x}}'^{Aa}_{j2} \tag{5.8.4B}$$

将式(5.8.4A)、式(5.8.4B)代入式(5.6.10)中 $\boldsymbol{P}_{II}^A$、$\boldsymbol{P}_V^A$ 的表达式，得

$$(\boldsymbol{P}_{II}^A)_3 = \int_{\Omega_A} (\boldsymbol{f}_A)_3 \mathrm{d}V = \sum_{j=1}^{2} \boldsymbol{F}_j^{Aa} \tag{5.8.4C}$$

$$(\boldsymbol{P}_V^A)_3 = \int_{\Omega_A} \tilde{\boldsymbol{x}}_A \cdot (\boldsymbol{f}_A)_3 \mathrm{d}V = \sum_{j=1}^{2} \tilde{\boldsymbol{x}}_{j2}^{Aa} \cdot \boldsymbol{F}_j^{Aa} = \tilde{\boldsymbol{x}}_{Au} \cdot \left(\sum_{j=1}^{2} \boldsymbol{F}_j^{Aa}\right) + \sum_{j=1}^{2} \tilde{\bar{\boldsymbol{x}}}'^{Aa}_{j2} \cdot \boldsymbol{F}_j^{Aa} \tag{5.8.4D}$$

4）土壤对座盘的作用力

土壤对座盘的作用力具有以下形式：

$$\boldsymbol{F}_{Ab} = \begin{cases} -F_{Ab}[\boldsymbol{n}_{Ab} + \mathrm{sign}(v_{Ab})\boldsymbol{\mu}_t \boldsymbol{t}_{Ab}], & F_{Ab} > 0 \\ \boldsymbol{0}, & F_{Ab} \leqslant 0 \end{cases} \tag{5.8.5}$$

式中，F_{Ab} 的计算公式由 8.5 节中的基本公式给出；$\boldsymbol{n}_{Ab}$、$\boldsymbol{t}_{Ab}$ 方向见图 5.8.2；v_{Ab} 为沿 $\boldsymbol{t}_{Ab}$ 方向的速度；$\boldsymbol{\mu}_t$ 的表达式见(8.5.5)。上式表明，地面对座盘的作用力永远与座盘底板的法向矢量方向相反，否则为零。

$\boldsymbol{F}_{Ab}$ 可以写成如下体积力的形式：

$$(\boldsymbol{f}_A)_4 = \boldsymbol{F}_{Ab}\delta(\boldsymbol{x}_A - \boldsymbol{x}_2^{Ab}) \tag{5.8.6A}$$

记 $\bar{\boldsymbol{x}}'^{Ab}_2$ 为 O_{Au} 至点 O_2^{Ab} 的位置矢量，因此有

$$\boldsymbol{x}_2^{Ab} = \boldsymbol{x}_{Au} + \bar{\boldsymbol{x}}'^{Ab}_2 \tag{5.8.6B}$$

将式(5.8.6A)、式(5.8.6B)代入式(5.6.10)中 $\boldsymbol{P}_{II}^A$、$\boldsymbol{P}_V^A$ 的表达式，得

$$(\boldsymbol{P}_{II}^A)_4 = \int_{\Omega_A} (\boldsymbol{f}_A)_4 \mathrm{d}V = \boldsymbol{F}_{Ab} \tag{5.8.6C}$$

$$(\boldsymbol{P}_V^A)_4 = \int_{\Omega_A} \tilde{\boldsymbol{x}}_A \cdot (\boldsymbol{f}_A)_4 \mathrm{d}V = \tilde{\boldsymbol{x}}_A \cdot \boldsymbol{F}_{Ab} + \tilde{\bar{\boldsymbol{x}}}'^{Ab}_2 \cdot \boldsymbol{F}_{Ab} \tag{5.8.6D}$$

5）土壤对驻锄的作用力

土壤对座盘的作用力具有以下形式：

$$\boldsymbol{F}_i^{Ar} = \begin{cases} -F_i^{Ar}[\boldsymbol{n}_i^{Ar} + \mathrm{sign}(v_i^{Ar})\boldsymbol{\mu}_t \boldsymbol{t}_i^{Ar}], & F_i^{Ar} > 0 \\ \boldsymbol{0}, & F_i^{Ar} \leqslant 0 \end{cases}, \quad i = 1, 2 \tag{5.8.7A}$$

$$\boldsymbol{F}_i^{As} = \begin{cases} -F_i^{As}[\boldsymbol{n}_i^{As} + \mathrm{sign}(v_i^{As})\boldsymbol{\mu}_t \boldsymbol{t}_i^{As}], & F_i^{As} > 0 \\ \boldsymbol{0}, & F_i^{As} \leqslant 0 \end{cases}, \quad i = 1, 2 \tag{5.8.7B}$$

式中，F_i^{Ar}、F_i^{As} 的计算公式由 8.5 节中的基本公式给出；$\boldsymbol{n}_i^{Ar}$、$\boldsymbol{t}_i^{Ar}$、$\boldsymbol{n}_i^{As}$、$\boldsymbol{t}_i^{As}$ 方向见图 5.8.2；v_i^{Ar} 为沿 $\boldsymbol{t}_i^{Ar}$ 方向的速度；v_i^{As} 为沿 $\boldsymbol{t}_i^{As}$ 方向的速度；μ_t 的表达式见式(8.5.5)。上式表明，地面驻锄作用力永远与驻锄接触板的法向矢量方向相反，否则为零。

$\boldsymbol{F}_i^{Ar}$、$\boldsymbol{F}_i^{As}$ 可以写成如下体积力的形式：

$$(\boldsymbol{f}_A)_5 = \sum_{j=1}^{2}\left[\boldsymbol{F}_j^{Ar}\delta(\boldsymbol{x}_A - \boldsymbol{x}_{j2}^{Ar}) + \boldsymbol{F}_j^{As}\delta(\boldsymbol{x}_A - \boldsymbol{x}_{j2}^{As})\right] \tag{5.8.8A}$$

记 $\bar{\boldsymbol{x}}'^{Ar}_j$ 为 O_{Au} 至点 O_{j2}^{Ar} 的位置矢量，因此有

$$\boldsymbol{x}_{j2}^{Ar} = \boldsymbol{x}_{Au} + \bar{\boldsymbol{x}}'^{Ar}_{j2},\ \boldsymbol{x}_{j2}^{As} = \boldsymbol{x}_{Au} + \bar{\boldsymbol{x}}'^{As}_{j2},\quad j = 1,\ 2 \tag{5.8.8B}$$

将式(5.8.9A)、式(5.8.9B)代入式(5.6.10)中 $\boldsymbol{P}_{II}^A$、$\boldsymbol{P}_V^A$ 的表达式，得

$$(\boldsymbol{P}_{II}^A)_5 = \int_{\Omega_A}(\boldsymbol{f}_A)_5\mathrm{d}V = \sum_{j=1}^{2}(\boldsymbol{F}_j^{Ar} + \boldsymbol{F}_j^{As}) \tag{5.8.8C}$$

$$(\boldsymbol{P}_V^A)_5 = \int_{\Omega_A}\tilde{\boldsymbol{x}}_A\cdot(\boldsymbol{f}_A)_5\mathrm{d}V = \sum_{j=1}^{2}(\tilde{\bar{\boldsymbol{x}}}'^{Ar}_{j2}\cdot\boldsymbol{F}_j^{Ar} + \tilde{\bar{\boldsymbol{x}}}'^{As}_{j2}\cdot\boldsymbol{F}_j^{As}) \tag{5.8.8D}$$

6）内座圈对外座圈的约束反力

内、外座圈通过滚珠相互作用，假定外座圈回转轴上与内座圈底面交汇点为 O_{Az}，O_{Az} 距坐标系 $\boldsymbol{i}_A$ 原点 o_A 的位置矢量为 $\boldsymbol{x}_{Az}$，安装在上架上的内座圈通过滚珠对安装在底盘上的外座圈形成一个约束总反作用力 $\boldsymbol{F}_A^B = F_j^{BA\boldsymbol{i}_A}\boldsymbol{e}_j$ 和反作用力矩 $\boldsymbol{M}_A^B + \tilde{\boldsymbol{x}}_{Az}\cdot\boldsymbol{F}_A^B$，其中 $\boldsymbol{M}_A^B = M_j^{BA\boldsymbol{i}_A}\boldsymbol{e}_j$ 为所有滚柱对点 O_{Az} 的作用力矩。有关 F_j^{BA}、M_j^{BA} 的计算公式由 8.4 节中的基本公式给出。

5.8.1.2　底盘部分等效载荷合成

将上述惯性载荷、体积载荷形成的等效载荷代入式(5.6.10)，经求和整理得到如下作用在底盘部分上的等效载荷表达式：

$$\begin{cases}\boldsymbol{P}_1^A = \sum\limits_{i=1}^{5}(\boldsymbol{P}_{II}^A)_i = \boldsymbol{F}_A^B + \boldsymbol{F}_{Af} + \boldsymbol{F}_{Au} - m_A g^{i_G}\boldsymbol{e}_2\\ \boldsymbol{P}_2^A = \sum\limits_{i=1}^{5}(\boldsymbol{P}_V^A)_i = \tilde{\boldsymbol{x}}_{Af}\cdot\boldsymbol{F}_{Af} + \tilde{\boldsymbol{x}}_{Az}\cdot\boldsymbol{F}_A^B + \tilde{\boldsymbol{x}}_{Au}\cdot\boldsymbol{F}_{Au} - m_A g\tilde{\boldsymbol{x}}_{A_G}\cdot{}^{i_G}\boldsymbol{e}_2 + \boldsymbol{M}_A^B + \boldsymbol{M}_{Au}\end{cases} \tag{5.8.9A}$$

其中

$$\begin{aligned}\boldsymbol{F}_{Au} &= \sum_{j=1}^{2}(\boldsymbol{F}_j^{Aa} + \boldsymbol{F}_j^{Ar} + \boldsymbol{F}_j^{As}) + \boldsymbol{F}_{Ab}\\ \boldsymbol{M}_{Au} &= \sum_{j=1}^{2}(\tilde{\bar{\boldsymbol{x}}}'^{Aa}_{j2}\cdot\boldsymbol{F}_j^{Aa} + \tilde{\bar{\boldsymbol{x}}}'^{Ar}_{j2}\cdot\boldsymbol{F}_j^{Ar} + \tilde{\bar{\boldsymbol{x}}}'^{As}_{j2}\cdot\boldsymbol{F}_j^{As}) + \tilde{\bar{\boldsymbol{x}}}'^{Ab}_{2}\cdot\boldsymbol{F}_{Ab}\end{aligned} \tag{5.8.9B}$$

这里引入了约束反力和反力矩 $\boldsymbol{F}_A^B$、$\boldsymbol{M}_A^B$，与在 5.4 节运动分析中引入的上架相对底盘的运动 $\boldsymbol{x}_{AB}$ 一起作为待求的未知量，这些未知量可通过第 8.4 节中不确定性建模的方法来处理，以避免由于对座圈建模的不正确导致系统响应的误差。

5.8.2 上架部分等效载荷

上架部分的结构受力如图 5.8.3 所示，上架上安装的部件有方向机、左右高平机、耳轴座。转动方向机来完成回转部分、伸缩高平机来完成起落部分的动作。左右高平机与上架分别在点 O_1^{Bp}、O_2^{Bp} 处连接，方向机在上架上点 O_{Bf} 处与外座圈咬合，耳轴对耳轴座的作用点分别为 O_1^B、O_2^B，点 O_1^{Bp}、O_2^{Bp}、O_{Bf}、O_1^B、O_2^B 在坐标系 $\boldsymbol{i}_B$ 下的位置矢量分别为 $\boldsymbol{x}_1^{Bp}$、$\boldsymbol{x}_2^{Bp}$、$\boldsymbol{x}_{Bf}$、$\boldsymbol{x}_1^B$、$\boldsymbol{x}_2^B$。

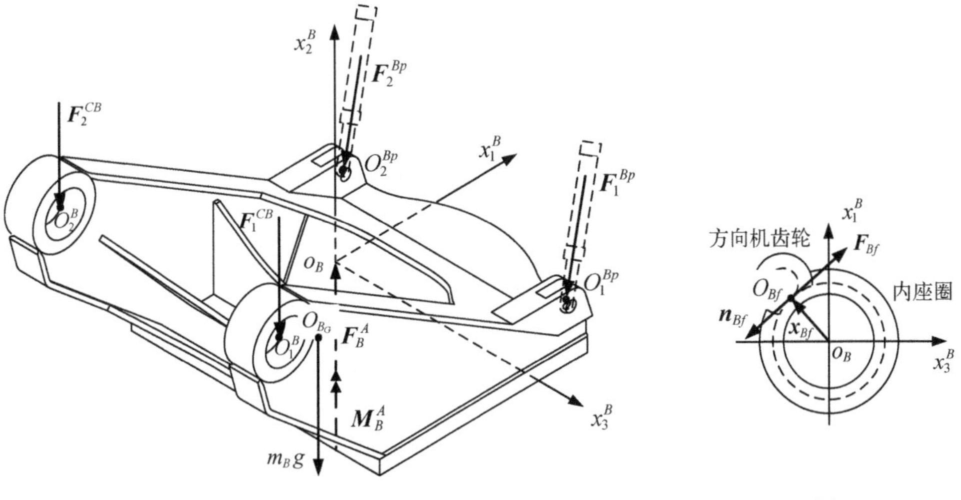

图 5.8.3 上架部分的结构受力示意图

作用在上架上的外载荷有自身重力、高平机载荷、方向机载荷等，约束载荷有底盘对内座圈的反作用力，摇架耳轴对耳轴座的反作用力。

5.8.2.1 体积载荷

1）重力

上架部分的重力分布为

$$(\boldsymbol{f}_B)_1 = -\rho_B g^{i_G}\boldsymbol{e}_2 \tag{5.8.10A}$$

将式(5.8.10A)代入式(5.6.20)中 $\boldsymbol{P}_{II}^B$、$\boldsymbol{P}_V^B$ 的表达式，得

$$(\boldsymbol{P}_{II}^B)_1 = \int_{\Omega_B}(\boldsymbol{f}_B)_1\mathrm{d}V = \int_{\Omega_B} -\rho_B g\mathrm{d}V^{i_G}\boldsymbol{e}_2 = -m_B g^{i_G}\boldsymbol{e}_2 \tag{5.8.10B}$$

$$(\boldsymbol{P}_V^B)_1 = \int_{\Omega_B}\tilde{\boldsymbol{x}}_B\cdot(\boldsymbol{f}_B)_1\mathrm{d}V = -\int_{\Omega_B}\rho_B g\tilde{\boldsymbol{x}}_B\cdot{}^{i_G}\boldsymbol{e}_2\mathrm{d}V = -m_B g\tilde{\boldsymbol{x}}_{B_G}\cdot{}^{i_G}\boldsymbol{e}_2 \tag{5.8.10C}$$

式中，$\boldsymbol{x}_{B_G}$ 为上架部分的质心位置坐标矢量。

2）高平机支撑力

高平机支撑力 $\boldsymbol{F}_{Bp}$ 具有以下形式：

$$\boldsymbol{F}_{Bp} = -F_1^{Bp}\boldsymbol{n}_1^{Bp} - F_2^{Bp}\boldsymbol{n}_2^{Bp} = \boldsymbol{F}_1^{Bp} + \boldsymbol{F}_2^{Bp} \tag{5.8.11}$$

式中，F_1^{Bp}、F_2^{Bp} 的计算公式由 8.3 节中的基本公式给出；$\boldsymbol{n}_1^{Bp}$、$\boldsymbol{n}_2^{Bp}$ 的计算公式由式(5.7.25)给出。上式表明，高平机支撑力永远与方向矢量相反。

高平机支撑力 $\boldsymbol{F}_{Bp}$ 表达式(5.8.11)可以写成如下体积力的形式：

$$(\boldsymbol{f}_B)_2 = \boldsymbol{F}_{Bp}\delta(\boldsymbol{x}_B - \boldsymbol{x}_{Bp}) = -F_1^{Bp}\boldsymbol{n}_1^{Bp}\delta(\boldsymbol{x}_B - \boldsymbol{x}_1^{Bp}) - F_2^{Bp}\boldsymbol{n}_2^{Bp}\delta(\boldsymbol{x}_B - \boldsymbol{x}_2^{Bp}) \quad (5.8.12\text{A})$$

将式(5.8.12A)代入式(5.6.20)中 $\boldsymbol{P}_{II}^B$、$\boldsymbol{P}_V^B$ 的表达式，得

$$(\boldsymbol{P}_{II}^B)_2 = \int_{\Omega_B}(\boldsymbol{f}_B)_2 \mathrm{d}V = \int_{\Omega_B}\boldsymbol{F}_{Bp}\delta(\boldsymbol{x}_B - \boldsymbol{x}_{Bp})\mathrm{d}V = \boldsymbol{F}_1^{Bp} + \boldsymbol{F}_2^{Bp} \quad (5.8.12\text{B})$$

$$(\boldsymbol{P}_V^B)_2 = \int_{\Omega_B}\tilde{\boldsymbol{x}}_B \cdot (\boldsymbol{f}_B)_2 \mathrm{d}V = \tilde{\boldsymbol{x}}_1^{Bp} \cdot \boldsymbol{F}_1^{Bp} + \tilde{\boldsymbol{x}}_2^{Bp} \cdot \boldsymbol{F}_2^{Bp} \quad (5.8.12\text{C})$$

3) 方向机作用力

外座圈在点 O_{Bf} 处对方向机的作用力为 $\boldsymbol{F}_{Bf} = -F_{Bf}\boldsymbol{n}_{Bf} = F_j^{Bf i_B}\boldsymbol{e}_j$，$F_{Bf}$ 的计算公式由 8.4 节中的基本公式给出，$\boldsymbol{n}_{Bf}$ 的方向见图 5.8.3。

方向机作用力 $\boldsymbol{F}_{Bf}$ 的表达式可以写成如下体积力的形式：

$$(\boldsymbol{f}_B)_3 = \boldsymbol{F}_{Bf}\delta(\boldsymbol{x}_B - \boldsymbol{x}_{Bf}) \quad (5.8.13\text{A})$$

将式(5.8.13A)代入式(5.6.20)中 $\boldsymbol{P}_{II}^B$、$\boldsymbol{P}_V^B$ 的表达式，得

$$(\boldsymbol{P}_{II}^B)_3 = \int_{\Omega_B}(\boldsymbol{f}_B)_3 \mathrm{d}V = \int_{\Omega_B}\boldsymbol{F}_{Bf}\delta(\boldsymbol{x}_B - \boldsymbol{x}_{Bf})\mathrm{d}V = \boldsymbol{F}_{Bf} \quad (5.8.13\text{B})$$

$$(\boldsymbol{P}_V^B)_3 = \int_{\Omega_B}\tilde{\boldsymbol{x}}_B \cdot (\boldsymbol{f}_B)_3 \mathrm{d}V = \tilde{\boldsymbol{x}}_{Bf} \cdot \boldsymbol{F}_{Bf} \quad (5.8.13\text{C})$$

4) 约束反力

摇架耳轴对上架耳轴座的反作用力具有以下形式：$\boldsymbol{F}_1^{CB} = F_{1j}^{CB i_B}\boldsymbol{e}_j$，$\boldsymbol{F}_2^{CB} = F_{2j}^{CB i_B}\boldsymbol{e}_j$，有关 F_{1j}^{CB}、F_{2j}^{CB} 的计算公式可仿照 8.4 节中座圈的基本方法得到。安装在底盘上的外座圈通过滚珠对安装在上架上的内座圈起约束，假定内座圈底面与其回转轴的交汇点为 O_{Bz}，O_{Bz} 距坐标系 $\boldsymbol{i}_B$ 原点 o_B 的位置矢量为 $\boldsymbol{x}_{Bz}$，外座圈滚柱对内座圈作用形成一个约束总反作用力 $\boldsymbol{F}_B^A = F_j^{AB i_B}\boldsymbol{e}_j$ 和反作用力矩 $\boldsymbol{M}_B^A + \tilde{\boldsymbol{x}}_{Bz} \cdot \boldsymbol{F}_B^A$，其中 $\boldsymbol{M}_B^A = F_j^{AB i_B}\boldsymbol{e}_j$ 为所有滚柱对点 O_{Bz} 的作用力矩。有关 F_j^{AB}、M_j^{AB} 的计算公式由 8.4 节中的基本方法得到。

5.8.2.2 上架部分等效载荷合成

将上述惯性载荷、体积载荷形成的等效载荷代入式(5.6.20)，经求和整理得到如下作用在后坐部分上的等效载荷表达式：

$$\begin{cases} \boldsymbol{P}_1^B = \boldsymbol{P}_3^B = \sum\limits_{i=1}^{3}(\boldsymbol{P}_{II}^B)_i = \boldsymbol{F}_1^{Bp} + \boldsymbol{F}_2^{Bp} + \boldsymbol{F}_{Bf} + \boldsymbol{F}_B^A + \boldsymbol{F}_1^{CB} + \boldsymbol{F}_2^{CB} - m_B g^{i_G}\boldsymbol{e}_2 \\ \boldsymbol{P}_2^B = \tilde{\boldsymbol{U}}_A^B \cdot \boldsymbol{P}_1^B + \boldsymbol{P}_4^B \\ \boldsymbol{P}_4^B = \sum\limits_{i=1}^{3}(\boldsymbol{P}_V^B)_i = \tilde{\boldsymbol{x}}_1^{Bp} \cdot \boldsymbol{F}_1^{Bp} + \tilde{\boldsymbol{x}}_2^{Bp} \cdot \boldsymbol{F}_2^{Bp} + \tilde{\boldsymbol{x}}_{Bf} \cdot \boldsymbol{F}_{Bf} + \tilde{\boldsymbol{x}}_{Bz} \cdot \boldsymbol{F}_B^A + \tilde{\boldsymbol{x}}_1^B \cdot \boldsymbol{F}_1^{CB} \\ \qquad + \tilde{\boldsymbol{x}}_2^B \cdot \boldsymbol{F}_2^{CB} - m_B g \tilde{\boldsymbol{x}}_{B_G} \cdot {}^{i_G}\boldsymbol{e}_2 + \boldsymbol{M}_B^A \end{cases}$$

(5.8.14)

5.8.3 摇架部分等效载荷

摇架部分的结构受力如图 5.8.4 所示，摇架上安装的部件有左右高平机、左右耳轴、前后套筒、对称布置的驻栓室。伸缩高平机来完成起落部分绕耳轴的高低转动，左右耳轴与上架上的轴承座配合，使起落部分高低转动，后坐部分在前后套筒上运动形成后坐，驻栓室与驻栓配合阻止后坐部分旋转。高平机与摇架在点 O_1^{Cp}、O_2^{Cp} 处连接，制退机、复进机分别在摇架上点 O_{Cz}、O_{Cf} 处连接，后坐部分在摇架前后套筒上点 O_1^{Cs}、O_2^{Cs} 处接触，后坐部分左右驻栓与摇架左右驻栓室分别在点 O_1^{Cr}、O_2^{Cr} 处接触，架耳轴座对左右耳轴的作用点 O_1^{C}、O_2^{C}。在坐标系 $\boldsymbol{i}_C$ 下点 O_1^{Cp}、O_2^{Cp}、O_{Cz}、O_{Cf}、O_1^{Cs}、O_2^{Cs}、O_1^{Cr}、O_2^{Cr}、O_1^{C}、O_2^{C} 的位置矢量分别为 $\boldsymbol{x}_1^{Cp}$、$\boldsymbol{x}_2^{Cp}$、$\boldsymbol{x}_{Cz}$、$\boldsymbol{x}_{Cf}$、$\boldsymbol{x}_1^{Cs}$、$\boldsymbol{x}_2^{Cs}$、$\boldsymbol{x}_1^{Cr}$、$\boldsymbol{x}_2^{Cr}$、$\boldsymbol{x}_1^{C}$、$\boldsymbol{x}_2^{C}$（部分未在图中画出）。

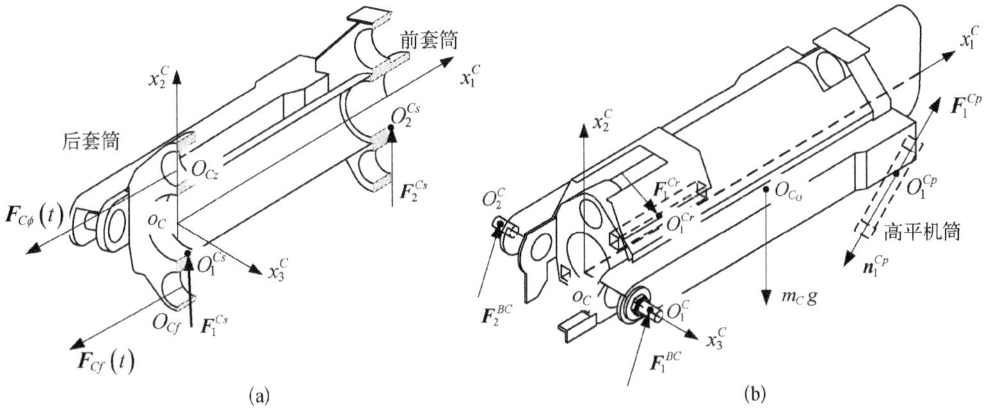

图 5.8.4 摇架部分的结构受力示意图

作用在摇架上的力有左右高平机支撑力、制退机力、复进机力、自重 $m_C g$，约束反力有后坐部分对前后套筒的作用力，后坐部分驻栓对摇架驻栓室的作用力，上架耳轴座对耳轴的作用力等。

5.8.3.1 体积载荷

1）重力

摇架部分的重力分布为

$$(\boldsymbol{f}_C)_1 = -\rho_C g^{i_G}\boldsymbol{e}_2 \tag{5.8.15A}$$

将式(5.8.15A)代入式(5.6.30)中 $\boldsymbol{P}_{II}^C$、$\boldsymbol{P}_V^C$ 的表达式，得

$$(\boldsymbol{F}_{II}^C)_1 = \int_{\Omega_C}(\boldsymbol{f}_C)_1 \mathrm{d}V = \int_{\Omega_C} -\rho_C g \mathrm{d}V^{i_G}\boldsymbol{e}_2 = -m_C g^{i_G}\boldsymbol{e}_2 \tag{5.8.15B}$$

$$(\boldsymbol{F}_V^C)_1 = \int_{\Omega_C}\tilde{\boldsymbol{x}}_C \cdot (\boldsymbol{f}_C)_1 \mathrm{d}V = -m_C g \tilde{\boldsymbol{x}}_{C_G} \cdot {}^{i_G}\boldsymbol{e}_2 \tag{5.8.15C}$$

式中，$\tilde{\boldsymbol{x}}_{C_G}$ 为起落部分质心的位置坐标矢量。

2）高平机支撑力

高平机支撑力 $\boldsymbol{F}_{Cp}$ 具有以下形式：

$$\boldsymbol{F}_{Cp} = -F_1^{Cp}\boldsymbol{n}_1^{Cp} - F_2^{Cp}\boldsymbol{n}_2^{Cp} = \boldsymbol{F}_1^{Cp} + \boldsymbol{F}_2^{Cp} \tag{5.8.16}$$

式中，F_1^{Cp}、F_2^{Cp} 的计算公式由 8.3 节中的基本公式给出；$\boldsymbol{n}_1^{Cp}$、$\boldsymbol{n}_2^{Cp}$ 与式(5.7.25)的结果方向相反。上式表明,高平机支撑力永远与方向矢量相反。

高平机支撑力 $\boldsymbol{F}_{Cp}$ 的表达式可以写成如下体积力的形式：

$$(\boldsymbol{f}_C)_2 = \boldsymbol{F}_1^{Cp}\delta(\boldsymbol{x}_C - \boldsymbol{x}_1^{Cp}) + \boldsymbol{F}_2^{Cp}\delta(\boldsymbol{x}_C - \boldsymbol{x}_2^{Cp}) \tag{5.8.17A}$$

将式(5.8.17A)代入式(5.6.30)中 $\boldsymbol{P}_{II}^C$、$\boldsymbol{P}_V^C$ 的表达式,得

$$(\boldsymbol{F}_{II}^C)_2 = \sum_{i=1}^{2}\int_{\Omega_C}\boldsymbol{F}_i^{Cp}\delta(\boldsymbol{x}_C - \boldsymbol{x}_i^{Cp})\mathrm{d}V = \boldsymbol{F}_1^{Cp} + \boldsymbol{F}_2^{Cp} \tag{5.8.17B}$$

$$(\boldsymbol{F}_V^C)_2 = \sum_{i=1}^{2}\int_{\Omega_C}\tilde{\boldsymbol{x}}_C\cdot\boldsymbol{F}_i^{Cp}\delta(\boldsymbol{x}_C - \boldsymbol{x}_i^{Cp})\mathrm{d}V = \tilde{\boldsymbol{x}}_1^{Cp}\cdot\boldsymbol{F}_1^{Cp} + \tilde{\boldsymbol{x}}_2^{Cp}\cdot\boldsymbol{F}_2^{Cp} \tag{5.8.17C}$$

3）制退机作用力

若不考虑制退机的惯性,根据作用力与反作用力原理,通过制退筒作用在摇架上的力 $\boldsymbol{F}_{C\phi}$ 与通过制退杆作用在炮尾上的力 $\boldsymbol{F}_{D\phi}$ 大小相等、方向相反,即 $\boldsymbol{F}_{C\phi} = F_j^{C\phi i_C}\boldsymbol{e}_j = -\boldsymbol{F}_{D\phi}$，$\boldsymbol{F}_{D\phi}$ 由式(5.8.26C)给出。作用在摇架上的制推机作用力 $\boldsymbol{F}_{C\phi}$ 可以写成如下体积力的形式：

$$(\boldsymbol{f}_C)_3 = \boldsymbol{F}_{C\phi}\delta(\boldsymbol{x}_C - \boldsymbol{x}_{Cz}) \tag{5.8.18A}$$

将式(5.8.18A)代入式(5.6.30)中 $\boldsymbol{P}_{II}^C$、$\boldsymbol{P}_V^C$ 的表达式,得

$$(\boldsymbol{F}_{III}^C)_3 = \int_{\Omega_C}(\boldsymbol{f}_C)_3\mathrm{d}V = \boldsymbol{F}_{C\phi} \tag{5.8.18B}$$

$$(\boldsymbol{F}_V^C)_3 = \int_{\Omega_C}\tilde{\boldsymbol{x}}_C\cdot(\boldsymbol{f}_C)_3\mathrm{d}V = \tilde{\boldsymbol{x}}_{Cz}\cdot\boldsymbol{F}_{C\phi} \tag{5.8.18C}$$

注意表达式 $\tilde{\boldsymbol{x}}_{Cz}\cdot\boldsymbol{F}_{C\phi}$ 即为制退机作用力对摇架轴线的作用力矩。

4）复进机作用力

若不考虑复进机的惯性,根据作用力与反作用力原理,通过复进筒作用在摇架上的力 $\boldsymbol{F}_{Cf}$ 与通过复进杆作用在炮尾上的力 $\boldsymbol{F}_{Df}$ 大小相等、方向相反,即 $\boldsymbol{F}_{Cf} = F_j^{Cfi_C}\boldsymbol{e}_j = -\boldsymbol{F}_{Df}$，$\boldsymbol{F}_{Df}$ 由式(5.8.28B)给出。作用在摇架上的复进机力 $\boldsymbol{F}_{Cf}$ 可以写成如下体积力的形式：

$$(\boldsymbol{f}_C)_4 = \boldsymbol{F}_{Cf}\delta(\boldsymbol{x}_C - \boldsymbol{x}_{Cf}) \tag{5.8.19A}$$

将式(5.8.19A)代入式(5.6.30)中 $\boldsymbol{P}_{II}^C$、$\boldsymbol{P}_V^C$ 的表达式,得

$$(\boldsymbol{F}_{II}^C)_4 = \int_{\Omega_C}(\boldsymbol{f}_C)_4\mathrm{d}V = \boldsymbol{F}_{Cf} \tag{5.8.19B}$$

$$(\boldsymbol{F}_V^C)_4 = \int_{\Omega_C}\tilde{\boldsymbol{x}}_C\cdot(\boldsymbol{f}_C)_4\mathrm{d}V = \tilde{\boldsymbol{x}}_{Cf}\cdot\boldsymbol{F}_{Cf} \tag{5.8.19C}$$

注意表达式 $\tilde{\boldsymbol{x}}_{Cf}\cdot\boldsymbol{F}_{Cf}$ 即为复进机作用力对摇架轴线的作用力矩。

5）后坐部分对摇架前后套筒的作用力

后坐部分对摇架前后套筒的作用力 $\boldsymbol{F}_{Cs}$ 具有以下形式：

$$\boldsymbol{F}_{Cs} = \boldsymbol{F}_1^{Cs} + \boldsymbol{F}_2^{Cs} \tag{5.8.20A}$$

$$\boldsymbol{F}_i^{Cs} = -F_i^{Cs}[\boldsymbol{n}_i^{Cs} + \mathrm{sign}(v_i^{Cs})\mu_S\boldsymbol{t}_i^{Cs}],\quad i = 1, 2 \tag{5.8.20B}$$

式中，F_i^{Cs} 的计算公式由 8.1 节中的基本方法得到；$\boldsymbol{n}_i^{Cs}$、$\boldsymbol{t}_i^{Cs}$ 的含义见图 5.7.6；v_i^{Cs} 为 $\boldsymbol{t}_i^{Cs}$ 方向的速度；μ_S 为摩擦系数。上式表明，作用力永远与方向矢量相反。

$\boldsymbol{F}_{Cs}$ 可以写成如下体积力的形式：

$$(\boldsymbol{f}_C)_5 = \boldsymbol{F}_1^{Cs}\delta(\boldsymbol{x}_C - \boldsymbol{x}_1^{Cs}) + \boldsymbol{F}_2^{Cs}\delta(\boldsymbol{x}_C - \boldsymbol{x}_2^{Cs}) \tag{5.8.21A}$$

将式(5.8.21A)代入式(5.6.30)中 $\boldsymbol{P}_{II}^C$、$\boldsymbol{P}_V^C$ 的表达式，得

$$(\boldsymbol{F}_{II}^C)_5 = \int_{\Omega_C} (\boldsymbol{f}_C)_5 \mathrm{d}V = \boldsymbol{F}_1^{Cs} + \boldsymbol{F}_2^{Cs} \tag{5.8.21B}$$

$$(\boldsymbol{F}_V^C)_5 = \int_{\Omega_C} \tilde{\boldsymbol{x}}_C \cdot (\boldsymbol{f}_C)_5 \mathrm{d}V = \tilde{\boldsymbol{x}}_1^{Cs} \cdot \boldsymbol{F}_1^{Cs} + \tilde{\boldsymbol{x}}_2^{Cs} \cdot \boldsymbol{F}_2^{Cs} \tag{5.8.21C}$$

6）后坐部分驻栓对驻栓室的作用力

驻栓对驻栓室的作用力 $\boldsymbol{F}_{Cr}$ 具有以下形式：

$$\boldsymbol{F}_{Cr} = \boldsymbol{F}_1^{Cr} + \boldsymbol{F}_2^{Cr} \tag{5.8.22A}$$

$$\boldsymbol{F}_i^{Cr} = - F_i^{Cr}[\boldsymbol{n}_i^{Cr} + \mathrm{sign}(v_i^{Cr})\mu_R \boldsymbol{t}_i^{Cr}], \quad i = 1, 2 \tag{5.8.22B}$$

式中，F_i^{Cr} 的计算公式由 8.3 节中的基本公式给出；$\boldsymbol{n}_i^{Cr}$、$\boldsymbol{t}_i^{Cr}$ 的含义见图 5.7.5；v_i^{Cr} 为 $\boldsymbol{t}_i^{Cr}$ 方向的速度；μ_R 为摩擦系数。上式表明，反作用力永远与方向矢量相反。

$\boldsymbol{F}_{Cr}$ 可以写成如下体积力的形式：

$$(\boldsymbol{f}_C)_6 = \boldsymbol{F}_1^{Cr}\delta(\boldsymbol{x}_C - \boldsymbol{x}_1^{Cr}) + \boldsymbol{F}_2^{Cr}\delta(\boldsymbol{x}_C - \boldsymbol{x}_2^{Cr}) \tag{5.8.23A}$$

将式(5.8.23A)代入式(5.6.30)中 $\boldsymbol{P}_{II}^C$、$\boldsymbol{P}_V^C$ 的表达式，得

$$(\boldsymbol{F}_{II}^C)_6 = \int_{\Omega_C} (\boldsymbol{f}_C)_6 \mathrm{d}V = \boldsymbol{F}_1^{Cr} + \boldsymbol{F}_2^{Cr} \tag{5.8.23B}$$

$$(\boldsymbol{F}_V^C)_6 = \int_{\Omega_C} \tilde{\boldsymbol{x}}_C \cdot (\boldsymbol{f}_C)_5 \mathrm{d}V = \tilde{\boldsymbol{x}}_1^{Cr} \cdot \boldsymbol{F}_1^{Cr} + \tilde{\boldsymbol{x}}_2^{Cr} \cdot \boldsymbol{F}_2^{Cr} \tag{5.8.23C}$$

7）约束反力

上架耳轴座对摇架耳轴的约束反力具有以下形式：$\boldsymbol{F}_i^{BC} = F_{ij}^{BC\,i_B}\boldsymbol{e}_j$，有关 F_{ij}^{BC} 的计算公式可仿照 8.4 节中座圈的基本方法得到。

5.8.3.2　摇架部分等效载荷合成

将上述惯性载荷、体积载荷形成的等效载荷代入式(5.6.30)，经整理得到如下作用在摇架部分上的等效载荷表达式：

$$\begin{cases} \boldsymbol{P}_1^C = \boldsymbol{P}_3^C = \boldsymbol{P}_5^C = \sum\limits_{i=1}^{6} (\boldsymbol{P}_{II}^C)_i = \boldsymbol{F}_1^{Cp} + \boldsymbol{F}_2^{Cp} + \boldsymbol{F}_{C\phi} + \boldsymbol{F}_{Cf} + \boldsymbol{F}_1^{Cs} + \boldsymbol{F}_2^{Cs} \\ \qquad + \boldsymbol{F}_1^{Cr} + \boldsymbol{F}_2^{Cr} + \boldsymbol{F}_1^{BC} + \boldsymbol{F}_2^{BC} - m_C g^{i_G}\boldsymbol{e}_2 \\ \boldsymbol{P}_2^C = \tilde{\boldsymbol{U}}_A^C \cdot \boldsymbol{P}_1^C + \boldsymbol{P}_6^C \\ \boldsymbol{P}_4^C = \tilde{\boldsymbol{U}}_B^C \cdot \boldsymbol{P}_1^C + \boldsymbol{P}_6^C \\ \boldsymbol{P}_6^C = \sum\limits_{i=1}^{6} (\boldsymbol{P}_V^C)_i = \tilde{\boldsymbol{x}}_1^{Cp} \cdot \boldsymbol{F}_1^{Cp} + \tilde{\boldsymbol{x}}_2^{Cp} \cdot \boldsymbol{F}_2^{Cp} + \tilde{\boldsymbol{x}}_{Cz} \cdot \boldsymbol{F}_{C\phi} + \tilde{\boldsymbol{x}}_{Cf} \cdot \boldsymbol{F}_{Cf} + \tilde{\boldsymbol{x}}_1^{Cs} \cdot \boldsymbol{F}_1^{Cs} + \tilde{\boldsymbol{x}}_2^{Cs} \cdot \boldsymbol{F}_2^{Cs} \\ \qquad + \tilde{\boldsymbol{x}}_1^{Cr} \cdot \boldsymbol{F}_1^{Cr} + \tilde{\boldsymbol{x}}_2^{Cr} \cdot \boldsymbol{F}_2^{Cr} + \tilde{\boldsymbol{x}}_1^{C} \cdot \boldsymbol{F}_1^{BC} + \tilde{\boldsymbol{x}}_2^{C} \cdot \boldsymbol{F}_2^{BC} - m_C g \tilde{\boldsymbol{x}}_{C_G} \cdot {}^{i_G}\boldsymbol{e}_2 \end{cases} \tag{5.8.24}$$

5.8.4 后坐部分等效载荷

后坐部分的结构受力如图 5.8.5 所示,后坐部分上有制退机、复进机。后坐部分支撑在摇架套筒上,通过制退机、复进机运动实现后坐复进。制退机、复进机分别在炮尾上点 O_{Dz}、O_{Df} 处连接,前后套筒对后坐部分的支撑点为 O_1^{Ds}、O_2^{Ds},驻栓室对驻栓的作用点为 O_1^{Dr}、O_2^{Dr}(O_2^{Dr} 在 O_1^{Dr} 的中心对称处)。在坐标系 $\boldsymbol{i}_D$ 下点 O_{Dz}、O_{Df}、O_1^{Ds}、O_2^{Ds}、O_1^{Dr}、O_2^{Dr} 的位置矢量分别为 $\boldsymbol{x}_{Dz}$、$\boldsymbol{x}_{Df}$、$\boldsymbol{x}_1^{Ds}$、$\boldsymbol{x}_2^{Ds}$、$\boldsymbol{x}_1^{Dr}$、$\boldsymbol{x}_2^{Dr}$(图中未画出)。

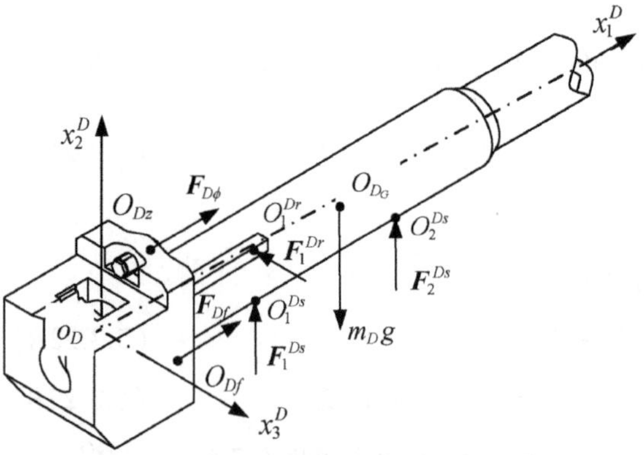

图 5.8.5 后坐部分的结构受力图

作用在后坐部分上的力有火药气体分布力、制退机力、复进机力、自重力,约束反力有前后套筒对后坐部分的作用力,驻栓室对后坐部分驻栓的作用力、弹丸前定心部对身管内壁的接触碰撞力、弹带对身管内膛的作用力等。

5.8.4.1 体积载荷

1) 重力

炮身的重力分布为

$$(\boldsymbol{f}_D)_1 = (\boldsymbol{f}_e)_1 = (\boldsymbol{f}_{Db})_1 = (\boldsymbol{f}_{Dc})_1 = -\rho_D g^{\boldsymbol{i}_G}\boldsymbol{e}_2 \tag{5.8.25A}$$

将式(5.8.25A)代入式(5.6.41)中 $\boldsymbol{P}_{II}^D$、$\boldsymbol{P}_V^D$、$\boldsymbol{P}_{9II}^D$ 表达式,得

$$(\boldsymbol{P}_{II}^D)_1 = \int_{\Omega_D}(\boldsymbol{f}_D)_1 \mathrm{d}V = \int_{\Omega_D} -\rho_D g \mathrm{d}V^{\boldsymbol{i}_G}\boldsymbol{e}_2 = -m_D g^{\boldsymbol{i}_G}\boldsymbol{e}_2 \tag{5.8.25B}$$

$$(\boldsymbol{P}_V^D)_1 = \int_{\Omega_D}\tilde{\boldsymbol{x}}_D \cdot (\boldsymbol{f}_D)_1 \mathrm{d}V = -m_D g\tilde{\boldsymbol{x}}_{D_G} \cdot {}^{\boldsymbol{i}_G}\boldsymbol{e}_2 \tag{5.8.25C}$$

$$(\boldsymbol{P}_{9II}^D)_1 = \sum_{e=1}^{m_D}\int_{\Omega_{Da}^e}(\boldsymbol{Z}_e^{Da}\boldsymbol{N}_e)^{\mathrm{T}}(\boldsymbol{f}_e)_1 \mathrm{d}V + [\boldsymbol{N}_D(\boldsymbol{0})]^{\mathrm{T}}\int_{\Omega_{Db}}(\boldsymbol{Z}_{Db})^{\mathrm{T}}(\boldsymbol{f}_{Db})_1 \mathrm{d}V + [\boldsymbol{N}_D(\boldsymbol{l}_{Ds})]^{\mathrm{T}}\int_{\Omega_{Dc}}(\boldsymbol{Z}_{Dc})^{\mathrm{T}}(\boldsymbol{f}_{Dc})_1 \mathrm{d}V \tag{5.8.25D}$$

式中, $\tilde{\boldsymbol{x}}_{D_G}$ 为后坐部分质心位置坐标矢量。

2) 制退机力

如图 5.8.6 所示,制退杆与炮尾在点 O_{Dz} 处连接,该点距坐标系 $\boldsymbol{i}_D$ 原点 o_D 的位置矢量为 $\boldsymbol{x}_{Dz} = x_i^{Dz\boldsymbol{i}_D}\boldsymbol{e}_i$, 令 $\dot{\boldsymbol{U}}_D$ 表达式(5.5.3B)中的 $\boldsymbol{x}_D = \boldsymbol{x}_{Dz}$、$\dot{\boldsymbol{U}}_C$ 表达式(5.4.8B)中的 $\boldsymbol{x}_C = \boldsymbol{x}_{Cz}$, 并将两个结果相减得到点 O_{Dz} 相对于点 O_{Cz} 的运动速度 $\dot{\boldsymbol{\delta}}_{DCz} = \dot{\boldsymbol{U}}_D(x_{Dz}) - \dot{\boldsymbol{U}}_C(x_{Cz})$, 令

$$v_\phi = \dot{\boldsymbol{\delta}}_{DCz} \cdot {}^{\boldsymbol{i}_D}\boldsymbol{e}_1 \tag{5.8.26A}$$

制退机力 $F_\phi(t)$ 的表达式由参考文献(高树滋等,1995)中式(5-11)给出:

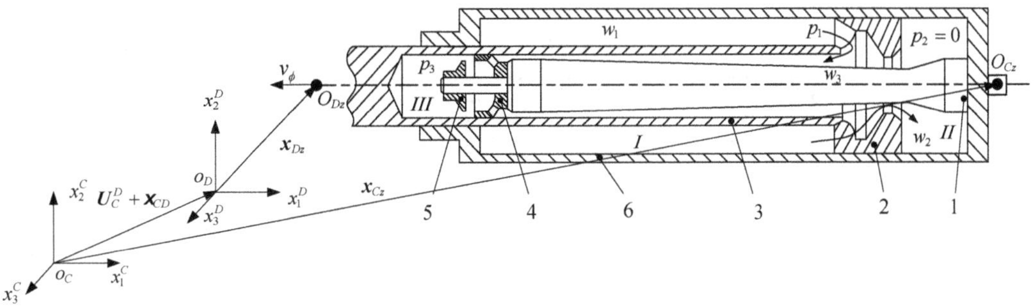

图 5.8.6　节制杆式制退机原理图

1—节制杆;2—节制环;3—制退杆;4—调速筒;5—活瓣;6—制退筒

$$F_{\phi}(t) = \frac{K_{\phi 1}\rho_{\phi}}{2}\left(\frac{(A_{\phi 0} - A_{\phi p})^2}{a_{\phi x}^2} + \frac{K_{\phi 2}}{K_{\phi 1}}\frac{A_{fj}^2}{A_{\phi 1}^2}\right)(v_{\phi})^2 \tag{5.8.26B}$$

式中,$A_{\phi 0}$ 为制退机活塞工作面积;$A_{\phi p}$ 为节制环孔面积;A_{fj} 为复进节制器工作面积;$a_{\phi x}$ 为节制杆任意截面的流液孔面积;$A_{\phi 1}$ 为制退机中支流最小面积;$\boldsymbol{\rho}_{\phi}$ 为液体密度;$K_{\phi 1}$ 为主流液压阻力系数;$K_{\phi 2}$ 为支流液压阻力系数。

制退机力的矢量形式为

$$\boldsymbol{F}_{D\phi}(t) = -\operatorname{sign}(v_{\phi})F_{\phi}(t)\,{}^{i_D}\boldsymbol{e}_1 \tag{5.8.26C}$$

式中,$\operatorname{sign}(v_{\phi})$ 为符号函数,当 $v_{\phi} > 0$ 时,$\operatorname{sign}(v_{\phi}) = 1$;当 $v_{\phi} < 0$ 时,$\operatorname{sign}(v_{\phi}) = -1$;当 $v_{\phi} = 0$ 时,$\operatorname{sign}(v_{\phi}) = 0$。上式表明制退机力永远与速度 v_{ϕ} 方向相反。

$\boldsymbol{F}_{D\phi}(t)$ 可以写成如下分布力的矩阵形式:

$$(\boldsymbol{f}_D)_2 = (\boldsymbol{f}_{Db})_2 = \boldsymbol{F}_{D\phi}(t)\delta(\boldsymbol{x}_D - \boldsymbol{x}_{Dz}) \tag{5.8.27A}$$

将式(5.8.27A)代入式(5.6.41)中 $\boldsymbol{P}_{II}^D$、$\boldsymbol{P}_V^D$、$\boldsymbol{P}_{9II}^D$ 表达式中,得

$$(\boldsymbol{P}_{II}^D)_2 = \int_{\Omega_D}(\boldsymbol{f}_D)_2\mathrm{d}V = \int_{\Omega_D}\boldsymbol{F}_{D\phi}(t)\delta(\boldsymbol{x}_D - \boldsymbol{x}_{Dz})\mathrm{d}V = \boldsymbol{F}_{D\phi}(t) \tag{5.8.27B}$$

$$(\boldsymbol{P}_V^D)_2 = \int_{\Omega_D}\tilde{\boldsymbol{x}}_D \cdot (\boldsymbol{f}_D)_2\mathrm{d}V = \tilde{\boldsymbol{x}}_{Dz} \cdot \boldsymbol{F}_{D\phi}(t) \tag{5.8.27C}$$

$$(\boldsymbol{P}_{9II}^D)_2 = [\boldsymbol{Z}_{Db}(\boldsymbol{x}_{Dz})\boldsymbol{N}_D(\boldsymbol{0})]^{\mathrm{T}}\boldsymbol{F}_{D\phi}(t) \tag{5.8.27D}$$

3) 复进机力

如图 5.8.7 所示,复进杆与炮尾在点 O_{Df} 处连接,该点距坐标系 $\boldsymbol{i}_D$ 原点 o_D 的位置矢量为 $\boldsymbol{x}_{Df} = x_i^{Df i_D}\boldsymbol{e}_i$,点 O_{Df} 相对于点 O_{Cf} 的运动位移为 $\boldsymbol{\delta}_{DCf} = \boldsymbol{U}_C^D + \boldsymbol{x}_{CD} + \boldsymbol{x}_{Df} - \boldsymbol{x}_{Cf}$,将 $\boldsymbol{\delta}_{DCf}$ 在 ${}^{i_D}\boldsymbol{e}_1$ 方向投影,得 $\delta_{DCf} = \boldsymbol{\delta}_{DCf} \cdot {}^{i_D}\boldsymbol{e}_1$。

复进机力 F_{Df} 由参考文献(高树滋等,1995)中式(4-14)给出:

$$F_{Df} = A_f p_f^0\left(\frac{V_f^0}{V_f^0 - A_f\,\delta_{DCf}}\right)^{n_f} \tag{5.8.28A}$$

式中,A_f 为复进机活塞工作面积;V_f^0 为复进机气体的初始体积;p_f^0 为复进机内气体的初始

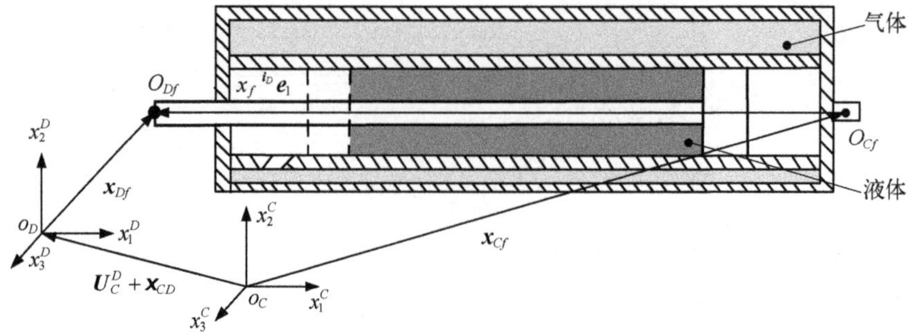

图 5.8.7　液体气压式复进机工作原理图

压力；n_f 为复进机气体的多边指数(其大小取决于复进机的散热条件和活塞运动速度)。

复进机力的矢量形式为

$$\boldsymbol{F}_{Df}(t)=F_f(t)\,{}^{i_D}\boldsymbol{e}_1 \tag{5.8.28B}$$

上式表明复进机力永远沿坐标轴 ${}^{i_D}\boldsymbol{e}_1$ 正方向。

$\boldsymbol{F}_{Df}(t)$ 可以写成如下分布力的矩阵形式:

$$(\boldsymbol{f}_D)_3=(\boldsymbol{f}_{Db})_3=\boldsymbol{F}_{Df}(t)\delta(\boldsymbol{x}_D-\boldsymbol{x}_{Df}) \tag{5.8.29A}$$

将式(5.8.29A)代入式(5.6.41)中 $\boldsymbol{P}_{II}^D$、$\boldsymbol{P}_V^D$、$\boldsymbol{P}_{9II}^D$ 的表达式,得

$$(\boldsymbol{P}_{II}^D)_3=\int_{\Omega_D}(\boldsymbol{f}_D)_3\mathrm{d}V=\int_{\Omega_D}\boldsymbol{F}_f(t)\delta(\boldsymbol{x}_D-\boldsymbol{x}_{Df})\mathrm{d}V=\boldsymbol{F}_{Df}(t) \tag{5.8.29B}$$

$$(\boldsymbol{P}_V^D)_3=\int_{\Omega_D}\tilde{\boldsymbol{x}}_D\cdot(\boldsymbol{f}_D)_3\mathrm{d}V=\tilde{\boldsymbol{x}}_D\cdot\boldsymbol{F}_{Df}(t) \tag{5.8.29C}$$

$$(\boldsymbol{P}_{9II}^D)_3=[\boldsymbol{Z}_{Db}(\boldsymbol{x}_{Df})\boldsymbol{N}_D(\boldsymbol{0})]^{\mathrm{T}}\boldsymbol{F}_{Df}(t) \tag{5.8.29D}$$

4) 火药气体对炮口制退器的冲量作用

当弹丸飞离炮口瞬间,火药气体从炮口流出,在炮口处 $\boldsymbol{x}_D=l_{Ds}\,{}^{i_D}\boldsymbol{e}_1=\boldsymbol{l}_{Ds}$,气流形成对身管的总反力,其计算公式由文献(高树滋等,1995)中式(10－32)给出:

$$F_K=\frac{\pi r_d^2}{4}\frac{k_\omega+1}{1+\dfrac{3-k_\omega}{6}k_\omega}p_G \tag{5.8.30A}$$

式中,p_G 为弹丸飞离炮口瞬间火药气体膛内的平均压力;k_ω 为火药气体的比热比,对于双原子分子气体,k_ω 一般取为 1.4。

火药气体对炮口气流反力的矢量形式为

$$\boldsymbol{F}_K=-F_K\,{}^{i_D}\boldsymbol{e}_1 \tag{5.8.30B}$$

$\boldsymbol{F}_K$ 可以写成如下体积分布力的矩阵形式

$$(\boldsymbol{f}_D)_4=(\boldsymbol{f}_{Dc})_4=\boldsymbol{F}_K(t)\delta(\boldsymbol{x}_D-\boldsymbol{l}_{Ds}) \tag{5.8.31A}$$

将式(5.8.31A)代入式(5.6.41)中 $\boldsymbol{P}_{II}^D$、$\boldsymbol{P}_V^D$、$\boldsymbol{P}_{9II}^D$ 的表达式,得

$$(\boldsymbol{P}_{II}^D)_4=\int_{\Omega_D}(\boldsymbol{f}_D)_4\mathrm{d}V=\int_{\Omega_D}\boldsymbol{F}_K(t)\delta(\boldsymbol{x}_D-\boldsymbol{l}_{Ds})\mathrm{d}V=\boldsymbol{F}_K(t) \tag{5.8.31B}$$

$$(\boldsymbol{P}_V^D)_4 = \int_{\Omega_D} \tilde{\boldsymbol{x}}_D \cdot (\boldsymbol{f}_D)_5 \mathrm{d}V = \tilde{\boldsymbol{l}}_{Ds} \cdot \boldsymbol{F}_K(t) \tag{5.8.31C}$$

$$(\boldsymbol{P}_{9II}^D)_4 = [\boldsymbol{Z}_{Dc}(\boldsymbol{l}_{Ds})\boldsymbol{N}_D(\boldsymbol{l}_{Ds})]^{\mathrm{T}}\boldsymbol{F}_K(t) \tag{5.8.31D}$$

5）前后套筒对后坐部分的支撑力

如图 5.8.8 所示，后坐部分与摇架前后套筒处点 O_1^{Ds}、O_2^{Ds} 相互接触，坐标系 $\boldsymbol{i}_D$ 原点 o_D 距点 O_1^{Ds}、O_2^{Ds} 的位置矢量分别记为 $\boldsymbol{x}_1^{Ds} = x_{1j}^{Ds\,i_D}\boldsymbol{e}_j$，$\boldsymbol{x}_2^{Ds} = x_{2j}^{Ds\,i_D}\boldsymbol{e}_j$。由此可得

$$\boldsymbol{x}_1^{Ds} = \boldsymbol{x}_1^{Cs} - \boldsymbol{U}_C^D - \boldsymbol{x}_{CD} \tag{5.8.32A}$$

$$\boldsymbol{x}_2^{Ds} = \boldsymbol{x}_2^{Cs} - \boldsymbol{U}_C^D - \boldsymbol{x}_{CD} \tag{5.8.32B}$$

式中，$\boldsymbol{x}_1^{Cs}$、$\boldsymbol{x}_2^{Cs}$ 分别为与 O_1^{Ds}、O_2^{Ds} 重叠点 O_1^{Cs}、O_2^{Cs} 距坐标系 $\boldsymbol{i}_C$ 原点 o_C 的位置矢量。由上式可见 $\boldsymbol{x}_1^{Ds}$、$\boldsymbol{x}_2^{Ds}$ 是时间的函数。假定力的作用点位置 $\boldsymbol{x}_1^{Ds}$、$\boldsymbol{x}_2^{Ds}$ 分别位于第 k_1^{Ds} 个和第 k_2^{Ds} 个梁单元上，有

$$\boldsymbol{x}_1^{Ds} = \left[x_1^D(n^{k_1^{Ds}}) + \frac{l_{k_1^{Ds}}}{2}\right]^{i_D}\boldsymbol{e}_1 + r_1^{Ds}(\cos\vartheta_1^{Ds\,i_D}\boldsymbol{e}_2 + \sin\vartheta_1^{Ds\,i_D}\boldsymbol{e}_3) \tag{5.8.32C}$$

$$\boldsymbol{x}_2^{Ds} = \left[x_1^D(n^{k_2^{Ds}}) + \frac{l_{k_2^{Ds}}}{2}\right]^{i_D}\boldsymbol{e}_1 + r_2^{Ds}(\cos\vartheta_2^{Ds\,i_D}\boldsymbol{e}_2 + \sin\vartheta_2^{Ds\,i_D}\boldsymbol{e}_3) \tag{5.8.32D}$$

式中相关符号的含义见图 5.8.9。

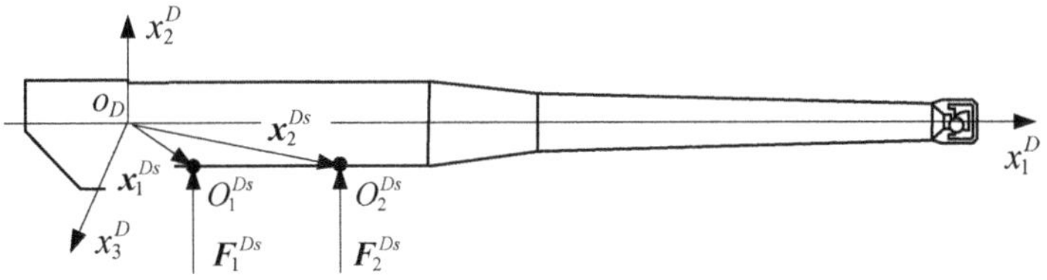

图 5.8.8　摇架套筒支撑力示意图

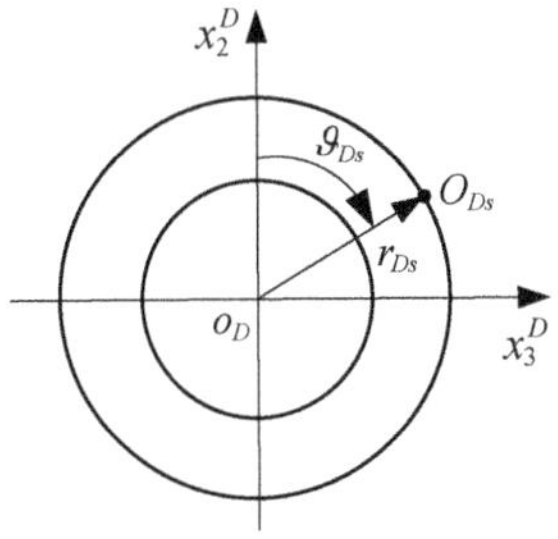

图 5.8.9　接触点处的几何示意图图

作用在点 O_1^{Ds}、O_2^{Ds} 处的力分别记为 $\boldsymbol{F}_1^{Ds}$、$\boldsymbol{F}_2^{Ds}$。摇架前后套筒对后坐部分在点 O_1^{Ds}、O_2^{Ds} 外的作用力 $\boldsymbol{F}_{Ds}$ 具有以下形式：

$$\boldsymbol{F}_{Ds} = \boldsymbol{F}_1^{Ds} + \boldsymbol{F}_2^{Ds} \tag{5.8.33A}$$

$$\boldsymbol{F}_i^{Ds} = -F_i^{Ds}[\boldsymbol{n}_i^{Ds} + \mathrm{sign}(v_i^{Ds})\mu_S \boldsymbol{t}_i^{Ds}],\quad i = 1,\ 2 \tag{5.8.33B}$$

式中，F_i^{Ds} 的计算公式可由 8.1 节中的基本方法得到；$\boldsymbol{n}_i^{Ds}$、$\boldsymbol{t}_i^{Ds}$ 的含义见图 5.7.6，v_i^{Ds} 为 $\boldsymbol{t}_i^{Ds}$ 方向的速度；μ_S 为摩擦系数。上式表明，支撑力永远与方向矢量相反。

作用力 $\boldsymbol{F}_{Ds}$ 可以写成如下体积力的形式：

$$(\boldsymbol{f}_D)_5 = (\boldsymbol{f}_e)_5 = \boldsymbol{F}_1^{Ds}\delta(\boldsymbol{x}_D - \boldsymbol{x}_1^{Ds}) + \boldsymbol{F}_2^{Ds}\delta(\boldsymbol{x}_D - \boldsymbol{x}_2^{Ds}) \tag{5.8.34A}$$

将式(5.8.34A)代入式(5.6.41)中 $\boldsymbol{P}_{II}^D$、$\boldsymbol{P}_V^D$、$\boldsymbol{P}_{9II}^D$ 的表达式，得

$$(\boldsymbol{P}_{II}^D)_5 = \int_{\Omega_D} (\boldsymbol{f}_D)_5 \mathrm{d}V = \boldsymbol{F}_1^{Ds} + \boldsymbol{F}_2^{Ds} \tag{5.8.34B}$$

$$(\boldsymbol{P}_V^D)_5 = \int_{\Omega_D} \tilde{\boldsymbol{x}}_D \cdot (\boldsymbol{f}_D)_5 \mathrm{d}V = \tilde{\boldsymbol{x}}_1^{Ds} \cdot \boldsymbol{F}_1^{Ds} + \tilde{\boldsymbol{x}}_2^{Ds} \cdot \boldsymbol{F}_2^{Ds} \tag{5.8.34C}$$

$$(\boldsymbol{P}_{9II}^D)_5 = [\boldsymbol{Z}_{Da}(\boldsymbol{x}_1^{Ds})\boldsymbol{N}_D(\boldsymbol{x}_1^{Ds})]^{\mathrm{T}}\boldsymbol{F}_1^{Ds} + [\boldsymbol{Z}_{Da}(\boldsymbol{x}_2^{Ds})\boldsymbol{N}_D(\boldsymbol{x}_2^{Ds})]^{\mathrm{T}}\boldsymbol{F}_2^{Ds} \tag{5.8.34D}$$

6）作用在驻栓上的止转力

如图 5.8.10 所示，摇架上的驻栓室与安装在炮尾上的两个驻栓在点 O_1^{Dr}、O_2^{Dr} 相互接触，坐标系 $\boldsymbol{i}_D$ 原点 o_D 距点 O_1^{Dr}、O_2^{Dr} 的位置矢量分别记为 $\boldsymbol{x}_1^{Dr} = x_{1j}^{Dr\boldsymbol{i}_D}\boldsymbol{e}_j$、$\boldsymbol{x}_2^{Dr} = x_{2j}^{Dr\boldsymbol{i}_D}\boldsymbol{e}_j$，由此可得

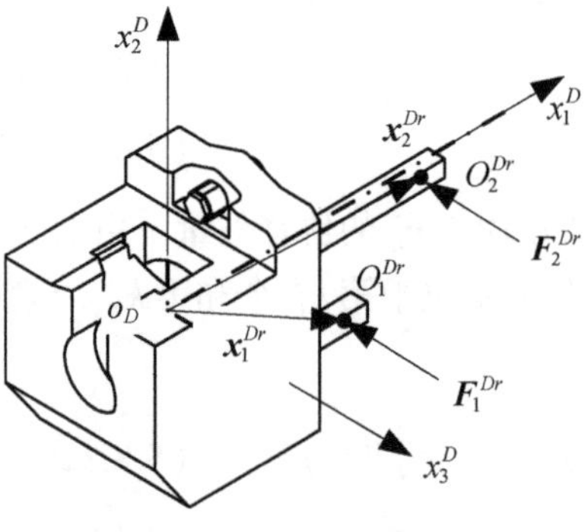

图 5.8.10　作用在驻栓上的止转力示意图

$$\boldsymbol{x}_1^{Dr} = \boldsymbol{x}_1^{Cr} - \boldsymbol{U}_C^D - \boldsymbol{x}_{CD} \tag{5.8.35A}$$

$$\boldsymbol{x}_2^{Dr} = \boldsymbol{x}_2^{Cr} - \boldsymbol{U}_C^D - \boldsymbol{x}_{CD} \tag{5.8.35B}$$

式中，$\boldsymbol{x}_1^{Cr}$、$\boldsymbol{x}_2^{Cr}$ 分别为与点 O_1^{Dr}、O_2^{Dr} 重叠点 O_1^{Cs}、O_2^{Cs} 距坐标系 $\boldsymbol{i}_C$ 原点 o_C 的位置矢量。由上式可见 $\boldsymbol{x}_1^{Dr}$、$\boldsymbol{x}_2^{Dr}$ 是时间的函数。

作用在点 O_1^{Dr}、O_2^{Dr} 处的力分别记为 $\boldsymbol{F}_1^{Dr}$、$\boldsymbol{F}_2^{Dr}$。

摇架前后套筒对后坐部分在点 O_1^{Dr}、O_2^{Dr} 处的作用力 $\boldsymbol{F}_{Dr}$ 具有以下形式：

$$\boldsymbol{F}_{Dr} = \boldsymbol{F}_1^{Dr} + \boldsymbol{F}_2^{Dr} \tag{5.8.36A}$$

$$\boldsymbol{F}_i^{Dr} = - F_i^{Dr}[\boldsymbol{n}_i^{Dr} + \mathrm{sign}(v_i^{Dr})\mu_R\boldsymbol{t}_i^{Dr}],\quad i = 1,\ 2 \tag{5.8.36B}$$

式中，F_i^{Dr} 的计算公式可由 8.1 节中的基本方法得到；$\boldsymbol{n}_i^{Dr}$、$\boldsymbol{t}_i^{Dr}$ 的含义见图 5.7.5；v_i^{Dr} 为 $\boldsymbol{t}_i^{Dr}$ 方向的速度；μ_R 为摩擦系数，上式表明，支撑力永远与方向矢量相反。

作用力 $\boldsymbol{F}_{Dr}$ 可以写成如下体积力的形式：

$$(\boldsymbol{f}_D)_6 = \boldsymbol{F}_1^{Dr}\delta(\boldsymbol{x}_D - \boldsymbol{x}_1^{Dr}) + \boldsymbol{F}_2^{Dr}\delta(\boldsymbol{x}_D - \boldsymbol{x}_2^{Dr}) \tag{5.8.37A}$$

将式(5.8.37A)代入式(5.6.41)中 $\boldsymbol{P}_{II}^D$、$\boldsymbol{P}_V^D$、$\boldsymbol{P}_{9II}^D$ 的表达式，得

$$(\boldsymbol{P}_{1II}^D)_6 = \int_{\Omega_D} (\boldsymbol{f}_D)_5 \mathrm{d}V = \boldsymbol{F}_1^{Dr} + \boldsymbol{F}_2^{Dr} \tag{5.8.37B}$$

$$(\boldsymbol{P}_V^D)_6 = \int_{\Omega_D} \tilde{\boldsymbol{x}}_D \cdot (\boldsymbol{f}_D)_6 \mathrm{d}V = \tilde{\boldsymbol{x}}_1^{Dr} \cdot \boldsymbol{F}_1^{Dr} + \tilde{\boldsymbol{x}}_2^{Dr} \cdot \boldsymbol{F}_2^{Dr} \tag{5.8.37C}$$

$$(\boldsymbol{P}_{9II}^D)_6 = [\boldsymbol{Z}_{Db}(\boldsymbol{x}_1^{Dr})\boldsymbol{N}_D(\boldsymbol{0})]^{\mathrm{T}}\boldsymbol{F}_1^{Dr} + [\boldsymbol{Z}_{Db}(\boldsymbol{x}_2^{Dr})\boldsymbol{N}_D(\boldsymbol{0})]^{\mathrm{T}}\boldsymbol{F}_2^{Dr} \tag{5.8.37D}$$

7）弹丸对身管的接触碰撞力

假定弹丸对身管在点 O_1^{Dt} 处接触碰撞，点 O_1^{Dt} 距坐标系 $\boldsymbol{i}_D$ 原点 o_D 的位置矢量为 $\boldsymbol{x}_{Dt} = x_j^{Dt\boldsymbol{i}_D}\boldsymbol{e}_j$，假定接触碰撞点 O_1^{Dt} 位于第 k_{Dt} 个梁单元上，该单元第一个节点的总体编号为 $n^{k_{Dt}}$、坐标为 $x_1^D(n^{k_{Dt}})$，单元长度为 $l_{k_{Dt}}$，则有

$$\zeta_{Dt} = \frac{2}{l_{k_{Dt}}}[x_1^{Dt} - x_1^D(n^{k_{Dt}})] - 1 \tag{5.8.38}$$

接触碰撞力 $\boldsymbol{F}_{Dt}$ 具有以下形式：

$$\boldsymbol{F}_{Dt} = - F_{Dt}[\boldsymbol{n}_{Dt} + \mathrm{sign}(v_{Dt})\mu_T\boldsymbol{t}_{Dt}] \tag{5.8.39}$$

式中考虑了环向摩擦力的影响，其原因是弹丸在与身管内膛碰撞时，既有较高轴向速度又有较高环向速度。F_{Dt} 的计算公式可由 8.1 节中的基本方程得到；$\boldsymbol{n}_{Dt}$、$\boldsymbol{t}_{Dt}$ 分别为身管内表面上碰撞点切平面内法向和面内单位方向矢量，其含义见图 5.8.11；v_{Dt} 为碰撞速度在 $\boldsymbol{t}_{Dt}$ 方向的投影分量；μ_T 为摩擦系数。

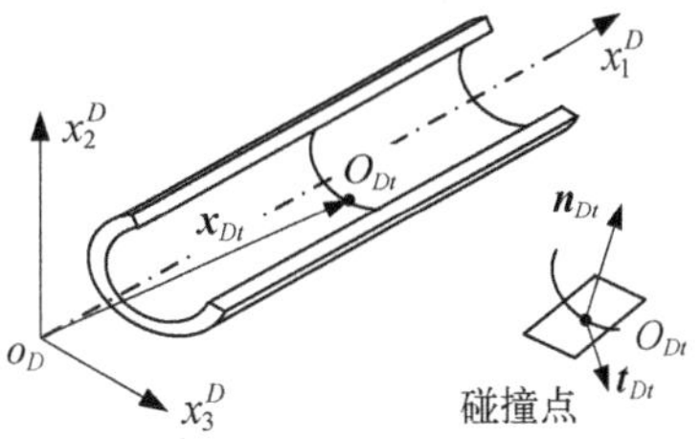

图 5.8.11　接触碰撞点处的几何示意图

$\boldsymbol{F}_{Dt}$ 可以看成是作用在碰撞点 O_{Dt} 的分布力：

$$(\boldsymbol{f}_D)_7 = (\boldsymbol{f}_e)_7 = \delta(\boldsymbol{x}_D - \boldsymbol{x}_{Dt})\boldsymbol{F}_{Dt} \quad (5.8.40\text{A})$$

将式(5.8.40A)代入式(5.6.41)中 $\boldsymbol{P}_{II}^D$、$\boldsymbol{P}_V^D$、$\boldsymbol{P}_{9II}^D$ 的表达式，得

$$(\boldsymbol{P}_{II}^D)_7 = \int_{\Omega_D} (\boldsymbol{f}_D)_7 \mathrm{d}V = \boldsymbol{F}_{Dt} \quad (5.8.40\text{B})$$

$$(\boldsymbol{P}_V^D)_7 = \int_{\Omega_D} \tilde{\boldsymbol{x}}_D \cdot (\boldsymbol{f}_D)_7 \mathrm{d}V = \tilde{\boldsymbol{x}}_{Dt} \cdot \boldsymbol{F}_{Dt} \quad (5.8.40\text{C})$$

$$(\boldsymbol{P}_{9II}^D)_7 = [\boldsymbol{Z}_{Da}(\boldsymbol{x}_{Dt})\boldsymbol{N}_D(\boldsymbol{x}_{Dt})]^{\mathrm{T}}\boldsymbol{F}_{Dt} \quad (5.8.40\text{D})$$

5.8.4.2　面积载荷

1）火药气体作用力

假定膛内火药气体压力的时空分布关系为 $p(\boldsymbol{x}_{Da}, t)$，记未弯曲身管膛内壁上任意点处法向矢量分别为 $\boldsymbol{n}_{Da} = n_j^{Da\,i_D}\boldsymbol{e}_j$，如图 5.8.12 所示，则有

$$\boldsymbol{n}_{Da} = n_j^{Da\,i_D}\boldsymbol{e}_j = -(\sin\alpha_{Da}{}^{i_D}\boldsymbol{e}_1 + \cos\alpha_{Da}\cos\vartheta_{Da}{}^{i_D}\boldsymbol{e}_2 + \cos\alpha_{Da}\sin\vartheta_{Da}{}^{i_D}\boldsymbol{e}_3) \quad (5.8.41\text{A})$$

式中，α_{Da} 的含义见图 5.8.12。特别地，当 $\alpha_{Da} = -\pi/2$ 时，$\boldsymbol{n}_{Da}$ 为身管膛底的外法线方向；当 $\alpha_{Da} > 0$ 时，$\boldsymbol{n}_{Da}$ 为药室区内膛的外法线方向；当 $\alpha_{Da} = 0$ 时，$\boldsymbol{n}_{Da}$ 为全深膛线区内膛的外法线方向。

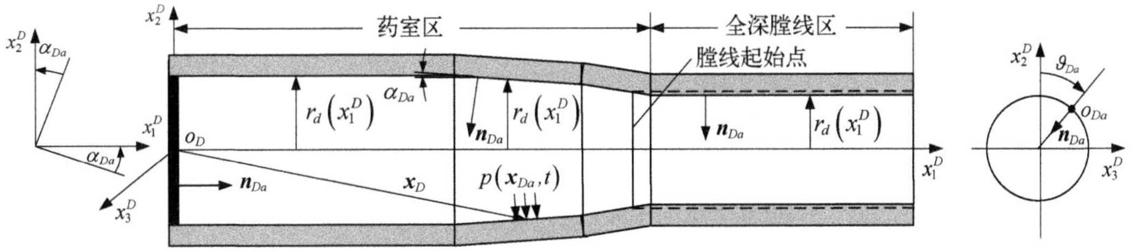

图 5.8.12　压力分布及 $\boldsymbol{n}_{Da}$ 的几何示意图

作用在身管内膛壁上的面积载荷为

$$(\bar{\boldsymbol{f}}_D)_1 = -p(\boldsymbol{x}_{Da}, t)\boldsymbol{n}_{Da} \quad (5.8.41\text{B})$$

将式(5.8.41B)代入式(5.6.41)中 $\boldsymbol{P}_{III}^D$、$\boldsymbol{P}_{VI}^D$、$\boldsymbol{P}_{9III}^D$ 的表达式，得

$$(\boldsymbol{P}_{III}^D)_1 = \int_{\Gamma_D} (\bar{\boldsymbol{f}}_D)_1 \mathrm{d}A = \int_{\Gamma_D} p(\boldsymbol{x}_{Da}, t)\boldsymbol{n}_{Da}\mathrm{d}A = \boldsymbol{P}_{pt} \quad (5.8.41\text{C})$$

$$(\boldsymbol{P}_{VI}^{D})_1 = \int_{\Gamma_D} \tilde{\boldsymbol{x}}_{Da} \cdot (\bar{\boldsymbol{f}}_D)_1 \mathrm{d}A = \int_{\Gamma_D} \tilde{\boldsymbol{x}}_{Da} \cdot p(\boldsymbol{x}_{Da},\ t)\boldsymbol{n}_{Da}\mathrm{d}A = \boldsymbol{0} \tag{5.8.41D}$$

式中，$\boldsymbol{P}_{pt}$ 为炮膛合力，是火药气体在其身管内膛表面作用位置上的面积分值，由于 $\boldsymbol{x}_{Da}$、$p(\boldsymbol{x}_{Da},\ t)$ 为身管轴对称分布函数，故式(5.8.41D)中最后一项积分为零。

下面来推导 $\boldsymbol{P}_{9III}^{D}$ 的计算表达式。

假定身管变形前的有向面元为 d$\boldsymbol{A}$，变形后该面元成为 d$\boldsymbol{a}$，根据变形梯度的有关理论，利用式(2.4.24)和法向矢量 $\boldsymbol{n}_{Da}$ 表达式(5.8.41A)，有

$$\mathrm{d}\boldsymbol{a} = J_{Da}\ (\boldsymbol{F}_{Da})^{-\mathrm{T}} \cdot \mathrm{d}\boldsymbol{A} = J_{Da}\ (\boldsymbol{F}_{Da})^{-\mathrm{T}} \cdot \boldsymbol{n}_{Da}\mathrm{d}A \tag{5.8.42A}$$

其中，$\mathrm{d}A = \| \mathrm{d}\boldsymbol{A} \|$；$\boldsymbol{F}_{Da}$ 为变形梯度，其物理意义和表达式见 2.4.1.2 节的讨论。根据 $\boldsymbol{w}_{Da}$ 的公式(5.5.8A)，经运算整理得

$$\boldsymbol{F}_{Da} = \boldsymbol{1} + \frac{\partial \boldsymbol{w}_{Da}}{\partial \boldsymbol{x}_D} = \begin{bmatrix} J_1^D + 1 & -\phi_3^0 & \phi_2^0 \\ J_2^D + \phi_3^0 & 1 & -\phi_1^0 \\ J_3^D - \phi_2^0 & \phi_1^0 & 1 \end{bmatrix} \tag{5.8.42B}$$

$$(\boldsymbol{F}_{Da})^{-\mathrm{T}} = \frac{1}{J_{Da}} \begin{bmatrix} 1 & -(J_2^D + \phi_3^0) & -(J_3^D - \phi_2^0) \\ \phi_3^0 & J_{Da} & -\phi_1^0 \\ -\phi_2^0 & \phi_1^0 & J_{Da} \end{bmatrix} \tag{5.8.42C}$$

其中

$$\begin{cases} J_1^D = \dfrac{\partial w_1^0}{\partial x_1^D} + x_3^D \dfrac{\partial \phi_2^0}{\partial x_1^D} - x_2^D \dfrac{\partial \phi_3^0}{\partial x_1^D},\ J_2^D = \dfrac{\partial w_2^0}{\partial x_1^D} - x_3^D \dfrac{\partial \phi_1^0}{\partial x_1^D} + x_1^D \dfrac{\partial \phi_3^0}{\partial x_1^D} \\ J_3^D = \dfrac{\partial w_3^0}{\partial x_1^D} + x_2^D \dfrac{\partial \phi_1^0}{\partial x_1^D} - x_1^D \dfrac{\partial \phi_2^0}{\partial x_1^D},\ J_{Da} = \det \boldsymbol{F}_{Da} = J_1^D + 1 \end{cases} \tag{5.8.42D}$$

在上述 $\boldsymbol{F}_{Da}$ 和 $(\boldsymbol{F}_{Da})^{-\mathrm{T}}$ 公式的推导中忽略了二阶及以上的小量。

膛内火药气体压力作用在身管变形后内膛面元 d$\boldsymbol{a}$ 上的力为 $-p(\boldsymbol{x}_{Da},\ t)\mathrm{d}\boldsymbol{a}$，由此可得

$$-p(\boldsymbol{x}_{Da},\ t)\mathrm{d}\boldsymbol{a} = -J_{Da}(x_1^D)p(\boldsymbol{x}_{Da},\ t)\ [\boldsymbol{F}_{Da}(x_1^D)]^{-\mathrm{T}} \cdot \boldsymbol{n}_{Da}\mathrm{d}A = (\bar{\boldsymbol{f}}_e^{Da})_1\mathrm{d}A$$

式中

$$\begin{aligned} (\bar{\boldsymbol{f}}_e^{Da})_1 &= -J_{Da}(x_1^D)p(\boldsymbol{x}_{Da},\ t)\ [\boldsymbol{F}_{Da}(x_1^D)]^{-\mathrm{T}} \cdot \boldsymbol{n}_{Da} \\ &= J_{Da}(x_1^D)\ [\boldsymbol{F}_{Da}(x_1^D)]^{-\mathrm{T}} \cdot (\bar{\boldsymbol{f}}_D)_1 \end{aligned} \tag{5.8.43}$$

将 $(\bar{\boldsymbol{f}}_e^{Da})_1$ 进一步展开，可得如下用第 e 个单元内、局部坐标表示的列矩阵形式：

$$(\bar{\boldsymbol{f}}_e^{Da})_1 = p(\zeta,\ t) \begin{Bmatrix} y_1^e \\ y_2^e \\ y_3^e \end{Bmatrix} \tag{5.8.44A}$$

其中

$$
\begin{cases}
y_1^e = \sin\alpha_{Da} - \left[\dfrac{2}{l_e}\left(\dfrac{\partial w_2^0}{\partial\zeta} + x_1^D(\zeta)\dfrac{\partial\phi_3^0}{\partial\zeta}\right) + \phi_3^0\right]\cos\alpha_{Da}\cos\vartheta_{Da} \\
\quad + \dfrac{2}{l_e}\cos\alpha_{Da}\cos\vartheta_{Da}\sin\vartheta_{Da}r_d(\zeta)\dfrac{\partial\phi_2^0}{\partial\zeta} - \left\{\dfrac{2}{l_e}\left[\dfrac{\partial w_3^0}{\partial\zeta} - x_1^D(\zeta)\dfrac{\partial\phi_3^0}{\partial\zeta}\right] - \phi_2^0\right\}\cos\alpha_{Da}\sin\vartheta_{Da} \\
\quad - \dfrac{2}{l_e}\cos\alpha_{Da}\sin\vartheta_{Da}\cos\vartheta_{Da}r_d(\zeta)\dfrac{\partial\phi_2^0}{\partial\zeta} \\
y_2^e = \phi_3^0\sin\alpha_{Da} - \phi_1^0\cos\alpha_{Da}\sin\vartheta_{Da} \\
\quad + \cos\alpha_{Da}\left[\left(1 + \dfrac{2}{l_e}\dfrac{\partial w_1^0}{\partial\zeta}\right)\cos\vartheta_{Da} + \dfrac{2}{l_e}\sin\vartheta_{Da}\cos\vartheta_{Da}r_d(\zeta)\dfrac{\partial\phi_2^0}{\partial\zeta} - \dfrac{2}{l_e}\cos^2\vartheta_{Da}r_d(\zeta)\dfrac{\partial\phi_3^0}{\partial\zeta}\right] \\
y_3^e = -\phi_2^0\sin\alpha_{Da} + \phi_1^0\cos\alpha_{Da}\cos\vartheta_{Da} \\
\quad + \cos\alpha_{Da}\left[\left(1 + \dfrac{2}{l_e}\dfrac{\partial w_1^0}{\partial\zeta}\right)\sin\vartheta_{Da} + \dfrac{2}{l_e}\sin^2\vartheta_{Da}r_d(\zeta)\dfrac{\partial\phi_2^0}{\partial\zeta} - \dfrac{2}{l_e}\sin\vartheta_{Da}\cos\vartheta_{Da}r_d(\zeta)\dfrac{\partial\phi_3^0}{\partial\zeta}\right]
\end{cases}
\tag{5.8.44B}
$$

$$
p(\zeta, t) = p(x_1^D, t) = p(x_1^D(\zeta), t) \tag{5.8.44C}
$$

假定身管内膛第 e 个单元上任意作用点的位置矢量为 $\boldsymbol{x}_{Da}$，其纵坐标 x_1^D 和内膛半径 r_d 可以表达成局部坐标 ζ 的函数：

$$
x_1^D(\zeta) = x_1^D(n^e) + \frac{l_e}{2}(1+\zeta) \tag{5.8.44D}
$$

$$
r_d(\zeta) = r_d[x_1^D(\zeta)] = r_d\left[x_1^D(n^e) + \frac{l_e}{2}(1+\zeta)\right] \tag{5.8.44E}
$$

则 $\boldsymbol{x}_{Da}$ 也可以表达成局部坐标 ζ 和环向角 ϑ_{Da} 的函数：

$$
\boldsymbol{x}_{Da} = x_1^D(\zeta)^{i_D}\boldsymbol{e}_1 + r_d(\zeta)(\cos\vartheta_{Da}{}^{i_D}\boldsymbol{e}_2 + \sin\vartheta_{Da}{}^{i_D}\boldsymbol{e}_3) \tag{5.8.44F}
$$

又假定 t 时刻，弹丸上点 o_Q（图 6.2.1）的坐标为 $\boldsymbol{x}_{Da} = \boldsymbol{x}_{Dq} = x_j^{Dq\,i_D}\boldsymbol{e}_j$，点 o_Q 位于第 k_{Dq} 个身管单元的 $\zeta = \zeta_{Dq}$ 处，此时火药气体压力前沿也位于此位置；第 k_{Dq} 个梁单元的长度为 $l_{k_{Dq}}$，该单元第一个节点的总体编号为 $n^{k_{Dq}}$，坐标为 $x_1^D(n^{k_{Dq}}) = x_1^{Dq}$，则有

$$
x_1^D(\zeta_{Dq}) = x_1^D(n^{k_{Dq}}) + \frac{l_{k_{Dq}}}{2}(1+\zeta_{Dq}) \Rightarrow \zeta_{Dq} = \frac{2}{l_{k_{Dq}}}[x_1^{Dq} - x_1^D(n^{k_{Dq}})] - 1 \tag{5.8.44G}
$$

将式(5.8.44A)代入式(5.6.41)中面力面积积分项部分，利用式(5.8.44B)~式(5.8.44G)，注意到表达式中的 r 用 $r_d(\zeta)$ 替换。在进行积分计算时，共有以下三种工况。

工况 1：在膛底面上积分，$\zeta = -1$，$\alpha_{Da} = -\pi/2$，$\boldsymbol{n}_{Da} = {}^{i_D}\boldsymbol{e}_1$，$(\bar{\boldsymbol{f}}_e^{Da})_1$ 的表达式简化成

$$
(\bar{\boldsymbol{f}}_e^{Da})_1 = -p(0, t)\begin{Bmatrix} 1 \\ \phi_3^0 \\ -\phi_2^0 \end{Bmatrix} \tag{5.8.45}
$$

工况 2：在内膛表面上，$\boldsymbol{n}_{Da} = -(\sin\alpha_{Da}{}^{i_D}\boldsymbol{e}_1 + \cos\alpha_{Da}\cos\vartheta_{Da}{}^{i_D}\boldsymbol{e}_2 + \cos\alpha_{Da}\sin\vartheta_{Da}{}^{i_D}\boldsymbol{e}_3)$，

$(\bar{\boldsymbol{f}}_e^{Da})_1$ 的表达式与式(5.8.44A)相同。

将 $(\bar{\boldsymbol{f}}_e^{Da})_1$ 代入式(5.6.41)中 $\boldsymbol{P}_{9III}^D$ 中面力积分项的表达式,经推导运算,得如下表达式:

$$(\boldsymbol{P}_{9III}^D)_8 = (\boldsymbol{P}_{9III}^D)_{8I} + (\boldsymbol{P}_{9III}^D)_{8II} \tag{5.8.46A}$$

其中

$$(\boldsymbol{P}_{9III}^D)_{8I} = \int_0^{2\pi}\int_0^{r_d(0)} (\boldsymbol{Z}_1^{Da}\boldsymbol{N}_1)^{\mathrm{T}}\bar{\boldsymbol{f}}_1^{Da} r\mathrm{d}r\mathrm{d}\vartheta_{Da} \tag{5.8.46B}$$

$$(\boldsymbol{P}_{9III}^D)_{8II} = \sum_{e=1}^{k_{D_q}}\int_0^{2\pi}\int_{x_1^D(n^e)}^{x_1^D(n^{e+1})} (\boldsymbol{Z}_e^{Da}\boldsymbol{N}_e)^{\mathrm{T}}\bar{\boldsymbol{f}}_e^{Da} r_d(x_1^D)\mathrm{d}\vartheta_{Da}\mathrm{d}x_1^D \tag{5.8.46C}$$

分别对应工况 1 和工况 2 的两种表达式。

经推导简化,得 $(\boldsymbol{P}_{9III}^D)_{8I}$ 的表达式为

$$(\boldsymbol{P}_{9III}^D)_{8I} = -\pi\,[r_d(0)]^2 p(0,\ t)\,[\boldsymbol{N}_1(-1)]^{\mathrm{T}}\begin{Bmatrix} 1 \\ \phi_3^0 \\ -\phi_2^0 \\ 0 \\ 0 \\ 0 \end{Bmatrix} \tag{5.8.47A}$$

式中,$\boldsymbol{N}_1(-1)$ 的定义见式(5.5.28C)。

$(\boldsymbol{P}_{9III}^D)_{8II}$ 的表达式为

$$\begin{aligned}(\boldsymbol{P}_{9III}^D)_{8II} = {} & \pi\sum_{e=1}^{k_{D_q}-1}\int_{-1}^{1}\cos\alpha_{Da}\,[r_d(\zeta)]^2 p(\zeta,\ t)\,(\boldsymbol{N}_e)^{\mathrm{T}}\begin{Bmatrix} 0 \\ -\dfrac{\partial\phi_3^0}{\partial\zeta} \\ \dfrac{\partial\phi_2^0}{\partial\zeta} \\ l_e\phi_1^0 \\ -\left[\dfrac{\partial w_3^0}{\partial\zeta} - x_1^D(\zeta)\dfrac{\partial\phi_3^0}{\partial\zeta} - \dfrac{1}{2}l_e\phi_2^0\right] \\ \dfrac{\partial w_2^0}{\partial\zeta} + x_1^D(\zeta)\dfrac{\partial\phi_3^0}{\partial\zeta} + \dfrac{1}{2}l_e\phi_3^0 \end{Bmatrix}\mathrm{d}\zeta \\ & + \pi\sum_{e=1}^{k_{D_q}-1}\int_{-1}^{1} r_d(\zeta)p(\zeta,\ t)\,(\boldsymbol{N}_e)^{\mathrm{T}}\begin{Bmatrix} l_e\sin\alpha_{Da} \\ l_e\phi_3^0\sin\alpha_{Da} \\ -l_e\phi_2^0\sin\alpha_{Da} \\ 0 \\ -x_1^D(\zeta)\left[-l_e\phi_2^0\sin\alpha_{Da} + r_d(\zeta)\dfrac{\partial\phi_2^0}{\partial\zeta}\cos\alpha_{Da}\right] \\ x_1^D(\zeta)\left[l_e\phi_3^0\sin\alpha_{Da} - r_d(\zeta)\dfrac{\partial\phi_3^0}{\partial\zeta}\cos\alpha_{Da}\right] \end{Bmatrix}\mathrm{d}\zeta\end{aligned}$$

$$
+\pi\int_{-1}^{\zeta_{Dq}}\cos\alpha_{Da}\left[r_d(\zeta)\right]^2 p(\zeta,t)(\boldsymbol{N}_e)^{\mathrm{T}}\begin{Bmatrix}0\\ -\dfrac{\partial\phi_3^0}{\partial\zeta}\\ \dfrac{\partial\phi_2^0}{\partial\zeta}\\ l_e\phi_1^0\\ -\left[\dfrac{\partial w_3^0}{\partial\zeta}-x_1^D(\zeta)\dfrac{\partial\phi_3^0}{\partial\zeta}-\dfrac{1}{2}l_e\phi_2^0\right]\\ \dfrac{\partial w_2^0}{\partial\zeta}+x_1^D(\zeta)\dfrac{\partial\phi_3^0}{\partial\zeta}+\dfrac{1}{2}l_e\phi_3^0\end{Bmatrix}\mathrm{d}\zeta
$$

$$
+\pi\int_{-1}^{\zeta_{Dq}}r_d(\zeta)p(\zeta,t)(\boldsymbol{N}_e)^{\mathrm{T}}\begin{Bmatrix}l_e\sin\alpha_{Da}\\ l_e\phi_3^0\sin\alpha_{Da}\\ -l_e\phi_2^0\sin\alpha_{Da}\\ 0\\ -x_1^D(\zeta)\left[-l_e\phi_2^0\sin\alpha_{Da}+r_d(\zeta)\dfrac{\partial\phi_2^0}{\partial\zeta}\cos\alpha_{Da}\right]\\ x_1^D(\zeta)\left[l_e\phi_3^0\sin\alpha_{Da}-r_d(\zeta)\dfrac{\partial\phi_3^0}{\partial\zeta}\cos\alpha_{Da}\right]\end{Bmatrix}\mathrm{d}\zeta
\tag{5.8.47B}
$$

式中，$\boldsymbol{N}_e(\zeta)$ 的定义见式(5.5.26B)；$(\boldsymbol{P}_{9III}^D)_{8II}$ 为弯曲身管诱导的等效力和力矩，即为大家所熟知的 Bourdon 效应项。

2）弹带对身管的作用力

在第 5.7.6 节中定义了第 k 条膛线的四个面 $\bar{A}_k$、$\bar{B}_k$、$\bar{C}_k$、$\bar{D}_k$($k=1,2,\cdots,n_T$)，弹带与膛线在这些面上接触，假定膛线表面上点 $O_{jk}^D(j=1,2,3,4)$ 分别与弹带表面上点 $O_{jk}^F(j=1,2,3,4)$ 接触。点 O_{jk}^D 邻域内表面变形后的法向矢量为 $\bar{\boldsymbol{n}}_{jk}^D$，点 O_{jk}^F 表面变形后的法向矢量为 $\bar{\boldsymbol{n}}_{jk}^F$，由于膛线的表面硬度远远大于弹带的硬度，因此变形弹带外表面上的法线应与膛线表面相协调，有 $\bar{\boldsymbol{n}}_{jk}^F=-\bar{\boldsymbol{n}}_{jk}^D$。若已知弹带上点 O_{jk}^F 处的柯西应力张量为 $\boldsymbol{\sigma}_{jk}^F(j=1,2,3,4)$，点 O_{jk}^D 和点 O_{jk}^F 处微面元分别为 $\mathrm{d}\boldsymbol{a}_{jk}^D$ 和 $\mathrm{d}\boldsymbol{a}_{jk}^F$，并假定接触面积相等，即 $\|\mathrm{d}\boldsymbol{a}_{jk}^F\|=\|\mathrm{d}\boldsymbol{a}_{jk}^D\|=\mathrm{d}a_{jk}^D$，考察点 O_{jk}^F 处微面元 $\mathrm{d}\boldsymbol{a}_{jk}^F=\bar{\boldsymbol{n}}_{jk}^F\mathrm{d}a_{jk}^D$ 上的面力 $\mathrm{d}\boldsymbol{P}_{jk}^F$，有

$$
\begin{aligned}
\mathrm{d}\boldsymbol{P}_{jk}^F&=\boldsymbol{\sigma}_{jk}^F\cdot\bar{\boldsymbol{n}}_{jk}^F\mathrm{d}a_{jk}^D=-\boldsymbol{\sigma}_{jk}^F\cdot\bar{\boldsymbol{n}}_{jk}^D\mathrm{d}a_{jk}^D=-\boldsymbol{\sigma}_{jk}^F\cdot\mathrm{d}\boldsymbol{a}_{jk}^D=-J_{jk}^D\boldsymbol{\sigma}_{jk}^F\cdot(\boldsymbol{F}_{jk}^D)^{-\mathrm{T}}\cdot\mathrm{d}\boldsymbol{A}_{jk}^D\\
&=-J_{jk}^D\boldsymbol{\sigma}_{jk}^F\cdot(\boldsymbol{F}_{jk}^D)^{-\mathrm{T}}\cdot\boldsymbol{n}_{jk}^D\mathrm{d}A_{jk}^D
\end{aligned}
\tag{5.8.48}
$$

式中，$\boldsymbol{n}_{jk}^D$、$\mathrm{d}\boldsymbol{A}_{jk}^D$ 为未变形膛线的单位法向矢量和微元面积；$\boldsymbol{n}_{jk}^D$ 由式(5.7.43)~式(5.7.46)给出；$\boldsymbol{F}_{jk}^D$、J_{jk}^D 为膛线在点 O_{jk}^D 处的变形梯度张量和行列式值，具体公式与式(5.8.42B)、式(5.8.42C)相似，为

$$(\boldsymbol{F}_{jk}^{D})^{-\mathrm{T}}=\frac{1}{J_{jk}^{D}}\begin{Bmatrix}1 & -[J_{j2}^{D}(k)+\phi_{3}^{0}] & -[J_{j3}^{D}(k)-\phi_{2}^{0}]\\ \phi_{3}^{0} & J_{jk}^{D} & -\phi_{1}^{0}\\ -\phi_{2}^{0} & \phi_{1}^{0} & J_{jk}^{D}\end{Bmatrix} \tag{5.8.49A}$$

其中

$$\begin{cases}J_{j1}^{D}(k)=\dfrac{\partial w_{1}^{0}}{\partial x_{1}^{D}}+x_{j3}^{D}(k)\dfrac{\partial\phi_{2}^{0}}{\partial x_{1}^{D}}-x_{j2}^{D}(k)\dfrac{\partial\phi_{3}^{0}}{\partial x_{1}^{D}}\\ J_{j2}^{D}(k)=\dfrac{\partial w_{2}^{0}}{\partial x_{1}^{D}}-x_{j3}^{D}(k)\dfrac{\partial\phi_{1}^{0}}{\partial x_{1}^{D}}+x_{1}^{D}\dfrac{\partial\phi_{3}^{0}}{\partial x_{1}^{D}}\\ J_{j3}^{D}(k)=\dfrac{\partial w_{3}^{0}}{\partial x_{1}^{D}}+x_{j2}^{D}(k)\dfrac{\partial\phi_{1}^{0}}{\partial x_{1}^{D}}-x_{1}^{D}\dfrac{\partial\phi_{2}^{0}}{\partial x_{1}^{D}}\\ J_{jk}^{D}=\det\boldsymbol{F}_{jk}^{D}=J_{j1}^{D}(k)+1\end{cases} \tag{5.8.49B}$$

式中，$x_{j2}^{D}(k)$、$x_{j3}^{D}(k)$ $(j=1,2,3,4)$ 由式(5.7.42)给出。

当身管的弹性变形较小时，$J_{jk}^{D}=\det\boldsymbol{F}_{jk}^{D}\approx 1$，$\boldsymbol{F}_{jk}^{D}\approx\mathbf{1}_{3\times 3}$，这样式(5.8.48)可简化成

$$\mathrm{d}\boldsymbol{P}_{jk}^{F}=-\boldsymbol{\sigma}_{jk}^{F}\cdot\boldsymbol{n}_{jk}^{D}\mathrm{d}A_{jk}^{D} \tag{5.8.50}$$

式(5.8.50)即为膛线上点 $O_{jk}^{D}(j=1,2,3,4)$ 处微面元对弹带上点 O_{jk}^{F} 处微面元的作用力，根据作用力与反作用力原理，弹带对膛线的作用力为

$$\mathrm{d}\boldsymbol{P}_{jk}^{D}=\boldsymbol{\sigma}_{jk}^{F}\cdot\boldsymbol{n}_{jk}^{D}\mathrm{d}A_{jk}^{D} \tag{5.8.51A}$$

面分布力为

$$(\bar{\boldsymbol{f}}_{jk}^{D})_{2}=\boldsymbol{\sigma}_{jk}^{F}\cdot\boldsymbol{n}_{jk}^{D},\quad j=1,2,3,4 \tag{5.8.51B}$$

弹带上柯西应力张量 $\boldsymbol{\sigma}_{jk}^{F}$ 的计算公式将在第 7 章中给出。

将式(5.8.51B)代入式(5.6.41) $\boldsymbol{P}_{III}^{D}$、$\boldsymbol{P}_{VI}^{D}$ 表达式中面力面积分项，得

$$\begin{aligned}(\boldsymbol{P}_{III}^{D})_{2}&=\sum_{k=1}^{n_T}\sum_{i=1}^{4}\int_{\Gamma_{ki}}\boldsymbol{\sigma}_{jk}^{F}\cdot\boldsymbol{n}_{jk}^{D}\mathrm{d}A\\&=\int_{0}^{B_{Qf}}\sum_{k=1}^{n_T}\begin{pmatrix}\int_{r_d}^{r_y}\boldsymbol{\sigma}_{1k}^{F}\cdot\boldsymbol{n}_{1k}^{D}\mathrm{d}r+r_y\int_{0}^{\Delta\beta_2}\boldsymbol{\sigma}_{2k}^{F}\cdot\boldsymbol{n}_{2k}^{D}\mathrm{d}\beta\\+\int_{r_d}^{r_y}\boldsymbol{\sigma}_{3k}^{F}\cdot\boldsymbol{n}_{3k}^{D}\mathrm{d}r+r_d\int_{0}^{\Delta\beta_1}\boldsymbol{\sigma}_{4k}^{F}\cdot\boldsymbol{n}_{4k}^{D}(k)\mathrm{d}\beta\end{pmatrix}\mathrm{d}z_1^{D}=\boldsymbol{P}_{Dq}\end{aligned} \tag{5.8.52A}$$

$$\begin{aligned}(\boldsymbol{P}_{VI}^{D})_{2}&=\sum_{k=1}^{n_T}\sum_{i=1}^{4}\int_{\Gamma_{ki}}\tilde{\boldsymbol{x}}_{ik}^{D}\cdot\boldsymbol{\sigma}_{jk}^{F}\cdot\boldsymbol{n}_{jk}^{D}\mathrm{d}A\\&=\int_{x_1^{Dq}}^{x_1^{Dq}+B_{Qf}}\sum_{k=1}^{n_T}\begin{pmatrix}\int_{r_d}^{r_y}\tilde{\boldsymbol{x}}_{1k}^{D}\cdot\boldsymbol{\sigma}_{1k}^{F}\cdot\boldsymbol{n}_{1k}^{D}\mathrm{d}r+r_y\int_{0}^{\Delta\beta_2}\tilde{\boldsymbol{x}}_{2k}^{D}\cdot\boldsymbol{\sigma}_{2k}^{F}\cdot\boldsymbol{n}_{2k}^{D}\mathrm{d}\beta\\+\int_{r_d}^{r_y}\tilde{\boldsymbol{x}}_{3k}^{D}\cdot\boldsymbol{\sigma}_{3k}^{F}\cdot\boldsymbol{n}_{3k}^{D}\mathrm{d}r+r_d\int_{0}^{\Delta\beta_1}\tilde{\boldsymbol{x}}_{4k}^{D}\cdot\boldsymbol{\sigma}_{4k}^{F}\cdot\boldsymbol{n}_{4k}^{D}\mathrm{d}\beta\end{pmatrix}\mathrm{d}\boldsymbol{x}_1^{Da}\end{aligned}$$

作变换 $\boldsymbol{z}_{ik}=\boldsymbol{x}_{ik}^{D}-\boldsymbol{x}_{1}^{Dq}$，$\boldsymbol{x}_{1}^{Dq}=x_{1}^{Dq}\boldsymbol{i}_{D}\boldsymbol{e}_{1}$，$\boldsymbol{x}_{ik}^{D}$ 见式(5.7.41)，则上式变成

$$(\boldsymbol{P}_{VI}^{D})_2 = \int_0^{B_{Qf}} \sum_{k=1}^{n_T} \left[\begin{array}{l} \int_{r_d}^{r_y} (\tilde{\boldsymbol{z}}_{1k} + \tilde{\boldsymbol{x}}_1^{Dq}) \cdot \boldsymbol{\sigma}_{1k}^F \cdot \boldsymbol{n}_{1k}^D \mathrm{d}r + r_y \int_0^{\Delta\beta_2} (\tilde{\boldsymbol{z}}_{2k} + \tilde{\boldsymbol{x}}_1^{Dq}) \cdot \boldsymbol{\sigma}_{2k}^F \cdot \boldsymbol{n}_{2k}^D \mathrm{d}\beta \\ + \int_{r_d}^{r_y} (\tilde{\boldsymbol{z}}_{3k} + \tilde{\boldsymbol{x}}_1^{Dq}) \cdot \boldsymbol{\sigma}_{3k}^F \cdot \boldsymbol{n}_{3k}^D \mathrm{d}r + r_d \int_0^{\Delta\beta_1} (\tilde{\boldsymbol{z}}_{4k} + \tilde{\boldsymbol{x}}_1^{Dq}) \cdot \boldsymbol{\sigma}_{4k}^F \cdot \boldsymbol{n}_{4k}^D \mathrm{d}\beta \end{array} \right] \mathrm{d}z_1$$

$$= \tilde{\boldsymbol{x}}_1^{Dq} \cdot \boldsymbol{P}_{Dq} + \boldsymbol{M}_{Dq} \tag{5.8.52B}$$

$$\boldsymbol{M}_{Dq} = \int_0^{B_{Qf}} \sum_{k=1}^{n_T} \left(\begin{array}{l} \int_{r_d}^{r_y} \tilde{\boldsymbol{z}}_{1k} \cdot \boldsymbol{\sigma}_{1k}^F \cdot \boldsymbol{n}_{1k}^D \mathrm{d}r + r_y \int_0^{\Delta\beta_2} \tilde{\boldsymbol{z}}_{2k} \cdot \boldsymbol{\sigma}_{2k}^F \cdot \boldsymbol{n}_{2k}^D \mathrm{d}\beta \\ + \int_{r_d}^{r_y} \tilde{\boldsymbol{z}}_{3k} \cdot \boldsymbol{\sigma}_{3k}^F \cdot \boldsymbol{n}_{3k}^D \mathrm{d}r + r_d \int_0^{\Delta\beta_1} \tilde{\boldsymbol{z}}_{4k} \cdot \boldsymbol{\sigma}_{4k}^F \cdot \boldsymbol{n}_{4k}^D \mathrm{d}\beta \end{array} \right) \mathrm{d}z_1 \tag{5.8.52C}$$

式中,积分上限 B_{Qf} 为弹带的宽。

弹带对身管膛线作用的起始点位于第 k_{Dq} 个梁单元上,该单元第一个节点的总体编号为 $n^{k_{Dq}}$, 坐标为 $x_1^D(n^{k_{Dq}})$, 单元长度为 $l_{k_{Dq}}$, 则有

$$\zeta_{Dq2} = \frac{2}{l_{k_{Dq}}} [x_1^D + B_{Qf} - x_1^D(n^{k_{Dq}})] - 1 \tag{5.8.53A}$$

$$\tilde{\boldsymbol{x}}_{jk}^D = \left\{ \begin{array}{ccc} 0 & -x_{j3}^D(k) & x_{j2}^D(k) \\ x_{j3}^D(k) & 0 & -\left[x_1^D(n^{k_{Dq}}) + \frac{l_{k_{Dq}}}{2}(1+\zeta) \right] \\ -x_{j2}^D(k) & x_1^D(n^{k_{Dq}}) + \frac{l_{k_{Dq}}}{2}(1+\zeta) & 0 \end{array} \right\}; j = 1, 2, 3, 4 \tag{5.8.53B}$$

将式(5.8.51B)代入式(5.6.41)中 $\boldsymbol{P}_{9III}^D$ 的表达式,经推导运算,得如下表达式:

$$(\boldsymbol{P}_{9III}^D)_9 = \frac{l_{k_{Dq}}}{2} \int_{\zeta_{Dq}}^{\zeta_{Dq2}} [\boldsymbol{N}_{k_{Dq}}(\zeta)]^{\mathrm{T}} \cdot \sum_{k=1}^{n_T} \left(\begin{array}{l} \int_{r_d}^{r_y} (\boldsymbol{Z}_{k_{Dq}}^D)^{\mathrm{T}} \cdot \boldsymbol{\sigma}_{1k}^F \cdot \boldsymbol{n}_{1k}^D \mathrm{d}r + r_y \int_0^{\Delta\beta_2} (\boldsymbol{Z}_{k_{Dq}}^D)^{\mathrm{T}} \cdot \boldsymbol{\sigma}_{2k}^F \cdot \boldsymbol{n}_{2k}^D \mathrm{d}\beta \\ + \int_{r_d}^{r_y} (\boldsymbol{Z}_{k_{Dq}}^D)^{\mathrm{T}} \cdot \boldsymbol{\sigma}_{3k}^F \cdot \boldsymbol{n}_{3k}^D \mathrm{d}r + r_d \int_0^{\Delta\beta_1} (\boldsymbol{Z}_{k_{Dq}}^D)^{\mathrm{T}} \cdot \boldsymbol{\sigma}_{4k}^F \cdot \boldsymbol{n}_{4k}^D \mathrm{d}\beta \end{array} \right) \mathrm{d}\zeta$$

$$= \frac{l_{k_{Dq}}}{2} \int_{\zeta_{Dq}}^{\zeta_{Dq2}} [\boldsymbol{N}_{k_{Dq}}(\zeta)]^{\mathrm{T}} \cdot \sum_{k=1}^{n_T} \left(\begin{array}{l} \int_{r_d}^{r_y} \left\{ \begin{array}{c} \boldsymbol{\sigma}_{1k}^F \cdot \boldsymbol{n}_{1k}^D \\ \tilde{\boldsymbol{x}}_{1k} \cdot \boldsymbol{\sigma}_{1k}^F \cdot \boldsymbol{n}_{1k}^D \end{array} \right\} \mathrm{d}r + r_y \int_0^{\Delta\beta_2} \left\{ \begin{array}{c} \boldsymbol{\sigma}_{2k}^F \cdot \boldsymbol{n}_{2k}^D \\ \tilde{\boldsymbol{x}}_{2k} \cdot \boldsymbol{\sigma}_{2k}^F \cdot \boldsymbol{n}_{2k}^D \end{array} \right\} \mathrm{d}\beta \\ + \int_{r_d}^{r_y} \left\{ \begin{array}{c} \boldsymbol{\sigma}_{3k}^F \cdot \boldsymbol{n}_{3k}^D \\ \tilde{\boldsymbol{x}}_{3k} \cdot \boldsymbol{\sigma}_{3k}^F \cdot \boldsymbol{n}_{3k}^D \end{array} \right\} \mathrm{d}r + r_d \int_0^{\Delta\beta_1} \left\{ \begin{array}{c} \boldsymbol{\sigma}_{4k}^F \cdot \boldsymbol{n}_{4k}^D \\ \tilde{\boldsymbol{x}}_{4k} \cdot \boldsymbol{\sigma}_{4k}^F \cdot \boldsymbol{n}_{4k}^D \end{array} \right\} \mathrm{d}\beta \end{array} \right) \mathrm{d}\zeta \tag{5.8.54}$$

5.8.4.3 后坐部分等效载荷合成

将上述惯性载荷、体积载荷形成的等效载荷代入式(5.6.45),经整理得到如下作用在后坐部分上的等效载荷表达式:

$$\begin{cases} \boldsymbol{P}_1^D = \boldsymbol{P}_3^D = \boldsymbol{P}_5^D = \boldsymbol{P}_7^D = \sum_{i=1}^{7} (\boldsymbol{F}_{II}^D)_i + \sum_{i=1}^{2} (\boldsymbol{F}_{III}^D)_i \\ \quad = \boldsymbol{P}_{pt} + \boldsymbol{P}_{Dq} + \boldsymbol{F}_{D\phi} + \boldsymbol{F}_{Df} + \boldsymbol{F}_K + \boldsymbol{F}_1^{Ds} + \boldsymbol{F}_2^{Ds} + \boldsymbol{F}_1^{Dr} + \boldsymbol{F}_2^{Dr} + \boldsymbol{F}_{Dt} - m_D g^{i_G}\boldsymbol{e}_2 \\ \boldsymbol{P}_2^D = (\tilde{\boldsymbol{U}}_A^D + \tilde{\boldsymbol{x}}_{CD}) \cdot \boldsymbol{P}_1^D + \boldsymbol{P}_8^D \\ \boldsymbol{P}_4^D = (\tilde{\boldsymbol{U}}_B^D + \tilde{\boldsymbol{x}}_{CD}) \cdot \boldsymbol{P}_1^D + \boldsymbol{P}_8^D \\ \boldsymbol{P}_6^D = (\tilde{\boldsymbol{U}}_C^D + \tilde{\boldsymbol{x}}_{CD}) \cdot \boldsymbol{P}_1^D + \boldsymbol{P}_8^D \\ \boldsymbol{P}_8^D = \sum_{i=1}^{7} (\boldsymbol{F}_V^D)_i + \sum_{i=1}^{2} (\boldsymbol{F}_{VI}^D)_i = \tilde{\boldsymbol{x}}_{Dz} \cdot \boldsymbol{F}_{D\phi} + \tilde{\boldsymbol{x}}_{Df} \cdot \boldsymbol{F}_{Df} + \tilde{\boldsymbol{x}}_1^{Ds} \cdot \boldsymbol{F}_1^{Ds} + \tilde{\boldsymbol{x}}_2^{Ds} \cdot \boldsymbol{F}_2^{Ds} + \tilde{\boldsymbol{x}}_1^{Dr} \cdot \boldsymbol{F}_1^{Dr} \\ \quad + \tilde{\boldsymbol{x}}_2^{Dr} \cdot \boldsymbol{F}_2^{Dr} + \tilde{\boldsymbol{x}}_{Dt} \cdot \boldsymbol{F}_{Dt} + \tilde{\boldsymbol{l}}_{Ds} \cdot \boldsymbol{F}_K - m_D g \tilde{\boldsymbol{x}}_{D_G} \cdot {}^{i_G}\boldsymbol{e}_2 + \tilde{\boldsymbol{x}}_1^{Dq} \cdot \boldsymbol{P}_{Dq} + \boldsymbol{M}_{Dq} \\ \boldsymbol{P}_9^D = \sum_{i=1}^{9} (\boldsymbol{P}_9^D)_i = (\boldsymbol{P}_{9II}^D)_1 + [\boldsymbol{Z}_{Db}(x_{Dz})\boldsymbol{N}_D(\boldsymbol{0})]^{\mathrm{T}}\boldsymbol{F}_{D\phi}(t) \\ \quad + [\boldsymbol{Z}_{Db}(\boldsymbol{x}_{Df})\boldsymbol{N}_D(\boldsymbol{0})]^{\mathrm{T}}\boldsymbol{F}_{Df}(t) + [\boldsymbol{Z}_{Dc}(\boldsymbol{l}_{Ds})\boldsymbol{N}_D(\boldsymbol{l}_{Ds})]^{\mathrm{T}}\boldsymbol{F}_K(t) \\ \quad + [\boldsymbol{Z}_{Da}(\boldsymbol{x}_1^{Ds})\boldsymbol{N}_D(\boldsymbol{x}_1^{Ds})]^{\mathrm{T}}\boldsymbol{F}_1^{Ds} + [\boldsymbol{Z}_{Da}(\boldsymbol{x}_2^{Ds})\boldsymbol{N}_D(\boldsymbol{x}_2^{Ds})]^{\mathrm{T}}\boldsymbol{F}_2^{Ds} \\ \quad + [\boldsymbol{Z}_{Db}(\boldsymbol{x}_1^{Dr})\boldsymbol{N}_D(\boldsymbol{0})]^{\mathrm{T}}\boldsymbol{F}_1^{Dr} + [\boldsymbol{Z}_{Db}(\boldsymbol{x}_2^{Dr})\boldsymbol{N}_D(\boldsymbol{0})]^{\mathrm{T}}\boldsymbol{F}_2^{Dr} \\ \quad + [\boldsymbol{Z}_{Da}(x_{Dt})\boldsymbol{N}_D(x_{Dt})]^{\mathrm{T}}\boldsymbol{F}_{Dt} + (\boldsymbol{F}_{9III}^D)_8 + (\boldsymbol{F}_{9III}^D)_9 \end{cases} \tag{5.8.55}$$

式中，$\boldsymbol{P}_{Dq}$、$\boldsymbol{M}_{Dq}$ 分别为弹带对膛线的作用力和相对于坐标原点 O_{Dq} 的力矩，见式(5.8.52)。

5.9 火炮刚柔耦合运动分析

5.9.1 火炮刚柔耦合运动微分方程

将推导获得的公式(5.6.5)、式(5.6.9)、式(5.6.15)、式(5.6.19)、式(5.6.25)、式(5.6.29)、式(5.6.36)、式(5.6.40)、式(5.6.43)代入式(5.6.1)，对任意虚速度，要使式(5.6.1)成立，只需下式成立即可：

$$\sum_{j=1}^{8} \boldsymbol{M}_{ij}^G \cdot \dot{z}_j + \boldsymbol{M}_{i9}^G \ddot{\boldsymbol{W}}_D = \boldsymbol{P}_i^{GI} + \boldsymbol{P}_i^G, \quad i = 1, 2, \cdots, 8 \tag{5.9.1A}$$

$$\sum_{j=1}^{8} \boldsymbol{M}_{9j}^G \cdot \ddot{z}_j + \boldsymbol{M}_{99}^G \ddot{\boldsymbol{W}}_D + \boldsymbol{K}_{99}^G \boldsymbol{W}_D = \boldsymbol{P}_9^{GI} + \boldsymbol{P}_9^G \tag{5.9.1B}$$

上式即为无约束火炮刚柔耦合运动微分方程。式中各张量(矩阵)元素为火炮各部分张量元素的广义和，其表达式可用计算机语言中的赋值语句来表示：

$$\begin{cases} \boldsymbol{M}_{ij}^G = \boldsymbol{M}_{ij}^D,\ \boldsymbol{P}_i^{GI} = \boldsymbol{P}_i^{DI},\ \boldsymbol{P}_i^G = \boldsymbol{P}_i^D, \quad i, j = 1, 2, \cdots, 9,\ \boldsymbol{K}_{99}^G = \boldsymbol{K}_D \\ \boldsymbol{M}_{ij}^G = \boldsymbol{M}_{ij}^G + \boldsymbol{M}_{ij}^C,\ \boldsymbol{P}_i^{GI} = \boldsymbol{P}_i^{GI} + \boldsymbol{P}_i^{CI},\ \boldsymbol{P}_i^G = \boldsymbol{P}_i^G + \boldsymbol{P}_i^C, \quad i, j = 1, 2, \cdots, 6 \\ \boldsymbol{M}_{ij}^G = \boldsymbol{M}_{ij}^G + \boldsymbol{M}_{ij}^B,\ \boldsymbol{P}_i^{GI} = \boldsymbol{P}_i^{GI} + \boldsymbol{P}_i^{BI},\ \boldsymbol{P}_i^G = \boldsymbol{P}_i^G + \boldsymbol{P}_i^B, \quad i, j = 1, 2, \cdots, 4 \\ \boldsymbol{M}_{ij}^G = \boldsymbol{M}_{ij}^G + \boldsymbol{M}_{ij}^A,\ \boldsymbol{P}_i^{GI} = \boldsymbol{P}_i^{GI} + \boldsymbol{P}_i^{AI},\ \boldsymbol{P}_i^G = \boldsymbol{P}_i^G + \boldsymbol{P}_i^A, \quad i, j = 1, 2 \end{cases} \tag{5.9.2}$$

式(5.9.1A)为耦合了身管柔性振动的火炮系统的刚体运动微分方程,其中刚体运动可以理解为全系统随坐标系 $\boldsymbol{i}_A$ 原点 o_A 的平动和相对于原点 o_A 的转动;式(5.9.1B)为耦合了火炮系统刚体运动的身管柔性振动微分方程,其中身管柔性振动可以理解为身管相对于坐标系 $\boldsymbol{i}_D$ 的弹性运动。

5.9.2 系统等效载荷的具体表达式

将 5.8.1 节~5.8.4 节推导得到的各部分的载荷表达式(5.8.9)、式(5.8.14)、式(5.8.24)、式(5.8.55)代入式(5.9.2)中载荷 $\boldsymbol{P}_i^G$ 的表达式中,经运算整理可得作用在系统上的载荷公式:

$$\boldsymbol{P}_1^G = \boldsymbol{P}_1^A + \boldsymbol{P}_1^B + \boldsymbol{P}_1^C + \boldsymbol{P}_1^D = \boldsymbol{P}_{pt} + \boldsymbol{P}_{Dq} + \boldsymbol{F}_{Dt} + \boldsymbol{F}_K + \boldsymbol{F}_A^B + \boldsymbol{F}_{Au} - (m_A + m_B + m_C + m_D) g^{i_G}\boldsymbol{e}_2$$

$$\begin{aligned}
\boldsymbol{P}_2^G =& (\tilde{\boldsymbol{U}}_A^D + \tilde{\boldsymbol{x}}_{CD}) \cdot \boldsymbol{P}_1^D + \tilde{\boldsymbol{U}}_A^C \cdot \boldsymbol{P}_1^C + \tilde{\boldsymbol{U}}_A^B \cdot \boldsymbol{P}_1^B + \boldsymbol{P}_8^D + \boldsymbol{P}_6^C + \boldsymbol{P}_4^B + \boldsymbol{P}_2^A \\
=& (\tilde{\boldsymbol{U}}_A^D + \tilde{\boldsymbol{x}}_{CD}) \cdot \boldsymbol{P}_{pt} + (\tilde{\boldsymbol{U}}_A^D + \tilde{\boldsymbol{x}}_{CD} + \tilde{\boldsymbol{x}}_1^{Dq}) \cdot \boldsymbol{P}_{Dq} + \boldsymbol{M}_{Dq} + (\tilde{\boldsymbol{U}}_A^D + \tilde{\boldsymbol{x}}_{CD} + \tilde{\boldsymbol{x}}_{Dt}) \cdot \boldsymbol{F}_{Dt} \\
&+ (\tilde{\boldsymbol{U}}_A^D + \tilde{\boldsymbol{x}}_{CD} + \tilde{\boldsymbol{l}}_{Ds}) \cdot \boldsymbol{F}_K + (\tilde{\boldsymbol{U}}_{Cz}^{Dz} + \tilde{\boldsymbol{x}}_{CD}) \cdot \boldsymbol{F}_{D\phi} + (\tilde{\boldsymbol{U}}_{Cf}^{Df} + \tilde{\boldsymbol{x}}_{CD}) \cdot \boldsymbol{F}_{Df} \\
&+ \tilde{\boldsymbol{x}}_{CD} \cdot (\boldsymbol{F}_1^{Ds} + \boldsymbol{F}_2^{Ds} + \boldsymbol{F}_1^{Dr} + \boldsymbol{F}_2^{Dr}) + \boldsymbol{U}_{Bp1}^{Cp} \cdot \boldsymbol{F}_1^{Cp} + \boldsymbol{U}_{Bp2}^{Cp} \cdot \boldsymbol{F}_2^{Cp} + \tilde{\boldsymbol{x}}_{Au} \cdot \boldsymbol{F}_{Au} + \boldsymbol{M}_{Au} \\
&- [m_A \tilde{\boldsymbol{x}}_{A_G} + m_B(\tilde{\boldsymbol{U}}_A^B + \tilde{\boldsymbol{x}}_{B_G}) + m_C(\tilde{\boldsymbol{U}}_A^C + \tilde{\boldsymbol{x}}_{C_G}) + m_D(\tilde{\boldsymbol{U}}_A^D + \tilde{\boldsymbol{x}}_{CD} + \tilde{\boldsymbol{x}}_{D_G})] g \cdot^{i_G}\boldsymbol{e}_2
\end{aligned}$$

$$\boldsymbol{P}_3^G = \boldsymbol{P}_1^B + \boldsymbol{P}_1^C + \boldsymbol{P}_1^D = \boldsymbol{P}_{pt} + \boldsymbol{P}_{Dq} + \boldsymbol{F}_{Dt} + \boldsymbol{F}_K + \boldsymbol{F}_{Bf} + \boldsymbol{F}_B^A - m_H g^{i_G}\boldsymbol{e}_2$$

$$\begin{aligned}
\boldsymbol{P}_4^G =& (\tilde{\boldsymbol{U}}_B^D + \tilde{\boldsymbol{x}}_{CD}) \cdot \boldsymbol{P}_1^D + \tilde{\boldsymbol{U}}_B^C \cdot \boldsymbol{P}_1^C + \boldsymbol{P}_8^D + \boldsymbol{P}_6^C + \boldsymbol{P}_4^B \\
=& (\tilde{\boldsymbol{U}}_B^D + \tilde{\boldsymbol{x}}_{CD}) \cdot \boldsymbol{P}_{pt} + (\tilde{\boldsymbol{U}}_B^D + \tilde{\boldsymbol{x}}_{CD} + \tilde{\boldsymbol{x}}_1^{Dq}) \cdot \boldsymbol{P}_{Dq} + \boldsymbol{M}_{Dq} + (\tilde{\boldsymbol{U}}_B^D + \tilde{\boldsymbol{x}}_{CD} + \tilde{\boldsymbol{x}}_{Dt}) \cdot \boldsymbol{F}_{Dt} \\
&+ (\tilde{\boldsymbol{U}}_B^D + \tilde{\boldsymbol{x}}_{CD} + \tilde{\boldsymbol{l}}_{Ds}) \cdot \boldsymbol{F}_K + (\tilde{\boldsymbol{U}}_{Cz}^{Dz} + \tilde{\boldsymbol{x}}_{CD}) \cdot \boldsymbol{F}_{D\phi} + (\tilde{\boldsymbol{U}}_{Cf}^{Df} + \tilde{\boldsymbol{x}}_{CD}) \cdot \boldsymbol{F}_{Df} \\
&+ \tilde{\boldsymbol{x}}_{CD} \cdot (\boldsymbol{F}_1^{Ds} + \boldsymbol{F}_2^{Ds} + \boldsymbol{F}_1^{Dr} + \boldsymbol{F}_2^{Dr}) + \boldsymbol{U}_{Bp1}^{Cp} \cdot \boldsymbol{F}_1^{Cp} + \boldsymbol{U}_{Bp2}^{Cp} \cdot \boldsymbol{F}_2^{Cp} + \tilde{\boldsymbol{x}}_{Bf} \cdot \boldsymbol{F}_{Bf} \\
&+ \tilde{\boldsymbol{x}}_{Bz} \cdot \boldsymbol{F}_B^A + \boldsymbol{M}_B^A - [m_B \tilde{\boldsymbol{x}}_{B_G} + m_C(\boldsymbol{U}_B^C + \tilde{\boldsymbol{x}}_{C_G}) + m_D(\boldsymbol{U}_B^D + \tilde{\boldsymbol{x}}_{CD} + \tilde{\boldsymbol{x}}_{C_G})] g \cdot^{i_G}\boldsymbol{e}_2
\end{aligned}$$

$$\boldsymbol{P}_5^G = \boldsymbol{P}_1^C + \boldsymbol{P}_1^D = \boldsymbol{P}_{pt} + \boldsymbol{P}_{Dq} + \boldsymbol{F}_{Dt} + \boldsymbol{F}_K + \boldsymbol{F}_1^{Cp} + \boldsymbol{F}_2^{Cp} + \boldsymbol{F}_1^{BC} + \boldsymbol{F}_2^{BC} - m_Q g^{i_G}\boldsymbol{e}_2$$

$$\begin{aligned}
\boldsymbol{P}_6^G =& (\tilde{\boldsymbol{U}}_C^D + \tilde{\boldsymbol{x}}_{CD}) \cdot \boldsymbol{P}_1^D + \boldsymbol{P}_8^D + \boldsymbol{P}_6^C \\
=& (\tilde{\boldsymbol{U}}_C^D + \tilde{\boldsymbol{x}}_{CD}) \cdot \boldsymbol{P}_{pt} + (\tilde{\boldsymbol{U}}_C^D + \tilde{\boldsymbol{x}}_{CD} + \tilde{\boldsymbol{x}}_1^{Dq}) \cdot \boldsymbol{P}_{Dq} + \boldsymbol{M}_{Dq} + (\tilde{\boldsymbol{U}}_C^D + \tilde{\boldsymbol{x}}_{CD} + \tilde{\boldsymbol{x}}_{Dt}) \cdot \boldsymbol{F}_{Dt} \\
&+ (\tilde{\boldsymbol{U}}_C^D + \tilde{\boldsymbol{x}}_{CD} + \tilde{\boldsymbol{l}}_{Ds}) \cdot \boldsymbol{F}_K + (\boldsymbol{U}_{Cz}^{Dz} + \tilde{\boldsymbol{x}}_{CD}) \cdot \boldsymbol{F}_{D\phi} + (\boldsymbol{U}_{Cf}^{Df} + \tilde{\boldsymbol{x}}_{CD}) \cdot \boldsymbol{F}_{Df} \\
&+ \tilde{\boldsymbol{x}}_{CD} \cdot (\boldsymbol{F}_1^{Ds} + \boldsymbol{F}_2^{Ds} + \boldsymbol{F}_1^{Dr} + \boldsymbol{F}_2^{Dr}) + \tilde{\boldsymbol{x}}_1^{Cp} \cdot \boldsymbol{F}_1^{Cp} + \tilde{\boldsymbol{x}}_2^{Cp} \cdot \boldsymbol{F}_2^{Cp} + \tilde{\boldsymbol{x}}_1^{C} \cdot \boldsymbol{F}_1^{BC} \\
&+ \tilde{\boldsymbol{x}}_2^{C} \cdot \boldsymbol{F}_2^{BC} - [m_C \tilde{\boldsymbol{x}}_{C_G} + m_D(\tilde{\boldsymbol{U}}_C^D + \tilde{\boldsymbol{x}}_{CD} + \tilde{\boldsymbol{x}}_{D_G})] g \cdot^{i_G}\boldsymbol{e}_2
\end{aligned}$$

$$\boldsymbol{P}_7^G = \boldsymbol{P}_1^D = \boldsymbol{P}_{pt} + \boldsymbol{P}_{Dq} + \boldsymbol{F}_{D\phi} + \boldsymbol{F}_{Df} + \boldsymbol{F}_{Dt} + \boldsymbol{F}_K + \boldsymbol{F}_1^{Ds} + \boldsymbol{F}_2^{Ds} + \boldsymbol{F}_1^{Dr} + \boldsymbol{F}_2^{Dr} - m_D g^{i_G}\boldsymbol{e}_2$$

$$\begin{aligned}
\boldsymbol{P}_8^G = \boldsymbol{P}_8^D =& \tilde{\boldsymbol{x}}_{Dz} \cdot \boldsymbol{F}_{D\phi} + \tilde{\boldsymbol{x}}_{Df} \cdot \boldsymbol{F}_{Df} + \tilde{\boldsymbol{x}}_1^{Ds} \cdot \boldsymbol{F}_1^{Ds} + \tilde{\boldsymbol{x}}_2^{Ds} \cdot \boldsymbol{F}_2^{Ds} + \tilde{\boldsymbol{x}}_1^{Dr} \cdot \boldsymbol{F}_1^{Dr} \\
&+ \tilde{\boldsymbol{x}}_2^{Dr} \cdot \boldsymbol{F}_2^{Dr} + \tilde{\boldsymbol{x}}_{Dt} \cdot \boldsymbol{F}_{Dt} + \tilde{\boldsymbol{l}}_{Ds} \cdot \boldsymbol{F}_K - m_D g \tilde{\boldsymbol{x}}_{D_G} \cdot^{i_G}\boldsymbol{e}_2 + \tilde{\boldsymbol{x}}_1^{Dq} \cdot \boldsymbol{P}_{Dq} + \boldsymbol{M}_{Dq}
\end{aligned}$$

$$\begin{aligned}
\boldsymbol{P}_9^G =& (\boldsymbol{P}_{9II}^D)_1 + [\boldsymbol{Z}_{Db}(x_{Dz}) \boldsymbol{N}_D(\boldsymbol{0})]^{\mathrm{T}} \boldsymbol{F}_{D\phi}(t) + [\boldsymbol{Z}_{Db}(\boldsymbol{x}_{Df}) \boldsymbol{N}_D(\boldsymbol{0})]^{\mathrm{T}} \boldsymbol{F}_{Df}(t) \\
&+ [\boldsymbol{Z}_{Dc}(\boldsymbol{l}_{Ds}) \boldsymbol{N}_D(\boldsymbol{l}_{Ds})]^{\mathrm{T}} \boldsymbol{F}_K(t) + [\boldsymbol{Z}_{Da}(\boldsymbol{x}_1^{Ds}) \boldsymbol{N}_D(\boldsymbol{x}_1^{Ds})]^{\mathrm{T}} \boldsymbol{F}_1^{Ds}
\end{aligned}$$

$$+\left[\boldsymbol{Z}_{Da}(\boldsymbol{x}_2^{Ds})\boldsymbol{N}_D(\boldsymbol{x}_2^{Ds})\right]^{\mathrm{T}}\boldsymbol{F}_2^{Ds}+\left[\boldsymbol{Z}_{Db}(\boldsymbol{x}_1^{Dr})\boldsymbol{N}_D(\boldsymbol{0})\right]^{\mathrm{T}}\boldsymbol{F}_1^{Dr}+\left[\boldsymbol{Z}_{Db}(\boldsymbol{x}_2^{Dr})\boldsymbol{N}_D(\boldsymbol{0})\right]^{\mathrm{T}}\boldsymbol{F}_2^{Dr}$$
$$+\left[\boldsymbol{Z}_{Da}(x_{Dt})\boldsymbol{N}_D(x_{Dt})\right]^{\mathrm{T}}\boldsymbol{F}_{Dt}+(\boldsymbol{P}_{9III}^{D})_8+(\boldsymbol{P}_{9III}^{D})_9 \tag{5.9.3}$$

$\boldsymbol{P}_9^G$ 表达式中的 $(\boldsymbol{P}_{9II}^D)_1$、$(\boldsymbol{P}_{9III}^D)_8$、$(\boldsymbol{P}_{9III}^D)_9$ 分别由式(5.8.25D)、式(5.8.46A)、式(5.8.54)给出。在上述结果的推导过程中，利用了以下结构上的特点。

(1) 根据作用力和反作用力原理，制退机力、复进机力、方向机力、摇架套筒对身管支撑力、摇架栓室对炮尾驻栓的约束力、座圈的约束力和约束力矩等，总是成对出现，且大小相等(不考虑惯性载荷的影响)、方向相反，因此有

$$\begin{cases}\boldsymbol{F}_{C\phi}+\boldsymbol{F}_{D\phi}=\boldsymbol{0},\ \boldsymbol{F}_{Cf}+\boldsymbol{F}_{Df}=\boldsymbol{0},\ \boldsymbol{F}_{Af}+\boldsymbol{F}_{Bf}=\boldsymbol{0},\ \boldsymbol{F}_B^A+\boldsymbol{F}_A^B=\boldsymbol{0}\\ \boldsymbol{M}_B^A+\boldsymbol{M}_A^B=\boldsymbol{0}\\ \boldsymbol{F}_i^{Cs}+\boldsymbol{F}_i^{Ds}=\boldsymbol{0},\ \boldsymbol{F}_i^{Cr}+\boldsymbol{F}_i^{Dr}=\boldsymbol{0},\ \boldsymbol{F}_i^{Bp}+\boldsymbol{F}_i^{Cp}=\boldsymbol{0},\ \boldsymbol{F}_i^{BC}+\boldsymbol{F}_i^{CB}=\boldsymbol{0},\end{cases}\quad i=1,2 \tag{5.9.4}$$

(2) 根据结构位置特点，若这些力的作用点位置重叠，则对应的作用力与反作用力点处的位置矢量为零，否则为初始安装位置矢量，即以下关系在火炮发射过程中成立：

$$\begin{cases}\boldsymbol{U}_{Cz}^{Dz}=\boldsymbol{U}_C^D+\boldsymbol{x}_{Dz}-\boldsymbol{x}_{Cz},\ \boldsymbol{U}_{Cf}^{Df}=\boldsymbol{U}_C^D+\boldsymbol{x}_{Df}-\boldsymbol{x}_{Cf}\\ \boldsymbol{U}_C^D+\boldsymbol{x}_i^{Ds}-\boldsymbol{x}_i^{Cs}=\boldsymbol{0},\ \boldsymbol{U}_C^D+\boldsymbol{x}_i^{Dr}-\boldsymbol{x}_i^{Cr}=\boldsymbol{0}\\ \boldsymbol{U}_{Bpi}^{Cp}=\boldsymbol{U}_B^C+\boldsymbol{x}_i^{Cp}-\boldsymbol{x}_i^{Bp},\ \boldsymbol{U}_B^C+\boldsymbol{x}_i^C-\boldsymbol{x}_i^B=\boldsymbol{0}\\ \boldsymbol{U}_A^B+\boldsymbol{x}_{Bf}-\boldsymbol{x}_{Af}=\boldsymbol{0},\ \boldsymbol{U}_A^B+\boldsymbol{x}_{Bz}-\boldsymbol{x}_{Az}=\boldsymbol{0}\end{cases} \tag{5.9.5}$$

其中，$\boldsymbol{U}_{Cz}^{Dz}$、$\boldsymbol{U}_{Cf}^{Df}$ 分别为制退机、复进机在摇架上安装点至炮尾上安装点的位置矢量；$\boldsymbol{U}_{Bpi}^{Cp}$ $(i=1,2)$ 为高平机在上架上安装点至摇架上安装点的位置矢量。

式(5.9.3)中相关力对火炮运动的影响将在第 5.9.4 节讨论。

5.9.3 系统部分等效惯性载荷的具体表达式

将 5.6.1 节~5.6.4 节推导得到的各部分惯性载荷表达式(5.6.7)、式(5.6.17)、式(5.6.27)、式(5.6.38)代入式(5.9.2)中部分惯性载荷 $\boldsymbol{P}_i^{GI}$ 的表达式中，经整理可得作用在系统上的载荷公式如下：

$$\begin{cases}\boldsymbol{P}_1^{GI}=\boldsymbol{P}_1^{AI}+\boldsymbol{P}_1^{BI}+\boldsymbol{P}_1^{CI}+\boldsymbol{P}_1^{DI}\\ \boldsymbol{P}_2^{GI}=\boldsymbol{P}_2^{AI}+\boldsymbol{P}_2^{BI}+\boldsymbol{P}_2^{CI}+\boldsymbol{P}_2^{DI}\\ \boldsymbol{P}_3^{GI}=\boldsymbol{P}_3^{BI}+\boldsymbol{P}_3^{CI}+\boldsymbol{P}_3^{DI}\\ \boldsymbol{P}_4^{GI}=\boldsymbol{P}_4^{BI}+\boldsymbol{P}_4^{CI}+\boldsymbol{P}_4^{DI}\\ \boldsymbol{P}_5^{GI}=\boldsymbol{P}_5^{CI}+\boldsymbol{P}_5^{DI},\ \boldsymbol{P}_6^{GI}=\boldsymbol{P}_6^{CI}+\boldsymbol{P}_6^{DI},\ \boldsymbol{P}_7^{GI}=\boldsymbol{P}_7^{DI}\\ \boldsymbol{P}_8^{GI}=\boldsymbol{P}_8^{DI},\ \boldsymbol{P}_9^{GI}=\boldsymbol{P}_9^{DI}\end{cases} \tag{5.9.6}$$

5.9.4 火炮刚体运动微分方程讨论

将火炮系统运动微分方程(5.9.1)中与 $\boldsymbol{W}_D$、$\ddot{\boldsymbol{W}}_D$ 有关的项设为零，即可得到火炮刚体运动微分方程。本节讨论火炮刚体运动的有关运动特性。

5.9.4.1　火炮后坐部分平动运动

考虑刚体运动方程(5.9.1A)中第 7 个方程,该方程为后坐部分随坐标系 $\boldsymbol{i}_{D0}$ 原点 o_{D0} 的平动运动方程。将其展开,并将符号 z_i 用真实的变量替换,其表达式为

$$\boldsymbol{M}_{71}^{G}\cdot\ddot{\boldsymbol{U}}_{G}^{A}+\boldsymbol{M}_{72}^{G}\cdot\boldsymbol{\varepsilon}_{A1}^{r}+\boldsymbol{M}_{73}^{G}\cdot\ddot{\boldsymbol{x}}_{AB}+\boldsymbol{M}_{74}^{G}\cdot\boldsymbol{\varepsilon}_{B1}^{r}+\boldsymbol{M}_{75}^{G}\cdot\ddot{\boldsymbol{x}}_{BC}+\boldsymbol{M}_{76}^{G}\cdot\boldsymbol{\varepsilon}_{C1}^{r}$$
$$+\boldsymbol{M}_{77}^{G}\cdot\ddot{\boldsymbol{x}}_{CD}+\boldsymbol{M}_{78}^{G}\cdot\boldsymbol{\varepsilon}_{D1}^{r}-\boldsymbol{P}_{7}^{GI}=\boldsymbol{P}_{7}^{G} \tag{5.9.7A}$$

$$\boldsymbol{P}_{7}^{G}=\boldsymbol{P}_{pt}+\boldsymbol{P}_{Dq}+\boldsymbol{F}_{D\phi}+\boldsymbol{F}_{Df}+\boldsymbol{F}_{K}+\boldsymbol{F}_{1}^{Ds}+\boldsymbol{F}_{2}^{Ds}+\boldsymbol{F}_{1}^{Dr}+\boldsymbol{F}_{2}^{Dr}+\boldsymbol{F}_{Dt}-m_{D}g^{i_G}\boldsymbol{e}_{2} \tag{5.9.7B}$$

其中

$$\begin{cases}\boldsymbol{M}_{71}^{G}=\boldsymbol{M}_{73}^{G}=\boldsymbol{M}_{75}^{G}=\boldsymbol{M}_{77}^{G}=m_{D}\mathbf{1}_{3\times3},\ \boldsymbol{M}_{72}^{G}=m_{D}\left(\tilde{\boldsymbol{U}}_{A}^{D}+\tilde{\boldsymbol{x}}_{CD}+\tilde{\boldsymbol{x}}_{D_G}\right)^{\mathrm{T}}\\ \boldsymbol{M}_{74}^{G}=m_{D}\left(\tilde{\boldsymbol{U}}_{B}^{D}+\tilde{\boldsymbol{x}}_{CD}+\tilde{\boldsymbol{x}}_{D_G}\right)^{\mathrm{T}},\ \boldsymbol{M}_{76}^{G}=m_{D}\left(\tilde{\boldsymbol{U}}_{C}^{D}+\tilde{\boldsymbol{x}}_{CD}+\tilde{\boldsymbol{x}}_{D_G}\right)^{\mathrm{T}},\ \boldsymbol{M}_{78}^{G}=m_{D}\left(\tilde{\boldsymbol{x}}_{D_G}\right)^{\mathrm{T}}\end{cases} \tag{5.9.7C}$$

记

$$\boldsymbol{R}_{D}=R_{j}^{Di_D}\boldsymbol{e}_{j}=-\left(\boldsymbol{F}_{D\phi}+\boldsymbol{F}_{Df}+\boldsymbol{F}_{1}^{Ds}+\boldsymbol{F}_{2}^{Ds}+\boldsymbol{F}_{1}^{Dr}+\boldsymbol{F}_{2}^{Dr}-m_{D}g^{i_G}\boldsymbol{e}_{2}\right) \tag{5.9.8}$$

为广义后坐阻力,其在 ${}^{i_D}\boldsymbol{e}_1$ 方向的投影即为一般意义上的后坐阻力。

将式(5.9.8)代入式(5.9.7B),并将结果代入式(5.9.7A),得

$$\boldsymbol{R}_{D}=\boldsymbol{P}_{pt}+\boldsymbol{P}_{Dq}+\boldsymbol{F}_{K}+\boldsymbol{F}_{Dt}-\boldsymbol{P}_{7}^{I} \tag{5.9.9}$$

其中

$$\boldsymbol{P}_{7}^{I}=\boldsymbol{M}_{71}^{G}\cdot\ddot{\boldsymbol{U}}_{G}^{A}+\boldsymbol{M}_{72}^{G}\cdot\boldsymbol{\varepsilon}_{A1}^{r}+\boldsymbol{M}_{73}^{G}\cdot\ddot{\boldsymbol{x}}_{AB}+\boldsymbol{M}_{74}^{G}\boldsymbol{\varepsilon}_{B1}^{r}+\boldsymbol{M}_{75}^{G}\cdot\ddot{\boldsymbol{x}}_{BC}+\boldsymbol{M}_{76}^{G}\cdot\boldsymbol{\varepsilon}_{C1}^{r}$$
$$+\boldsymbol{M}_{77}^{D}\cdot\ddot{\boldsymbol{x}}_{CD}+\boldsymbol{M}_{78}^{D}\cdot\boldsymbol{\varepsilon}_{D1}^{r}-\boldsymbol{P}_{1}^{GI} \tag{5.9.10}$$

$-\boldsymbol{P}_7^I$ 为后坐部分平动惯性载荷,与后坐部分的质量、各部件的几何尺寸有关,也与底盘、上架、摇架的牵连运动有关,但与各部件的转动惯量无关。

由式(5.9.9)可以得出如下结论。

(1) 后坐部分平动运动可以理解为广义后坐阻力 $\boldsymbol{R}_D$ 与炮膛主动作用力 $\boldsymbol{P}_{pt}+\boldsymbol{P}_{Dq}+\boldsymbol{F}_K+\boldsymbol{F}_{Dt}$ 和后坐部分平动惯性载荷 $-\boldsymbol{P}_7^I$ 保持平衡;广义坐阻力 $\boldsymbol{R}_D$ 可以理解为经制退机、复进机缓冲后直接传递到后坐部分以下结构上的载荷,其大小直接影响到结构强度;控制后坐运动规律的关键是控制炮膛合力 $\boldsymbol{P}_{pt}$、制退机力 $\boldsymbol{F}_{D\phi}$ 和复进机力 $\boldsymbol{F}_{Df}$ 的生成规律。由式(5.9.9)可知,由于 $\boldsymbol{F}_K$ 的方向与 $\boldsymbol{P}_{pt}$ 相反,因此 $\boldsymbol{F}_K$ 对减少 $\boldsymbol{R}_D$ 有益,这就是炮口制退器的作用原理;同时增加后坐部分的质量 m_D,则 $\boldsymbol{P}_7^I$ 增大,由式(5.9.9)可知这对减少后坐阻力 $\boldsymbol{R}_D$ 也有益。

(2) 从质量矩阵表达式(5.9.7C)可以看出,与角运动有关的广义质量矩阵不仅与其质心位置矢量 $\boldsymbol{x}_{D_G}$ 有关,而且还与其后坐运动位移 $\boldsymbol{x}_{CD}$ 有关,表明与牵连角运动有关的广义质量矩阵是变化的。

(3) 由于后坐部分重力 $m_Dg^{i_G}\boldsymbol{e}_2$ 在后坐方向上的分量 $m_Dg^{i_G}\boldsymbol{e}_2\cdot{}^{i_D}\boldsymbol{e}_2=-m_Dg\sin\theta_1^0$($\theta_1^0$ 为射角)与后坐方向一致,此时后坐阻力最大,因此炮身最小后坐长出现在最大射角工况,

最大后坐长出现在最小射角工况。

(4) 与直接固定在地面台架上的射击后坐阻力相比，在具有载运工具平台上射击的后坐阻力均要小，其原因是在 $\boldsymbol{P}_7^I$ 的表达式中增加了牵连运动惯性载荷项，牵连运动增加的后坐部分动能耗散了炮膛合力所产生的能量。

5.9.4.2 后坐部分翻转运动

考虑刚体运动方程(5.9.1A)中第 8 个方程，该方程为后坐部分绕坐标系 $\boldsymbol{i}_{D0}$ 原点 o_{D0} 的翻转运动方程。将其展开得表达式为

$$\boldsymbol{M}_{81}^G\cdot\ddot{\boldsymbol{U}}_G^A+\boldsymbol{M}_{82}^G\cdot\boldsymbol{\varepsilon}_{A1}^r+\boldsymbol{M}_{83}^G\cdot\ddot{\boldsymbol{x}}_{AB}+\boldsymbol{M}_{84}^G\cdot\boldsymbol{\varepsilon}_{B1}^r+\boldsymbol{M}_{85}^G\cdot\ddot{\boldsymbol{x}}_{BC}+\boldsymbol{M}_{86}^G\cdot\boldsymbol{\varepsilon}_{C1}^r+\boldsymbol{M}_{87}^G\cdot\ddot{\boldsymbol{x}}_{CD}+\boldsymbol{M}_{88}^G\cdot\boldsymbol{\varepsilon}_{D1}^r-\boldsymbol{P}_8^{GI}=\boldsymbol{P}_8^G \tag{5.9.11A}$$

$$\boldsymbol{P}_8^G=\tilde{\boldsymbol{x}}_{Dz}\cdot\boldsymbol{F}_{D\phi}+\tilde{\boldsymbol{x}}_{Df}\cdot\boldsymbol{F}_{Df}+\tilde{\boldsymbol{x}}_1^{Ds}\cdot\boldsymbol{F}_1^{Ds}+\tilde{\boldsymbol{x}}_2^{Ds}\cdot\boldsymbol{F}_2^{Ds}+\tilde{\boldsymbol{x}}_1^{Dr}\cdot\boldsymbol{F}_1^{Dr}+\tilde{\boldsymbol{x}}_2^{Dr}\cdot\boldsymbol{F}_2^{Dr}+\tilde{\boldsymbol{x}}_1^{Dq}\cdot\boldsymbol{P}_{Dq}+\boldsymbol{M}_{Dq}+\tilde{\boldsymbol{x}}_{Dt}\cdot\boldsymbol{F}_{Dt}+\tilde{\boldsymbol{l}}_{Ds}\cdot\boldsymbol{F}_K-m_Dg\tilde{\boldsymbol{x}}_{D_G}\cdot{}^{i_G}\boldsymbol{e}_2 \tag{5.9.11B}$$

该翻转运动方程将后坐部分的平动运动和转动运动耦合在一起，使我们无法了解影响其翻转运动的各种因素。为此，我们选取后坐部分质心 O_{D_G} 作为基点，将式(5.9.11)转换成绕质心 O_{D_G} 的翻转运动方程。记质心 O_{D_G} 至后坐部分任意点 O_D 的位置矢量为 $\bar{x}_D$，则有 $\boldsymbol{x}_D=\boldsymbol{x}_{D_G}+\bar{\boldsymbol{x}}_D$，将其代入质量矩阵表达式(5.6.37)中，经运算得到

$$\begin{cases}\boldsymbol{M}_{21}^G=\boldsymbol{M}_{23}^G=\boldsymbol{M}_{25}^G=\boldsymbol{M}_{27}^G=m_D(\tilde{\boldsymbol{U}}_A^D+\tilde{\boldsymbol{x}}_{CD}+\tilde{\boldsymbol{x}}_{D_G}),\ \boldsymbol{M}_{22}^G=\bar{\boldsymbol{I}}_D+(\tilde{\boldsymbol{U}}_A^D+\tilde{\boldsymbol{x}}_{CD}+\tilde{\boldsymbol{x}}_{D_G})\cdot\boldsymbol{M}_{12}^G\\ \boldsymbol{M}_{24}^G=\bar{\boldsymbol{I}}_D+(\tilde{\boldsymbol{U}}_A^D+\tilde{\boldsymbol{x}}_{CD}+\tilde{\boldsymbol{x}}_{D_G})\cdot\boldsymbol{M}_{14}^G,\ \boldsymbol{M}_{26}^G=\bar{\boldsymbol{I}}_D+(\tilde{\boldsymbol{U}}_A^D+\tilde{\boldsymbol{x}}_{CD}+\tilde{\boldsymbol{x}}_{D_G})\cdot\boldsymbol{M}_{16}^G\\ \boldsymbol{M}_{28}^G=\bar{\boldsymbol{I}}_D+(\tilde{\boldsymbol{U}}_A^D+\tilde{\boldsymbol{x}}_{CD}+\tilde{\boldsymbol{x}}_{D_G})\cdot\boldsymbol{M}_{18}^G\\ \boldsymbol{M}_{41}^G=\boldsymbol{M}_{43}^G=\boldsymbol{M}_{45}^G=\boldsymbol{M}_{47}^G=m_D(\tilde{\boldsymbol{U}}_B^D+\tilde{\boldsymbol{x}}_{CD}+\tilde{\boldsymbol{x}}_{D_G}),\ \boldsymbol{M}_{42}^G=\bar{\boldsymbol{I}}_D+(\tilde{\boldsymbol{U}}_B^D+\tilde{\boldsymbol{x}}_{CD}+\tilde{\boldsymbol{x}}_{D_G})\cdot\boldsymbol{M}_{72}^G\\ \boldsymbol{M}_{44}^G=\bar{\boldsymbol{I}}_D+(\tilde{\boldsymbol{U}}_B^D+\tilde{\boldsymbol{x}}_{CD}+\tilde{\boldsymbol{x}}_{D_G})\cdot\boldsymbol{M}_{34}^G,\ \boldsymbol{M}_{46}^G=\bar{\boldsymbol{I}}_D+(\tilde{\boldsymbol{U}}_B^D+\tilde{\boldsymbol{x}}_{CD}+\tilde{\boldsymbol{x}}_{D_G})\cdot\boldsymbol{M}_{36}^G\\ \boldsymbol{M}_{48}^G=\bar{\boldsymbol{I}}_D+(\tilde{\boldsymbol{U}}_B^D+\tilde{\boldsymbol{x}}_{CD}+\tilde{\boldsymbol{x}}_{D_G})\cdot\boldsymbol{M}_{38}^G\\ \boldsymbol{M}_{61}^G=\boldsymbol{M}_{63}^G=\boldsymbol{M}_{65}^G=\boldsymbol{M}_{67}^G=m_D(\tilde{\boldsymbol{U}}_C^D+\tilde{\boldsymbol{x}}_{CD}+\tilde{\boldsymbol{x}}_{D_G}),\ \boldsymbol{M}_{62}^G=\bar{\boldsymbol{I}}_D+(\tilde{\boldsymbol{U}}_C^D+\tilde{\boldsymbol{x}}_{CD}+\tilde{\boldsymbol{x}}_{D_G})\cdot\boldsymbol{M}_{52}^G\\ \boldsymbol{M}_{64}^G=\bar{\boldsymbol{I}}_D+(\tilde{\boldsymbol{U}}_C^D+\tilde{\boldsymbol{x}}_{CD}+\tilde{\boldsymbol{x}}_{D_G})\cdot\boldsymbol{M}_{54}^G,\ \boldsymbol{M}_{66}^G=\bar{\boldsymbol{I}}_D+(\tilde{\boldsymbol{U}}_C^D+\tilde{\boldsymbol{x}}_{CD}+\tilde{\boldsymbol{x}}_{D_G})\cdot\boldsymbol{M}_{56}^G\\ \boldsymbol{M}_{68}^G=\bar{\boldsymbol{I}}_D+(\tilde{\boldsymbol{U}}_C^D+\tilde{\boldsymbol{x}}_{CD}+\tilde{\boldsymbol{x}}_{D_G})\cdot\boldsymbol{M}_{58}^G\\ \boldsymbol{M}_{81}^G=\boldsymbol{M}_{83}^G=\boldsymbol{M}_{85}^G=\boldsymbol{M}_{87}^G=m_D\tilde{\boldsymbol{x}}_{D_G},\ \boldsymbol{M}_{82}^G=\bar{\boldsymbol{I}}_D+\tilde{\boldsymbol{x}}_{D_G}\cdot\boldsymbol{M}_{72}^G\\ \boldsymbol{M}_{84}^G=\bar{\boldsymbol{I}}_D+\tilde{\boldsymbol{x}}_{D_G}\cdot\boldsymbol{M}_{74}^G,\ \boldsymbol{M}_{86}^G=\bar{\boldsymbol{I}}_D+\tilde{\boldsymbol{x}}_{D_G}\cdot\boldsymbol{M}_{76}^G\\ \boldsymbol{M}_{88}^G=\bar{\boldsymbol{I}}_D+\tilde{\boldsymbol{x}}_{D_G}\cdot\boldsymbol{M}_{78}^G\end{cases} \tag{5.9.12A}$$

$$\bar{\boldsymbol{I}}_D=\int_{\Omega_D}\rho_D\tilde{\bar{\boldsymbol{x}}}_D\cdot\tilde{\bar{\boldsymbol{x}}}_D^{\mathrm{T}}\mathrm{d}V \tag{5.9.12B}$$

式中，$\bar{\boldsymbol{I}}_D$ 为后坐部分绕其质心的转动惯量。

给出以下预备公式：

$$\boldsymbol{x}_{D_G}\times\{[\boldsymbol{\omega}_D\times(\boldsymbol{\omega}_D\times\boldsymbol{x}_{D_G})]\}=\tilde{\boldsymbol{\omega}}_D\cdot(\tilde{\boldsymbol{x}}_{D_G}\cdot\tilde{\boldsymbol{x}}_{D_G}^{\mathrm{T}})\cdot\boldsymbol{\omega}_D$$

将 $\tilde{\boldsymbol{x}}_{D_G}$ 左点乘式(5.9.7A)得结果①,将式(5.9.12A)代入式(5.9.11)得结果②,将结果②减去结果①,经简化整理得

$$
\begin{aligned}
&\bar{\boldsymbol{I}}_D \cdot (\boldsymbol{\varepsilon}_{A1}^r + \boldsymbol{\varepsilon}_{B1}^r + \boldsymbol{\varepsilon}_{C1}^r + \boldsymbol{\varepsilon}_{D1}^r + \boldsymbol{\mu}_A^r + \boldsymbol{\mu}_B^r + \boldsymbol{\mu}_C^r + \boldsymbol{\mu}_D^r) + \tilde{\boldsymbol{\omega}}_D \cdot \bar{\boldsymbol{I}}_D \cdot \boldsymbol{\omega}_D \\
&= - \tilde{\boldsymbol{x}}_{D_G} \cdot \boldsymbol{P}_{pt} + \tilde{\bar{\boldsymbol{x}}}_{Dt} \cdot \boldsymbol{F}_{Dt} + \tilde{\bar{\boldsymbol{l}}}_{Ds} \cdot \boldsymbol{F}_K + \tilde{\bar{\boldsymbol{x}}}_1^{Dq} \cdot \boldsymbol{P}_{Dq} + \boldsymbol{M}_{Dq} + \tilde{\bar{\boldsymbol{x}}}_{Dz} \cdot \boldsymbol{F}_{D\phi} + \tilde{\bar{\boldsymbol{x}}}_{Df} \cdot \boldsymbol{F}_{Df} \\
&\quad + \tilde{\bar{\boldsymbol{x}}}_1^{Ds} \cdot \boldsymbol{F}_1^{Ds} + \tilde{\bar{\boldsymbol{x}}}_2^{Ds} \cdot \boldsymbol{F}_2^{Ds} + \tilde{\bar{\boldsymbol{x}}}_1^{Dr} \cdot \boldsymbol{F}_1^{Dr} + \tilde{\bar{\boldsymbol{x}}}_2^{Dr} \cdot \boldsymbol{F}_2^{Dr}
\end{aligned} \tag{5.9.13}
$$

式中,$\bar{\boldsymbol{x}}_{Dz}$、$\bar{\boldsymbol{x}}_{Df}$、$\bar{\boldsymbol{x}}_{Dt}$、$\bar{\boldsymbol{l}}_{Ds}$、$\bar{\boldsymbol{x}}_1^{Dq}$、$\bar{\boldsymbol{x}}_1^{Ds}$、$\bar{\boldsymbol{x}}_2^{Ds}$、$\bar{\boldsymbol{x}}_1^{Dr}$、$\bar{\boldsymbol{x}}_2^{Dr}$ 分别为后坐部分质心 O_{D_G} 至 O_{Dz}、O_{Df}、O_{Dt}、O_{Ds}、O_1^{Dq}、O_1^{Ds}、O_2^{Ds}、O_1^{Dr}、O_2^{Dr} 的位置矢量。在上式推导过程中,应用了以下公式:

$$
\begin{aligned}
\tilde{\boldsymbol{x}}_{D_G} \cdot \boldsymbol{P}_{7I}^D = &- m_D \tilde{\boldsymbol{x}}_{D_G} \cdot \boldsymbol{a}_{D1} - m_D(\tilde{\boldsymbol{x}}_{D_G} \cdot \tilde{\boldsymbol{x}}_{D_G}^{\mathrm{T}}) \cdot (\boldsymbol{\mu}_A^r + \boldsymbol{\mu}_B^r + \boldsymbol{\mu}_C^r + \boldsymbol{\mu}_D^r) \\
&- m_D \tilde{\boldsymbol{\omega}}_D \cdot (\tilde{\boldsymbol{x}}_{D_G} \cdot \tilde{\boldsymbol{x}}_{D_G}^{\mathrm{T}}) \cdot \boldsymbol{\omega}_D
\end{aligned}
$$

$$
\boldsymbol{P}_{8I}^G = - m_D \tilde{\boldsymbol{x}}_{D_G} \cdot \boldsymbol{a}_{D1} - \boldsymbol{I}_D \cdot (\boldsymbol{\mu}_A^r + \boldsymbol{\mu}_B^r + \boldsymbol{\mu}_C^r + \boldsymbol{\mu}_D^r) - \tilde{\boldsymbol{\omega}}_D \cdot I_D \cdot \boldsymbol{\omega}_D
$$

$$
\boldsymbol{P}_{8I}^D - \tilde{\boldsymbol{x}}_{D_G} \cdot \boldsymbol{P}_{7I}^D = - \bar{\boldsymbol{I}}_D \cdot (\boldsymbol{\mu}_A^r + \boldsymbol{\mu}_B^r + \boldsymbol{\mu}_C^r + \boldsymbol{\mu}_D^r) - \tilde{\boldsymbol{\omega}}_D \cdot \bar{\boldsymbol{I}}_D \cdot \boldsymbol{\omega}_D
$$

式(5.9.13)等号左侧为后坐部分绕其质心的纯转动惯性力矩,右侧分别为绕其质心转动的主动力矩和限制转动的约束力矩。

由式(5.9.13)可以得出如下结论:

(1) 与后坐部分翻转角运动有关的广义质量矩阵 $\bar{\boldsymbol{I}}_D$ 是常量矩阵,提高 $\bar{\boldsymbol{I}}_D$ 对降低翻转角运动有利。

(2) 主动力矩要实现自平衡。主动力矩的主要组成有为炮膛合力矩 $-\tilde{\boldsymbol{x}}_{D_G} \cdot \boldsymbol{P}_{pt}$、制退机力矩 $\tilde{\bar{\boldsymbol{x}}}_{Dz} \cdot \boldsymbol{F}_{D\phi}$ 和复进机力矩 $\tilde{\bar{\boldsymbol{x}}}_{Df} \cdot \boldsymbol{F}_{Df}$。自平衡包含各自平衡、两两平衡和综合平衡三种工况。

① 各自平衡工况,即 $\tilde{\boldsymbol{x}}_{D_G} \cdot \boldsymbol{P}_{pt} = \boldsymbol{0}$, $\tilde{\bar{\boldsymbol{x}}}_{Dz} \cdot \boldsymbol{F}_{D\phi} = \boldsymbol{0}$, $\tilde{\bar{\boldsymbol{x}}}_{Df} \cdot \boldsymbol{F}_{Df} = \boldsymbol{0}$。对 $\tilde{\boldsymbol{x}}_{D_G} \cdot \boldsymbol{P}_{pt} = \boldsymbol{0}$,这就要求 $\boldsymbol{x}_{D_G} \cdot {}^{i_D}\boldsymbol{e}_2 = \boldsymbol{x}_{D_G} \cdot {}^{i_D}\boldsymbol{e}_3 = 0$,即后坐部分质心在身管轴线上;对 $\tilde{\bar{\boldsymbol{x}}}_{Dz} \cdot \boldsymbol{F}_{D\phi} = \boldsymbol{0}$, $\tilde{\bar{\boldsymbol{x}}}_{Df} \cdot \boldsymbol{F}_{Df} = \boldsymbol{0}$, $\bar{\boldsymbol{x}}_{Dz} \cdot {}^{i_D}\boldsymbol{e}_2 = \bar{\boldsymbol{x}}_{Dz} \cdot {}^{i_D}\boldsymbol{e}_3 = 0$、$\bar{\boldsymbol{x}}_{Df} \cdot {}^{i_D}\boldsymbol{e}_2 = \bar{\boldsymbol{x}}_{Df} \cdot {}^{i_D}\boldsymbol{e}_3 = 0$,即制退机、复进机轴线方向与身管轴线重合,采用与身管同轴的制退机和复进机对控制火炮翻转运动非常有利;采用双制退机与双复进机方案,分别使制退机两个安装位置的矢量和 $(\bar{\boldsymbol{x}}_1^{Dz} + \bar{\boldsymbol{x}}_2^{Dz}) \cdot {}^{i_D}\boldsymbol{e}_2 = (\bar{\boldsymbol{x}}_1^{Dz} + \bar{\boldsymbol{x}}_2^{Dz}) \cdot {}^{i_D}\boldsymbol{e}_3 = 0$,以及 $(\bar{\boldsymbol{x}}_1^{Df} + \bar{\boldsymbol{x}}_2^{Df}) \cdot {}^{i_D}\boldsymbol{e}_2 = (\bar{\boldsymbol{x}}_1^{Df} + \bar{\boldsymbol{x}}_2^{Df}) \cdot {}^{i_D}\boldsymbol{e}_3 = 0$。

② 两两平衡工况,即 $\tilde{\boldsymbol{x}}_{D_G} \cdot \boldsymbol{P}_{pt} = \boldsymbol{0}$, $\tilde{\bar{\boldsymbol{x}}}_{Dz} \cdot \boldsymbol{F}_{D\phi} + \tilde{\bar{\boldsymbol{x}}}_{Df} \cdot \boldsymbol{F}_{Df} = \boldsymbol{0}$。火炮发射起始时刻,复进机力大于制退机力,在弹丸膛内运动某一时刻,制退机力大于复进机力,因此真正要实现 $\tilde{\bar{\boldsymbol{x}}}_{Dz} \cdot \boldsymbol{F}_{D\phi} + \tilde{\bar{\boldsymbol{x}}}_{Df} \cdot \boldsymbol{F}_{Df} = \boldsymbol{0}$ 是不太可能的,但通过对安装位置 $\bar{\boldsymbol{x}}_{Dz}$、$\bar{\boldsymbol{x}}_{Df}$,制退机力 $\boldsymbol{F}_{D\phi}$ 和复进机力 $\boldsymbol{F}_{Df}$ 规律等的调整,使 $\tilde{\bar{\boldsymbol{x}}}_{Dz} \cdot \boldsymbol{F}_{D\phi} + \tilde{\bar{\boldsymbol{x}}}_{Df} \cdot \boldsymbol{F}_{Df}$ 在弹丸膛内运动时期最小。

③ 综合平衡工况,即 $\tilde{\boldsymbol{x}}_{D_G} \cdot \boldsymbol{P}_{pt} + \tilde{\bar{\boldsymbol{x}}}_{Dz} \cdot \boldsymbol{F}_{D\phi} + \tilde{\bar{\boldsymbol{x}}}_{Df} \cdot \boldsymbol{F}_{Df} = \boldsymbol{0}$。实际情况是不可能为零的,但此工况故意将 $\boldsymbol{x}_{D_G} \cdot {}^{i_D}\boldsymbol{e}_2 \neq 0$, $\boldsymbol{x}_{D_G} \cdot {}^{i_D}\boldsymbol{e}_3 \neq 0$,让 $\tilde{\boldsymbol{x}}_{D_G} \cdot \boldsymbol{P}_{pt}$ 与 $\tilde{\bar{\boldsymbol{x}}}_{Dz} \cdot \boldsymbol{F}_{D\phi} + \tilde{\bar{\boldsymbol{x}}}_{Df} \cdot \boldsymbol{F}_{Df}$ 进行综合平衡,使其总和在弹丸膛内运动期间保持最小,从而降低后坐部分的角运动,所以,虽然 $\boldsymbol{x}_{D_G}$ 轻小,但 $\tilde{\boldsymbol{x}}_{D_G} \cdot \boldsymbol{P}_{pt}$ 效应很大。

(3) 后坐部分约束要稳定,即 $\tilde{\bar{\boldsymbol{x}}}_1^{Ds} \cdot \boldsymbol{F}_1^{Ds} + \tilde{\bar{\boldsymbol{x}}}_2^{Ds} \cdot \boldsymbol{F}_2^{Ds}$ 和 $\tilde{\bar{\boldsymbol{x}}}_1^{Dr} \cdot \boldsymbol{F}_1^{Dr} + \tilde{\bar{\boldsymbol{x}}}_2^{Dr} \cdot \boldsymbol{F}_2^{Dr}$ 不产生较大的波动,且约束力不要出现反向现象,其最好的方案是增加两支撑点 O_1^{Ds} 和 O_2^{Ds},点 O_1^{Dr} 和

O_2^{Dr} 间的距离，且确保在后坐过程中后坐部分质心始终位于两支撑点 O_1^{Ds}、O_2^{Ds} 之间。以图 5.9.1 所示的悬臂简支梁为例来说明。

图 5.9.1 为悬臂简支梁，在沿 x 方向有速度为 $-v$ 的移动载荷 F_0 作用，求支点 A 和 B 处的约束反力 P_A、P_B 的响应规律，考虑两种工况：工况 1，载荷作用点 C 位于支点 A 和 B 以外运动；工况 2，载荷作用点 C 位于支点 A 和 B 以内运动。计算得到这两工况的支反力 P_A、P_B，经归一后 P_A/F_0、P_B/F_0 随时间的变化规律见图 5.9.2 所示。由图可见，工况 1 中支点 B 上的支反力比运动载荷大，支点 A、B 的支反力反向；工况 2 中支点 A、B 上的支反力均比移动载荷小，而且力是同向的。此算例表明，后坐部位的质心位于摇架前后套筒之间是比较稳定的设计方案。

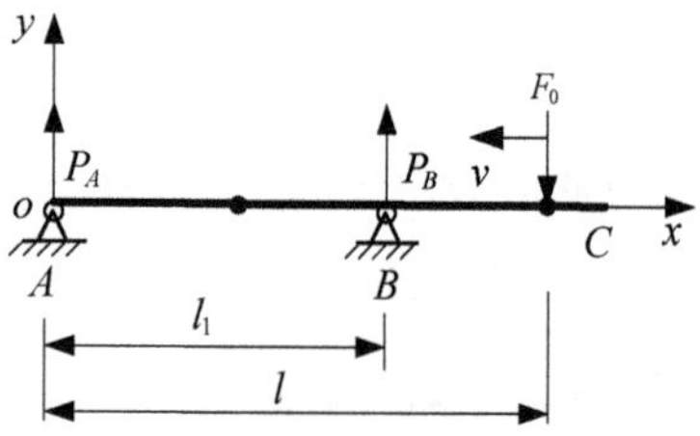

图 5.9.1　悬臂简支梁的强迫响应

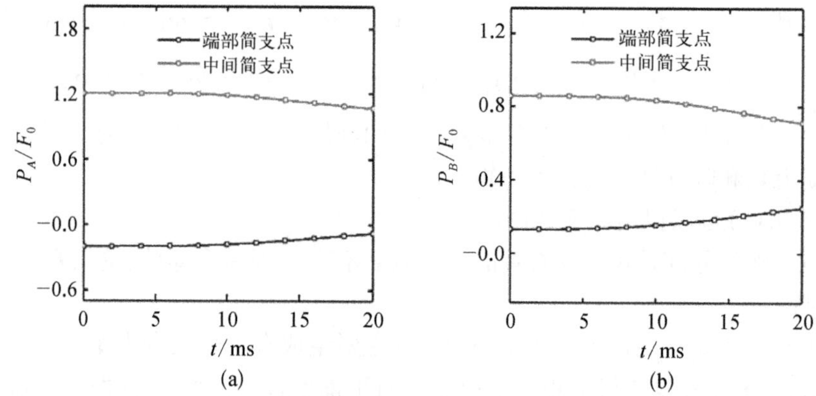

图 5.9.2　支反力响应规律

（4）降低弹丸作用力对后坐部分的影响。弹丸作用力包括弹丸前定心部与身管内膛的碰撞力 $\boldsymbol{F}_{Dt}$、弹带作用力 $\boldsymbol{P}_{Dq}$ 和力矩 $\boldsymbol{M}_{Dq}$，在实际使用中虽无法避免、但要严格控制并降低其影响。可从以下两个方面来考虑。

① 若 $\boldsymbol{F}_{Dt}=0$，则 $\tilde{\tilde{\boldsymbol{x}}}_{Dt}\cdot\boldsymbol{F}_{Dt}=\boldsymbol{0}$，显然该工况属理想情况，一般情况是 $\boldsymbol{F}_{Dt}\neq\boldsymbol{0}$。从回收的弹丸图片 5.9.3 中可以看出弹丸前定心部与身管的碰撞有两种情况，一种是前定心部紧贴炮膛并沿着膛线缠度方向旋转向前运动，膛线对前定心部的刻痕很深，但轮廓很清晰，表明弹丸在膛内的运动非常平稳；另一种是前定心部在膛内既有刻痕又有滑动碰撞，膛线对前定心部虽有刻痕但轮廓很模糊，表明弹丸在膛内运动非常激烈，很不稳定。对于不稳

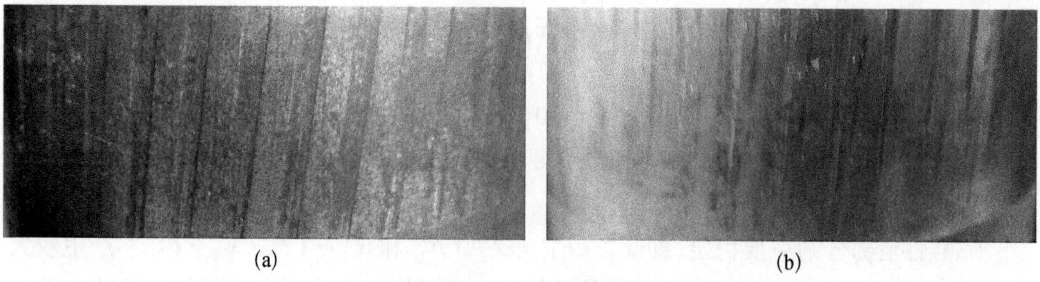
(a)　(b)

图 5.9.3　弹丸前定心部的膛线刻痕

定接触,碰撞力大小、方向及碰撞点位置等均会产生激烈的变化,由此形成不稳定的碰撞力矩。

② 弹带与身管膛线接触力和力矩。从图 5.9.4 所示回收弹带膛线刻痕可以看出,膛线对弹带的作用也有两种情况。一种是如图(a)所示,弹带对膛线的作用比较稳定,弹带在膛线的作用下沿着膛线缠度方向旋转向前运动,膛线对膛线的刻痕很深但轮廓很清晰,表明弹带的运动非常平稳,使 $\boldsymbol{P}_{Dq}$、$\boldsymbol{M}_{Dq}$ 仅在 ${}^{i_D}\boldsymbol{e}_1$ 方向有合力和合力矩,在其他两个方向上不产生扰动;另一种是如图(b)所示,弹带对膛线的作用非常不稳定,弹带在膛线作用下径向和环向同时挤压,形成喇叭口形状,表明弹带在膛内运动非常激烈,很不稳定。弹带的不稳定运动使 $\boldsymbol{P}_{Dq}$、$\boldsymbol{M}_{Dq}$ 在 ${}^{i_D}\boldsymbol{e}_i$ 的三个方向均有分量,除了迫使弹丸绕身管轴线旋转外,还在另外两个方向上产生扰动。

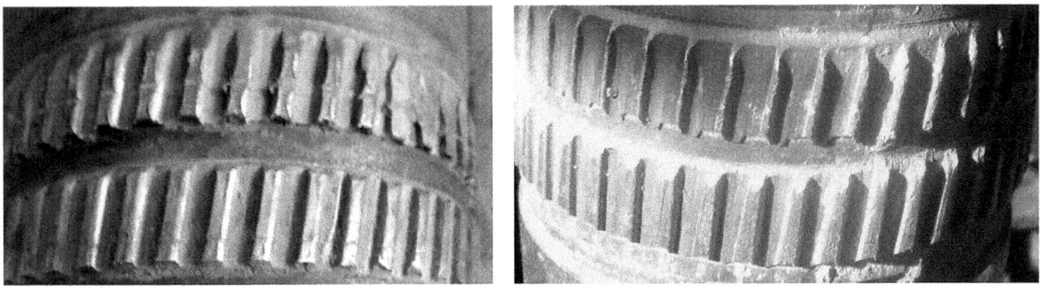

(a) (b)

图 5.9.4 回收弹带膛线刻痕

控制弹丸膛内运动的稳定性既与火炮的牵连运动有关,又与弹丸自身的物理和几何特性有关,还与弹丸运动的初始条件有关,有关弹丸膛内运动特性分析见第 6、7 章的讨论。

5.9.4.3 起落部分翻转运动讨论

起落部分翻转运动微分方程是以坐标系 $\boldsymbol{i}_C$ 原点 o_C 来展开的,与第 5.9.4.2 节的讨论相类似,我们选取摇架部分质心 O_{C_G} 来讨论其转动运动。假定质心 O_{C_G} 至摇架部分任意点的位置矢量为 $\bar{\boldsymbol{x}}_C$,则有 $\boldsymbol{x}_C = \bar{\boldsymbol{x}}_C + \boldsymbol{x}_{C_G}$,将该表达式代入式(5.6.26)的质量矩阵表达式中,有

$$\begin{cases}\boldsymbol{M}_{21}^C = \boldsymbol{M}_{23}^C = \boldsymbol{M}_{25}^C = m_C(\tilde{\boldsymbol{U}}_A^C + \tilde{\boldsymbol{x}}_{C_G}),\ \boldsymbol{M}_{22}^C = \bar{\boldsymbol{I}}_C + (\tilde{\boldsymbol{U}}_A^C + \tilde{\boldsymbol{x}}_{C_G}) \cdot \boldsymbol{M}_{12}^C \\ \boldsymbol{M}_{24}^C = \bar{\boldsymbol{I}}_C + (\tilde{\boldsymbol{U}}_A^C + \tilde{\boldsymbol{x}}_{C_G}) \cdot \boldsymbol{M}_{14}^C,\ \boldsymbol{M}_{26}^C = \bar{\boldsymbol{I}}_C + (\tilde{\boldsymbol{U}}_A^C + \tilde{\boldsymbol{x}}_{C_G}) \cdot \boldsymbol{M}_{16}^C \\ \boldsymbol{M}_{41}^C = \boldsymbol{M}_{43}^C = \boldsymbol{M}_{45}^C = m_C(\tilde{\boldsymbol{U}}_B^C + \tilde{\boldsymbol{x}}_{C_G}),\ \boldsymbol{M}_{42}^C = \bar{\boldsymbol{I}}_C + (\tilde{\boldsymbol{U}}_B^C + \tilde{\boldsymbol{x}}_{C_G}) \cdot \boldsymbol{M}_{32}^C \\ \boldsymbol{M}_{44}^C = \bar{\boldsymbol{I}}_C + (\tilde{\boldsymbol{U}}_B^C + \tilde{\boldsymbol{x}}_{C_G}) \cdot \boldsymbol{M}_{34}^C,\ \boldsymbol{M}_{46}^C = \bar{\boldsymbol{I}}_C + (\tilde{\boldsymbol{U}}_B^C + \tilde{\boldsymbol{x}}_{C_G}) \cdot \boldsymbol{M}_{36}^C \\ \boldsymbol{M}_{61}^C = \boldsymbol{M}_{63}^C = \boldsymbol{M}_{65}^C = m_C\tilde{\boldsymbol{x}}_{C_G},\ \boldsymbol{M}_{62}^C = \bar{\boldsymbol{I}}_C + \tilde{\boldsymbol{x}}_{C_G} \cdot \boldsymbol{M}_{52}^C \\ \boldsymbol{M}_{64}^C = \bar{\boldsymbol{I}}_C + \tilde{\boldsymbol{x}}_{C_G} \cdot \boldsymbol{M}_{54}^C,\ \boldsymbol{M}_{66}^C = \bar{\boldsymbol{M}}_{66}^C + \tilde{\boldsymbol{x}}_{C_G} \cdot \boldsymbol{M}_{56}^C\end{cases} \tag{5.9.14A}$$

$$\bar{\boldsymbol{I}}_C = \int_{\Omega_C} \rho_C\, \tilde{\bar{\boldsymbol{x}}}_C \cdot (\tilde{\bar{\boldsymbol{x}}}_C)^{\mathrm{T}} \mathrm{d}V \tag{5.9.14B}$$

式中,$\bar{\boldsymbol{I}}_C$ 为摇架部分绕其质心的转动惯量。

对后坐部分,将 $(\tilde{\boldsymbol{U}}_C^D + \tilde{\boldsymbol{x}}_{CD} + \tilde{\boldsymbol{x}}_{D_G})$ 左点乘式(5.6.44A)中的第 5 个方程得结果①,对

摇架部分将 $\tilde{\boldsymbol{x}}_{C_G}$ 左点乘式(5.6.31)中的第 5 个方程得结果②，将式(5.9.1)中的第 5 个方程分别减去结果①和结果②，并利用式(5.9.12A)、式(5.9.14A)和前面给出的预备式，经简化整理得

$$
\begin{aligned}
&(\bar{\boldsymbol{I}}_D+\bar{\boldsymbol{I}}_C)\cdot(\boldsymbol{\varepsilon}_{A1}^r+\boldsymbol{\varepsilon}_{B1}^r+\boldsymbol{\varepsilon}_{C1}^r+\boldsymbol{\mu}_A^r+\boldsymbol{\mu}_B^r+\boldsymbol{\mu}_C^r)+\bar{\boldsymbol{I}}_D\cdot(\boldsymbol{\varepsilon}_{D1}^r+\boldsymbol{\mu}_D^r)\\
&+\tilde{\boldsymbol{\omega}}_C\cdot(\bar{\boldsymbol{I}}_D+\bar{\boldsymbol{I}}_C)\cdot\boldsymbol{\omega}_C+\tilde{\boldsymbol{\omega}}_D^r\cdot\bar{\boldsymbol{I}}_D\cdot\boldsymbol{\omega}_D^r\\
=&-\tilde{\boldsymbol{x}}_{D_G}\cdot\boldsymbol{P}_{pt}+\tilde{\boldsymbol{U}}_{D_G}^{C_G}\cdot(\boldsymbol{F}_{D\phi}+\boldsymbol{F}_{Df}+\boldsymbol{F}_1^{Ds}+\boldsymbol{F}_2^{Ds}+\boldsymbol{F}_1^{Dr}+\boldsymbol{F}_2^{Dr})+\tilde{\bar{\boldsymbol{x}}}_{Dt}\cdot\boldsymbol{F}_{Dt}+\tilde{\bar{l}}_{Ds}\cdot\boldsymbol{F}_K\\
&+\tilde{\bar{\boldsymbol{x}}}_1^{Dq}\cdot\boldsymbol{P}_{Dq}+\boldsymbol{M}_{Dq}+\tilde{\bar{\boldsymbol{x}}}_1^{C}\cdot\boldsymbol{F}_1^{BC}+\tilde{\bar{\boldsymbol{x}}}_2^{C}\cdot\boldsymbol{F}_2^{BC}+\tilde{\bar{\boldsymbol{x}}}_1^{Cp}\cdot\boldsymbol{F}_1^{Cp}+\tilde{\bar{\boldsymbol{x}}}_2^{Cp}\cdot\boldsymbol{F}_2^{Cp}
\end{aligned}
\tag{5.9.15}
$$

式中，$\bar{\boldsymbol{x}}_1^{Cp}$、$\bar{\boldsymbol{x}}_2^{Cp}$、$\bar{\boldsymbol{x}}_1^{C}$、$\bar{\boldsymbol{x}}_2^{C}$ 分别为摇架部分 O_{C_G} 至点 O_1^{Cp}、O_2^{Cp}、O_1^C、O_2^C 的位置矢量。

在上式的推导过程中，应用了以下等式：

$$\bar{\boldsymbol{x}}_1^{Ds}-\bar{\boldsymbol{x}}_1^{Cs}=\bar{\boldsymbol{x}}_2^{Ds}-\bar{\boldsymbol{x}}_2^{Cs}=\bar{\boldsymbol{x}}_1^{Dr}-\bar{\boldsymbol{x}}_1^{Cr}=\bar{\boldsymbol{x}}_2^{Dr}-\bar{\boldsymbol{x}}_2^{Cr}=-\boldsymbol{U}_{C_G}^{D_G}=\boldsymbol{U}_{D_G}^{C_G} \tag{5.9.16A}$$

$$(\tilde{\bar{\boldsymbol{x}}}_{Dz}-\tilde{\bar{\boldsymbol{x}}}_{Cz})\cdot\boldsymbol{F}_{D\phi}=(\tilde{\boldsymbol{U}}_{Cz}^{Dz}-\tilde{\boldsymbol{U}}_{C_G}^{D_G})\cdot\boldsymbol{F}_{Dz}=\tilde{\boldsymbol{U}}_{D_G}^{C_G}\cdot\boldsymbol{F}_{Dz} \tag{5.9.16B}$$

$$(\tilde{\bar{\boldsymbol{x}}}_{Df}-\tilde{\bar{\boldsymbol{x}}}_{Cf})\cdot\boldsymbol{F}_{Df}=(\tilde{\boldsymbol{U}}_{Cf}^{Df}-\tilde{\boldsymbol{U}}_{C_G}^{D_G})\cdot\boldsymbol{F}_{Df}=\tilde{\boldsymbol{U}}_{D_G}^{C_G}\cdot\boldsymbol{F}_{Df} \tag{5.9.16C}$$

式中，$\boldsymbol{U}_{D_G}^{C_G}$ 为后坐部分质心 O_{D_G} 至摇架部分质心 O_{C_G} 之间的位置矢量；$\tilde{\boldsymbol{U}}_{Cz}^{Dz}$ 为制退机连接点 O_{Cz} 至点 O_{Dz} 之间的位置矢量；$\tilde{\boldsymbol{U}}_{Cf}^{Df}$ 为复进机连接点 O_{Cf} 至点 O_{Df} 之间的位置矢量。在设计制退机、复进机结构时，要确保 $\tilde{\boldsymbol{U}}_{Cz}^{Dz}\cdot\boldsymbol{F}_{Dz}=\boldsymbol{0}$，$\tilde{\boldsymbol{U}}_{Cf}^{Df}\cdot\boldsymbol{F}_{Df}=\boldsymbol{0}$。

式(5.9.15)等号左侧为起落部分纯转动惯性力矩，右侧为导致起落部分转动的主动力矩和限制转动的约束力矩。

由式(5.9.15)可以得出如下结论：

(1) 起落部分翻转角运动的广义质量矩阵 $\bar{\boldsymbol{I}}_C$、$\bar{\boldsymbol{I}}_D$ 是常量矩阵，提高 $\bar{\boldsymbol{I}}_C$、$\bar{\boldsymbol{I}}_D$ 对降低起落部分的翻转角运动是有利的。

(2) 后坐部分运动平稳性对起落部分翻转运动平稳非常重要。式(5.9.15)中有关项 $\boldsymbol{U}_{D_G}^{C_G}\cdot(\boldsymbol{F}_1^{Ds}+\boldsymbol{F}_2^{Ds}+\boldsymbol{F}_1^{Dr}+\boldsymbol{F}_2^{Dr})$ 均与后坐平稳性有关。若 $\boldsymbol{F}_1^{Ds}+\boldsymbol{F}_2^{Ds}$、$\boldsymbol{F}_1^{Dr}+\boldsymbol{F}_2^{Dr}$ 出现波动，则会导致力矩项 $\boldsymbol{U}_{D_G}^{C_G}\cdot(\boldsymbol{F}_1^{Ds}+\boldsymbol{F}_2^{Ds}+\boldsymbol{F}_1^{Dr}+\boldsymbol{F}_2^{Dr})$ 出现波动，控制 $\boldsymbol{F}_1^{Ds}+\boldsymbol{F}_2^{Ds}$、$\boldsymbol{F}_1^{Dr}+\boldsymbol{F}_2^{Dr}$ 波动的有效方法是加大两支撑点 O_1^{Ds} 和点 O_2^{Ds}、点 O_1^{Dr} 和点 O_2^{Dr} 间的距离。

(3) 控制好后坐部分与摇架部分质心之间位置矢量 $\boldsymbol{U}_{D_G}^{C_G}$。$\boldsymbol{U}_{D_G}^{C_G}$ 既反映了两部件质心间的相对位置大小，也反映了相互间的位置方向关系，以确保项 $\boldsymbol{U}_{D_G}^{C_G}\cdot(\boldsymbol{F}_{D\phi}+\boldsymbol{F}_{Df}+\boldsymbol{F}_1^{Ds}+\boldsymbol{F}_2^{Ds}+\boldsymbol{F}_1^{Dr}+\boldsymbol{F}_2^{Dr})$ 对控制方程左端项最有效。

(4) 控制好耳轴，使项 $\tilde{\bar{\boldsymbol{x}}}_1^{C}\cdot\boldsymbol{F}_1^{BC}+\tilde{\bar{\boldsymbol{x}}}_2^{C}\cdot\boldsymbol{F}_2^{BC}$ 成为稳定项，最有效的方法是加大两耳轴支撑点 O_1^C 和点 O_2^C 之间的距离。

(5) 控制好高平机，使项 $\tilde{\bar{\boldsymbol{x}}}_1^{Cp}\cdot\boldsymbol{F}_1^{Cp}+\tilde{\bar{\boldsymbol{x}}}_2^{Cp}\cdot\boldsymbol{F}_2^{Cp}$ 成为稳定项。最有效的方法：一是确保高平机力 $\boldsymbol{F}_1^{Cp}$、$\boldsymbol{F}_2^{Cp}$ 不发生换向，液压式高平机能达到这一要求，齿弧式高低机由于齿隙的存在难以确保高低机力不换向，而且随着射弹数的增加该齿隙亦会有一定程度的增大；二是注意安装点位置，确保在任意射角条件下高平机力对起落部分质心 O_{C_G} 的有效力臂达到最大值。

5.9.4.4 回转部分翻转运动讨论

上架部分的翻转运动微分方程是以坐标系 $\boldsymbol{i}_B$ 原点 o_B 来展开的，与第 5.9.4.2 节的讨论相类似，我们选取上架部分质心 O_{B_G} 来讨论其转动运动。假定质心 O_{B_G} 至上架部分任意点的位置矢量为 $\bar{\boldsymbol{x}}_B$，则有 $\boldsymbol{x}_B=\bar{\boldsymbol{x}}_B+\boldsymbol{x}_{B_G}$，将该表达式代入式(5.6.16)的质量矩阵表达式中，有

$$\begin{cases}\boldsymbol{M}_{21}^B=\boldsymbol{M}_{23}^B=m_B(\tilde{\boldsymbol{U}}_A^B+\tilde{\boldsymbol{x}}_{B_G}),\ \boldsymbol{M}_{22}^B=\bar{\boldsymbol{I}}_B+(\tilde{\boldsymbol{U}}_A^B+\tilde{\boldsymbol{x}}_{B_G})\cdot\boldsymbol{M}_{12}^B\\ \boldsymbol{M}_{24}^B=\bar{\boldsymbol{I}}_B+(\tilde{\boldsymbol{U}}_A^B+\tilde{\boldsymbol{x}}_{B_G})\cdot\boldsymbol{M}_{14}^B\\ \boldsymbol{M}_{41}^B=\boldsymbol{M}_{43}^B=m_B\tilde{\boldsymbol{x}}_{B_G},\ \boldsymbol{M}_{42}^B=\bar{\boldsymbol{I}}_B+\tilde{\boldsymbol{x}}_{B_G}\cdot\boldsymbol{M}_{32}^B,\ \boldsymbol{M}_{44}^B=\bar{\boldsymbol{I}}_B+\tilde{\boldsymbol{x}}_{B_G}\cdot\boldsymbol{M}_{34}^B\end{cases}\tag{5.9.17A}$$

$$\bar{\boldsymbol{I}}_B=\int_{\Omega_B}\rho_B\,\tilde{\bar{\boldsymbol{x}}}_B\cdot(\tilde{\bar{\boldsymbol{x}}}_B)^{\mathrm{T}}\mathrm{d}V\tag{5.9.17B}$$

式中，$\bar{\boldsymbol{I}}_B$ 为上架部分绕其质心的转动惯量。

将 $(\tilde{\boldsymbol{U}}_B^D+\tilde{\boldsymbol{x}}_{CD}+\tilde{\boldsymbol{x}}_{D_G})$ 左点乘式(5.6.44A)中的第 3 个方程得结果①，将 $(\tilde{\boldsymbol{U}}_B^C+\tilde{\boldsymbol{x}}_{C_G})$ 左点乘式(5.6.31)中的第 3 个方程得结果②，将 $\tilde{\boldsymbol{x}}_{B_G}$ 左点乘式(5.6.21)中的第 3 个方程得结果③，将式(5.9.1)的第 4 个方程减去结果①、②、③，并利用式(5.9.12A)、式(5.9.14A)、式(5.9.17A)和前面给出的预备式，经简化整理得

$$\begin{aligned}&(\bar{\boldsymbol{I}}_D+\bar{\boldsymbol{I}}_C+\bar{\boldsymbol{I}}_B)\cdot(\boldsymbol{\varepsilon}_{A1}^r+\boldsymbol{\varepsilon}_{B1}^r+\boldsymbol{\mu}_A^r+\boldsymbol{\mu}_B^r)+(\bar{\boldsymbol{I}}_D+\bar{\boldsymbol{I}}_C)\cdot(\boldsymbol{\varepsilon}_{C1}^r+\boldsymbol{\mu}_C^r)+\bar{\boldsymbol{I}}_D\cdot(\boldsymbol{\varepsilon}_{D1}^r+\boldsymbol{\mu}_D^r)\\&+\tilde{\boldsymbol{\omega}}_B\cdot(\bar{\boldsymbol{I}}_D+\bar{\boldsymbol{I}}_C+\bar{\boldsymbol{I}}_B)\cdot\boldsymbol{\omega}_B+\tilde{\boldsymbol{\omega}}_C^r\cdot(\bar{\boldsymbol{I}}_D+\bar{\boldsymbol{I}}_C)\cdot\boldsymbol{\omega}_C^r+\tilde{\boldsymbol{\omega}}_D^r\cdot\bar{\boldsymbol{I}}_D\cdot\boldsymbol{\omega}_D^r\\=&-\tilde{\boldsymbol{x}}_{D_G}\cdot\boldsymbol{P}_{pt}+\boldsymbol{U}_{D_G}^{C_G}\cdot(\boldsymbol{F}_{D\phi}+\boldsymbol{F}_{Df}+\boldsymbol{F}_1^{Ds}+\boldsymbol{F}_2^{Ds}+\boldsymbol{F}_1^{Dr}+\boldsymbol{F}_2^{Dr})+\tilde{\bar{\boldsymbol{x}}}_{Dt}\cdot\boldsymbol{F}_{Dt}+\tilde{\bar{l}}_{Ds}\cdot\boldsymbol{F}_K\\&+\tilde{\bar{\boldsymbol{x}}}_1^{Dq}\cdot\boldsymbol{P}_{Dq}+\boldsymbol{M}_{Dq}+\tilde{\boldsymbol{U}}_{C_G}^{B_G}\cdot(\boldsymbol{F}_1^{BC}+\boldsymbol{F}_2^{BC}+\boldsymbol{F}_1^{Cp}+\boldsymbol{F}_2^{Cp})+\tilde{\bar{\boldsymbol{x}}}_{Bf}\cdot\boldsymbol{F}_{Bf}+\tilde{\bar{\boldsymbol{x}}}_{Bz}\cdot\boldsymbol{F}_B^A+\boldsymbol{M}_B^A\end{aligned}\tag{5.9.18}$$

式中，$\bar{\boldsymbol{x}}_{Bz}$、$\bar{\boldsymbol{x}}_{Bf}$ 分别为点 O_{B_G} 至点 O_{Bz}、O_{Bf} 之间的位置矢量，且有 $\boldsymbol{U}_{B_G}^{C_G}=-\boldsymbol{U}_{C_G}^{B_G}$。

式(5.9.18)等号左侧为回转部分纯翻转惯性力矩，右侧为导致回转部分翻转运动的主动力矩和限制转动的约束力矩。

由式(5.9.18)可以得出如下结论：

(1) 回转部分翻转角运动的广义质量矩阵 $\bar{\boldsymbol{I}}_B$、$\bar{\boldsymbol{I}}_C$、$\bar{\boldsymbol{I}}_D$ 是常量矩阵，提高 $\bar{\boldsymbol{I}}_B$、$\bar{\boldsymbol{I}}_C$、$\bar{\boldsymbol{I}}_D$ 对降低回转部分的翻转角运动有利。

(2) 后坐部分运动的不稳定也会影响回转部分翻转运动的稳定性。

(3) 控制好摇架与上架部分质心之间位置矢量 $\boldsymbol{U}_{C_G}^{B_G}$。$\boldsymbol{U}_{C_G}^{B_G}$ 反映了两部件质心间相对位置大小和方向关系，通过控制 $\boldsymbol{U}_{C_G}^{B_G}$ 确保 $\tilde{\boldsymbol{U}}_{C_G}^{B_G}\cdot(\boldsymbol{F}_1^{BC}+\boldsymbol{F}_2^{BC}+\boldsymbol{F}_1^{Cp}+\boldsymbol{F}_2^{Cp})$ 最有效。

(4) 控制好座圈，使项 $\tilde{\bar{\boldsymbol{x}}}_{Bz}\cdot\boldsymbol{F}_B^A+\boldsymbol{M}_B^A$ 成为稳定项，最有效的方法是加大座圈直径，增大 $\boldsymbol{M}_B^A$。

(5) 控制好方向机，使项 $\tilde{\bar{\boldsymbol{x}}}_{Bf}\cdot\boldsymbol{F}_{Bf}$ 成为稳定项，最有效的方法是确保方向机力 $\boldsymbol{F}_{Bf}$ 不发生换向，但目前常用的齿轮方向机由于齿隙的存在难以确保该力不换向，而且随着射弹数的增加该齿隙亦会有一定程度的增大，因此需加强维护保养。

5.9.4.5 全炮翻转运动讨论

全炮的翻转运动微分方程是以坐标系 $\boldsymbol{i}_A$ 原点 o_A 来展开的，与第 5.9.4.2 节的讨论相类

似，我们选取底盘部分质心 O_{A_G} 来讨论其转动运动。假定质心 O_{A_G} 至上架部分任意点的位置矢量为 $\bar{\boldsymbol{x}}_A$，则有 $\boldsymbol{x}_A=\bar{\boldsymbol{x}}_A+\boldsymbol{x}_{A_G}$，将该表达式代入式(5.6.6)的质量矩阵表达式中，有

$$\boldsymbol{M}_{21}^A=m_A\tilde{\boldsymbol{x}}_{A_G},\ \boldsymbol{M}_{22}^A=\bar{\boldsymbol{I}}_A+\tilde{\boldsymbol{x}}_{A_G}\cdot\boldsymbol{M}_{12}^A \tag{5.9.19A}$$

$$\bar{\boldsymbol{I}}_A=\int_{\Omega_A}\rho_A\,\tilde{\bar{\boldsymbol{x}}}_A\cdot(\tilde{\bar{\boldsymbol{x}}}_A)^{\mathrm{T}}\mathrm{d}V \tag{5.9.19B}$$

式中，$\bar{\boldsymbol{I}}_A$ 为底盘部分绕其质心的转动惯量。

将 $(\tilde{\boldsymbol{U}}_A^D+\tilde{\boldsymbol{x}}_{CD}+\tilde{\boldsymbol{x}}_{D_G})$ 左点乘式(5.6.44A)中的第1个方程得结果①，将 $(\tilde{\boldsymbol{U}}_A^C+\tilde{\boldsymbol{x}}_{C_G})$ 左点乘式(5.6.31)中的第1个方程得结果②，将 $(\tilde{\boldsymbol{U}}_A^B+\tilde{\boldsymbol{x}}_{B_G})$ 左点乘式(5.6.21)中的第1个方程得结果③，将 $\tilde{\boldsymbol{x}}_{A_G}$ 左点乘式(5.6.11)中的第一个方程得结果④，将式(5.9.1)的第二个方程减去结果①、②、③、④，并利用式(5.9.12A)、式(5.9.14A)、式(5.9.17A)、式(5.9.19A)和前面给出的预备式，经简化整理得

$$\begin{aligned}
&(\bar{\boldsymbol{I}}_D+\bar{\boldsymbol{I}}_C+\bar{\boldsymbol{I}}_B+\bar{\boldsymbol{I}}_A)\cdot(\boldsymbol{\varepsilon}_{A1}^r+\boldsymbol{\mu}_A^r)+(\bar{\boldsymbol{I}}_D+\bar{\boldsymbol{I}}_C+\bar{\boldsymbol{I}}_B)\cdot(\boldsymbol{\varepsilon}_{B1}^r+\boldsymbol{\mu}_B^r)\\
&+(\bar{\boldsymbol{I}}_D+\bar{\boldsymbol{I}}_C)\cdot(\boldsymbol{\varepsilon}_{C1}^r+\boldsymbol{\mu}_C^r)+\bar{\boldsymbol{I}}_D\cdot(\boldsymbol{\varepsilon}_{D1}^r+\boldsymbol{\mu}_D^r)\\
&+\tilde{\boldsymbol{\omega}}_A\cdot(\bar{\boldsymbol{I}}_D+\bar{\boldsymbol{I}}_C+\bar{\boldsymbol{I}}_B+\bar{\boldsymbol{I}}_A)\cdot\boldsymbol{\omega}_A+\tilde{\boldsymbol{\omega}}_B^r\cdot(\bar{\boldsymbol{I}}_D+\bar{\boldsymbol{I}}_C+\bar{\boldsymbol{I}}_B)\cdot\boldsymbol{\omega}_B^r\\
&+\tilde{\boldsymbol{\omega}}_C^r\cdot(\bar{\boldsymbol{I}}_D+\bar{\boldsymbol{I}}_C)\cdot\boldsymbol{\omega}_C^r+\tilde{\boldsymbol{\omega}}_D^r\cdot\bar{\boldsymbol{I}}_D\cdot\boldsymbol{\omega}_D^r\\
=&-\tilde{\boldsymbol{x}}_{D_G}\cdot\boldsymbol{P}_{pt}+\tilde{\boldsymbol{U}}_{D_G}^{C_G}\cdot(\boldsymbol{F}_{D\phi}+\boldsymbol{F}_{Df}+\boldsymbol{F}_1^{Ds}+\boldsymbol{F}_2^{Ds}+\boldsymbol{F}_1^{Dr}+\boldsymbol{F}_2^{Dr})\\
&+\tilde{\bar{\boldsymbol{x}}}_{Dt}\cdot\boldsymbol{F}_{Dt}+\tilde{\bar{\boldsymbol{l}}}_{Ds}\cdot\boldsymbol{F}_K+\tilde{\bar{\boldsymbol{x}}}_1^{Dq}\cdot\boldsymbol{P}_{Dq}+\boldsymbol{M}_{Dq}+\tilde{\boldsymbol{U}}_{C_G}^{B_G}\cdot(\boldsymbol{F}_1^{BC}+\boldsymbol{F}_2^{BC}+\boldsymbol{F}_1^{Cp}+\boldsymbol{F}_2^{Cp})\\
&+\tilde{\boldsymbol{U}}_{B_G}^{A_G}\cdot(\boldsymbol{F}_{Bf}+\boldsymbol{F}_B^A)+\boldsymbol{M}_{Au}+\tilde{\bar{\boldsymbol{x}}}_{Au}\cdot\boldsymbol{F}_{Au}
\end{aligned} \tag{5.9.20}$$

式中，$\bar{\boldsymbol{x}}_{Au}$、$\tilde{\boldsymbol{U}}_{A_G}^{B_G}$ 分别为点 O_{A_G} 至点 O_{Au} 和点 O_{A_G} 至 O_{B_G} 的位置矢量。

式(5.9.20)等号左侧为全炮纯翻转惯性力矩，右侧为导致全炮翻转运动的主动力矩和限制转动的约束力矩。

由式(5.9.20)可以得出如下结论：

(1) 全炮翻转角运动的广义质量矩阵 $\bar{\boldsymbol{I}}_A$、$\bar{\boldsymbol{I}}_B$、$\bar{\boldsymbol{I}}_C$、$\bar{\boldsymbol{I}}_D$ 是常量矩阵，提高 $\bar{\boldsymbol{I}}_A$、$\bar{\boldsymbol{I}}_B$、$\bar{\boldsymbol{I}}_C$、$\bar{\boldsymbol{I}}_D$ 对降低全炮的翻转角运动有利。

(2) 后坐部分运动的不稳定也会影响全炮翻转运动的稳定性。

(3) 控制好上架与底盘部分质心之间位置矢量 $\tilde{\boldsymbol{U}}_{B_G}^{A_G}$。$\tilde{\boldsymbol{U}}_{B_G}^{A_G}$ 能反映了两部件质心间位置大小，也反映了相互间的位置方向关系，控制 $\tilde{\boldsymbol{U}}_{B_G}^{A_G}$ 以确保项 $\tilde{\boldsymbol{U}}_{B_G}^{A_G}\cdot(F_{Bf}+\boldsymbol{F}_B^A)$ 最有效。

(4) 控制好火炮与地面间的接触界面，使项 $\boldsymbol{M}_{Au}+\tilde{\bar{\boldsymbol{x}}}_{Au}\cdot\boldsymbol{F}_{Au}$ 成为有效的稳定项。

5.9.4.6 全炮平动运动

考虑式(5.9.1)中第一个方程，该方程为全炮随坐标系 $\boldsymbol{i}_A$ 原点 o_A 的平动运动方程。将其展开，其表达式为

$$\boldsymbol{P}_1^I=\boldsymbol{P}_{pt}+\boldsymbol{P}_{Dq}+\boldsymbol{F}_{Dt}+\boldsymbol{F}_K+\boldsymbol{F}_{Au}-(m_A+m_B+m_C+m_D)g^{i_G}\boldsymbol{e}_2 \tag{5.9.21A}$$

$$\begin{aligned}
\boldsymbol{P}_1^I=&\boldsymbol{M}_{11}^G\cdot\ddot{\boldsymbol{U}}_G^A+\boldsymbol{M}_{12}^G\cdot\boldsymbol{\varepsilon}_{A1}^r+\boldsymbol{M}_{13}^G\cdot\ddot{\boldsymbol{x}}_{AB}+\boldsymbol{M}_{14}^G\cdot\boldsymbol{\varepsilon}_{B1}^r+\boldsymbol{M}_{15}^G\cdot\ddot{\boldsymbol{x}}_{BC}+\boldsymbol{M}_{16}^G\cdot\boldsymbol{\varepsilon}_{C1}^r\\
&+\boldsymbol{M}_{17}^G\cdot\ddot{\boldsymbol{x}}_{CD}+\boldsymbol{M}_{18}^G\cdot\boldsymbol{\varepsilon}_{D1}^r-(\boldsymbol{P}_1^{AI}+\boldsymbol{P}_1^{BI}+\boldsymbol{P}_1^{CI}+\boldsymbol{P}_1^{DI})
\end{aligned} \tag{5.9.21B}$$

其中

$$\begin{cases}\boldsymbol{M}_{11}^{G}=(m_A+m_B+m_C+m_D)\mathbf{1}_{3\times3}\\ \boldsymbol{M}_{12}^{G}=m_A(\tilde{\boldsymbol{x}}_{A_G})^{\mathrm{T}}+m_B(\tilde{\boldsymbol{U}}_A^B+\tilde{\boldsymbol{x}}_{B_G})^{\mathrm{T}}+m_C(\tilde{\boldsymbol{U}}_A^C+\tilde{\boldsymbol{x}}_{C_G})^{\mathrm{T}}+m_D(\tilde{\boldsymbol{U}}_A^D+\tilde{\boldsymbol{x}}_{CD}+\tilde{\boldsymbol{x}}_{D_G})^{\mathrm{T}}\\ \boldsymbol{M}_{13}^{G}=(m_B+m_C+m_D)\mathbf{1}_{3\times3},\ \boldsymbol{M}_{14}^{G}=m_B(\tilde{\boldsymbol{x}}_{B_G})^{\mathrm{T}}+m_C(\tilde{\boldsymbol{U}}_B^C+\tilde{\boldsymbol{x}}_{C_G})^{\mathrm{T}}+m_D(\tilde{\boldsymbol{U}}_B^D+\tilde{\boldsymbol{x}}_{CD}+\tilde{\boldsymbol{x}}_{D_G})^{\mathrm{T}}\\ \boldsymbol{M}_{15}^{G}=(m_C+m_D)\mathbf{1}_{3\times3},\ \boldsymbol{M}_{16}^{G}=m_C(\tilde{\boldsymbol{x}}_{C_G})^{\mathrm{T}}+m_D(\tilde{\boldsymbol{U}}_C^D+\tilde{\boldsymbol{x}}_{CD}+\tilde{\boldsymbol{x}}_{D_G})^{\mathrm{T}}\\ \boldsymbol{M}_{17}^{G}=m_D\mathbf{1}_{3\times3},\ \boldsymbol{M}_{18}^{G}=m_D(\tilde{\boldsymbol{x}}_{D_G})^{\mathrm{T}}\end{cases} \tag{5.9.21C}$$

式(5.9.21A)等号左侧为全炮的平动惯性力,右侧为导致其平动运动的主动力和限制平动约束力。火炮发射过程是主动力 $\boldsymbol{P}_{pt}+\boldsymbol{P}_{Dq}+\boldsymbol{F}_{Dt}+\boldsymbol{F}_K$ 通过惯性缓冲传递到地面,并与地面载荷 $\boldsymbol{F}_{Au}$ 维持平衡。若火炮没有惯性缓冲,即左端项为零,则主动载荷全部刚性传递至地面。

将式(5.9.21A)减去式(5.9.9),得

$$\boldsymbol{P}_1^I-\boldsymbol{P}_7^I=\boldsymbol{R}_D+\boldsymbol{F}_{Au}-(m_A+m_B+m_C+m_D)g^{i_G}\boldsymbol{e}_2 \tag{5.9.22}$$

式中, $\boldsymbol{P}_1^I-\boldsymbol{P}_7^I$ 为后坐部分以下的惯性载荷。

由式(5.9.22)可以得出如下结论。

(1) 后坐部分以下的运动,可理解为在广义后坐阻力 $\boldsymbol{R}_D$ 作用下,通过其惯性载荷 $\boldsymbol{P}_1^I-\boldsymbol{P}_7^I$ 缓冲,在地面上形成约束反作用力 $\boldsymbol{F}_{Au}$。

(2) 约束反作用力 $\boldsymbol{F}_{Au}$ 与后坐部分以下是否有惯性运动有关,若有则作用在地面上的载荷将减小,否则广义后坐阻力 $\boldsymbol{R}_D$ 将直接作用在地面上,因此要降低 $\boldsymbol{F}_{Au}$,有效的方法是在后坐部分结构中再增加一些惯性缓冲机构。

(3) 要实现全炮射击的静止性,应满足以下条件:

$$\boldsymbol{F}_{Au}\cdot{}^{i_G}\boldsymbol{e}_2>0 \tag{5.9.23A}$$

$$|\boldsymbol{F}_{Au}\cdot{}^{i_G}\boldsymbol{e}_1|\geqslant|\boldsymbol{R}_D\cdot{}^{i_D}\boldsymbol{e}_1|>|[\boldsymbol{R}_D-(\boldsymbol{P}_1^I-\boldsymbol{P}_7^I)]\cdot{}^{i_D}\boldsymbol{e}_1| \tag{5.9.23B}$$

上述第一式表明地面法向载荷必须大于零,第二式表明地面的反作用力在射击方向的投影分量大于广义后坐载荷与惯性载荷之差在射击方向的投影分量。因此,若给定土壤的破坏强度,要确保射击的静止性,火炮与地面的接触面积必须足够大。

5.10 边界条件与初始条件

5.10.1 边界条件

如图 5.10.1 所示,火炮发射的边界条件体现在图 5.8.1 和图 5.8.2 中左右千斤顶中心点 O_{12}^{Aa} 和 O_{22}^{Aa}、座盘中心点 O_2^{Ab}、左右驻锄横板中心点 O_{12}^{Ar} 和 O_{22}^{Ar}、左右驻锄立板中心点 O_{12}^{As} 和 O_{22}^{As} 等位置与地面的接触点处位移协调和载荷传递的关系,这些点处的边界条件

基本相似，本节以千斤顶 O_{Aa} 为例来讨论这些点处的力与地面间的相互作用关系，即边界条件。

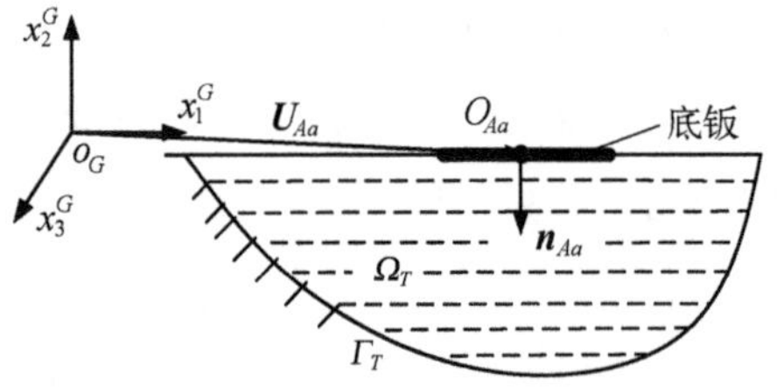

图 5.10.1　千斤顶底座板对土壤的作用

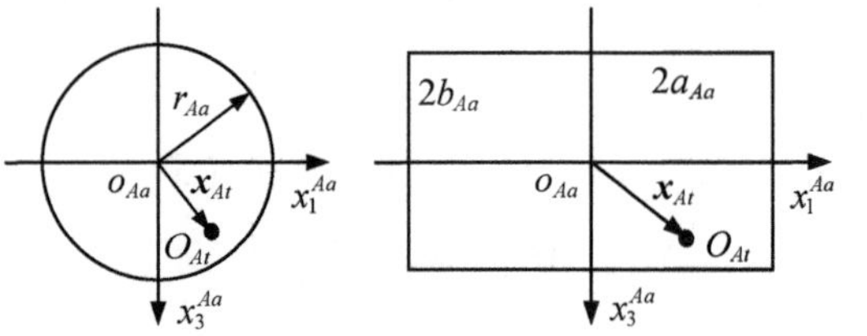

图 5.10.2　千斤顶座板几何示意图

千斤顶与地面接触示意图中，土壤可简化成一足够大的三维连续体 Ω_T，已知座板的几何尺寸和单位外法向矢量为 $\boldsymbol{n}_{Aa}$，火炮发射时，在千斤顶座板与土壤 Ω_T 的作用下，Ω_T 对座板的法向接触压力由式(8.5.1)给出，即

$$p = \left(\frac{k_c}{b} + k_\varphi\right) z^{n_t} \tag{5.10.1}$$

其中，p 为土壤对压板的压强；k_c 为反映土壤附着特征的模量；k_φ 为反映土壤摩擦特征的模量；z 为压板对土壤的压缩量；n_t 为土壤变形指数；b 为座板的小尺寸(若座板是圆形结构，则 b 为半径；若座板是矩形结构，则 b 为较小边的长度)。上述模型是建立在试验基础上的经验公式。

刚性座板的形状记为 Γ_{At}，常有圆形和长方形结构，如图 5.10.2 所示。若为圆形，其半径记为 r_{Aa}；若为长方形，其长×宽记为 $2a_{Aa} \times 2b_{Aa}$；点 O_{Aa} 位于座板的几何中心点。建立底钣的局部坐标系 $o_{Aa} - x_1^{Aa} x_2^{Aa}$，记为 $\boldsymbol{i}_{Aa}$，原点 o_{Aa} 与点 O_{Aa} 重合。座板上任意一点 O_{At} 的位置坐标矢量 $\boldsymbol{x}_{At}$ 为

$$\boldsymbol{x}_{At} = x_1^{At\boldsymbol{i}_{At}} \boldsymbol{e}_1 + x_3^{At\boldsymbol{i}_{At}} \boldsymbol{e}_3 \tag{5.10.2}$$

对圆形座板有 $x_1^{At} = r_{At}\cos\vartheta_{At}$，$x_3^{At} = r_{At}\sin\vartheta_{At}$。

座板与千斤顶外筒有两种连接工况。

工况 1：座板如图 5.10.3(a)所示，座板与千斤顶外筒直接固接。由式(5.4.2)，座板上任意一点 O_{At} 在坐标系 $\boldsymbol{i}_G$ 的位置矢量 $\boldsymbol{U}_{At}$、速度 $\dot{\boldsymbol{U}}_{At}$ 分别为

$$\boldsymbol{U}_{At} = \boldsymbol{U}_{Aa} + \boldsymbol{x}_{At} = \boldsymbol{U}_G^A + \boldsymbol{x}_{Aa} + \boldsymbol{x}_{At} \tag{5.10.3A}$$

$$\dot{\boldsymbol{U}}_{At} = \dot{\boldsymbol{U}}_{Aa} + \boldsymbol{\omega}_A \times \boldsymbol{x}_{At} = \dot{\boldsymbol{U}}_G^A + \boldsymbol{\omega}_A \times (\boldsymbol{x}_{Aa} + \boldsymbol{x}_{At}) \tag{5.10.3B}$$

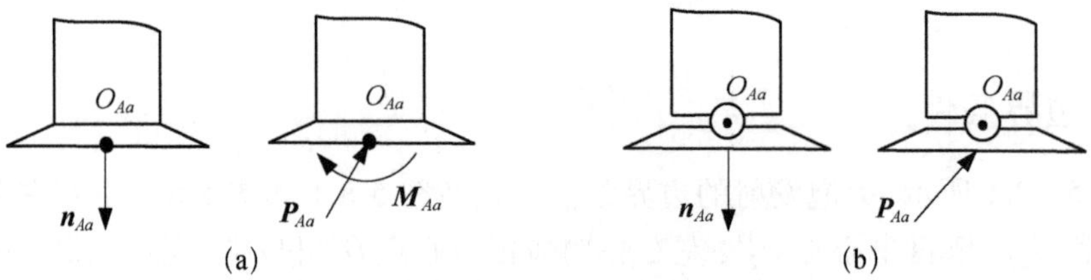

图 5.10.3　千斤顶底钣的连接方式示意图

工况 2：如图 5.10.3(b)所示，座板与千斤顶外筒球铰连接。由式(5.4.2)，座板上任意一点 O_{At} 在坐标系 $\boldsymbol{i}_G$ 的位置矢量 $\boldsymbol{U}_{At}$、速度 $\dot{\boldsymbol{U}}_{At}$ 为

$$\boldsymbol{U}_{At}=\boldsymbol{U}_{Aa}+\boldsymbol{x}_{At}=\boldsymbol{U}_G^A+\boldsymbol{x}_{Aa}+\boldsymbol{x}_{At} \tag{5.10.4A}$$

$$\dot{\boldsymbol{U}}_{At}=\dot{\boldsymbol{U}}_{Aa}+\boldsymbol{\omega}_A\times\boldsymbol{x}_{At}=\dot{\boldsymbol{U}}_G^A+\boldsymbol{\omega}_A\times\boldsymbol{x}_{Aa}+\boldsymbol{\omega}_{At}\times\boldsymbol{x}_{At} \tag{5.10.4B}$$

上式中忽略了座板至球铰中心间的距离，$\boldsymbol{\omega}_{At}=\dot{\boldsymbol{n}}_{Aa}$ 为座板的角速度；若不考虑座板的转动惯性，则可假定 $\boldsymbol{\omega}_{At}=\boldsymbol{0}$，这样式(5.10.4B)可改写成

$$\dot{\boldsymbol{U}}_{At}=\dot{\boldsymbol{U}}_{Aa}+\boldsymbol{\omega}_A\times\boldsymbol{x}_{At}=\dot{\boldsymbol{U}}_G^A+\boldsymbol{\omega}_A\times\boldsymbol{x}_{Aa}+\boldsymbol{\omega}_{At}\times\boldsymbol{x}_{At} \tag{5.10.4C}$$

任意时刻 t，座板上点 $\boldsymbol{x}_{At}$ 处对土壤的压缩位移、滑移速度和方向分别为

$$z(t)=[\boldsymbol{U}_{At}(t)-\boldsymbol{U}_{At}(t_0)]\cdot\boldsymbol{n}_{Aa} \tag{5.10.5A}$$

$$v_{\boldsymbol{t}_{Aa}}=\|\dot{\boldsymbol{U}}_{At}(t)-[\dot{\boldsymbol{U}}_{At}(t)\cdot\boldsymbol{n}_{Aa}]\boldsymbol{n}_{Aa}\| \tag{5.10.5B}$$

$$\boldsymbol{t}_{Aa}=\{\dot{\boldsymbol{U}}_{At}(t)-[\dot{\boldsymbol{U}}_{At}(t)\cdot\boldsymbol{n}_{Aa}]\boldsymbol{n}_{Aa}\}/v_{\boldsymbol{t}_{Aa}} \tag{5.10.5C}$$

式中，$\boldsymbol{U}_{At}(t_0)$ 为时刻 t_0 的位置坐标。

作用在座板上的法向力按以上所述的两种工况计算。

工况 1：

法向力为

$$P_n=\int_{\Gamma_{At}}\left(\frac{k_c}{b}+k_\varphi\right)\{[\boldsymbol{U}_{At}(t)-\boldsymbol{U}_{At}(t_0)]\cdot\boldsymbol{n}_{Aa}\}^{n_t}\mathrm{d}A \tag{5.10.6A}$$

合力为

$$\boldsymbol{P}_{Aa}=-P_n[\boldsymbol{n}_{Aa}+\mu_{Aa}\mathrm{sign}(v_{\boldsymbol{t}_{Aa}}\cdot\boldsymbol{t}_{Aa})\boldsymbol{t}_{Aa}] \tag{5.10.6B}$$

合力矩为

$$\boldsymbol{M}_{Aa}=-\int_{\Gamma_{At}}\left(\frac{k_c}{b}+k_\varphi\right)\{[\boldsymbol{U}_{At}(t)-\boldsymbol{U}_{At}(t_0)]\cdot\boldsymbol{n}_{Aa}\}^{n_t}\boldsymbol{n}_{Aa}\times\boldsymbol{x}_{At}\mathrm{d}A \tag{5.10.6C}$$

工况 2：

法向力为

$$P_n=\int_{\Gamma_{At}}\left(\frac{k_c}{b}+k_\varphi\right)\{[\boldsymbol{U}_{At}(t)-\boldsymbol{U}_{At}(t_0)]\cdot\boldsymbol{n}_{Aa}\}^{n_t}\mathrm{d}A \tag{5.10.7A}$$

合力为

$$\boldsymbol{P}_{At}=-P_n[\boldsymbol{n}_{Aa}+\mu_{Aa}\mathrm{sign}(v_{\boldsymbol{t}_{Aa}}\cdot\boldsymbol{t}_{Aa})\boldsymbol{t}_{Aa}] \tag{5.10.7B}$$

合力矩为

$$\boldsymbol{M}_{At}=\boldsymbol{0} \tag{5.10.7C}$$

式(5.10.6)和式(5.10.7)即火炮与地面接触的边界条件，适用于所有与地面接触的边界状况。

5.10.2 初始条件

前面曾经指出，本章所建立的火炮系统动力学方程是以总装配图纸中的零位线(无重

力作用状态）为基准来展开的，但实际工况是火炮在其重力作用下有静态变形，因此需要建立其静力平衡状态的初始条件。

令式（5.9.1）中火炮所有运动的速度、角速度、加速度和角加速度为零，再令炮膛合力 $\boldsymbol{P}_{pt}$、制退机力 $\boldsymbol{F}_{D\phi}$、弹丸碰撞力 $\boldsymbol{F}_{Dt}$、弹带作用力 $\boldsymbol{P}_{Dq}$ 和力矩 $\boldsymbol{M}_{Dq}$、火药气体炮口冲击力 $\boldsymbol{F}_K$ 等均为零，由此得到如下静力平衡方程：

$$\boldsymbol{F}_{Au} - (m_A + m_B + m_C + m_D)g^{i_G}\boldsymbol{e}_2 = \boldsymbol{0} \tag{5.10.8A}$$

$$-[m_A\tilde{\boldsymbol{x}}_{A_G} + m_B\tilde{\boldsymbol{x}}_{B_G} + m_C\tilde{\boldsymbol{x}}_{C_G} + m_D(\tilde{\boldsymbol{x}}_{D_G} + \tilde{\boldsymbol{x}}_{CD})]g\cdot{}^{i_G}\boldsymbol{e}_2 + \tilde{\boldsymbol{x}}_{Au}\cdot\boldsymbol{F}_{Au} + \boldsymbol{M}_{Au} = \boldsymbol{0} \tag{5.10.8B}$$

$$\boldsymbol{F}_{Bf} + \boldsymbol{F}_B^A - (m_B + m_C + m_D)g^{i_G}\boldsymbol{e}_2 = \boldsymbol{0} \tag{5.10.8C}$$

$$-[m_B\tilde{\boldsymbol{x}}_{B_G} + m_C\tilde{\boldsymbol{x}}_{C_G} + m_D(\tilde{\boldsymbol{x}}_{D_G} + \tilde{\boldsymbol{x}}_{CD})]g\cdot{}^{i_G}\boldsymbol{e}_2 + \tilde{\boldsymbol{x}}_{Bf}\cdot\boldsymbol{F}_{Bf} + \tilde{\boldsymbol{x}}_B\cdot\boldsymbol{F}_B^A + \boldsymbol{M}_B^A = \boldsymbol{0} \tag{5.10.8D}$$

$$\boldsymbol{F}_1^{Cp} + \boldsymbol{F}_2^{Cp} + \boldsymbol{F}_1^{BC} + \boldsymbol{F}_2^{BC} - (m_C + m_D)g^{i_G}\boldsymbol{e}_2 = \boldsymbol{0} \tag{5.10.8E}$$

$$\begin{aligned}&-[m_C\tilde{\boldsymbol{x}}_{C_G} + m_D(\tilde{\boldsymbol{x}}_{D_G} + \tilde{\boldsymbol{x}}_{CD})]g\cdot{}^{i_G}\boldsymbol{e}_2 + \tilde{\boldsymbol{x}}_1^{Cp}\cdot\boldsymbol{F}_1^{Cp}\\&+\tilde{\boldsymbol{x}}_2^{Cp}\cdot\boldsymbol{F}_2^{Cp} + \tilde{\boldsymbol{x}}_1^{C}\cdot\boldsymbol{F}_1^{BC} + \tilde{\boldsymbol{x}}_2^{C}\cdot\boldsymbol{F}_2^{BC} = \boldsymbol{0}\end{aligned} \tag{5.10.8F}$$

$$\boldsymbol{F}_{Df} + \boldsymbol{F}_1^{Ds} + \boldsymbol{F}_2^{Ds} + \boldsymbol{F}_1^{Dr} + \boldsymbol{F}_2^{Dr} - m_D g^{i_G}\boldsymbol{e}_2 = \boldsymbol{0} \tag{5.10.8G}$$

$$\tilde{\boldsymbol{x}}_{Df}\cdot\boldsymbol{F}_{Df} + \tilde{\boldsymbol{x}}_1^{Ds}\cdot\boldsymbol{F}_1^{Ds} + \tilde{\boldsymbol{x}}_2^{Ds}\cdot\boldsymbol{F}_2^{Ds} + \tilde{\boldsymbol{x}}_1^{Dr}\cdot\boldsymbol{F}_1^{Dr} + \tilde{\boldsymbol{x}}_2^{Dr}\cdot\boldsymbol{F}_2^{Dr} - m_D g\tilde{\boldsymbol{x}}_{D_G}\cdot{}^{i_G}\boldsymbol{e}_2 = \boldsymbol{0} \tag{5.10.8H}$$

$$\begin{aligned}&\left\{\sum_{e=1}^{m_D}\int_{\Omega_{Da}^e}\rho_{Da}(\boldsymbol{Z}_e^{Da}\boldsymbol{N}_e)^{\mathrm{T}}\mathrm{d}V + [\boldsymbol{N}_D(\boldsymbol{0})]^{\mathrm{T}}\int_{\Omega_{Db}}\rho_{Db}(\boldsymbol{Z}_{Db})^{\mathrm{T}}\mathrm{d}V\right\}\cdot g^{i_G}\boldsymbol{e}_2\\&+\left\{[\boldsymbol{N}_D(\boldsymbol{l}_{Ds})]^{\mathrm{T}}\int_{\Omega_{Dc}}\rho_{Dc}(\boldsymbol{Z}_{Dc})^{\mathrm{T}}\mathrm{d}V\right\}\cdot g^{i_G}\boldsymbol{e}_2 + [\boldsymbol{Z}_{Db}(\boldsymbol{x}_{Df})\boldsymbol{N}_D(\boldsymbol{0})]^{\mathrm{T}}\boldsymbol{F}_{Df}(t)\\&+[\boldsymbol{Z}_{Da}(\boldsymbol{x}_1^{Ds})\boldsymbol{N}_D(\boldsymbol{x}_1^{Ds})]^{\mathrm{T}}\boldsymbol{F}_1^{Ds} + [\boldsymbol{Z}_{Da}(\boldsymbol{x}_2^{Ds})\boldsymbol{N}_D(\boldsymbol{x}_2^{Ds})]^{\mathrm{T}}\boldsymbol{F}_2^{Ds}\\&+[\boldsymbol{Z}_{Db}(\boldsymbol{x}_1^{Dr})\boldsymbol{N}_D(\boldsymbol{0})]^{\mathrm{T}}\boldsymbol{F}_1^{Dr} + [\boldsymbol{Z}_{Db}(\boldsymbol{x}_2^{Dr})\boldsymbol{N}_D(\boldsymbol{0})]^{\mathrm{T}}\boldsymbol{F}_2^{Dr} = \boldsymbol{K}_D\boldsymbol{W}_D\end{aligned} \tag{5.10.8I}$$

火炮与地面接触点 O_{12}^{Aa}、O_{22}^{Aa}、O_2^{Ab}、O_{12}^{Ar}、O_{22}^{Ar}、O_{12}^{As}、O_{22}^{As} 处的静态边界条件可利用公式（5.10.6）或式（5.10.7）得到。记 t_0^- 为发射前的时刻，在射击第一发前 $\boldsymbol{U}(t_0^-)$ 表示不考虑系统质量时某位置的状态，$\boldsymbol{U}(t_0)$ 为考虑系统质量时某位置的状态；射击第二发时，$\boldsymbol{U}(t_0^-)$ 为系统静土壤卸载后某位置的状态，$\boldsymbol{U}(t_0)$ 为考虑系统质量时某位置的状态；以此类推。

1）千斤顶接触点 O_{12}^{Aa}、O_{22}^{Aa}

$$F_1^{Aa} = \int_{\Gamma_{At}}\left(\frac{k_c}{b_{Aa}} + k_\varphi\right)\{[\boldsymbol{U}_{At1}(t_0) - \boldsymbol{U}_{At1}(t_0^-)]\cdot\boldsymbol{n}_1^{Aa}\}^{n_t}\mathrm{d}A \tag{5.10.9A}$$

$$\boldsymbol{F}_1^{Aa} = -F_1^{Aa}[\boldsymbol{n}_1^{Aa} + \mu_{Aa}\mathrm{sign}(v_{t_1^{Aa}}\cdot\boldsymbol{t}_1^{Aa})\boldsymbol{t}_1^{Aa}] \tag{5.10.9B}$$

$$F_2^{Aa}=\int_{\Gamma_{At}}\left(\frac{k_c}{b_{Aa}}+k_\varphi\right)\{[\boldsymbol{U}_{At2}(t_0)-\boldsymbol{U}_{At2}(t_0^-)]\cdot\boldsymbol{n}_2^{Aa}\}^{n_t}\mathrm{d}A \tag{5.10.10A}$$

$$\boldsymbol{F}_2^{Aa}=-F_2^{Aa}[\boldsymbol{n}_2^{Aa}+\mu_{Aa}\mathrm{sign}(v_{\boldsymbol{t}_2^{Aa}}\cdot\boldsymbol{t}_2^{Aa})\boldsymbol{t}_2^{Aa}] \tag{5.10.10B}$$

式中，$\boldsymbol{U}_{At1}$ 和 $\boldsymbol{U}_{At2}$、$\boldsymbol{n}_1^{At}$ 和 $\boldsymbol{n}_2^{At}$ 分别为座板在任意点 O_1^{At}、O_2^{At} 处的位置矢量、法向单位矢量、静态变形；Γ_{At} 为千斤顶与地面的接触面积；b_{Aa} 为千斤顶与地面接触面板的最小边长。

2）座盘接触点 O_2^{Ab}

$$F_{Ab}=\int_{\Gamma_{Ab}}\left(\frac{k_c}{b_{Ab}}+k_\varphi\right)\{[\boldsymbol{U}_{At3}(t_0)-\boldsymbol{U}_{At3}(t_0^-)]\cdot\boldsymbol{n}_{Ab}\}^{n_t}\mathrm{d}A \tag{5.10.11A}$$

$$\boldsymbol{F}_{Ab}=-F_{Ab}[\boldsymbol{n}_{Ab}+\mu_{Ab}\mathrm{sign}(v_{\boldsymbol{t}_{Ab}}\cdot\boldsymbol{t}_{Ab})\boldsymbol{t}_{Ab}] \tag{5.10.11B}$$

式中，$\boldsymbol{U}_{At3}$、$\boldsymbol{n}_{Ab}$ 分别为座盘在任意点 O_3^{At} 处的位置矢量、法向单位矢量；b_{Ab} 为座盘与地面接触面板的最小边长。

3）驻锄接触点 O_{12}^{Ar}、O_{22}^{Ar}、O_{12}^{As}、O_{22}^{As}

$$F_1^{Ar}=\int_{\Gamma_{Ar}}\left(\frac{k_c}{b_{Ar}}+k_\varphi\right)\{[\boldsymbol{U}_{At4}(t_0)-\boldsymbol{U}_{At4}(t_0^-)]\cdot\boldsymbol{n}_1^{Ar}\}^{n_t}\mathrm{d}A \tag{5.10.12A}$$

$$F_1^{As}=\int_{\Gamma_{As}}\left(\frac{k_c}{b_{As}}+k_\varphi\right)\{[\boldsymbol{U}_{At5}(t_0)-\boldsymbol{U}_{At5}(t_0^-)]\cdot\boldsymbol{n}_1^{As}\}^{n_t}\mathrm{d}A \tag{5.10.12B}$$

$$\boldsymbol{F}_1^{Ar}=-F_1^{Ar}[\boldsymbol{n}_1^{Ar}+\mu_{Ar}\mathrm{sign}(v_{\boldsymbol{t}_1^{Ar}}\cdot\boldsymbol{t}_1^{Ar})\boldsymbol{t}_1^{Ar}] \tag{5.10.12C}$$

$$\boldsymbol{F}_1^{As}=-F_1^{As}[\boldsymbol{n}_1^{As}+\mu_{As}\mathrm{sign}(v_{\boldsymbol{t}_1^{As}}\cdot\boldsymbol{t}_1^{As})\boldsymbol{t}_1^{As}] \tag{5.10.12D}$$

$$F_2^{Ar}=\int_{\Gamma_{Ar}}\left(\frac{k_c}{b_{Ar}}+k_\varphi\right)\{[\boldsymbol{U}_{At6}(t_0)-\boldsymbol{U}_{At6}(t_0^-)]\cdot\boldsymbol{n}_2^{Ar}\}^{n_t}\mathrm{d}A \tag{5.10.13A}$$

$$F_2^{As}=\int_{\Gamma_{As}}\left(\frac{k_c}{b_{As}}+k_\varphi\right)\{[\boldsymbol{U}_{At7}(t_0)-\boldsymbol{U}_{At7}(t_0^-)]\cdot\boldsymbol{n}_2^{As}\}^{n_t}\mathrm{d}A \tag{5.10.13B}$$

$$\boldsymbol{F}_2^{Ar}=-F_2^{Ar}[\boldsymbol{n}_2^{Ar}+\mu_{Ar}\mathrm{sign}(v_{\boldsymbol{t}_2^{Ar}}\cdot\boldsymbol{t}_2^{Ar})\boldsymbol{t}_2^{Ar}] \tag{5.10.13C}$$

$$\boldsymbol{F}_2^{As}=-F_2^{As}[\boldsymbol{n}_2^{As}+\mu_{As}\mathrm{sign}(v_{\boldsymbol{t}_2^{As}}\cdot\boldsymbol{t}_2^{As})\boldsymbol{t}_2^{As}] \tag{5.10.13D}$$

式中，$\boldsymbol{U}_{At4}$ 和 $\boldsymbol{U}_{At6}$、$\boldsymbol{U}_{At5}$ 和 $\boldsymbol{U}_{At7}$、$\boldsymbol{n}_1^{Ar}$ 和 $\boldsymbol{n}_2^{Ar}$、$\boldsymbol{n}_1^{As}$ 和 $\boldsymbol{n}_2^{As}$ 分别为驻锄点 O_{12}^{Ar} 和 O_{22}^{Ar}、点 O_{12}^{As} 和 O_{22}^{As} 处的位置矢量、法向单位矢量；b_{Ar}、b_{As} 分别为驻锄在点 O_{12}^{Ar}、O_{12}^{As} 处与地面接触面板的最小边长。

在静力平衡方程求解中要求解以下 30 个未知变量。

（1）刚体位移和角位移：

$$\boldsymbol{U}_G^A(t_0)、\boldsymbol{x}_{AB}(t_0)、\boldsymbol{x}_{BC}(t_0)、\boldsymbol{x}_{CD}(t_0)、\boldsymbol{\beta}_{Ar}(t_0)=(\beta_1^{Ar},\beta_2^{Ar},\beta_3^{Ar})、$$

$$\boldsymbol{\beta}_{Br}(t_0)=(\beta_1^{Br},\beta_2^{Br},\beta_3^{Br})、\boldsymbol{\beta}_{Cr}(t_0)=(\beta_1^{Cr},\beta_2^{Cr},\beta_3^{Cr})、\boldsymbol{\beta}_{Dr}(t_0)=(\beta_1^{Dr},\beta_2^{Dr},\beta_3^{Dr})$$

（2）身管弹性变形：

$$\boldsymbol{w}_D(t_0)$$

(3) 地面支撑力:

$$F_1^{Aa}(t_0)、F_2^{Aa}(t_0)、F_{Ab}(t_0)、F_1^{Ar}(t_0)、F_2^{Ar}(t_0)、F_1^{As}(t_0)、F_2^{As}(t_0)、F_{Au}(t_0)、M_{Au}(t_0)$$

(4) 上架与底盘件连接界面上的约束力:

$$F_{Bf}(t_0)、F_B^A(t_0)、M_B^A(t_0)$$

(5) 摇架与上架连接界面上的约束力:

$$F_1^{BC}(t_0)、F_2^{BC}(t_0)、F_1^{Cp}(t_0)、F_2^{Cp}(t_0)$$

(6) 后坐部分与摇架连接界面上的约束力:

$$F_{Df}(t_0)、F_1^{Ds}(t_0)、F_2^{Ds}(t_0)、F_1^{Dr}(t_0)、F_2^{Dr}(t_0)$$

已知以下 30 个方程。

(1) 静力平衡方程(5.10.8),共有 9 个方程;

(2) 地面对底盘支撑约束力的表达式(5.10.9)~式(5.10.13),共有 7 个方程;

(3) F_{Au}、M_{Au} 表达式(5.8.9B),共有 2 个方程;

(4) F_{Bf}、F_B^A、M_B^A 表达式(8.4.13)、式(8.4.12A)、式(8.4.12B),共有 3 个方程;

(5) F_1^{BC}、F_2^{BC}、F_1^{Cp}、F_2^{Cp} 表达式(8.4.12A)、式(5.8.16),共有 4 个方程;

(6) F_{Df}、F_1^{Ds}、F_2^{Ds}、F_1^{Dr}、F_2^{Dr} 表达式(5.8.28)、式(5.8.33)、式(5.8.36),共有 5 个方程。

总的 30 个未知量数,与 30 个方程数相等,静力解可求。

上述求解结果可以作为下一步动态求解过程的初始条件。若动态求解是从静平衡开始的,则在其动态平衡方程中去掉与重力载荷(含有重力加速度 g) 的有关项,以表示系统处于重力作用的静态平衡状态。

5.11 算例分析

5.11.1 弹性身管固有特性验证

为验证本章中推导得到的身管刚柔耦合动力学理论的正确性,特进行弹性身管固有特性验算。

以变截面梁为例,其几何和物理参数为: 截面宽度 $b = 0.02$ m; 高度 h 沿梁轴线 x 方向的变化为 $h = h_0(1 - 0.5x)$, $h_0 = 0.1$ m; 截面剪切系数 $\kappa_{qy} = 5/6$, $G_D = 1/2.6E_D$ (E_D 为弹性模量, G_D 为剪切模量);引入无量纲参量 $R_D = \sqrt{I_0/A_0L^2}$ (A_0、I_0 分别为 $x = 0$ 处梁的截面积和截面惯量矩, L 为梁的长度),取 $R_D = 0.0707$; 引入无量纲参量频率 $\Omega_i = \omega_i L^2\sqrt{\rho_D A_0/E_D I_0}$ [ρ_D 为梁材料的质量密度, ω_i 为梁的第 i 阶固有频率(rad/s)]。

固有特性验算将进行以下三个方面的验证: 收敛性,正确性,火炮身管实例计算。

5.11.1.1 收敛性

考虑简支—简支、固支—自由和固支—简支三种边界条件,采用一个单元,单元节点

数 n 分别选取 15、20、25、30，取梁前 10 阶无量纲参量频率 Ω_i 为研究对象，简支—简支、固支—自由、固支—简支三种边界条件下梁的计算结果分别见表 5.11.1～表 5.11.3。

表 5.11.1　简支—简支条件下变截面梁弯曲固有频率

Ω_i	插值节点数			
	15	20	25	30
1	5.857	5.857	5.857	5.857
2	24.364	24.364	24.364	24.363
3	47.301	47.301	47.301	47.301
4	72.685	72.658	72.658	72.658
5	99.726	99.007	99.008	99.008
6	127.926	125.650	125.650	125.650
7	130.072	128.142	128.142	128.142
8	168.346	152.548	152.502	152.502
9	190.013	168.342	168.342	168.342
10	197.815	180.008	179.221	179.221

表 5.11.2　固支—自由条件下变截面梁弯曲固有频率

Ω_i	插值节点数			
	15	20	25	30
1	3.686	3.686	3.686	3.686
2	15.557	15.557	15.557	15.557
3	34.624	34.624	34.624	34.624
4	57.123	57.120	57.120	57.120
5	81.646	81.601	81.601	81.601
6	108.737	107.020	107.020	107.020
7	138.007	132.767	132.765	132.765
8	152.830	151.567	151.564	151.564
9	185.097	160.250	160.196	160.196
10	201.418	181.587	181.094	181.094

表 5.11.3　固支—简支条件下变截面梁弯曲固有频率

Ω_i	插值节点数			
	15	20	25	30
1	10.865	10.865	10.865	10.865
2	28.506	28.506	28.506	28.506
3	50.427	50.427	50.427	50.427

（续表）

Ω_i	插值节点数			
	15	20	25	30
4	74.637	74.600	74.600	74.600
5	100.725	100.002	100.002	100.002
6	130.068	125.103 8	125.103 8	125.103 8
7	152.649	149.947	149.933	149.933
8	182.622	155.101	155.065	155.065
9	191.882	179.176	178.519	178.519
10	210.828	185.317	185.184	185.184

计算结果表明，采用本书提出的方法求解变截面梁的横向固有振动问题具有很好的收敛性，即在前 5 阶频率和振型计算中，只要一个单元，$n = 15$ 具有较高的精度；在前 9 阶频率和振型计算中，$n = 20$ 具有较高的精度；在前 10 阶频率和振型计算中，$n = 25$ 具有较高的精度。若是空间梁，$n = 25$ 对应 150 个自由度，因此整个计算的收敛速度非常快。

5.11.1.2 正确性

表 5.11.4 给出了不同方法获得的变截面梁自由振动频率与本书方法计算结果的比较。本书采用 $m = 4$ 个单元，每个单元中 $n = 10$；文献（Moshe, 1995）为动力刚度法，文献（韩博宇等，2010）为模态摄动法，文献（Moshe, 1994）为有限元法，比较结果显示本书提出的方法能够获得正确解并具有良好的计算精度。

表 5.11.4 变截面 Timoshenko 简支梁横向自由振动固有频率比较

Ω_i	本书	Moshe, 1995	韩博宇等，2010	Moshe, 1994
1	5.857	5.854	5.864	5.865
2	24.363	24.539	24.354	24.462
3	47.301	47.302	47.293	47.371
4	72.658	72.672	72.641	72.674
5	99.008	99.039	99.005	99.231

5.11.1.3 火炮身管实例计算

以某 155 mm 身管（包含炮口制退器和炮尾）为例进行对比计算和实验验证，身管为自由—自由状态，身管固有频率也通过无量纲公式 $\Omega_i = \omega_i L^2 \sqrt{\rho_D A_{D0}/E_D I_{D0}}$ 来表达，其中 A_{D0}、I_{D0} 为身管尾端面的面积和惯量，E_D 和 ρ_D 分别为身管的弹性模量和密度，$L = \boldsymbol{l}_{Ds}$ 为身管的长度，ω_i 为身管的第 i 阶圆频率。采用本书模型计算时，将身管划分成 $m = 44$ 个单元，每个单元中有 10 个节点；在有限元计算中采用三维 20 节点实体等参元。除去 6 阶刚体模态，本书和有限元的两种计算得到的身管前 10 阶弯曲固有频率的结果与模态试验测试结果对比如表 5.11.5 所示。从表中可看出，首先本书的计算结果与利用有限元方法得到的结果不仅低阶固有频率吻合得很好,即使高阶固有频率也具有很好的精度;其次,理论计算结果与模态试验得到的结果也非常吻合。由此可见,本书的方法具有较高的收敛性、计算效率和良好的精度。

表 5.11.5 身管固有频率对比

	本 书	有限元 (281 250 六面体实体单元)	实 验
1	12.254 9	12.227 6	12.233 0
2	34.145 4	34.051 8	34.582 4
3	68.883 7	68.591 4	69.651 0
4	115.356	114.524	115.370 2
5	170.726	168.363	172.816 5
6	235.421	231.120	240.486 7
7	311.810	305.438	320.174 1
8	397.338	385.860	408.102 2
9	487.240	470.330	504.848 4
10	584.487	561.667	609.445 3

5.11.2 火炮刚体运动算例分析

某 155 毫米车载炮以全装药发射榴弹,该炮的基本特征有:后坐部分质心位于炮膛轴线左下方、耳轴位于炮膛轴线上,采用对称式双液压式高平机,制退机和复进机上下布置。若不考虑身管的弹性运动和弹炮耦合,仅考虑在炮膛合力和弹丸导转侧力作用,高低射角为 $\theta_1^0 = 51°$ 工况下火炮身管的刚体运动响应,分析火线高、后坐阻力、高平机、系统质心位置、后坐部分质心等诸多因素对火炮后坐部分刚体运动的影响规律。在以下的图例中,采用了大地惯性坐标系 $o_G - x_1^G x_2^G x_3^G$ 下度量的运动参数。

常温、全装药条件下,身管膛压曲线如图 5.11.1 所示,反后坐装置的后坐阻力曲线如图 5.11.2 所示,弹丸在膛内运动时间为 15 ms。

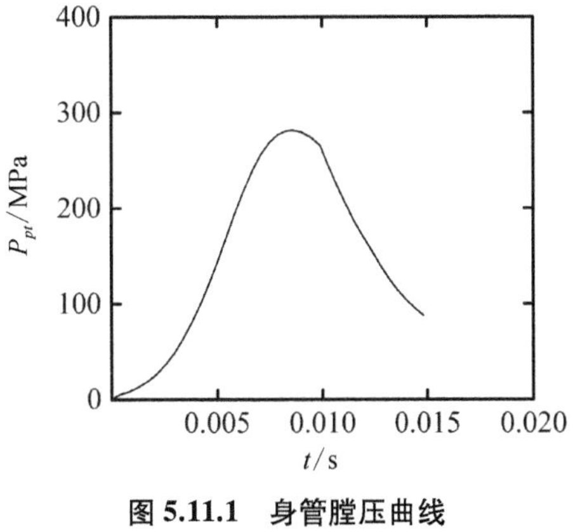

图 5.11.1 身管膛压曲线

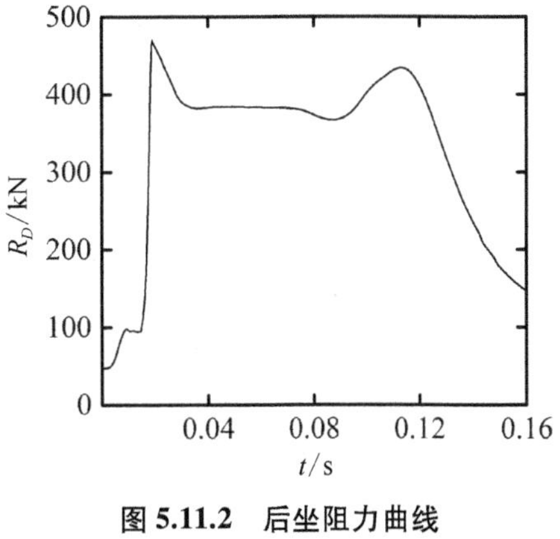

图 5.11.2 后坐阻力曲线

5.11.2.1 基本响应分析

图 5.11.3 给出了身管后坐部分上炮口点 O_{Ds} 处、在惯性坐标系 $\boldsymbol{i}_G$ 下绝对位移和速度向 $\boldsymbol{i}_D$ 方向投影得到的位移 $\boldsymbol{u}_{Ds}=\boldsymbol{U}_{Ds}(t)-\boldsymbol{U}_{Ds}(t_0)$ 和速度 $\dot{\boldsymbol{u}}_{Ds}(t)=\dot{\boldsymbol{U}}_{Ds}(t)$ 随时间的变化曲线。从图 5.11.3 可以看出在弹丸膛内运动期间身管沿 ${}^{i_D}\boldsymbol{e}_1$ 方向已后坐了 150 mm 且后坐速度达到 15 m/s；炮口点 O_{Ds} 沿 ${}^{i_D}\boldsymbol{e}_2$、${}^{i_D}\boldsymbol{e}_3$ 方向的位移和速度很小，可以忽略不计。

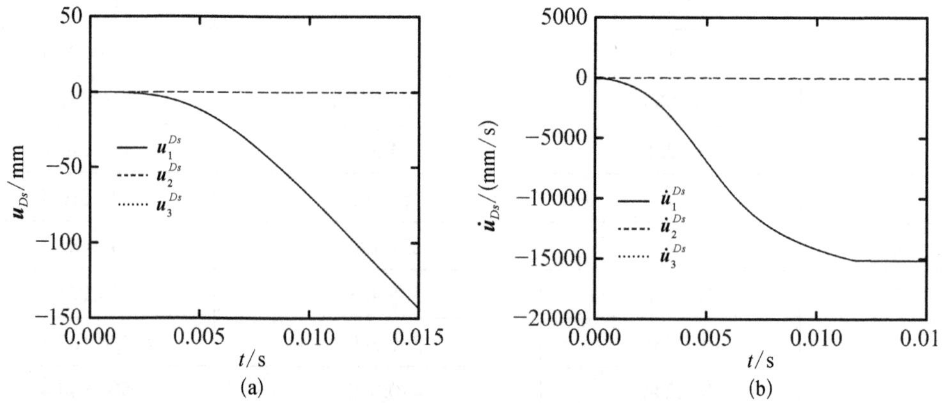

图 5.11.3 身管平动绝对位移和速度曲线

图 5.11.4 给出了后坐部分相对于惯性坐标系 $\boldsymbol{i}_G$ 的绝对欧拉角位移 $\boldsymbol{\beta}_D$ 和向 $\boldsymbol{i}_D$ 方向投影得到的绝对角速度 $\boldsymbol{\omega}_D(t)$ 随时间的变化曲线，可以看出，弹丸膛内运动期间后坐部分的高低和方向角位移均非常小，在三个方向的角速度亦非常小；绕身管轴线方向的角位移 β_1^D 相对较大，是炮尾驻栓与摇架驻栓室间的间隙和驻栓铜套变形所致。从图 5.11.4 中可以看出，后坐部分刚体运动的转动方向是沿射向向右上方向跳动的。

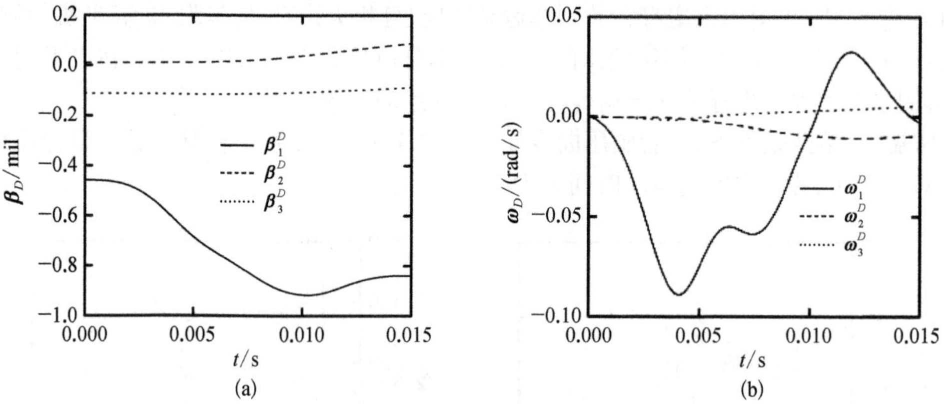

图 5.11.4 身管转动的绝对欧拉角位移和绝对角速度曲线

由图 5.11.3 的结果可以断定弹丸在膛内运动期间身管横向牵连运动速度非常小，表明该车载炮的横向约束刚度非常好；由图 5.11.4 的结果可以断定车载炮整体的牵连角位移和牵连角速度非常小，表明该车载炮的角运动约束控制非常好；所有这些约束控制对该炮的射击精度非常有利。

5.11.2.2 参数变化对角运动的影响

在以下的讨论中，只选取身管高低绝对欧拉角运动 β_3^D 和绕 ${}^{i_D}\boldsymbol{e}_3$ 轴绝对转动角速度 ω_3^D 作为研究对象，根据前面推导得到的火炮刚体运动平衡方程来讨论车载炮相关基本参数变化对其牵连运动的影响规律。其中坐标系 $\boldsymbol{i}_D$ 由坐标系 $\boldsymbol{i}_G$ 按(2－3－1)顺序旋转三个欧拉角 $-\beta_2^D$、$\beta_3^D+\theta_1^0$、β_1^D 得到，此处忽略了 5.3.2 节中地面倾斜角 Θ_E^0、Θ_R^0 的影响。

1）制退机后坐阻力影响

假定弹丸飞离炮口时制退机的后坐阻力比基本的后坐阻力值分别增加了 20% 和 40%，身管高低角运动 β_3^D 和角速度 ω_3^D 的变化规律见图 5.11.5。由于力偶 $P_{pt}(t)x_2^{D_G i_D}\boldsymbol{e}_3$ 使 β_3^D、ω_3^D 增大，载荷 $\boldsymbol{F}_{D\phi}$ 的方向与 $P_{pt}(t)\,{}^{i_D}\boldsymbol{e}_3$ 同向，亦使 β_3^D、ω_3^D 增大，但总体而言，在弹丸膛内运动期间 $\boldsymbol{F}_{D\phi}$ 对该门车载炮身管的绝对角位移和角速度影响不大。

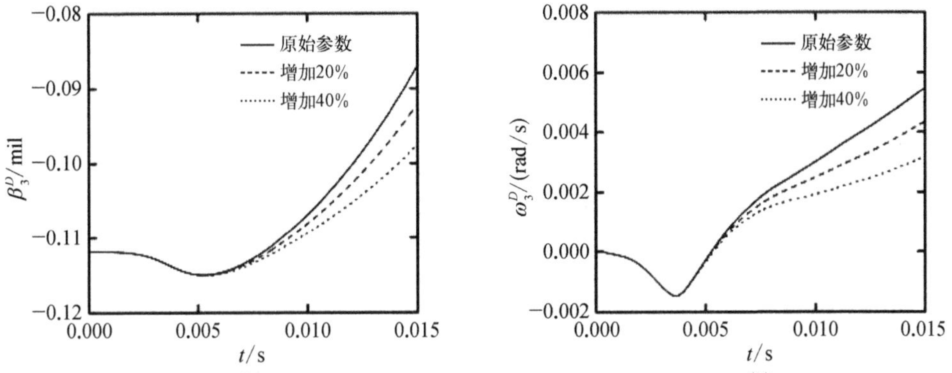

图 5.11.5 后坐阻力变化对身管 β_3^D 和 ω_3^D 的影响

2）制退机结构布置的影响

考虑以下两种工况：制退机轴线在原始参数的基础上靠近和远离身管 30 mm。图 5.11.6 中的计算结果表明制退机结构布置的变化对 β_3^D、ω_3^D 的影响不大，图 5.11.6 中两种工况的微小变化是前后套筒的支撑刚度引起的初始条件 $\beta_3^D(t_0)$ 的变化，当支撑刚度适当增大时，这种差异性的变化就消失了。

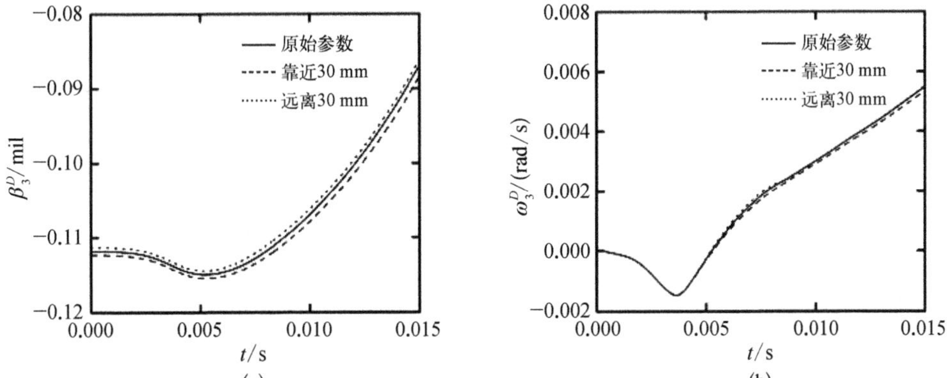

图 5.11.6 反后坐装置结构布置变化对身管 β_3^D 和 ω_3^D 的影响

3）摇架前后衬套安装距离的影响

考虑以下两种工况：摇架前后套筒在原始参数的基础上靠近和远离 50 mm。图 5.11.7 中的计算结果表明前后衬套安装距离的变化对 β_3^D、ω_3^D 的影响不大，图 5.11.7 中两种工况的微小变化是前后套筒的支撑刚度引起的初始条件 $\beta_3^D(t_0)$ 的变化，若支撑刚度适当增大，这种差异性的变化就消失了。

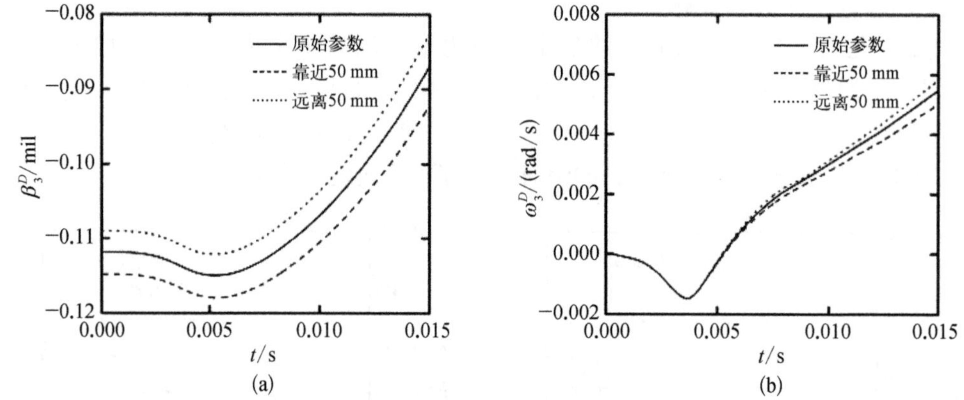

图 5.11.7　前后衬套位置变化 β_3^D 和 ω_3^D 的影响

4）耳轴位置的影响

考虑以下两种工况：耳轴偏离摇架轴线±5 mm。耳轴偏离摇架轴线导致后坐阻力 $R_i^{Di_D}\boldsymbol{e}_i$ 对火炮不稳定的翻转力矩臂变化。当耳轴沿后坐部分质心上方移动时，力臂减小，反之力臂增大；翻转力矩增大，使 β_3^D、ω_3^D 亦增大，反之则变小，其变化规律见图 5.11.8。由图可见，两种工况导致翻转力矩发生变化，亦引起初始条件 $\beta_3^D(t_0)$ 发生变化，但 ω_3^D 没有变化，说明此时转力矩对后坐部分的翻转影响较小。

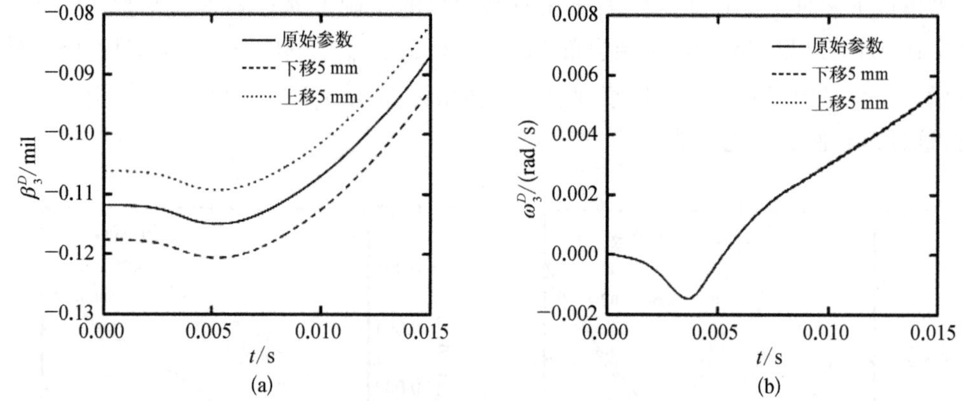

图 5.11.8　耳轴位置变化对身管 β_3^D 和 ω_3^D 的影响

5）高平机上支点位置的影响

考虑以下两种工况：高平机与摇架的连接支点沿摇架轴线方向距耳轴偏离±200 mm。连接支点接近耳轴，则高平机力就增大，反之则变小。大的高平机力易使气液式高平产生弹性压缩变形，形成压力弹性振荡；大的弹性变形会使身管产生附加的高低起落运动。若连接支点远离耳轴，则高平机力就变小，压力弹性振荡就小，身管指向就稳定。从图 5.11.9 可以看出，在高平机支点偏离±200 mm 内，没有造成身管角运动速度的变化，角位移的变化亦不大。由图可见，两种工况导致初始条件 $\boldsymbol{\beta}_3^D(t_0)$ 发生了变化，但 $\boldsymbol{\omega}_3^D$ 没有变化，说明在弹丸膛内运动期间高平机支点位置对后坐部分角运动的影响是通过静力平衡来传递的。

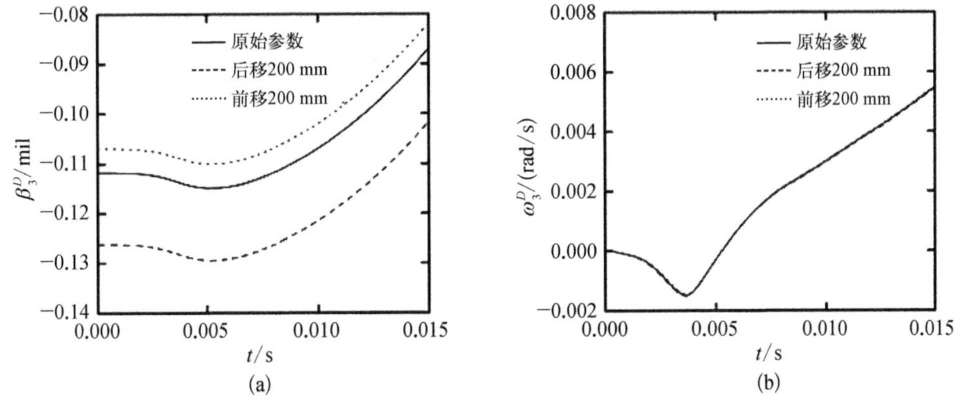

图 5.11.9　高平机上支点位置变化对身管 $\boldsymbol{\beta}_3^D$ 和 $\boldsymbol{\omega}_3^D$ 的影响

6）回转部分相对车体位置的影响

考虑以下两种工况：回转部分相对车体位置沿车体轴线方向移动±100 mm。回转部分相对车体安装位置前移，使得火炮的稳定性提高，身管的转动角位移和角速度会下降，反之会加大。由图 5.11.10 可以看出，安装位置移动±100 mm，没有造成身管角速度的变化，角位移的变化亦不大。可见两种工况导致初始条件 $\beta_3^D(t_0)$ 发生了变化，但 ω_3^D 没有变化。

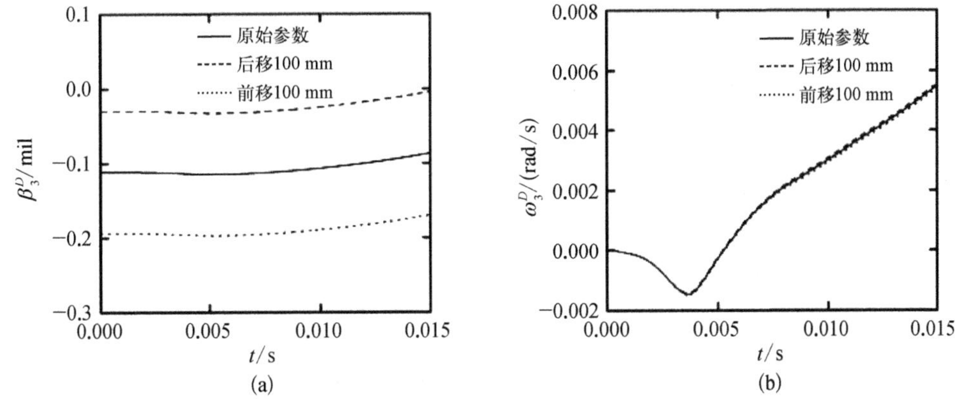

图 5.11.10　回转部分相对车体位置变化对身管 $\boldsymbol{\beta}_3^D$ 和 $\boldsymbol{\omega}_3^D$ 的影响

7）后坐部分质心位置的影响

考虑以下两种工况：后坐质心位置在原有参数的基础上移动±2 mm。后坐部分质心的变化必然会引起力矩 $P_{pt}(t)x_2^{D_C i_D}\boldsymbol{e}_3$ 的变化，计算结果见图 5.11.11，可以看出在弹丸膛内运动期间后坐部分质心位置变化对 $\boldsymbol{\beta}_3^D$、$\boldsymbol{\omega}_3^D$ 有影响，但影响不大。

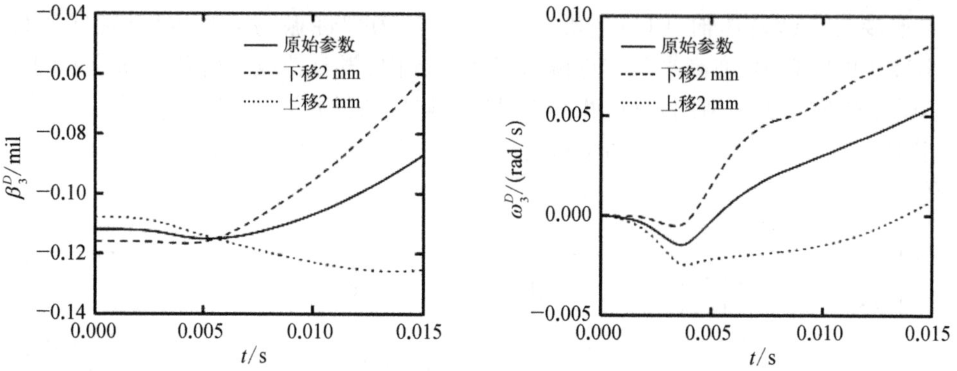

(a) (b)

图 5.11.11　后坐部分质心位置变化对身管 $\boldsymbol{\beta}_3^D$ 和 $\boldsymbol{\omega}_3^D$ 的影响

8）火线高的影响

考虑以下两种工况：火线高在原有参数的基础上分别增高 100 mm 和 300 mm。从理论上讲，火线高的加大会引起火炮在低射角条件下射击稳定性下降，但该车载炮结构上确保了在最大射程角 $\theta_1^0=51°$ 附近射击时后坐阻力线始终位于大架支点和座盘支点之间，因此火线高的增加对火炮射击稳定性不会有明显的变化，图 5.11.12 中的计算结果也证明了这一结论，即火线高的增加对 β_3^D、ω_3^D 有影响，但影响不大。由图可见，两种工况导致初始条件 $\beta_3^D(t_0)$ 发生了变化，但 ω_3^D 没有变化。

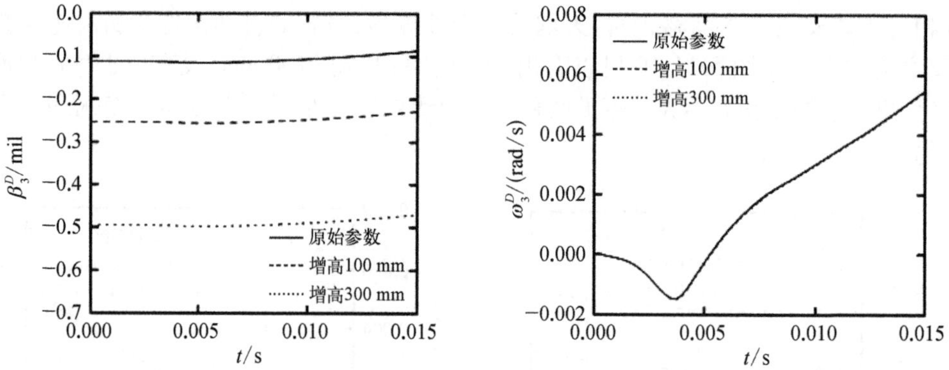

(a) (b)

图 5.11.12　后坐部分质心位置变化对身管 $\boldsymbol{\beta}_3^D$ 和 $\boldsymbol{\omega}_3^D$ 的影响

9）系统质心位置的影响

考虑以下两种工况：系统质心在原有参数的基础上分别增高 100 mm 和 300 mm。系统质心的提高对后坐部分角运动的影响规律与提高火线高的规律是相一致的，本算例结果见图 5.11.13，其规律与图 5.11.12 相一致。

10）高平机含气量的影响

考虑以下两种工况：高平机中含气量分别提高 2.0%和 4.0%。从理论上讲，高平机中气体含量增加，使高平机油缸杆的压缩行程增加，后坐部分绕坐标轴的转动位移亦增加，这一规律与图 5.11.14 中的计算结果相一致。由图可见，气体含量增加导致后坐部分的静态角位移 $\beta_3^D(t_0)$ 增加，但角速度 ω_3^D 在运动过程中没有发生根本性的变化，表明气体含量

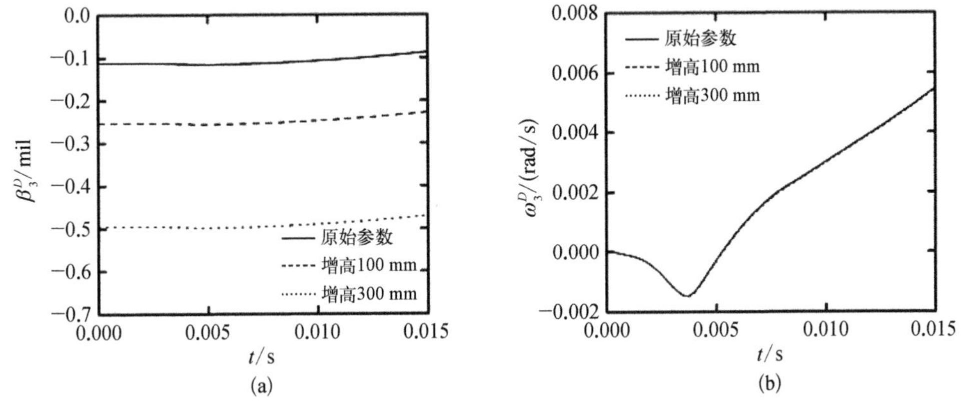

图 5.11.13　后坐部分质心位置变化对身管 β_3^D 和 ω_3^D 的影响

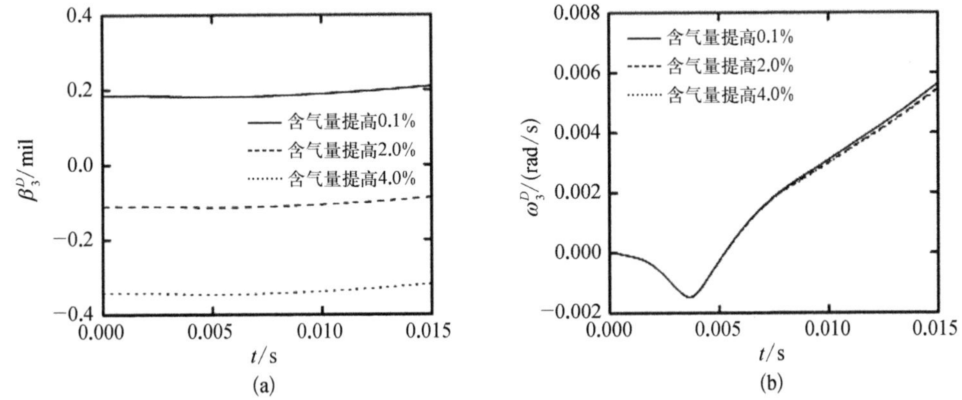

图 5.11.14　高平机含气量变化对身管 β_3^D 和 ω_3^D 的影响

的变化影响的是角位移。

11）座圈游隙的影响

考虑以下两种工况：座圈游隙分别增加 0.05 mm 和 0.1 mm。游隙的增加增强了上架整体产生翻转运动，牵连了后坐部分的运动，因此游隙的增加必然导致后坐部分角位移和角速度的增加，但游隙增加引起的上架翻转运动规律还与系统质心、力的作用位置有关。图 5.11.15 给出了该车载炮在游隙增加后后坐部分转动运动规律，由图可见游隙虽然加大了后坐部分的翻转运动，但变化不大。

12）大架油缸含气量的影响

考虑以下两种工况：大架油缸中含气量分别提高 2.0% 和 4.0%。大架油缸中含气量的增加，使油缸杆的压缩行程增加，使系统位移增大，后坐部分绕坐标轴的转动位移亦增加，这一规律与图 5.11.16 中的计算结果相一致，由图可见，含气量的增加导致后坐部分的静态角位移 $\beta_3^D(t_0)$ 增加，但角速度 ω_3^D 在运动过程中没有发生根本性的变化。

根据前面各种计算工况的结果可以看出，当火炮系统中相关参数变化时，该车载炮后坐部分转动角位移 $\beta_3^D(t)$ 的变化主要是静态状态 $\beta_3^D(t_0)$ 的变化而引起的，而转动角速度 ω_3^D 的变化均比较小，表明该算例中车载炮抗外界干扰的能力比较好，系统是非常稳定的。

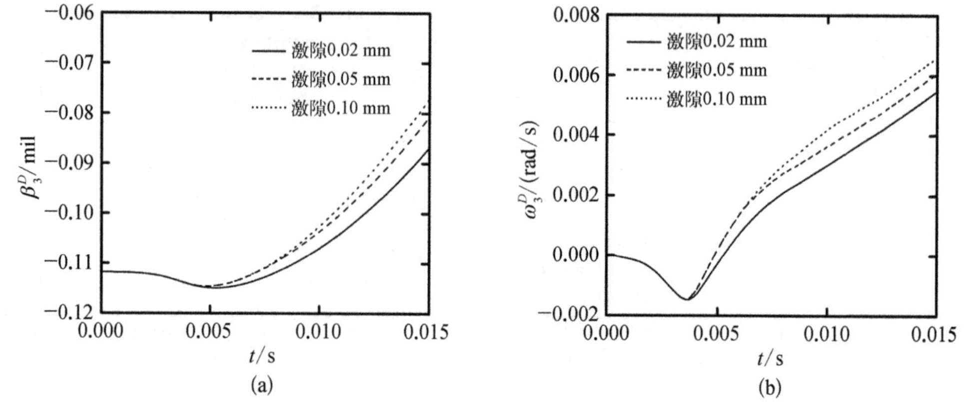

图 5.11.15 座圈游隙变化对身管 β_3^D 和 ω_3^D 的影响

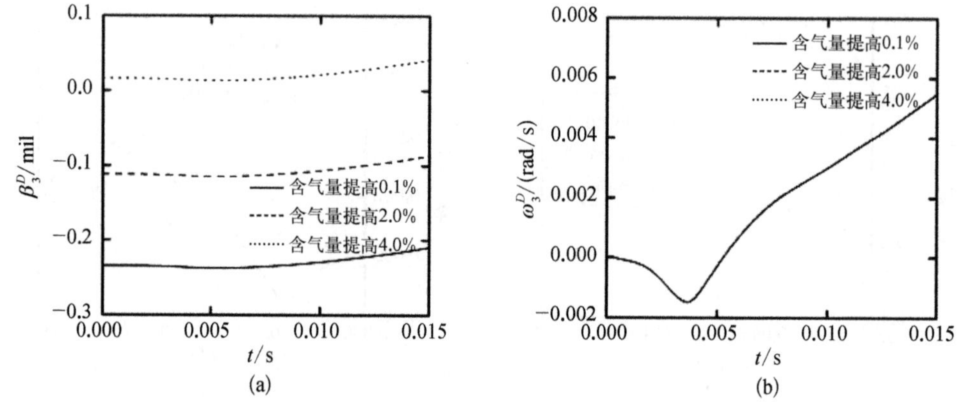

图 5.11.16 大架油缸含气量变化对身管 β_3^D 和 ω_3^D 的影响

火炮射击过程中其运动状态参数保持稳定,降低了对弹丸牵连运动的影响,这对提高射击精度非常重要。

5.12 小结

本章给出了火炮系统刚柔耦合动力学方程(5.9.1),由式(5.9.1)右端项的具体展开式(5.9.3),以及在第 5.9.4 节中对相关方程的讨论,可得以下几点结论。

(1) 控制火炮射击静止性的主要措施是控制广义后坐阻力 $\boldsymbol{R}_D$,提高系统后坐部分以下的惯性动能,增加系统的接地面积。$\boldsymbol{R}_D$ 由反后坐装置设计来完成;增加惯性动能的方法是增加系统质量,在摇架与底盘之间增加运动机构,提高系统内部的运动动能;增加系统接地面积可根据土壤的破坏强度来核算。

(2) 控制火炮射击稳定性的主要措施是: 在保持分系统质量不增加的前提下,提高分系统(后坐部分、摇架部分、上架部分、底盘部分)的转动惯量;控制炮膛合力 $\boldsymbol{P}_{pt}$、广义后坐阻力 $\boldsymbol{R}_D$、耳轴力 $\boldsymbol{F}_{BC}$、高平机力 $\boldsymbol{F}_{Cp}$、方向机力 $\boldsymbol{F}_{Bf}$、座圈约束力 $\boldsymbol{F}_B^A$ 等载荷的作用位置和作用方向与各分系统质心之间位置和方向的相互关系，确保主动力产生的翻转力矩最小、约束力产生的约束力矩稳定；控制弹丸膛内运动产生的载荷 $\boldsymbol{P}_{Dq}$、$\boldsymbol{M}_{Dq}$、$\boldsymbol{F}_{Dt}$，通过控制身管内膛结构，提高弹丸物理性能及弹丸运动初始条件，实现弹丸在膛内平稳运动；增加地面支撑反力矩 $\boldsymbol{M}_{Au}$，通过优化地面支撑点位置与坐阻力 $\boldsymbol{R}_D$ 方向间的位置关系，确保在土壤不发生强度破坏前提下地面能稳定提供支撑反力矩等。

（3）在系统方程的构建中，假定了双高平机结构形式，对齿弧式高低机与平衡机类型的火炮，只需对方程中载荷 F_{Cp} 的表达式和作用点位置做局部修改就可以得到这种类型火炮的动力学方程。假定选定编号为 1 的高平机用齿弧式高低机来替代，方法是：① 将点 O_1^{Bp}、O_1^{Cp} 理解为高低机齿轮的咬合点；② 采用与得到方向机力 $\boldsymbol{F}_{Bf}$ 相同的方式得到高低机力 $\boldsymbol{F}_{Bg}$；③ 用 $\boldsymbol{F}_{Bg}$ 替代 $\boldsymbol{F}_1^{CP}$；④ 在模型中增加咬合点齿弧间隙引起的接触碰撞判断。

（4）系统与地面间的接触关系与系统动力学方程中的惯性载荷项无关，但与载荷 $\boldsymbol{F}_{Au}$、$\boldsymbol{M}_{Au}$ 项有关，$\boldsymbol{F}_{Au}$、$\boldsymbol{M}_{Au}$ 和底盘悬架以下部分（机动部分）与地面的接触方式有关。若火炮发射时采用车轮/履带与地面接触，只需对载荷项 $\boldsymbol{F}_{Au}$、$\boldsymbol{M}_{Au}$ 进行调整，系统动力学方程就调整为轮式/履带火炮的动力学方程。

（5）系统动力学方程中已经考虑了底盘的牵连运动，若将底盘的运动方程（5.6.11）修改为行驶动力学方程，并对系统动力学方程作相应的修改，则该动力学方程就转化成火炮行进间射击动力学方程。同样，若将底盘的运动方程分别修改为飞机空中飞行和舰船海上行驶的动力学方程，则系统动力学方程就分别转化成飞机空中飞行和舰船海上行驶间的火炮射击动力学方程。

第6章　弹丸膛内运动分析

6.1　概述

弹丸膛内会产生摆动运动,这种运动与炮身和弹丸的制造误差、弹带与身管内膛不对称配合、弹带材料瞬态弹塑性特性、弹丸偏心、弹丸上下定心部的尺寸、身管后坐过程中的刚柔振动等因素有关,还与每发射弹之后由于磨损、火药气体冲刷烧蚀导致身管内膛沿半径方向的扩大量有关。

弹丸膛内运动还会导致弹药失效现象,例如由于引信失效导致弹丸在炸点不能正常引爆。在弹丸轴向和横向动载荷作用下有关电子元器件强度或刚度超标是导致弹药失效的重要原因之一。例如某155 mm、52倍口径身管发射的弹丸,其最大轴向过载达到15 000 g左右,炮口附近轴向过载达到6 000 g、横向过载达到±5 000 g左右,见图11.7.9。

身管弹性弯曲、弹丸摆动运动等动态因素的作用导致弹丸飞离炮口的实际初速方向偏离了射击前火控静态瞄准的方向,引起射角的动态变化,同时还会引起弹丸攻角、攻角速度等炮口状态参数的变化,由此引起射击精度的变化。

揭示上述所列种种问题及现象均需要建立身管、弹丸本体、弹带的运动模型和系统一体化刚柔耦合动力学方程。

6.2　弹丸运动基本假设

6.2.1　弹丸膛内运动阶段划分

根据3.1.2节中的讨论,弹丸膛内运动可以分解为以下五个阶段。

(1) 输弹运动阶段。由输弹机强制推送弹丸使其达到某一速度后,进行自由惯性运动,获得满足卡膛要求的卡膛速度。

(2) 卡膛运动阶段。在卡膛速度作用下弹丸获得卡膛冲量,弹带与身管坡膛发生接触碰撞,产生剧烈动态塑性变形,在弹带与坡膛界面上形成卡膛力,使弹丸可靠地停留在坡膛上。

(3) 挤进运动阶段。击发点火,在火药气体作用下弹丸被挤进坡膛,直至弹带在其宽度方向上全部位于身管的全深膛线区,坡膛上有膛线。

(4) 膛内运动阶段。挤进结束后,弹丸在同一身管内径约束下运动直至前定心部飞离炮口结束。

（5）半约束期阶段。弹丸前定心部飞离炮口至下弹带后端面飞离炮口结束。

本章及第 7 章将根据弹丸膛内运动阶段的特点来建立相应的运动微分方程。

6.2.2 输弹阶段基本假设

（1）弹丸输弹运动可简化成六个自由度的刚体运动，即随质心的三个平动和绕质心的三个欧拉转动。

（2）输弹开始时弹丸尾端面与推弹板端面接触。

（3）推弹板与弹丸尾端面间为光滑接触，推弹力方向沿推弹板的面法线方向。

（4）弹丸相对于推弹板的运动为绝对运动。

6.2.3 卡膛阶段基本假设

（1）卡膛过程全炮处于静止状态。

（2）已知身管内膛的几何尺寸及表面物理特性。

（3）卡膛运动简化成为六自由度的弹丸刚体运动和弹带大变形动态热塑性运动的合成。

（4）考虑塑性热和摩擦热的影响。

6.2.4 膛内运动阶段基本假设

弹丸在膛内的刚体运动可以分解成随身管的牵连运动和相对于身管的相对运动。弹丸的相对运动主要有：弹丸基点 o_Q 沿弯曲身管轴线的平动运动、弹丸绕基点的转动运动。

（1）结构上弹丸可分解成弹带和弹丸本体两部分，弹带与弹丸本体界面的连接是完整的，即弹带与弹丸本体界面上法向位移连续、切向无相对滑动。

（2）弹丸挤进过程的运动分析不考虑全炮运动的影响。

（3）弹丸定心部与身管内壁间的碰撞为带阻尼的弹塑性碰撞，不考虑身管弹塑性变形对弹丸接触碰撞的影响。

（4）弹带变形后的几何形状与身管内表面受接触部位的几何形状约束，因此运动过程中弹带外表面圆周的几何中心始终在弯曲身管的轴线上。

6.2.5 弹丸几何结构及不平衡特性

如图 6.2.1 所示，将弹丸在结构上分解成弹丸本体和弹带两部分。记弹丸体积区域为 Ω_Q、其表面为 S_Q，弹丸本体体积区域为 Ω_{Qe}、其表面为 S_{Qe}，弹带体积区域为 Ω_{Qf}、其表面为 S_{Qf}，弹丸本体上与弹带配合的表面为 S_{Qe}^{Qf}，弹带上与弹丸本体配合的表面为 S_{Qf}^{Qe}，S_{Qe}、S_{Qf} 中各自不包含 S_{Qe}^{Qf}、S_{Qf}^{Qe}。弹丸的质量为 m_Q、质心为 O_{Q_G}，几何中心为 O_{Q_E}，弹丸本体的质量为 m_{Qe}、质心为 O_{Qe_G}，弹带的质量为 m_{Qf}、质心为 O_{Qf_G}。弹丸本体上有一点 o_Q，该点位于下弹带后端面与弹丸本体几何轴线的交点。

研究弹丸运动特性首先应了解弹丸的几何结构和制造工艺。以榴弹为例，榴弹的弹带有单弹带和双弹带结构两种，图 6.2.2 为双弹带结构。弹带是弹丸在膛内径向定位、密封火药气体、赋予弹丸旋转的重要零件，在嵌入火炮膛线后弹带成为弹丸膛内运动的一个

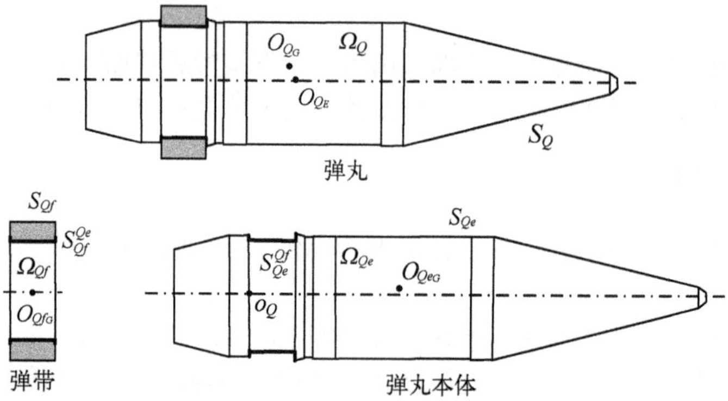

图 6.2.1　弹丸结构分解示意图

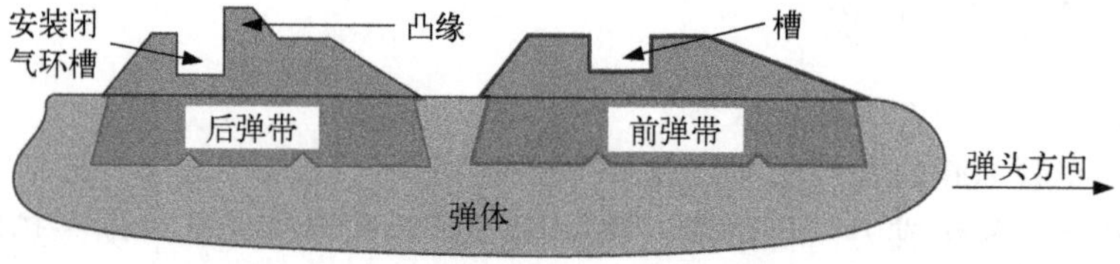

图 6.2.2　双弹带结构形式示意图

支撑点，并带动弹丸高速旋转。弹带的外径一般稍大于身管的阴线直径，以确保密封火药气体。其中大于身管阳线直径部分称为弹带的强制量，可以保证弹带带动弹丸旋转，但强制量的存在也增大了弹带与身管内膛间的摩擦，由此会产生摩擦热，造成弹带软化和相变。

双弹带对提高弹带强度、保证密闭火药气体极其重要，但双弹带只能适用于等齐膛线结构。若身管为非等齐膛线，由于缠度沿弹带宽度方向是变量，在弹带上不同位置处弹丸转速不相同，导致弹带被膛线不断强制切割，产生大应变和高应变率冲击，使弹带强度下降，支撑弹丸运动的径向刚度下降，干扰弹丸膛内运动，造成外弹道飞行的初始扰动和飞行中空气阻力的扰动，见第 6.8.2 节的讨论。

弹带与弹丸本体采用嵌压或焊接等方法固定。为了嵌压弹带，在弹体上车制出环形或燕尾形槽，在槽底辊花或在环形凸起上辊花，以增加弹带与弹体间的摩擦力，避免相对滑动。由于弹丸制造过程中的误差，弹丸质心 O_{Q_G} 偏离了弹丸几何中心 O_{Q_E} 一位置矢量 $\boldsymbol{e}_Q = e_i^{Qi_E}\boldsymbol{e}_i$，称为质量偏心，此偏心在弹丸运动过程中产生静态不平衡和动态不平衡。这里假定弹丸的外形几何轴对称，如图 6.2.3 所示。

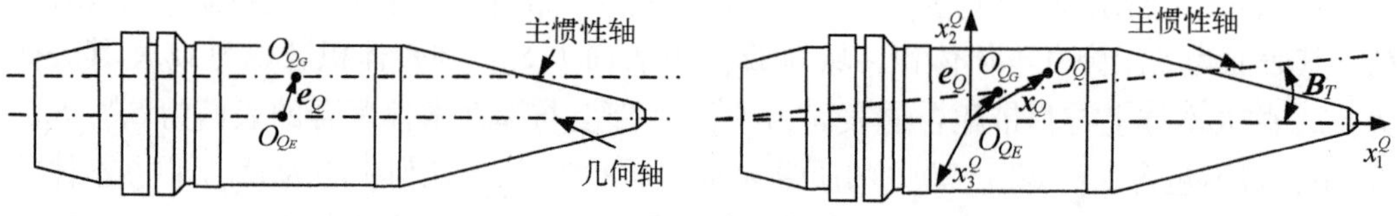

(a) 静态不平衡　　　　(b) 动态不平衡

图 6.2.3　弹丸静动态不平衡示意图

所谓静态不平衡是指弹丸的质心 O_{Q_G} 不位于弹丸的几何轴线上，弹丸的质量分布使弹丸的主惯性轴过弹丸质心 O_{Q_G} 且平行于弹丸的几何轴线，如图 6.2.3(a) 所示。

所谓动态不平衡是指弹丸的质心 O_{Q_G} 偏离弹丸几何轴线，弹丸的质量分布使弹丸的主惯性轴过弹丸质心 O_{Q_G} 且与弹丸的几何轴线成一角度 $\boldsymbol{B}_T = \beta_{T_2} + i\beta_{T_3}$，如图 6.2.3(b)所示。显然，当 $\boldsymbol{B}_T = 0$ 时，动态不平衡退化成静态不平衡。

弹丸可简化成三维刚体，动不平衡角 $\boldsymbol{B}_T$ 是过弹丸质心的正交轴经(3－2)顺序旋转两欧拉角 β_{T_2}、β_{T_3} 与惯性主轴重合来确定的，由此得到弹丸绕过其质心正交轴(非主惯性轴)的转动惯量矩 $\boldsymbol{I}_Q$ 为

$$\boldsymbol{I}_Q = \begin{bmatrix} J_0^Q & -(I_0^Q - J_0^Q)\beta_{T_2} & -(I_0^Q - J_0^Q)\beta_{T_3} \\ -(I_0^Q - J_0^Q)\beta_{T_2} & I_0^Q & 0 \\ -(I_0^Q - J_0^Q)\beta_{T_3} & 0 & I_0^Q \end{bmatrix} \tag{6.2.1}$$

其中，J_0^Q、I_0^Q 分别为弹丸绕其主惯性轴的极转动惯量和赤道转动惯量。

另一方面，如图 6.2.3 所示，弹丸上任意一点 O_Q 在 $\boldsymbol{i}_Q$ 坐标系(有关坐标系的概念见6.3节描述)下的位置矢量为 $\boldsymbol{x}_Q = x_j^{Q i_Q}\boldsymbol{e}_j$，则弹丸绕其坐标系 $\boldsymbol{i}_Q$ 原点 o_{Q_E} 的转动惯量矩为

$$\boldsymbol{I}_Q = \int_{\Omega_Q} \rho_Q \tilde{\boldsymbol{x}}_Q \cdot (\tilde{\boldsymbol{x}}_Q)^{\mathrm{T}} \mathrm{d}V = \int_{\Omega_{Q_e}} \rho_{Qe} \tilde{\boldsymbol{x}}_Q \cdot (\tilde{\boldsymbol{x}}_Q)^{\mathrm{T}} \mathrm{d}V + \int_{\Omega_{Qf}} \rho_{Qf} \tilde{\boldsymbol{x}}_Q \cdot (\tilde{\boldsymbol{x}}_Q)^{\mathrm{T}} \mathrm{d}V \tag{6.2.2}$$

式中，ρ_{Qe}、ρ_{Qf} 分别为弹丸本体和弹带的质量密度。

6.3 坐标系及坐标转换

6.3.1 坐标系建立

除了在第 5 章中定义的坐标系外，为了描述弹丸的相关运动，本章还需要建立若干坐标系。这些坐标系由参考坐标系通过旋转 2~3 个欧拉角得到，对弹丸坐标系的旋转一般遵循(3－2－1)顺序。

1）输弹机坐标系 $o_H - x_1^H x_2^H x_3^H$

以图 6.3.1 所示的某液压输弹机为例，输弹机坐标系 $o_H - x_1^H x_2^H x_3^H$，记为 $\boldsymbol{i}_H$，单位方向基矢量为 ${}^{i_H}\boldsymbol{e}_i$，原点 o_H 固定在托弹板上，位于托弹板轴线与推弹板端面的交点处，$o_H x_1^H$ 轴为托弹板的轴线，$o_H x_2^H$ 轴向上并垂直于 $o_H x_1^H$，$o_H x_3^H$ 轴由右手螺旋定则确定。$\boldsymbol{i}_H$ 由摇架坐标系 $\boldsymbol{i}_C$ 按(3－2－1)顺序旋转 β_3^H、0、0 后，使坐标轴 $o_H x_1^H$ 与身管轴线 $o_D x_1^D$ 并行，后平移运动至与身管轴线相匹配的输弹位置，此时原点 o_H 在 $\boldsymbol{i}_C$ 中的位置矢量为 $\boldsymbol{U}_C^H$，$\boldsymbol{i}_H$ 与 $\boldsymbol{i}_C$ 的转换关系由式(2.3.15)给出，即

$$\boldsymbol{L}_{i_H} = {}^{321}Q_{ij}^{\mathrm{T}}(0,\ 0,\ \beta_3^H)\, {}^{i_H}\boldsymbol{e}_i \otimes {}^{i_C}\boldsymbol{e}_j \tag{6.3.1}$$

2）弯曲身管轴线坐标系 $o_{dq} - x_1^{dq} x_2^{dq} x_3^{dq}$

卡膛结束后下弹带尾端面(点 o_Q 位于该平面内)与刚性身管轴线的交点 o_{Dq}^0，o_{Dq}^0 位于身管轴线上，可理解为弹丸膛内挤进运动的起始点 o_Q 在身管轴线上的投影点，点 o_Q 在

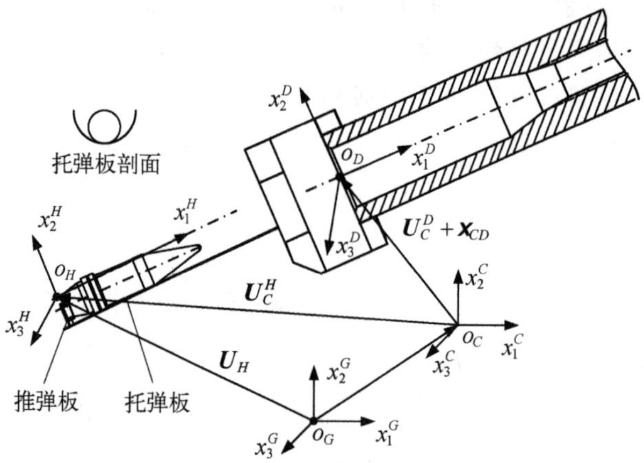

图 6.3.1　坐标系及弹丸位置的确定

弯曲身管轴线上对应点为 o_{dq}^0。经时刻 t 后，点 o_{Dq}^0 随弹丸运动至刚体身管轴线上点 o_{Dq} 处，该点的位置坐标为 $\boldsymbol{x}_1^{Dq}$，点 o_{Dq} 在弹性变形 $\boldsymbol{w}_{Dq} = \boldsymbol{w}_0 + \boldsymbol{\phi}_0 \times \boldsymbol{x}_1^{Dq}$ 后至点 o_{dq}，如图 6.3.2 所示；点 o_{Dq}、o_{dq} 始终位于刚体和弹性身管轴线上并沿身管轴线移动。

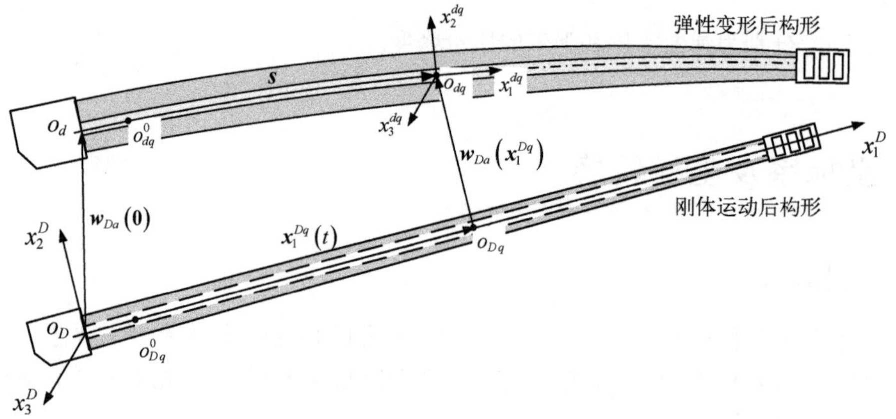

图 6.3.2　坐标系 $\boldsymbol{i}_{du}$ 的建立

弯曲身管轴线坐标系 $o_{dq} - x_1^{dq}x_2^{dq}x_3^{dq}$，亦称 Frenet 标架，记为 $\boldsymbol{i}_{dq}$，单位方向基矢量为 ${}^{i_{dq}}\boldsymbol{e}_i$，$o_{dq}x_1^{dq}$ 轴为弯曲身管轴线的切线，$o_{dq}x_2^{dq}$ 为曲线的主法线方向，指向曲线凹的一侧，且垂直 $o_{dq}x_1^{dq}$ 轴，$o_{dq}x_3^{dq}$ 轴由右手螺旋定则确定。坐标系 $\boldsymbol{i}_D$ 与 $\boldsymbol{i}_{dq}$ 之间的关系见图 6.3.3 所示。

$$\boldsymbol{L}_{i_{dq}} = L_{ij}^{i_{dq}i_{dq}}\boldsymbol{e}_i \otimes {}^{i_D}\boldsymbol{e}_j \tag{6.3.2}$$

式中，$\boldsymbol{L}_{i_{dq}}$ 的具体计算表达式将在 6.8.1 节中给出。

3）弹体坐标系

弹体坐标系 $o_{Q_E} - x_1^Q x_2^Q x_3^Q$，记为 $\boldsymbol{i}_Q$，单位方向基矢量为 ${}^{i_Q}\boldsymbol{e}_i$。将点 o_Q（图 6.2.1）平移一矢径 $\boldsymbol{l}_{Q_E} = l_{Q_E}{}^{i_Q}\boldsymbol{e}_1$ 至点 o_{Q_E}，点 o_{Q_E} 为弹丸几何中心，位于弹丸几何轴线上，见图 6.3.4。$o_{Q_E}x_1^Q$ 轴与弹丸几何轴重合，$o_{Q_E}x_2^Q$ 轴垂直向上，$o_{Q_E}x_3^Q$ 轴由右手螺旋定则确定。坐标系 $\boldsymbol{i}_Q$ 随弹丸平动和转动。

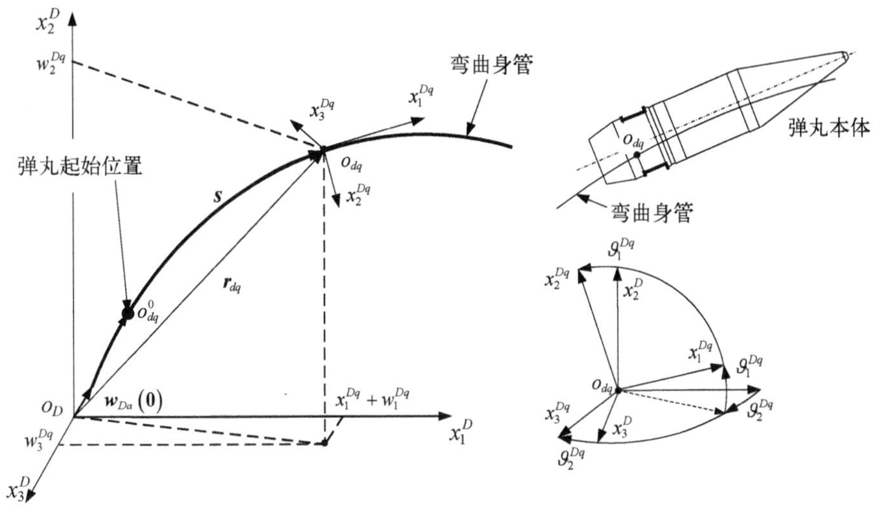

图 6.3.3　坐标系 $\boldsymbol{i}_D$ 与 $\boldsymbol{i}_{dq}$

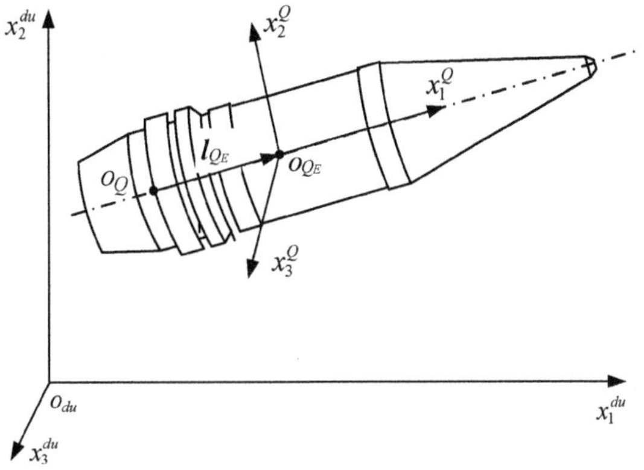

图 6.3.4　坐标系 $\boldsymbol{i}_Q$ 的建立

在输弹阶段,坐标系 $\boldsymbol{i}_Q$ 用于描述弹丸的刚体运动,可由坐标系 $\boldsymbol{i}_H$ 分别按(3-2-1)顺序旋转 φ_1、$-\varphi_2$、γ 三个欧拉角得到,其中 γ 为弹丸绕其自身轴线的转角,φ_1 是弹丸的俯仰摆角,φ_2 为偏航摆角。由式(2.3.15)可得坐标系 $\boldsymbol{i}_Q$ 与 $\boldsymbol{i}_H$ 的投影转换关系为

$$\bar{\boldsymbol{L}}_{i_E} = {}^{321}Q_{ij}^{\mathrm{T}}(\gamma,\ \varphi_2,\ \varphi_1)\,{}^{i_Q}\boldsymbol{e}_i \otimes {}^{i_H}\boldsymbol{e}_j \tag{6.3.3A}$$

在空中飞行阶段,也用 φ_1、$-\varphi_2$、γ 来描述弹丸的转动运动。坐标系 $\boldsymbol{i}_Q$ 与 $\boldsymbol{i}_H$ 的投影转换关系与式(6.3.3A)相同。

在膛内运动阶段,由于受身管膛线约束,坐标系 $\boldsymbol{i}_Q$ 可由坐标系 $\boldsymbol{i}_{dq}$ 分别按(1-3-2)顺序旋转 ϕ、κ_1、$-\kappa_2$ 三个欧拉角得到,其中 ϕ 为弹带绕身管轴线(切线)的转角,κ_1 是弹丸的俯仰摆角,κ_2 为偏航摆角,如图 6.3.5 所示,为了便于表达,记 $\boldsymbol{\Lambda}=\kappa_1+\mathrm{i}\kappa_2$(i 为虚数符号)为相对复摆角。由式(2.3.21)可得坐标系 $\boldsymbol{i}_Q$ 与 $\boldsymbol{i}_{dq}$ 的投影转换关系为

$$\boldsymbol{L}_{i_Q} = {}^{132}Q_{ij}^{\mathrm{T}}(\phi,\ \kappa_2,\ \kappa_1)\,{}^{i_Q}\boldsymbol{e}_i \otimes {}^{i_{dq}}\boldsymbol{e}_j \tag{6.3.3B}$$

若不考虑身管弹性变形,式(6.3.3B)退化成

$$\boldsymbol{L}_{i_Q} = {}^{132}Q_{ij}^{\mathrm{T}}(\phi,\ \kappa_2,\ \kappa_1)\,{}^{i_Q}\boldsymbol{e}_i \otimes {}^{i_D}\boldsymbol{e}_j \tag{6.3.3C}$$

在膛内运动阶段,若坐标系 $\boldsymbol{i}_Q$ 由 $\boldsymbol{i}_{dq}$ 按(3-2-1)顺序分别旋转 φ_1、$-\varphi_2$、γ 三个欧拉角得到,则得到式(6.3.3A)给出的转换矩阵 $\bar{\boldsymbol{L}}_{i_Q}$,式(6.3.3B)给出了用另一种转换得到的转换矩阵 $\boldsymbol{L}_{i_Q}$,利用 $\bar{\boldsymbol{L}}_{i_Q}$ 与 $\boldsymbol{L}_{i_Q}$ 对应位置上的元素相等的条件,可得下列关系式:

$$\cot\gamma = \cot\phi\,\frac{\cos\kappa_2}{\cos\kappa_1} - \sin\kappa_2\tan\kappa_1 \tag{6.3.4A}$$

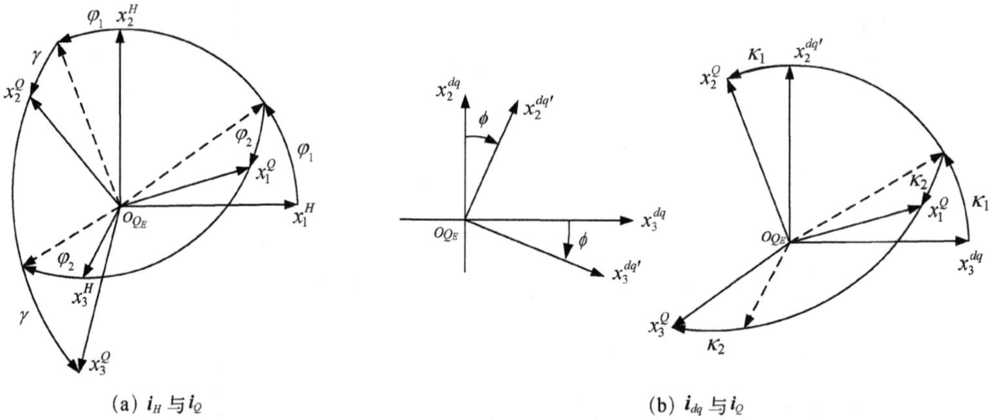

(a) $\boldsymbol{i}_H$ 与 $\boldsymbol{i}_Q$　　(b) $\boldsymbol{i}_{dq}$ 与 $\boldsymbol{i}_Q$

图 6.3.5　坐标系 $\boldsymbol{i}_H$、$\boldsymbol{i}_Q$、$\boldsymbol{i}_{dq}$ 关系

$$\sin\varphi_2 = \cos\phi\sin\kappa_2 + \sin\phi\cos\kappa_2\sin\kappa_1 \tag{6.3.4B}$$

$$\cos\varphi_1 = \cos\kappa_2\cos\kappa_1/\cos\varphi_2 \tag{6.3.4C}$$

由此可见,由于弹丸在膛内存在摆角 κ_1、κ_2,弹丸绕身管轴线的强制转动角度 ϕ 与在弹轴方向 $o_{Q_E}x_1^Q$ 的转动角度 γ 是不相同的,只有当摆角 $\kappa_1=0$、$\kappa_2=0$ 时,才有 $\phi=\gamma$。

4）速度坐标系

速度坐标系 $o_v-x_1^v x_2^v x_3^v$,记为 $\boldsymbol{i}_v$,单位方向基矢量为 ${}^{i_v}\boldsymbol{e}_i$。$o_v x_1^v$ 轴与弹丸速度矢量 $\boldsymbol{v}_E$ 重合,$o_v x_2^v$ 轴垂直向上,$o_v x_3^v$ 轴由右手螺旋定则确定。坐标系 $\boldsymbol{i}_v$ 由 $\boldsymbol{i}_{dq}$ 分别按(3－2)顺序旋转 ψ_1、$-\psi_2$ 两个欧拉角得到,ψ_1 称为相对弹道倾角,ψ_2 称为弹丸相对偏角,见图 6.3.6。为了便于表达,记 $\boldsymbol{\Psi}=\psi_1+\mathrm{i}\psi_2$(i 为虚数符号),称为相对复偏角。由于弹丸速度矢量 $\boldsymbol{v}_{Q_E}$ 方向反映了弹丸运动的弹道轨迹,因此坐标系 $\boldsymbol{i}_v$ 也称为弹道坐标系。

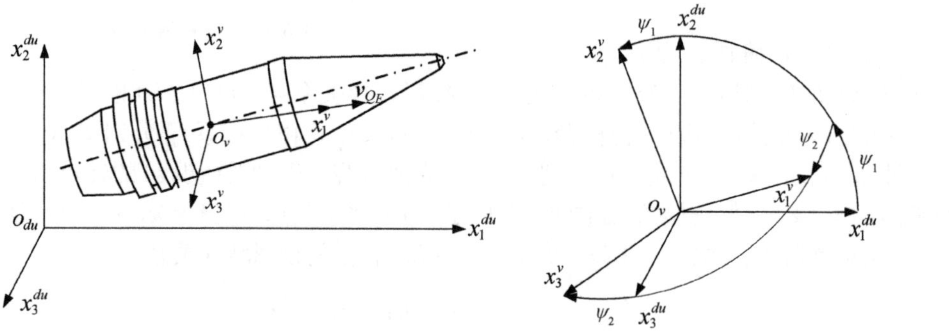

(a)　　(b)

图 6.3.6　坐标系 $\boldsymbol{i}_{du}$ 与 $\boldsymbol{i}_v$

由式(2.3.15)可得坐标系 $\boldsymbol{i}_v$ 与坐标系 $\boldsymbol{i}_{dq}$ 的投影转换关系:

$$\boldsymbol{L}_{i_v} = {}^{321}Q_{ij}^{\mathrm{T}}(0,\ \psi_2,\ \psi_1)\,{}^{i_v}\boldsymbol{e}_i \otimes {}^{i_{dq}}\boldsymbol{e}_j \tag{6.3.5}$$

6.3.2　坐标转换

弹丸在膛内运动时期,坐标系 $\boldsymbol{i}_Q$ 与 $\boldsymbol{i}_{dq}$ 的投影转换关系由式(6.3.3B)给出,$\boldsymbol{i}_Q$ 也可由

坐标系 $\boldsymbol{i}_v$ 分别按(3-2-1)顺序旋转 δ_1、$-\delta_2$、β_δ 三个欧拉角得到，δ_1 称为弹丸攻角，δ_2 称为弹丸侧滑角，见图 6.3.7。为了便于表达，记 $\boldsymbol{\Delta}=\delta_1+\mathrm{i}\delta_2$（i 为虚数符号），称为复攻角。由式(2.3.15)可得坐标系 $\boldsymbol{i}_v$ 与坐标系 $\boldsymbol{i}_Q$ 的投影转换关系：

$$^{i_Q}\boldsymbol{e}_i={}^{321}Q_{ij}^{\mathrm{T}}(\beta_\delta,\ \delta_2,\ \delta_1)\,^{i_v}\boldsymbol{e}_j \tag{6.3.6A}$$

记

$$\boldsymbol{L}_\delta={}^{321}Q_{ij}^{\mathrm{T}}(\beta_\delta,\ \delta_2,\ \delta_1)\,^{i_Q}\boldsymbol{e}_i\otimes{}^{i_v}\boldsymbol{e}_j \tag{6.3.6B}$$

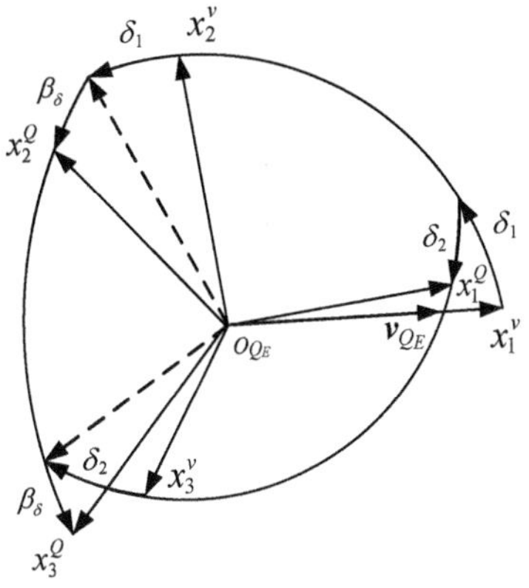

图 6.3.7　坐标系 $\boldsymbol{i}_v$ 与 $\boldsymbol{i}_Q$

为了求出 κ_1、κ_2、ϕ、ψ_1、ψ_2、δ_1、δ_2、β_δ 间的关系，将 $\boldsymbol{i}_Q$ 经 $\boldsymbol{i}_{dq}$ 向 $\boldsymbol{i}_v$ 投影，即将式(6.3.5)、(6.3.3B)代入式(6.3.6B)，得

$$\boldsymbol{L}_\delta=\boldsymbol{L}_{i_Q}\cdot(\boldsymbol{L}_{i_v})^{\mathrm{T}} \tag{6.3.7}$$

利用上式矩阵对应位置处的元素相等，得如下关系：

$$\begin{aligned}\sin\delta_2=&\sin\kappa_2\cos\psi_1(\cos\psi_2\cos\phi+\sin\psi_2\sin\phi\sin\kappa_1)-\cos\kappa_1\sin\phi\sin\psi_1\\&+\cos\kappa_2\cos\psi_1(-\sin\psi_2\cos\phi+\cos\psi_2\sin\phi\sin\kappa_1)\end{aligned} \tag{6.3.8A}$$

$$\begin{aligned}\sin\delta_1\cos\delta_2=&\sin\kappa_1\cos\psi_1\cos\phi(\sin\psi_2\sin\kappa_2+\cos\psi_2\cos\kappa_2)-\cos\kappa_1\cos\phi\sin\psi_1\\&+\cos\psi_1\sin\phi(\sin\psi_2\cos\kappa_2-\cos\psi_2\sin\kappa_2)\end{aligned} \tag{6.3.8B}$$

$$\begin{aligned}\sin\beta_\delta\cos\delta_2=&\sin\psi_1\cos\psi_2(\sin\kappa_2\cos\phi+\sin\phi\sin\kappa_1\cos\kappa_2)+\cos\kappa_1\sin\phi\cos\psi_1\\&-\sin\psi_1\sin\psi_2(\cos\kappa_2\cos\phi-\sin\phi\sin\kappa_1\sin\kappa_2)\end{aligned} \tag{6.3.8C}$$

上式建立了 κ_1、κ_2、ϕ、ψ_1、ψ_2、δ_1、δ_2、β_δ 等欧拉角间的三角函数关系，只要任意给出两组欧拉角，就可以求出另外一组欧拉角。

仿照第 5 章中不同坐标系间的转换关系（图 5.3.10），可以用图 6.3.8 来表示相应的转换关系，图中矢量箭头所指端为转换关系中等号的左侧，矢量箭头的起始端为转换关系等号的右侧，矢量箭头上方的符号即为转换关系张量。本章余下部分中各种转换关系将直接利用此图给出。

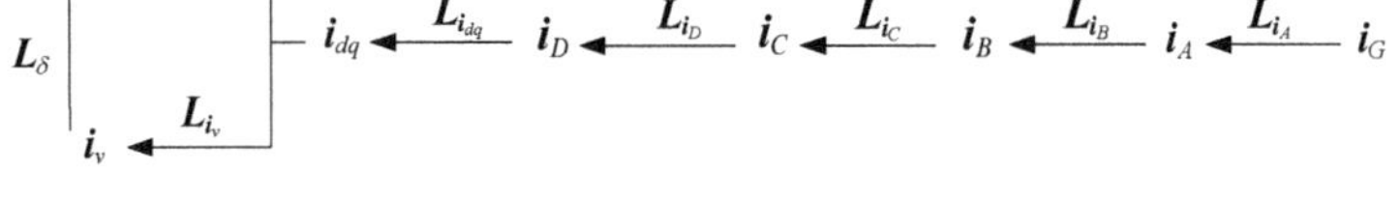

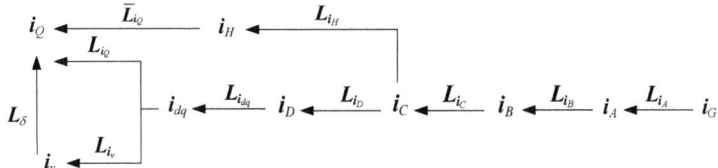

图 6.3.8　坐标系间的转换关系

6.4　输弹机输弹运动

以某液压输弹机为例来描述输弹过程的运动方程，输弹时假定火炮处于静止状态，因

此 $L_{i_A}=L_{i_B}=L_{i_C}=L_{i_D}=\mathbf{1}_{3\times3}$。

6.4.1 结构描述

某输弹机回转轴安装在摇架耳轴上，如图 6.4.1 所示，工作时输弹机通过油缸 1 推动托弹板 2 使整体绕耳轴 o_C 按(3－2－1)顺序旋转 β_3^H、0、0 后，使托弹板轴线与身管轴线平行；后通过油缸 3 推动一四连杆机构将托弹板整体平移至托弹板轴线与身管轴线平行位置；最终耳轴 o_C 距点 o_H 的位置矢量为 U_C^H。

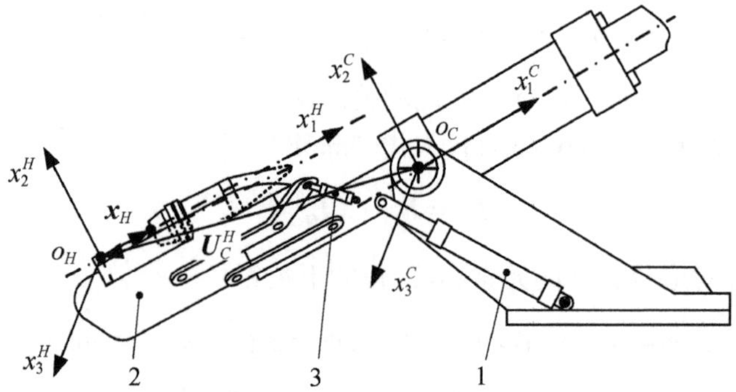

图 6.4.1 输弹机结构示意图

6.4.2 输弹运动分析

若按弹丸与托弹板的相对位置来划分，输弹运动可分为三个阶段：第一阶段为弹丸前定心部在托弹板上运动；第二阶段为下弹带尾端面在托弹板上运动；第三阶段为下弹带尾端面飞离托弹板至卡膛开始。若按推弹板对弹丸尾端面的推力作用来划分，输弹运动可分为两个阶段：第一阶段为推弹力一直作用在弹丸尾部的强制输弹阶段，第二阶段为弹丸尾部无推弹力作用的自由运动阶段。本节将按第一种划分方式加以讨论，每个阶段的特点如图 6.4.2 所示。

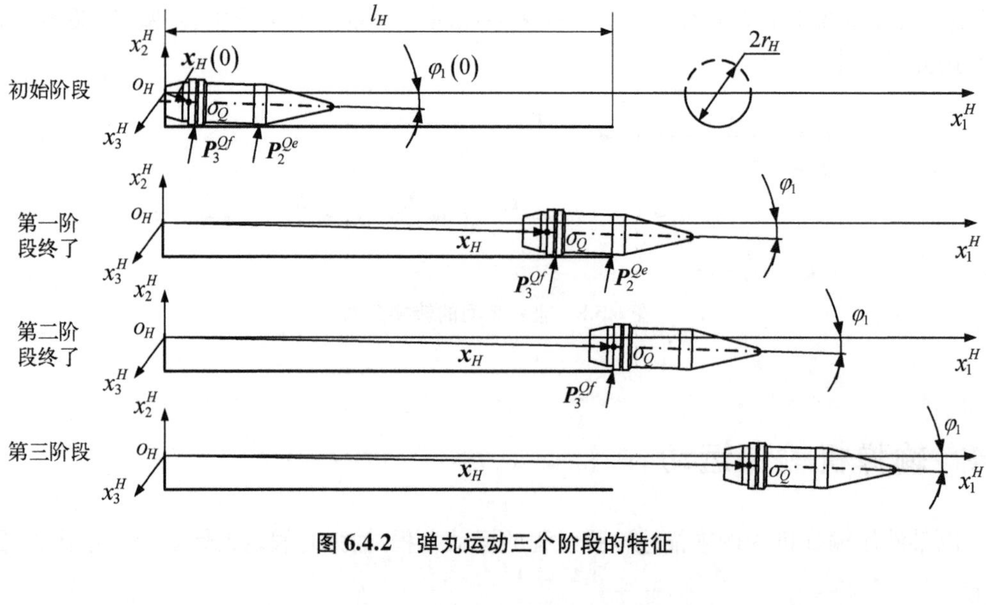

图 6.4.2 弹丸运动三个阶段的特征

6.4.2.1 角运动分析

输弹过程中弹丸相对坐标系 $\boldsymbol{i}_H$ 的角速度 $\boldsymbol{\omega}_Q$ 和角加速度分别 $\boldsymbol{\varepsilon}_Q$ 分别由式(2.3.16)和式(2.3.17)给出:

$$\boldsymbol{\omega}_Q = \omega_i^{Qi_Q}\boldsymbol{e}_i = (\dot{\gamma} + \dot{\varphi}_1\sin\varphi_2)^{i_Q}\boldsymbol{e}_1 + (-\dot{\varphi}_2\cos\gamma + \dot{\varphi}_1\sin\gamma\cos\varphi_2)^{i_Q}\boldsymbol{e}_2 + (\dot{\varphi}_2\sin\gamma + \dot{\varphi}_1\cos\gamma\cos\varphi_2)^{i_Q}\boldsymbol{e}_3 \tag{6.4.1A}$$

$$\boldsymbol{\varepsilon}_Q = \boldsymbol{\varepsilon}_{Q1} + \boldsymbol{\mu}_Q \tag{6.4.1B}$$

$$\boldsymbol{\varepsilon}_{Q1} = \varepsilon_i^{Q1i_Q}\boldsymbol{e}_i = (\ddot{\gamma} + \ddot{\varphi}_1\sin\varphi_2)^{i_Q}\boldsymbol{e}_1 + (-\ddot{\varphi}_2\cos\gamma + \ddot{\varphi}_1\sin\gamma\cos\varphi_2)^{i_Q}\boldsymbol{e}_2 + (\ddot{\varphi}_2\sin\gamma + \ddot{\varphi}_1\cos\gamma\cos\varphi_2)^{i_Q}\boldsymbol{e}_3 \tag{6.4.1C}$$

$$\boldsymbol{\mu}_Q = \dot{\varphi}_1\dot{\varphi}_2\cos\varphi_2{}^{i_Q}\boldsymbol{e}_1 + (-\dot{\varphi}_1\dot{\varphi}_2\sin\gamma\sin\varphi_2 + \dot{\gamma}\omega_3^Q)^{i_Q}\boldsymbol{e}_2 + (-\dot{\varphi}_1\dot{\varphi}_2\cos\gamma\sin\varphi_2 - \dot{\gamma}\omega_2^Q)^{i_Q}\boldsymbol{e}_3 \tag{6.4.1D}$$

弹丸本体和弹带的角速度和角加速度应与弹丸相同,即

$$\boldsymbol{\omega}_{Qe} = \boldsymbol{\omega}_{Qf} = \boldsymbol{\omega}_Q, \quad \boldsymbol{\varepsilon}_{Qe} = \boldsymbol{\varepsilon}_{Qf} = \boldsymbol{\varepsilon}_Q \tag{6.4.1E}$$

其中,$\boldsymbol{\omega}_{Qe}$、$\boldsymbol{\omega}_{Qf}$ 分别表示弹丸本体和弹带的角速度;$\boldsymbol{\varepsilon}_{Qe}$、$\boldsymbol{\varepsilon}_{Qf}$ 分别表示弹丸本体和弹带的角加速度。

记

$$\boldsymbol{\varphi}_Q = \{\gamma \quad \varphi_2 \quad \varphi_1\}^{\mathrm{T}} \tag{6.4.1F}$$

6.4.2.2 平动运动分析

如图 6.4.3 所示,弹丸上任意点 O_Q 在任意时刻 t 距 $\boldsymbol{i}_H$ 原点 o_H 的位置矢量为

$$\boldsymbol{U}_H^Q = \boldsymbol{x}_H + \boldsymbol{l}_{Q_E} + \boldsymbol{x}_Q \tag{6.4.2A}$$

对上式分别求一阶和二阶时间导数得

$$\dot{\boldsymbol{U}}_H^Q = \dot{\boldsymbol{x}}_H + \boldsymbol{\omega}_Q \times (\boldsymbol{l}_{Q_E} + \boldsymbol{x}_Q) = \dot{\boldsymbol{x}}_H + \boldsymbol{\omega}_Q \cdot (\tilde{\boldsymbol{l}}_{Q_E} + \tilde{\boldsymbol{x}}_Q) \tag{6.4.2B}$$

$$\begin{aligned}\ddot{\boldsymbol{U}}_H^Q &= \ddot{\boldsymbol{x}}_H + \boldsymbol{\varepsilon}_Q \times (\boldsymbol{l}_{Q_E} + \boldsymbol{x}_Q) + \boldsymbol{\omega}_Q \times [\boldsymbol{\omega}_Q \times (\boldsymbol{l}_{Q_E} + \boldsymbol{x}_Q)] \\ &= \ddot{\boldsymbol{x}}_H + (\tilde{\boldsymbol{l}}_{Q_E} + \tilde{\boldsymbol{x}}_Q)^{\mathrm{T}} \cdot \boldsymbol{\varepsilon}_{Q1} + \boldsymbol{a}_H^Q\end{aligned} \tag{6.4.2C}$$

$$\boldsymbol{a}_H^Q = (\tilde{\boldsymbol{l}}_{Q_E} + \tilde{\boldsymbol{x}}_Q)^{\mathrm{T}} \cdot \boldsymbol{\mu}_Q + \boldsymbol{\omega}_Q \times [\boldsymbol{\omega}_Q \times (\boldsymbol{l}_{Q_E} + \boldsymbol{x}_Q)] \tag{6.4.2D}$$

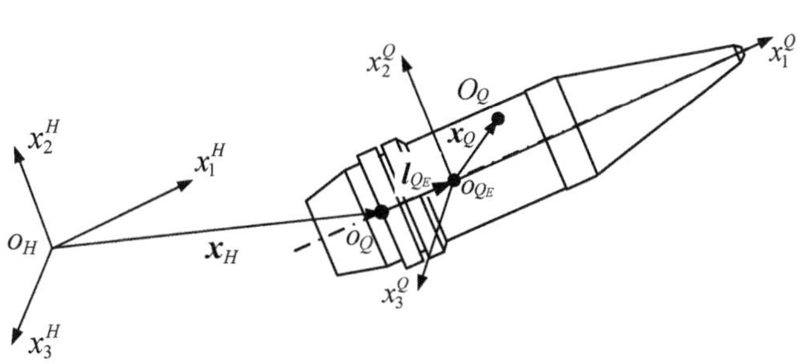

图 6.4.3 弹丸位置的确定

特别地,当 $\boldsymbol{x}_Q$ 为弹丸质心位置矢量 $\boldsymbol{x}_Q = \boldsymbol{e}_Q$ 时,其中 $\boldsymbol{e}_Q = e_i^{Qi_Q}\boldsymbol{e}_i$ 为弹丸质量偏心,有

$$\boldsymbol{U}_H^{Q_G} = \boldsymbol{x}_H + \boldsymbol{l}_{Q_E} + \boldsymbol{e}_Q \tag{6.4.3A}$$

$$\dot{\boldsymbol{U}}_H^{Q_G} = \dot{\boldsymbol{x}}_H + (\tilde{\boldsymbol{l}}_{Q_E} + \tilde{\boldsymbol{e}}_Q)^{\mathrm{T}} \cdot \boldsymbol{\omega}_Q \tag{6.4.3B}$$

$$\ddot{\boldsymbol{U}}_H^{Q_G} = \ddot{\boldsymbol{x}}_H + (\tilde{\boldsymbol{l}}_{Q_E} + \tilde{\boldsymbol{e}}_Q)^{\mathrm{T}} \cdot \boldsymbol{\varepsilon}_{Q1} + \boldsymbol{a}_H^{Q_G} \tag{6.4.3C}$$

$$\boldsymbol{a}_H^{Q_G} = (\tilde{\boldsymbol{l}}_{Q_E} + \tilde{\boldsymbol{e}}_Q)^{\mathrm{T}} \cdot \boldsymbol{\mu}_Q + \boldsymbol{\omega}_Q \times [\boldsymbol{\omega}_Q \times (\boldsymbol{l}_{Q_E} + \boldsymbol{e}_Q)] \tag{6.4.3D}$$

6.4.3 输弹运动建模

1) 运动方程

对式(6.4.2B)求虚速度 $\delta\dot{\boldsymbol{U}}_H^Q$, 将其和加速度式(6.4.2C)一并代入虚功率原理表达式,在弹丸体积域和边界面力的作用区域上积分,利用与虚速度点乘运算项为零的特征,即可得到弹丸的运动方程,经展开整理得

$$\boldsymbol{M}_{11}^Q \cdot \ddot{\boldsymbol{x}}_H + \boldsymbol{M}_{12}^Q \cdot \boldsymbol{\varepsilon}_{Q1} = \boldsymbol{F}_1^{QI} + \boldsymbol{F}_1^Q \tag{6.4.4A}$$

$$\boldsymbol{M}_{21}^Q \cdot \ddot{\boldsymbol{x}}_H + \boldsymbol{M}_{22}^Q \cdot \boldsymbol{\varepsilon}_{Q1} = \boldsymbol{F}_2^{QI} + \boldsymbol{F}_2^Q \tag{6.4.4B}$$

式中

$$\begin{cases}\boldsymbol{M}_{11}^Q = m_Q\boldsymbol{1}_{3\times3},\ \boldsymbol{M}_{12}^Q = (\boldsymbol{M}_{21}^Q)^{\mathrm{T}} = m_Q(\tilde{\boldsymbol{l}}_{Q_E} + \tilde{\boldsymbol{e}}_Q)^{\mathrm{T}} \\ \boldsymbol{M}_{22}^Q = \boldsymbol{I}_Q + m_Q(\tilde{\boldsymbol{l}}_{Q_E} \cdot \tilde{\boldsymbol{l}}_{Q_E}^{\mathrm{T}} + \tilde{\boldsymbol{e}}_Q \cdot \tilde{\boldsymbol{l}}_{Q_E}^{\mathrm{T}} + \tilde{\boldsymbol{l}}_{Q_E} \cdot \tilde{\boldsymbol{e}}_Q^{\mathrm{T}})\end{cases} \tag{6.4.4C}$$

$$\boldsymbol{F}_1^{QI} = -m_Q\boldsymbol{a}_H^{Q_G},\ \boldsymbol{F}_2^{QI} = -\boldsymbol{M}_{22}^Q \cdot \boldsymbol{\mu}_Q + \tilde{\boldsymbol{\omega}}_Q \cdot \boldsymbol{M}_{22}^Q \cdot \boldsymbol{\omega}_Q \tag{6.4.4D}$$

$$\begin{cases}\boldsymbol{F}_1^Q = (\boldsymbol{P}_1^{Qe} + \boldsymbol{P}_2^{Qe} + \boldsymbol{P}_3^{Qf}) - m_Q g^{i_G}\boldsymbol{e}_2 \\ \boldsymbol{F}_2^Q = (\tilde{\boldsymbol{l}}_{Q_E} + \tilde{\boldsymbol{x}}_1^Q) \cdot \boldsymbol{P}_1^{Qe} + (\tilde{\boldsymbol{l}}_{Q_E} + \tilde{\boldsymbol{x}}_2^Q) \cdot \boldsymbol{P}_2^{Qe} + (\tilde{\boldsymbol{l}}_{Q_E} + \tilde{\boldsymbol{x}}_3^Q) \cdot \boldsymbol{P}_F^{Qf} - m_Q g(\tilde{\boldsymbol{l}}_{Q_E} + \tilde{\boldsymbol{e}}_Q) \cdot {}^{i_G}\boldsymbol{e}_2\end{cases} \tag{6.4.4E}$$

如图 6.4.4 所示,作用在弹丸上的力有推弹板对弹丸尾部的推力 $\boldsymbol{P}_1^{Qe} = P_{1j}^{Qei_Q}\boldsymbol{e}_j$, 托弹板对弹丸定心部的支撑力 $\boldsymbol{P}_2^{Qe} = \boldsymbol{P}_{2j}^{Qei_Q}\boldsymbol{e}_j$, 托弹板对弹带的支撑力 $\boldsymbol{P}_3^{Qf} = \boldsymbol{P}_{3j}^{Qfi_Q}\boldsymbol{e}_j$, 弹丸重力 $-m_Q g^{i_G}\boldsymbol{e}_2$。 这些力距原点 o_{Q_E} 的位置矢量分别为 $\boldsymbol{x}_i^Q = x_{ij}^{Qi_Q}\boldsymbol{e}_j(i = 1, 2)$、$\boldsymbol{x}_3^{Qf} = x_{ij}^{Qfi_Q}\boldsymbol{e}_j$。

推弹板沿 $o_H x_1^H$ 方向的作用力 P_{11}^Q 可以用图 6.4.5 中的分段线性函数来表示:

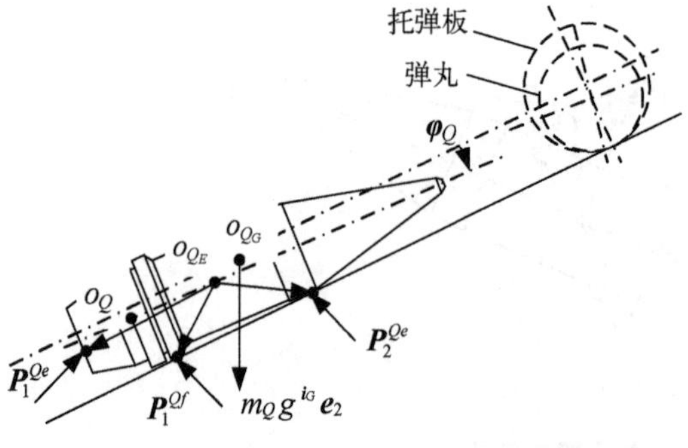

图 6.4.4　作用在弹丸上的力及其作用位置矢量

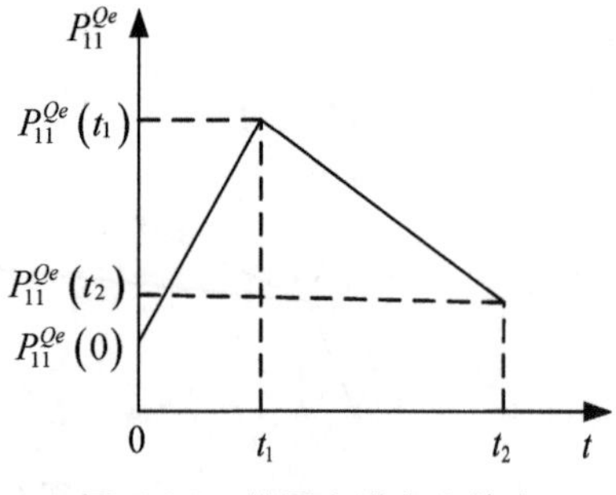

图 6.4.5　作用在弹丸上的力

$$P_{11}^{Qe}=\begin{cases}\boldsymbol{P}_{11}^{Qe}(0)+\dfrac{P_{11}^{Qe}(t_1)-P_{11}^{Qe}(0)}{t_1}t, & 0\leqslant t<t_1\\ P_{11}^{Qe}(t_1)+\dfrac{P_{11}^{Qe}(t_2)-P_{11}^{Qe}(t_1)}{t_2-t_1}(t-t_1), & t_1\leqslant t\leqslant t_2\end{cases} \tag{6.4.5}$$

2）初始条件

如图 6.4.2 所示,输弹开始前 ($t=0$),身管仰角为 $\Theta_0=\theta_1^0+\mathrm{i}\theta_2^0$,输弹系统处于静止状态,此时 $\boldsymbol{x}_H(0)=x_i^H(0)^{i_H}\boldsymbol{e}_i$, $\dot{\boldsymbol{x}}_H=\boldsymbol{0}$, $\boldsymbol{\varphi}_Q=\boldsymbol{\varphi}_Q(0)$, $\boldsymbol{\omega}_Q=\boldsymbol{0}$, $\boldsymbol{P}_i^{Qe}(0)=P_i^{Qe}(0)^{i_Q}\boldsymbol{e}_i(i=1,2)$, $\boldsymbol{P}_3^{Qf}(0)=P_3^{Qf}(0)^{i_Q}\boldsymbol{e}_i$,其中 $\boldsymbol{x}_H(0)$、$\boldsymbol{\varphi}_Q(0)$ 均由弹丸和输弹机的几何参数确定,$\boldsymbol{P}_i^{Qe}(0)$ $(i=1,2)$, $\boldsymbol{P}_3^{Qf}(0)$ 由静力平衡条件确定,其作用点位置分别为 $\boldsymbol{x}_i^Q(0)$ $(i=1,2)$, $\boldsymbol{x}_3^Q(0)$。

3）分段求解

如图 6.4.2 所示,在三个阶段的求解过程中,第一阶段均要考虑 $\boldsymbol{P}_2^{Qe}$ 和 $\boldsymbol{P}_3^{Qf}$ 的作用效果,第二阶段令 $\boldsymbol{P}_2^{Qe}=\boldsymbol{0}$,第三阶段令 $\boldsymbol{P}_2^{Qe}=\boldsymbol{P}_3^{Qf}=\boldsymbol{0}$。

4）接触约束条件

假定任意时刻 t,弹丸上有任意两点 O_2^{Qe}、O_3^{Qf} 与托弹板上两点 O_2^H、O_3^H 相对应,图 6.4.6 给出了弹丸上点 O_2^{Qe} 与托弹板上点 O_2^H 之间的相互位置关系,点 O_2^{Qe}、O_2^H 在坐标系 $\boldsymbol{i}_H$ 的位置矢量分别为 $\boldsymbol{U}_{2H}^{Qe}(t)$、$\boldsymbol{x}_2^H(t)$,则有

$$\boldsymbol{x}_2^H(t)=x_{2j}^H(t)^{i_H}\boldsymbol{e}_j=x_{21}^H(t)^{i_H}\boldsymbol{e}_1+r_H\cos\vartheta_2^{Hi_H}\boldsymbol{e}_2+r_H\sin\vartheta_2^{Hi_H}\boldsymbol{e}_3 \tag{6.4.6A}$$

$$\boldsymbol{U}_{2H}^{Qe}(t)=U_{2j}^{HQe}(t)^{i_H}\boldsymbol{e}_j=\boldsymbol{x}_H+\boldsymbol{l}_{Q_E}+\boldsymbol{x}_2^Q=\boldsymbol{x}_H+(l_{Q_E}+x_{21}^Q)^{i_Q}\boldsymbol{e}_1+r_Q\cos\vartheta_2^{Qi_Q}\boldsymbol{e}_2+r_Q\sin\vartheta_2^{Qi_Q}\boldsymbol{e}_3 \tag{6.4.6B}$$

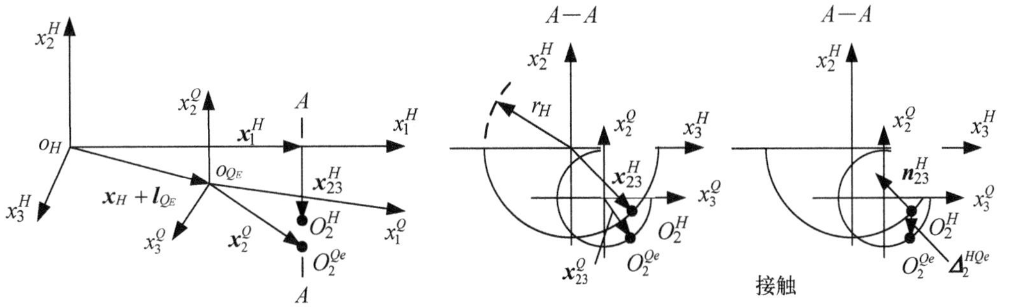

图 6.4.6 弹丸和输弹机托弹板上任意点 O_2^{Qe}、O_2^H 的相互位置关系

令 $x_{21}^H(t)=U_{21}^{HQe}(t)$,并计算

$$\Delta_2^{HQe}=\boldsymbol{U}_{2H}^{Qe}(t)-\boldsymbol{x}_2^H(t) \tag{6.4.7A}$$

$$\boldsymbol{n}_{23}^H=-(\cos\vartheta_2^{Hi_H}\boldsymbol{e}_2+\sin\vartheta_2^{Hi_H}\boldsymbol{e}_3) \tag{6.4.7B}$$

$$\delta_2^{HQe}=\Delta_2^{HQe}\cdot\boldsymbol{n}_{23}^H \tag{6.4.7C}$$

若 $\delta_2^{HQe}\leqslant 0$,则 $\boldsymbol{P}_2^{Qe}\neq\boldsymbol{0}$;否则 $\boldsymbol{P}_2^{Qe}=\boldsymbol{0}$。同样可判断 $\boldsymbol{P}_3^{Qf}$ 是否存在。

5）求解结束

如图 6.4.7 所示,弹带的总宽度为 B_{Qf},弹带端面的外半径为 $r_{Qf}(x_1^Q)$,半径为 $r_{Qf}(x_1^Q)$

的圆上任意一点 O_{Qf} 距点 o_{Q_E} 的位置矢量为

$$\boldsymbol{x}_{Qf} = x_1^{Qi_Q}\boldsymbol{e}_1 + r_{Qf}\cos\vartheta_{Qf}{}^{i_Q}\boldsymbol{e}_2 + r_{Qf}\sin\vartheta_{Qf}{}^{i_Q}\boldsymbol{e}_3,\ -l_{Q_E} \leqslant x_1^Q \leqslant -l_{Q_E} + B_{Qf} \quad (6.4.8)$$

由图 6.4.8 所示，坐标系 $\boldsymbol{i}_D$ 原点 o_D 至点 o_Q 的位置矢量为

$$\boldsymbol{U}_D^Q = x_1^{Dq\boldsymbol{i}_D}\boldsymbol{e}_1 + x_2^{Dq\boldsymbol{i}_D}\boldsymbol{e}_2 + x_3^{Dq\boldsymbol{i}_D}\boldsymbol{e}_3 = \boldsymbol{x}_1^{Dq} + \boldsymbol{y}_Q \quad (6.4.9\text{A})$$

其中

$$\boldsymbol{x}_1^{Dq} = x_1^{Dq\boldsymbol{i}_D}\boldsymbol{e}_1,\quad \boldsymbol{y}_Q = x_2^{Dq\boldsymbol{i}_D}\boldsymbol{e}_2 + x_3^{Dq\boldsymbol{i}_D}\boldsymbol{e}_3 \quad (6.4.9\text{B})$$

且有

$$\boldsymbol{x}_1^{Dq} + \boldsymbol{y}_Q = \boldsymbol{U}_C^H - \boldsymbol{U}_C^Q + \boldsymbol{x}_H \quad (6.4.9\text{C})$$

利用上式即可求出 $\boldsymbol{x}_1^{Dq}$、$\boldsymbol{y}_Q$。

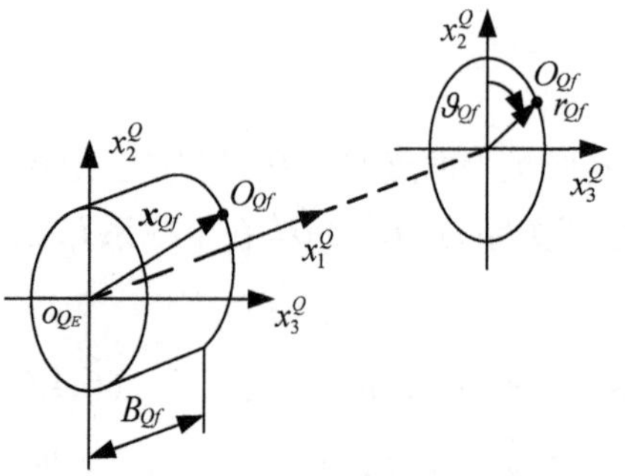

图 6.4.7　上弹带上任意点的位置矢量

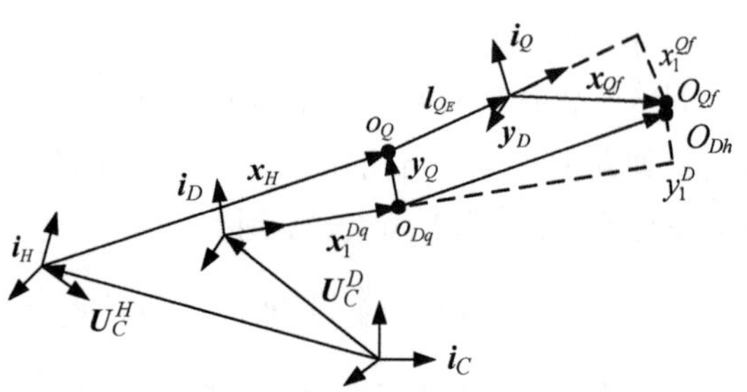

图 6.4.8　坡膛上与弹带碰撞点的位置矢量

坐标系 $\boldsymbol{i}_D$ 上的横坐标 x_1^D 可以分解成

$$x_1^D = x_1^{Dq} + y_1^D \quad (6.4.10)$$

如图 6.4.9 所示，利用式(6.4.10)，坐标系 $\boldsymbol{i}_D$ 原点 o_D 距坡膛上任意点 O_{Dh} 的位置矢量可写成为

$$\boldsymbol{x}_{Dh} = \boldsymbol{x}_1^{Dq} + \boldsymbol{y}_D \quad (6.4.11\text{A})$$

$$\boldsymbol{y}_D = y_1^{D\boldsymbol{i}_D}\boldsymbol{e}_1 + r_d(x_1^D)\cos\vartheta_{Dh}{}^{\boldsymbol{i}_D}\boldsymbol{e}_2 + r_d(x_1^D)\sin\vartheta_{Dh}{}^{\boldsymbol{i}_D}\boldsymbol{e}_3 \quad (6.4.11\text{B})$$

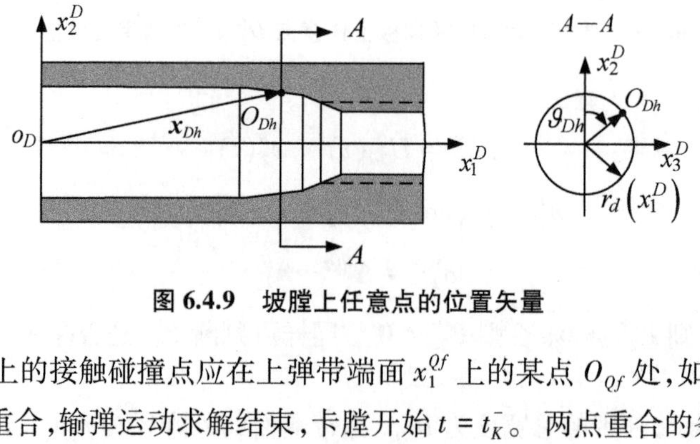

图 6.4.9　坡膛上任意点的位置矢量

弹带在坡膛上的接触碰撞点应在上弹带端面 x_1^{Qf} 上的某点 O_{Qf} 处，如图 6.4.7 所示，若点 O_{Qf} 与点 O_{Dh} 重合，输弹运动求解结束，卡膛开始 $t = t_K^-$。两点重合的条件为

$$\boldsymbol{y}_Q + \boldsymbol{l}_{Q_E} + \boldsymbol{x}_{Qf} - \boldsymbol{y}_D = \boldsymbol{0} \tag{6.4.12}$$

通过迭代求解微分方程式(6.4.4)使结果满足上式,即可得到卡膛初始参数 $\vartheta_{Dh}(t_K^-)$、$\boldsymbol{x}_1^{Dq}(t_K^-)$、$\boldsymbol{y}_D(t_K^-)$、$r_d[x_1^D(t_K^-)]$、$\boldsymbol{\vartheta}_{Qf}(t_K^-)$、$\boldsymbol{y}_Q(t_K^-)$、$\boldsymbol{x}_{Qf}(t_K^-)$、$r_{Qf}(t_K^-)$、$\boldsymbol{\varphi}_Q(t_K^-)$、$\boldsymbol{x}_H(t_K^-)$、$\dot{\boldsymbol{x}}_H(t_K^-)$、$\boldsymbol{\omega}_Q(t_K^-)$,由此可得如下卡膛初始条件。

(1)身管卡膛位置为

$$\boldsymbol{x}_{Dh}(t_K^-) = \boldsymbol{x}_1^{Dq} + \boldsymbol{y}_D \tag{6.4.13A}$$

$$\boldsymbol{y}_D(t_K^-) = y_1^{Di_D}\boldsymbol{e}_1 + r_d\cos\vartheta_{Dh}{}^{i_D}\boldsymbol{e}_2 + r_d\sin\vartheta_{Dh}{}^{i_D}\boldsymbol{e}_3 \tag{6.4.13B}$$

(2)弹丸卡膛参数如下:

弹丸卡膛位置为

$$\boldsymbol{x}_{Qf}(t_K^-) = x_1^{Qfi_Q}\boldsymbol{e}_1 + r_{Qf}\cos\vartheta_{Qf}{}^{i_Q}\boldsymbol{e}_2 + r_{Qf}\sin\vartheta_{Qf}{}^{i_Q}\boldsymbol{e}_3 \tag{6.4.14A}$$

卡膛深度为

$$l_D = (\boldsymbol{U}_C^H + \boldsymbol{x}_H - \boldsymbol{U}_C^D)\cdot{}^{i_D}\boldsymbol{e}_1 - l_2^{Qf} \tag{6.4.14B}$$

式中,l_2^{Qf} 为弹丸尾部至点 o_Q 的距离。

卡膛角速度为

$$\boldsymbol{\omega}_Q(t_K^-) = \boldsymbol{\omega}_Q \tag{6.4.14C}$$

卡膛点速度为

$$\boldsymbol{v}_Q(t_K^-) == \dot{\boldsymbol{x}}_H + \tilde{\boldsymbol{x}}_{Qf}^{\mathrm{T}}\cdot\boldsymbol{\omega}_Q \tag{6.4.14D}$$

卡膛姿态角为

$$\begin{cases}\sin\kappa_1(t_K^-) = \sin\varphi_1\cos\gamma + \sin\gamma\sin\varphi_2\cos\varphi_1\\ \sin\kappa_2(t_K^-) = (\sin\varphi_2\cos\gamma\cos\varphi_1 - \sin\gamma\sin\varphi_1)/\cos\kappa_1\\ \sin\phi(t_K^-) = \sin\gamma\cos\varphi_2/\cos\kappa_1\end{cases} \tag{6.4.14E}$$

式(6.4.14E)的计算方法如下。由图 6.3.8 可知,坐标系 $\boldsymbol{i}_Q$ 由两条途径变化得到,一条由 $\boldsymbol{i}_C$ 经 $\boldsymbol{L}_{i_H}$、$\bar{\boldsymbol{L}}_{i_Q}$ 得到,另一条由 $\boldsymbol{i}_C$ 经 $\boldsymbol{L}_{i_D}$、$\boldsymbol{L}_{i_{du}}$、$\boldsymbol{L}_{i_Q}$ 得到,两者相等得

$$\boldsymbol{L}_{i_Q}\cdot\boldsymbol{L}_{i_{du}}\cdot\boldsymbol{L}_{i_D} = \bar{\boldsymbol{L}}_{i_Q}\cdot\boldsymbol{L}_{i_H}$$

根据假定 $\boldsymbol{L}_{i_D} = \boldsymbol{L}_{i_{du}} = 1$, $\boldsymbol{L}_{i_H} = 1$, 上式简化成 $\boldsymbol{L}_{i_Q} = \bar{\boldsymbol{L}}_{i_Q}$, 展开即得。

6.5 弹丸膛内相对运动机理

剖析弹丸在膛内相对于身管的运动机理,对充分理解弹丸与身管耦合运动的物理现象及准确建立弹丸与身管的耦合运动模型均是十分重要的。

由于弹带卡膛的初始状态不对中 ($\boldsymbol{y}_Q \neq \boldsymbol{0}$), 挤进过程不对称、弹带弹塑性变形不均匀,使弹丸几何轴线与身管轴线出现既有偏移又有摆角的实际情况,如图 6.5.1 所示。由于 $\boldsymbol{y}_Q$ 的存在,弹丸几何轴 $o_{Q_E}x_1^Q$ 与弯曲身管轴线 $o_{dq}x_1^{dq}$ 存在摆角 $\boldsymbol{\Lambda} = \kappa_1 + \mathrm{i}\kappa_2$。变形弹带

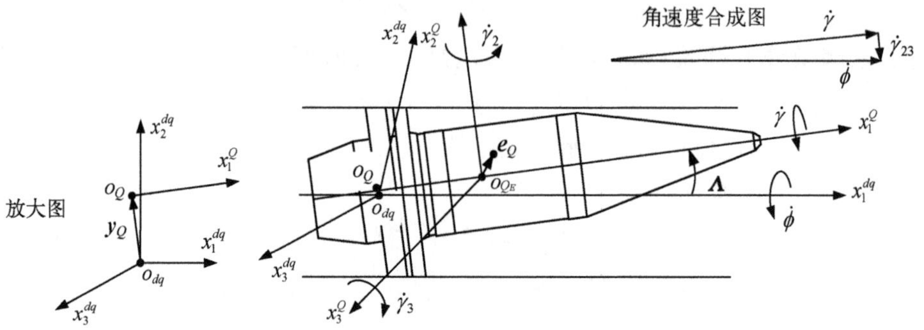

图 6.5.1　弹丸膛内典型运动示意图

在膛线的强制作用下,始终绕轴线 $o_{dq}x_1^{dq}$ 以角速度 $\dot{\phi}$ 旋转,根据式(6.3.4)可知,绕弹轴的转动角速度 $\dot{\gamma}$ 与绕身管轴线转动的角速度 $\dot{\phi}$ 是不相等的,必然会在 $o_{Q_E}x_2^Qx_3^Q$ 平面内产生摆动角速度 $\dot{\gamma}_{23}$,从而加剧了弹带的变形和弹丸的摆动。

若用 $\boldsymbol{U}_D^Q$ 表示点 o_Q 相对于坐标系 $\boldsymbol{i}_D$ 原点 o_D 的位置矢量,如图 6.3.2 和图 6.5.1 所示,可得到弹丸上点 o_Q 在膛内的运动位置矢量:

$$\boldsymbol{U}_D^Q = \boldsymbol{x}_1^{Dq} + \boldsymbol{w}_{Dq} + \boldsymbol{y}_Q \tag{6.5.1}$$

因此,若以点 o_Q 作为弹丸膛内运动的基点,则弹丸的运动可分解成随基点的运动 $\boldsymbol{U}_D^Q$ 和相对于基点转动 ϕ、κ_2、κ_1,这样弹丸膛内的刚体运动全部确定。这里特别要注意的是 $\boldsymbol{x}_1^{Dq}$ 是随弹丸在膛内移动的。

6.6　弹丸卡膛挤进运动

由于弹丸卡膛、挤进过程非常短暂,膛压对火炮的作用效果暂未显现,因此作如下基本假定。

(1) 全炮处于静止状态,弹丸相对身管的运动是绝对运动。

(2) 不考虑身管的弹性变形,弹丸与身管的几何关系为刚体状态时的关系。

(3) 考虑弹带的弹塑性变形和摩擦热的效应。

6.6.1　弹丸转动运动

根据 6.3.1 节对坐标系 $\boldsymbol{i}_Q$ 的讨论可知,坐标系 $\boldsymbol{i}_Q$ 可由坐标系 $\boldsymbol{i}_D$ 分别按(1－3－2)顺序旋转 ϕ、κ_1、$-\kappa_2$ 三个欧拉角得到。转动角速度 $\boldsymbol{\omega}_Q$、角加速度 $\boldsymbol{\varepsilon}_Q$ 分别由式(2.3.22)和式(2.3.23)给出,其矢量形式为

$$\begin{aligned}\boldsymbol{\omega}_Q = \omega_j^{Qi_Q}e_j &= (\dot{\phi}\cos\kappa_2\cos\kappa_1 + \dot{\kappa}_1\sin\kappa_2)^{i_Q}\boldsymbol{e}_1 - (\dot{\phi}\sin\kappa_1 + \dot{\kappa}_2)^{i_Q}e_2 \\ &\quad + (-\dot{\phi}\sin\kappa_2\cos\kappa_1 + \dot{\kappa}_1\cos\kappa_2)^{i_Q}e_3\end{aligned} \tag{6.6.1A}$$

$$\boldsymbol{\varepsilon}_Q = \varepsilon_j^{Qi_Q}e_j = \boldsymbol{\varepsilon}_{Q1} + \boldsymbol{\mu}_Q \tag{6.6.1B}$$

$$\boldsymbol{\varepsilon}_{Q1} = (\ddot{\phi}\cos\kappa_2\cos\kappa_1 + \ddot{\kappa}_1\sin\kappa_2)^{i_Q}e_1 - (\ddot{\phi}\sin\kappa_1 + \ddot{\kappa}_2)^{i_Q}e_2 + (-\ddot{\phi}\sin\kappa_2\cos\kappa_1 + \ddot{\kappa}_1\cos\kappa_2)^{i_Q}e_3 \tag{6.6.1C}$$

$$\boldsymbol{\mu}_Q = (-\dot{\phi}\dot{\kappa}_1\cos\kappa_2\sin\kappa_1 + \dot{\kappa}_2\omega_3^Q)^{i_Q}e_1 - \dot{\phi}\dot{\kappa}_1\cos\kappa_1{}^{i_Q}e_2 + (\dot{\phi}\dot{\kappa}_1\sin\kappa_2\sin\kappa_1 - \dot{\kappa}_2\omega_1^Q)^{i_Q}e_3 \tag{6.6.1D}$$

6.6.2 弹丸上任意点运动分析

6.6.2.1 弹丸本体上运动分析

如图 6.6.1 所示，弹丸上任意点 O_{Qe}，该点在坐标系 $\boldsymbol{i}_Q$ 下的位置矢量为 $\boldsymbol{x}_{Qe} = x_j^{Qe\,i_Q}\boldsymbol{e}_j$，则点 O_{Qe} 距坐标系 $\boldsymbol{i}_D$ 原点 o_D 的位置矢量为

$$\boldsymbol{U}_D^{Qe} = \boldsymbol{x}_1^{Dq} + \boldsymbol{y}_Q + \boldsymbol{l}_{Q_E} + \boldsymbol{x}_{Qe} \tag{6.6.2}$$

对式(6.6.2)分别求时间的一阶、二阶导数，得到速度和加速度，求导时注意到 $\boldsymbol{x}_1^{Dq}$ 在移动，经简化后得到弹丸本体上的位移、速度、加速度表达式为

$$\dot{\boldsymbol{U}}_D^{Qe} = \dot{\boldsymbol{x}}_1^{Dq} + \dot{\boldsymbol{y}}_Q + \boldsymbol{\omega}_Q \times (\boldsymbol{l}_{Q_E} + \boldsymbol{x}_{Qe}) \tag{6.6.3A}$$

$$\ddot{\boldsymbol{U}}_D^{Qe} = \ddot{\boldsymbol{x}}_1^{Dq} + \ddot{\boldsymbol{y}}_Q + \boldsymbol{\varepsilon}_{Q1} \times (\boldsymbol{l}_{Q_E} + \boldsymbol{x}_{Qe}) + \boldsymbol{a}_Q \tag{6.6.3B}$$

$$\boldsymbol{a}_Q = \boldsymbol{a}_{Q1} + \boldsymbol{a}_{Q2} \tag{6.6.3C}$$

$$\boldsymbol{a}_{Q2} = \boldsymbol{\mu}_Q \times (\boldsymbol{l}_{Q_E} + \boldsymbol{x}_{Qe}) + \boldsymbol{\omega}_Q \times [\boldsymbol{\omega}_Q \times (\boldsymbol{l}_{Q_E} + \boldsymbol{x}_{Qe})] \tag{6.6.3D}$$

式中，$\boldsymbol{a}_{Q1}$ 为火炮牵连运动引起的加速度项，是为了建立与弹丸膛内运动式(6.7.12)相一致的通用表达式而引入的项。根据假设，在输弹运动阶段 $\boldsymbol{a}_{Q1} = \boldsymbol{0}$。

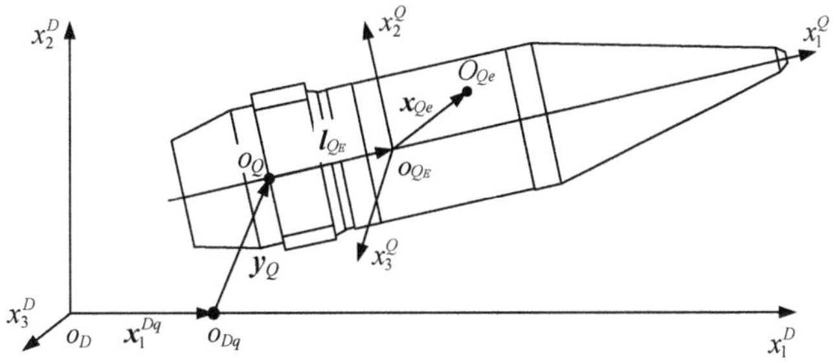

图 6.6.1 弹丸膛内运动基点位置矢量的确定

6.6.2.2 弹带上运动分析

如图 6.6.2 所示，弹带上任意一点 O_{Qf}，该点在坐标系 $\boldsymbol{i}_Q$ 下的弹塑性变形为 $\boldsymbol{w}_{Qf} = w_j^{Qf\,i_Q}\boldsymbol{e}_j$，经弹塑性变形后点 O_{Qf} 成为弹带上任意一点 O_{qf}，则点 O_{qf} 距坐标系 $\boldsymbol{i}_D$ 原点 o_D 的位置矢量为

$$\boldsymbol{U}_D^{qf} = \boldsymbol{U}_D^{Qf} + \boldsymbol{w}_{Qf} \tag{6.6.4}$$

对上式求一阶和二阶时间导数，经简化后得到弹带上的位移、速度、加速度表达式为

$$\dot{\boldsymbol{U}}_D^{qf} = \dot{\boldsymbol{U}}_D^{Qf} + \dot{\boldsymbol{w}}_{Qf} \tag{6.6.5A}$$

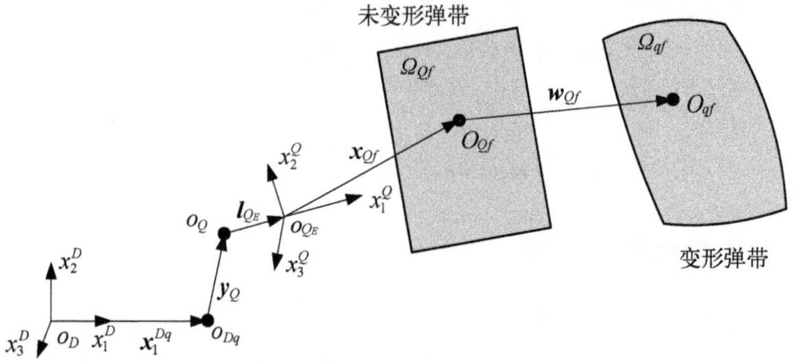

图 6.6.2　弹带上任意点位置矢量的确定

$$\ddot{\boldsymbol{U}}_D^{qf} = \ddot{\boldsymbol{U}}_D^{Qf} + \ddot{\boldsymbol{w}}_{Qf} + \boldsymbol{a}_{Q3} \tag{6.6.5B}$$

$$\boldsymbol{a}_{Q3} = 2\boldsymbol{\omega}_Q \times \dot{\boldsymbol{w}}_{Qf} + \boldsymbol{\mu}_Q \times \boldsymbol{w}_{Qf} + \boldsymbol{\omega}_Q \times (\boldsymbol{\omega}_Q \times \boldsymbol{w}_{Qf}) \tag{6.6.5C}$$

式中$\boldsymbol{\mu}_Q \times \boldsymbol{w}_{Qf} + \boldsymbol{\omega}_Q \times (\boldsymbol{\omega}_Q \times \boldsymbol{w}_{Qf})$ 可以忽略。

6.6.3　弹丸运动微分方程建立

本节利用虚功率原理来建立弹丸运动微分方程。

变形前，弹丸的体积域和面积域分别为 Ω_Q、S_Q，弹带变形后的体积域和面积域分别为 Ω_{qf}、S_{qf}；弹丸和弹带的质量密度分别为ρ_Q、ρ_{Qf}，弹带变形后 ρ_{Qf} 变成ρ_{qf}；作用在弹丸上的体力、面力分别为$\boldsymbol{f}_Q = f_k^{Qi_Q}\boldsymbol{e}_k$、$\bar{\boldsymbol{f}}_Q = \bar{f}_k^{Qi_Q}\boldsymbol{e}_k$，作用在弹带上的体力、面力分别为$\boldsymbol{f}_{Qf} = f_k^{Qfi_Q}\boldsymbol{e}_k$、$\bar{\boldsymbol{f}}_{Qf} = \bar{f}_k^{Qfi_Q}\boldsymbol{e}_k$。

利用式(6.6.3)、式(6.6.5)，虚功率原理的具体形式如下：

$$\begin{aligned}&\int_{\Omega_Q}\rho_Q\delta\dot{\boldsymbol{U}}_D^Q\cdot\ddot{\boldsymbol{U}}_D^Q\mathrm{d}V - \int_{\Omega_Q}\delta\dot{\boldsymbol{U}}_D^Q\cdot\boldsymbol{f}_Q\mathrm{d}V - \int_{S_Q}\delta\dot{\boldsymbol{U}}_D^Q\cdot\bar{\boldsymbol{f}}_Q\mathrm{d}S + \int_{\Omega_{qf}}\rho_{qf}\delta\dot{\boldsymbol{U}}_D^{qf}\cdot(\ddot{\boldsymbol{w}}_{Qf} + \boldsymbol{a}_{Q3})\mathrm{d}v\\&+\int_{\Omega_{qf}}\rho_{qf}\delta\dot{\boldsymbol{w}}_{Qf}\cdot\ddot{\boldsymbol{U}}_D^{Qf}\mathrm{d}v + \int_{\Omega_{qf}}\rho_{qf}\delta\dot{\boldsymbol{w}}_{Qf}\cdot(\ddot{\boldsymbol{w}}_{Qf} + \boldsymbol{a}_{Q3})\mathrm{d}v - \int_{\Omega_{qf}}\rho_{qf}\delta\dot{\boldsymbol{w}}_{Qf}\cdot\boldsymbol{f}_{qf}\mathrm{d}v\\&-\int_{S_{qf}}\delta\dot{\boldsymbol{w}}_{Qf}\cdot\bar{\boldsymbol{f}}_{Qf}\mathrm{d}s + \int_{\Omega_{qf}}\boldsymbol{\sigma}_{Qf} : \delta\boldsymbol{d}_{Qf}\mathrm{d}v = 0\end{aligned} \tag{6.6.6}$$

式中，最后一项为弹带塑性变形的功率；$\boldsymbol{\sigma}_{Qf}$ 为当前构形上的应力张量；$\delta\boldsymbol{d}_{Qf}$ 为虚变形率张量。

式(6.6.6)中的积分可以划分为以下两部分：

第一部分，式(6.6.6)中的前三项，为弹丸整体域 Ω_Q、S_Q 上的积分部分，$\dot{\boldsymbol{U}}_D^Q$、$\ddot{\boldsymbol{U}}_D^Q$ 表达式(6.6.3)、式(6.6.5)中的位置矢量 $\boldsymbol{x}_Q \in \Omega_Q$。

第二部分，式(6.6.6)中的余下项，为变形弹带域 Ω_{qf}、S_{qf} 上的积分部分，$\dot{\boldsymbol{U}}_D^{Qf}$、$\dot{\boldsymbol{w}}_{Qf}$、$\ddot{\boldsymbol{w}}_{Qf}$、$\boldsymbol{a}_{Q3}$、$\ddot{\boldsymbol{U}}_D^{Qf}$ 表达式中的位置矢量 $\boldsymbol{x}_{Qf} \in \Omega_{qf}$。

6.6.3.1　弹带变形功率计算

式(6.6.6)左端最后一项是由弹带的弹塑性变形产生的虚变形功率，记为

$$\delta E_\sigma^{Qf} = \int_{\Omega_{qf}}\boldsymbol{\sigma}_{Qf} : \delta\boldsymbol{d}_{Qf}\mathrm{d}v = \int_{\Omega_{qf}}\delta\boldsymbol{d}_{Qf} : \boldsymbol{\sigma}_{Qf}\mathrm{d}v \tag{6.6.7}$$

假定弹带区域经离散后，其位移 $\boldsymbol{w}_{Qf}$ 可以用场内总体节点位移 $\boldsymbol{W}_{Qf}$ 经函数插值得到

$$\boldsymbol{w}_{Qf} = \boldsymbol{N}_{Qf}\boldsymbol{W}_{Qf} \tag{6.6.8A}$$

式中，$\boldsymbol{N}_{Qf}$ 为总体插值函数。

时间导数表达式为

$$\dot{\boldsymbol{w}}_{Qf} = \boldsymbol{N}_{Qf}\dot{\boldsymbol{W}}_{Qf}, \quad \ddot{\boldsymbol{w}}_{Qf} = \boldsymbol{N}_{Qf}\ddot{\boldsymbol{W}}_{Qf} \tag{6.6.8B}$$

同样经离散后，弹带区域内的温度 θ_{Qf} 及其时间导数可以用其场内总体节点温度 $\boldsymbol{\Theta}_{Qf}$ 及其导数 $\dot{\boldsymbol{\Theta}}_{Qf}$ 插值得到

$$\theta_{Qf} = \boldsymbol{N}_{Qf}^{\theta}\boldsymbol{\Theta}_{Qf}, \quad \dot{\theta}_{Qf} = \boldsymbol{N}_{Qf}^{\theta}\dot{\boldsymbol{\Theta}}_{Qf} \tag{6.6.9}$$

式中，$\boldsymbol{N}_{Qf}^{\theta}$ 为温度场的总体插值函数。

由式(2.4.25C)、式(2.4.29A)可得变形率和应变率分别为

$$\boldsymbol{l}_{Qf} = \frac{\partial \boldsymbol{N}_{Qf}}{\partial \boldsymbol{x}_{Qf}}\dot{\boldsymbol{W}}_{Qf} \tag{6.6.10A}$$

$$\boldsymbol{d}_{Qf} = \frac{1}{2}\left[\frac{\partial \boldsymbol{N}_{Qf}}{\partial \boldsymbol{x}_{Qf}}\dot{\boldsymbol{W}}_{Qf} + \left(\frac{\partial \boldsymbol{N}_{Qf}}{\partial \boldsymbol{x}_{Qf}}\dot{\boldsymbol{W}}_{Qf}\right)^{\mathrm{T}}\right] \tag{6.6.10B}$$

式(7.4.20)给出了 $\delta\boldsymbol{d}_{Qf} : \boldsymbol{\sigma}_{Qf}$ 的具体表达式：

$$\delta\boldsymbol{d}_{Qf} : \boldsymbol{\sigma}_{Qf} = (\delta\dot{\boldsymbol{W}}_{Qf})^{\mathrm{T}}\left[\left(\frac{\partial \boldsymbol{N}_{Qf}(\boldsymbol{\xi})}{\partial \boldsymbol{\xi}}\right)^{\mathrm{T}} \cdot \boldsymbol{F}_{Qf\xi}^{-1}\right] : \boldsymbol{\sigma}_{Qf} \tag{6.6.11}$$

将上式代入式(6.6.8)，有

$$\delta E_{\tau}^{Qf} = (\delta\dot{\boldsymbol{W}}_{Qf})^{\mathrm{T}}\boldsymbol{P}_{Qf}^{\sigma} \tag{6.6.12}$$

$$\boldsymbol{P}_{Qf}^{\sigma} = \int_{\Omega_{qf}}\left[\left(\frac{\partial \boldsymbol{N}_{Qf}(\boldsymbol{\xi})}{\partial \boldsymbol{\xi}}\right)^{\mathrm{T}} \cdot \boldsymbol{F}_{Qf\xi}^{-1}\right] : \boldsymbol{\sigma}_{Qf}\mathrm{d}v \tag{6.6.13}$$

式中，$\boldsymbol{P}_{Qf}^{\sigma}$ 为弹带弹塑性变形引起的内力。有关 $\boldsymbol{P}_{Qf}^{\sigma}$ 的详细说明见第 7 章。

6.6.3.2 弹丸运动功率计算

式(6.6.6)左端有四项为弹丸运动产生的功率，记为

$$\begin{aligned}\delta E_{v}^{Q} = &\int_{\Omega_Q}\rho_Q\delta\dot{\boldsymbol{U}}_D^Q \cdot \ddot{\boldsymbol{U}}_D^Q\mathrm{d}V + \int_{\Omega_{qf}}\rho_{qf}\delta\dot{\boldsymbol{U}}_D^{Qf} \cdot (\ddot{\boldsymbol{w}}_{Qf} + \boldsymbol{a}_{Q3})\mathrm{d}v \\ &+ \int_{\Omega_{qf}}\rho_{qf}\delta\dot{\boldsymbol{w}}_{Qf} \cdot \ddot{\boldsymbol{U}}_D^{Qf}\mathrm{d}v + \int_{\Omega_{qf}}\rho_{qf}\delta\dot{\boldsymbol{w}}_{Qf} \cdot (\ddot{\boldsymbol{w}}_{Qf} + \boldsymbol{a}_{Q3})\mathrm{d}v\end{aligned} \tag{6.6.14}$$

对弹丸速度公式(6.6.3A)中的速度项进行变分，得

$$\delta\dot{\boldsymbol{U}}_D^Q = \delta\dot{\boldsymbol{x}}_1^{Dq} + \delta\dot{\boldsymbol{y}}_Q + \delta\boldsymbol{\omega}_Q \cdot (\tilde{\boldsymbol{l}}_{Q_E} + \tilde{\boldsymbol{x}}_Q) \tag{6.6.15}$$

将式(6.6.3B)、式(6.6.5B)、式(6.6.15)代入式(6.6.14)，并进行积分，得

$$\begin{aligned}\delta E_{v}^{Q} = &\delta\dot{\boldsymbol{x}}_1^{Dq} \cdot (\boldsymbol{M}_{11}^Q \cdot \ddot{\boldsymbol{x}}_1^{Dq} + \boldsymbol{M}_{12}^Q \cdot \ddot{\boldsymbol{y}}_Q + \boldsymbol{M}_{13}^Q \cdot \boldsymbol{\varepsilon}_{Q1} + \boldsymbol{M}_{14}^Q\ddot{\boldsymbol{W}}_{Qf} - \boldsymbol{P}_1^{QI}) \\ &+ \delta\dot{\boldsymbol{y}}_Q \cdot (\boldsymbol{M}_{21}^Q \cdot \ddot{\boldsymbol{x}}_1^{Dq} + \boldsymbol{M}_{22}^Q \cdot \ddot{\boldsymbol{y}}_Q + \boldsymbol{M}_{23}^Q \cdot \boldsymbol{\varepsilon}_{Q1} + \boldsymbol{M}_{24}^Q\ddot{\boldsymbol{W}}_{Qf} - \boldsymbol{P}_2^{QI})\end{aligned}$$

$$+\delta\boldsymbol{\omega}_Q\cdot(\boldsymbol{M}_{31}^Q\cdot\ddot{\boldsymbol{x}}_1^{Dq}+\boldsymbol{M}_{32}^Q\cdot\ddot{\boldsymbol{y}}_Q+\boldsymbol{M}_{33}^Q\cdot\boldsymbol{\varepsilon}_{Q1}+\boldsymbol{M}_{34}^Q\ddot{\boldsymbol{W}}_{Qf}-\boldsymbol{P}_3^{QI})$$
$$+\delta\dot{\boldsymbol{W}}_{Qf}^{\mathrm{T}}(\boldsymbol{M}_{41}^Q\cdot\ddot{\boldsymbol{x}}_1^{Dq}+\boldsymbol{M}_{42}^Q\cdot\ddot{\boldsymbol{y}}_Q+\boldsymbol{M}_{43}^Q\cdot\boldsymbol{\varepsilon}_{Q1}+\boldsymbol{M}_{44}^Q\ddot{\boldsymbol{W}}_{Qf}-\boldsymbol{P}_4^{QI})\tag{6.6.16}$$

式中

$$\begin{cases}\boldsymbol{M}_{11}^Q=\boldsymbol{M}_{12}^Q=\boldsymbol{M}_{22}^Q=m_Q\mathbf{1}_{3\times3},\quad \boldsymbol{M}_{13}^Q=(\boldsymbol{M}_{31}^Q)^{\mathrm{T}}=\boldsymbol{M}_{23}^Q=(\boldsymbol{M}_{32}^Q)^{\mathrm{T}}=m_Q\tilde{\boldsymbol{l}}_{Q_E}^{\mathrm{T}}\\ \boldsymbol{M}_{14}^Q=(\boldsymbol{M}_{41}^Q)^{\mathrm{T}}=\boldsymbol{M}_{24}^Q=(\boldsymbol{M}_{42}^Q)^{\mathrm{T}}=\int_{\Omega_{qf}}\rho_{qf}\boldsymbol{N}_{Qf}\mathrm{d}v\\ \boldsymbol{M}_{33}^Q=m_Q(\tilde{\boldsymbol{l}}_{Q_E}\cdot\tilde{\boldsymbol{l}}_{Q_E}^{\mathrm{T}}+\tilde{\boldsymbol{e}}_Q\cdot\tilde{\boldsymbol{l}}_{Q_E}^{\mathrm{T}}+\tilde{\boldsymbol{l}}_{Q_E}\cdot\tilde{\boldsymbol{e}}_Q^{\mathrm{T}})+\boldsymbol{I}_Q\\ \boldsymbol{M}_{34}^Q=(\boldsymbol{M}_{43}^Q)^{\mathrm{T}}=\tilde{\boldsymbol{l}}_{Q_E}\cdot\boldsymbol{M}_{14}^Q+\int_{\Omega_{qf}}\rho_{qf}\tilde{\boldsymbol{x}}_{Qf}\cdot\boldsymbol{N}_{Qf}\mathrm{d}v\\ \boldsymbol{M}_{44}^Q=\int_{\Omega_{qf}}\rho_{qf}(\boldsymbol{N}_{Qf})^{\mathrm{T}}\cdot\boldsymbol{N}_{Qf}\mathrm{d}v\end{cases}\tag{6.6.17}$$

记

$$\boldsymbol{I}_Q=\int_{\Omega_Q}\rho_Q\tilde{\boldsymbol{x}}_Q\cdot(\tilde{\boldsymbol{x}}_Q)^{\mathrm{T}}\mathrm{d}V\tag{6.6.18}$$

式(6.6.16)中 $\boldsymbol{P}_i^{QI}(i=1,2,3,4)$ 的表达式如下：

$$\begin{cases}\boldsymbol{F}_I^{QI}=-\int_{\Omega_Q}\rho_Q(\boldsymbol{a}_{Q1}+\boldsymbol{a}_{Q2})\mathrm{d}V-(\boldsymbol{F}_I^{QI})_1\\ \quad=-m_Q[\boldsymbol{a}_{Q1}+\tilde{\boldsymbol{e}}_Q^{\mathrm{T}}\cdot\boldsymbol{\mu}_Q+\boldsymbol{\omega}_Q\times(\boldsymbol{\omega}_Q\times\boldsymbol{e}_Q)]-(\boldsymbol{F}_I^{QI})_1\\ \boldsymbol{F}_{IV}^{QI}=-\int_{\Omega_Q}\rho_Q\tilde{\boldsymbol{x}}_Q\cdot(\boldsymbol{a}_{Q1}+\boldsymbol{a}_{Q2})\mathrm{d}V-(\boldsymbol{F}_{IV}^{QI})_1\\ \quad=-(\boldsymbol{I}_Q+m_Q\tilde{\boldsymbol{e}}_Q\cdot\tilde{\boldsymbol{l}}_{Q_E}^{\mathrm{T}})\cdot\boldsymbol{\mu}_Q-\tilde{\boldsymbol{\omega}}_Q\cdot(\boldsymbol{I}_Q+m_Q\tilde{\boldsymbol{e}}_Q\cdot\tilde{\boldsymbol{l}}_{Q_E}^{\mathrm{T}})\cdot\boldsymbol{\omega}_Q-(\boldsymbol{F}_{IV}^{QI})_1\\ (\boldsymbol{F}_I^{QI})_1=\int_{\Omega_{qf}}\rho_{qf}\boldsymbol{a}_{Q3}\mathrm{d}v,\quad(\boldsymbol{F}_{IV}^{QI})_1=\int_{\Omega_{qf}}\rho_{qf}\tilde{\boldsymbol{x}}_{Qf}\cdot\boldsymbol{a}_{Q3}\mathrm{d}v\end{cases}\tag{6.6.19}$$

$$\begin{cases}\boldsymbol{P}_1^{QI}=\boldsymbol{P}_2^{QI}=\boldsymbol{F}_I^{QI},\ \boldsymbol{P}_3^{QI}=\tilde{\boldsymbol{l}}_{Q_E}\cdot\boldsymbol{F}_I^{QI}+\boldsymbol{F}_{IV}^{QI}\\ \boldsymbol{P}_4^{QI}=-\int_{\Omega_{qf}}\rho_{qf}(\boldsymbol{N}_{Qf})^{\mathrm{T}}\cdot(\boldsymbol{a}_{Q1}+\boldsymbol{a}_{Q2}+\boldsymbol{a}_{Q3})\mathrm{d}v\end{cases}\tag{6.6.20}$$

式中,在 Ω_{qf} 域上积分的具体表达式,将在第 7 章中讨论。

6.6.3.3 外载荷功率计算

式(6.6.6)左端有四项为作用在弹丸本体和弹带上的体载荷和面载荷所做的虚功率,记为

$$\delta E_f^Q=\int_{\Omega_Q}\delta\dot{\boldsymbol{U}}_Q\cdot\boldsymbol{f}_Q\mathrm{d}V+\int_{S_Q}\delta\dot{\boldsymbol{U}}_Q\cdot\bar{\boldsymbol{f}}_Q\mathrm{d}S+\int_{\Omega_{qf}}\rho_{qf}\delta\dot{\boldsymbol{w}}_{Qf}\cdot\boldsymbol{f}_{Qf}\mathrm{d}v+\int_{S_{qf}}\delta\dot{\boldsymbol{w}}_{Qf}\cdot\bar{\boldsymbol{f}}_{Qf}\mathrm{d}s\tag{6.6.21}$$

将式(6.6.15)代入式(6.6.21),并进行积分,得

$$\delta E_v^Q=\delta\dot{\boldsymbol{x}}_1^{Dq}\cdot\boldsymbol{P}_1^Q+\delta\dot{\boldsymbol{y}}_Q\cdot\boldsymbol{P}_2^Q+\delta\boldsymbol{\omega}_Q\cdot\boldsymbol{P}_3^Q+\delta\dot{\boldsymbol{w}}_{Qf}\cdot\boldsymbol{P}_4^Q\tag{6.6.22}$$

式中，$\boldsymbol{P}_i^Q$ 的具体表达式为

$$\begin{cases}\boldsymbol{F}_{II}^Q = \int_{\Omega_{Qe}} \boldsymbol{f}_{Qe}\mathrm{d}V + \int_{\Omega_{Qf}} \boldsymbol{f}_{Qf}\mathrm{d}v,\ \boldsymbol{F}_{III}^Q = \int_{S_{Qe}} \bar{\boldsymbol{f}}_{Qe}\mathrm{d}S + \int_{S_{Qf}} \bar{\boldsymbol{f}}_{Qf}\mathrm{d}S \\ \boldsymbol{F}_{V}^Q = \int_{\Omega_{Qe}} \tilde{\boldsymbol{x}}_{Qe}\cdot\boldsymbol{f}_{Qe}\mathrm{d}V + \int_{\Omega_{Qf}} \tilde{\boldsymbol{x}}_{Qf}\cdot\boldsymbol{f}_{Qf}\mathrm{d}v,\ \boldsymbol{F}_{VI}^Q = \int_{S_{Qe}} \tilde{\boldsymbol{x}}_{Qe}\cdot\bar{\boldsymbol{f}}_{Qe}\mathrm{d}S + \int_{S_{Qf}} \tilde{\boldsymbol{x}}_{Qf}\cdot\bar{\boldsymbol{f}}_{Qf}\mathrm{d}S \\ \boldsymbol{P}_1^Q = \boldsymbol{P}_2^Q = \boldsymbol{F}_{II}^Q + \boldsymbol{F}_{III}^Q \\ \boldsymbol{P}_3^Q = \tilde{\boldsymbol{l}}_{Q_E}\cdot(\boldsymbol{F}_{II}^Q + \boldsymbol{F}_{III}^Q) + \boldsymbol{F}_V^Q + \boldsymbol{F}_{VI}^Q \\ \boldsymbol{P}_4^Q = \int_{\Omega_{qf}} (\boldsymbol{N}_{Qf})^{\mathrm{T}}\cdot\boldsymbol{f}_{Qf}\mathrm{d}v + \int_{S_{qf}} (\boldsymbol{N}_{Qf})^{\mathrm{T}}\cdot\bar{\boldsymbol{f}}_{Qf}\mathrm{d}s \end{cases} \tag{6.6.23}$$

上式在 Ω_{qf} 域上积分的具体表达式，将在第 7 章中讨论。

6.6.3.4　弹丸运动微分方程的建立

将式(6.6.12)、式(6.6.16)、式(6.6.22)代入式(6.6.6)得

$$\begin{aligned}&\delta\dot{\boldsymbol{x}}_1^{Dq}\cdot(\boldsymbol{M}_{11}^Q\cdot\ddot{\boldsymbol{x}}_1^{Dq} + \boldsymbol{M}_{12}^Q\cdot\ddot{\boldsymbol{y}}_Q + \boldsymbol{M}_{13}^Q\cdot\boldsymbol{\varepsilon}_{Q1} + \boldsymbol{M}_{14}^Q\ddot{\boldsymbol{W}}_{Qf} - \boldsymbol{P}_1^{QI} - \boldsymbol{P}_1^Q) \\ &\quad + \delta\dot{\boldsymbol{y}}_Q\cdot(\boldsymbol{M}_{21}^Q\cdot\ddot{\boldsymbol{x}}_1^{Dq} + \boldsymbol{M}_{22}^Q\cdot\ddot{\boldsymbol{y}}_Q + \boldsymbol{M}_{23}^Q\cdot\boldsymbol{\varepsilon}_{Q1} + \boldsymbol{M}_{24}^Q\ddot{\boldsymbol{W}}_{Qf} - \boldsymbol{P}_2^{QI} - \boldsymbol{P}_2^Q) \\ &\quad + \delta\boldsymbol{\omega}_Q\cdot(\boldsymbol{M}_{31}^Q\cdot\ddot{\boldsymbol{x}}_1^{Dq} + \boldsymbol{M}_{32}^Q\cdot\ddot{\boldsymbol{y}}_Q + \boldsymbol{M}_{33}^Q\cdot\boldsymbol{\varepsilon}_{Q1} + \boldsymbol{M}_{34}^Q\ddot{\boldsymbol{W}}_{Qf} - \boldsymbol{P}_3^{QI} - \boldsymbol{P}_3^Q) \\ &\quad + \delta\dot{\boldsymbol{W}}_{Qf}^{\mathrm{T}}(\boldsymbol{M}_{41}^Q\cdot\ddot{\boldsymbol{x}}_1^{Dq} + \boldsymbol{M}_{42}^Q\cdot\ddot{\boldsymbol{y}}_Q + \boldsymbol{M}_{43}^Q\cdot\boldsymbol{\varepsilon}_{Q1} + \boldsymbol{M}_{44}^Q\ddot{\boldsymbol{W}}_{Qf} + \boldsymbol{P}_{Qf}^{\sigma} - \boldsymbol{P}_4^{QI} - \boldsymbol{P}_4^Q) = 0\end{aligned}$$

上式对任意虚速度的变分均成立，显然当与虚速度点乘的项为零时，上式成立，经整理得如下一组弹丸刚体运动微分方程：

$$\begin{cases}\boldsymbol{M}_{11}^Q\cdot\ddot{\boldsymbol{x}}_1^{Dq} + \boldsymbol{M}_{12}^Q\cdot\ddot{\boldsymbol{y}}_Q + \boldsymbol{M}_{13}^Q\cdot\boldsymbol{\varepsilon}_{Q1} + \boldsymbol{M}_{14}^Q\ddot{\boldsymbol{W}}_{Qf} = \boldsymbol{P}_1^{QI} + \boldsymbol{P}_1^Q \\ \boldsymbol{M}_{21}^Q\cdot\ddot{\boldsymbol{x}}_1^{Dq} + \boldsymbol{M}_{22}^Q\cdot\ddot{\boldsymbol{y}}_Q + \boldsymbol{M}_{23}^Q\cdot\boldsymbol{\varepsilon}_{Q1} + \boldsymbol{M}_{24}^Q\ddot{\boldsymbol{W}}_{Qf} = \boldsymbol{P}_2^{QI} + \boldsymbol{P}_2^Q \\ \boldsymbol{M}_{31}^Q\cdot\ddot{\boldsymbol{x}}_1^{Dq} + \boldsymbol{M}_{32}^Q\cdot\ddot{\boldsymbol{y}}_Q + \boldsymbol{M}_{33}^Q\cdot\boldsymbol{\varepsilon}_{Q1} + \boldsymbol{M}_{34}^Q\ddot{\boldsymbol{W}}_{Qf} = \boldsymbol{P}_3^{QI} + \boldsymbol{P}_3^Q \\ \boldsymbol{M}_{41}^Q\cdot\ddot{\boldsymbol{x}}_1^{Dq} + \boldsymbol{M}_{42}^Q\cdot\ddot{\boldsymbol{y}}_Q + \boldsymbol{M}_{43}^Q\cdot\boldsymbol{\varepsilon}_{Q1} + \boldsymbol{M}_{44}^Q\ddot{\boldsymbol{W}}_{Qf} + \boldsymbol{P}_{Qf}^{\sigma} = \boldsymbol{P}_4^{QI} + \boldsymbol{P}_4^Q\end{cases} \tag{6.6.24}$$

6.6.4　边界条件

身管内膛表面对弹带的作用属给定位移和给定力同时存在的混合边界条件。下面分光滑表面和有膛线的非光滑表面两种工况来讨论，首先给出接触位置的基本判断。

6.6.4.1　接触位置基本判断

如图 6.6.3 所示，身管内膛表面上有任意点 O_{Dh}，点 O_{Dh} 距坐标系 $\boldsymbol{i}_D$ 原点 o_D 的位置矢量为

$$\boldsymbol{x}_{Dh} = \boldsymbol{x}_1^{Dh} + \boldsymbol{y}_{Dh} \tag{6.6.25A}$$

$$\boldsymbol{x}_1^{Dh} = x_1^{Dh\,i_D}\boldsymbol{e}_1 \tag{6.6.25B}$$

当点位于光滑表面时，有

$$\boldsymbol{y}_{Dh} = r_d(\boldsymbol{x}_1^{Dh})(\cos\vartheta_{Dh}{}^{i_D}\boldsymbol{e}_2 + \sin\vartheta_{Dh}{}^{i_D}\boldsymbol{e}_3) \tag{6.6.25C}$$

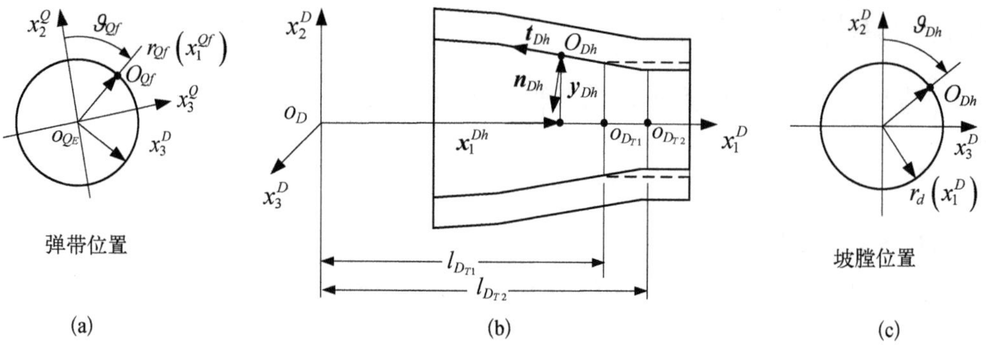

图 6.6.3 弹带与坡膛的接触点位置示意图

当点位于带有膛线的非光滑表面时,有

$$\boldsymbol{y}_{Dh} = \boldsymbol{y}_{jk}^{Dh} = x_{jk2}^{Dh}{}^{\boldsymbol{i}_D}\boldsymbol{e}_2 + x_{jk3}^{Dh}{}^{\boldsymbol{i}_D}\boldsymbol{e}_3, \quad k = 1, 2, \cdots, n_T, j = 1, 2, 3, 4 \tag{6.6.25D}$$

变形弹带上点 O_{qf} 距坐标系 $\boldsymbol{i}_D$ 原点 o_D 的位置矢量为

$$\boldsymbol{U}_D^{qf} = U_i^{Dqf\boldsymbol{i}_D}\boldsymbol{e}_i = U_1^{Dqf\boldsymbol{i}_D}\boldsymbol{e}_1 + \boldsymbol{y}_{qf} = \boldsymbol{x}_1^{Dq} + \boldsymbol{y}_Q + \boldsymbol{l}_{Q_E} + \boldsymbol{x}_{Qf} + \boldsymbol{w}_{Qf} \tag{6.6.26A}$$

$$\boldsymbol{x}_{Qf} = x_1^{Qf\boldsymbol{i}_Q}\boldsymbol{e}_1 + r_{Qf}\cos\vartheta_{Qf}{}^{\boldsymbol{i}_Q}\boldsymbol{e}_2 + r_{Qf}\sin\vartheta_{Qf}{}^{\boldsymbol{i}_Q}\boldsymbol{e}_3, \quad -l_{Q_E} \leqslant x_1^{Qf} \leqslant -l_{Q_E} + B_{Qf} \tag{6.6.26B}$$

$$\boldsymbol{y}_{qf} = U_2^{Dqf\boldsymbol{i}_D}\boldsymbol{e}_2 + U_3^{Dqf\boldsymbol{i}_D}\boldsymbol{e}_3 \tag{6.6.26C}$$

式(6.6.26A)可以写成以下形式:

$$\boldsymbol{y}_{qf} = \boldsymbol{x}_1^{Dq} + \boldsymbol{y}_Q + \boldsymbol{l}_{Q_E} + \boldsymbol{x}_{Qf} + \boldsymbol{w}_{Qf} - U_1^{Dqf\boldsymbol{i}_D}\boldsymbol{e}_1 \tag{6.6.27A}$$

即

$$U_2^{Dqf} = g_2(U_1^{Dqf}, \boldsymbol{x}_{Qf}, \boldsymbol{w}_{Qf}), \quad U_3^{Dqf} = g_3(U_1^{Dqf}, \boldsymbol{x}_{Qf}, \boldsymbol{w}_{Qf}) \tag{6.6.27B}$$

式(6.6.27A)可以看成变形弹带体与过点 $x_1^D = U_1^{Dfh}$ 平面之相交的面方程,$g_2(\cdot)$、$g_2(\cdot)$ 分别表示函数关系。当 $\boldsymbol{x}_{Qf}$ 在弹带体外表面取值时,式(6.6.27B)即为该相交面的外包络线。该外包络线在 ${}^{\boldsymbol{i}_D}\boldsymbol{e}_1$ 轴上的极大值、极小值为

$$x_{1\max}^D = \max(U_1^{Dqf}), \quad x_{1\min}^D = \min(U_1^{Dqf}), \quad \boldsymbol{x}_{Qf} \in \boldsymbol{\Omega}_{Qf} \tag{6.6.28}$$

令式(6.6.27)中 $U_1^{Dqf} = x_1^{Dh}$,并令 x_1^{Dh} 在区间 $[x_{1\min}^D, x_{1\max}^D]$ 内变化,如图 6.6.4 所示,计算过盈量:

$$\delta\boldsymbol{y}_h = \boldsymbol{y}_{qf} - \boldsymbol{y}_{Dh}, \quad \boldsymbol{x}_{Qf} \in \boldsymbol{\Omega}_{Qf} \tag{6.6.29A}$$

及

$$\delta y_h = \delta\boldsymbol{y}_h \cdot \boldsymbol{n}_{Dh} \tag{6.6.29B}$$

式中,$\boldsymbol{n}_{Dh}$ 为 $\boldsymbol{y}_{Dh}$ 方向的单位矢量。

若 $\delta y_h \geqslant 0$,则存在过盈,发生接触;若 $\delta y_h < 0$,则不存在过盈,不发生接触。

若发生接触,求最大过盈量 $\delta y_{h\max} = \max(\delta y_h)$,$\delta y_{h\max}$ 最大处的点 O_{qf} 即为弹带上与身管上点 O_{Dh} 对应的接触点。

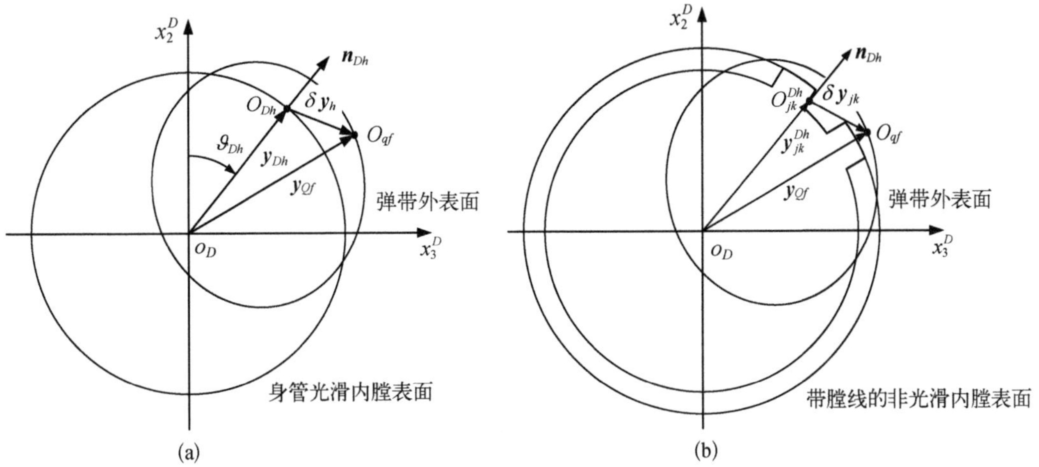

图 6.6.4　弹带与坡膛接触点位置判断示意图

若内膛表面为含有膛线的非光滑表面,只需将 $\boldsymbol{y}_{Dh}$ 改成膛线几何形状的位置参数,上述判断依然成立。

根据前面的分析,可以得出以下弹带与身管内膛表面接触界面的基本判断。

(1) 无接触点。若 $\delta y_h < 0$ 在全弹带区域上成立,表明弹带与在 x_1^{Dh} 处的身管内膛表面无接触。

(2) 在光滑坡膛接触。若 $\delta y_h \geqslant 0$, 且 $x_1^{Dh} < l_{D_{T1}}$, 表明弹带与在 x_1^{Dh} 处的光滑坡膛上接触。

(3) 在光滑坡膛和膛线起始部接触。若 $\delta y_h \geqslant 0$, 且 $x_1^{Dh} < l_{D_{T2}}$ 成立,表明弹带与在 x_1^{Dh} 处含有膛线起始部位的非光滑面上接触。

(4) 在全深膛线段接触。若 $\delta y_h \geqslant 0$, 且 $x_1^{Dh} \geqslant l_{D_{T2}}$, 表明弹带与在 x_1^{Dh} 处的全深膛线段上接触。

$l_{D_{T1}}$、$l_{D_{T2}}$ 的含义见图 6.6.3。上述判断还应结合弹带的实际结构尺寸来完成。

6.6.4.2　光滑内膛表面

1) 位移边界条件

弹带上点 O_{qf} 与身管坡膛上点 O_{Dh} 处接触,已知坡膛上点 O_{Dh} 处的切向、法向和副主向的单位矢量为 $\boldsymbol{t}_{Dh}$、$\boldsymbol{n}_{Dh}$、$\boldsymbol{\tau}_{Dh}$, 且有

$$\boldsymbol{\tau}_{Dh} = \boldsymbol{t}_{Dh} \times \boldsymbol{n}_{Dh} \tag{6.6.30}$$

同样,在弹带上点 O_{Qf} 的切向、法向和副主向的单位矢量为 $\boldsymbol{t}_{Qf}$、$\boldsymbol{n}_{Qf}$、$\boldsymbol{\tau}_{Qf}$, 且有以下关系:

$$\boldsymbol{t}_{Qf} = -\boldsymbol{t}_{Dh},\ \boldsymbol{n}_{Qf} = -\boldsymbol{n}_{Dh},\ \boldsymbol{\tau}_{Qf} = -\boldsymbol{\tau}_{Dh} \tag{6.6.31}$$

弹带上点 O_{qf} 的速度为

$$\dot{\boldsymbol{U}}_D^{qf} = \dot{\boldsymbol{x}}_1^{Dq} + \dot{\boldsymbol{y}}_Q + \boldsymbol{\omega}_Q \times (\boldsymbol{l}_{Q_E} + \boldsymbol{x}_{Qf}) + \dot{\boldsymbol{w}}_{Qf} \tag{6.6.32}$$

$\dot{\boldsymbol{U}}_D^{qf}$ 在 $\boldsymbol{t}_{Qf}$、$\boldsymbol{n}_{Qf}$、$\boldsymbol{\tau}_{Qf}$ 方向的分量分别为

$$v_t^{qf} = \dot{\boldsymbol{U}}_D^{qf} \cdot \boldsymbol{t}_{Qf},\quad v_n^{qf} = \dot{\boldsymbol{U}}_D^{qf} \cdot \boldsymbol{n}_{Qf},\quad v_\tau^{qf} = \dot{\boldsymbol{U}}_D^{qf} \cdot \boldsymbol{\tau}_{Qf} \tag{6.6.33A}$$

$$\dot{\boldsymbol{U}}_D^{qf}=v_t^{qf}\boldsymbol{t}_{Qf}+v_n^{qf}\boldsymbol{n}_{Qf}+v_\tau^{qf}\boldsymbol{\tau}_{Qf} \tag{6.6.33B}$$

弹带在点 O_{qf} 处的位移约束条件为

$$(\boldsymbol{U}_D^{qf}-\boldsymbol{x}_1^{Dh}-\boldsymbol{y}_{Dh})\cdot\boldsymbol{n}_{Dh}=0 \tag{6.6.34}$$

若由式(6.6.29B)得到的判断式 $\delta y_h\geqslant 0$ 成立，则式(6.6.34)构建了弹带位移场 $\boldsymbol{w}_{Qf}$ 随 x_{Dh} 的变化规律，该规律就是弹带与身管内膛表面上位移边界约束条件式。

这里特别要强调的是判断式(6.6.29B)是在 x_1^{Dh} 的平面内进行的，但约束关系式(6.6.34)是建立在法向 $\boldsymbol{n}_{Dh}$ 的平面内的。

2）力边界条件

点 O_{Qf} 处在 $\boldsymbol{t}_{Qf}$、$\boldsymbol{\tau}_{Qf}$ 方向的力为给定边界摩擦力，其分布力具有以下形式：

$$(\bar{\boldsymbol{f}}_Q)_1=-p_n^{Qf}[\boldsymbol{n}_{Qf}+\mu_t\mathrm{sign}(v_t^{Qf})\boldsymbol{t}_{Qf}+\mu_\tau\mathrm{sign}(v_\tau^{Qf})\boldsymbol{\tau}_{Qf}] \tag{6.6.35A}$$

式中，p_n^{Qf} 为待求的坡膛对弹带的作用压力。假定点 O_{Qf} 处的应力张量为 $\boldsymbol{\sigma}_{Qf}$，$\boldsymbol{\sigma}_{Qf}$ 在法向 $\boldsymbol{n}_{Qf}$ 方向的应力分量为 σ_{nn}，则有

$$p_n^{Qf}=\begin{cases}-\sigma_{nn}, & \delta y_h\geqslant 0\\ 0, & \delta y_h<0\end{cases} \tag{6.6.35B}$$

将式(6.6.35A)中的 $(\bar{\boldsymbol{f}}_Q)_1$ 代入式(6.6.23)，并在其存在的表面 S_1^{Qf} 上积分，得

$$(\boldsymbol{F}_{III}^Q)_1=-\int_{x_{1\min}^D}^{x_{1\max}^D}\int_0^{2\pi}r_dp_n^{Qf}[\boldsymbol{n}_{Qf}+\mu_t\mathrm{sign}(v_t^{Qf})\boldsymbol{t}_{Qf}+\mu_\tau\mathrm{sign}(v_\tau^{Qf})\boldsymbol{\tau}_{Qf}]\mathrm{d}\vartheta_{Dh}\mathrm{d}x_1^{Dh} \tag{6.6.35C}$$

$$(\boldsymbol{F}_{IV}^Q)_1=-\int_{x_{1\min}^D}^{x_{1\max}^D}\int_0^{2\pi}r_dp_n^{Qf}\tilde{\boldsymbol{x}}_{Qf}\cdot[\boldsymbol{n}_{Qf}+\mu_t\mathrm{sign}(v_t^{Qf})\boldsymbol{t}_{Qf}+\mu_\tau\mathrm{sign}(v_\tau^{Qf})\boldsymbol{\tau}_{Qf}]\mathrm{d}\vartheta_{Dh}\mathrm{d}x_1^{Dh} \tag{6.6.35D}$$

$$(\boldsymbol{F}_4^Q)_1=-\int_{x_{1\min}^D}^{x_{1\max}^D}\int_0^{2\pi}r_dp_n^{Qf}(\boldsymbol{N}_{Qf})^{\mathrm{T}}\cdot[\boldsymbol{n}_{Qf}+\mu_t\mathrm{sign}(v_t^{Qf})\boldsymbol{t}_{Qf}+\mu_\tau\mathrm{sign}(v_\tau^{Qf})\boldsymbol{\tau}_{Qf}]\mathrm{d}\vartheta_{Dh}\mathrm{d}x_1^{Dh} \tag{6.6.35E}$$

式(6.6.35C)~式(6.6.35E)是在身管内表面上完成积分的，其原因是积分表达方便且易于实现。由于被积函数是在弹带上定义的，6.6.4.1 节定义了身管内表面上点的位置矢量与弹带表面上对应点的映射关系，因此在积分过程中，当 x_1^{Dh}、ϑ_{Dh} 变化时，要不断利用式(6.6.29B)对过盈量 δy_h 进行判断，若 $\delta y_h>0$，就能确定弹带上的接触点，这样位置矢量 $\boldsymbol{x}_{Qf}$ 亦确定，接触压力 p_n^{Qf} 也存在；若 $\delta y_h<0$，则 $p_n^{Qf}=0$，被积函数亦为零。由此也确定了法向应力 $\sigma_{nn}(\boldsymbol{x}_{Qf})$ 的场分布规律。

6.6.4.3　非光滑内膛表面

1）位移边界条件

图 6.6.5 给出了第 k $(k=1,2,\cdots,n_T)$ 条膛线解剖后的局部放大图，该条膛线在点 O_{jk}^{Dh}，$(j=1,2,3,4)$ 处的切平面为 $\bar{A}_{jk}$，面 $\bar{A}_{jk}$ 法向和面内的单位矢量记为 $\boldsymbol{n}_{jk}^{Dh}$、$\boldsymbol{t}_{jk}^{Dh}$、$\boldsymbol{\tau}_{jk}^{Dh}$，

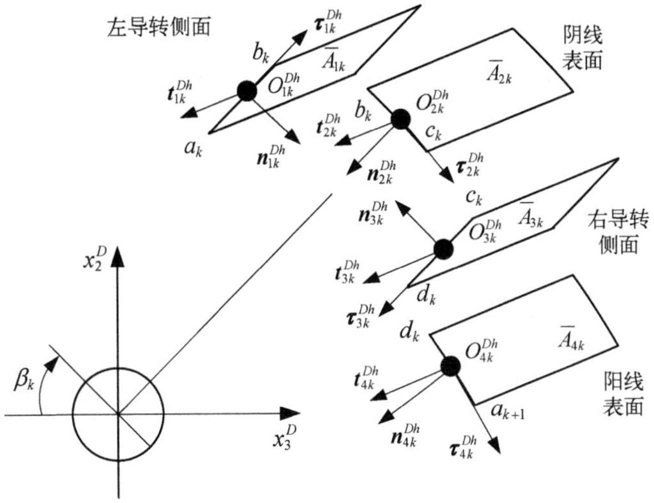

图 6.6.5　第 k 条膛线的几何表示

这些单位矢量分别由式(5.7.43)~式(5.7.46)给出。与点 O_{jk}^{Dh} 对应的弹带上点记为 O_{jk}^{Qf}，点 O_{jk}^{Qf} 处切平面的法向和面内的单位矢量记为 $\boldsymbol{n}_{jk}^{Qf}$、$\boldsymbol{t}_{jk}^{Qf}$、$\boldsymbol{\tau}_{jk}^{Qf}$，显然以下等式成立：

$$\boldsymbol{n}_{jk}^{Qf} = -\boldsymbol{n}_{jk}^{Dh},\quad \boldsymbol{t}_{jk}^{Qf} = -\boldsymbol{t}_{jk}^{Dh},\quad \boldsymbol{\tau}_{jk}^{Qf} = -\boldsymbol{\tau}_{jk}^{Dh},\quad j = 1,\ 2,\ 3,\ 4 \tag{6.6.36}$$

式(5.7.41)给出了点 O_{jk}^{Dh} 处的位置坐标 x_{jk}^{D}，点 O_{jk}^{Dh} 距坐标系坐标系 $\boldsymbol{i}_D$ 原点 o_D 的位置矢量为

$$\begin{aligned} \boldsymbol{x}_{jk}^{Dh} &= \boldsymbol{x}_{1}^{Dh} + \boldsymbol{y}_{jk}^{Dh}, \\ \boldsymbol{y}_{jk}^{Dh} &= x_{jk2}^{Dh\,\boldsymbol{i}_D}\boldsymbol{e}_2 + x_{jk3}^{Dh\,\boldsymbol{i}_D}\boldsymbol{e}_3 \end{aligned} \tag{6.6.37}$$

式中，x_{jk2}^{Dh}、x_{jk3}^{Dh} 由式(5.7.41)给出。

用 $\boldsymbol{y}_{jk}^{Dh}$ 替代式(6.6.29A)中的 $\boldsymbol{y}_{Dh}$，并利用式(6.6.29B)进行接触判断，若接触则得到与点 O_{jk}^{Dh} 对应弹带上点 O_{jk}^{Qf} 的 $\boldsymbol{x}_{jk}^{Qf}$。

点 O_{jk}^{qf} 相对于坐标系 $\boldsymbol{i}_D$ 的运动速度为

$$\dot{\boldsymbol{U}}_{Dh}^{qf} = \dot{\boldsymbol{x}}_{1}^{Dq} + \dot{\boldsymbol{y}}_{Q} + \boldsymbol{\omega}_{Q} \times (\boldsymbol{l}_{Q_E} + \boldsymbol{x}_{jk}^{Qf}) + \boldsymbol{w}_{jk}^{Qf} \tag{6.6.38}$$

$\dot{\boldsymbol{U}}_{Dh}^{qf}$ 在 $\boldsymbol{n}_{jk}^{Qf}$、$\boldsymbol{t}_{jk}^{Qf}$、$\boldsymbol{\tau}_{jk}^{Qf}$ 方向的分量分别为

$$v_{jkt}^{qf} = \dot{\boldsymbol{U}}_{dh}^{qf} \cdot \boldsymbol{t}_{jk}^{Qf},\quad v_{jkn}^{qf} = \dot{\boldsymbol{U}}_{dh}^{qf} \cdot \boldsymbol{n}_{jk}^{Qf},\quad v_{jk\tau}^{qf} = \dot{\boldsymbol{U}}_{dh}^{qf} \cdot \boldsymbol{\tau}_{jk}^{Qf} \tag{6.6.39A}$$

$$\dot{\boldsymbol{U}}_{dh}^{qf} = v_{jkt}^{qf}\boldsymbol{t}_{jk}^{qf} + v_{jkn}^{qf}\boldsymbol{n}_{jk}^{qf} + v_{jk\tau}^{qf}\boldsymbol{\tau}_{jk}^{qf} \tag{6.6.39B}$$

弹带在点 O_{jk}^{qf} 处的位移约束条件为

$$(\boldsymbol{U}_{dh}^{qf} - \boldsymbol{x}_{1}^{Dh} - \boldsymbol{y}_{jk}^{Dh} - \boldsymbol{w}_{jk}^{Dh}) \cdot \boldsymbol{n}_{jk}^{Dh} = 0,\quad \boldsymbol{x}_{jk}^{Qf} \in \boldsymbol{\Omega}_{Qf} \tag{6.6.40}$$

若由式(6.6.29B)得到的判断式 $\delta y_h \geqslant 0$ 成立，则式(6.6.40)构建了弹带位移场 $\boldsymbol{w}_{jk}^{Qf}$ 随 $\boldsymbol{x}_{jk}^{Dh}$ 的变化规律，该规律就是弹带与身管内膛表面上位移边界约束条件式。

2）力边界条件

点 O_{jk}^{Qf} 处在 $\boldsymbol{t}_{jk}^{Qf}$、$\boldsymbol{\tau}_{jk}^{Qf}$ 方向的力为给定边界摩擦力，其分布力具有以下形式：

$$(\bar{\boldsymbol{f}}_Q)_2 = -p_{jkn}^{Qf}[\boldsymbol{n}_{jk}^{Qf} + \mu_t \operatorname{sign}(v_{jkt}^{qf})\boldsymbol{t}_{jk}^{Qf} + \mu_\tau \operatorname{sign}(v_{jk\tau}^{qf})\boldsymbol{\tau}_{jk}^{Qf}], \quad p_{jkn}^{Qf} > 0 \tag{6.6.41A}$$

式中，p_{jkn}^{Qf} 为非光滑坡膛对弹带的作用压力，为待求未知量。假定该点 O_{jk}^{Qf} 处的应力张量为 $\boldsymbol{\sigma}_{jk}^{Qf}$，$\boldsymbol{\sigma}_{jk}^{Qf}$ 在法向 $\boldsymbol{n}_{jk}^{Qf}$ 方向的应力分量为 σ_{jkn}^{Qf}，则有

$$p_{jkn}^{Qf} = -\sigma_{jkn}^{Qf} \tag{6.6.41B}$$

将式(6.6.41A)中的 $(\bar{\boldsymbol{f}}_Q)_2$ 代入式(6.6.23)，并在其存在的表面 S_1^{Qf} 上积分，得

$$(\boldsymbol{F}_{III}^Q)_2 = -\int_{x_{1\min}^D}^{x_{1\max}^D} \sum_{k=1}^{n_T} \begin{pmatrix} \int_{r_d}^{r_y} p_{1kn}^{Qf}[\boldsymbol{n}_{1k}^{Qf} + \mu_t \operatorname{sign}(v_{1kt}^{qf})\boldsymbol{t}_{1k}^{Qf} + \mu_\tau \operatorname{sign}(v_{1k\tau}^{qf})\boldsymbol{\tau}_{1k}^{Qf}]\mathrm{d}r \\ + r_y \int_0^{\Delta\beta_2} p_{2kn}^{Qf}[\boldsymbol{n}_{2k}^{Qf} + \mu_t \operatorname{sign}(v_{2kt}^{qf})\boldsymbol{t}_{2k}^{Qf} + \mu_\tau \operatorname{sign}(v_{2k\tau}^{qf})\boldsymbol{\tau}_{2k}^{Qf}]\mathrm{d}\vartheta_{Dh} \\ + \int_{r_d}^{r_y} p_{3kn}^{Qf}[\boldsymbol{n}_{3k}^{Qf} + \mu_t \operatorname{sign}(v_{3kt}^{qf})\boldsymbol{t}_{3k}^{Qf} + \mu_\tau \operatorname{sign}(v_{3k\tau}^{qf})\boldsymbol{\tau}_{3k}^{Qf}]\mathrm{d}r \\ + r_d \int_0^{\Delta\beta_1} p_{4kn}^{Qf}[\boldsymbol{n}_{4k}^{Qf} + \mu_t \operatorname{sign}(v_{4kt}^{qf})\boldsymbol{t}_{4k}^{Qf} + \mu_\tau \operatorname{sign}(v_{4k\tau}^{qf})\boldsymbol{\tau}_{4k}^{Qf}]\mathrm{d}\vartheta_{Dh} \end{pmatrix} \mathrm{d}x_1^{Dh} \tag{6.6.41C}$$

$$(\boldsymbol{F}_{VI}^Q)_2 = -\int_{x_{1\min}^D}^{x_{1\max}^D} \sum_{k=1}^{n_T} \begin{pmatrix} \int_{r_d}^{r_y} p_{1kn}^{Qf}\tilde{\boldsymbol{x}}_{1k}^{Qf} \cdot [\boldsymbol{n}_{1k}^{Qf} + \mu_t \operatorname{sign}(v_{1kt}^{qf})\boldsymbol{t}_{1k}^{Qf} + \mu_\tau \operatorname{sign}(v_{1k\tau}^{qf})\boldsymbol{\tau}_{1k}^{Qf}]\mathrm{d}r \\ + r_y \int_0^{\Delta\beta_2} p_{2kn}^{Qf}\tilde{\boldsymbol{x}}_{2k}^{Qf} \cdot [\boldsymbol{n}_{2k}^{Qf} + \mu_t \operatorname{sign}(v_{2kt}^{qf})\boldsymbol{t}_{2k}^{Qf} + \mu_\tau \operatorname{sign}(v_{2k\tau}^{qf})\boldsymbol{\tau}_{2k}^{Qf}]\mathrm{d}\vartheta_{Dh} \\ + \int_{r_d}^{r_y} p_{3kn}^{Qf}\tilde{\boldsymbol{x}}_{3k}^{Qf} \cdot [\boldsymbol{n}_{3k}^{Qf} + \mu_t \operatorname{sign}(v_{3kt}^{qf})\boldsymbol{t}_{3k}^{Qf} + \mu_\tau \operatorname{sign}(v_{3k\tau}^{qf})\boldsymbol{\tau}_{3k}^{Qf}]\mathrm{d}r \\ + r_d \int_0^{\Delta\beta_1} p_{4kn}^{Qf}\tilde{\boldsymbol{x}}_{4k}^{Qf} \cdot [\boldsymbol{n}_{4k}^{Qf} + \mu_t \operatorname{sign}(v_{4kt}^{qf})\boldsymbol{t}_{4k}^{Qf} + \mu_\tau \operatorname{sign}(v_{4k\tau}^{qf})\boldsymbol{\tau}_{4k}^{Qf}]\mathrm{d}\vartheta_{Dh} \end{pmatrix} \mathrm{d}x_1^{Dh} \tag{6.6.41D}$$

$$(\boldsymbol{F}_4^Q)_2 = -\int_{x_{1\min}^D}^{x_{1\max}^D} \sum_{k=1}^{n_T} \boldsymbol{N}_{Qf}^{\mathrm{T}} \cdot \begin{pmatrix} \int_{r_d}^{r_y} p_{1kn}^{Qf}[\boldsymbol{n}_{1k}^{Qf} + \mu_t \operatorname{sign}(v_{1kt}^{qf})\boldsymbol{t}_{1k}^{Qf} + \mu_\tau \operatorname{sign}(v_{1k\tau}^{qf})\boldsymbol{\tau}_{1k}^{Qf}]\mathrm{d}r \\ + r_y \int_0^{\Delta\beta_2} p_{2kn}^{Qf}[\boldsymbol{n}_{2k}^{Qf} + \mu_t \operatorname{sign}(v_{2kt}^{qf})\boldsymbol{t}_{2k}^{Qf} + \mu_\tau \operatorname{sign}(v_{2k\tau}^{qf})\boldsymbol{\tau}_{2k}^{Qf}]\mathrm{d}\vartheta_{Dh} \\ + \int_{r_d}^{r_y} p_{3kn}^{Qf}[\boldsymbol{n}_{3k}^{Qf} + \mu_t \operatorname{sign}(v_{3kt}^{qf})\boldsymbol{t}_{3k}^{Qf} + \mu_\tau \operatorname{sign}(v_{3k\tau}^{qf})\boldsymbol{\tau}_{3k}^{Qf}]\mathrm{d}r \\ + r_d \int_0^{\Delta\beta_1} p_{4kn}^{Qf}[\boldsymbol{n}_{4k}^{Qf} + \mu_t \operatorname{sign}(v_{4kt}^{qf})\boldsymbol{t}_{4k}^{Qf} + \mu_\tau \operatorname{sign}(v_{4k\tau}^{qf})\boldsymbol{\tau}_{4k}^{Qf}]\mathrm{d}\vartheta_{Dh} \end{pmatrix} \mathrm{d}x_1^{Dh} \tag{6.6.41E}$$

式(6.6.41C)~式(6.6.41E)是在身管内表面上完成积分的，其原因是积分表达方便且易于实现。由于被积函数是在弹带上定义的，6.6.4.1 节定义了膛线表面上点的位置矢量与弹带表面上对应点的映射关系，因此在积分过程中，当 x_1^D、$\boldsymbol{y}_{jk}^{Dh}$ 变化时，要不断利用式(6.6.29B)对过盈量 δy_h 进行判断，若 $\delta y_h > 0$，就能确定弹带上的接触点 O_{jk}^{Qf}，这样位置矢量 $\boldsymbol{x}_{jk}^{Qf}$ 亦确定，接触压力 p_{jkn}^{Qf} 也存在；若 $\delta y_h < 0$，则 $p_{jkn}^{Qf} = 0$，被积函数亦为零。由此也确定了法向应力 $\sigma_{jkn}^{Qf}(\boldsymbol{x}_{jk}^{Qf})$ 的场分布规律。

6.6.5 等效载荷计算

卡膛阶段只有弹丸自身重力作用。挤进阶段还有弹尾火药气体压力的作用。

1）弹丸重力

弹丸的体积重力密度为 $\rho_Q g$，其重力分布为

$$\boldsymbol{f}_Q = -\rho_{Qe} g^{i_G}\boldsymbol{e}_2 - \rho_{Qf} g^{i_G}\boldsymbol{e}_2 \tag{6.6.42A}$$

将式(6.6.42A)中的 $\boldsymbol{f}_Q$ 代入式(6.6.23)，计算得到重力等效载荷表达式中的基本项 $\boldsymbol{F}_{II}^Q$、$\boldsymbol{F}_V^Q$：

$$\boldsymbol{F}_{II}^Q = -m_Q g^{i_G}\boldsymbol{e}_2 \tag{6.6.42B}$$

$$\boldsymbol{F}_V^Q = \int_{\Omega_Q} \tilde{\boldsymbol{x}}_Q \cdot \boldsymbol{f}_Q \mathrm{d}V = -m_Q g \tilde{\boldsymbol{x}}_{Q_G} \cdot {}^{i_G}\boldsymbol{e}_2 \tag{6.6.42C}$$

$$(\boldsymbol{F}_4^Q)_3 = -\int_{\Omega_{Qf}} \rho_{Qf} g \boldsymbol{N}_{Qf}^{\mathrm{T}} \cdot {}^{i_G}\boldsymbol{e}_2 \mathrm{d}V \tag{6.6.42D}$$

2）火药气体压力作用

图 6.6.6 为弹丸外形的剖面图，已知弹丸外形曲线方程 $f_1^Q(x_1^Q)$，根据微分几何原理，已知点 O_Q 的单位法向矢量 $\boldsymbol{n}_Q$，火药气体压力 p_{Qd}（p_{Qd} 为第 3 章中弹底压力 p_d）均匀分布在弹丸底部及其船尾部表面，其表达式如下：

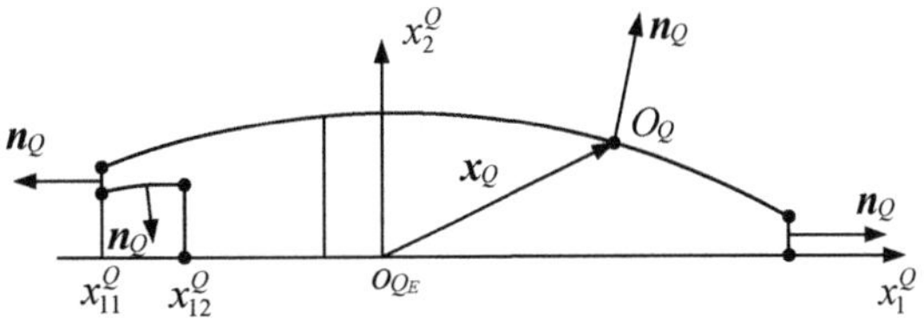

图 6.6.6 弹丸外形的剖面图

$$(\bar{\boldsymbol{f}}_Q)_3 = -p_{Qd}\boldsymbol{n}_Q \tag{6.6.43A}$$

将式(6.6.43A)中的 $(\bar{\boldsymbol{f}}_Q)_3$ 代入式(6.6.23)，仅在弹尾至下弹带端面的表面 S_{Qe} 上积分，计算得到弹底火药气体压力等效载荷表达式中的基本项 $\boldsymbol{F}_{III}^Q$、$\boldsymbol{F}_{VI}^Q$：

$$(\boldsymbol{F}_{III}^Q)_3 = -p_{Qd}\int_{x_{11}^Q}^{x_{12}^Q}\int_0^{2\pi} \boldsymbol{n}_Q f_1^Q(x_1^Q)\mathrm{d}\vartheta_Q \mathrm{d}x_1^Q \tag{6.6.43B}$$

$$(\boldsymbol{F}_{VI}^Q)_3 = -p_{Qd}\int_{x_{11}^Q}^{x_{12}^Q}\int_0^{2\pi} \tilde{\boldsymbol{x}}_Q \cdot \boldsymbol{n}_Q f_1^Q(x_1^Q)\mathrm{d}\vartheta_Q \mathrm{d}x_1^Q \tag{6.6.43C}$$

利用式(6.6.23)，在卡膛和挤进过程中作用在弹丸上的等效载荷为

$$\boldsymbol{F}_1^Q = \boldsymbol{F}_2^Q = \boldsymbol{F}_{II}^Q + \sum_{i=1}^{3}(\boldsymbol{F}_{III}^Q)_i,\quad \boldsymbol{F}_3^Q = \tilde{\boldsymbol{l}}_{Q_E}\cdot\boldsymbol{F}_1^Q + \boldsymbol{F}_V^Q + \sum_{i=1}^{3}(\boldsymbol{F}_{VI}^Q)_i,\quad \boldsymbol{F}_4^Q = \sum_{i=1}^{3}(\boldsymbol{F}_4^Q)_i \tag{6.6.44}$$

由于卡膛过程中无膛压的作用，因此对此工况，需在式(6.6.44)中令 $(\boldsymbol{F}_{III}^Q)_3 = (\boldsymbol{F}_{VI}^Q)_3 = \boldsymbol{0}$。

6.6.6 相关条件

1）初始条件

卡膛初始条件由式(6.4.13)、式(6.4.14)给出。

卡膛结束时弹丸静态状态参数即为挤进时的初始条件。

2）终止条件

卡膛终止条件为弹丸刚体速度和弹带的弹塑性变形速度同时为零，即

$$\dot{\boldsymbol{x}}_1^{Dq} = \boldsymbol{0},\quad \dot{\boldsymbol{y}}_Q = \boldsymbol{0},\quad \boldsymbol{\omega}_Q = \boldsymbol{0},\quad \boldsymbol{w}_{Qf} = \boldsymbol{0} \tag{6.6.45}$$

挤进终止条件为

$$x_1^{Dq} = l_{D_{T2}} \tag{6.6.46}$$

式中，$l_{D_{T2}}$ 为坐标系 $\boldsymbol{i}_D$ 原点 o_D 至全深膛线起始点 o_{D_T} 的距离，即点 o_{Dq} 与点 $o_{D_{T2}}$ 重合，见图 6.6.3。

挤进结束，意味着弹丸进入膛内运动阶段。此阶段需要考虑全炮牵连运动的影响，6.7 节将对此进行详细的讨论。挤进结束时弹丸的动态状态参数就是弹丸膛内运动的初始条件。

3）约束条件

在卡膛挤进过程中，若弹带与膛线发生接触，意味着弹丸绕身管轴线的旋转角 ϕ 与其沿身管轴线的运动 x_1^{Dq} 必须满足膛线缠度的约束关系，即

$$\phi(x_1^{Dq}) = \frac{1}{r_d}[y_\eta(x_1^{Dq}) - y_\eta(x_1^{\eta 0})] \tag{6.6.47A}$$

$$\dot{\phi}(x_1^{Dq},\ t) = \frac{1}{r_d} y_\eta'(x_1^{Dq})\dot{x}_1^{Dq} \tag{6.6.47B}$$

$$\ddot{\phi}(x_1^{Dq},\ t) = \frac{1}{r_d}[y_\eta'(x_1^{Dq})\ddot{x}_1^{Dq} + y_\eta''(x_1^{Dq})\ (\dot{\boldsymbol{x}}_1^{Dq})^2] \tag{6.6.47C}$$

式中，$y_\eta(x_1^{Dq})$ 为膛线的展开式；y_η'、y_η'' 分别为 y_η 对 x_1^{Dq} 的一阶和二阶导数。有关身管缠度对弹丸转动运动的约束关系，见 6.8.2 中详细讨论。

6.7 弹丸膛内运动分析

6.7.1 弹丸膛内运动描述

图 6.7.1 给出了膛内运动时弹丸与身管相互位置矢量关系图。为了描述清楚，图中有意放大弹丸几何尺寸，并夸大弹丸与身管相互位置关系。以弯曲身管上一运动点 o_{dq} 为基点，则弹丸上任意点 O_Q（在弹丸本体上和弹带上）的运动可以分解成随基点 o_{dq} 的牵连运动和相对于基点 o_{dq} 的相对运动。

6.7.2 弹丸膛内角运动分析

6.7.2.1 弹性弯曲身管牵连角运动分析

1）相对角运动

坐标系 $\boldsymbol{i}_{dq}$ 相对于坐标系 $\boldsymbol{i}_D$ 的弹性转动角速度、角加速度分别是由 $\boldsymbol{w}_{Dq}$ 的空间和时间

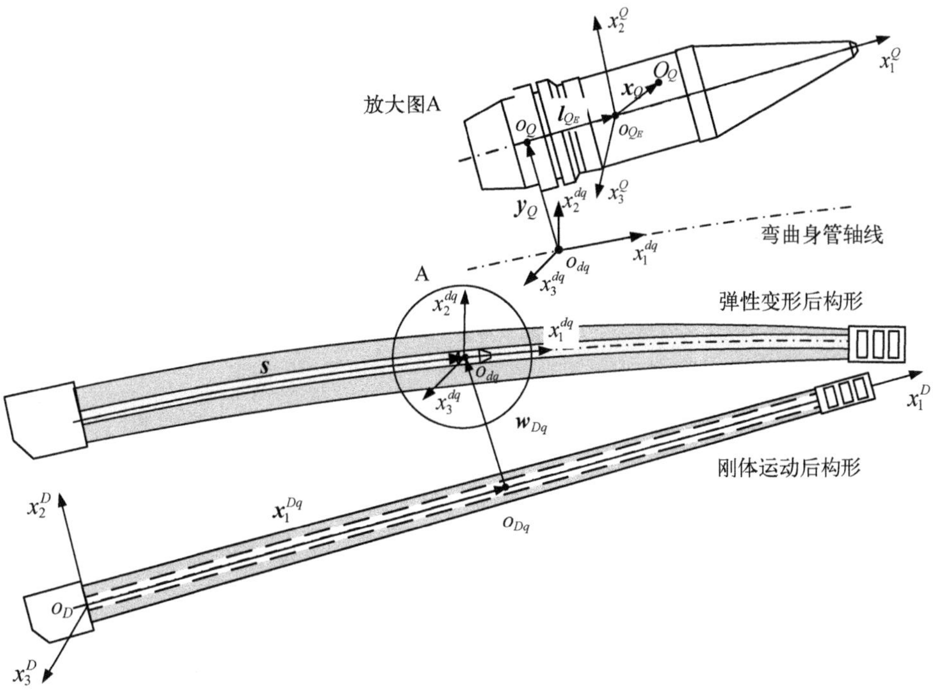

图 6.7.1　膛内运动弹丸与身管相互位置矢量关系图

变化率引起的,弯曲身管轴线的切线 $\boldsymbol{t}_{Dq}$ 为

$$\boldsymbol{t}_{Dq}=\frac{\partial(\boldsymbol{x}_1^{Dq}+\boldsymbol{w}_{Dq})}{\partial s}=\frac{\partial(\boldsymbol{x}_1^{Dq}+\boldsymbol{w}_{Dq})}{J_{Dq}\partial x_1^{Dq}} \tag{6.7.1A}$$

$$J_{Dq}=\det\left(\frac{\partial(\boldsymbol{x}_1^{Dq}+\boldsymbol{w}_{Dq})}{\partial x_1^{Dq}}\right) \tag{6.7.1B}$$

根据微分几何理论,$\boldsymbol{t}_{Dq}$ 的时间率即为 $\boldsymbol{i}_{dq}$ 相对于 $\boldsymbol{i}_D$ 的弹性转动角速度:

$$\boldsymbol{\omega}_{Dq}^{r}=\frac{\mathrm{d}\boldsymbol{t}_{Dq}}{\mathrm{d}t}=\frac{1}{J_{Dq}}\left(\frac{\partial^2\boldsymbol{w}_{Dq}}{\partial x_1^{Dq}\partial t}-\frac{\partial J_{Dq}}{\partial t}\boldsymbol{t}_{Dq}\right) \tag{6.7.2A}$$

$$\boldsymbol{\varepsilon}_{Dq}^{r}=\frac{\mathrm{d}\boldsymbol{\omega}_{Dq}^{r}}{\mathrm{d}t}=\frac{1}{J_{Dq}}\left(\frac{\partial^3\boldsymbol{w}_{Dq}}{\partial x_1^{Dq}\partial t^2}-\frac{\partial^2 J_{Dq}}{\partial t^2}\boldsymbol{t}_{Dq}\right)-\frac{2}{J_{Dq}}\boldsymbol{\omega}_{Dq}^{r}\frac{\partial J_{Dq}}{\partial t} \tag{6.7.2B}$$

2）绝对角运动

记坐标系 $\boldsymbol{i}_{dq}$ 的绝对转动角速度、角加速度分别为 $\boldsymbol{\omega}_{dq}=\omega_j^{dq\,i_{dq}}e_j$、$\boldsymbol{\varepsilon}_{dq}=\boldsymbol{\varepsilon}_j^{dq\,i_{dq}}e_j$,$\boldsymbol{\omega}_{dq}$ 可分解成坐标系 $\boldsymbol{i}_D$ 的牵连转动角速度 $\boldsymbol{\omega}_D$ 和坐标系 $\boldsymbol{i}_{dq}$ 相对于坐标系 $\boldsymbol{i}_D$ 的相对转动角速度 $\boldsymbol{\omega}_{Dq}^{r}$ 之和:

$$\boldsymbol{\omega}_{dq}=\boldsymbol{\omega}_D+\boldsymbol{\omega}_{Dq}^{r} \tag{6.7.3A}$$

式中,$\boldsymbol{\omega}_D$ 由式(5.5.2A)给出;$\boldsymbol{\omega}_{Dq}^{r}$ 由式(6.7.2A)给出。

对式(6.7.3A)求时间导数,得角加速度为

$$\boldsymbol{\varepsilon}_{dq} = \frac{d\boldsymbol{\omega}_D}{dt} + \frac{d\boldsymbol{\omega}_{Dq}^r}{dt} + \boldsymbol{\omega}_D \times \boldsymbol{\omega}_{Dq}^r = \boldsymbol{\varepsilon}_D + \boldsymbol{\varepsilon}_{Dq}^r + \boldsymbol{\mu}_{dq}^r \tag{6.7.3B}$$

$$\boldsymbol{\mu}_{dq}^r = \boldsymbol{\omega}_D \times \boldsymbol{\omega}_{Dq}^r \tag{6.7.3C}$$

将式(5.5.2A)、式(5.5.2B)、式(6.7.2A)、式(6.7.2B)分别代入式(6.7.3A)和式(6.7.3B),得

$$\boldsymbol{\omega}_{dq} = \boldsymbol{\omega}_D + \boldsymbol{\omega}_{Dq}^r \tag{6.7.4A}$$

$$\boldsymbol{\varepsilon}_{dq} = \boldsymbol{\varepsilon}_{A1}^r + \boldsymbol{\varepsilon}_{B1}^r + \boldsymbol{\varepsilon}_{C1}^r + \boldsymbol{\varepsilon}_{D1}^r + \boldsymbol{\varepsilon}_{Dq}^r + \boldsymbol{\mu}_{dq} \tag{6.7.4B}$$

$$\boldsymbol{\mu}_{dq} = \boldsymbol{\mu}_D + \boldsymbol{\mu}_{dq}^r \tag{6.7.4C}$$

6.7.2.2 弹丸角运动分析

根据6.3.1节对坐标系 $\boldsymbol{i}_Q$ 的讨论可知,坐标系 $\boldsymbol{i}_Q$ 可由坐标系 $\boldsymbol{i}_{du}$ 分别按(1-3-2)顺序旋转 ϕ、κ_1、$-\kappa_2$ 三个欧拉角得到。

1）相对角运动

记坐标系 $\boldsymbol{i}_Q$ 相对于坐标系 $\boldsymbol{i}_{du}$ 的转动角速度、角加速度分别为 $\boldsymbol{\omega}_Q^r$、$\boldsymbol{\varepsilon}_Q^r$，分别由式(2.3.22)、式(2.3.23)给出,其矢量形式为

$$\begin{aligned}\boldsymbol{\omega}_Q^r = \omega_j^{Q_r i_Q}\boldsymbol{e}_j = (\dot{\phi}\cos\kappa_2\cos\kappa_1 + \dot{\kappa}_1\sin\kappa_2)^{i_Q}e_1 - (\dot{\phi}\sin\kappa_1 + \dot{\kappa}_2)^{i_Q}e_2 \\ + (-\dot{\phi}\sin\kappa_2\cos\kappa_1 + \dot{\kappa}_1\cos\kappa_2)^{i_Q}e_3\end{aligned} \tag{6.7.5A}$$

$$\boldsymbol{\varepsilon}_Q^r = \varepsilon_j^{Q_r i_E}\boldsymbol{e}_j = \boldsymbol{\varepsilon}_{Q1}^r + \boldsymbol{\mu}_{Q1}^r \tag{6.7.5B}$$

$$\begin{aligned}\boldsymbol{\varepsilon}_{Q1}^r = (\ddot{\phi}\cos\kappa_2\cos\kappa_1 + \ddot{\kappa}_1\sin\kappa_2)^{i_Q}e_1 - (\ddot{\phi}\sin\kappa_1 + \ddot{\kappa}_2)^{i_Q}e_2 \\ + (-\ddot{\phi}\sin\kappa_2\cos\kappa_1 + \ddot{\kappa}_1\cos\kappa_2)^{i_Q}e_3\end{aligned} \tag{6.7.5C}$$

$$\begin{aligned}\boldsymbol{\mu}_{Q1}^r = (-\dot{\phi}\dot{\kappa}_1\cos\kappa_2\sin\kappa_1 + \dot{\kappa}_2\omega_3^{Q_r})^{i_Q}e_1 - \dot{\phi}\dot{\kappa}_1\cos\kappa_1{}^{i_Q}e_2 \\ + (\dot{\phi}\dot{\kappa}_1\sin\kappa_2\sin\kappa_1 - \dot{\kappa}_2\omega_1^{Q_r})^{i_Q}e_3\end{aligned} \tag{6.7.5D}$$

2）绝对角运动

记坐标系 $\boldsymbol{i}_Q$ 相对于坐标系 $\boldsymbol{i}_G$ 的绝对转动角速度、角加速度分别为 $\boldsymbol{\omega}_Q = \omega_j^{Qi_Q}\boldsymbol{e}_j$、$\boldsymbol{\varepsilon}_Q = \varepsilon_j^{Qi_Q}\boldsymbol{e}_j$，$\boldsymbol{\omega}_Q$ 可分解成坐标系 $\boldsymbol{i}_{dq}$ 的牵连转动角速度 $\boldsymbol{\omega}_{dq}$ 和坐标系 $\boldsymbol{i}_Q$ 相对于坐标系 $\boldsymbol{i}_{dq}$ 的转动角速度 $\boldsymbol{\omega}_Q^r$ 之和:

$$\boldsymbol{\omega}_Q = \boldsymbol{\omega}_{dq} + \boldsymbol{\omega}_Q^r \tag{6.7.6A}$$

式中，$\boldsymbol{\omega}_{dq}$ 由式(6.7.4A)给出；$\boldsymbol{\omega}_Q^r$ 由式(6.7.5A)给出。

对式(6.7.6A)求时间导数,得角加速度:

$$\boldsymbol{\varepsilon}_Q = \frac{d\boldsymbol{\omega}_{dq}}{dt} + \frac{d\boldsymbol{\omega}_Q^r}{dt} + \boldsymbol{\omega}_{dq} \times \boldsymbol{\omega}_Q^r = \boldsymbol{\varepsilon}_{dq} + \boldsymbol{\varepsilon}_{Q1}^r + \boldsymbol{\mu}_Q^r \tag{6.7.6B}$$

$$\boldsymbol{\mu}_Q^r = \boldsymbol{\mu}_{Q1}^r + \boldsymbol{\omega}_{dq} \times \boldsymbol{\omega}_Q^r \tag{6.7.6C}$$

将式(6.7.4)、式(6.7.5)分别代入式(6.7.6),得

$$\boldsymbol{\omega}_Q = \boldsymbol{\omega}_D + \boldsymbol{\omega}_{Dq}^r + \boldsymbol{\omega}_Q^r \tag{6.7.7A}$$

$$\boldsymbol{\varepsilon}_Q = \boldsymbol{\varepsilon}_{A1}^r + \boldsymbol{\varepsilon}_{B1}^r + \boldsymbol{\varepsilon}_{C1}^r + \boldsymbol{\varepsilon}_{D1}^r + \boldsymbol{\varepsilon}_{Dq}^r + \boldsymbol{\varepsilon}_{Q1}^r + \boldsymbol{\mu}_Q \tag{6.7.7B}$$

$$\boldsymbol{\mu}_Q = \boldsymbol{\mu}_D + \boldsymbol{\mu}_{dq}^r + \boldsymbol{\mu}_Q^r \tag{6.7.7C}$$

上式即为弹丸在膛内运动的角速度和角加速度计算公式。

6.7.3 弹丸上任意点运动分析

6.7.3.1 弹丸本体上运动分析

如图 6.7.2 所示，弹丸上任意一点 O_{Qe}，该点在坐标系 $\boldsymbol{i}_Q$ 下的位置矢量为 $\boldsymbol{x}_{Qe} = x_j^{Qe i_Q}\boldsymbol{e}_j$，则点 O_{Qe} 距坐标系 $\boldsymbol{i}_G$ 原点 o_G 的位置矢量为

$$\boldsymbol{U}_{Qe} = \boldsymbol{U}_G^D + \boldsymbol{x}_1^{Dq} + \boldsymbol{w}_{Dq} + \boldsymbol{y}_Q + \boldsymbol{l}_{Q_E} + \boldsymbol{x}_{Qe} \tag{6.7.8}$$

其中，$\boldsymbol{U}_G^D$ 为坐标系 $\boldsymbol{i}_G$ 原点 o_G 至后坐过程中坐标系 $\boldsymbol{i}_D$ 原点 o_D 的位置矢量。在式(5.5.3A)中，令 $\boldsymbol{x}_D = \boldsymbol{0}$ 得到

$$\boldsymbol{U}_G^D = \boldsymbol{U}_G^A + \boldsymbol{U}_A^B + \boldsymbol{x}_{AB} + \boldsymbol{U}_B^C + \boldsymbol{x}_{BC} + \boldsymbol{U}_C^D + \boldsymbol{x}_{CD} \tag{6.7.9A}$$

同样，在式(5.5.3B)、式(5.5.3C)中，令 $\boldsymbol{x}_D = \boldsymbol{0}$，即可得 $\dot{\boldsymbol{U}}_G^D$、$\ddot{\boldsymbol{U}}_G^D$ 的表达式：

$$\begin{aligned}\dot{\boldsymbol{U}}_G^D = &\dot{\boldsymbol{U}}_G^A + \boldsymbol{\omega}_A \times (\boldsymbol{U}_A^D + \boldsymbol{x}_{CD}) + \dot{\boldsymbol{x}}_{AB} + \boldsymbol{\omega}_B^r \times (\boldsymbol{U}_B^D + \boldsymbol{x}_{CD})\\ &+ \dot{\boldsymbol{x}}_{BC} + \boldsymbol{\omega}_C^r \times (\boldsymbol{U}_C^D + \boldsymbol{x}_{CD}) + \dot{\boldsymbol{x}}_{CD}\end{aligned} \tag{6.7.9B}$$

$$\begin{aligned}\ddot{\boldsymbol{U}}_G^D = &\ddot{\boldsymbol{U}}_G^A + \boldsymbol{\varepsilon}_{A1}^r \times (\boldsymbol{U}_A^D + \boldsymbol{x}_{CD}) + \ddot{\boldsymbol{x}}_{AB} + \boldsymbol{\varepsilon}_{B1}^r \times (\boldsymbol{U}_B^D + \boldsymbol{x}_{CD})\\ &+ \ddot{\boldsymbol{x}}_{BC} + \boldsymbol{\varepsilon}_{C1}^r \times (\boldsymbol{U}_C^D + \boldsymbol{x}_{CD}) + \ddot{\boldsymbol{x}}_{CD} + \boldsymbol{a}_{D1}\end{aligned} \tag{6.7.9C}$$

式中，$\boldsymbol{a}_{D1}$ 由式(5.5.3E)给出。

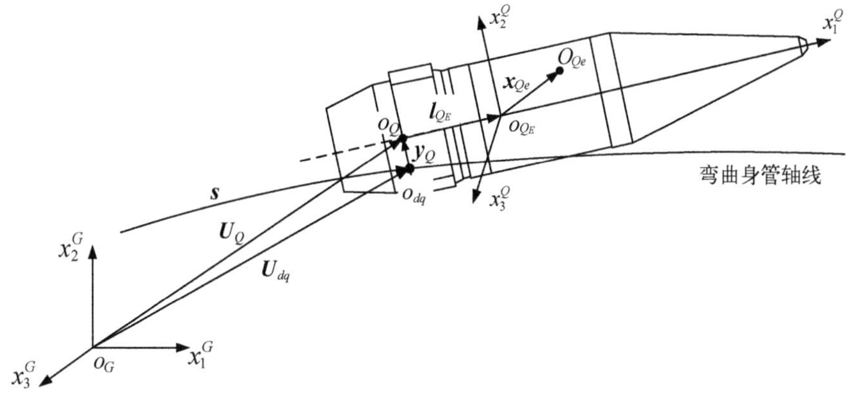

图 6.7.2 弹丸膛内运动基点位置矢量的确定

式(6.7.8)中的 $\boldsymbol{w}_{Dq}$ 可以理解为身管轴线上点 o_{Dq} 至点 o_{dq} 并随点 o_{Dq} 移动的位置矢量，移动速度为 $\dot{\boldsymbol{x}}_1^{Dq}$，这样对 $\boldsymbol{w}_{Dq}$ 的时间全导数为

$$\frac{D\boldsymbol{w}_{Dq}}{Dt} = \frac{\partial \boldsymbol{w}_{Dq}}{\partial t} + \boldsymbol{\omega}_{Dq}^r \times \boldsymbol{w}_{Dq} + \frac{\partial \boldsymbol{w}_{Dq}}{\partial \boldsymbol{x}_1^{Dq}} \cdot \dot{\boldsymbol{x}}_1^{Dq} = \dot{\boldsymbol{w}}_{Dq} + \boldsymbol{\omega}_{Dq}^r \times \boldsymbol{w}_{Dq} + \frac{\partial \boldsymbol{w}_{Dq}}{\partial \boldsymbol{x}_1^{Dq}} \cdot \dot{\boldsymbol{x}}_1^{Dq} \tag{6.7.10A}$$

式中，$\partial \boldsymbol{w}_{Dq}/\partial t$ 为矢量 $\boldsymbol{w}_{Dq}$ 的切向速度；$\boldsymbol{\omega}_{Dq}^{r}\times\boldsymbol{w}_{Dq}$ 为矢量 $\boldsymbol{w}_{Dq}$ 的牵连速度；右端最后一项为移动矢量 $\boldsymbol{w}_{Dq}$ 的径向速度。

对式(6.7.10A)再求一次时间全导数，得矢量 $\boldsymbol{w}_{Dq}$ 的二阶时间全导数：

$$\frac{D^2\boldsymbol{w}_{Dq}}{Dt^2}=\ddot{\boldsymbol{w}}_{Dq}+\boldsymbol{\varepsilon}_{Dq}^{r}\times\boldsymbol{w}_{Dq}+\frac{\partial\boldsymbol{w}_{Dq}}{\partial\boldsymbol{x}_1^{Dq}}\cdot\ddot{\boldsymbol{x}}_1^{Dq}+\boldsymbol{\omega}_{Dq}^{r}\times(\boldsymbol{\omega}_{Dq}^{r}\times\boldsymbol{w}_{Dq})$$
$$+2\boldsymbol{\omega}_{Dq}^{r}\times\left(\dot{\boldsymbol{w}}_{Dq}+\dot{x}_1^{Dq}\frac{\partial\boldsymbol{w}_{Dq}}{\partial x_1^{Dq}}\right)+2\dot{x}_1^{Dq}\frac{\partial\dot{\boldsymbol{w}}_{Dq}}{\partial x_1^{Dq}}+(\dot{x}_1^{Dq})^2\frac{\partial^2\boldsymbol{w}_{Dq}}{\partial(x_1^{Dq})^2}\quad(6.7.10\text{B})$$

式中，$\ddot{\boldsymbol{w}}_{Dq}$ 为矢量 $\boldsymbol{w}_{Dq}$ 的切向加速度；$\boldsymbol{\varepsilon}_{Dq}^{r}\times\boldsymbol{w}_{Dq}$ 为矢量 $\boldsymbol{w}_{Dq}$ 的牵连加速度；$(\partial\boldsymbol{w}_{Dq}/\partial x_1^{Dq})\cdot\ddot{\boldsymbol{x}}_1^{Dq}$ 为移动矢量 $\boldsymbol{w}_{Dq}$ 的径向加速度；$\boldsymbol{\omega}_{Dq}^{r}\times(\boldsymbol{\omega}_{Dq}^{r}\times\boldsymbol{w}_{Dq})$ 与 $(\dot{\boldsymbol{x}}_1^{Dq})^2\partial^2\boldsymbol{w}_{Dq}/\partial(x_1^{Dq})^2$ 为向心加速度；剩余两项为哥氏加速度。

对式(6.7.8)分别求时间的一阶、二阶导数得到速度和加速度，求导时注意到 $\boldsymbol{x}_1^{Dq}$ 在移动，并利用式(6.7.2)、式(6.7.9)、式(6.7.10)，在所得到的速度、加速度公式中忽略含有 $\boldsymbol{w}_{Dq}$、$\boldsymbol{y}_Q$ 的项，经简化后得到弹丸上的位移、速度、加速度表达式为

$$\boldsymbol{U}_{Qe}=\boldsymbol{U}_G^{D}+\boldsymbol{x}_1^{Dq}+\boldsymbol{l}_{Q_E}+\boldsymbol{x}_{Qe}\quad(6.7.11\text{A})$$

$$\dot{\boldsymbol{U}}_{Qe}=\dot{\boldsymbol{U}}_G^{D}+(\boldsymbol{\omega}_A+\boldsymbol{\omega}_B^{r}+\boldsymbol{\omega}_C^{r}+\boldsymbol{\omega}_D^{r})\times(\boldsymbol{w}_{Dq}+\boldsymbol{x}_1^{Dq}+\boldsymbol{y}_Q+\boldsymbol{l}_{Q_E})+\dot{\boldsymbol{w}}_{Dq}$$
$$+\boldsymbol{\omega}_{Dq}^{r}\times(\boldsymbol{y}_Q+\boldsymbol{l}_{Q_E}+\boldsymbol{x}_{Qe})+\boldsymbol{F}_{Dq}\cdot\dot{\boldsymbol{x}}_1^{Dq}+\dot{\boldsymbol{y}}_Q+\boldsymbol{\omega}_Q^{r}\times(\boldsymbol{l}_{Q_E}+\boldsymbol{x}_{Qe})\quad(6.7.11\text{B})$$

$$\ddot{\boldsymbol{U}}_{Qe}=\ddot{\boldsymbol{U}}_G^{D}+(\boldsymbol{\varepsilon}_{A1}^{r}+\boldsymbol{\varepsilon}_{B1}^{r}+\boldsymbol{\varepsilon}_{C1}^{r}+\boldsymbol{\varepsilon}_{D1}^{r})\times(\boldsymbol{w}_{Dq}+\boldsymbol{x}_1^{Dq}+\boldsymbol{y}_Q+\boldsymbol{l}_{Q_E}+\boldsymbol{x}_{Qe})+\ddot{\boldsymbol{w}}_{Dq}$$
$$+\boldsymbol{\varepsilon}_{Dq}^{r}\times(\boldsymbol{y}_Q+\boldsymbol{l}_{Q_E}+\boldsymbol{x}_{Qe})+\boldsymbol{F}_{Dq}\cdot\ddot{\boldsymbol{x}}_1^{Dq}+\ddot{\boldsymbol{y}}_Q+\boldsymbol{\varepsilon}_{Q1}^{r}\times(\boldsymbol{l}_{Q_E}+\boldsymbol{x}_{Qe})+\ddot{\boldsymbol{w}}_{Qf}+\boldsymbol{a}_Q^{r}$$
$$(6.7.11\text{C})$$

$$\boldsymbol{a}_Q^{r}=\boldsymbol{a}_{Q1}+\boldsymbol{a}_{Q2}\quad(6.7.11\text{D})$$

$$\boldsymbol{a}_{Q1}=\boldsymbol{\mu}_D\times(\boldsymbol{w}_{Dq}+\boldsymbol{x}_1^{Dq})+\boldsymbol{\mu}_{dq}\times\boldsymbol{y}_Q+\boldsymbol{\omega}_D\times[\boldsymbol{\omega}_D\times(\boldsymbol{w}_{Dq}+\boldsymbol{x}_1^{Dq})]+\boldsymbol{\omega}_{dq}\times(\boldsymbol{\omega}_{dq}\times\boldsymbol{y}_Q)$$
$$+2\boldsymbol{\omega}_D\times(\dot{\boldsymbol{w}}_{Dq}+\dot{\boldsymbol{x}}_1^{Dq})+2\boldsymbol{\omega}_{dq}\times\dot{\boldsymbol{y}}_Q+2\frac{\partial\dot{\boldsymbol{w}}_{Dq}}{\partial\boldsymbol{x}_1^{Dq}}\cdot\dot{\boldsymbol{x}}_1^{Dq}+\boldsymbol{\omega}_D\times\left(\frac{\partial\boldsymbol{w}_{Dq}}{\partial\boldsymbol{x}_1^{Dq}}\cdot\dot{\boldsymbol{x}}_1^{Dq}\right)$$
$$+\frac{\partial\boldsymbol{w}_{Dq}}{\partial\boldsymbol{x}_1^{Dq}}\cdot(\boldsymbol{\omega}_D\times\dot{\boldsymbol{x}}_1^{Dq})+\frac{\partial(\boldsymbol{\omega}_D\times\boldsymbol{w}_{Dq})}{\partial\boldsymbol{x}_1^{Dq}}\cdot\dot{\boldsymbol{x}}_1^{Dq}+\dot{\boldsymbol{x}}_1^{Dq}\cdot\frac{\partial^2\boldsymbol{w}_{Dq}}{\partial\boldsymbol{x}_1^{Dq}\partial\boldsymbol{x}_1^{Dq}}\cdot\dot{\boldsymbol{x}}_1^{Dq}\quad(6.7.11\text{E})$$

$$\boldsymbol{a}_{Q2}=\boldsymbol{\mu}_Q\times(\boldsymbol{l}_{Q_E}+\boldsymbol{x}_{Qe})+\boldsymbol{\omega}_Q\times[\boldsymbol{\omega}_Q\times(\boldsymbol{l}_{Q_E}+\boldsymbol{x}_{Qe})]\quad(6.7.11\text{F})$$

$$\boldsymbol{F}_{Dq}=\left(\boldsymbol{1}+\frac{\partial\boldsymbol{w}_{Dq}}{\partial\boldsymbol{x}_1^{Dq}}\right)\quad(6.7.11\text{G})$$

上式表明，由于身管的弹性振动 $\dot{\boldsymbol{w}}_{Dq}$ 和弹丸的横向运动 $\dot{\boldsymbol{y}}_Q$，弹丸运动的加速度增加了切线加速度项 $\ddot{\boldsymbol{w}}_{Dq}+\ddot{\boldsymbol{y}}_Q$、哥氏加速度项 $2\boldsymbol{\omega}_D\times\dot{\boldsymbol{w}}_{Dq}+2\boldsymbol{\omega}_{Dq}^{r}\times(\dot{\boldsymbol{w}}_{Dq}+\dot{\boldsymbol{x}}_1^{Dq}\partial\boldsymbol{w}_{Dq}/\partial\boldsymbol{x}_1^{Dq})+2\dot{\boldsymbol{x}}_1^{Dq}\partial\dot{\boldsymbol{w}}_{Dq}/\partial x_1^{Dq}$ 和向心加速度项 $(\dot{x}_1^{Dq})^2\partial^2\boldsymbol{w}_{Dq}/\partial(x_1^{Dq})^2$，$\boldsymbol{F}_{Dq}$ 为弹性身管在点 o_{Dq} 处的变形梯度张量。这些项的大小与身管的变形及变形速率有关，因此提高身管刚度非常重要。

6.7.3.2　弹带上弹性运动分析

如图 6.7.3 所示,弹带上任意一点 $O_{Qf}(O_{Qf}\in\Omega_{Qf})$, 在坐标系 $\boldsymbol{i}_Q$ 下的弹塑性变形为 $\boldsymbol{w}_{Qf}=w_j^{Qf\boldsymbol{i}_Q}\boldsymbol{e}_j$, 经弹塑性变形后点 O_{Qf} 成为弹带上任意一点 O_{qf}。坐标系 $\boldsymbol{i}_G$ 原点 o_G 至点 O_{qf} 的矢径 $\boldsymbol{U}_{qf}$ 为

$$\boldsymbol{U}_{qf}=\boldsymbol{U}_{Qf}+\boldsymbol{w}_{Qf} \tag{6.7.12A}$$

对上式求一阶和二阶时间导数,并忽略含有 $\boldsymbol{w}_{Dq}$、$\boldsymbol{y}_Q$、$\boldsymbol{w}_{Qf}$ 的项,经简化后得到弹带上的位移、速度、加速度表达式为

$$\dot{\boldsymbol{U}}_{qf}=\dot{\boldsymbol{U}}_{Qf}+\dot{\boldsymbol{w}}_{Qf} \tag{6.7.12B}$$

$$\ddot{\boldsymbol{U}}_{qf}=\ddot{\boldsymbol{U}}_{Qf}+\ddot{\boldsymbol{w}}_{Qf}+\boldsymbol{a}_{Q3} \tag{6.7.12C}$$

$$\boldsymbol{a}_{Q3}=2\boldsymbol{\omega}_Q\times\dot{\boldsymbol{w}}_{Qf} \tag{6.7.12D}$$

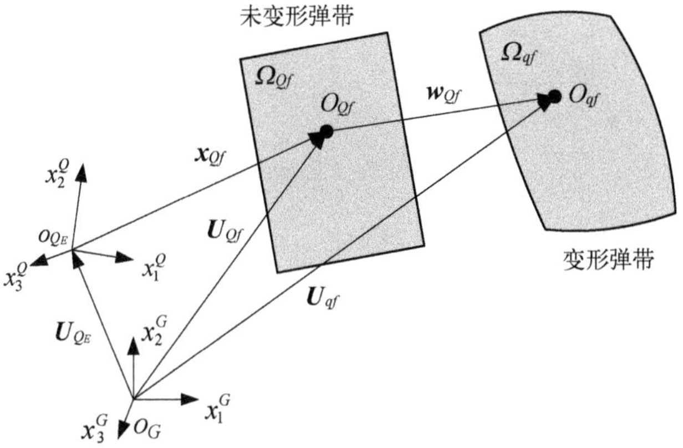

图 6.7.3　弹带上任意点位置矢量的确定

6.8　运动约束关系

6.8.1　身管弹性变形与弹性转角约束关系

身管在经历了弹性位移 $\boldsymbol{w}_{Da}=w_j^{Da\boldsymbol{i}_D}\boldsymbol{e}_j$ 后,其轴线形成一条空间曲线 Γ_{Dq}, 曲线上点 o_{Dq} 处的弹性位移为 $\boldsymbol{w}_{Dq}=w_j^{Dq\boldsymbol{i}_D}\boldsymbol{e}_j$, 距坐标系 $\boldsymbol{i}_D$ 原点的矢径 $\boldsymbol{r}_{Dq}$ 为

$$\boldsymbol{r}_{Dq}=\boldsymbol{x}_1^{Dq}+\boldsymbol{w}_{Dq} \tag{6.8.1}$$

点 o_{Dq} 处的微弧长 ds 为

$$\mathrm{d}s=J_{Dq}\mathrm{d}x_1^{Dq} \tag{6.8.2}$$

根据微分几何理论,曲线 Γ_{Dq} 上点 o_{Dq} 处的单位切线矢量 $\boldsymbol{t}_{Dq}$ 为

$$\boldsymbol{t}_{Dq}=\frac{\mathrm{d}\boldsymbol{r}_{Dq}}{\mathrm{d}s}=\frac{1}{J_{Dq}}\frac{\mathrm{d}(\boldsymbol{x}_1^{Dq}+\boldsymbol{w}_{Dq})}{\mathrm{d}x_1^{Dq}} \tag{6.8.3A}$$

$\boldsymbol{t}_{Dq}$ 的时间率即为主法线方向,亦为角速度矢量方向:

$$\boldsymbol{n}_{Dq} = \frac{\mathrm{d}\boldsymbol{t}_{Dq}}{\mathrm{d}t} \Big/ \left\| \frac{\mathrm{d}\boldsymbol{t}_{Dq}}{\mathrm{d}t} \right\| = \frac{1}{\| \boldsymbol{\omega}^{r}_{Dq} \|} \omega_j^{Dqr} {}^{\boldsymbol{i}_D}\boldsymbol{e}_j \tag{6.8.3B}$$

点 o_{Dq} 处的副法向矢量 $\boldsymbol{\tau}_{Dq}$ 为

$$\boldsymbol{\tau}_{Dq} = \boldsymbol{t}_{Dq} \times \boldsymbol{n}_{Dq} \tag{6.8.3C}$$

有关 $\boldsymbol{t}_{Dq}$、$\boldsymbol{n}_{Dq}$、$\boldsymbol{\tau}_{Dq}$ 之间的关系称为曲线的 Frenet 标架,如图 6.8.1 所示。

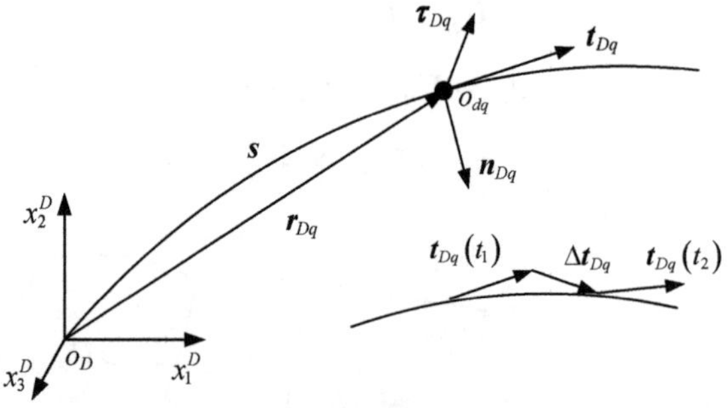

图 6.8.1　曲线 Frenet 标架

与图 6.3.3 所定义的坐标系 $\boldsymbol{i}_{dq}$ 相比较,有

$$\boldsymbol{t}_{Dq} = {}^{i_{dq}}\boldsymbol{e}_1, \quad \boldsymbol{n}_{Dq} = {}^{i_{dq}}\boldsymbol{e}_2, \quad \boldsymbol{\tau}_{Dq} = {}^{i_{dq}}\boldsymbol{e}_3 \tag{6.8.4}$$

下面来导出 $\boldsymbol{t}_{Dq}$、$\boldsymbol{n}_{Dq}$、$\boldsymbol{\tau}_{Dq}$ 具体表达式。首先由式(6.8.3A),可得

$$\boldsymbol{t}_{Dq} = \frac{1}{J_{Dq}} \frac{\partial \boldsymbol{r}_{Dq}}{\partial x_1^{Dq}} = L_{11}^{i_{dq}} {}^{\boldsymbol{i}_D}\boldsymbol{e}_1 + L_{12}^{i_{dq}} {}^{\boldsymbol{i}_D}\boldsymbol{e}_2 + L_{13}^{i_{dq}} {}^{\boldsymbol{i}_D}\boldsymbol{e}_3 \tag{6.8.5A}$$

其中

$$\begin{cases} L_{11}^{i_{dq}} = \dfrac{1}{J_{Dq}}\left(1 + \dfrac{\partial w_1^0}{\partial x_1^{Dq}}\right) \\ L_{12}^{i_{dq}} = \dfrac{1}{J_{Dq}}\left(\dfrac{\partial w_2^0}{\partial x_1^{Dq}} + \phi_3^0 + x_1^{Dq} \dfrac{\partial \phi_3^0}{\partial x_1^{Dq}}\right) \\ L_{13}^{i_{dq}} = \dfrac{1}{J_{Dq}}\left(\dfrac{\partial w_3^0}{\partial x_1^{Dq}} - \phi_2^0 - x_1^{Dq} \dfrac{\partial \phi_2^0}{\partial x_1^{Dq}}\right) \end{cases} \tag{6.8.5B}$$

其次计算

$${}^{i_{dq}}\boldsymbol{e}_2 = \boldsymbol{n}_{Dq} = \frac{1}{J_{Dq}}\left(\frac{\partial \dot{\boldsymbol{w}}_{Dq}}{\partial x_1^{Dq}} - \frac{\partial J_{Dq}}{\partial t}\boldsymbol{t}_{Dq}\right) / \| \boldsymbol{\omega}^{r}_{Dq} \| = L_{21}^{i_{dq}} {}^{\boldsymbol{i}_D}\boldsymbol{e}_1 + L_{22}^{i_{dq}} {}^{\boldsymbol{i}_D}\boldsymbol{e}_2 + L_{23}^{i_{dq}} {}^{\boldsymbol{i}_D}\boldsymbol{e}_3 \tag{6.8.6}$$

其中

$$L_{21}^{i_{dq}} = \frac{1}{\| \boldsymbol{\omega}^{r}_{Dq} \|}\omega_1^{Dqr}, \quad L_{22}^{i_{dq}} = \frac{1}{\| \boldsymbol{\omega}^{r}_{Dq} \|}\omega_2^{Dqr}, \quad L_{23}^{i_{dq}} = \frac{1}{\| \boldsymbol{\omega}^{r}_{Dq} \|}\omega_3^{Dqr} \tag{6.8.7}$$

$\boldsymbol{\omega}^{r}_{Dq}$ 的表达式见式(6.7.2A)。

最后，计算

$$^{i_{dq}}\boldsymbol{e}_3 = {}^{i_{dq}}\boldsymbol{e}_1 \times {}^{i_{dq}}\boldsymbol{e}_2 = L_{31}^{i_{dq}}{}^{i_D}\boldsymbol{e}_1 + L_{32}^{i_{dq}}{}^{i_D}\boldsymbol{e}_2 + L_{33}^{i_{dq}}{}^{i_D}\boldsymbol{e}_3 \tag{6.8.8A}$$

其中

$$L_{31}^{i_{dq}} = L_{12}^{i_{dq}}L_{23}^{i_{dq}} - L_{13}^{i_{dq}}L_{22}^{i_{dq}},\quad L_{32}^{i_{dq}} = L_{13}^{i_{dq}}L_{21}^{i_{dq}} - L_{11}^{i_{dq}}L_{23}^{i_{dq}},\quad L_{33}^{i_{dq}} = L_{11}^{i_{dq}}L_{22}^{i_{dq}} - L_{12}^{i_{dq}}L_{21}^{i_{dq}} \tag{6.8.8B}$$

由此得到坐标系 $\boldsymbol{i}_{dq}$ 与 $\boldsymbol{i}_D$ 的转换张量：

$$\boldsymbol{L}_{\boldsymbol{i}_{dq}} = L_{ij}^{i_{dq}}{}^{i_{dq}}\boldsymbol{e}_i \otimes {}^{i_D}\boldsymbol{e}_j \tag{6.8.9}$$

转换关系张量 $\boldsymbol{L}_{\boldsymbol{i}_{dq}}$ 表达式(6.8.9)与角速度、角加速度表达式(6.7.2)一起，组成了身管弹性位移与身管弹性角运动之间的复杂关系。

6.8.2　身管缠度对弹丸转动运动的约束

假定身管未变形前膛线的展开式为 $y_\eta = f_\eta(x_1^D)$，其中 y_η 为膛线展开高度，$x_1^D = x_1^{Dq0}$ 为膛线起始位置，$x_1^{Ds} = \boldsymbol{l}_{Ds}$ 为膛线结束位置。如图 6.8.2 所示，α_η^0 为膛线的起始缠角，α_η 为任意点 x_1^D 处的缠角，r_d 为身管阳线半径。记 $y'_\eta = \mathrm{d}y_\eta/\mathrm{d}x_1^D = f'_\eta(x_1^D)$，$y''_\eta = \mathrm{d}^2y_\eta/\mathrm{d}(x_1^D)^2 = f''_\eta(x_1^D)$。

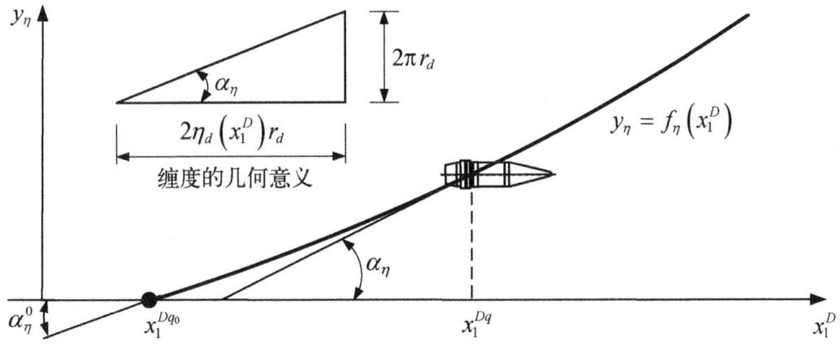

图 6.8.2　膛线展开图及缠度的几何意义

火炮工作时身管轴线已发生了变形，此时膛线的缠度关系也随着身管的变形而发生改变，若在变形身管轴线 s 上来讨论有关问题，则需要利用 s 与 x_1^D 关系式(6.8.2)进行讨论。

根据缠度 $\eta_d(x_1^{Dq})$ 的定义，由 $\tan\alpha_\eta = y'_\eta = 2\pi r_d/2\eta_d(x_1^{Dq})r_d$ 得

$$\eta_d(x_1^{Dq}) = \frac{\pi}{y'_\eta(x_1^{Dq})} \tag{6.8.10}$$

假定身管未发生弹性变形，弹带绕身管轴线的转角为 $\phi(x_1^{Dq})$，由几何关系有

$$\frac{\mathrm{d}\phi(x_1^{Dq})}{\mathrm{d}x_1^D} = \frac{\pi}{\eta_d(x_1^{Dq})r_d} \tag{6.8.11}$$

若身管发生弹性变形，弹带绕身管变形轴线 s 的转角为 $\phi(s)$、转角速度为 $\dot{\phi}(s)$、转角加速度为 $\ddot{\phi}(s)$，利用式(6.8.2)，有

$$\frac{\mathrm{d}\phi(s)}{\mathrm{d}s} = \frac{\pi}{\eta_d(x_1^{Dq})J_{Dq}r_d} \tag{6.8.12}$$

将式(6.8.10)代入上式,得到

$$\frac{d\phi(s)}{ds}=\frac{y'_{\eta}(x_1^{Dq})}{J_{Dq}r_d} \tag{6.8.13}$$

式(6.8.13)的几何意义是弹带转角沿其运动方向的斜率 $d\phi(s)/ds$ 等于膛线展开函数 $y_{\eta}=f_{\eta}(x_1^D)$ 的斜率 $y'_{\eta}(x_1^{Dq})$ 除以身管膛线阳线的半径 r_d 及转换函数 $J_{Dq}(x_1^{Dq})$。

对式(6.8.13)进行积分,并利用 $ds=J_{Dq}dx_1^D$,得

$$\phi(s)=\int_{s_{\eta0}}^{s}d\phi(s)=\int_{x_1^{\eta0}}^{x_1^D}\frac{y'_{\eta}(x_1)}{r_d}dx_1=\frac{1}{r_d}[y_{\eta}(x_1^{Dq})-y_{\eta}(x_1^{\eta0})] \tag{6.8.14A}$$

$$\dot{\phi}(s,t)=\frac{\partial\phi(s)}{\partial s}\frac{\partial s}{\partial t}=\frac{y'_{\eta}(x_1^{Dq})}{J_{Dq}r_d}\dot{s}=g_{\phi}\dot{s} \tag{6.8.14B}$$

$$\ddot{\phi}(s,t)=\frac{\partial\dot{\phi}(s)}{\partial t}+\frac{\partial\dot{\phi}(s)}{\partial s}\frac{\partial s}{\partial t}=g_{\phi}\ddot{s}+f_{\phi} \tag{6.8.14C}$$

其中

$$g_{\phi}=\frac{y'_{\eta}(x_1^{Dq})}{J_{Dq}(x_1^{Dq})r_d},\quad f_{\phi}=\frac{1}{J_{Dq}r_d}\left(y''_{\eta}+y'_{\eta}\frac{J'_{Dq}}{J_{Dq}}\right)\dot{s}^2 \tag{6.8.14D}$$

上述公式中的 $\dot{s}$ 和 $\ddot{s}$ 分别为点 o_{dq} 沿弯曲身管轴线 x_1^{dq} 方向移动的相对速度和相对加速度。

若不考虑身管的弯曲,即 $J_{Dq}=1$,$g_{\phi}=y'_{\eta}(x_1^{Dq})/r_d$,$f_{\phi}=y''_{\eta}(x_1^{Dq})\dot{s}^2/r_d$,$s=x_1^{Dq}$,则式(6.8.14)可简化成

$$\phi(x_1^{Dq})=\frac{1}{r_d}[y_{\eta}(x_1^{Dq})-y_{\eta}(x_1^{\eta0})] \tag{6.8.15A}$$

$$\dot{\phi}(x_1^{Dq},t)=\frac{1}{r_d}y'_{\eta}(x_1^{Dq})\dot{x}_1^{Dq} \tag{6.8.15B}$$

$$\ddot{\phi}(x_1^{Dq},t)=\frac{1}{r_d}[y'_{\eta}(x_1^{Dq})\ddot{x}_1^{Dq}+y''_{\eta}(x_1^{Dq})(\dot{x}_1^{Dq})^2] \tag{6.8.15C}$$

目前膛线的结构形式主要有等齐膛线、渐速膛线和混合膛线三种。其中等齐膛线是指膛线缠度 $\boldsymbol{\eta}_d(x_1^D)$ 为常量;渐速膛线是指膛线缠度 $\boldsymbol{\eta}_d(x_1^D)$ 为 x_1^D 的线性函数;混合膛线是指膛线缠度在 $x_1^{Dq0}\leqslant x_1^D\leqslant x_1^{\eta}$($x_1^{\eta}$ 为身管轴线上某一特定点的坐标)之间为渐速膛线,在 $x_1^{\eta}\leqslant x_1^D\leqslant \boldsymbol{x}_1^{Ds}$ 之间为等齐膛线。上述三种膛线的展开方程见表 6.8.1。表中 A_{η}、B_{η}、$B_{\eta1}$、$B_{\eta2}$、C_{η} 为由膛线几何结构确定的系数。

表 6.8.1 各种膛线展开方程一览表

	等齐膛线	渐速膛线	渐速与等齐的混合膛线
y_{η}	$B_{\eta}(x_1^D-x_1^{Dq0})$	$A_{\eta}(x_1^D-x_1^{Dq0})^2+B_{\eta}(x_1^D-x_1^{Dq0})$	$A_{\eta}(x_1^D-x_1^{Dq0})^2+B_{\eta1}(x_1^D-x_1^{Dq0})$, $x_1^{Dq0}\leqslant x_1^D\leqslant x_1^{\eta}$ $B_{\eta2}(x_1-x_1^{Dq0})+C_{\eta}$, $x_1^{\eta}\leqslant x_1^D\leqslant x_1^{Ds}$

（续表）

	等齐膛线	渐速膛线	渐速与等齐的混合膛线
y'_η	B_η	$2A_\eta(x_1^D - x_1^{Dq0}) + B_\eta$	$2A_\eta(x_1^D - x_1^{Dq0}) + B_{\eta1}$，$x_1^{Dq0} \leqslant x_1^D \leqslant x_1^\eta$ $B_{\eta2}$，$x_1^\eta \leqslant x_1^D \leqslant x_1^{Ds}$
y''_η	0	$2A_\eta$	$2A_\eta$，$0 \leqslant x_1^D \leqslant x_1^\eta$ 0，$x_1^\eta \leqslant x_1^D \leqslant x_1^{Ds}$

假定某身管，其半径为 $r_d = 77.47$ mm，缠度起始点为 $x_1^{Dq0} = 1.0$ m，缠度终点为 $x_1^{Ds} = 8.06$ m，有以下三种形式的膛线缠度：

（1）等齐膛线，膛线缠度 $\eta_d(x_1^D) = 20$ 为常量，由此可得膛线展开式中的系数为 $B_\eta = 0.157\,079\,63$；

（2）渐速膛线，膛线缠度 $\eta_d(x_1^D)$ 为 x_1^D 的线性函数，在 $x_1^D = x_1^{Dq0}$ 时，$\eta_d(x_1^D) = 50$，在 $x_1^D = x_1^{Ds}$ 时，$\eta_d(x_1^D) = 20$，由此可得膛线展开式中的系数分别为 $A_\eta = 0.006\,674\,77$，$B_\eta = 0.062\,831\,85$；

（3）渐速与等齐的混合膛线，$x_1^\eta = 7.41$ m；渐速段区间为 $x_1^{Dq0} \leqslant x_1^D \leqslant x_1^\eta$，等齐段区间为 $x_1^\eta \leqslant x_1^D \leqslant x_1^{Ds}$；渐速段膛线缠度 $\eta_d(x_1^D)$ 为 x_1^D 的线性函数，等齐段膛线缠度 $\eta_d(x_1^D) = 20$ 为常量；在 $x_1^D = x_1^{Dq0}$，$\eta_d(x_1^D) = 50$，在 $x_1^D = x_1^\eta$，$\eta_d(x_1^D) = 20$，在 $x_1^D = x_1^{Ds}$，$\eta_d(x_1^D) = 20$，由此可得膛线展开式中的系数为 $A_\eta = 0.007\,351\,62$，$B_{\eta1} = 0.062\,831\,85$，$B_{\eta2} = 0.157\,079\,63$，$C_\eta = -0.302\,064\,15$。注意到混合膛线在 $x_1^D = x_1^\eta$ 处，$y''^{-}_\eta = 2A_\eta \neq y''^{+}_\eta = 0$，即二阶导数不连续。

若不考虑身管的弹性变形，由式(6.8.15)可得到在三种膛线结构作用下，弹丸在膛内绕身管轴线转动角度、转动角速度和转动角加速度随弹丸行程的变化规律，如图 6.8.3 所示，由图可见：

（1）在三种不同形式的膛线中，等齐膛线弹丸角速度 $\dot{\phi}(x_1^D)$ 随弹丸行程 x_1^D 的增长速率在运动初期最大，在炮口附近最小，其次是混合膛线，再次是渐速膛线，渐速膛线在炮口附近的增长速率最大。

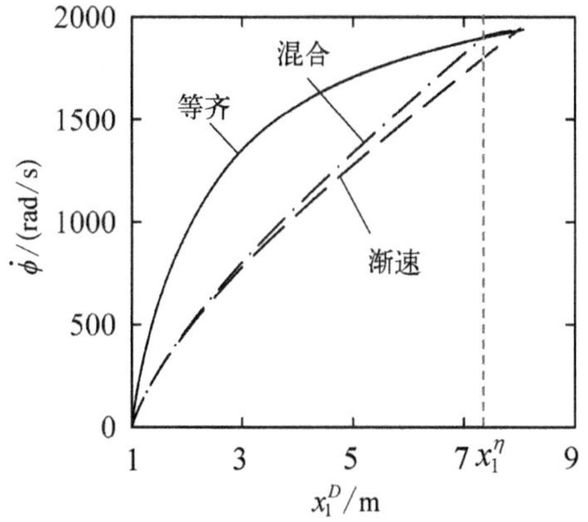

(a) 转角速度

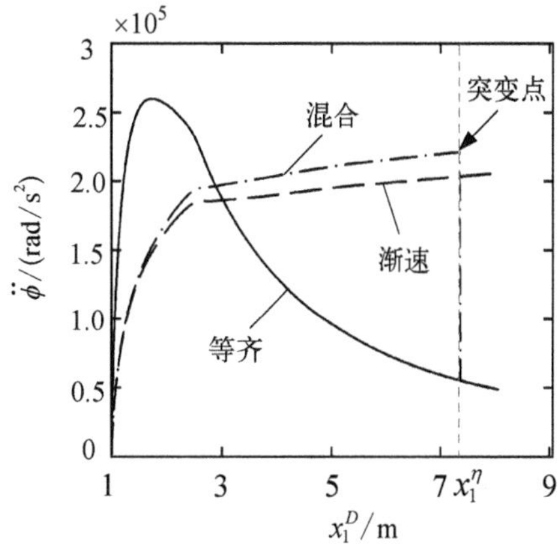

(b) 转角加速度

图 6.8.3　三种膛线的转动角速度、转动角加速度对比

（2）在等齐膛线中，弹丸角加速度 $\ddot{\phi}(x_1^D)$ 随行程的变化形态与膛压的变化形态相同，最大值比渐速膛线和混合膛线的要大，其出现在最大膛压处，为三种形式膛线中最大；在渐速膛线和混合膛线中，弹丸角加速度 $\ddot{\phi}(x_1^D)$ 最大值发生在最大膛压之后，此阶段 $\ddot{\phi}(x_1^D)$ 为斜率大于零的直线，表明角速度 $\dot{\phi}(x_1^D)$ 还在不断增加。

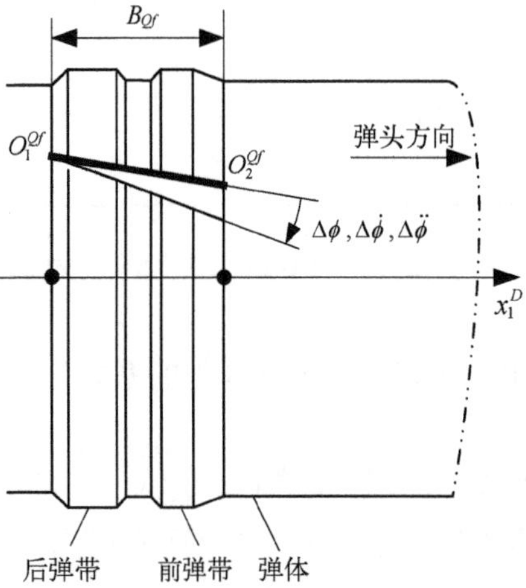

图 6.8.4　弹带宽度与膛线缠度相互关系示意图

（3）混合膛线的 $\ddot{\phi}(x_1^D)$ 在 $x_1^D = x_1^\eta$ 处的左右值不相等，即 $\ddot{\phi}^-(x_1^\eta) \neq \ddot{\phi}^+(x_1^\eta)$，导致作用在弹带上的扭矩在该处发生突变，之后与等齐膛线的效果相同。扭矩的突变会损伤弹带结构，在弹带与弹丸本体的连接界面 S_F^E 上会出现损伤间隙。

如图 6.8.4 所示，若不考虑身管的弹性变形，在弹带宽度 B_{Qf} 上有两点 O_1^{Qf}、O_2^{Qf}，身管上与其对应的点为 O_1^D、O_2^D，其坐标分别为 x_{11}^D 及 $x_{21}^D = x_{11}^D + B_{Qf}$，对应的缠度分别为 $\eta_d(x_{11}^D)$、$\eta_d(x_{21}^D)$，由式(6.8.15)可分别求得点 O_2^{Qf} 相对于点 O_1^{Qf} 的转角差、角速度差和角加速度差分别为

$$\Delta\phi(x_1^{Dq}) = \frac{1}{r_d}[y_\eta(x_1^{Dq} + B_{Qf}) - y_\eta(x_1^{Dq})] \tag{6.8.16A}$$

$$\Delta\dot{\phi}(x_1^{Dq}, t) = \frac{\dot{x}_1^{Dq}}{r_d}[y'_\eta(x_1^{Dq} + B_{Qf}) - y'_\eta(x_1^{Dq})] \tag{6.8.16B}$$

$$\Delta\ddot{\phi}(x_1^{Dq}, t) = \frac{1}{r_d}\left\{\begin{aligned}&[y'_\eta(x_1^{Dq} + B_{Qf}) - y'_\eta(x_1^{Dq})]\ddot{x}_1^{Dq}\\ &+ [y''_\eta(x_1^{Dq} + B_{Qf}) - y''_\eta(x_1^{Dq})](\dot{x}_1^{Dq})^2\end{aligned}\right\} \tag{6.8.16C}$$

对等齐膛线，由于缠角沿身管轴线方向为常量，由表 6.8.1 和式(6.8.16)可知在弹带宽度方向上，弹丸旋转角增量 $\Delta\phi$、角速度增量 $\Delta\dot{\phi}$ 和角加速度增量 $\Delta\ddot{\phi}$ 均为零。

渐速膛线和混合膛线中 $\Delta\phi$、$\Delta\dot{\phi}$ 和 $\Delta\ddot{\phi}$ 随弹丸行程的变化规律如图 6.8.5 所示。由图可见，弹丸作为刚体，其刚体角运动的约束条件是弹丸上任意点处的角量（含角位移、角速

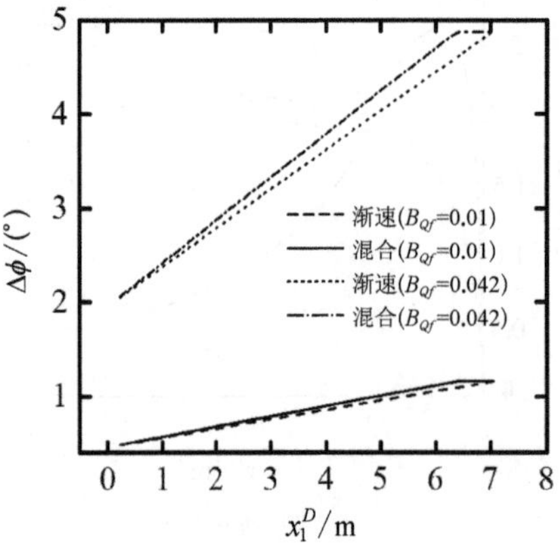

（a）$\Delta\phi$ 与 x_1^D 的关系

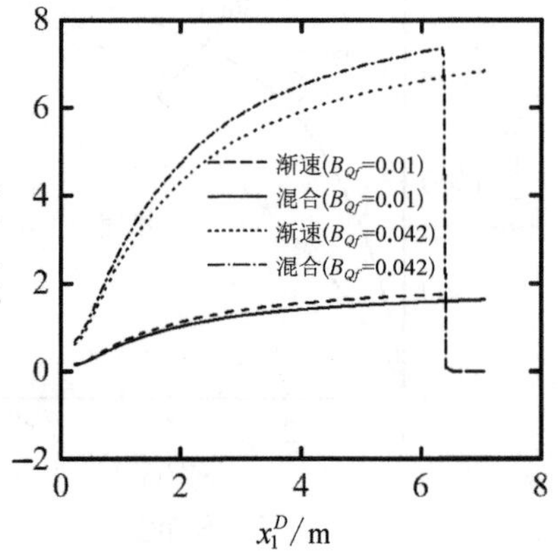

（b）$\Delta\dot{\phi}$ 与 x_1^D 的关系

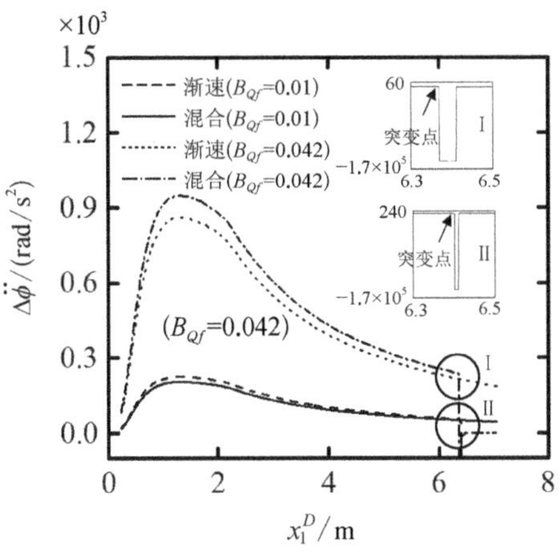

（c）$\Delta\ddot{\phi}$ 与 x_1^D 的关系

图 6.8.5　弹带被强制挤压变形原理图

度和角加速度）均应相等，但与式(6.8.16)给出的 $\Delta\phi \neq 0$、$\Delta\dot{\phi} \neq 0$ 和 $\Delta\ddot{\phi} \neq 0$ 矛盾。解决此矛盾的途径是膛线强制挤压弹带，迫使弹带进一步塑性变形，或弹带相对弹丸本体转动，以确保刚体弹丸角运动唯一的约束条件，这种约束迫使弹带进一步塑性变形，形成冲击力。对渐速膛线，膛线强制挤压弹带的过程贯穿膛内始终；对混合膛线，膛线强制挤压弹带的过程在渐速膛线阶段发生。弹带越宽，膛线强制挤压弹带的程度越严重。

6.9　弹丸运动微分方程

虚功率原理的具体形式与式(6.6.6)相同，具体形式为

$$\begin{aligned}&\int_{\Omega_Q}\rho_Q\delta\dot{\boldsymbol{U}}_Q\cdot\ddot{\boldsymbol{U}}_Q\mathrm{d}V-\int_{\Omega_Q}\delta\dot{\boldsymbol{U}}_Q\cdot\boldsymbol{f}_Q\mathrm{d}V-\int_{S_Q}\delta\dot{\boldsymbol{U}}_Q\cdot\bar{\boldsymbol{f}}_Q\mathrm{d}S+\int_{\Omega_{qf}}\rho_{qf}\,\delta\dot{\boldsymbol{U}}_{Qf}\cdot(\ddot{\boldsymbol{w}}_{Qf}+\boldsymbol{a}_{Q3})\mathrm{d}v\\&\quad+\int_{\Omega_{qf}}\rho_{qf}\,\delta\dot{\boldsymbol{w}}_{Qf}\cdot\ddot{\boldsymbol{U}}_{Qf}\mathrm{d}v+\int_{\Omega_{qf}}\rho_{qf}\,\delta\dot{\boldsymbol{w}}_{Qf}\cdot(\ddot{\boldsymbol{w}}_{Qf}+\boldsymbol{a}_{Q3})\mathrm{d}v-\int_{\Omega_{qf}}\rho_{qf}\,\delta\dot{\boldsymbol{w}}_{Qf}\cdot\boldsymbol{f}_{Qf}\mathrm{d}v\\&\quad-\int_{S_{qf}}\delta\dot{\boldsymbol{w}}_{Qf}\cdot\bar{\boldsymbol{f}}_{Qf}\mathrm{d}s+\int_{\Omega_{qf}}\boldsymbol{\sigma}_{Qf}:\delta\boldsymbol{d}_{Qf}\mathrm{d}v=0\end{aligned}\tag{6.9.1}$$

6.9.1　弹丸刚体运动微分方程

6.9.1.1　*弹丸运动功率计算*

式(6.9.1)左端有四项为弹丸运动产生的功率，记为

$$\begin{aligned}\delta E_v^Q&=\int_{\Omega_Q}\rho_Q\delta\dot{\boldsymbol{U}}_Q\cdot\ddot{\boldsymbol{U}}_Q\mathrm{d}V+\int_{\Omega_{qf}}\rho_{qf}\,\delta\dot{\boldsymbol{U}}_{Qf}\cdot(\ddot{\boldsymbol{w}}_{Qf}+\boldsymbol{a}_{Q3})\mathrm{d}v\\&\quad+\int_{\Omega_{qf}}\rho_{Qf}\,\delta\dot{\boldsymbol{w}}_{Qf}\cdot\ddot{\boldsymbol{U}}_{Qf}\mathrm{d}v+\int_{\Omega_{qf}}\rho_{qf}\,\delta\dot{\boldsymbol{w}}_{Qf}\cdot(\ddot{\boldsymbol{w}}_{Qf}+\boldsymbol{a}_{Q3})\mathrm{d}v\end{aligned}\tag{6.9.2}$$

记

$$\dot{z}_{10}=\boldsymbol{\omega}_{dq}^r,\quad\dot{z}_{11}=\dot{\boldsymbol{x}}_1^{Dq},\quad\dot{z}_{12}=\dot{\boldsymbol{y}}_Q,\quad\dot{z}_{13}=\boldsymbol{\omega}_Q^r,\quad\dot{z}_{14}=\dot{\boldsymbol{W}}_{Qf}\tag{6.9.3A}$$

$$\ddot{z}_{10}=\boldsymbol{\varepsilon}_{dq}^r,\quad\ddot{z}_{11}=\ddot{\boldsymbol{x}}_1^{Dq},\quad\ddot{z}_{12}=\ddot{\boldsymbol{y}}_Q,\quad\ddot{z}_{13}=\boldsymbol{\varepsilon}_{Q1}^r,\quad\ddot{z}_{14}=\ddot{\boldsymbol{W}}_{Qf}\tag{6.9.3B}$$

$$\begin{cases}\tilde{\boldsymbol{b}}_1^Q=\mathbf{1}, \quad \tilde{\boldsymbol{b}}_2^Q=\tilde{\boldsymbol{U}}_A^D+\tilde{\boldsymbol{x}}_{CD}+\tilde{\boldsymbol{x}}_1^{Dq}+\tilde{\boldsymbol{l}}_{Q_E}+\tilde{\boldsymbol{x}}_Q, \quad \tilde{\boldsymbol{b}}_3^Q=\mathbf{1}\\ \tilde{\boldsymbol{b}}_4^Q=\tilde{\boldsymbol{U}}_B^D+\tilde{\boldsymbol{x}}_{CD}+\tilde{\boldsymbol{x}}_1^{Dq}+\tilde{\boldsymbol{l}}_{Q_E}+\tilde{\boldsymbol{x}}_Q, \quad \tilde{\boldsymbol{b}}_5^Q=\mathbf{1}, \quad \tilde{\boldsymbol{b}}_6^Q=\tilde{\boldsymbol{U}}_C^D+\tilde{\boldsymbol{x}}_{CD}+\tilde{\boldsymbol{x}}_1^{Dq}+\tilde{\boldsymbol{l}}_{Q_E}+\tilde{\boldsymbol{x}}_Q\\ \tilde{\boldsymbol{b}}_7^Q=\mathbf{1}, \quad \tilde{\boldsymbol{b}}_8^Q=\tilde{\boldsymbol{x}}_1^{Dq}+\tilde{\boldsymbol{l}}_{Q_E}+\tilde{\boldsymbol{x}}_Q, \quad \tilde{\boldsymbol{b}}_9^Q=[\boldsymbol{Z}_{Da}(\boldsymbol{x}_1^{Dq})\boldsymbol{N}_{Qf}(\boldsymbol{x}_1^{Dq})]^{\mathrm{T}}\\ \tilde{\boldsymbol{b}}_{10}^Q=\tilde{\boldsymbol{l}}_{Q_E}+\tilde{\boldsymbol{x}}_Q, \quad \tilde{\boldsymbol{b}}_{11}^Q=\boldsymbol{F}_{Dq}^T, \quad \tilde{\boldsymbol{b}}_{12}^Q=\mathbf{1}, \quad \tilde{\boldsymbol{b}}_{13}^Q=\tilde{\boldsymbol{l}}_{Q_E}+\tilde{\boldsymbol{x}}_Q\end{cases} \tag{6.9.3C}$$

对弹丸本体速度公式(6.7.11B)中的速度项进行变分,得

$$\delta\dot{\boldsymbol{U}}_Q=\sum_{i=1}^{13}\delta\dot{\boldsymbol{z}}_i\cdot\tilde{\boldsymbol{b}}_i^Q \tag{6.9.4}$$

注意:当 $i=9$ 时,上式中的左点乘 $\delta\dot{\boldsymbol{z}}_9$ 为矩阵 $\delta\dot{\boldsymbol{W}}_D^{\mathrm{T}}$ 运算。

式(6.9.2)中的加速度 $\ddot{\boldsymbol{U}}_Q$ 由式(6.7.11C)给出,$\ddot{\boldsymbol{w}}_{Qf}$ 的表达式由式(6.6.8B)给出,得

$$\ddot{\boldsymbol{U}}_Q=\sum_{i=1}^{13}(\tilde{\boldsymbol{b}}_i^Q)^{\mathrm{T}}\cdot\ddot{\boldsymbol{z}}_i+\boldsymbol{a}_D+\boldsymbol{a}_{Q1}+\boldsymbol{a}_{Q2} \tag{6.9.5}$$

将式(6.9.4)、式(6.9.5)代入式(6.9.2),并进行积分,得

$$\delta E_v^Q=\sum_{i=1}^{13}\delta\dot{\boldsymbol{z}}_i\cdot\left(\sum_{j=1}^{13}\boldsymbol{M}_{ij}^Q\cdot\ddot{\boldsymbol{z}}_j+\boldsymbol{M}_{i(14)}^Q\ddot{\boldsymbol{W}}_{Qf}-\boldsymbol{P}_i^{QI}\right)+\delta\dot{\boldsymbol{W}}_{Qf}^{\mathrm{T}}\left(\sum_{j=1}^{13}\boldsymbol{M}_{(14)j}^Q\cdot\ddot{\boldsymbol{z}}_j+\boldsymbol{M}_{(14)(14)}^Q\ddot{\boldsymbol{W}}_{Qf}-\boldsymbol{P}_{(14)}^{QI}\right) \tag{6.9.6}$$

其中

$$\begin{cases}\boldsymbol{M}_{ij}^Q=\int_{\Omega_Q}\rho_Q\tilde{\boldsymbol{b}}_i^Q\cdot(\tilde{\boldsymbol{b}}_j^Q)^{\mathrm{T}}\mathrm{d}V, \quad i=j=1,2,\cdots,13\\ \boldsymbol{M}_{i(14)}^Q=(\boldsymbol{M}_{(14)i}^Q)^{\mathrm{T}}=\int_{\Omega_{qf}}\rho_{Qf}\tilde{\boldsymbol{b}}_i^Q\cdot\boldsymbol{N}_{Qf}\mathrm{d}v, \quad i=1,2,\cdots,13\\ \boldsymbol{M}_{(14)(14)}^Q=\int_{\Omega_{qf}}\rho_{qf}\boldsymbol{N}_{Qf}^{\mathrm{T}}\cdot\boldsymbol{N}_{Qf}\mathrm{d}v\end{cases} \tag{6.9.7A}$$

$$\begin{cases}\boldsymbol{P}_i^{QI}=-\int_{\Omega_Q}\rho_Q\tilde{\boldsymbol{b}}_i^Q\cdot(\boldsymbol{a}_D+\boldsymbol{a}_{Q1}+\boldsymbol{a}_{Q2})\mathrm{d}V-\int_{\Omega_{Qf}}\rho_{Qf}\tilde{\boldsymbol{b}}_i^Q\cdot\boldsymbol{a}_{Q3}\mathrm{d}v, \quad i=1,2,\cdots,13\\ \boldsymbol{P}_{(14)}^{QI}=-\int_{\Omega_{qf}}\rho_{qf}\boldsymbol{N}_{Qf}^{\mathrm{T}}\cdot(\boldsymbol{a}_D+\boldsymbol{a}_{Q1}+\boldsymbol{a}_{Q2}+\boldsymbol{a}_{Q3})\mathrm{d}v\end{cases} \tag{6.9.7B}$$

$\boldsymbol{M}_{ij}^Q$ 的具体表达式见附录 A,式(6.9.7B)中 $\boldsymbol{P}_i^{QI}(i=1,2,\cdots,14)$ 的具体表达式如下。

$$\begin{cases}\boldsymbol{P}_1^{QI}=\boldsymbol{P}_3^{QI}=\boldsymbol{P}_5^{QI}=\boldsymbol{P}_7^{QI}=\boldsymbol{F}_I^{QI},\\ \boldsymbol{P}_2^{QI}=(\tilde{\boldsymbol{U}}_A^D+\tilde{\boldsymbol{x}}_{CD}+\tilde{\boldsymbol{x}}_1^{Dq}+\tilde{\boldsymbol{l}}_{Q_E})\cdot\boldsymbol{F}_I^{QI}+\boldsymbol{F}_{IV}^{QI}\\ \boldsymbol{P}_4^{QI}=(\tilde{\boldsymbol{U}}_B^D+\tilde{\boldsymbol{x}}_{CD}+\tilde{\boldsymbol{x}}_1^{Dq}+\tilde{\boldsymbol{l}}_{Q_E})\cdot\boldsymbol{F}_I^{QI}+\boldsymbol{F}_{IV}^{QI}\\ \boldsymbol{P}_6^{QI}=(\tilde{\boldsymbol{U}}_C^D+\tilde{\boldsymbol{x}}_{CD}+\tilde{\boldsymbol{x}}_1^{Dq}+\tilde{\boldsymbol{l}}_{Q_E})\cdot\boldsymbol{F}_I^{QI}+\boldsymbol{F}_{IV}^{QI}\\ \boldsymbol{P}_8^{QI}=(\tilde{\boldsymbol{x}}_1^{Dq}+\tilde{\boldsymbol{l}}_{Q_E})\cdot\boldsymbol{F}_I^{QI}+\boldsymbol{F}_{IV}^{QI}\end{cases}$$

$$\begin{cases}\boldsymbol{P}_9^{QI}=[\boldsymbol{Z}_{Dq}\boldsymbol{N}_{Qf}(\boldsymbol{x}_1^{Dq})]^{\mathrm{T}}\cdot\boldsymbol{F}_I^{QI}\\ \boldsymbol{P}_{(10)}^{QI}=\tilde{\boldsymbol{l}}_{Q_E}\cdot\boldsymbol{F}_I^{QI}-\boldsymbol{F}_{IV}^{QI},\ \boldsymbol{P}_{(11)}^{QI}=\boldsymbol{F}_{Dq}^{T}\cdot\boldsymbol{F}_I^{QI}\\ \boldsymbol{P}_{(12)}^{QI}=\boldsymbol{F}_I^{QI},\ \boldsymbol{P}_{(13)}^{QI}=\tilde{\boldsymbol{l}}_{Q_E}\cdot\boldsymbol{F}_I^{QI}+\boldsymbol{F}_{IV}^{QI}\\ \boldsymbol{P}_{(14)}^{QI}=-\int_{\Omega_{qf}}\rho_{qf}(\boldsymbol{N}_{Qf})^{\mathrm{T}}\cdot(\boldsymbol{a}_D+\boldsymbol{a}_{Q1}+\boldsymbol{a}_{Q2}+\boldsymbol{a}_{Q3})\mathrm{d}v\end{cases}\tag{6.9.8A}$$

其中

$$\begin{cases}\boldsymbol{F}_I^{QI}=-\int_{\Omega_Q}\rho_Q(\boldsymbol{a}_D+\boldsymbol{a}_{Q1}+\boldsymbol{a}_{Q2})\mathrm{d}V-\int_{\Omega_{qf}}\rho_{qf}\boldsymbol{a}_{Q3}\mathrm{d}v\\ \quad=-m_Q[\boldsymbol{a}_D+\boldsymbol{a}_{Q1}+\boldsymbol{\mu}_Q\times\boldsymbol{e}_Q+\boldsymbol{\omega}_Q\times(\boldsymbol{\omega}_Q\times\boldsymbol{e}_Q)]-\int_{\Omega_{qf}}\rho_{qf}\boldsymbol{a}_{Q3}\mathrm{d}v\\ \boldsymbol{F}_{IV}^{QI}=-\int_{\Omega_Q}\rho_Q\tilde{\boldsymbol{x}}_Q\cdot(\boldsymbol{a}_D+\boldsymbol{a}_{Q1}+\boldsymbol{a}_{Q2})\mathrm{d}V-\int_{\Omega_{Qf}}\rho_{Qf}\tilde{\boldsymbol{x}}_{Qf}\cdot\boldsymbol{a}_{Q3}\mathrm{d}v\\ \quad=-[m_Q\boldsymbol{e}_Q\cdot(\boldsymbol{a}_D+\boldsymbol{a}_{Q1})+\boldsymbol{I}_Q\cdot\boldsymbol{\mu}_Q+\tilde{\boldsymbol{\omega}}_Q\cdot\boldsymbol{I}_Q\cdot\boldsymbol{\omega}_Q]-\int_{\Omega_{Qf}}\rho_{Qf}\tilde{\boldsymbol{x}}_{Qf}\cdot\boldsymbol{a}_{Q3}\mathrm{d}v\end{cases}$$

(6.9.8B)

在域 Ω_{qf} 上积分的具体表达式,将在第 7 章中讨论。

6.9.1.2　外载荷功率计算

式(6.9.1)左端有四项是作用在弹丸和弹带上的体载荷和面载荷所做的虚功率,记为

$$\delta E_f^Q=\int_{\Omega_Q}\delta\dot{\boldsymbol{U}}_Q\cdot\boldsymbol{f}_Q\mathrm{d}V+\int_{S_Q}\delta\dot{\boldsymbol{U}}_Q\cdot\bar{\boldsymbol{f}}_Q\mathrm{d}S+\int_{\Omega_{qf}}\delta\dot{\boldsymbol{w}}_{Qf}\cdot\boldsymbol{f}_{Qf}\mathrm{d}v+\int_{S_{qf}}\delta\dot{\boldsymbol{w}}_{Qf}\cdot\bar{\boldsymbol{f}}_{Qf}\mathrm{d}s\tag{6.9.9}$$

将式(6.9.4)代入式(6.9.9),并进行积分,得

$$\delta E_f^Q=\sum_{i=1}^{14}(\delta\dot{z}_i\cdot\boldsymbol{P}_i^Q)\tag{6.9.10}$$

式中,$\boldsymbol{P}_i^Q$ 具体表达式为

$$\begin{cases}\boldsymbol{P}_1^Q=\boldsymbol{P}_3^Q=\boldsymbol{P}_5^Q=\boldsymbol{P}_7^Q=\boldsymbol{F}_{II}^Q+\boldsymbol{F}_{III}^Q\\ \boldsymbol{P}_2^Q=(\tilde{\boldsymbol{U}}_A^D+\tilde{\boldsymbol{x}}_{CD}+\tilde{\boldsymbol{x}}_1^{Dq}+\tilde{\boldsymbol{l}}_{Q_E})\cdot(\boldsymbol{F}_{II}^Q+\boldsymbol{F}_{III}^Q)+\boldsymbol{F}_V^Q+\boldsymbol{F}_{VI}^Q\\ \boldsymbol{P}_4^Q=(\tilde{\boldsymbol{U}}_B^D+\tilde{\boldsymbol{x}}_{CD}+\tilde{\boldsymbol{x}}_1^{Dq}+\tilde{\boldsymbol{l}}_{Q_E})\cdot(\boldsymbol{F}_{II}^Q+\boldsymbol{F}_{III}^Q)+\boldsymbol{F}_V^Q+\boldsymbol{F}_{VI}^Q\\ \boldsymbol{P}_6^Q=(\tilde{\boldsymbol{U}}_C^D+\tilde{\boldsymbol{x}}_{CD}+\tilde{\boldsymbol{x}}_1^{Dq}+\tilde{\boldsymbol{l}}_{Q_E})\cdot(\boldsymbol{F}_{II}^Q+\boldsymbol{F}_{III}^Q)+\boldsymbol{F}_V^Q+\boldsymbol{F}_{VI}^Q\\ \boldsymbol{P}_8^Q=(\tilde{\boldsymbol{x}}_1^{Dq}+\tilde{\boldsymbol{l}}_{Q_E})\cdot(\boldsymbol{F}_{II}^Q+\boldsymbol{F}_{III}^Q)+\boldsymbol{F}_V^Q+\boldsymbol{F}_{VI}^Q\\ \boldsymbol{P}_9^Q=[\boldsymbol{Z}_{Dq}\boldsymbol{N}_{Qf}(\boldsymbol{x}_1^{Dq})]^{\mathrm{T}}\cdot(\boldsymbol{F}_{II}^Q+\boldsymbol{F}_{III}^Q)\\ \boldsymbol{P}_{(10)}^Q=\tilde{\boldsymbol{l}}_{Q_E}\cdot(\boldsymbol{F}_{II}^Q+\boldsymbol{F}_{III}^Q)+\boldsymbol{F}_V^Q+\boldsymbol{F}_{VI}^Q\\ \boldsymbol{P}_{(11)}^Q=(\boldsymbol{F}_{Dq})^{\mathrm{T}}\cdot(\boldsymbol{F}_{II}^Q+\boldsymbol{F}_{III}^Q)\\ \boldsymbol{P}_{(12)}^Q=\boldsymbol{F}_{II}^Q+\boldsymbol{F}_{III}^Q\\ \boldsymbol{P}_{(13)}^Q=\tilde{\boldsymbol{l}}_{Q_E}\cdot(\boldsymbol{F}_{II}^Q+\boldsymbol{F}_{III}^Q)+\boldsymbol{F}_V^Q+\boldsymbol{F}_{VI}^Q\\ \boldsymbol{P}_{(14)}^Q=\int_{\Omega_{qf}}(\boldsymbol{N}_{Qf})^{\mathrm{T}}\cdot\boldsymbol{f}_{Qf}\mathrm{d}v+\int_{S_{qf}}(\boldsymbol{N}_{Qf})^{\mathrm{T}}\cdot\bar{\boldsymbol{f}}_{Qf}\mathrm{d}s\end{cases}\tag{6.9.11A}$$

其中

$$\begin{cases} \boldsymbol{F}_{II}^{Q} = \int_{\Omega_Q} \boldsymbol{f}_Q \mathrm{d}V, \quad \boldsymbol{F}_{III}^{Q} = \int_{S_Q} \bar{\boldsymbol{f}}_Q \mathrm{d}S \\ \boldsymbol{F}_{V}^{Q} = \int_{\Omega_Q} \tilde{\boldsymbol{x}}_Q \cdot \boldsymbol{f}_Q \mathrm{d}V, \quad \boldsymbol{F}_{VI}^{Q} = \int_{S_Q} \tilde{\boldsymbol{x}}_Q \cdot \bar{\boldsymbol{f}}_Q \mathrm{d}S \end{cases} \tag{6.9.11B}$$

在域 $\boldsymbol{\Omega}_{qf}$ 上积分的具体表达式,将在第 7 章中讨论。

6.9.1.3 弹丸运动微分方程的建立

将式(6.9.6)、式(6.9.10)、式(6.6.12)代入式(6.9.1),得

$$\sum_{i=1}^{13} \delta \dot{z}_i \cdot \left(\sum_{j=1}^{13} \boldsymbol{M}_{ij}^{Q} \cdot \ddot{z}_j + \boldsymbol{M}_{i(14)}^{Q} \ddot{\boldsymbol{W}}_{Qf} - \boldsymbol{P}_i^{QI} - \boldsymbol{P}_i^{Q} \right) + \delta \dot{\boldsymbol{W}}_{Qf}^{\mathrm{T}} \left(\sum_{j=1}^{13} \boldsymbol{M}_{(14)j}^{Q} \cdot \ddot{z}_j + \boldsymbol{M}_{(14)(14)}^{Q} \ddot{\boldsymbol{W}}_{Qf} + \boldsymbol{P}_{Qf}^{\sigma} - \boldsymbol{P}_{(14)}^{QI} - \boldsymbol{P}_{(14)}^{Q} \right) = 0 \tag{6.9.12}$$

上式对任意虚变量的变分 $\delta \dot{z}_i$、$\delta \dot{\boldsymbol{W}}_{Qf}^{\mathrm{T}}$ 均成立,令与 $\delta \dot{z}_i$、$\delta \dot{\boldsymbol{W}}_{Qf}^{\mathrm{T}}$ 相乘项为零即可满足,经整理得如下一组弹丸刚体运动微分方程:

$$\sum_{j=1}^{13} \boldsymbol{M}_{ij}^{Q} \cdot \ddot{z}_j + \boldsymbol{M}_{i(14)}^{Q} \ddot{\boldsymbol{W}}_{Qf} - \boldsymbol{P}_i^{QI} - \boldsymbol{P}_i^{Q} = 0, \quad i = 1, 2, \cdots, 13 \tag{6.9.13A}$$

$$\sum_{j=1}^{13} \boldsymbol{M}_{(14)j}^{Q} \cdot \ddot{z}_j + \boldsymbol{M}_{(14)(14)}^{Q} \ddot{\boldsymbol{W}}_{Qf} + \boldsymbol{P}_{Qf}^{\sigma} - \boldsymbol{P}_{(14)}^{QI} - \boldsymbol{P}_{(14)}^{Q} = 0 \tag{6.9.13B}$$

式(6.9.13)为弹丸刚体运动与弹带弹塑性运动耦合在一起的弹丸运动方程;式(6.9.13A)第 1 至第 10 个方程为火炮牵连运动方程,最后三个方程为考虑火炮牵连运动的弹丸膛内运动方程;式(6.9.13B)为弹带弹塑性动力学方程,所有在域 $\boldsymbol{\Omega}_{qf}$ 上积分的具体表达式请参见第 7 章。

6.9.2 等效载荷计算

式(6.9.11)给出的作用在弹丸上等效载荷的一般表达式,本节将针对具体的载荷、利用式(6.9.11)给出确定等效载荷表达式。弹丸受力主要有重力、火药气体的作用力、弹前气动力、弹丸本体上下定心部与身管内壁间的碰撞力等。

6.9.2.1 弹丸重力

弹丸的体积重力密度为 $\rho_Q g$,其重力分布为

$$\boldsymbol{f}_Q = -\rho_{Qe} g^{i_G} \boldsymbol{e}_2 - \rho_{Qf} g^{i_G} \boldsymbol{e}_2 \tag{6.9.14}$$

将式(6.9.14)中的 $\boldsymbol{f}_Q$ 代入式(6.9.11),计算得到重力等效载荷表达式中的基本项 $(\boldsymbol{F}_{II}^{Q})_1$、$(\boldsymbol{F}_{V}^{Q})_1$:

$$\begin{aligned} (\boldsymbol{F}_{II}^{Q})_1 &= -m_Q g^{i_G} \boldsymbol{e}_2 \\ (\boldsymbol{F}_{V}^{Q})_1 &= \int_{\Omega_Q} \tilde{\boldsymbol{x}}_Q \cdot \boldsymbol{f}_Q \mathrm{d}V = -m_Q g \tilde{\boldsymbol{e}}_Q \cdot {}^{i_G} \boldsymbol{e}_2 \\ (\boldsymbol{F}_{(14)}^{Q})_1 &= -\int_{\Omega_{qf}} \rho_{qf} g (\boldsymbol{N}_{Qf})^{\mathrm{T}} \cdot {}^{i_G} \boldsymbol{e}_2 \mathrm{d}v \end{aligned} \tag{6.9.15}$$

6.9.2.2　接触碰撞力

1）接触碰撞条件

假定在讨论接触碰撞条件时不考虑身管弹性变形。

图 6.9.1 为弹丸前定心部上任意点 O_{Qt} 的几何示意图，点 O_{Qt} 在坐标系 $\boldsymbol{i}_Q$ 中的位置矢量 $\boldsymbol{x}_{Qt}$ 为

$$\boldsymbol{x}_{Qt} = x_1^{Q\,i_Q}\boldsymbol{e}_1 + r_Q(\cos\vartheta_{Qt}{}^{i_Q}\boldsymbol{e}_2 + \sin\vartheta_{Qt}{}^{i_Q}\boldsymbol{e}_3),\quad x_{11}^Q \leqslant x_1^Q \leqslant x_{21}^Q,\ 0 \leqslant \vartheta \leqslant 2\pi \tag{6.9.16A}$$

式中，r_Q 为定心部半径；x_{11}^Q、x_{21}^Q 分别表示 x_1^Q 在定心部上点 a_{Q1}、a_{Q2} 处的值。

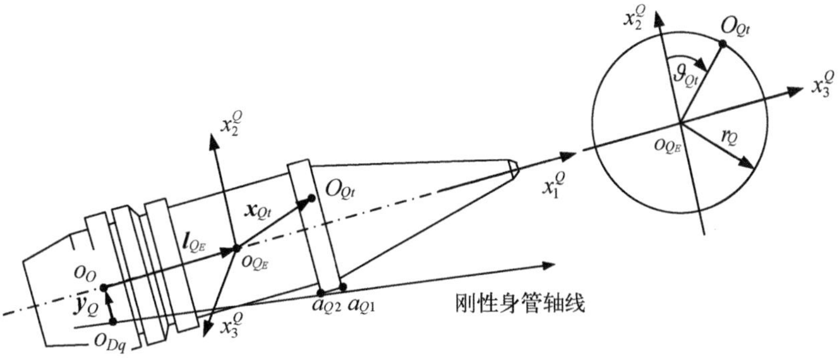

图 6.9.1　弹丸定心部上任意一点 O_{Qt} 几何示意图

点 o_{Dq} 至点 O_{Qt} 的位置矢量为

$$\boldsymbol{U}_{Dq}^{Qt} = U_j^{Qt\,i_D}\boldsymbol{e}_j = \boldsymbol{y}_Q + \boldsymbol{l}_{Q_E} + \boldsymbol{x}_{Qt} \tag{6.9.16B}$$

过点 O_{Qt} 作与坐标系 $\boldsymbol{i}_D$ 平面 $o_D x_2^D x_3^D$ 相平行的横截面 π_{Du}，π_{Du} 与身管轴线的交点为 o'_{Du}、与弹丸轴线的交点为 o'_Q，身管内膛上任意点 O_{Dt} 相对于 o'_{Du} 的位置矢量为

$$\boldsymbol{r}_d = r_d(\cos\vartheta_{Dt}{}^{i_D}\boldsymbol{e}_2 + \sin\vartheta_{Dt}{}^{i_D}\boldsymbol{e}_3) \tag{6.9.17A}$$

π_{Du} 面内弹丸定心部上点 O_{Qt} 相对于 o'_{Q_E} 的位置矢量为

$$\boldsymbol{\delta}_{23}^{Qt} = \Delta_2^{Qt\,i_D}\boldsymbol{e}_2 + \Delta_3^{Qt\,i_D}\boldsymbol{e}_3 \tag{6.9.17B}$$

点 O_{Qt} 相对于点 O_{Dt} 的位置矢量分别为

$$\begin{gathered}\boldsymbol{\delta}_{23}^{Dt} = \delta_2^{Dt\,i_D}\boldsymbol{e}_2 + \delta_3^{Dt\,i_D}\boldsymbol{e}_3\\ \boldsymbol{\delta}_{23}^{Dt} = U_2^{Qt\,i_D}\boldsymbol{e}_2 + U_3^{Qt\,i_D}\boldsymbol{e}_3 - \boldsymbol{r}_d\end{gathered} \tag{6.9.17C}$$

式中，U_2^{Qt}、U_3^{Qt} 由式(6.9.16B)给出。

特别地，若令式(6.9.17C)中 $r_d = 0$、$r_Q = 0$，如图 6.9.2 所示，点 O_{Dt} 退至点 o'_{Du}、点 O_{Qt} 退至点 o'_{Du}，这样 $\boldsymbol{\delta}_{23}^{Dt}$ 退化成 $\boldsymbol{\delta}_{23}^{Dt}(0)$，即

$$\boldsymbol{\delta}_{23}^{Dt}(0) = U_2^{Qt}(0)^{i_D}\boldsymbol{e}_2 - U_3^{Qt}(0)^{i_D}\boldsymbol{e}_3 \tag{6.9.18}$$

式中，$U_2^{Qt}(0)$、$U_3^{Qt}(0)$ 为式(6.9.16B)中 $r_Q = 0$ 时的值。

判断接触与否：

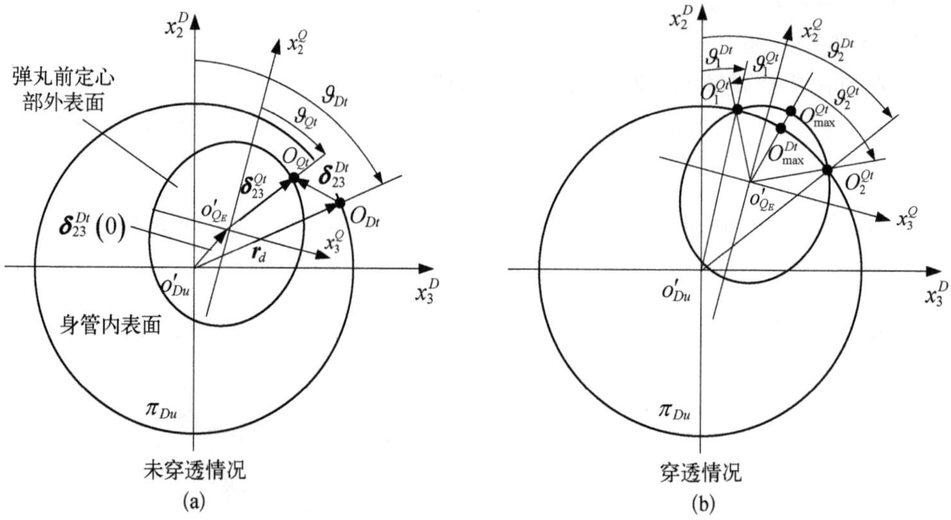

图 6.9.2　穿透量与穿透区域示意图

$$\boldsymbol{\delta}_{23}^{Dt}\cdot\boldsymbol{r}_d=\begin{cases}<0, & \text{无接触碰撞}\\ \geqslant 0, & \text{接触碰撞}\end{cases}\tag{6.9.19}$$

若接触($\boldsymbol{\delta}_{23}^{Dt}\cdot\boldsymbol{r}_d>0$),则一定存在两点 O_1^{Qt}、O_2^{Qt},使 $\|\boldsymbol{\delta}_{23}^{Dt}\|=0$,在弹丸和身管上的定位角(图 6.9.2)分别为

点 O_1^{Qt}:ϑ_1^{Qt}、ϑ_1^{Dt};

点 O_2^{Qt}:ϑ_2^{Qt}、ϑ_2^{Dt}。

同时,也一定存在点 $O_{\max}^{Qt}(\vartheta_{\max}^{Qt}、x_{1\max}^{Q})$、$O_{\max}^{Dt}(\vartheta_{\max}^{Dt}、x_{1\max}^{D})$,使 $\|\boldsymbol{\delta}_{23}^{Dt}\|$ 在该点处达到最大值 $\|\boldsymbol{\delta}_{23}^{Dt}\|_{\max}$,对应的穿透矢量为

$$\boldsymbol{\delta}^*=\boldsymbol{\delta}_{23\max}^{Dt}/\delta_0^*=\delta_2^{*\,i_D}\boldsymbol{e}_2+\delta_3^{*\,i_D}\boldsymbol{e}_3\tag{6.9.20}$$

点 $O_{\max}^{Qt}$、$O_{\max}^{Dt}$ 即为弹丸定心部与身管内膛接触碰撞的位置点,对应的距坐标原点的位置矢量分别记为 $\boldsymbol{x}_{\max}^{Qt}$、$\boldsymbol{x}_{\max}^{Dt}$:

$$\boldsymbol{x}_{\max}^{Qt}=x_{1\max}^{Q}\,{}^{i_Q}\boldsymbol{e}_1+r_Q\cos\vartheta_{\max}^{Qt}\,{}^{i_Q}\boldsymbol{e}_2+r_Q\sin\vartheta_{\max}^{Qt}\,{}^{i_Q}\boldsymbol{e}_3\tag{6.9.21A}$$

$$\boldsymbol{x}_{\max}^{Dt}=(x_1^D+U_1^{DuQt})^{i_D}\boldsymbol{e}_1+r_d\cos\vartheta_{\max}^{Dt}\,{}^{i_D}\boldsymbol{e}_2+r_d\sin\vartheta_{\max}^{Dt}\,{}^{i_D}\boldsymbol{e}_3\tag{6.9.21B}$$

点 $O_{\max}^{Qt}$ 相对于点 $O_{\max}^{Dt}$ 的运动速度由式(6.7.11B)中的最后两项给出:

$$\dot{\boldsymbol{\delta}}_{Dt}^{Qt}=\dot{\boldsymbol{y}}_Q+\boldsymbol{\omega}_Q^r\times(\boldsymbol{l}_{Q_E}+\boldsymbol{x}_{\max}^{Qt})\tag{6.9.22}$$

碰撞点的法向矢量为

$$\boldsymbol{n}_{Qt}=\cos\vartheta_{\max}^{Qt}\,{}^{i_Q}\boldsymbol{e}_2+\sin\vartheta_{\max}^{Qt}\,{}^{i_Q}\boldsymbol{e}_3\tag{6.9.23A}$$

$\dot{\boldsymbol{\delta}}_{Dt}^{Qt}$ 在法向 $\boldsymbol{n}_{Qt}$ 平面内的分量 $\dot{\boldsymbol{\delta}}_\tau$ 为

$$\dot{\boldsymbol{\delta}}_\tau=\dot{\boldsymbol{\delta}}_{Dt}^{Qt}-(\dot{\boldsymbol{\delta}}_{Dt}^{Qt}\cdot\boldsymbol{n}_{Qt})\boldsymbol{n}_{Qt}\tag{6.9.23B}$$

$\dot{\boldsymbol{\delta}}_\tau$ 方向的单位矢量为

$$\boldsymbol{\tau}_{Qt} = \dot{\boldsymbol{\delta}}_{\tau} / \| \dot{\boldsymbol{\delta}}_{\tau} \| \tag{6.9.23C}$$

这样 $\dot{\boldsymbol{\delta}}_{\tau}$ 还可以写成以下形式：

$$\dot{\boldsymbol{\delta}}_{\tau} = v_{Qt} \boldsymbol{\tau}_{Qt} \tag{6.9.24}$$

2）接触碰撞力

如图 6.9.3 所示，以弹丸碰撞点外表面的法向矢量为基准，身管对弹丸本体的碰撞力具有以下形式：

$$\boldsymbol{F}_{Qt} = - F_{Qt} [\boldsymbol{n}_{Qt} + \text{sign}(v_{Qt}) \mu_T \boldsymbol{\tau}_{Qt}] \tag{6.9.25}$$

式中考虑了环向摩擦力的影响，其原因是弹丸在与身管内膛碰撞时有较高的环向速度，F_{Qt} 的计算公式见(8.2.4)，μ_T 为摩擦系数。

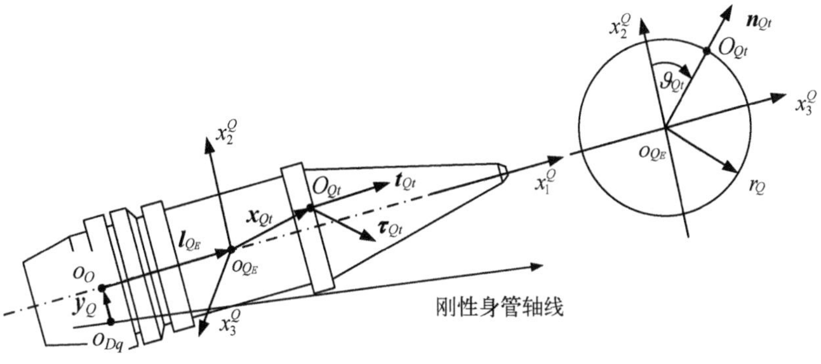

图 6.9.3　弹丸定心部对身管的碰撞力示意图

$\boldsymbol{F}_{Qt}$ 可以看成是作用在碰撞点 O_{Qt} 附件一小区域内的分布力：

$$(\boldsymbol{f}_Q)_2 = \boldsymbol{F}_{Qt} \cdot \delta(\boldsymbol{x}_Q - \boldsymbol{x}_{Qt}) \tag{6.9.26A}$$

将式(6.9.26A)中的 $(\boldsymbol{f}_Q)_2$ 代入式(6.9.11)，计算得到碰撞力等效载荷表达式中的基本项 $(\boldsymbol{F}_{II}^Q)_2$、$(\boldsymbol{F}_V^Q)_2$：

$$(\boldsymbol{F}_{II}^Q)_2 = \boldsymbol{F}_{Qt} \tag{6.9.26B}$$

$$(\boldsymbol{F}_V^Q)_2 = \tilde{\boldsymbol{x}}_{Qt} \cdot \boldsymbol{F}_{Qt} \tag{6.9.26C}$$

6.9.2.3　弹底火药气体压力

如图 6.6.6 所示，火药气体压力 p_{Qd}（见第 3 章中弹底压力 p_d 的计算公式）均匀分布在弹丸底部及其船尾部表面，其表达式如下：

$$(\bar{\boldsymbol{f}}_Q)_1 = - p_{Qd} \boldsymbol{n}_Q \tag{6.9.27A}$$

将式(6.9.27A)中的 $(\bar{\boldsymbol{f}}_Q)_1$ 代入式(6.9.11)，仅在弹丸表面 S_Q 上积分，计算得到弹底火药气体压力等效载荷表达式中的基本项 $(\boldsymbol{F}_{III}^Q)_1$、$(\boldsymbol{F}_{VI}^Q)_1$：

$$(\boldsymbol{F}_{III}^Q)_1 = - p_{Qd} \int_{x_{11}^Q}^{x_{12}^Q} \int_0^{2\pi} \boldsymbol{n}_Q f_1^Q(x_1^Q) \, \mathrm{d}\vartheta_Q \mathrm{d}x_1^Q = p_{Qd} A_S {}^{i_Q}\boldsymbol{e}_1 = \boldsymbol{F}_{Qd} \tag{6.9.27B}$$

$$(\boldsymbol{F}_{VI}^Q)_1 = - p_{Qd} \int_{x_{11}^Q}^{x_{12}^Q} \int_0^{2\pi} \tilde{\boldsymbol{x}}_Q \cdot \boldsymbol{n}_Q f_1^Q(x_1^Q) \, \mathrm{d}\vartheta_Q \mathrm{d}x_1^Q = \boldsymbol{0} \tag{6.9.27C}$$

6.9.2.4　弹前空气阻力

弹丸在膛内运动过程中，由于弹带的闭气密封作用，弹丸前部膛内空气气流不能向弹带后部运动，因此可忽略弹尾部涡阻、波阻的影响，弹丸表面的摩擦阻力影响也相对较小，但弹丸头部波阻的影响最大。弹丸在膛内火药气体作用下向前加速运动，不断压缩弹前空气柱，从而形成一系列压缩波。由于后一个压缩波的传播速度总比前一个大，压缩波很快收敛并在弹前某处形成重波，通常可将弹丸受到的阻力描述成空气柱冲击波阻力，也就是用头部波阻 p_{Qk} 来描述，见图 6.9.4。具体计算公式如下：

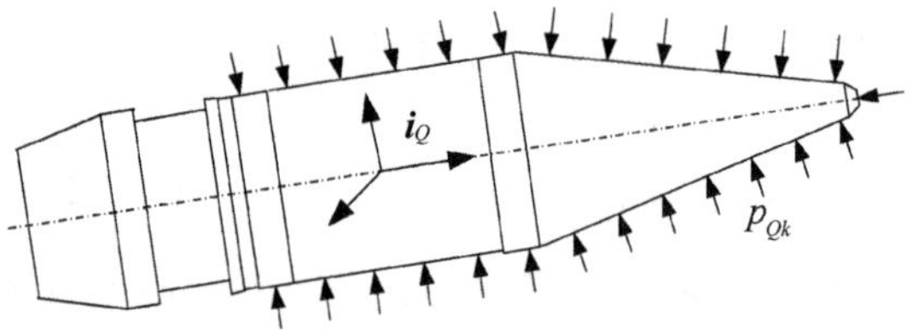

图 6.9.4　作用在弹丸前部的空气阻力

$$p_{Qk} = \frac{\rho_{Qk} c_{Qk}^2}{k_{Qk}} \left[1 + \frac{k_{Qk}(k_{Qk}+1)}{4} \left(\frac{\dot{s}}{c_{Qk}} \right)^2 + k_{Qk} \frac{\dot{s}}{c_{Qk}} \sqrt{1 + \left(\frac{k_{Qk}+1}{4} \right)^2 \left(\frac{\dot{s}}{c_{Qk}} \right)^2} \right] \tag{6.9.28}$$

式中，c_{Qk}、ρ_{Qk} 分别是冲击波前未扰动气体的音速和质量密度；k_{Qk} 为比热比，对空气来说 $k_{Qk} = 1.404$。

与 6.9.2.3 节的推导过程完全相同，面力的表达式如下：

$$(\bar{\boldsymbol{f}}_Q)_2 = -p_{Qk}\boldsymbol{n}_Q \tag{6.9.29A}$$

将式(6.9.29A)中的 $(\bar{\boldsymbol{f}}_Q)_2$ 代入式(6.9.11)，仅在弹丸表面 S_Q 上积分，计算得到弹前空气阻力等效载荷表达式中的基本项 $(\boldsymbol{F}_{III}^Q)_2$、$(\boldsymbol{F}_{VI}^Q)_2$：

$$(\boldsymbol{F}_{III}^Q)_2 = -p_{Qk}\int_{x_{13}^Q}^{x_{14}^Q}\int_0^{2\pi}\boldsymbol{n}_Q f_1^Q(x_1^Q)\,\mathrm{d}\vartheta_Q\mathrm{d}x_1^Q = -p_{Qk}A_S{}^{i_Q}\boldsymbol{e}_1 = \boldsymbol{F}_{Qk} \tag{6.9.29B}$$

$$(\boldsymbol{F}_{VI}^Q)_2 = -p_{Qk}\int_{x_{13}^Q}^{x_{14}^Q}\int_0^{2\pi}\tilde{\boldsymbol{x}}_Q\cdot\boldsymbol{n}_Q f_1^Q(x_1^Q)\,\mathrm{d}\vartheta_Q\mathrm{d}x_1^Q = \boldsymbol{0} \tag{6.9.29C}$$

式中，x_{13}^Q、x_{14}^Q 为压力作用的区间。

6.9.2.5　膛线对弹带的作用力

身管对弹带的作用可直接引用第 6.6.4.2 节中式(6.6.41C)~式(6.6.41E)的结果：

$$(\boldsymbol{F}_{III}^Q)_3 = -\int_{x_{1\min}^D}^{x_{1\max}^D}\sum_{k=1}^{n_T}\left(\begin{aligned}&\int_{r_d}^{r_y}p_{1kn}^{Qf}[\boldsymbol{n}_{1k}^{Qf}+\mu_t\mathrm{sign}(v_{1kt}^{qf})\boldsymbol{t}_{4k}^{Qf}+\mu_\tau\mathrm{sign}(v_{1k\tau}^{qf})\boldsymbol{\tau}_{1k}^{Qf}]\,\mathrm{d}r\\&+r_y\int_0^{\Delta\beta_2}p_{2kn}^{Qf}[\boldsymbol{n}_{2k}^{Qf}+\mu_t\mathrm{sign}(v_{2kt}^{qf})\boldsymbol{t}_{2k}^{Qf}+\mu_\tau\mathrm{sign}(v_{2k\tau}^{qf})\boldsymbol{\tau}_{2k}^{Qf}]\,\mathrm{d}\vartheta_{Dh}\\&+\int_{r_d}^{r_y}p_{3kn}^{Qf}[\boldsymbol{n}_{3k}^{Qf}+\mu_t\mathrm{sign}(v_{3kt}^{qf})\boldsymbol{t}_{3k}^{Qf}+\mu_\tau\mathrm{sign}(v_{3k\tau}^{qf})\boldsymbol{\tau}_{3k}^{Qf}]\,\mathrm{d}r\\&+r_d\int_0^{\Delta\beta_1}p_{4kn}^{Qf}[\boldsymbol{n}_{4k}^{Qf}+\mu_t\mathrm{sign}(v_{4kt}^{qf})\boldsymbol{t}_{4k}^{Qf}+\mu_\tau\mathrm{sign}(v_{4k\tau}^{qf})\boldsymbol{\tau}_{4k}^{Qf}]\,\mathrm{d}\vartheta_{Dh}\end{aligned}\right)\mathrm{d}x_1^{Dh} = \boldsymbol{F}_{Qq} \tag{6.9.30A}$$

若将 $\boldsymbol{x}_{jk}^{Qf}$ 分解成 $\boldsymbol{x}_{jk}^{Qf} = -\boldsymbol{l}_{Q_E} + \bar{\boldsymbol{x}}_{jk}^{Qf}$，则式(6.6.41D)可以改写成

$$
(\boldsymbol{F}_{VI}^{Q})_3 = -\tilde{\boldsymbol{l}}_{Q_E} \cdot \boldsymbol{F}_{Qq} + \boldsymbol{M}_{Qq}
$$

$$
= -\int_{x_{1\min}^{D}}^{x_{1\max}^{D}} \sum_{k=1}^{n_T} \left(\begin{aligned} &\int_{r_d}^{r_y} p_{1kn}^{Qf} \tilde{\boldsymbol{x}}_{1k}^{Qf} \cdot [\boldsymbol{n}_{1k}^{Qf} + \mu_t \mathrm{sign}(v_{1kt}^{qf}) \boldsymbol{t}_{1k}^{Qf} + \mu_\tau \mathrm{sign}(v_{1k\tau}^{qf}) \boldsymbol{\tau}_{1k}^{Qf}] \mathrm{d}r \\ &+ r_y \int_0^{\Delta\beta_2} p_{2kn}^{Qf} \tilde{\boldsymbol{x}}_{2k}^{Qf} \cdot [\boldsymbol{n}_{2k}^{Qf} + \mu_t \mathrm{sign}(v_{2kt}^{qf}) \boldsymbol{t}_{2k}^{Qf} + \mu_\tau \mathrm{sign}(v_{2k\tau}^{qf}) \boldsymbol{\tau}_{2k}^{Qf}] \mathrm{d}\vartheta_{Dh} \\ &+ \int_{r_d}^{r_y} p_{3kn}^{Qf} \tilde{\boldsymbol{x}}_{3k}^{Qf} \cdot [\boldsymbol{n}_{3k}^{Qf} + \mu_t \mathrm{sign}(v_{3kt}^{qf}) \boldsymbol{t}_{3k}^{Qf} + \mu_\tau \mathrm{sign}(v_{3k\tau}^{qf}) \boldsymbol{\tau}_{3k}^{Qf}] \mathrm{d}r \\ &+ r_d \int_0^{\Delta\beta_1} p_{4kn}^{Qf} \tilde{\boldsymbol{x}}_{4k}^{Qf} \cdot [\boldsymbol{n}_{4k}^{Qf} + \mu_t \mathrm{sign}(v_{4kt}^{qf}) \boldsymbol{t}_{4k}^{Qf} + \mu_\tau \mathrm{sign}(v_{4k\tau}^{qf}) \boldsymbol{\tau}_{4k}^{Qf}] \mathrm{d}\vartheta_{Dh} \end{aligned} \right) \mathrm{d}x_1^{Dh}
\tag{6.9.30B}
$$

式中，$\boldsymbol{M}_{Qq}$ 为膛线对弹带界面作用力对点 o_Q 的矩。

$$
(\boldsymbol{F}_{(14)}^{Q})_2 = \boldsymbol{F}_{Qq}
$$

$$
= -\int_{x_{1\min}^{D}}^{x_{1\max}^{D}} \sum_{k=1}^{n_T} \boldsymbol{N}_{Qf}^{\mathrm{T}} \cdot \left(\begin{aligned} &\int_{r_d}^{r_y} p_{1kn}^{Qf} [\boldsymbol{n}_{1k}^{Qf} + \mu_t \mathrm{sign}(v_{1kt}^{qf}) \boldsymbol{t}_{1k}^{Qf} + \mu_\tau \mathrm{sign}(v_{1k\tau}^{qf}) \boldsymbol{\tau}_{1k}^{Qf}] \mathrm{d}r \\ &+ r_y \int_0^{\Delta\beta_2} p_{2kn}^{Qf} [\boldsymbol{n}_{2k}^{Qf} + \mu_t \mathrm{sign}(v_{2kt}^{qf}) \boldsymbol{t}_{2k}^{Qf} + \mu_\tau \mathrm{sign}(v_{2k\tau}^{qf}) \boldsymbol{\tau}_{2k}^{Qf}] \mathrm{d}\vartheta_{Dh} \\ &+ \int_{r_d}^{r_y} p_{3kn}^{Qf} [\boldsymbol{n}_{3k}^{Qf} + \mu_t \mathrm{sign}(v_{3kt}^{qf}) \boldsymbol{t}_{3k}^{Qf} + \mu_\tau \mathrm{sign}(v_{3k\tau}^{qf}) \boldsymbol{\tau}_{3k}^{Qf}] \mathrm{d}r \\ &+ r_d \int_0^{\Delta\beta_1} p_{4kn}^{Qf} [\boldsymbol{n}_{4k}^{Qf} + \mu_t \mathrm{sign}(v_{4kt}^{qf}) \boldsymbol{t}_{4k}^{Qf} + \mu_\tau \mathrm{sign}(v_{4k\tau}^{qf}) \boldsymbol{\tau}_{4k}^{Qf}] \mathrm{d}\vartheta_{Dh} \end{aligned} \right) \mathrm{d}x_1^{Dh}
\tag{6.9.30C}
$$

6.9.3 等效载荷合成

将上述体积载荷和面积载荷形成的等效载荷代入式(6.9.11)中的基本项，经整理得到基本项的表达式为

$$
\begin{cases} \boldsymbol{P}_{II}^{Q} = -m_Q g^{i_G}\boldsymbol{e}_2 + \boldsymbol{F}_{Qt} \\ \boldsymbol{P}_{III}^{Q} = \boldsymbol{F}_{Qd} + \boldsymbol{F}_{Qk} + \boldsymbol{F}_{Qq} \\ \boldsymbol{P}_{V}^{Q} = -m_Q g \tilde{\boldsymbol{e}}_Q \cdot {}^{i_G}\boldsymbol{e}_2 + \tilde{\boldsymbol{x}}_{Qt} \cdot \boldsymbol{F}_{Qt} \\ \boldsymbol{P}_{VI}^{Q} = -\tilde{\boldsymbol{l}}_{Q_E} \cdot \boldsymbol{F}_{Qq} + \boldsymbol{M}_{Qq} \end{cases}
\tag{6.9.31A}
$$

再将式(6.9.31A)代入式(6.9.11)中的等效载荷项 $\boldsymbol{P}_j^Q(j=1,\ 2,\ \cdots,\ 13)$，即可获得作用在刚体弹丸上的等效载荷。

作用在弹塑性弹带上的等效载荷为

$$
\boldsymbol{P}_{(14)}^{Q} = -\int_{\Omega_{qf}} \rho_{qf} g\ (\boldsymbol{N}_{Qf})^{\mathrm{T}} \cdot {}^{i_G}\boldsymbol{e}_2 \mathrm{d}v + \boldsymbol{F}_{Qq}
\tag{6.9.31B}
$$

6.9.4 弹丸运动微分方程讨论

6.9.4.1 平动运动

若不考虑身管的弹性弯曲作用,式(6.9.13A)中第11和第12个方程为弹丸膛内平动运动方程,展开得如下具体表达式:

$$\boldsymbol{M}^{Q}_{(11)(11)} \cdot \ddot{\boldsymbol{x}}^{Dq}_{1} + \boldsymbol{M}^{Q}_{(11)(12)} \cdot \ddot{\boldsymbol{y}}_{Q} + \boldsymbol{M}^{Q}_{(11)(13)} \cdot \boldsymbol{\varepsilon}^{r}_{Q} + \boldsymbol{M}^{Q}_{(11)(14)} \ddot{\boldsymbol{W}}_{Qf} + \boldsymbol{P}^{GI}_{(11)} - \boldsymbol{P}^{QI}_{(11)} = \boldsymbol{P}^{Q}_{(11)} \tag{6.9.32A}$$

$$\boldsymbol{M}^{Q}_{(12)(11)} \cdot \ddot{\boldsymbol{x}}^{Dq}_{1} + \boldsymbol{M}^{Q}_{(12)(12)} \cdot \ddot{\boldsymbol{y}}_{Q} + \boldsymbol{M}^{Q}_{(12)(13)} \cdot \boldsymbol{\varepsilon}^{r}_{Q} + \boldsymbol{M}^{Q}_{(12)(14)} \ddot{\boldsymbol{W}}_{Qf} + \boldsymbol{P}^{GI}_{(12)} - \boldsymbol{P}^{QI}_{(12)} = \boldsymbol{P}^{Q}_{(12)} \tag{6.9.32B}$$

上式右端载荷的具体表达式为

$$\boldsymbol{P}^{Q}_{(11)} = \boldsymbol{P}^{Q}_{(12)} = -m_{Q} g^{i_G} \boldsymbol{e}_{2} + \boldsymbol{F}_{Qd} + \boldsymbol{F}_{Qk} + \boldsymbol{F}_{Qt} + \boldsymbol{F}_{Qq} \tag{6.9.33}$$

式(6.9.32)中 $\boldsymbol{P}^{GI}_{(11)}$、$\boldsymbol{P}^{GI}_{(12)}$ 为火炮发射牵连运动引起弹丸沿身管轴线和横向运动的惯性载荷,具体表达式为

$$\begin{aligned}\boldsymbol{P}^{GI}_{(11)} = {} & \boldsymbol{M}^{Q}_{(11)1} \cdot \ddot{\boldsymbol{U}}^{A}_{G} + \boldsymbol{M}^{Q}_{(11)2} \cdot \boldsymbol{\varepsilon}^{r}_{A1} + \boldsymbol{M}^{Q}_{(11)3} \cdot \ddot{\boldsymbol{x}}_{AB} + \boldsymbol{M}^{Q}_{(11)4} \cdot \boldsymbol{\varepsilon}^{r}_{B1} + \boldsymbol{M}^{Q}_{(11)5} \cdot \ddot{\boldsymbol{x}}_{BC} \\ & + \boldsymbol{M}^{Q}_{(11)6} \cdot \boldsymbol{\varepsilon}^{r}_{C1} + \boldsymbol{M}^{Q}_{(11)7} \cdot \ddot{\boldsymbol{x}}_{CD} + \boldsymbol{M}^{Q}_{(11)8} \cdot \boldsymbol{\varepsilon}^{r}_{D1}\end{aligned} \tag{6.9.34A}$$

$$\begin{aligned}\boldsymbol{P}^{GI}_{(12)} = {} & \boldsymbol{M}^{Q}_{(12)1} \cdot \ddot{\boldsymbol{U}}^{A}_{G} + \boldsymbol{M}^{Q}_{(12)2} \cdot \boldsymbol{\varepsilon}^{r}_{A1} + \boldsymbol{M}^{Q}_{(12)3} \cdot \ddot{\boldsymbol{x}}_{AB} + \boldsymbol{M}^{Q}_{(12)4} \cdot \boldsymbol{\varepsilon}^{r}_{B1} + \boldsymbol{M}^{Q}_{(12)5} \cdot \ddot{\boldsymbol{x}}_{BC} \\ & + \boldsymbol{M}^{Q}_{(12)6} \cdot \boldsymbol{\varepsilon}^{r}_{C1} + \boldsymbol{M}^{Q}_{(12)7} \cdot \ddot{\boldsymbol{x}}_{CD} + \boldsymbol{M}^{Q}_{(12)8} \cdot \boldsymbol{\varepsilon}^{r}_{D1}\end{aligned} \tag{6.9.34B}$$

由式(6.9.32)和式(6.9.33)可知,影响弹丸膛内沿身管轴线运动 $\boldsymbol{x}^{Dq}_{1}$、横向运动 $\boldsymbol{y}_{Q}$ 的因素主要有以下三个方面。

(1) 全炮牵连运动。全炮牵连运动反映在惯性载荷项 $\boldsymbol{P}^{GI}_{(11)}$、$\boldsymbol{P}^{GI}_{(12)}$、$\boldsymbol{P}^{QI}_{(11)}$、$\boldsymbol{P}^{QI}_{(12)}$ 中,若这些项被移至方程的右端可以理解为方程右端的载荷项,其中火炮角运动影响最大,从附录A的质量矩阵表达式中可以看出,位置矢量的放大效应增加了角运的影响。第5章中也讨论过控制火炮的发射稳定性问题,其目的就是控制火炮的牵连角运动。

(2) 外载荷。作用在弹丸上的外载荷主要有弹尾作用力 $\boldsymbol{F}_{Qd}$、身管内表面对弹丸上定心部的约束碰撞力 $\boldsymbol{F}_{Qt}$ 和膛线对弹带的约束力 $\boldsymbol{F}_{Qq}$。由于 $\boldsymbol{F}_{Qd}$ 的作用方向是沿着弹丸轴线方向,当弹轴与身管轴线不平行时,$\boldsymbol{F}_{Qd}$ 在垂直身管轴线的横向产生分量,形成弹丸的横向运动 $\boldsymbol{y}_{Q}$,$\dot{\boldsymbol{y}}_{Q}$ 直接影响弹丸偏角 $\Psi = \psi_{1} + \mathrm{i}\psi_{2}$ 的大小,若 $\dot{\boldsymbol{y}}_{Q}$ 较大,意味着 Ψ 就大,弹丸的横向散布就很大;控制弹轴与身管轴线的平行度就能控制弹丸的横向运动。$\boldsymbol{F}_{Qt}$ 直接产生作用在弹丸上的横向分量,若 $\boldsymbol{F}_{Qt}$ 是瞬间产生,必然产生撞击速度 $\dot{\boldsymbol{y}}_{Q}$,控制弹丸膛内运动的稳定性就能控制 $\boldsymbol{F}_{Qt}$。在弹丸对称运动情况下 $\boldsymbol{F}_{Qq}$ 仅存在于身管轴线方向,但弹丸不对称运动是常态,只有控制弹丸膛内运动的稳定性才能减少 $\boldsymbol{F}_{Qq}$ 的横向分量。

(3) 弹丸角运动。由于膛内运动的非对称性,攻角必然存在,且由于攻角运动影响载荷 $\boldsymbol{F}_{Qd}$、$\boldsymbol{F}_{Qq}$、$\boldsymbol{F}_{Qt}$,这些载荷反过来又影响攻角运动,因此是一个耦合过程。影响弹丸角运动的重要因素是卡膛初始条件和膛线特征。

6.9.4.2 角运动

选择弹丸质心 O_{Q_G} 为基点来讨论其角运动,作变换 $\boldsymbol{x}_{Q} = \boldsymbol{e}_{Q} + \bar{\boldsymbol{x}}_{Q}$,$\bar{\boldsymbol{x}}_{Q}$ 为弹丸质心至其

上任意点的位置矢量，$\boldsymbol{e}_Q$ 为弹丸质心位置，$\bar{\boldsymbol{I}}_Q$ 为弹丸绕质心的转动惯量。将 $\tilde{\boldsymbol{l}}_{Q_E}+\tilde{\boldsymbol{e}}_Q$ 左点乘式(6.9.32A)得结果①，将式(6.9.13A)中第 13 个方程减去结果①，并利用附录 A 中弹丸质量矩阵的特点，经简化运算，得

$$\begin{aligned}&\bar{\boldsymbol{I}}_Q\cdot(\boldsymbol{\varepsilon}_{A1}^r+\boldsymbol{\varepsilon}_{B1}^r+\boldsymbol{\varepsilon}_{C1}^r+\boldsymbol{\varepsilon}_{D1}^r+\boldsymbol{\varepsilon}_Q^r+\boldsymbol{\mu}_D+\boldsymbol{\mu}_Q^r)+\tilde{\boldsymbol{\omega}}_Q\cdot\bar{\boldsymbol{I}}_Q\cdot\boldsymbol{\omega}_Q+\boldsymbol{G}_Q\\&=-\tilde{\boldsymbol{e}}_Q\cdot(\boldsymbol{F}_{Qd}+\boldsymbol{F}_{Qk})+\tilde{\bar{\boldsymbol{x}}}_{Qt}\cdot\boldsymbol{F}_{Qt}-(\tilde{\boldsymbol{l}}_{Q_E}+\tilde{\boldsymbol{e}}_Q)\cdot\boldsymbol{F}_{Qq}+\boldsymbol{M}_{Qq}\end{aligned}\tag{6.9.35}$$

式中，$\bar{\boldsymbol{x}}_{Qt}$ 为弹丸质心值接触碰撞点 O_{Qt} 的位置矢量；$\boldsymbol{G}_Q$ 为弹带弹塑性变形引起的力矩，具体表达式为

$$\boldsymbol{G}_Q=\left(\int_{\Omega_{Qf}}\rho_{Qf}\tilde{\boldsymbol{x}}_{Qf}\cdot\boldsymbol{N}_{Qf}\mathrm{d}V+\tilde{\boldsymbol{l}}_{Q_E}\cdot\boldsymbol{N}_{Qf}\right)\ddot{\boldsymbol{W}}_{Qf}+\int_{\Omega_{Qf}}2\rho_{Qf}\tilde{\boldsymbol{x}}_{Qf}\cdot\tilde{\boldsymbol{\omega}}_Q\cdot\dot{\boldsymbol{w}}_{Qf}\mathrm{d}V\tag{6.9.36}$$

式(6.9.35)为弹丸膛内运动的纯转动运动方程，左端为转动惯性载荷，右端为作用在弹丸上外力矩，弹丸角运动是由右端的载荷矩引起的。影响弹丸膛内角运动的因素主要有以下三个方面。

(1) 若弹丸没有偏心 $\boldsymbol{e}_Q=\mathbf{0}$、没有碰撞 $\boldsymbol{F}_{Qt}=\mathbf{0}$，则式(6.9.35)右端的主动力矩项 $-\tilde{\boldsymbol{e}}_Q\cdot(\boldsymbol{F}_{Qd}+\boldsymbol{F}_{Qk})+\tilde{\bar{\boldsymbol{x}}}_{Qt}\cdot\boldsymbol{F}_{Qt}$ 为零，此时弹丸相对角运动 $\boldsymbol{\varepsilon}_Q^r+\boldsymbol{\mu}_Q^r$ 与弹丸膛内运动速度 $\ddot{\boldsymbol{x}}_1^{Dq}$、$\ddot{\boldsymbol{y}}_Q$，身管牵连角运动 $\boldsymbol{\varepsilon}_D=\boldsymbol{\varepsilon}_{A1}^r+\boldsymbol{\varepsilon}_{B1}^r+\boldsymbol{\varepsilon}_{C1}^r+\boldsymbol{\varepsilon}_{D1}^r+\boldsymbol{\mu}_D$ 有关。$\ddot{\boldsymbol{x}}_1^{Dq}$ 通过膛线约束关系式(6.8.14)与 $\ddot{\phi}^{i_Q}\boldsymbol{e}_1$ 和 $\dot{\phi}^{i_Q}\boldsymbol{e}_1$ 有关；$\ddot{\boldsymbol{y}}_Q$ 存在使弹带形成不对称变形(见图 6.9.5 中阴影区)，身管内膛表面对弹带的约束力不对称，诱发附加约束反力矩，成为 $(\tilde{\boldsymbol{l}}_{Q_E}+\tilde{\boldsymbol{e}}_Q)\cdot\boldsymbol{F}_{Qq}+\boldsymbol{M}_{Qq}$ 中的迫使弹丸产生附加摆动运动 $\ddot{\kappa}_2{}^{i_Q}\boldsymbol{e}_2$、$\ddot{\kappa}_1{}^{i_Q}\boldsymbol{e}_3$、$\dot{\kappa}_2{}^{i_Q}\boldsymbol{e}_2$、$\dot{\kappa}_1{}^{i_Q}\boldsymbol{e}_3$ 的成因之一。身管的牵连惯性 $\bar{\boldsymbol{I}}_Q\cdot\boldsymbol{\varepsilon}_D$ 项作为式(6.9.35)的左端惯性载荷项，与 $\boldsymbol{\omega}_D$ 一起通过 $\tilde{\boldsymbol{\omega}}_Q\cdot\bar{\boldsymbol{I}}_Q\cdot\boldsymbol{\omega}_Q$ 项，共同激励 $\boldsymbol{\varepsilon}_Q^r+\boldsymbol{\mu}_Q^r$。由此可见，控制身管牵连角运动 $\boldsymbol{\omega}_D$、$\boldsymbol{\varepsilon}_D$，控制弹丸的横向运动 $\ddot{\boldsymbol{y}}_Q$，控制弹丸偏心距 $\boldsymbol{e}_Q$，控制 $\ddot{\boldsymbol{x}}_1^{Dq}$ 与 $\ddot{\phi}^{i_Q}\boldsymbol{e}_1$ 的约束关系，就能达到控制弹丸膛内相对角运动 $\boldsymbol{\omega}_Q^r$、$\boldsymbol{\varepsilon}_Q^r+\boldsymbol{\mu}_Q^r$ 的目的。

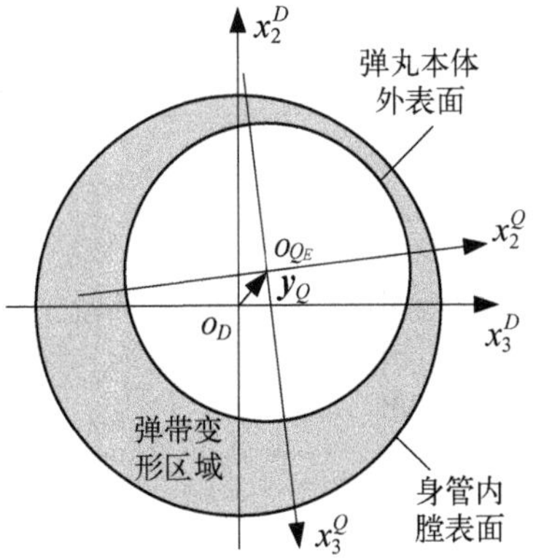

图 6.9.5　弹带膛内的非对称变形示意图

(2) 弹丸质量偏心距 $\boldsymbol{e}_Q$ 虽小，但诱发的附加力矩项 $\tilde{\boldsymbol{e}}_Q\cdot(\boldsymbol{F}_{Qd}+\boldsymbol{F}_{Qt}+\boldsymbol{F}_{Qk}+\boldsymbol{F}_{Qq})$ 量级很大，影响弹丸角运动。其中 $\tilde{\boldsymbol{e}}_Q\cdot\boldsymbol{F}_{Qd}$ 的量级较大，若膛压为 350 MPa 的 155 mm 弹丸有 0.1 mm 的偏心距，膛压诱导赤道转动力矩 $\|\tilde{\boldsymbol{e}}_Q\cdot\boldsymbol{F}_{Qd}\|$ 模高达 660 N · m。若弹丸在膛内有碰撞，则 $\tilde{\boldsymbol{e}}_Q\cdot\boldsymbol{F}_{Qt}$ 产生的附加力矩项也很大。

(3) 由弹丸动不平衡引起的附加力矩非常大，将式(6.2.1)代入 $\tilde{\boldsymbol{\omega}}_Q\cdot\bar{\boldsymbol{I}}_Q\cdot\boldsymbol{\omega}_Q$，并展开，有

$$\begin{aligned}\tilde{\boldsymbol{\omega}}_Q\cdot\bar{\boldsymbol{I}}_Q\cdot\boldsymbol{\omega}_Q=&(I_0^Q-J_0^Q)(\beta_{T_2}\omega_3^Q-\beta_{T_3}\omega_2^Q)\omega_1^{Q\,i_Q}\boldsymbol{e}_1\\&-(I_0^Q-J_0^Q)[\omega_1^Q\omega_3^Q+\beta_{T_3}(\omega_1^Q\omega_1^Q-\omega_3^Q\omega_3^Q)-\beta_{T_2}\omega_2^Q\omega_3^Q]\,{}^{i_Q}\boldsymbol{e}_2\\&-(I_0^Q-J_0^Q)[\omega_1^Q\omega_2^Q-\beta_{T_2}(\omega_1^Q\omega_1^Q-\omega_2^Q\omega_2^Q)+\beta_{T_3}\omega_2^Q\omega_3^Q]\,{}^{i_Q}\boldsymbol{e}_3\end{aligned}\tag{6.9.37}$$

动不平衡力矩为

$$\begin{aligned}\Delta \boldsymbol{M}_Q = &(I_0^Q - J_0^Q)(\beta_{T_2}\omega_3^Q - \beta_{T_3}\omega_2^Q)\omega_1^Q{}^{i_Q}\boldsymbol{e}_1 \\ &- (I_0^Q - J_0^Q)[\beta_{T_3}(\omega_1^Q\omega_1^Q - \omega_3^Q\omega_3^Q) - \beta_{T_2}\omega_2^Q\omega_3^Q]^{i_Q}\boldsymbol{e}_2 \\ &- (I_0^Q - J_0^Q)[-\beta_{T_2}(\omega_1^Q\omega_1^Q - \omega_2^Q\omega_2^Q) + \beta_{T_3}\omega_2^Q\omega_3^Q]^{i_Q}\boldsymbol{e}_3\end{aligned} \tag{6.9.38}$$

假定 $\boldsymbol{\omega}_Q \approx \dot{\phi}^{i_Q}\boldsymbol{e}_1$，由式(6.8.14B)，有

$$\boldsymbol{\omega}_Q \approx \dot{\phi}^{i_Q}\boldsymbol{e}_1 = \frac{\pi}{\eta_d r_d}\dot{x}_1^{Dq\,i_Q}\boldsymbol{e}_1 \tag{6.9.39}$$

将式(6.9.39)代入式(6.9.38)得

$$\Delta \boldsymbol{M}_Q = -(I_0^Q - J_0^Q)\left(\frac{\pi}{\eta_d r_d}\dot{x}_1^{Dq}\right)^2(\beta_{T_3}{}^{i_Q}\boldsymbol{e}_2 - \beta_{T_2}{}^{i_Q}\boldsymbol{e}_3) \tag{6.9.40}$$

以某 155 mm 弹丸为例，$I_0^Q = 1.775\ \mathrm{kg/m^2}$，$J_0^Q = 0.158\ \mathrm{kg/m^2}$，其在全装药和 $\beta_{T_2} = 0$、不同 β_{T_3} 条件下，得 $\Delta \boldsymbol{M}_Q = \Delta M_Q{}^{i_Q}\boldsymbol{e}_2$，$\Delta M_Q$ 随弹丸行程 $\boldsymbol{x}_1^{Dq}$ 的变化规律曲线见图 6.9.6，由图可见，虽然 β_{T_3} 非常小，但由于(6.9.40)中的平方项很大，所以 ΔM_Q 也非常大。ΔM_Q 导致弹丸产生较大的章动。

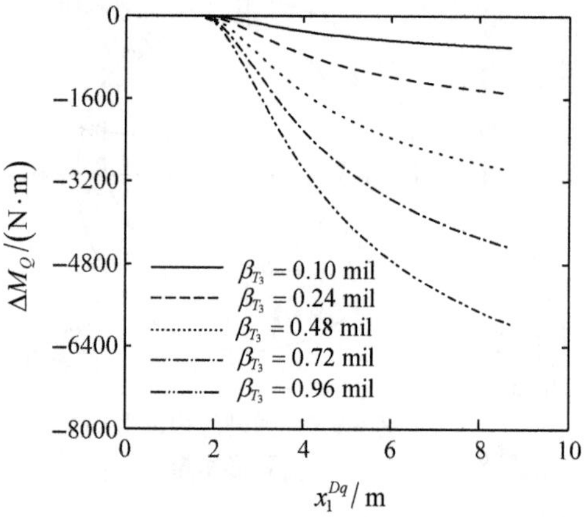

图 6.9.6　弹丸动不平衡力矩随 x_1^{Dq} 的变化关系

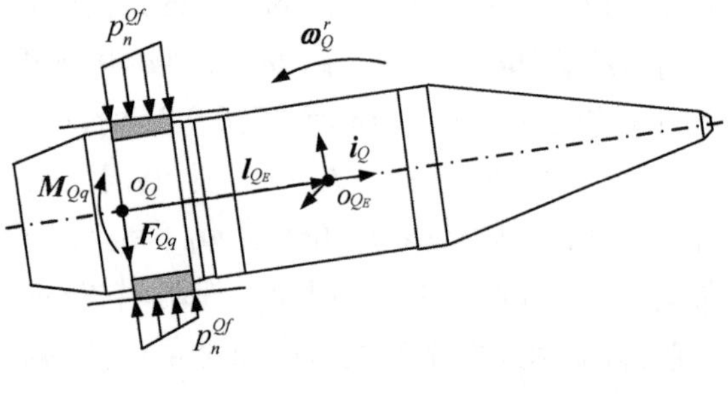

图 6.9.7　弹带约束力矩的物理示意图

(4) $\boldsymbol{M}_{Qq} - (\tilde{\boldsymbol{l}}_{Q_E} + \tilde{\boldsymbol{e}}_Q)\cdot\boldsymbol{F}_{Qq}$ 是身管内膛表面对弹带约束形成的、绕弹丸质心的力矩，如图 6.9.7 所示。当弹丸存在 $\boldsymbol{\omega}_Q^r$ 时，身管对弹带形成如图所示的不均匀的约束分布作用力 p_n^{Qf}，p_n^{Qf} 向点 o_Q 简化，得一合力 $\boldsymbol{F}_{Qq}$ 和合力矩 $\boldsymbol{M}_{Qq}$，$\boldsymbol{M}_{Qq}$ 的方向始终与 $\boldsymbol{\omega}_Q^r$ 相反，对 $\boldsymbol{\omega}_Q^r$ 起约束作用，因此 $\boldsymbol{M}_{Qq}$ 亦称为恢复力矩；$\boldsymbol{F}_{Qq}$ 对点 o_{Q_E} 的力矩 $\tilde{\boldsymbol{l}}_{Q_E}\cdot\boldsymbol{F}_{Qq}$ 与 $\boldsymbol{\omega}_Q^r$ 相同，$\tilde{\boldsymbol{l}}_{Q_E}\cdot\boldsymbol{F}_{Qq}$ 降低了对 $\boldsymbol{\omega}_Q^r$ 的约束作用。从该项的具体积分式(6.9.30B)可以看出，$\boldsymbol{M}_{Qq}$ 与弹带的宽度有关，弹带越宽，$\boldsymbol{M}_{Qq}$ 就越大，角运动的恢复效果就越好；弹丸质心离弹带越近，$\boldsymbol{l}_{Q_E}$ 就越短，$\tilde{\boldsymbol{l}}_{Q_E}\cdot\boldsymbol{F}_{Qq}$ 就越小，$\boldsymbol{M}_{Qq} - (\tilde{\boldsymbol{l}}_{Q_E} + \tilde{\boldsymbol{e}}_Q)\cdot\boldsymbol{F}_{Qq}$ 就越大，因此弹带安装在弹丸质心附近对约束弹丸运动 $\boldsymbol{\omega}_Q^r$ 有利。

另一方面，稳定 $\boldsymbol{M}_{Qq}$ 对约束 $\boldsymbol{\omega}_Q^r$ 也有积极意义，稳定 $\boldsymbol{M}_{Qq}$ 的方法是稳定弹带上形成约

束力 p_n^{Qf} 的残留体积，由于 p_n^{Qf} 是靠弹带体积变形来形成的，当与膛线接触后，弹带上的残留体积越大，则提供形成 p_n^{Qf} 的能力就越强，约束功效就越好。稳定弹带残留体积与膛线的缠度和膛线阳线宽度有关，图 6.9.8 为分别采用等齐和混合膛线缠度身管射击后回收的弹带，由图可见弹带与等齐膛线接触后的残留体积明显大于混合膛线的体积。

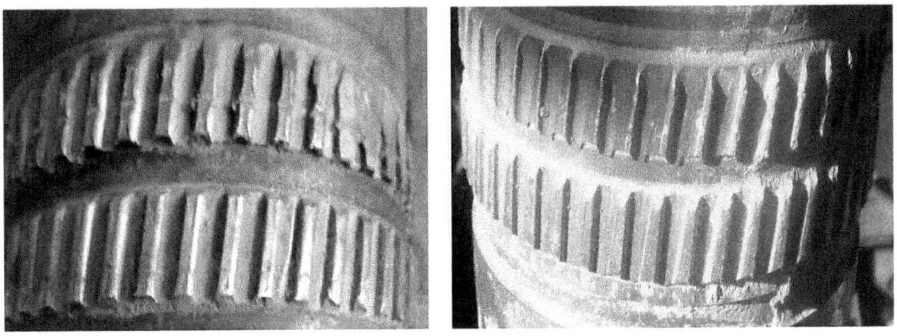

(a) 等齐膛线　　(b) 混合膛线

图 6.9.8　回收弹带形貌图

由于弹带是弹丸膛内运动唯一与身管直接接触的部件，所以该约束力矩越有效，内膛表面对弹丸膛内运动的约束越好，弹丸角运动就越稳定。

6.10　弹炮耦合系统运动微分方程

将第 5 章、第 6.9 节中推导获得的各种功率的变分公式全部代入系统的变分方程，对任意虚速度，要使系统变分恒成立，只需下式成立即可

$$\sum_{j=1}^{14} \boldsymbol{M}_{ij}^{G} \cdot \dot{\boldsymbol{z}}_j + \boldsymbol{M}_{i9}^{G} \ddot{\boldsymbol{W}}_D = \boldsymbol{P}_i^{GI} + \boldsymbol{P}_i^{G}, \quad i = 1, 2, \cdots, 8, 10, \cdots, 13 \tag{6.10.1A}$$

$$\sum_{j=1}^{14} \boldsymbol{M}_{9j}^{G} \cdot \ddot{\boldsymbol{z}}_j + \boldsymbol{M}_{99}^{G} \ddot{\boldsymbol{W}}_D + \boldsymbol{K}_{99}^{G} \boldsymbol{W}_D = \boldsymbol{P}_9^{GI} + \boldsymbol{P}_9^{G} \tag{6.10.1B}$$

$$\sum_{j=1}^{13} \boldsymbol{M}_{(14)j}^{G} \cdot \dot{\boldsymbol{z}}_j + \boldsymbol{M}_{(14)(14)}^{G} \ddot{\boldsymbol{W}}_{Qf} + \boldsymbol{P}_{Qf}^{\sigma} = \boldsymbol{P}_{(14)}^{GI} + \boldsymbol{P}_{(14)}^{G} \tag{6.10.1C}$$

上式即为无约束火炮刚柔耦合运动微分方程。式中各张量（矩阵）元素为火炮各部分元素之广义求和，其表达式可用计算机语言中的赋值语句来表示：

$$\boldsymbol{M}_{ij}^{G} = \boldsymbol{M}_{ij}^{G} + \boldsymbol{M}_{ij}^{Q}, \quad \boldsymbol{P}_i^{GI} = \boldsymbol{P}_i^{GI} + \boldsymbol{P}_i^{QI}, \quad \boldsymbol{P}_i^{G} = \boldsymbol{P}_i^{G} + \boldsymbol{P}_i^{Q}, \quad i, j = 1, 2, \cdots, 14 \tag{6.10.2}$$

式(6.10.1A)中前 8 个方程为耦合了身管柔性振动、弹丸膛内运动的全炮刚体运动微分方程，其中刚体运动可以理解为全系统随坐标系 $\boldsymbol{i}_A$ 原点 o_A 的平动和相对于原点 o_A 的转动；式(6.10.1B)为耦合了火炮系统刚体运动和弹丸膛内运动的身管柔性振动微分方程，其中身管柔性振动可以理解为身管相对于坐标系 $\boldsymbol{i}_D$ 的弹性运动；式(6.10.1A)中倒数第 4 个方程为身管弹性弯曲引起的转动方程，该方程与式(6.10.1B)关联，是不独立的方程，在求解

时将会通过约束来处理;式(6.10.1A)中后3个方程为耦合了全炮刚体运动、身管刚柔耦合运动的弹丸膛内刚体运动微分方程,包括沿身管轴线的平动方程、垂直身管轴线横向的平动方程、弹丸相对身管的刚体转动方程,弹丸膛内的刚体运动可以理解为弹丸上点 o_Q 相对于坐标系 $\boldsymbol{i}_D$ 原点 o_D 的平动和相对于 o_Q 的转动;式(6.10.1C)为耦合了全炮刚体运动、身管刚柔耦合运动和弹丸刚体运动的弹带弹塑性动力学方程,其参考基点为坐标系 $\boldsymbol{i}_Q$ 的原点 o_{Q_E}。

第7章　弹带热弹塑性动力学分析

7.1　引言

弹丸膛内运动过程中，弹带是与身管唯一全程接触的结构，揭示弹带运动特性对弹丸膛内运动规律的影响极其重要。弹带膛内运动期间，既有随弹丸的刚体运动，又有膛线对其强制约束形成强制变形；同时伴随着弹带材料发生高温软化、相变、磨损、变形损伤、失效等，直接影响弹丸的运动。

本章根据弹带在膛内的工作机理，建立弹带在高温、高压、高速、瞬态等超常环境中的大变形弹塑性运动物理模型。假定弹带材料为各向同性的，材料本构模型采用 Oldroyd 客观率模型，考虑材料温度、高应变率等因素的影响，屈服模型采用 J_2 流动法则，失效模型采用 Johnson-Cook 模型。采用更新拉格朗日格式进行节点状态信息的增量求解，采用物质点法在物质点对弹带的状态信息与网格节点进行投影传递，获得弹带结构中所有物质点的运动变形、速度、塑性应变、应变率、应力、温度等弹带的状态参数。

7.2　问题描述及基本假定

7.2.1　弹带工作机理

弹丸通过输弹机（或人工）强制输送，在输弹冲量（卡膛速度）作用下，弹带以一定的卡膛姿态与身管坡膛发生塑性碰撞，形成塑性卡膛力，使弹丸通过弹带稳定定位在坡膛上。制式弹带内留存着加工等外部因素引起的残余应力，这些应力与卡膛姿态、卡膛速度一起组成了弹带卡膛的初始条件。

卡膛结束后弹带内的塑性应力及塑性位移、卡膛姿态等是弹带挤进阶段的初始条件。击发点火后，在火药气体作用下弹带瞬间沿身管轴线方向挤进，与此同时弹带在径向方向上被坡膛及阳线和阴线强迫挤压，挤压规律由坡膛、阳线和阴线的几何参数决定，挤压迫使弹带发生剧烈的塑性几何大变形；在身管内壁径向接触压力作用下，与身管内壁接触的弹带表面产生黏着摩擦，在弹带中形成剪切带，产生极大的应变率；在挤进过程中弹带瞬间塑性大变形产生的塑性热、高速运动产生的摩擦热和高温火药气体等共同作用下，弹带由外表面向内部形成较大的温度梯度；由于潜热的影响，弹带内表面仍处于高温固体状态，但弹带外表面可能处于熔化状态；当弹带表面温度达到了熔化温度时，弹带材料发生相变；当弹带宽度方向上被全部挤进至膛线全深时，挤进阶段结束。

挤进结束就是膛内运动的开始，这一阶段弹带与阳线和阴线已经贴合成形，大的几何变形已经结束，在膛内载荷和火炮牵连运动等外在因素的共同作用下，弹带对弹丸本体膛内运动的约束规律直接影响弹丸飞离炮口的起始扰动。

7.2.2 运动方程回述

式(6.6.24)、式(6.9.13B)、式(6.10.1C)分别给出了卡膛、挤进阶段和膛内运动阶段弹带运动微分方程，为了便于对弹带塑性动力学中相关问题的讨论，本节将这些方程罗列如下。

1）卡膛挤进阶段

运动微分方程为

$$\boldsymbol{M}_{41}^{Q}\cdot\ddot{\boldsymbol{x}}_{1}^{Dq}+\boldsymbol{M}_{42}^{Q}\cdot\ddot{\boldsymbol{y}}_{Q}+\boldsymbol{M}_{43}^{Q}\cdot\boldsymbol{\varepsilon}_{Q1}+\boldsymbol{M}_{44}^{Q}\ddot{\boldsymbol{W}}_{Qf}+\boldsymbol{P}_{Qf}^{\sigma}=\boldsymbol{P}_{4}^{QI}+\boldsymbol{P}_{4}^{Q} \tag{7.2.1A}$$

或

$$\boldsymbol{M}_{44}^{Q}\ddot{\boldsymbol{W}}_{Qf}=\boldsymbol{F}_{4}^{Q}-\boldsymbol{P}_{Qf}^{\sigma} \tag{7.2.1B}$$

其中

$$\begin{cases}\boldsymbol{M}_{41}^{Q}=\boldsymbol{M}_{42}^{Q}=\int_{\Omega_{qf}}\rho_{qf}\boldsymbol{N}_{Qf}^{\mathrm{T}}\mathrm{d}v\\ \boldsymbol{M}_{43}^{Q}=\boldsymbol{M}_{41}^{Q}\cdot\tilde{\boldsymbol{l}}_{Q_E}^{\mathrm{T}}+\int_{\Omega_{qf}}\rho_{qf}\boldsymbol{N}_{Qf}^{\mathrm{T}}\cdot\tilde{\boldsymbol{x}}_{Qf}^{\mathrm{T}}\mathrm{d}v\\ \boldsymbol{M}_{44}^{Q}=\int_{\Omega_{qf}}\rho_{qf}\boldsymbol{N}_{Qf}^{\mathrm{T}}\cdot\boldsymbol{N}_{Qf}\mathrm{d}v\end{cases} \tag{7.2.2A}$$

$$\begin{cases}\boldsymbol{P}_{4}^{QI}=-\int_{\Omega_{qf}}\rho_{qf}\boldsymbol{N}_{Qf}^{\mathrm{T}}\cdot(\boldsymbol{a}_{Q1}+\boldsymbol{a}_{Q2}+\boldsymbol{a}_{Q3})\mathrm{d}v\\ \boldsymbol{P}_{4}^{Q}=\int_{\Omega_{qf}}\boldsymbol{N}_{Qf}^{\mathrm{T}}\cdot\boldsymbol{f}_{Qf}\mathrm{d}v+\int_{S_{qf}}\boldsymbol{N}_{Qf}^{\mathrm{T}}\cdot\bar{\boldsymbol{f}}_{Qf}\mathrm{d}s\end{cases} \tag{7.2.2B}$$

$$\boldsymbol{P}_{Qf}^{\sigma}=\int_{\Omega_{qf}}\left[\left(\frac{\partial\boldsymbol{N}_{Qf}(\boldsymbol{\xi})}{\partial\boldsymbol{\xi}}\right)^{\mathrm{T}}\cdot\boldsymbol{F}_{Qf\xi}^{-1}\right]:\boldsymbol{\sigma}_{Qf}\mathrm{d}v \tag{7.2.2C}$$

$$\boldsymbol{P}_{4}^{QII}=-(\boldsymbol{M}_{41}^{Q}\cdot\ddot{\boldsymbol{x}}_{1}^{Dq}+\boldsymbol{M}_{42}^{Q}\cdot\ddot{\boldsymbol{y}}_{Q}+\boldsymbol{M}_{43}^{Q}\cdot\boldsymbol{\varepsilon}_{Q1}) \tag{7.2.2D}$$

$$\boldsymbol{F}_{4}^{Q}=\boldsymbol{P}_{4}^{QI}+\boldsymbol{P}_{4}^{QII}+\boldsymbol{P}_{4}^{Q} \tag{7.2.2E}$$

2）膛内运动阶段

运动微分方程为

$$\sum_{j=1}^{13}\boldsymbol{M}_{(14)j}^{Q}\cdot\ddot{\boldsymbol{z}}_{j}+\boldsymbol{M}_{(14)(14)}^{Q}\ddot{\boldsymbol{W}}_{Qf}+\boldsymbol{P}_{Qf}^{\sigma}-\boldsymbol{P}_{(14)}^{QI}-\boldsymbol{P}_{(14)}^{Q}=0 \tag{7.2.3A}$$

或

$$\boldsymbol{M}_{(14)(14)}^{Q}\ddot{\boldsymbol{W}}_{Qf}=\boldsymbol{F}_{14}^{Q}-\boldsymbol{P}_{Qf}^{\sigma} \tag{7.2.3B}$$

其中

$$
\begin{cases}
\boldsymbol{M}^{Q}_{(14)i} = \int_{\Omega_{qf}} \rho_{qf} \boldsymbol{N}^{\mathrm{T}}_{Qf} \cdot (\tilde{\boldsymbol{b}}^{Q}_{i})^{\mathrm{T}} \mathrm{d}v, \quad i = 1, 2, \cdots, 13 \\
\boldsymbol{M}^{Q}_{(14)(14)} = \int_{\Omega_{qf}} \rho_{qf} \boldsymbol{N}^{\mathrm{T}}_{Qf} \cdot \boldsymbol{N}_{Qf} \mathrm{d}v
\end{cases}
\tag{7.2.4A}
$$

$$
\begin{cases}
\boldsymbol{P}^{QI}_{(14)} = -\int_{\Omega_{qf}} \rho_{qf} \boldsymbol{N}^{\mathrm{T}}_{Qf} \cdot (\boldsymbol{a}_{D} + \boldsymbol{a}_{Q1} + \boldsymbol{a}_{Q2} + \boldsymbol{a}_{Q3}) \mathrm{d}v \\
\boldsymbol{P}^{Q}_{(14)} = \int_{\Omega_{qf}} (\boldsymbol{N}_{Qf})^{\mathrm{T}} \cdot \boldsymbol{f}_{Qf} \mathrm{d}v + \int_{S_{qf}} (\boldsymbol{N}_{Qf})^{\mathrm{T}} \cdot \bar{\boldsymbol{f}}_{Qf} \mathrm{d}s
\end{cases}
\tag{7.2.4B}
$$

$$
\boldsymbol{P}^{\sigma}_{Qf} = \int_{\Omega_{qf}} \left[\left(\frac{\partial \hat{N}_{F}(\boldsymbol{\xi})}{\partial \boldsymbol{\xi}} \right)^{\mathrm{T}} \cdot \boldsymbol{F}^{-1}_{\boldsymbol{\xi}} \right] : \boldsymbol{\sigma}_{Qf} \mathrm{d}v
\tag{7.2.4C}
$$

$$
\boldsymbol{P}^{QII}_{(14)} = -\sum_{j=1}^{13} \boldsymbol{M}^{Q}_{(14)j} \cdot \ddot{\boldsymbol{z}}_{j}
\tag{7.2.4D}
$$

$$
\boldsymbol{F}^{Q}_{(14)} = \boldsymbol{P}^{QI}_{(14)} + \boldsymbol{P}^{QII}_{(14)} + \boldsymbol{P}^{Q}_{(14)}
\tag{7.2.4E}
$$

上述两个阶段的初始条件、边界条件等相关事项,见第 6 章的描述。

对式(7.2.1B)和式(7.2.3B)进行计算时,会遇到以下三个问题。

(1) 当前构形未知问题。由于弹带属大变形问题,所有的积分均在当前构形 Ω_{qf} 上完成,但由于当前构形是未知的,且被积函数中还含有待求未知量,所以需要通过迭代求解得到,这就增加了计算的复杂性和难度。

(2) 弹塑性内力 $\boldsymbol{P}^{\sigma}_{Qf}$ 的计算问题。弹带经历着剧烈的弹塑性变形,形成应变和应变率,通过本构关系得到应力,通过屈服准则得到应力的平衡状态,即当前构形-变形-应力-屈服准则-平衡状态,这些关系是需要通过迭代才能得到的,所以如何构建弹带在某一平衡状态时的更新关系,方便、快捷地计算弹带内力和状态参数,提高计算效率,也是个难点。在弹带膛内高速运动和弹塑性大变形过程中,由于摩擦热、塑性热的共同作用,弹带表层经历了固态到液态的相变,由此带来材料特性、材料本构方程和状态方程的变化,又给弹带状态更新关系式的构建增加了难度。

(3) 结构畸形问题。从初始状态到膛内运动结束弹带几何形状发生了巨大的变化,这些变化对基于离散单元的数值计算带来了巨大挑战,单元畸形造成数值计算不稳定,重新剖分网格带来计算工作量的增加,为此需要采用一种效率较高的数值计算方法来处理单元结构的畸变问题。

本章将对上述三大问题作深入讨论。

7.2.3 基本假定

在本章公式的推导过程中作以下几点假定。

(1) 由于弹带的硬度远远小于身管内表面的硬度,接触处弹带的变形主动适应内膛的几何形状。

(2) 弹带与身管内膛接触处的机械界面为混合界面,弹带在接触界面法线方向的位移为零,在接触点的切平面内给定移动摩擦力,并给定摩擦系数的变化规律。

（3）弹带与弹丸本体的结合界面上无相对运动。

（4）在膛内运动形过程中弹带质量是守恒的，即不考虑弹带质量的损失。

（5）弹带的热传导率不随温度变化。

7.3 弹带大变形基本方程

7.3.1 运动描述

考察图 7.3.1 所示的弹带运动。弹带在 $t = 0$ 时刻所占据的空间区域称为初始构形，记为 Ω_{Qf}，弹带在 t 时刻所占据的空间区域称为当前构形，记为 Ω_{qf}。为了描述弹带的运动，选择固连在弹带上的坐标系 $\boldsymbol{i}_Q$ 为参考坐标系，暂不考虑坐标系 $\boldsymbol{i}_Q$ 的牵连运动。

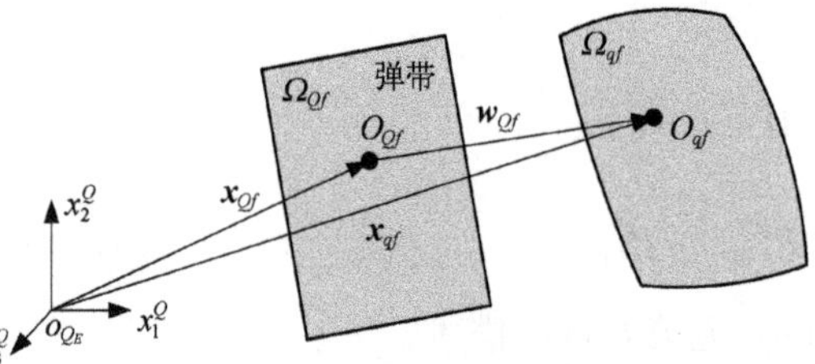

图 7.3.1　弹带上任意点在时刻 t 的运动示意图

在参考坐标系 $\boldsymbol{i}_Q$ 中弹带上任意点 O_{Qf} 的位置矢量 $\boldsymbol{x}_{Qf}$ 可以表达为

$$\boldsymbol{x}_{Qf} = x_j^{Qf\boldsymbol{i}_Q}\boldsymbol{e}_j \tag{7.3.1}$$

式中，$\boldsymbol{x}_{Qf}$ 为拉格朗日坐标（固连在弹带上），它可以作为描述弹带上任意点的标记。

在 t 时刻，点 O_{Qf} 经弹塑性变形 $\boldsymbol{w}_{Qf}$ 至点 O_{qf}，在当前构形中点 O_{qf} 位置矢量 $\boldsymbol{x}_{qf}$ 为

$$\boldsymbol{x}_{qf} = x_j^{qf\boldsymbol{i}_Q}\boldsymbol{e}_j \tag{7.3.2}$$

坐标 $\boldsymbol{x}_{qf}$ 给出了点 O_{Qf} 在空间中的位置，称为空间坐标或欧拉坐标。点 O_{Qf} 的运动方程可以表达为

$$\boldsymbol{x}_{qf} = \boldsymbol{x}_{qf}(\boldsymbol{x}_{Qf},\ t) = \boldsymbol{x}_{Qf} + \boldsymbol{w}_{Qf}(\boldsymbol{x}_{Qf},\ t) \tag{7.3.3}$$

如果弹带内所有点的运动方程 $\boldsymbol{x}_{qf}$ 都已知，我们就知道了整个弹带的运动和变形。于是，弹带运动和变形的过程也就是构形随时间连续变化的过程。

描述弹带运动和变形的方法有两大类。在第一类中，取拉格朗日坐标 $\boldsymbol{x}_{Qf}$ 和时间 t 作为独立坐标，借助于运动着的质点来考察其运动和变形，称为物质描述或拉格朗日描述。在第二类中，取空间坐标 $\boldsymbol{x}_{qf}$ 和时间 t 作为独立坐标，称为空间描述或欧拉描述。在这两类方法中，第一类适用对固体弹带运动的描述，第二类适用于对流体弹带运动的描述。

在拉格朗日描述中，点 O_{Qf} 的位移 $\boldsymbol{w}_{Qf}(\boldsymbol{x}_{Qf},\ t)$ 为

$$\boldsymbol{w}_{Qf}(\boldsymbol{x}_{Qf},\ t) = \boldsymbol{x}_{qf}(\boldsymbol{x}_{Qf},\ t) - \boldsymbol{x}_{Qf} \tag{7.3.4A}$$

点 O_{Qf} 的速度等于其位置矢量 $\boldsymbol{x}_f$ 的变化率，即令 $\boldsymbol{x}_{Qf}$ 保持不变时位置矢量 $\boldsymbol{x}_{qf}$ 对时间的偏导数。令 $\boldsymbol{x}_{Qf}$ 保持不变时的物理量对时间的导数称为物质导数，它反映了弹带上任意点 $\boldsymbol{x}_{Qf}$ 在运动过程中其物理量随时间的变化率。由式(7.3.4A)可以得到点 $\boldsymbol{x}_{Qf}$ 的物质导数，即速度为

$$\dot{\boldsymbol{w}}_F \triangleq \frac{\partial \boldsymbol{w}_F(\boldsymbol{x}_{Qf},\ t)}{\partial t} = \frac{\partial \boldsymbol{x}_f(\boldsymbol{x}_{Qf},\ t)}{\partial t} \tag{7.3.4B}$$

式中,符号“$\triangleq$”表示定义的含义。

加速度为

$$\ddot{\boldsymbol{w}}_{Qf} \triangleq \frac{\partial \dot{\boldsymbol{w}}_{Qf}(\boldsymbol{x}_{Qf},\ t)}{\partial t} = \frac{\partial^2 \boldsymbol{x}_{qf}(\boldsymbol{x}_{Qf},\ t)}{\partial t^2} \tag{7.3.4C}$$

这里要注意的是,若式(7.3.4A)中的 $\boldsymbol{w}_{Qf}$ 是用空间坐标 $\boldsymbol{x}_{qf}$ 和时间描述的,即 $\boldsymbol{w}_{Qf}(\boldsymbol{x}_{qf},\ t)$,则其物质导数为

$$\begin{aligned}\frac{D\boldsymbol{w}_{Qf}(\boldsymbol{x}_{qf},\ t)}{Dt} &= \frac{\partial \boldsymbol{w}_{Qf}(\boldsymbol{x}_{qf},\ t)}{\partial t} + \frac{\partial \boldsymbol{w}_{Qf}(\boldsymbol{x}_{qf},\ t)}{\partial \boldsymbol{x}_{qf}} \cdot \frac{\partial \boldsymbol{x}_{qf}(\boldsymbol{x}_{Qf},\ t)}{\partial t} \\ &= \frac{\partial \boldsymbol{w}_{Qf}(\boldsymbol{x}_{qf},\ t)}{\partial t} + \frac{\partial \boldsymbol{w}_{Qf}(\boldsymbol{x}_{qf},\ t)}{\partial \boldsymbol{x}_{qf}} \cdot \dot{\boldsymbol{w}}_{Qf}(\boldsymbol{x}_{Qf},\ t)\end{aligned} \tag{7.3.5}$$

上式右端第二项为对流导数或迁移导数,它反映了弹带变形在空间的非均匀性,是弹带上任意点运动到不同位置时所引起的位移量的变化率。$\boldsymbol{w}_{Qf}(\boldsymbol{x}_{qf},\ t)$ 描述的是时刻 t 空间点 $\boldsymbol{x}_{qf}$ 处的变形位移,因此 $\partial \boldsymbol{w}_{Qf}(\boldsymbol{x}_{qf},\ t)/\partial t$ 表示的是位移在空间固定点 $\boldsymbol{x}_{qf}$ 处的变化率,称为局部导数,它反映了位移的非定常性。式(7.3.5)建立了弹带运动的物质描述和空间描述之间的关系。

通过比对式(7.3.4)和式(7.3.5)可见,拉格朗日描述跟踪物质点的运动,易于处理弹带与身管内壁界面,以及材料弹塑性、应变硬化、应变率效应和失效模型。因此本章将主要讨论拉格朗日描述中的应力和应变度量。

7.3.2 弹带变形梯度

弹带上任意点在当前构形上的位置坐标相对于物质坐标的偏导数称为变形梯度,根据变形梯度表达式(2.4.5),由式(7.3.3)可得

$$\boldsymbol{F}_{Qf} = \frac{\partial \boldsymbol{x}_{qf}}{\partial \boldsymbol{x}_{Qf}} = \boldsymbol{1} + \frac{\partial \boldsymbol{w}_{Qf}}{\partial \boldsymbol{x}_{Qf}} \tag{7.3.6}$$

$\boldsymbol{F}_{Qf}$ 是一个非对称的二阶张量,也可以认为是运动 $\boldsymbol{x}_{qf} = \boldsymbol{x}_{qf}(\boldsymbol{x}_{Qf},\ t)$ 的雅可比矩阵。由式(7.3.3)可知,初始构形中由相邻两点 $\boldsymbol{x}_{Qf}$ 和 $\boldsymbol{x}_{Qf} + \mathrm{d}\boldsymbol{x}_{Qf}$ 构成无限小线元 $\mathrm{d}\boldsymbol{x}_{Qf}$ 在当前构形中变为

$$\mathrm{d}\boldsymbol{x}_{qf} = \boldsymbol{x}_{qf}(\boldsymbol{x}_{Qf} + \mathrm{d}\boldsymbol{x}_{Qf},\ t) - \boldsymbol{x}_{qf}(\boldsymbol{x}_{Qf},\ t) = \frac{\partial \boldsymbol{x}_{qf}}{\partial \boldsymbol{x}_{Qf}} \cdot \mathrm{d}\boldsymbol{x}_{Qf} = \boldsymbol{F}_{Qf} \cdot \mathrm{d}\boldsymbol{x}_{Qf} \tag{7.3.7}$$

上式是按一阶泰勒展开得到的。上式表明,可以将变形梯度看成是一个线性变换,它把参考构形中点 $\boldsymbol{x}_{Qf}$ 的邻域映射成当前构形中 $\boldsymbol{x}_{qf}$ 的一个邻域,或者说把初始构形中的线元 $\mathrm{d}\boldsymbol{x}_{Qf}$ 映射成当前构形下的线元 $\mathrm{d}\boldsymbol{x}_{qf}$。因此 $\boldsymbol{F}_{Qf}$ 刻画了弹带的整个变形,既包括线元的伸缩也包括线元的转动。$\boldsymbol{F}_{Qf}$ 的行列式记为

$$J_{Qf} = \det \boldsymbol{F}_{Qf} \tag{7.3.8}$$

J_{Qf} 可用来表示变形过程中体元的体积变化,即

$$J_{Qf}=\frac{\mathrm{d}v_{qf}}{\mathrm{d}V_{Qf}} \tag{7.3.9}$$

式中，$\mathrm{d}V_{Qf}$、$\mathrm{d}v_{qf}$ 分别为参考构形和当前构形上的体积元。

定义右柯西-格林(Cauchy-Green)张量 $\boldsymbol{C}_{Qf}$ 为

$$\boldsymbol{C}_{Qf}=\boldsymbol{F}_{Qf}^{\mathrm{T}}\cdot\boldsymbol{F}_{Qf} \tag{7.3.10}$$

$\boldsymbol{C}_{Qf}$ 是对称的二阶张量，而且是正定的，由于在 $\boldsymbol{C}_{Qf}$ 的表达式中 $\boldsymbol{F}_{Qf}$ 是被右点乘的，故称为右 Cauchy-Green 张量。

定义左 Cauchy-Green 张量 $\boldsymbol{b}_{Qf}$ 为

$$\boldsymbol{b}_{Qf}=\boldsymbol{F}_{Qf}\cdot\boldsymbol{F}_{Qf}^{\mathrm{T}} \tag{7.3.11}$$

$\boldsymbol{b}_{Qf}$ 是对称的二阶张量，而且是正定的，由于在 $\boldsymbol{b}_{Qf}$ 的表达式中 $\boldsymbol{F}_{Qf}$ 是被左点乘的，故称为左 Cauchy-Green 张量。

7.3.3 弹带变形率

当弹带做刚体运动时，应变必须为零，但若用小应变张量来描述，将会出现非零应变，从而得到虚假的非零应力。可见，小应变张量不能用来度量大变形情况下弹带的应变。

大应变情况下，可采用在参考构形上的格林应变：

$$\boldsymbol{E}_{Qf}=\frac{1}{2}\left[\frac{\partial\boldsymbol{w}_{Qf}}{\partial\boldsymbol{x}_{Qf}}+\left(\frac{\partial\boldsymbol{w}_{Qf}}{\partial\boldsymbol{x}_{Qf}}\right)^{\mathrm{T}}+\frac{\partial\boldsymbol{w}_{Qf}}{\partial\boldsymbol{x}_{Qf}}\cdot\left(\frac{\partial\boldsymbol{w}_{Qf}}{\partial\boldsymbol{x}_{Qf}}\right)^{\mathrm{T}}\right] \tag{7.3.12A}$$

也可采用在当前构形上的阿尔曼西应变：

$$\boldsymbol{e}_{qf}=\frac{1}{2}\left[\frac{\partial\boldsymbol{w}_{Qf}}{\partial\boldsymbol{x}_{qf}}+\left(\frac{\partial\boldsymbol{w}_{Qf}}{\partial\boldsymbol{x}_{qf}}\right)^{\mathrm{T}}-\frac{\partial\boldsymbol{w}_{Qf}}{\partial\boldsymbol{x}_{qf}}\cdot\left(\frac{\partial\boldsymbol{w}_{Qf}}{\partial\boldsymbol{x}_{qf}}\right)^{\mathrm{T}}\right] \tag{7.3.12B}$$

与变形梯度的情况类似，考察当前构形上点 $\boldsymbol{x}_{qf}$ 的邻域中变形速度 $\dot{\boldsymbol{w}}_{Qf}$ 的变化：

$$d\dot{\boldsymbol{w}}_{Qf}=\dot{\boldsymbol{w}}_{Qf}(\boldsymbol{x}_{qf}+\mathrm{d}\boldsymbol{x}_{qf},\ t)-\dot{\boldsymbol{w}}_{Qf}(\boldsymbol{x}_{qf},\ t)=\frac{\partial\dot{\boldsymbol{w}}_{Qf}(\boldsymbol{x}_{qf},\ t)}{\partial\boldsymbol{x}_{qf}}\cdot\mathrm{d}\boldsymbol{x}_{qf} \tag{7.3.13}$$

式中，$\partial\dot{\boldsymbol{w}}_{Qf}(\boldsymbol{x}_{qf},\ t)/\partial\boldsymbol{x}_{qf}$ 为速度梯度张量 $\boldsymbol{l}_{Qf}$。$\boldsymbol{l}_{Qf}$ 可分解为对称部分 $\boldsymbol{d}_{Qf}$ 和反对称部分 $\boldsymbol{\omega}_{Qf}$ 之和：

$$\begin{aligned}\boldsymbol{l}_{Qf}=\frac{\partial\dot{\boldsymbol{w}}_{Qf}(\boldsymbol{x}_{qf},\ t)}{\partial\boldsymbol{x}_{qf}}&=\frac{1}{2}\left[\frac{\partial\dot{\boldsymbol{w}}_{Qf}(\boldsymbol{x}_{qf},\ t)}{\partial\boldsymbol{x}_{qf}}-\left(\frac{\partial\dot{\boldsymbol{w}}_{Qf}(\boldsymbol{x}_{qf},\ t)}{\partial\boldsymbol{x}_{qf}}\right)^{\mathrm{T}}\right]\\&\quad+\frac{1}{2}\left[\frac{\partial\dot{\boldsymbol{w}}_{Qf}(\boldsymbol{x}_{qf},\ t)}{\partial\boldsymbol{x}_{qf}}+\left(\frac{\partial\dot{\boldsymbol{w}}_{Qf}(\boldsymbol{x}_{qf},\ t)}{\partial\boldsymbol{x}_{qf}}\right)^{\mathrm{T}}\right]=\boldsymbol{\omega}_{Qf}+\boldsymbol{d}_{Qf}\end{aligned} \tag{7.3.14}$$

式中

$$\boldsymbol{\omega}_{Qf}=\frac{1}{2}\left[\frac{\partial\dot{\boldsymbol{w}}_{Qf}(\boldsymbol{x}_{qf},\ t)}{\partial\boldsymbol{x}_{qf}}-\left(\frac{\partial\dot{\boldsymbol{w}}_{Qf}(\boldsymbol{x}_{qf},\ t)}{\partial\boldsymbol{x}_{qf}}\right)^{\mathrm{T}}\right] \tag{7.3.15A}$$

$$\boldsymbol{d}_{Qf}=\frac{1}{2}\left[\frac{\partial\dot{\boldsymbol{w}}_{Qf}(\boldsymbol{x}_{qf},\ t)}{\partial\boldsymbol{x}_{qf}}+\left(\frac{\partial\dot{\boldsymbol{w}}_{Qf}(\boldsymbol{x}_{qf},\ t)}{\partial\boldsymbol{x}_{qf}}\right)^{\mathrm{T}}\right] \tag{7.3.15B}$$

分别称为旋率张量和变形率张量。应力张量 $\boldsymbol{\sigma}_{Qf}$ 是一对称的二阶张量，有 $\boldsymbol{\sigma}_{Qf}:\boldsymbol{\omega}_{Qf}=0$，因此有 $\boldsymbol{\sigma}_{Qf}:\boldsymbol{l}_{Qf}=\boldsymbol{\sigma}_{Qf}:\boldsymbol{d}_{Qf}$。

7.3.4 客观应力率

在2.4.3节中讨论过柯西应力，是在当前构形上垂直于坐标轴的三个面上的应力矢量的九个分量 σ_{ij}^{Qf} 定义的一个张量 $\boldsymbol{\sigma}_{Qf}$，微元体关于力矩的平衡条件可以证明柯西应力张量是对称的，即

$$\boldsymbol{\sigma}_{Qf}=\boldsymbol{\sigma}_{Qf}^{\mathrm{T}} \tag{7.3.16A}$$

为了便于描述应力状态，还定义了当前构形上的Kirchhoff应力张量：

$$\boldsymbol{\tau}_{Qf}=J_{Qf}\boldsymbol{\sigma}_{Qf} \tag{7.3.16B}$$

利用 $\boldsymbol{\tau}_{Qf}$ 可以得出在参考构形上定义的单位体积中的变形功率与当前构形上的功率相等，即 $\boldsymbol{T}_{Qf}:\dot{\boldsymbol{E}}_{Qf}=\boldsymbol{\tau}_{Qf}:\boldsymbol{d}_{Qf}$，$\boldsymbol{T}_{Qf}$ 为参考构形上的第二类Kirchhoff应力张量。

在应力状态的更新算法中，采用由时刻 t 的应力 $\boldsymbol{\tau}_{Qf}(t)$ 和物质导数 $\dot{\boldsymbol{\tau}}_{Qf}(t)$ 求解下一时刻 $t+\mathrm{d}t$ 的应力 $\boldsymbol{\tau}_{Qf}(t+\mathrm{d}t)$：

$$\boldsymbol{\tau}_{Qf}(t+\mathrm{d}t)=\boldsymbol{\tau}_{Qf}(t)+\dot{\boldsymbol{\tau}}_{Qf}\mathrm{d}t \tag{7.3.17}$$

弹带存在刚体转动，根据应力在不同坐标系下的变换公式可知，其应力张量 $\boldsymbol{\tau}_{Qf}(t)$ 也将发生变化，致使 $\dot{\boldsymbol{\tau}}_{Qf}(t)$ 也发生变化，由此得到 $\dot{\boldsymbol{\tau}}_{Qf}(t)$ 与弹带的刚体运动有关，这与弹带中的应力 $\boldsymbol{\tau}_{Qf}$ 和应力率 $\dot{\boldsymbol{\tau}}_{Qf}(t)$ 与其刚体运动无关的实际情况不符。在本构关系中若使用应力率 $\dot{\boldsymbol{\tau}}_{Qf}(t)$，由于 $\dot{\boldsymbol{\tau}}_{Qf}(t)$ 受刚体转动影响，因而是一个不客观张量。Oldroyd客观应力率 $\boldsymbol{\tau}_{Qf}^{\nabla O}$ 在处理大刚体转动问题时是比较有效的，且是与转动无关的客观量。$\boldsymbol{\tau}_{Qf}^{\nabla O}$ 与 $\boldsymbol{\tau}_{Qf}$ 的关系由式(2.4.57)给出：

$$\boldsymbol{\tau}_{Qf}^{\nabla O}=\dot{\boldsymbol{\tau}}_{Qf}-\boldsymbol{l}_{Qf}\cdot\boldsymbol{\tau}_{Qf}-\boldsymbol{\tau}_{Qf}\cdot\boldsymbol{l}_{Qf}^{\mathrm{T}} \tag{7.3.18}$$

7.3.5 基于 J_2 流动法则的热弹塑性本构关系

7.3.5.1 变形梯度的分解

一般的弹性本构关系不能保证自变量在经过一个循环后返回原值、响应函数也返回原值，因此不是真正意义上的弹性；而真正意义上的弹性关系应能在一个循环后返回原值、响应函数也能返回原值，因此称为超弹性关系。

变形梯度 $\boldsymbol{F}_{Qf}$ 可以分解成弹性变形梯度 $\boldsymbol{F}_{Qf}^{e}$ 与塑性变形梯度 $\boldsymbol{F}_{Qf}^{p}$ 之积：

$$\boldsymbol{F}_{Qf}=\boldsymbol{F}_{Qf}^{e}\cdot\boldsymbol{F}_{Qf}^{p} \tag{7.3.19}$$

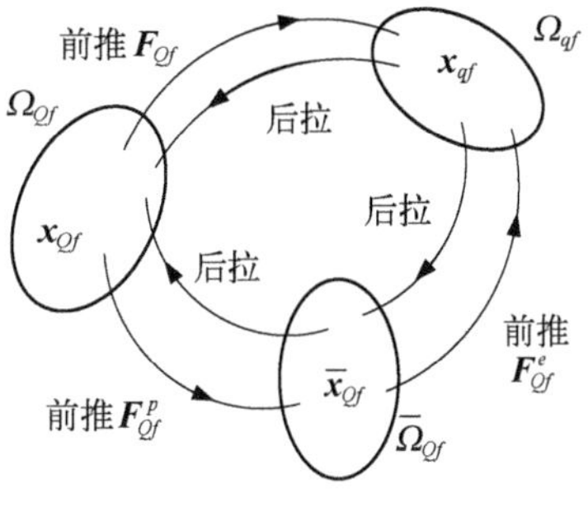

图7.3.2 变形梯度分解示意图

记 $J_{Qf}=\det\boldsymbol{F}_{Qf}=J_{Qf}^{e}J_{Qf}^{p}$，$J_{Qf}^{e}=\det\boldsymbol{F}_{Qf}^{e}$，$J_{Qf}^{p}=\det\boldsymbol{F}_{Qf}^{p}$，由于塑性变形体积不变，因此有 $J_{Qf}^{p}=1$，这样 $J_{Qf}=J_{Qf}^{e}$。式(7.3.19)的几何意义如图7.3.2所示，即变形梯度 $\boldsymbol{F}_{Qf}$ 将参考构形 Ω_{Qf} 中的任意一点 $\boldsymbol{x}_{Qf}$，由 $\boldsymbol{F}_{Qf}^{p}$ 转换到中间构形 $\bar{\Omega}_{Qf}$ 中的点 $\bar{\boldsymbol{x}}_{Qf}$，再由 $\boldsymbol{F}_{Qf}^{e}$ 转换到当前构形 Ω_{qf} 中的点

$\boldsymbol{x}_{qf}$。$\boldsymbol{F}_{Qf}^{e}$ 中包含了点 $\boldsymbol{x}_{Qf}$ 处的所有刚体转动运动。实际上,中间构形 $\bar{\Omega}_{Qf}$ 是不存在的,是为了描述结构上任意点的本构关系而人为引进的一种处理方法。

中间构形上的弹性格林应变可以按式(2.4.15)的形式定义:

$$\bar{\boldsymbol{E}}_{Qf}^{e}=\frac{1}{2}(\bar{\boldsymbol{C}}_{Qf}^{e}-\boldsymbol{1}),\quad \bar{\boldsymbol{C}}_{Qf}^{e}=\boldsymbol{F}_{Qf}^{e\mathrm{T}}\cdot\boldsymbol{F}_{Qf}^{e}=\boldsymbol{F}_{Qf}^{e\mathrm{T}}\cdot\boldsymbol{g}_{Qf}\cdot\boldsymbol{F}_{Qf}^{e}=\phi_{e}^{*}\boldsymbol{g}_{Qf} \tag{7.3.20}$$

由图 7.3.2 可见,中间构形 $\bar{\Omega}_{Qf}$ 上的参量可以理解为由当前构形 Ω_{qf} 上的参量,经 $\boldsymbol{F}_{Qf}^{e}$ 后拉得到。式(7.3.20)中第二式可以理解为中间构形 $\bar{\Omega}_{Qf}$ 上的弹性格林应变 $\bar{\boldsymbol{C}}_{Qf}^{e}$ 是由当前构形 Ω_{qf} 上的单位张量 $\boldsymbol{g}_{qf}$, $\boldsymbol{F}_{Qf}^{e}$ 经后拉得到;显然 $\bar{\boldsymbol{E}}_{Qf}^{e}$、$\bar{\boldsymbol{C}}_{Qf}^{e}$ 均为对称张量;$\boldsymbol{g}_{Qf}=\boldsymbol{1}=\boldsymbol{g}_{Qf}^{-1}$ 为当前构形上的单位张量。

7.3.5.2　超弹性势能和应力

中间构形 $\bar{\Omega}_{Qf}$ 上的第二类 Piola-Kirchhoff 应力 $\bar{\boldsymbol{T}}_{Qf}$ 可以通过 $\bar{\Omega}_{Qf}$ 上的超弹性势能 $\bar{w}_{Qf}(\bar{\boldsymbol{E}}_{Qf}^{e},\ \theta_{Qf})$ 对格林应变的导数得到

$$\bar{\boldsymbol{T}}_{Qf}=\frac{\partial\bar{w}_{Qf}(\bar{\boldsymbol{E}}_{Qf}^{e},\ \theta_{Qf})}{\partial\bar{\boldsymbol{E}}_{Qf}^{e}}=2\,\frac{\partial\bar{\psi}_{Qf}(\bar{\boldsymbol{C}}_{Qf}^{e},\ \theta_{Qf})}{\partial\bar{\boldsymbol{C}}_{Qf}^{e}} \tag{7.3.21}$$

式中,$\bar{\psi}_{F}$ 为 $\bar{\Omega}_{F}$ 上的弹性亥姆霍兹(Helmholtz)自由能量,上式的第二等式是由(7.3.20)的第一式得到的,即 $2\mathrm{d}\bar{\boldsymbol{E}}_{Qf}^{e}=\mathrm{d}\bar{\boldsymbol{C}}_{Qf}^{e}$。

根据应力后拉公式(2.4.52A),应力 $\bar{\boldsymbol{T}}_{Qf}$ 可以由 $\boldsymbol{F}_{Qf}^{e}$ 将当前构形上的应力张量 $\boldsymbol{\tau}_{Qf}$ 后拉得到

$$\bar{\boldsymbol{T}}_{Qf}=(\boldsymbol{F}_{Qf}^{e})^{-1}\cdot\boldsymbol{\tau}_{Qf}\cdot(\boldsymbol{F}_{Qf}^{e})^{-\mathrm{T}}=\phi_{e}^{*}\boldsymbol{\tau}_{Qf} \tag{7.3.22}$$

对式(7.3.21)求时间导数,得

$$\dot{\bar{\boldsymbol{T}}}_{Qf}=\frac{\partial^{2}\bar{w}_{Qf}(\bar{\boldsymbol{E}}_{Qf}^{e},\ \theta_{Qf})}{\partial\bar{\boldsymbol{E}}_{Qf}^{e}\partial\bar{\boldsymbol{E}}_{Qf}^{e}}:\dot{\bar{\boldsymbol{E}}}_{Qf}^{e}+\frac{\partial^{2}\bar{w}_{Qf}(\bar{\boldsymbol{E}}_{Qf}^{e},\ \theta_{Qf})}{\partial\bar{\boldsymbol{E}}_{Qf}^{e}\partial\theta_{Qf}}\cdot\dot{\theta}_{Qf}=\boldsymbol{C}_{el}^{\bar{T}}:\dot{\bar{\boldsymbol{E}}}_{Qf}^{e}+\boldsymbol{c}_{el}^{\bar{T}\theta}\cdot\dot{\theta}_{Qf} \tag{7.3.23A}$$

$$\boldsymbol{C}_{el}^{\bar{T}}=\frac{\partial^{2}\bar{w}_{Qf}(\bar{\boldsymbol{E}}_{Qf}^{e},\ \theta_{Qf})}{\partial\bar{\boldsymbol{E}}_{Qf}^{e}\partial\bar{\boldsymbol{E}}_{Qf}^{e}},\quad \boldsymbol{c}_{el}^{\bar{T}\theta}=\frac{\partial^{2}\bar{w}_{Qf}(\bar{\boldsymbol{E}}_{Qf}^{e},\ \theta_{Qf})}{\partial\bar{\boldsymbol{E}}_{Qf}^{e}\partial\theta_{Qf}} \tag{7.3.23B}$$

式中,$\boldsymbol{C}_{el}^{\bar{T}}$、$\boldsymbol{c}_{el}^{\bar{T}\theta}$ 分别称为材料的弹性刚度张量和温度刚度张量。

7.3.5.3　变形率的分解

中间构形上的塑性流动方程要用到变形率的弹性和塑性部分,为此先对在当前构形 Ω_{qf} 上的变形率张量 $\boldsymbol{l}_{Qf}$ 进行分解。由式(2.4.25D),并将式(7.3.19)代入,可得

$$\boldsymbol{l}_{Qf}=\dot{\boldsymbol{F}}_{Qf}\cdot\boldsymbol{F}_{Qf}^{-1}=\dot{\boldsymbol{F}}_{Qf}^{e}\cdot(\boldsymbol{F}_{Qf}^{e})^{-1}+\boldsymbol{F}_{Qf}^{e}\cdot\dot{\boldsymbol{F}}_{Qf}^{p}\cdot(\boldsymbol{F}_{Qf}^{p})^{-1}\cdot(\boldsymbol{F}_{Qf}^{e})^{-1}=\boldsymbol{l}_{Qf}^{e}+\boldsymbol{l}_{Qf}^{p} \tag{7.3.24A}$$

其中

$$\boldsymbol{l}_{Qf}^{e}=\dot{\boldsymbol{F}}_{Qf}^{e}\cdot(\boldsymbol{F}_{Qf}^{e})^{-1},\quad \boldsymbol{l}_{Qf}^{p}=\boldsymbol{F}_{Qf}^{e}\cdot\dot{\boldsymbol{F}}_{Qf}^{p}\cdot(\boldsymbol{F}_{Qf}^{p})^{-1}\cdot(\boldsymbol{F}_{Qf}^{e})^{-1} \tag{7.3.24B}$$

定义 $\boldsymbol{l}_{Qf}^{e}$ 和 $\boldsymbol{l}_{Qf}^{p}$ 的对称和反对称部分:

$$\boldsymbol{d}_{Qf}^{e}=\frac{1}{2}(\boldsymbol{l}_{Qf}^{e}+\boldsymbol{l}_{Qf}^{e\mathrm{T}}),\quad \boldsymbol{\omega}_{Qf}^{e}=\frac{1}{2}(\boldsymbol{l}_{Qf}^{e}-\boldsymbol{l}_{Qf}^{e\mathrm{T}}) \tag{7.3.25A}$$

$$\boldsymbol{d}_{Qf}^{p}=\frac{1}{2}(\boldsymbol{l}_{Qf}^{p}+\boldsymbol{l}_{Qf}^{p\mathrm{T}}),\quad \boldsymbol{\omega}_{Qf}^{p}=\frac{1}{2}(\boldsymbol{l}_{Qf}^{p}-\boldsymbol{l}_{Qf}^{p\mathrm{T}}) \tag{7.3.25B}$$

在 $\bar{\boldsymbol{\Omega}}_{Qf}$ 上的 $\bar{\boldsymbol{L}}_{Qf}$ 可由 Ω_{qf} 上的 $\boldsymbol{l}_{Qf}$ 经 $\boldsymbol{F}_{Qf}^{e}$ 后拉得到

$$\bar{\boldsymbol{L}}_{Qf}=\boldsymbol{F}_{Qf}^{e\mathrm{T}}\cdot\boldsymbol{l}_{Qf}\cdot\boldsymbol{F}_{Qf}^{e}=\boldsymbol{F}_{Qf}^{e\mathrm{T}}\cdot(\boldsymbol{l}_{Qf}^{e}+\boldsymbol{l}_{Qf}^{p})\cdot\boldsymbol{F}_{Qf}^{e}=\bar{\boldsymbol{L}}_{Qf}^{e}+\bar{\boldsymbol{L}}_{Qf}^{p} \tag{7.3.26A}$$

$$\bar{\boldsymbol{L}}_{Qf}^{e}=\boldsymbol{F}_{Qf}^{e\mathrm{T}}\cdot\boldsymbol{l}_{Qf}^{e}\cdot\boldsymbol{F}_{Qf}^{e}=\boldsymbol{F}_{Qf}^{e\mathrm{T}}\cdot\dot{\boldsymbol{F}}_{Qf}^{e} \tag{7.3.26B}$$

$$\bar{\boldsymbol{L}}_{Qf}^{p}=\boldsymbol{F}_{Qf}^{e\mathrm{T}}\cdot\boldsymbol{l}_{Qf}^{p}\cdot\boldsymbol{F}_{Qf}^{e}=\boldsymbol{F}_{Qf}^{e\mathrm{T}}\cdot\boldsymbol{F}_{Qf}^{e}\cdot\dot{\boldsymbol{F}}_{Qf}^{p}\cdot(\boldsymbol{F}_{Qf}^{p})^{-1}=\bar{\boldsymbol{C}}_{Qf}^{e}\cdot\dot{\boldsymbol{F}}_{Qf}^{p}\cdot(\boldsymbol{F}_{Qf}^{p})^{-1} \tag{7.3.26C}$$

$$\bar{\boldsymbol{L}}_{Qf}^{e}=\bar{\boldsymbol{D}}_{Qf}^{e}+\bar{\boldsymbol{\omega}}_{Qf}^{e} \tag{7.3.27A}$$

$$\bar{\boldsymbol{L}}_{Qf}^{p}=\bar{\boldsymbol{D}}_{Qf}^{p}+\boldsymbol{\omega}_{Qf}^{p} \tag{7.3.27B}$$

$$\bar{\boldsymbol{D}}_{Qf}=\bar{\boldsymbol{D}}_{Qf}^{p}+\bar{\boldsymbol{D}}_{Qf}^{e} \tag{7.3.27C}$$

$$\bar{\boldsymbol{D}}_{Qf}=\frac{1}{2}(\bar{\boldsymbol{L}}_{Qf}+\bar{\boldsymbol{L}}_{Qf}^{\mathrm{T}})=\boldsymbol{F}_{Qf}^{e\mathrm{T}}\cdot\boldsymbol{d}_{Qf}\cdot\boldsymbol{F}_{Qf}^{e} \tag{7.3.27D}$$

$$\bar{\boldsymbol{D}}_{Qf}^{e}=\frac{1}{2}(\bar{\boldsymbol{L}}_{Qf}^{e}+\bar{\boldsymbol{L}}_{Qf}^{e\mathrm{T}})=\boldsymbol{F}_{Qf}^{e\mathrm{T}}\cdot d_{Qf}^{e}\cdot\boldsymbol{F}_{Qf}^{e} \tag{7.3.28A}$$

$$\bar{\boldsymbol{\omega}}_{Qf}^{e}=\frac{1}{2}(\bar{\boldsymbol{L}}_{Qf}^{e}-\bar{\boldsymbol{L}}_{Qf}^{e\mathrm{T}}) \tag{7.3.28B}$$

$$\bar{\boldsymbol{D}}_{Qf}^{p}=\frac{1}{2}(\bar{\boldsymbol{L}}_{Qf}^{p}+\bar{\boldsymbol{L}}_{Qf}^{p\mathrm{T}})=\boldsymbol{F}_{Qf}^{e\mathrm{T}}\cdot\boldsymbol{d}_{Qf}^{p}\cdot\boldsymbol{F}_{Qf}^{e} \tag{7.3.28C}$$

$$\boldsymbol{\omega}_{Qf}^{p}=\frac{1}{2}(\bar{\boldsymbol{L}}_{Qf}^{p}-\bar{\boldsymbol{L}}_{Qf}^{p\mathrm{T}}) \tag{7.3.28D}$$

注意到 $\bar{\boldsymbol{D}}_{Qf}^{e}=\dot{\bar{\boldsymbol{E}}}_{Qf}^{e}$，由式(7.3.23A)得到构形上的本构关系为

$$\dot{\bar{\boldsymbol{T}}}_{Qf}=\boldsymbol{C}_{el}^{\bar{\boldsymbol{T}}}:(\bar{\boldsymbol{D}}_{Qf}-\bar{\boldsymbol{D}}_{Qf}^{p})+\boldsymbol{c}_{el}^{\bar{\boldsymbol{T}}\theta}\cdot\dot{\theta}_{Qf} \tag{7.3.29}$$

7.3.5.4　J_2 流动法则

在中间构形 $\bar{\Omega}_{Qf}$ 上，若在参考温度 θ_{Qf0} 下，弹带材料处于无应力状态，考虑温度内能的大变形弹性势能由以下公式(黄克智等，1999)给出：

$$\begin{aligned}\bar{w}_{Qf}=&\frac{1}{2}\lambda_{Qf0}^{e}(\ln J_{Qf}^{e})^{2}-\mu_{Qf0}\ln J_{Qf}^{e}+\frac{1}{2}\mu_{Qf0}(\mathrm{tr}\bar{\boldsymbol{C}}_{Qf}^{e}-3)\\&-\frac{1}{2}\alpha_{Qf}\kappa_{Qf}(\mathrm{tr}\bar{\boldsymbol{C}}_{Qf}^{e}-3)(\theta_{Qf}-\theta_{Qf0})\end{aligned} \tag{7.3.30}$$

式中，$J_{Qf}^{e}=\det\boldsymbol{F}_{Qf}^{e}=J_{Qf}$；$\lambda_{Qf0}^{e}$、$\mu_{Qf0}$ 为弹带材料的拉梅常量；κ_{Qf} 为体积模量；α_{Qf} 为材料的体积膨胀系数，这些参数与弹性模量 E_{Qf} 和泊松系数 v_{Qf} 之间的关系为

$$\mu_{Qf0}=\frac{E_{Qf}}{2(1+v_{Qf})},\quad \lambda_{Qf0}^{e}=\frac{v_{Qf}E_{Qf}}{(1+v_{Qf})(1-2v_{Qf})},\quad \kappa_{Qf}=\frac{E_{Qf}}{3(1-2v_{Qf})}\tag{7.3.31}$$

在对式(7.3.30)求导时,将要用到以下公式:

$$\frac{\partial J_{Qf}^{e}}{\partial\bar{\boldsymbol{E}}_{Qf}^{e}}=2\frac{\partial J_{Qf}^{e}}{\partial\bar{\boldsymbol{C}}_{Qf}^{e}}=J_{Qf}^{e}(\bar{\boldsymbol{C}}_{Qf}^{e})^{-1},\quad \frac{\partial\mathrm{tr}\bar{\boldsymbol{C}}_{Qf}^{e}}{\partial\bar{\boldsymbol{E}}_{Qf}^{e}}=2\frac{\partial\mathrm{tr}\bar{\boldsymbol{C}}_{Qf}^{e}}{\partial\bar{\boldsymbol{C}}_{Qf}^{e}}=2\cdot\boldsymbol{1}\tag{7.3.32}$$

将式(7.3.30)代入式(7.3.21),由弹性势能得到弹带材料在中间构形 $\bar{\Omega}_{Qf}$ 和当前构形 Ω_{qf} 上的应力:

$$\bar{\boldsymbol{T}}_{Qf}=\lambda_{Qf0}^{e}\ln J_{Qf}^{e}(\bar{\boldsymbol{C}}_{Qf}^{e})^{-1}+\mu_{Qf0}[\boldsymbol{1}-(\bar{\boldsymbol{C}}_{Qf}^{e})^{-1}]-\alpha_{Qf}\kappa_{Qf}(\theta_{Qf}-\theta_{Qf0})\boldsymbol{1}\tag{7.3.33A}$$

利用 $\boldsymbol{F}_{Qf}^{e}$ 将 $\bar{\boldsymbol{T}}_{Qf}$ 前推至当前构形 Ω_{qf} 上,得

$$\boldsymbol{\tau}_{Qf}=\boldsymbol{F}_{Qf}^{e}\cdot\bar{\boldsymbol{T}}_{Qf}\cdot\boldsymbol{F}_{Qf}^{e\mathrm{T}}=\lambda_{Qf0}^{e}\ln J_{Qf}^{e}\boldsymbol{g}_{Qf}^{-1}+\mu_{Qf0}(\boldsymbol{b}_{Qf}^{e}-\boldsymbol{g}_{Qf}^{-1})-\alpha_{Qf}\kappa_{Qf}(\theta_{Qf}-\theta_{Qf0})\boldsymbol{b}_{Qf}^{e}\tag{7.3.33B}$$

式中, $\boldsymbol{b}_{Qf}^{e}=\boldsymbol{F}_{Qf}^{e}\cdot\boldsymbol{F}_{Qf}^{e\mathrm{T}}$。

将式(7.3.30)代入式(7.3.23A)得中间构形 $\bar{\Omega}_{Qf}$ 上率形式的本构关系:

$$\dot{\bar{\boldsymbol{T}}}_{Qf}=\boldsymbol{C}_{el}^{\bar{T}}:(\bar{\boldsymbol{D}}_{Qf}-\bar{\boldsymbol{D}}_{Qf}^{p})+\boldsymbol{c}_{el}^{\bar{T}\theta}\cdot\dot{\theta}_{Qf}\tag{7.3.34A}$$

利用 $\boldsymbol{F}_{Qf}^{e}$ 将 $\dot{\bar{\boldsymbol{T}}}_{Qf}$ 前推至当前构形 Ω_{qf} 上,得

$$\dot{\boldsymbol{\tau}}_{Qf}=\boldsymbol{F}_{Qf}^{e}\cdot\dot{\bar{\boldsymbol{T}}}_{Qf}\cdot\boldsymbol{F}_{Qf}^{e\mathrm{T}}=\boldsymbol{C}_{el}^{\tau}:(\boldsymbol{d}_{Qf}-\boldsymbol{d}_{Qf}^{p})+\boldsymbol{c}_{el}^{\tau\theta}\cdot\dot{\theta}_{Qf}\tag{7.3.34B}$$

其中弹性张量的分量形式为

$$(C_{el}^{\bar{T}})_{ijkl}=\lambda_{Qf}^{e}(\bar{C}_{Qf}^{e})_{ij}^{-1}(\bar{C}_{Qf}^{e})_{kl}^{-1}+\mu_{Qf}[(\bar{C}_{Qf}^{e})_{ik}^{-1}(\bar{C}_{Qf}^{e})_{jl}^{-1}+(\bar{C}_{Qf}^{e})_{il}^{-1}(\bar{C}_{Qf}^{e})_{kj}^{-1}],\quad \text{在 }\bar{\Omega}_{Qf}\text{ 上}\tag{7.3.35A}$$

$$(C_{el}^{\tau})_{ijkl}=\lambda_{Qf}^{e}\delta_{ij}\delta_{kl}+\mu_{Qf}(\delta_{ik}\delta_{jl}+\delta_{il}\delta_{kj}),\quad \text{在 }\Omega_{qf}\text{ 上}\tag{7.3.35B}$$

$$\boldsymbol{c}_{el}^{\bar{T}\theta}=-\alpha_{Qf}\kappa_{Qf}\boldsymbol{1},\quad \boldsymbol{c}_{el}^{\tau\theta}=\boldsymbol{F}_{Qf}^{e}\cdot\boldsymbol{c}_{el}^{\bar{T}\theta}\cdot\boldsymbol{F}_{Qf}^{e\mathrm{T}}=-\alpha_{Qf}\kappa_{Qf}\boldsymbol{b}_{Qf}^{e}\tag{7.3.35C}$$

式中, $\lambda_{Qf}^{e}=\lambda_{Qf0}^{e}$, $\mu_{Qf}=\mu_{Qf0}-\lambda_{Qf}^{e}\ln J_{Qf}^{e}$。

定义 $\bar{\boldsymbol{T}}_{Qf}$、$\boldsymbol{\tau}_{Qf}$ 的偏量 $\bar{\boldsymbol{T}}_{Qf}^{dev}$、$\boldsymbol{\tau}_{Qf}^{dev}$ 分别为

$$\bar{\boldsymbol{T}}_{Qf}^{dev}=\bar{\boldsymbol{T}}_{Qf}-\frac{1}{3}(\bar{\boldsymbol{T}}_{Qf}:\bar{\boldsymbol{C}}_{Qf}^{e})(\bar{\boldsymbol{C}}_{Qf}^{e})^{-1}\tag{7.3.36A}$$

$$\boldsymbol{\tau}_{Qf}^{dev}=\boldsymbol{\tau}_{Qf}-\frac{1}{3}(\boldsymbol{\tau}_{Qf}:\boldsymbol{g}_{Qf})\boldsymbol{g}_{Qf}^{-1}=\boldsymbol{F}_{Qf}^{e}\cdot\bar{\boldsymbol{T}}_{Qf}^{dev}\cdot\boldsymbol{F}_{Qf}^{e\mathrm{T}}\tag{7.3.36B}$$

式中, $\boldsymbol{\tau}_{Qf}^{dev}$ 可由中间构形 $\bar{\Omega}_{Qf}$ 上的 $\bar{\boldsymbol{T}}_{Qf}^{dev}$ 经 $\boldsymbol{F}_{Qf}^{e}$ 前推运算得到, $\bar{\boldsymbol{T}}_{Qf}^{dev}$ 中 $\bar{\boldsymbol{C}}_{Qf}^{e}$ 的作用与 $\boldsymbol{\tau}_{Qf}^{dev}$ 中 $\boldsymbol{g}_{Qf}=\boldsymbol{1}$ 的作用类似。

在 J_2 流动法则中,假定塑性部分无刚体旋转运动,即 $\bar{\boldsymbol{\omega}}_{Qf}^{p}=\boldsymbol{0}$,因此有 $\bar{\boldsymbol{L}}_{Qf}^{p}=\bar{\boldsymbol{L}}_{Qf}^{p\mathrm{T}}$,弹带材料的流动方向与 $\bar{\boldsymbol{L}}_{Qf}^{p}=\bar{\boldsymbol{D}}_{Qf}^{p}$ 有关,材料内变量只有一个,即为累积塑性变形 $\lambda_{Qf}=\varepsilon_{eq}^{p}$。因此在中间和当前构形 $\bar{\Omega}_{Qf}$、Ω_{qf} 上的流动公式分别为

$$
\begin{cases}
\bar{\boldsymbol{D}}_{Qf}^{p} = \dot{\lambda}_{Qf}\mathrm{sym}\bar{\boldsymbol{R}}_{Qf}(\bar{\boldsymbol{T}}_{Qf},\ \lambda_{Qf}) \\
\mathrm{sym}\bar{\boldsymbol{R}}_{Qf}(\bar{\boldsymbol{T}}_{Qf},\ \lambda_{Qf}) = \dfrac{1}{2}(\bar{\boldsymbol{C}}_{Qf}^{e}\cdot\bar{\boldsymbol{R}}_{Qf} + \bar{\boldsymbol{R}}_{Qf}^{\mathrm{T}}\cdot\bar{\boldsymbol{C}}_{Qf}^{e}) = \dfrac{3}{2\bar{\sigma}_{Qf}}\bar{\boldsymbol{C}}_{Qf}^{e}\cdot\bar{\boldsymbol{T}}_{Qf}^{dev}\cdot\bar{\boldsymbol{C}}_{Qf}^{e}
\end{cases}
\tag{7.3.37A}
$$

$$
\boldsymbol{d}_{Qf}^{p} = \dot{\lambda}_{Qf}\mathrm{sym}\boldsymbol{r}_{Qf},\ \mathrm{sym}\boldsymbol{r}_{Qf} = \frac{1}{2}(\boldsymbol{g}_{Qf}\cdot\boldsymbol{r}_{Qf} + \boldsymbol{r}_{Qf}^{\mathrm{T}}\cdot\boldsymbol{g}_{Qf}) = \frac{3}{2\bar{\sigma}_{Qf}}\boldsymbol{g}_{Qf}\cdot\boldsymbol{\tau}_{Qf}^{dev}\cdot\boldsymbol{g}_{Qf}
\tag{7.3.37B}
$$

$$
\dot{\lambda}_{Qf} = \dot{\varepsilon}_{eq}^{p},\quad \lambda_{Qf} = \varepsilon_{eq}^{p} = \int \mathrm{d}\varepsilon_{eq}^{p}
\tag{7.3.37C}
$$

$$
\bar{\sigma}_{Qf}^{2} = \frac{3}{2}(\bar{\boldsymbol{T}}_{Qf}^{dev}\cdot\bar{\boldsymbol{C}}_{Qf}^{e}):(\bar{\boldsymbol{T}}_{Qf}^{dev}\cdot\bar{\boldsymbol{C}}_{Qf}^{e})^{\mathrm{T}} = \frac{3}{2}(\boldsymbol{\tau}_{Qf}^{dev}\cdot\boldsymbol{g}_{Qf}):(\boldsymbol{\tau}_{Qf}^{dev}\cdot\boldsymbol{g}_{Qf})^{\mathrm{T}}
\tag{7.3.37D}
$$

式中，sym(·) 表示对变量 (·) 进行对称化运算；$\bar{\sigma}_{Qf}$ 为 Von Mises 等效应力。注意 $\bar{\sigma}_{Qf}$、$\dot{\varepsilon}_{eq}^{p}$ 与 $\boldsymbol{\tau}_{Qf}$、$\boldsymbol{d}_{Qf}^{p}$ 或 $\bar{\boldsymbol{T}}_{Qf}$ 与 $\bar{\boldsymbol{D}}_{Qf}^{p}$ 为塑性功共轭的：

$$
\bar{\sigma}_{Qf}\dot{\varepsilon}_{eq}^{p} = \boldsymbol{\tau}_{Qf}:\boldsymbol{d}_{Qf}^{p} = \bar{\boldsymbol{T}}_{Qf}:\bar{\boldsymbol{D}}_{Qf}^{p}
\tag{7.3.38}
$$

基于 J_2 流动法则的屈服面方程为

$$
\bar{f}_{Qf}(\bar{\boldsymbol{T}}_{Qf},\ \theta_{Qf},\ \lambda_{Qf}) = f_{Qf}(\boldsymbol{\tau}_{Qf},\ \theta_{Qf},\ \lambda_{Qf}) = \bar{\sigma}_{Qf} - \sigma_{Y}(\theta_{Qf},\ \lambda_{Qf}) = 0
\tag{7.3.39}
$$

σ_Y 为基于柯西应力的材料屈服强度，由材料性能试验得到。

加载-卸载条件为

$$
\dot{\lambda}_{Qf} \geqslant 0,\quad \bar{f}_{Qf} \leqslant 0,\quad \dot{\lambda}_{Qf}\bar{f}_{Qf} = 0
\tag{7.3.40}
$$

式中，第一项为加载条件；第二项为卸载条件；第三项为屈服条件。

假定弹带材料的塑性流动与应变率无关，由一致性条件 $\dot{\bar{f}}_{Qf}(\bar{\boldsymbol{T}}_{Qf},\ \theta,\ \lambda_{Qf}) = 0$，将式(7.3.34A)、式(7.3.37A)代入，经整理得到

$$
\dot{\lambda}_{Qf} = \frac{\bar{f}_{\bar{\boldsymbol{T}}_{Qf}}:\boldsymbol{C}_{el}^{\bar{\boldsymbol{T}}}:\bar{\boldsymbol{D}}_{Qf} + (\bar{f}_{\bar{\boldsymbol{T}}_{Qf}}:\boldsymbol{c}_{el}^{\bar{\boldsymbol{T}}\theta} + \bar{f}_{\theta Qf})\dot{\theta}_{Qf}}{\bar{f}_{\bar{\boldsymbol{T}}_{Qf}}:\boldsymbol{C}_{el}^{\bar{\boldsymbol{T}}}:\mathrm{sym}\bar{\boldsymbol{R}}_{Qf}(\bar{\boldsymbol{T}}_{Qf},\ \lambda_{Qf}) - \bar{f}_{\lambda Qf}\cdot\bar{H}_{Qf}}
\tag{7.3.41}
$$

$$
\begin{cases}
\bar{f}_{\bar{\boldsymbol{T}}_{Qf}} = \dfrac{\partial\bar{f}_{Qf}(\bar{\boldsymbol{T}}_{Qf},\ \theta_{Qf},\ \lambda_{Qf})}{\partial\bar{\boldsymbol{T}}_{Qf}},\quad \bar{f}_{\theta Qf} = \dfrac{\partial\bar{f}_{Qf}(\bar{\boldsymbol{T}}_{Qf},\ \theta_{Qf},\ \lambda_{Qf})}{\partial\theta_{Qf}} \\
\bar{f}_{\lambda Qf} = \dfrac{\partial\bar{f}_{Qf}(\bar{\boldsymbol{T}}_{Qf},\ \theta_{Qf},\ \lambda_{Qf})}{\partial\lambda_{Qf}},\quad \bar{H}_{Qf} = 1
\end{cases}
\tag{7.3.42}
$$

将式(7.3.41)、式(7.3.37A)第一式代入式(7.3.34A)率形式的本构关系，得

$$
\dot{\bar{\boldsymbol{T}}}_{Qf} = \boldsymbol{C}_{Qf}^{\bar{\boldsymbol{T}}}:\bar{\boldsymbol{D}}_{Qf} + \boldsymbol{c}_{Qf}^{\bar{\boldsymbol{T}}\theta}\cdot\dot{\theta}_{Qf}
\tag{7.3.43A}
$$

其中

$$
\begin{cases}
\boldsymbol{C}_{Qf}^{\bar{\boldsymbol{T}}} = \boldsymbol{C}_{el}^{\bar{\boldsymbol{T}}} - \dfrac{(\boldsymbol{C}_{el}^{\bar{\boldsymbol{T}}}:\mathrm{sym}\bar{\boldsymbol{R}}_{Qf})\otimes\bar{f}_{\bar{\boldsymbol{T}}_{Qf}}:\boldsymbol{C}_{el}^{\bar{\boldsymbol{T}}}}{\bar{f}_{\bar{\boldsymbol{T}}_{Qf}}:\boldsymbol{C}_{el}^{\bar{\boldsymbol{T}}}:\mathrm{sym}\bar{\boldsymbol{R}}_{Qf} - \bar{f}_{\lambda Qf}\cdot\bar{H}_{Qf}}, \\
\boldsymbol{c}_{Qf}^{\bar{\boldsymbol{T}}\theta} = \boldsymbol{c}_{el}^{\bar{\boldsymbol{T}}\theta} - \dfrac{(\boldsymbol{C}_{el}^{\bar{\boldsymbol{T}}}:\mathrm{sym}\bar{\boldsymbol{R}}_{Qf})\otimes(\bar{f}_{\bar{\boldsymbol{T}}_{Qf}}:\boldsymbol{c}_{el}^{\bar{\boldsymbol{T}}\theta} + \bar{f}_{\theta Qf})}{\bar{f}_{\bar{\boldsymbol{T}}_{Qf}}:\boldsymbol{C}_{el}^{\bar{\boldsymbol{T}}}:\mathrm{sym}\bar{\boldsymbol{R}}_{Qf} - \bar{f}_{\lambda Qf}\cdot\bar{H}_{Qf}}
\end{cases}
\tag{7.3.43B}
$$

由式(7.3.22),可得

$$\bar{\boldsymbol{T}}_{Qf}=(\boldsymbol{F}_{Qf}^{e})^{-1}\cdot\boldsymbol{\tau}_{Qf}\cdot(\boldsymbol{F}_{Qf}^{e})^{-\mathrm{T}}$$

对上式求时间的物质导数得 $\dot{\bar{\boldsymbol{T}}}_{Qf}$,并将结果前推到当前构形 Ω_{qf} 上,得到由弹性变形 $\boldsymbol{F}_{Qf}^{e}$ 引起的当前构形上应力 $\boldsymbol{\tau}_{Qf}$ 的时间导数,记为 $L_v^e\boldsymbol{\tau}_{Qf}$,称为 Lee 导数,有

$$L_v^e\boldsymbol{\tau}_{Qf}=\boldsymbol{F}_{Qf}^{e}\cdot\dot{\bar{\boldsymbol{T}}}_{Qf}\cdot\boldsymbol{F}_{Qf}^{e\mathrm{T}}=\boldsymbol{F}_{Qf}^{e}\cdot\frac{D}{Dt}[(\boldsymbol{F}_{Qf}^{e})^{-1}\cdot\boldsymbol{\tau}_{Qf}\cdot(\boldsymbol{F}_{Qf}^{e})^{-\mathrm{T}}]\cdot\boldsymbol{F}_{Qf}^{e\mathrm{T}}\tag{7.3.44}$$

将式(7.3.44)最后一个等式的右端项进行展开运算,经整理得

$$L_v^e\boldsymbol{\tau}_{Qf}=\dot{\boldsymbol{\tau}}_{Qf}-\boldsymbol{l}_{Qf}^{e}\cdot\boldsymbol{\tau}_{Qf}-\boldsymbol{\tau}_{Qf}\cdot\boldsymbol{l}_{Qf}^{e\mathrm{T}}\tag{7.3.45}$$

与式(7.3.18)比较,式(7.3.45)与 Oldroyd 导数客观率 $\boldsymbol{\tau}_{Qf}^{\nabla O}$ 形式上相类似,其区别在于此处采用了 $\boldsymbol{l}_{Qf}^{e}$,而不是 $\boldsymbol{l}_{Qf}$。为此,定义 Lee 导数的另一种形式为 Oldroyd 导数客观率 $\boldsymbol{\tau}_{Qf}^{\nabla O}$,则有

$$\boldsymbol{\tau}_{Qf}^{\nabla O}=L_v\boldsymbol{\tau}_{Qf}=\dot{\boldsymbol{\tau}}_{Qf}-\boldsymbol{l}_{Qf}\cdot\boldsymbol{\tau}_{Qf}-\boldsymbol{\tau}_{Qf}\cdot\boldsymbol{l}_{Qf}^{\mathrm{T}}=L_v^e\boldsymbol{\tau}_{Qf}-\boldsymbol{l}_{Qf}^{p}\cdot\boldsymbol{\tau}_{Qf}-\boldsymbol{\tau}_{Qf}\cdot\boldsymbol{l}_{Qf}^{p\mathrm{T}}\tag{7.3.46}$$

上式最后一项的获得利用了式(7.3.45)。将式(7.3.46)的最后一项后拉至中间构形 $\bar{\Omega}_{Qf}$ 上,经整理得

$$\begin{aligned}\phi_e^*(L_v\boldsymbol{\tau}_{Qf})&=(\boldsymbol{F}_{Qf}^{e})^{-1}\cdot(L_v^e\boldsymbol{\tau}_{Qf}-\boldsymbol{l}_{Qf}^{p}\cdot\boldsymbol{\tau}_{Qf}-\boldsymbol{\tau}_{Qf}\cdot\boldsymbol{l}_{Qf}^{p\mathrm{T}})\cdot(\boldsymbol{F}_{Qf}^{e})^{-\mathrm{T}}\\&=\dot{\bar{\boldsymbol{T}}}_{Qf}-\bar{\boldsymbol{L}}_{Qf}^{p}\cdot\bar{\boldsymbol{T}}_{Qf}-\bar{\boldsymbol{T}}_{Qf}\cdot\bar{\boldsymbol{L}}_{Qf}^{p\mathrm{T}}\end{aligned}\tag{7.3.47}$$

另一方面,由图 7.3.2 可知,参考构形 Ω_{Qf} 上的应力 $\boldsymbol{T}_{Qf}$ 可由 $\bar{\boldsymbol{T}}_{Qf}$,经 $\boldsymbol{F}_{Qf}^{p}$ 后拉得到

$$\boldsymbol{T}_{Qf}=(\boldsymbol{F}_{Qf}^{p})^{-1}\cdot\bar{\boldsymbol{T}}_{Qf}\cdot(\boldsymbol{F}_{Qf}^{p})^{-\mathrm{T}}\tag{7.3.48}$$

对上式求物质导数得 $\dot{\boldsymbol{T}}_{Qf}$,并将结果前推到中间构形 $\bar{\Omega}_{Qf}$ 上,得到由塑性变形 $\boldsymbol{F}_{Qf}^{p}$ 引起的中间构形 $\bar{\Omega}_{Qf}$ 上应力 $\bar{\boldsymbol{T}}_{Qf}$ 的物质导数 $\dot{\bar{\boldsymbol{T}}}_{Qf}$,记为 $L_v^p\bar{\boldsymbol{T}}_{Qf}$,称为塑性 Lee 导数,有

$$\begin{aligned}L_v^p\bar{\boldsymbol{T}}_{Qf}&=\boldsymbol{F}_{Qf}^{p}\cdot\dot{\boldsymbol{T}}_{Qf}\cdot\boldsymbol{F}_{Qf}^{p\mathrm{T}}=\boldsymbol{F}_{Qf}^{p}\cdot\frac{\mathrm{D}}{\mathrm{D}t}[(\boldsymbol{F}_{Qf}^{p})^{-1}\cdot\bar{\boldsymbol{T}}_{Qf}\cdot(\boldsymbol{F}_{Qf}^{p})^{-\mathrm{T}}]\cdot\boldsymbol{F}_{Qf}^{p\mathrm{T}}\\&=\dot{\bar{\boldsymbol{T}}}_{Qf}-\bar{\boldsymbol{L}}_{Qf}^{p}\cdot\bar{\boldsymbol{T}}_{Qf}-\bar{\boldsymbol{T}}_{Qf}\cdot\bar{\boldsymbol{L}}_{Qf}^{p\mathrm{T}}\end{aligned}\tag{7.3.49}$$

比较式(7.3.47)和式(7.3.49),得到

$$\phi_e^*(L_v\boldsymbol{\tau}_{Qf})=L_v^p\bar{\boldsymbol{T}}_{Qf}$$

对上式进行反推,得

$$L_v\boldsymbol{\tau}_{Qf}=\phi_*^e(L_v^p\bar{\boldsymbol{T}}_{Qf})=\boldsymbol{F}_{Qf}^{e}\cdot(L_v^p\bar{\boldsymbol{T}}_{Qf})\cdot\boldsymbol{F}_{Qf}^{e\mathrm{T}}\tag{7.3.50}$$

由图 7.3.2 可知,$L_v\boldsymbol{\tau}_{Qf}$ 亦可以通过另一条途径,将参考构形上的 $\dot{\boldsymbol{T}}_{Qf}$,经 $\boldsymbol{F}_{Qf}$ 前推得到

$$L_v\boldsymbol{\tau}_{Qf}=\boldsymbol{F}_{Qf}\cdot\dot{\boldsymbol{T}}_{Qf}\cdot\boldsymbol{F}_{Qf}^{\mathrm{T}}=\boldsymbol{F}_{Qf}^{e}\cdot\boldsymbol{F}_{Qf}^{p}\cdot\dot{\boldsymbol{T}}_{Qf}\cdot\boldsymbol{F}_{Qf}^{p\mathrm{T}}\cdot\boldsymbol{F}_{Qf}^{e\mathrm{T}}=\boldsymbol{F}_{Qf}^{e}\cdot(L_v^p\bar{\boldsymbol{T}}_{Qf})\cdot\boldsymbol{F}_{Qf}^{e\mathrm{T}}\tag{7.3.51}$$

将式(7.3.43A)代入式(7.3.49),得

$$L_v^p\bar{\boldsymbol{T}}_{Qf}=\boldsymbol{C}_{Qf}^{\bar{T}}:\bar{\boldsymbol{D}}_{Qf}-\bar{\boldsymbol{L}}_{Qf}^{p}\cdot\bar{\boldsymbol{T}}_{Qf}-\bar{\boldsymbol{T}}_{Qf}\cdot\bar{\boldsymbol{L}}_{Qf}^{p\mathrm{T}}+\boldsymbol{c}_{Qf}^{\bar{T}\theta}\cdot\dot{\theta}_{Qf}\tag{7.3.52}$$

由于 $\bar{\boldsymbol{\omega}}^p_{Qf}=\mathbf{0}$，有 $\bar{\boldsymbol{L}}^p_{Qf}=\bar{\boldsymbol{D}}^p_{Qf}$，利用式(7.3.37A)和式(7.3.41)，上式就简化成

$$L^p_v\bar{\boldsymbol{T}}_{Qf}=\tilde{C}^{\bar{\mathrm{T}}}_{Qf}:\bar{\boldsymbol{D}}_{Qf}+\tilde{\boldsymbol{c}}^{\bar{\boldsymbol{T}}\theta}_{Qf}\cdot\dot{\theta}_{Qf}\tag{7.3.53}$$

其中

$$\begin{aligned}\tilde{\boldsymbol{C}}^{\bar{\boldsymbol{T}}}_{Qf}&=(\tilde{\boldsymbol{C}}^{\bar{\boldsymbol{T}}}_{Qf})_{ijkl}=\boldsymbol{C}^{\bar{\boldsymbol{T}}}_{Qf}-\frac{(\bar{\boldsymbol{R}}_{Qf}\cdot\bar{\boldsymbol{T}}_{Qf}+\bar{\boldsymbol{T}}_{Qf}\cdot\bar{\boldsymbol{R}}_{Qf})\otimes\bar{f}_{\bar{\boldsymbol{T}}_{Qf}}:\boldsymbol{C}^{\bar{\boldsymbol{T}}}_{el}}{\bar{f}_{\bar{\boldsymbol{T}}_{Qf}}:\boldsymbol{C}^{\bar{\boldsymbol{T}}}_{el}:\mathrm{sym}\bar{\boldsymbol{R}}_{Qf}-\bar{f}_{\lambda_{Qf}}\cdot\bar{H}_{Qf}}\\ \tilde{\boldsymbol{c}}^{\bar{\boldsymbol{T}}\theta}_{Qf}&=(\tilde{c}^{\bar{\boldsymbol{T}}\theta}_{Qf})_{ij}=\boldsymbol{c}^{\bar{\boldsymbol{T}}\theta}_{Qf}-\frac{(\bar{\boldsymbol{R}}_{Qf}\cdot\bar{\boldsymbol{T}}_{Qf}+\bar{\boldsymbol{T}}_{Qf}\cdot\bar{\boldsymbol{R}}_{Qf})(\bar{f}_{\bar{\boldsymbol{T}}_{Qf}}:\boldsymbol{c}^{\bar{\boldsymbol{T}}\theta}_{el}+\bar{f}_{\theta_{Qf}})}{\bar{f}_{\bar{\boldsymbol{T}}_{Qf}}:\boldsymbol{C}^{\bar{\boldsymbol{T}}}_{el}:\mathrm{sym}\bar{\boldsymbol{R}}_{Qf}-\bar{f}_{\lambda_{Qf}}\cdot\bar{H}_{Qf}}\end{aligned}\tag{7.3.54}$$

称为切线刚度张量。

将式(7.3.53)代入式(7.3.50)，得

$$\boldsymbol{\tau}^{\nabla O}_{Qf}=L_v\boldsymbol{\tau}_{Qf}=\boldsymbol{F}^e_{Qf}\cdot(\tilde{\boldsymbol{C}}^{\bar{\boldsymbol{T}}}_{Qf}:\bar{\boldsymbol{D}}_{Qf}+\tilde{\boldsymbol{c}}^{\bar{\boldsymbol{T}}\theta}_{Qf}\cdot\dot{\theta}_{Qf})\cdot\boldsymbol{F}^{e\mathrm{T}}_{Qf}=\tilde{\boldsymbol{C}}^{\tau}_{Qf}:\boldsymbol{d}_{Qf}+\tilde{\boldsymbol{c}}^{\tau\theta}_{Qf}\cdot\dot{\theta}_{Qf}\tag{7.3.55}$$

其中

$$\tilde{\boldsymbol{C}}^{\tau}_{Qf}=(\tilde{C}^{\tau}_{Qf})_{ijkl}=F^e_{im}F^e_{jn}F^e_{ko}F^e_{lp}(\tilde{C}^{\bar{T}}_{Qf})_{mnop}\tag{7.3.56A}$$

$$\tilde{\boldsymbol{c}}^{\tau\theta}_{Qf}=\boldsymbol{F}^e_{Qf}\cdot\tilde{\boldsymbol{c}}^{\bar{\boldsymbol{T}}\theta}_{Qf}\cdot\boldsymbol{F}^{e\mathrm{T}}_{Qf}=(\tilde{c}^{\tau\theta}_{Qf})_{ij}=F^e_{im}F^e_{jn}(\tilde{c}^{\bar{T}\theta}_{Qf})_{mn}\tag{7.3.56B}$$

当前构形上的切线刚度张量 $\tilde{\boldsymbol{C}}^{\tau}_{Qf}$ 也可以对式(7.3.54)中每一项中间构形上的参数由 $\boldsymbol{F}^e_{Qf}$ 前推到当前构形上得到

$$\tilde{\boldsymbol{C}}^{\tau}_{Qf}=\boldsymbol{C}^{\tau}_{Qf}-\frac{(\boldsymbol{r}_{Qf}\cdot\boldsymbol{\tau}_{Qf}+\boldsymbol{\tau}_{Qf}\cdot\boldsymbol{r}^{\mathrm{T}}_{Qf})\otimes f_{\boldsymbol{\tau}_{Qf}}:\boldsymbol{C}^{\tau}_{el}}{\bar{f}_{\boldsymbol{\tau}_{Qf}}:\boldsymbol{C}^{\tau}_{el}:\mathrm{sym}\boldsymbol{r}_{Qf}-f_{\lambda_{Qf}}\cdot h_{Qf}}\tag{7.3.57A}$$

$$\tilde{\boldsymbol{c}}^{\tau\theta}_{Qf}=\boldsymbol{c}^{\tau\theta}_{Qf}-\frac{(\boldsymbol{r}_{Qf}\cdot\boldsymbol{\tau}_{Qf}+\boldsymbol{\tau}_{Qf}\cdot\boldsymbol{r}^{\mathrm{T}}_{Qf})(f_{\boldsymbol{\tau}_{Qf}}:\boldsymbol{c}^{\tau\theta}_{el}+f_{\theta_{Qf}})}{f_{\boldsymbol{\tau}_{Qf}}:\boldsymbol{C}^{\tau}_{el}:\mathrm{sym}\boldsymbol{r}_{Qf}-f_{\lambda_{Qf}}\cdot h_{Qf}}\tag{7.3.57B}$$

式中，$h_{Qf}=1$。

对由式(7.3.30)表达的势能材料，在当前构形上其流动方向可写成

$$\boldsymbol{\phi}_{Qf}=\sqrt{\frac{2}{3}}\boldsymbol{r}_{Qf}\tag{7.3.58}$$

这样，式(7.3.57)中的弹塑性模量可以简化成

$$\boldsymbol{C}^{\tau}_{Qf}=\lambda^e_{Qf}\mathbf{1}\otimes\mathbf{1}+2\mu_{Qf}\boldsymbol{I}-2\mu_{Qf}\gamma_{Qf}\boldsymbol{\phi}_{Qf}\otimes\boldsymbol{\phi}_{Qf}\tag{7.3.59}$$

其中，$\boldsymbol{I}$ 为四阶等同张量，且

$$\frac{1}{\gamma_{Qf}}=1+\frac{h_{Qf}}{3\mu_{Qf}}\tag{7.3.60}$$

7.3.6 应力更新算法

对弹带热弹塑性动力学微分方程(7.2.1A)或(7.2.3A)的求解一般采用直接积分法，

其基本原理是根据 t 时刻的节点载荷 $\boldsymbol{P}_{Qf}(t)$、位移 $\boldsymbol{W}_{Qf}(t)$ 和速度 $\dot{\boldsymbol{W}}_{Qf}(t)$，在预先给定 $\boldsymbol{W}_{Qf}(t+\mathrm{d}t)$、$\dot{\boldsymbol{W}}_{Qf}(t+\mathrm{d}t)$ 条件下，求 $t+\mathrm{d}t$ 时刻满足平衡方程和材料屈服条件的节点载荷 $\boldsymbol{P}_{Qf}(t+\mathrm{d}t)$。根据位移 $\boldsymbol{W}_{Qf}(t+\mathrm{d}t)$ 和速度 $\dot{\boldsymbol{W}}_{Qf}(t+\mathrm{d}t)$ 求解满足屈服条件的应力 $\boldsymbol{\tau}_{Qf}(t+\mathrm{d}t)$、等效塑性应变 $\boldsymbol{\lambda}_{Qf}(t+\mathrm{d}t)$ 和塑性应变率 $\boldsymbol{d}^p_{Qf}(t+\mathrm{d}t)$ 的过程称为应力更新。在以下的讨论中，t 时刻的节点参数 $\boldsymbol{F}_{Qf}(t)$、$\boldsymbol{P}_{Qf}(t)$、$\boldsymbol{W}_{Qf}(t)$、$\dot{\boldsymbol{W}}_{Qf}(t)$ 和场参数 $\boldsymbol{w}_{Qf}(t)$、$\dot{\boldsymbol{w}}_{Qf}(t)$ 一律用 $\boldsymbol{F}_n$、$\boldsymbol{P}_n$、$\boldsymbol{W}_n$、$\dot{\boldsymbol{W}}_n$、$\boldsymbol{w}_n$、$\dot{\boldsymbol{w}}_n$ 来表示，并略去了表示弹带参数的下标"Qf"，$t+\mathrm{d}t$ 时刻的参数用 $\boldsymbol{P}_{n+1}$、$\boldsymbol{W}_{n+1}$、$\dot{\boldsymbol{W}}_{n+1}$、$\boldsymbol{w}_{n+1}$、$\dot{\boldsymbol{w}}_{n+1}$ 来表示。

令 $t_0=n=0$、$\boldsymbol{x}_0=\boldsymbol{x}_{Qf}$、$\boldsymbol{w}_0=\dot{\boldsymbol{w}}_0=\boldsymbol{0}$、$\theta_0=\theta_{F0}$、$\theta_{n+1}=\theta_n+\Delta\theta_{n+1}$、$\boldsymbol{F}_0=\boldsymbol{1}$、$\boldsymbol{\tau}_0=\boldsymbol{\sigma}_0$，当 $n=0,1,2,\cdots$ 时，计算以下已知量：

$$\begin{cases}\boldsymbol{w}_{n+1}=\boldsymbol{w}_n+\Delta\boldsymbol{w}_{n+1},\ \dot{\boldsymbol{w}}_{n+1}=\dot{\boldsymbol{w}}_n+\Delta\dot{\boldsymbol{w}}_{n+1},\ \boldsymbol{x}_{n+1}=\boldsymbol{x}_n+\Delta\boldsymbol{x}_{n+1},\ \Delta\boldsymbol{x}_{n+1}=\Delta\boldsymbol{w}_{n+1}\\ \boldsymbol{F}_{n+1}=\boldsymbol{F}_n+\Delta\boldsymbol{F}_{n+1},\quad \Delta\boldsymbol{F}_{n+1}=\dfrac{\partial\Delta\boldsymbol{w}_{n+1}}{\partial\boldsymbol{x}_0},\quad \dot{\boldsymbol{F}}_{n+1}=\dot{\boldsymbol{F}}_n+\Delta\dot{\boldsymbol{F}}_{n+1},\quad \Delta\dot{\boldsymbol{F}}_{n+1}=\dfrac{\partial\Delta\dot{\boldsymbol{w}}_{n+1}}{\partial\boldsymbol{x}_0}\\ \boldsymbol{l}_{n+1}=\dot{\boldsymbol{F}}_{n+1}\cdot\boldsymbol{F}^{-1}_{n+1},\ \boldsymbol{d}_{n+1}=\dfrac{1}{2}(\boldsymbol{l}_{n+1}+\boldsymbol{l}^T_{n+1}),\ J_{n+1}=\det\boldsymbol{F}_{n+1}\end{cases}\tag{7.3.61}$$

已知 $\boldsymbol{\tau}_n$、$\boldsymbol{d}^p_n$、λ_n、θ_{n+1}，由 7.3.5.4 节的推导，可得以下基于 J_2 流动法则的基本公式：

$$\begin{cases}\boldsymbol{r}_{n+1}=\dfrac{3}{2\bar{\sigma}_{n+1}}\boldsymbol{\tau}^{\mathrm{dev}}_{n+1},\ \boldsymbol{\tau}^{\mathrm{dev}}_{n+1}=\boldsymbol{\tau}_{n+1}-\dfrac{1}{3}\mathrm{tr}(\boldsymbol{\tau}_{n+1})\boldsymbol{1},\ \bar{\sigma}_{n+1}=J^{-1}_{n+1}\sqrt{\dfrac{3}{2}\boldsymbol{\tau}^{\mathrm{dev}}_{n+1}:(\boldsymbol{\tau}^{\mathrm{dev}}_{n+1})^{\mathrm{T}}}\\ \boldsymbol{d}^p_{n+1}=\boldsymbol{d}^p_n+\Delta\lambda_{n+1}\boldsymbol{r}_{n+1},\quad \lambda_{n+1}=\lambda_n+\Delta\lambda_{n+1},\\ f_{n+1}(\boldsymbol{\tau}_{n+1},\theta_{n+1},\lambda_{n+1})=\bar{\sigma}_{n+1}-\sigma_Y(\theta_{n+1},\lambda_{n+1})=0\\ \boldsymbol{\tau}_{n+1}=\boldsymbol{\tau}_n+\Delta\boldsymbol{\tau}_{n+1}\end{cases}\tag{7.3.62}$$

其中，$\Delta\boldsymbol{\tau}_{n+1}$ 的表达式由以下本构关系推导得到。

$$\dot{\boldsymbol{\tau}}_{n+1}=\boldsymbol{C}^{\tau}_{el}:(\boldsymbol{d}_{n+1}-\boldsymbol{d}^p_{n+1})+\boldsymbol{c}^{\tau\theta}_{el}\cdot\dot{\theta}_{n+1}\tag{7.3.63}$$

其中，$\boldsymbol{C}^{\tau}_{el}$、$\boldsymbol{c}^{\tau\theta}_{el}$ 的表达式分别由式(7.3.35B)、式(7.3.35C)给出。

将式(7.3.62)中 $\boldsymbol{d}^p_{n+1}$ 的表达式代入 $\dot{\boldsymbol{\tau}}_{n+1}$ 的表达式，得

$$\begin{aligned}\dot{\boldsymbol{\tau}}_{n+1}&=\boldsymbol{C}^{\tau}_{el}:(\boldsymbol{d}_{n+1}-\boldsymbol{d}^p_n-\Delta\lambda_{n+1}\boldsymbol{r}_{n+1})+\boldsymbol{c}^{\tau\theta}_{el}\cdot(\dot{\theta}_n+\Delta\dot{\theta}_{n+1})\\&=\boldsymbol{C}^{\tau}_{el}:(\boldsymbol{d}_n-\boldsymbol{d}^p_n+\Delta\boldsymbol{d}_{n+1}-\Delta\lambda_{n+1}\boldsymbol{r}_{n+1})+\boldsymbol{c}^{\tau\theta}_{el}\cdot\dot{\theta}_n+\boldsymbol{c}^{\tau\theta}_{el}\cdot\Delta\dot{\theta}_{n+1}\\&=\dot{\boldsymbol{\tau}}_n+\boldsymbol{C}^{\tau}_{el}:\Delta\boldsymbol{d}_{n+1}+\boldsymbol{c}^{\tau\theta}_{el}\cdot\Delta\dot{\theta}_{n+1}-\Delta\lambda_{n+1}\boldsymbol{C}^{\tau}_{el}:\boldsymbol{r}_{n+1}\\&=\dot{\boldsymbol{\tau}}^{\mathrm{trial}}_{n+1}-\Delta\lambda_{n+1}\boldsymbol{C}^{\tau}_{el}:\boldsymbol{r}_{n+1}\end{aligned}\tag{7.3.64A}$$

$$\dot{\boldsymbol{\tau}}^{\mathrm{trial}}_{n+1}=\dot{\boldsymbol{\tau}}_n+\boldsymbol{C}^{\tau}_{el}:\Delta\boldsymbol{d}_{n+1}+\boldsymbol{c}^{\tau\theta}_{el}\cdot\Delta\dot{\theta}_{n+1}\tag{7.3.64B}$$

由此可得 $\boldsymbol{\tau}_{n+1}$ 的增量 $\Delta\boldsymbol{\tau}_{n+1}$ 表达式：

$$\Delta\boldsymbol{\tau}_{n+1}=\Delta\boldsymbol{\tau}^{\mathrm{trial}}_{n+1}-\Delta(\Delta\lambda_{n+1}\boldsymbol{C}^{\tau}_{el}:\boldsymbol{r}_{n+1})\tag{7.3.65}$$

利用式(7.3.62)、式(7.3.65),通过以下迭代格式求解得到 $\boldsymbol{d}_{n+1}^{p}$、λ_{n+1}、$\boldsymbol{\tau}_{n+1}$、$\boldsymbol{\tau}_{n+1}^{dev}$、$\boldsymbol{r}_{n+1}$、$\bar{\sigma}_{n+1}$,其中变量的右上标表示迭代次数。

$$\begin{cases}\boldsymbol{r}_{n+1}^{(k)}=\dfrac{3}{2\bar{\sigma}_{n+1}^{(k)}}\boldsymbol{\tau}_{n+1}^{dev,(k)},\ \boldsymbol{\tau}_{n+1}^{dev,(k)}=\boldsymbol{\tau}_{n+1}^{(k)}-\dfrac{1}{3}\mathrm{tr}(\boldsymbol{\tau}_{n+1}^{(k)})\mathbf{1}\\ \bar{\sigma}_{n+1}^{(k)}=J_{n+1}^{-1}\sqrt{\dfrac{3}{2}\boldsymbol{\tau}_{n+1}^{dev,(k)}:(\boldsymbol{\tau}_{n+1}^{dev,(k)})^{\mathrm{T}}}\\ \boldsymbol{d}_{n+1}^{p,(k)}=\boldsymbol{d}_{n}^{p}+\Delta\lambda_{n+1}^{(k)}\boldsymbol{r}_{n+1}^{(k)},\quad \lambda_{n+1}^{(k)}=\lambda_{n}+\Delta\lambda_{n+1}^{(k)}\\ \boldsymbol{\tau}_{n+1}^{(k)}=\boldsymbol{\tau}_{n}+\Delta\boldsymbol{\tau}_{n+1}^{(k)},\quad \Delta\boldsymbol{\tau}_{n+1}^{(k)}=\Delta\boldsymbol{\tau}_{n+1}^{\mathrm{trial}}-\Delta(\Delta\lambda_{n+1}^{(k)}\boldsymbol{C}_{el}^{\tau}:\boldsymbol{r}_{n+1}^{(k)})\end{cases}\tag{7.3.66}$$

迭代初始条件:

$$\begin{cases}k=0,\quad \Delta\lambda_{n+1}^{(0)}=0,\quad \lambda_{n+1}^{(0)}=\lambda_{n},\quad \boldsymbol{r}_{n+1}^{(0)}=3\boldsymbol{\tau}_{n+1}^{dev,(0)}/2\bar{\sigma}_{n+1}^{(0)},\quad \boldsymbol{\tau}_{n+1}^{dev,(0)}=\boldsymbol{\tau}_{n}^{dev,(0)}\\ \bar{\sigma}_{n+1}^{(0)}=J_{n+1}^{-1}\sqrt{3\boldsymbol{\tau}_{n+1}^{dev,(0)}:(\boldsymbol{\tau}_{n+1}^{dev,(0)})^{\mathrm{T}}/2},\ \Delta\boldsymbol{\tau}_{n+1}^{(0)}=\Delta\boldsymbol{\tau}_{n+1}^{trial}\end{cases}\tag{7.3.67}$$

迭代收敛条件:

$$|f_{n+1}^{(k)}|=|\bar{\sigma}_{n+1}^{(k)}-\sigma_{Y}(\theta_{n+1},\lambda_{n+1}^{(k)})|\leqslant\varepsilon_{Y}\tag{7.3.68}$$

7.4 弹带动量方程的数值求解

在拉格朗日法中,计算网格节点跟随材料粒子一起运动,弹带的边界和材料界面总是和单元面重合,因此容易施加边界条件;积分点也随材料粒子一起运动,因此容易处理弹带材料变形过程。更新拉格朗日法虽是在当前构形上来考虑弹带的状态,但在具体问题处理时利用变换式(7.3.3)将空间坐标 $\boldsymbol{x}_{qf}$ 用参考构形上的坐标来 $\boldsymbol{x}_{Qf}$ 表示,这样与拉格朗日法就相一致了。但更新拉格朗日法的数值求解格式便于迭代计算,因此,本节将给出更新拉格朗日的数值计算方法。

7.4.1 弹带离散化

将整个弹带区域 Ω_{qf} 划分成若干个单元域 Ω_{e}^{qf},因此有 $\Omega_{qf}=\bigcup\limits_{e=1}^{n}\Omega_{e}^{qf}$。在初始构形 Ω_{Qf} 上,节点坐标为 $\boldsymbol{x}_{1}^{Qf},\ \boldsymbol{x}_{2}^{Qf},\ \cdots,\ \boldsymbol{x}_{n_{Qf}}^{Qf}$,这些节点在当前构形 Ω_{qf} 上的位置为 $\boldsymbol{x}_{1}^{qf},\ \boldsymbol{x}_{2}^{qf},\ \cdots,\ \boldsymbol{x}_{n_F}^{qf}$。在 Ω_{Qf} 上,单元 e 的 m_{Qf} 个节点的位置表示为 $\boldsymbol{x}_{1}^{Qfe},\ \boldsymbol{x}_{2}^{Qfe},\ \cdots,\ \boldsymbol{x}_{m_{Qf}}^{Qfe}$,这些节点在 Ω_{qf} 上的位置为 $\boldsymbol{x}_{1}^{qfe},\ \boldsymbol{x}_{2}^{qfe},\ \cdots,\ \boldsymbol{x}_{m_F}^{qfe}$。通过有限元近似可以给出这些运动节点间的关系,第 I 个节点的运动关系为

$$\boldsymbol{x}_{I}^{qf}(t)=\boldsymbol{x}_{qf}(\boldsymbol{x}_{I}^{Qf},\ t)=\boldsymbol{g}_{qf}(\boldsymbol{x}_{I}^{Qf},\ t)\tag{7.4.1}$$

因此,单元网格的每一个节点 I 的位置 $\boldsymbol{x}_{I}^{qf}$ 与材料点 $\boldsymbol{x}_{I}^{Qf}$ 保持一致。

在以下的讨论中,我们以一个单元为例来建立单元的离散化方程,然后通过对每个单元进行系统装配得到弹带的总体方程。材料应力客观率和应变率之间的本构关系和质量守恒方程为必须要满足的方程,这些方程称为强形式;动量方程是在场上通过积分平均满

足,故称为弱形式。质量守恒方程为一代数方程,可以比较容易地得到任意一点的材料密度。在单元阶段,暂不考虑位移边界条件,弹带的位移边界条件将在系统求解时介绍。

单元的位移、速度场可以近似为

$$\boldsymbol{w}_{Qf}(\boldsymbol{x}_{Qf},\ t)=\sum_{e}\sum_{I=1}^{m_F}\boldsymbol{N}_I^{Qf}(\boldsymbol{x}_{Qf})\boldsymbol{w}_I^{Qf}(t)\triangleq\sum_{e}\boldsymbol{N}_e^{Qf}(\boldsymbol{x}_{Qf})\boldsymbol{w}_e^{Qf}\triangleq\boldsymbol{N}_{Qf}(\boldsymbol{x}_{Qf})\boldsymbol{W}_{Qf} \tag{7.4.2A}$$

$$\dot{\boldsymbol{w}}_{Qf}(\boldsymbol{x}_{Qf},\ t)=\sum_{e}\sum_{I=1}^{m_{Qf}}\boldsymbol{N}_I^{Qf}(\boldsymbol{x}_{Qf})\dot{\boldsymbol{w}}_I^{Qf}(t)\triangleq\sum_{e}\boldsymbol{N}_e^{Qf}(\boldsymbol{x}_{Qf})\dot{\boldsymbol{w}}_e^{Qf}\triangleq\boldsymbol{N}_{Qf}(\boldsymbol{x}_{Qf})\dot{\boldsymbol{W}}_{Qf} \tag{7.4.2B}$$

加速度为

$$\ddot{\boldsymbol{w}}_{Qf}(\boldsymbol{x}_{Qf},\ t)=\sum_{e}\sum_{I=1}^{m_{Qf}}\boldsymbol{N}_I^{Qf}(\boldsymbol{x}_{Qf})\ddot{\boldsymbol{w}}_I^{Qf}(t)\triangleq\sum_{e}\boldsymbol{N}_e^{Qf}(\boldsymbol{x}_{Qf})\ddot{\boldsymbol{w}}_e^{Qf}\triangleq\boldsymbol{N}_{Qf}(\boldsymbol{x}_{Qf})\ddot{\boldsymbol{W}}_{Qf} \tag{7.4.2C}$$

式中,$\boldsymbol{N}_e^{Qf}(\boldsymbol{x}_{Qf})$、$\boldsymbol{N}_{Qf}(\boldsymbol{x}_{Qf})$ 分别为单元和总体形函数矩阵;$\dot{\boldsymbol{w}}_e^{Qf}$、$\ddot{\boldsymbol{w}}_e^{Qf}$、$\dot{\boldsymbol{W}}_{Qf}$、$\ddot{\boldsymbol{W}}_{Qf}$ 分别为单元和总体节点的速度和加速度矩阵。这里的 $\boldsymbol{N}_{Qf}(\boldsymbol{x}_{Qf})$ 与式(7.2.2)、式(7.2.4)中的 $\boldsymbol{N}_{Qf}$ 是一致的。

将式(7.4.1)求逆代入式(7.4.2),得

$$\boldsymbol{w}_{Qf}(\boldsymbol{x}_{qf},\ t)=\sum_{e}\boldsymbol{N}_e^{Qf}[\boldsymbol{g}_{qf}^{-1}(\boldsymbol{x}_{qf},\ t)]\boldsymbol{w}_e^{Qf}\triangleq\sum_{e}\tilde{\boldsymbol{N}}_e^{Qf}(\boldsymbol{x}_{qf},\ t)\boldsymbol{w}_e^{Qf}\triangleq\tilde{\boldsymbol{N}}_{Qf}(\boldsymbol{x}_{qf},\ t)\boldsymbol{W}_{Qf} \tag{7.4.3A}$$

$$\dot{\boldsymbol{w}}_{Qf}(\boldsymbol{x}_{qf},\ t)=\sum_{e}\boldsymbol{N}_e^{Qf}[\boldsymbol{g}_{qf}^{-1}(\boldsymbol{x}_{qf},\ t)]\dot{\boldsymbol{w}}_e^{Qf}\triangleq\sum_{e}\tilde{\boldsymbol{N}}_e^{Qf}(\boldsymbol{x}_{qf},\ t)\dot{\boldsymbol{w}}_e^{Qf}\triangleq\tilde{\boldsymbol{N}}_{Qf}(\boldsymbol{x}_{qf},\ t)\dot{\boldsymbol{W}}_{Qf} \tag{7.4.3B}$$

$$\ddot{\boldsymbol{w}}_{Qf}(\boldsymbol{x}_{qf},\ t)=\sum_{e}\boldsymbol{N}_e^{Qf}[\boldsymbol{g}_{qf}^{-1}(\boldsymbol{x}_{qf},\ t)]\ddot{\boldsymbol{w}}_e^{Qf}\triangleq\sum_{e}\tilde{\boldsymbol{N}}_e^{Qf}(\boldsymbol{x}_{qf},\ t)\ddot{\boldsymbol{w}}_e^{Qf}\triangleq\tilde{\boldsymbol{N}}_{Qf}(\boldsymbol{x}_{qf},\ t)\ddot{\boldsymbol{W}}_{Qf} \tag{7.4.3C}$$

注意在求 $\ddot{\boldsymbol{w}}_{Qf}(\boldsymbol{x}_{qf},\ t)$ 时,我们没有对式(7.4.3B)进行如下时间求导:

$$\ddot{\boldsymbol{w}}_{Qf}(\boldsymbol{x}_{qf},\ t)=\sum_{e}\left\{\left(\frac{\partial\boldsymbol{N}_e^{Qf}[\boldsymbol{g}_{qf}^{-1}(\boldsymbol{x}_{qf},\ t)]}{\partial t}+\frac{\partial\boldsymbol{N}_e^{Qf}[\boldsymbol{g}_{qf}^{-1}(\boldsymbol{x}_{qf},\ t)]}{\partial\boldsymbol{x}_{qf}}\cdot\frac{\partial\boldsymbol{x}_{qf}}{\partial t}\right)\dot{\boldsymbol{w}}_e^{Qf}+\boldsymbol{N}_e^{Qf}[\boldsymbol{g}_{qf}^{-1}(\boldsymbol{x}_{qf},\ t)]\ddot{\boldsymbol{w}}_e^{Qf}\right\}$$

而是通过在参考构形上求时间导数,再利用场变换式(7.4.1)求逆得到,这样得到的表达式(7.4.3C)没有复合求导带来附加项,比较简洁。

有限元计算通常由母单元坐标 $\boldsymbol{\xi}=(\xi,\ \eta,\ \zeta)$ 来完成,$\boldsymbol{\xi}$ 也称为自然坐标,其取值范围为 $[-1,\ 1]$,自然坐标可以映射到初始和当前构形上:

$$\boldsymbol{x}_{Qf}(\boldsymbol{\xi},\ t)=\hat{\boldsymbol{N}}_{Qf}(\boldsymbol{\xi})\boldsymbol{X}_{Qf}(t)=\boldsymbol{g}_{Qf}(\boldsymbol{\xi},\ \boldsymbol{X}_{Qf}) \tag{7.4.4A}$$

$$\boldsymbol{x}_{qf}(\boldsymbol{\xi},\ t)=\hat{\boldsymbol{N}}_{Qf}(\boldsymbol{\xi})\boldsymbol{X}_{qf}(t)=\boldsymbol{g}_{qf}(\boldsymbol{\xi},\ \boldsymbol{X}_{qf}) \tag{7.4.4B}$$

式中，$\boldsymbol{X}_{Qf}(t)$、$\boldsymbol{X}_{qf}(t)$ 分别为初始和当前构形上总体节点的坐标列阵，若采用等参变换，$\boldsymbol{N}_{Qf}(\boldsymbol{x}_{Qf})$ 可由 $\hat{\boldsymbol{N}}_{Qf}(\boldsymbol{\xi})$ 和式(7.4.4)变化得到。

由式(7.4.4)，位移也具有以下插值形式：

$$\boldsymbol{w}_{Qf}(\boldsymbol{\xi},\ t)=\boldsymbol{x}_{qf}(\boldsymbol{\xi},\ t)-\boldsymbol{x}_{Qf}(\boldsymbol{\xi},\ t)=\hat{\boldsymbol{N}}_{Qf}(\boldsymbol{\xi})[\boldsymbol{X}_{qf}(t)-\boldsymbol{X}_{Qf}(t)]=\hat{\boldsymbol{N}}_{Qf}(\boldsymbol{\xi})\boldsymbol{W}_{Qf}(t) \tag{7.4.5}$$

同样有

$$\dot{\boldsymbol{w}}_{Qf}(\boldsymbol{\xi},\ t)=\hat{\boldsymbol{N}}_{Qf}(\boldsymbol{\xi})\dot{\boldsymbol{W}}_{Qf}(t),\quad \ddot{\boldsymbol{w}}_{Qf}(\boldsymbol{\xi},\ t)=\hat{\boldsymbol{N}}_{Qf}(\boldsymbol{\xi})\ddot{\boldsymbol{W}}_{Qf}(t) \tag{7.4.6}$$

由式(7.4.4A)求逆，得 $\boldsymbol{\xi}=\boldsymbol{g}_{Qf}^{-1}(\boldsymbol{x}_{Qf})$，将其代入式(7.4.5)得

$$\boldsymbol{w}_{Qf}(\boldsymbol{x}_{Qf},\ t)=\hat{\boldsymbol{N}}_{F}[\boldsymbol{g}_{Qf}^{-1}(\boldsymbol{x}_{Qf})]\boldsymbol{W}_{Qf}(t) \tag{7.4.7A}$$

与式(7.4.2A)比较，得到

$$\boldsymbol{N}_{Qf}(\boldsymbol{x}_{Qf})=\hat{\boldsymbol{N}}_{Qf}[\boldsymbol{g}_{Qf}^{-1}(\boldsymbol{x}_{Qf})] \tag{7.4.7B}$$

上式对节点 I 的形函数也成立：

$$N_I^{Qf}(\boldsymbol{x}_{Qf})=\hat{N}_I^{Qf}[\boldsymbol{g}_{Qf}^{-1}(\boldsymbol{x}_{Qf})] \tag{7.4.7C}$$

根据复合求导，有

$$\frac{\partial N_I^{Qf}}{\partial \boldsymbol{x}_{qf}}=\frac{\partial \hat{N}_I^{Qf}}{\partial \boldsymbol{\xi}}\cdot\frac{\partial \boldsymbol{\xi}}{\partial \boldsymbol{x}_{qf}}=\frac{\partial \hat{N}_I^{Qf}}{\partial \boldsymbol{\xi}}\cdot\boldsymbol{F}_{Qf\xi}^{-1}=\boldsymbol{F}_{Qf\xi}^{-\mathrm{T}}\cdot\frac{\partial \hat{N}_I^{Qf}}{\partial \boldsymbol{\xi}} \tag{7.4.8A}$$

式中

$$\boldsymbol{F}_{Qf\xi}=\frac{\partial \boldsymbol{x}_{Qf}}{\partial \boldsymbol{\xi}}=\frac{\partial \hat{\boldsymbol{N}}_{Qf}(\boldsymbol{\xi})}{\partial \boldsymbol{\xi}}\boldsymbol{X}_{Qf}(t) \tag{7.4.8B}$$

$\boldsymbol{F}_{Qf\xi}$ 为初始构形相对于母单元的变形梯度，也称为雅可比矩阵，其模为 $J_{Qf\xi}=\|\boldsymbol{F}_{Qf\xi}\|$。

将(7.4.8B)代入式(7.4.8A)，得到

$$\frac{\partial N_I^{Qf}}{\partial \boldsymbol{x}_{qf}}=(\boldsymbol{F}_{Qf}\cdot\boldsymbol{F}_{Qf\xi})^{-\mathrm{T}}\cdot\frac{\partial \hat{N}_I^{Qf}}{\partial \boldsymbol{\xi}} \tag{7.4.9}$$

根据体积变换关系式(7.3.9)，显然有

$$\mathrm{d}v=J_{Qf}\mathrm{d}V,\quad \mathrm{d}V_{Qf}=J_{Qf\xi}\mathrm{d}V_{\xi} \tag{7.4.10}$$

以及面积转换式(2.4.24)，有

$$\begin{cases}\mathrm{d}\boldsymbol{a}=\mathrm{d}a\boldsymbol{n}_{qf}=J_{Qf}(\boldsymbol{F}_{Qf})^{-\mathrm{T}}\cdot\mathrm{d}\boldsymbol{A}=J_{Qf}(\boldsymbol{F}_{Qf})^{-\mathrm{T}}\cdot\boldsymbol{n}_{Qf}\mathrm{d}A\\ \mathrm{d}\boldsymbol{A}=\mathrm{d}A\boldsymbol{n}_{Qf}=J_{Qf\xi}\boldsymbol{F}_{Qf\xi}^{-\mathrm{T}}\cdot\mathrm{d}\boldsymbol{A}_{\xi}=J_{Qf\xi}\boldsymbol{F}_{Qf\xi}^{-\mathrm{T}}\cdot\boldsymbol{n}_{\xi}\mathrm{d}A_{\xi}\end{cases} \tag{7.4.11}$$

式中，$\boldsymbol{n}_{\xi}$、$\boldsymbol{n}_{Qf}$、$\boldsymbol{n}_{qf}$ 分别为母单元、初始构形面、当前构形面上的单位法向矢量；$\mathrm{d}A_{\xi}$、$\mathrm{d}A$、$\mathrm{d}a$ 分别为母单元、初始构形、当前构形面上的微元面积。上式将在载荷矩阵的计算中用到。

7.4.2 质量矩阵计算

由式(7.2.2A)、式(7.2.4A)给出的质量矩阵是随时间变化的，但利用体积变换 $\mathrm{d}v_{qf}=J_{Qf}\mathrm{d}V_{Qf}$ 和质量守恒原理 $\rho_{Qf}=J_{Qf}\rho_{qf}$，将当前构形上的积分转化为参考构形上的积分，有

$$\begin{cases}\boldsymbol{M}_{41}^{Q}=\boldsymbol{M}_{42}^{Q}=\int_{\Omega_{qf}}\rho_{qf}\boldsymbol{N}_{Qf}^{\mathrm{T}}\mathrm{d}v=\int_{\Omega_{Qf}}\rho_{Qf}\boldsymbol{N}_{Qf}^{\mathrm{T}}\mathrm{d}V=\sum_{e}\int_{\Omega_{e}^{Qf}}\rho_{Qf}(\boldsymbol{N}_{e}^{Qf})^{\mathrm{T}}\mathrm{d}V\\ \boldsymbol{M}_{43}^{Q}=\boldsymbol{M}_{41}^{Q}\cdot\tilde{\boldsymbol{l}}_{Q_E}^{\mathrm{T}}+\int_{\Omega_{qf}}\rho_{qf}\boldsymbol{N}_{Qf}^{\mathrm{T}}\cdot\tilde{\boldsymbol{x}}_{Qf}^{\mathrm{T}}\mathrm{d}v=\boldsymbol{M}_{41}^{Q}\cdot\tilde{\boldsymbol{l}}_{Q_E}^{\mathrm{T}}+\int_{\Omega_{Qf}}\rho_{Qf}\boldsymbol{N}_{Qf}^{\mathrm{T}}\cdot\tilde{\boldsymbol{x}}_{Qf}^{\mathrm{T}}\mathrm{d}V\\ \qquad=\boldsymbol{M}_{41}^{Q}\cdot\tilde{\boldsymbol{l}}_{Q_E}^{\mathrm{T}}+\sum_{e}\int_{\Omega_{e}^{Qf}}\rho_{Qf}(\boldsymbol{N}_{e}^{Qf})^{\mathrm{T}}\cdot\tilde{\boldsymbol{x}}_{Qf}^{\mathrm{T}}\mathrm{d}V\\ \boldsymbol{M}_{44}^{Q}=\int_{\Omega_{qf}}\rho_{qf}\boldsymbol{N}_{Qf}^{\mathrm{T}}\cdot\boldsymbol{N}_{Qf}\mathrm{d}v=\int_{\Omega_{Qf}}\rho_{Qf}\boldsymbol{N}_{Qf}^{\mathrm{T}}\cdot\boldsymbol{N}_{Qf}\mathrm{d}V=\sum_{e}\int_{\Omega_{e}^{Qf}}\rho_{Qf}(\boldsymbol{N}_{e}^{Qf})^{\mathrm{T}}\cdot\boldsymbol{N}_{e}^{Qf}\mathrm{d}V\end{cases}\tag{7.4.12A}$$

$$\begin{cases}\boldsymbol{M}_{(14)i}^{Q}=\int_{\Omega_{qf}}\rho_{qf}\boldsymbol{N}_{Qf}^{\mathrm{T}}\cdot(\tilde{\boldsymbol{b}}_{i}^{Q})^{\mathrm{T}}\mathrm{d}v=\int_{\Omega_{Qf}}\rho_{Qf}\boldsymbol{N}_{Qf}^{\mathrm{T}}\cdot(\tilde{\boldsymbol{b}}_{i}^{Q})^{\mathrm{T}}\mathrm{d}V\\ \qquad=\sum_{e}\int_{\Omega_{e}^{Qf}}\rho_{Qf}(\boldsymbol{N}_{e}^{Qf})^{\mathrm{T}}\cdot(\tilde{\boldsymbol{b}}_{i}^{Q})^{\mathrm{T}}\mathrm{d}V,\quad i=1,2,\cdots,13\\ \boldsymbol{M}_{(14)(14)}^{Q}=\int_{\Omega_{qf}}\rho_{qf}\boldsymbol{N}_{Qf}^{\mathrm{T}}\cdot\boldsymbol{N}_{Qf}\mathrm{d}v=\int_{\Omega_{Qf}}\rho_{Qf}\boldsymbol{N}_{Qf}^{\mathrm{T}}\cdot\boldsymbol{N}_{Qf}\mathrm{d}V=\sum_{e}\int_{\Omega_{e}^{Qf}}\rho_{Qf}(\boldsymbol{N}_{e}^{Qf})^{\mathrm{T}}\cdot\boldsymbol{N}_{e}^{Qf}\mathrm{d}V\end{cases}\tag{7.4.12B}$$

式中，Ω_{e}^{Qf} 为参考构形上单元域；$\boldsymbol{N}_{e}^{Qf}$ 为单元形函数矩阵，这样所有的质量矩阵为常量。

利用式(7.4.10)中的第二式，就可将上述质量矩阵的计算转换到在母单元上来实现

$$\begin{cases}\boldsymbol{M}_{41}^{Q}=\boldsymbol{M}_{42}^{Q}=\sum_{e}\int_{\Omega_{e}^{Qf}}\rho_{Qf}(\boldsymbol{N}_{e}^{Qf})^{\mathrm{T}}\mathrm{d}V=\sum_{e}\int_{-1}^{1}\int_{-1}^{1}\int_{-1}^{1}\rho_{Qf}(\hat{\boldsymbol{N}}_{e}^{Qf}(\boldsymbol{\xi}))^{\mathrm{T}}J_{Qf\xi}\mathrm{d}\xi\mathrm{d}\eta\mathrm{d}\zeta\\ \boldsymbol{M}_{43}^{Q}=\boldsymbol{M}_{41}^{Q}\cdot\tilde{\boldsymbol{l}}_{Q_E}^{\mathrm{T}}+\sum_{e}\int_{\Omega_{e}^{Qf}}\rho_{Qf}(\boldsymbol{N}_{e}^{Qf})^{\mathrm{T}}\cdot\tilde{\boldsymbol{x}}_{Qf}^{\mathrm{T}}(\boldsymbol{\xi})\mathrm{d}V\\ \qquad=\boldsymbol{M}_{41}^{Q}\cdot\tilde{\boldsymbol{l}}_{Q_E}^{\mathrm{T}}+\sum_{e}\int_{-1}^{1}\int_{-1}^{1}\int_{-1}^{1}\rho_{Qf}(\hat{N}_{e}^{Qf}(\boldsymbol{\xi}))^{\mathrm{T}}\cdot\tilde{\boldsymbol{x}}_{Qf}^{\mathrm{T}}(\boldsymbol{\xi})J_{Qf\xi}\mathrm{d}\xi\mathrm{d}\eta\mathrm{d}\zeta\\ \boldsymbol{M}_{44}^{Q}=\sum_{e}\int_{-1}^{1}\int_{-1}^{1}\int_{-1}^{1}\rho_{Qf}(\hat{\boldsymbol{N}}_{e}^{Qf}(\boldsymbol{\xi}))^{\mathrm{T}}\cdot\hat{\boldsymbol{N}}_{e}^{Qf}(\boldsymbol{\xi})J_{Qf\xi}\mathrm{d}\xi\mathrm{d}\eta\mathrm{d}\zeta\end{cases}\tag{7.4.13A}$$

$$\begin{cases}\boldsymbol{M}_{(14)i}^{Q}=\sum_{e}\int_{-1}^{1}\int_{-1}^{1}\int_{-1}^{1}\rho_{Qf}(\hat{\boldsymbol{N}}_{e}^{Qf}(\boldsymbol{\xi}))^{\mathrm{T}}\cdot(\tilde{\boldsymbol{b}}_{i}^{Q})^{\mathrm{T}}J_{Qf\xi}\mathrm{d}\xi\mathrm{d}\eta\mathrm{d}\zeta,\quad i=1,2,\cdots,13\\ \boldsymbol{M}_{(14)(14)}^{Q}=\sum_{e}\int_{-1}^{1}\int_{-1}^{1}\int_{-1}^{1}\rho_{Qf}(\hat{N}_{e}^{Qf}(\boldsymbol{\xi}))^{\mathrm{T}}\cdot\hat{\boldsymbol{N}}_{e}^{Qf}(\boldsymbol{\xi})J_{Qf\xi}\mathrm{d}\xi\mathrm{d}\eta\mathrm{d}\zeta\end{cases}\tag{7.4.13B}$$

式中，$\boldsymbol{x}_{Qf}(\boldsymbol{\xi})$ 由式(7.4.4A)给出；$\hat{\boldsymbol{N}}_{e}^{Qf}$ 为母单元上的形函数矩阵。

一个 8 节点的三维实体母单元的形函数矩阵具有以下形式：

$$\begin{cases}\hat{\boldsymbol{N}}_e^{Qf} = [\hat{\boldsymbol{N}}_1 \quad \hat{\boldsymbol{N}}_2 \quad \hat{\boldsymbol{N}}_3 \quad \hat{\boldsymbol{N}}_4 \quad \hat{\boldsymbol{N}}_5 \quad \hat{\boldsymbol{N}}_6 \quad \hat{\boldsymbol{N}}_7 \quad \hat{\boldsymbol{N}}_8] \\ \hat{\boldsymbol{N}}_i = \hat{N}_i \mathbf{1}_{3\times 3}, \quad \hat{N}_i = \dfrac{1}{8}(1+\xi\xi_i)(1+\eta\eta_i)(1+\zeta\zeta_i)\end{cases} \tag{7.4.14}$$

ξ_i、η_i、ζ_i 是节点 i 的坐标值。

7.4.3 载荷矩阵计算

式(7.2.2B)、式(7.2.4B)给出的载荷矩阵计算公式有体积积分和面积积分两部分，体积积分遵循质量矩阵的计算方法，面积积分也是在当前构形上来完成的，下面以积分项

$$A = \int_{S_{qf}} \boldsymbol{N}_{Qf}^{\mathrm{T}} \cdot \bar{\boldsymbol{f}}_{qf} \mathrm{d}s$$

为例来加以讨论。$\bar{\boldsymbol{f}}_{qf}$ 为在当前构形上作用的载荷，其含义是随着结构的变形，初始构形上的载荷 $\bar{\boldsymbol{f}}_{Qf}$ 变成了 $\bar{\boldsymbol{f}}_{qf}$，可以写成该点的应力张量与面的单位法向矢量的点乘：

$$\bar{\boldsymbol{f}}_{qf} = \boldsymbol{\sigma}_{Qf} \cdot \boldsymbol{n}_{qf}, \quad \bar{\boldsymbol{f}}_{Qf} = \boldsymbol{T}_{Qf} \cdot \boldsymbol{n}_{Qf}$$

式中，$\boldsymbol{T}_{Qf}$ 为初始构形上的应力张量。

这样 $\bar{\boldsymbol{f}}_{qf}\mathrm{d}s_{qf}$ 可以改写成

$$\bar{\boldsymbol{f}}_{Qf}\mathrm{d}s = \boldsymbol{\sigma}_{Qf} \cdot \boldsymbol{n}_{qf}\mathrm{d}s = \boldsymbol{\sigma}_{Qf} \cdot \mathrm{d}\boldsymbol{s}$$

利用式(7.4.11)，上式可依次改写成

$$\begin{aligned}\bar{\boldsymbol{f}}_{qf}\mathrm{d}s &= \boldsymbol{\sigma}_{Qf} \cdot \mathrm{d}\boldsymbol{s} = J_{Qf}\boldsymbol{\sigma}_{Qf} \cdot \boldsymbol{F}_{Qf}^{-\mathrm{T}} \cdot \boldsymbol{n}_{Qf}\mathrm{d}A \\ &= \boldsymbol{F}_{Qf} \cdot \boldsymbol{F}_{Qf}^{-1} \cdot \boldsymbol{\tau}_{Qf} \cdot \boldsymbol{F}_{Qf}^{-\mathrm{T}} \cdot \boldsymbol{n}_{Qf}\mathrm{d}A = \boldsymbol{F}_{Qf} \cdot \boldsymbol{T}_{Qf} \cdot \boldsymbol{n}_{Qf}\mathrm{d}A \\ &= \boldsymbol{F}_{Qf} \cdot \bar{\boldsymbol{f}}_{Qf}\mathrm{d}A_{Qf} = (J_{Qf\xi}\boldsymbol{n}_{Qf} \cdot \boldsymbol{F}_{Qf\xi}^{-\mathrm{T}} \cdot \boldsymbol{n}_{\xi})\boldsymbol{F}_{Qf} \cdot \bar{\boldsymbol{f}}_{Qf}\mathrm{d}A_{\xi}\end{aligned}$$

在上式的推导中，利用了 $\boldsymbol{T}_{Qf} = \boldsymbol{F}_{Qf}^{-1} \cdot \boldsymbol{\tau}_{Qf} \cdot \boldsymbol{F}_{Qf}^{-\mathrm{T}}$，以及 $\mathrm{d}A_{Qf} = J_{Qf\xi}\boldsymbol{n}_{Qf} \cdot \boldsymbol{F}_{Qf\xi}^{-\mathrm{T}} \cdot \boldsymbol{n}_{\xi}\mathrm{d}A_{\xi}$。

这样积分值 A 可以改写成

$$A = \int_{S_{qf}} \boldsymbol{N}_{Qf}^{\mathrm{T}} \cdot \bar{\boldsymbol{f}}_{Qf}\mathrm{d}s = \int_{S_{\xi}} \hat{\boldsymbol{N}}_{Qf}^{\mathrm{T}} \cdot \boldsymbol{F}_{Qf} \cdot \bar{\boldsymbol{f}}_{Qf}(\boldsymbol{n}_{Qf} \cdot \boldsymbol{F}_{Qf\xi}^{-\mathrm{T}} \cdot \boldsymbol{n}_{\xi})J_{Qf\xi}\mathrm{d}A_{\xi} \tag{7.4.15}$$

式中，S_{ξ} 为在母单元上与面 S_{qf} 对应部分。

这样式(7.2.2B)、式(7.2.4B)改写成

$$\begin{cases}\boldsymbol{P}_4^{QI} = -\int_{\Omega_{qf}} \rho_{qf}\boldsymbol{N}_{Qf}^{\mathrm{T}} \cdot (\boldsymbol{a}_D + \boldsymbol{a}_{Q1} + \boldsymbol{a}_{Q2} + \boldsymbol{a}_{Q3})\mathrm{d}v = -\int_{\Omega_{Qf}} \rho_{Qf}\boldsymbol{N}_{Qf}^{\mathrm{T}} \cdot (\boldsymbol{a}_D + \boldsymbol{a}_{Q1} + \boldsymbol{a}_{Q2} + \boldsymbol{a}_{Q3})\mathrm{d}V \\ \quad = -\sum\limits_e \int_{-1}^{1}\int_{-1}^{1}\int_{-1}^{1} \rho_{Qf}(\hat{\boldsymbol{N}}_e^{Qf}(\boldsymbol{\xi}))^{\mathrm{T}} \cdot (\boldsymbol{a}_D + \boldsymbol{a}_{Q1} + \boldsymbol{a}_{Q2} + \boldsymbol{a}_{Q3})J_{Qf\xi}\mathrm{d}\xi\mathrm{d}\eta\mathrm{d}\zeta \\ \boldsymbol{P}_4^{Q} = \int_{\Omega_{qf}} \boldsymbol{N}_{Qf}^{\mathrm{T}} \cdot \boldsymbol{f}_{Qf}\mathrm{d}v + \int_{S_{qf}} \boldsymbol{N}_{Qf}^{\mathrm{T}} \cdot \bar{\boldsymbol{f}}_{Qf}\mathrm{d}s \\ \quad = \sum\limits_e \left(\begin{aligned}&\int_{-1}^{1}\int_{-1}^{1}\int_{-1}^{1} \rho_{Qf}(\hat{\boldsymbol{N}}_e^{Qf}(\boldsymbol{\xi}))^{\mathrm{T}} \cdot \boldsymbol{f}_{Qf}J_{Qf\xi}\mathrm{d}\xi\mathrm{d}\eta\mathrm{d}\zeta \\ &+ \int_{S_e^{\xi}} (\hat{\boldsymbol{N}}_e^{Qf}(\boldsymbol{\xi}))^{\mathrm{T}} \cdot \boldsymbol{F}_{Qf} \cdot \bar{\boldsymbol{f}}_{Qf}(\boldsymbol{n}_{Qf} \cdot \boldsymbol{F}_{Qf\xi}^{-\mathrm{T}} \cdot \boldsymbol{n}_{\xi})J_{Qf\xi}\mathrm{d}A_{\xi}\end{aligned}\right)\end{cases}$$

(7.4.16A)

$$\begin{cases} \boldsymbol{P}_{(14)}^{QI} = -\int_{\Omega_{qf}} \rho_{qf} \boldsymbol{N}_{Qf}^{\mathrm{T}} \cdot (\boldsymbol{a}_D + \boldsymbol{a}_{Q1} + \boldsymbol{a}_{Q2} + \boldsymbol{a}_{Q3}) \mathrm{d}v \\ \quad = -\sum_e \int_{-1}^{1} \int_{-1}^{1} \int_{-1}^{1} \rho_{Qf} (\hat{\boldsymbol{N}}_e^{Qf}(\boldsymbol{\xi}))^{\mathrm{T}} \cdot (\boldsymbol{a}_D + \boldsymbol{a}_{Q1} + \boldsymbol{a}_{Q2} + \boldsymbol{a}_{Q3}) J_{Qf\xi} \mathrm{d}\xi \mathrm{d}\eta \mathrm{d}\zeta \\ \boldsymbol{P}_{(14)}^{Q} = \int_{\Omega_{qf}} (\boldsymbol{N}_{Qf})^{\mathrm{T}} \cdot \boldsymbol{f}_{Qf} \mathrm{d}v + \int_{S_{qf}} (\boldsymbol{N}_{Qf})^{\mathrm{T}} \cdot \bar{\boldsymbol{f}}_{Qf} \mathrm{d}s \\ \quad = \sum_e \left(\begin{aligned} & \int_{-1}^{1} \int_{-1}^{1} \int_{-1}^{1} \rho_{Qf} (\hat{\boldsymbol{N}}_e^{Qf}(\boldsymbol{\xi}))^{\mathrm{T}} \cdot \boldsymbol{f}_{Qf} J_{Qf\xi} \mathrm{d}\xi \mathrm{d}\eta \mathrm{d}\zeta \\ & + \int_{S_e^{\xi}} (\hat{\boldsymbol{N}}_e^{Qf}(\boldsymbol{\xi}))^{\mathrm{T}} \cdot \boldsymbol{F}_{Qf} \cdot \bar{\boldsymbol{f}}_{Qf} (\boldsymbol{n}_{Qf} \cdot \boldsymbol{F}_{Qf\xi}^{-\mathrm{T}} \cdot \boldsymbol{n}_{\xi}) J_{Qf\xi} \mathrm{d}A_{\xi} \end{aligned} \right) \end{cases} \tag{7.4.16B}$$

式中，S_e^{ξ} 为 S_{ξ} 在单元 e 的面积；$\boldsymbol{x}_{Qf}(\boldsymbol{\xi})$ 由式(7.4.4A)给出。

7.4.4 应变率张量及功率计算

将式(7.4.2B)代入应变率矩阵的表达式(7.3.15B)，展开得

$$\boldsymbol{d}_{Qf} = [d_{ij}^{Qf}] \tag{7.4.17A}$$

其中

$$\begin{cases} d_{11}^{Qf} = \sum_e \sum_{I=1}^{m_{Qf}} \frac{\partial N_I^{Qf}}{\partial x_1^{qf}} \dot{w}_{1I}^{Qf},\ d_{12}^{Qf} = (d_{21}^{Qf})^{\mathrm{T}} = \frac{1}{2} \sum_e \sum_{I=1}^{m_{Qf}} \left(\frac{\partial N_I^{Qf}}{\partial x_2^{qf}} \dot{w}_{1I}^{Qf} + \frac{\partial N_I^{Qf}}{\partial x_1^{qf}} \dot{w}_{2I}^{Qf} \right) \\ d_{13}^{Qf} = (d_{31}^{Qf})^{\mathrm{T}} = \frac{1}{2} \sum_e \sum_{I=1}^{m_{Qf}} \left(\frac{\partial N_I^{Qf}}{\partial x_3^{qf}} \dot{w}_{1I}^{Qf} + \frac{\partial N_I^{Qf}}{\partial x_1^{qf}} \dot{w}_{3I}^{Qf} \right),\ d_{22}^{Qf} = \sum_e \sum_{I=1}^{m_{Qf}} \frac{\partial N_I^{Qf}}{\partial x_2^{qf}} \dot{w}_{2I}^{Qf} \\ d_{23}^{Qf} = (d_{32}^{Qf})^{\mathrm{T}} = \frac{1}{2} \sum_e \sum_{I=1}^{m_{Qf}} \left(\frac{\partial N_I^{Qf}}{\partial x_3^{qf}} \dot{w}_{2I}^{Qf} + \frac{\partial N_I^{Qf}}{\partial x_2^{qf}} \dot{w}_{3I}^{Qf} \right),\ d_{33}^{Qf} = \sum_e \sum_{I=1}^{m_{Qf}} \frac{\partial N_I^{Qf}}{\partial x_3^{qf}} \dot{w}_{3I}^{Qf} \end{cases} \tag{7.4.17B}$$

式中，N_I^{Qf} 为 $\boldsymbol{N}_{Qf}$ 第 I 个节点的插值(形)函数；$\dot{\boldsymbol{w}}_I^{Qf} = (\dot{w}_{I1}^{Qf} \quad \dot{w}_{I2}^{Qf} \quad \dot{w}_{I3}^{Qf})$ 为 $\dot{\boldsymbol{w}}_{Qf}$ 矩阵中第 I 个节点的速度矢量。

考察 $\boldsymbol{d}_{Qf} : \boldsymbol{\sigma}_{Qf}$，将上式和 $\boldsymbol{\sigma}_{Qf}$ 代入，经简化得到

$$\boldsymbol{d}_{Qf} : \boldsymbol{\sigma}_{Qf} = \sum_e \sum_{I=1}^{m_{Qf}} \frac{\partial \boldsymbol{N}_I^{Qf}}{\partial x_j^{qf}} \dot{\boldsymbol{w}}_{iI}^{Qf} \boldsymbol{\sigma}_{ij}^{Qf} = \sum_e \sum_{I=1}^{m_{Qf}} \frac{\partial \boldsymbol{N}_I^{Qf} \dot{\boldsymbol{w}}_I^{Qf}}{\partial \boldsymbol{x}_{qf}} : \boldsymbol{\sigma}_{Qf} \tag{7.4.18A}$$

$$\boldsymbol{N}_I^{Qf} = N_I^{Qf} \mathbf{1}_{3\times 3} \tag{7.4.18B}$$

将式(7.4.9)代入式(7.4.18)，得

$$\boldsymbol{d}_{Qf} : \boldsymbol{\sigma}_{Qf} = \sum_e \sum_{I=1}^{m_{Qf}} \left((\boldsymbol{F}_{Qf} \cdot \boldsymbol{F}_{Qf\xi})^{-\mathrm{T}} \cdot \frac{\partial \hat{\boldsymbol{N}}_I^{Qf} \dot{\boldsymbol{w}}_I^{Qf}}{\partial \boldsymbol{\xi}} \right) : \boldsymbol{\sigma}_{Qf} \tag{7.4.19}$$

总的虚应变功率的表达式为

$$\begin{aligned}\int_{\Omega_{qf}} \delta \boldsymbol{d}_{Qf} : \boldsymbol{\sigma}_{Qf} \mathrm{d}v_{qf} &= \int_{\Omega_{qf}} \sum_{e} \sum_{I=1}^{m_{Qf}} \left((\boldsymbol{F}_{Qf} \cdot \boldsymbol{F}_{Qf\boldsymbol{\xi}})^{-\mathrm{T}} \cdot \frac{\partial \hat{\boldsymbol{N}}_I^{Qf} \delta \dot{\boldsymbol{w}}_I^{Qf}}{\partial \boldsymbol{\xi}} \right) : \boldsymbol{\sigma}_{Qf} \mathrm{d}v \\ &= \sum_{e} \int_{\Omega_e^{qf}} \sum_{I=1}^{m_{Qf}} \left((\boldsymbol{F}_{Qf} \cdot \boldsymbol{F}_{Qf\boldsymbol{\xi}})^{-\mathrm{T}} \cdot \frac{\partial \hat{\boldsymbol{N}}_I^{Qf} \delta \dot{\boldsymbol{w}}_I^{FQf}}{\partial \boldsymbol{\xi}} \right) : \boldsymbol{\sigma}_{Qf} \mathrm{d}v \\ &= \sum_{e} \int_{\Omega_e^{Qf}} \sum_{I=1}^{m_{Qf}} \left((\boldsymbol{F}_{Qf} \cdot \boldsymbol{F}_{Qf\boldsymbol{\xi}})^{-\mathrm{T}} \cdot \frac{\partial \hat{\boldsymbol{N}}_I^{Qf} \delta \dot{\boldsymbol{w}}_I^{Qf}}{\partial \boldsymbol{\xi}} \right) : \boldsymbol{\tau}_{Qf} \mathrm{d}V \\ &\triangleq (\delta \dot{\boldsymbol{W}}_{Qf})^{\mathrm{T}} \int_{\Omega_{Qf}} \left(\left(\frac{\partial \hat{\boldsymbol{N}}_{Qf}}{\partial \boldsymbol{\xi}} \right)^{\mathrm{T}} \cdot (\boldsymbol{F}_{Qf} \cdot \boldsymbol{F}_{Qf\boldsymbol{\xi}})^{-1} \right) : \boldsymbol{\tau}_{Qf} \mathrm{d}V \\ &= (\delta \dot{\boldsymbol{W}}_{Qf})^{\mathrm{T}} \boldsymbol{P}_{Qf}^{\sigma} \end{aligned} \tag{7.4.20A}$$

$$\boldsymbol{P}_{Qf}^{\sigma} = \int_{\Omega_{Qf}} \left(\left(\frac{\partial \hat{\boldsymbol{N}}_{Qf}}{\partial \boldsymbol{\xi}} \right)^{\mathrm{T}} \cdot (\boldsymbol{F}_{Qf} \cdot \boldsymbol{F}_{Qf\boldsymbol{\xi}})^{-1} \right) : \boldsymbol{\tau}_{Qf} \mathrm{d}V \tag{7.4.20B}$$

7.4.5 边界条件

6.6.4 节中给出了在给定位移条件下的边界条件式,由此得到对应的应力。应力求解的基本原理与 7.3.6 节的应力更新相同,即给定位移和速度,通过迭代求出对应的应力。在此不再赘述,读者可按照 6.6.4 节和 7.3.6 节给出的公式来构建。

7.4.6 方程求解

卡膛、挤进过程和膛内运动方程(7.2.3A)和(7.2.3B)均具有相同的形式,为了便于给出数值计算格式,在此省略了所有的符号下标,有

$$\boldsymbol{M}\ddot{\boldsymbol{X}} = \boldsymbol{F} - \boldsymbol{P} \tag{7.4.21}$$

其中,$\boldsymbol{M}$ 为弹带的质量矩阵 $\boldsymbol{M}_{44}^{Q}$ 或 $\boldsymbol{M}_{(14)(14)}^{Q}$,根据前面的讨论可知为常量矩阵;$\ddot{\boldsymbol{X}} = \ddot{\boldsymbol{W}}_{Qf}$ 为弹带离散化后待求的总体节点位移列阵;$\boldsymbol{F}$ 为作用在弹带上的总体等效载荷列阵、非二阶时间导数项引起的等效惯性载荷、弹丸牵连运动引起的等效惯性载荷列阵等三部分之和;$\boldsymbol{P} = \boldsymbol{P}_{Qf}^{\sigma}$ 为弹带的弹塑性变形引起的内力等效载荷。

式(7.4.21)形式上看似简单,但是一个高度非线性的方程,$\boldsymbol{F}$、$\boldsymbol{P}$ 均中包含了与 $\boldsymbol{X}$、$\dot{\boldsymbol{X}}$ 有关的项,$\boldsymbol{P}$ 的积分虽然是在参考构形上,但应力 $\boldsymbol{\tau}_{Qf}$ 是在当前构形式上,而当前构形要通过求解(7.4.21)才能得到;当弹带材料进入塑性状态后,应力 $\boldsymbol{\tau}_{Qf}$ 需要满足屈服面方程,而屈服面方程又与 $\boldsymbol{d}_{Qf}$ 有关。可见,方程(7.4.21)是一个高度耦合在一起的方程,既要满足动量平衡又要满足材料内部应力和应变状态平衡的方程。求解该方程的有效的方法是迭代,本章采用直接积分法。

令方程(7.4.21)的位移 $\boldsymbol{X}$ 和速度 $\dot{\boldsymbol{X}}$ 初值分别为 $\boldsymbol{X}_0$ 和 $\dot{\boldsymbol{X}}_0$,计算时间步长为 h,终止时间为 t_{end}。假设 t 时刻的位移、速度和加速度分别为 $\boldsymbol{X}_n$、$\dot{\boldsymbol{X}}_n$ 和 $\ddot{\boldsymbol{X}}_n$,以该时刻的构形 Ω_t 为参考构形,分别依次求解 $n+1/2$ 时刻和 $n+1$ 时刻的系统运动参数。显然 $t=t_0$ 时刻的构形即为系统的初始构形,即 $\Omega_{t_0} = \Omega_{Qf}$。

在 $[n,\ n+1/2]$ 上利用梯形公式可推导得到 $n+1/2$ 时刻的速度 $\dot{\boldsymbol{X}}_{n+1/2}$ 和加速度

$\ddot{\boldsymbol{X}}_{n+1/2}$ 的表达式为

$$\begin{aligned}\dot{\boldsymbol{X}}_{n+1/2} &= \frac{4}{h}(\boldsymbol{X}_{n+1/2} - \boldsymbol{X}_n) - \dot{\boldsymbol{X}}_n,\\ \ddot{\boldsymbol{X}}_{n+1/2} &= \frac{4}{h}(\dot{\boldsymbol{X}}_{n+1/2} - \dot{\boldsymbol{X}}_n) - \ddot{\boldsymbol{X}}_n\end{aligned} \tag{7.4.22}$$

将式(7.4.22)代入式(7.4.21),经整理后可得到以位移 $\boldsymbol{X}_{n+1/2}$ 为未知变量的非线性代数方程:

$$\frac{16}{h^2}\boldsymbol{M}\boldsymbol{X}_{n+1/2} - \boldsymbol{M}\left(\frac{16}{h^2}\boldsymbol{X}_n + \frac{8}{h}\dot{\boldsymbol{X}}_n + \ddot{\boldsymbol{X}}_n\right) = \boldsymbol{F} - \boldsymbol{P} \tag{7.4.23}$$

利用逆 Broyden 拟牛顿法迭代求解非线性方程组(7.4.23),迭代公式如下:

$$\begin{cases}\boldsymbol{X}_{n+1/2}^{(k+1)} = \boldsymbol{X}_{n+1/2}^{(k)} - (\boldsymbol{J}_{n+1/2}^{(k)})^{-1}\boldsymbol{Y}(\boldsymbol{X}_{n+1/2}^{(k)})\\ \boldsymbol{y}_k = \boldsymbol{Y}(\boldsymbol{X}_{n+1/2}^{(k+1)}) - \boldsymbol{Y}(\boldsymbol{X}_{n+1/2}^{(k)})\\ \boldsymbol{s}_k = \boldsymbol{X}_{n+1/2}^{(k+1)} - \boldsymbol{X}_{n+1/2}^{(k)}\\ (\boldsymbol{J}_{n+1/2}^{(k+1)})^{-1} = (\boldsymbol{J}_{n+1/2}^{(k)})^{-1} + [\boldsymbol{s}_k - (\boldsymbol{J}_{n+1/2}^{(k)})^{-1}\boldsymbol{y}_k]\boldsymbol{s}_k^{\mathrm{T}}(\boldsymbol{J}_{n+1/2}^{(k)})^{-1}/\boldsymbol{s}_k^{\mathrm{T}}(\boldsymbol{J}_{n+1/2}^{(k)})^{-1}\boldsymbol{y}_k\end{cases} \tag{7.4.24}$$

式中,$\boldsymbol{y}_k$ 和 $\boldsymbol{s}_k$ 为迭代的中间变量;$\boldsymbol{J}_{n+1/2}$ 表示 $n+1/2$ 时刻的雅可比矩阵;上标 k 和 $k+1$ 分别表示第 k 次迭代和第 $k+1$ 次迭代; $\boldsymbol{Y}$ 的表达式如下:

$$\boldsymbol{Y} = \boldsymbol{M}\ddot{\boldsymbol{X}} - (\boldsymbol{F} - \boldsymbol{P}) \tag{7.4.25}$$

根据泰勒展开原理,式(7.4.23)和式(7.4.24)中 $\boldsymbol{X}_{n+1/2}$ 和 $\boldsymbol{J}_{n+1/2}$ 的迭代初值为

$$\boldsymbol{X}_{n+1h/2}^{(0)} = \boldsymbol{X}_n + \frac{h}{2}\dot{\boldsymbol{X}}_n + \frac{h^2}{8}\ddot{\boldsymbol{X}}_n \tag{7.4.26}$$

$$\boldsymbol{J}_{n+1/2}^{(0)} = \frac{16}{h^2}\boldsymbol{M} \tag{7.4.27}$$

同样,利用梯形公式,可推导得到 $n+1$ 时刻的广义速度 $\dot{\boldsymbol{X}}_{n+1}$ 和广义加速度 $\ddot{\boldsymbol{X}}_{n+1}$ 的表达式:

$$\dot{\boldsymbol{X}}_{n+1} = \frac{1}{h}\boldsymbol{X}_n - \frac{4}{h}\boldsymbol{X}_{n+1/2} + \frac{3}{h}\boldsymbol{X}_{n+1} \tag{7.4.28}$$

$$\ddot{\boldsymbol{X}}_{n+1} = \frac{1}{h}\dot{\boldsymbol{X}}_n - \frac{4}{h}\dot{\boldsymbol{X}}_{n+1/2} + \frac{3}{h}\dot{\boldsymbol{X}}_{n+1} \tag{7.4.29}$$

将式(7.4.28)、式(7.4.29)代入式(7.4.21),经整理后可得到以位移 $\boldsymbol{X}_{n+1}$ 为未知变量的非线性代数方程:

$$\frac{9}{h^2}\boldsymbol{M}\boldsymbol{X}_{n+1} + \boldsymbol{M}\left(\frac{1}{h}\dot{\boldsymbol{X}}_n - \frac{4}{h}\dot{\boldsymbol{X}}_{n+1/2} + \frac{3}{h^2}\boldsymbol{X}_n - \frac{12}{h^2}\boldsymbol{X}_{n+1/2}\right) = \boldsymbol{F} - \boldsymbol{P} \tag{7.4.30}$$

式(7.4.30)也通过 Broyden 拟牛顿法进行求解,迭代过程如下:

$$\begin{cases}\boldsymbol{X}_{n+1}^{(k+1)}=\boldsymbol{X}_{n+1}^{(k)}-(\boldsymbol{J}_{n+1}^{(k)})^{-1}\boldsymbol{Y}(\boldsymbol{X}_{n+1}^{(k)})\\ \boldsymbol{y}_k=\boldsymbol{Y}(\boldsymbol{X}_{n+1}^{(k+1)})-\boldsymbol{Y}(\boldsymbol{X}_{n+1}^{(k)})\\ \boldsymbol{s}_k=\boldsymbol{X}_{n+1}^{(k+1)}-\boldsymbol{X}_{n+1}^{(k)}\\ (\boldsymbol{J}_{n+1}^{(k+1)})^{-1}=(\boldsymbol{J}_{n+1}^{(k)})^{-1}+[\boldsymbol{s}_k-(\boldsymbol{J}_{n+1}^{(k)})^{-1}\boldsymbol{y}_k]\boldsymbol{s}_k^{\mathrm{T}}(\boldsymbol{J}_{n+1}^{(k)})^{-1}/\boldsymbol{s}_k^{\mathrm{T}}(\boldsymbol{J}_{n+1}^{(k)})^{-1}\boldsymbol{y}_k\end{cases}\tag{7.4.31}$$

式中，$\boldsymbol{J}_{n+1}$ 表示 $n+1$ 时刻的雅可比矩阵。

根据泰勒展开原理，式(7.4.31)中 $\boldsymbol{X}_{n+1}$ 和 $\boldsymbol{J}_{n+1}$ 迭代的初值设置为

$$\boldsymbol{X}_{n+1}^{(0)}=\boldsymbol{X}_{n+1/2}+\frac{h}{2}\dot{\boldsymbol{X}}_{n+1/2}+\frac{h^2}{8}\ddot{\boldsymbol{X}}_{n+1/2}\tag{7.4.32}$$

$$\boldsymbol{J}_{n+1}^{(0)}=\frac{9}{h^2}\boldsymbol{M}\tag{7.4.33}$$

假定迭代收敛误差为 ε_{tol}，则迭代收敛条件为

$$\frac{\|\boldsymbol{X}_{n+1}^{(k+1)}-\boldsymbol{X}_{n+1}^{(k)}\|}{\|\boldsymbol{X}_{n+1}^{(k+1)}\|}<\varepsilon_{\text{tol}}\tag{7.4.34}$$

当前迭代步满足收敛条件式(7.4.34)时，迭代停止，计算得到第 $k+1$ 次的 $\boldsymbol{X}_{n+1}^{(k+1)}$ 即为 $n+1$ 时刻的位移，再将 $\boldsymbol{X}_{n+1}^{(k+1)}$ 代入式(7.4.28)、式(7.4.29)即可得到 $n+1$ 时刻的速度 $\dot{\boldsymbol{X}}_{n+1}^{(k+1)}$ 和加速度 $\ddot{\boldsymbol{X}}_{n+1}^{(k+1)}$。这样分别在 $[n,\ n+1/2]$ 和 $[n+1/2,\ n+1]$ 上，迭代求解得到系统的运动参数 $\boldsymbol{X}_{n+1/2}$、$\dot{\boldsymbol{X}}_{n+1/2}$、$\ddot{\boldsymbol{X}}_{n+1/2}$ 和 $\boldsymbol{X}_{n+1}$、$\dot{\boldsymbol{X}}_{n+1}$、$\ddot{\boldsymbol{X}}_{n+1}$，从而可以继续进行下一时间步的计算，直至计算达到终止时间 t_{end}。

在式(7.4.24)、式(7.4.31)的迭代过程中，要根据 n 时刻的 $\boldsymbol{P}_n$ 和 $\boldsymbol{X}_n$、$\dot{\boldsymbol{X}}_n$，在预先给定 $\boldsymbol{X}_{n+1/2}$、$\dot{\boldsymbol{X}}_{n+1/2}$、$\boldsymbol{X}_{n+1}$、$\dot{\boldsymbol{X}}_{n+1}$ 条件下，求 $n+1/2$、$n+1$ 时刻的 $\boldsymbol{P}_{n+1/2}$、$\boldsymbol{P}_{n+1}$。由于由 $\boldsymbol{P}_n$ 计算 $\boldsymbol{P}_{n+1/2}$ 和 $\boldsymbol{P}_{n+1}$ 的方法相同，本节将直接讨论已知 $\boldsymbol{P}_n$，预先给定 $\boldsymbol{X}_{n+1}$、$\dot{\boldsymbol{X}}_{n+1}$，计算满足材料屈服条件的 $\boldsymbol{P}_{n+1}$ 的算法。

由 $\mathrm{d}\boldsymbol{P}=\dot{\boldsymbol{P}}\mathrm{d}t$，在 $[n,\ n+1]$ 上利用梯形公式可推导得到 $n+1$ 时刻的 $\boldsymbol{P}_{n+1}$ 的表达式为

$$\boldsymbol{P}_{n+1}=\boldsymbol{P}_n+\int_n^{n+1}\dot{\boldsymbol{P}}\mathrm{d}t=\boldsymbol{P}_n+\frac{1}{2}h(\dot{\boldsymbol{P}}_{n+1}+\dot{\boldsymbol{P}}_n)\tag{7.4.35A}$$

$$\dot{\boldsymbol{P}}_{n+1}=\int_{\Omega_t}\left(\left(\frac{\partial\hat{\boldsymbol{N}}}{\partial\boldsymbol{\xi}}\right)^{\mathrm{T}}\cdot(\boldsymbol{F}_{Qf\xi})^{-1}\right):\dot{\boldsymbol{\tau}}_{n+1}\mathrm{d}V\tag{7.4.35B}$$

式(7.4.35)把问题转化为，已知 $\dot{\boldsymbol{\tau}}_n$ 和 $\boldsymbol{X}_n$、$\dot{\boldsymbol{X}}_n$，假设预先给定 $\boldsymbol{X}_{n+1}$、$\dot{\boldsymbol{X}}_{n+1}$、$\dot{\boldsymbol{\tau}}_{n+1}$，求满足材料屈服条件的 $\boldsymbol{\tau}_{n+1}$ 和有关材料状态参数。对率形式的本构方程进行数值积分的方法称为应力更新算法。有关应力更新算法见 7.3.6 节中的讨论。

特别当 $\theta_{Qf}\geqslant\theta_{Qf_m}$ 时，弹带材料处于融化，材料由固态相变成液体。此时 $\tau^{dev}=0$，$J^p=1$，$J=J^e$，本构方程转化成仅有压力 τ_m 的状态方程，该状态方程由式(7.7.36)给出：

$$J_{n+1}^{-1}\tau_{m,\,n+1}=\frac{\rho_{n+1}c^2(J_{n+1}-1)\left[J_{n+1}-\dfrac{1}{2}\gamma(J_{n+1}-1)\right]}{[J_{n+1}-s_\alpha(J_{n+1}-1)]^2}+\gamma e_{n+1}\tag{7.4.36}$$

式中，c 是材料的体积波速；ρ_{n+1} 是参考构形上的材料密度；γ 是参考状态下 Gruneisen 状态方程中的伽马值；$s_\alpha = \mathrm{d}v_s/\mathrm{d}v_p$ 表示的是 Hugoniot 曲线的斜率，v_s 是冲击波速度，v_p 是物质点速度，e_{n+1} 是物质点单位体积的内能，其计算公式由式(7.7.3)给出。

7.5 弹带热传导问题

7.5.1 弹带中热形成

弹带中的热主要来自三个方面：一是高温火药气体通过身管内壁、弹丸尾部及与火药气体接触的弹带表面向弹带传递热能使其温度升高；二是弹带塑性变形产生的塑性热使弹带温度升高；三是弹带与身管内膛表面摩擦产生的摩擦热使弹带温度升高。高温火药气体生热问题已在第 4 章进行了讨论，本节将给出剩余两种热的计算公式。

7.5.1.1 塑性热

弹带塑性变形所做功的一部分被转化成热，这些热会提升弹带材料内的温度。假定在某一增量步长内，弹带材料内某一点处的等效塑性应变为 $\Delta\bar{\varepsilon}_p$，则由 $\Delta\bar{\varepsilon}_p$ 引起的温升由下式给出：

$$\Delta\theta_{Qf} = \frac{\chi_{Qf}\sigma_Y}{\rho_{Qf}c_{Qf}}\Delta\bar{\varepsilon}_p \tag{7.5.1}$$

式中，χ_{Qf} 为 Taylor-Quinney 系数（也称为塑性功转换为热能的比例系数），一般取为 0.9；σ_Y 为 von Mises 流动应力；ρ_{Qf} 为当前时刻的材料密度；c_{Qf} 为等容比热。

7.5.1.2 摩擦热

第 6 章中曾指出，在弹带与身管内膛约束表面上形成法向压力和切向摩擦力，摩擦力在界面接触点的弹带速度方向上所做的功率即为摩擦产生的总热通量，其表达式为

$$Q_\mu = (\mu_t v_t^{qf} + \mu_\tau v_\tau^{qf}) p_n^{qf} \tag{7.5.2}$$

式中，p_n^{qf} 为界面法线压力；v_t^{qf}、v_τ^{qf} 分别为弹带沿膛线切线方向 $\boldsymbol{t}_{Qf}$、副主法向 $\boldsymbol{\tau}_{Qf}$ 的移动速度；μ_t、μ_τ 分别为 $\boldsymbol{t}_{Qf}$、$\boldsymbol{\tau}_{Qf}$ 方向的摩擦系数。对高速摩擦，摩擦系数与材料的热特性有关，其表达式为

$$\mu_t = \frac{2k_{Qf}(\theta_{Qf_m} - \theta_{Qf_0})}{p_n^{qf}v_t^{qf}\sqrt{\pi\alpha_{Qf}B_{Qf}/v_t^{qf}}},\quad \mu_\tau = \frac{2k_{Qf}(\theta_{Qf_m} - \theta_{Qf_0})}{p_n^{qf}v_\tau^{qf}\sqrt{\pi\alpha_{Qf}B_{Qf}/v_\tau^{qf}}} \tag{7.5.3}$$

式中，α_{Qf}、k_{Qf} 分别为弹带材料的热扩散系数和热传导系数；θ_{Qf_m}、θ_{Qf_0} 分别为弹带的熔点温度和初始温度。

将式(7.5.3)代入式(7.5.2)得

$$Q_\mu = \frac{2k_{Qf}(\theta_{Qf_m} - \theta_{Qf_0})}{\sqrt{\pi\alpha_{Qf}B_{Qf}}}\left(\sqrt{v_t^{qf}} + \sqrt{v_\tau^{qf}}\right) \tag{7.5.4}$$

弹带摩擦获得的热通量 $Q_{Qf\theta}$ 可用总热通量的一个比例系数 β_θ 来计算：

$$Q_{Qf\theta} = \beta_\theta Q_\mu, \quad Q_D = (1 - \beta_\theta) Q_\mu \tag{7.5.5}$$

$$\beta_\theta = \frac{k_{Qf}\sqrt{\alpha_D}}{k_D\sqrt{\alpha_{Qf}} + k_{Qf}\sqrt{\alpha_D}} \tag{7.5.6}$$

式中，Q_D 为摩擦传递给身管内壁的热通量；α_D、k_D 分别为身管材料的热扩散系数和热传导系数。

7.5.2 弹带热传导方程弱式

弹带的热传导方程由以下公式给出：

$$\rho_{Qf} c_{Qf} \dot{\theta}_{Qf}(\boldsymbol{x}_{qf}, t) = \left(k_{qf}\frac{\partial \theta_{Qf}}{\partial \boldsymbol{x}_{qf}}\right) \cdot \nabla + Q_{Qf\theta} \tag{7.5.7}$$

边界条件：

(1) 在与火药气体接触的边界 $S_{\theta 2}$ 上：$\left(k_{qf}\dfrac{\partial \theta_{Qf}}{\partial \boldsymbol{x}_{qf}}\right) \cdot \boldsymbol{n}_{qf} = -q_{qf}$

(2) 在与身管内表面接触的边界 $S_{\theta 3}$ 上：$\left(k_{qf}\dfrac{\partial \theta_{Qf}}{\partial \boldsymbol{x}_{qf}}\right) \cdot \boldsymbol{n}_{qf} = -h_{qf}(\theta_{Qf} - \theta_{Qfa})$ (7.5.8)

初始条件 ($t = t_0$)：

$$\rho_{qf}(\boldsymbol{x}_{qf}, t) = \rho_{qf}(\boldsymbol{x}_{qf}, t_0), \quad \theta_{Qf}(\boldsymbol{x}_{qf}, t) = \theta_{Qf}(\boldsymbol{x}_{qf}, t_0) \tag{7.5.9}$$

式中，k_{qf} 为热传导率；$Q_{Qf\theta}$ 为热源；θ_{Qfa} 为火药气体温度；h_{qf} 为放热系数。

采用与动量方程相同的形式，将式(7.5.7)～式(7.5.9)转换成如下弱形式：

$$\int_{\Omega_{qf}} \rho_{qf} c_{Qf} \delta\theta_{Qf} \dot{\theta}_{Qf} \mathrm{d}v + \int_{\Omega_{qf}} k_{qf} \delta\theta_{Qf} \nabla \cdot (\theta_{Qf} \nabla) \mathrm{d}v - \int_{\Omega_{qf}} \delta\theta_{Qf} Q_{Qf\theta} \mathrm{d}v$$
$$+ \int_{S_{\theta 2}} \delta\theta_{Qf} q_{qf} \mathrm{d}s + \int_{S_{\theta 3}} \delta\theta_{Qf} h_{qf}(\theta_{Qf} - \theta_{Qfa}) \mathrm{d}s = 0 \tag{7.5.10}$$

7.5.3 离散化弹带热传导方程

弹带几何场变化关系式(7.4.4B)适用于温度场，与位移场的插值关系式(7.4.2)类似，温度场的插值关系为

$$\theta_{Qf}(\boldsymbol{x}_{Qf}, t) = \sum_e \sum_{I=1}^{m_{Qf}} N_I^{Qf}(\boldsymbol{x}_{Qf}) \theta_I^{Qf}(t) \triangleq \sum_e \boldsymbol{N}_e^{Qf\theta}(\boldsymbol{x}_{Qf}) \theta_e^{Qf}(t) \triangleq \boldsymbol{N}_{Qf\theta}(\boldsymbol{x}_{Qf}) \boldsymbol{\Theta}_{Qf}(t)$$

(7.5.11A)

$$\dot{\theta}_{Qf}(\boldsymbol{x}_{Qf}, t) = \sum_e \sum_{I=1}^{m_{Qf}} N_I^{Qf}(\boldsymbol{x}_{Qf}) \dot{\theta}_I^{Qf}(t) \triangleq \sum_e \boldsymbol{N}_e^{Qf\theta}(\boldsymbol{x}_{Qf}) \dot{\boldsymbol{\theta}}_e^{Qf}(t) \triangleq \boldsymbol{N}_{Qf\theta}(\boldsymbol{x}_{Qf}) \dot{\boldsymbol{\Theta}}_{Qf}(t)$$

(7.5.11B)

式中，$\boldsymbol{\theta}_I^{Qf}$ 为节点 I 的温度；$\boldsymbol{\theta}_e^{Qf}$ 为单元节点温度矩阵；$\boldsymbol{\Theta}_{Qf}$ 为系统总体节点温度矩阵；$\boldsymbol{N}_e^{Qf\theta}$

为单元形函数矩阵；$\boldsymbol{N}_{Qf\theta}$ 为系统形函数矩阵。

对温度求变分，有

$$\delta\theta_{Qf}(\boldsymbol{x}_{Qf},\ t)=\sum_{e}\sum_{I=1}^{m_{Qf}}N_I^{Qf}(\boldsymbol{x}_{Qf})\delta\theta_I^{Qf}(t)\triangleq\sum_{e}\boldsymbol{N}_e^{Qf\theta}(\boldsymbol{x}_{Qf})\delta\boldsymbol{\theta}_e^{Qf}(t)\triangleq\boldsymbol{N}_{Qf\theta}(\boldsymbol{x}_{Qf})\delta\boldsymbol{\Theta}_{Qf}(t) \tag{7.5.11C}$$

考察 $\delta\theta_{Qf}\nabla\cdot(\theta_{Qf}\nabla)$，将式(7.5.11B)代入，并注意到式(7.5.11A)、式(7.5.11C)，得

$$\begin{aligned}\delta\theta_{Qf}\nabla\cdot(\theta_{Qf}\nabla)&=\sum_{e}\sum_{I=1}^{m_{Qf}}\frac{\partial N_I^{Qf}\delta\boldsymbol{\theta}_I^{Qf}}{\partial\boldsymbol{x}_{qf}}\cdot\sum_{J=1}^{m_{Qf}}\frac{\partial N_J^{Qf}\boldsymbol{\theta}_J^{Qf}}{\partial\boldsymbol{x}_{qf}}\\&=\sum_{e}\sum_{I=1}^{m_{Qf}}\frac{\partial N_I^{Qf}\delta\boldsymbol{\theta}_I^{Qf}}{\partial\boldsymbol{\xi}}\cdot\boldsymbol{F}_{Qf\xi}^{-1}\cdot\boldsymbol{F}_{Qf\xi}^{-\mathrm{T}}\cdot\sum_{J=1}^{m_{Qf}}\frac{\partial N_J^{Qf}\boldsymbol{\theta}_J^{Qf}}{\partial\boldsymbol{\xi}}\\&=\sum_{e}(\delta\boldsymbol{\theta}_e^{Qf})^{\mathrm{T}}\left(\frac{\partial\boldsymbol{N}_e^{Qf}}{\partial\boldsymbol{\xi}}\right)^{\mathrm{T}}\boldsymbol{F}_{Qf\xi}^{-1}\cdot\boldsymbol{F}_{Qf\xi}^{-\mathrm{T}}\cdot\frac{\partial\boldsymbol{N}_e^{Qf}}{\partial\boldsymbol{\xi}}\cdot\boldsymbol{\theta}_e^{Qf}\end{aligned} \tag{7.5.12}$$

将式(7.5.11)、式(7.5.12)代入式(7.5.10)，经整理得

$$\begin{aligned}&\sum_{e}\sum_{I=1}^{m_{Qf}}\sum_{J=1}^{m_{Qf}}\delta\theta_I^{Qf}\left(\int_{\Omega_e^{qf}}c_{Qf}\boldsymbol{\rho}_{qf}N_I^{Qf}(\boldsymbol{x}_{Qf})N_J^{Qf}(\boldsymbol{x}_{Qf})\mathrm{d}v\right)\dot{\theta}_J^{Qf}\\&+\sum_{e}\sum_{I=1}^{m_{Qf}}\sum_{J=1}^{m_{Qf}}\delta\theta_I^{Qf}\left(\int_{\Omega_e^{qf}}k_{qf}\frac{\partial N_I^{Qf}}{\partial\boldsymbol{\xi}}\cdot\boldsymbol{F}_{Qf\xi}^{-1}\cdot\boldsymbol{F}_{Qf\xi}^{-\mathrm{T}}\cdot\frac{\partial N_J^{Qf}}{\partial\boldsymbol{\xi}}\mathrm{d}v\right)\theta_J^{Qf}\\&-\sum_{e}\sum_{I=1}^{m_{Qf}}\sum_{J=1}^{m_{Qf}}\delta\theta_I^{Qf}\left(\begin{aligned}&\int_{\Omega_e^{qf}}N_I^{Qf}(\boldsymbol{x}_{Qf})Q_{Qf\theta}\mathrm{d}v-\int_{s_e^{\theta2}}N_I^{Qf}(\boldsymbol{x}_{Qf})q_{qf}\mathrm{d}s\\&-\int_{s_e^{\theta3}}N_I^{Qf}(\boldsymbol{x}_{Qf})h_{qf}(\theta_{Qf}-\theta_{Qfa})\mathrm{d}s\end{aligned}\right)=0\end{aligned} \tag{7.5.13}$$

令与虚温相乘项为零，经整理得单元的运动方程

$$\sum_{e}(\boldsymbol{M}_e^{Qf\theta}\dot{\boldsymbol{\theta}}_e^{Qf}+\boldsymbol{K}_e^{Qf\theta}\boldsymbol{\theta}_e^{Qf}-\boldsymbol{P}_e^{Qf\theta})=\boldsymbol{0} \tag{7.5.14}$$

其中

$$\boldsymbol{M}_e^{Qf\theta}=\sum_{I=1}^{m_{Qf}}\sum_{J=1}^{m_{Qf}}\int_{\Omega_e^{qf}}c_{Qf}\boldsymbol{\rho}_{qf}[N_I^{Qf}(\boldsymbol{x}_{qf},\ t)]^{\mathrm{T}}\cdot N_J^{Qf}(\boldsymbol{x}_{qf},\ t)\mathrm{d}v \tag{7.5.15A}$$

$$\boldsymbol{K}_e^{Qf\theta}=\sum_{I=1}^{m_{Qf}}\sum_{J=1}^{m_{Qf}}\int_{\Omega_e^{qf}}k_{qf}\frac{\partial N_I^{Qf}}{\partial\boldsymbol{\xi}}\cdot\boldsymbol{F}_{Qf\xi}^{-1}\cdot\boldsymbol{F}_{Qf\xi}^{-\mathrm{T}}\cdot\frac{\partial N_J^{Qf}}{\partial\boldsymbol{\xi}}\mathrm{d}v \tag{7.5.15B}$$

$$\begin{aligned}\boldsymbol{P}_e^{Qf\theta}=&\sum_{I=1}^{m_{Qf}}\int_{\Omega_e^{qf}}N_I^{Qf}(\boldsymbol{x}_{Qf})Q_{Qf\theta}\mathrm{d}v-\sum_{I=1}^{m_{Qf}}\int_{S_e^{\theta2}}N_I^{Qf}(\boldsymbol{x}_{Qf})q_{qf}\mathrm{d}s\\&-\sum_{I=1}^{m_{Qf}}\int_{S_e^{\theta3}}N_I^{Qf}(\boldsymbol{x}_{Qf})h_{qf}(\theta_{Qf}-\theta_{Qfa})\mathrm{d}s\end{aligned} \tag{7.5.15C}$$

式中，$S_e^{\theta2}$、$S_e^{\theta3}$ 分别为第 e 个单元的第二、三类热边界。

由式(7.5.15A)可知 $\boldsymbol{M}_e^{Qf\theta}$ 是随时间变化的,但利用体积变换 $\mathrm{d}v = J_{Qf}\mathrm{d}V$ 和质量守恒原理 $\rho_{Qf} = J_{Qf}\rho_{qf}$,将当前构形上的积分转化为参考构形上的积分,有

$$\begin{aligned}\boldsymbol{M}_e^{Qf\theta} &= \sum_{I=1}^{m_{Qf}}\sum_{J=1}^{m_{Qf}}\int_{\Omega_e^{qf}} c_{Qf}\rho_{qf}\left[N_I^{Qf}(\boldsymbol{x}_{qf},\ t)\right]^{\mathrm{T}}\cdot N_J^{Qf}(\boldsymbol{x}_{qf},\ t)\mathrm{d}v \\ &= \sum_{I=1}^{m_{Qf}}\sum_{J=1}^{m_{Qf}}\int_{\Omega_e^{Qf}} c_{Qf}\rho_{Qf}\left(N_I^{Qf}(\boldsymbol{x}_{Qf})\right)^{\mathrm{T}}\cdot N_J^{Qf}(\boldsymbol{x}_{Qf})\mathrm{d}V\end{aligned} \tag{7.5.16}$$

这样 $\boldsymbol{M}_e^{Qf\theta}$ 为常量矩阵。

对所有单元求和,得到在弹带域上的运动方程:

$$\boldsymbol{M}_{Qf\theta}\dot{\boldsymbol{\Theta}}_{Qf} + \boldsymbol{K}_{Qf\theta}\boldsymbol{\Theta}_{Qf} - \boldsymbol{P}_{Qf\theta} = \boldsymbol{0} \tag{7.5.17}$$

其中

$$\begin{aligned}\boldsymbol{M}_{Qf\theta} &= \sum_e\sum_{I=1}^{m_{Qf}}\sum_{J=1}^{m_{Qf}}\int_{\Omega_e^{Qf}} c_{Qf}\rho_{Qf}\left(N_I^{Qf}(\boldsymbol{x}_{Qf})\right)^{\mathrm{T}}\cdot N_J^{Qf}(\boldsymbol{x}_{Qf})\mathrm{d}V \\ &\triangleq \int_{\Omega_{Qf}} c_{Qf}\rho_{Qf}\left(N_{Qf\theta}(\boldsymbol{x}_{Qf})\right)^{\mathrm{T}}\cdot N_{Qf\theta}(\boldsymbol{x}_{Qf})\mathrm{d}V\end{aligned} \tag{7.5.18A}$$

$$\begin{aligned}\boldsymbol{K}_{Qf\theta} &= \sum_e\sum_{I=1}^{m_{Qf}}\sum_{J=1}^{m_{Qf}}\int_{\Omega_e^{qf}} k_{qf}\frac{\partial N_I^{Qf}}{\partial\boldsymbol{\xi}}\cdot\boldsymbol{F}_{Qf\xi}^{-1}\cdot\boldsymbol{F}_{Qf\xi}^{-\mathrm{T}}\cdot\frac{\partial N_J^{Qf}}{\partial\boldsymbol{\xi}}\mathrm{d}v \\ &\triangleq \int_{\Omega_e^{qf}} k_{qf}\left(\frac{\partial\boldsymbol{N}_{Qf\theta}}{\partial\boldsymbol{\xi}}\right)^{\mathrm{T}}\cdot\boldsymbol{F}_{Qf\xi}^{-1}\cdot\boldsymbol{F}_{Qf\xi}^{-\mathrm{T}}\cdot\frac{\partial\boldsymbol{N}_{Qf\theta}}{\partial\boldsymbol{\xi}}\mathrm{d}v\end{aligned} \tag{7.5.18B}$$

$$\begin{aligned}\boldsymbol{P}_{Qf\theta} &= \sum_e\sum_{I=1}^{m_{Qf}}\left[\int_{\Omega_e^{qf}} N_I^{Qf}(\boldsymbol{x}_{Qf})Q_{Qf\theta}\mathrm{d}v - \int_{s_e^{\theta2}} N_I^{Qf}(\boldsymbol{x}_{Qf})q_{qf}\mathrm{d}s - \int_{s_e^{\theta3}} N_I^{Qf}(\boldsymbol{x}_{Qf})h_{qf}(\theta_{Qf}-\theta_{Qfa})\mathrm{d}s\right] \\ &\triangleq \int_{\Omega_e^{qf}}\left(\boldsymbol{N}_I^{Qf}(\boldsymbol{x}_{Qf})\right)^{\mathrm{T}}Q_{Qf\theta}\mathrm{d}v - \int_{s_{\theta2}}\left(\boldsymbol{N}_I^{Qf}(\boldsymbol{x}_{Qf})\right)^{\mathrm{T}}q_{qf}\mathrm{d}s - \int_{s_{\theta3}}\left(\boldsymbol{N}_I^{Qf}(\boldsymbol{x}_{Qf})\right)^{\mathrm{T}}h_{qf}(\theta_{Qf}-\theta_{Qfa})\mathrm{d}s\end{aligned} \tag{7.5.18C}$$

7.6 弹带物质点法

弹带从卡膛、挤进到膛内运动过程,都伴随着剧烈的瞬态弹塑性大变形,采用前面提出的更新拉格朗日有限元法进行离散计算,由于网格畸变使得计算精度不高、效果并不理想,而物质点法能化解此问题。

如图 7.6.1 所示,采用物质点将弹带材料区域(a)离散为物质点代表的弹带材料区域(b),并构建覆盖弹带结构区域的欧拉背景网格(c)。一般每个网格至少要布置 2×2(二维)或 2×2×2(三维)个物质点,网格内的物质点数要大于精确积分的高斯点数;为了描述弹带的几何结构,边界上也要有一定数量的物质点,以便能对弹带的几何边界精确描述。物质点的质量在变形过程中是不变的,因此在离散时边界上应确保有一定数量的物质点数。由于有限元法是在高斯点上进行积分的,因此选择的一定数量的高斯

点积分值是精确的；物质点法除速度以外的参数是在物质点上进行积分的，当物质点较少时，由物质点积分得到的值是不精确的，因此需要增加物质点数来提高计算精度。在大变形问题中，由于网格畸形带来的误差要远远大于积分值的误差，物质点法的计算精度要高于有限元的精度；但在小变形问题中，由于积分误差，物质点法的精度要比有限元法低。

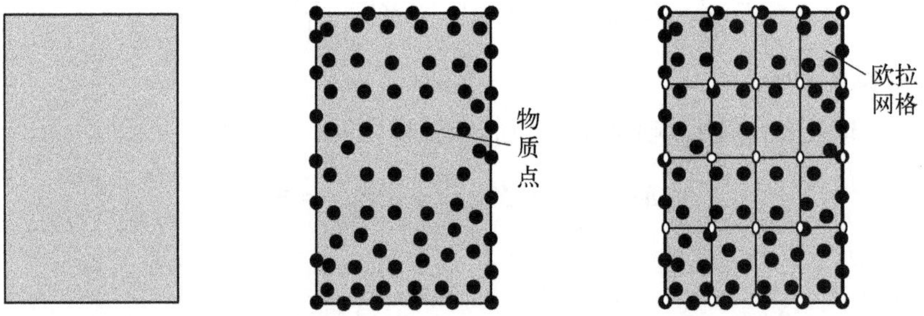

(a) 弹带材料区域　(b) 物质点代表的弹带材料区域　(c) 带网格的物质点离散域

图 7.6.1　物质点法示意图

假定已知时刻 t 所有物质点携带的结构物质状态信息，包括密度、位移、速度、能量、应变、应力、应变率、应力率等，重新构建了新的背景网格，且网格节点上不记录任何物质信息，要求解 $t+\Delta t$ 结构所有物质点的信息。物质点法的求解流程如下(图 7.6.2)。

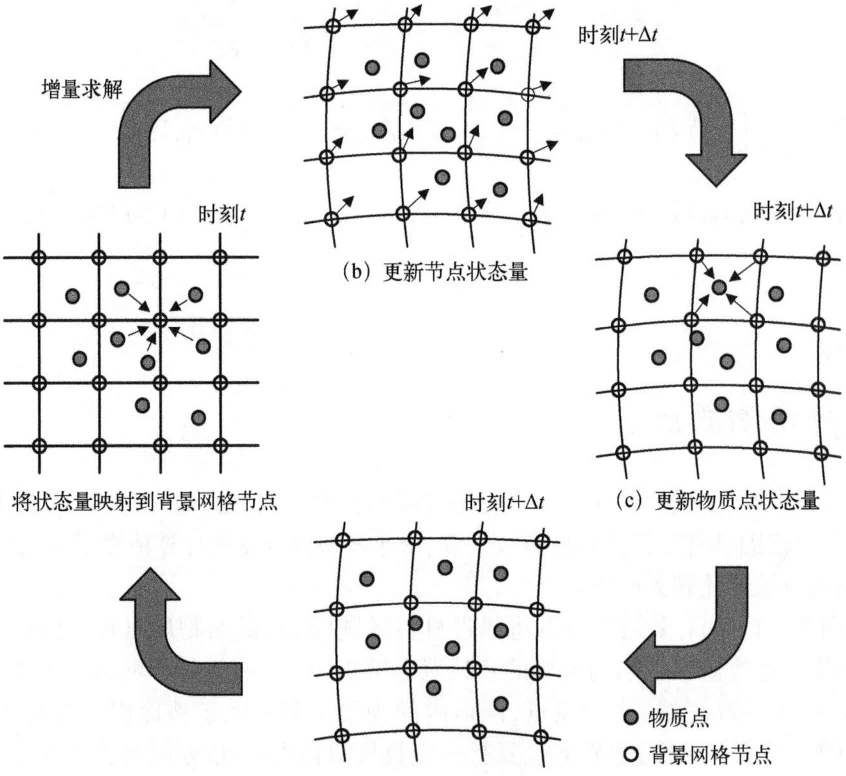

图 7.6.2　物质点法的计算流程

(1) 假定 t 至 $t + \Delta t$ 时刻的 Δt 时间段内,背景网格和物质点完全固连,背景网格随物质点一起运动,将时刻 t 物质点的状态信息采用网格形函数映射到背景网格的节点上,获得时刻 t 时节点的参数。

(2) 将背景网格作为有限元网格,采用第 7.4 节的拉格朗日方法构建节点平衡方程,并施加边界条件,将时刻 t 的节点参数作为此步求解的初始条件。

(3) 利用 7.4 节的方法进行数值计算,得到 $t + \Delta t$ 时刻所有节点的状态信息。

(4) 将 $t + \Delta t$ 时刻节点状态信息映射到所有物质点上,得到 $t + \Delta t$ 时刻所有物质点的状态信息。

(5) 将物质点与背景网格松绑,并重新构建新的无变形的背景网格,该背景网格需覆盖 $t + \Delta t$ 变形后所有物质点。

(6) 若 $t + \Delta t > t_{\text{end}}$, 则结束计算;否则,重新赋值 $t = t + \Delta t$, 转到第(1)步。

可见,物质点法充分发挥了拉格朗日法在求解场问题时连续性的优点,利用物质点携带状态信息的特征,背景网格在计算过程中起到投影传递作用,用于计算的网格是规则的。因此,只要有足够多的物质点就能确保计算精度,非常适用于畸变弹带问题的求解。有关物质点法的详细内容,请参阅张雄等(2014)、廉艳平(2012)等相关文献。

7.7 弹带材料的宏观特性

弹带一般选用韧性较好、易挤入膛线、耐磨性能好、抗剪抗弯能力强的材料(如黄铜、紫铜、镍 200、纯铁等)来制成,这些材料在标准条件下的物理特性见表 7.7.1。

表 7.7.1 几种常用弹带材料的物理特性

材料名称	紫铜	黄铜	铜镍合金	纯铁	尼龙
弹性模量 E_{Qf}/GPa	108~120	89~100	124~152	169	8.62~10.7
泊松系数 ν_{Qf}	0.31~0.34	0.32~0.42	—	—	0.33~0.4
屈服强度/MPa	200~380	300~480	103~124	175	55

然而,对经历大变形、高动态应变率的弹塑性弹带材料而言,在膛内运动过程中,其剪切模量将随温度和压力发生变化,弹带材料的熔点温度随着压力和所经历的高应变率的增加而提高,材料的比热随着温度的变化也会显著增大。对弹带材料而言,其在膛内所受的温度大于 2 000 K,压力在 300~550 MPa 范围内,挤进过程中的应变率估计在 $10^6\,\text{s}^{-1}$ 量级,因此在建立弹带材料的大变形弹塑性理论分析计算模型时必须要考虑上述材料参数随温度和应变率的变化。

由于目前的弹带大部分采用黄铜材料,因此在以下的讨论中,以黄铜 H98 为例来进行研究,H98 表示含铜量为 98%,由于含铜量比较高,所以可以假定为纯铜。

7.7.1 绝热加热、比热和热传导

纯铜材料比热 c_{Qf} 与温度的关系由下式给出(Banerjee, 2020):

$$c_{Qf} = \begin{cases} 0.000\,041\,6\,(\theta_{Qf})^3 - 0.027\,(\theta_{Qf})^2 + 6.21\theta_{Qf} - 142.6, & \theta_{Qf} < 270\ \text{K} \\ 0.100\,9\theta_{Qf} + 358.4, & \theta_{Qf} \geqslant 270\ \text{K} \end{cases} \tag{7.7.1}$$

在某一求解时间步结束得到场内各点处的温升后，对弹带这样的高应变率材料，可以不考虑材料内任意点处温度的传导效应。

7.7.2 状态方程

静水压力 p_{Qf} 可以用与温度有关的 Mie-Gruneisen 状态方程得到，其表达式（Banerjee, 2020）为

$$p_{Qf} = \frac{\rho_{Qf}\,(c_{Qf})^2(J_{Qf} - 1)\left[J_{Qf} - \frac{1}{2}\gamma_{Qf}(J_{Qf} - 1)\right]}{\left[J_{Qf} - s_{\alpha}^{Qf}(J_{Qf} - 1)\right]^2} + \gamma_{Qf}\,\boldsymbol{e}_{qf}, \quad J_{Qf}\,\boldsymbol{\rho}_{qf} = \boldsymbol{\rho}_{Qf} \tag{7.7.2}$$

式中，c_{Qf} 是材料的体积波速；$\boldsymbol{\rho}_{Qf}$ 是参考构形上的材料密度；$\boldsymbol{\rho}_{qf}$ 是当前时刻的材料密度；γ_{Qf} 是参考状态下 Gruneisen 状态方程中的伽马值；$s_{\alpha}^{Qf} = \mathrm{d}v_{Qfs}/\mathrm{d}v_{Qfp}$ 是 Hugoniot 曲线的斜率；v_{Qfs} 是冲击波速度；v_{Qfp} 是物质点速度；e_{qf} 是物质点单位体积的内能，其计算公式（黄克智等，1999）如下：

$$e_{qf} = \int_{t_0}^{t}\left(c_{Qf}\dot{\theta}_{Qf} + \frac{1}{\boldsymbol{\rho}_{qf}}\boldsymbol{d}_{Qf} : \boldsymbol{\tau}_{Qf}\right)\mathrm{d}t \tag{7.7.3}$$

当材料破坏或由固态相变为液态时，且当材料不能受拉也不能抗剪切作用只能受压时，偏应力张量 $\boldsymbol{\tau}^{dev}$ 为 $\mathbf{0}$ 值，材料应力-应变的本构关系不再适用，而改用状态方程式(7.7.2)。

7.7.3 熔化温度

本章采用 Steinberg-Cochran-Guinan（SCG）熔化模型。SCG 熔化模型中将材料的熔点温度转化为材料所受压力的函数，其表达式（Banerjee, 2020）如下：

$$\theta_{Qf_m}(\boldsymbol{\rho}_{qf}) = \theta_{Qf_m0}\exp\left[2a_{Qf}\left(1 - \frac{1}{J_{Qf}}\right)\right](J_{Qf})^{2(\gamma_{Qf0} - a_{Qf} - 1/3)} \tag{7.7.4}$$

式中，θ_{Qf_m0} 是 $J_{Qf} = 1$ 时的熔化温度；a_{Qf} 是 Gruneisen 状态方程中的一阶体积校正系数。纯铜材料的 SCG 熔化模型参数列于表 7.7.2 中。

表 7.7.2　SCG 熔点模型中参数值

θ_{Qf_m0} /K	γ_{Qf0}	a_{Qf}
1 356.5	1.99	1.5

7.7.4 剪切模量

材料的剪切模量随着温度的升高而下降的，同时也与所受的压力有关。实验表明室温下纯铜材料的剪切模量是近熔点时剪切模量的 1.5 倍，因此用室温下的剪切模量进行数值模拟计算过高地增加了剪切刚度，从而加大了对塑性应变率计算的误差。另外，若不

考虑压力对剪切模量的影响,则会增加材料在冲击载荷作用下数值模拟计算的累积误差。

本节给出用 SCG 计算剪切模量模型。SCG 剪切模量模型考虑了压力的影响,其表达式(Banerjee, 2020)如下:

$$\mu_{Qf}(p_{Qf},\ \theta_{Qf}) = \mu_{Qf0} + \frac{\partial \mu_{Qf}}{\partial p_{Qf}} \frac{p_{Qf}}{(\theta_{Qf})^{1/3}} + \frac{\partial \mu_{Qf}}{\partial \theta_{Qf}}(\theta_{Qf} - 300) \tag{7.7.5}$$

式中,μ_{Qf0} 是参考状态($\theta_{Qf} = 300$ K、$p_{Qf} = 0$、$J_{Qf} = 1$)下的剪切模量,当温度高于熔化温度 θ_{Qf_m} 后,剪切模量取为零。SCG 模型中纯铜材料的参数列于表 7.7.3 中。

表 7.7.3　SCG 剪切模量模型

μ_{Qf0} /GPa	$\partial\mu_{Qf}/\partial p_{Qf}$	$\partial\mu_{Qf}/\partial\theta_{Qf}$
48.7	1.335 6	0.018 126

7.7.5　本构方程

材料本构模型采用 Johnson-Cook(JC),其表达式(Johnson et al., 1983)如下:

$$\sigma_Y(\bar{\varepsilon}_p,\ \dot{\bar{\varepsilon}}_p,\ \theta_{Qf}) = [A_1^{Qf} + A_2^{Qf}(\bar{\varepsilon}_p)^{A_4^{Qf}}][1 + A_3^{Qf}\ln(\dot{\bar{\varepsilon}}_p^*)][1 - (\theta^*)^{A_5^{Qf}}] \tag{7.7.6}$$

式中,$\bar{\varepsilon}_p$ 是等效塑性应变;$\dot{\bar{\varepsilon}}_p$ 是等效塑性应变率;A_1^{Qf}、A_2^{Qf}、A_3^{Qf}、A_4^{Qf}、A_5^{Qf} 是材料参数。归一化的应变率和温度定义为

$$\dot{\bar{\varepsilon}}_p^* = \frac{\dot{\bar{\varepsilon}}_p}{\dot{\bar{\varepsilon}}_{p0}},\quad \theta^* = \frac{\theta_{Qf} - \theta_{Qf0}}{\theta_{Qfm} - \theta_{Qf0}} \tag{7.7.7}$$

式中,$\dot{\bar{\varepsilon}}_{p0}$ 是参考塑性应变率;θ_{Qf0} 是参考温度;θ_{Qfm} 是材料的熔化温度。在 $\theta^* < 0$ 时,A_{Qf5} 取值为 1。纯铜材料的 Johnson-Cook 本构的参数列于表 7.7.4 中。

表 7.7.4　Johnson-Cook 本构方程参数

A_1^{Qf} /MPa	A_2^{Qf} /MPa	A_3^{Qf}	A_4^{Qf}	A_5^{Qf}	$\dot{\bar{\varepsilon}}_{p0}$	θ_{Qf0} /K
90	292	0.025	0.31	1.09	1.0	294
θ_{Qfm} /K	D_1^{Qf}	D_2^{Qf}	D_3^{Qf}	D_4^{Qf}	D_5^{Qf}	
1 356	0.54	4.89	−3.03	0.014	1.12	

材料在载荷作用下损伤后,可用 Johnson-Cook 损伤的破坏应变模型(Johnson et al., 1985):

$$\varepsilon_{qf}^{p} = [D_1^{Qf} + D_2^{Qf} e^{D_3^{Qf}\sigma_{Qf}^*}][1 + D_4^{Qf}\ln(\dot{\varepsilon}_{Qf}^*)][1 + D_5^{Qf}\theta^*] \tag{7.7.8}$$

式中,$\sigma_{Qf}^* = \sigma_{Qfm}/\sigma_{eq}^{Qf}$ 为应力三轴度;σ_{Qfm} 为平均应力;σ_{eq}^{Qf} 为 von Mises 等效应力。

当单元或物质点上的损伤量

$$D_{Qf} = \sum \frac{\Delta\bar{\varepsilon}_p}{\varepsilon_{qf}^p} \tag{7.7.9}$$

达到 1 时,材料发生破坏,式中 $\Delta\bar{\varepsilon}_p$ 为某步长上的增量等效塑性应变。材料破坏后,偏应

力张量 $\boldsymbol{\tau}^{dev}$ 将被置为零，且材料不能受拉，即如压力 p_{Qf} 小于零，则将其置为零。Johnson 和 Cook 给出的材料参数见表 7.7.4。

7.8 弹带中的残余应力和应变

7.8.1 弹带的制造过程

首先用挤压机将圆形截面的棒料挤压成矩形截面，并依照弹带周长切割出特定长度的长条；之后将条带放在高温炉内保温若干小时进行退火操作，并在室温下进行冷却之后酸洗、打磨金属表面；接着使用压带机将条带安装在弹丸尾部燕尾槽上，将条带一端沿着弹丸环向放置在燕尾槽上，用力垂直击打弹带表面，将弹带材料压入燕尾槽内，而后逐渐缓慢地旋转弹丸，并每转一定角度之后，就击打一次，这样当弹丸旋转一圈之后，弹带整体就被压入了燕尾槽。压带之后还需对弹带在收带机上进行收带，用多个压头以一定的压力同时挤压弹带表面，让弹带相对均匀地受挤压力，之后将弹丸旋转一定的角度，再次进行收带工序，保证弹带内表面与弹丸本体表面接触良好；最后对弹带进行机加工，获得标准弹带结构。

整个弹带的制作过程由图 7.8.1 给出。由此可见，弹带在整个成型过程中已经过多次的加载、加温、降温等热力学过程，使得其内部结构发生变化，形成永久塑性变形和残余应力。

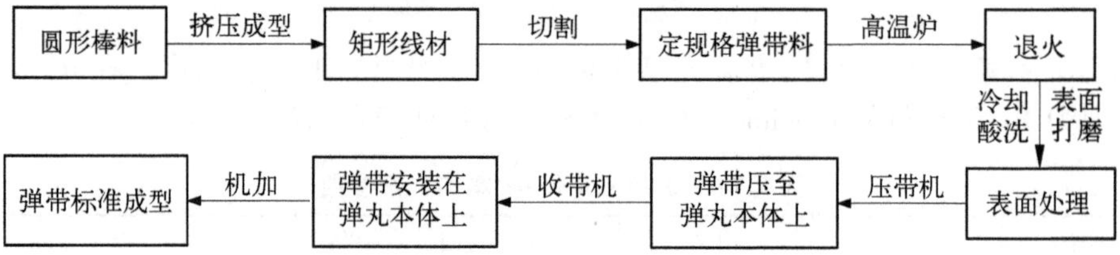

图 7.8.1　弹带成型工艺流程

7.8.2 弹带中残余应力测量

从上述弹带的成型过程可以看出，很难通过建模来精确模拟上述弹带成型整个过程从而获得弹带中的残余应力。目前一般采用超声波法测试弹带中的残余应力（宋文涛，2016；中华人民共和国国家质量监督检验检疫总局等，2015）。

超声波法相比其他残余应力无损检测方法，具有检测速度快、人体无辐射伤害、成本低、拥有较佳的空间分辨率和较大范围的检测深度、可实现现场手持、便于携带、能够完成表面及次表面宏观残余应力大小与拉压状态的检测等诸多优势。

其测试原理为通过求解残余变形状态下的声弹性波动方程，可测得与残余应力平行和垂直方向传播的纵波、剪切波等的波速，建立和标定波速与残余应力的变化关系，由此可计算不同模式超声对残余应力的敏感度，发现沿残余应力传播的纵波对残余应力最为敏感。此外，由斯涅耳定律（Snell's law）和波的斜入射基本规则可知，当声波以第一临界角入射到试件表面时,会在试件表面产生临界折射纵波,该波可以传播较远距离,因此可通过探测临界折射纵波传播速度变化反求残余应力值。由于直接测量波速变化较为困难,通常将其转化为固定波程下传播时间变化的测量。对于固定声程 L_{Qf},若测得零应力试件(假定应力为零,但实际做不到,为此假定试件中的应力 σ_0^{Qf} 接近于零)下的临界折射纵波传播时间 t_0 和待测试件中的传播时间 t,弹带中某点的残余应力 σ_r^{Qf} 可由下式计算:

$$\sigma_r^{Qf} - \sigma_0^{Qf} = K_{Qf}(t - t_0) \tag{7.8.1}$$

其中,K_{Qf} 为应力系数,与材料弹性常数、零应力试件中的声速相关,可通过对标准拉伸试样在弹性范围内进行准静态拉伸实验,绘制应力差与传播时间差的曲线,并拟合出曲线斜率可得。

标准弹带由于不规则的外表面会对声波传播方式造成较大干扰,而且考虑到机加工对残余应力影响较小,因此对收带之后的弹带表面进行粗车成圆面之后测量残余应力。在弹带轴向、环向、径向布置一定数量的三维网格节点,通过测量每个节点轴向、径向、环向的应力获得弹带残余应力分布。注意到式(7.8.1)测量的是被检测件表层下三维空间内沿声波传播方向的平均应力。若要测量弹带径向一定深度处环向或轴向的残余应力,则需要建立应力深度梯度检测模型。试验表明,超声换能器中心频率 f_{Qf} 与渗透深度 D_{Qf} 满足关系:

$$D_{Qf} = \alpha_s^{Qf} f_{Qf}^{-0.96} \tag{7.8.2}$$

其中,α_s^{Qf} 为渗透深度修正系数,与材料相关。那么深度 D_{i-1}^{Qf} 到 D_i^{Qf} 处的应力可由下式计算:

$$\boldsymbol{\sigma}_{Qf}(D_{Qf}) = \frac{\sigma_i^{Qf} f_{Qfi}^{-0.96} - \sigma_{i-1}^{Qf} f_{Qf(i-1)}^{-0.96}}{f_{Qfi}^{-0.96} - f_{Qf(i-1)}^{-0.96}}, \quad D_{Qf(i-1)} \leqslant D_{Qf} \leqslant D_{Qfi} \tag{7.8.3}$$

σ_i^{Qf} 是换能器频率为 f_i^{Qf} 时测得的表层到深度 D_i^{Qf} 处的平均应力,σ_{i-1}^{Qf} 是换能器频率为 f_{i-1}^{Qf} 时测得的表层到深度 D_{i-1}^{Qf} 处的平均应力。

第 8 章　不确定性参数建模

8.1　引言

在第 5 章至第 7 章中，对弹炮运动方程中的几何关系、连接关系、本构关系、载荷传递关系、初始条件和边界条件作了一定的假设，忽略运动机构之间间隙，没有考虑机理模糊的环节和不确定性参数等，从而得到简化的理论公式。本节将对参数不确定性的问题进行讨论，获得不确定性参数的建模方法。

本章针对弹炮系统中难以建模或者机理模糊的层次结构，如非理想接触界面传递模型、非理想连接界面传递模型、座圈载荷传递模型，首先做出基本假设，在基本假设的框架下推导系统的半参数模型，设计了与半参数模型对应的模型校验试验系统，在输入载荷激励下测试获得系统输出响应数据；利用数据驱动的建模方法，建立半参数模型中系统参数的辨识模型；根据测试数据，辨识半参数系统模型中的参数，从而更新半参数模型，并校验模型的正确性和有效性。

8.2　非理想结合面接触建模

8.2.1　基本模型

火炮系统中有许多机构用于传递运动并实现火炮功能，例如方向机和高低机即通过方向和高低运动副实现火炮的方向调炮和高低调炮，运动副间隙会导致接触碰撞的发生，加剧机构的磨损和破坏，产生严重的振动和噪声，并导致机械系统整体精度降低、性能下降和故障隐患。接触碰撞建模要解决接触碰撞前后物体速度的变化规律和接触碰撞过程中接触碰撞力的变化规律。目前对接触碰撞的分析方法可归纳为以下两类：① 离散分析方法，也称为刚性分析方法，此方法仅能分析碰撞前后的速度变化问题；② 连续分析方法，也称正则化分析方法，此方法可同时获得速度和力的变化规律。本节采用正则化分析方法来讨论接触问题。

如图 8.2.1 所示，两物体 Ω_A、Ω_B 分别以速度 $\boldsymbol{v}_A$、$\boldsymbol{v}_B$ 相向运动，于点 A、B 处发生碰撞。假定接触界面 Γ_A 上任意点 A 的位置矢量为 $\boldsymbol{x}_A$，法线方向为 $\boldsymbol{n}_A$、切平面内相对速度方向为 t，碰撞点的相对速度为 $\dot{\boldsymbol{\delta}} = \dot{\delta}_n n + \dot{\delta}_t \boldsymbol{t}$，其中 $\dot{\delta}_n$、$\dot{\delta}_t$ 为法向和切向相对速度。

在 $\dot{\boldsymbol{\delta}}$ 作用下，接触点处的法向的接触分布力为 $f_n(\boldsymbol{x}_A)$，则接触界面上作用在物体 Ω_A

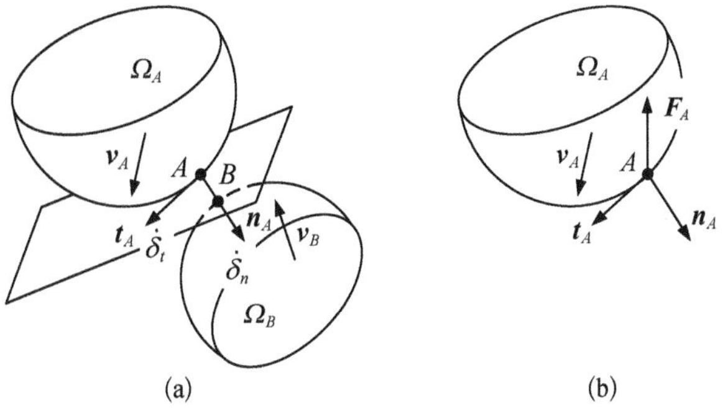

图 8.2.1　两物体间的接触碰撞

上的接触合力 $\boldsymbol{F}_A$ 可表示为

$$\boldsymbol{F}_A = -\int_{\Gamma_A} [\boldsymbol{n}_A + \upsilon_f \text{sign}(\dot{\delta}_t)\boldsymbol{t}_A] f_n(\boldsymbol{x}_A)\,\mathrm{d}A \tag{8.2.1}$$

式中，υ_f 为接触点处的摩擦系数。

这里定义的接触分布力 $f_n(\boldsymbol{x}_A)$ 与基于 Hertz 的接触碰撞力模型（如常规的 Hertz 模型、L－N 模型等）不同，基于 Hertz 的接触碰撞力模型将接触碰撞视为点-点接触碰撞过程，而本书中的定义将接触碰撞视为面-面接触，$f_n(\boldsymbol{x}_A)$ 代表局部的接触面力，最终的接触碰撞力 $\boldsymbol{F}_A$ 表示整体接触面上接触碰撞力的合成。与基于 Hertz 的接触碰撞力模型相比，本模型考虑了接触界面因素，在不规则表面的接触碰撞问题上具有更好的适应性。

在实际接触碰撞过程中，不同的工况下接触表面的形态通常具有差异，实际工程中求解式（8.2.1）的困难表现为接触表面 Γ_A 的不规则。因此，基于有限元分析的思想，将接触表面划分为 N_c 互补重叠的表面网格 $\Gamma_I^A (I = 1, 2, \cdots, N_c)$，则式（8.2.1）可重写为如下形式：

$$\boldsymbol{F}_A = -\sum_{I=1}^{N_c}\int_{\Gamma_I^A} [\boldsymbol{n}_A + \upsilon_f \text{sign}(\dot{\delta}_t)\boldsymbol{t}_A] f_n(\boldsymbol{x}_A)\,\mathrm{d}A \tag{8.2.2}$$

式（8.2.2）对局部网格积分可采用数值积分方法获得，若采用单点高斯积分，则式（8.2.2）的离散形式为

$$\boldsymbol{F}_A = -\sum_{i=1}^{N_c} [\boldsymbol{n}_A(\boldsymbol{x}_{gi}^A) + \upsilon_f \text{sign}(\dot{\delta}_t)\boldsymbol{t}_A(\boldsymbol{x}_{gi}^A)] f_n(\boldsymbol{x}_{gi}^A)\Delta A_i \tag{8.2.3}$$

其中，$\boldsymbol{x}_{gi}^A$ 和 ΔA_i 分别为局部网格的高斯积分点和面积。

对于局部接触面力 $f_n(\boldsymbol{x}_A)$ 的计算，可借鉴 Choi 等（2010）提出的接触碰撞力模型，即

$$f_n = K(\delta_n)^{m_1} + \text{sign}(\dot{\delta}_n) C |\dot{\delta}_n|^{m_2} (\delta_n)^{m_3} \tag{8.2.4}$$

其中，K 和 C 分别表示接触刚度和接触阻尼；δ_n 为穿透量；$\dot{\delta}_n$ 为穿透速度；m_1、m_2 和 m_3 分别表示刚度指数、阻尼指数和凹痕指数。

式（8.2.4）所表达是刻画局部接触碰撞面力，各参数 K、C 以及 m_1、m_2 和 m_3 所刻画的是接触碰撞的局部特性。

8.2.2 参数辨识

8.2.2.1 参数辨识问题描述

接触碰撞模型中的不确定因素主要是式(8.2.4)中的 5 个参数,即 K、C、m_1、m_2 和 m_3,这些参数确定为待辨识的参数,需要通过相应的接触碰撞试验数据,通过建立辨识模型反求得到。将待辨识的参数写成向量的形式:

$$\boldsymbol{I} = (K,\ C,\ m_1,\ m_2,\ m_3)^{\mathrm{T}} \tag{8.2.5}$$

将上述参数代入接触碰撞方程(8.2.3),得到接触碰撞力 $\boldsymbol{F}_A(\boldsymbol{I})$。构建接触碰撞台架,进行相关实验测试,得到实验测试数据 $\hat{\boldsymbol{F}}_A$。定义辨识误差:

$$\Delta F(\boldsymbol{I}) = \frac{1}{n}\sum_{i=1}^{n}[\hat{\boldsymbol{F}}_{Ai} - \boldsymbol{F}_{Ai}(\boldsymbol{I})]\cdot[\hat{\boldsymbol{F}}_{Ai} - \boldsymbol{F}_{Ai}(\boldsymbol{I})] \tag{8.2.6}$$

式中,n 为数据点个数;$\hat{\boldsymbol{F}}_{Ai}$ 和 $\boldsymbol{F}_{Ai}(\boldsymbol{I})$ 分别为接触碰撞点 A 处试验和仿真的第 i 个数据点的值。

将接触碰撞模型参数辨识问题看成一个优化问题,以模型的输出与真实系统的测量值最为接近为目标,利用寻优的方法求解,在待辨识参数的区间范围内寻找出最优的值。建立接触碰撞模型参数辨识问题如下:

$$\begin{cases}\text{search}: \boldsymbol{I} \\ \min\ \Delta F(\boldsymbol{I}) \\ \text{s.t. } \boldsymbol{I}_{\min} \leqslant \boldsymbol{I} \leqslant \boldsymbol{I}_{\max}\end{cases} \tag{8.2.7}$$

式中,$\boldsymbol{I}_{\max}$、$\boldsymbol{I}_{\min}$ 为待辨识参数的上下界。

8.2.2.2 参数辨识算例

图 8.2.2 所示为弹丸定心部样段与身管内膛样段接触碰撞的试验总体实物图和原理

(a) 实物图

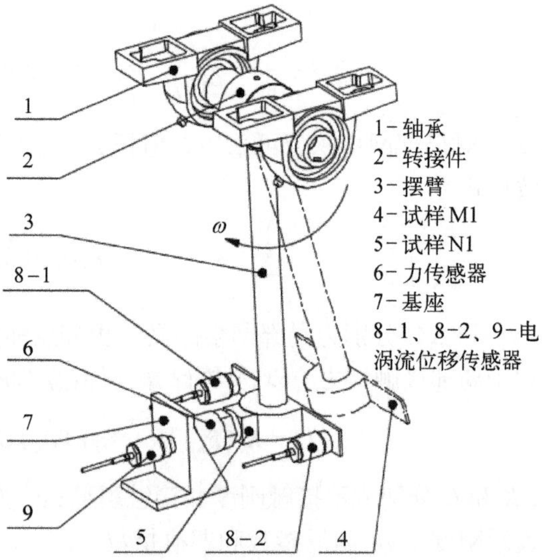

(b) 原理图

图 8.2.2 试验总体图

图。试验中通过将摆锤从某一初始角度释放,使其在运动最低点与身管样段发生接触碰撞,分别测量此接触碰撞过程中的接触碰撞力、接触碰撞位移、接触碰撞速度。每种角度下测量试验重复多次,观察数值一致性,并取10组测量结果求取其平均值。

弹丸定心部样段与身管内膛样段接触碰撞测试系统由接触碰撞试验台架、压电式力传感器、接触分离时间测量电路、电涡流位移传感器、激光测振仪、数据采集仪等组成。图8.2.3以三条膛线的身管内膛样段为例,展示了弹丸定心部样段与身管内膛样段接触碰撞试验过程中力传感器的实物装配图。试验测量时,接触分离时间测量电路用来捕捉接触的发生和结束时间,压电式力传感器用来采集接触碰撞过程中力的变化,电涡流位移传感器用来测量接触碰撞中的相对位移,激光测振仪用来测量接触碰撞相对速度。

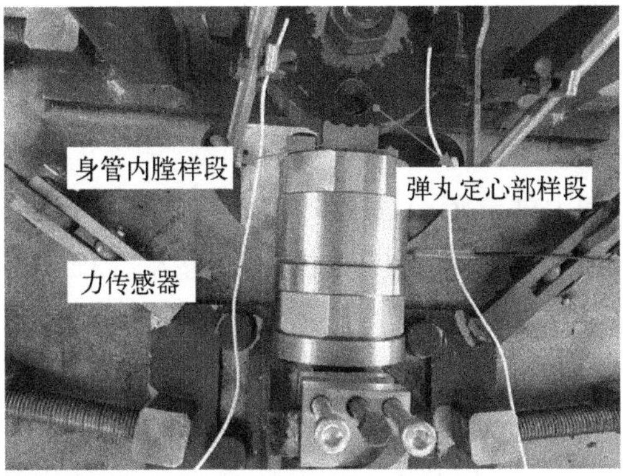

图 8.2.3 接触碰撞实物装配图

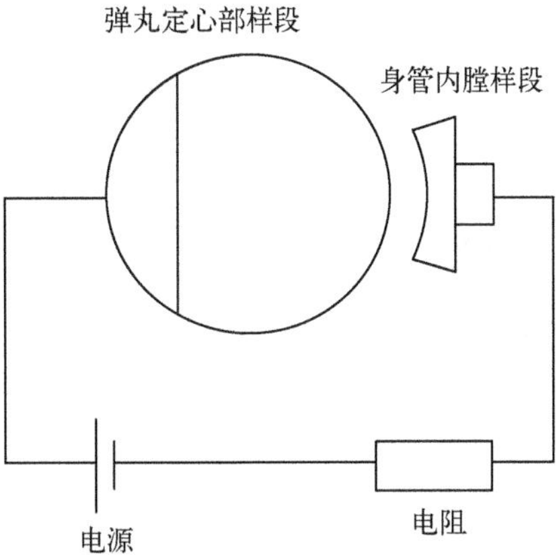

图 8.2.4 接触分离时间测量电路原理图

接触分离时间测量电路组成和原理图如图8.2.4和图8.2.5所示,由一节1.5 V干电池,一个120 Ω电阻R及若干轻质导线组成,电池提供电路的电源,通过记录电压信号的

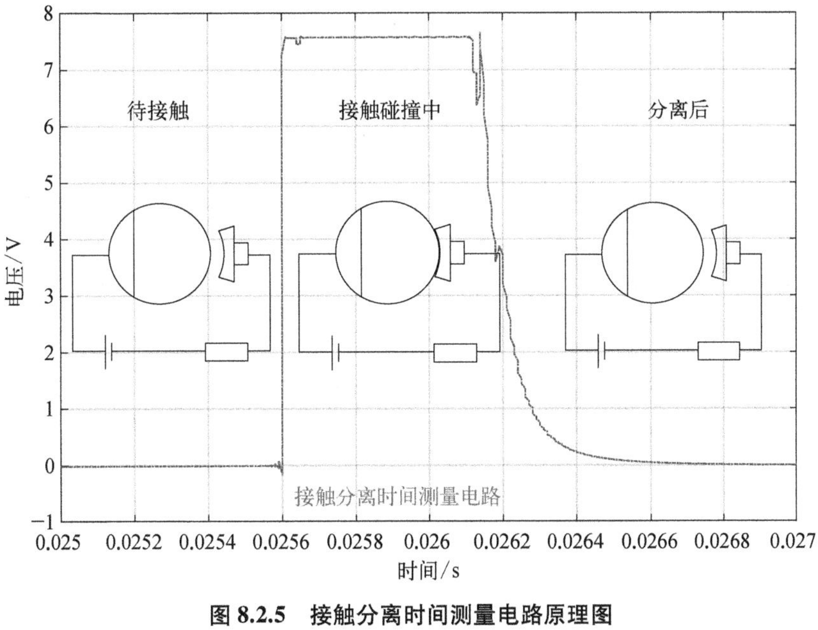

图 8.2.5 接触分离时间测量电路原理图

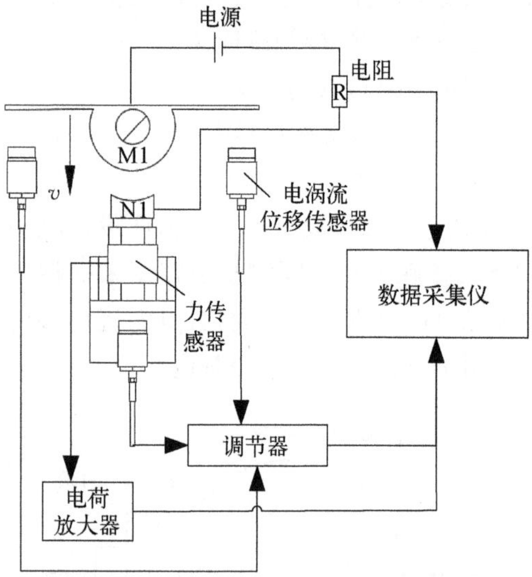

图 8.2.6　接触碰撞位移测量原理图

变化可以精确测定碰撞的开始和结束。测量电路的一端与弹丸定心部样段相连，另一端与身管内膛样段固接。如果两者发生接触，则电路导通，出现电压信号 $V(t)$；反之，如果二者分离，则电路断开，电压信号 $V(t)$ 为零。通过输出电压信号的下降沿与上升沿判断起止时间，测量原理如图 8.2.6 所示。

接触碰撞位移的测量是通过 3 个高精度电涡流位移传感器阵列完成的，2 个电涡流位移传感器在定心部样段两侧，另外 1 个电涡流位移传感器安装在测力台架的后侧，如图 8.2.6 所示。当碰撞发生时，被测面进入电涡流位移传感器测量范围时，电涡流位移传感器输出电压-位移关系曲线，测量出碰撞方向上弹丸定心部和测力台架的运动位移，测量原理如图 8.2.2(b)所示。捕捉测力台架发生运动之前的接触碰撞力、接触碰撞位移和接触碰撞速度，作为后续接触碰撞动力学参数辨识过程的输入数据。

根据测量得到的接触碰撞力、接触碰撞位移和接触碰撞速度，通过 8.2.2.1 节的参数辨识算法获得的参数辨识结果见表 8.2.1，将辨识的参数代入接触碰撞模型，与实验测试的结果相对比，如图 8.2.7～图 8.2.9 所示，从图中可看出，接触碰撞模型的预测结果与实验测试结果较好地吻合，这也从另一个侧面验证了所辨识的接触碰撞参数的正确性。

表 8.2.1　接触碰撞模型参数辨识结果

参　数	$K/(N/mm)$	$C/[N/(mm/s)]$	m_1	m_2	m_3
值	$4.626\,6\times10^6$	100	1.233 4	1.0	1.5

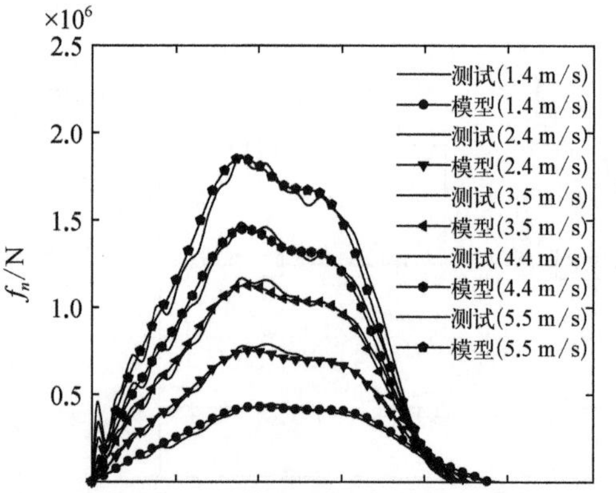

图 8.2.7　接触碰撞力和时间的关系

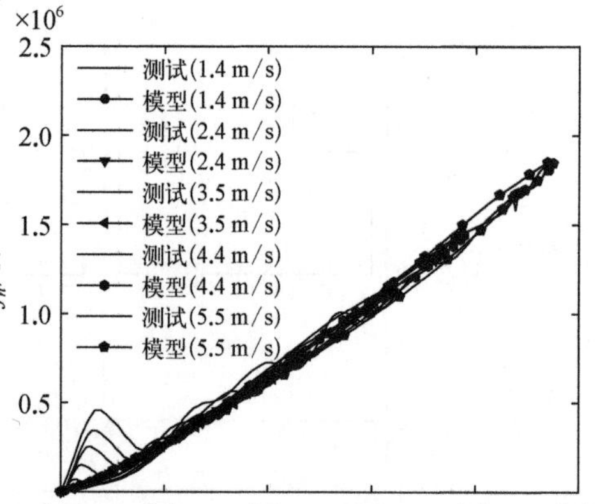

图 8.2.8　接触碰撞力和穿透量的关系

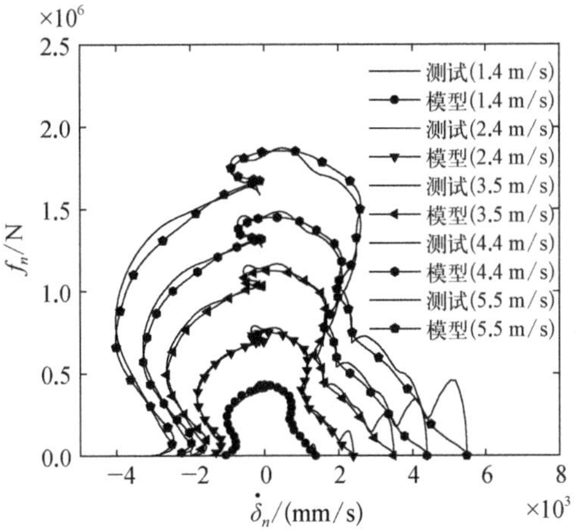

图 8.2.9　接触碰撞力和穿透速度的关系

8.2.3　参数不确定性分析

假定已知参数 K、C、m_1、m_2 和 m_3 的均值分别为 μ_K、μ_C、μ_{m_1}、μ_{m_2}、μ_{m_3}，均方差分别为 σ_K、σ_C、σ_{m_1}、σ_{m_2}、σ_{m_3}，参数 K、C、m_1、m_2、m_3 散布必然导致载荷 f_n 亦发生散布，下面给出 f_n 的散布统计公式。

1）均值计算

式(8.2.4)中载荷 f_n 的均值 μ_{f_n} 为

$$\mu_{f_n} = \mu_K\,(\delta_n)^{\mu_{m_1}} + \mathrm{sign}(\dot{\delta}_n)\boldsymbol{\mu}_C\,|\,\dot{\delta}_n\,|^{\mu_{m_2}}\,(\delta_n)^{\mu_{m_3}} \tag{8.2.8}$$

式(8.2.3)载荷 $\boldsymbol{F}_A$ 散布均值为

$$\boldsymbol{\mu}_{\boldsymbol{F}_A} = -\sum_{i=1}^{N_c}[\boldsymbol{n}_A(\boldsymbol{x}_{gi}^A) + \boldsymbol{v}_f\mathrm{sign}(\dot{\delta}_t)\boldsymbol{t}_A(\boldsymbol{x}_{gi}^A)]\mu_{f_n}(\boldsymbol{x}_{gi}^A)\Delta S_i \tag{8.2.9}$$

2）方差计算

f_n 的方差为

$$\begin{aligned}\sigma_{f_n}^2 = {} & (\delta_n)^{2m_1}\sigma_K^2 + m_1^2K^2\,(\delta_n)^{2m_1-2}\sigma_{m_1}^2 + |\,\dot{\delta}_n\,|^{2m_2}\,(\delta_n)^{2m_3}\sigma_C^2 \\ & + m_2^2C^2\,|\,\dot{\delta}_n\,|^{2m_2-2}\,(\delta_n)^{2m_3}\sigma_{m_2}^2 + m_3^2C^2\,|\,\dot{\delta}_n\,|^{2m_2}\,(\delta_n)^{2m_3-2}\sigma_{m_3}^2\end{aligned} \tag{8.2.10}$$

载荷 $\boldsymbol{F}_A$ 散布的协方差 $\boldsymbol{\Sigma}_{\boldsymbol{F}_A}$ 为

$$\boldsymbol{\Sigma}_{\boldsymbol{F}_A} = \sum_{i=1}^{N_c}\sigma_{f_n}^2(\boldsymbol{x}_{gi})\Delta A_i^2[\boldsymbol{n}_A(\boldsymbol{x}_{gi}^A) + \mu_f\boldsymbol{t}_A(\boldsymbol{x}_{gi}^A)]\otimes[\boldsymbol{n}_A(\boldsymbol{x}_{gi}^A) + \mu_f\boldsymbol{t}_A(\boldsymbol{x}_{gi}^A)] \tag{8.2.11}$$

8.3　气液式高平机动力学建模

高平机具备火炮高低机和平衡机的功能，因其结构紧凑，操作方便，被应用于现代火炮中。高平机在赋予火炮高低射角的同时也承受起落部分重量和部分发射传递的载荷，其刚度特性直接影响起落部分的动力学特性。

火炮发射时起落部分存在不平衡力矩，使得起落部分相对耳轴旋转振动。此时高平机液压锁闭锁，高平机上行腔和下行腔油液不再流动，腔室内液压油承受火炮发射传递的载荷，高平机的支撑力使得身管在发射过程中保持预定射角。在一般的高平机动力学建模中，将其简化成定刚度的弹簧阻尼，然而在火炮击发点火后的数秒内，高平机油缸液体压强在0至几十兆帕内反复变化，见图8.3.1，油缸液体刚度存在明显非线性，采用估算等效刚度的计算结果难以较好地反映真实高平机的运动，为此需要构建精度较高的高平机运动状态模型。

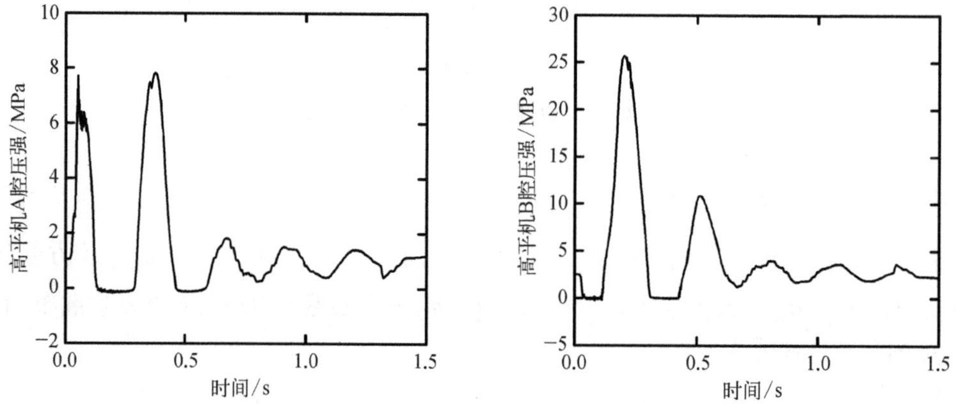

图 8.3.1　发射时高平机油缸液体压强变化测试曲线

8.3.1　高平机动力学模型

8.3.1.1　高平机结构描述

高平机在某火炮上的安装示意图及其结构分别如图8.3.2和图8.3.3所示，高平机分为高平机油缸筒与油缸杆两部分，油缸筒与摇架铰接，油缸杆与上架铰接，杆筒之间的伸缩运动实现火炮高低射角的调整。

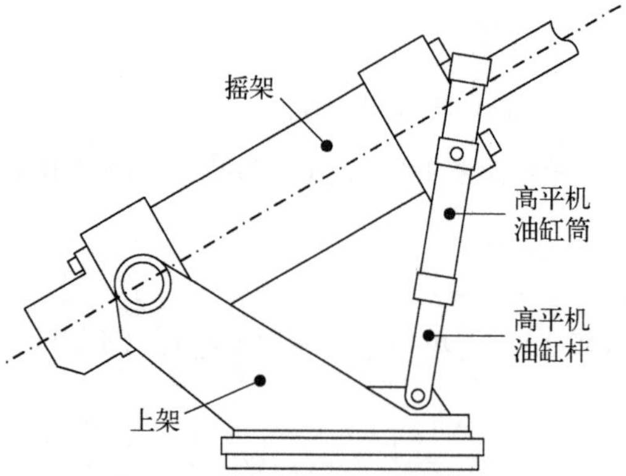

图 8.3.2　高平机在火炮上的安装结构

高平机油缸筒由高平机外筒和内筒组成，油缸杆为高平机中筒，外、中、内筒将高平机内部分为A、B和C三个腔室。通过控制A腔进油、B腔卸油实现往高角调炮，控制B腔进油、A腔卸油实现往低角调炮，C腔与蓄能储气筒相连，提供预平衡力。

令 D_A、d_A 分别为中筒内、外径，D_C、d_C 分别为外筒内、外径，计算得到A、B和C腔工作面积分别为

$$S_{\mathrm{A}} = \frac{\pi}{4}D_A^2,\ S_{\mathrm{B}} = \frac{\pi}{4}(D_C^2 - d_A^2),\ S_{\mathrm{C}} = \frac{\pi}{4}(D_C^2 - D_A^2) \tag{8.3.1}$$

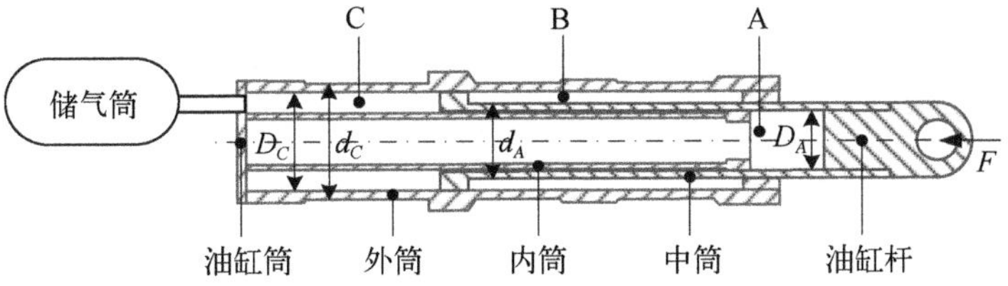

图 8.3.3　高平机剖视图

在以下的讨论中,假定火炮在某一射角下进行射击。射击前火炮处于平衡状态,A、B 和 C 腔的压力分别为 p_{A0}、p_{B0} 和 p_{C0},体积为 V_{A0}、V_{B0} 和 V_{C0}。火炮发射过程中,高平机 A、B 腔双向液压锁关闭,油缸液压回路处于闭锁状态,A、B 和 C 腔的压力分别为 p_A、p_B 和 p_C,体积为 V_A、V_B 和 V_C。

在油缸杆力 F 作用下,A、B 腔双向液压锁虽闭锁,但由于油液中含有空气且储气筒气体可压缩,当压缩 A、C 腔油液和释放 B 腔油液时,p_A 增大,p_B 下降;当 p_A 增加到其合力大于 F 时,A 腔反弹使油缸杆拉伸,B 腔压缩形成阻力,由此不断拉伸或压缩液体,形成压力振荡。与此同时,A、B 腔室在压力 p_A、p_B 作用下,腔体外壳发生径向弹性变形,使腔室体积发生变化,又影响腔室压力的振荡。

8.3.1.2　*油液刚度*

纯油液在一定压强作用下体积减小,表现出可压缩性,其规律可表示为

$$\frac{\mathrm{d}p}{\mathrm{d}V_1} = -\frac{E_1}{V_1} \tag{8.3.2}$$

其中,p 为压强;V_1 为纯油液的体积;E_1 为纯油液的体积模量。

$$E_1 = -\frac{\mathrm{d}p}{\mathrm{d}V_1/V_1} \tag{8.3.3}$$

纯油液的体积模量为 1.2~2.1 GPa,其受压强和温度的影响很小,可视为定值 $E_1 =$ 1.8 GPa,得到纯油液在压强 p 作用下的体积 V_1 表达式:

$$V_l = V_{10}\mathrm{e}^{-\frac{p-p_0}{E_1}} \tag{8.3.4}$$

其中,V_{10} 为初始油液体积;p_0 为大气压强。

由于实际工程中液压油往往会混入一定量气体,因而当油缸压缩时,气体体积也会相应减小。气体压缩过程视为绝热过程,满足如下状态方程:

$$pV_q^{\,n_\lambda} = p_0\,(V_{q0} - V_{qd})^{n_\lambda} \tag{8.3.5}$$

其中,n_λ 为气体绝热指数;V_q 为压强为 p 时的气体体积;V_{q0} 为大气压下的气体体积;V_{qd} 为压缩过程溶解于油液的气体体积。

记大气压下油缸油液中气体体积占总体积 V_0 的体积分数为该含气油液的含气量,记为 α,则

$$V_{10} = (1-\alpha)V_0 \tag{8.3.6}$$

$$V_{q0} = \alpha V_0 \tag{8.3.7}$$

由此可得压强为 p 时油液的总体积 V。

$$V = V_1 + V_q = (1-\alpha)V_0 e^{-\frac{p-p_0}{E_1}} + (\alpha V_0 - \bar{V}_q)\left(\frac{p_0}{p}\right)^{1/n_\lambda} \tag{8.3.8}$$

由于空气在新的压强下达到溶解平衡需要一定时间，而火炮在发射后 2 s 左右已恢复平稳，因此忽略空气溶解项 $\bar{V}_q$，则含气油液的正切体积模量可以表示为

$$E = -\frac{dp}{dV/V} = \frac{(1-\alpha)e^{-\frac{p-p_0}{E_1}} + \alpha\left(\frac{p_0}{p}\right)^{1/n_\lambda}}{(1-\alpha)e^{-\frac{p-p_0}{E_1}} + \frac{E_1\alpha}{n_\lambda p}\left(\frac{p_0}{p}\right)^{1/n_\lambda}}E_1 \tag{8.3.9}$$

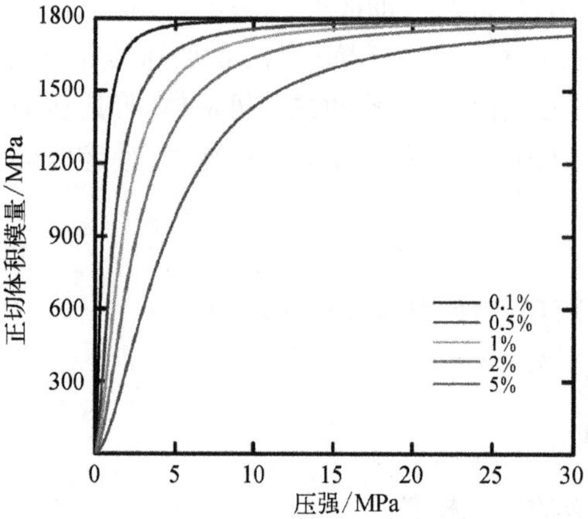

图 8.3.4　不同含气量下弹性模量随压力的变化

含气油液的正切体积模量随压强变化而变化，与含气量也有直接关系，图 8.3.4 给出了含气量分别为 $\alpha = 0.1\%$、$\alpha = 0.5\%$、$\alpha = 1\%$、$\alpha = 2\%$、$\alpha = 5\%$ 时，含气油液的正切体积模量随压强的变化。

假定 A 腔油液在外载荷作用下，油缸活塞由平衡状态 A_0 运动 x_A 至状态 A，A 腔油缸活塞移动 dx_A（压缩为正），体积发生变化 dV_A，油液压力变化 dp_A，此时 A 腔油液体积为 V_A，压强为 p_A，液压油的等效刚度为 K_A，则有如下关系式：

$$K_A dx_A = -E_A \frac{dV_A}{V_A} S_A \tag{8.3.10}$$

式中，E_A 为 A 腔内含气油液的正切体积模量。由式(8.3.9)可知：

$$E_A = \frac{(1-\alpha_A)e^{-\frac{p_A-p_0}{E_1}} + \alpha_A\left(\frac{p_0}{p_A}\right)^{1/n_\lambda}}{(1-\alpha_A)e^{-\frac{p_A-p_0}{E_1}} + \frac{E_1\alpha_A}{n_\lambda p_A}\left(\frac{p_0}{p_A}\right)^{1/n_\lambda}}E_1 \tag{8.3.11}$$

式中，α_A 为 A 腔含气油液的含气量。

注意到 $S_A = dV_A/dx_A$，式(8.3.10)整理可得 A 腔液压油在 x_A 时的等效线刚度 K_A 为

$$K_A = E_A \frac{S_A^2}{V_A} = E_A \frac{S_A^2}{\bar{V}_{A0} - x_A S_A} \tag{8.3.12}$$

式中，x_A 油液体积变化引起的活塞压缩量；$\bar{V}_{A0}$ 为 A 腔含气油液体积 V_{A0} 在 1 个大气压下的当量体积。$\bar{V}_{A0}$ 可由 A 腔初体积 V_{A0}、初压 p_{A0}、含气量 α_A 计算：

$$\bar{V}_{A0}=\frac{V_{A0}}{\left[(1-\alpha_A)e^{-\frac{p_{A0}-p_0}{E_1}}+\alpha_A\left(\frac{p_0}{p_{A0}}\right)^{1/n_\lambda}\right]}\tag{8.3.13}$$

同理,得到 B 腔液压油的等效线刚度 K_B 为

$$K_B=E_B\frac{S_B^2}{V_B}=E_B\frac{S_B^2}{\bar{V}_{B0}-x_BS_B}\tag{8.3.14}$$

式中,E_B 为 B 腔内含气油液的正切体积模量;V_B 为 B 腔含气油液体积;x_B 为油液体积变化引起的活塞压缩量;$\bar{V}_{B0}$ 为 B 腔含气油液体积 V_{B0} 在 1 个大气压下的当量体积。

8.3.1.3 油缸筒膨胀变形

一个内、外径分别为 D、d,弹性模量、泊松系数分别为 $\hat{E}$、$\hat{\mu}$ 的圆筒,在压力 p 作用下,其内壁径向变形量为

$$u=\frac{1}{2\hat{E}}Dp\left(\frac{d^2+D^2}{d^2-D^2}+\hat{\mu}\right)\tag{8.3.15}$$

由此增加的横截面积为

$$\Delta S=\pi Du=\frac{1}{2\hat{E}}\pi D^2p\left(\frac{d^2+D^2}{d^2-D^2}+\hat{\mu}\right)\tag{8.3.16}$$

利用上述公式,油缸 A、B 腔作用面积分别变化到

$$\bar{S}_A=S_A+\Delta S_A=S_A\mathcal{S}_A(p_A)\tag{8.3.17A}$$

$$\mathcal{S}_A=1+\frac{2}{\hat{E}_A}p_A\left(\frac{d_A^2+D_A^2}{d_A^2-D_A^2}+\hat{\mu}_A\right)\tag{8.3.17B}$$

$$\bar{S}_B=S_B+\Delta S_B=S_B\mathcal{S}_B(p_B)\tag{8.3.17C}$$

$$\mathcal{S}_B=1+\frac{2}{\hat{E}_C}p_B\left(\frac{d_C^2+D_C^2}{d_C^2-D_C^2}+\hat{\mu}_C\right)\tag{8.3.17D}$$

式中,$\mathcal{S}_A$、$\mathcal{S}_B$ 分别为油缸 A、B 腔面积的扩大系数。

8.3.1.4 高平机模型

将式(8.3.12)中的 S_A 用 $\bar{S}_A=S_A\mathcal{S}_A(p_A)$ 替代并积分,得到考虑外筒体积变形后 A 腔油液作用力 F_A:

$$F_A=p_{A0}S_A+\int_0^{x_A}E_A\frac{S_A^2\mathcal{S}_A^2}{\bar{V}_{A0}-\boldsymbol{x}_AS_A\mathcal{S}_A}dx_A\tag{8.3.18}$$

由于 E_A、$\mathcal{S}_A$ 随 p_A 变化而变化,上述积分需要通过迭代得到。同理,可得 B 腔产生的作用力 F_B,注意到 $x_A=x_B$,有

$$F_B=p_{B0}S_B+\int_0^{x_A}E_B\frac{S_B^2\mathcal{S}_B^2}{\bar{V}_{B0}-x_AS_B\mathcal{S}_B}dx_A\tag{8.3.19}$$

由于 E_B、S_B 随 p_B 变化而变化，上述积分需要通过迭代得到。由于 C 腔油液与蓄能器中气室相连，与 A、B 腔相比，C 腔在较小体积变化下的压强变化量可忽略，因此火炮发射时 C 腔的作用力 F_C 考虑为常数：

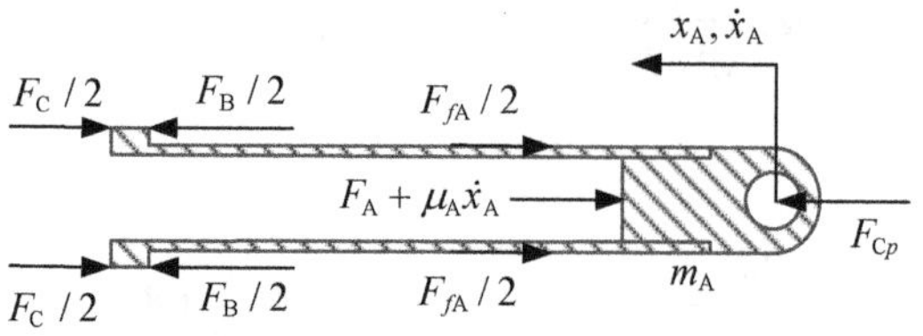

图 8.3.5 高平机油缸杆受力图

$$F_C = p_{C0} S_C \tag{8.3.20}$$

图 8.3.5 为高平机油缸杆受力图，图中 F_{Cp} 为起落部分对高平机的作用力，由此可得高平机油缸的振动方程：

$$m_A \ddot{x}_A + \mu_A \dot{x}_A = F_{Cp} - F_A + F_B - F_C - \mathrm{sign}(\dot{x}_A) F_{fA} \tag{8.3.21}$$

式中，m_A 为高平机油缸杆的等效质量（油缸杆质量与参与运动的 1/3 油液质量之和）；$\dot{x}_A$ 为油缸杆相对运动速度；μ_A 为油液阻尼系数；F_{fA} 为液压油缸动摩擦力。

注意到运动开始前，即 $x_A = \dot{x}_A = 0$ 时，高平机处于静态平衡状态，即

$$F_{Cp0} - p_{A0} S_A + p_{B0} S_B - p_{C0} S_C - F_{fA0} \tag{8.3.22}$$

式中，F_{fA0} 为静摩擦力；F_{Cp0} 为发射前的高平机油缸杆上的力。

这样式(8.3.21)简化成

$$m_A \ddot{x}_A + \mu_A \dot{x}_A = \int_0^{x_A} \left(E_B \frac{S_B^2 S_B^2}{\bar{V}_{B0} - x_A S_B S_B} - E_A \frac{S_A^2 S_A^2}{\bar{V}_{A0} - x_A S_A S_A} \right) \mathrm{d}x_A - \mathrm{sign}(\dot{x}_A) F_{fA} + \Delta F_{Cp} \tag{8.3.23}$$

式中，ΔF_{Cp} 为发射过程中作用在油缸杆上力的变化。

压力方程为

$$\begin{cases} p_A = p_{A0} - \displaystyle\int_0^{x_A} E_A \frac{S_A S_A}{\bar{V}_{A0} - x_A S_A S_A} \mathrm{d}x_A \\ p_B = p_{B0} - \displaystyle\int_0^{x_A} E_B \frac{S_B S_B}{\bar{V}_{B0} - x_A S_B S_B} \mathrm{d}x_A \end{cases} \tag{8.3.24}$$

式(8.3.23)和式(8.3.24)即为高平机液压油缸在射击过程中位移振动和压力振荡的联合方程。

在式(8.3.23)和式(8.3.24)中，α_A、α_B、μ_A、F_{fA} 为不确定参数，需要通过构建实验模型加以识别。

8.3.2 高平机模型参数辨识

8.3.2.1 高平机模型参数辨识问题描述

在高平机模型中，A、B 腔油液含气量 α_A、α_B 和高平机阻尼 μ_f 无法直接通过试验数据得到，由于 A、B 腔结构复杂，其缸筒面积扩大系数 S_A、S_B 只能粗略估算，因此，将以上参数确定为待辨识的参数，需要利用高平机的试验数据，通过建立辨识模型反求得到。将待辨识的参数写成向量的形式：

$$\boldsymbol{I} = (\alpha_A,\ \alpha_B,\ \mu_A,\ F_{fA},\ S_A,\ S_B)^T \tag{8.3.24}$$

将上述参数代入模型获得的高平机在载荷作用下 A、B 腔压强随时间的响应历程记作 $p_A(\boldsymbol{I})$ 和 $p_B(\boldsymbol{I})$。在高平机 A、B 腔安装压力传感器,通过火炮射击测得压强随时间变化的数据记作 $\hat{p}_A$ 和 $\hat{p}_B$。定义辨识误差为

$$\Delta p(\boldsymbol{I}) = \frac{1}{n}\sum_{i=1}^{n}\{[\hat{p}_{Ai} - p_{Ai}(\boldsymbol{I})]^2 + [\hat{p}_{Bi} - p_{Bi}(\boldsymbol{I})]^2\} \tag{8.3.25}$$

式中,n 为数据点个数;$\hat{p}_{Ai}$ 和 $p_{Ai}(\boldsymbol{I})$ 分别为 A 腔试验和仿真压强的第 i 个数据点的值;$\hat{p}_{Bi}$ 和 $p_{Bi}(\boldsymbol{I})$ 分别为 B 腔试验和仿真压强的第 i 个数据点的值。

将高平机模型参数辨识问题看成一个优化问题,以模型的输出与真实系统的测量值最接近为目标,利用寻优的方法求解,在待辨识参数的区间范围内寻找出最优的值。建立高平机模型参数辨识问题如下:

$$\begin{cases} \text{search: } I \\ \min\ \Delta p(I) \\ \text{s.t. } I_{\min} \leqslant I \leqslant I_{\max} \end{cases} \tag{8.3.26}$$

式中,$\boldsymbol{I}_{\max}$、$\boldsymbol{I}_{\min}$ 为待辨识参数的上下界。

8.3.2.2 *参数辨识算例分析*

基于上述分析,对某高平机参数进行辨识。高平机基本参数如下:$S_A = 4.22\times10^{-3}\ \text{m}^2$,$S_B = 4.22\times10^{-3}\ \text{m}^2$,$V_{A0} = 6.70\times10^{-3}\ \text{m}^3$,$V_{B0} = 1.59\times10^{-3}\ \text{m}^3$,$E_1 = 1.8\times10^9\ \text{Pa}$。以实测 A、B 腔初压 $p_{A0} = 1.52\ \text{MPa}$,$p_{B0} = 3.43\ \text{MPa}$ 作为模型初始条件。考虑到优化问题参数较少,区间连续,因此引入收敛速度较快的粒子群算法进行参数辨识。种群规模为 20,最大迭代次数为 50。待辨识参数取值范围如表 8.3.1 所示。

表 8.3.1 辨识参数取值范围

辨 识 参 数	下 界	上 界
A 腔油液含气量 α_A/%	0.1	5.0
B 腔油液含气量 α_B/%	0.1	5.0
A 腔油缸膨胀刚度 K_{AC}/(N/m)	3.0×10^7	6.0×10^7
B 腔油缸膨胀刚度 K_{BC}/(N/m)	1.5×10^7	4.0×10^7
阻尼 μ_f/(N·s/m)	1.0×10^4	2.0×10^5

参数辨识结果如表 8.3.2 所示,将参数代入高平机模型,仿真获得 A、B 腔压强数据与试验对比结果如图 8.3.6 和图 8.3.7 所示。从压强曲线可以看出,由于火炮起落部分的俯仰运动高平机反复压缩拉伸,高平机 A、B 腔压强在火炮发射过程中反复变化;A 腔受压压强升高的同时 B 腔被拉伸压强下降接近真空,反之亦然;初始体积较小的 B 腔压强变化较大,两腔压强在来回两次较大波动后趋于平稳;在初始 0.5 s 内试验与仿真结果吻合得较好,表明考虑了含气油液刚度和油缸膨胀刚度的高平机模型能较好地反映高平机内压强变化。

表 8.3.2 参数辨识结果

辨识参数	辨识结果
A 腔油液含气量 α_A/%	2.1
B 腔油液含气量 α_B/%	2.3
A 腔油缸膨胀刚度 K_{AC}/(N/m)	5.33×10^7
B 腔油缸膨胀刚度 K_{BC}/(N/m)	1.80×10^7
阻尼 μ_A/(N·s/m)	5.93×10^4

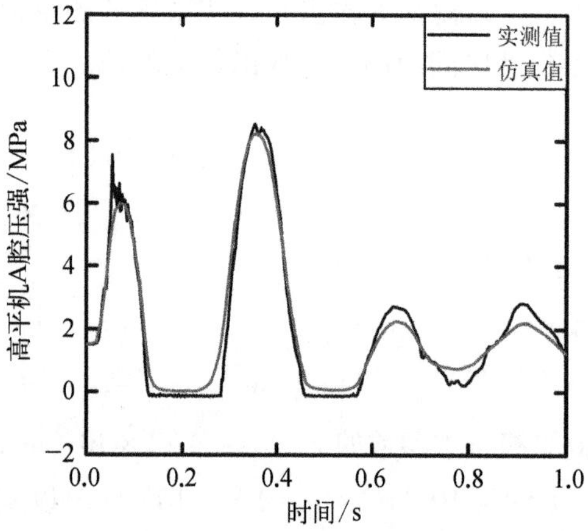

图 8.3.6 高平机 A 腔压强对比

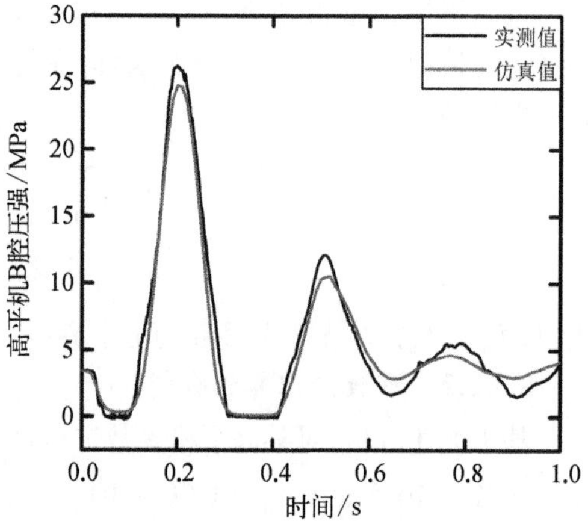

图 8.3.7 高平机 B 腔压强对比

将相同射击条件下,另一组测试数据 A、B 腔初压 $p_{A0}=1.06$ MPa, $p_{B0}=2.53$ MPa 作为高平机模型初始条件,将表 8.3.2 中参数代入高平机模型,仿真与试验曲线如图 8.3.8 和图 8.3.9 所示。可以看出在 51°工况下,对于不同 A、B 腔初压的仿真与试验曲线均能较好地吻合,验证模型的精度同时,说明了采用粒子群算法辨识获得的高平机参数具有较高精度和适用性。

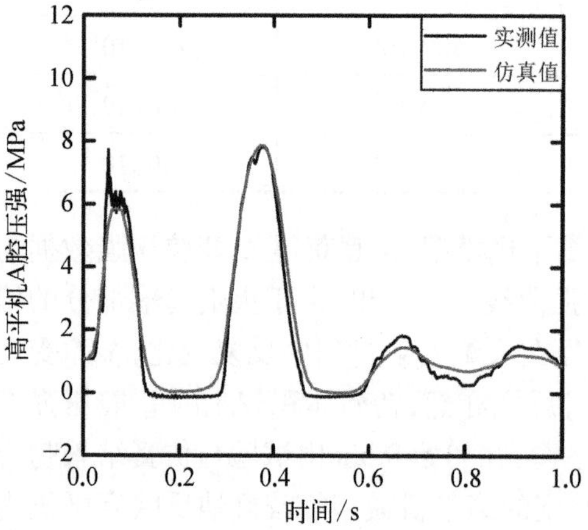

图 8.3.8 高平机 A 腔压强对比

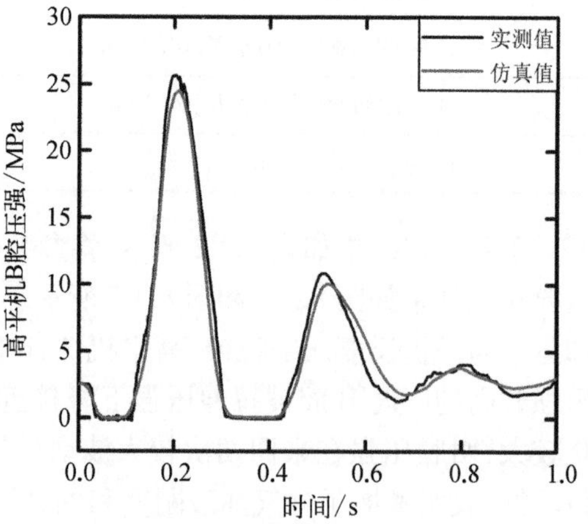

图 8.3.9 高平机 B 腔压强对比

8.3.3 参数不确定性分析

油缸中的不确定性参数有四个,分别是 α_A、α_B、μ_A、F_f。记这些参数的均值和均方差分别为 μ_{α_A}、μ_{α_B}、μ_{μ_A}、μ_{F_f} 和 σ_{α_A}、σ_{α_B}、σ_{μ_A}、σ_{F_f},这些参数散布导致 A 腔中的载荷 F_A、B 腔中的载荷 F_B 发生散布,最终造成 F_{Cp} 散布。F_{Cp} 散布统计值的计算式如下。

1) 均值计算

对式(8.3.23)求均值,得

$$\mu_{F_{Cp}} = F_{Cp0} + \mu_{\mu_A}\dot{x}_A + \text{sign}(\dot{x}_A)\mu_{F_f} + \int_0^{x_A}\left(\mu_{E_A}\frac{S_A^2 S_A^2}{\overline{V}_{A0} - x_A S_A S_A} - \mu_{E_B}\frac{S_B^2 S_B^2}{\overline{V}_{B0} - x_A S_B S_B}\right)\mathrm{d}x_A \tag{8.3.27}$$

其中

$$\mu_{E_A} = \frac{(1-\mu_{\alpha_A})\mathrm{e}^{-\frac{p_A - p_0}{E_1}} + \mu_{\alpha_A}\left(\frac{p_0}{p_A}\right)^{1/n_\lambda}}{(1-\mu_{\alpha_A})\mathrm{e}^{-\frac{p_A - p_0}{E_1}} + \frac{E_1\mu_{\alpha_A}}{n_\lambda p_A}\left(\frac{p_0}{p_A}\right)^{1/n_\lambda}}E_1 \tag{8.3.28A}$$

$$\mu_{E_B} = \frac{(1-\mu_{\alpha_B})\mathrm{e}^{-\frac{p_B - p_0}{E_1}} + \mu_{\alpha_B}\left(\frac{p_0}{p_B}\right)^{1/n_\lambda}}{(1-\mu_{\alpha_B})\mathrm{e}^{-\frac{p_B - p_0}{E_1}} + \frac{E_1\mu_{\alpha_B}}{n_\lambda p_B}\left(\frac{p_0}{p_B}\right)^{1/n_\lambda}}E_1 \tag{8.3.28B}$$

2) 方差计算

对式(8.3.27)求方差,得

$$\sigma_{F_{Cp}}^2 = \sigma_{\mu_A}^2\dot{x}_A^2 + \sigma_{F_f}^2 + \sigma_{\alpha_A}^2\left[\int_0^{x_A} g_{\alpha_A}(p_A)\left(\frac{S_A^2 S_A^2}{\overline{V}_{A0} - x_A S_A S_A}\right)\mathrm{d}x_A\right]^2 + \sigma_{\alpha_B}^2\left[\int_0^{x_A} g_{\alpha_B}(p_B)\left(\frac{S_B^2 S_B^2}{\overline{V}_{B0} - x_A S_B S_B}\right)\mathrm{d}x_A\right]^2 \tag{8.3.29}$$

其中,$g_{\alpha_A}(p_A)$、$g_{\alpha_B}(p_B)$ 分别为参数 E_A、E_B 公式中与 α_A、α_B 有关的函数,其表达式具有以下相同形式,其中下标 k = A, B 分布对应于 E_A、E_B 表达式中的参数。

$$g_{\alpha_k}(p_k) = \frac{E_1}{A_k^2}\left\{A_k\left[\left(\frac{p_0}{p_k}\right)^{1/n_\lambda} - \mathrm{e}^{-\frac{p_k - p_0}{E_1}}\right] - B_k\left[\frac{E_1}{n_\lambda p_k}\left(\frac{p_0}{p_k}\right)^{1/n_\lambda} - \mathrm{e}^{-\frac{p_k - p_0}{E_1}}\right]\right\} \tag{8.3.30A}$$

$$A_k = (1-\alpha_k)\mathrm{e}^{-\frac{p_k - p_0}{E_1}} + \frac{E_1\alpha_k}{n_\lambda p_k}\left(\frac{p_0}{p_k}\right)^{1/n_\lambda} \tag{8.3.30B}$$

$$B_k = (1-\alpha_k)\mathrm{e}^{-\frac{p_k - p_0}{E_1}} + \alpha_k\left(\frac{p_0}{p_k}\right)^{1/n_\lambda} \tag{8.3.30C}$$

8.4 机理模糊座圈连接界面建模

座圈是火炮实现方向回转的关键部件,赋予回转部分回转轻便的同时,也承受回转部分重量和火炮发射载荷。火炮发射时,座圈通过滚柱实现上下座圈间的载荷传递,座圈在发射载荷下的动力学响应直接影响回转部分的运动,进而影响全炮的动态响应,因此研究座圈动力学特性,对火炮发射动力学模型计算精度的提高和火炮射击精度的分析有重要意义。

座圈依靠滚柱与滚道的接触,限制上下座圈的相对运动,众多滚柱与滚道之间存在接触碰撞。目前在常规火炮发射动力学建模中,座圈往往简化成旋转副或者是若干弹簧阻尼,难以反映实际座圈受力以及上下座圈相对运动情况。基于有限元的动力学模型在面对大量滚柱座圈时,若完整建立所有滚柱与滚道之间的接触碰撞,则存在模型计算可靠性差、耗时巨大的问题。火炮发射动力学计算时往往更关心上架和下架间的力传递和相对运动。因此,如何准确快速地建立参数化的火炮座圈模型,明确模型参数,在保证火炮发射动力学模型计算效率的同时,更好地反映真实火炮发射过程的动力学响应是研究的重点之一。

本节以某火炮座圈为研究对象,在分析座圈结构、受力的基础上,建立座圈动力学理论模型;引入粒子群优化算法,提出座圈模型参数辨识方法;设计座圈加载测试系统,基于座圈试验数据,辨识获得座圈模型参数;将不同工况仿真结果与试验数据进行对比,验证了座圈模型及参数辨识结果的准确性。

8.4.1 座圈动力学模型

8.4.1.1 结构描述

某火炮座圈结构如图 8.4.1 所示。座圈由外部的下座圈、内部的上座圈和三排滚柱构成。下座圈通过螺栓和底盘连接座固连,上座圈通过螺栓和上架固连,内座圈的转动使火炮回转部分绕 $o_{Ba}x_2^{Ba}$ 轴旋转,实现方向转动功能。上下座圈间布置了三排滚柱,其中上下两排滚柱尺寸一致,各有 n_B 个,用于承受轴向载荷和翻转力矩;中排有 n_C 个滚柱,用于承受径向载荷;座圈存在轴向游隙和径向游隙。

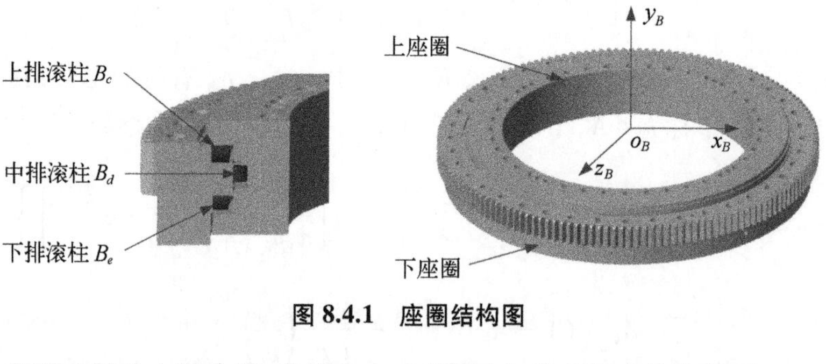

图 8.4.1 座圈结构图

为了对座圈进行动力学建模,分别在上、下座圈上建立相应的坐标系 $o_{Ba}-x_1^{Ba}x_2^{Ba}x_3^{Ba}$ 和 $o_{Aa}-x_1^{Aa}x_2^{Aa}x_3^{Aa}$,其中原点 o_{Ba}、o_{Aa} 分别位于上座圈上平面与其轴线交点上和下座圈下平面与其轴线交点上,如图 8.4.2 所示。

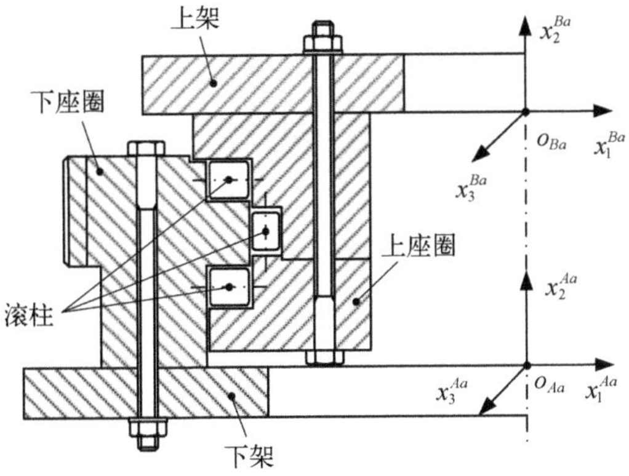

图 8.4.2　座圈坐标系

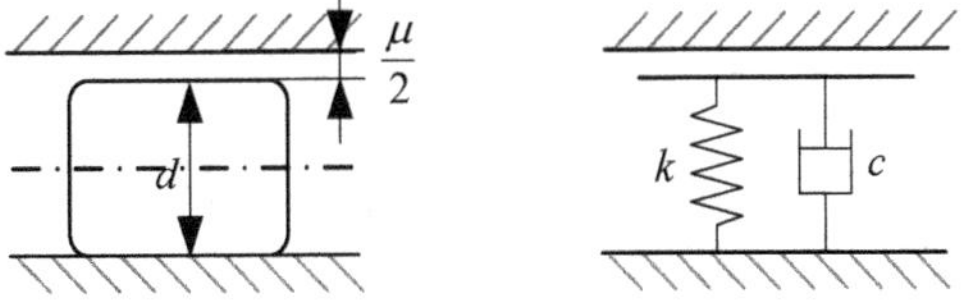

图 8.4.3　滚柱力学模型示意图

8.4.1.2　座圈单个滚柱作用力模型

上、下座圈间通过滚柱传递载荷，其中上下两排滚柱横向布置，提供轴向支承力，中排滚柱竖向布置，提供径向支承力。将单个滚柱用力单元模型替代，如图 8.4.3 所示，能有效避免大量接触碰撞带来的求解困难。每个力单元由非线性弹簧和阻尼器构成，近似模拟滚柱与滚道乃至润滑油膜的接触力特性。滚柱和滚道间存在间隙，假定间隙相同均为座圈游隙 μ 的 1/2，当间隙被消除后力单元开始工作产生接触力。

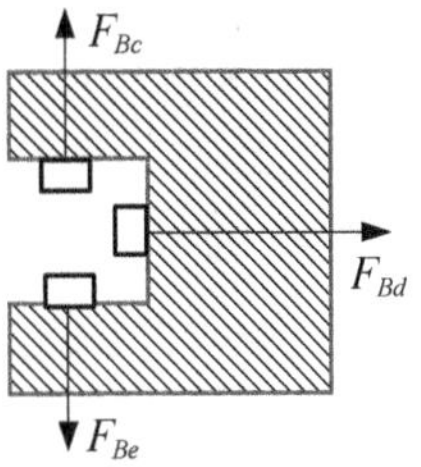

图 8.4.4　滚柱作用在座圈上的力

座圈上下两排滚柱结构尺寸一致，略大于中排滚柱，因此在进行座圈的建模过程中，上下排滚柱力单元使用相同的模型参数，中排滚柱力单元使用另外的模型参数，上、中、下排滚柱对座圈的作用力如图 8.4.4 所示，其力模型为

$$F_{Bc}=\begin{cases}k_{Bc}\delta_{Bc}^{n_{Bc}}+c_{Bc}\dot{\delta}_{Bc}, & \delta_{Bc}\geqslant 0\\ 0, & \delta_{Bc}<0\end{cases} \tag{8.4.1}$$

$$F_{Bd}=\begin{cases}k_{Bd}\delta_{Bd}^{n_{Bd}}+c_{Bd}\dot{\delta}_{Bd}, & \delta_{Bd}\geqslant 0\\ 0, & \delta_{Bd}<0\end{cases} \tag{8.4.2}$$

$$F_{Be}=\begin{cases}k_{Bc}\delta_{Be}^{n_{Bc}}+c_{Bc}\dot{\delta}_{Be}, & \delta_{Be}\geqslant 0\\ 0, & \delta_{Be}<0\end{cases} \tag{8.4.3}$$

式中，k_{Bc}、n_{Bc} 和 c_{Bc} 分别为上、下排滚柱与滚道接触模型的刚度、非线性指数和阻尼系数；k_{Bd}、n_{Bd} 和 c_{Bd} 分别为中排滚柱与座圈的接触模型的刚度、非线性指数和阻尼系数；δ_{Bc}、$\dot{\delta}_{Bc}$ 分别为上排滚柱处的过盈量和速度；δ_{Bd}、$\dot{\delta}_{Bd}$ 分别为中排滚柱处的过盈量和速度；δ_{Be}、$\dot{\delta}_{Be}$ 分别为下排滚柱处的过盈量和速度。

8.4.1.3　座圈受力分析

座圈上、中、下排所有滚柱共同作用的结构是获得合力和合力矩，形成了作用在上座圈上坐标系原点 o_{Ba} 处的等效力 $\boldsymbol{F}_A^B$ 和等效力矩 $\boldsymbol{M}_A^B$，如图 8.4.5 所示。此外，射击过程中由于方向机受下座圈约束，下座圈对方向机提供作用力 $\boldsymbol{F}_{Bf}$，由此形成作用力矩 $\boldsymbol{M}_{Bf}=\boldsymbol{x}_{Bf}\times\boldsymbol{F}_{Bf}$，如图 8.4.6 所示。本节将给出具体的计算公式。

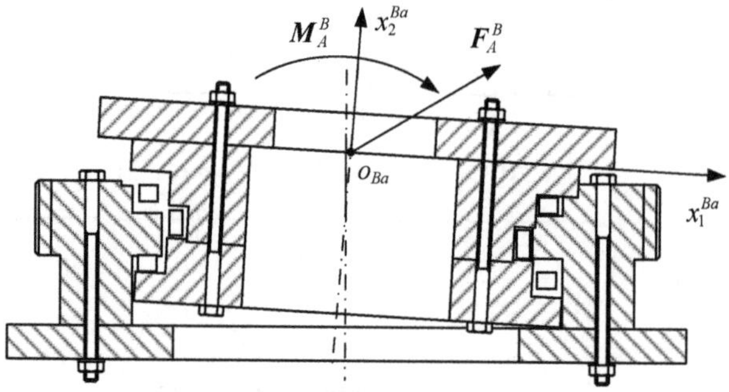

图 8.4.5　座圈所受载荷

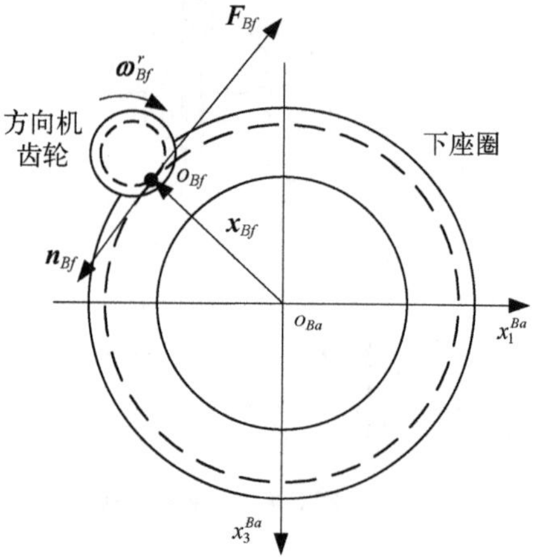

图 8.4.6　方向机咬合接触力

1）座圈运动分析

假定上座圈相对于下座圈有一相对平动位移 $\boldsymbol{x}_{AB}=x_j^{AB\,i_B}\boldsymbol{e}_j$ 和欧拉转动 $\boldsymbol{\beta}_{Br}=(\beta_1^{Br},\beta_2^{Br},\beta_3^{Br})$，其中 ${}^{i_B}\boldsymbol{e}_j(j=1,2,3)$ 为坐标系 $o_{Ba}-x_1^{Ba}x_2^{Ba}x_3^{Ba}$ 三个坐标轴方向的单位基矢量，$\dot{\boldsymbol{x}}_{AB}=\dot{x}_j^{AB\,i_B}\boldsymbol{e}_j$、$\dot{\boldsymbol{\beta}}_{Br}=(\dot{\beta}_1^{Br},\dot{\beta}_2^{Br},\dot{\beta}_3^{Br})$ 为对应的时间导数。如图 8.4.7 所示，在上、中、下排滚柱中，第 i、j、k 个滚柱分别记为 B_{ci}、B_{dj}、$B_{ek}(i,k=1,2,\cdots,n_B,j=1,2,\cdots,n_C)$，第 B_{ci}、B_{dj}、B_{ek} 个滚柱在坐标系 $o_{Ba}-x_1^{Ba}x_2^{Ba}x_3^{Ba}$ 中的位置矢量分别为 $\boldsymbol{x}_i^{Bc}=x_{ij}^{Bc\,i_B}\boldsymbol{e}_j$、$\boldsymbol{x}_j^{Bd}=x_{ij}^{Bd\,i_B}\boldsymbol{e}_j$、$\boldsymbol{x}_k^{Be}=x_{kj}^{Be\,i_B}\boldsymbol{e}_j$，第 B_{ci}、B_{dj}、B_{ek} 个滚柱在 $o_{Ba}x_1^{Ba}x_3^{Ba}$ 平面内与坐标轴 o_Bx_B 之间的夹角分别为 θ_i^{Bc}、θ_j^{Bd}、θ_k^{Be}，则第 B_{ci}、B_{dj}、B_{ek} 个滚柱的单位方向矢量分别为

$$\boldsymbol{n}_i^{Bc}=(\cos\theta_i^{Bc\,i_B}\boldsymbol{e}_1+\sin\theta_i^{Bc\,i_B}\boldsymbol{e}_3),\quad i=1,2,\cdots,n_B \tag{8.4.4A}$$

$$\boldsymbol{n}_j^{Bd}=(\cos\theta_j^{Bd\,i_B}\boldsymbol{e}_1+\sin\theta_j^{Bd\,i_B}\boldsymbol{e}_3),\quad j=1,2,\cdots,n_C \tag{8.4.4B}$$

$$\boldsymbol{n}_k^{Be}=(\cos\theta_k^{Be\,i_B}\boldsymbol{e}_1+\sin\theta_k^{Be\,i_B}\boldsymbol{e}_3),\quad k=1,2,\cdots,n_B \tag{8.4.4C}$$

滚柱 B_{ci}、B_{dj}、B_{ek} 距坐标原点 o_B 的位置矢量分别为 $\boldsymbol{x}_i^{Bc}$、$\boldsymbol{x}_j^{Bd}$、$\boldsymbol{x}_k^{Be}$，则有

$$\boldsymbol{x}_i^{Bc}=r_{Bc}\boldsymbol{n}_i^{Bc}+y_{Bc}{}^{i_B}\boldsymbol{e}_2,\quad i=1,2,\cdots,n_B \tag{8.4.5A}$$

$$\boldsymbol{x}_j^{Bd}=r_{Bd}\boldsymbol{n}_j^{Bd}+y_{Bd}{}^{i_B}\boldsymbol{e}_2,\quad j=1,2,\cdots,n_C \tag{8.4.5B}$$

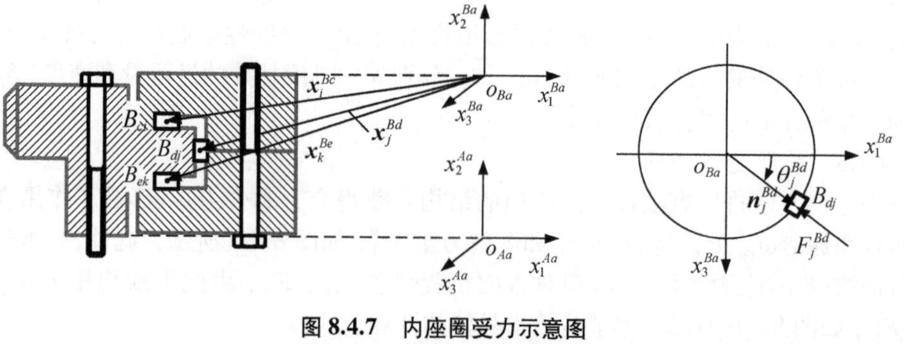

图 8.4.7　内座圈受力示意图

$$\boldsymbol{x}_k^{Be} = r_{Be}\boldsymbol{n}_k^{Be} + y_{Be}{}^{i_B}\boldsymbol{e}_2, \quad k = 1, 2, \cdots, n_B \tag{8.4.5C}$$

式中，r_{Bc}、r_{Bd}、r_{Be}、y_{Bc}、y_{Bd}、y_{Be} 分别为滚柱径向和高度方向的安装尺寸。

记$\boldsymbol{\beta}_{Br}$ 为上座圈相对于下座圈的欧拉转角，当$\boldsymbol{\beta}_{Br}$ 较小时，滚柱 B_{ci}、B_{dj}、B_{ek} 相对于下座圈的运动位移可以表达为

$$\boldsymbol{y}_i^{Bc} = \boldsymbol{x}_{AB} + \boldsymbol{\beta}_{Br} \times \boldsymbol{x}_i^{Bc}, \quad i = 1, 2, \cdots, n_B \tag{8.4.6A}$$

$$\boldsymbol{y}_j^{Bd} = \boldsymbol{x}_{AB} + \boldsymbol{\beta}_{Br} \times \boldsymbol{x}_j^{Bd}, \quad j = 1, 2, \cdots, n_C \tag{8.4.6B}$$

$$\boldsymbol{y}_k^{Be} = \boldsymbol{x}_{AB} + \boldsymbol{\beta}_{Br} \times \boldsymbol{x}_k^{Be}, \quad k = 1, 2, \cdots, n_B \tag{8.4.6C}$$

式中 $\boldsymbol{x}_{AB}$ 为坐标系 $o_{Ba}-x_1^{Ba}x_2^{Ba}x_3^{Ba}$ 原点 o_{Ba} 相对于坐标系 $o_{Aa}-x_1^{Aa}x_2^{Aa}x_3^{Aa}$ 原点 o_{Aa} 的运动位移，该位移是由上下座圈间的间隙引起的。

滚柱 B_{ci}、B_{dj}、B_{ek} 相对于下座圈的运动速度为

$$\dot{\boldsymbol{y}}_i^{Bc} = \dot{\boldsymbol{x}}_{AB} + \dot{\boldsymbol{\beta}}_{Br} \times \boldsymbol{x}_i^{Bc}, \quad i = 1, 2, \cdots, n_B \tag{8.4.7A}$$

$$\dot{\boldsymbol{y}}_j^{Bd} = \dot{\boldsymbol{x}}_{AB} + \dot{\beta}_{Br} \times \boldsymbol{x}_j^{Bd}, \quad j = 1, 2, \cdots, n_C \tag{8.4.7B}$$

$$\dot{\boldsymbol{y}}_k^{Be} = \dot{\boldsymbol{x}}_{AB} + \dot{\boldsymbol{\beta}}_{Br} \times \boldsymbol{x}_k^{Be}, \quad k = 1, 2, \cdots, n_B \tag{8.4.7C}$$

滚柱 B_{ci}、B_{ek} 相对位移和相对速度分别在 ${}^{i_B}\boldsymbol{e}_2$ 方向的投影分量为

$$\delta_i^{Bc} = (\boldsymbol{x}_{AB} + \boldsymbol{\beta}_{Br} \times \boldsymbol{x}_i^{Bc}) \cdot {}^{i_B}\boldsymbol{e}_2 = \boldsymbol{x}_2^{AB} + r_{Bc}(\boldsymbol{\beta}_{Br} \times \boldsymbol{n}_i^{Bc}) \cdot {}^{i_B}\boldsymbol{e}_2, \quad i = 1, 2, \cdots, n_B \tag{8.4.8A}$$

$$\delta_k^{Be} = (\boldsymbol{x}_{AB} + \boldsymbol{\beta}_{Br} \times \boldsymbol{x}_k^{Be}) \cdot {}^{i_B}\boldsymbol{e}_2 = \boldsymbol{x}_2^{AB} + r_{Be}(\boldsymbol{\beta}_{Br} \times \boldsymbol{n}_k^{Bd}) \cdot {}^{i_B}\boldsymbol{e}_2, \quad k = 1, 2, \cdots, n_B \tag{8.4.8B}$$

$$\dot{\delta}_i^{Bc} = (\dot{\boldsymbol{x}}_{AB} + \dot{\boldsymbol{\beta}}_{Br} \times \boldsymbol{x}_i^{Bc}) \cdot {}^{i_B}\boldsymbol{e}_2 = \dot{\boldsymbol{x}}_2^{AB} + r_{Bc}(\dot{\boldsymbol{\beta}}_{Br} \times \boldsymbol{n}_i^{Bc}) \cdot {}^{i_B}\boldsymbol{e}_2, \quad i = 1, 2, \cdots, n_B \tag{8.4.8C}$$

$$\dot{\delta}_k^{Be} = (\dot{\boldsymbol{x}}_{AB} + \dot{\boldsymbol{\beta}}_{Br} \times \boldsymbol{x}_k^{Be}) \cdot {}^{i_B}\boldsymbol{e}_2 = \dot{x}_2^{AB} + r_{Be}(\dot{\beta}_{Br} \times \boldsymbol{n}_k^{Bd}) \cdot {}^{i_B}\boldsymbol{e}_2, \quad k = 1, 2, \cdots, n_B \tag{8.4.8D}$$

滚柱 B_{dj} 相对位移和相对速度在 $\boldsymbol{n}_j^{Bd}$ 方向的投影分量分别为

$$\delta_j^{Bd} = (\boldsymbol{x}_{AB} + \boldsymbol{\beta}_{Br} \times \boldsymbol{x}_j^{Bd}) \cdot \boldsymbol{n}_j^{Bd} = (\boldsymbol{x}_{AB} + y_{Bd}\boldsymbol{\beta}_{Br} \times {}^{i_B}\boldsymbol{e}_2) \cdot \boldsymbol{n}_j^{Bd}, \quad j = 1, 2, \cdots, n_C \tag{8.4.9A}$$

$$\dot{\delta}_j^{Bd} = (\dot{\boldsymbol{x}}_{AB} + \dot{\boldsymbol{\beta}}_{Br} \times \boldsymbol{x}_j^{Bd}) \cdot \boldsymbol{n}_j^{Bd} = (\dot{\boldsymbol{x}}_{AB} + y_{Bd}\dot{\boldsymbol{\beta}}_{Br} \times {}^{i_B}\boldsymbol{e}_2) \cdot \boldsymbol{n}_j^{Bd}, \quad j = 1, 2, \cdots, n_C \tag{8.4.9B}$$

2）座圈载荷分析

由于上、下座圈自身的结构刚度较大，假设座圈在载荷作用下，上、下座圈的相对位移仅是由相对滑移和相对转动引起的，上、下座圈整体仍保持原有的尺寸和形状，滚柱受到保持架的约束与下座圈无相对位移，不考虑滚柱与座圈滚道间的局部接触变形（若有，则可以将其纳入对应的参数中）。

将式(8.4.8)、式(8.4.9)分别代入式(8.4.1)、式(8.4.2)和式(8.4.3)中,得到上座圈对滚柱 B_{ci}、B_{dj}、B_{ek} 的作用力分别为

$$F_i^{Bc}=\begin{cases}k_{Bc}\,(\delta_i^{Bc})^{n_{Bc}}+c_{Bc}\dot{\delta}_i^{Bc}, & \delta_i^{Bc}\geqslant 0\\ 0, & \delta_i^{Bc}<0\end{cases},\quad i=1,2,\cdots,n_B \tag{8.4.10A}$$

$$F_j^{Bd}=\begin{cases}k_{Bd}\,(\delta_j^{Bd})^{n_{Bd}}+c_{Bd}\dot{\delta}_j^{Bd}, & \delta_j^{Bd}\geqslant 0\\ 0, & \delta_j^{Bd}<0\end{cases},\quad j=1,2,\cdots,n_C \tag{8.4.10B}$$

$$F_k^{Be}=\begin{cases}k_{Bc}\,(\delta_k^{Be})^{n_{Be}}+c_{Bc}\dot{\delta}_k^{Be}, & \delta_k^{Be}\geqslant 0\\ 0, & \delta_k^{Be}<0\end{cases},\quad k=1,2,\cdots,n_B \tag{8.4.10C}$$

滚柱对上座圈的作用力分别为

$$\boldsymbol{F}_i^{Bc}=F_i^{Bc\,i_B}\boldsymbol{e}_2,\quad i=1,2,\cdots,n_B \tag{8.4.11A}$$

$$\boldsymbol{F}_j^{Bd}=F_j^{Bd}\boldsymbol{n}_j^{Bd},\quad j=1,2,\cdots,n_C \tag{8.4.11B}$$

$$\boldsymbol{F}_k^{Be}=F_k^{Be\,i_B}\boldsymbol{e}_2,\quad k=1,2,\cdots,n_B \tag{8.4.11C}$$

将上述作用力向坐标系 $o_{Ba}-x_1^{Ba}x_2^{Ba}x_3^{Ba}$ 原点 o_{Ba} 简化,得到作用在原点 o_{Ba} 上的一个合力 $\boldsymbol{F}_A^B$ 和合力矩 $\boldsymbol{M}_A^B$,其表达式为

$$\boldsymbol{F}_A^B=\sum_{i=1}^{n_B}\boldsymbol{F}_i^{Bc}+\sum_{j=1}^{n_C}\boldsymbol{F}_j^{Bd}+\sum_{k=1}^{n_B}\boldsymbol{F}_k^{Be} \tag{8.4.12A}$$

$$\boldsymbol{M}_A^B=\sum_{i=1}^{n_B}\boldsymbol{x}_i^{Bc}\times\boldsymbol{F}_i^{Bc}+\sum_{j=1}^{n_C}\boldsymbol{x}_j^{Bd}\times\boldsymbol{F}_j^{Bd}+\sum_{k=1}^{n_B}\boldsymbol{x}_k^{Be}\times\boldsymbol{F}_k^{Be} \tag{8.4.12B}$$

3) 方向机约束力

如图 8.4.6 所示,射击过程中由于发射载荷的传递和结构的约束,在方向机(与上架固连)和下座圈外齿轮(与底盘连接座固连)的咬合点 o_{Bf}(位于方向机上)处,下座圈对方向机有一作用力 $\boldsymbol{F}_{Bf}$。记 $\boldsymbol{n}_{Bf}$ 为点 o_{Bf} 处方向机齿轮的外法线方向,点 o_{Bf} 在坐标系 $o_{Ba}-x_1^{Ba}x_2^{Ba}x_3^{Ba}$ 中的位置矢量为 $\boldsymbol{x}_{Bf}=x_j^{Bf\,i_C}\boldsymbol{e}_j$,下座圈齿轮对方向机齿轮在点 o_{Bf} 处的作用力(压力)为

$$F_{Bf}=\begin{cases}k_{Bf}\,\delta_{Bf}^{n_{Bf}}+c_{Bf}\dot{\delta}_{Bf}, & \delta_{Bf}\geqslant 0\\ 0, & \delta_{Bf}<0\end{cases} \tag{8.4.13}$$

其中

$$\delta_{Bf}=(\boldsymbol{x}_{AB}+\boldsymbol{\beta}_{Br}\times\boldsymbol{x}_{Bf})\cdot\boldsymbol{n}_{Bf} \tag{8.4.14A}$$

$$\dot{\delta}_{Bf}=(\dot{\boldsymbol{x}}_{AB}+\dot{\boldsymbol{\beta}}_{Br}\times\boldsymbol{x}_{Bf})\cdot\boldsymbol{n}_{Bf} \tag{8.4.14B}$$

$$\boldsymbol{n}_{Bf}=\frac{\boldsymbol{x}_{Bf}}{\|\boldsymbol{x}_{Bf}\|}\times{}^{i_B}\boldsymbol{e}_2 \tag{8.4.15}$$

由此可得作用在上座圈上的载荷为

$$\boldsymbol{F}_{Bf}=-F_{Bf}\boldsymbol{n}_{Bf} \tag{8.4.16}$$

$$M_{Bf} = x_{Bf} \times F_{Bf} \tag{8.4.17}$$

8.4.2 座圈模型参数辨识

8.4.2.1 座圈模型参数辨识问题描述

基于上述分析,座圈模型中涉及需要辨识的模型参数有以下 6 个: k_{Bc}、n_{Bc}、c_{Bc}、k_{Bd}、n_{Bd} 和 c_{Bd}。

在座圈模型中,这 6 个参数 k_{Bc}、n_{Bc}、c_{Bc}、k_{Bd}、n_{Bd}、c_{Bd} 无法直接通过试验测试计算得到,需要通过参数辨识得到。待辨识的参数可表示成向量的形式:

$$\boldsymbol{I} = (k_{Bc},\ n_{Bc},\ c_{Bc},\ k_{Bd},\ n_{Bd},\ c_{Bd})^{\mathrm{T}} \tag{8.4.18}$$

将参数代入模型获得座圈在载荷作用下的响应历程记作 $G(\boldsymbol{I})$,通过试验获得的座圈响应历程记作 $\hat{G}$。定义辨识误差为

$$\Delta G(I) = \frac{1}{n}\sum_{i=1}^{n} (\hat{G}_i - G_i(I))^2 \tag{8.4.19}$$

式中,n 为数据点个数;$\hat{G}_i$ 和 $G_i(\boldsymbol{I})$ 分别为试验和仿真的第 i 个数据点的值。

座圈接触力模型参数辨识问题可以看成一个优化问题,以模型的输出与真实系统的测量值最接近为目标,利用寻优的方法求解,在 k_{Bc}、n_{Bc}、c_{Bc}、k_{Bd}、n_{Bd}、c_{Bd} 的区间范围内寻找出最优的值。建立如下座圈模型参数辨识问题:

$$\begin{aligned} &\text{search: } \boldsymbol{I} \\ &\min\ \Delta G(\boldsymbol{I}) \\ &\text{s.t. } \boldsymbol{I}_{\min} \leqslant \boldsymbol{I} \leqslant \boldsymbol{I}_{\max} \end{aligned} \tag{8.4.20}$$

式中,$\boldsymbol{I}_{\max}$、$\boldsymbol{I}_{\min}$ 为待辨识参数的上下界。

8.4.2.2 座圈模型参数辨识过程

为了避免动静态参数之间的耦合问题以及辨识参数较多带来的求解困难,将辨识过程分为两步,分别对静态参数和动态参数进行辨识。先通过静载试验辨识 k_{Bc}、n_{Bc}、k_{Bd} 和 n_{Bd},随后通过动载试验辨识出 c_{Bc}、c_{Bd}。利用粒子群优化(PSO)算法实现座圈接触力模型参数辨识,其辨识步骤如下:

(1) 确定待辨识参数 k_{Bc}、n_{Bc}、k_{Bd} 和 n_{Bd} 的区间范围,设置 PSO 算法的参数,产生初始粒子群;

(2) 调用座圈仿真模型,基于种群中的每个个体对应的待辨识参数进行仿真,获得座圈响应历程 $G(\boldsymbol{I})$;

(3) 对比仿真计算得到的 $G(\boldsymbol{I})$ 与测试得到的 $\hat{G}$ 数据,计算得到每个粒子的适应度函数,并确定个体最优和全局最优;

(4) 对个体的位置和速度进行更新;

(5) 重复步骤(2)~(4),直到达到最大迭代步数或预设的精度要求,输出最终的最优解,获得 k_{Bc}、n_{Bc}、k_{Bd} 和 n_{Bd} 辨识结果;

(6) 将辨识获得的参数 k_{Bc}、n_{Bc}、k_{Bd} 和 n_{Bd} 值代入模型,将待辨识参数替换为 c_{Bc} 和

c_{Bd}，依照步骤(1)～(5)获得 c_{Bc}、c_{Bd} 辨识结果。

8.4.3 试验及算例分析

8.4.3.1 试验方法及测量原理

座圈试验装置如图 8.4.8 所示，下座圈与底座固连，上座圈与上架固连，支架固定在承力墙上，液压油缸上端固定于支架，下端连接耳轴。试验通过液压油缸施加载荷，同时电涡流传感器记录下上下座圈相对位移的测量点信号。通过调整底座和支架的安装位置，可改变载荷施加(液压油缸)方向，由此得到不同的载荷工况。座圈试验测量装置包括载荷测量模块和座圈姿态测量模块。载荷测量模块依靠安装在液压油缸杆前端的压力传感器得到载荷的实时数据 $\boldsymbol{F}$，$\boldsymbol{F}$ 向坐标原点简化得到一个合力矩 $\boldsymbol{M}$，座圈姿态测量模块由安装在下座圈上的若干对电涡流传感器构成，每对电涡流传感器同时测量该位置处上下座圈上下和径向的相对位移。

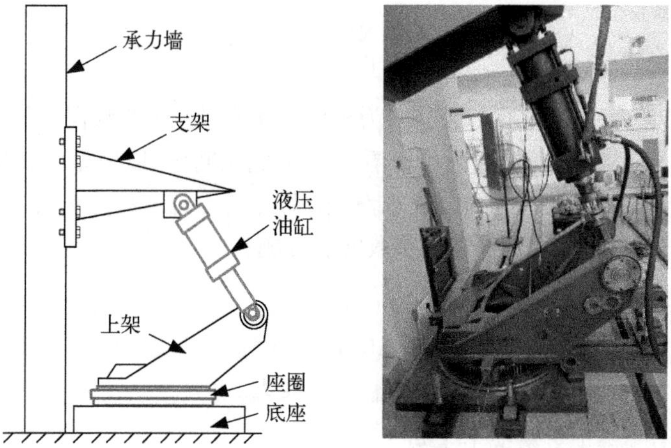

(a) 示意图　　(b) 实物图

图 8.4.8　座圈试验装置

假定在下座圈上安装有 n $(n \geqslant 3)$ 对电涡流传感器，有 m $(m \geqslant 2)$ 种加载工况，第 i 对传感器距坐标原点 o_B 的位置矢量为 $\boldsymbol{x}_{ik}^{Bt}$，第 i 对传感器在座圈平面内的单位径向矢量为 $\boldsymbol{n}_{ik}^{Bt}(i=1,\ 2,\ \cdots,\ n,\ k=1,\ 2)$，其中 $k=1$ 对应于测量径向相对位移，$k=2$ 对应于测量上下相对位移，在第 j 种载荷 $\boldsymbol{F}_j$、$\boldsymbol{M}_j$、工况下，第 i 对传感器处的位移分别记为 $\delta_{ik}^{j}(i=1,\ 2,\ \cdots,\ n,\ j=1,\ 2,\ \cdots,\ m,\ k=1,\ 2)$，如图 8.4.9 所示。

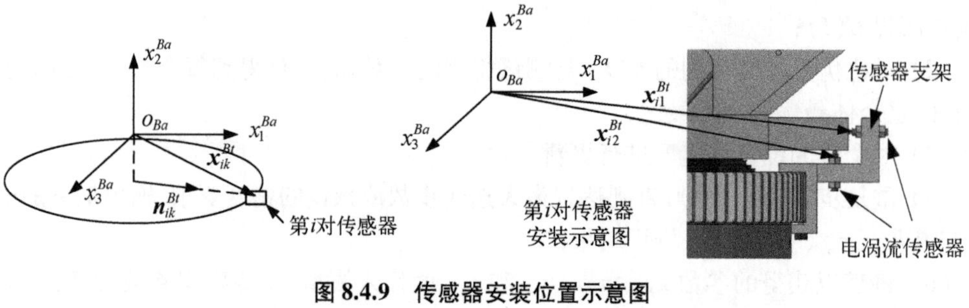

图 8.4.9　传感器安装位置示意图

由式(8.4.8A)、式(8.4.9A)可分别计算得到上下座圈间的相对位移：

$$\delta_{i1}^{j} = (\boldsymbol{x}_j^{AB} + \boldsymbol{\beta}_j^{Br} \times \boldsymbol{x}_{i1}^{Bt}) \cdot \boldsymbol{n}_{i1}^{Bt}, \quad i=1, 2, \cdots, n, j=1, 2, \cdots, m \tag{8.4.21}$$

$$\boldsymbol{n}_{i1}^{Bt} = \boldsymbol{x}_{i1}^{Bt} \cdot (\boldsymbol{1} - {}^{i_B}\boldsymbol{e}_2) / \| \boldsymbol{x}_{i1}^{Bt} \cdot (\boldsymbol{1} - {}^{i_B}\boldsymbol{e}_2) \| \tag{8.4.22}$$

$$\delta_{i2}^{j} = (\boldsymbol{x}_j^{AB} + \boldsymbol{\beta}_j^{Br} \times \boldsymbol{x}_{i2}^{Bt}) \cdot {}^{i_B}\boldsymbol{e}_2, \quad i=1, 2, \cdots, n, j=1, 2, \cdots, m \tag{8.4.23}$$

求解式(8.4.21)~式(8.4.23)得到第j种载荷工况下的上下座圈的相对刚体位移$\boldsymbol{x}_j^{AB}$、$\boldsymbol{\beta}_j^{Br}$，令$\dot{\delta}_{ik}^{j}=0$，并将$\boldsymbol{x}_j^{AB}$、$\boldsymbol{\beta}_j^{Br}$、$\boldsymbol{F}_j$、$\boldsymbol{M}_j$代入式(8.4.13)~式(8.4.20)，可求解得到经优化后的静态参数k_{Bc}^{j}、n_{Bc}^{j}、k_{Bd}^{j}和n_{Bd}^{j}，理论上这些参数与载荷工况无关，但在实际中还是存在误差，为此作如下平均估算：

$$k_{Bc} = \frac{1}{m}\sum_{j=1}^{m} k_{Bc}^{j}, \quad n_{Bc} = \frac{1}{m}\sum_{j=1}^{m} n_{Bc}^{j}, \quad k_{Bd} = \frac{1}{m}\sum_{j=1}^{m} k_{Bd}^{j}, \quad n_{Bd} = \frac{1}{m}\sum_{j=1}^{m} k_{Bd}^{j} \tag{8.4.24}$$

假定第j种载荷$\boldsymbol{F}_j(t)$、$\boldsymbol{M}_j(t)$为动载，则测得第i对传感器处的位移和速度分别为$\delta_{ik}^{j}(t)$、$\dot{\delta}_{ik}^{j}(t)$，将$\boldsymbol{F}_j(t)$、$\boldsymbol{M}_j(t)$、$\delta_{ik}^{j}(t)$、$\dot{\delta}_{ik}^{j}(t)$及已得到的k_{Bc}、n_{Bc}、k_{Bd}、n_{Bd}再次代入式(8.4.13)~式(8.4.20)，并采用平均估算，得系数c_{Bc}、c_{Bd}。

8.4.3.2 *座圈模型参数辨识算例*

利用座圈试验台在高低射角50°工况下施加载荷，调节电涡流位移传感器的输出使之均在合适的区域内。在0~25吨加载和25~0吨卸载过程中，载荷每改变1吨记录一次传感器数据，取同一载荷下两次数据均值作为试验结果。随后进行动载试验，从0吨快速加载至25吨后卸载至0吨，载荷随时间变化曲线如图8.4.10所示，记录各传感器读数随时间的变化。

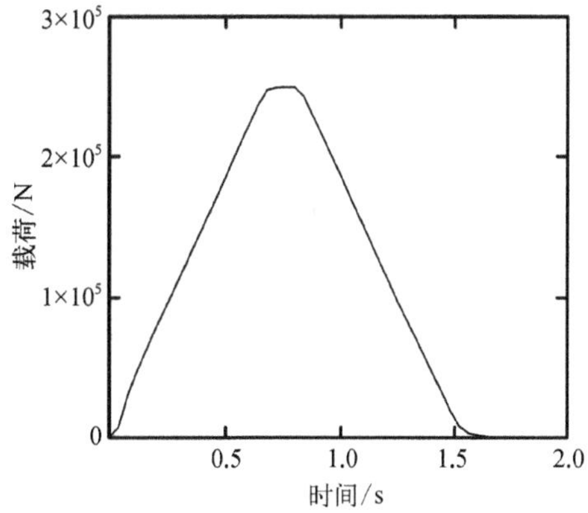

图8.4.10 试验载荷随时间变化曲线

辨识参数取值范围如表8.4.1所示。辨识时PSO算法的参数设置如下：种群规模为20，最大迭代次数为50，$c_1=1.2$，$c_2=1.7$，$\omega_{\max}=0.9$，$\omega_{\min}=0.4$。

表8.4.1 辨识参数取值范围

辨识参数	下界	上界
上下排滚珠刚度系数k_{Bc}/(N/mm)	5.0×10^4	1.0×10^5
上下排滚珠非线性指数n_{Bc}	0.9	1.5
上下排滚珠阻尼c_{Bc}/(N·s/mm)	1 000	5 000
中排滚珠刚度系数k_{Bd}/(N/mm)	5.0×10^4	1.0×10^5
中排滚珠非线性指数n_{Bd}	0.9	1.5
中排滚珠阻尼c_{Bd}/(N·s/mm)	1 000	5 000

参数辨识结果如表 8.4.2 所示。传统的接触理论可以得到近似结果，但无法获得包含润滑油膜在内的滚柱单元等效刚度和系统阻尼。将表 8.4.2 中参数代入座圈模型，仿真获得数据与试验对比结果如图 8.4.11～图 8.4.14 所示。从静载曲线可以看出，上下座圈径向位移、倾角试验数据随载荷的增加而增大，近似呈线性关系。辨识后模型的仿真结果与试验数据差距很小，说明本书座圈建模方法的准确性，且采用粒子群算法识别获得的座圈模型参数具有较高精度。

表 8.4.2　参数辨识结果

辨 识 参 数	辨 识 结 果
上下排滚珠刚度系数 k_{Bc} /(N/mm)	87 497
上下排滚珠非线性指数 n_{Bc}	1.08
上下排滚珠阻尼 c_{Bc} /(N · s/mm)	3 141
中排滚珠刚度系数 k_{Bd} /(N/mm)	69 173
中排滚珠非线性指数 n_{Bd}	1.09
中排滚珠阻尼 c_{Bd} /(N · s/mm)	2 937

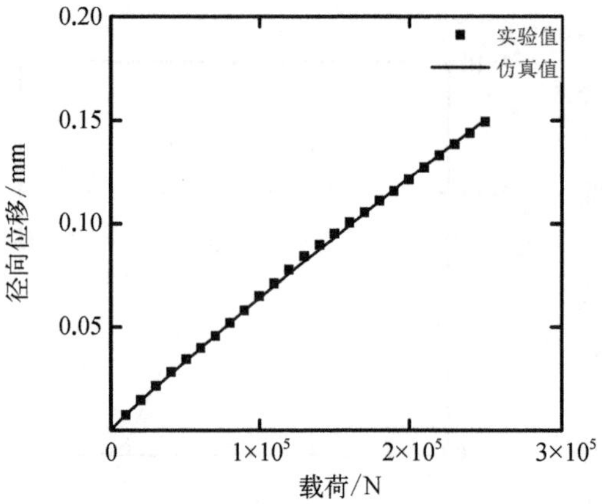

图 8.4.11　50°静载下径向位移对比

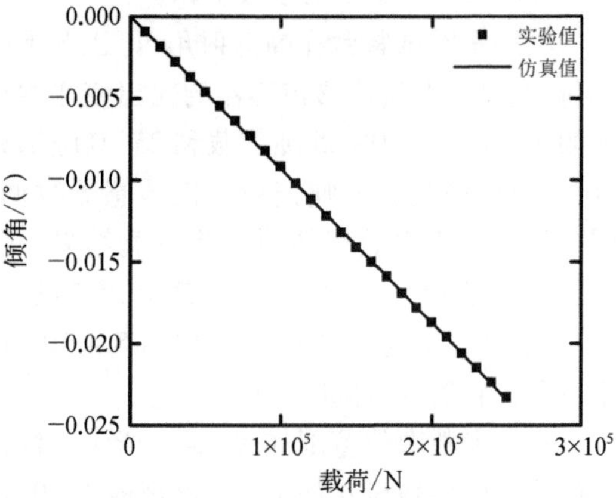

图 8.4.12　50°静载下倾角对比

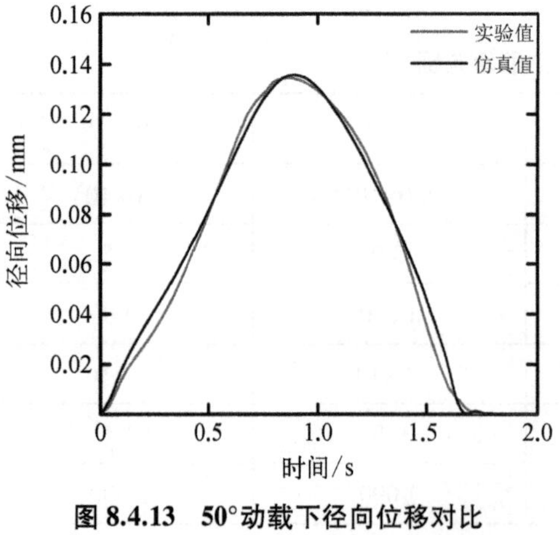

图 8.4.13　50°动载下径向位移对比

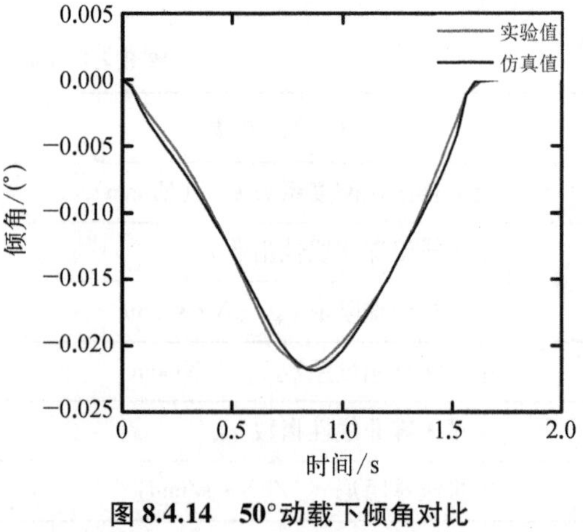

图 8.4.14　50°动载下倾角对比

8.4.3.3　座圈模型试验验证

为了验证本书座圈动力学模型及参数辨识的准确性,通过调节试验台,改变载荷的施加方向,获得了高低角 70°载荷作用下的座圈试验数据。同时调整动力学模型,使载荷大小和方向与试验值一致,通过仿真计算,获得座圈的动力学响应与试验的对比如图 8.4.15 ~图 8.4.18 所示。

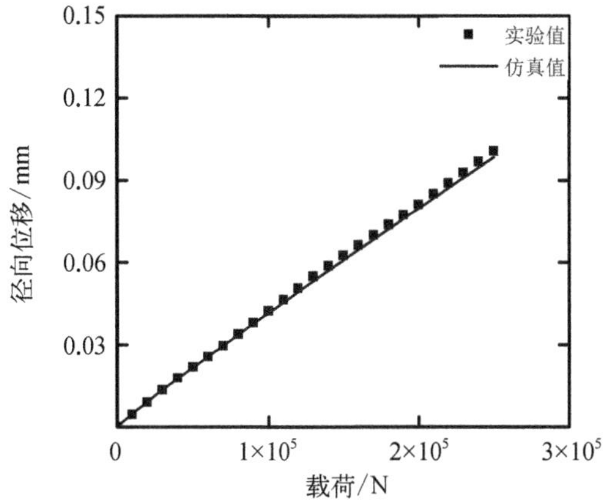

图 8.4.15　70°静载下径向位移对比

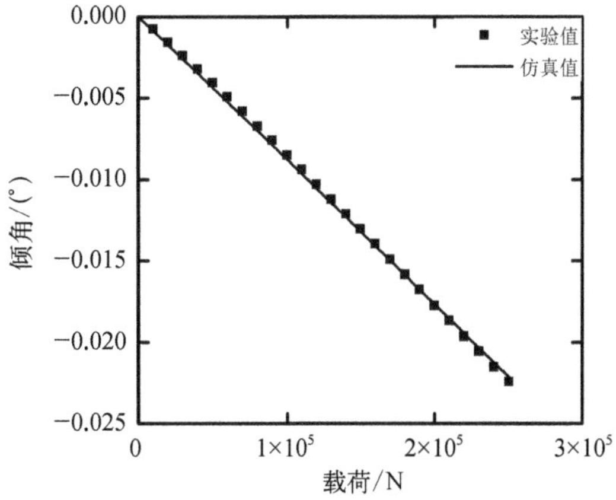

图 8.4.16　70°静载下倾角对比

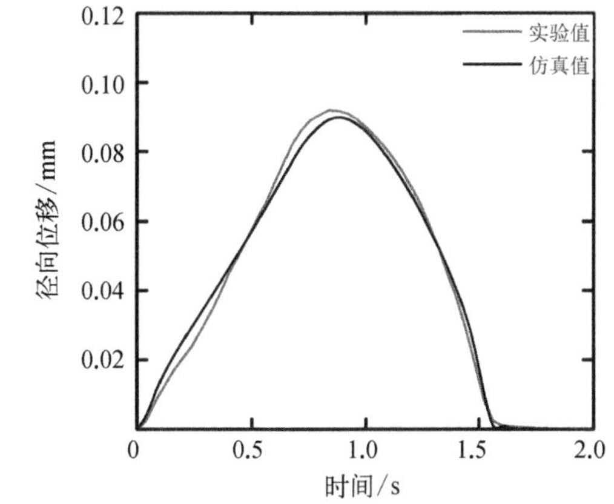

图 8.4.17　70°动载下径向位移对比

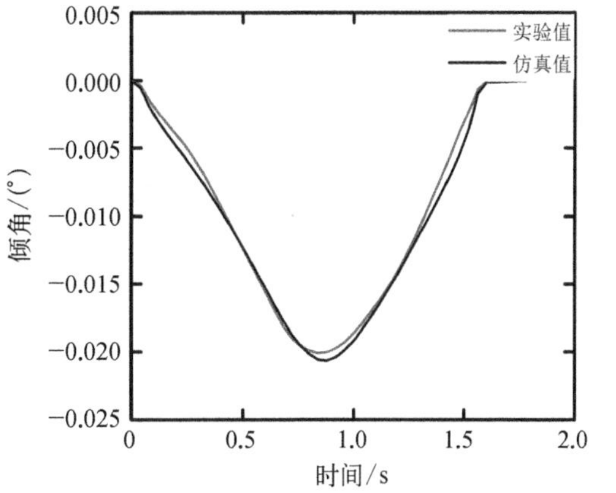

图 8.4.18　70°动载下倾角对比

由图中曲线可以看出 70°工况下,径向位移与转角的仿真与试验曲线均能较好地吻合,表明 50°工况下获得的辨识参数,对其他工况也有较好适用性,验证了模型的精度及参数辨识结果的普适性。

综上,只需获得任意工况下座圈实验数据,通过粒子群算法对座圈模型参数进行参数识别,代入模型就可以准确模拟其他工况下座圈的动力学特性。

8.4.4　参数不确定性分析

8.4.4.1　座圈参数不确定性分析

假定已知参数 k_{Bc}、n_{Bc}、c_{Bc}、k_{Bd}、n_{Bd}、c_{Bd}、k_{Be}、n_{Be}、c_{Be} 的均值和均方差分别为 $\mu_{k_{Bc}}$、$\mu_{n_{Bc}}$、$\mu_{c_{Bc}}$、$\mu_{k_{Bd}}$、$\mu_{n_{Bd}}$、$\mu_{c_{Bd}}$、$\mu_{k_{Be}}$、$\mu_{n_{Be}}$、$\mu_{c_{Be}}$ 和 $\sigma_{k_{Bc}}$、$\sigma_{n_{Bc}}$、$\sigma_{c_{Bc}}$、$\sigma_{k_{Bd}}$、$\sigma_{n_{Bd}}$、$\sigma_{c_{Bd}}$、$\sigma_{k_{Be}}$、$\sigma_{n_{Be}}$、

$\sigma_{c_{Be}}$，这些参数散布导致座圈接触界面上的接触力发生散布，由式（8.4.10）和式（8.4.11），该散布统计值的计算式如下。

1）均值计算

每个滚柱的均值分别为

$$\mu_i^{Bc}=\begin{cases}\mu_{k_{Bc}}(\delta_i^{Bc})^{\mu_{n_{Bc}}}+\mu_{c_{Bc}}\dot{\delta}_i^{Bc}, & \delta_i^{Bc}\geqslant 0\\ 0, & \delta_i^{Bc}<0\end{cases},\quad i=1,2,\cdots,n_B \tag{8.4.25A}$$

$$\mu_j^{Bd}=\begin{cases}\mu_{k_{Bd}}(\delta_j^{Bd})^{\mu_{n_{Bd}}}+\mu_{c_{Bd}}\dot{\delta}_j^{Bd}, & \delta_j^{Bd}\geqslant 0\\ 0, & \delta_j^{Bd}<0\end{cases},\quad j=1,2,\cdots,n_C \tag{8.4.25B}$$

$$\mu_k^{Be}=\begin{cases}\mu_{k_{Bc}}(\delta_k^{Be})^{\mu_{n_{Be}}}+\mu_{c_{Bc}}\dot{\delta}_k^{Be}, & \delta_k^{Be}\geqslant 0\\ 0, & \delta_k^{Be}<0\end{cases},\quad k=1,2,\cdots,n_B \tag{8.4.25C}$$

滚柱对上座圈作用力的均值分别为

$$\boldsymbol{\mu}_i^{Bc}=\mu_i^{Bc\boldsymbol{i}_B}\boldsymbol{e}_2,\quad i=1,2,\cdots,n_B \tag{8.4.26A}$$

$$\boldsymbol{\mu}_j^{Bd}=\mu_j^{Bd}\boldsymbol{n}_j^{Bd},\quad j=1,2,\cdots,n_C \tag{8.4.26B}$$

$$\boldsymbol{\mu}_k^{Be}=\mu_k^{Be\boldsymbol{i}_B}\boldsymbol{e}_2,\quad k=1,2,\cdots,n_B \tag{8.4.26C}$$

合力 $\boldsymbol{F}_A^B$ 和合力矩 $\boldsymbol{M}_A^B$ 的均值分别为

$$\boldsymbol{\mu}_{F_A}^B=\sum_{i=1}^{n_B}\boldsymbol{\mu}_i^{Bc}+\sum_{j=1}^{n_C}\boldsymbol{\mu}_j^{Bd}+\sum_{k=1}^{n_B}\boldsymbol{\mu}_k^{Be} \tag{8.4.27A}$$

$$\boldsymbol{\mu}_{M_A}^B=\sum_{i=1}^{n_B}\boldsymbol{x}_i^{Bc}\times\boldsymbol{\mu}_i^{Bc}+\sum_{j=1}^{n_C}\boldsymbol{x}_j^{Bd}\times\boldsymbol{\mu}_j^{Bd}+\sum_{k=1}^{n_B}\boldsymbol{x}_k^{Be}\times\boldsymbol{\mu}_k^{Be} \tag{8.4.27B}$$

2）方差计算

每个滚柱的方差分别为

$$(\boldsymbol{\sigma}_i^{Bc})^2=\begin{cases}\begin{bmatrix}\sigma_{k_{Bc}}^2(\delta_i^{Bc})^{2n_{Bc}}+\sigma_{n_{Bc}}^2n_{Bc}^2k_{Bc}^2(\delta_i^{Bc})^{2n_{Bc}-2}\\ +\sigma_{c_{Bc}}^2(\dot{\delta}_i^{Bc})^2\end{bmatrix}, & \delta_i^{Bc}\geqslant 0\\ 0, & \delta_i^{Bc}<0\end{cases},\quad i=1,2,\cdots,n_B \tag{8.4.28A}$$

$$(\boldsymbol{\sigma}_j^{Bd})^2=\begin{cases}\begin{bmatrix}\sigma_{k_{Bd}}^2(\delta_j^{Bd})^{2n_{Bd}}+\sigma_{n_{Bd}}^2n_{Bd}^2k_{Bd}^2(\delta_j^{Bd})^{2n_{Bd}-2}\\ +\sigma_{c_{Bd}}^2(\dot{\delta}_j^{Bd})^2\end{bmatrix}, & \delta_j^{Bd}\geqslant 0\\ 0, & \delta_j^{Bd}<0\end{cases},\quad j=1,2,\cdots,n_C \tag{8.4.28B}$$

$$(\boldsymbol{\sigma}_k^{Be})^2=\begin{cases}\begin{bmatrix}\sigma_{k_{Bc}}^2(\delta_k^{Be})^{2n_{Be}}+\sigma_{n_{Be}}^2k_{Bc}^2n_{Be}^2(\delta_k^{Be})^{2n_{Be}}\\ +\sigma_{c_{Bc}}^2(\dot{\delta}_k^{Be})^2\end{bmatrix}, & \delta_k^{Be}\geqslant 0\\ 0, & \delta_k^{Be}<0\end{cases},\quad k=1,2,\cdots,n_B \tag{8.4.28C}$$

滚柱对上座圈作用力的协方差分别为

$$\boldsymbol{\Sigma}_i^{Bc} = (\sigma_i^{Bc})^2 {}^{i_B}\boldsymbol{e}_2 \otimes {}^{i_B}\boldsymbol{e}_2, \quad i = 1, 2, \cdots, n_B \tag{8.4.29A}$$

$$\boldsymbol{\Sigma}_j^{Bd} = (\sigma_j^{Bd})^2 \boldsymbol{n}_j^{Bd} \otimes \boldsymbol{n}_j^{Bd}, \quad j = 1, 2, \cdots, n_C \tag{8.4.29B}$$

$$\boldsymbol{\Sigma}_k^{Be} = (\sigma_k^{Be})^2 {}^{i_B}\boldsymbol{e}_2 \otimes {}^{i_B}\boldsymbol{e}_2, \quad k = 1, 2, \cdots, n_B \tag{8.4.29C}$$

合力 $\boldsymbol{F}_A^B$ 和合力矩 $\boldsymbol{M}_A^B$ 的均值分别为

$$\boldsymbol{\Sigma}_{F_A}^B = \sum_{i=1}^{n_B} \boldsymbol{\Sigma}_i^{Bc} + \sum_{j=1}^{n_C} \boldsymbol{\Sigma}_j^{Bd} + \sum_{k=1}^{n_B} \boldsymbol{\Sigma}_k^{Be} \tag{8.4.30A}$$

$$\boldsymbol{\Sigma}_{M_A}^B = \sum_{i=1}^{n_B} \tilde{\boldsymbol{x}}_i^{Bc} \cdot \boldsymbol{\Sigma}_i^{Bc} + \sum_{j=1}^{n_C} \tilde{\boldsymbol{x}}_j^{Bd} \cdot \boldsymbol{\Sigma}_j^{Bd} + \sum_{k=1}^{n_B} \tilde{\boldsymbol{x}}_k^{Be} \cdot \boldsymbol{\Sigma}_k^{Be} \tag{8.4.30B}$$

8.4.4.2　方向机参数不确定性分析

假定已知参数 k_{Bf}、n_{Bf}、c_{Bf} 的均值和均方差分别为 $\mu_{k_{Bf}}$、$\mu_{n_{Bf}}$、$\mu_{c_{Bf}}$ 和 $\sigma_{k_{Bf}}$、$\sigma_{n_{Bf}}$、$\sigma_{c_{Bf}}$，这些参数散布导致方向机接触力发生散布，由式(8.4.13)、式(8.4.16)、式(8.4.17)，该散布统计值的计算式如下。

(1) 均值计算

$$\mu_{Bf} = \begin{cases} \mu_{k_{Bf}} \delta_{Bf}^{\mu_{n_{Bf}}} + \mu_{c_{Bf}} \dot{\delta}_{Bf}, & \delta_{Bf} \geqslant 0 \\ 0, & \delta_{Bf} < 0 \end{cases} \tag{8.4.31}$$

$$\boldsymbol{\mu}_{F_{Bf}} = -\mu_{Bf} \boldsymbol{n}_{Bf} \tag{8.4.32}$$

$$\boldsymbol{\mu}_{M_{Bf}} = \tilde{\boldsymbol{x}}_{Bf} \cdot \boldsymbol{\mu}_{F_{Bf}} \tag{8.4.33}$$

(2) 方差计算

$$\sigma_{Bf}^2 = \begin{cases} \sigma_{k_{Bf}}^2 \delta_{Bf}^{2n_{Bf}} + \sigma_{n_{Bf}}^2 n_{Bf}^2 k_{Bf}^2 \delta_{Bf}^{2n_{Bf}-2} + \sigma_{c_{Bf}}^2 \dot{\delta}_{Bf}^2, & \delta_{Bf} \geqslant 0 \\ 0, & \delta_{Bf} < 0 \end{cases} \tag{8.4.34}$$

$$\boldsymbol{\Sigma}_{F_{Bf}} = -\sigma_{Bf}^2 \boldsymbol{n}_{Bf} \otimes \boldsymbol{n}_{Bf} \tag{8.4.35}$$

$$\boldsymbol{\Sigma}_{M_{Bf}} = \tilde{\boldsymbol{x}}_{Bf} \cdot \boldsymbol{\Sigma}_{FBf} \cdot (\tilde{\boldsymbol{x}}_{Bf})^{\mathrm{T}} \tag{8.4.36}$$

8.5　非理想土壤-火炮边界界面建模

8.5.1　土壤-火炮边界条件分析与建模

千斤顶、驻锄与地面的作用均可看成座板对土壤的压缩过程，很难用准确的数学模型来描述，模型中土壤受到的压强与土壤下沉量之间的非线性关系，可用 Bekker(1969)在实验基础上建立起来的压力-沉陷经验公式来表示：

$$p = \left(\frac{k_c}{b} + k_\varphi\right) z^{n_t} \tag{8.5.1}$$

其中，p 为土壤对压板的压强；k_c 是反映土壤附着特征的模量；k_φ 是反映土壤摩擦特征的模量；z 为压板对土壤的压缩量；n_t 为土壤变形指数；b 为座板的小尺寸(若座板是圆形结构，则 b 为半径；若座板是矩形，则 b 为较小边长度)。上述模型是建立在试验基础上的经验公式，Wong(2001)通过大量的试验，给出了不同土壤的参数值，见表 8.5.1，并指出当 $b \geqslant 10$ cm 时，利用上述模型计算的土壤压力及下沉量与实际比较符合。

Wong 同时也对卸载阶段的压力和土壤下沉量的关系进行了如下修正：

$$p = p_{\max} - (k_0 + k_u z_{\max})(z_{\max} - z) \tag{8.5.2}$$

其中，$p_{\max}$ 和 $z_{\max}$ 分别为卸载开始时的压力和土壤下沉量；$(k_0 + k_u z_{\max})$ 则是卸载阶段的平均模量；k_0 和 k_u 分别为土壤的特征参数，可通过试验确定。典型土壤的特征参数如表 8.5.1 所示。

表 8.5.1　典型土壤的特征参数

参　数	松沙土	干　沙	沙　土	软　土	黏　土	LETE 沙土
n_t	1.6	1.1	0.2	0.8	0.5	0.793
k_c	225.14	0.95	4.4	16.54	13.19	102
k_φ	2 216	1 528.43	196.15	911.4	692.15	5 301
k_0	0			0		0
k_u	503 000			86 000		50 300

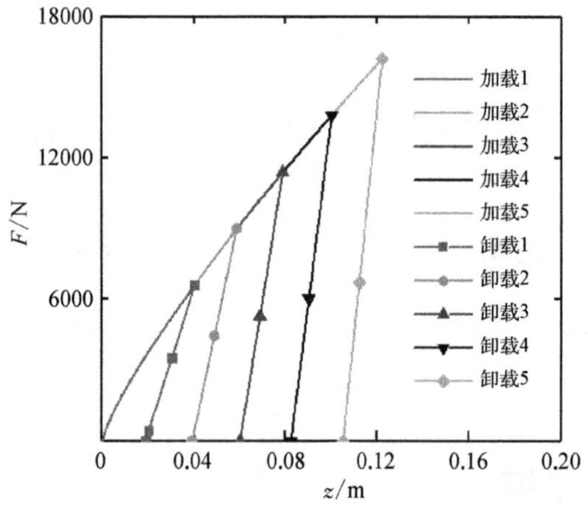

图 8.5.1　软土加载卸载过程

考虑接千斤顶与软土地面的相互作用，接触体为矩形座板，尺寸为 30 cm×30 cm，进行 5 次加载和卸载过程，规定每次加载过程的压缩量为 40 mm，软土的特征参数见表 8.5.1。在进行下一次加载时，当沉陷量小于上一次加载的最大值之前，沿着卸载的路径加载，超过上一次加载的最大值时，则沿着加载的路径进行。解算结果如图 8.5.1 所示，从图可看出，随着加载和卸载的次数增加，卸载的斜率不断增加，表明软土在该过程中被不断夯实。

在接触过程中，接触面不仅受到法向的接触碰撞力，而且还受到切向的相互作用力，即摩擦力。摩擦力模型应用最广泛的是库仑摩擦模型，通常认为摩擦力大小 F_t 与法向接触碰撞力 F_n 成正比，即

$$F_t = -\mu_d F_n \tag{8.5.3}$$

其中，μ_d 为滑动摩擦系数。

由于库仑摩擦模型没有考虑接触碰撞的切向速度项,认为摩擦力与接触碰撞过程中的切向速度没有关系,无法处理数值计算时由于不同切向速度产生的不同摩擦状态间的转换问题。

为解决在接触碰撞过程中切向速度为零的情况下如何使摩擦力连续并能有效处理摩擦状态转换问题,国内外学者对库仑摩擦模型进行了各种改进。

这里采用 Bai 在 Bhalerao 等(2006)基础上建立的修正库仑摩擦力模型,在该修正摩擦力模型中提出了动态摩擦系数的概念,因此摩擦系数不是一个常数,而是切向滑动速度的函数。动态摩擦系数的函数曲线如图 8.5.2 所示。切向摩擦力的计算公式为

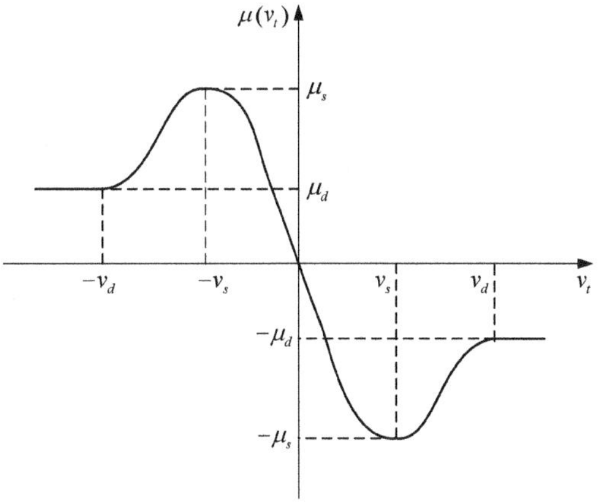

图 8.5.2 摩擦系数与滑动速度的关系

$$F_t = -\mu(v_t)\,\mathrm{sign}(v_t)\,F_n \tag{8.5.4}$$

其中,$\mu(v_t)$ 为动态摩擦系数,其表达式如下:

$$\mu(v_t)=\begin{cases}\mu_d\,\mathrm{sign}(v_t), & |v_t|>v_d\\ -\left\{\mu_d+(\mu_s-\mu_d)\left(\dfrac{|v_t|-v_s}{v_d-v_s}\right)^2\left[3-2\dfrac{|v_t|-v_s}{v_d-v_s}\right]\right\}\mathrm{sign}(v_t), & v_s\leqslant|v_t|\leqslant v_d\\ \mu_s-2\mu_s\left(\dfrac{v_t+v_s}{2v_s}\right)\left(3-\dfrac{v_t+v_s}{v_s}\right), & |v_t|<v_s\end{cases} \tag{8.5.5}$$

式中,v_t 为切向相对速度;μ_d 为滑动摩擦系数;μ_s 为静摩擦系数;v_s 为静摩擦临界摩擦速度;v_d 为最大动摩擦临界速度。$\mu(v_t)$ 随 v_t 的变化曲线如图 8.5.2 所示。

这样作用在面积为 A_a 的结构上的载荷为

加载:

$$\boldsymbol{F}_a=-\left(\frac{k_c}{b}+k_\varphi\right)z^{n_t}A_a[\boldsymbol{n}_a+\mu(v_t)\,\mathrm{sign}(v_t)\boldsymbol{t}_a] \tag{8.5.6A}$$

卸载:

$$\boldsymbol{F}_a=-[p_{\max}-(k_0+k_u z_{\max})(z_{\max}-z)]A_a[\boldsymbol{n}_a+\mu(v_t)\,\mathrm{sign}(v_t)\boldsymbol{t}_a] \tag{8.5.6B}$$

式中,$\boldsymbol{n}_a$、$\boldsymbol{t}_a$ 分别为接触面上结构的法向单位矢量和速度方向的单位矢量。

8.5.2 土壤-火炮界面模型参数辨识

8.5.2.1 土壤-火炮界面模型参数辨识问题描述

在土壤接触模型中,反映土壤附着特征的模量 k_c,反映土壤摩擦特征的模量 k_φ,土壤变形指数 n_t,土壤的特征参数 k_0 和 k_u,需要利用土壤接触的试验数据,通过建立辨识模型

反求得到。

考虑到土壤加载和卸载阶段的特性不同，将土壤的参数辨识分为两个阶段，分别为加载阶段的参数 $\boldsymbol{I}_1=(k_c, k_\varphi, n_t)^{\mathrm{T}}$ 和卸载阶段的参数 $\boldsymbol{I}_2=(k_0, k_u)^{\mathrm{T}}$，将参数代入模型获得的千斤顶、驻锄在载荷作用下的加载阶段响应历程记为 $G_1(\boldsymbol{I}_1)$ 和卸载阶段的响应历程记为 $G_2(\boldsymbol{I}_2)$，通过试验获得千斤顶、驻锄加载和卸载阶段的响应历程记为 $\hat{G}_1$ 和 $\hat{G}_2$。定义 $\boldsymbol{I}_1$、$\boldsymbol{I}_2$ 的辨识误差为

$$h_1(\boldsymbol{I}_1)=\frac{1}{n_1}\sum_{i=1}^{n_1}\left[\hat{G}_{1i}-G_{1i}(\boldsymbol{I}_1)\right]^2 \tag{8.5.7}$$

$$h_2(\boldsymbol{I}_2)=\frac{1}{n_2}\sum_{i=1}^{n_2}\left[\hat{G}_{2i}-G_{2i}(\boldsymbol{I}_2)\right]^2 \tag{8.5.8}$$

式中，n_1、n_2 为数据点个数；$\hat{G}_{1i}$ 和 $G_{1i}(\boldsymbol{I}_1)$、$\hat{G}_{2i}$ 和 $G_{2i}(\boldsymbol{I}_2)$ 分别为试验和仿真、卸载试验和仿真的第 i 个数据点的值。

土壤接触模型参数辨识问题可以看成一个优化问题，以模型的输出与真实系统的测量值最接近为目标，利用寻优的方法求解，在 k_c、k_φ、n_t、k_0 和 k_u 的区间范围内寻找出最优的值。建立土壤接触模型参数辨识问题如下所示：

$$\begin{aligned}&\text{search: } \boldsymbol{I}_1\\&\min\ h_1(\boldsymbol{I}_1)\\&\text{s.t. } \boldsymbol{I}_{1\min}\leqslant \boldsymbol{I}_1\leqslant \boldsymbol{I}_{1\max}\end{aligned} \tag{8.5.9}$$

$$\begin{aligned}&\text{search: } \boldsymbol{I}_2\\&\min\ h_2(I_2)\\&\text{s.t. } \boldsymbol{I}_{2\min}\leqslant \boldsymbol{I}_2\leqslant \boldsymbol{I}_{2\max}\end{aligned} \tag{8.5.10}$$

式中，$\boldsymbol{I}_{1\max}$、$\boldsymbol{I}_{1\min}$ 为加载模型待辨识参数的上下界；$\boldsymbol{I}_{2\max}$、$\boldsymbol{I}_{2\min}$ 为卸载模型待辨识参数的上下界。

8.5.2.2 土壤-火炮界面模型参数辨识过程

利用 PSO 算法实现土壤接触模型参数辨识，其辨识步骤如下：

(1) 确定待辨识参数 k_c、k_φ 和 n_t 的区间范围，设置 PSO 算法的参数，产生初始粒子群；

(2) 调用千斤顶、驻锄接触模型，基于种群中的每个个体对应的待辨识参数进行仿真，获得千斤顶、驻锄响应历程 $G_1(\boldsymbol{I}_1)$；

(3) 对比仿真计算得到的 $G_1(\boldsymbol{I}_1)$ 与测试得到的 $\hat{G}_1$ 数据，计算得到每个粒子的适应度函数，并确定个体最优和全局最优；

(4) 对个体的位置和速度进行更新；

(5) 重复步骤(2)~(4)，直到达到最大迭代步数或预设的精度要求，输出最终的最优解，获得 k_c、k_φ 和 n_t 辨识结果。

(6) 将辨识参数 k_c、k_φ 和 n_t 的过程替换为卸载过程的参数 k_0、k_u，利用卸载过程响应数据和卸载模型，依照步骤(1)~(5)获得 k_0、k_u 辨识结果。

8.5.3 参数不确定性分析

假定已知参数 k_c、k_φ、n_t、k_0、k_u、μ 的均值分别为 μ_{k_c}、μ_{k_φ}、μ_{n_t}、μ_{k_0}、μ_{k_u}、μ_μ，均方差分别为 σ_{k_c}、σ_{k_φ}、σ_{n_t}、σ_{k_0}、σ_{k_u}、σ_μ，这些参数散布导致界面上的接触力发生散布，由式(8.5.6)，该散布统计值的计算式如下。

1）均值计算

加载：

$$\boldsymbol{\mu}_F = -\left(\frac{\mu_{k_c}}{b} + \mu_{k_\varphi}\right) z^{\mu_{n_t}} A_a [\boldsymbol{n}_a + \mu_\mu \mathrm{sign}(v_t) \boldsymbol{t}_a] \tag{8.5.11A}$$

卸载：

$$\boldsymbol{\mu}_F = -[p_{\max} - (\mu_{k_0} + \mu_{k_u} z_{\max})(z_{\max} - z)] A_a [\boldsymbol{n}_a + \mu_\mu \mathrm{sign}(v_t) \boldsymbol{t}_a] \tag{8.5.11B}$$

2）方差计算

加载：

$$\begin{aligned} \boldsymbol{\Sigma}_F = {} & z^{2n_t} A_a^2 \left[b^{-2} \sigma_{k_c}^2 + \sigma_{k_\varphi}^2 + n_t^2 z^{-2} \left(\frac{k_c}{b} + k_\varphi\right)^2 \sigma_{n_t}^2 \right] [\boldsymbol{n}_a + \mu(v_t) \mathrm{sign}(v_t) \boldsymbol{t}_a] \\ & \otimes [\boldsymbol{n}_a + \mu(v_t) \mathrm{sign}(v_t) \boldsymbol{t}_a] + \left(\left(\frac{k_c}{b} + k_\varphi\right) z^{n_t} A_a \right)^2 \sigma_\mu^2 \boldsymbol{t}_a \otimes \boldsymbol{t}_a \end{aligned} \tag{8.5.12A}$$

卸载：

$$\begin{aligned} \boldsymbol{\Sigma}_F = {} & (z_{\max} - z)^2 A_a^2 (\sigma_{k_0}^2 + z_{\max}^2 \sigma_{k_u}^2) [\boldsymbol{n}_a + \mu(v_t) \mathrm{sign}(v_t) \boldsymbol{t}_a] \otimes [\boldsymbol{n}_a + \mu(v_t) \mathrm{sign}(v_t) \boldsymbol{t}_a] \\ & + [p_{\max} - (k_0 + k_u z_{\max})(z_{\max} - z)]^2 A_a^2 \sigma_\mu^2 \boldsymbol{t}_a \otimes \boldsymbol{t}_a \end{aligned} \tag{8.5.12B}$$

8.6 弹带-身管高速摩擦系数

8.6.1 弹带-身管的高速摩擦系数计算模型

8.6.1.1 计算模型

本节给出弹丸膛内运动过程中，身管与弹带发生高速摩擦接触、弹带材料熔化后的摩擦系数计算公式；若弹带没有发生熔化，则其摩擦系数的计算公式可采用低速运动条件下筒和钢表面间的摩擦系数。

在弹带挤进开始的很短时间内，摩擦界面的温度就达到了弹带材料的熔点（弹带材料熔点低于炮钢材料熔点），形成两种金属材料之间有液膜存在的熔化润滑摩擦。本节以身管-弹带接触摩擦为例，给出一种基于温度场来确定界面摩擦系数的方法。

弹带与身管以一定的接触压力 $p_{Dq} = p(x_1^{Dq})$ 和接触速度 $v_{Dq} = v(x_1^{Dq})$ 在接触界面上发生摩擦，产生的摩擦热量向弹带和身管进行分配。身管内表面轴向位置 x_1^{Dq} 处的起始温度为环境温度 T_0，与宽度为 B_{Qf} 的弹带发生摩擦接触的时长为 $t_s = B_{Qf}/v_{Dq}$，该时间段内通过内表面输入身管的摩擦热流密度为 q_0，而 q_0 是接触压力、速度、摩擦系数的函数。在此热流密度边界作用下,响应结果是身管内表面 x_1^D 处的温度在 t_s 时刻升高至弹带熔点 θ_{Qf_m}。据此,利用一维热传导方程,可以建立摩擦系数的计算公式。

在弹丸运动方向上,弹带总是先和冷的身管发生接触,因此,摩擦界面温度和分配热流在弹带宽度上是不均匀的。在考虑弹带与身管之间的整体摩擦系数时,可以忽略不均匀性,假定从 x_1^{Dq} 点输入到身管的热流密度为常数。根据热流边界 q_0 作用下半无限大体的温度场计算模型,可得 x_1^{Dq} 处身管内表面的温度为

$$T(r_d,\ x_1^{Dq},\ t) = \frac{2q_0}{k_D}\left(\frac{\alpha_D t}{\pi}\right)^{\frac{1}{2}} + T_0 \tag{8.6.1}$$

其中,$\alpha_D = k_D/\rho_D c_D$ 为身管材料的热扩散系数;ρ_D、k_D、c_D 分别为质量密度、热传导系数、比热;t 为时间。由式(8.6.1)可反算出,$T(r_d,\ x_1^{Dq},\ t) = \theta_{Qf_m}$ 时所用时长为

$$t_m = \frac{\pi k_D{}^2}{4\alpha_D}\frac{(\theta_{Qf_m} - T_0)^2}{q_0{}^2} \tag{8.6.2}$$

分配到身管的热流 q_0 的计算公式为

$$q_0 = \beta_{Dq} q_f = \beta_{Dq}\mu_{Dq} p_{Dq} v_{Dq} \tag{8.6.3}$$

其中,μ_{Dq} 为待求摩擦系数;q_f 为摩擦总热流;分配系数 β_{Dq} 的计算式(Wei et al., 2010)为

$$\beta_{Dq} = 1 - \frac{k_{Qf}\sqrt{\alpha_D}}{k_D\sqrt{\alpha_{Qf}} + k_{Qf}\sqrt{\alpha_D}} \tag{8.6.4}$$

下标"Qf"表示弹带材料的热学参数。

用 $t_s = B_{Qf}/v_{Dq}$ 代替 t_m,将式(8.6.3)代入式(8.6.2)可得

$$\mu_{Dq} = \frac{k_D}{2\beta_{Dq} p_{Dq}}\sqrt{\frac{\pi}{\alpha_D B_{Qf} v_{Dq}}}(\theta_{Qf_m} - T_0) \tag{8.6.5}$$

8.6.1.2 算例

弹带材料参数为:$\rho_{Qf} = 8\,800\ \text{kg/m}^3$,$k_{Qf} = 189\ \text{W/mK}$,$c_{Qf} = 376\ \text{J/kgK}$,身管材料参数为:$\rho_D = 7\,897\ \text{kg/m}^3$,$k_D = 73\ \text{W/mK}$,$c_D = 452\ \text{J/(kg·K)}$。弹带温升为:$\theta_{Qf_m} - T_0 = 1\,025\ \text{K}$,宽度为 $D_{Qf} = 25.9\ \text{mm}$。根据某 155 mm 榴弹炮的内弹道数据,计算得到的弹带熔化后与身管内壁的摩擦系数随时间变化的曲线见图 8.6.1。

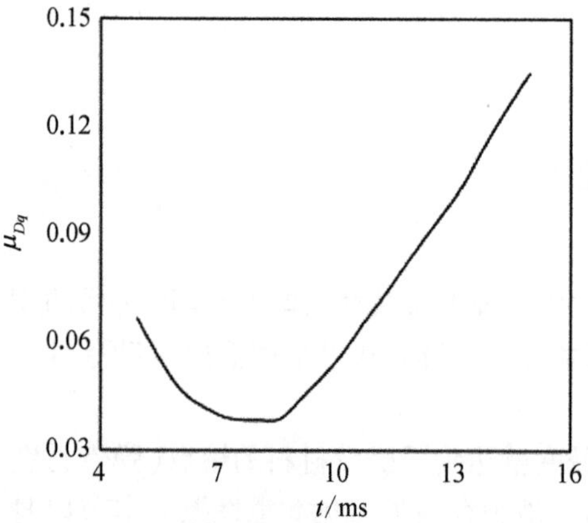

图 8.6.1 摩擦系数随内弹道时间变化曲线

8.6.2 摩擦系数模型中参数辨识

8.6.2.1 参数辨识模型

在摩擦系数计算模型式(8.6.5)中,反映弹带与身管内壁的接触压力 p_{Dq},反映摩擦热

流分配的分配系数 β_{Dq}，需要利用摩擦接触的试验数据，通过建立辨识模型反求得到。

记影响摩擦系数的参数为 $\boldsymbol{I}=(p_{Dq},\beta_{Dq})^{\mathrm{T}}$，将参数代入模型式(8.6.5)，计算得到摩擦系数，记为 $G(\boldsymbol{I})$，通过试验获得摩擦系数的响应历程记为 $\hat{G}$。定义 $\boldsymbol{I}$ 的辨识误差为

$$h(\boldsymbol{I})=\frac{1}{n}\sum_{i=1}^{n}(\hat{G}_i-G_i(\boldsymbol{I}))^2 \tag{8.6.6}$$

式中，n 为试验测试的数据点个数；$\hat{G}_i$ 和 $G_i(\boldsymbol{I})$ 分别为试验和仿真的第 i 个数据点的值。

摩擦系数参数辨识问题可以看成一个优化问题，以模型的输出与真实系统的测量值最接近为目标，利用寻优的方法求解，在 p_{Dq}、β_{Dq} 的区间范围内寻找出最优的值。建立摩擦系数模型参数辨识问题如下所示：

$$\begin{aligned}&\text{search}: \boldsymbol{I}\\&\min h(\boldsymbol{I})\\&\text{s.t. } \boldsymbol{I}_{\min}\leqslant\boldsymbol{I}\leqslant\boldsymbol{I}_{\max}\end{aligned} \tag{8.6.7}$$

式中，$\boldsymbol{I}_{\max}$、$\boldsymbol{I}_{\min}$ 为摩擦模型待辨识参数的上下界。

8.6.2.2 参数辨识算例

在式(8.6.5)中，β_{Dq} 的表达式为理论估算值，与实际存在差别，因此可设定为待识别的参数，通过摩擦系数实验反求得到。式(8.6.5)可改写成

$$\frac{1}{\mu_{Dq}}=\beta_{Dq}p_{Dq}\sqrt{v_{Dq}}\frac{2}{k_D}\sqrt{\frac{\alpha_D B_{Qf}}{\pi}}\frac{1}{\theta_{Qf_m}-T_0} \tag{8.6.8}$$

记 $y=\dfrac{1}{\mu_{Dq}}$，$x=p_{Dq}\sqrt{v_{Dq}}$，$a=\dfrac{2}{k_D}\sqrt{\dfrac{\alpha_D B_{Qf}}{\pi}}\dfrac{1}{\theta_{Qf_m}-T_0}$，上式可简化成如下形式：

$$y=\beta_{Dq}xa \tag{8.6.9}$$

构建如图 8.6.2 所示的试验测试系统，通过大口径机枪发射定制的枪弹，弹丸的一端是筒制成的弹带，另一端为尼龙支撑定心部，确保弹丸膛内运动沿枪管轴线平稳运动，测试弹丸图片见 8.6.3。当弹丸以速度 v_{Dq} 通过摩擦组件部位时，有一定径向过盈量的筒弹带与摩擦组件的内表面产生挤压，在弹带的径向产生压力 p_{Dq}，在运动方向产生摩擦力 $p_{Df}=A_{Dq}\mu_{Dq}p_{Dq}$，$A_{Dq}$ 为接触面积。径向压力 p_{Dq} 通过安装在摩擦组件上的应变片测量得到，摩擦力 p_{Df} 对摩擦组件的作用力通过连接在摩擦组件上的测力环和应变片 1 测量得到，由此可得到摩擦系数 μ_{Dq}、压力 p_{Dq} 和弹丸速度 v_{Dq}。通过发射一组 n 发射弹，测量得到一组试验数据 $\boldsymbol{x}=\{x_i\}$，$\boldsymbol{y}=\{y_i\}$ $(i=1,2,\cdots,n)$，测试结果见表 8.6.1 所示。

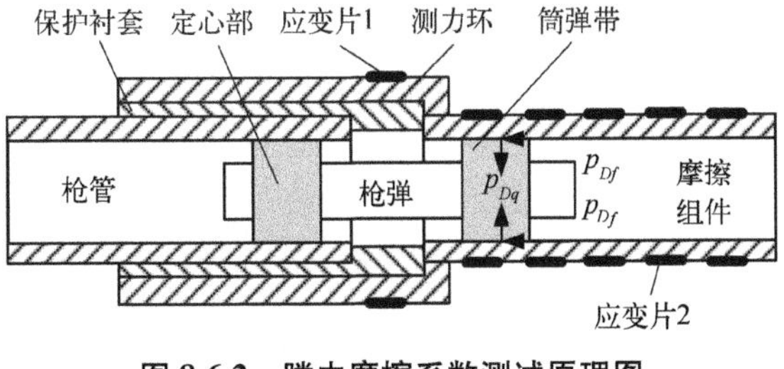

图 8.6.2 膛内摩擦系数测试原理图

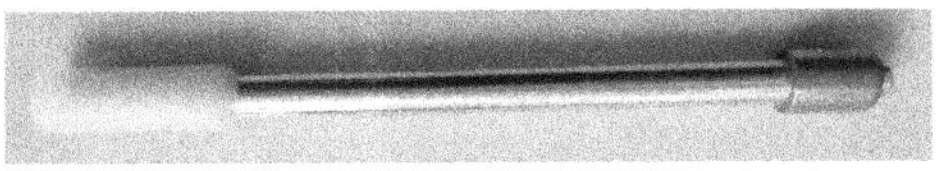

图 8.6.3 测试枪弹

表 8.6.1 试验测试结果

v_{Dq}/(m/s)	p_{Dq}/MPa	μ_{Dq}
526.0	位置 A：150.0	0.029 8
	位置 B：155.5	0.029 8
513.0	位置 A：155.1	0.032 2
	位置 B：166.8	0.029 9

定义辨识误差为

$$\varepsilon = (\beta_{Dq} a\boldsymbol{x} - \boldsymbol{y}) \cdot (\beta_{Dq} a\boldsymbol{x} - \boldsymbol{y}) \tag{8.6.10}$$

式中，β_{Dq} 为要设别的变量，对其求导来获得误差 ε 最小极值，得以下公式：

$$\beta_{Dq} = \frac{1}{a}(\boldsymbol{x} \cdot \boldsymbol{x})^{-1}(\boldsymbol{x} \cdot \boldsymbol{y}) \tag{8.6.11}$$

将表 8.6.1 测得的数据代入 x、y 表达式，得 $\boldsymbol{x} = \{x_i\}$、$\boldsymbol{y} = \{y_i\}$，将其代入上式经计算可得

$$\beta_{Dq} = 0.847 \tag{8.6.12}$$

可见传递给枪管的热流系数为 0.847，传递给弹带的热流系数为 0.153。

8.6.3 参数不确定性分析

假定已知参数 p_{Dq}、β_{Dq} 的均值分别为 $\mu_{p_{Dq}}$、$\mu_{\beta_{Dq}}$，均方差分别为 $\sigma_{p_{Dq}}$、$\sigma_{\beta_{Dq}}$，这些参数散布导致界面上的接触摩擦系数发生散布，由式(8.6.5)，该散布统计值的计算式如下。

1) 均值计算

$$\mu_{\mu_{Dq}} = \frac{k_D}{2\mu_{\beta_{Dq}}\mu_{p_{Dq}}}\sqrt{\frac{\pi}{\alpha_D B_{Qf} v_{Dq}}}(p_{Dq} - T_0) \tag{8.6.13}$$

2) 协方差计算

$$\boldsymbol{\Sigma}_{\mu_{Dq}} = \frac{\pi k_D^2}{4\alpha_D B_{Qf} v_{Dq} p_{Dq}^2 \beta_{Dq}^2}(\theta_{Qf_0} - T_0)^2 \begin{bmatrix} \frac{1}{p_{Dq}^2}\sigma_{p_{Dq}}^2 & \frac{1}{p_{Dq}\beta_{Dq}}\mathrm{Cov}(p_{Dq}, \beta_{Dq}) \\ \frac{1}{p_{Dq}\beta_{Dq}}\mathrm{Cov}(p_{Dq}, \beta_{Dq}) & \frac{1}{\beta_{Dq}^2}\sigma_{\beta_{Dq}}^2 \end{bmatrix} \tag{8.6.14}$$

$$\mathrm{Cov}(p_{Dq}, \beta_{Dq}) = E[(p_{Dq} - \mu_{p_{Dq}})(\beta_{Dq} - \mu_{\beta_{Dq}})] \tag{8.6.15}$$

第 9 章　弹丸膛内运动精度分析

9.1　概述

前面第 4 章至第 8 章分别建立的内弹道火药气体压力和温度生成微分方程、火炮射击过程运动状态方程、弹丸卡膛姿态方程、弹带热弹塑性大变形方程等，均与弹丸相对身管运动的状态参数耦合在一起。因此，弹丸相对身管运动状态或弹丸相对地面绝对运动状态均与内弹道状态、火炮发射状态、输弹机卡膛状态、弹带特性状态等有关。若不考虑气象等环境因素的影响，控制弹丸膛内运动状态，最终控制其飞离炮口的运动状态参数，使其满足弹丸在空中高精度弹道飞行要求，是实现火炮高精度打击目标的关键。揭示弹丸膛内运动状态的影响因素及其影响规律，为实现控制弹丸膛内运动状态提供理论和方法，通过火炮结构优化设计控制火炮发射过程中运动机构的状态等，是控制弹丸膛内运动状态的重要手段，也是最终实现火炮高精度打击目标的重要手段。

9.2　弹丸膛内运动状态影响因素分析

9.2.1　问题描述

我们重点关注的是弹丸膛内运动状态，因此把弹丸膛内运动状态参数 $\boldsymbol{x}$、$\dot{\boldsymbol{x}}$ 看成输出变量，其他与时间有关的变量看成中间过程变量，与时间无关的初始条件 $\boldsymbol{\xi}_0$ 和结构参数变量 $\boldsymbol{\xi}$ 看成输入变量，边界条件 $\boldsymbol{\xi}_b$ 与时间有关，如图 9.2.1 所示。

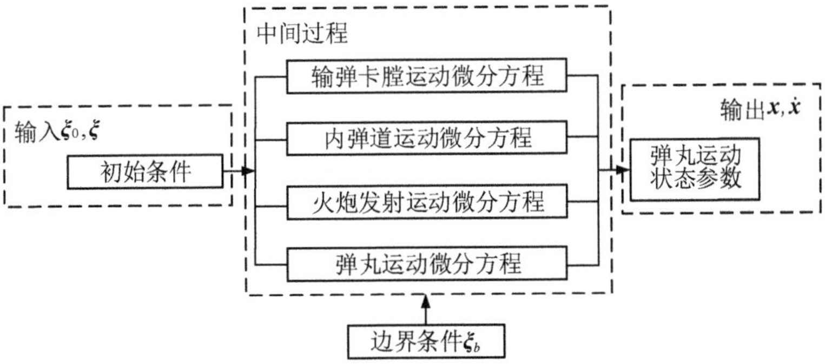

图 9.2.1　弹丸运动状态参数与输入和中间过程的关系

例如，火药气体压力是在一定条件下通过燃烧火药得到的，该过程遵循内弹道控制方程，与时间有关，因此是个中间过程变量；但装药量、火药力、燃烧速率、药室初始容积等与时间无关，是求解内弹道控制方程的输入参量。这里特别要说明的是，像药室容积、身管内膛尺寸等参数，虽然在发射弹丸后会发生变化，形成几何和物理性能的散布，但我们可以得到其变化的统计规律，因此仍将其纳入有散布的输入参量。再如，弹丸挤进力是通过底火点燃火药、初始阶段的火药气体压力推动弹丸运动，使弹带在坡膛上不断被挤进形成的力，显然与时间有关，因此是个中间过程变量；若不考虑挤进过程，则挤进力可作为求解弹丸膛内运动状态方程的初始条件；若要考虑底火点火过程状态特性，则底火过程可看成中间过程，底火质量、底火特性、底火温度等与时间无关，可作为求解底火特性状态方程的初始条件。又如，反后坐装置的后坐阻力是个与时间有关的量，因此是个中间过程变量，但反后坐装置的结构尺寸、安装位置、制退液特性、复进机气体特性等可作为反后坐装置计算的初始条件、输入参量。

因此本章所述的初始条件是作为中间过程所有运动微分方程求解所需要的条件来认定的，输入参数是这些微分方程中与时间无关的固有结构参数、物理特性、质量、质心位置、边界条件等，输出参数为弹丸运动 22 个状态参数 $\boldsymbol{w} = \boldsymbol{x} \cup \dot{\boldsymbol{x}}$（见 6.9 节）。

借助于第 4 章至第 8 章的运动微分方程，所有中间过程状态参数均可以通过初始条件 $\boldsymbol{\xi}_0$、输入参数 $\boldsymbol{\xi}$ 和边界条件 $\boldsymbol{\xi}_b$ 求解得到。弹丸膛内运动方程(6.9.13)可写成如下一般形式：

$$\boldsymbol{M}_1(\boldsymbol{\xi})\ddot{\boldsymbol{x}} + \boldsymbol{C}_1(\boldsymbol{\xi})\dot{\boldsymbol{x}} = \boldsymbol{F}_1(\boldsymbol{\xi}, \boldsymbol{x}, t) \tag{9.2.1}$$

初始条件为

$$[\boldsymbol{x}, \dot{\boldsymbol{x}}]\,|_{t=t_0} = [\boldsymbol{x}_0, \dot{\boldsymbol{x}}_0] = \boldsymbol{\xi}_0 \tag{9.2.2}$$

边界条件为

$$\boldsymbol{g}_B(\boldsymbol{x}, \dot{\boldsymbol{x}}) = \boldsymbol{\xi}_b \tag{9.2.3}$$

约束方程为

$$\boldsymbol{h}(\boldsymbol{x}, \dot{\boldsymbol{x}}) = \boldsymbol{0} \tag{9.2.4}$$

这样通过求解式(9.2.1)~式(9.2.4)可得到弹丸运动的 22 个状态参数 $\boldsymbol{w}$，记该解的一般表达式为

$$w_l(\boldsymbol{\zeta}) = g_l(\boldsymbol{\xi}_0, \boldsymbol{\xi}, \boldsymbol{\xi}_b) = g_l(\boldsymbol{\zeta}), \quad l = 1, 2, \cdots, 22 \tag{9.2.5A}$$

$$\boldsymbol{w}(\boldsymbol{\zeta}) = \boldsymbol{g}_w(\boldsymbol{\zeta}) \tag{9.2.5B}$$

式中，$\boldsymbol{\zeta} = \boldsymbol{\xi}_0 \cup \boldsymbol{\xi} \cup \boldsymbol{\eta} \cup \boldsymbol{\xi}_b$。

显然，初始条件、结构参数、边界条件等输入参数 $\boldsymbol{\zeta}$，通过响应关系 $\boldsymbol{g}_w(\boldsymbol{\zeta})$ 影响弹丸状态参数 $\boldsymbol{w}$。我们的问题是在众多参数 $\zeta_j \in \boldsymbol{\zeta}$ $(j = 1, 2, \cdots, n_\zeta)$ 中能否对响应 $\boldsymbol{w} = \boldsymbol{g}_w(\boldsymbol{\zeta})$ 有重要影响的参数 $\boldsymbol{\zeta}$ 进行排队，得到对响应 $\boldsymbol{w}$ 有重要影响的因素子集。下文将对此进行讨论。

9.2.2 影响弹丸膛内运动状态的重要因素

本节采用基本效应法来获取影响弹丸膛内运动状态的重要因素，该方法是基于一次

单因素(OTA)的采样策略,假定响应模型 $w_l = g_l(\boldsymbol{\zeta})$ 中含有 n 个参数 $\boldsymbol{\zeta}$,通过标准化处理将这些参数映射到标准空间中,即 $\boldsymbol{\zeta} = [\zeta_1, \zeta_2, \cdots, \zeta_{n_\zeta}]^{\mathrm{T}} \in [0, 1]^{n_\zeta}$。考虑单个弹丸状态参数的响应 $w_l(\boldsymbol{\zeta})$,若仅让第 i 个参数增加或减小一个固定的步长 Δ_i,其他所有的参数保持不变,则弹丸状态参数为 $w_l(\zeta_1, \zeta_2, \cdots, \zeta_{i-1}, \zeta_i \pm\Delta_i, \zeta_{i+1}, \cdots, \zeta_{n_\zeta})$,参数 ζ_i 在变化 Δ_i 下的对弹丸状态参数 $w_l(\zeta)$ 基本效应 EE_{li} 定义为

$$EE_{li} = \frac{w_l(\zeta_1, \zeta_2, \cdots, \zeta_{i-1}, \zeta_i \pm\Delta_i, \zeta_{i+1}, \cdots, \zeta_{n_\zeta}) - w_l(\zeta_1, \zeta_2, \cdots, \zeta_i, \cdots, \zeta_{n_\zeta})}{\Delta_i} \tag{9.2.6}$$

式(9.2.6)即为 OTA 策略,可以看出 EE_{li} 为参数 ζ_i 对弹丸状态参数 $w_l(\boldsymbol{\zeta})$ 的局部灵敏测度。

为获得系统参数在全局 n_ζ 维空间中对弹丸状态参数 $w_l(\boldsymbol{\zeta})$ 的影响,即参数的全局灵敏度,Morris(1991)提出了基于轨迹的方法在整个参数空间内计算 EE_{li},即 Morris 轨迹法。首先在每个参数维度上定义水平数 p,将各维度均匀分割为 0, $1/(p-1)$, $2/(p-1)$, 1,形成 n_ζ 维的网格,并在网格节点上随机布置初始点 $\boldsymbol{\zeta}^{(1)}$,轨迹的第二点在第一个点的基础上,在第 i 维增加或减小步长 $\Delta_i = p/2(p-1)$,得到 $\boldsymbol{\zeta}^{(2)}$,后续的点通过前一个点以相同的步长随机改变其中一个维度(有且仅有一次),最后得到 $\boldsymbol{\zeta}^{(n)}$,形成 Morris 轨迹。因此,n_ζ 个参数的 Morris 轨迹需要 $n_\zeta+1$ 个点构成,例如 $n_\zeta=2$, $p=4$ 的两条二维 Morris 轨迹如图 9.2.2 所示。

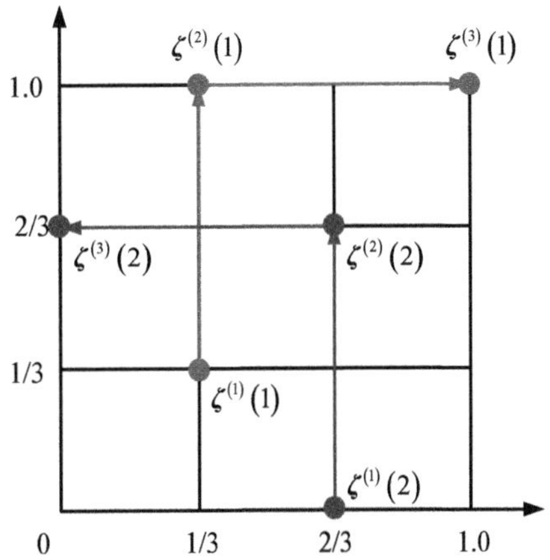

图 9.2.2 参数 Morris 轨迹

通过上述方法可在 n_ζ 维空间中构建 m 条 Morris 轨迹,通常 m 取 10~20 即可,通过统计 m 条 Morris 轨迹可获得参数 ζ_i 对弹丸状态参数 $w_l(\boldsymbol{\zeta})$ 影响程度的 2 个统计量,即弹丸状态参数 $w_l(\boldsymbol{\zeta})$ 的均值 μ_{li} 和均方差 σ_{li}:

$$\mu_{li} = \frac{1}{m}\sum_{j=1}^{m} EE_{li}^{j} \tag{9.2.7}$$

$$\sigma_{li} = \sqrt{\frac{1}{m-1}\sum_{j=1}^{m}(EE_{li}^{j} - \mu_{li})^2} \tag{9.2.8}$$

由式(9.2.7)可知,当 EE_{li}^{j} 有正负时,其影响会相互抵消,为了避免 EE_{li}^{j} 的非单调特性导致 EE_{li}^{j} 相互抵消的情况,Campolongo 等(2007)提出统计 EE_{li}^{j} 的绝对值来改进 μ_{li},即

$$\mu_{li}^{*} = \frac{1}{m}\sum_{j=1}^{m} |EE_{li}^{j}| \tag{9.2.9}$$

μ_{li}^{*} 和 σ_{li} 称为基于 Morris 轨迹的基本效应法的灵敏度因子,并通过灵敏度因子判断参数的重要程度,判断准则如下:

（1）若μ_{li}^*较小，则该参数不重要；

（2）若μ_{li}^*较大，σ_{li}较小，则该参数与弹丸状态参数$w_l(\boldsymbol{\zeta})$具有较强的线性相关性，并且与其他参数耦合对弹丸状态参数$w_l(\boldsymbol{\zeta})$的影响较弱；

（3）若μ_{li}^*和σ_{li}都较大，则该参数与弹丸状态参数$w_l(\boldsymbol{\zeta})$之间具有较强的非线性相关性，且与其他参数耦合对弹丸状态参数$w_l(\boldsymbol{\zeta})$有影响。

研究表明，基于 Morris 轨迹的基本效应法计算结果虽然不能对参数的重要性进行准确排序，但可以区分出模型中的重要参数和非重要参数，而且能准确地滤去不重要参数（可能将非重要参数视为重要参数），非常适合初步筛选影响弹丸状态参数$w_l(\boldsymbol{\zeta})$的重要系统参数。

采用 Morris 轨迹的基本效应方法仅需要采样$m(n_\zeta+1)$个样本点，然而n_ζ维空间中轨迹均是通过随机的方法构造的，导致轨迹在n_ζ维空间中出现重叠，使n_ζ维空间中无法充满样本点，出现较大的空洞。为此，需要 Morris 轨迹进行优化，使构建的轨迹样本充满参数空间。

定义任意两条 Morris 轨迹T_{lo}和T_{lp}之间的欧式距离$d_{l,\,op}$为

$$d_{l,\,op}=\begin{cases}\sum_{p=0}^{n_\zeta}\sum_{q=0}^{n_\zeta}\sqrt{\sum_{r=1}^{n_\zeta}\left[x_{lr}^p(o)-x_{lr}^q(p)\right]^2}, & o\neq p\\ 0, & o=p\end{cases}\tag{9.2.10}$$

其中，$x_{lr}^p(o)$为T_{lo}轨迹上第p个点的第r个坐标。m条轨迹的集合为$S_l=\{T_{l1},\,T_{l2},\,\cdots,\,T_{lm}\}$。

基于极大极小距离准则，依据任意两个 Morris 轨迹T_{lo}和T_{lp}的最小距离$d_{l,\,op}$最大化来选择最终的 Morris 轨迹，具体步骤如下：

（1）令$M=km$，生成初始的M条 Morris 轨迹，其中k为正整数，一般取 5~10；

（2）对M中的第o条轨迹，计算欧式距离$d_{l,\,op}$，$p=1,\,2,\,\cdots,\,M,\;o\neq p$，取出其中距离最小的两个并取平均值$\bar{d}_{lo}$；

（3）存储第o条轨迹的最小平均距离$\bar{d}_{lo}$，令$o=o+1$，返回(2)直到$o=M$；

（4）删除平均距离最小的$\bar{d}_l$对应的轨迹，并令$M=M-1$；

（5）令$o=1$，返回(2)，直到$M=m$，形成最终的m条 Morris 轨迹，构成准优化的 Morris 轨迹集合。

9.3 射击过程中的随机性分析

9.2 节通过全局灵敏度分析的方法，得到了对弹丸膛内运动状态参数$w_l(\boldsymbol{\zeta})$有重要影响的参数，使得系统对弹丸运动状态参数有影响的参数规模大大下降，为了便于进一步的讨论，这些重要参数和影响因素仍分别用$\boldsymbol{\zeta}$、n_ζ来表示，且其组成$\boldsymbol{\zeta}=\boldsymbol{\xi}_0\cup\boldsymbol{\xi}\cup\boldsymbol{\xi}_b$中的重要参数仍分别用$\boldsymbol{\xi}_0$、$\boldsymbol{\xi}$、$\boldsymbol{\xi}_b$来表示。

9.3.1 射击试验中的随机变量

考察同一门火炮发射一组弹丸，其运动状态参数$w_l(\boldsymbol{\zeta})\,(l=1,\,2,\,\cdots,\,22)$的响应

问题。

由于任意第 i 发弹丸的几何和物理参数 $\boldsymbol{\xi}_i^{p1}$、装药质量和药粒形状参数 $\boldsymbol{\xi}_i^{p2}$、内弹道药室容积参数 $\boldsymbol{\xi}_i^{p3}$ 等均不相同，同一门火炮发射第 i 发弹丸的装填状态参数 $\boldsymbol{\xi}_i^{X0}$、发射系统中的某些状态参数 $\boldsymbol{\xi}_i^{p4}$、与土壤接触的界面状态参数 $\boldsymbol{\xi}_i^{B}$ 等不同，由此得到的弹丸状态响应 $\boldsymbol{w}_i$ 亦不同。射击一组 n 发弹丸的过程中，各种随机参数的集分别记为 $\boldsymbol{\xi}_{pi}=\boldsymbol{\xi}_1^{pi}\cup\boldsymbol{\xi}_2^{pi}\cup\cdots\cup\boldsymbol{\xi}_n^{pi}(i=1,2,3,4)$，又记 $\boldsymbol{\xi}_p=\boldsymbol{\xi}_{p1}\cup\boldsymbol{\xi}_{p2}\cup\boldsymbol{\xi}_{p3}\cup\boldsymbol{\xi}_{p4}$，$\boldsymbol{\xi}_{X0}=\boldsymbol{\xi}_1^{X0}\cup\boldsymbol{\xi}_2^{X0}\cup\cdots\cup\boldsymbol{\xi}_n^{X0}$，$\boldsymbol{\xi}_B=\boldsymbol{\xi}_1^{B}\cup\boldsymbol{\xi}_2^{B}\cup\cdots\cup\boldsymbol{\xi}_n^{B}$，$\boldsymbol{W}=\boldsymbol{w}_1\cup\boldsymbol{w}_2\cup\cdots\cup\boldsymbol{w}_n$，$\boldsymbol{\eta}$ 为同一门火炮发射过程中始终不变的参数集，显然 $\boldsymbol{\xi}_p$、$\boldsymbol{\xi}_{X0}$、$\boldsymbol{\xi}_B$、$\boldsymbol{\eta}$ 是 $\boldsymbol{\zeta}$ 中对弹丸运动状态参数有重要影响的变量。

由此可见，若一门火炮射击试验中三类参数的样本空间分别记为 S_p、S_{X0}、S_B，$\boldsymbol{\xi}_i^{p}$、$\boldsymbol{\xi}_i^{X0}$、$\boldsymbol{\xi}_i^{B}$，分别为三个样本空间的一个采样点，则 $\boldsymbol{\xi}_p(\boldsymbol{\xi}_i^{p})$、$\boldsymbol{\xi}_{X0}(\boldsymbol{\xi}_i^{X0})$、$\boldsymbol{\xi}_B(\boldsymbol{\xi}_i^{B})$ 为分别定义在样本空间 S_p、S_{X0}、S_B 上的实单值函数，因此 $\boldsymbol{\xi}_p$、$\boldsymbol{\xi}_{X0}$、$\boldsymbol{\xi}_B$ 为火炮射击试验中的三类随机变量。同样 $\boldsymbol{W}$ 也是随机变量 $\boldsymbol{\xi}_p$、$\boldsymbol{\xi}_{X0}$、$\boldsymbol{\xi}_B$ 的响应随机变量。用随机变量表达的微分方程称为随机微分方程。

9.3.2 弹药状态随机性分析

弹药由弹丸和装药两部分组成。

（1）弹丸状态 $\boldsymbol{\xi}_{p1}$。一组弹丸所有的几何尺寸、质量、质心位置、转动惯量等均不相同，因此为随机参数，用 $\boldsymbol{\xi}_{p1}$ 来表示。$\boldsymbol{\xi}_{p1}$ 变化可以用均值和协方差来表示，即

$$\boldsymbol{\xi}_{p1}:\boldsymbol{\mu}_{\xi_{p1}},\boldsymbol{\Sigma}_{\xi_{p1}} \tag{9.3.1}$$

（2）装药状态 $\boldsymbol{\xi}_{p2}$。一组装药中的药粒几何尺寸、质量、火药力、燃烧速率，以及药粒间隙等均不相同，因此为随机参数，用 $\boldsymbol{\xi}_{p2}$ 来表示。$\boldsymbol{\xi}_{p2}$ 变化可以用均值和协方差来表示，即

$$\boldsymbol{\xi}_{p2}:\boldsymbol{\mu}_{\xi_{p2}},\boldsymbol{\Sigma}_{\xi_{p2}} \tag{9.3.2}$$

9.3.3 内弹道状态随机性分析

除装药状态 $\boldsymbol{\xi}_{p2}$ 外，发射一组弹丸的内弹道状态（如药室容积、底火特性等）均不相同，因此为随机参数，用 $\boldsymbol{\xi}_{p3}$ 来表示。$\boldsymbol{\xi}_{p3}$ 变化可以用均值和协方差来表示，即

$$\boldsymbol{\xi}_{p3}:\boldsymbol{\mu}_{\xi_{p3}},\boldsymbol{\Sigma}_{\xi_{p3}} \tag{9.3.3}$$

9.3.4 火炮状态随机性分析

（1）火炮装填状态。输弹机或人工装填一组弹丸的卡膛姿态均不相同，因此弹丸的卡膛姿态是个随机变量，亦是弹丸膛内运动的初始条件，用 $\boldsymbol{\xi}_{X10}$ 来表示。$\boldsymbol{\xi}_{X10}$ 变化可以用均值和协方差来表示，即

$$\boldsymbol{\xi}_{X10}:\boldsymbol{\mu}_{\xi_{X10}},\boldsymbol{\Sigma}_{\xi_{X10}} \tag{9.3.4}$$

这里若要考虑输弹机的运动状态，则 $\boldsymbol{\xi}_{X10}$ 可理解为输弹开始时的初始条件，而卡膛姿态为中间过程变量。

（2）火炮发射状态。火炮发射一组弹丸过程中，身管内膛几何尺寸和物理特性（包括

材料表面强度和硬度、表面形态等），机构中运动间隙的状态，制退机和复进机中气体和液体的温度，液压油缸中的含气量（若有调炮工况），等参数均不相同，是随机变量，用 $\boldsymbol{\xi}_{p4}$ 来表示。$\boldsymbol{\xi}_{p4}$ 的散布变化用均值和协方差来表示，即

$$\boldsymbol{\xi}_{p4}:\boldsymbol{\mu}_{\xi_{p4}},\ \boldsymbol{\Sigma}_{\xi_{p4}} \tag{9.3.5}$$

火炮中除 $\boldsymbol{\xi}_{p4}$ 以外的参数，如质量、质心位置、摇架尺寸等为不变量（对同一门火炮而言），用 $\boldsymbol{\eta}$ 来表示。若多门火炮，则每门火炮的 $\boldsymbol{\eta}$ 是不同的，因此 $\boldsymbol{\eta}$ 为随机变量，其均值和协方差为

$$\boldsymbol{\eta}:\boldsymbol{\mu}_{\eta},\ \boldsymbol{\Sigma}_{\eta} \tag{9.3.6}$$

（3）与土壤的边界条件。火炮与地面接触的界面状态 $\boldsymbol{\xi}_B$（见第 8 章中有关土壤在加载和卸载过程中特性的变化），每发都在变化，因此 $\boldsymbol{\xi}_B$ 是随机变量，其均值和协方差为

$$\boldsymbol{\xi}_B:\boldsymbol{\mu}_{\xi_B},\ \boldsymbol{\Sigma}_{\xi_B} \tag{9.3.7}$$

9.4 弹丸膛内运动精度分析计算

9.4.1 弹丸膛内运动动力学方程

假定从 $\boldsymbol{W}$ 中分别选取 6 个独立的随机参数 $\boldsymbol{X}$、$\dot{\boldsymbol{X}}$，作为 12 个独立的弹丸运动状态随机变量，$\boldsymbol{X}$、$\dot{\boldsymbol{X}}$ 为以地面惯性坐标系为度量的绝对随机变量，$\boldsymbol{\xi}_{X1}$ 为 10 个非独立的弹丸运动随机变量，$\boldsymbol{x}\in\boldsymbol{X}$、$\dot{\boldsymbol{x}}\in\dot{\boldsymbol{X}}$ 分别为随机变量 $\boldsymbol{X}$、$\dot{\boldsymbol{X}}$ 中的一个取值，$x_l\in\boldsymbol{x}(l=1,2,\cdots,6)$、$\dot{x}_l\in\dot{\boldsymbol{x}}(l=1,2,\cdots,6)$，取 $x_1=U_1^Q$、$x_2=U_2^Q$、$x_3=U_3^Q$、$x_4=\gamma$、$x_5=\varphi_1$、$x_6=\varphi_2$，$\dot{x}_1=v_Q$、$\dot{x}_2=\dot{\psi}_1$、$\dot{x}_3=\dot{\psi}_2$、$x_4=\dot{\gamma}$、$\dot{x}_5=\dot{\varphi}_1$、$\dot{x}_6=\dot{\varphi}_2$。$\boldsymbol{\xi}_{x1}$ 为随机变量 $\boldsymbol{\xi}_{X1}$ 中的一个取值，$\xi_l^{x1}\in\boldsymbol{\xi}_{x1}$，$(l=1,2,\cdots,10)$ 的分量为：$\xi_1^{x1}=\delta_1$、$\xi_2^{x1}=\delta_2$、$\xi_3^{x1}=\beta_\delta$、$\xi_4^{x1}=\dot{\delta}_1$、$\xi_5^{x1}=\dot{\delta}_2$、$\xi_6^{x1}=\dot{\beta}_\delta$、$\xi_7^{x1}=\delta$、$\xi_8^{x1}=\dot{\delta}$、$\xi_9^{x1}=\boldsymbol{v}$、$\xi_{10}^{x1}=\dot{\boldsymbol{v}}$。

考察同一门火炮发射一组 n 发弹丸过程中火炮、弹药、内弹道、边界条件、初始条件中参数的随机性，可将弹丸膛内运动方程（9.2.1）转化成用随机变量表示的随机动力学方程，具体形式如下：

$$\boldsymbol{M}_1(\boldsymbol{\xi}_p,\boldsymbol{\eta})\ddot{\boldsymbol{X}}+\boldsymbol{C}_1(\boldsymbol{\xi}_p,\boldsymbol{\eta})\dot{\boldsymbol{X}}=\boldsymbol{F}_1(\boldsymbol{\xi}_p,\boldsymbol{\eta},\boldsymbol{X},t) \tag{9.4.1}$$

初始条件为

$$[\boldsymbol{X},\dot{\boldsymbol{X}}]\mid_{t=t_0}=[\boldsymbol{X}_0,\dot{\boldsymbol{X}}_0]=\boldsymbol{\xi}_{X_0} \tag{9.4.2}$$

边界条件为

$$\boldsymbol{g}_B(\boldsymbol{X},\dot{\boldsymbol{X}})=\boldsymbol{\xi}_B \tag{9.4.3}$$

约束方程

$$\boldsymbol{\xi}_{X1}=\boldsymbol{h}(\boldsymbol{X},\dot{\boldsymbol{X}}) \tag{9.4.4}$$

其中，$\boldsymbol{\xi}_p$ 表示系统随机参数；$\boldsymbol{\xi}_{X_0}$ 表示初始条件随机参数。式（9.4.1）仅为一种表达方式，

在实际方程的求解中,我们把 $\boldsymbol{C}_1(\boldsymbol{\xi}_p, \boldsymbol{\eta})\dot{\boldsymbol{X}}$ 与右端项合并在一起用 $\boldsymbol{F}_1(\boldsymbol{\xi}_p, \boldsymbol{\eta}, \boldsymbol{X}, \dot{\boldsymbol{X}}, t)$ 来表示, $\boldsymbol{g}_B(\boldsymbol{X}, \dot{\boldsymbol{X}})$ 为在边界上响应的一般关系式。

当方程(9.4.1)中的随机变量 $\boldsymbol{\xi}_p$、$\boldsymbol{\eta}$ 用某一取值来替代时,该随机微分方程就转换为一般确定性问题的微分方程。

记 $\boldsymbol{W}(t) = \boldsymbol{X}(t) \cup \dot{\boldsymbol{X}}(t) \cup \boldsymbol{\xi}_{X1}(t)$、$\boldsymbol{Y} = \boldsymbol{\xi}_p \cup \boldsymbol{\xi}_{X_0}$、$\boldsymbol{\xi}_{X_0} = \boldsymbol{W}(t_0)$, 定义 $\boldsymbol{Y}$ 的空间为 Ω_Y, $\boldsymbol{W}(t)$ 的空间为 Ω_t, 定义随机事件 $\{(\boldsymbol{W}(t), \boldsymbol{Y}) \in \Omega_t \times \Omega_Y\}$, 其物理意义是,在 t 时刻,由随机初始条件 $\boldsymbol{\xi}_{X_0} = \boldsymbol{W}(t_0)$ 引起的弹丸膛内运动状态随机动力学响应 $\boldsymbol{W}(t)$ 落在区域 Ω_t 内,同时膛内运动所涉及的随机参数变量 $\boldsymbol{Y}$ 落在区域 Ω_Y 内。由于随机参数变量 $\boldsymbol{Y}$ 的分布与时间无关,故该随机事件在微小时间增量 $\mathrm{d}t$ 之后演化成事件 $\{(\boldsymbol{W}(t + \mathrm{d}t), \boldsymbol{Y}) \in \Omega_{t+\mathrm{d}t} \times \Omega_Y\}$。与此同时,增广系统 $[\boldsymbol{W}(t), \boldsymbol{Y}]$ 可以构成一个保守的弹丸膛内运动的随机系统,即膛内运动涉及的所有随机因素都包含其中,记增广系统 $[\boldsymbol{W}(t), \boldsymbol{Y}]$ 联合概率密度函数为 $f_{W,Y}(\boldsymbol{W}, \boldsymbol{Y}, t)$。记 $\boldsymbol{w}$、$\boldsymbol{y}$ 分别为 $\boldsymbol{W}(t)$、$\boldsymbol{Y}$ 的一个取值,对于取值 $\boldsymbol{w}$、$\boldsymbol{y}$ 的联合概率密度记为 $f_{W,Y}(\boldsymbol{w}, \boldsymbol{y}, t)$。此处 $\boldsymbol{w}$ 为系统在取值 $\boldsymbol{y}$ 时的一个解。

9.4.2 弹丸膛内运动精度

$\boldsymbol{W}(t)$ 的期望值为

$$\boldsymbol{\mu}_W(t) = E[\boldsymbol{W}(t)] = \int_{\Omega_t} \boldsymbol{W}(t) f_W(\boldsymbol{W}, t)\mathrm{d}\boldsymbol{W} \tag{9.4.5A}$$

式中, $f_W(\boldsymbol{W}, t)$ 为 $\boldsymbol{W}(t)$ 概率密度函数:

$$f_W(\boldsymbol{W}, t) = \int_{\Omega_Y} f_{W,Y}(\boldsymbol{W}, \boldsymbol{Y}, t)\mathrm{d}\boldsymbol{Y} \tag{9.4.5B}$$

假定弹丸在膛内运动有一期望的运动状态 $\hat{\boldsymbol{W}}(t)$, $\boldsymbol{W}(t)$ 为考虑各种随机因素后得到的弹丸随机运动状态,由此可以定义弹丸膛内运动精度:火炮发射一组 n 发弹丸条件下,弹丸在膛内运动过程中的运动状态对预定期望要求的统计值。

由此可得弹丸膛内运动精度 $\boldsymbol{\Upsilon}_W(t)$ 的表达式为

$$\begin{aligned}
\boldsymbol{\Upsilon}_W(t) &= \boldsymbol{E}\{[\boldsymbol{W}(t) - \hat{\boldsymbol{W}}(t)] \otimes [\boldsymbol{W}(t) - \hat{\boldsymbol{W}}(t)]\} \\
&= \int_{\Omega_t} [\boldsymbol{W}(t) - \hat{\boldsymbol{W}}(t)] \otimes [\boldsymbol{W}(t) - \hat{\boldsymbol{W}}(t)] f_W(\boldsymbol{W}, t)\mathrm{d}\boldsymbol{W} \\
&= \boldsymbol{\Sigma}_W(t) + \boldsymbol{\Pi}_W(t)
\end{aligned} \tag{9.4.6}$$

式中

$$\begin{aligned}
\boldsymbol{\Sigma}_W(t) &= E\{[\boldsymbol{W}(t) - \boldsymbol{\mu}_W(t)] \otimes [\boldsymbol{W}(t) - \boldsymbol{\mu}_W(t)]\} \\
&= \int_{\Omega_t} [\boldsymbol{W}(t) - \boldsymbol{\mu}_W(t)] \otimes [\boldsymbol{W}(t) - \boldsymbol{\mu}_W(t)] f_W(\boldsymbol{W}, t)\mathrm{d}\boldsymbol{W}
\end{aligned} \tag{9.4.7}$$

$$\boldsymbol{\Pi}_W(t) = [\boldsymbol{\mu}_W(t) - \hat{\boldsymbol{W}}(t)] \otimes [\boldsymbol{\mu}_W(t) - \hat{\boldsymbol{W}}(t)] \tag{9.4.8}$$

$\boldsymbol{\Sigma}_W(t)$、$\boldsymbol{\Pi}_W(t)$ 分别为弹丸膛内运动时刻 t 时的散布和准确度。下面来讨论 $\boldsymbol{\Sigma}_W(t)$、$\boldsymbol{\Pi}_W(t)$ 具体含义。

将 $\boldsymbol{W}(\boldsymbol{Y}, t)$ 在自变量 $\boldsymbol{Y} = \boldsymbol{\mu}_Y$ 期望值处作二阶展开:

$$\boldsymbol{W}(\boldsymbol{Y},t)=\boldsymbol{W}(\boldsymbol{\mu}_Y,t)+\frac{\partial \boldsymbol{W}(\boldsymbol{\mu}_Y,t)}{\partial \boldsymbol{Y}}\cdot(\boldsymbol{Y}-\boldsymbol{\mu}_Y)+\frac{1}{2}\frac{\partial^2 \boldsymbol{W}(\boldsymbol{\mu}_Y,t)}{\partial \boldsymbol{Y}\partial \boldsymbol{Y}}:(\boldsymbol{Y}-\boldsymbol{\mu}_Y)\otimes(\boldsymbol{Y}-\boldsymbol{\mu}_Y) \tag{9.4.9}$$

式中，$\partial \boldsymbol{W}(\boldsymbol{\mu}_Y,t)/\partial \boldsymbol{Y}$ 表示导数在 $\boldsymbol{\mu}_Y$ 处取值，二阶导数表达式亦具有相同的含义。

对式(9.4.9)求期望值，可得

$$\boldsymbol{\mu}_W(t)=E[\boldsymbol{W}(\boldsymbol{Y},t)]=\boldsymbol{W}(\boldsymbol{\mu}_Y,t)+\frac{1}{2}\frac{\partial^2 \boldsymbol{W}(\boldsymbol{\mu}_Y,t)}{\partial \boldsymbol{Y}\partial \boldsymbol{Y}}:\boldsymbol{\Sigma}_Y \tag{9.4.10}$$

由此可见，在线性系统中，弹丸运动状态响应函数 $\boldsymbol{W}(t)$ 的期望值 $\boldsymbol{\mu}_W$ 与响应 $\boldsymbol{W}(\boldsymbol{Y},t)$ 在自变量期望值处 $\boldsymbol{Y}=\boldsymbol{\mu}_Y$ 的取值相等；在非线性系统中，弹丸运动状态响应函数 $\boldsymbol{W}(t)$ 的期望值 $\boldsymbol{\mu}_W$ 还与输入参数的协方差矩阵 $\boldsymbol{\Sigma}_Y$ 有关。

将式(9.4.10)代入式(9.4.7)、式(9.4.8)可知，在线性系统中，弹丸运动准确度 $\boldsymbol{\Pi}_W(t)$ 仅与输入参数的期望值有关；在非线性系统中，弹丸运动准确度 $\boldsymbol{\Pi}_W(t)$ 还与输入参数的协方差矩阵有关；弹丸膛内运动散布 $\boldsymbol{\Sigma}_W(t)$ 不仅与输入参数的期望值有关还与输入参数的协方差矩阵有关。这一结论为我们后面构建弹丸膛内运动精度的目标函数、优化输入参数非常重要。首先将弹丸膛内运动状态参数线性化，构建该线性系统准确度的优化目标函数，优化得到输入参数的期望值，将该期望值代入散布优化目标函数中，优化得到输入参数的散布方差，由此大大减少了计算工作量。

一种弹丸膛内运动的期望状态是弹丸基点 o_Q 只沿身管轴线 ${}^{i_D}\boldsymbol{e}_1$ 运动 $\hat{x}_1^{Dq}(t)$、$\dot{\hat{x}}_1^{Dq}(t)$ 且摆角和摆角速度为零，即

$$\begin{cases}\hat{\boldsymbol{W}}(t):\hat{x}_1^{Dq}(t)\,{}^{i_D}\boldsymbol{e}_1,\ \hat{\boldsymbol{y}}_Q(t)=\boldsymbol{0},\ \hat{\boldsymbol{\phi}}(t)=\displaystyle\int_{x_1^{Dq0}}^{x_1^{Dq}}\frac{\pi\hat{x}_1^{Dq}}{\eta_d(\hat{x}_1^{Dq})r_d}\mathrm{d}\hat{x}_1^{Dq},\ \hat{\kappa}_1(t)=0,\ \hat{\kappa}_2(t)=0,\\ \dot{\hat{x}}_1^{Dq}(t)\,{}^{i_D}\boldsymbol{e}_1,\ \dot{\hat{\boldsymbol{y}}}_Q(t)=\boldsymbol{0},\ \dot{\hat{\boldsymbol{\phi}}}(t)=\dfrac{\pi}{\eta_d r_d}\dot{\hat{x}}_1^{Dq},\ \dot{\hat{\kappa}}_1(t)=0,\ \dot{\hat{\kappa}}_2(t)=0\end{cases} \tag{9.4.11}$$

当 $t=t_G$ 时，$\hat{\boldsymbol{W}}(t_G)$、$\boldsymbol{\Upsilon}_W(t_G)$、$\boldsymbol{\Sigma}_W(t_G)$、$\boldsymbol{\Pi}_W(t_G)$ 分别为弹丸在炮口点处的期望运动状态、运动精度、运动散布和运动准确度。

9.4.3 弹丸膛内运动精度估算

要获得弹丸膛内运动精度 $\boldsymbol{\Upsilon}_W(t_G)$ 的具体数值，首先要求解随机方程(9.4.1)~(9.4.4)，目前主要有以下两种方法。

第一种是基于概率密度的演化方法。其基本思路是运用随机动力学方法，利用概率守恒原理，将随机动力学方程(9.4.1)转化为单随机变量 $W_l\in\boldsymbol{W}(t)\,(l=1,2,\cdots,22)$ 及双随机变量 $W_l\in\boldsymbol{W}(t)$、$W_o\in\boldsymbol{W}(t)\,(l=o=1,2,\cdots,22)$ 的联合概率密度函数 $f_{W_l,\boldsymbol{Y}}(w_l,\boldsymbol{y},t)$、$f_{W_l,W_o,\boldsymbol{Y}}(w_l,w_o,\boldsymbol{y},t)$ 的微分方程，求解方程得 $f_{W_l,\boldsymbol{Y}}(w_l,\boldsymbol{y},t)$、$f_{W_l,W_o,\boldsymbol{Y}}(w_l,w_o,\boldsymbol{y},t)$，再对 $f_{W_l,\boldsymbol{Y}}(w_l,\boldsymbol{y},t)$、$f_{W_l,W_o,\boldsymbol{Y}}(w_l,w_o,\boldsymbol{y},t)$ 在空间 $\boldsymbol{\Omega}_Y$ 上积分，得到单随机变量 W_l 的概率密度函数 $f_{W_l}(w_l,t)$ 和双随机变量 W_l 与 W_o 联合概率密度函数 $f_{W_l,W_o}(w_l,w_o,t)$：

$$f_{W_l}(w_l,\ t)=\int_{\Omega_Y} f_{W_l,\ Y}(w_l,\ \boldsymbol{y},\ t)\mathrm{d}\boldsymbol{y} \tag{9.4.12}$$

$$f_{W_l,\ W_o}(w_l,\ w_o,\ t)=\int_{\Omega_Y} f_{W_l,\ W_m,\ Y}(w_l,\ w_o,\ \boldsymbol{y},\ t)\mathrm{d}\boldsymbol{y} \tag{9.4.13}$$

对单随机变量进行 k 阶统计矩计算,得到随机变量 W_l 的 k 阶统计矩:

$$\mu_{w_l,\ k}(t)=\int_{\Omega_t} (w_l)^k f_{W_l}(w_l,\ t)\ \mathrm{dw}_l, \quad k=1,\ 2,\ \cdots \tag{9.4.14}$$

$$c_{w_l,\ k}(t)=\int_{\Omega_t} (w_l-\mu_{w_l,\ 1})^k f_{W_l}(w_l,\ t)\ \mathrm{dw}_l, \quad k=2,\ 3,\ \cdots \tag{9.4.15}$$

将式(9.4.14)、式(9.4.15)计算得到的前四阶统计矩按下式进行转化,得到均值 $\mu_{w_l}(t)$、标准差 $\sigma_{w_l}(t)$、偏度 $\tau_{w_l}(t)$ 和峰度 $\kappa_{w_l}(t)$ 为

$$\mu_{w_l}(t)=\mu_{w_l,\ 1}(t),\ \sigma_{w_l}(t)=\sqrt{c_{w_l,\ 2}(t)},\ \tau_{w_l}(t)=\frac{c_{w_l,\ 3}(t)}{\sigma_{w_l}^3(t)},\ \kappa_{w_l}(t)=\frac{c_{w_l,\ 4}(t)}{\sigma_{w_l}^4(t)} \tag{9.4.16}$$

对双随机变量进行协方差计算,得双随机变量 W_l 与 W_o 的协方差:

$$\sigma_{w_l w_o}(t)=\int_{\Omega_t} [w_l-\mu_{w_l,\ 1}(t)][w_o-\mu_{w_o,\ 1}(t)] f_{W_l,\ W_o}(w_l,\ w_o,\ t)\ \mathrm{d}w_l\mathrm{d}w_o \tag{9.4.17}$$

数值计算时,对空间 Ω_Y、Ω_Z 进行离散,按等概率设计的方法在变量概率空间形成随机变量的设计矩阵 $\boldsymbol{A}$,设计矩阵 $\boldsymbol{A}$ 中的每个元素对应一个计算方案,将方案中的变量取值代入随机微分方程(9.4.1),使其转换为确定性问题的微分方程,求解该微分方程得到一个响应解 $\boldsymbol{w}$。当完成了设计方案 $\boldsymbol{A}$ 中所有方案的计算后,得到响应解 $\boldsymbol{w}$ 的集合 $\boldsymbol{W}$,利用式(9.4.14)、式(9.4.15)进行变量统计矩的数值估算。同样,利用设计矩阵 $\boldsymbol{A}$ 可完成对双随机变量协方差矩阵 $\boldsymbol{\Sigma}_{\boldsymbol{W}}$ 的估算。最后构建概率密度函数 $f_{W_l}(w_l,\ t)$、$f_{W_l,\ W_o}(w_l,\ w_o,\ t)$,将其代入式(9.4.6)~式(9.4.8)即可得到弹丸膛内运动精度的数值计算结果。

第二种是蒙特卡罗法。其也是通过构建设计矩阵 $\boldsymbol{A}$,利用 $\boldsymbol{A}$ 中的元素采用等概率的方法得到随机变量的一个取值,将该取值代入微分方程进行求解,得到一个响应解 $\boldsymbol{w}$。当完成了设计方案 $\boldsymbol{A}$ 全部一轮计算后,得到响应解 $\boldsymbol{w}$ 的集合 $\boldsymbol{W}$,就可进行随机变量统计矩的数值估算和弹丸膛内运动精度估算。

两种方法的不同点在于计算的收敛速度和算法的稳定性,蒙特卡罗法收敛速度与样本数成开方关系,采样点数与参数空间的维数没有直接关系,但为了提高计算精度,所需设计矩阵 $\boldsymbol{A}$ 的元素数目远远大于概率密度演化方法中设计矩阵元素数目,因此计算工作量非常巨大,通常样本数大于3 000 才能得到可接受的结果。概率密度演化方法虽然需要的样本数较少,然而其演化方程具有刚性特性,在计算过程中需要对其求解的稳定性进行详细评估。另外,概率密度演化方法中采用的数值积分点的配置与参数的维数相关,随着维度的增加,积分点数呈指数级增加,出现"维度灾难"问题。

为此,本节采用稀疏网格积分策略求解弹丸膛内随机动力学方程的方法。该方法源于俄罗斯数学家 Smolyak(1963)提出的 Smolyak 算法,为高维积分问题提供了一种基于张

量并乘的积分和插值方法，通过构建满足精度等级、层层相嵌套要求的积分点配置策略，将在张量函数上的积分分解为在各子张量函数上的积分，然后通过特殊的线性插值方法得到总积分结果，从而减少积分点数目，达到积分点稀疏配置的目的。稀疏网格法中积分点配置数与收敛阶数相关，Wasilkowski 等（1995）从数学上证明了以精度等级、层层相嵌套要求的积分点配置策略得到的积分方案，误差最小、效率最优。稀疏网格积分法在低维问题中不具有优势。

9.4.3.1　稀疏积分法的基本方法

考察一维问题的积分。任意一维变量 ζ 的函数 $f_1(\zeta)$，f_1 为在区间 $\xi \in [-1, 1]$ 上具有 r 阶连续、α ($\alpha < r$) 阶可微的函数，若在区间上采用 i_1 个积分点，则其数值积分公式为

$$I_1(f_1) = \int_{-1}^{1} f_1(\zeta)\,\mathrm{d}\zeta \approx U^{i_1}(f_1) = \sum_{j=1}^{i_1} f_1(\zeta_j^{i_1}) \cdot a_j^{i_1} \tag{9.4.18}$$

式中，$U^{i_1}(f_1)$ 表示对函数 f_1 进行 i_1 个积分点的数值积分；$\zeta_j^{i_1}$ 为变量 ζ 的第 j ($j = 1, 2, \cdots, i_1$) 个积分点坐标，共有 i_1 个积分点；$f(\zeta_j^{i_1})$ 为函数 $f(\zeta)$ 在积分点取值；$a_j^{i_1}$ 为与积分点对应的加权系数。记 $\boldsymbol{\zeta}^{i_1} = (\zeta_1^{i_1}, \cdots, \zeta_{i_1}^{i_1})$、$\boldsymbol{a}^{i_1} = (a_1^{i_1}, \cdots, a_{i_1}^{i_1})$，$\boldsymbol{\zeta}^{i_1}$、$\boldsymbol{a}^{i_1}$ 的获取不仅与所采用的数值积分方法有关，还与采用的积分点数 m_i 有关。根据选择积分加权正交函数的不同，目前常用的数值积分方法有高斯积分法、高斯-埃尔米特积分法、高斯-勒让德积分法、高斯-切比雪夫积分法等。显然，不同的数值积分方法，其数值积分点和加权系数也就不同。表 9.4.1 给出了 $[-1, 1]$ 内高斯积分法前 6 个积分点的位置坐标和加权系数，从中可以看出，当 i_1 分别等于 1、2、…、6 时，有 $\boldsymbol{\zeta}^1 \subset \boldsymbol{\zeta}^2 \subset \cdots \subset \boldsymbol{\zeta}^6$、积分点坐标是关于原点对称、加权系数之和等于 2 等特点。一般地，对上述所列的高斯、高斯-埃尔米特、高斯-勒让德、高斯-切比雪夫等数值积分方法，均有 $\boldsymbol{\zeta}^{i_1-1} \subset \boldsymbol{\zeta}^{i_1}$ ($i_1 = 2, 3, \cdots$)、积分点坐标关于原点对称、加权系数之和等于 2 等特点。

表 9.4.1　高斯积分点坐标及加权系数

积分点 i_1	积分点坐标 ζ^{i_1}	加权系数 a^{i_1}
1	0.000 000 000 000 000	2.000 000 000 000 000
2	±0.577 350 269 189 626	1.000 000 000 000 000
3	±0.774 596 669 241 483 0.000 000 000 000 000	0.555 555 555 555 556 0.888 888 888 888 889
4	±0.861 136 311 594 053 ±0.339 981 043 584 856	0.347 854 845 137 454 0.652 145 154 862 546
5	±0.906 179 845 938 664 ±0.538 469 310 105 683 0.000 000 000 000 000	0.236 926 885 056 189 0.478 628 670 499 366 0.568 888 888 888 889
6	±0.932 469 514 203 152 ±0.661 209 386 466 265 ±0.238 619 186 083 197	0.171 324 492 379 170 0.360 761 573 048 139 0.467 913 934 572 691

式(9.4.18)的数值积分精度为

$$R_1 = \| I_1 - U^{i_1} \| \leqslant \varepsilon_1 \tag{9.4.19}$$

R_1 与函数 $f_1(\zeta^{i_1})$ 的性质、采用的积分点数 i_1 有关。若 $f_1(\zeta^{i_1})$ 为 $2n-1$ 次多项式,采用高斯积分,取 $i_1 = n$, 就可以使 $R_1 = 0$, 数值积分式精确满足解析结果。

假定 n 维变量 $\boldsymbol{\zeta}_n = (\zeta_1, \cdots, \zeta_n)$, 其定义域为 $\zeta_i \in [-1, 1]$ $(i=1, 2, \cdots, n)$, 或记 $\boldsymbol{\zeta}_n \in \Omega_{\zeta_n} = [-1, 1]^n$, 假定函数 $f(\boldsymbol{\zeta})$ 在域 Ω_{ζ_n} 上具有任意 r 阶连续、$\alpha(\alpha < r)$ 阶可微,则 n 维变量函数的积分式为

$$I_n(f) = \int_{\Omega_\zeta} f(\boldsymbol{\zeta})\mathrm{d}\boldsymbol{\zeta} = \int_{-1}^{1} \cdots \int_{-1}^{1} f(\zeta_1, \cdots, \zeta_n)\mathrm{d}\zeta_1 \mathrm{d}\zeta_2 \cdots \mathrm{d}\zeta_n \tag{9.4.20}$$

在讨论上述数值积分前,先定义若干算子。

假定 n 维变量函数 $f(\boldsymbol{\xi})$ 可分解,则定义以下张量并乘:

$$f = f_1 \otimes \cdots \otimes f_n = \otimes_{k=1}^{n} f_k = \prod_{k=1}^{n} f_k \tag{9.4.21}$$

当 f_k 为标量函数时,上式可理解为

$$f(\zeta_1, \cdots, \zeta_n) = \prod_{k=1}^{n} f_k(\zeta_k) \tag{9.4.22}$$

根据上述定义,将式(9.4.21)代入式(9.4.20),有

$$I_n(f) = \int_{\Omega_\zeta} f(\boldsymbol{\zeta})\mathrm{d}\boldsymbol{\zeta} = \int_{-1}^{1} f_1(\zeta_1)\mathrm{d}\zeta_1 \otimes \cdots \otimes \int_{-1}^{1} f_n(\zeta_n)\mathrm{d}\zeta_n \tag{9.4.23}$$

利用一维数值积分公式(9.4.18),假定在变量 ζ_k 方向上积分点数为 $i_k(k = 1, 2, \cdots, n)$, 则上式的数值积分公式为

$$\begin{aligned} A(f) &= U^{i_1}(f_1) \otimes \cdots \otimes U^{i_n}(f_n) = \sum_{j_1=1}^{i_1} f_1(\zeta_{1j_1}^{i_1}) \cdot a_{1j_1}^{i_1} \otimes \cdots \otimes \sum_{j_n=1}^{i_n} f_n(\zeta_{nj_n}^{i_n}) \cdot a_{nj_n}^{i_n} \\ &= \sum_{j_1=1}^{i_1} \cdots \sum_{j_n=1}^{i_n} (a_{1j_1}^{i_1} \cdots a_{nj_n}^{i_n}) f(\zeta_{1j_1}^{i_1}, \cdots, \zeta_{nj_n}^{i_n}) \end{aligned} \tag{9.4.24}$$

式中, $\zeta_{kj_k}^{i_k}$、$a_{kj_k}^{i_k}$ 分别为变量 $\boldsymbol{\zeta}$ 在第 k 个变量 ζ_k 方向上第 j_k 个积分点坐标和加权系数,第 k 个变量的总积分点数为 i_k。

式(9.4.24)即为函数数值积分的张量并乘算法,也是目前数值积分中常用的算法。该算法虽有 $N_w = i_1 i_2 \cdots i_n$ 个积分点,但收敛速度非常慢,且 N_w 随维数 n 呈指数级增长,计算工作量非常大,被称为“维度灾难”。

Smolyak(1963)针对 n 维数变量函数,给出了一个非常有效的稀疏积分网格数值积分算法(SGNI),其基本思路如下。

先考察一维变量情况。定义

$$U^0 = 0, \quad \Delta^{i_1} = U^{i_1} - U^{i_1 - 1}$$

上式中，当 $i_1 \to +\infty$ 时，$\Delta^{i_1} \to 0$，因此有 $U^{i_1} = U^{i_1-1}$。引入一正整数 $q \geqslant 1$，对 Δ^{i_1} 求和，有

$$\left(\sum_{i_1=1}^{q} \Delta^{i_1}\right)(f) = U^q(f) \tag{9.4.25}$$

上式表明，当有足够数量的积分点 q 时，Δ^{i_1} 求和等于能确保精度要求的数值积分。

假定积分点数为 i_1 时的积分点坐标集为 $\boldsymbol{\zeta}_{i_1} = (\zeta_1^{i_1}, \zeta_2^{i_1}, \cdots, \zeta_{i_1}^{i_1})$，$i_1 - 1$ 时的积分点坐标集为 $\boldsymbol{\zeta}_{i_1-1} = (\zeta_1^{i_1-1}, \zeta_2^{i_1-1}, \cdots, \zeta_{i_1-1}^{i_1-1})$，式(9.4.25)成立，隐含着以下约束关系，即 $\boldsymbol{\zeta}_{i_1-1} \subset \boldsymbol{\zeta}_{i_1}$，集 $\boldsymbol{\zeta}_{i_1-1}$ 嵌套于集 $\boldsymbol{\zeta}_{i_1}$ 中。这就意味着，随着 i_1 的增加，积分点是稠密的，布满了变量空间 Ω_{ζ_n}，从而确保数值积分的结果是收敛的。目前常用的高斯积分法、高斯-埃尔米特积分法、高斯-勒让德积分法、高斯-切比雪夫积分法等得到的积分点坐标集，均满足条件 $\boldsymbol{\zeta}_{i_1-1} \subset \boldsymbol{\zeta}_{i_1}$。

记 $\boldsymbol{i} = (i_1, i_2, \cdots, i_n)$ 为一正整数序列，其中 $i_k \geqslant 1\ (k = 1, 2, \cdots, n)$，$|\boldsymbol{i}| = i_1 + i_2 + \cdots + i_n$ 为 $\boldsymbol{i}$ 的范数，引入一正整数 $q \geqslant n$，定义

$$U^0 = 0,\ \Delta^i = U^i - U^{i-1}, \quad i = i_1, i_2, \cdots, i_n \tag{9.4.26}$$

对任意 $q \geqslant n$ 正整数，Smolyak 构建了与式(9.4.25)类似的如下数值积分近似算法：

$$\begin{aligned} A(f) = A(q, n)(f) &= \sum_{0 \leqslant |\boldsymbol{i}| \leqslant q} (\Delta^{i_1} \otimes \Delta^{i_2} \otimes \cdots \otimes \Delta^{i_n})(f) \\ &= \sum_{n \leqslant |\boldsymbol{i}| \leqslant q} (\Delta^{i_1} \otimes \Delta^{i_2} \otimes \cdots \otimes \Delta^{i_n})(f) \end{aligned} \tag{9.4.27}$$

式(9.4.27)求和是在 $0 \leqslant |\boldsymbol{i}| \leqslant q$ 的范围内进行的，由于 $\min|\boldsymbol{i}| = n \geqslant 0$，所以该求和范围缩小到 $n \leqslant |\boldsymbol{i}| \leqslant q$。对给定 $|\boldsymbol{i}|$，满足 $|\boldsymbol{i}| = \sum_{k=1}^{n} i_k$ 的组合有 $s_{|\boldsymbol{i}|} = C_{|\boldsymbol{i}|-1}^{n-1}$ 种，这样当 $n \leqslant |\boldsymbol{i}| \leqslant q$ 变化时，总共有 $t = \sum_{|\boldsymbol{i}|=q_n}^{q} s_{|\boldsymbol{i}|}$ 种组合，其中 q_n 的表达式见式(9.4.31)。假定分配到 $i_k(k = 1, 2, \cdots, n)$ 上的求和次数有 q_k 次，利用式(9.4.22)，式(9.4.27)可改写成

$$A(f) = A(q, n)(f) = \sum_{i_1=1}^{q_1} \Delta^{i_1} f_1 \otimes \sum_{i_2=1}^{q_2} \Delta^{i_2} f_2 \otimes \cdots \otimes \sum_{i_n=1}^{q_n} \Delta^{i_n} f_n \tag{9.4.28}$$

利用式(9.4.25)，上式可改写成

$$A(f) = A(q, n)(f) = U^{q_1}(f_1) \otimes U^{q_2}(f_2) \otimes \cdots \otimes U^{q_n}(f_n) \tag{9.4.29}$$

式(9.4.29)与式(9.4.24)的含义是相同的，唯一不同的是 $q_k \leqslant \hat{i}_k (k = 1, 2, \cdots, n)$。注意：为了避免与式(9.4.27)中的混淆，此处用 $\hat{i}_k$ 代表式(9.4.24)中的 i_k。由此解释了式(9.4.27)即为多变量函数的数值积分公式，当 $q_k \to +\infty\ (k = 1, 2, \cdots, n)$ 时，式(9.4.27)趋近于真解。

将 Δ^i 表达式(9.4.26)代入式(9.4.27)，经复杂运算(Wasilkowski et al., 1995)，有

$$\begin{aligned} A(q, n)(f) &= \sum_{q-n+1 \leqslant |\boldsymbol{i}| \leqslant q} (-1)^{q-|\boldsymbol{i}|} C_{n-1}^{q-|\boldsymbol{i}|} (U^{i_1} \otimes U^{i_2} \otimes \cdots \otimes U^{i_n})(f) \\ &= \sum_{|\boldsymbol{i}|=q_n}^{q} (-1)^{q-|\boldsymbol{i}|} C_{n-1}^{q-|\boldsymbol{i}|} (U^{i_1} \otimes U^{i_2} \otimes \cdots \otimes U^{i_n})(f) \end{aligned} \tag{9.4.30}$$

其中

$$q_n=\begin{cases}q-n+1, & q\geqslant 2n-1\\ n, & q<2n-1\end{cases} \tag{9.4.31}$$

将式(9.4.24)代入式(9.4.30)得 Smolyak 稀疏网格积分公式:

$$A(q,\ n)(f)=\sum_{|\boldsymbol{i}|=q_n}^{q}(-1)^{q-|\boldsymbol{i}|}C_{n-1}^{q-|\boldsymbol{i}|}\sum_{k=1}^{s_{|\boldsymbol{i}|}}\sum_{j_1=1}^{i_{k1}}\cdots\sum_{j_n=1}^{i_{kn}}(a_{1j_1}^{i_{k1}},\ \cdots,\ a_{nj_n}^{i_{kn}})f(\zeta_{1j_1}^{i_{k1}},\ \cdots,\ \zeta_{nj_n}^{i_{kn}}) \tag{9.4.32}$$

其中

$$s_{|\boldsymbol{i}|}=C_{|\boldsymbol{i}|-1}^{n-1} \tag{9.4.33}$$

如令 $q=n+p$, 并将其分别代入式(9.4.30)、式(9.4.31)得

$$q_n=\begin{cases}p+1, & p\geqslant n-1\\ n, & p<n-1\end{cases} \tag{9.4.34}$$

$$A(p,\ n)(f)=\sum_{|\boldsymbol{i}|=q_n}^{n+p}(-1)^{n+p-|\boldsymbol{i}|}C_{n-1}^{n+p-|\boldsymbol{i}|}\sum_{k=1}^{s_{|\boldsymbol{i}|}}\sum_{j_1=1}^{i_{k1}}\cdots\sum_{j_n=1}^{i_{kn}}(a_{1j_1}^{i_{k1}},\ \cdots,\ a_{nj_n}^{i_{kn}})f(\zeta_{1j_1}^{i_{k1}},\ \cdots,\ \zeta_{nj_n}^{i_{kn}}) \tag{9.4.35}$$

式(9.4.35)称为具有 p 级精度的 n 维变量函数的积分公式,该式的物理意义如下。

(1) 对给定 $|\boldsymbol{i}|$, 若将 $\sum_{k=1}^{s_{|\boldsymbol{i}|}}\sum_{j_1=1}^{i_{k1}}\cdots\sum_{j_n=1}^{i_{kn}}(a_{1j_1}^{i_{k1}}\cdots a_{nj_n}^{i_{kn}})f(\zeta_{1j_1}^{i_{k1}},\ \cdots,\ \zeta_{nj_n}^{i_{kn}})$ 作为 $g(|\boldsymbol{i}|)$ 次积分计算,则数值积分计算就相当于累计节省了 $\sum_{|\boldsymbol{i}|=q_n}^{n+p}g(|\boldsymbol{i}|)C_{n-1}^{n+p-|\boldsymbol{i}|}$ 次计算,随着 n 的增加,节省次数呈 $(ae^{-bp})n^p$(a、$b>0$ 常系数)指数增加。这亦是称为稀疏的主要原因。

(2) p 越大,积分精度就越高。对应工程实际问题,精度等级指标通常取 $p=1$ 即可,对于非线性较强的问题,通常取 $2\leqslant p\leqslant 4$。 在具体操作中,由于稀疏网格法高精度级别 p 中的积分点包含了低精度级别的积分点,以此可通过不断根据稀疏网格的精度级别 p 来检查计算收敛速度。

式(9.4.35)的误差计算式为

$$\varepsilon[A(p,\ n)]=\|I_n-A(p,\ n)\| \tag{9.4.36}$$

上述误差与函数 f、维数 n 和精度等级 $p(q=n+p)$ 有关。Wasilkowski 等(1995)指出,对任意 i_1, 若一维函数数值积分表达式(9.4.18)的均方差表达式(9.4.17)可以写成以下形式:

$$R_1=\|U^{i_1}-I_1\|=BD^{i_1} \tag{9.4.37}$$

其中, B、D 为描述上述数值积分精度的常数,显然 $D<1$, 当 $i_1\to+\infty$ 时, $D^{i_1}\to 0$, $R_1\to 0$。 则式(9.4.36)中的误差由以下公式给出:

$$\varepsilon[A(p,\ n)]<B^nD^{q-n+1}\sqrt{C_q^{n-1}}=B^nD^{p+1}\sqrt{C_{n+p}^{n-1}} \tag{9.4.38}$$

由此可见,多维函数积分式(9.4.35)的计算精度与精度等级 p 有关,更与我们在一维积分

中采用的积分方法 B、D 及精度 i_1 有关。若在一维数值积分中,我们采用高斯积分法,取 $i_1=7$, $B=0.5$, $D=0.2$,则一维积分的均方差为 $R_1=0.64\times10^{-5}$,若将该方法用于 $n=10$、$p=3$ 的多维积分中,其误差为 $\varepsilon(A(p,\ n))=0.42\times10^{-4}$;若 $p=4$,则 $\varepsilon(A(p,\ n))=0.14\times10^{-4}$。

9.4.3.2　基于稀疏网格数值积分的矩估计算法

通过给定 $\boldsymbol{y}=(y_1,\ y_2,\ \cdots,\ y_{n_Y})\in\boldsymbol{Y}$ (n_Y 为随机变量 $\boldsymbol{Y}$ 的分量数),方程(9.4.1)就转换为一确定性方程,求解确定性方程就得到弹丸在 t 时刻的状态参数 $w_l(l=1,\ 2,\ \cdots,\ 22)$,假定 w_l 可用关系式 $w_l=g_l(\boldsymbol{y},\ t)$ 表示。已知弹丸随机参数 $\boldsymbol{Y}$ 的联合概率密度函数 $f_{\boldsymbol{Y}}(\boldsymbol{y})$,弹丸炸点状态参数分布统计矩(原点矩、中心矩)的具体表达式(盛毅等,2011)为

$$\mu_{w_l}(t)=\int_{\boldsymbol{\Omega}_{\boldsymbol{Y}}}g_l(\boldsymbol{y},\ t)f_{\boldsymbol{Y}}(\boldsymbol{y})\mathrm{d}\boldsymbol{y},\quad l=1,\ 2,\ \cdots,\ n_w \tag{9.4.39}$$

$$c_{w_l,\ k}(t)=\int_{\boldsymbol{\Omega}_{\boldsymbol{Y}}}[g_l(\boldsymbol{y},\ t)-\mu_l(t)]^k f_{\boldsymbol{Y}}(\boldsymbol{y})\mathrm{d}\boldsymbol{y},\quad k=2,\ 3,\ 4,\ l=1,\ 2,\ \cdots,\ n_w \tag{9.4.40}$$

其中,$\boldsymbol{\Omega}_{\boldsymbol{Y}}$ 为随机参数 $\boldsymbol{y}$ 的空间。

依据式(9.4.21) $f_{\boldsymbol{Y}}(\boldsymbol{y})$ 可以写成如下形式:

$$f_{\boldsymbol{Y}}(\boldsymbol{y})=\prod_{j=1}^{n_Y}f_{Y_j}(y_j) \tag{9.4.41}$$

利用式(3.2.17)、式(3.2.18)有

$$\begin{aligned}&F_{Y_j}=\int_{Y_j^-}^{Y_j}f_{Y_j}(y_j)\mathrm{d}y_j,\quad 0\leqslant F_{Y_j}\leqslant 1\\&\mathrm{d}F_{Y_j}=f_{Y_j}(y_j)\mathrm{d}y_j,\quad y_j=\phi_j(F_{Y_j})\end{aligned} \tag{9.4.42}$$

式中,Y_j^- 为参数空间 $\boldsymbol{\Omega}_{\boldsymbol{Y}}$ 中随机变量 Y_j 的下边界。

将式(9.4.42)代入式(9.4.39),得

$$\mu_{w_l}(t)=\int_0^1\cdots\int_0^1 g_l[\phi_1(\boldsymbol{F}_Y),\ \cdots,\ \phi_{n_Y}(\boldsymbol{F}_Y),\ t]\mathrm{d}\boldsymbol{F}_Y,\quad l=1,\ 2,\ \cdots,\ n_w \tag{9.4.43}$$

其中

$$\boldsymbol{F}_{\boldsymbol{Y}}=(F_{Y_1},\ \cdots,\ F_{Y_{n_Y}}),\ \mathrm{d}\boldsymbol{F}_{\boldsymbol{Y}}=\mathrm{d}F_{Y_1}\cdots\mathrm{d}F_{Y_{n_Y}} \tag{9.4.44}$$

同样,式(9.4.40)可转换成

$$\begin{aligned}c_{w_l,\ k}(t)=&\int_0^1\cdots\int_0^1\{g_l[\phi_1(\boldsymbol{F}_{\boldsymbol{Y}}),\ \cdots,\ \phi_{n_Y}(\boldsymbol{F}_{\boldsymbol{Y}}),\ t_C]-\mu_l(t)\}^k\mathrm{d}\boldsymbol{F}_{\boldsymbol{Y}},\\&k=2,\ 3,\ 4,\ l=1,\ 2,\ \cdots,\ n_w\end{aligned} \tag{9.4.45}$$

通过转换式(9.4.42),将参数空间 $\boldsymbol{\Omega}_{\boldsymbol{Y}}$ 的积分表达式(9.4.39)、(9.4.40)转化为概率空间的积分表达式(9.4.43)和(9.4.44)。再经变换 $F_{Y_j}=(1+\zeta_j)/2=\varphi_j(\zeta_j)$,将 $0\leqslant F_{Y_j}\leqslant1$ 变换到 $-1\leqslant\zeta_j\leqslant1$ $(j=1,\ 2,\ \cdots,\ n_Y)$ 空间 $\boldsymbol{\Omega}_{\boldsymbol{\zeta}}$,再在空间 $\boldsymbol{\Omega}_{\boldsymbol{\zeta}}$ 应用稀疏网格数值积分方法,为

了方便，记 $\phi_j(\boldsymbol{F}_Y)=\phi_j(\boldsymbol{\varphi}(\boldsymbol{\zeta}))=\eta_j(\boldsymbol{\zeta})$，这样式(9.4.43)、式(9.4.45)改写成

$$\mu_{w_l}(t)=\frac{1}{2^{n_Y}}\int_{-1}^{1}\cdots\int_{-1}^{1}g_l[\eta_1(\boldsymbol{\zeta}),\ \cdots,\ \eta_{n_Y}(\boldsymbol{\zeta}),\ t]\mathrm{d}\zeta,\quad l=1,\ 2,\ \cdots,\ n_w \tag{9.4.46}$$

$$c_{w_l,\ k}(t)=\frac{1}{2^{n_Y}}\int_0^1\cdots\int_0^1\{g_l[\eta_1(\boldsymbol{\zeta}),\ \cdots,\ \eta_{n_Y}(\boldsymbol{\zeta}),\ t]-\mu_{w_l,\ 1}(t)\}^k\mathrm{d}\boldsymbol{\zeta},$$
$$k=2,\ 3,\ 4,\ l=1,\ 2,\ \cdots,\ n_w \tag{9.4.47A}$$

$$c_{w_lw_o}(t)=\frac{1}{2^{n_Y}}\int_0^1\cdots\int_0^1\begin{pmatrix}\{g_l[\eta_1(\boldsymbol{\zeta}),\ \cdots,\ \eta_{n_Y}(\boldsymbol{\zeta}),\ t_C]-\mu_{w_l,\ 1}(t)\}\\ \{g_o[\eta_1(\boldsymbol{\zeta}),\ \cdots,\ \eta_{n_Y}(\boldsymbol{\zeta}),\ t]-\mu_{w_o,\ 1}(t)\}\end{pmatrix}\mathrm{d}\boldsymbol{\zeta},$$
$$k=2,\ 3,\ 4,\ l=1,\ 2,\ \cdots,\ n_w \tag{9.4.47B}$$

由前四阶统计矩转化而来的均值 μ_{w_l}、标准差 σ_{w_l}、偏度 τ_{w_l} 和峰度 κ_{w_l} 为

$$\mu_{w_l}=\mu_{w_l,\ 1},\ \sigma_{w_l}=\sqrt{c_{w_l,\ 2}},\ \tau_{w_l}=\frac{c_{w_l,\ 3}}{\sigma_{w_l}^3},\ \kappa_{w_l}=\frac{c_{w_l,\ 4}}{\sigma_{w_l}^4},\quad l=1,\ 2,\ \cdots,\ n_w \tag{9.4.48}$$

在讨论计算步骤前，若 $\boldsymbol{a}_m=(a_{1j_1}^{i_{k1}},\ \cdots,\ a_{nj_n}^{i_{kn}})$，$\boldsymbol{y}_m=(\zeta_{1j_1}^{i_{k1}},\ \cdots,\ \zeta_{nj_n}^{i_{kn}})$，定义如下运算：

$$\boldsymbol{a}_m g_l(\boldsymbol{y}_m,\ t)=a_{1j_1}^{i_{k1}}\cdots a_{nj_n}^{i_{kn}}g_l(\zeta_{1j_1}^{i_{k1}},\ \cdots,\ \zeta_{nj_n}^{i_{kn}},\ t) \tag{9.4.49}$$

对式(9.4.46)、式(9.4.47)的计算步骤如下。

(1) 给定 n_Y、p，令 $q_n=n_Y$、$|\boldsymbol{i}|=q_n$、$\mu_{w_l}^{|\boldsymbol{i}|}=0$、$c_{w_l,\ k}^{|\boldsymbol{i}|}=0$、$m=0$。

(2) 得到 $s_{|\boldsymbol{i}|}=C_{|\boldsymbol{i}|-1}^{n-1}$ 组整数序列 $\boldsymbol{i}$ 的组合方案：

$$\boldsymbol{i}_{s_{|\boldsymbol{i}|}}=\begin{pmatrix}\boldsymbol{i}_1\\ \vdots\\ \boldsymbol{i}_{s_{|\boldsymbol{i}|}}\end{pmatrix}=\begin{pmatrix}i_{11} & \cdots & i_{1n_Y}\\ \vdots & & \vdots\\ i_{s_{|\boldsymbol{i}|}1} & \cdots & i_{s_{|\boldsymbol{i}|}n_Y}\end{pmatrix}$$

其中，$\boldsymbol{i}_k=(i_{k1},\ \cdots,\ i_{kn_Y})$ $(k=1,\ 2,\ \cdots,\ s_{|\boldsymbol{i}|})$ 表示第 k 组积分点配置方案，i_{k1}、i_{kn_Y} 表示在第 1 和第 n_Y 个变量方向分别配置了 i_{k1} 个和 i_{kn_Y} 个积分点。

(3) $A_l^{|\boldsymbol{i}|}=0$，$l=1,\ 2,\ \cdots,\ n_w$，$k=1$。

(4) 进行以下计算：

a. 计算第 $\boldsymbol{i}_k=(i_{k1},\ \cdots,\ i_{kn_Y})$ 组 $(k=1,\ 2,\ \cdots,\ s_{|\boldsymbol{i}|})$ 的积分点坐标集 $\boldsymbol{\zeta}_{i_k}$ 和对应的加权系数集 $\boldsymbol{a}_{i_k}$：

$$\boldsymbol{\zeta}_{i_k}=(\boldsymbol{\zeta}_1^{i_{k1}},\ \cdots,\ \boldsymbol{\zeta}_{n_Y}^{i_{kn_Y}})=\overset{\begin{matrix}i_{k1} & \cdots & i_{kn_Y}\end{matrix}}{\begin{pmatrix}\zeta_{11}^{i_{k1}} & \cdots & \zeta_{1n_Y}^{i_{kn_Y}}\\ \zeta_{21}^{i_{k1}} & \cdots & \zeta_{2n_Y}^{i_{kn_Y}}\\ \vdots & & \vdots\\ & & \cdots\\ \zeta_{i_{k1}1}^{i_{k1}} & \cdots & \zeta_{i_{kn_Y}n_Y}^{i_{kn_Y}}\end{pmatrix}},\quad \boldsymbol{a}_{i_k}=(\boldsymbol{a}_1^{i_{k1}},\ \cdots,\ \boldsymbol{a}_{n_Y}^{i_{kn_Y}})=\overset{\begin{matrix}i_{k1} & \cdots & i_{kn_Y}\end{matrix}}{\begin{pmatrix}a_{11}^{i_{k1}} & \cdots & a_{1n_Y}^{i_{kn_Y}}\\ a_{21}^{i_{k1}} & \cdots & a_{2n_Y}^{i_{kn_Y}}\\ \vdots & & \vdots\\ & \cdots & \cdots\\ a_{i_{k1}1}^{i_{k1}} & \cdots & a_{i_{kn_Y}n_Y}^{i_{kn_Y}}\end{pmatrix}}$$

其中,$\boldsymbol{\zeta}_1^{i_{k1}}$、$\boldsymbol{a}_1^{i_{k1}}$ 分别为第 1 维变量的积分点坐标集和加权系数集;$\boldsymbol{\zeta}_{n_Y}^{i_{kn_Y}}$、$\boldsymbol{a}_{n_Y}^{i_{kn_Y}}$ 分别为第 n_Y 维变量的积分点坐标集和加权系数集。其中第 1、n_Y 维变量的积分点数分别为 i_{k1} 和 i_{kn_Y}。这里,某一变量方向的积分点配置方法与一维变量采用的方法相同。

b. 对 $\boldsymbol{\zeta}_1^{i_{k1}}$、…、$\boldsymbol{\zeta}_{n_Y}^{i_{kn_Y}}$ 的行下标变量 j_1 由 1 至 i_{k1}、…、下标变量 j_{n_Y} 由 1 至 i_{kn_Y} 循环,进行以下计算:

(a) $m = m + 1$;

(b) 由 $\boldsymbol{\zeta}_{j_1}^{i_{k1}}$、…、$\boldsymbol{\zeta}_{j_{n_Y}}^{i_{kn_Y}}$ 中获取高斯点坐标 $\boldsymbol{\zeta}_m = (\zeta_{j_1 1}^{i_{k1}}, \zeta_{j_2 2}^{i_{k2}}, \cdots, \zeta_{j_{n_Y} n_Y}^{i_{kn_Y}})$,由 $\boldsymbol{a}_1^{i_{k1}}$、…、$\boldsymbol{a}_{n_Y}^{i_{kn_Y}}$ 中获取加权系数 $\boldsymbol{a}_m = (a_{j_1 1}^{i_{k1}}, a_{j_2 2}^{i_{k2}}, \cdots, a_{j_{n_Y} n_Y}^{i_{kn_Y}})$;

(c) 由 $\boldsymbol{\zeta}_m$ 计算随机变量取值 $\boldsymbol{y}_m$,将具体参数值 $\boldsymbol{y}_m$ 代入随机微分方程(9.4.1),此时该方程就成为确定性微分方程,并进行求解得 $w_l = g_l(\boldsymbol{y}_m, t_C)$;

(d) 计算 $A_l^{|\boldsymbol{i}|} = \boldsymbol{a}_m g_l(\boldsymbol{y}_m, t) + A_l^{|\boldsymbol{i}|}$;

(e) 存储 $\boldsymbol{a}_m$、$g_l(\boldsymbol{y}_m, t)$。

c. $k = k + 1$,若 $k \leqslant s_{|\boldsymbol{i}|}$,转到第 a.步,否则转到第(5)步。

(5) 计算 $\mu_{w_l}^{|\boldsymbol{i}|} = \dfrac{1}{2^{n_Y}}(-1)^{n_Y+p-|\boldsymbol{i}|} C_{n_Y-1}^{n_Y+p-|\boldsymbol{i}|} A_l^{|\boldsymbol{i}|} + \mu_{w_l}^{|\boldsymbol{i}|}$。

(6) $|\boldsymbol{i}| = |\boldsymbol{i}| + 1$,若 $|\boldsymbol{i}| \leqslant n_Y + p$,转到第(2)步,否则转到第(7)步。

(7) 读取全部已存储的 $\boldsymbol{a}_m$、$g_l(\boldsymbol{y}_m, t)$,令 $A_l^{|\boldsymbol{i}|} = 0$, $B_l^{|\boldsymbol{i}|} = 0$;

(8) 计算:

$$A_l^{|\boldsymbol{i}|} = \sum_{k=1}^{s_{|\boldsymbol{i}|}} \sum_{j_1=1}^{i_{k1}} \cdots \sum_{j_{n_Y}=1}^{i_{kn_Y}} (\boldsymbol{a}_m g_l(\boldsymbol{y}_m, t) - \mu_{w_l}^{|\boldsymbol{i}|})^k$$

$$c_{l,k}^{|\boldsymbol{i}|} = \frac{1}{2^{n_Y}} \sum_{|\boldsymbol{i}|=q_n}^{n_Y+p} (-1)^{n_Y+p-|\boldsymbol{i}|} C_{n_Y-1}^{n_Y+p-|\boldsymbol{i}|} A_l^{|\boldsymbol{i}|}$$

$$B_l^{|\boldsymbol{i}|} = \sum_{k=1}^{s_{|\boldsymbol{i}|}} \sum_{j_1=1}^{i_{k1}} \cdots \sum_{j_n=1}^{i_{kn}} (\boldsymbol{a}_m g_l(\boldsymbol{y}_m, t) - \mu_{w_l}^{|\boldsymbol{i}|})(\boldsymbol{a}_m g_o(\boldsymbol{y}_m, t) - \mu_{w_o}^{|\boldsymbol{i}|})$$

$$\sigma_{w_l w_o}^{|\boldsymbol{i}|} = \frac{1}{2^{n_Y}} \sum_{|\boldsymbol{i}|=q_n}^{n_Y+p} (-1)^{n_Y+p-|\boldsymbol{i}|} C_{n_Y-1}^{n_Y+p-|\boldsymbol{i}|} B_l^{|\boldsymbol{i}|}$$

(9) 计算结束。

当计算得到 $\mu_{w_l,1}(t)$、$\mu_{w_l,2}(t)$、$\sigma_{w_l w_o}(t)$、$c_{w_l,3}(t)$、$c_{w_l,4}(t)$ 时,计算偏度和峰度:

$$\tau_{w_l}(t) = \frac{c_{w_l,3}(t)}{\sigma_{w_l}^3(t)}, \quad \kappa_{w_l}(t) = \frac{c_{w_l,4}(t)}{\sigma_{w_l}^4(t)} \tag{9.4.50}$$

若 $|\tau_{w_l}(t)| = 0$, $|\kappa_{w_l}(t) - 3| = 0$,则表明随机变量 $W_l(t)$ 服从正态分布。

当所有的参数全部计算完毕,就得到了弹丸独立随机变量 $\boldsymbol{W}(t)$ 的均值 $\boldsymbol{\mu}_{\boldsymbol{W}}(t)$、协方差矩阵 $\boldsymbol{\Sigma}_{\boldsymbol{W}}$:

$$\boldsymbol{\mu}_{\boldsymbol{W}}(t) = \{\mu_{w_l}(t)\}, \quad \boldsymbol{\Sigma}_{\boldsymbol{W}}(t) = [\sigma_{w_l w_o}(t)] \tag{9.4.51}$$

将式(9.4.51)代入式(9.4.8)得准确度值:

$$\boldsymbol{\Pi}_W(t) = [\boldsymbol{\mu}_W(t) - \widehat{\boldsymbol{W}}(t)] \otimes [\boldsymbol{\mu}_W(t) - \widehat{\boldsymbol{W}}(t)] \tag{9.4.52}$$

至此全部计算得到弹丸膛内运动精度的统计值 $\boldsymbol{Y}_W(t)$、$\boldsymbol{\Sigma}_W(t)$、$\boldsymbol{\Pi}_W(t)$。

当所有的随机变量服从正态分布时，可得变量 $\boldsymbol{W}(t)$ 的概率密度分布函数：

$$f_W(\boldsymbol{W}, t) = \frac{1}{(2\pi)^{n/2}\det(\boldsymbol{\Sigma}_W)}\exp[-(\boldsymbol{W}-\boldsymbol{\mu}_W)\cdot\boldsymbol{\Sigma}_W^{-1}\cdot(\boldsymbol{W}-\boldsymbol{\mu}_W)] \tag{9.4.53}$$

当随机变量不服从正态分布时，可采用 9.4.4 节的极大熵估计方法得到状态变量 $\boldsymbol{W}(t)$ 概率密度的边缘分布函数。

特别地，当 $t = t_G$ 为弹丸飞离炮口时，就得到弹丸炮口点的特征统计参数：

$$\begin{gathered} \boldsymbol{\mu}_W(t_G) = \{\mu_{w_l}(t_G)\}, \quad \boldsymbol{\Sigma}_W(t_G) = [\sigma_{w_l w_o}(t_G)] \\ \boldsymbol{\Pi}_W(t_G) = [\boldsymbol{\mu}_W(t_G) - \widehat{\boldsymbol{W}}(t_G)] \otimes [\boldsymbol{\mu}_W(t_G) - \widehat{\boldsymbol{W}}(t_G)] \end{gathered} \tag{9.4.54}$$

9.4.4 状态参数概率密度的极大熵估计

9.4.3 节给出了 t 时刻，弹丸状态参数 $w_l(t) = g_l(\boldsymbol{y}, t)$ 及其统计特征值 $\mu_{w_l,k}(t)$、$c_{w_l,k}(t)$ 的计算，给出了正态分布条件下弹丸状态参数的概率密度分布 $f_W(\boldsymbol{w}, t)$。本节将讨论利用最大熵原理(Woodley et al., 2016)来构建任意分布条件下状态参数概率密度函数 $f_{W_l}(w_l, t)$ 的构建方法。最大熵原理是指在所有可能的弹丸状态参数的分布中存在一个使信息熵取极大值的分布，该分布属最小偏见估计。李宪东(2008)对常见分布的最大熵估计进行了推导和证明，并给出了一般分布最大熵估计的求解方法。考虑到弹丸运动状态参数服从类正态分布的特性[5]，本书可以利用该方法对弹丸运动状态参数的概率密度进行估计。

以一维弹丸状态参数 $w_l(t)$ 为例进行讨论，对其他维度状态参数讨论可以按此方法得到。

t 时刻弹丸状态参数 $w_l(t) = g_l(\boldsymbol{y}, t)$ 的信息熵定义为

$$S_l(t) = -\int_{\Omega_{W_l}} f_{W_l}(w_l, t)\ln f_{W_l}(w_l, t)\,\mathrm{d}w_l \tag{9.4.55}$$

式中，$f_{W_l}(w_l, t)$ 为弹丸状态参数 $w_l(t)$ 的概率密度函数；S_l、Ω_{W_l} 为分别为弹丸状态参数 $w_l(t)$ 的信息熵和积分空间。

将落点分布的前 r 阶中心矩(本书中取 $r = 4$) 作为信息熵约束条件，则可建立如下求解 $f_{W_l}(W_l, t)$ 的优化模型：

$$\begin{aligned} & \max\ S_l(t) \\ & \text{s.t.} \int_{\Omega_{W_l}} f_{W_l}(w_l, t)\,\mathrm{d}y = 1 \\ & \qquad \int_{\Omega_{W_l}} (w_l - \mu_{W_l})^k f_{W_l}(w_l, t)\,\mathrm{d}w_l = c_{w_l,k}, \quad k = 1, 2, \cdots, r \\ & \text{var}\, f_{W_l}(w_l, t) \end{aligned} \tag{9.4.56}$$

式(9.4.56)为等式约束优化问题，可采用拉格朗日方法进行变换，定义如下形式的拉格朗日函数：

$$L = -\int_{\Omega_{W_l}} f_{W_l}(w_l, t)\ln f_{W_l}(w_l, t)\,\mathrm{d}w_l + (\lambda_0 + 1)\left[\int_{\Omega_{W_l}} f_{W_l}(w_l, t)\,\mathrm{d}w_l - 1\right] + \sum_{k=1}^{r}\lambda_k\left[\int_{\Omega_{W_l}} (w_l - \mu_{w_l})^k f_{W_l}(w_l, t)\,\mathrm{d}w_l - c_{w_l,k}\right] \tag{9.4.57}$$

其中，$\lambda_k(k=0, 1, \cdots, r)$ 为拉格朗日乘子，$\lambda_0 + 1$ 中的“1”是为了后面推导有意加入的。将上式对 $f_{W_l}(w_l, t)$ 求导并等于零，则得到满足最大熵原理的 $f_{W_l}(w_l, t)$ 表达式：

$$f_{W_l}(w_l, t) = \exp\left\{\sum_{k=0}^{r}\lambda_k\left[w_l(t) - \mu_{w_l}\right]^k\right\} \tag{9.4.58}$$

将表达式(9.4.58)代入约束方程(9.4.57)可得如下非线性方程：

$$\int_{\Omega_{W_l}} (w_l - \mu_{w_l})^k \exp\left[\sum_{q=0}^{r}\lambda_q (w_l - \mu_{w_l})^q\right]\mathrm{d}w_l = c_{w_l,k}, \quad k = 0, 1, \cdots, r \tag{9.4.59}$$

式(9.4.59)中待定系数 λ_q 与方程数相同，理论上存在一组最优解，通常将式(9.4.59)的非线性方程转化为无约束优化问题来求解，定义误差函数最小，即

$$\begin{aligned}&\min \sum_{k=0}^{r}\left[\hat{c}_k(\boldsymbol{\lambda}) - c_{w_l,k}\right]^2\\&\hat{c}_k(\boldsymbol{\lambda}) = \int_{\Omega_{W_l}} (w_l - \mu_{w_l})^k \exp\left[\sum_{q=0}^{r}\lambda_q (w - \mu_{w_l})^q\right]\mathrm{d}w_l\\&\text{var } \boldsymbol{\lambda}\end{aligned} \tag{9.4.60}$$

式中，$\boldsymbol{\lambda} = \{\lambda_0, \lambda_1, \cdots, \lambda_r\}^{\mathrm{T}}$。

为确保上述优化问题能够得到较为准确的解，可利用遗传算法和序列二次规划的方法进行求解，以此来达到全局搜索和局部精细求解的目的。先通过遗传算法求解式(9.4.59)，并将计算得到的结果作为初始值，利用序列二次规划方法计算获得最终解。通过求解优化问题(9.4.60)，可得系数 $\boldsymbol{\lambda} = \{\lambda_0, \lambda_1, \cdots, \lambda_r\}^{\mathrm{T}}$，进而由式(9.4.58)确定概率密度函数 $f_{W_l}(w_l, t)$，通过对 $f_{W_l}(w_l, t)$ 进行积分可得随机变量 $w_l(t)$ 的分布函数 $F_{W_l}(w_l, t)$ 为

$$F_{W_l}(w_l, t) = \int_{-\infty}^{w_l} f_{W_l}(w_l, t)\,\mathrm{d}w_l \tag{9.4.61}$$

9.5 基于弹丸膛内运动精度的火炮参数优化

9.5.1 基本思路

前面几节确定了火炮系统随机参数 $\boldsymbol{\xi}_p$ 是对弹丸膛内运动精度有影响的重要参数，本节将给出火炮系统随机参数 $\boldsymbol{\xi}_p$ 的优化方法。

火炮随机参数 $\boldsymbol{\xi}_p$ 的取值范围可以分解为均值(名义值) $\bar{\boldsymbol{\xi}}_p$ 和误差 $\Delta\boldsymbol{\xi}_p$：

$$\boldsymbol{\xi}_p = \bar{\boldsymbol{\xi}}_p + \Delta\boldsymbol{\xi}_p \tag{9.5.1}$$

$$\Delta\boldsymbol{\xi}_p \in [\Delta\boldsymbol{\xi}_p^{\mathrm{L}},\ \Delta\boldsymbol{\xi}_p^{\mathrm{R}}] \tag{9.5.2}$$

其中，$\Delta\boldsymbol{\xi}_p^{\mathrm{L}}$、$\Delta\boldsymbol{\xi}_p^{\mathrm{R}}$ 分别为误差 $\Delta\boldsymbol{\xi}_p$ 的下限和上限。

火炮随机参数名义值 $\bar{\boldsymbol{\xi}}_p$ 属于火炮系统总体设计范畴，火炮总体设计得到的参数 $\bar{\boldsymbol{\xi}}_p$ 应能确保火炮系统的射击精度是稳定的且具有较强的抗扰动能力。如图 9.5.1 所示，当火炮中某一参数名义值取 $\bar{\xi}_1^p$ 时，虽然造成弹丸落点的偏差比 $\bar{\xi}_2^p$ 的要小，然而当参数发生波动时，令 $\Delta\xi_1^p = \Delta\xi_2^p$，$\Delta\xi_1^p$ 引起的弹丸落点偏差范围 $\Delta\boldsymbol{w}_1$ 相较 $\Delta\xi_2^p$ 的落点偏差范围 $\Delta\boldsymbol{w}_2$ 要大得多。因此，对于考虑射击精度的火炮总体设计而言，需要通过多目标优化，作出均值与散布方差 $\mu-\sigma$ 的 Pareto 解集供总体设计参考（本节中，均值可以理解为准确度）。如图 9.5.2 所示，从 $\mu-\sigma$ 的 Pareto 解集中可通过设计评估确定一个优化的解 $[\mu_{\mathrm{opt}},\ \sigma_{\mathrm{opt}}]$，对应的火炮总体参数的名义值 $\bar{\boldsymbol{\xi}}_p^{\mathrm{opt}}$。

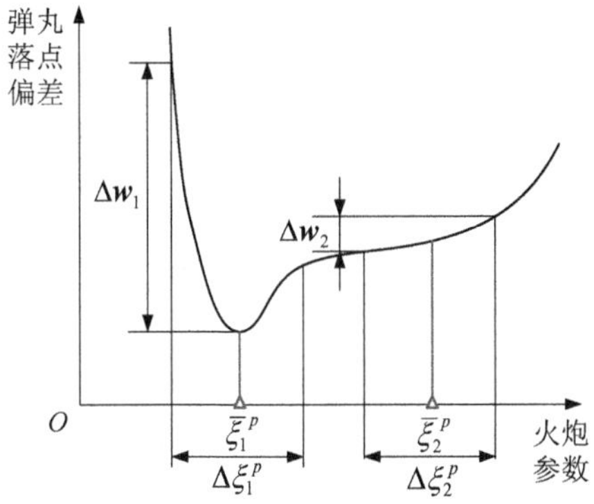

图 9.5.1　火炮总体设计示意图

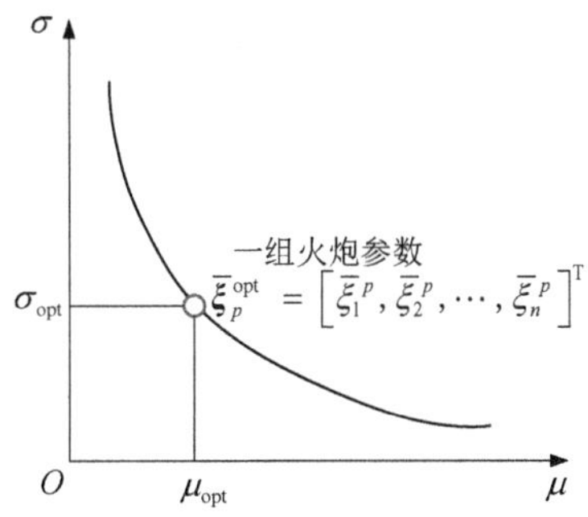

图 9.5.2　$\mu-\sigma$ 的 Pareto 解集

根据上述分析可知，对于一型火炮的研制而言，火炮总体设计决定了该型火炮射击精度的下限。

火炮参数误差 $\Delta\boldsymbol{\xi}_p$ 设计需要在火炮详细设计阶段开展，并将优化设计得到的误差匹配方案在后续工程化阶段的质量管理中加以落实。火炮参数误差的最终目的是对标火炮射击精度指标，以给定的火炮射击精度指标为目标，结合火炮总体设计获得的火炮原型总体参数，通过优化设计反求获得火炮参数的误差匹配集合 $[\Delta\boldsymbol{\xi}_p^{\mathrm{L}},\ \Delta\boldsymbol{\xi}_p^{\mathrm{R}}]$。该集合为高维空间内的超曲面，曲面上的点则满足指标要求，通过设计人员评估工艺、质量控制、成本等因素，优选获得最优的误差匹配方案。

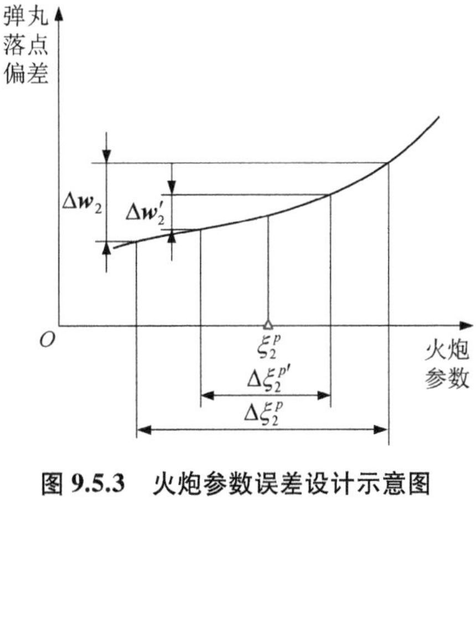

图 9.5.3　火炮参数误差设计示意图

根据上述分析可知，对于一型火炮的研制而言，火炮误差设计决定了该型火炮射击精度的上限。若误差匹配设计不好，则可能导致一型火炮的射击密集度的一致性虽然很好，但是一直停留在较低的水平，无法得到提升。如图 9.5.3 所示，当通过总体设计确定优化的总体参数 $\bar{\xi}_2^p$ 时，通过误差匹配设计,将误差由 $\Delta\xi_2^p$ 缩小至 $\Delta\xi_2^{p\prime}$,则弹丸落点的偏差范围进一步减小,从而提高火炮的射击精度。因此,火炮参数的误差设计对于火炮射击精度度满足给定的指标是必不可少的。

9.5.2 优化方法

为了便于火炮总体设计和参数误差设计,将纵向和横向准确度、纵向和横向密集度通过加权欧氏距离的方法进行综合考虑,定义

$$\mu = \sqrt{\mu_X^2 + (\rho_\mu \mu_Z)^2}, \quad \sigma = \sqrt{\sigma_X^2 + (\rho_\sigma \sigma_Z)^2} \tag{9.5.3}$$

其中,ρ_μ 和 ρ_σ 是与指标要求相关的权系数:

$$\rho_\mu = \frac{\hat{\mu}_X}{\hat{\mu}_Z}, \quad \rho_\sigma = \frac{\hat{\sigma}_X}{\hat{\sigma}_Z} \tag{9.5.4}$$

其中,$\hat{\mu}_X$ 和 $\hat{\mu}_Z$ 分别为纵向和横向准确度指标;$\hat{\sigma}_X$ 和 $\hat{\sigma}_Z$ 分别为纵向和横向密集度指标。通过权系数可消除纵向和横向射击精度的差异,同时将指标进行综合,降低了优化设计的目标数。

根据参数总体设计的需求,建立的优化设计模型如下:

$$\begin{cases} \text{min} & \mu,\ \sigma \\ \text{model} & w_i = g_i(\boldsymbol{\xi}_p,\ \boldsymbol{\theta}) \\ & \boldsymbol{\xi}_p = \bar{\boldsymbol{\xi}}_p + \Delta\boldsymbol{\xi}_p \\ \text{given} & \Delta\boldsymbol{\xi}_p \in [\Delta\boldsymbol{\xi}_p^{\mathrm{L}},\ \Delta\boldsymbol{\xi}_p^{\mathrm{R}}],\ \boldsymbol{\theta} \in [\boldsymbol{\theta}_p^{\mathrm{L}},\ \boldsymbol{\theta}_p^{\mathrm{R}}] \\ \text{var} & \boldsymbol{\xi}_p \\ \text{s.t.} & \boldsymbol{\xi}_p \in [\boldsymbol{\xi}_p^{\mathrm{L}},\ \boldsymbol{\xi}_p^{\mathrm{R}}] \end{cases} \tag{9.5.5}$$

其中,优化目标有两个,分别为 μ 和 σ 最小;$w_i = g_i(\boldsymbol{\xi}_p,\ \boldsymbol{\theta})$ 为弹丸运动状态参数响应函数;$\boldsymbol{\xi}_p$ 为待优化系统参数;$\boldsymbol{\theta}$ 为不可控参数,其变化范围为 $\boldsymbol{\theta} \in [\boldsymbol{\theta}_p^{\mathrm{L}},\ \boldsymbol{\theta}_p^{\mathrm{R}}]$。式(9.5.5)优化问题可采用著名的第二类非支配遗传算法(NSGA-Ⅱ)求解。上述优化即设计总体参数的名义值,使得系统在有参数误差和不可控误差的情况下获得最小 μ 和 σ 的 Pareto 解集。

当完成总体优化设计,并且通过设计人员评估从 μ 和 σ 的 Pareto 解集中确定一组优选的总体参数名义值 $\bar{\boldsymbol{\xi}}_p^{\mathrm{opt}}$ 后,就可以展开满足火炮射击密集度指标的参数误差设计,即确定 $\Delta\boldsymbol{\xi}_p \in [\Delta\boldsymbol{\xi}_p^{\mathrm{L}},\ \Delta\boldsymbol{\xi}_p^{\mathrm{R}}]$ 的范围,考虑不可控误差 $\boldsymbol{\theta} \in [\boldsymbol{\theta}_p^{\mathrm{L}},\ \boldsymbol{\theta}_p^{\mathrm{R}}]$ 的影响,获得满足指标的射击密集度,建立的优化设计模型如下:

$$\begin{cases} \text{min} & \|(\mu - \hat{\mu}) + (\sigma - \hat{\sigma})\| \\ \text{model} & w_i = g_i(\boldsymbol{\xi}_p,\ \boldsymbol{\theta},\ t) \\ & \boldsymbol{\xi}_p = \bar{\boldsymbol{\xi}}_p^{\mathrm{opt}} + \Delta\boldsymbol{\xi}_p,\ \Delta\boldsymbol{\xi}_p \in [\Delta\boldsymbol{\xi}_p^{\mathrm{L}},\ \Delta\boldsymbol{\xi}_p^{\mathrm{R}}] \\ \text{given} & \boldsymbol{\theta} \in [\boldsymbol{\theta}_p^{\mathrm{L}},\ \boldsymbol{\theta}_p^{\mathrm{R}}] \\ \text{var} & \Delta\boldsymbol{\xi}_p^{\mathrm{L}},\ \Delta\boldsymbol{\xi}_p^{\mathrm{R}} \\ \text{s.t.} & \Delta\boldsymbol{\xi}_p^{\mathrm{L}}, \Delta\boldsymbol{\xi}_p^{\mathrm{R}} \in [\Delta\boldsymbol{\xi}_p^{\min},\ \Delta\boldsymbol{\xi}_p^{\max}], \quad \Delta\boldsymbol{\xi}_p^{\mathrm{L}} < \Delta\boldsymbol{\xi}_p^{\mathrm{R}} \end{cases} \tag{9.5.6}$$

其中，$\hat{\mu}$ 和 $\hat{\sigma}$ 为根据给定的纵向和横向射击准确度，纵向和横向射击密集度，通过加权欧氏距离计算得到。式(9.5.6)优化问题可采用给定不同初值点的序列二次规划方法(SQP)求解。

在参数误差优化设计中总体参数名义值 $\bar{\boldsymbol{\xi}}_p^{\text{opt}}$ 被认为是确定性参数，其误差的上下界 $\Delta\boldsymbol{\xi}_p^{\text{L}}$ 和 $\Delta\boldsymbol{\xi}_p^{\text{R}}$ 为设计变量。需要注意的是，在式(9.5.6)的优化中没有加入其他的约束条件，目的是通过局部优化设计给出多组优化设计的解集合，给设计人员较大的空间进行优选，从而在工艺、质量控制、成本等方面获得较为满意的误差匹配方案。

第 10 章　弹丸空中飞行精度分析

10.1　基本概念

六自由度刚体外弹道方程被认为是一种比较精确的外弹道方程,弹丸空中飞行精度将以此方程为基准进行讨论。本章首先推导无动力惯性飞行弹丸六自由度刚体外弹道方程,其次讨论作用在弹丸上的载荷计算公式,定义弹丸空中飞行精度的概念,提出控制弹丸飞行精度的方法,最后通过实际算例来阐述弹道散布的原因。

取一空间点 o_g,射击前点 o_g 与身管上点 O_{ds}(图 5.5.3)重叠,射击过程中点 o_g 始终固定在空中原位不动。弹丸飞离炮口是指弹丸上点 o_Q(图 6.2.1)飞离点 O_{ds} 时刻,弹丸初速是指弹丸飞离炮口瞬间弹丸几何中心点 o_{Q_E} 处的速度 $\boldsymbol{v}_{Q_E}$。

10.2　坐标系建立

1) 炮口坐标系 $o_g - x_1^g x_2^g x_3^g$,记为 $\boldsymbol{i}_g$,如图 10.2.1 所示,$\boldsymbol{i}_g$ 由坐标系 $\boldsymbol{i}_G$ 平移至原点 o_g 得到,平移矢径 $\boldsymbol{U}_g = U_i^{g i_G}\boldsymbol{e}_i$ 由坐标原点 o_G 与原点 o_g 的几何关系决定。坐标系 $\boldsymbol{i}_g$ 亦为惯性坐标系,其坐标轴单位方向矢量用 ${}^{i_g}\boldsymbol{e}_i$ 来表示,该坐标系下弹丸上任意点 O_Q 的位置矢量可表示为 $\boldsymbol{U}_g^Q = U_i^{gQ i_g}\boldsymbol{e}_i$。在余下对弹丸外弹道运动的描述中,均在坐标系 $\boldsymbol{i}_g$ 下进行。

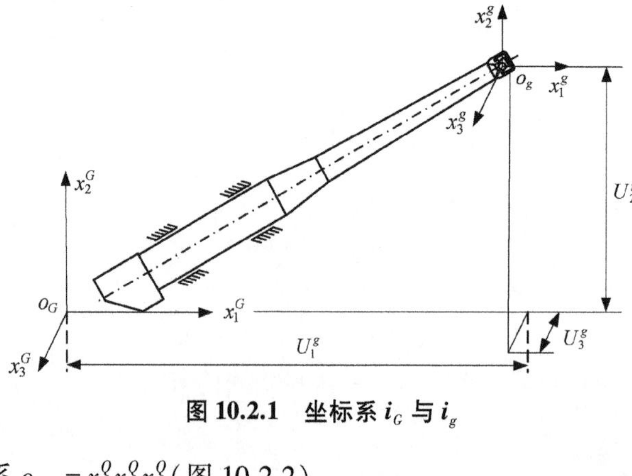

图 10.2.1　坐标系 $\boldsymbol{i}_G$ 与 $\boldsymbol{i}_g$

2) 弹体坐标系 $o_{Q_E} - x_1^Q x_2^Q x_3^Q$(图 10.2.2)

该坐标系与图 6.3.1 中的坐标系完全相同,坐标系 $\boldsymbol{i}_Q$ 可由坐标系 $\boldsymbol{i}_g$ 经(3-2-1)顺序

旋转 φ_a、$-\varphi_b$、γ 三个欧拉角得到，φ_a、φ_b 称为弹丸摆角，γ 称为滚转角。由式(2.3.14)和式(2.3.15)可得

$$^{i_Q}\boldsymbol{e}_i = {}^{321}Q_{ij}^T(\gamma, \varphi_b, \varphi_a)\,{}^{i_g}\boldsymbol{e}_j \tag{10.2.1A}$$

记

$$\boldsymbol{L}_{i_Q} = {}^{321}Q_{ij}^T(\gamma, \varphi_b, \varphi_a)\,{}^{i_Q}\boldsymbol{e}_i \otimes {}^{i_g}\boldsymbol{e}_j \tag{10.2.1B}$$

令式(10.2.1A)中下标 $i = 1$，得到弹轴方向单位基矢量 $^{i_Q}\boldsymbol{e}_1$ 与惯性坐标系基矢量 $^{i_g}\boldsymbol{e}_j$ 之间的关系：

$$^{i_Q}\boldsymbol{e}_1 = {}^{321}Q_{1j}^T(\gamma, \varphi_b, \varphi_a)\,{}^{i_g}\boldsymbol{e}_j = \cos\varphi_b\cos\varphi_a\,{}^{i_g}\boldsymbol{e}_1 + \cos\varphi_b\sin\varphi_a\,{}^{i_g}\boldsymbol{e}_2 + \sin\varphi_b\,{}^{i_g}\boldsymbol{e}_3 \tag{10.2.1C}$$

其中

$$\varphi_b = \varphi_2 + \varphi_2^0, \quad \varphi_a = \varphi_1 + \varphi_1^0 \tag{10.2.1D}$$

式中，φ_1^0、φ_2^0 由式(10.6.2F)给出。

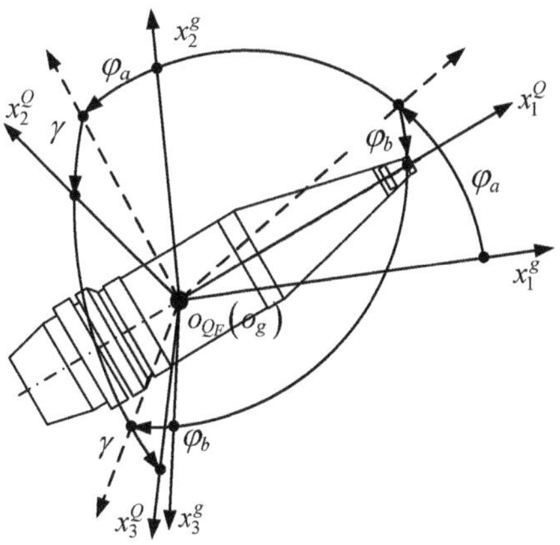

图 10.2.2　坐标系 $\boldsymbol{i}_g$ 与 $\boldsymbol{i}_Q$

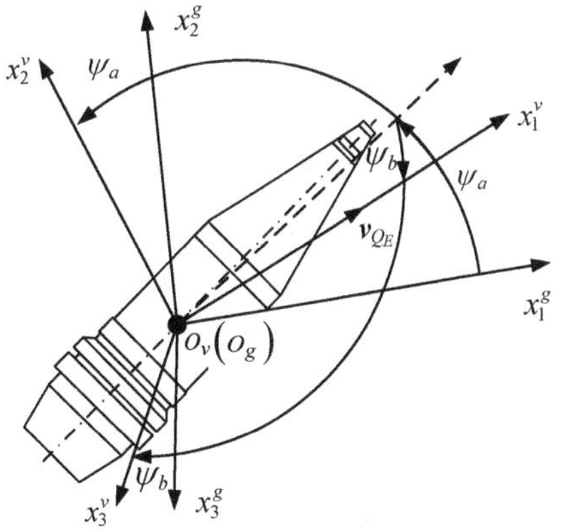

图 10.2.3　坐标系 $\boldsymbol{i}_g$ 与 $\boldsymbol{i}_v$

3) 速度坐标系 $o_v - x_1^v x_2^v x_3^v$(图 10.2.3)

该坐标系与图 6.3.1 中的坐标系完全相同，由于坐标系 $\boldsymbol{i}_v$ 随弹丸几何中心平动，因此坐标系 $\boldsymbol{i}_v$ 由坐标系 $\boldsymbol{i}_g$ 经(3－2)顺序旋转 ψ_a、$-\psi_b$ 两个欧拉角得到。由式(2.3.14)和式(2.3.15)得到

$$^{i_v}\boldsymbol{e}_i = {}^{321}Q_{ij}^T(0, \psi_b, \psi_a)\,{}^{i_g}\boldsymbol{e}_j \tag{10.2.2A}$$

记

$$\boldsymbol{L}_{i_v} = {}^{321}Q_{ij}^T(0, \psi_b, \psi_a)\,{}^{i_v}\boldsymbol{e}_i \otimes {}^{i_g}\boldsymbol{e}_j \tag{10.2.2B}$$

令式(10.2.2A)中 $i = 1$，得到速度方向单位基矢量 $^{i_v}\boldsymbol{e}_i$ 与惯性坐标系基矢量 $^{i_g}\boldsymbol{e}_j$ 之间的关系：

$$^{i_v}\boldsymbol{e}_1 = {}^{321}Q_{1j}^T(0, \psi_b, \psi_a)\,{}^{i_g}\boldsymbol{e}_j = \cos\psi_b\cos s\psi_a\,{}^{i_g}\boldsymbol{e}_1 + \cos\psi_b\sin\psi_a\,{}^{i_g}\boldsymbol{e}_2 + \sin\psi_b\,{}^{i_g}\boldsymbol{e}_3 \tag{10.2.2C}$$

其中

$$\psi_b=\psi_2+\varphi_2^0,\quad \psi_a=\psi_1+\varphi_1^0 \tag{10.2.2D}$$

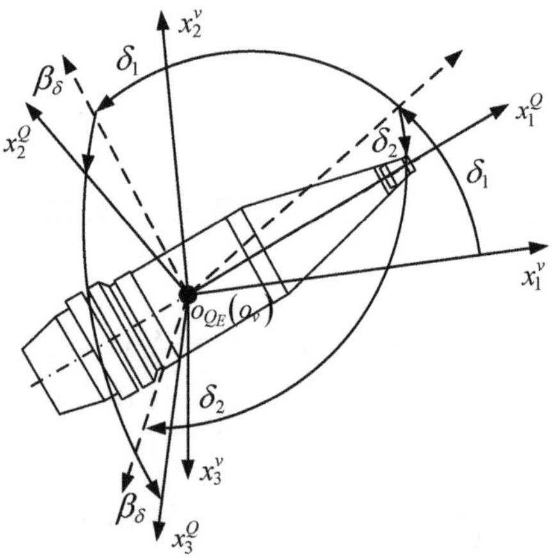

图 10.2.4　坐标系 $\boldsymbol{i}_Q$ 与 $\boldsymbol{i}_v$

如图 10.2.4 所示,通过欧拉变换可建立弹体坐标系 $\boldsymbol{i}_E$ 和速度坐标系 $\boldsymbol{i}_v$ 之间的关系,速度坐标系 $\boldsymbol{i}_v$ 按(3－2－1)顺序旋转 δ_1、$-\delta_2$、β_δ 三个欧拉角得到弹体坐标系 $\boldsymbol{i}_Q$。由于弹轴 ${}^{i_Q}\boldsymbol{e}_1$ 以 $\dot{\gamma}$ 在旋转,β_δ 是为了适应 $\dot{\gamma}$ 而引入的。δ_1 称为高低攻角,δ_2 称为方向攻角。因此由式(2.3.14)和式(2.3.15)得到

$$ {}^{i_Q}\boldsymbol{e}_i={}^{321}Q_{ij}^T(\beta_\delta,\ \delta_2,\ \delta_1)\,{}^{i_v}\boldsymbol{e}_j \tag{10.2.3A}$$

记

$$\boldsymbol{L}_\delta={}^{321}Q_{ij}^T(\beta_\delta,\ \delta_2,\ \delta_1)\,{}^{i_Q}\boldsymbol{e}_i\otimes{}^{i_v}\boldsymbol{e}_j \tag{10.2.3B}$$

其分量形式为

$$\begin{cases}L_{11}^\delta=\cos\delta_2\cos\delta_1,\ L_{12}^\delta=\cos\delta_2\sin\delta_1,\ L_{13}^\delta=\sin\delta_2\\ L_{21}^\delta=-(\sin\beta_\delta\sin\delta_2\cos\delta_1+\cos\beta_\delta\sin\delta_1)\\ L_{22}^\delta=-\sin\beta_\delta\sin\delta_2\sin\delta_1+\cos\beta_\delta\cos\delta_1,\ L_{23}^\delta=\sin\beta_\delta\cos\delta_2\\ L_{31}^\delta=-\cos\beta_\delta\sin\delta_2\cos\delta_1+\sin\beta_\delta\sin\delta_1\\ L_{32}^\delta=-(\cos\beta_\delta\sin\delta_2\sin\delta_1+\sin\beta_\delta\cos\delta_1),\ L_{33}^\delta=\cos\beta_\delta\cos\delta_2\end{cases} \tag{10.2.3C}$$

令式(10.2.3A)中 $i=1$,得到弹轴方向单位基矢量 ${}^{i_Q}\boldsymbol{e}_1$ 与速度坐标系基矢量 ${}^{i_v}\boldsymbol{e}_j$ 之间的关系:

$$ {}^{i_Q}\boldsymbol{e}_1={}^{321}Q_{1j}^T(\beta_\delta,\ \delta_2,\ \delta_1)\,{}^{i_v}\boldsymbol{e}_j=\cos\delta_2\cos\delta_1\,{}^{i_v}\boldsymbol{e}_1+\cos\delta_2\sin\delta_1\,{}^{i_v}\boldsymbol{e}_2+\sin\delta_2\,{}^{i_v}\boldsymbol{e}_3 \tag{10.2.3D}$$

式(10.2.1C)通过摆角给出了弹轴 ${}^{i_Q}\boldsymbol{e}_1$ 指向,式(10.2.2C)通过偏角给出了速度轴 ${}^{i_v}\boldsymbol{e}_1$ 的指向,式(10.2.3D)通过攻角建立了弹轴 $\boldsymbol{i}_Q$ 与速度坐标系 $\boldsymbol{i}_v$ 间的关系。利用转换关系还可建立摆角、偏角与攻角间的关系,其方法是将速度坐标系 $\boldsymbol{i}_v$ 经惯性坐标系 $\boldsymbol{i}_g$(偏角)向弹体坐标系 $\boldsymbol{i}_Q$(摆角)投影,所得结果应与式(10.2.3B)相等,$\boldsymbol{L}_\delta=\boldsymbol{L}_{i_Q}\cdot(\boldsymbol{L}_{i_v})^{\mathrm{T}}$,展开得到各分量间的相互关系:

$$\sin\delta_2=\cos\psi_b\sin\varphi_b-\sin\psi_b\cos\varphi_b\cos(\varphi_a-\psi_a) \tag{10.2.4A}$$

$$\sin\delta_1\cos\delta_2=\cos\varphi_b\sin(\varphi_a-\psi_a) \tag{10.2.4B}$$

$$\begin{aligned}\sin\beta_\delta\cos\delta_2=&\sin\gamma[\sin\varphi_b\sin\psi_b\cos(\varphi_a-\psi_a)+\cos\varphi_b\cos\psi_b]\\&+\cos\gamma\sin\psi_b\sin(\varphi_a-\psi_a)\end{aligned} \tag{10.2.4C}$$

10.3 弹丸运动分析

10.3.1 一般角运动分析

10.3.1.1 地球自转运动分析

我们所说的弹丸飞行是弹丸相对于地球固定坐标系 $\boldsymbol{i}_g$ 而言的，事实上地球以自转角速度 $\boldsymbol{\Omega}_T = \|\boldsymbol{\Omega}_T\| {}^{i_T}\boldsymbol{e}_1$($\|\boldsymbol{\Omega}_T\| \approx 4.167 \times 10^{-3}$°/s) 绕极轴 ${}^{i_T}\boldsymbol{e}_1$ 在转动，由此对弹丸空中飞行产生科氏加速度及向心加速度，该加速度对飞行距离较短的弹丸落点影响不大，但对飞行距离较远的弹丸落点影响较大。

如图 10.3.1 所示，假定在地球北半球北纬为 Λ (由赤道向北为正)的 o_g 点处进行射击，在点 o_g 处建立地球固定坐标系 $\boldsymbol{i}_g$，射击方向 $o_g x_1^g$ 沿正北向(过 o_g 点经线的切线方向)顺时针转 Θ_N 角，$o_g x_2^g$ 沿 Λ 方向指向天空并与轴 $o_g x_1^g$ 垂直($o_g x_1^g x_2^g$ 为射击面)，$o_g x_3^g$ 指向右侧，由右手螺旋定则确定，注意坐标轴 $o_g x_1^g x_3^g$ 平面位于点 o_g 的地球切平面内。将地球极轴 ${}^{i_T}\boldsymbol{e}_1$ 平移至 o_g 点处，极轴方向可以理解成由坐标系 $\boldsymbol{i}_g$ 经(2 − 3)顺序分别旋转 Θ_N、Λ 得到。由式(2.3.18)得

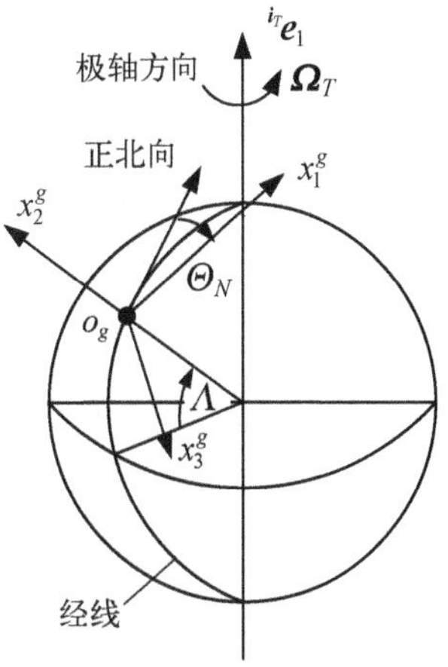

图 10.3.1 发射点位置与地球自转速度

$$
{}^{i_T}\boldsymbol{e}_1 = \cos\Lambda\cos\Theta_N {}^{i_g}\boldsymbol{e}_1 + \sin\Lambda {}^{i_g}\boldsymbol{e}_2 - \cos\Lambda\sin\Theta_N {}^{i_g}\boldsymbol{e}_3
$$

注意到在利用式(2.3.18)时，有 $\alpha_2 = -\Theta_N$。将上式代入式 $\boldsymbol{\Omega}_T = \|\boldsymbol{\Omega}_T\| {}^{i_T}\boldsymbol{e}_1$，得

$$
\boldsymbol{\Omega}_T = \|\boldsymbol{\Omega}_T\| (\cos\Lambda\cos\Theta_N {}^{i_g}\boldsymbol{e}_1 + \sin\Lambda {}^{i_g}\boldsymbol{e}_2 - \cos\Lambda\sin\Theta_N {}^{i_g}\boldsymbol{e}_3) \tag{10.3.1}
$$

由上式可见，地球转动角速度 $\boldsymbol{\Omega}_T$ 与火炮发射地点经纬 (Θ_N、Λ) 有关。

10.3.1.2 弹丸相对地球角运动分析

弹丸相对地球坐标系 $\boldsymbol{i}_g$ 的角速度、角加速度分别由式(2.3.16)和式(2.3.17)给出：

$$
\begin{aligned}
\boldsymbol{\omega}_{Q_E} = \omega_i^{Q_E i_Q}\boldsymbol{e}_i = (\dot{\gamma} + \dot{\varphi}_1\sin\varphi_b)^{i_Q}\boldsymbol{e}_1 + (-\dot{\varphi}_2\cos\gamma + \dot{\varphi}_1\sin\gamma\cos\varphi_b)^{i_Q}\boldsymbol{e}_2 \\
+ (\dot{\varphi}_2\sin\gamma + \dot{\varphi}_1\cos\gamma\cos\varphi_b)^{i_Q}\boldsymbol{e}_3
\end{aligned} \tag{10.3.2A}
$$

$$
\boldsymbol{\varepsilon}_{Q_E} = \varepsilon_i^{Q_E i_Q}\boldsymbol{e}_i = \boldsymbol{\varepsilon}_{Q1} + \boldsymbol{\mu}_{Q_E} \tag{10.3.2B}
$$

其中

$$
\begin{aligned}
\boldsymbol{\varepsilon}_{Q1} = (\ddot{\gamma} + \ddot{\varphi}_1\sin\varphi_b)^{i_Q}\boldsymbol{e}_1 + (-\ddot{\varphi}_2\cos\gamma + \ddot{\varphi}_1\sin\gamma\cos\varphi_b)^{i_Q}\boldsymbol{e}_2 \\
+ (\ddot{\varphi}_2\sin\gamma + \ddot{\varphi}_1\cos\gamma\cos\varphi_b)^{i_Q}\boldsymbol{e}_3
\end{aligned} \tag{10.3.2C}
$$

$$
\begin{aligned}
\boldsymbol{\mu}_{Q_E} = \dot{\varphi}_2\dot{\varphi}_1\cos\varphi_b {}^{i_Q}\boldsymbol{e}_1 + (-\dot{\varphi}_2\dot{\varphi}_1\sin\gamma\sin\varphi_b + \dot{\gamma}\omega_3^Q)^{i_Q}\boldsymbol{e}_2 \\
- (\dot{\varphi}_2\dot{\varphi}_1\cos\gamma\sin\varphi_b + \dot{\gamma}\omega_2^Q)^{i_Q}\boldsymbol{e}_3
\end{aligned} \tag{10.3.2D}
$$

弹丸相对地球运动角速度 $\boldsymbol{\omega}_{Q_E}$ 可以分解成绕弹轴 $o_{Q_E}x_1^Q$ 的转动角速度 $\boldsymbol{\omega}_1^Q$ 和弹轴 $o_{Q_E}x_1^Q$ 在坐标平面 $o_{Q_E}x_2^Qx_3^Q$ 内的摆动角速度 $\boldsymbol{\omega}_{23}^Q$：

$$\boldsymbol{\omega}_{Q_E} = \boldsymbol{\omega}_1^Q + \boldsymbol{\omega}_{23}^Q \tag{10.3.3A}$$

$$\boldsymbol{\omega}_1^Q = \omega_1^{Q\,i_Q}\boldsymbol{e}_1 \tag{10.3.3B}$$

$$\boldsymbol{\omega}_{23}^Q = \boldsymbol{\omega}_Q - \boldsymbol{\omega}_1^Q = \omega_2^{Q\,i_Q}\boldsymbol{e}_2 + \omega_3^{Q\,i_Q}\boldsymbol{e}_3 \tag{10.3.3C}$$

弹轴滚转角 γ 对弹轴摆动角速度 $\boldsymbol{\omega}_{23}^Q$ 有影响，弹轴滚转角 γ 及角速度 $\dot{\gamma}$ 对弹轴摆动角加速度 $\boldsymbol{\varepsilon}_{23}^Q$ 有影响。特别地，当 $\gamma = \dot{\gamma} = \ddot{\gamma} = 0$ 时，$\boldsymbol{\omega}_{Q_E}$、$\boldsymbol{\varepsilon}_{Q_E}$ 分别退化成 $\boldsymbol{\omega}_0^Q$、$\boldsymbol{\varepsilon}_0^Q$：

$$\boldsymbol{\omega}_0^Q = \dot{\varphi}_1\sin\varphi_b{}^{i_Q}\boldsymbol{e}_1 - \dot{\varphi}_2{}^{i_Q}\boldsymbol{e}_2 + \dot{\varphi}_1\cos\varphi_b{}^{i_Q}\boldsymbol{e}_3 \tag{10.3.4A}$$

$$\boldsymbol{\varepsilon}_0^Q = (\ddot{\varphi}_1\sin\varphi_b + \dot{\varphi}_2\dot{\varphi}_1\cos\varphi_b)^{i_Q}\boldsymbol{e}_1 - \ddot{\varphi}_2{}^{i_Q}\boldsymbol{e}_2 + (\ddot{\varphi}_1\cos\varphi_b - \dot{\varphi}_2\dot{\varphi}_1\sin\varphi_b)^{i_Q}\boldsymbol{e}_3 \tag{10.3.4B}$$

上式就是目前关于外弹道著作中对弹丸角速度和角加速度的计算公式，与式(10.3.2)的区别在于弹轴滚转角 γ 与弹轴横摆角 φ_b、φ_a 是否耦合。式(10.3.2)是从运动学的公式严格推导得到的，而式(10.3.4)是忽略了弹轴的滚转运动后得到的弹轴横摆运动。

速度坐标系 $\boldsymbol{i}_v$ 在运动过程中由于升力和重力等垂直载荷的作用也存在摆动，记其相对地球的角速度为 $\boldsymbol{\omega}_v = \omega_i^{v\,i_v}\boldsymbol{e}_i$，由式(2.3.16)给出

$$\boldsymbol{\omega}_v = \dot{\psi}_1\sin\psi_b{}^{i_v}\boldsymbol{e}_1 - \dot{\psi}_2{}^{i_v}\boldsymbol{e}_2 + \dot{\psi}_1\cos\psi_b{}^{i_v}\boldsymbol{e}_3 \tag{10.3.5}$$

注意到 $\boldsymbol{\omega}_v$ 为弹丸速度方向矢量的摆动角速度，而式(10.3.2A)给出的 $\boldsymbol{\omega}_{Q_E}$ 为弹轴(弹丸)的摆动角速度，其差为章动角速度 $\boldsymbol{\omega}_\delta = \omega_i^{\delta\,i_Q}\boldsymbol{e}_i$，即

$$\boldsymbol{\omega}_{Q_E} = \boldsymbol{\omega}_v + \boldsymbol{\omega}_\delta \tag{10.3.6}$$

其中，$\boldsymbol{\omega}_\delta$ 由式(2.3.16)给出

$$\begin{aligned}\boldsymbol{\omega}_\delta = {} & (\dot{\beta}_\delta + \dot{\delta}_1\sin\delta_2)^{i_Q}\boldsymbol{e}_1 + (-\dot{\delta}_2\cos\beta_\delta + \dot{\delta}_1\sin\beta_\delta\cos\delta_2)^{i_Q}\boldsymbol{e}_2 \\ & + (\dot{\delta}_2\sin\beta_\delta + \dot{\delta}_1\cos\beta_\delta\cos\delta_2)^{i_Q}\boldsymbol{e}_3\end{aligned} \tag{10.3.7}$$

10.3.1.3 弹丸绝对角运动分析

考虑地球自转后弹丸的绝对角速度 $\boldsymbol{\omega}_Q = \omega_i^{Q\,i_Q}\boldsymbol{e}_i$ 为

$$\boldsymbol{\omega}_Q = \boldsymbol{\Omega}_T + \boldsymbol{\omega}_{Q_E} \tag{10.3.8A}$$

考虑地球自转后弹丸的绝对角加速度 $\boldsymbol{\varepsilon}_Q = \varepsilon_i^{Q\,i_Q}\boldsymbol{e}_i$ 为

$$\boldsymbol{\varepsilon}_Q = \boldsymbol{\varepsilon}_{Q_E} + \boldsymbol{\Omega}_T \times \boldsymbol{\omega}_Q = \boldsymbol{\varepsilon}_{Q1} + \boldsymbol{\mu}_Q \tag{10.3.8B}$$

$$\boldsymbol{\mu}_Q = \boldsymbol{\mu}_{Q_E} + \boldsymbol{\Omega}_T \times \boldsymbol{\omega}_{Q_E} \tag{10.3.8C}$$

式中，$\boldsymbol{\Omega}_T \times \boldsymbol{\omega}_{Q_E}$ 为地球自转产生的附加项，并假定 $\dot{\boldsymbol{\Omega}}_T = \boldsymbol{0}$。

10.3.2 平动运动分析

10.3.2.1 基点运动分析

如图 10.3.2 所示，选择弹丸几何中心 o_{Q_E} 为基点，假定弹丸在空中飞行任意时刻 t，炮口点 o_g 至弹丸几何中心 o_{Q_E} 的位置矢量在惯性坐标系 $\boldsymbol{i}_g$ 下表达：

$$\boldsymbol{U}_g^Q = U_i^{gQ_E\boldsymbol{i}_g}\boldsymbol{e}_i \tag{10.3.9A}$$

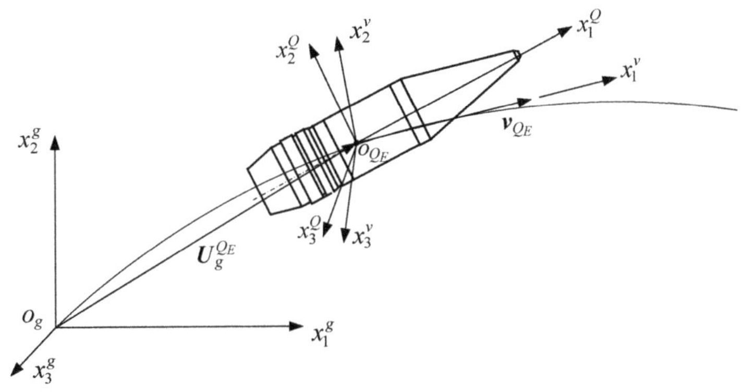

图 10.3.2 弹丸空中运动位置关系示意图

考虑到地球的自转运动，则弹丸上点 o_{Q_E} 的运动速度和加速度分别为

$$\frac{D\boldsymbol{U}_g^{Q_E}}{Dt} = \frac{\partial \boldsymbol{U}_g^{Q_E}}{\partial t} + \boldsymbol{\Omega}_T \times \boldsymbol{U}_g^{Q_E} = \dot{\boldsymbol{U}}_g^{Q_E} + \boldsymbol{\Omega}_T \times \boldsymbol{U}_g^{Q_E} \tag{10.3.9B}$$

$$\begin{aligned}\frac{D^2\boldsymbol{U}_g^{Q_E}}{Dt^2} &= \frac{\partial^2 \boldsymbol{U}_g^{Q_E}}{\partial t^2} + 2\boldsymbol{\Omega}_T \times \frac{\partial \boldsymbol{U}_g^{Q_E}}{\partial t} + \boldsymbol{\Omega}_T \times (\boldsymbol{\Omega}_T \times \boldsymbol{U}_g^{Q_E}) \\ &= \ddot{\boldsymbol{U}}_g^{Q_E} + 2\boldsymbol{\Omega}_T \times \dot{\boldsymbol{U}}_g^{Q_E} + \boldsymbol{\Omega}_T \times (\boldsymbol{\Omega}_T \times \boldsymbol{U}_g^{Q_E})\end{aligned} \tag{10.3.9C}$$

式中，$\dot{\boldsymbol{U}}_g^{Q_E} = \partial\boldsymbol{U}_g^{Q_E}/\partial t$、$\ddot{\boldsymbol{U}}_g^{Q_E} = \partial^2\boldsymbol{U}_g^{Q_E}/\partial t^2$ 分别为弹丸相对地球运动的速度和加速度。

另一方面，$\dot{\boldsymbol{U}}_g^{Q_E}$、$\ddot{\boldsymbol{U}}_g^{Q_E}$ 还可以分别写成

$$\dot{\boldsymbol{U}}_g^{Q_E} = \frac{\partial \boldsymbol{U}_g^{Q_E}}{\partial s}\frac{\partial s}{\partial t} = v_{Q_E}{}^{i_v}\boldsymbol{e}_1, \quad {}^{i_v}\boldsymbol{e}_1 = \frac{\partial \boldsymbol{U}_g^{Q_E}}{\partial s}, \quad v_{Q_E} = \frac{\partial s}{\partial t} \tag{10.3.10A}$$

$$\ddot{\boldsymbol{U}}_g^{Q_E} = \dot{v}_{Q_E}{}^{i_v}\boldsymbol{e}_1 + (\boldsymbol{\omega}_v + \boldsymbol{\Omega}_T) \times v_{Q_E}{}^{i_v}\boldsymbol{e}_1 = \dot{v}_{Q_E}{}^{i_v}\boldsymbol{e}_1 + (\boldsymbol{\omega}_v + \boldsymbol{\Omega}_T) \times \dot{\boldsymbol{U}}_g^{Q_E} \tag{10.3.10B}$$

式中，s 为点 o_{Q_E} 的运动弧长，$\dot{v}_{Q_E} = \partial v_{Q_E}/\partial t$，且有 $\boldsymbol{\omega}_v + \boldsymbol{\Omega}_T = \partial^{i_v}\boldsymbol{e}_1/\partial t$。

10.3.2.2 弹丸上任意点运动分析

如图 10.3.3 所示，弹丸上任意点 O_Q 相对于坐标系 $\boldsymbol{i}_Q$ 原点 o_{Q_E} 的位置矢量为 $\boldsymbol{x}_Q = x_i^{Qi_E}\boldsymbol{e}_i$，该点距坐标系 $\boldsymbol{i}_g$ 原点 o_g 的位置矢量为

$$\boldsymbol{U}_g^Q = \boldsymbol{U}_g^{Q_E} + \boldsymbol{x}_Q \tag{10.3.11A}$$

任意点 O_Q 的运动速度和加速度为对上式求一阶和二阶时间的全导数，具体表达式分别为

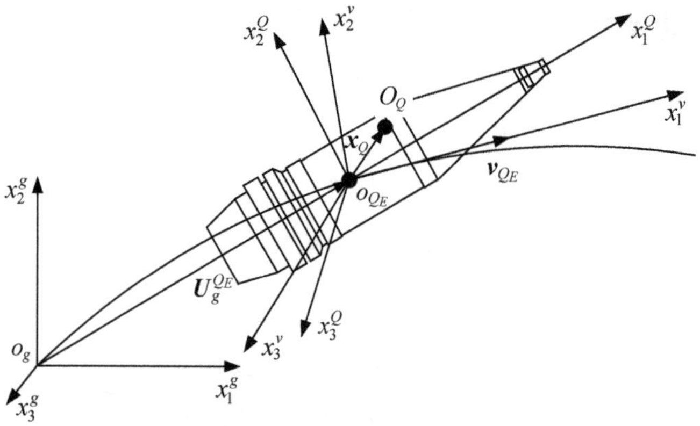

图 10.3.3　弹丸基点及其任意点的位置矢量

$$\frac{\mathrm{D}\boldsymbol{U}_g^Q}{\mathrm{D}t}=\frac{\mathrm{D}\boldsymbol{U}_g^{Q_E}}{\mathrm{D}t}+\boldsymbol{\omega}_Q\times\boldsymbol{x}_Q \tag{10.3.11B}$$

$$\frac{\mathrm{D}^2\boldsymbol{U}_g^Q}{\mathrm{D}t^2}=\frac{\mathrm{D}^2\boldsymbol{U}_g^{Q_E}}{\mathrm{D}t^2}+\boldsymbol{\varepsilon}_Q\times\boldsymbol{x}_Q+\boldsymbol{\omega}_Q\times(\boldsymbol{\omega}_Q\times\boldsymbol{x}_Q) \tag{10.3.11C}$$

将式(10.3.9)分别代入上式，经整理得

$$\frac{\mathrm{D}\boldsymbol{U}_g^Q}{\mathrm{D}t}=\dot{\boldsymbol{U}}_g^{Q_E}+\boldsymbol{\Omega}_T\times\boldsymbol{U}_g^{Q_E}+\boldsymbol{\omega}_Q\times\boldsymbol{x}_Q=v_{Q_E}{}^{i_v}\boldsymbol{e}_1+\boldsymbol{\Omega}_T\times\boldsymbol{U}_g^Q+\boldsymbol{\omega}_{Q_E}\times\boldsymbol{x}_Q \tag{10.3.12A}$$

$$\begin{aligned}\frac{\mathrm{D}^2\boldsymbol{U}_g^Q}{\mathrm{D}t^2}&=\ddot{\boldsymbol{U}}_g^{Q_E}+\boldsymbol{\varepsilon}_Q\times\boldsymbol{x}_Q+\boldsymbol{\Omega}_T\times(\boldsymbol{\Omega}_T\times\boldsymbol{U}_g^{Q_E})+2\boldsymbol{\Omega}_T\times\dot{\boldsymbol{U}}_g^{Q_E}+\boldsymbol{\omega}_Q\times(\boldsymbol{\omega}_Q\times\boldsymbol{x}_Q)\\&=\ddot{\boldsymbol{U}}_g^{Q_E}+\boldsymbol{\varepsilon}_{Q1}\times\boldsymbol{x}_Q+\boldsymbol{a}_Q\\&=\dot{v}_{Q_E}{}^{i_v}\boldsymbol{e}_1+\boldsymbol{\varepsilon}_{Q1}\times\boldsymbol{x}_Q+(\boldsymbol{\omega}_v+\boldsymbol{\Omega}_T)\times\dot{\boldsymbol{U}}_g^{Q_E}+\boldsymbol{a}_Q\end{aligned} \tag{10.3.12B}$$

$$\boldsymbol{a}_Q=2\boldsymbol{\Omega}_T\times\dot{\boldsymbol{U}}_g^{Q_E}+\boldsymbol{\Omega}_T\times(\boldsymbol{\Omega}_T\times\boldsymbol{U}_g^{Q_E})+\boldsymbol{\omega}_Q\times(\boldsymbol{\omega}_Q\times\boldsymbol{x}_Q)+\boldsymbol{\mu}_Q\times\boldsymbol{x}_Q \tag{10.3.12C}$$

10.4　弹丸陀螺运动分析

一般角运动分析给出了弹丸相对于地面惯性坐标系 $\boldsymbol{i}_g$ 下的角运动 $\boldsymbol{\omega}_{Q_E}$，这种角运动的描述对构建弹丸刚体运动微分方程是非常有用的，但这种角运动描述的缺点是不能勾画出弹丸陀螺运动的特点，而旋转弹丸运动稳定性的本质是陀螺稳定性。为此需要建立一种能揭示弹丸陀螺运动本质的特殊角运动。

速度矢量方向 ${}^{i_v}\boldsymbol{e}_1$ 与弹轴矢量方向 ${}^{i_Q}\boldsymbol{e}_1$ 构成的平面称为攻角平面，记为 π_δ，${}^{i_v}\boldsymbol{e}_1$ 与 ${}^{i_Q}\boldsymbol{e}_1$ 在攻角平面内的夹角称为章动角 δ（也称为攻角，为分量 δ_1、δ_2 之合成），该平面也称

为阻力平面，攻角平面的法线矢量 $\boldsymbol{n}_{\dot\delta}$ 为

$$\boldsymbol{n}_{\dot\delta} = {}^{i_v}\boldsymbol{e}_1 \times {}^{i_Q}\boldsymbol{e}_1 = -\sin\delta_2 {}^{i_v}\boldsymbol{e}_2 + \cos\delta_2 \sin\delta_1 {}^{i_v}\boldsymbol{e}_3 \tag{10.4.1}$$

显然有

$$\boldsymbol{\omega}_\delta = \dot\delta \boldsymbol{n}_{\dot\delta} \overset{\triangle}{=} \dot{\boldsymbol{\delta}} \tag{10.4.2}$$

$\boldsymbol{\omega}_\delta$ 的表达式见式(10.3.7)。

过弹丸几何中心 o_{Q_E}、以速度矢量方向 ${}^{i_v}\boldsymbol{e}_1$ 为法线的平面称为进动平面，记为 $\boldsymbol{\pi}_v$，在进动平面内绕 ${}^{i_v}\boldsymbol{e}_1$ 的转角称为进动角 $\boldsymbol{\upsilon}$。

进动角速度为

$$\dot{\boldsymbol{\upsilon}} = \dot\upsilon {}^{i_v}\boldsymbol{e}_1 \tag{10.4.3}$$

绕弹轴 ${}^{i_Q}\boldsymbol{e}_1$ 的转角 $\boldsymbol{\gamma}$ 称为滚转角，垂直于弹轴的弹丸横截面称为滚转平面，记为 $\boldsymbol{\pi}_\gamma$。滚转角角速度为

$$\dot{\boldsymbol{\gamma}} = \dot\gamma {}^{i_Q}\boldsymbol{e}_1 \tag{10.4.4}$$

由于 ${}^{i_v}\boldsymbol{e}_1 \cdot ({}^{i_v}\boldsymbol{e}_1 \times {}^{i_Q}\boldsymbol{e}_1) = 0$、${}^{i_Q}\boldsymbol{e}_1 \cdot ({}^{i_v}\boldsymbol{e}_1 \times {}^{i_Q}\boldsymbol{e}_1) = 0$，显然攻角平面 $\boldsymbol{\pi}_\delta$ 与进动平面 $\boldsymbol{\pi}_v$、攻角平面 $\boldsymbol{\pi}_\delta$ 与滚转平面 $\boldsymbol{\pi}_\gamma$ 是相互垂直的。

有关滚转角 γ、章动角 δ 和进动角 υ 的几何关系见图 10.4.1 所示。

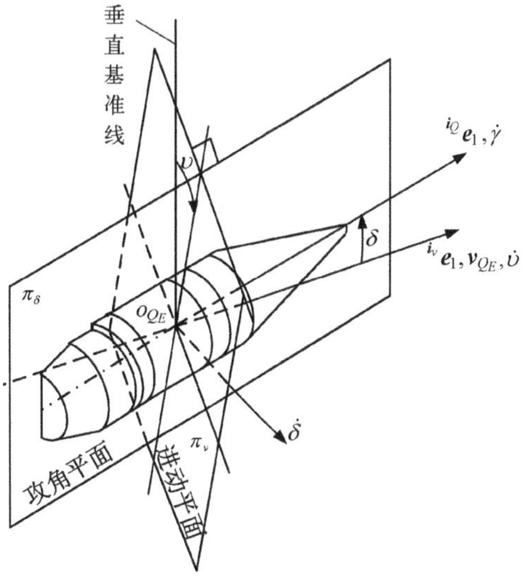

图 10.4.1　弹丸的章动与进动运动

若用滚转角 γ、攻角 δ 和进动角 υ 等三个独立的角运动变量替代一般角运动分析（见 10.3.1.2 节）中描述弹丸刚体角运动的三个独立欧拉角 γ、φ_2、φ_1，由此得到的角运动分析称为陀螺运动分析。

陀螺稳定性的基本原理如下。

攻角 δ 的存在，弹丸在阻力平面内存在使弹轴 ${}^{i_Q}\boldsymbol{e}_1$ 绕攻角平面法向 $\boldsymbol{n}_{\dot\delta}$ 轴翻转的空气阻力矩 $\boldsymbol{M}_z$，$\boldsymbol{M}_z$ 由式(10.7.12)给出，$\boldsymbol{M}_z$ 沿 $\boldsymbol{n}_{\dot\delta}$ 方向作用，δ 越大、$\boldsymbol{M}_z$ 亦越大，$\boldsymbol{M}_z$ 使 δ 由小不断增大。

与此同时，$\dot\upsilon$ 的存在，使弹丸形成指向 ${}^{i_v}\boldsymbol{e}_1$ 轴向心力，向心力对攻角平面法向 $\boldsymbol{n}_{\dot\delta}$ 形成向心力矩 $\boldsymbol{M}_v$，其表达式为

$$\boldsymbol{M}_v = -\dot\upsilon^2 [\sin\delta\cos\delta(\bar I_{22}^Q - \bar I_{11}^Q) - (1 - 2\sin^2\delta)\bar I_{12}^Q] \boldsymbol{n}_{\dot\delta} \tag{10.4.5}$$

式中，$\bar I_{11}^Q$、$\bar I_{22}^Q$、$\bar I_{12}^Q$ 分别为弹丸绕其质心转动惯量 $\bar{\boldsymbol{I}}_Q = \bar I_{ij}^Q {}^{i_Q}\boldsymbol{e}_i \otimes {}^{i_Q}\boldsymbol{e}_j$ 的分量，上述表达式可参考 10.5.1 节中的讨论得到。对弹丸而言 $\bar I_{22}^Q \gg \bar I_{11}^Q$，因此 $\boldsymbol{M}_v$ 的方向始终与 δ 的方向（即 $\boldsymbol{M}_z$ 的方向）相反，δ 越大，$\dot{\boldsymbol{\gamma}}$ 在 ${}^{i_v}\boldsymbol{e}_1$ 方向的投影就越大，导致 $\dot{\boldsymbol{\upsilon}}$ 增大，$\dot{\boldsymbol{\upsilon}}$ 越大，$\boldsymbol{M}_v$ 亦越大；$\boldsymbol{M}_z$、$\boldsymbol{M}_v$ 均与攻角 δ 有关，当 $\|\boldsymbol{M}_z\| = \|\boldsymbol{M}_v\|$ 时对应的攻角称为动力平衡角，记为 δ_p。通过滚角速度 $\dot{\boldsymbol{\gamma}}$，由攻角 δ 诱导产生进动角速度 $\dot{\boldsymbol{\upsilon}}$，利用进动角速度 $\dot{\boldsymbol{\upsilon}}$ 形成的向心力矩 $\boldsymbol{M}_v$ 来平衡攻角引起的阻力矩 $\boldsymbol{M}_z$，确保弹丸不发生翻转运动（$\delta < \pi/2$）的机理，即为陀螺稳定

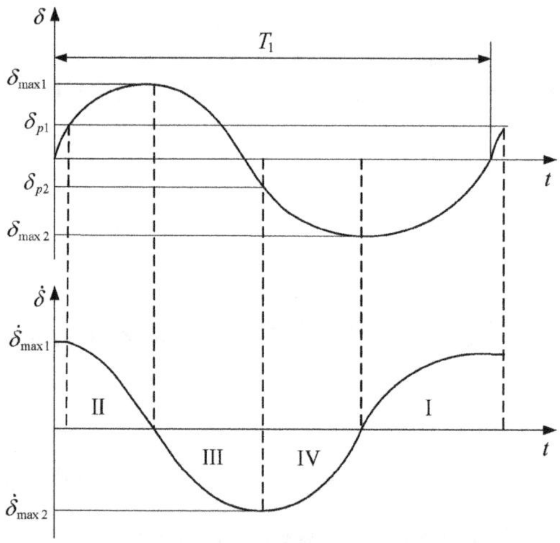

图 10.4.2　章动周期运动

性原理。

如图 10.4.2 所示，δ_p 有正向和反向两个动力平衡角，分别记为 δ_{p1}、δ_{p2}，同时攻角 δ 也有正向和反向两个最大值，分别记为 $\delta_{\max1}$、$\delta_{\max2}$。弹丸角运动过程中，δ 在一个时间周期 T_1 内的运动规律有以下四个阶段。

（1）正向增速阶段 I，即 $\delta_{\max2} \leqslant \delta \leqslant \delta_{p1}$，此阶段 $\dot{\delta} > 0$，$\ddot{\delta} > 0$，δ 由反向最大值 $\delta_{\max2}$ 加速增大至正向动力平衡角 δ_{p1}，当 $\delta = \delta_{p1}$ 时，$\| \boldsymbol{M}_z \| = \| \boldsymbol{M}_v \|$，此时 $\dot{\delta}$ 达到正向最大值 $\dot{\delta}_{\max1}$。

（2）正向减速阶段 II，即 $\delta_{p1} \leqslant \delta \leqslant \delta_{\max1}$，此阶段 $\dot{\delta} > 0$，$\ddot{\delta} < 0$，δ 由正向动力平衡角 δ_{p1} 继续减速增大至正向最大值 $\delta_{\max1}$，此时 $\dot{\delta} = 0$。

（3）反向增速阶段 III，即 $\delta_{p2} \leqslant \delta \leqslant \delta_{\max1}$，此阶段 $\dot{\delta} < 0$，$\ddot{\delta} < 0$，δ 由正向最大值继续减小至反向动力平衡角 δ_{p2}，当 $\delta = \delta_{p2}$ 时，$\| \boldsymbol{M}_z \| = \| \boldsymbol{M}_v \|$，此时 $\dot{\delta}$ 达到反向最大值 $\dot{\delta}_{\max2}$。

（4）反向减速阶段 IV，即 $\delta_{\max2} \leqslant \delta \leqslant \delta_{p2}$，此阶段 $\dot{\delta} < 0$，$\ddot{\delta} > 0$，δ 由反向动力平衡角 δ_{p2} 继续减小至反向最大值 $\delta_{\max2}$，此时 $\dot{\delta} = 0$。

由此可见，弹丸在空中飞行过程中，从弹丸飞离炮口开始章动周而复始，形成周期性运动，直至飞行终了。在这个周期性运动过程中，弹丸在空气阻力和极阻尼力矩作用下，运动速度和滚转角速度 $\dot{\gamma}$ 逐渐下降，进动角速度 $\dot{\upsilon}$ 亦逐步下降，导致 $\boldsymbol{M}_z$、$\boldsymbol{M}_v$ 不断减小，动平衡角 δ_p 位置也不断降低，且角度逐步衰减。

滚转 $\boldsymbol{\gamma}$、章动 δ、进动 $\boldsymbol{\upsilon}$ 构成独立的仿射角运动坐标系，本节不以仿射角运动坐标系来建立弹丸转动运动微分方程，而是根据弹丸一般角运动分析中得到的三个欧拉角 $\boldsymbol{\gamma}$、φ_2、φ_1 及其角速度 $\dot{\boldsymbol{\gamma}}$、$\dot{\varphi}_2$、$\dot{\varphi}_1$，给出滚转 $\boldsymbol{\gamma}$、章动 δ、进动 $\boldsymbol{\upsilon}$ 及其角速度 $\dot{\boldsymbol{\gamma}}$、$\dot{\delta}$、$\dot{\boldsymbol{\upsilon}}$ 之间的相互运动转换关系。

（1）运动分解。式(10.3.6)给出了弹丸转动角速度 $\boldsymbol{\omega}_{Q_E}$ 的一种分解形式，若以滚动角、章动角和进动角运动作为独立的变量，$\boldsymbol{\omega}_{Q_E}$ 还可以进行如下另一种放射分解：

$$\boldsymbol{\omega}_{Q_E} = \dot{\boldsymbol{\gamma}} + \dot{\boldsymbol{\delta}} + \dot{\boldsymbol{\upsilon}} \tag{10.4.6}$$

（2）滚转运动。根据定义，陀螺运动分析中的滚转角 $\boldsymbol{\gamma}$ 及角速度 $\dot{\boldsymbol{\gamma}}$ 与弹丸一般角运动中的滚转角和滚转角速度是相同的。

（3）章动运动。由式(10.4.2)可得

$$\dot{\delta} = \boldsymbol{\omega}_{\delta} \cdot \boldsymbol{n}_{\dot{\delta}} \tag{10.4.7}$$

任意时刻的攻角 δ 为

$$\delta = \int_t \dot{\delta}\mathrm{d}t + \delta(t_G) \tag{10.4.8}$$

(4) 进动运动。由式(10.4.6)可得

$$\dot{\upsilon} = \dot{\boldsymbol{\upsilon}} \cdot {}^{i_v}\boldsymbol{e}_1 = (\boldsymbol{\omega}_Q - \dot{\boldsymbol{\gamma}} - \dot{\boldsymbol{\delta}}) \cdot {}^{i_v}\boldsymbol{e}_1 \tag{10.4.9}$$

任意时刻的进动角 υ 为

$$\upsilon = \int_t \dot{\upsilon}\mathrm{d}t + \upsilon(t_G) \tag{10.4.10}$$

旋转弹丸空中飞行轨迹可分解成平动运动轨迹和陀螺运动轨迹两部分。平动运动轨迹为弹丸基点 o_{Q_E} 飞行速度方向的轨迹,反映了弹丸宏观运动的轨迹;陀螺运动轨迹为弹丸绕其轴线的滚动运动、攻角平面内的章动运动、进动平面内的进动运动之合成,反映了弹丸叠加在宏观运动轨迹上的角运动轨迹。由于攻角的存在,会产生空气阻力矩,为了确保在空气阻力矩作用下攻角收敛(弹丸在空中不翻转),需要通过弹丸适当的滚转运动和进动运动来确保角运动稳定。确保弹丸角运动稳定的运动称为陀螺稳定运动,对应的分析称为陀螺稳定性分析。

10.5 弹丸运动方程建立

本节利用虚功率原理来建立弹丸运动微分方程。记弹丸上任意一点处的速度、加速度分别为 $\mathrm{D}\boldsymbol{U}_g^Q/\mathrm{D}t$、$\mathrm{D}^2\boldsymbol{U}_g^Q/\mathrm{D}t^2$,体力、面力分别为 $\boldsymbol{f}_Q$、$\bar{\boldsymbol{f}}_Q$。假定弹丸为刚体,体内无任何应力和应变,弹丸的体积积分区域为 Ω_Q 和面力积分区域为 S_Q,则虚功率原理的基本公式为

$$-\int_{\Omega_Q}\rho_Q\delta\frac{\mathrm{D}\boldsymbol{U}_g^Q}{\mathrm{D}t}\cdot\frac{\mathrm{D}^2\boldsymbol{U}_g^Q}{\mathrm{D}t^2}\mathrm{d}V + \int_{\Omega_Q}\delta\frac{\mathrm{D}\boldsymbol{U}_g^Q}{\mathrm{D}t}\cdot\boldsymbol{f}_Q\mathrm{d}V + \int_{S_Q}\delta\frac{\mathrm{D}\boldsymbol{U}_g^Q}{\mathrm{D}t}\cdot\bar{\boldsymbol{f}}_Q\mathrm{d}S = 0 \tag{10.5.1}$$

对惯性坐标系下的速度公式(10.3.12A)中的速度项进行变分,并注意到 $\delta\boldsymbol{\Omega}_T = 0$,有

$$\delta\frac{\mathrm{D}\boldsymbol{U}_g^Q}{\mathrm{D}t} = \delta\dot{\boldsymbol{U}}_g^{Q_E} + \delta\boldsymbol{\omega}_{Q_E}\times\boldsymbol{x}_Q = \delta v_{Q_E}{}^{i_v}\boldsymbol{e}_1 + \delta\boldsymbol{\omega}_{Q_E}\times\boldsymbol{x}_Q \tag{10.5.2A}$$

式(10.3.12B)可改写成

$$\frac{\mathrm{D}^2\boldsymbol{U}_g^Q}{\mathrm{D}t^2} = \ddot{\boldsymbol{U}}_g^{Q_E} + \boldsymbol{\varepsilon}_{Q1}\times\boldsymbol{x}_Q + \boldsymbol{a}_Q = \dot{v}_{Q_E}{}^{i_v}\boldsymbol{e}_1 + \boldsymbol{\varepsilon}_{Q1}\times\boldsymbol{x}_Q + \boldsymbol{a}_{Q1} \tag{10.5.2B}$$

10.5.1 直角坐标系下弹丸运动方程

将式(10.5.2A)中的第二个等式改写成

$$\delta\frac{\mathrm{D}\boldsymbol{U}_g^Q}{\mathrm{D}t} = \delta\dot{\boldsymbol{U}}_g^{Q_E} + \delta\boldsymbol{\omega}_{Q_E}\times\boldsymbol{x}_Q = \delta\dot{\boldsymbol{U}}_g^{Q_E} + \delta\boldsymbol{\omega}_{Q_E}\cdot\tilde{\boldsymbol{x}}_Q$$

式(10.5.2B)中的第二个等式改写成

$$\frac{\mathrm{D}^2\boldsymbol{U}_g^Q}{\mathrm{D}t^2} = \ddot{\boldsymbol{U}}_g^{Q_E} + \boldsymbol{\varepsilon}_{Q1}\times\boldsymbol{x}_Q + \boldsymbol{a}_Q = \ddot{\boldsymbol{U}}_g^{Q_E} + \tilde{\boldsymbol{x}}_Q^{\mathrm{T}}\cdot\boldsymbol{\varepsilon}_{Q1} + \boldsymbol{a}_Q$$

将上述改写的表达式代入式(10.5.1),为了确保该式对任意虚速度条件总成立,若式中与任意虚速度相乘项必须为零,由此得到直角坐标系下弹丸空中飞行运动微分方程。

$$\boldsymbol{M}_{11}^{Q}\cdot\ddot{\boldsymbol{U}}_{g}^{Q_E}+\boldsymbol{M}_{12}^{Q}\cdot\boldsymbol{\varepsilon}_{Q1}=\boldsymbol{F}_{1}^{Q} \tag{10.5.3A}$$

$$\boldsymbol{M}_{21}^{Q}\cdot\ddot{\boldsymbol{U}}_{g}^{Q_E}+\boldsymbol{M}_{22}^{Q}\cdot\boldsymbol{\varepsilon}_{Q1}=\boldsymbol{F}_{2}^{Q} \tag{10.5.3B}$$

其中

$$\boldsymbol{x}_{Q_G}=\boldsymbol{e}_Q,\quad m_Q=\int_{\Omega_Q}\rho_Q\mathrm{d}V$$

$$\boldsymbol{M}_{11}^{Q}=m_Q\boldsymbol{1},\ \boldsymbol{M}_{12}^{Q}=(\boldsymbol{M}_{21}^{Q})^{\mathrm{T}}=\int_{\Omega_Q}\rho_Q(\tilde{\boldsymbol{x}}_Q)^{\mathrm{T}}\mathrm{d}V=m_Q(\tilde{\boldsymbol{e}}_Q)^{\mathrm{T}}$$

$$\boldsymbol{M}_{22}^{Q}=\int_{\Omega_Q}\rho_Q\tilde{\boldsymbol{x}}_Q\cdot(\tilde{\boldsymbol{x}}_Q)^{\mathrm{T}}\mathrm{d}V=\boldsymbol{I}_Q \tag{10.5.4}$$

$$\boldsymbol{F}_{1}^{Q}=\boldsymbol{F}_{I}^{QI}+\boldsymbol{F}_{II}^{Q}+\boldsymbol{F}_{III}^{Q},\ \boldsymbol{F}_{2}^{Q}=\boldsymbol{F}_{IV}^{QI}+\boldsymbol{F}_{V}^{Q}+\boldsymbol{F}_{VI}^{Q} \tag{10.5.5A}$$

$$\begin{aligned}\boldsymbol{F}_{I}^{QI}&=-\int_{\Omega_Q}\rho_Q\boldsymbol{a}_Q\mathrm{d}V\\&=-m_Q[2\boldsymbol{\Omega}_T\times\dot{\boldsymbol{U}}_{g}^{Q_E}+\boldsymbol{\Omega}_T\times(\boldsymbol{\Omega}_T\times\boldsymbol{U}_{g}^{Q_E})]-m_Q[\boldsymbol{\omega}_Q\times(\boldsymbol{\omega}_Q\times\boldsymbol{e}_Q)+\boldsymbol{\mu}_Q\times\boldsymbol{e}_Q]\end{aligned}$$

$$\begin{aligned}\boldsymbol{F}_{IV}^{QI}&=-\int_{\Omega_Q}\rho_Q\tilde{\boldsymbol{x}}_Q\cdot\boldsymbol{a}_Q\mathrm{d}V\\&=-m_Q\tilde{\boldsymbol{e}}_Q\cdot[2\boldsymbol{\Omega}_T\times\dot{\boldsymbol{U}}_{g}^{Q_E}+\boldsymbol{\Omega}_T\times(\boldsymbol{\Omega}_T\times\boldsymbol{U}_{g}^{Q_E})]-(\tilde{\boldsymbol{\omega}}_Q\cdot\boldsymbol{I}_Q\cdot\boldsymbol{\omega}_Q+\boldsymbol{I}_Q\cdot\boldsymbol{\mu}_Q)\end{aligned}$$

$$\boldsymbol{F}_{II}^{Q}=\int_{\Omega_Q}\boldsymbol{f}_Q\mathrm{d}V,\quad\boldsymbol{F}_{III}^{Q}=\int_{S_Q}\bar{\boldsymbol{f}}_Q\mathrm{d}S$$

$$\boldsymbol{F}_{V}^{Q}=\int_{\Omega_Q}\tilde{\boldsymbol{x}}_Q\cdot\boldsymbol{f}_Q\mathrm{d}V,\quad\boldsymbol{F}_{VI}^{Q}=\int_{S_Q}\tilde{\boldsymbol{x}}_Q\cdot\bar{\boldsymbol{f}}_Q\mathrm{d}S \tag{10.5.5B}$$

作变换 $\boldsymbol{x}_Q=\bar{\boldsymbol{x}}_Q+\boldsymbol{e}_Q$, $\bar{\boldsymbol{x}}_Q$ 为弹丸质心至弹丸上任意一点的位置矢量,将 $\tilde{\boldsymbol{e}}_Q$ 左点乘式(10.5.3A)得结果①,将式(10.5.3B)减去结果①,并将变换式代入,经整理得

$$\bar{\boldsymbol{I}}_Q\cdot\boldsymbol{\varepsilon}_{Q1}+\tilde{\boldsymbol{\omega}}_Q\cdot\bar{\boldsymbol{I}}_Q\cdot\boldsymbol{\omega}_Q+\bar{\boldsymbol{I}}_Q\cdot\boldsymbol{\mu}_Q=\bar{\boldsymbol{F}}_{V}^{Q}+\bar{\boldsymbol{F}}_{VI}^{Q} \tag{10.5.6A}$$

$$\bar{\boldsymbol{F}}_{V}^{Q}=\int_{\Omega_Q}\tilde{\bar{\boldsymbol{x}}}_Q\cdot\boldsymbol{f}_Q\mathrm{d}V,\quad\bar{\boldsymbol{F}}_{VI}^{Q}=\int_{S_Q}\tilde{\bar{\boldsymbol{x}}}_Q\cdot\bar{\boldsymbol{f}}_Q\mathrm{d}S \tag{10.5.6B}$$

式(10.5.3A)和式(10.5.6A)为直角坐标系下张量形式的弹丸飞行微分方程,有以下几个特点。

(1) 式(10.5.3A)为弹丸在直角坐标系下的平动运动微分方程,该方程是建立在几何中心 o_{Q_E} 而不是质心 O_{Q_G} 上的,考虑了弹丸的质量偏心 $\boldsymbol{e}_Q$ 的影响,当弹丸质量偏心 $\boldsymbol{e}_Q=\boldsymbol{0}$ 时,几何中心与质心重合。

(2) 式(10.5.6A)为弹丸绕质心的转动运动微分方程,$\bar{\boldsymbol{I}}_Q$ 为绕质心的转动惯量,弹轴可以是非惯性主轴。$\tilde{\boldsymbol{\omega}}_Q\cdot\bar{\boldsymbol{I}}_Q\cdot\boldsymbol{\omega}_Q$ 中包含陀螺稳定项,其在方向 $\boldsymbol{n}_{\dot{\delta}}$ 的投影等于 $\boldsymbol{M}_v$。若不考虑 $\tilde{\boldsymbol{\Omega}}_T$ 的影响,即 $\tilde{\boldsymbol{\Omega}}_T=\boldsymbol{0}$,将 $\tilde{\boldsymbol{\omega}}_Q\cdot\bar{\boldsymbol{I}}_Q\cdot\boldsymbol{\omega}_Q=M_j^{\omega_Q i_Q}\boldsymbol{e}_j$ 展开,有

$$\begin{Bmatrix} M_1^{\omega_Q} \\ M_2^{\omega_Q} \\ M_3^{\omega_Q} \end{Bmatrix} = \begin{Bmatrix} \omega_1^{Q_E}(\omega_2^{Q_E}\bar{I}_{31}^Q - \omega_3^{Q_E}\bar{I}_{21}^Q) + (\omega_2^{Q_E}\omega_2^{Q_E} - \omega_3^{Q_E}\omega_3^{Q_E})\bar{I}_{23}^Q + \omega_2^{Q_E}\omega_3^{Q_E}(\bar{I}_{33}^Q - \bar{I}_{22}^Q) \\ \omega_2^{Q_E}(\omega_3^{Q_E}\bar{I}_{12}^Q - \omega_1^{Q_E}\bar{I}_{23}^Q) - (\omega_1^{Q_E}\omega_1^{Q_E} - \omega_3^{Q_E}\omega_3^{Q_E})\bar{I}_{13}^Q + \omega_1^{Q_E}\omega_3^{Q_E}(\bar{I}_{11}^Q - \bar{I}_{33}^Q) \\ \omega_3^{Q_E}(\omega_1^{Q_E}\bar{I}_{23}^Q - \omega_2^{Q_E}\bar{I}_{31}^Q) + (\omega_1^{Q_E}\omega_1^{Q_E} - \omega_2^{Q_E}\omega_2^{Q_E})\bar{I}_{12}^Q + \omega_1^{Q_E}\omega_2^{Q_E}(\bar{I}_{22}^Q - \bar{I}_{11}^Q) \end{Bmatrix} \tag{10.5.7}$$

$\bar{\boldsymbol{I}}_Q$ 中的交叉项 $\bar{I}_{12}^Q$、$\bar{I}_{13}^Q$ 与 $(\omega_1^{Q_E})^2$ 关联在一起，对 $M_2^{\omega_Q}$、$M_3^{\omega_Q}$ 影响非常大，从而影响弹丸的横向运动轨迹。

10.5.2 速度坐标系下弹丸运动方程

将式(10.5.2A)中的第二个等式改写成

$$\delta \frac{\mathrm{D}\boldsymbol{U}_g^Q}{\mathrm{D}t} = \delta v_{Q_E}{}^{i_v}\boldsymbol{e}_1 + \delta\boldsymbol{\omega}_{Q_E} \cdot \tilde{\boldsymbol{x}}_Q$$

将式(10.5.2B)中的第三个等式改写成

$$\frac{\mathrm{D}^2\boldsymbol{U}_g^Q}{\mathrm{D}t^2} = \dot{v}_{Q_E}{}^{i_v}\boldsymbol{e}_1 + \tilde{\boldsymbol{x}}_Q^T \cdot \boldsymbol{\varepsilon}_{Q1} + (\boldsymbol{\omega}_v + \boldsymbol{\Omega}_T) \times \dot{\boldsymbol{U}}_g^{Q_E} + \boldsymbol{a}_Q$$

将上述改写后的表达式代入式(10.5.1)，为了确保该式对任意虚速度条件总成立，若式中与任意虚速度相乘项必须为零，由此得到直角坐标系下弹丸空中飞行运动微分方程。

$$\boldsymbol{M}_{11}^Q \cdot [\dot{v}_{Q_E}{}^{i_v}\boldsymbol{e}_1 + (\boldsymbol{\omega}_v + \boldsymbol{\Omega}_T) \times \dot{\boldsymbol{U}}_g^{Q_E}] + \boldsymbol{M}_{12}^Q \cdot \boldsymbol{\varepsilon}_{Q1} = \boldsymbol{F}_1^Q \tag{10.5.8A}$$

$$\boldsymbol{M}_{21}^Q \cdot [\dot{v}_{Q_E}{}^{i_v}\boldsymbol{e}_1 + (\boldsymbol{\omega}_v + \boldsymbol{\Omega}_T) \times \dot{\boldsymbol{U}}_g^{Q_E}] + \boldsymbol{M}_{22}^Q \cdot \boldsymbol{\varepsilon}_{Q1} = \boldsymbol{F}_2^Q \tag{10.5.8B}$$

利用 10.5.1 节中将式(10.5.3B)变换为绕其质心转动方向相同的方法，可得到弹丸绕质心的转动方程，结果与式(10.5.6A)完全相同：

$$\bar{\boldsymbol{I}}_Q \cdot \boldsymbol{\varepsilon}_{Q1} + \tilde{\boldsymbol{\omega}}_Q \cdot \bar{\boldsymbol{I}}_Q \cdot \boldsymbol{\omega}_Q + \bar{\boldsymbol{I}}_Q \cdot \boldsymbol{\mu}_Q = \bar{\boldsymbol{F}}_V^Q + \bar{\boldsymbol{F}}_{VI}^Q \tag{10.5.9A}$$

$$\bar{\boldsymbol{F}}_V^Q = \int_{\Omega_Q} \tilde{\bar{\boldsymbol{x}}}_Q \cdot \boldsymbol{f}_Q \mathrm{d}V, \quad \bar{\boldsymbol{F}}_{VI}^Q = \int_{S_Q} \tilde{\bar{\boldsymbol{x}}}_Q \cdot \bar{\boldsymbol{f}}_Q \mathrm{d}S \tag{10.5.9B}$$

式(10.5.8A)、式(10.5.9A)为速度坐标系下张量形式的弹丸飞行微分方程，其中绕质心的转动方程与直角坐标系下的方程完全相同。

速度坐标系 $\boldsymbol{i}_v$ 下弹丸运动方程的初始条件由 10.6 节给出，求解终了的条件可以是弹丸空中飞行的某一时刻、弹丸在空中的某一高度、弹丸飞行的某一水平距离或某一斜距离等，求解得到弹丸运动的解有 $U_1^{gQ_E}$、$U_2^{gQ_E}$、$U_3^{gQ_E}$、v_{Q_E}、ψ_2、ψ_1、γ、φ_2、φ_1、$\dot{\gamma}$、$\dot{\varphi}_2$、$\dot{\varphi}_1$、δ_2、δ_1、β_δ、$\dot{\delta}_2$、$\dot{\delta}_1$、$\dot{\beta}_\delta$、δ、$\dot{\delta}$、v、$\dot{v}$，共 22 个未知量。

10.6 初始条件

初始条件是指弹丸下弹带上点 o_Q 飞离炮口点 O_{ds} 瞬间 $(t = t_G)$ 表征弹丸运动的如下

状态参数的取值：

（1）弹丸几何中心的位置坐标 $\boldsymbol{U}_g^{Q_E}(t_G)$；

（2）弹丸几何中心的速度 $\dot{\boldsymbol{U}}_g^{Q_E}(t_G)$；

（3）弹丸偏角 $\boldsymbol{\Psi}(t_G)=\psi_1(t_G)+\mathrm{i}\psi_2(t_G)$；

（4）弹丸偏角速度 $\dot{\boldsymbol{\Psi}}(t_G)=\dot{\psi}_1(t_G)+\mathrm{i}\dot{\psi}_2(t_G)$；

（5）弹轴滚转角 $\gamma(t_G)$；

（6）弹轴摆角 $\boldsymbol{\Phi}(t_G)=\varphi_1(t_G)+\mathrm{i}\varphi_2(t_G)$；

（7）弹轴滚转角速度 $\dot{\gamma}(t_G)$；

（8）弹轴摆角速度 $\dot{\boldsymbol{\Phi}}(t_G)=\dot{\varphi}_1(t_G)+\mathrm{i}\dot{\varphi}_2(t_G)$；

（9）弹丸攻角 $\Delta(t_G)=\delta_1(t_G)+\mathrm{i}\delta_2(t_G)$ 及 $\beta_\delta(t_G)$；

（10）弹丸攻角速度 $\dot{\Delta}(t_G)=\dot{\delta}_1(t_G)+\mathrm{i}\dot{\delta}_2(t_G)$ 及 $\dot{\beta}_\delta(t_G)$；

（11）弹丸攻角平面内的攻角 $\delta(t_G)$；

（12）弹丸攻角平面内的攻角速度 $\dot{\delta}(t_G)$；

（13）弹丸进动平面内的进动 $\boldsymbol{v}(t_G)$；

（14）弹丸进动平面内的进动角速度 $\dot{\boldsymbol{v}}(t_G)$。

描述弹丸运动的六自由刚体弹道模型有 12 个独立参数，上述 14 个参数不是独立的而是这 12 个独立参数的函数。一般选择以下 12 个变量作为独立变量：

（1）弹丸几何中心位置坐标 $\boldsymbol{U}_g^{Q_E}(t_G)$，包含 3 个变量；

（2）弹丸几何中心速度模 $v_{Q_E}(t_G)$，包含 1 个变量；

（3）弹丸偏角 $\boldsymbol{\Psi}(t_G)$，包含 2 变量；

（4）弹轴滚角 $\gamma(t_G)$ 及摆角 $\boldsymbol{\Phi}(t_G)$，包含 3 个变量；

（5）弹轴滚角速度 $\dot{\gamma}(t_G)$ 及摆角速度 $\dot{\boldsymbol{\Phi}}(t_G)$，包含 3 个变量。

上述 12 个独立参数可通过两种方法得到，第一种方法是通过试验测试得到，另一种方法是通过弹炮动力学模型计算得到（见前面第 4~8 章节中的内容）。由于目前对弹丸炮口状态参数的测试不能满足火炮精确建模的发展要求，测试得到的参数是不完备的，因此一般将试验测试与理论仿真计算相结合。

除上述初始条件外，火炮实际使用中还要输入射击目标相对正北方向角 $\Theta_N=\Theta_N^0+\theta_2^0$ 和静态高低角 θ_1^0，其中 Θ_N^0 为火炮进入阵地时身管对目标指向与正北的概略方向角，θ_2^0 为身管静态方向角。

10.6.1 独立参数初始条件的计算

1）弹丸几何中心 3 个位置坐标 $\boldsymbol{U}_g^{Q_E}(t_G)$ 的计算

如图 10.2.1 所示，射击前炮口点 o_g 在坐标系 $\boldsymbol{i}_G$ 中的位置矢量为 $\boldsymbol{U}_g(t_0)$；弹丸飞离炮口瞬间（$t=t_G$），弹丸上点 o_Q 与炮口点 O_{ds} 重合，点 O_{ds} 距坐标系 $\boldsymbol{i}_G$ 原点 o_G 的位置矢量由式（5.5.11A）给出，其中令 $\boldsymbol{x}_D=\boldsymbol{x}_{Da}=\boldsymbol{l}_{Ds}$：

$$\boldsymbol{U}_{ds}(t_G)=\boldsymbol{U}_G^A(t_G)+\boldsymbol{U}_A^D(t_G)+\boldsymbol{x}_{CD}(t_G)+\boldsymbol{l}_{Ds}+\boldsymbol{w}_0(\boldsymbol{l}_{Ds},t_G)+\boldsymbol{\phi}_0(\boldsymbol{l}_{Ds},t_G)\times\boldsymbol{l}_{Ds} \tag{10.6.1A}$$

$t=t_G$ 时，弹丸上点 o_Q 距点 o_{Q_E} 的位置矢量为

$$\boldsymbol{l}_{Q_E}(t_G) = l_{Q_E}{}^{i_Q}\boldsymbol{e}_1 \tag{10.6.1B}$$

由此可得弹丸几何中心的初始位置坐标 $\boldsymbol{U}_g^{Q_E}(t_G)$ 为

$$\boldsymbol{U}_g^{Q_E}(t_G) = \boldsymbol{U}_{ds}(t_G) - \boldsymbol{U}_g(t_0) + \boldsymbol{l}_{Q_E}(t_G) \tag{10.6.1C}$$

2）弹丸几何中心速度 $\dot{\boldsymbol{U}}_g^{Q_E}(t_G)$ 的计算

式(6.7.12B)中,令 $\boldsymbol{x}_Q = \boldsymbol{w}_{Qf} = \dot{\boldsymbol{w}}_{Qf} = \boldsymbol{0}$, 得点 o_{Q_E} 速度 $\dot{\boldsymbol{U}}_{Q_E}$, $\dot{\boldsymbol{U}}_{Q_E}$ 在 $t = t_G$ 的值即为弹丸速度 $\dot{\boldsymbol{U}}_g^{Q_E}(t_G)$, 即

$$\begin{aligned}\dot{\boldsymbol{U}}_g^{Q_E}(t_G) &= \dot{\boldsymbol{U}}_{Q_E}(t_G) = \dot{U}_j^{Q_E}(t_G)^{i_G}\boldsymbol{e}_j \\ &= \dot{\boldsymbol{U}}_G^D(t_G) + [\boldsymbol{\omega}_A(t_G) + \boldsymbol{\omega}_B^r(t_G) + \boldsymbol{\omega}_C^r(t_G) + \boldsymbol{\omega}_D^r(t_G)] \\ &\quad \times [\boldsymbol{w}_{Da}(\boldsymbol{l}_{Ds}, t_G) + \boldsymbol{l}_{Ds} + \boldsymbol{y}_Q(t_G) + \boldsymbol{l}_{Q_E}] + \dot{\boldsymbol{w}}_{Da}(\boldsymbol{l}_{Ds}, t_G) + \boldsymbol{\omega}_{Dq}^r(t_G) \\ &\quad \times [\boldsymbol{y}_Q(t_G) + \boldsymbol{l}_{Q_E}] + \boldsymbol{F}_{Dq} \cdot \dot{\boldsymbol{x}}_1^{Dq}(t_G) + \dot{\boldsymbol{y}}_Q(t_G) + \boldsymbol{\omega}_Q^r(t_G) \times \boldsymbol{l}_{Q_E}\end{aligned} \tag{10.6.2A}$$

式中, $\dot{\boldsymbol{w}}_{Da}(\boldsymbol{l}_{Ds}, t_G)$ 由式(5.5.8)给出。

由于 $\dot{\boldsymbol{U}}_{Q_E}$ 的计算公式中没有考虑地球自转的影响,因此有

$$v_{Q_E}(t_G) = \| \dot{\boldsymbol{U}}_{Q_E}(t_G) \| \tag{10.6.2B}$$

另一方面, $\dot{\boldsymbol{U}}_g^{Q_E}(t_G)$ 可以进行如下分解:

$$\dot{\boldsymbol{U}}_g^{Q_E}(t_G) = v_{Q_E}(t_G)\begin{bmatrix}\cos\psi_b(t_G)\cos\psi_a(t_G)^{i_g}\boldsymbol{e}_1 + \cos\psi_b(t_G)\sin\psi_a(t_G)^{i_g}\boldsymbol{e}_2 \\ + \sin\psi_b(t_G)^{i_g}\boldsymbol{e}_3\end{bmatrix} \tag{10.6.2C}$$

其中

$$\psi_a(t_G) = \psi_1(t_G) + \varphi_1^0 \tag{10.6.2D}$$

$$\psi_b(t_G) = \psi_2(t_G) + \varphi_2^0 \tag{10.6.2E}$$

式中, $\psi_1(t_G)$、$\psi_2(t_G)$ 为弹丸初始偏角; φ_1^0、φ_2^0 为弹丸静态射角。由于身管调炮是先方向后高低,而弹丸的欧拉转换是先高低后方向,因此弹丸静态 φ_1^0、φ_2^0 与身管静态射角 θ_1^0、θ_2^0 存在以下关系:

$$\sin\varphi_2^0 = \sin\theta_2^0\cos\theta_1^0, \quad \sin\varphi_1^0 = \sin\theta_1^0/\cos\varphi_2^0 \tag{10.6.2F}$$

令式(10.6.2A)与式(10.6.2C)相等,有

$$\sin\psi_b(t_G) = \frac{\dot{\boldsymbol{U}}_3^{Q_E}(t_G)}{v_{Q_E}(t_G)} \tag{10.6.2G}$$

$$\sin\psi_a(t_G) = \frac{\dot{\boldsymbol{U}}_2^{Q_E}(t_G)}{v_{Q_E}(t_G)\cos\psi_b(t_G)} \tag{10.6.2H}$$

由上式可得到 $\psi_a(t_G)$、$\psi_b(t_G)$, 再将其代入式(10.6.2D)、式(10.6.2E),即可得到弹丸初始扰动偏角 $\psi_1(t_G)$、$\psi_2(t_G)$。

3）弹轴滚转角 $\gamma(t_G)$ 和摆角 $\boldsymbol{\Phi}(t_G)$ 的计算

根据图 6.3.8 可得弹轴坐标系 $\boldsymbol{i}_Q(t_G)$ 与地面惯性坐标系 $\boldsymbol{i}_G$ 的转换关系为

$$\boldsymbol{L}_{QG}(t_G)=L_{ij}^{QG}(t_G)\,{}^{i_Q}\boldsymbol{e}_i\otimes{}^{i_G}\boldsymbol{e}_j=\boldsymbol{L}_{i_E}(t_G)\cdot\boldsymbol{L}_{i_{du}}(t_G)\cdot\boldsymbol{L}_{i_D}(t_G)\cdot\boldsymbol{L}_{i_C}(t_G)\cdot\boldsymbol{L}_{i_B}(t_G)\cdot\boldsymbol{L}_{i_A}(t_G)\tag{10.6.3A}$$

$\boldsymbol{L}_{QG}(t_G)$ 应与式(10.2.1B)给出的 $\boldsymbol{L}_{i_Q}(t_G)$ 相等,将 $\boldsymbol{L}_{i_Q}(t_G)$ 展开得

$$\sin\varphi_b(t_G)=L_{13}^{QG}(t_G)\tag{10.6.3B}$$

$$\cos\varphi_b(t_G)\sin\varphi_a(t_G)=L_{12}^{QG}(t_G)\tag{10.6.3C}$$

其中,

$$\varphi_a(t_G)=\varphi_1(t_G)+\varphi_1^0\tag{10.6.3D}$$

$$\varphi_b(t_G)=\varphi_2(t_G)+\varphi_2^0\tag{10.6.3E}$$

φ_1^0、φ_2^0 可由式(10.6.2F)得到,这样就得到弹丸初始扰动摆角 $\varphi_1(t_G)$、$\varphi_2(t_G)$。$\gamma(t_G)$ 可利用膛线缠度和弹丸膛内行程由式(6.8.15A)和式(6.3.4A)计算得到

$$\phi(t_G)=\frac{1}{r_d}\left[y_\eta(l_{Ds})-y_\eta(x_1^{Dq0})\right]$$

$$\cot\gamma(t_G)=\cot\phi(t_G)\,\frac{\cos\kappa_2(t_G)}{\cos\kappa_1(t_G)}-\sin\kappa_2(t_G)\tan\kappa_1(t_G)\tag{10.6.3F}$$

弹轴炮口初始方向为

$${}^{i_Q}\boldsymbol{e}_1(t_G)=L_{11}^{QG}(t_G)\,{}^{i_G}\boldsymbol{e}_1+L_{12}^{QG}(t_G)\,{}^{i_G}\boldsymbol{e}_2+L_{13}^{QG}(t_G)\,{}^{i_G}\boldsymbol{e}_3\tag{10.6.3G}$$

4）弹轴滚转角速度 $\dot{\gamma}(t_G)$ 和摆角速度 $\dot{\boldsymbol{\Phi}}(t_G)$ 的计算

由式(6.7.6A)得到弹丸飞离炮口的摆角速度:

$$\boldsymbol{\omega}_Q(t_G)=\omega_j^Q(t_G)\,{}^{i_Q}\boldsymbol{e}_j(t_G)\tag{10.6.4A}$$

另一方面,由式(10.3.2A)可得 $\boldsymbol{\omega}_{Q_E}(t_G)$ 为

$$\begin{aligned}\boldsymbol{\omega}_{Q_E}(t_G)=&\left[\dot{\gamma}(t_G)+\dot{\varphi}_1(t_G)\sin\varphi_b(t_G)\right]{}^{i_Q}\boldsymbol{e}_1(t_G)\\&+\left[\dot{\varphi}_1(t_G)\sin\gamma(t_G)\cos\varphi_b(t_G)-\dot{\varphi}_2(t_G)\cos\gamma(t_G)\right]{}^{i_Q}\boldsymbol{e}_2(t_G)\\&+\left[\dot{\varphi}_1(t_G)\cos\gamma(t_G)\cos\varphi_b(t_G)+\dot{\varphi}_2(t_G)\sin\gamma(t_G)\right]{}^{i_Q}\boldsymbol{e}_3(t_G)\end{aligned}\tag{10.6.4B}$$

令两者相等,由此解得

$$\dot{\varphi}_2(t_G)=\omega_3^Q(t_G)\sin\gamma(t_G)-\omega_2^Q(t_G)\cos\gamma(t_G)\tag{10.6.4C}$$

$$\dot{\varphi}_1(t_G)\cos\varphi_b(t_G)=\omega_2^Q(t_G)\sin\gamma(t_G)+\omega_3^Q(t_G)\cos\gamma(t_G)\tag{10.6.4D}$$

$$\dot{\gamma}(t_G)=\omega_1^Q(t_G)-\dot{\varphi}_1(t_G)\sin\varphi_b(t_G)\tag{10.6.4E}$$

由上式得到弹丸初始摆角速度 $\dot{\varphi}_1(t_G)$、$\dot{\varphi}_2(t_G)$ 及绕弹轴的滚转速度 $\dot{\gamma}(t_G)$。$\dot{\gamma}(t_G)$ 亦可

由公式(6.8.15B)近似计算得到。

式(10.6.1)~式(10.6.4)给出了由弹炮运动模型得到的弹丸外弹道飞行12个初始条件的计算公式。

10.6.2 其他参数的初始条件

1）攻角 $\delta_1(t_G)$、$\delta_2(t_G)$ 及 $\beta_\delta(t_G)$ 的计算

利用式(10.2.4)可得到攻角 $\delta_2(t_G)$、$\delta_1(t_G)$、$\beta_\delta(t_G)$：

$$\sin\delta_2(t_G)=\cos\psi_b(t_G)\sin\varphi_b(t_G)-\sin\psi_b(t_G)\cos\varphi_b(t_G)\cos[\varphi_a(t_G)-\psi_a(t_G)] \tag{10.6.5A}$$

$$\sin\delta_1(t_G)\cos\delta_2(t_G)=\cos\varphi_b(t_G)\sin[\varphi_a(t_G)-\psi_a(t_G)] \tag{10.6.5B}$$

$$\begin{aligned}\sin\beta_\delta(t_G)\cos\delta_2(t_G)=&\sin\gamma(t_G)\sin\varphi_b(t_G)\sin\psi_b(t_G)\cos[\varphi_a(t_G)-\psi_a(t_G)]\\&+\sin\gamma(t_G)\cos\varphi_b(t_G)\cos\psi_b(t_G)\\&+\cos\gamma(t_G)\sin\psi_b(t_G)\sin[\varphi_a(t_G)-\psi_a(t_G)]\end{aligned} \tag{10.6.5C}$$

2）弹丸偏角速度 $\dot{\Psi}(t_G)$ 的计算

$\dot{\Psi}(t_G)$ 的计算与弹丸角加速度有关。

式(6.7.11C)中，令 $\boldsymbol{x}_Q=\boldsymbol{w}_{Qf}=\dot{\boldsymbol{w}}_{Qf}=\ddot{\boldsymbol{w}}_{Qf}=\boldsymbol{0}$，$t=t_G$，得点 o_{Q_E} 加速度 $\ddot{\boldsymbol{U}}_g^{Q_E}(t_G)$ 的表达式：

$$\ddot{\boldsymbol{U}}_g^{Q_E}(t_G)=\ddot{U}_j^{Q_E}(t_G)\,{}^{i_G}\boldsymbol{e}_j \tag{10.6.6A}$$

另一方面，弹丸的加速度还可以用式(10.3.10B)表达成

$$\ddot{\boldsymbol{U}}_g^{Q_E}(t_G)=\dot{v}_{Q_E}(t_G)\,{}^{i_v}\boldsymbol{e}_1+\boldsymbol{\omega}_v(t_G)\times v_{Q_E}(t_G)\,{}^{i_v}\boldsymbol{e}_1 \tag{10.6.6B}$$

其中，$\boldsymbol{\omega}_v(t_G)$ 由式(10.3.5)给出，并令 $\boldsymbol{\Omega}_T=\boldsymbol{0}$。将式(10.3.5)代入上式，经运算整理得

$$\ddot{\boldsymbol{U}}_g^{Q_E}(t_G)=\dot{v}_{Q_E}(t_G)\,{}^{i_v}\boldsymbol{e}_1(t_G)+v_{Q_E}(t_G)[\dot{\psi}_1(t_G)\cos\psi_b(t_G)\,{}^{i_v}\boldsymbol{e}_2(t_G)+\dot{\psi}_2\,{}^{i_v}\boldsymbol{e}_3(t_G)] \tag{10.6.6C}$$

利用图6.3.8，将 $\ddot{\boldsymbol{U}}_g^{Q_E}(t_G)$ 投影到坐标系 $\boldsymbol{i}_G$ 下，得

$$\ddot{\boldsymbol{U}}_g^{Q_E}(t_G)=(\boldsymbol{L}_{i_v})^T\cdot\begin{bmatrix}\dot{v}_{Q_E}(t_G)\,{}^{i_v}\boldsymbol{e}_1(t_G)\\+v_{Q_E}(t_G)[\dot{\psi}_1(t_G)\cos\psi_b(t_G)\,{}^{i_v}\boldsymbol{e}_2(t_G)+\dot{\psi}_2\,{}^{i_v}\boldsymbol{e}_3(t_G)]\end{bmatrix} \tag{10.6.6D}$$

其中

$$\boldsymbol{L}_{i_v}={}^{321}Q_{ij}^T(0,\psi_b(t_G),\psi_a(t_G))\,{}^{i_v}\boldsymbol{e}_i\otimes{}^{i_G}\boldsymbol{e}_j \tag{10.6.6E}$$

式中，${}^{321}Q_{ij}^T$ 由式(2.3.15)给出；$\psi_a(t_G)$、$\psi_b(t_G)$ 分别由式(10.6.2H)、(10.6.2G)给出。令式(10.6.6A)与式(10.6.6D)相等，将其展开，经进一步运算整理得

$$\begin{aligned}\dot{v}_{Q_E}(t_G)=&\ddot{U}_1^{Q_E}(t_G)\cos\psi_a(t_G)\cos\psi_b(t_G)-\ddot{U}_2^{Q_E}(t_G)\sin\psi_a\\&-\ddot{U}_3^{Q_E}(t_G)\cos\psi_a(t_G)\sin\psi_b(t_G)\end{aligned} \tag{10.6.6F}$$

$$v_{Q_E}(t_G)\dot{\psi}_2(t_G) = \ddot{U}_1^{Q_E}(t_G)\sin\psi_b(t_G) + \ddot{U}_3^{Q_E}(t_G)\cos\psi_b(t_G) \tag{10.6.6G}$$

$$v_{Q_E}(t_G)\dot{\psi}_1(t_G)\cos\psi_b(t_G) = \ddot{U}_1^{Q_E}(t_G)\cos\psi_b(t_G)\sin\psi_a(t_G) + \ddot{U}_2^{Q_E}(t_G)\cos\psi_a(t_G) - \ddot{U}_3^{Q_E}(t_G)\sin\psi_b(t_G)\sin\psi_a(t_G) \tag{10.6.6H}$$

由此计算得到偏角速度 $\dot{\psi}_2(t_G)$、$\dot{\psi}_1(t_G)$ 和速度方向的切向加速度 $\dot{v}_{Q_E}(t_G)$，$\dot{v}_{Q_E}(t_G)$ 的另一计算公式为 $\dot{v}_{Q_E}(t_G) = \|\ddot{\boldsymbol{U}}_{Q_E}(t_G)\|$。

3）攻角速度 $\dot{\delta}_1(t_G)$、$\dot{\delta}_2(t_G)$ 及 $\dot{\beta}_\delta(t_G)$ 的计算

由式(10.3.6)可得攻角速度 $\boldsymbol{\omega}_\delta$ 为

$$\boldsymbol{\omega}_\delta = \omega_i^{\delta i_Q}\boldsymbol{e}_i = \boldsymbol{\omega}_{Q_E}(t_G) - \boldsymbol{\omega}_v(t_G) \tag{10.6.7A}$$

令 $\boldsymbol{\omega}_\delta(t_G)$ 与式(10.3.7)相等,解得以下攻角速度:

$$\dot{\delta}_2(t_G) = \omega_3^\delta(t_G)\sin\beta_\delta(t_G) - \omega_2^\delta(t_G)\cos\beta_\delta(t_G) \tag{10.6.7B}$$

$$\dot{\delta}_1(t_G)\cos\delta_2(t_G) = \omega_2^\delta(t_G)\sin\beta_\delta(t_G) + \omega_3^\delta(t_G)\cos\beta_\delta(t_G) \tag{10.6.7C}$$

$$\dot{\beta}_\delta(t_G) = \omega_1^\delta(t_G) - \dot{\delta}_1(t_G)\sin\delta_2(t_G) \tag{10.6.7D}$$

4）弹丸攻角平面内攻角 $\delta(t_G)$ 的计算

易得

$$\cos\delta(t_G) = {}^{i_Q}\boldsymbol{e}_1(t_G)\cdot{}^{i_v}\boldsymbol{e}_1(t_G) \tag{10.6.8A}$$

由式(10.2.3D)可得

$${}^{i_Q}\boldsymbol{e}_1(t_G) = \cos\delta_2(t_G)\cos\delta_1(t_G)\,{}^{i_v}\boldsymbol{e}_1 + \cos\delta_2(t_G)\sin\delta_1(t_G)\,{}^{i_v}\boldsymbol{e}_2 + \sin\delta_2(t_G)\,{}^{i_v}\boldsymbol{e}_3 \tag{10.6.8B}$$

将式(10.6.8B)代入式(10.6.8A),经运算整理得

$$\cos\delta(t_G) = \cos\delta_2(t_G)\cos\delta_1(t_G) \tag{10.6.8C}$$

5）弹丸攻角平面内攻角速度 $\dot{\delta}(t_G)$ 的计算

由式(10.4.1)得

$$\boldsymbol{n}_{\dot{\delta}}(t_G) = -\sin\delta_2(t_G)\,{}^{i_v}\boldsymbol{e}_2 + \cos\delta_2(t_G)\sin\delta_1(t_G)\,{}^{i_v}\boldsymbol{e}_3 \tag{10.6.9A}$$

由式(10.3.7),并经图 6.3.8 转换,得

$$\boldsymbol{\omega}_\delta = \omega_i^{\delta i_Q}\boldsymbol{e}_i = L_{ji}^\delta\omega_j^{\delta i_v}\boldsymbol{e}_i \tag{10.6.9B}$$

由式(10.4.2)得

$$\dot{\delta}(t_G) = \boldsymbol{\omega}_\delta(t_G)\cdot\boldsymbol{n}_{\dot{\delta}}(t_G) = -\sin\delta_2(t_G)L_{j2}^\delta\omega_j^\delta + \cos\delta_2(t_G)\sin\delta_1(t_G)L_{j3}^\delta\omega_j^\delta \tag{10.6.9C}$$

6）弹丸进动平面内进动角速度 $\dot{\upsilon}(t_G)$ 的计算

由式(10.4.9),并经图 6.3.8 转换,并注意到进动面垂直于攻角面,得

$$\dot{\upsilon}(t_G) = (\boldsymbol{\omega}_{Q_E} - \dot{\boldsymbol{\gamma}} - \dot{\boldsymbol{\delta}})\cdot{}^{i_v}\boldsymbol{e}_1 = (\boldsymbol{\omega}_{Q_E} - \dot{\boldsymbol{\gamma}})\cdot{}^{i_v}\boldsymbol{e}_1 = L_{j1}^\delta(t_G)\omega_j^Q(t_G) - L_{11}^\delta(t_G)\dot{\gamma}(t_G) \tag{10.6.10}$$

7）弹丸进动平面内进动角 $\boldsymbol{v}(t_G)$ 的计算

弹丸在膛内的进动角速度为

$$\dot{\boldsymbol{v}}(t) = L_{j1}^{\delta}(t)\omega_j^{Q}(t) - L_{11}^{\delta}(t)\dot{\gamma}(t) \tag{10.6.11A}$$

对上式进行时间积分,即得 $\boldsymbol{v}(t_G)$ 为

$$\boldsymbol{v}(t_G) = \int_{t_K}^{t_G}\dot{\boldsymbol{v}}(t)\,\mathrm{d}t \tag{10.6.11B}$$

式中 $\boldsymbol{v}(t_K) = 0$。

至此,弹丸在炮口的所有状态参数全部得到。

10.6.3 炮口其他角量之间的关系

工程实践中,弹丸飞离炮口时还有两个常用的角量,分别是炮口角 $\boldsymbol{\Phi}_k$ 和炮口跳角 $\boldsymbol{\Phi}_t$,本节将给出这两个角度的计算公式。

(1) 仰角。仰线是火炮调炮的基准,国军标中定义仰线为射击前刚性身管的轴线方向,仰线与炮口水平面间的夹角称为仰角,显然仰角只是在射击前、在射击垂直平面内的一个静态角度,见图 10.6.1 中的 $\boldsymbol{n}_0$,即 ${}^{i_D}\boldsymbol{e}_1$ 的初始方向。$\boldsymbol{n}_0$ 的方向由方向仰角 θ_2^0 和高低仰角 θ_1^0 两部分组成,记为 $\boldsymbol{\Theta}_0 = \theta_1^0 + \mathrm{i}\theta_2^0$,方向仰角 θ_2^0 为仰线在水平面 $o_G - x_1^G x_3^G$ 内投影线与射击概略方向的夹角;高低仰角 θ_1^0 为仰线与水平面 $o_G - x_1^G x_3^G$ 的夹角,向上为正,如图 10.6.1 所示。显然,本节中的 θ_1^0、θ_2^0 分别与 5.2.1 中的高低角 θ_1^0 和 5.3.2 节中的方向角 θ_2^0 的概念是相同的。

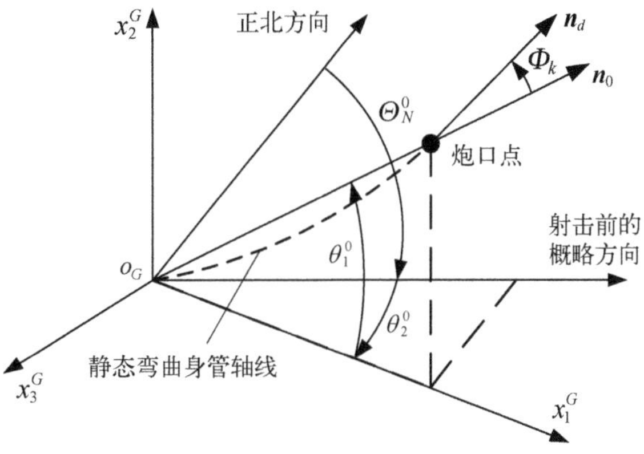

图 10.6.1 仰角、炮口角示意图

(2) 炮口跳角。炮口跳角 $\boldsymbol{\Phi}_t(t_G)$ 也称为定起角,是指弹丸飞离炮口瞬间弹丸基点 o_E 速度 $\boldsymbol{v}_E$ 方向与仰线(图 10.6.1 中的 $\boldsymbol{n}_0$ 方向)之间的夹角,速度 $\boldsymbol{v}_{Q_E}$ 矢量方向 ${}^{i_v}\boldsymbol{e}_1$ 可由 $\boldsymbol{n}_0$ 经(3－2)顺序依次旋转 $\varphi_1^t(t_G)$、$-\varphi_2^t(t_G)$ 欧拉角得到,记为 $\boldsymbol{\Phi}_t(t_G) = \varphi_1^t(t_G) + \mathrm{i}\varphi_2^t(t_G)$。根据 $\varphi_1^t(t_G)$、$\varphi_2^t(t_G)$ 与式(10.6.2)中计算得到的 φ_1^0、φ_2^0 相同,因此有 $\boldsymbol{\Phi}_t(t_G) = \varphi_1^0 + \mathrm{i}\varphi_2^0$。

(3) 炮口角。炮口角 $\boldsymbol{\Phi}_k$ 是指静态弯曲身管轴线在炮口处的切线(图 10.6.1 中的 $\boldsymbol{n}_d$ 方向)与仰线(图 10.6.1 中的 $\boldsymbol{n}_0$ 方向)之间的夹角,$\boldsymbol{n}_d$ 可由 $\boldsymbol{n}_0$ 经(2－3)顺序依次旋转 $-\varphi_2^k$、φ_1^k 欧拉角得到,记为 $\boldsymbol{\Phi}_k = \varphi_1^k + \mathrm{i}\varphi_2^k$。根据定义,利用式(6.3.2)中 $\boldsymbol{L}_{i_{dq}} = L_{ij}^{i_{dq}i_{dq}}\boldsymbol{e}_i \otimes {}^{i_D}\boldsymbol{e}_j$ 在 $t = t_0$ 时、$\boldsymbol{x}_1^{Dq} = \boldsymbol{l}_{Ds}$ 处的取值,即可求得 $\boldsymbol{\Phi}_k$。由式(2.3.18)可得

$$\sin\varphi_1^k = L_{12}^{i_{dq}}(\boldsymbol{l}_{Ds},\ t_0),\quad \cos\varphi_2^k = L_{11}^{i_{dq}}(\boldsymbol{l}_{Ds},\ t_0)/\cos\varphi_1^k \tag{10.6.12}$$

10.7 等效载荷计算

弹丸受力主要有重力、后效期火药气体作用力、气动力与力矩等四大类。本节将给出相关的等效载荷计算公式,计算时被积函数中的位置矢量用 $\bar{\boldsymbol{x}}_Q$ 来替代 $\boldsymbol{x}_Q$。

10.7.1 重力

弹丸重力引起的分布载荷为

$$\boldsymbol{f}_Q = -\rho_Q g^{i_g}\boldsymbol{e}_2 \tag{10.7.1A}$$

将上式中的 $\boldsymbol{f}_Q$ 代入式(10.5.5B),可得

$$\boldsymbol{F}_{II}^Q = \int_{\Omega_Q} \boldsymbol{f}_Q \mathrm{d}V = -m_Q g^{i_g}\boldsymbol{e}_2 \tag{10.7.1B}$$

$$\boldsymbol{F}_V^Q = \int_{\Omega_q} \tilde{\bar{\boldsymbol{x}}}_Q \cdot \boldsymbol{f}_Q \mathrm{d}V = \boldsymbol{0} \tag{10.7.1C}$$

$$\begin{cases} \boldsymbol{F}_{II}^Q = \int_{\Omega_Q} \boldsymbol{f}_Q \mathrm{d}V,\ \boldsymbol{F}_{III}^Q = \int_{S_Q} \bar{\boldsymbol{f}}_Q \mathrm{d}S, \\ \boldsymbol{F}_V^Q = \int_{\Omega_Q} \tilde{\boldsymbol{x}}_Q \cdot \boldsymbol{f}_Q \mathrm{d}V,\quad \boldsymbol{F}_{VI}^Q = \int_{S_Q} \tilde{\boldsymbol{x}}_Q \cdot \bar{\boldsymbol{f}}_Q \mathrm{d}S \end{cases} \tag{10.7.1D}$$

10.7.2 后效期火药气体作用力

后效期作用在弹尾上火药气体分布作用面力为

$$(\bar{\boldsymbol{f}}_Q)_1 = -p_h(t)\boldsymbol{n}_Q \tag{10.7.2A}$$

式中, $\boldsymbol{n}_Q$ 为弹丸尾部单位法向矢量; $p_h(t)$ 由式(4.4.7)给出。

将式(10.7.2A)代入式(10.5.5B),仿照计算公式(6.9.29),计算得到弹底火药气体压力等效载荷 $(\boldsymbol{F}_{III}^Q)_1$、$(\boldsymbol{F}_{VI}^Q)_1$ 表达式中:

$$\begin{cases} (\boldsymbol{F}_{III}^Q)_1 = -p_h(t)\int_{S_Q} \boldsymbol{n}_Q \mathrm{d}S = p_h(t) A_S{}^{i_Q}\boldsymbol{e}_1 \\ (\boldsymbol{F}_{VI}^E)_1 = -p_h(t)\int_{S_Q} \tilde{\bar{\boldsymbol{x}}}_Q \cdot \boldsymbol{n}_Q \mathrm{d}S = \boldsymbol{0} \end{cases} \tag{10.7.2B}$$

10.7.3 空气动力和动力矩

作用在弹丸上的空气动力和动力矩的计算在许多著作中均有描述,本节将直接引用韩子鹏等(2014)的有关结论。这里特别要注意的是,由于空气动力矩系数的数值与进行量纲标定时选择的参数基准有关,不同的标定方法其结果是不同的,因此在选用时一定要了解这些系数是以何种基准标定得到的。

弹丸一般是在有风的大气环境下飞行的,因此在研究作用在弹丸上的空气动力和动力矩时需要考虑风速的影响。

来风(迎风)在坐标系 $\boldsymbol{i}_g$ 中可分解成水平风 $\boldsymbol{w}_x$ 和铅直风 $\boldsymbol{w}_y$,由于铅直风 $\boldsymbol{w}_y$ 变化不大,且较小,通常忽略,即 $\boldsymbol{w}_y=\boldsymbol{0}$。假定射击方向与正北方(N)的夹角为 Θ_N,来风向与正北方的夹角为 α_w,如图 10.7.1 所示,这样水平风 $\boldsymbol{w}_x$ 沿射击方向分解成纵风 w_1 和横风 w_3,即 $\boldsymbol{w}_x=w_1{}^{i_g}\boldsymbol{e}_1+w_3{}^{i_g}\boldsymbol{e}_3$,其在坐标系 $\boldsymbol{i}_g$ 中的投影关系为

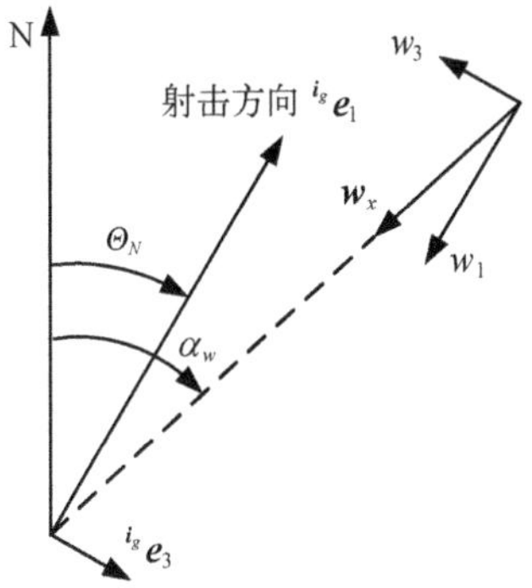

图 10.7.1 风速的分解

$$w_1=-\|\boldsymbol{w}_x\|\cos(\alpha_w-\Theta_N),\quad w_3=-\|\boldsymbol{w}_x\|\sin(\alpha_w-\Theta_N) \tag{10.7.3}$$

10.7.3.1 相对气流速度和相对攻角

弹丸在风场中运动所受的空气动力及力矩的大小和方向与弹丸相对于流动空气的速度 $\boldsymbol{v}_{Q_E}^r$ 有关,根据弹丸相对于地面惯性坐标系 $\boldsymbol{i}_g$ 中的速度 $\boldsymbol{v}_{Q_E}$,即可计算出弹丸相对于流动空气(风)的相对速度 $\boldsymbol{v}_{Q_E}^r$:

$$\boldsymbol{v}_{Q_E}^r=v_i^r{}^{i_v}\boldsymbol{e}_i=\boldsymbol{v}_{Q_E}-\boldsymbol{w}_x \tag{10.7.4A}$$

注意上式是在速度坐标系 $\boldsymbol{i}_v$ 中展开的。经运算整理有

$$ {}^{i_{vr}}\boldsymbol{e}_1=\frac{1}{v_{Q_E}^r}(v_1^r{}^{i_v}\boldsymbol{e}_1+v_2^r{}^{i_v}\boldsymbol{e}_2+v_3^r{}^{i_v}\boldsymbol{e}_3)$$

$$ {}^{i_{vr}}\boldsymbol{e}_2=\frac{1}{\sqrt{(v_1^r)^2+(v_2^r)^2}}(-v_2^r{}^{i_v}\boldsymbol{e}_1+v_1^r{}^{i_v}\boldsymbol{e}_2)$$

$$ {}^{i_{vr}}\boldsymbol{e}_3=\frac{1}{v_{Q_E}^r\sqrt{(v_1^r)^2+(v_2^r)^2}}\{-v_3^rv_1^r{}^{i_v}\boldsymbol{e}_1-v_3^rv_2^r{}^{i_v}\boldsymbol{e}_2+[(v_1^r)^2+(v_2^r)^2]{}^{i_v}\boldsymbol{e}_3\} \tag{10.7.4B}$$

其中

$$v_{Q_E}=\|\boldsymbol{v}_{Q_E}\|,\quad v_{Q_E}^r=\|\boldsymbol{v}_{Q_E}^r\| \tag{10.7.4C}$$

$$v_1^r=v_{Q_E}-w_1\cos\psi_b\cos\psi_a-w_3\sin\psi_b \tag{10.7.4D}$$

$$v_2^r=w_1\sin\psi_a \tag{10.7.4E}$$

$$v_3^r=w_1\sin\psi_b\cos\psi_a-w_3\cos\psi_b \tag{10.7.4F}$$

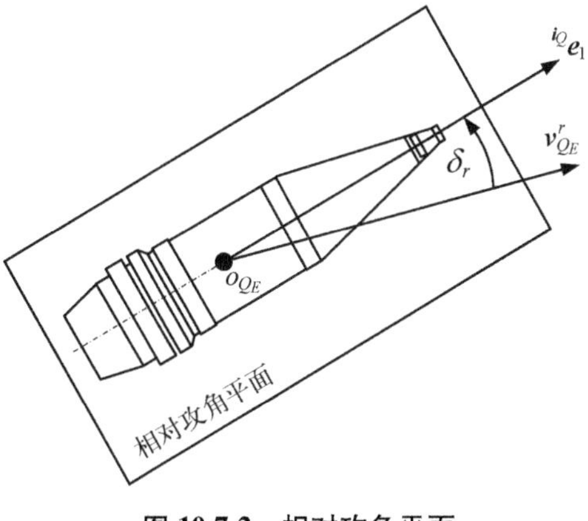

图 10.7.2 相对攻角平面

如图 10.7.2 所示,相对速度 $\boldsymbol{v}_{Q_E}^r$ 与弹轴 ${}^{i_Q}\boldsymbol{e}_1$ 组成的平面称为相对攻角平面,利用式(10.7.4B),相对攻角 δ_r 的计算公式为

$$\cos\delta_r={}^{i_Q}\boldsymbol{e}_1\cdot{}^{i_{vr}}\boldsymbol{e}_1 \tag{10.7.5}$$

10.7.3.2　空气动力

弹丸在空气中以一定的马赫数和攻角飞行，在弹丸表面上会产生一定的表面压力。图 10.7.3 给出了作用在弹丸表面上理论计算的压力云图，记这些压力分布为 $p_Q(\boldsymbol{x}_Q,\ t)$。由图可见，高速飞行时在弹丸头部产生了一系列压力激波，在弹体表面折转处以及弹体尾部产生了一系列的膨胀波，弹体尾部产生了明显的低压区并伴有回流现象。

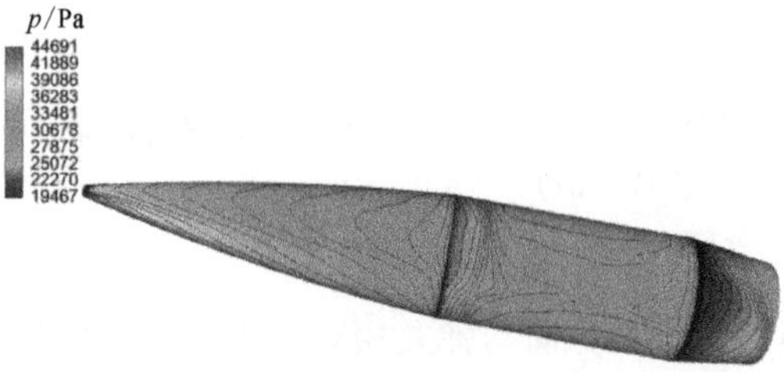

图 10.7.3　弹丸表面压力云图

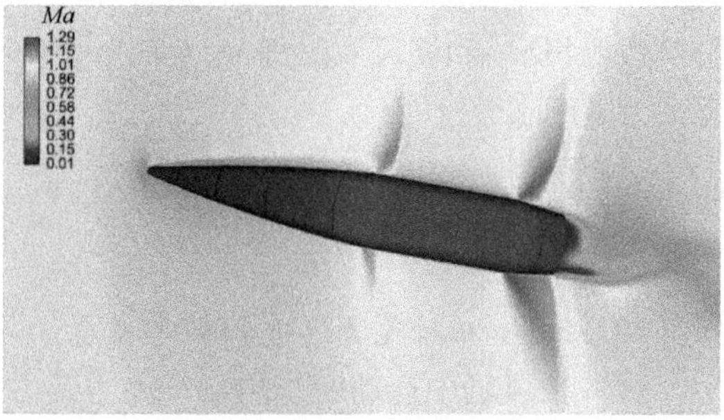

图 10.7.4　马赫数云图

图 10.7.4 给出了弹丸周围空气流动速度的变化规律，从图中可以清楚地看到由于弹丸表面折转而形成的气流折转及弹尾部的低速区。

作用在弹丸上的空气分布力为

$$\boldsymbol{p}_Q(\boldsymbol{x}_Q,\ t) = -\ p_Q(\boldsymbol{x}_Q,\ t)(\boldsymbol{n}_Q + \mu_Q \boldsymbol{t}_Q) \tag{10.7.6A}$$

式中，$\boldsymbol{\mu}_Q$ 为空气与弹丸表面的摩擦系数；$\boldsymbol{t}_Q$ 为弹丸表面的摩擦阻力方向，亦为弹丸表面相对空气的速度方向。

将式(10.7.6A)代入式(10.5.5B)，得

$$(\boldsymbol{F}_{III}^{Q})_2 = \int_{S_Q} \boldsymbol{p}_Q(\boldsymbol{x}_Q,\ t)\,\mathrm{d}S \tag{10.7.6B}$$

$$(\boldsymbol{F}_{VI}^{Q})_2 = \int_{S_Q} \tilde{\bar{\boldsymbol{x}}}_Q \cdot \boldsymbol{p}_Q(\bar{\boldsymbol{x}}_Q,\ t)\,\mathrm{d}S \tag{10.7.6C}$$

由此可见，空气分布力在弹丸表面上积分就可以得到作用在弹丸上的合力 $(\boldsymbol{F}_{III}^{Q})_2$，$(\boldsymbol{F}_{III}^{Q})_2$ 称为气动力；同样将这些压力对弹丸质心取矩并在弹丸表面上积分就可以得到作用在弹丸上合力矩 $(\boldsymbol{F}_{VI}^{Q})_2$，$(\boldsymbol{F}_{VI}^{Q})_2$ 也称为气动力矩。

如图 10.7.5 所示，可以证明矢量 ${}^{i_{v_r}}\boldsymbol{e}_1$、${}^{i_{v_r}}\boldsymbol{e}_1 \times ({}^{i_{v_r}}\boldsymbol{e}_1 \times {}^{i_Q}\boldsymbol{e}_1)$ 和 ${}^{i_{v_r}}\boldsymbol{e}_1 \times {}^{i_Q}\boldsymbol{e}_1$ 为两两正交的单位矢量，若将 $(\boldsymbol{F}_{III}^{Q})_2$ 分别沿上述正交基矢量的反方向进行分解，得到的分矢量分别称为阻力 $\boldsymbol{R}_x$、升力 $\boldsymbol{R}_y$ 和马格努斯力 $\boldsymbol{R}_z$，即

$$(\boldsymbol{F}_{III}^{Q})_2 = \boldsymbol{R}_x + \boldsymbol{R}_y + \boldsymbol{R}_z \tag{10.7.7}$$

1）阻力 $\boldsymbol{R}_x$

如图 10.7.5 所示，阻力方向沿相对速度 $\boldsymbol{v}_{Q_E}^{r}$ 的反方向，其计算公式为

$$\boldsymbol{R}_x = R_i^{x i_Q} \boldsymbol{e}_i = -\frac{1}{2}\rho c_x A_S\,(v_{Q_E}^{r})^{2\,i_{vr}}\boldsymbol{e}_1 \tag{10.7.8A}$$

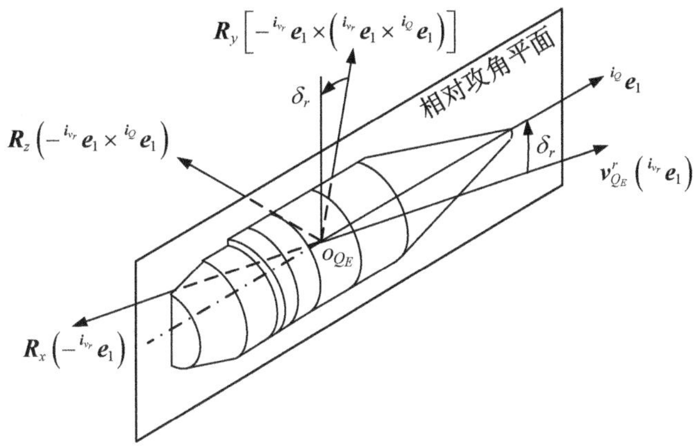

图 10.7.5　阻力、升力与马格努斯力

$$c_x = c_{x0}(1 + k_\delta \delta_r^2) \tag{10.7.8B}$$

$$k_\delta = \frac{c_y'}{c_{x0}} + 0.5 \tag{10.7.8C}$$

式中，ρ 为空气密度；c_x 为阻力系数；c_{x0} 为零升力阻力系数；c_y' 为升力系数 c_y 的导数。式(10.7.8A)表明 $\boldsymbol{R}_x$ 永远与 $\boldsymbol{v}_E^r$ 的方向相反。注意，经与身管内膛作用后，弹带的形状与身管内膛横截面形状相同，因此弹丸的横截面积就是身管内膛的横截面积 A_S。

2）升力 $\boldsymbol{R}_y$

如图 10.7.5 所示，升力由相对攻角引起、位于相对攻角平面内并垂直于相对速度 $\boldsymbol{v}_{Q_E}^r$，升力与弹轴一同位于 $\boldsymbol{v}_{Q_E}^r$ 的一侧，方向为 $-{}^{i_{v_r}}\boldsymbol{e}_1 \times ({}^{i_{v_r}}\boldsymbol{e}_1 \times {}^{i_Q}\boldsymbol{e}_1)$。其计算公式为

$$\boldsymbol{R}_y = R_i^{y i_Q}\boldsymbol{e}_i = -\frac{1}{2\sin\delta_r}\rho c_y A_S\,(v_{Q_E}^r)^2\left[{}^{i_{vr}}\boldsymbol{e}_1 \times ({}^{i_{vr}}\boldsymbol{e}_1 \times {}^{i_Q}\boldsymbol{e}_1)\right] \tag{10.7.9}$$

式中，c_y 为升力系数。

3）马格努斯力 $\boldsymbol{R}_z$

如图 10.7.5 所示，旋转弹丸的马格努斯力也是由相对攻角引起的，其指向为 $-{}^{i_{v_r}}\boldsymbol{e}_1 \times {}^{i_Q}\boldsymbol{e}_1$，即垂直于相对攻角平面。其计算公式为

$$\boldsymbol{R}_z = R_i^{z i_Q}\boldsymbol{e}_i = -\frac{1}{2\sin\delta_r}\rho c_z A_S\,(v_{Q_E}^r)^2({}^{i_{vr}}\boldsymbol{e}_1 \times {}^{i_Q}\boldsymbol{e}_1) \tag{10.7.10}$$

式中，c_z 为马格努斯力系数。

由图 10.7.6 所示，若将 $(\boldsymbol{F}_{VI}^Q)_2$ 按力矩的特性进行分解，可分解为静力矩 $\boldsymbol{M}_z$、赤道阻尼力矩 $\boldsymbol{M}_{zz}$、极阻尼力矩 $\boldsymbol{M}_{xz}$、马格努斯力矩 $\boldsymbol{M}_y$、非定态阻尼力矩 $\boldsymbol{M}_{\dot\alpha}$ 等，即

$$(\boldsymbol{F}_{VI}^Q)_2 = \boldsymbol{M}_z + \boldsymbol{M}_{zz} + \boldsymbol{M}_{xz} + \boldsymbol{M}_y + \boldsymbol{M}_{\dot\alpha} \tag{10.7.11}$$

下面分别给出具体表达式。

1）静力矩 $\boldsymbol{M}_z$

静力矩也称为俯仰力矩，由相对攻角引起，方向为 ${}^{i_{v_r}}\boldsymbol{e}_1 \times {}^{i_Q}\boldsymbol{e}_1$，计算公式为

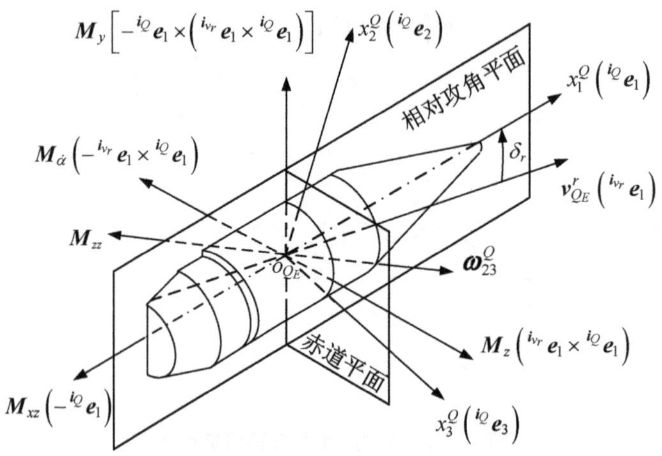

图 10.7.6　作用在弹丸上的力矩

$$M_z = M_i^{z}{}^{i_Q}e_i = -\frac{1}{2\sin\delta_r}\rho m_z l_Q A_S\,(v_{Q_E}^r)^2({}^{i_Q}e_1\times{}^{i_{vr}}e_1) \tag{10.7.12}$$

式中，l_Q 为弹丸长度；m_z 为静力矩系数，小攻角时 $m_z = m_z'\delta_r$，$m_z' > 0$ 时为翻转力矩，$m_z' < 0$ 时为稳定力矩。

2）赤道阻尼力矩 M_{zz}

赤道阻尼力矩是由弹丸摆动阻尼引起的，其大小与弹丸在赤道平面内的摆动角速度 ω_{23}^Q 有关，方向与之相反，其计算公式为

$$M_{zz} = M_i^{zz}{}^{i_Q}e_i = -\frac{1}{2}\rho m_{zz}' l_Q d_Q A_S v_{Q_E}^r \omega_{23}^Q \tag{10.7.13}$$

式中，m_{zz}' 为赤道阻尼力矩系数 m_{zz} 对（$l_Q\|\omega_{23}^Q\|/v_{Q_E}^r$）的导数；$m_{zz}'$ 是动导数；$d_Q = 2r_Q$ 为弹丸直径。

3）极阻尼力矩 M_{xz}

极阻尼力矩是为了阻止弹丸绕其纵轴旋转而引起的，故其大小与纵向角速度 $\omega_1^Q = \dot\gamma{}^{i_Q}e_1$ 有关，方向相反，其计算公式为

$$M_{xz} = M_i^{xz}{}^{i_Q}e_i = -\frac{1}{2}\rho m_{xz}'\dot\gamma v_{Q_E}^r l_Q d_{Q_E} A_S{}^{i_Q}e_1 \tag{10.7.14}$$

式中，m_{xz}' 为极阻尼力矩系数 m_{xz} 对（$\dot\gamma d_Q/v_{Q_E}^r$）的导数，是动导数。

4）马格努斯力矩 M_y

如图 10.7.6 所示，马格努斯力矩是由垂直于相对攻角平面内的马格努斯分布力向弹丸质心简化时引起的，其作用方向为 ${}^{i_Q}e_1\times({}^{i_Q}e_1\times{}^{i_{v_r}}e_1)$，位于相对攻角平面内，其计算公式为

$$M_y = M_i^{y}{}^{i_Q}e_i = -\frac{1}{2\sin\delta_r}\rho m_y' A_S l_Q d_Q\dot\gamma v_{Q_E}^r[{}^{i_Q}e_1\times({}^{i_{vr}}e_1\times{}^{i_Q}e_1)] \tag{10.7.15}$$

式中，m_y' 为马格努斯力矩系数 m_y 对（$d_Q\|\omega_1^Q\|/v_{Q_E}^r$）的导数，是动导数。

5）非定态阻尼力矩 $\boldsymbol{M}_{\dot{\alpha}}$

非定态阻尼力矩是由相对攻角变化引起的，其方向与 $\dot{\boldsymbol{\delta}}_r$ 方向相反，其计算公式为

$$\boldsymbol{M}_{\dot{\alpha}}=M_i^{\dot{\alpha}\,i_Q}\boldsymbol{e}_i=-\frac{1}{2}\rho m'_{\dot{\alpha}}l_Qd_QA_Sv^r_{Q_E}\dot{\delta}_r({}^{i_{vr}}\boldsymbol{e}_1\times{}^{i_Q}\boldsymbol{e}_1) \tag{10.7.16}$$

式中，$m'_{\dot{\alpha}}$ 为非定态阻尼力矩系数 $m_{\dot{\alpha}}$ 对 $(d_Q\dot{\delta}_r/v^r_{Q_E})$ 的导数，是动导数。

对式(10.7.5)求时间导数，经整理得 $\dot{\delta}_r$ 的计算公式为

$$\dot{\delta}_r\sin\delta_r=-(\boldsymbol{\omega}_Q\cdot{}^{i_{vr}}\boldsymbol{e}_1+{}^{i_Q}\boldsymbol{e}_1\cdot\boldsymbol{\omega}_v) \tag{10.7.17}$$

注意到 $\mathrm{d}^{i_{vr}}\boldsymbol{e}_1/\mathrm{d}t=\mathrm{d}^{i_v}\boldsymbol{e}_1/\mathrm{d}t=\boldsymbol{\omega}_v$。

10.7.3.3　作用在弹丸上的合力及合力矩

将式(10.7.1)、式(10.7.2)、式(10.7.8)~式(10.7.10)、式(10.7.12)~式(10.7.16)中对应的载荷及力矩分别代入式(10.5.5A)，得作用在弹丸几何中心上的合力及绕其质心的合力矩：

$$\begin{aligned}\boldsymbol{F}_1^Q=&-m_Q\{2\tilde{\boldsymbol{\Omega}}_T\cdot\dot{\boldsymbol{U}}_g^Q+(\tilde{\boldsymbol{\Omega}}_T)^2\cdot\boldsymbol{U}_g^Q+[(\tilde{\boldsymbol{\omega}}_Q)^2+\tilde{\boldsymbol{\mu}}_Q]\cdot\boldsymbol{e}_Q\}\\&-m_Qg^{i_g}\boldsymbol{e}_2+p_h(t)A_S{}^{i_Q}\boldsymbol{e}_1-\frac{1}{2}\rho c_xA_S(v^r_{Q_E})^{2\,i_{vr}}\boldsymbol{e}_1\\&-\frac{1}{2\sin\delta_r}\rho c_yA_S(v^r_{Q_E})^2[{}^{i_{vr}}\boldsymbol{e}_1\times({}^{i_{vr}}\boldsymbol{e}_1\times{}^{i_Q}\boldsymbol{e}_1)]\\&-\frac{1}{2\sin\delta_r}\rho c_zA_S(v^r_{Q_E})^2({}^{i_{vr}}\boldsymbol{e}_1\times{}^{i_Q}\boldsymbol{e}_1)\end{aligned} \tag{10.7.18A}$$

式中，$\boldsymbol{U}_g^Q$、$\dot{\boldsymbol{U}}_g^Q$ 分别为炮口点 o_g 至弹丸质心的位置矢量和速度。

$$\begin{aligned}\boldsymbol{F}_2^Q=&-(\tilde{\boldsymbol{\omega}}_Q\cdot\bar{\boldsymbol{I}}_Q\cdot\boldsymbol{\omega}_Q+\bar{\boldsymbol{I}}_Q\cdot\boldsymbol{\mu}_Q)\\&-\left[\begin{aligned}&\frac{1}{2\sin\delta_r}\rho m_zl_QA_S(v^r_{Q_E})^2({}^{i_Q}\boldsymbol{e}_1\times{}^{i_{vr}}\boldsymbol{e}_1)+\frac{1}{2}\rho m'_{zz}l_Qd_QA_Sv^r_E\boldsymbol{\omega}^Q_{23}\\&+\frac{1}{2}\rho m'_{xz}\dot{\gamma}v^r_{Q_E}l_{Q_E}d_{Q_E}A_S{}^{i_Q}\boldsymbol{e}_1+\frac{1}{2\sin\delta_r}\rho m'_yA_Sl_Qd_Q\dot{\gamma}v^r_{Q_E}[{}^{i_Q}\boldsymbol{e}_1\times({}^{i_{vr}}\boldsymbol{e}_1\times{}^{i_Q}\boldsymbol{e}_1)]\\&+\frac{1}{2}\rho m'_{\dot{\alpha}}l_{Q_E}d_{Q_E}A_Sv^r_{Q_E}\dot{\delta}_r({}^{i_{vr}}\boldsymbol{e}_1\times{}^{i_Q}\boldsymbol{e}_1)\end{aligned}\right]\end{aligned} \tag{10.7.18B}$$

10.7.3.4　关于阻力系数的讨论

在气动力和力矩的计算公式中，使用了与气动力和气动力矩有关的阻力系数 c_x、c_y、c_z、m_z、m'_{zz}、m'_{xz}、m'_y、$m'_{\dot{\alpha}}$，这些系数影响着空气动力和动力矩的变化。获取这些阻力系数方法有两种，一种是空气动力学计算，另一种是风洞试验。随着数值分析计算精度的不断提升和科学测试仪器的不断进步，已能非常方便地精确获取这些阻力系数。尽管这样，在采用阻力系数时还存在着各种误差，主要有以下几个方面的原因。

(1) 线性阻力系数的误差。在本章所有的空气动力和动力矩公式中，力和力矩与变量之间的关系为线性关系，比例系数即为阻力系数，这与实际的空气动力和动力矩之间存

在误差,这种误差需要通过实弹校验来修正。

(2) 模型误差。在数值模型计算或风洞试验测试时,通常使用发射前的弹丸来进行建模和用作风洞测试模型,但经身管发射空中飞行的弹丸外形与发射前是不同的,若将发射前弹丸外形得到的阻力系数来计算发射过程中的弹丸气动力和力矩,将形成较大的误差。这种误差也需要通过实弹校验来修正。

图 10.7.7 给出了发射前后弹带的外形比较图,其中(a)为发射前的弹带外形,(b)为发射后的弹带外形,两者比较可见其外形差别很大。在结构上弹带造成弹丸外形折转,折转处的气流较大(图 10.7.3 和 10.7.4),阻力变化也大,若采用发射前弹丸的阻力系数,将造成较大的误差。(c)和(d)分别为弹带全部脱落和弹带翻边后的外形,可见其外形也发生了较大的改变,阻力系数也将随之发生改变。通过对某 155 弹丸最大射程计算发现,弹带全部脱落后弹丸的飞行距离将增加 1 148 m。当弹带出现翻边、部分损伤、或部分脱落等情况时,其最大射程将产生较大的散布。

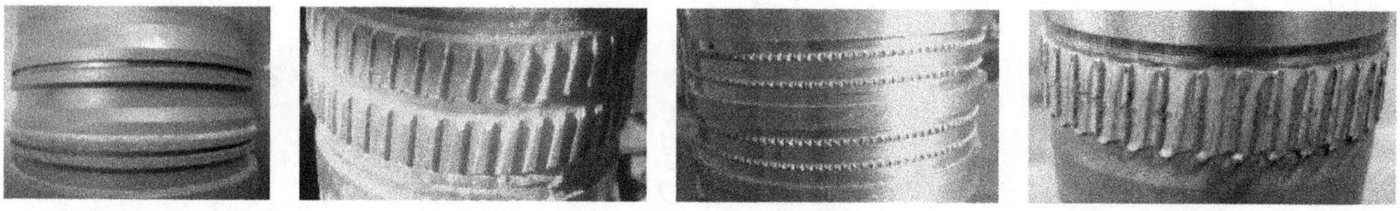

(a)　　(b)　　(c)　　(d)

图 10.7.7　发射前后弹带外形比较

10.8　弹丸空中飞行精度分析

10.5~10.7 节给出了弹丸空中飞行的运动方程,考虑了弹丸几何参数 $\boldsymbol{e}_Q$, 物理参数 m_Q、$\overline{\boldsymbol{I}}_Q$, 炮口 22 个状态参数,与弹丸外形有关的空气阻力系数 c_x、c_y、c_z、m_z、m'_{zz}、m'_{xz}、m'_y、$m'_{\dot{\alpha}}$ 等,为本节讨论弹丸空中飞行精度提供了基础。

一组弹丸炮口状态参数、物理参数、几何参数、气动参数等具有不确定性,这些不确定性参数在弹丸外弹道飞行过程中对弹丸状态参数的影响不断演化,导致弹丸飞行轨迹的不确定性,使弹道精度下降、散布增加,从而影响了射击精度。本节对此类问题进行讨论。

10.8.1　弹丸空中飞行随机动力学方程

与第 9 章弹丸膛内运动精度分析相类似,假定 $\boldsymbol{X}$、$\dot{\boldsymbol{X}}$ 为 12 个独立的弹丸运动状态随机变量,$\boldsymbol{\xi}_{X1}$ 为 10 个非独立的弹丸运动随机变量,$x\ (\in \boldsymbol{X})$、$\dot{\boldsymbol{x}}(\in \dot{\boldsymbol{X}})$ 分别为随机变量 $\boldsymbol{X}$、$\dot{\boldsymbol{X}}$ 中的一个取值, $x_l(\in \boldsymbol{x},\ l=1,\ 2,\ \cdots,\ 6)$、$\dot{x}_l(\in \dot{\boldsymbol{x}},\ l=1,\ 2,\ \cdots,\ 6)$, 取 $x_1 = U_1^{gQ_E}$、$x_2 = U_2^{Q_E}$、$x_3 = U_3^{Q_E}$、$x_4 = \gamma$、$x_5 = \varphi_1$、$x_6 = \varphi_2$, $\dot{x}_1 = v_{Q_E}$、$\dot{x}_2 = \dot{\psi}_1$、$\dot{x}_3 = \dot{\psi}_2$、$\dot{x}_4 = \dot{\gamma}$、$\dot{x}_5 = \dot{\varphi}_1$、$\dot{x}_6 = \dot{\varphi}_2$。$\boldsymbol{\xi}_{x1}$ 为随机变量 $\boldsymbol{\xi}_{X1}$ 中的一个取值, $\boldsymbol{\xi}_l^{x1}(\in \boldsymbol{\xi}_{x1},\ l=1,\ 2,\ \cdots,\ 10)$ 的分量为 $\xi_1^{x1}=\delta_1$、$\xi_2^{x1}=\delta_2$、$\xi_3^{x1}=\beta_\delta$、$\xi_4^{x1}=\dot{\delta}_1$、$\xi_5^{x1}=\dot{\delta}_2$、$\xi_6^{x1}=\dot{\beta}_\delta$、$\xi_7^{x1}=\delta$、$\xi_8^{x1}=\dot{\delta}$、$\xi_9^{x1}=\upsilon$、$\xi_{10}^{x1}=\dot{\upsilon}$。

考察同一门火炮发射一组 n 发弹丸在空中的飞行情况,由于初始条件、弹丸参数、载荷参数的不确定性,可将外弹道方程(10.5.6A)、(10.5.7A)转化成用随机变量表示的随机

动力学方程,具体形式如下:

$$\boldsymbol{M}_2(\boldsymbol{\xi}_p)\ddot{\boldsymbol{X}} + \boldsymbol{C}_2(\boldsymbol{\xi}_p)\dot{\boldsymbol{X}} = \boldsymbol{F}_2(\boldsymbol{\xi}_F,\ \boldsymbol{X},\ t) \tag{10.8.1}$$

初始条件为

$$[\boldsymbol{X},\ \dot{\boldsymbol{X}}]\mid_{t=t_G} = [\boldsymbol{X}_G,\ \dot{\boldsymbol{X}}_G] = \boldsymbol{\xi}_{X_G} \tag{10.8.2}$$

补充方程为

$$\boldsymbol{\xi}_{X1} = \boldsymbol{h}(\boldsymbol{X},\ \dot{\boldsymbol{X}}) \tag{10.8.3}$$

其中,$\boldsymbol{\xi}_p$ 表示系统随机参数;$\boldsymbol{\xi}_F$ 表示载荷随机参数;$\boldsymbol{\xi}_{X_G}$ 表示初始条件随机参数;$\boldsymbol{X} = \{X_l\}$, X_l 为弹丸第 l 个状态变量。式(10.8.1)仅为一种表达方式,在实际方程的求解中,我们把 $\boldsymbol{C}_2(\boldsymbol{\xi}_p)\dot{\boldsymbol{X}}$ 与右端项合并在一起用 $\boldsymbol{F}_2(\boldsymbol{X},\ \dot{\boldsymbol{X}},\ \boldsymbol{\xi}_P,\ \boldsymbol{\xi}_F,\ t)$ 来表示。

记 $\boldsymbol{W}(t) = \boldsymbol{X}(t) \cup \dot{\boldsymbol{X}}(t) \cup \boldsymbol{\xi}_{X1}$, $\boldsymbol{Y} = \boldsymbol{\xi}_p \cup \boldsymbol{\xi}_F \cup \boldsymbol{\xi}_{X_G}$, $\boldsymbol{\xi}_{X_G} = \boldsymbol{W}(t_G)$,定义 $\boldsymbol{Y}$ 的空间为 $\boldsymbol{\Omega}_Y$、$\boldsymbol{W}(t)$ 的空间为 $\boldsymbol{\Omega}_t$,定义随机事件 $\{(\boldsymbol{W}(t),\ \boldsymbol{Y}) \in \boldsymbol{\Omega}_t \times \boldsymbol{\Omega}_Y\}$,其物理意义是,在 t 时刻由随机初始条件 $\boldsymbol{\xi}_{X_G} = \boldsymbol{W}(t_G)$ 引起的外弹道随机动力学响应 $\boldsymbol{W}(t)$ 落在区域 $\boldsymbol{\Omega}_t$ 内,同时外弹道系统所涉及的随机参数变量 $\boldsymbol{Y}$ 落在区域 $\boldsymbol{\Omega}_Y$ 内。由于假定随机参数变量 $\boldsymbol{Y}$ 的分布与时间无关,故该随机事件在微小时间增量 dt 之后演化成事件 $\{(\boldsymbol{W}(t + \mathrm{d}t),\ \boldsymbol{Y}) \in \boldsymbol{\Omega}_{t+\mathrm{d}t} \times \boldsymbol{\Omega}_Y\}$。与此同时,增广系统 $[\boldsymbol{W}(t),\ \boldsymbol{Y}]$ 构成一个保守的外弹道随机系统,即外弹道系统所涉及的所有随机因素都包含其中,记其联合概率密度函数为 $f_{\boldsymbol{W},\boldsymbol{Y}}(\boldsymbol{W},\ \boldsymbol{Y},\ t)$。记 $\boldsymbol{y}$、$\boldsymbol{w}$ 分别为 $\boldsymbol{Y}$、$\boldsymbol{W}(t)$ 的一个取值,对于取值 $\boldsymbol{w}$、$\boldsymbol{y}$ 的联合概率密度记为 $f_{\boldsymbol{W},\boldsymbol{Y}}(\boldsymbol{w},\ \boldsymbol{y},\ t)$。此处 $\boldsymbol{w}$ 为系统在取值 $\boldsymbol{y}$ 时的一个解。

10.8.2 弹丸空中飞行精度

$\boldsymbol{W}(t)$ 的期望值为

$$\boldsymbol{\mu}_{\boldsymbol{W}}(t) = E[\boldsymbol{W}(t)] = \int_{\Omega_t} \boldsymbol{W}(t) f_{\boldsymbol{W}}(\boldsymbol{W},\ t)\mathrm{d}\boldsymbol{W} \tag{10.8.4A}$$

式中,$f_{\boldsymbol{W}}(\boldsymbol{W},\ t)$ 为 $\boldsymbol{W}(t)$ 概率密度函数:

$$f_{\boldsymbol{W}}(\boldsymbol{W},\ t) = \int_{\Omega_Y} f_{\boldsymbol{W},\boldsymbol{Y}}(\boldsymbol{W},\ \boldsymbol{Y},\ t)\mathrm{d}\boldsymbol{Y} \tag{10.8.4B}$$

根据给定的射击目标,假定经规划获得弹丸在空中飞行期望的运动轨迹,与该轨迹对应的弹丸状态参数为 $\widehat{\boldsymbol{W}}(t)$, $\boldsymbol{W}(t)$ 为考虑各种随机因素后得到的弹丸空中随机飞行状态参数,由此可以定义弹丸空中飞行精度:一组 n 发弹丸空中运动过程中的运动状态对预定期望要求的运动状态的统计值。

由此可得弹丸空中飞行的运动精度 $\boldsymbol{\Upsilon}_{\boldsymbol{W}}(t)$ 表达式为

$$\begin{aligned}
\boldsymbol{\Upsilon}_{\boldsymbol{W}}(t) &= E\{[\boldsymbol{W}(t) - \widehat{\boldsymbol{W}}(t)] \otimes [\boldsymbol{W}(t) - \widehat{\boldsymbol{W}}(t)]\} \\
&= \int_{\Omega_t} [\boldsymbol{W}(t) - \widehat{\boldsymbol{W}}(t)] \otimes [\boldsymbol{W}(t) - \widehat{\boldsymbol{W}}(t)] f_{\boldsymbol{W}}(\boldsymbol{W},\ t)\mathrm{d}\boldsymbol{W} \\
&= \boldsymbol{\Sigma}_{\boldsymbol{W}}(t) + \boldsymbol{\Pi}_{\boldsymbol{W}}(t)
\end{aligned} \tag{10.8.5}$$

式中

$$\begin{aligned}\boldsymbol{\Sigma}_W(t) &= E\{[\boldsymbol{W}(t) - \boldsymbol{\mu}_W(t)] \otimes [\boldsymbol{W}(t) - \boldsymbol{\mu}_W(t)]\} \\ &= \int_{\Omega_t} [\boldsymbol{W}(t) - \boldsymbol{\mu}_W(t)] \otimes [\boldsymbol{W}(t) - \boldsymbol{\mu}_W(t)] f_W(\boldsymbol{W}, t)\mathrm{d}\boldsymbol{W} \end{aligned} \tag{10.8.6}$$

$$\boldsymbol{\Pi}_W(t) = [\boldsymbol{\mu}_W(t) - \widehat{\boldsymbol{W}}(t)] \otimes [\boldsymbol{\mu}_W(t) - \widehat{\boldsymbol{W}}(t)] \tag{10.8.7}$$

$\boldsymbol{\Sigma}_W(t)$、$\boldsymbol{\Pi}_W(t)$ 分别为弹丸空中飞行时刻 t 时的散布密集度和准确度。

与对式(9.4.9)、式(9.4.10)讨论得出的结论相同,在线性系统中,弹丸运动状态响应函数 $\boldsymbol{W}(t)$ 的期望值$\boldsymbol{\mu}_W$与响应 $\boldsymbol{W}(\boldsymbol{Y}, t)$ 在自变量期望值处 $\boldsymbol{Y}=\boldsymbol{\mu}_Y$ 的取值相等;在非线性系统中,弹丸运动状态响应函数 $\boldsymbol{W}(t)$ 的期望值$\boldsymbol{\mu}_W$ 还与输入参数的协方差矩阵 $\boldsymbol{\Sigma}_Y$ 有关。这一结论对构建弹丸空中飞行精度的目标函数、优化弹丸炮口初始条件非常重要。首先将弹丸空中飞行状态参数线性化,构建该线性系统准确度的优化目标函数,优化得到输入参数的期望值,随后将该期望值代入散布优化目标函数中,优化得到输入参数的散布方差,由此大大减少了计算工作量。

一种弹丸空中飞行的期望状态是弹丸基点 o_{Q_E} 只沿通过目标点的期望弹道飞行,这里期望弹道是指无初始扰动、无气象扰动、无章动运动的弹道,即

$$\begin{aligned}\widehat{\boldsymbol{W}}(t):\ & \widehat{U}_1^{gQ_E}(t)、\widehat{U}_2^{gQ_E}(t)、\widehat{U}_3^{gQ_E}(t)、\hat{\dot{U}}_1^{gQ_E}(t)、\hat{\dot{U}}_2^{gQ_E}(t)、\hat{\dot{U}}_3^{gQ_E}(t)、\hat{\gamma}(t)、\hat{\dot{\gamma}}(t)、\\ & \hat{\delta}_1(t)=0、\hat{\delta}_2(t)=0、\hat{\dot{\delta}}_1(t)=0、\hat{\dot{\delta}}_2(t)=0\end{aligned} \tag{10.8.8}$$

当 $t=t_G$ 时,即弹丸飞行的初始条件:$\boldsymbol{Y}_W(t_G)$,$\boldsymbol{\Sigma}_W(t_G)$、$\boldsymbol{\Pi}_W(t_G)$。

当 $t=t_C$ 时,即弹丸飞行终了:$\boldsymbol{Y}_W(t_C)$,$\boldsymbol{\Sigma}_W(t_C)$、$\boldsymbol{\Pi}_W(t_C)$,其中$\boldsymbol{\Sigma}_W(t_C)$ 为炸点散布密集度,$\boldsymbol{\Pi}_W(t_C)$ 为炸点散布中心对目标点的准确度,$\boldsymbol{Y}_W(t_C)$ 为弹丸炸点对目标点的打击精度。

当 $t=t$ 时,即弹丸飞行任意时刻:$\boldsymbol{Y}_W(t)$,$\boldsymbol{\Sigma}_W(t)$、$\boldsymbol{\Pi}_W(t)$,$\boldsymbol{\Sigma}_W(t)$ 也称为弹道散布的统计值。

对弹丸空中飞行精度估算也采用稀疏网格法,其计算过程和方法请参阅 9.4.3 节。

10.9 算例分析

本算例以某 155 毫米火炮和弹丸数据来进行分析计算。计算时假定气象条件为常温稳定状况,火炮射角 $\theta_1^0=51°$,$\theta_2^0=0°$,弹丸长度 $l_Q=0.9$ m,膛线缠度 $\eta_D=20$。其他参数见表 10.9.1。

表 10.9.1 不确定因素

编号	类型	力 学 参 数	分布类型	均 值	标准差
1	ξ_{X0}	$U_1^{gQ_E}(t_G)$/m	—	—	—
2		$U_2^{gQ_E}(t_G)$/m	—	—	—
3		$U_3^{gQ_E}(t_G)$/m	—	—	—
4		炮口初速 $v_{Q_E}(t_G)$/(m/s)	正态分布	930	2.5

（续表）

编号	类型	力学参数		分布类型	均值	标准差
5	$\boldsymbol{\xi}_{X0}$	高低偏角 $\psi_1(t_G)$ /mil		正态分布	0.0	20.0
6		方向偏角 $\psi_2(t_G)$ /mil		正态分布	0.0	20.0
7		滚转角 $\gamma(t_G)$ /(rad/s)		—	—	—
8		高低摆角 $\varphi_1(t_G)$ /mil		正态分布	0.0	20.0
9		方向摆角 $\varphi_2(t_G)$ /mil		正态分布	0.0	20.0
10		滚转角速度 $\dot{\gamma}(t_G)$ /(rad/s)		—	—	—
11		高低摆角速度 $\dot{\varphi}_1(t_G)$ /(rad/s)		正态分布	0.0	4.0
12		方向摆角速度 $\dot{\varphi}_2(t_G)$ /(rad/s)		正态分布	0.0	4.0
13	$\boldsymbol{\xi}_p$	偏心/mm	e_1^Q	均匀分布	0.1	0.01
14			e_2^Q	均匀分布	0.1	0.01
15		形心位置/mm	l_{Q_E}	均匀分布		
16		弹丸质量 m_Q /kg		正态分布	45.5	0.104
17		弹丸极转动惯量 I_{11}^Q /(kg · m^2)		正态分布	0.158	0.002
18		弹丸赤道转动惯量 I_{22}^Q /(kg · m^2)		正态分布	1.775	0.008
19		动不平衡角/mil	B_{T1}	—	—	—
20			B_{T2}	—	—	—

10.9.1 算例验证

根据前面考虑的不确定参数,包括弹丸 4 个系统参数 $\xi_p = \{m_Q, \boldsymbol{\varepsilon}_e, I_{11}^Q, I_{22}^Q\}^{\mathrm{T}}$,即偏心 $\boldsymbol{\varepsilon}_e = e_1^Q$(不考虑 e_2^Q)、质量 m_Q、极转动惯量 I_{11}^Q、赤道转动惯量 I_{22}^Q,7 个弹丸炮口参数 $\xi_0 = \{v_0, \varphi_1, \varphi_2, \dot{\varphi}_1, \dot{\varphi}_2, \psi_1, \psi_2\}^{\mathrm{T}}$,即初速 $v_0 = v_{Q_E}(t_G)$,高低和方向摆角 φ_1、φ_2 及其角速度 $\dot{\varphi}_1$、$\dot{\varphi}_2$,高低和方向偏角 ψ_1 和 ψ_2,分布类型均为正态分布,不考虑参数之间的相关性,为了与蒙特卡罗方法相比较,在此算例中,假定参数 φ_1、φ_2、$\dot{\varphi}_1$、$\dot{\varphi}_2$、ψ_1、ψ_2 的均方差分别为 1.0 mil、1.0 mil、1.0 rad/s、1.0 rad/s、1.0 mil、1.0 mil,其他参数见表 10.9.1 所示。

由于弹丸落点分布统计特性的解析解难以获得,为了验证本书方法的有效性,将蒙特卡罗方法的计算结果作为参考解。由于采用稀疏网格积分的精度水平取 $p = 2$,因此根据前文的推导,11 个参数的总的积分点数 $N = 2n^2 + 2n + 1 = 265$。计算得到的弹丸落点纵向和横向概率密度函数如图 10.9.1 和图 10.9.2 所示,落点的统计参数如表 10.9.2 所示。从计算结果可看出,本书方法和蒙特卡罗方法获得的落点统计分布特性吻合得很好,从而验证了本书方法的有效性。

根据弹丸射击精度的表达式(10.8.5),最大射程落点精度为弹丸在落点位置坐标 w_l ($l = X, Z, X = X_1^G$、$Z = X_3^G$ 为弹丸纵向和横向落点坐标)相对于目标点 M_I 的二阶统计矩 $\boldsymbol{\Upsilon}_W$,该统计矩可分解为射击准确度 $\boldsymbol{\Pi}_W$ 和射击密集度 $\boldsymbol{\Sigma}_W$ 两部分。假定目标点 M_I 的位置

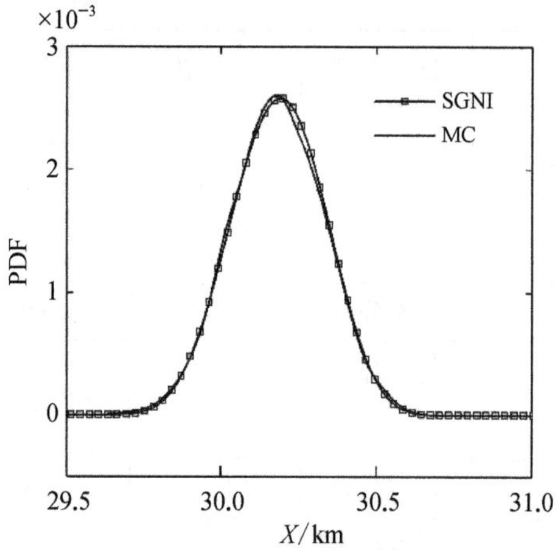

图 10.9.1 落点纵向分布图

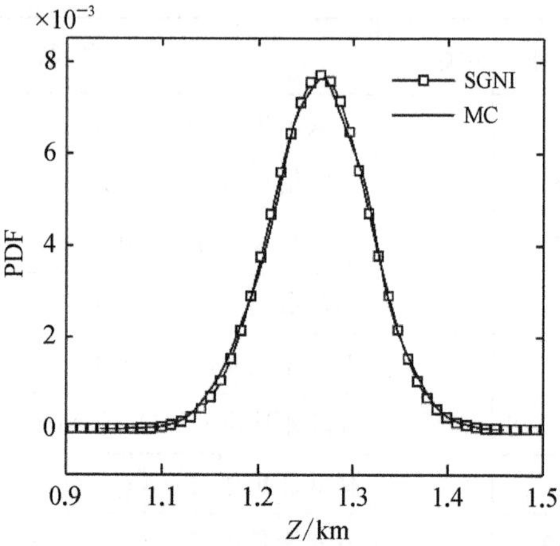

图 10.9.2 落点横向分布

表 10.9.2 落点的统计参数

方 法		均 值	均方差	偏 度	峰 度	计算次数
本书方法	纵向	30 185	148.8	−0.050 6	2.765 6	265
		30 182	146.8	−0.069	3.029 9	8 000
MC 方法	纵向	30 183	147.2	−0.015 4	2.988 1	10 000
		30 182	147.8	−0.024 1	2.975 8	15 000
本书方法	横向	1 214.7	51.7	−0.010 1	2.996 0	265
		1 214.0	51.8	0.037 7	2.991 0	8 000
MC 方法	横向	1 214.1	51.7	0.037 7	3.013 8	10 000
		1 214.2	51.8	0.002 8	3.003 4	15 000

坐标分别为 (X_{M_I}, Z_{M_I})，则射击精度的具体表达式为

$$\boldsymbol{\Sigma}_{\mathrm{W}} = \begin{bmatrix} \sigma_X^2 & \sigma_{XZ} \\ \sigma_{XZ} & \sigma_Z^2 \end{bmatrix}, \ \boldsymbol{\Pi}_{\mathrm{W}} = \begin{bmatrix} \pi_X^2 & \pi_{XZ} \\ \pi_{XZ} & \pi_Z^2 \end{bmatrix} \tag{10.9.1}$$

$$\mu_l = \int_{\Omega_\xi} w_l(\xi) f_\xi(\xi) \mathrm{d}\xi, \quad l = X, Z \tag{10.9.2}$$

$$\sigma_l^2 = \int_{\Omega_\xi} [w_l(\xi) - \mu_l]^2 f_\xi(\xi) \mathrm{d}\xi, \quad l = X, Z \tag{10.9.3}$$

$$\sigma_{XZ} = \int_{\Omega_\xi} [w_X(\xi) - \mu_X][w_Z(\xi) - \mu_Z] f_\xi(\xi) \mathrm{d}\xi \tag{10.9.4}$$

$$\pi_l^2 = (\mu_l - \boldsymbol{X}_l)^2, \quad l = X, Z \tag{10.9.5}$$

$$\pi_{XZ} = (\mu_X - \boldsymbol{X}_{M_I})(\mu_Z - Z_{M_I}) \tag{10.9.6}$$

10.9.2 初始条件对最大射程密集度影响分析

10.9.2.1 炮口参数单变量不确定性传播分析

本节考虑炮口 7 个参数单独作用对弹丸落点分布及其密集度的影响,参考王宝元(2015)的资料和型号研制工程经验,并将参数范围进行适当放大,给定炮口参数的均值及其均方差的范围如表 10.9.3 所示,系统参数的不确定性与表 10.9.1 所示相同,在具体分析中也可根据不同型号火炮的特定确定对应的参数范围。炮口参数误差与射击密集度的影响呈近似二次关系,为此,建立如下所示的落点均方差和炮口各参数均方差的二次形式的参数化模型:

$$\sigma_{Xi} = a_{0i} + a_{1i}\hat{\xi}_i + a_{2i}\hat{\xi}_i^2 \tag{10.9.7}$$

$$\sigma_{Zi} = b_{0i} + b_{1i}\hat{\xi}_i + b_{2i}\hat{\xi}_i^2 \tag{10.9.8}$$

式中,下标 X、Z 分别表示纵向和横向;$i = 1, 2, \cdots, 7$ 分别代表 v_0、φ_1、φ_2、$\dot{\varphi}_1$、$\dot{\varphi}_2$、ψ_1 和 ψ_2;a_{0i}、b_{0i} 是由弹丸系统参数 ξ_p 的散布造成的,若不考虑 ξ_p 的散布,则可设 $a_{0i} = b_{0i} = 0$;$\hat{\xi}_i$ 为经过无量纲化处理的参数:

$$\hat{\xi}_i = \xi_i / \xi_i^I \tag{10.9.9}$$

式中,ξ_i^I 为参数的区间大小。

表 10.9.3 弹丸炮口参数不确定性参数

变　量	v_0 /(m/s)	φ_1 /mil	φ_2 /mil	$\dot{\varphi}_1$ /(rad/s)	$\dot{\varphi}_2$ /(rad/s)	ψ_1 /mil	ψ_2 /mil
分布类型	正态	正态	正态	正态	正态	正态	正态
均　值	930	0	0	0	0	0	0
均方差范围	[0, 2.5]	[0, 20]	[0, 20]	[0, 4]	[0, 4]	[0, 20]	[0, 4]

根据单变量影响的数据,拟合得到各个系数,如表 10.9.4 和表 10.9.5 所示,其中 R^2 为拟合模型的可决系数。

表 10.9.4 模型(10.9.1)的系数

参　数	$\hat{a}_{0i}$	$\hat{a}_{1i}$	$\hat{a}_{2i}$	R^2
v_0	51.70	43.48	58.88	0.997
φ_1	52.95	18.30	43.62	0.998
φ_2	52.96	18.24	43.78	0.998
$\dot{\varphi}_1$	53.60	−80.82	277.4	0.999
$\dot{\varphi}_2$	53.60	−80.91	277.4	0.999
ψ_1	53.60	−47.87	137.0	0.996
ψ_2	53.60	−0.77	24.18	0.993

表 10.9.5　模型(10.9.2)的系数

参　数	$\hat{b}_{0i}$	$\hat{b}_{1i}$	$\hat{b}_{2i}$	R^2
v_0	16.63	0.06	1.34	0.999
φ_1	16.53	2.24	8.30	0.999
φ_2	16.64	−0.17	0.42	0.989
$\dot{\varphi}_1$	16.67	−0.90	2.15	0.989
$\dot{\varphi}_2$	16.50	3.56	10.72	0.999
ψ_1	16.43	4.68	11.47	0.999
ψ_2	15.66	142.20	35.33	0.999

将式(10.9.7)、式(10.9.8)分别绘制成曲线,得各炮口参数均方差对弹丸落点纵向和横向密集度的影响规律,如图 10.9.3~图 10.9.10 所示。

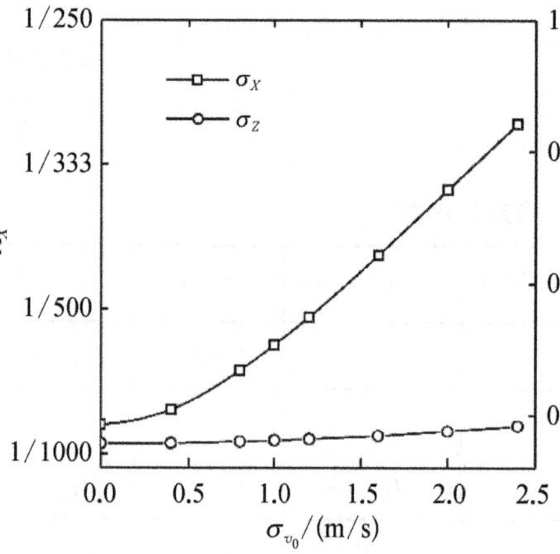

图 10.9.3　初速误差对射击密集度的影响

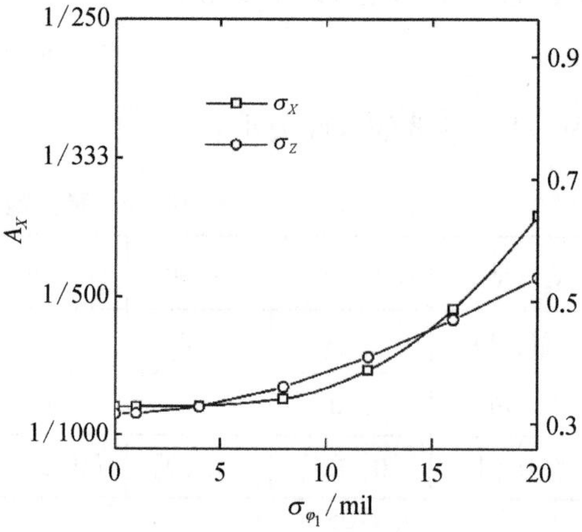

图 10.9.4　高低摆角误差对射击密集度的影响

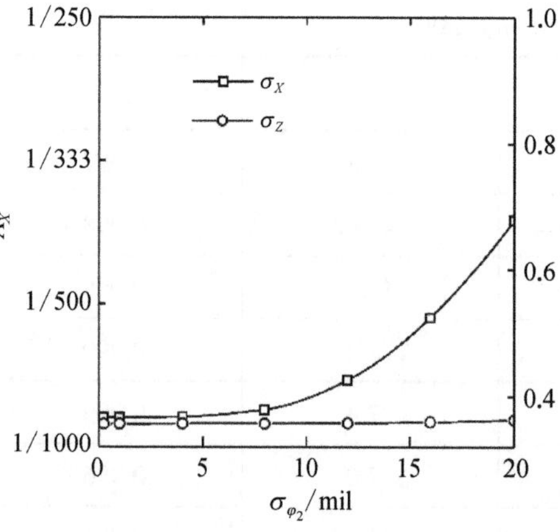

图 10.9.5　方向摆角误差对射击密集度的影响

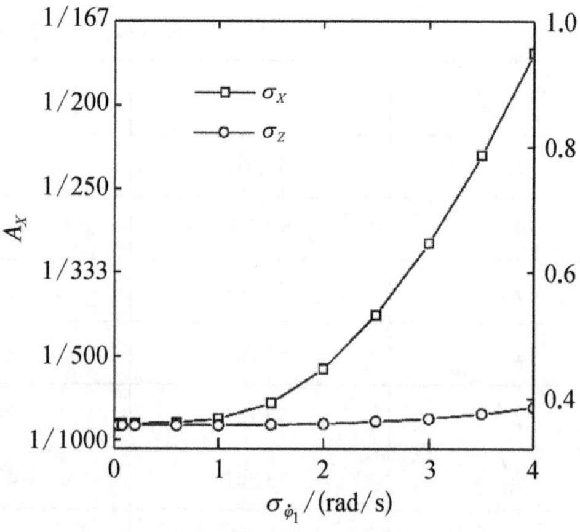

图 10.9.6　高低摆角速度误差对射击密集度的影响

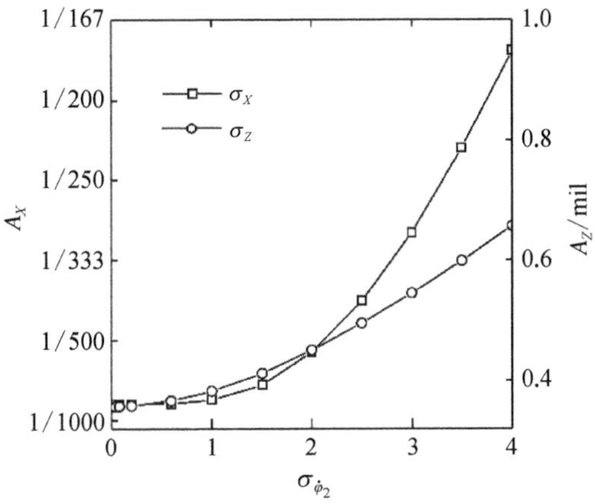

图 10.9.7　方向摆角速度误差对射击密集度的影响

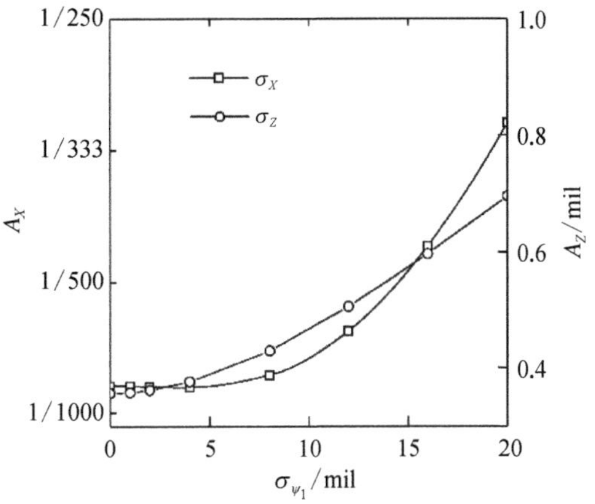

图 10.9.8　高低偏角误差对射击密集度的影响

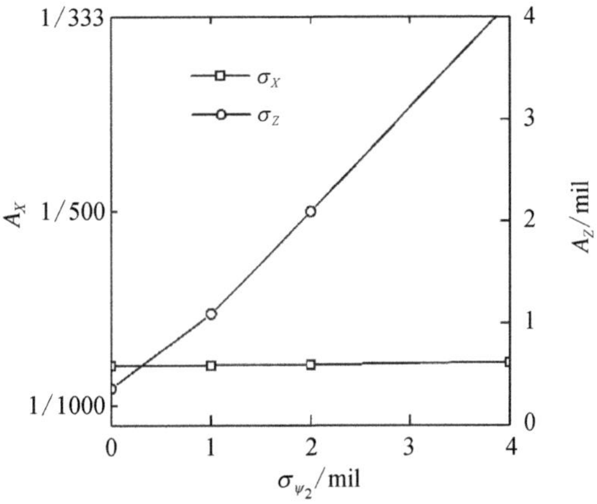

图 10.9.9　方向偏角误差对射击密集度的影响

由图 10.9.3~图 10.9.9 可以得到如下基本结论：

（1）初速误差对纵向射击密集度的影响呈拟线性关系，当速度误差 $\sigma_{v_0}=2.40$ m/s 时，$A_X=1/300$；初速误差对横向密集度的影响不大。

（2）σ_{φ_1} 与 σ_{φ_2}、$\sigma_{\dot{\varphi}_1}$ 与 $\sigma_{\dot{\varphi}_2}$ 对纵向射击密集度的影响规律是一致的，其原因是在单因素条件下（韩子鹏等，2014），在炮口处 $\varphi_1=\delta_1$、$\varphi_2=\delta_2$、$\dot{\varphi}_1=\dot{\delta}_1$、$\dot{\varphi}_2=\dot{\delta}_2$，陀螺运动使得 φ_1 与 φ_2、$\dot{\varphi}_1$ 与 $\dot{\varphi}_2$ 呈周期性交替变化；作用在弹丸上的气动力是 δ_1、δ_2 的复杂函数关系，当误差较小时，气动力与 δ_1、δ_2 呈线性关系；当误差较大时，气动力与 δ_1、δ_2 呈非线性关系；由此得到 σ_{φ_1}、σ_{φ_2} 对纵向密集度的影响呈缓慢渐近非线性趋势，见图 10.9.4 和图 10.9.5。$\dot{\delta}_1$、$\dot{\delta}_2$ 对纵向密集度的影响由两部分组成，一是 $\dot{\delta}_1$、$\dot{\delta}_2$ 直接产生非定态阻尼力矩，其次是通过积分影响 δ_1、δ_2，因此 $\sigma_{\dot{\varphi}_1}$、$\sigma_{\dot{\varphi}_2}$ 对射程散布的影响呈快速的非线性增大趋势，见图 10.9.6 和图 10.9.7。

（3）ψ_1、ψ_2 的散布 σ_{ψ_1}、σ_{ψ_2} 就是射角的散布，射角散布对最大射程散布的影响与射角有关。在最大射程角附近 σ_{ψ_1} 对纵向密集度的影响规律与 σ_{φ_1} 类似，呈缓慢渐近非线性趋势，其原因是在单因素条件下 $\psi_1=\delta_1$ 且射程散布对射角散布 σ_{ψ_1} 不敏感，见图 10.9.8；而射程横向散布与方向散布 σ_{ψ_2}、射程 X 呈线性关系（韩子鹏等，2014），见图 10.9.9。

（4）由于系统性能反映在纵向散布和横向散布要同时满足指标要求，因此同时满足指标要求的单因素阈值在火炮设计中是要严格控制的，该阈值也是多因素条件下的超曲面的阈值。

10.9.2.2　炮口参数多变量不确定性传播分析

高维条件下，弹丸落点均方差与弹丸炮口状态参数均方差综合模型可表示为如下形式：

$$\sigma_X = \sigma_{X0} + \sum_{i=1}^{7} a_{1i}\hat{\xi}_i + \sum_{i=1}^{7} a_{2i}\hat{\xi}_i^2 = f_X(\hat{\boldsymbol{\xi}}) \tag{10.9.10}$$

$$\sigma_Z = \sigma_{Z0} + \sum_{i=1}^{7} b_{1i}\hat{\xi}_i + \sum_{i=1}^{7} b_{2i}\hat{\xi}_i^2 = f_Z(\hat{\boldsymbol{\xi}}) \tag{10.9.11}$$

其中，σ_{X0} 和 σ_{Z0} 称为零阶综合模型，表达式为

$$\sigma_{X0} = \frac{1}{7}\sum_{i=1}^{7} a_{0i}, \quad \sigma_{Z0} = \frac{1}{7}\sum_{i=1}^{7} b_{0i} \tag{10.9.12}$$

其含义是仅考虑表 10.9.1 中给定的弹丸系统参数不确定性时，弹丸落点的均方差。以 $X = 30$ km 时，$A_X = 1/300$ 为指标要求，以表 10.9.1 的弹丸系统参数 ξ_p 散布为输入条件，由表 10.9.4 可知，弹丸系统参数 ξ_p 散布对射程散布的贡献为 35%左右，弹丸炮口参数 ξ_0 散布对射程散布的贡献为 65%左右。可见控制弹丸系统参数 ξ_p 误差对提高射击密集度非常有意义。

为了验证该模型的准确性，对炮口均方差的范围进行随机抽样 5 组，并将计算结果和稀疏网格的计算结果进行对比验证，结果如表 10.9.6 所示，从表中可看出式(10.9.10)和式(10.9.11)的计算结果和稀疏网格的计算结果吻合较好，从而验证了式(10.9.10)和式(10.9.11)的准确性和可行性。

表 10.9.6　弹丸炮口参数均方差样本

	变　量	样本 1	样本 2	样本 3	样本 4	样本 5
变量均方差	v_0	0.26	0.90	0.08	0.10	1.09
	φ_1	8.59	14.45	1.85	19.47	16.53
	φ_2	19.56	0.70	4.21	13.17	3.18
	$\dot{\varphi}_1$	3.87	0.32	3.83	0.83	0.24
	$\dot{\varphi}_2$	0.64	3.43	0.74	1.95	2.57
	ψ_1	11.45	17.14	2.28	3.93	4.62
	ψ_2	0.70	1.84	0.95	1.73	1.30
纵向均方差	SGNI	322	313	236	170	192
	式(10.9.4)	327	308	232	167	190
横向均方差	SGNI	46	108	50	92	74
	式(10.9.5)	54	119	55	100	82

式(10.9.10)和式(10.9.11)对火炮射击精度设计具有重要的指导意义。以式(10.9.10)为例，当给定弹丸最大射程的散布指标 $\hat{\sigma}_X$ 时，式(10.9.4)转换成由 7 个变量 $\hat{\boldsymbol{\xi}}$ 构成的空间超曲面方程 $f_X(\hat{\boldsymbol{\xi}}) = \hat{\sigma}_X$。当 $\hat{\boldsymbol{\xi}}$ 中的某一变量 $\hat{\xi}_i \neq 0$、其余为零时，由 $f_X(0, \cdots \hat{\xi}_i, \cdots, 0) = \hat{\sigma}_X$ 即可得到 $\hat{\xi}_i$，$\hat{\xi}_i$ 即为超曲面 $f_X(\hat{\boldsymbol{\xi}}) = \hat{\sigma}_X$ 在该坐标 $\hat{\xi}_i$ 方向的极值，该极值与给定要求 $\hat{\sigma}_X = A_X X/0.674\,5$（$X$ 为最大射程）对应的单变量值，即为空间超曲面在该坐标轴方向的阈

值,即图 10.9.3~图 10.9.9 中的阈值相等。当 $\hat{\xi}_i$ 方向的值超过该阈值时,纵向散布将不满足要求。同样,当空间中任意一点 $\hat{\boldsymbol{\xi}}_i$ 位于曲面内时,则有 $f_X(\hat{\boldsymbol{\xi}}_i) < \hat{\sigma}_X$,参数误差设计 $\hat{\boldsymbol{\xi}}_i$ 有余量地满足散布要求 $\hat{\sigma}_X$;当 $\hat{\boldsymbol{\xi}}_i$ 位于曲面外时,$f_X(\hat{\boldsymbol{\xi}}_i) > \hat{\sigma}_X$,参数误差设计 $\hat{\boldsymbol{\xi}}_i$ 不满足要求;当 $\hat{\boldsymbol{\xi}}_i$ 位于曲面上时,$f_X(\hat{\boldsymbol{\xi}}_i) = \hat{\sigma}_X$,参数误差设计 $\hat{\boldsymbol{\xi}}_i$ 满足要求。

由式(10.9.10)可知,任意两个参数 $\hat{\xi}_i$、$\hat{\xi}_j$ 构成的过原点 o 的平面 $o\hat{\xi}_i\hat{\xi}_j$ 与 $f_X(\hat{\boldsymbol{\xi}}_i) = \hat{\sigma}_X$ 的交为一椭圆,该椭圆刻画了 $\hat{\xi}_i$、$\hat{\xi}_j$ 对射程散布的影响规律。例如,假定已知射程 X = 30 km,$\sigma_X = X \cdot A_X/0.674\,5$,当 A_X = 1/300、1/400、1/500 时,图 10.9.10 和图 10.9.11 分别给出了 $\sigma_{v_0} \sim \sigma_{\varphi_1}$、$\sigma_{v_0} \sim \sigma_{\dot{\varphi}_1}$ 的变化规律曲线,可以看出在综合模型中,满足 A_X = 1/300、1/400、1/500 时初速、摆角的均方差分别在 1 m/s 和 1.5 mil、0.75 m/s 和 1.0 mil、0.5 m/s 和 0.75 mil 左右,或初速、摆角速度的均方差分别在 1 m/s 和 0.75 rad/s、0.75 m/s 和 0.6 rad/s、0.5 m/s 和 0.51 rad/s 左右。

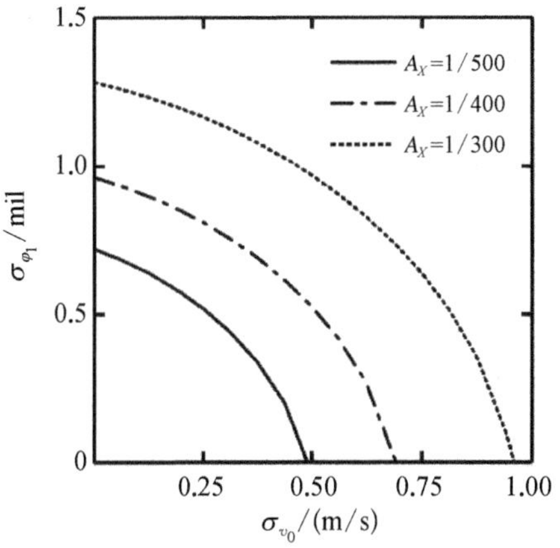

图 10.9.10　σ_{v_0}与σ_{φ_1}的关系随 A_X 的变化

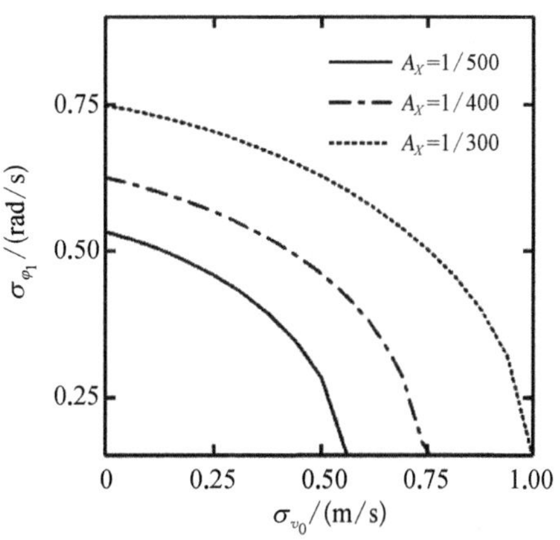

图 10.9.11　σ_{v_0}与$\sigma_{\dot{\varphi}_1}$的关系随 A_X 的变化

图 10.9.12~图 10.9.14 分别给出了当 A_X = 1/300、1/400、1/500 时,摆角与摆角速度在不同初始误差下的 $\sigma_{\varphi_1} \sim \sigma_{\dot{\varphi}_1}$ 变化关系曲线,由图可见,随着密集度的不断提高,对初始误差的要求也随之提高。在图 10.9.10~图 10.9.14 中,由于考虑了弹丸系统的参数误差,且前面的讨论可知,该误差对密集度的影响占 35%左右,使得对弹丸炮口运动状态参数误差 σ_{v_0}、σ_{φ_1}、$\sigma_{\dot{\varphi}_1}$ 的要求也随之提高。

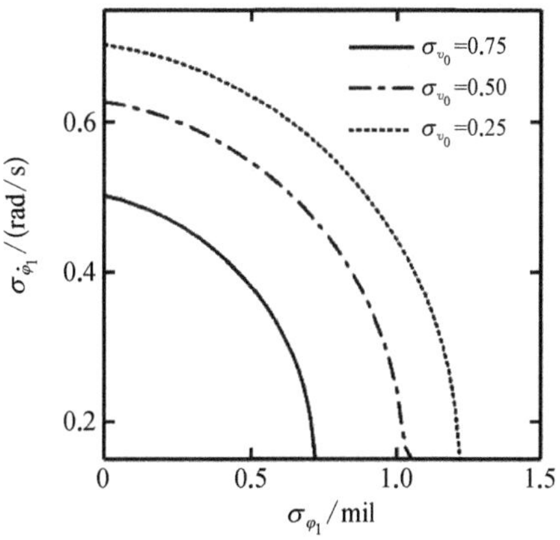

图 10.9.12　A_X=1/300,σ_{φ_1}与$\sigma_{\dot{\varphi}_1}$的关系变化

火炮总体密集度设计的任务是,根据给定的最大射程散布要求 $\hat{\sigma}_X$,设计一组火炮关键参数,确保弹丸炮口状态参数误差 $\hat{\boldsymbol{\xi}}_i$,满足条件 $f_X(\hat{\boldsymbol{\xi}}_i) \leqslant \hat{\sigma}_X$。式(10.9.5)中的 $f_Z(\hat{\boldsymbol{\xi}}) = \hat{\sigma}_Z$ 亦具有与式(10.9.4)同样的意义。同时满足式(10.9.4)和式(10.9.5)的最小参数误差,即为火炮设计所需要的。

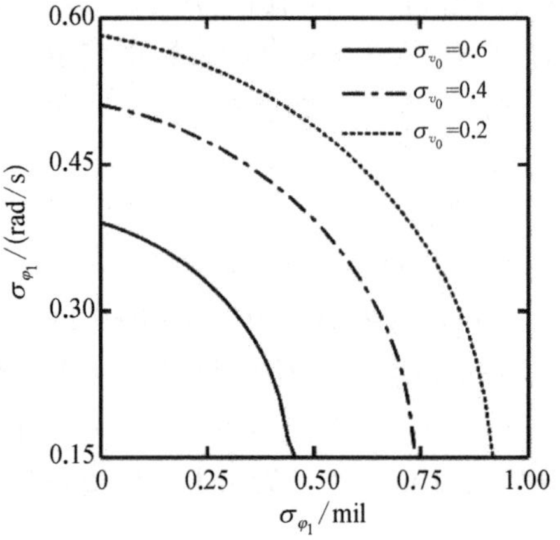

图 10.9.13　$A_X = 1/400$，$\boldsymbol{\sigma}_{\varphi_1}$与$\boldsymbol{\sigma}_{\dot{\varphi}_1}$的关系变化

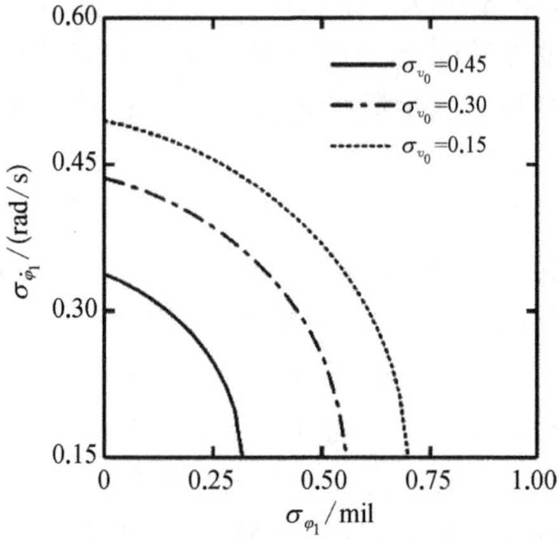

图 10.9.14　$A_X = 1/500$，$\boldsymbol{\sigma}_{\varphi_1}$与$\boldsymbol{\sigma}_{\dot{\varphi}_1}$的关系变化

10.9.3　初始条件对千米立靶精度影响分析

在距炮口 1 000 m 处竖一垂直于炮膛轴线的竖靶，如图 10.9.15 所示，炮膛轴线延长线与靶的交点为靶中心 o_I，中心向上为 y_I 轴方向，向右为 z_I 轴方向。根据弹丸射击精度的表达式(10.8.5)，千米立靶精度为弹丸在靶上的位置坐标 $w_l(l = Y, Z)$ 相对于目标点 o_I 的二阶统计矩 $\boldsymbol{Y}_W$，该统计矩可分解为射击准确度 $\boldsymbol{\Pi}_W$ 和射击密集度 $\boldsymbol{\Sigma}_W$ 两部分。具体表达式为

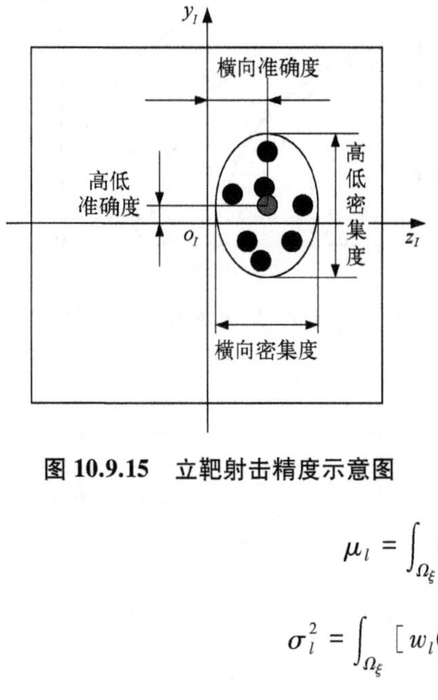

图 10.9.15　立靶射击精度示意图

$$\boldsymbol{\Sigma}_W = \begin{bmatrix} \sigma_Y^2 & \sigma_{YZ} \\ \sigma_{YZ} & \sigma_Z^2 \end{bmatrix}, \quad \boldsymbol{\Pi}_W = \begin{bmatrix} \pi_Y^2 & \pi_{YZ} \\ \pi_{YZ} & \pi_Z^2 \end{bmatrix} \tag{10.9.13}$$

其中，

$$\mu_l = \int_{\Omega_\xi} w_l(\boldsymbol{\xi}) f_\xi(\boldsymbol{\xi}) \mathrm{d}\boldsymbol{\xi}, \quad l = Y, Z \tag{10.9.14}$$

$$\sigma_l^2 = \int_{\Omega_\xi} [w_l(\boldsymbol{\xi}) - \mu_l]^2 f_\xi(\boldsymbol{\xi}) \mathrm{d}\boldsymbol{\xi}, \quad l = Y, Z \tag{10.9.15}$$

$$\sigma_{YZ} = \int_{\Omega_\xi} [w_Y(\boldsymbol{\xi}) - \mu_Y][w_Z(\boldsymbol{\xi}) - \mu_Z] f_\xi(\boldsymbol{\xi}) \mathrm{d}\boldsymbol{\xi} \tag{10.9.16}$$

$$\pi_l^2 = \mu_l^2, \quad l = Y, Z \tag{10.9.17}$$

$$\pi_{YZ} = \mu_Y \mu_Z \tag{10.9.18}$$

10.9.22 节通过对比计算已验证了稀疏网格数值积分法与蒙特卡罗法具有较好的计算精度，证明了稀疏网格数值积分法在估算弹丸运动状态参数时具有较好的有效性。本节将继续讨论稀疏网格数值积分法在千米立靶精度估算中的应用。

10.9.3.1 炮口参数单变量不确定性传播分析

本节考虑炮口 7 个参数单独作用,参考王宝元(2015)的文献和型号研制工程经验,并将参数范围进行适当放大,给定炮口参数的均值及其均方差的范围如表 10.9.3 所示,系统参数的不确定性与表 10.9.1 所示相同,在具体分析中也可根据不同型号火炮的特点确定对应的参数范围。炮口参数误差与千米立靶的高低误差呈线性关系,与千米立靶的横向误差呈非线性关系。为此,建立如下所示的千米立靶弹着点均方差和炮口各参数均方差的参数化模型:

$$\sigma_Y^i = a_{0i} + a_{1i}\hat{\xi}_i \tag{10.9.19}$$

$$\sigma_Z^i = b_{0i} + b_{1i}\hat{\xi}_i + b_{2i}\hat{\xi}_i^2 \tag{10.9.20}$$

其中, $i = 1, 2, \cdots, 7$, 分别代表 v_0、φ_1、φ_2、$\dot{\varphi}_1$、$\dot{\varphi}_2$、ψ_1 和 ψ_2; $\hat{\xi}_i$ 为经过无量纲化处理的参数:

$$\hat{\xi}_i = \xi_i / \xi_i^I \tag{10.9.21}$$

式中, ξ_i^I 为参数的区间大小。

根据单变量影响的数据,通过拟合到各个系数如表 10.9.7 和表 10.9.8 所示,其中 R^2 为拟合模型的可决系数。

表 10.9.7 模型(10.9.13)的系数(保留小数点后 4 位)

参 数	$\hat{a}_{0i}$	$\hat{a}_{1i}$	R^2
v_0	0.000 2	0.021 2	0.999 7
φ_1	0.000 2	0.018 7	0.999 6
φ_2	0.000 3	0.307 3	1
$\dot{\varphi}_1$	0.000 5	0.347 8	1
$\dot{\varphi}_2$	0.000 1	0.027 2	0.999 6
ψ_1	0.001 2	14.12	1
ψ_2	0.000 2	0.061 3	1

表 10.9.8 模型(10.9.14)的系数(保留小数点后 4 位)

参 数	$\hat{b}_{0i}$	$\hat{b}_{1i}$	$\hat{b}_{2i}$	R^2
v_0	0.013 8	0	0	0.999 9
φ_1	0.011 7	0.269 9	0.027 7	0.999 6
φ_2	0.013 7	0.002 4	0.007 3	0.998 8
$\dot{\varphi}_1$	0.013 5	0.006 4	0.009 7	0.997 5
$\dot{\varphi}_2$	0.011 6	0.312 0	0.026 1	0.999 7
ψ_1	0.011 7	0.269 7	0.028 2	0.999 6
ψ_2	0.011 3	2.781 0	0.030 4	1

将式(10.9.13)、式(10.9.14)分别绘制成曲线,得各炮口参数均方差对弹丸千米立靶着靶高低和横向位置的散布(方差)影响规律,如图 10.9.16~图 10.9.22 所示。

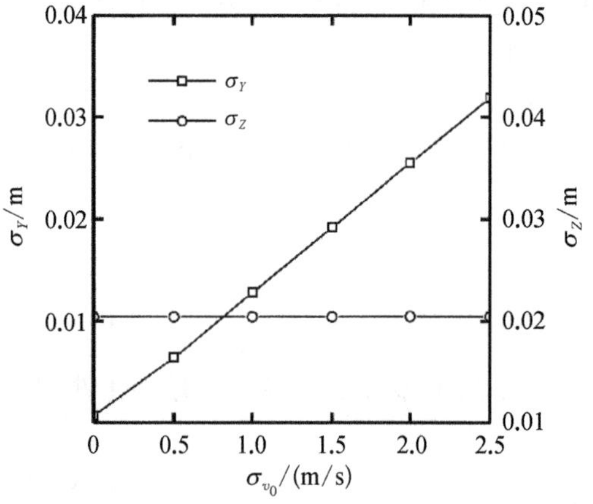

图 10.9.16　初速误差对立靶密集度的影响

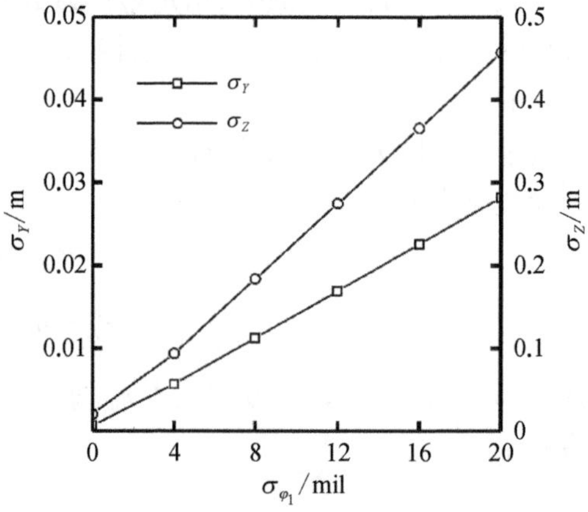

图 10.9.17　高低摆角误差对立靶密集度的影响

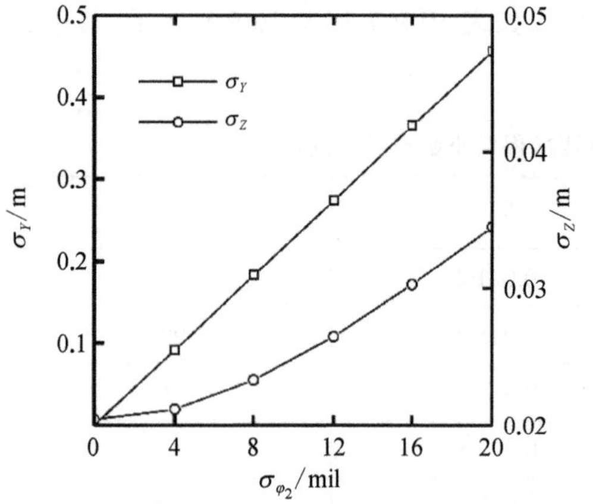

图 10.9.18　方向摆角误差对立靶密集度的影响

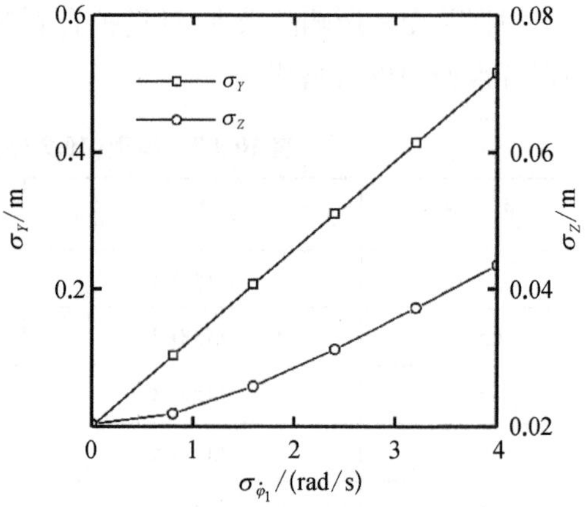

图 10.9.19　高低摆角速度误差对立靶密集度的影响

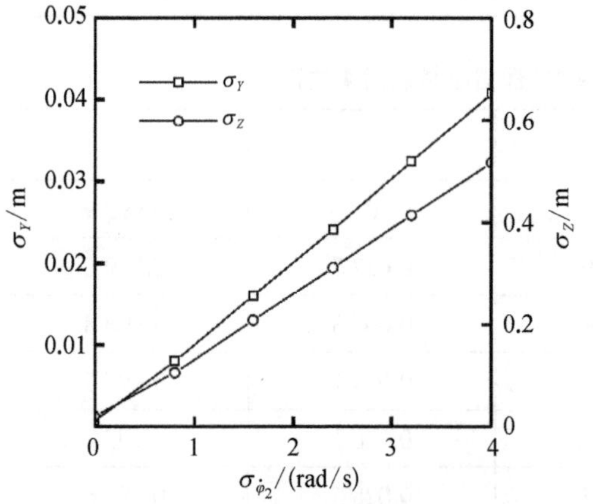

图 10.9.20　方向摆角速度误差对立靶密集度的影响

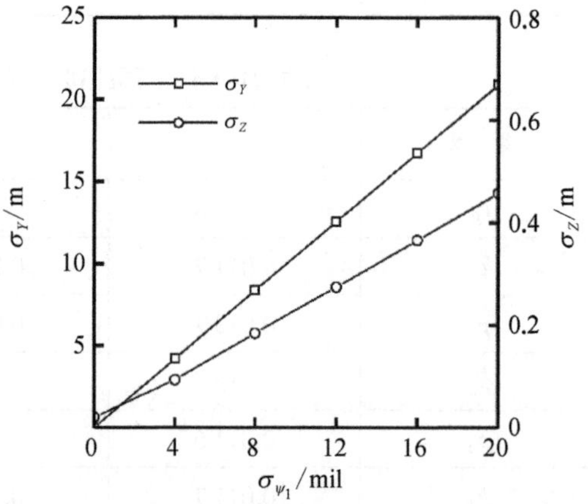

图 10.9.21　高低偏角误差对立靶密集度的影响

在对图 10.9.16~图 10.9.22 的变化规律讨论前，再补充有关弹丸陀螺运动的基本规律。

弹丸的陀螺运动使弹轴 ${}^{i_Q}\boldsymbol{e}_1$ 绕速度矢量方向 ${}^{i_v}\boldsymbol{e}_1$ 周期性进动，也使攻角平面法线 $\boldsymbol{n}_\delta$ 绕速度矢量方向 ${}^{i_v}\boldsymbol{e}_1$ 转动，导致升力 $\boldsymbol{R}_y$ 发生周期性变化，$\boldsymbol{R}_y$ 周期性变化使速度矢量方向 ${}^{i_v}\boldsymbol{e}_1$ 发生变化，最终使弹丸几何中心 o_{Q_E} 的运动轨迹亦发生周期性变化。这样，弹丸几何中心的运动轨迹近似为一条螺旋线，螺旋线的轴平行于弹丸平均速度矢量方向，即平均偏角方向。

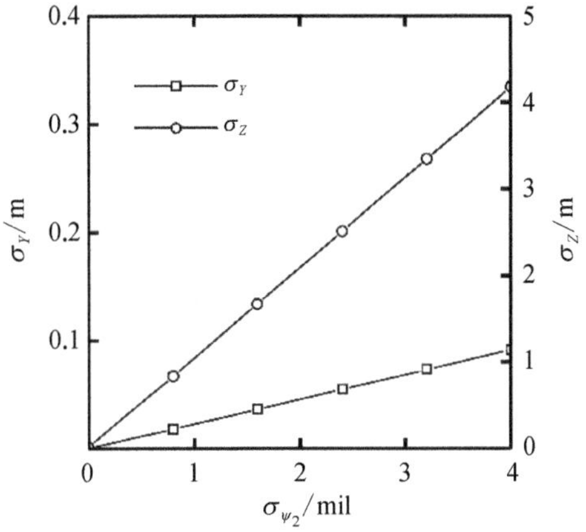

图 10.9.22　方向偏角误差对立靶密集度的影响

在千米立靶运动中，由于时间非常短，若只考虑最大升力项，可以得到偏角速率与攻角 $\boldsymbol{\Delta}$、v 的关系（韩子鹏等，2014），即

$$\dot{\boldsymbol{\Psi}} = b_y v \boldsymbol{\Delta} \tag{10.9.22A}$$

对上式进行时间积分，得到由起始扰动 $\boldsymbol{\Delta}(t_G)=\boldsymbol{\Delta}_0$、$\dot{\boldsymbol{\Delta}}(t_G)=\dot{\boldsymbol{\Delta}}_0$ 产生的偏角为

$$\begin{aligned}\boldsymbol{\Psi} = & \frac{b_y v\delta_m}{2}\mathrm{e}^{\mathrm{i}v_0}\left(\frac{\mathrm{e}^{\mathrm{i}(\omega_{1t}t+\pi)}}{\omega_{1t}} + \frac{\mathrm{e}^{\mathrm{i}(\omega_{2t}t)}}{\omega_{2t}} - \frac{\omega_{1t}-\omega_{2t}}{\omega_{1t}\omega_{2t}}\right) \\ & + b_y v\mathrm{e}^{\mathrm{i}\left(v_0+\frac{3\pi}{2}\right)}\left(\frac{K_1\mathrm{e}^{\mathrm{i}(\omega_{1t}t+\pi)}}{\omega_{1t}} + \frac{K_2\mathrm{e}^{\mathrm{i}(\omega_{2t}t)}}{\omega_{2t}} - \frac{K_1\omega_{1t}-K_2\omega_{2t}}{\omega_{1t}\omega_{2t}}\right)\end{aligned} \tag{10.9.22B}$$

式中，$\boldsymbol{v}_0=\boldsymbol{v}(t_G)$ 为初始进动角；K_1、K_2 为间谐运动的攻角幅值，若不考虑相位，有 $K_1=\delta_1(t_G)=\delta_{10}$，$K_2=\delta_2(t_G)=\delta_{20}$，其余参数公式为

$$\delta_m=\dot{\delta}_0/(\alpha v_0\sqrt{\sigma}),\ \omega_{1t,\,2t}=\alpha v_0(1\pm\sqrt{\sigma}),\ \sigma=\sqrt{1-1/S_g},\ b_y=\frac{\rho A_S}{2m_Q}c_y' \tag{10.9.22C}$$

可见在千米立靶射击中，弹丸速度方向变化大小 $\boldsymbol{\Psi}$ 直接与 $\dot{\delta}_0$、δ_{10}、δ_{20} 成正比。

若以千米立靶高低、方向 $\sigma_Y=\sigma_Z=0.5/0.674\,5=0.741$ m 为指标要求，从图 10.9.16~图 10.9.22 可以得到如下基本结论：

（1）初速误差对高低和方向射击密集度的影响可以忽略。

（2）σ_{φ_1} 对横向密集度的影响大于其对高低的影响，同样 σ_{φ_2} 对高低密集度的影响大于其对横向的影响。其原因与弹丸的陀螺运动有关。在单因素条件下，在炮口处 $\varphi_1=\delta_1$，$\varphi_2=\delta_2$，因此有 $\sigma_{\varphi_1}=\sigma_{\delta_1}$，$\sigma_{\varphi_2}=\sigma_{\delta_2}$，这样就把 σ_{φ_1}、σ_{φ_2} 对立靶密集度的影响规律转化成 ψ 对立靶密集度的影响规律。当初始条件发生变化时，速度方向 ψ 亦发生变化，且变化幅值直接与 σ_{φ_1}、σ_{φ_2} 成正比。

（3）$\sigma_{\dot{\varphi}_1}$ 对高低密集度的影响大于其对横向的影响，同样 $\sigma_{\dot{\varphi}_2}$ 对横向密集度的影响大于其对高低的影响。其原因与弹丸的陀螺运动有关。在单因素条件下，在炮口处 $\dot{\varphi}_1=\dot{\delta}_1$，$\dot{\varphi}_2=\dot{\delta}_2$，因此有 $\sigma_{\dot{\varphi}_1}=\sigma_{\dot{\delta}_1}$，$\sigma_{\dot{\varphi}_2}=\sigma_{\dot{\delta}_2}$，这样就把 $\sigma_{\dot{\varphi}_1}$、$\sigma_{\dot{\varphi}_2}$ 对立靶密集度的影响规律转化成

ψ 对立靶密集度的影响规律。当初始条件发生变化时,速度方向 ψ 亦发生变化,且变化幅值直接与 $\sigma_{\dot{\varphi}_1}$、$\sigma_{\dot{\varphi}_2}$ 成正比。

(4) σ_{ψ_1} 与 σ_{ψ_2} 对高低和方向射击密集度起主要作用,且影响重大。

(5) 由于反映在高低散布和横向散布的系统性能要同时满足指标要求,因此同时满足指标要求的单因素阈值在火炮设计中是要严格控制的。

10.9.3.2 炮口参数多变量不确定性传播分析

本节考虑炮口 7 个参数误差的综合作用影响,高维条件下,弹丸千米立靶散布均方差与弹丸炮口状态参数均方差综合模型可表示为如下形式:

$$\sigma_Y = \sigma_{Y0} + \sum_{i=1}^{7} a_{1i}\hat{\xi}_i = f_Y(\hat{\boldsymbol{\xi}}) \tag{10.9.23}$$

$$\sigma_Z = \sigma_{Z0} + \sum_{i=1}^{7} b_{1i}\hat{\xi}_i + \sum_{i=1}^{7} b_{2i}\hat{\xi}_i^2 = f_Z(\hat{\boldsymbol{\xi}}) \tag{10.9.24}$$

其中,σ_{Y0} 和 σ_{Z0} 称为零阶综合模型,表达式为

$$\sigma_{Y0} = \frac{1}{7}\sum_{i=1}^{7} a_{0i}, \quad \sigma_{Z0} = \frac{1}{7}\sum_{i=1}^{7} b_{0i} \tag{10.9.25}$$

其含义是仅考虑表 10.9.1 中给定的弹丸系统参数 $\boldsymbol{\xi}_p$ 的不确定性时,弹丸千米着靶位置的均方差。若以千米立靶高低 $\sigma_Y = 0.5/0.674\ 5 \approx 0.741$ m 为指标要求,以表 10.9.1 的弹丸系统参数 $\boldsymbol{\xi}_p$ 散布为输入条件,由表 10.9.7 可知,弹丸系统参数 $\boldsymbol{\xi}_p$ 散布对千米立靶高低散布的影响在 0.05%左右,可以忽略不计;同样,若方向要求为 $\sigma_Z = 0.741$ m, 由表 10.9.8 可知,弹丸系统参数 $\boldsymbol{\xi}_p$ 散布对千米立靶方向散布的影响在 1.68%左右,因此弹丸系统参数 $\boldsymbol{\xi}_p$ 误差对千米立靶射击密集度的影响可以忽略不计;对千米立靶密集度的主要影响来自弹丸炮口参数 $\boldsymbol{\xi}_0$ 的散布误差,其中影响最大的是弹丸偏角的散布误差 σ_{ψ_1} 与 σ_{ψ_2}。

第 11 章　火炮射击精度估算分析

11.1　引言

火炮射击精度估算分析就是利用火炮系统射击动力学模型和靶场实弹射击试验等方法，根据火炮系统提供的有限或完备的信息，对火炮系统射击精度进行估算、分析、验证的一种方法，该方法贯穿于火炮研制的全过程。在火炮总体设计阶段，常常根据总体设计中不完备的火炮基本参数，利用火炮系统射击动力学模型和外弹道模型来估算火炮的射击精度，初步检验或判断其是否满足射击精度指标要求。当有了火炮样机以后，常常需要在靶场进行射击精度试验，检验其是否满足火炮射击精度指标要求。当火炮射击试验中出现射击精度不达标时，需要利用火炮射击精度分析的基本原理和方法，通过对火炮系统结构进行梳理、分析、估算，对火炮射击试验结果加以评估、判断，从纷繁复杂的影响因素中找到影响射击精度的主要因素，指导火炮型号研制顺利推进。可见火炮射击精度的估算分析方法对指导火炮武器型号研制、提高火炮武器性能具有非常重要的理论指导作用。本章将对火炮系统射击动力学模型的求解方法、射击精度的估算方法、靶场射击精度试验结果的异常处理方法进行讨论，形成火炮射击精度估算、分析和评判方法。

11.2　火炮射击过程系统运动微分方程求解

11.2.1　跨时间尺度问题求解

第 4 章建立了与弹丸膛内刚体运动耦合在一起的内弹道方程，该方程的响应时间是毫秒级的；第 5 章建立了火炮发射牵连运动微分方程，该方程的响应时间是秒级的；第 6 章建立了弹炮耦合的弹丸膛内运动分析，该方程的响应时间是毫秒级的；第 7 章建立了考虑弹带热-力耦合的大变形弹塑性动力学微分方程，该方程的响应时间是毫秒级的；第 9、10 章建立了考虑火炮发射过程中不确定性参数引起的火炮和弹丸状态参数的随机动力学方程，这些微分方程均是耦合在一起的，响应时间的尺度是不同的。另一方面，火炮发射过程系统状态参数的动态响应跨时间尺度大，不同尺度动态响应的控制方程的求解具有显著差异。例如火炮刚体运动微分方程为带约束的微分代数方程组（DAEs），具有强非线性特点，需要精度较高的数值求解方法；火炮结构弹性响应微分方程为非线性微分方程组（ODEs），需要采用无条件稳定计算方法，该算法阶数仅为二阶，在运动响应的时间尺度内,计算误差将越来越大,且数值弥散效应随着频率响应的提高而迅速增加,因此仅适合用于低频响应问题的求解;弹带瞬态热弹塑性大变形问题的微分方程为与加载历程相关的非线性微分方程组,由于具有较高的结构应变率,计算时间步长非常小。可见,由于各类耦合微分方程的时间响应尺度不同,需要采用不同的求解方法实现对上述三类问题耦合后的同时求解。

为此,本节依据火炮发射过程系统动态响应涉及不同时间尺度、不同类型控制方程的特点,采用不同的数值求解方法进行求解,利用变步长、变阶数、数值迭代等策略构建系统动态响应的求解框架,确保准确可靠地获得火炮发射过程系统的动态响应。

11.2.2 变阶变步长预估-校正法

火炮刚体运动微分方程属于第一类 DAEs,可将约束条件进行二次微分,并通过拉格朗日乘子法将约束方程引入动力学方程,最终得到火炮运动响应控制方程具有以下一般形式:

$$\begin{bmatrix} \boldsymbol{M} & \boldsymbol{\Phi}_q^{\mathrm{T}} \\ \boldsymbol{\Phi}_q & \boldsymbol{0} \end{bmatrix} \begin{Bmatrix} \ddot{\boldsymbol{q}} \\ \boldsymbol{\lambda} \end{Bmatrix} = \begin{Bmatrix} \boldsymbol{F} - \boldsymbol{C}\dot{\boldsymbol{q}} - \boldsymbol{K}\boldsymbol{q} \\ \boldsymbol{\psi} \end{Bmatrix} \tag{11.2.1}$$

其中

$$\boldsymbol{\psi} = -\boldsymbol{\Phi}_{qq}\dot{\boldsymbol{q}}^2 - 2\boldsymbol{\Phi}_{qt}\dot{\boldsymbol{q}} - \boldsymbol{\Phi}_{tt} \tag{11.2.2}$$

式中,$\boldsymbol{M}$ 为广义质量矩阵;$\boldsymbol{C}$ 为广义阻尼矩阵;$\boldsymbol{K}$ 为广义刚度矩阵;$\boldsymbol{F}$ 为广义外载荷;$\boldsymbol{q}$ 为广义位移;$\boldsymbol{\lambda}$ 为拉格朗日乘子;$\boldsymbol{\Phi} = \boldsymbol{0}$ 为约束方程。

11.2.2.1 Adams-Bashforth-Moulton 型预估-校正公式

为便于阐述形如式(11.2.1)所示的微分方程组的求解,考虑单自由度非线性常微分方程:

$$\dot{q} = f(t,\ q),\quad q(0) = q_0 \tag{11.2.3}$$

对式(11.2.3)第一式两边同时进行积分,并用 $k-1$ 阶多项式插值近似 $f(t,\ q)$,则 k 阶数值积分公式可表示为

$$q_{n+1} = q_n + \int_{t_n}^{t_{n+1}} P_{k,\,n}(t)\,\mathrm{d}t \tag{11.2.4}$$

其中,下标 n 为积分当前步,$P_{k,\,n}(t)$ 为 k 阶多项式:

$$P_{k,\,n}(t) = a_0 + a_1 t + a_2 t^2 + \cdots + a_{k-1}t^{k-1} \tag{11.2.5}$$

式(11.2.5)满足插值条件:

$$\begin{aligned} P_{k,\,n}(t_{n+1-j}) &= a_0 + a_1 t_{n+1-j} + a_2 t_{n+1-j}^2 + \cdots + a_{k-1}t_{n+1-j}^{k-1} \\ &= f(t_{n+1-j},\ q_{n+1-j}) = f_{n+1-j},\quad j = 1,\ 2,\ \cdots,\ k \end{aligned} \tag{11.2.6}$$

式(11.2.6)可写成如下矩阵形式:

$$\boldsymbol{V}_{k,\,n}\boldsymbol{A}_k = \boldsymbol{F}_{k,\,n} \tag{11.2.7}$$

其中,$\boldsymbol{V}_{k,\,n}$ 是含有 $t_n,\ t_{n-1},\ \cdots,\ t_{n+1-k}$ 的 Vandermonde 矩阵:

$$
\boldsymbol{V}_{k,n} = \begin{bmatrix} 1 & t_n & \cdots & t_n^{k-1} \\ 1 & t_{n-1} & \cdots & t_{n-1}^{k-1} \\ \vdots & \vdots & & \vdots \\ 1 & t_{n+1-k} & \cdots & t_{n+1-k}^{k-1} \end{bmatrix} \tag{11.2.8}
$$

向量 $\boldsymbol{A}_k$ 和 $\boldsymbol{F}_{k,n}$ 分别为

$$
\boldsymbol{A}_k = (a_0, a_1, \cdots, a_{k-1})^{\mathrm{T}} \tag{11.2.9}
$$

$$
\boldsymbol{F}_{k,n} = (f_n, f_{n-1}, \cdots, f_{n+1-k})^{\mathrm{T}} \tag{11.2.10}
$$

从而有

$$
P_{k,n}(t) = \boldsymbol{T}_k^{\mathrm{T}}(t)\, \boldsymbol{V}_{k,n}^{-1} \boldsymbol{F}_{k,n} \tag{11.2.11}
$$

其中

$$
\boldsymbol{T}_k(t) = (1, t, t^2, \cdots, t^{k-1})^{\mathrm{T}} \tag{11.2.12}
$$

由此,将式(11.2.11)代入式(11.2.4)并积分,即可得到 k 阶 Adams-Bashforth 型预估格式:

$$
q_{n+1} = q_n + \boldsymbol{Z}_{k,n+1}^{\mathrm{T}} \boldsymbol{V}_{k,n}^{-1} \boldsymbol{F}_{k,n} \tag{11.2.13}
$$

其中,矢量 $\boldsymbol{Z}_{k,n+1}$ 是由 $\boldsymbol{T}_k(t)$ 积分得到的,即

$$
\boldsymbol{Z}_{k,n+1} = \left[(t_{n+1} - t_n), \frac{1}{2}(t_{n+1}^2 - t_n^2), \cdots, \frac{1}{k}(t_{n+1}^k - t_n^k) \right]^{\mathrm{T}} \tag{11.2.14}
$$

同理,当预估获得 t_{n+1} 时刻的 q_{n+1} 时,可以构造 k 阶 Adams-Bashforth 型校正格式:

$$
q_{n+1} = q_n + \boldsymbol{Z}_{k,n+1}^{\mathrm{T}} \boldsymbol{V}_{k,n+1}^{-1} \boldsymbol{F}_{k,n+1} \tag{11.2.15}
$$

上式中仅是对时间进行了一次递推,需要注意的是式(11.2.13)为隐式格式,对于非线性较强的问题需要进行迭代求解,可采用 Newton 迭代法。为了提高计算效率,Broyden、Fletcher、Goldfarb 和 Shanno 提出的 BFGS 拟牛顿法是广泛采用的方法。

利用式(11.2.13)和式(11.2.15)可组成适用于变阶数和变步长的 Adams-Bashforth-Moulton 型预估-校正公式:

第一步(预估 P):$q_{n+1}^p = q_n + \boldsymbol{Z}_{k,n+1}^{\mathrm{T}} \boldsymbol{V}_{k,n}^{-1} \boldsymbol{F}_{k,n}$;

第二步(估计 E):$f_{n+1}^p = f(t_{n+1}, q_{n+1}^p)$;

第三步(校正 C):$q_{n+1} = q_n + \boldsymbol{Z}_{k,n+1}^{\mathrm{T}} \boldsymbol{V}_{k,n+1}^{-1} \boldsymbol{F}_{k,n+1}^p$;

第四步(估计 E):$f_{n+1} = f(t_{n+1}, q_{n+1})$。

11.2.2.2 变阶变步长策略

变阶和步长的选择方式直接影响预估-校正的效果,实现变阶变步长的关键是对 Adams-Bashforth-Moulton 型预估-校正公式的误差估计,Shampine(2002)研究表明 Adams-Bashforth-Moulton 型 k 阶预估-校正公式的误差 ER_{n+1}^k 可用下式近似:

$$
ER_{n+1}^k \approx q_{n+1} - q_{n+1}^p \tag{11.2.16}
$$

其中 $k = 1, 2, \cdots, 5$ 为可供选择的阶数。

当给定容许误差 errTol 时,若

$$ER_{n+1}^{k} > \text{errTol} \tag{11.2.17}$$

则认为该积分步无效，需要缩减步长，通常将步长减半后重新计算。相反，若

$$ER_{n+1}^{k} \leqslant \text{errTol} \tag{11.2.18}$$

则认为该积分步有效，并将该误差作为预测下一步步长的根据，令下一步预测误差为 $h_{n+2}=\rho_h h_{n+1}$，刘玉绅(1986)推导了下一步的预测误差，并给出了步长需要满足如下关系：

$$\rho_h = (\text{errTol}/ER_{n+1}^{k})^{1/k+1} \tag{11.2.19}$$

另一个问题是下一步阶数的确定，其依据是在满足给定局部截断误差限 errTol′ 的前提下获得最大化的下一步时间步长，考虑到阶数的变化不能出现跳阶变化，则

$$\rho_h^{opt} = \max[(\text{errTol}'/ER_{n+1}^{k-1})^{1/k},\ (\text{errTol}'/ER_{n+1}^{k})^{1/k+1},\ (\text{errTol}'/ER_{n+1}^{k+1})^{1/k+2}] \tag{11.2.20}$$

则 ρ_h^{opt} 对应的阶数即为下一步计算的阶数值。

在实际使用时，为了确保下一步计算的稳定性，通常需要在优化的步长因子 ρ_h^{opt} 之前乘以一个系数 $\gamma_{opt} \approx 5/6$；然后需要限制最大步长和最小步长。

11.2.3 无条件稳定显式求解策略

结构动态响应控制方程为

$$\boldsymbol{M}\ddot{\boldsymbol{q}}_{n+1} + \boldsymbol{C}\dot{\boldsymbol{q}}_{n+1} + \boldsymbol{K}\boldsymbol{q}_{n+1} = \boldsymbol{F}_{n+1} \tag{11.2.21}$$

其中，$\boldsymbol{M}$、$\boldsymbol{C}$ 和 $\boldsymbol{K}$ 分别为质量矩阵、阻尼矩阵和刚度矩阵；$\boldsymbol{F}$ 为外力矢量；$\boldsymbol{q}_{n+1}$、$\dot{\boldsymbol{q}}_{n+1}$ 和 $\ddot{\boldsymbol{q}}_{n+1}$ 分别为位移、速度和加速度矢量。

$$\dot{\boldsymbol{q}}_{n+1} = \dot{\boldsymbol{q}}_n + \Delta t\,\boldsymbol{\alpha}_1\ddot{\boldsymbol{q}}_n \tag{11.2.22}$$

$$\boldsymbol{q}_{n+1} = \boldsymbol{q}_n + \Delta t\,\dot{\boldsymbol{q}}_n + \Delta t^2\boldsymbol{\alpha}_2\ddot{\boldsymbol{q}}_n \tag{11.2.23}$$

其中，$\boldsymbol{\alpha}_1$ 和 $\boldsymbol{\alpha}_2$ 为两个积分参数矩阵，表达式(Gui et al., 2014)如下：

$$\boldsymbol{\alpha}_1 = \boldsymbol{\alpha}_2 = \boldsymbol{\alpha} = 2\lambda\,(2\lambda\boldsymbol{M} + \lambda\Delta t\boldsymbol{C} + 2\Delta t^2\boldsymbol{K})^{-1}\boldsymbol{M} \tag{11.2.24}$$

其中，λ 为控制计算稳定性的参数，对于线性问题或者非线性问题，取 $\lambda=4$ 能够在确保无条件稳定的情况下获得较高的精度，对于强非线性问题，推荐 $\lambda = 4\omega_0^2/\omega_t^2$，其中 ω_0 和 ω_t 分别为结构初始固有频率和瞬时固有频率。

研究表明，该显式算法具有二阶精度，并且是无条件稳定的，适合于结构动力学方程的求解，更为重要的是该求解格式为显式，这也意味着在求解火炮结构动态响应的过程中更加容易进行变步长处理。

11.2.4 显式动力学方法

在分析弹带大变形问题时，应力波效应在材料的变形与破坏中起主导作用，一般宜采用显式积分求解。因此，常采用变步长的中心差分法求解动量方程，如图 11.2.1 所示。其中，$t^{n-1/2}=(t^n+t^{n-1})/2$，$t^{n+1/2}=(t^{n+1}+t^n)/2$，$\Delta t^{n+1/2}=t^{n+1}-t^n$，$\Delta t^n = t^{n+1/2}-t^{n-1/2}$。

在弹带大变形响应的物质点法中，数值积分包括两个部分：背景网格节点的控制方程计算和物质点物理量的更新（张雄等，2014）。首先，求解背景网格节点的控制方程，$t_{n+1/2}$ 时刻背景网格节点 I 的物理量 p 的第 i 分量为

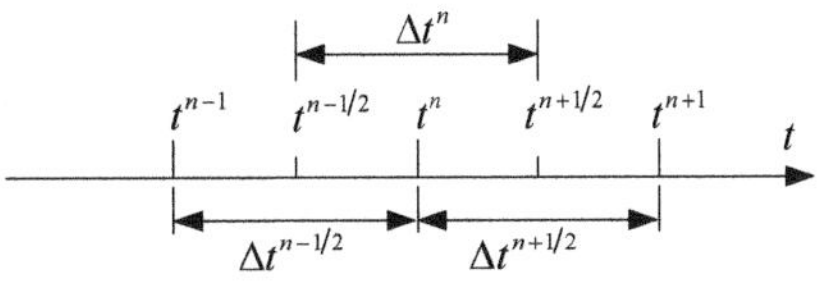

图 11.2.1　显式时间积分

$$p_{iI}^{n+1/2} = p_{iI}^{n-1/2} + (f_{iI}^{n,\ \mathrm{int}} + f_{iI}^{n,\ \mathrm{ext}})\Delta t^n \tag{11.2.25}$$

其中，$f_{iI}^{n,\ \mathrm{int}}$ 和 $f_{iI}^{n,\ \mathrm{ext}}$ 表示与物理量 p 相对应的广义内载荷和外载荷。

其次，利用背景网格物理量 p 的场变量更新物质点的物理量，例如当 p 为动量时，弹带上物质点的速度和位移为

$$v_{ip}^{n+1/2} = v_{ip}^{n-1/2} + \sum_{I=1}^{n_g} N_{Ip}(f_{iI}^{n,\ \mathrm{int}} + f_{iI}^{n,\ \mathrm{ext}})\Delta t^n / M_I \tag{11.2.26}$$

$$x_{ip}^{n+1} = x_{ip}^{n} + \sum_{I=1}^{n_g} N_{Ip} p_{iI}^{n+1/2} \Delta t^{n+1/2} / M_I \tag{11.2.27}$$

其中，M_I 和 n_g 分别为背景网络节点质量和节点数；N_{Ip} 为物质点在背景网格中的型函数。

由于中心差分法是条件稳定算法，其时间步长 Δt 必须小于临界时间步长 Δt_{cr}，即必须满足 CFL（Courant-Friedrichs-Lewy）条件，所以有

$$\Delta t = \alpha \Delta t_{\mathrm{cr}} \tag{11.2.28}$$

其中，α 是一个常数。α 的取值应保证整个计算过程中能量守恒，建议取为 $0.5 \leqslant \alpha \leqslant 0.9$。$\Delta t_{\mathrm{cr}}$ 的物理含义为应力波在一个时间步内的传播距离不能超过一个网格单元的特征长度，以保证足够的求解精度。因此，临界时间步长取为

$$\Delta t_{\mathrm{cr}} = \min \frac{l_e}{c} \tag{11.2.29}$$

其中，l_e 为背景网格单元的特征尺寸；c 为材料当前声速。在物质点法中，一般采用规则的背景网格，因此 l_e 为背景网格节点间距。

11.2.5　火炮射击过程系统跨尺度求解策略

火炮动态响应的求解包括火炮运动响应、火炮结构响应和弹带大变形响应的求解，由于它们控制方程的特点不同，采用了不同的计算格式，时间更新格式也不同，因此在火炮动态响应的求解过程中需要对时间更新进行匹配，同时对时间节点的物理量进行更新。

如图 11.2.2 所示，时间更新分为火炮运动响应、火炮结构响应和弹带大变形响应的更新。首先，对火炮运动响应进行更新，由于 Adams-Bashforth-Moulton 型预估-校正公式在预估阶段为显式格式，因此在预测阶段（P）可以直接从 t_n^d 预测出 t_{n+1}^d 时刻火炮运动的响应，此时根据牛顿插值或者拉格朗日插值等方法可插值获得 $t_n^d \sim t_{n+1}^d$ 内火炮运动的响应、火炮结构响应和弹带大变形响应的更新计算。在估计阶段（E），首先，对火炮结构响应进行更新，由于本书中采用的火炮结构响应时间递推也为显式的无条件稳定格式，因此也可以从 t_m^s 预测出 t_{m+1}^s 的结构动态响应，当 t_{m+1}^s 大于 t_{n+1}^d 时，需要将时间更新步长 h_{m+1}^s 修正为 $\hat{h}_{m+1}^s = h_{m+1}^s - (t_{m+1}^s - t_{n+1}^d)$，并通过插值的方法获得 $t_m^s \sim t_{m+1}^s$ 内火炮结构的响应和弹带大变形响应的更新

计算;其次,对弹带大变形响应进行更新,由于弹带大变形响应的时间更新格式也为显式的中心差分法,因此也可以由 t_l^b 预测出 t_{l+1}^b 的弹带大变形响应,同样当 t_{l+1}^b 大于 t_{n+1}^d 时,需要将时间更新步长 h_{l+1}^b 修正为 $\hat{h}_{l+1}^b = h_{l+1}^b - (t_{l+1}^b - t_{n+1}^d)$,完成弹带大变形响应的更新,同时更新火炮结构响应的广义载荷,进而更新火炮运动响应的广义载荷。在上述运动状态和广义载荷更新的基础上,对火炮运动响应进行校正(C),最后按上述流程进行估计(E),从而完成一个大的时间步 $t_n^d \sim t_{n+1}^d$ 所有运动状态的更新。上述流程的伪代码格式如图 11.2.3 所示。

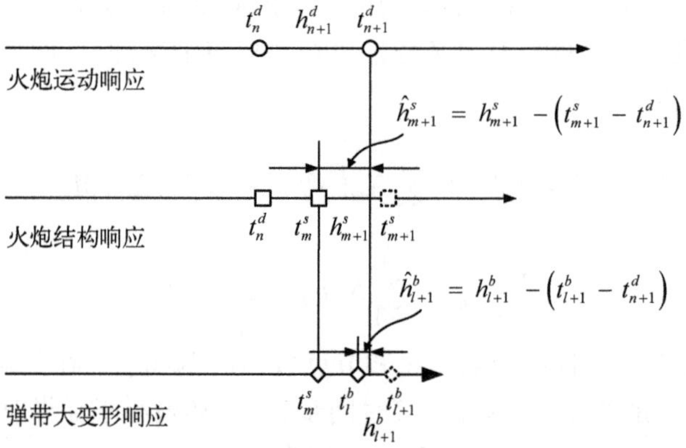

图 11.2.2 时间更新

开始

初始化:初始条件,时间区间 $[0, t_{\text{end}}]$

if $t_n^d < t_{\text{end}}$

  if $t_n^d + h_{n+1}^d \geqslant t_{\text{end}}$; $h_{n+1}^d = t_n^d + h_{n+1}^d - t_{\text{end}}$, $t_{n+1}^d = t_{\text{end}}$;

  else $t_{n+1}^d = t_n^d + h_{n+1}^d$;

  end

Step 1:火炮运动响应预测(P)

Step 2:火炮全场状态参数估计(E)

  if $t_m^s < t_{n+1}^d$

    if $t_m^s + h_{m+1}^s \geqslant t_{n+1}^d$; $\hat{h}_{m+1}^s = t_m^s + h_{m+1}^s - t_{n+1}^d$, $t_{m+1}^s = t_{n+1}^d$;

    else $t_{m+1}^s = t_m^s + h_{m+1}^s$;

    end

    火炮结构响应更新;

    if $t_l^b < t_{m+1}^s$

      if $t_l^b + h_{l+1}^b \geqslant t_{n+1}^d$; $\hat{h}_{l+1}^b = t_l^b + h_{l+1}^b - t_{n+1}^d$, $t_{l+1}^b = t_{n+1}^d$;

      else $t_{l+1}^b = t_l^b + h_{l+1}^b$;

      end

      弹带大变形响应更新;

    end (完成 t_{l+1}^b 更新)

    火炮结构响应广义载荷更新

  end (完成 t_{m+1}^s 更新)

  火炮运动状态响应广义载荷更新

Step 3:火炮运动响应校正(C)

Step 4：火炮全场状态参数估计(E)

重复 step2；

end（完成 t_{n+1}^{d} 更新）

结束

图 11.2.3　时间更新算法流程的伪代码格式

11.3　分系统模型验证

在以下模型的验证中，均以某车载 155 毫米加榴炮为研究对象，以车载炮靶场射击试验数据为基础，来考虑数值计算结果的正确性，从而验证模型的有效性和可靠性。

11.3.1　火炮系统关键部件位移响应对比分析

火炮发射过程中，各关键部件间的相对位移反映了车载炮发射过程全炮的运动规律，将测试与仿真获得的位移进行对比，能最直观地体现模型与实际系统的一致性。火炮射击试验的工况为：常温正装药，高低射角 $\theta_1^0=51°$，方向射角 $\theta_2^0=0°$，通过测试发射过程中后坐位移、高平机油缸位移、千斤顶高低位移等数据，进行对比验证。

1）后坐位移对比分析

通过激光位移传感器测试获得车载炮发射过程后坐位移随时间变化如图 11.3.1 所示。受传感器最大量程的限制，测试数据最大值为 700 mm。

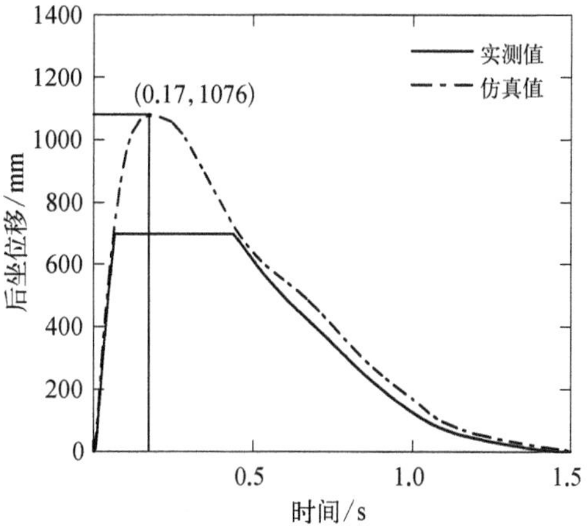

图 11.3.1　后坐位移数据对比

由图 11.3.1 可知，车载炮后坐部分在炮膛合力推动下快速后坐，受到后坐阻力的作用在 0.17 s 左右停止后坐，最大后坐长为 1 076 mm。随后后坐部分在复进机力的推动下开始复进，并在 1.5 s 内复进到位。仿真结果和测试数据在传感器有效量程内能较好地吻合，复进后坐过程总时间相吻合，表明施加的载荷和炮身后坐复进模型能较准确地反映车载炮发射的后坐复进全过程运行。

2）高平机油缸位移数据对比分析

车载炮发射过程中高平机油缸位移对比如图 11.3.2 所示。初始相对位移为 0 mm，负值表示高平机筒杆相互靠近，高平机处于压缩状态；正值表示高平机筒杆相互远离，高平机处于拉伸状态。

从图 11.3.2 可看出，高平机在车载炮发射后先小幅压缩，随后被拉伸并如此往复 2 个周期后趋于平缓；最大压缩量约 6.6 mm，最大拉伸量约为 10.6 mm。其变化规律反映了车载炮起落部分在发射过程中的俯仰运动规律。试验数据和仿真数据变化趋势吻合得较好，仅在最大压缩量处仿真结果偏大，整体相对误差较小。对比结果表明，所建立的高平刚度模型

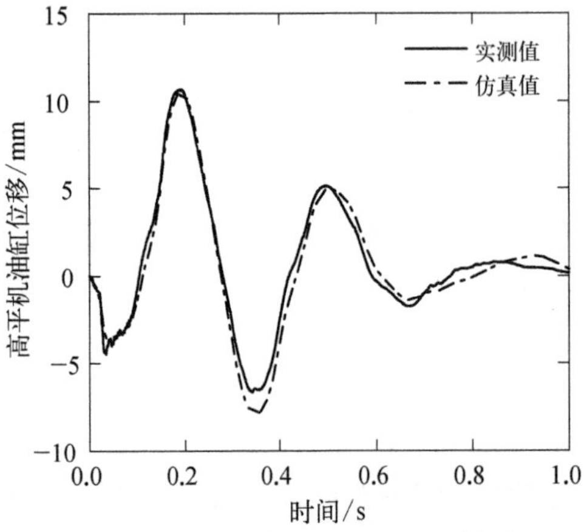

图 11.3.2　高平机油缸位移数据对比

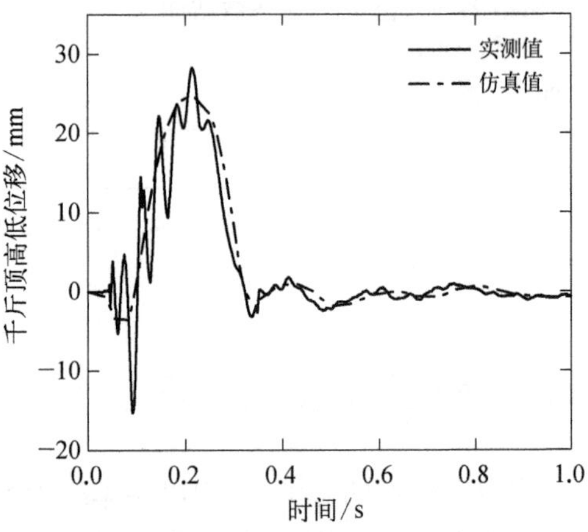

图 11.3.3　千斤顶高低位移数据对比

能较好地反映实际系统的刚度、起落部分俯仰运动频率和幅值在模型中能较好体现。

3）千斤顶高低位移数据对比分析

车载炮发射过程中千斤顶高低位移反映了车载炮前支点的运动状态,与射击稳定性相关。由于车载炮火力系统靠近车尾,发射载荷会使车体尾部下沉、车头抬起,而千斤顶跳高是衡量车载炮射击稳定性的重要参数。图 11.3.3 给出了实测及仿真中千斤顶高低位移随时间变化曲线。

从图 11.3.3 可知,千斤顶在发射过程中先轻微下沉,随后有抬起的趋势,在 0.21 s 达到最大跳高 28.2 mm,随后千斤顶回落,在几次轻微幅的往复运动后趋于平稳。测试值由于振动和测试原理的影响,存在低频振荡现象,而仿真值是千斤顶刚体运动,曲线较为光滑。若不考虑上述影响,仿真值趋势和幅值与实测值基本一致,模型展示的千斤顶运动规律与实际系统基本吻合。

11.3.2　关键部件压力对比

车载炮发射过程中,连接关键部件的各个油缸压力变化反映了各部件间载荷的变化规律,对比实测值与仿真值是验证部件间力学模型是否准确的重要环节。利用压力传感器,在射击试验工况：常温正装药,高低射角 51°,方向射角 0°,通过测试发射过程中制退机、高平机油缸、大架油缸压力数据进行对比验证。

1）制退机压力对比分析

车载炮后坐过程制退机 P2 腔压力为 0 MPa,P1 腔和 P3 腔压力直接决定了后坐阻力的大小。图 11.3.4 和图 11.3.5 分别给出了后坐过程中 P1 腔、P3 腔压力实测值和仿真值的对比。

由图 11.3.4 和图 11.3.5 可知,在弹丸出炮口的前 15 ms 内,P1 腔压力处于一个较低水平,使得制退机力对身管运动的影响尽可能小,随后压力迅速上升达到峰值 29 MPa,最终随着后坐速度减小逐渐降为 0 MPa,P3 腔压力变化趋势也基本相同。从实测值和仿真值的对比可看出,后坐模型能较好模拟后坐阻力的变化规律。由于制退机内流液复杂,实测值表现出更加丰富的频率成分,但理论模型与波动的平均值吻合得较好。

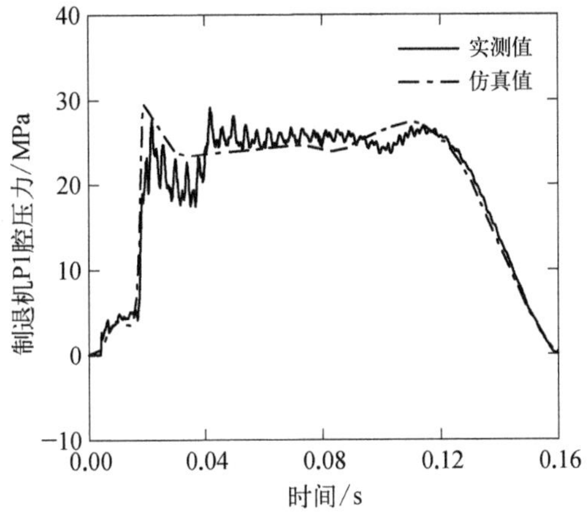

图 11.3.4　制退机 P1 腔压力对比

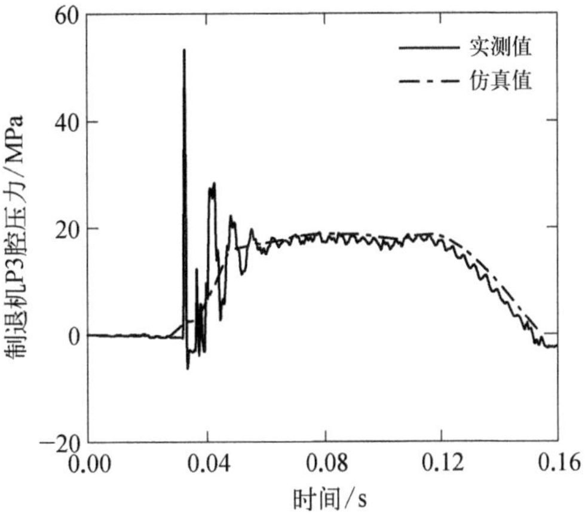

图 11.3.5　制退机 P3 腔压力对比

2）高平机油缸压力对比分析

高平机油缸中提供平衡力矩的 C 腔压力基本不变，而 A、B 腔压力会反复变化提供支撑力。A、B 腔实测与仿真压力对比分别如图 11.3.6 和图 11.3.7 所示。

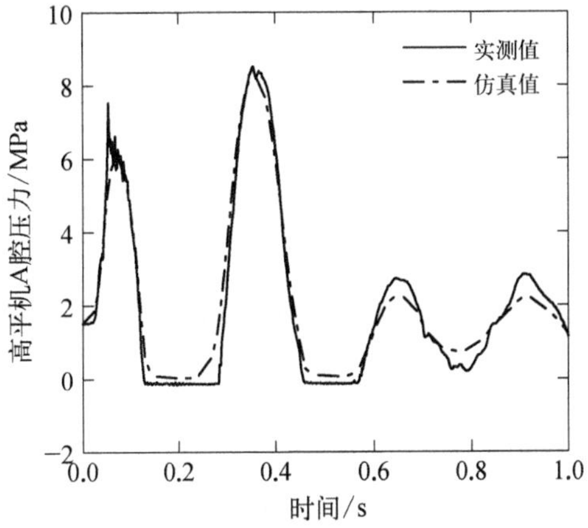

图 11.3.6　高平机 A 腔压力对比

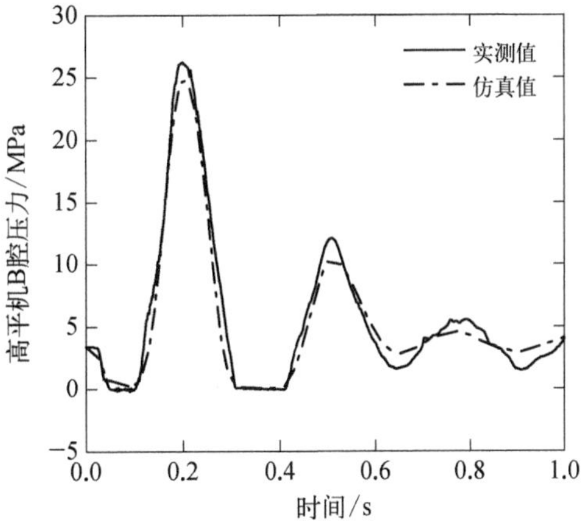

图 11.3.7　高平机 B 腔压力对比

从图 11.3.6 和图 11.3.7 中呈现的压力变化规律可以看出，由于火炮起落部分的俯仰运动高平机反复压缩拉伸，高平机 A、B 腔压力在火炮发射过程中反复变化。A 腔受压压力升高的同时 B 腔被拉伸，压力下降接近真空，反之亦然。初始体积较小的 B 腔压力变化较大，两腔压力在来回两次较大波动后趋于平稳。从两条曲线对比结果可看出，试验测试值与所建立的模型计算结果能较好地吻合，曲线幅值与相位基本一致。

3）大架油缸压力对比分析

大架油缸主要由无杆腔提供支撑力和抵抗发射载荷，其压力变化对比如图 11.3.8 所示。

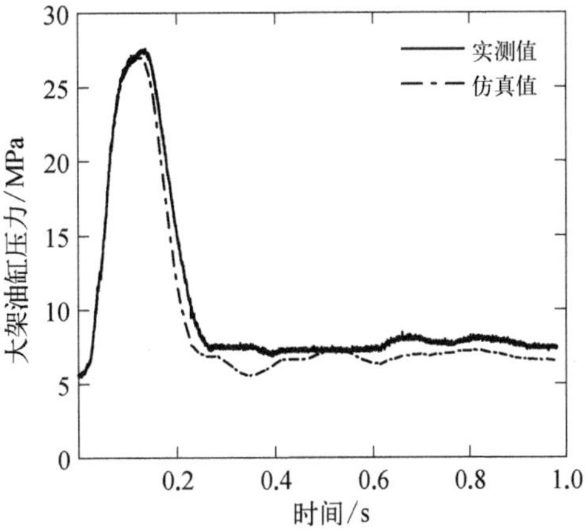

图 11.3.8　大架油缸压力对比

从油缸压力变化规律可看出,发射前油缸压力维持在 5.6 MPa,用以支撑车载炮自重;火炮发射后大架油缸压力迅速升高,在火炮完成后坐运动的时间点附近到达峰值 27.0 MPa,随后迅速下降趋于平缓。实测值与仿真值相对误差较小,变化规律一致。实测值在发射后略高于仿真值,说明大架油缸实际压力在发射后会出现一定程度的上升。

11.4 弹丸相对运动对射击精度的影响分析

本节根据前面推导得到的基本公式,假定摇架及以下部分无运动,以输弹机输弹卡膛为计算方案,整个发射过程的初始条件为输弹到位瞬间的卡膛参数,这些参数由式(6.4.13)计算得到,考虑身管的刚弹耦合运动,计算得到弹丸炮口状态参数,基于 Morris 轨迹的全局灵敏度分析方法得到影响弹丸炮口状态的重要参数,利用并以此作为外弹道起始条件来研究弹丸的射角精度问题。

11.4.1 数据准备

影响弹丸相对角运动的炮口状态参数包括弹丸、后坐等两个部分的几何和物理参数,这些参数的含义、符号表示、分布类型、统计特征量等在附录 B 中给出。

此外,还有不同界面上的摩擦系数等,这些参数属于不确定参数,在初步计算时只能进行估算,在实际验证时需要按第 8 章的方法对其进行识别得到。

11.4.2 弹丸相对身管角运动计算

以弹丸偏心 $\boldsymbol{e}_Q$ 为例进行计算分析,偏心 $\|\boldsymbol{e}_Q\|$ 大小分别为 0 mm、0.05 mm 和 0.1 mm 三种情况,高低摆角 φ_1 和方向摆角 φ_2,及其角速度 $\dot{\varphi}_1$、$\dot{\varphi}_2$,高低偏角 ψ_1、方向偏角 ψ_2 如图 11.4.1~图 11.4.6 所示。

从弹丸膛内运动曲线图 11.4.1~图 11.4.4 可看出,弹丸在膛内的摆动运动 φ_1、φ_2、$\dot{\varphi}_1$、$\dot{\varphi}_2$ 呈现明显的周期性,且 φ_1、φ_2、$\dot{\varphi}_1$、$\dot{\varphi}_2$ 的运动响应周期基本相同。若将弹丸看成是弹带弹塑性支撑的单自由度摆动刚体运动,则由单自由度强迫响应理论可知,该系统的

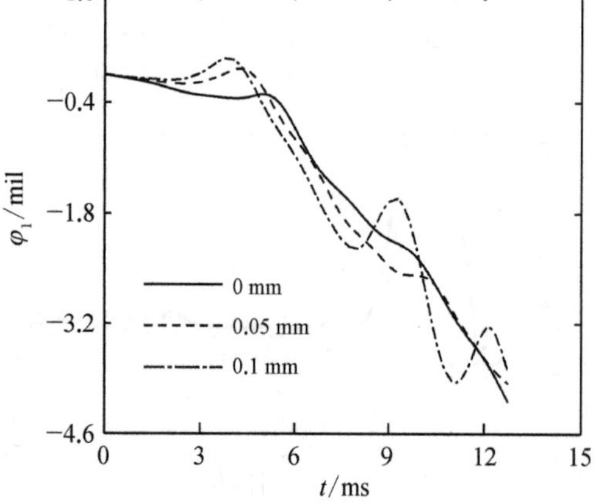

图 11.4.1 弹丸高低摆角

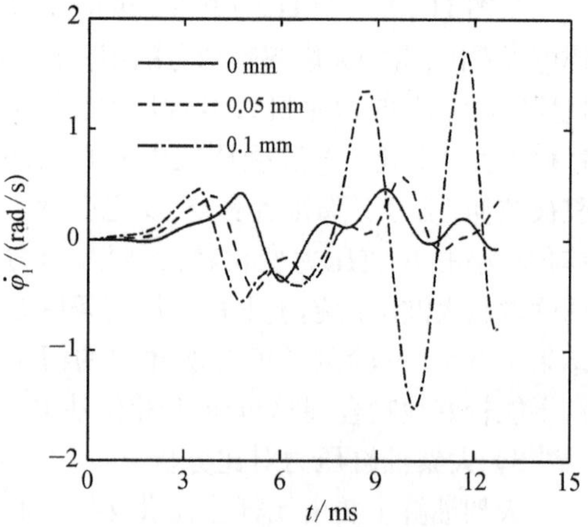

图 11.4.2 弹丸高低摆角速度

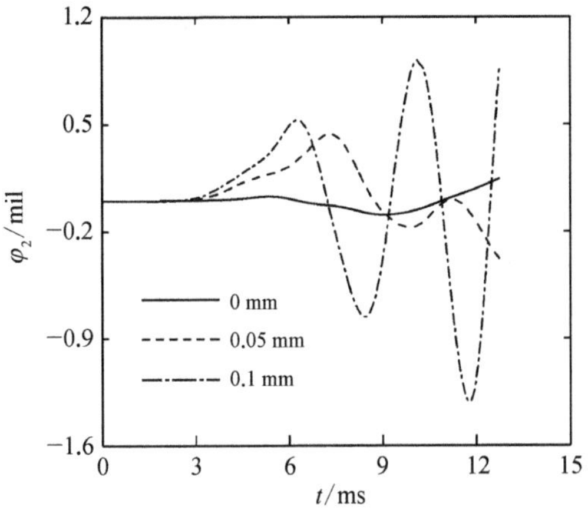

图 11.4.3　弹丸方向摆角

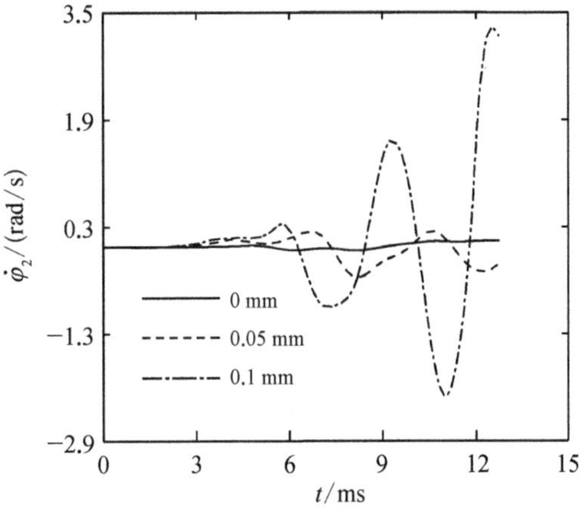

图 11.4.4　弹丸方向摆角速度

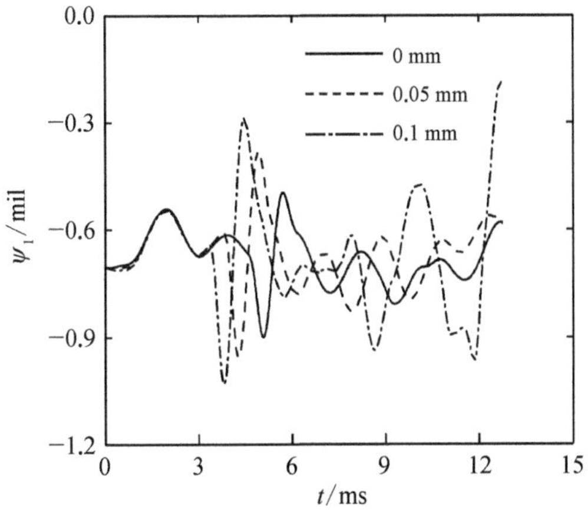

图 11.4.5　弹丸高低偏角

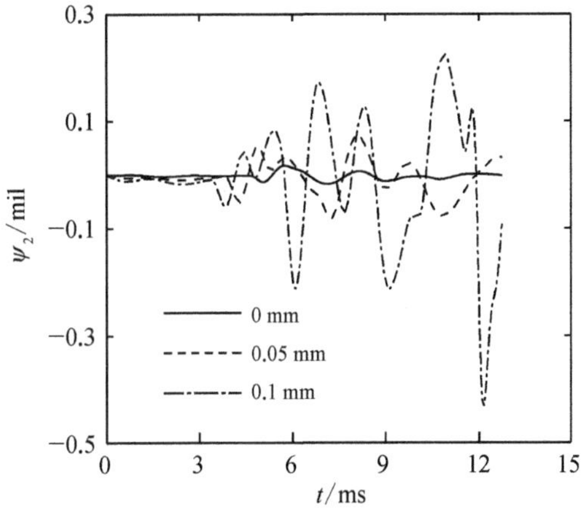

图 11.4.6　弹丸方向偏角

固有频率与弹带弹塑性刚度和弹丸的赤道转动惯量有关，摆动响应的周期与激励频率和固有频率有关，在激励载荷相同的条件下，弹丸的质心偏心 $\|\boldsymbol{e}_Q\|$ 可以理解为一种附加的输入载荷，弹丸偏心 $\|\boldsymbol{e}_Q\|$ 越大，附加输入载荷就越大，弹丸的摆动响应就越大。

图 11.4.5 和图 11.4.6 给出了弹丸速度方向偏角随时间的变化规律，可见弹丸膛内运动的速度方向出现了快速的周期性变化，其原因与弹丸上定心部和身管内膛的碰撞有关。一般情况下，弹丸的上定心部是贴着内膛表面且沿着身管膛线方向运动的，在进行理论计算时，这种接触可能被理解为接触碰撞，采用碰撞公式计算时引起了速度方向的波动；另外，由于弹带的约束刚度小于接触碰撞刚度，弹丸下定心部亦参与了与身管内膛表面的接触碰撞，这也是引起速度方向快速变化的原因，而且偏心越大，输入的附加载荷就越大，偏角的响应也就越大。

11.5　影响火炮射击精度因素分析

本节根据前面推导得到的基本公式，考虑发射过程中全炮刚弹耦合牵连运动对弹丸运动的影响，发射过程的初始条件为输弹到位瞬间的卡膛参数，基于 Morris 轨迹的全局灵敏度分析方法得到影响弹丸炮口状态的全炮、弹丸重要参数和初始条件，利用式(10.9.10)、式(10.9.11)来研究弹丸的射击精度问题。

11.5.1 全炮牵连角运动分析计算

11.5.1.1 数据准备

影响弹丸炮口运动状态参数因素有弹丸、后坐、摇架、上架和底盘等5个部分的几何和物理参数，以及初始条件和边界条件，这些参数的含义、符号表示、分布类型、统计特征量等在附录B中给出。此外，火炮与土壤的接触特性、系统内部件不同界面上的摩擦系数等不确定参数，在初步计算时只能进行估算，在实际验证时需要按第8章的方法对其进行设别。

以输弹机输弹卡膛为例进行分析，整个发射过程的初始条件为输弹到位瞬间的卡膛参数，这些参数由式(6.4.13)计算得到。

11.5.1.2 弹丸绝对角运动计算

以弹丸偏心 $\boldsymbol{e}_Q$ 为例进行计算分析，偏心 $\|\boldsymbol{e}_Q\|$ 大小分别为0 mm、0.05 mm和0.1 mm三种情况，绝对高低摆角 φ_1 和方向摆角 φ_2，及其绝对角速度 $\dot{\varphi}_1$、$\dot{\varphi}_2$，绝对高低偏角 ψ_1、绝对方向偏角 ψ_2 如图11.5.1~图11.5.6所示。这里，绝对角量与相对角量用同一符号表

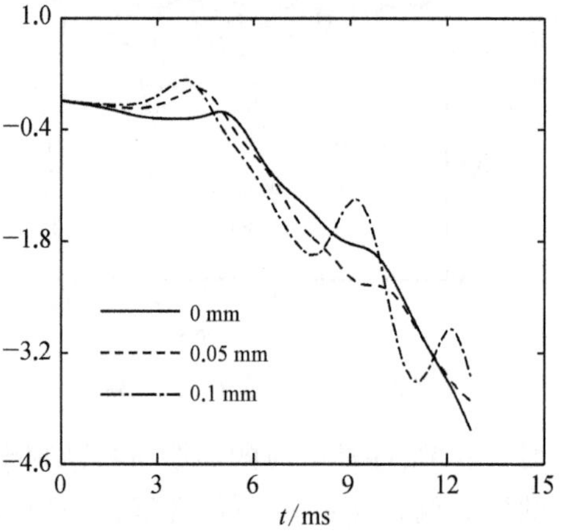

图 11.5.1 弹丸高低摆角

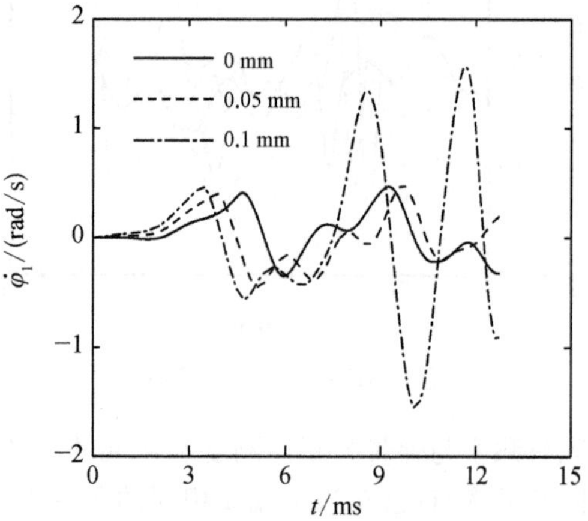

图 11.5.2 弹丸高低摆角速度

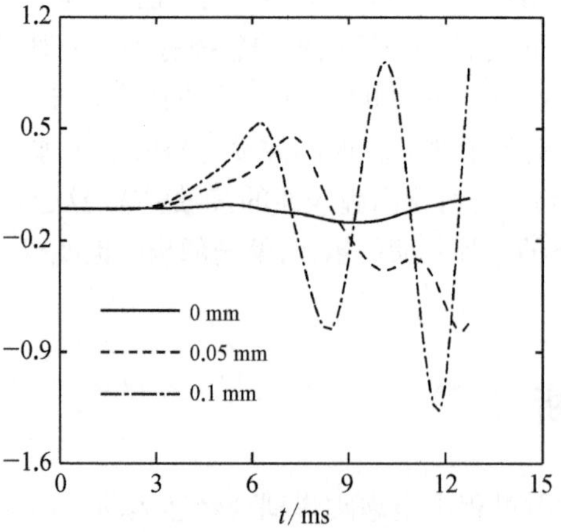

图 11.5.3 弹丸方向摆角

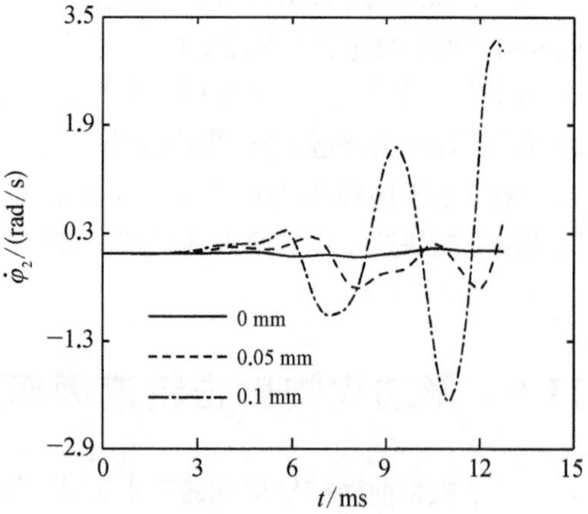

图 11.5.4 弹丸方向摆角速度

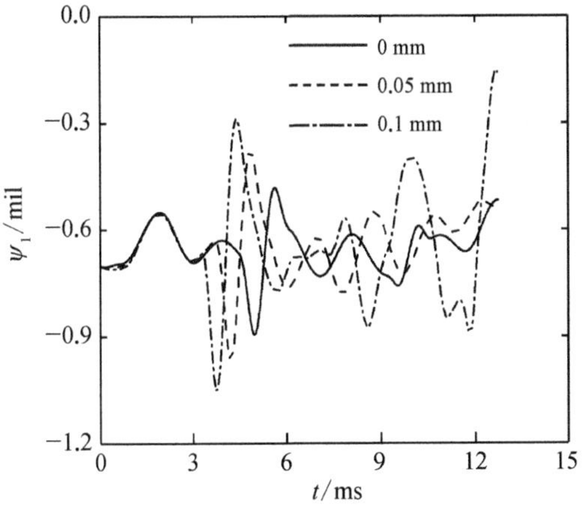

图 11.5.5 弹丸高低偏角

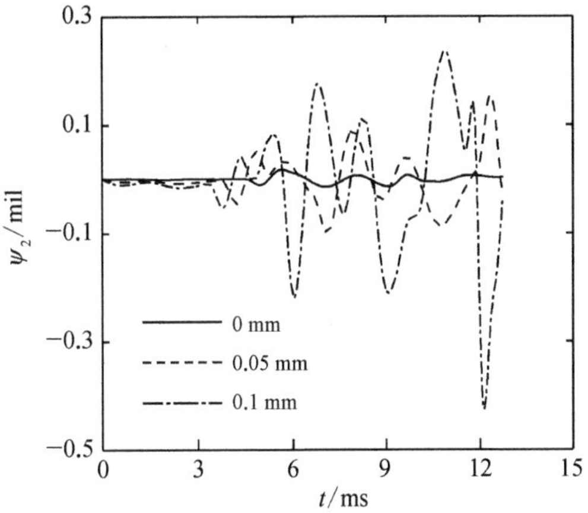

图 11.5.6 弹丸方向偏角

示,但本节所表示的角量均为绝对量。

对比图 11.4.1~图 11.4.6 和图 11.5.1~图 11.5.6 可看出,弹丸高低摆角、弹丸高低摆角速度、弹丸方向摆角、弹丸方向摆角速度、弹丸高低偏角、弹丸方向偏角,两种工况下的变化均比较小,说明对于该型车载火炮,后坐部分以下的牵连运动对弹丸膛内运动的影响非常小,表明该火炮发射引起的强冲击载荷的传递效果非常好且具有较好的稳定性。这一结论也可从后续的重要参数分析中得到进一步验证。

11.5.2 重要影响因素确定

为便于分析弹丸几何和物理参数、后坐部分几何和物理参数、摇架几何和物理参数、上架几何和物理参数、底盘几何和物理参数对弹丸炮口状态参数的影响,采用第 9 章中基于 Morris 轨迹的全局灵敏度分析方法进行重要影响因素分析,Morris 的轨迹 $n = 25$, 初始轨迹数 $M = 300$, 考虑到弹丸炮口状态参数中自转角、自转角速度、纵向位移、垂向位移和横向位移对火炮的射击精度影响不大,本书只考虑弹丸炮口初速 v_{Q_E} 及 φ_1、φ_2、$\dot{\varphi}_2$、$\dot{\varphi}_1$、ψ_1、ψ_2 等 7 个炮口状态参数。火炮、弹丸各类参数对弹丸炮口状态参数影响的计算结果如图 11.5.7~图 11.5.13 所示,结合表 11.5.1 可看出弹丸几何和物理参数、后坐部分几何和物理参数对弹丸炮口状态参数的影响较大,摇架几何和物理参数对弹丸炮口状态参数也有影响,上架几何和物理参数、底盘几何和物理参数对弹丸炮口状态参数几乎没有影响,具体地影响弹丸炮口状态参数的重要参数有 6 个弹丸几何和物理参数,即弹丸质心位置、前定心部位置、弹丸质量、弹丸赤道转动惯量、弹带结构参数、弹带物理参数;4 个炮身几何和物理参数,即身管结构参数、身管物理参数、膛线几何参数、炮口制退器质量;1 个摇架几何和物理参数;2 个摇架套筒结构参数、高平机初始压力;2 个初始条件参数,即弹丸卡膛方向摆角速度、弹丸卡膛高低摆角速度,共计 15 个。

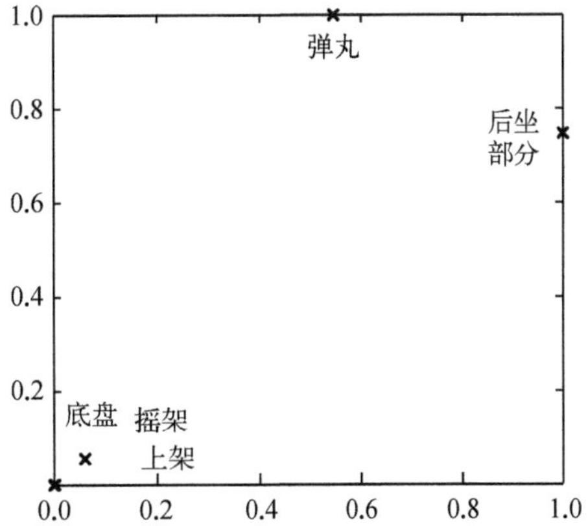

图 11.5.7 弹丸炮口高低摆角全局灵敏度

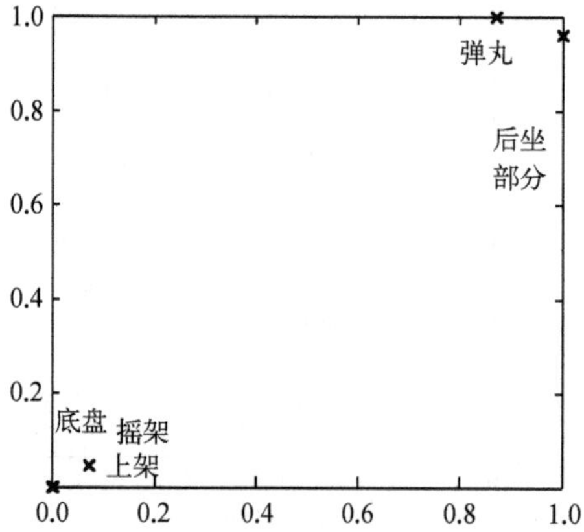

图 11.5.8　弹丸炮口高低摆角速度全局灵敏度

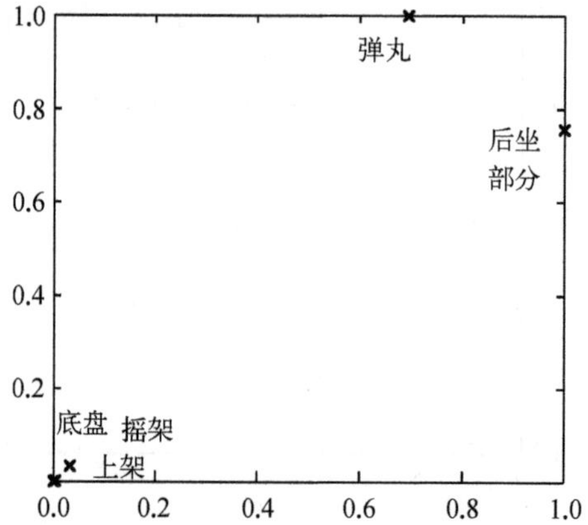

图 11.5.9　弹丸炮口方向摆角全局灵敏度

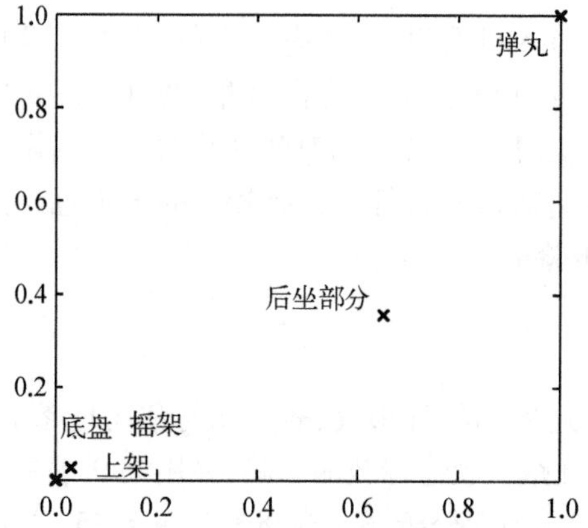

图 11.5.10　弹丸炮口方向摆角速度全局灵敏度

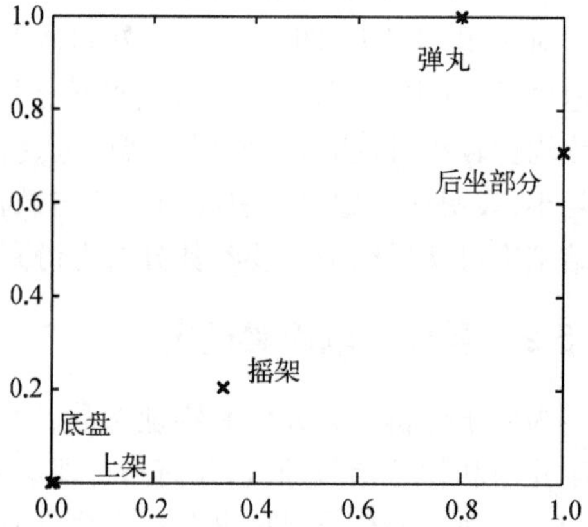

图 11.5.11　弹丸炮口高低偏角全局灵敏度

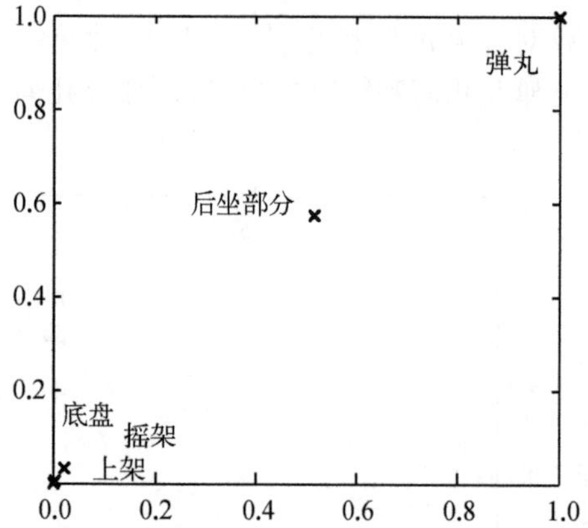

图 11.5.12　弹丸炮口方向偏角全局灵敏度

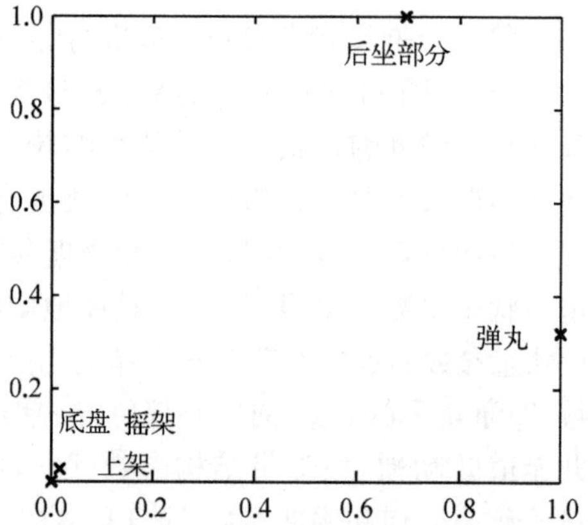

图 11.5.13　弹丸炮口速度 v_{Q_E} 全局灵敏度

通过对具体参数的进一步分析,最终得到了影响弹丸炮口状态参数 v_{Q_E}、φ_1、φ_2、$\dot{\varphi}_2$、$\dot{\varphi}_1$、ψ_1、ψ_2 的重要参数,将这些重要参数根据参数的类别整理如表 11.5.1 所示。

表 11.5.1 影响弹丸炮口状态参数的各类重要参数

类　别	参　数
弹丸几何和物理参数	弹丸质心位置、前定心部位置、弹丸质量、弹丸赤道转动惯量、弹带结构参数、弹带物理参数
后坐部分几何和物理参数	身管结构参数、身管物理参数、膛线几何参数、炮口制退器质量
摇架几何和物理参数	摇架套筒结构参数、高平机初始压力
上架几何和物理参数	无
底盘几何和物理参数	无
初始条件	弹丸卡膛方向摆角速度、弹丸卡膛高低摆角速度

由上述结果分析可得出：① 摇架部分及以下的平台部分对弹丸膛内运动的影响非常小；② 在弹丸膛内运动期间，火炮发射的载荷还未传递到后坐部分以下的平台部分上，平台部分具有较好的稳定性。需要注意的是，该结论与具体的火炮总体设计有关，若火炮的总体设计不佳，则会导致弹丸在膛内运动期间，载荷传递到后坐部分以下的平台部分，火炮平台发生运动，引起火炮的牵连运动，这将会对弹丸炮口状态参数产生影响。因此，在火炮总体设计过程中，应尽量控制火炮发射载荷的传递特性。这里特别要注意的是，将火炮后坐部分几何和物理参数作为重要参数，其原因是这些参数名义值的选取非常重要，但对同一门或多门火炮而言这些参数名义值的散布是非常小的。

11.5.3 射击精度影响分析

为了便于描述表达，记 $\varphi_1(t_G)$、$\varphi_2(t_G)$、$\dot{\varphi}_1(t_G)$、$\dot{\varphi}_2(t_G)$、$\psi_1(t_G)$、$\psi_2(t_G)$ 的均方差依次分别为 σ_i，$i=1, 2, \cdots, 6$，将表 10.5.1 中罗列的影响 $\varphi_1(t_G)$、$\varphi_2(t_G)$、$\dot{\varphi}_1(t_G)$、$\dot{\varphi}_2(t_G)$、$\psi_1(t_G)$、$\psi_2(t_G)$ 的重要参数视为随机变量，采用第 9 章中的稀疏数值积分法得到重要参数均方差 $\sigma_{\xi j}(j=1, 2, \cdots, 14)$ 与 $\sigma_i(i=1, 2, \cdots, 6)$ 的映射关系，考虑到火炮重要参数与弹丸炮口状态参数之间映射规律的高度非线性，为确保所建立的映射模型具有较高的模型精度，这里采用 3 阶模型来描述：

$$\sigma_i = \sigma_{0i} + \sum_{j=1}^{14} a_{ij}\hat{\xi}_j + \sum_{j=1}^{14} b_{ij}\hat{\xi}_j^2 + \sum_{j=1}^{14} c_{ij}\hat{\xi}_j^3 \tag{11.5.1}$$

其中，$\hat{\xi}_j$ 为对 $\sigma_{\xi j}$ 经无量纲正则化处理的参数；σ_{0i} 为零阶综合模型。它们的计算公式分别为

$$\hat{\xi}_j = \sigma_{\xi j}/\hat{\xi}_j^I, \quad \sigma_{0i} = \frac{1}{14}\sum_{i=1}^{14} a_{0i} \tag{11.5.2}$$

式中，$\hat{\xi}_j^I$ 为 $\sigma_{\xi j}$ 的区间大小。

式(11.5.1)和式(11.5.2)模型中的系数 σ_{0i}、a_{ij}、b_{ij}、$c_{ij}(i=1, 2, \cdots, 6, j=1, 2, \cdots, 14)$ 由数据拟合得到。

将由式(11.5.1)得到的 $\sigma_i(i=1, 2, \cdots, 6)$ 代入式(10.9.10)和式(10.9.11)，其中

初速的误差取为 $\sigma_{v_{Q_E}} = \sigma_{v_0} = 1.5$ m/s，$\sigma_{v_{0_{Q_E}}}$、$\sigma_i(i = 1, 2, \cdots, 6)$ 的变化区间采用表 10.9.3 中的数据，计算得到弹丸最大射程密集度 σ_X、σ_Z。当表 11.5.1 中罗列的重要参数的均值 $\mu_{\xi j}$ 和方差 $\sigma_{\xi j}(i = 1, 2, \cdots, 14)$ 变化时，会影响 σ_i 的变化，σ_i 的变化又影响 σ_X、σ_Z，由此建立火炮重要参数对最大射程地面密集度的影响关系，其中火炮总体的误差取在其名义值附近的较小范围内，以此说明火炮总体参数名义值对弹丸炮口状态参数的影响。

表 11.5.2～表 11.5.7 给出了火炮重要参数误差与弹丸炮口状态参数误差之间的映模型及其系数，由表可看出，这些重要参数中大部分与弹丸炮口状态参数误差之间呈线性或类线性关系，当拟合的阶次达到 3 阶后，所建立的映射关系的可决系数均能达到 0.9以上。表 11.5.2～表 11.5.7 也给出了这些重要参数误差单独作用时引起的最大炮口状态参数误差 $\sigma_{\varphi_{2\max}}$、$\sigma_{\dot{\varphi}_{2\max}}$、$\sigma_{\varphi_{1\max}}$、$\sigma_{\dot{\varphi}_{1\max}}$、$\sigma_{\psi_{1\max}}$、$\sigma_{\psi_{2\max}}$，根据 $\sigma_{\varphi_{2\max}}$、$\sigma_{\dot{\varphi}_{2\max}}$、$\sigma_{\varphi_{1\max}}$、$\sigma_{\dot{\varphi}_{1\max}}$、$\sigma_{\psi_{1\max}}$、$\sigma_{\psi_{2\max}}$ 可方便地判断火炮重要参数对弹丸炮口状态参数误差的影响程度，为工程分析提供了参考依据。单因素情况下对弹丸炮口 6 个状态参数均有影响，将这些弹丸炮口状态参数误差的最大值代入式(10.9.10)和式(10.9.11)，并令初速的误差取为 $\sigma_{v_{Q_E}} = \sigma_{v_0} = 1.5$ m/s，则可得在考虑外弹道过程中弹丸惯性参数误差的情况下，火炮发射过程单因素引起的弹丸炮口状态参数误差综合作用下最大射程的纵向密集度和横向密集度，如表 11.5.8 所示。

表 11.5.2　方向摆角均方差的拟合系数

输入参数	拟合阶次	拟合系数				可决系数 R^2	$\sigma_{\varphi_{2\max}}$
		a_0	a_1	a_2	a_3		
弹丸质心位置	2	−0.505 5	3.736	−1.182	—	0.999 7	2.426 9
前定心部位置	1	0.000 4	0.059 7	—	—	0.999 9	0.059 9
弹丸质量	1	0.000 4	0.004 1	—	—	0.983 2	0.004 4
弹丸赤道转动惯量	1	0	0.019 2	—	—	0.999 9	0.019 2
弹带结构参数	1	0.000 1	0.052 5	—	—	1.0	0.052 6
弹带物理参数	2	−0.006 5	0.393 9	−0.137 1	—	0.999 9	0.250 4
身管结构参数	3	0.000 1	−0.000 7	0.001 0	−0.000 6	0.991 6	0.008 7
身管物理参数	2	−0.014 2	0.708 4	−0.197 5	—	0.999 9	0.495 8
膛线几何参数	2	−0.012 3	0.882 8	−0.330 5	—	0.999 9	0.540 8
炮口制退器质量	2	0.000 7	−0.000 3	—	—	0.971 2	0.000 4
摇架套筒结构参数	2	−0.014 7	0.251 5	−0.130 9	—	0.997 1	0.106 7
高平机初压	1	0	0.002 19	—	—	0.999 8	0.002 2
弹丸卡膛方向摆角速度	3	1.391	−9.546	22.75	−12.84	0.999 7	1.758 7
弹丸卡膛高低摆角速度	1	0.035 7	0.287 2	—	—	0.971 1	0.327 0

表 11.5.3　方向摆角速度均方差的拟合系数

输入参数	拟合阶次	拟合系数				可决系数 R^2	$\sigma_{\dot{\varphi}_{2\max}}$
		a_0	a_1	a_2	a_3		
弹丸质心位置	2	0.158 2	8.398	-4.567 5	—	0.996 5	4.161 4
前定心部位置	1	0.001 6	0.144	—	—	0.999 6	0.144 5
弹丸质量	1	0.002 0	0.017 1	—	—	0.925 6	0.019 5
弹丸赤道转动惯量	1	0	0.066 6	—	—	1.0	0.066 5
弹带结构参数	1	-0.000 2	0.081 5	—	—	0.999 9	0.081 4
弹带物理参数	1	-0.041 6	0.751 3	—	—	0.998 5	0.716 0
身管结构参数	3	0.000 4	-0.003 5	0.015 4	-0.008 0	0.927 9	0.010 4
身管物理参数	1	0.027 6	1.302	—	—	0.999 2	1.316 8
膛线几何参数	1	0.098 8	1.289	—	—	0.994 0	1.354 2
炮口制退器质量	1	0.000 1	0.006 9	—	—	0.997 8	0.006 9
摇架套筒结构参数	3	-0.033 4	0.865 8	-1.128	0.594 5	0.999 9	0.143 8
高平机初压	1	0	0.006 0	—	—	0.999 9	0.006 0
弹丸卡膛方向摆角速度	3	0.134 7	5.062	-9.941	6.147	0.973 0	1.412 2
弹丸卡膛高低摆角速度	3	0.382 7	-0.656	2.781	-1.846	0.907 4	0.672 9

表 11.5.4　高低摆角均方差的拟合系数

输入参数	拟合阶次	拟合系数				可决系数 R^2	$\sigma_{\varphi_{1\max}}$
		a_0	a_1	a_2	a_3		
弹丸质心位置	2	-0.011 1	0.651 0	0.194 3	—	0.994 2	0.807 0
前定心部位置	1	0.000 1	0.029 1	—	—	1.0	0.029 1
弹丸质量	3	-0.002 4	0.030 5	-0.047 3	0.021 9	0.437 3	0.002 3
弹丸赤道转动惯量	1	-0.000 1	0.006 4	—	—	0.998 9	0.006 4
弹带结构参数	1	0.000 1	0.022 7	—	—	0.999 9	0.022 7
弹带物理参数	1	0.000 6	0.133 4	—	—	0.984 0	0.140 6
身管结构参数	3	-0.001	0.011	-0.017 4	0.011 2	0.925 9	0.003 7
身管物理参数	2	-0.009 2	0.329 9	-0.138 9	—	0.999 8	0.181 4
膛线几何参数	2	0.001 3	0.358 7	-0.125 7	—	0.998 7	0.235 9
炮口制退器质量	1	0.000 1	0.019 1	—	—	0.999 9	0.019 1
摇架套筒结构参数	2	0.004 4	-0.014 1	0.025 9	—	0.995 5	0.016 3
高平机初压	1	0	0.012 3	—	—	0.999 9	0.012 2
弹丸卡膛方向摆角速度	3	-0.065 4	1.262	-2.737	1.954	0.995 6	0.416 9
弹丸卡膛高低摆角速度	2	0.129 3	-0.471 9	0.743 7	—	0.964 9	0.383 4

表 11.5.5　高低摆角速度均方差的拟合系数

输入参数	拟合阶次	拟合系数				可决系数 R^2	$\sigma_{\dot{\varphi}_{1\max}}$
		a_0	a_1	a_2	a_3		
弹丸质心位置	2	0.185 9	2.944 1	−1.729 5	—	0.968 2	1.601 4
前定心部位置	1	0.000 9	0.079 9	—	—	0.999 6	0.080 2
弹丸质量	1	0.000 9	0.009 4	—	—	0.825 0	0.010 8
弹丸赤道转动惯量	1	0.000 1	0.036 8	—	—	0.999 9	0.036 7
弹带结构参数	1	−0.000 1	0.053 1	—	—	0.999 9	0.053 2
弹带物理参数	1	−0.001 7	0.451 2	—	—	0.999 8	0.447 0
身管结构参数	3	−0.000 1	0.006 3	−0.005 0	0.003 7	0.916 9	0.004 7
身管物理参数	1	0.028 0	0.554	—	—	0.997 0	0.571 3
膛线几何参数	2	−0.030 5	1.431	−0.587 4	—	0.999 9	0.811 3
炮口制退器质量	1	0.000 1	0.004 5	—	—	0.995 6	0.004 4
摇架套筒结构参数	3	0.023 6	−0.168 9	0.423 2	−0.207 3	1.0	0.070 6
高平机初压	2	0	0.000 1	0.000 64	—	0.999 8	0.000 7
弹丸卡膛方向摆角速度	3	0.619 5	−2.613	7.549	−4.848	0.985 2	0.713 3
弹丸卡膛高低摆角速度	3	−0.093 7	5.534 0	−13.880	10.64	0.996 3	0.627 6

表 11.5.6　方向偏角均方差的拟合系数

输入参数	拟合阶次	拟合系数				可决系数 R^2	$\sigma_{\psi_{2\max}}$
		a_0	a_1	a_2	a_3		
弹丸质心位置	2	0.021 4	0.593 5	−0.091 2	—	0.992 0	0.546 4
前定心部位置	1	−0.000 2	0.014 3	—	—	0.999 0	0.014 3
弹丸质量	1	0.000 2	0.002 4	—	—	0.939 9	0.002 6
弹丸赤道转动惯量	1	0	0.006 7	—	—	0.999 9	0.006 6
弹带结构参数	1	−0.000 1	0.007 5	—	—	0.999 6	0.007 4
弹带物理参数	1	−0.011 4	0.091 5	—	—	0.989 7	0.082 5
身管结构参数	3	0.000 1	−0.000 7	0.003 0	−0.001 5	0.983 9	0.001 1
身管物理参数	1	0.008 0	0.105 4	—	—	0.993 4	0.110 9
膛线几何参数	2	0.000 7	0.192 8	−0.085 1	—	0.998 2	0.109 3
炮口制退器质量	1	0	0.002 0	—	—	0.998 7	0.002 0
摇架套筒结构参数	2	−0.026 0	0.411 4	−0.170 6	—	0.999 3	0.214 1
高平机初压	1	0	0.000 6	—	—	0.999 7	0.000 6
弹丸卡膛方向摆角速度	3	−0.083 6	1.656	−2.78	1.551	0.980 7	0.341 3
弹丸卡膛高低摆角速度	3	0.047 1	−0.168	0.788 8	−0.556 3	0.939 1	0.129 2

表 11.5.7 高低偏角均方差的拟合系数

输入参数	拟合阶次	拟合系数				可决系数 R^2	$\sigma_{\psi_{1\max}}$
		a_0	a_1	a_2	a_3		
弹丸质心位置	2	0.032 0	0.487 2	−0.220 2	—	0.982 2	0.324 7
前定心部位置	1	−0.000 2	0.011 6	—	—	0.999 3	0.011 6
弹丸质量	1	0	0.002 5	—	—	0.974 3	0.002 6
弹丸赤道转动惯量	1	0	0.005 8	—	—	0.999 9	0.005 8
弹带结构参数	1	0	0.007 0	—	—	0.999 3	0.007 0
弹带物理参数	1	0.042 3	0.027 0	—	—	0.991 4	0.079 0
身管结构参数	3	−0.000 1	0.003 0	−0.003 4	0.002 0	0.962 2	0.001 3
身管物理参数	1	0.050 8	0.024 9	—	—	0.998 8	0.081 8
膛线几何参数	2	0.094 9	0.034 5	−0.008 7	—	1.0	0.124 6
炮口制退器质量	1	0	0.005 6	—	—	0.999 9	0.005 6
摇架套筒结构参数	1	0.007 7	0.005 9	—	—	0.986 6	0.014 7
高平机初压	1	0	0.000 5	—	—	0.997 3	0.000 5
弹丸卡膛方向摆角速度	2	0.090 1	0.016 2	0.007 1	—	0.912 9	0.120 8
弹丸卡膛高低摆角速度	2	0.132 8	0.059 1	−0.017 8	—	0.972 5	0.172 6

表 11.5.8 弹丸炮口状态参数综合作用计算结果

输入参数	$\sigma_{\varphi_{2\max}}$/mil	$\sigma_{\dot{\varphi}_{2\max}}$/(rad/s)	$\sigma_{\varphi_{1\max}}$/mil	$\sigma_{\dot{\varphi}_{1\max}}$/(rad/s)	$\sigma_{\psi_{1\max}}$/mil	$\sigma_{\psi_{2\max}}$/mil	纵向密集度		横向密集度	
							σ_X/m	A_X	σ_Z/m	A_Z/mil
弹丸质心位置	2.426 9	4.161 4	0.807 0	1.601 4	0.546 4	0.324 7	114	1/386	32	0.69
前定心部位置	0.059 9	0.144 5	0.029 1	0.080 2	0.014 3	0.011 6	98	1/451	17	0.37
弹丸质量	0.004 4	0.019 5	0.002 3	0.010 8	0.002 6	0.002 6	100	1/443	17	0.36
弹丸赤道转动惯量	0.019 2	0.066 5	0.006 4	0.036 7	0.006 6	0.005 8	99	1/446	17	0.36
弹带结构参数	0.052 6	0.081 4	0.022 7	0.053 2	0.007 4	0.007 0	99	1/449	17	0.37
弹带物理参数	0.250 4	0.716 0	0.140 6	0.447 0	0.082 5	0.079 0	93	1/477	20	0.43
身管结构参数	0.008 7	0.010 4	0.003 7	0.004 7	0.001 1	0.001 3	100	1/443	17	0.36
身管物理参数	0.495 8	1.316 8	0.181 4	0.571 3	0.110 9	0.081 8	93	1/478	21	0.44
膛线几何参数	0.540 8	1.354 2	0.235 9	0.811 3	0.109 3	0.124 6	93	1/476	23	0.48
炮口制退器质量	0.000 4	0.006 9	0.019 1	0.004 4	0.002 0	0.005 6	99	1/444	17	0.36
摇架套筒结构参数	0.106 7	0.143 8	0.016 3	0.070 6	0.214 1	0.014 7	98	1/451	17	0.37
高平机初压	0.002 2	0.006 0	0.012 2	0.070 6	0.000 6	0.000 5	99	1/450	17	0.36

（续表）

输入参数	$\sigma_{\varphi_{2\max}}$/mil	$\sigma_{\dot{\varphi}_{2\max}}$/(rad/s)	$\sigma_{\varphi_{1\max}}$/mil	$\sigma_{\dot{\varphi}_{1\max}}$/(rad/s)	$\sigma_{\psi_{1\max}}$/mil	$\sigma_{\psi_{2\max}}$/mil	纵向密集度		横向密集度	
							σ_X/m	A_X	σ_Z/m	A_Z/mil
弹丸卡膛方向摆角速度	1.758 7	1.412 2	0.416 9	0.713 3	0.341 3	0.120 8	92	1/482	13	0.48
弹丸卡膛高低摆角速度	0.327 0	0.672 9	0.383 4	0.627 6	0.129 2	0.172 6	90	1/493	24	0.51
综合影响	σ_X = 152 m, A_X = 1/292, σ_Z = 45.8 m, A_Z = 0.98 mil									

注意到表中综合影响结果是将参数误差的最大值 $\sigma_{\varphi_{2\max}}$、$\sigma_{\dot{\varphi}_{2\max}}$、$\sigma_{\varphi_{1\max}}$、$\sigma_{\dot{\varphi}_{1\max}}$、$\sigma_{\psi_{1\max}}$、$\sigma_{\psi_{2\max}}$，及假定 $\sigma_{v_{Q_E}} = \sigma_{v_0} = 1.5$ m/s 时，计算得到的条件最差的一种结果，一般地，实际结果比综合影响结果要好。

11.6 火炮射击散布面积计算

某 155 毫米榴弹炮，其最大射程为 $\|\bar{\boldsymbol{X}}\| = 30\,000$ m，已知其最大射程地面密集度为纵向变异系数 $A_x = 1/300$，横向变异系数 $A_z = 1$ mil，求：

（1）符合上述指标的落点区域形状及面积；

（2）若某 155 毫米榴弹的杀伤半径为 30 m，且假定一组弹丸射弹散布为均匀分布，则需要多少发射弹才能全部覆盖上述区域；

（3）当变异系数分别为 $A_x = 1/450$、$A_z = 0.5$ mil 及 $A_x = 1/600$、$A_z = 0.35$ mil 时，计算其散布面积。

根据上述条件，求解流程如下。

（1）根据变异系数的定义，若给定纵向 $A_x = 1/300$、横向 $A_z = 1$ mil，可以得到 $\|\bar{\boldsymbol{X}}\| = 30\,000$ m 处的纵向和横向中间差分别为

$$\hat{E}_x = A_x \|\bar{\boldsymbol{X}}\| = 100\ \text{m},\quad \hat{E}_z = A_z \|\bar{\boldsymbol{X}}\| = 30\ \text{m}$$

由此可得

$$\hat{\sigma}_x = 148.3\ \text{m},\quad \hat{\sigma}_z = 44.5\ \text{m}$$

假定纵向与横向的落点之间的相关系数为 r_{xz}，则由式(3.2.5)可得该榴弹炮在最大射程处的协方差矩阵及其相关表达式为

$$\begin{cases} \boldsymbol{\Sigma}_U = \begin{bmatrix} \hat{\sigma}_x^2 & \hat{r}_{xz}\hat{\sigma}_x\hat{\sigma}_z \\ \hat{r}_{xz}\hat{\sigma}_x\hat{\sigma}_z & \hat{\sigma}_z^2 \end{bmatrix} \\ \boldsymbol{\Sigma}_U^{-1} = \dfrac{1}{\hat{\sigma}_x^2\hat{\sigma}_z^2(1-\hat{r}_{xz}^2)}\begin{bmatrix} \hat{\sigma}_z^2 & -\hat{r}_{xz}\hat{\sigma}_x\hat{\sigma}_z \\ -\hat{r}_{xz}\hat{\sigma}_x\hat{\sigma}_z & \hat{\sigma}_x^2 \end{bmatrix} \\ \|\boldsymbol{\Sigma}_U\|^{1/2} = \hat{\sigma}_x\hat{\sigma}_z\sqrt{1-\hat{r}_{xz}^2} \end{cases} \tag{11.6.1}$$

该榴弹炮在最大射程落点 xz 平面上围绕散布中心的概率密度分布为

$$f_{X,Z}(x,z)=\frac{1}{2\pi\hat{\sigma}_x\hat{\sigma}_z\sqrt{1-\hat{r}_{xz}^2}}\exp\left[-\frac{1}{2(1-\hat{r}_{xz}^2)}\left(\frac{x^2}{\hat{\sigma}_x^2}-2\hat{r}_{xz}\frac{xz}{\hat{\sigma}_x\hat{\sigma}_z}+\frac{z^2}{\hat{\sigma}_z^2}\right)\right],$$

$$-\infty<x<\infty,\ -\infty<z<\infty \tag{11.6.2}$$

落点随机变量 X、Z 的边缘概率密度函数分别为

$$f_X(x)=\int_{-\infty}^{\infty}f(x,z)\,\mathrm{d}z=\frac{1}{\sqrt{2\pi}\,\hat{\sigma}_x}\exp\left(-\frac{x^2}{2\hat{\sigma}_x^2}\right),\quad -\infty<x<\infty \tag{11.6.3}$$

$$f_Z(z)=\int_{-\infty}^{\infty}f(x,z)\,\mathrm{d}x=\frac{1}{\sqrt{2\pi}\,\hat{\sigma}_z}\exp\left(-\frac{z^2}{2\hat{\sigma}_z^2}\right),\quad -\infty<z<\infty \tag{11.6.4}$$

将 $\hat{\sigma}_x=148.3$ m、$\hat{\sigma}_z=44.5$ m 代入 $f_{X,Z}(x,z)$ 的表达式(11.6.2)中,得到在 xz 平面内的概率密度函数分布图,如图 11.6.1 所示。当相关系数 $\hat{r}_{xz}$ 发生变化时,该分布图的形状也将随之发生变化。当以某一等概率密度的水平面与该分布图相割时,在该平面上形成一个椭圆形曲线,该椭圆形曲线在 xz 平面上的投影曲线记为 Ω_p。

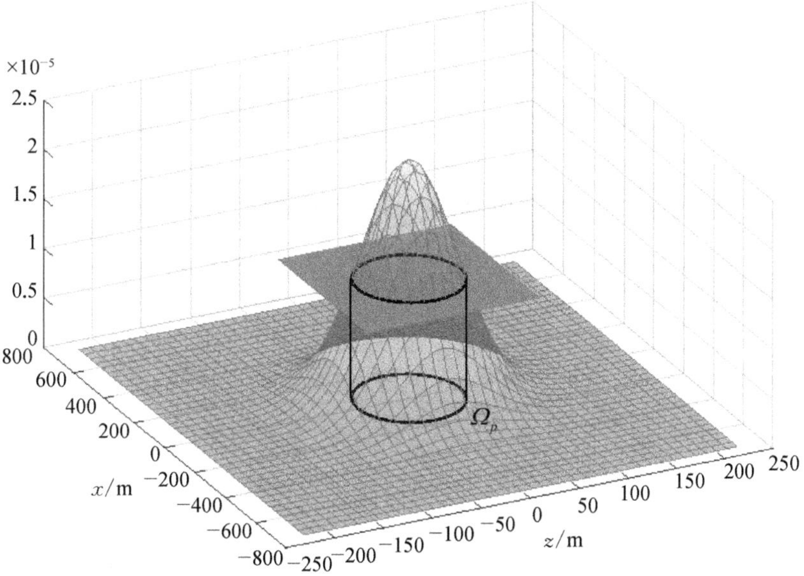

图 11.6.1　xz 平面内的概率密度函数

对式(11.6.2)的概率密度函数 $f_{X,Z}(x,z)$ 在 xz 平面区域 Ω_p 上积分,得到在区域 Ω_p 内落点随机变量 x、z 的概率分布函数为

$$F_{X,Z}(x,z)=\frac{1}{2\pi\hat{\sigma}_x\hat{\sigma}_z\sqrt{1-\hat{r}_{xz}^2}}\iint_{\Omega_p}\exp\left[-\frac{1}{2(1-\hat{r}_{xz}^2)}\left(\frac{x^2}{\hat{\sigma}_x^2}-2\hat{r}_{xz}\frac{xz}{\hat{\sigma}_x\hat{\sigma}_z}+\frac{z^2}{\hat{\sigma}_z^2}\right)\right]\mathrm{d}x\mathrm{d}z \tag{11.6.5}$$

当落点随机变量 x、z 分布概率 $F_{X,Z}(x,z)=P_D$ 时,数学上对应一条等值线 Ω_p,其物理意义是有 $P_D\times100\%$ 的射弹落点位于区域 Ω_p 内。

图 11.6.2(a)给出了当 $r_{xz}=0$，式(11.6.5)中的 $F_{x,z}(x,z)=P_D=0.1$、0.3、0.5、0.9、0.997 4 时不同等值线的形状，这些概率值分别对应于概率密度函数 $f(x,z)$ 在 Ω_p 上的积分值，这些概率曲线分别命名为 $\Omega_{0.1}$、$\Omega_{0.3}$、$\Omega_{0.5}$、$\Omega_{0.9}$、$\Omega_{0.9974}$，由此表明将有 10%、30%、50%、90%、99.74%的射弹落点分别落在对应的区域 Ω_p 内。对 Ω_p 进行面积积分得到弹丸在对应概率 P_D 条件下的散布面积 S_p，$\Omega_{0.1}$、$\Omega_{0.3}$、$\Omega_{0.5}$、$\Omega_{0.9}$、$\Omega_{0.9974}$ 的面积 $S_{0.1}$、$S_{0.3}$、$S_{0.5}$、$S_{0.9}$、$S_{0.9974}$ 经数值积分列于表 11.6.1 中，表中第 8 行与第 12 行中斜杠下的数字为本工况面积与纵向变异系数 $A_x=1/300$、横向变异系数 $A_z=1$ mil 工况条件下对应的面积之比，由此可见，同一工况条件、不同概率条件下的面积比为常量。

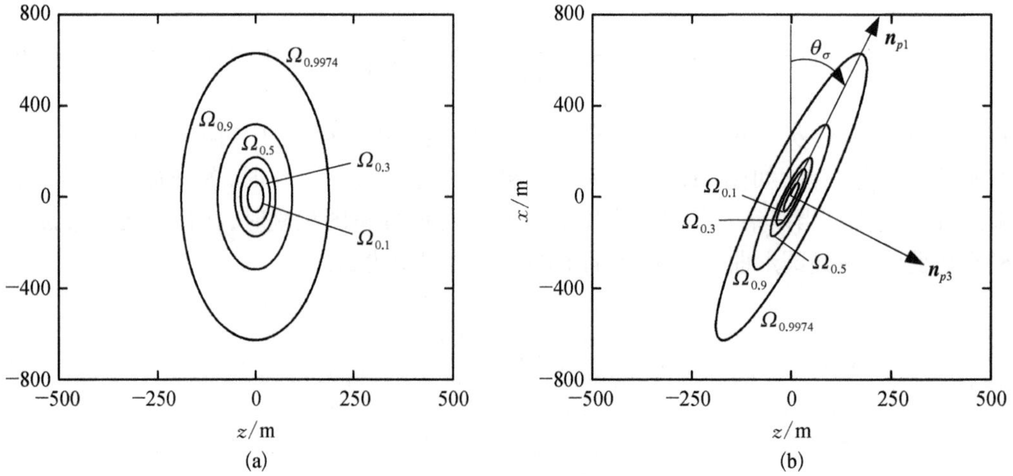

图 11.6.2　概率密度函数

表 11.6.1　不同射击散布概率对应的落点区域(Ω_p)面积

口　径	155 mm				
基本条件	射程 $\Vert\bar{X}\Vert=30\,000$ m、纵向变异系数 $A_x=1/300$、横向变异系数 $A_z=1$ mil				
散布概率 P_D	0.1	0.3	0.5	0.9	0.997 4
散布面积 S_p /m²	4 364	14 790	28 751	95 530	247 214
用弹量/发	1.5	5.2	10.2	33.8	87.5
基本条件	射程 $\Vert\bar{X}\Vert=30\,000$ m、纵向变异系数 $A_x=1/450$、横向变异系数 $A_z=0.5$ mil				
散布概率 P_D	0.1	0.3	0.5	0.9	0.997 4
散布面积 S_p /m²	1 453/0.332	4 920/0.332	9 562/0.332	31 764/0.332	82 075/0.332
用弹量/发	0.5	1.8	3.4	11.2	29.0
基本条件	射程 $\Vert\bar{X}\Vert=30\,000$ m、纵向变异系数 $A_x=1/600$、横向变异系数 $A_z=0.35$ mil				
散布概率 P_D	0.1	0.3	0.5	0.9	0.997 4
散布面积 S_p /m²	765/0.175	2 590/0.175	5 033/0.175	16 719/0.175	43 244/0.175
用弹量/发	0.3	0.9	1.8	5.9	15.3

图 11.6.2(b)为 $\hat{r}_{xz}=0.9$ 时对应的 $\Omega_{0.1}$、$\Omega_{0.3}$、$\Omega_{0.5}$、$\Omega_{0.9}$、$\Omega_{0.9974}$ 曲线。随着相关系数 $\hat{r}_{xz}$ 的增加,椭圆的主轴倾斜角 θ_σ 越来越大,该倾斜角与相关系数 $\hat{r}_{xz}$ 的关系推导如下。

对式(11.6.1)中的密集度矩阵 $\boldsymbol{\Sigma}_U$ 求特征值和特征向量,得

$$\lambda_{1,2}=\frac{\hat{\sigma}_x^2+\hat{\sigma}_z^2\pm\sqrt{(\hat{\sigma}_x^2+\hat{\sigma}_z^2)^2-4(1-\hat{r}_{xz}^2)\hat{\sigma}_x^2\hat{\sigma}_z^2}}{2} \tag{11.6.6}$$

$$\boldsymbol{n}_p=[\boldsymbol{n}_{p1}\quad \boldsymbol{n}_{p3}] \tag{11.6.7}$$

其中

$$\begin{cases}\boldsymbol{n}_{p1}=\dfrac{1}{\sqrt{(\hat{r}_{xz}\hat{\sigma}_x\hat{\sigma}_z)^2+(\hat{\sigma}_x^2-\lambda_1)^2}}\begin{Bmatrix}\hat{r}_{xz}\hat{\sigma}_x\hat{\sigma}_z\\-(\hat{\sigma}_x^2-\lambda_1)\end{Bmatrix}\\ \boldsymbol{n}_{p3}=\dfrac{1}{\sqrt{(\hat{r}_{xz}\hat{\sigma}_x\hat{\sigma}_z)^2+(\hat{\sigma}_z^2-\lambda_2)^2}}\begin{Bmatrix}-(\hat{\sigma}_z^2-\lambda_2)\\\hat{r}_{xz}\hat{\sigma}_x\hat{\sigma}_z\end{Bmatrix}\end{cases} \tag{11.6.8}$$

利用 λ_1、λ_2 表达式可以证明,$(\hat{\sigma}_x^2-\lambda_1)(\hat{\sigma}_z^2-\lambda_2)+(\hat{r}_{xz}\hat{\sigma}_x\hat{\sigma}_z)^2=0$,即基矢量 $\boldsymbol{n}_{p1}$、$\boldsymbol{n}_{p3}$ 是正交的。

这样主方向的方向余弦为

$$\cos\theta_\sigma=\frac{\hat{r}_{xz}\hat{\sigma}_x\hat{\sigma}_z}{\sqrt{(\hat{r}_{xz}\hat{\sigma}_x\hat{\sigma}_z)^2+(\hat{\sigma}_x^2-\lambda_1)^2}} \tag{11.6.9}$$

特别地,当 $\hat{r}_{xz}=0$ 时,$\theta_\sigma=0°$。

(2)一发弹丸的散布面积为

$$S_d=\pi r^2=3.14\times 30^2=2\,826\ \text{m}^2$$

均匀覆盖散布区域所需要的弹丸数 n_d 为

$$n_d=\frac{S_p}{S_d} \tag{11.6.10}$$

根据上式计算得到在不同概率 P_D 分布、不同散布精度(分别为 $A_x=1/300$、$A_z=1$ mil,$A_x=1/450$、$A_z=0.5$ mil,$A_x=1/600$、$A_z=0.35$ mil)条件下,对区域 Ω_p 射击覆盖所需要的弹丸数,计算结果见表 11.6.1。

(3)当变异系数发生变化,根据上述变异系数值和不同分布概率进行了相同的计算,所得结果见表 11.6.1。

为了比较不同射击散布对散布区域的影响,分别取 $A_x=1/300$、$A_z=1$ mil,$A_x=1/450$、$A_z=0.5$ mil,$A_x=1/600$、$A_z=0.35$ mil,假定射程不变 $\|\bar{\boldsymbol{X}}\|=30\,000$ m,采用与上述计算相同的方法,得到三种散布条件下 $\Omega_{0.5}$ 的区域形状如图 11.6.3 所示,所需要的用弹量

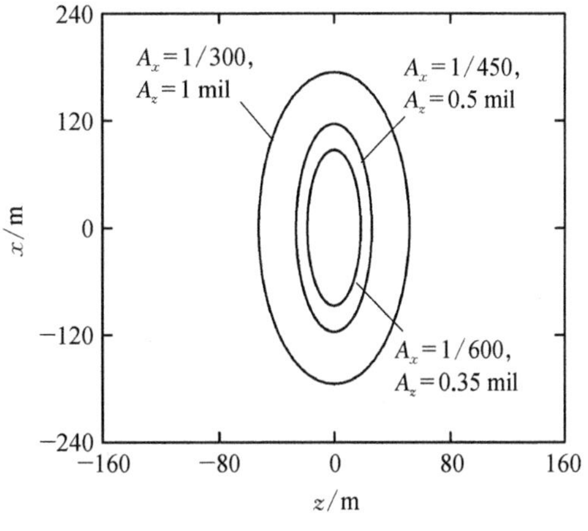

图 11.6.3 不同射击散布下的分布区域 $\Omega_{0.5}$ 形状

见表 11.6.1。

11.7 密集度异常分析

11.7.1 工况一

1) 基本情况

某 155 mm 火炮以射角 $\theta_1^0 = 41.6°$ 发射底凹枣核弹,三组密集度统计结果如下:(1/135, 1.57 mil)、(1/199, 0.81 mil)、(1/161, 0.89 mil)。对落点坐标的统计分析发现,所有落点是随机散布的,因此存在某种未知的系统性扰动源。依据全弹道跟踪雷达测得的数据,应用外弹道相关理论判断出现散布异常的原因。

气象条件全天稳定,可以不考虑气象条件对射击散布的影响。

2) 全弹道跟踪雷达数据

以密集度(1/161,0.89 mil)的一组射击为例,进行分析。通过雷达测得 7 发弹丸的雷达径向速度 v_r 随时间和飞行距离的曲线如图 11.7.1 和图 11.7.2 所示,一组 7 发射弹的雷达弹丸质心高度位置坐标随其飞行距离的变化关系如图 11.7.3 所示。

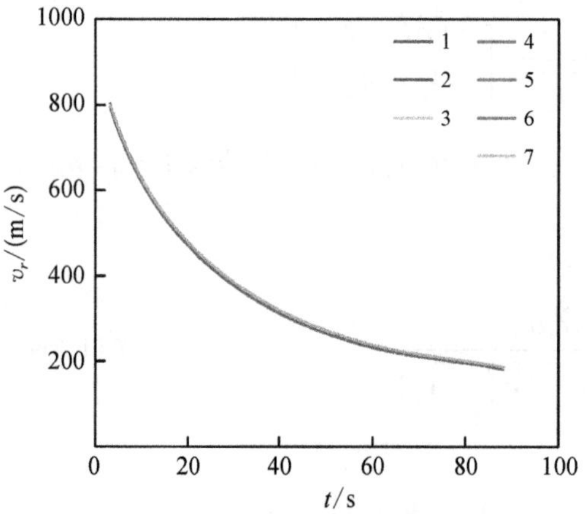

图 11.7.1 径向速度与时间的关系图

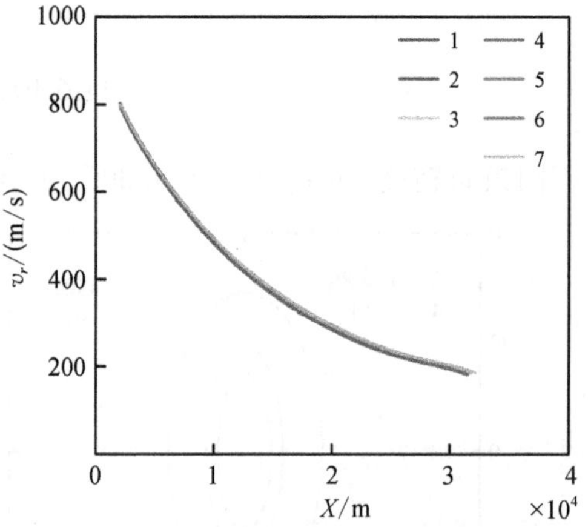

图 11.7.2 径向速度与飞行距离的关系

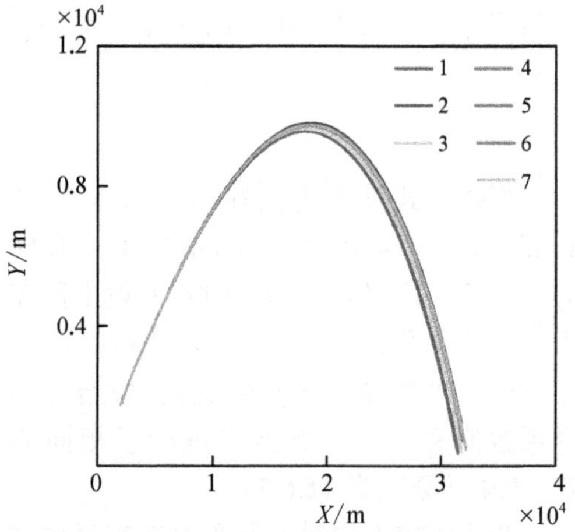

图 11.7.3 弹丸飞行高度与飞行距离的关系

3) 弹道初始段(0~3.31 秒)弹道性能分析

记 $t = 0$(此处假定外弹道的计时由零开始)时的速度为 v_{r0}, $t = 3.31$ s 时的速度为 v_{r1}, $\Delta v_r = v_{r0} - v_{r1}$, $\Delta t = 3.31$ s, 根据 11.6 节给出的数据,可得如表 11.7.1 所示的弹道初始段(0~3.31 s)数据。

表 11.7.1　弹道初始段数据

弹　序	v_{r0}/(m/s)	t = 3.31 s v_{r1}/(m/s)	Δv_r/(m/s)	t = 3.31 s 距离/m	t = 3.31 s 高度/m	t = 3.31 s 高低角/(°)	Δt 内平均弹形系数 $\bar{i}_{43}$	射　程	
								纵向/m	横向/m
1	935.4	789.1	146.3	2 164.47	1 857.97	40.643	0.703 0	31 975	652
2	937.2	797.0	140.2	2 180.91	1 876.03	40.702	0.641 1	32 786	684
3	935.5	791.2	144.3	2 167.49	1 846.2	40.423	0.688 7	32 269	562
4	934.0	793.0	141.0	2 169.05	1 844.37	40.375	0.664 0	32 524	545
5	933.2	786.8	146.4	2 164.55	1 841.83	40.395	0.677 2	31 983	490
6	936.7	796.8	139.9	2 188.62	1 849.88	40.205	0.597 3	32 663	704
7	935.2	794.5	140.7	2 178.1	1 857.89	40.464	0.632 1	32 757	665
均　值	935.3	792.6	142.7	2 173.31	1 853.45	40.458	0.657 6	32 422	614.57
概率误差	0.94	2.59	1.95	—	—	—	0.024 7	235.13	54.99
极　差	4.0	10.2	6.5	—	—	10.72 mil	0.105 7	811.00	214.00
极　差百分比	—	—	—	—	—	—	16.1%		

注：极差是指组内最大值与最小值之差；极差百分比是指极差占均值的百分比。

由表 11.7.1 可得弹道初始段内规律：

(1) v_{r1} 概率(中间)误差是 v_{r0} 概率误差的 2.75 倍，表明速度散布非常明显；

(2) 平均弹形系数的极差比为 16.1%，由于弹形变化不可能这么大，所以这里实际反映了阻力系数散布；

(3) 高低角的极差为 10.72 mil，表明高低角散布非常严重。

结论：

(1) 在弹道初始段内存在某种扰动，造成发与发之间的性能参数变化比较明显；

(2) Δv_r 的大小与落点距离的近远完全一致，Δv_r 越大，落点距离就越近，反之亦然。

4) 全弹道速度曲线

根据提供的径向速度 v_r，换算出全弹道上的切向速度(简称速度)，如图 11.7.4 所示，

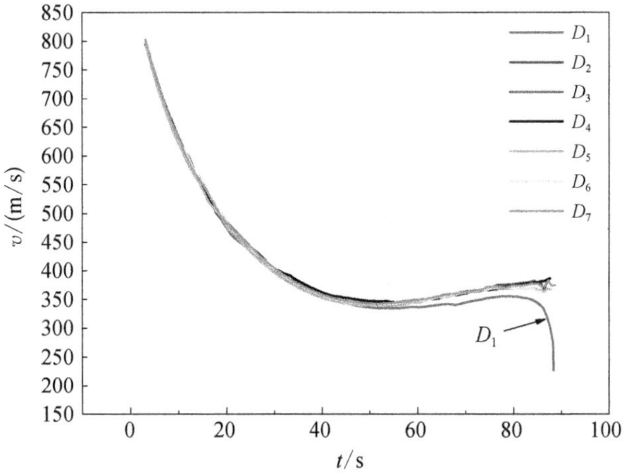

图 11.7.4　全弹道速度-时间曲线

图中 D_i 表示第 i ($i=1, 2, \cdots, 7$) 发射弹速度曲线。由图可见，D_1 从约 45 s(弹道顶点附近的降弧段)开始速度曲线明显离群。可能的原因是降弧段陀螺稳定性降低，形成很大的动力平衡角，造成失速。针对 D_1 应该还有某种特殊原因(与其他弹有别)引起失速。

5) 不同马赫点的阻力系数跳差

为进一步分析，利用提供的数据计算出不同特征点的阻力系数，列于表 11.7.2(注：D_1 未列出)。

表 11.7.2 全弹道特征点阻力系数 c_x

弹 序	$Ma=2.35$（初始上升段）	$Ma=2.2$（升弧段）	$Ma=2.0$（升弧段）	$Ma=1.25$（顶点之前一小段）	$Ma=1.15$（顶点）	$Ma=1.13$（顶点过后一小段）
1	0.184 1	0.207 3	0.230 9	0.263 3	0.278 3	0.283 6
2	0.213 6	0.218 6	0.235 0	0.262 7	0.245 2	0.249 1
3	0.153 3	0.197 5	0.233 6	0.223 2	0.257 8	0.335 4
4	0.170 1	0.217 9	0.224 3	0.255 0	0.257 8	0.266 2
5	0.216 6	0.212 7	0.230 9	0.256 4	0.266 6	0.268 7
6	0.205 7	0.214 0	0.230 4	0.261 7	0.270 7	0.273 2
均 值	0.190 6	0.211 3	0.230 9	0.253 7	0.262 8	0.279 4
概率误差	0.017 3	0.005 3	0.002 5	0.010 3	0.007 8	0.020 0
极差百分比	33.2%	9.9%	4.6%	15.8%	12.6%	30.9%，如不计 D_4，则为 12.8%

由表 11.7.2 可见，无论是从概率误差还是从极差百分比的数值，均具有如下规律：初始上升段，阻力系数跳差比较大，达 33.2%；之后随着时间推移，阻力系数跳差逐步减小，由 9.9%降到 4.6%；顶点之前一小段又有所增大，达 15.8%；顶点及顶点过后一小段又略有降低到 12.6%。这反映出弹道初始段过后，陀螺稳定性问题不大，主要问题可能是发生在弹道初始段存在着某种扰动在起作用。

6) 初步结论

(1) 造成散布大的原因可能是弹道初始段扰动过大，可能的影响因素有以下四个方面。

a. 气象要素的随机变化，如阵风等，但根据靶场的气象条件测试结果可知射击当天的气象条件非常稳定，因此可以排除气象的因素；

b. 火炮发射引起弹丸起始状态参数的扰动，但查询现场测试结果发现火炮射击时的身管扰动非常小，在章动射击试验时所测得的章动角非常小，见图 11.7.5，在进行圆柱弹射击时系统的射击密集度非常高，平均为(1/418，0.42 mil)，因此可以排除火炮起始扰动的因素；

c. 射击状态准备，如瞄准、发射等，根据对总线记录仪进行数据分析结果表明，瞄准精度非常高，因此可以排除此类因素的影响；

d. 还有三种因素可能会对枣核弹丸起始状态参数产生扰动：一是闭气环，二是四个定心块在弹丸上安装不一致造成气动阻力的误差，三是弹带与身管膛线作用后出现异常，这三种因素在下又中单独进行讨论。

（2）理论上讲，追随稳定性对弹丸散布的影响不大；从阻力系数跳动情况看，升弧段的陀螺稳定状况也是比较好的，但降弧段的陀螺稳定状况还应进一步观察。

（3）对一般的圆柱弹，在弹道起始段，其陀螺稳定因子低于降弧段落点区的值，因此若在弹道起始段陀螺稳定因子满足要求，则其在落点区的值就自然满足。但对枣核弹，在弹道起始段，其陀螺稳定因子高于降弧段落点区的值，因此对枣核弹而言，若在弹道起始段陀螺稳定因子满足要求，未必能保证其在落点区的值就满足稳定条件。图 11.7.4 中 D_1 曲线落点区的特点表明陀螺稳定性可能存在问题，因此从落点区域陀螺稳定性的要求来看，降低膛线缠度是个合理的建议。

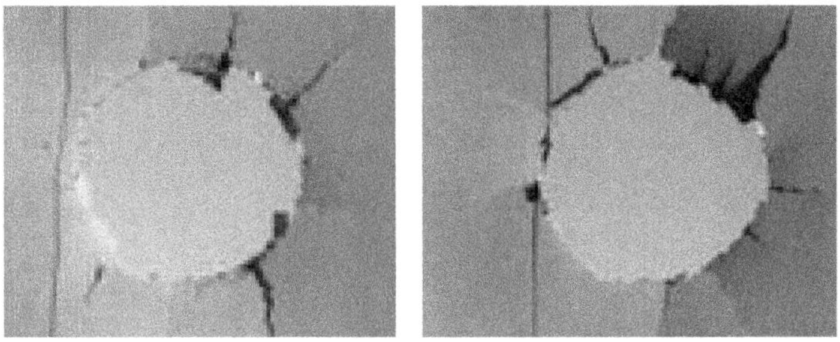

(a)　　　　(b)

图 11.7.5　章动角测试图

7）弹道起始段扰动分析

在"6)"中，根据各种试验的结果分析，判断导致枣核弹密集度不达标的原因之一是闭气环，之二是四个定心块在弹丸上安装不一致，之三是弹带的损伤。四个定心块在弹丸上安装不一致、弹带损伤引起阻力变化，造成弹丸落点散布是众所周知的事实，因此本节重点分析闭气环的影响。

枣核弹闭气环材料为聚氟乙烯，发射枣核弹丸后，在炮口附近回收的闭气环碎片如图 11.7.6 所示，由图可见枣核弹闭气环的碎片比较大，闭气环在膛内均已发生严重的受力破坏，丧失了闭气环的基本闭气功能。

图 11.7.7 为弹丸飞离炮口瞬间闭气环碎片对弹丸扰动示意图，其基本原理如下。

闭气环在膛内已成碎片，由于弹丸、身管内膛和火药气体的共同约束，其一直跟随弹丸运动，当弹丸下弹带后端面到达炮口、还没有脱离炮口瞬间，闭气环碎片的速度、加速度理论上与弹丸的速度和加速度相等；当弹丸下弹带后端面脱离炮口瞬间，身管内膛对闭气环径向的约束被解除，这些破碎闭气环随弹丸一起杂乱无章地飞入炮口制退器；由于闭气环的质量密度小于弹丸的密度，因此在剩余炮口火药气体作用下，该瞬间闭气环的运动速度要高于弹丸的速度，这些破碎的闭气环与炮口制退器内壁可能会发生碰撞；由于此时炮口制退器内腔体积被弹丸占有，破碎闭气环与炮口内壁发生碰撞过程中会与弹丸尾部发生碰撞，或直接缠扰弹丸尾部；闭气环碎片越多，这种碰撞或缠扰的概率就越大。

闭气环与弹丸尾部碰撞或缠扰形成撞击动量及动量矩，对弹丸产生附加的章动角速度 $\dot{\delta}$。$\dot{\delta}$ 对纵向密集度的影响由两部分组成：一是 $\dot{\delta}$ 直接产生非定态阻尼力矩，二是通过

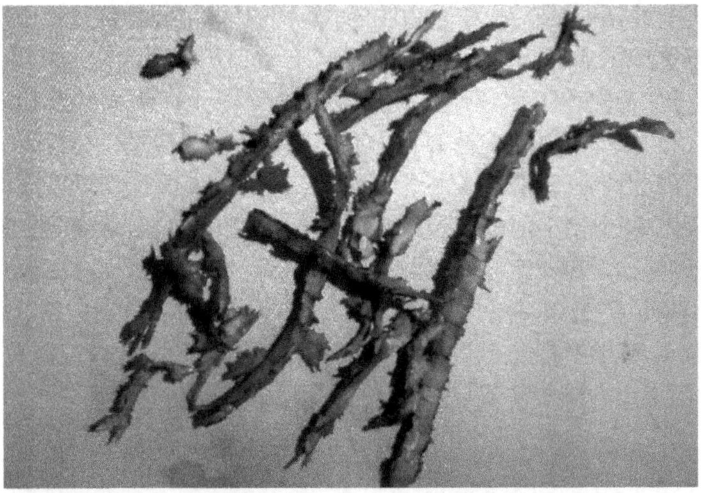

图 11.7.6　回收的闭气环

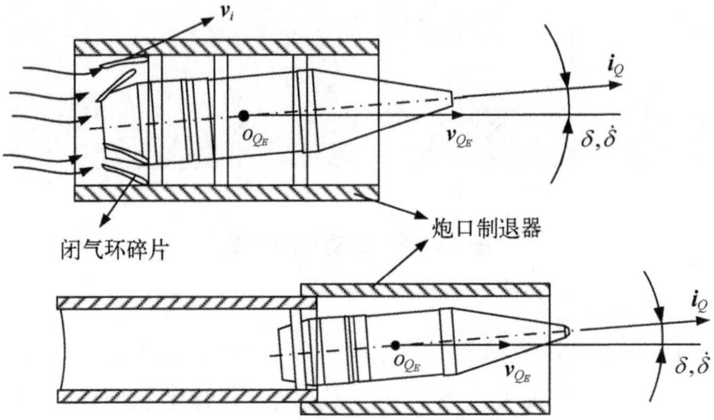

图 11.7.7　闭气环碎片对弹丸扰动示意图

积分得到 δ, 约在 1/4 章动周期后 $\dot{\delta}$ 将转化成最大的章动 δ, 再由 δ 影响气动阻力,最终影响纵向密集度。由于这种碰撞或缠扰是随机的,因此弹丸落点的散布也是随机的。

若闭气环在膛内运动闭气功能下降,则在弹丸侧向存在局部分布火药气体压力,该局部分布力对弹丸膛内运动及半约束期运动形成不对称作用力,由此形成侧向推力和摆动力矩。侧向推力改变弹丸方向落点位置,摆动力矩引起弹丸摆动角速度,该摆动角速度亦是章动角速度的一部分,章动角速度直接影响弹丸的纵向落点散布。表 11.7.3 为一组典型的由于闭气环不闭气造成的弹丸横向落点散布,造成横向落点明显偏离了右旋弹丸的右偏特点(无横风扰动)。

表 11.7.3　闭气不良造成的横向落点散布

序　号	1	2	3	4	5	6	7
横向落点坐标/m	536	30	−162	−153	193	2	−269

8）问题验证

根据前面的分析,可知造成某火炮发射枣核弹落点散布不达标的因素初步怀疑是闭气环、定心块安装不一致和弹带损伤。为此重新加工了一组枣核弹丸,其中四个定心块没有采用焊接工艺,而是采用整体加工工艺直接从弹丸本体上制造得到,排除了焊接安装不一致的因素;闭气环在结构不变的前提下改用高强尼龙材料,确保闭气环能在膛内可靠闭气。经靶场射击试验,最大射程密集度为(1/549, 0.37 mil),射击密集度非常好。造成弹道散布问题的起因确认为是枣核弹四个定心块安装散布超标所致。

11.7.2 工况二

1) 基本情况

某 155 mm 火炮以射角 θ_1^0 = 850 mil 发射两组底凹圆柱弹,两组密集度统计结果均不合格,分别为(1/105, 1.58 mil)、(1/152, 1.11 mil)。

2) 初步分析

影响密集度的主要因素有三种:

第一种是气象条件。从气象记录数据看,射击两组弹丸的当天气象非常稳定,因此可排除气象因素。

第二种是外界干扰,如弹带脱落、飞边等形貌变化导致气动阻力发生变化。两组纵向射程的极差 ΔX 分别达 1 250 m、816 m,根据 10.7.3 节的讨论,符合弹带形态变化导致射程散布的条件,因此不排除弹带损伤所致。

第三种是弹丸炮口扰动。从记录结果可知,两组射弹的初速或然误差 E_{vQ_E} 分别为 1.66 m/s、1.69 m/s,已超出达到纵向密集度 1/300 要求的单因素指标阈值 E_{vQ_E} = 1.61 m/s 的要求,显然初速或然误差 E_v 超标是散布的原因之一,但还不能排除其他因素,如弹丸炮口状态参数误差 σ_{φ_1}、σ_{φ_2}、$\sigma_{\dot{\varphi}_1}$、$\sigma_{\dot{\varphi}_2}$、σ_{ψ_1}、σ_{ψ_2} 异常变化的影响。

3) 弹带损伤分析

为了排除弹带损伤引起的扰动,进行了弹丸射击回收试验,回收弹丸弹带的形貌见图 11.7.8(a)所示。从图中可以看出,弹带虽没有出现飞边、脱落等弹带损伤现象,但上弹带、下弹带与膛线的作用出现明显的不一致性:第一,膛线与弹带的作用呈喇叭口形状,其开口角为 $\Delta\phi$;第二,上弹带与膛线阴线接触部的宽度 Δb_1 明显小于下弹带的宽度 Δb_2,即 $\Delta b_1 < \Delta b_2$,表明上弹带相对下弹带在内膛的环向(切向)存在相对运动速度,在该速度作用下弹带沿环向(切向)不断被挤压。由图 11.7.8(a)所示的弹带形貌可知,膛线与弹带的相互作用致使弹带在径向和切向的支撑刚度明显下降,从而降低了对弹丸膛内章动的约束。

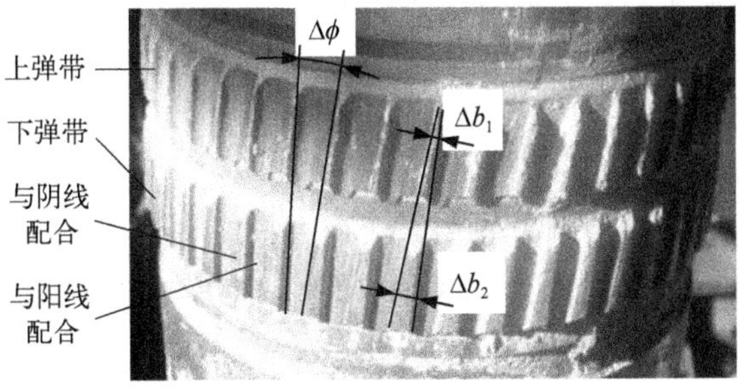

(a)

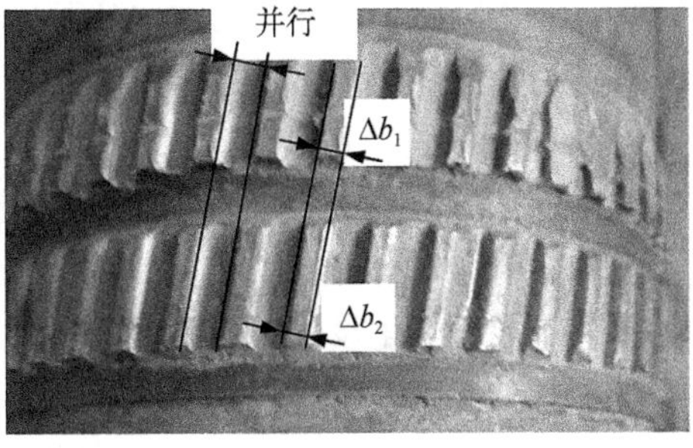

(b)

图 11.7.8 回收弹带的形貌图

第 6.8.2 节详细讨论了膛线缠度对弹带形貌变化的影响,式(6.8.16)给出了膛线缠度变化对 $\Delta\phi$、$\Delta\dot{\phi}$、$\Delta\ddot{\phi}$ 的影响规律,$\Delta\dot{\phi}$ 是导致上下弹带在环向存在相对运动速度的主要原因,图 6.8.2 给出了不同缠度引起的 $\Delta\dot{\phi}$、$\Delta\ddot{\phi}$ 的变化规律。由于存在 $\Delta\phi$、$\Delta\dot{\phi}$、$\Delta\ddot{\phi}$,由式(6.7.12C)可以推断弹丸在膛内轴向和横向存在 $\Delta\phi$、$\Delta\dot{\phi}$、$\Delta\ddot{\phi}$ 的诱导过载。为此我们进行了弹丸膛内过载射击试验测试,图 11.7.9(a)为在弹丸引信部位安装三向加速度仪进行实弹射击试验回收得到的弹丸膛内运动加速度测试曲线,图中 t_0 为击发点火开始时刻,t_η 为弹丸到达炮口附近混合膛线连接点处的时刻,t_G 为弹丸飞离炮口时刻。由图可见,弹丸在膛内运动轴向过载最大值在 1.6×10^4g 左右,弹丸在炮口附件的轴向和横向过载均出现明显的震荡增长,轴向震荡过载最大值达 6.1×10^4g 左右。

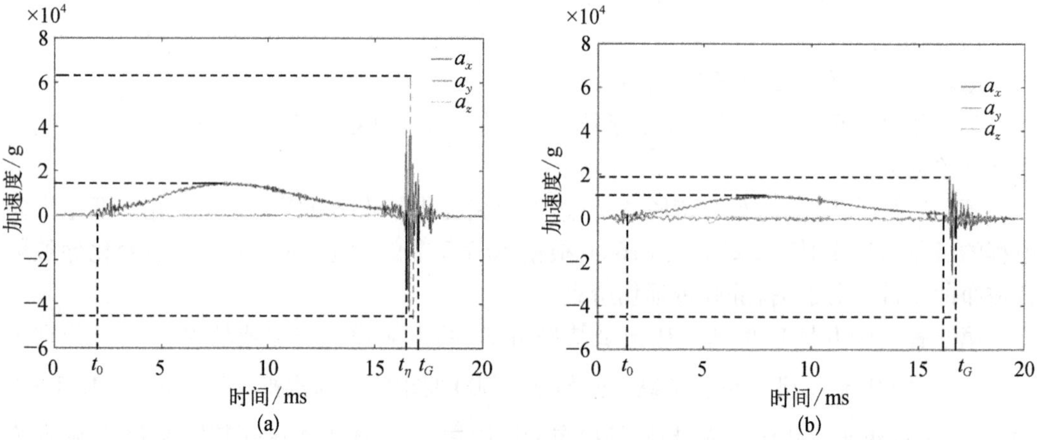

图 11.7.9　弹丸膛内运动三向过载测试曲线

(Chowdhury et al., 2005)给出了 XM－982 型 155 毫米远程制导弹丸膛内运动的轴向过载测试曲线,从文献中的图例可见弹丸飞离炮口时亦出现轴向过载震荡现象,但均没有超过膛内运动的最大过载。显然图 11.7.9(a)中弹丸炮口震荡过载值异常。

弹带形貌变化、弹丸膛内和炮口处过载异常等均与膛线缠度有关。为了排除膛线缠度的影响,加工了一支等齐膛线身管,并进行射击试验。图 11.7.8(b)为回收弹带的图片,由图可见弹带的形貌非常完整,对弹丸膛内运动的章动约束作用也非常好;图 11.7.9(b)给出了弹丸膛内运动过载的测试曲线,与图 11.7.9(a)相比,等齐膛线对弹丸膛内运动过载下降非常显著,且在炮口附件弹丸轴向过载震荡也明显下降。

上述试验验证了膛线缠度对弹带形貌变化和弹丸膛内过载的影响,也验证了第 6.8.2 节对膛线缠度影响讨论的结论。

4) 火炮结构改进

根据前期射击试验发现火炮存在的一些问题,经多方案理论反演分析计算发现,除身管内膛结构外,需要从控制火炮发射角运动方面对火炮总体结构进行改进,经进一步的理论分析和优化设计,从以下五个与火炮角运动密切相关的几何结构参数方面进行结构改进:

(1) 改进摇架设计,增加了摇架刚度,增大了摇架上前后支撑套筒间的距离,确保火炮后坐部分的质心永远在前、后套筒之间。

(2) 更换了高低机,将齿弧式高低机和气压式平衡机更换为气液一体化式高平机,消除了高低运动间隙。

(3) 优化了制退机节制杆的外形,确保弹丸在膛内运动时制退机力尽量小,同时调整复进机气压,确保在制退机力满足要求的同时,亦能满足复进时间要求。

(4) 调整了火炮底盘与地面间支撑点数量和位置,增加了千斤顶、座盘,改进了驻锄结构,增加了稳定力臂,且使后坐力矢量方向的延长线位于地面支撑点之内。

(5) 采用可升降油气弹簧替代螺旋弹簧,使系统质心能整体升降,从而减少了火线高,降低了不稳定力臂的高度;同时油气弹簧还能锁死底盘簧下质量,将其变为系统稳定质量,从而提高射击稳定性。

5) 密集度仿真估算

在进行密集度仿真估算之前,首先要采用第 9 章中基于 Morris 轨迹的全局灵敏度分析方法进行关键影响因素分析,提取影响弹丸炮口状态参数的重要参数,并构建重要参数和弹丸炮口状态参数之间的映射模型:

$$\sigma_i = \sigma_{0i} + \sum_{j=1}^{14} a_{ij}\hat{\xi}_j + \sum_{j=1}^{14} b_{ij}\hat{\xi}_j^2 + \sum_{j=1}^{14} c_{ij}\hat{\xi}_j^3 \tag{11.7.1}$$

在获得了火炮弹丸炮口状态参数误差后,再利用下式进行密集度估算。

$$\sigma_X = \sigma_{X0} + \sum_{i=1}^{7} a_{1i}\hat{\xi}_i + \sum_{i=1}^{7} a_{2i}\hat{\xi}_i^2 = f_X(\hat{\boldsymbol{\xi}}) \tag{11.7.2}$$

$$\sigma_Z = \sigma_{Z0} + \sum_{i=1}^{7} b_{1i}\hat{\xi}_i + \sum_{i=1}^{7} b_{2i}\hat{\xi}_i^2 = f_Z(\hat{\boldsymbol{\xi}}) \tag{11.7.3}$$

在获得单因素对射击精度的影响后,可通过误差的合成对参数综合作用下射击密集度进行估算。表 11.5.8 中给出的结果就是以此改进后的模型参数进行计算得到的,密集度估算的最差结果为

$$\sigma_X = 152\ \text{m},\ \sigma_Z = 45.8\ \text{m},\ A_X = 1/292,\ A_Z = 0.98\ \text{mil} \tag{11.7.4}$$

6) 射击试验检验

在密集度仿真评估达标后,设计组对经结构改进后的火炮结构进行了加工制造,重新进行了总装调试,并在靶场进行初步的摸底射击试验,三组密集度试验的结果分别为(1/281, 0.67 mil)、(1/1 018, 0.55 mil)、(1/672, 0.29 mil);之后在正样机研制阶段又对初样机进行了局部改进,在靶场正样机定型试验中,三组密集度的试验结果分别为(1/477, 0.4 mil)、(1/303, 0.65 mil)、(1/372, 0.56 mil),至此火炮研制过程中射击密集度异常问题得到了解决。

11.7.3 工况三

1) 基本情况

某 122 榴弹炮在原理样机试制过程中,靶场密集度射击试验存在时好时坏的现象,后对结构进行改进,实现了密集度射击试验稳定达标的要求。但在正样机靶场试验中,又出现了密集度三组均不达标的问题,三组密集度值分别为(1/223, 0.37 mil)、(1/213,

0.46 mil)、(1/156, 0.23 mil),三组初速或然误差分别为 0.61 m/s、0.89 m/s、1.48 m/s。

2) 初步分析

从气象记录数据看,射击试验当天的气象非常稳定,因此可排除气象因素。

从外界干扰因素来看,三组纵向射程的极差 ΔX 分别达 295 m、404 m、497 m,符合弹带形貌变化导致射程异常散布的条件,因此不排除是弹带损伤所致。

从炮口扰动因素来看,三组射弹的初速或然误差 $E_{v_{Q_E}}$ 分别为 0.18 m/s、0.24 m/s、0.61 m/s,误差控制非常好,远远小于达到纵向密集度 1/300 要求的单因素指标的阈值 $E_{v_{Q_E}}$ = 1.61 m/s, 显然初速或然误差 $E_{v_{Q_E}}$ 不是散布的主要原因。

从三组射击试验的现场录像回放来看,在所有弹丸的射击过程中,火炮射击稳定性非常好,且射后对炮尾平台的复查和周视镜复瞄的数据来看,瞄线的高低和方位变位值几乎为零,因此弹丸炮口扰动因素基本可以排除。

为了找到原理样机的改动变化因素,在与总体设计人员座谈交流过程中,得知设计师对输弹机的轴线进行了微调,其愿望是确保输弹时在重力作用下弹丸轴线能与身管轴线同轴或尽量接近同轴。

考虑到输弹机托弹板的轴线位置直接影响弹丸的卡膛姿态,同时从三组的极差来看,其造成散布异常的原因也与弹带的形貌有关,因此初步判断弹带形貌发生了变化,气动阻力随之发生变化,最终导致弹丸落点位置散布异常变化,致使密集度不合格。

3) 射弹回收

随后决定射击一组 5 发带阻力帽的弹丸,并进行回收,得到了 5 发弹丸,发现所有回收弹丸的弹带形貌基本相似、均有翻边,但规律不完全一致,其中某一发弹丸弹带形貌见图 11.7.10。由图可见,身管阳线与弹带的挤压过程中出现了明显的翻边现象,身管膛线与弹带的刻痕出现了喇叭口形状,该喇叭口形状与膛线的缠度相吻合,该身管为渐速膛线。

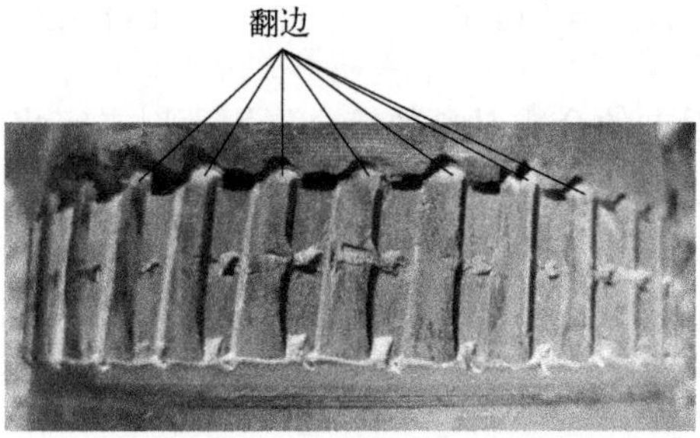

图 11.7.10 回收弹带形貌图

4) 初步结论

从回收弹带的形貌、初样机密集度已达标的事实,基本判断是在正样机研制阶段对输弹机安装位置的微小(毫米级)调整,导致弹丸卡膛姿态变化,引起弹带与身管膛线的相互作用,形成弹带翻边,由于每发弹带的翻边规律不完全一致,空气阻力也不一致,形成一组弹丸炸点的散布异常不达标。

这里要指出的是,由于渐速膛线缠度随身管轴线变化,对弹丸卡膛姿态非常敏感,易造成弹带翻边、损伤等异常现象,在火炮研制时要引起重视。

5) 改进试验

将正样机输弹机的安装位置重新调回到初样机输弹机的安装位置,在靶场进行了三组归零验证试验,试验密集度结果分别为(1/552, 0.58 mil)、(1/341, 0.23 mil)、(1/365, 0.22 mil),全部达标。在国家试验靶场最终考核试验中,该型火炮的各种密集度考核试验均一次性通过。至此该型火炮射击密集度异常问题得到了有效解决。

参 考 文 献

陈光宋.2016.弹炮耦合系统动力学及关键参数识别研究.南京：南京理工大学博士学位论文.
陈光宋，钱林方，吉磊.2015.身管固有频率高效全局灵敏度分析.振动与冲击，34(21)：31－35.
陈光宋，钱林方，王明明.2019.基于统计信息的多体系统区间不确定性分析.振动与冲击，38(8)：117－125.
陈光宋，钱林方，徐亚栋，等.2012.身管横向固有振动的半解析解法.兵工学报，33(10)：1168－1172.
陈龙淼.2005.复合材料身管热学性能研究.南京：南京理工大学博士学位论文.
陈世业，王良明，史伟.2013.弹炮刚柔耦合模型中的接触碰撞动力学.海军工程大学学报，25(4)：97－102.
丁传俊，张相炎.2015.基于热力耦合有限元模型的弹带挤进过程及内弹道过程的仿真分析.兵工学报，36(12)：2254－2261.
高树滋，陈运生，张月林，等.1995.火炮反后坐装置设计.北京：兵器工业出版社.
葛建立，杨国来，陈运生，等.2008.基于弹塑性接触/碰撞模型的弹炮耦合问题研究.弹道学报，20(3)：103－106.
郭锡福.2004.远程火炮武器系统射击精度分析.北京：国防工业出版社.
韩博宇，楼梦麟.2010.变截面 Timoshenko 固端梁和简支梁的模态特性.力学季刊，31(4)：610－617.
韩子鹏，等.2014.弹箭外弹道学.北京：北京理工大学出版社.
黄克智，黄永刚.1999.固体本构关系.北京：清华大学出版社.
黄平，赖添茂.2012.基于真实接触面积的摩擦模型.华南理工大学学报(自然科学版)，40(10)：109－114.
侯健，魏平，李金新.2010.锥膛炮内弹道建模与仿真计算.兵工学报，31(4)：419－422.
贾新宇.2018.基于概率度量的不确定性传播分析方法研究.长沙：湖南大学硕士学位论文.
金志明.1991.弹丸挤进过程的计算与研究.兵工学报，(4)：7－13.
金志明.2004.枪炮内弹道学.北京：北京理工大学出版社.
黎春林，翁佩英.1994.弹丸膛内运动分析.弹道学报，(19)：45－52.
李淼.2017.弹丸膛内起始运动过程瞬态特性研究.南京：南京理工大学博士学位论文.
李淼，钱林方，陈龙淼.2014.弹丸卡膛规律影响因素分析.兵工学报，35(8)：1152－1157.
李淼，钱林方，陈龙淼.2016.弹带挤进过程内弹道特性研究.振动与冲击，35(23)：74－79.
李淼，钱林方，孙河洋.2016.某大口径火炮弹带热力耦合挤进动力学数值模拟研究.兵工学报，37(10)：1803－1811.
李维.2015.基于不确定性分析与模型验证的计算模型可信性研究.西安：西北工业大学博士学位论文.
李宪东.2008.基于最大熵原理的确定概率分布的方法研究.北京：华北电力大学博士学位论文.
廉艳平.2012.自适应物质点有限元法及其在冲击侵彻问题中的应用.北京：清华大学博士学位论文.
梁小筠.1997.正态性检验.北京：中国统计出版社.
林通，钱林方，陈光宋，等.2019.面向输弹一致性的某输弹机稳健优化设计研究.兵工学报，40(2)：22－29.
刘建军，陈红军.2011.身管弯曲对射击精度影响及修正模型研究.舰船电子工程，31(7)：155－157.

刘雷，陈运生.2005.身管多体动力学模型研究.南京理工大学学报（自然科学版），29（3）：267－269.
刘雷，陈运生，杨国来.2006.基于接触模型的弹炮耦合问题研究.兵工学报，27（6）：984－987.
刘宁，杨国来.2010.弹管横向碰撞对身管动力响应的影响.弹道学报，（2）：67－70.
刘太素，钱林方，陈光宋.2018.某输弹机开式链传动建模及动力学特性分析.兵工学报，39（11）：32－40.
刘太素，钱林方，陈光宋，等.2019.基于 SPCE－HDMR 的某输弹协调机构稳健设计研究.弹道学报，31（4）：90－96.
刘太素，钱林方，尹强.2017.考虑间隙的空间圆柱铰多体系统运动学精度及动力学分析.振动与冲击，（19）：159－165.
刘怡昕，杨伯忠.1999.炮兵射击理论.北京：兵器工业出版社.
刘玉绅.1986.适合于变阶变步长需要的 Adams 公式.数值计算与计算机应用，7（4）：200－205.
骆文润，王德石.2001.火炮身管横向振动分析.非线性动力学学报，8（3）：239－244.
马吉胜，王瑞林.2004.弹炮耦合问题的理论模型.兵工学报，25（1）：73－77.
马佳.2018.弹丸前定心部与身管内膛接触碰撞问题研究.南京：南京理工大学博士学位论文.
马明迪，崔万善，曾志银，等.2015.基于有限元与光滑粒子耦合的弹丸挤进过程分析.振动与冲击，34（6）：146－150.
梅向明，黄敬之.2008.微分几何.4 版.北京：高等教育出版社.
孟丽芬，胡成亮，赵震.2014.金属塑性成形中摩擦模型的研究进展.模具工业，（4）：1－7.
孟鹏，陈红彬，钱林方.2017.弹带对高速旋转弹丸气动特性影响的数值模拟.兵工学报，38（12）：2363－2372.
潘承泮.1985.武器系统射击效力分析.北京：国防工业出版社.
彭建祥.2006.Johnson-Cook 本构模型和 Steinberg 本构模型的比较研究.绵阳：中国工程物理研究院博士学位论文.
钱林方，侯保林.2016.火炮弹道学.北京：北京理工大学出版社.
邱从礼，侯日升，赵锋，等.2014.考虑弹丸动态冲击条件下的内弹道性能研究.弹箭与制导学报，34（4）：140－142.
芮筱亭，陈卫东，王国平.2002.基于最大熵法的武器系统密集度分析.弹道学报，14（3）：55－60.
申国太.1990.弹丸膛内运动模型的研究.弹道学报，（3）：31－40.
申国太.1994.弹丸膛内运动两类模型的讨论.弹箭与制导学报，（3）：33－37.
盛骤，谢式千，潘承毅.2011.概率论与数理统计.4 版.北京：高等教育出版社.
宋文涛.2016.残余应力超声无损检测与调控技术研究.北京：北京理工大学博士学位论文.
孙河洋，马吉胜，李伟，等.2012.坡膛结构变化对火炮内弹道性能影响的研究.兵工学报，33（6）：669－675.
孙佳，陈光宋，钱林方.2019.自动装填机构刚度混合全局灵敏度分析.南京理工大学学报（自然科学版），43（02）：135－140，146.
孙全兆，杨国来，王鹏，等.2015.某大口径榴弹炮弹带挤进过程数值模拟研究.兵工学报，36（2）：206－213.
汤铁钢，刘仓理.2013.高应变率拉伸加载下无氧铜的本构模型.爆炸与冲击，33（6）：581－586.
田桂军.2003.内膛烧蚀磨损及其对内弹道性能影响的研究.南京：南京理工大学博士学位论文.
王宝元.2015.中大口径火炮射击密集度研究综述.火炮发射与控制学报，36（2）：84－89.
王丽群，杨国来，刘俊民，等.2016.面向火炮射击密集度的随机因素稳健设计.兵工学报，37（11）：1984－1988.
魏平，侯健，陈汀峰，等.2012.基于锥膛炮的弹丸弹裙膛内阻力研究.兵工学报，32（3）：324－328.
吴会民，牛长根.2011.弹丸膛内运动分析.火炮发射与控制学报，（2）：62－65.
熊芬芬，杨树兴，刘宇，等.2015.工程概率不确定性分析方法.北京：科学出版社.

杨国来.1999.多柔体系统参数化模型及其在火炮中的应用研究.南京：南京理工大学博士学位论文.
杨均匀，袁亚雄.2000.火炮内弹道学的现状及发展.火炮发射与控制学报，(2)：56－60.
殷军辉，郑坚，倪新华，等.2012a.弹丸膛内运动过程中弹带表层热软化机理分析.弹道学报，24(2)：106－110.
殷军辉，郑坚，倪新华，等.2012b.弹丸膛内运动过程中弹带塑性变形的宏观与微观机理研究.兵工学报，33(6)：676－681.
岳永丰，沈培辉.2012.恢复系数对弹丸膛内运动参数的影响.弹箭与制导学报，32(6)：77－80.
岳永丰，吴群彪，沈培辉.2013.弹丸结构参数对膛内运动的影响分析.兵工自动化，32(3)：35－38.
张春梅，刘树华，曹广群，等.2013.基于弹炮刚柔耦合接触/碰撞的炮口振动研究.机械工程与自动化，(3)：23－25.
张弘钧.2019.弹炮耦合系统参数不确定性传播研究.南京：南京理工大学博士学位论文.
张弘钧，陈光宋，钱林方，等.2019.某大口径火炮输弹一致性研究.弹道学报，31(4)：82－89.
张领科，周彦煌，余永刚.2010.底排装置工作不一致性对射程散布影响的研究.兵工学报，31(4)：442－446.
张喜发，卢兴华.2001.火炮烧蚀内弹道学.北京：国防工业出版社.
张雄，廉艳平，刘岩，等.2014.物质点法.北京：清华大学出版社.
张志新，胡振东.2013.考虑弹丸与身管轴向运动耦合的火炮系统时变动力学分析.振动与冲击，32(20)：67－71.
中华人民共和国国家质量监督检验检疫总局，中国国家标准化管理委员会.2015.GB/T 32073－2015.无损检测　残余应力超声临界折射纵波检测方法.北京：中国标准出版社.
周叮，谢玉树.1999.弹丸膛内运动引起炮管振动的小参数解法.振动与冲击，18(1)：76－81.
朱文和，赵有守.1998.弹带压力的数值计算方法.弹箭与制导学报，(1)：29－34.
曾志银，马明迪，宁变芳，等.2014.火炮身管阳线损伤机理分析.兵工学报，35(11)：1736－1742.
Abu Al-Rub R K, Darabi M K. 2012. A thermodynamic framework for constitutive modeling of time- and rate-dependent materials. International Journal of Plasticity, 34: 61－92.
Amin A, Alam M, Okui Y. 2002. An improved hyperelasticity relation in modeling viscoelasticity response of natural and high damping rubbers in compression: experiments, parameter identification and numerical verification. Mechanics of Materials, 34(2): 75－95.
Andrews T D. 2006. Projectile driving band interactions with gun barrels. Journal of Pressure Vessel Technology, 128(2): 273－278.
Army Armament Research, Development and Engineering Center. 2002. Main battle tank flexible gun tube disturbance model: three－segment model. Watervliet: Benet Labs.
Arnoux J J, Sutter G, List G, et al. 2011. Friction experiments for dynamical coefficient measurement. Advances in Tribology, 6: 613581.
Audenino A L, Crupi V, Zanetti E M. 2004. Thermoelastic and elastoplastic effects measured by means of a standard thermocamera. Experimental Techniques, 28(2): 23－28.
Avitzur D. 1983. Engraving of rotating bands-a modification of metal-flow pattern. New York: Large Caliber Weapon Systems Lab.
Bahi S, List G, Sutter G. 2015. Analysis of adhered contacts and boundary conditions of the secondary shear zone. Wear, 330－331: 608－617.
Bahi S, Nouari M, Moufki A, et al. 2011a. A new friction law for sticking and sliding contacts in machining. Tribology International, 44(7): 764－771.
Bahi S, Nouari M, Moufki A, et al. 2011b. Hybrid modelling of sliding-sticking zones at the tool-chip interface under dry machining and tool wear analysis. Wear, 286(11): 45－54.

Baig M, Khan A S, Choi S H, et al. 2013. Shear and multiaxial responses of oxygen free high conductivity (OFHC) copper over wide range of strain-rates and temperatures and constitutive modeling. International Journal of Plasticity, 40(1): 65-80.

Banerjee B. 2020. An evaluation of plastic flow stress models for simulation of high temperature and high strain rate deformation of metals. arxiv. org/abs/cond-mat/0512466.

Baranowski L. 2013. Numerical testing of flight stability of spin-stabilized artillery projectiles. Journal of Theoretical and Applied Mechanics, 51(2): 375-385.

Bartels S, Roubicek T. 2011. Thermo-visco-elasticity with rate-independent plasticity in isotropic materials undergoing thermal expansion. ESAIM Mathematical Modelling and Numerical Analysis, 45(3): 477-504.

Barthelmann V, Erich N, Klaus R. 2000. High dimensional polynomial interpolation on sparse grids. Advances in Computational Mathematics, 12: 273-288.

Batra R C, Chen L. 2001. Effect of viscoplastic relations on the instability strain, shear band initiation strain, the strain corresponding to the minimum shear band spacing, and the band width in a thermoviscoplastic material. International Journal of Plasticity, 17(11): 1465-1489.

Batra R C, Kim C H. 1990. Effect of viscoplastic flow rules on the initiation and growth of shear bands at high strain rates. Journal of the Mechanics & Physics of Solids, 38(6): 859-874.

Batra R C, Liu D S. 1989. Adiabatic shear banding in plane strain problems. Journal of Applied Mechanics, 56(3): 527-534.

Batra R C, Wei Z G. 2006. Shear bands due to heat flux prescribed at boundaries. International Journal of Plasticity, 22(1): 1-15.

Beatty M F. 1987. Topics in finite elasticity: hyperelasticity of rubber, elastomers, and biological tissues—with examples. Applied Mechanics Reviews, 40(12): 1699-1734.

Bekker M G. 1969. Introduction of terrain vehicle systems. Michigan: University of Michigan Press.

Belytschko T, Liu W, Moran B. 2000. Nonlinear finite elements for continua and structures. New York: Wiley.

Bhalerao K, Issac K K. 2006. Simulation of impact, based on an approach to detect interference. Advances in Engineering Software, 37: 805-813.

Bohnsack E. 2006. Dynamical loading of the muzzle area of a gun barrel including a muzzle brake. Journal of Pressure Vessel Technology, 128(2): 285-289.

Boresi A P. 1979. Transient response of a gun system under repeated firing. Monterey: Naval Postgraduate School.

Boresi A P. 1983. A review of selected works on gun dynamics. Laramie: BLM Applied Mechanics Associates.

Bourdon B. 1902. La perception visuelle de l'espace. Paris: Bibl de Péd et de Psy.

Bowden F P, Persson P A. 1961. Deformation, heating and melting of solids in high-speed friction. Proceedings of the Royal Society A: Mathematical Physical & Engineering Sciences, 260(1300): 433-458.

Bowden F P, Tabor D. 1939. The area of contact between stationary and between moving surfaces. Proceedings of the Royal Society A, 169(938): 391-413.

Bowden F P. 1952. Introduction to the discussion: the mechanism of friction. Proceedings of the Royal Society of London, 212(1111): 440-449.

Carleone J, Dennis L. 2003. Proceedings of the 20th International Symposium on Ballistics. Lancaster: DEStech Publications.

Campolongo F, Cariboni J, Saltelli A. 2007. An effective screening design for sensitivity analysis of large models. Environmental Modeling & Software, 22(10): 1509-1518.

Canadija M, Brnic J. 2004. Associative coupled thermoplasticity at finite strain with temperature-dependent material parameters. International Journal of Plasticity, 20(10): 1851 – 1874.

Chagnon G, Rebouah M, Favier D. 2015. Hyperelastic energy densities for soft biological tissues: a review. Journal of Elasticity, 120: 129 – 160.

Chen G S, Qian L F, Ma J. 2015. A new efficient adaptive polynomial chaos expansion metamodel. Busan: 2015 IEEE International Conference on Advanced Intelligent Mechatronics: 1201 – 1206.

Chen G S, Qian L F, Ma J. 2018. Smoothed FE-Meshfree method for solid mechanics problems. Acta Mechanica, 229: 2597 – 2618.

Chen G S, Qian L F, Ma J. 2019. A Gradient stable node based smoothed finite element method for solid mechanics problems. Shock and Vibration, (1 – 24): 8610790.

Chen G S, Qian L F, Yin Q. 2014. Dynamic analysis of a timoshenko beam subjected to an accelerating mass using spectral element method. Shock and Vibration: 768209.

Chen J B, Yang J, Li J. 2016. A GF-discrepancy for point selection in stochastic seismic response analysis of structures with uncertain parameters. Structural Safety, 59: 20 – 31.

Chen M M. 2010. Projectile balloting attributable to gun tube curvature. Shock and Vibration, 17(1): 39 – 53.

Chen P C. 1999. Analysis of engraving and wear in a projectile rotating band. Dover: Army Armament Research, Development and Engineering Center.

Chen P, Leach M. 2001. Modeling of barrel/projectile interaction in a rotating band. New York: Benet Labs.

Choi J, Ryu H S, Kim C W, et al. 2010. An efficient and robust contact algorithm for a compliant contact force model between bodies of complex geometry. Multibody System Dynamics, 23(1): 99 – 120.

Chowdhury M R, Frydman A, Cordes J, et al. 2005. 3 – D finite-element gun launch simulation of a surrogate excalibur 155-mm giuded artillery projectile — modeling capabilities and its implications. Proceeding of 22nd International Symposium on Ballistics, Vancouver: 259 – 267.

Cross K, Dullum O, Jenzen-Jones N R, et al. 2015. Explosive weapons in populated areas: technical considerations relevant to their use and effects. Perth: Armament Research Services Special Report.

Dullum O S, Fulmer K, Jenzen-Jones N R, et al. 2017. Indirect fire: a technical analysis of the employment accuracy and effects of indirect-fire artillery weapons. Perth: Armament Research Services Special Report.

Durrenberger L, Molinari A. 2009. Modeling of temperature and strain-rate effects in metals using an internal variable model. Experimental Mechanics, 49(2): 247 – 255.

Dursun T. 2020. Effect of projectile and gun parameters on the dispersion. Defence Science Journal, 70(2): 166 – 174.

Eisenberger M. 1994. Derivation of shape function for an exact 4 – DOF Timoshenko beam element. Communications in Numerical Methods in Engineering, 10(9): 673 – 681.

Erengil M. 2001. 10TH U.S. Army gun dynamics symposium proceedings. Texas: Texas Univ at Austin Inst for Advanced Technology.

Feng X X, Zhang Y Q, Wu J L. 2018. Interval analysis method based on Legendre polynomial approximation for uncertain multibody systems. Advances in Engineering Software, 121: 223 – 234.

Frost G, Costello M. 2012. Control authority of a projectile equipped with an internal unbalanced part. Journal of Dynamic Systems, Measurement, and Control, 128(4): 1004 – 1012.

Ge Q, Menendez M. 2014. An efficient sensitivity analysis approach for computationally expensive microscopic traffic simulation models. International Journal of Transportation, 2(2): 49 – 64.

Greenwood J A, Williamson J B P. 1966. Contact of nominally flat surfaces. Proceedings of the Royal Society A: Mathematical Physical & Engineering Sciences, 295: 300 – 319.

Gui Y, Wang J T, Jin F, et al. 2014. Development of a family of explicit algorithms for structural dynamics with unconditional stability. Nonlinear Dynamics, 77(4): 1157 – 1170.

Guo Y B, Wen Q, Horstemeyer M F. 2005. An internal state variable plasticity-based approach to determine dynamic loading history effects on material property in manufacturing processes. International Journal of Mechanical Sciences, 47(9): 1423 - 1441.

Guo Y B, Wen Q, Woodbury K A. 2006. Dynamic material behavior modeling using internal state variable plasticity and its application in hard machining simulations. Journal of Manufacturing Science and Engineering, 128(3): 749 - 759.

Haug E J. 1977. Proceedings of the First Conference of the Dynamics of Precision Gun Weapons. Rock Island, IL.

Holmquist T J, Johnson G R. 1991. Determination of constants and comparison of results for various constitutive models. Journal De Physique IV Colloque, 01(C3): 853 - 860.

Horgan C O, Saccomandi G. 2004. Constitutive models for compressible nonlinearly elastic materials with limiting chain extensibility. Journal of Elasticity, 77: 123 - 138.

Houlsby G T, Puzrin A M. 2000. A thermomechanical framework for constitutive models for rate-independent dissipative materials. International Journal of Plasticity, 16(9): 1017 - 1047.

Huang K, Yang W, Chen Q. 2015. Analytical model of stress field in workpiece machined surface layer in orthogonal cutting. International Journal of Mechanical Sciences, 103: 127 - 140.

Huston R L. 1981. Multi-body dynamics including the effects of flexibility and compliance. Computers & Structures, 14(5): 443 - 451.

Jaybes E T. 1957. Information theory and statistical mechanics. The Physical Review, 106(4): 620 - 630.

Jia X Y, Jiang C, Fu C M. 2019. Uncertainty propagation analysis by an extended sparse grid technique. Frontiers of Mechanical Engineering, 14(1): 33 - 46.

Jiang C, Lu G Y, Han X, et al. 2012. A new reliability analysis method for uncertain structures with random and interval variables. International Journal of Mechanics & Materials in Design, 8(2): 169 - 182.

Jiang C, Zheng J. 2018. Probability-interval hybrid uncertainty analysis for structures with both aleatory and epistemic uncertainties: a review. Structural and Multidisciplinary Optimization, 57(6): 2485 - 2502.

Johnson G R, Cook W H. 1983. A constitutive model and data for metals subjected to large strains, high strain rates and high temperatures. The Hague: 7th International Symposium on Ballistics: 541 - 548.

Johnson G R, Cook W H. 1985. Fracture characteristics of three metals subjected to various strains, strain rates, temperatures and pressures. Engineering Fracture Mechanics, 21(1): 31 - 48.

Johnson G R, Holmquist T J. 1994. An improved computational constitutive model for brittle materials. Aip Conference Proceedings, 309(1): 981 - 984.

Jones D E. 1978. Analysis of a controller for the M61 movable gun. Ohio: Air Force Inst. of Tech., Wright-Patterson AFB.

Judd K L, Maliar L, Maliar S, et al. 2014. Smolyak method for solving dynamic economic models: Lagrange interpolation, anisotropic grid and adaptive domain. Journal of Economic Dynamic and Control, 44: 92 - 123.

Kathe E L. 1998. Proceedings of the Ninth U.S. Army Symposium on Gun Dynamics. New York: U.S. Army ARDEC Watervliet NY Bendt Laboratories.

Keinanen H, Moilanen S, Tervokoski J, et al. 2012. Influence of rotating band construction on gun tube loading-Part I numerical approach. Journal of Pressure Vessel Technology, 134(4): 041006.

Khalil M, Abdalla H, Kamal O. 2009. Dispersion analysis for spinning artillery projectile. 13rd International Conference on Aerospace Sciences & Aviation Technology: 1 - 12.

Khan A S, Liang R. 1999. Behaviors of three BCC metal over a wide range of strain rates and temperatures: experiments and modeling. International Journal of Plasticity, 15(10): 1089 - 1109.

Krier H. 1979. Interior ballistics of guns. Washington: AIAA.

Lankarani H M, Nikravesh P E. 1994. Continuous contact force models for impact analysis in multibody systems. Nonlinear Dynamics, 5(2): 193 - 207.

Lawton B, Klingenberg G. 1996. Transient temperature in engineering and science. Oxford: Oxford University Press: 61 - 63.

Lehmann T. 1985. On a generalized constitutive law in thermo-plasticity taking into account different yield mechanisms. Acta Mechanica, 57(1 - 2): 1 - 23.

Li H, Wang X, Duan J, et al. 2013. A modified Johnson Cook model for elevated temperature flow behavior of T24 steel. Materials Science & Engineering A, 577: 138 - 146.

Li J, Chen J B. 2009. Stochastic dynamics of structures. New York: John Wiley & Sons.

Lin T, Qian L F, Yin Q, et al. 2020. Dynamic modeling and parameter identification of a gun saddle ring. Defence Technology, 16(2): 325 - 333.

Lin Y C, Chen M S, Zhong J. 2008. Constitutive modeling for elevated temperature flow behavior of 42CrMo steel. Computational Materials Science, 42(3): 470 - 477.

Lin Y C, Chen X M. 2011. A critical review of experimental results and constitutive descriptions for metals and alloys in hot working. Materials & Design, 32(4): 1733 - 1759.

Lin Y C, Chen X M, Liu G. 2010. A modified Johnson-Cook model for tensile behaviors of typical high-strength alloy steel. Materials Science & Engineering A, 527(26): 6980 - 6986.

Lin Y, Qin J, Lu F, et al. 2014. Dynamic friction coefficient of two plastics against aluminum under impact loading. Tribology International, 79(11): 26 - 31.

Liou N S, Okada M, Irfan M A, et al. 2003. Transient thermo-mechanical interactions during high-speed slip at metal-on-metal interfaces. Optics & Lasers in Engineering, 40(4): 393 - 437.

Lisov M. 2006. Modeling wear mechanism of artillery projectiles rotating band using variable parameters of internal ballistic process. Scientific-Technical Review, (2): 11 - 17.

List G, Sutter G, Arnoux J J. 2013. Analysis of the high speed sliding interaction between titanium alloy and tantalum. Wear, 301(1 - 2): 663 - 670.

List G, Sutter G, Arnoux J J, et al. 2014. Study of friction and wear mechanisms at high sliding speed. Mechanics of Materials, 80: 246 - 254.

Littlefield A G, Kathe E L, Durocher R. 2002. Dynamically tuned shroud for attenuating gun barrel vibration. Watervliet: Benet Labs.

Liu R, Salahshoor M, Melkote S N, et al. 2014. A unified internal state variable material model for inelastic deformation and microstructure evolution in SS304. Materials Science and Engineering: A, 594: 352 - 363.

Liu Z S, Swaddiwudhipong S, Islam M J. 2012. Perforation of steel and aluminum targets using a modified Johnson-Cook material model. Nuclear Engineering & Design, 250(3): 108 - 115.

Ma J, Chen G S, Ji L, et al. 2020. A general methodology to establish the contact force model for complex contacting surfaces. Mechanical Systems and Signal Processing, 140: 106678.

Ma J, Qian L F. 2017. Modeling and simulation of planar multibody systems considering multiple revolute clearance joints. Nonlinear Dynamics, 90(3): 1907 - 1940.

Ma J, Qian L F, Chen G S. 2015. Dynamic analysis of mechanical systems with planar revolute joints with clearance. Mechanism & Machine Theory, 94: 148 - 164.

Ma J, Qian L F, Chen G S. 2016. Online Parameter estimation of the Lankarani-Nikravesh contact force model using two different methods. International Journal of Computational Methods, 13(4): 1641017.

McCoy R L. 2004. Modern exterior ballistics: the Launch and flight dynamics of symmetric projectiles. Atglen: Schiffer Publishing.

Miguélez M H, Soldani X, Molinari A. 2013. Analysis of adiabatic shear banding in orthogonal cutting of Ti alloy. International Journal of Mechanical Sciences, 75(10): 212－222.

Molinari A, Cheriguene R, Miguelez H. 2012. Contact variables and thermal effects at the tool-chip interface in orthogonal cutting. International Journal of Solids & Structures, 49(26): 3774－3796.

Montgomery R S. 1976a. Friction and wear at high sliding speeds. Wear, 36: 275－298.

Montgomery R S. 1976b. Surface melting of rotating bands. Wear, 38: 235－243.

Montgomery R S. 1983. Evidence for the melt-lubrication of projectile bands. Watervliet: Army Armament Research and Development Command.

Montgomery R S. 1985. Wear of projectile rotating bands. Wear, 101: 347－356.

Morris M D. 1991. Factorial sampling plans for preliminary computational experiments. Technometrics, 33(2): 161－174.

Moshe E. 1994. Derivation of shape functions for an exact 4－DOF Timoshenko beam element. Communications in Numerical Methods in Engineering, 10: 673－681.

Moshe E. 1995. Dynamic stiffness matrix for variable cross-section Timoshenko beams. Communications in Numerical Methods in Engineering, 11: 507－513.

Nemat-Nasser S, Li Y. 1998. Flow stress of f. c. c. polycrystals with application to OFHC Cu. Acta Materialia, 46(2): 565－577.

Newill J F, Guidos B J, Livecchia C D. 2003. Validation of the U. S. Army Research Laboratory's gun dynamics simulation codes for prototype kinetic energy. Maryland: Army Research Labs Aberdeen Proving Ground.

Ogden R W, Saccomandi G, Sgura I. 2004. Fitting hyperelastic models to experimental data. Computational Mechanics, 34: 484－502.

Patera A T. 1984. A spectral element method for fluid dynamics: laminar flow in a channel expansion, Journal of Computational Physics, 54(3): 468－488.

Perry J, Aboudi J. 2003. Elasto-plastic stresses in thick walled cylinders. Journal of Pressure Vessel Technology, 125(3): 248.

Pilcher J O, Wineholt E M. 1976. Analysis of the friction behavior at high sliding velocities and pressures for gilding metal, annealed iron, copper and projectile steel. Maryland: Ballistic Research Labs Aberdeen Proving Ground.

Puls H, Klocke F, Lung D. 2014. Experimental investigation on friction under metal cutting conditions. Wear, 310(1－2): 63－71.

Qian L F, Chen G S. 2017. The uncertainty propagation analysis of the projectile-barrel coupling problem. Defence Technology, 4(13): 229－233.

Rabbath C A, Corriveau D. 2017. A statistical method for the evaluation of projectile dispersion. Defence Technology, 13(3): 164－176.

Ray S D. 2011. Accuracy in armaments choosing the appropriate dispersion metric to evaluate weapon and munitions precision. Army AL&T, (7－9): 67－71.

Riegel J P, Murphy M J. 1990. Proceedings of the 12th International Symposium on Ballistics. Virginia: American Defense Preparedness Association.

Romesh C B. 2005. Elements of continuum mechanics. Reston: AIAA.

Rossouw W J. 2009. On the influence of yaw and yaw rate (magnitude and orientation) on dispersion. Interlaken: 19th International Symposium on Ballistics.

Rule W K, Jones S E. 1998. A revised form for the Johnson-Cook strength model. International Journal of Impact Engineering, 21: 609－624.

Ruta P. 1999. Application of Chebyshev series to solution of non-prismatic beam vibration problems. Journal of

Sound and vibration, 227(2): 449 - 467.

Ruzzene M, Baz A. 2006. Dynamic stability of periodic shells with moving loads. Journal of Sound and Vibration, 296(4-5): 830 - 844.

Shampine L F. 2002. Variable order Adams codes. Computers & Mathematics with Applications, 44(5): 749 - 761.

Shi X, Wu A, Jin C, et al. 2015. Thermomechanical modeling and transient analysis of sliding contacts between an elastic-plastic asperity and a rigid isothermal flat. Tribology International, 81: 53 - 60.

Shrot A, Baker M. 2012. Determination of Johnson-Cook parameters from machining simulations. Computational Materials Science, 52(1): 298 - 304.

Simkins T E. 1993. Proceedings of the Seventh U. S. Army Symposium on Gun Dynamics. New York: US Army ARDEC Watervliet NY Bendt Laboratories.

Simo J C, Hughes T J R. 1998. Computational inelasticity. New York: Springer.

Simo J C, Ortiz M. 1985. A unified approach to finite deformation elastoplastic analysis based on the use of hyperelastic constitutive equations. Computer Methods in Applied Mechanics and Engineering, 49(2): 221 - 245.

Smolyak S A. 1963. Quadrature and interpolation formulas for tensor products of certain classes of functions. Doklady Akademii Nauk SSSR, 148(5): 1042 - 1045.

Sofi A, Romeo E. 2016. A novel interval finite element method based on the improved interval analysis. Computer Methods in Applied Mechanics and Engineering, 311: 671 - 697.

Soifer M T, Becker R S. 1987. Stochastic gun dynamics. Huntington: S and D Dynamics, Inc.

Soifer M T, Becker R S. 2002. Dynamic analysis of the 75mm ADMAG gun system. Huntington: S and D Dynamics Inc.

Steele C R. 1968. The Timoshenko beam with a moving load. Journal of Applied Mechanics, 35(3): 481 - 488.

Sutter G, List G, Arnoux J J, et al. 2014. Finite element simulation for analysing experimental friction tests under severe conditions. Finite Elements in Analysis & Design, 85(85): 50 - 58.

Sutter G, Molinari A. 2005. Analysis of the cutting force components and friction in high speed machining. Journal of Manufacturing Science & Engineering, 127(2): 245 - 250.

Sutter G, Ranc N. 2010. Flash temperature measurement during dry friction process at high sliding speed. Wear, 268(11-12): 1237 - 1242.

Tabiei A, Chowdhury M R, Aquelet N, et al. 2010. Transient response of a projectile in gun launch simulation using Lagrangian and ALE methods. The International Journal of Multiphysics, 4(2): 151 - 173.

Tanner A B, Mcdowell D L. 1999. Deformation, temperature and strain rate sequence experiments on OFHC Cu. International Journal of Plasticity, 15(4): 375 - 399.

Thomas N T. 1976. In-Bore Dynamics Symposium. Monterey: Naval Postgraduate School.

Timoshenko S. 1929. Vibration problem in engineering. New York: D. Van Nostrand, Inc.

Toivola S, Moilanen S, Tervokoski J, et al. 2012. Influence of rotating band construction on gun tube loading-part II: measurement and analysis. Journal of Pressure Vessel Technology, 134(4): 041007.

Voyiadjis G Z, Abed F H. 2006. A coupled temperature and strain rate dependent yield function for dynamic deformations of bcc metals. International Journal of Plasticity, 22(8): 1398 - 1431.

Wasilkowski G W, Wozniakowski H. 1995. Explicit cost bounds of algorithms for multivariate tensor product problems. Journal of Complexity, 11(1): 1 - 56.

Wei Z, Batra R C. 2010. Modeling and simulation of high speed sliding. International Journal of Impact Engineering, 37(12): 1197 - 1206.

Wong J Y. 2001. Theory of ground vehicle. New York: John Wiley & Sons.

Woodley C, Cullis I. 2016. 29th International Symposium on Ballistics. Lancaster: DEStech Publications.

Wu A, Shi X, Polycarpou A A. 2012. An elastic-plastic spherical contact model under combined normal and tangential loading. Journal of Applied Mechanics, 79(5): 289 – 291.

Wu B, Zheng J, Tian Q T, et al. 2014a. Friction and wear between rotating band and gun barrel during engraving process. Wear, 318(1 – 2): 106 – 113.

Wu B, Zheng J, Tian Q T, et al. 2014b. Tribology of rotating band and gun barrel during engraving process under quasi-static and dynamic loading. Friction, 2(4): 330 – 342.

Xiong F F, Greene S, Chen W, et al. 2010. A new sparse grid based method for uncertainty propagation. Structural and Multidisciplinary Optimization, 41(3): 335 – 349.

Xiu D, Hesthaven J S. 2005. High-order collocation methods for differential equations with random inputs. SIAM Journal on entific Computing, 27(3): 1118 – 1139.

Xu Z, Huang F. 2015. Comparison of constitutive models for FCC metals over wide temperature and strain rate ranges with application to pure copper. International Journal of Impact Engineering, 79: 65 – 74.

Yin S W, Yu D J, Ma Z D. 2018. A unified model approach for probability response analysis of structure-acoustic system with random and epistemic uncertainties. Mechanical Systems and Signal Processing, 111: 509 – 528.

Yuan F, Liou N S, Prakash V. 2009. High-speed frictional slip at metal-on-metal interfaces. International Journal of Plasticity, 25(4): 612 – 634.

Yun W, Lu Z, Jiang X. 2019. An efficient method for moment-independent global sensitivity analysis by dimensional reduction technique and principle of maximum entropy. Reliability Engineering & System Safety, 187: 174 – 182.

Zhang H J, Chen G S, Qian L F. 2019. FE-Meshfree QUAD4 element with modified radial point interpolation function for structural dynamic analysis. Shock and vibration, 1 – 23: 3269276.

Zhang Z. 2008. Comparison of two contact models in the simulation of friction stir welding process. Journal of Materials Science, 43(17): 5867 – 5877.

附录 A　火炮发射系统质量矩阵

火炮发射系统质量矩阵包括底盘、上架、摇架、后坐、弹丸等 5 个部分，这些矩阵的表达式如下。

（1）底盘部分质量矩阵：

$$\boldsymbol{M}_{11}^{A}=m_{A}\mathbf{1}_{3\times3},\ \boldsymbol{M}_{12}^{A}=(\boldsymbol{M}_{21}^{A})^{\mathrm{T}}=m_{A}(\tilde{\boldsymbol{x}}_{A_G})^{\mathrm{T}},\ \boldsymbol{M}_{22}^{A}=\int_{\Omega_A}\rho_{A}\tilde{\boldsymbol{x}}_{A}\cdot(\tilde{\boldsymbol{x}}_{A})^{\mathrm{T}}\mathrm{d}V \tag{A.1A}$$

$$m_{A}=\int_{\Omega_A}\rho_{A}\mathrm{d}V,\ m_{A}\tilde{\boldsymbol{x}}_{A_G}=\int_{\Omega_A}\rho_{A}\tilde{\boldsymbol{x}}_{A}\mathrm{d}V,\ \mathbf{1}_{3\times3}=\mathrm{diag}(1) \tag{A.1B}$$

（2）上架部分质量矩阵：

$$\begin{cases}\boldsymbol{M}_{11}^{B}=\boldsymbol{M}_{33}^{B}=\boldsymbol{M}_{13}^{B}=(\boldsymbol{M}_{31}^{B})^{\mathrm{T}}=m_{B}\mathbf{1}_{3\times3},\ \boldsymbol{M}_{12}^{B}=(\boldsymbol{M}_{21}^{B})^{\mathrm{T}}=m_{B}(\tilde{\boldsymbol{U}}_{A}^{B}+\tilde{\boldsymbol{x}}_{B_G})^{\mathrm{T}}\\ \boldsymbol{M}_{14}^{B}=(\boldsymbol{M}_{41}^{B})^{\mathrm{T}}=m_{B}(\tilde{\boldsymbol{x}}_{B_G})^{\mathrm{T}},\ \boldsymbol{M}_{22}^{B}=\int_{\Omega_B}\rho_{B}(\tilde{U}_{A}^{B}+\tilde{\boldsymbol{x}}_{B})\cdot(\tilde{U}_{A}^{B}+\tilde{\boldsymbol{x}}_{B})^{\mathrm{T}}\mathrm{d}V\\ \boldsymbol{M}_{23}^{B}=(\boldsymbol{M}_{32}^{B})^{\mathrm{T}}=m_{B}(\tilde{U}_{A}^{B}+\tilde{\boldsymbol{x}}_{B_G}),\ \boldsymbol{M}_{24}^{B}=(\boldsymbol{M}_{42}^{B})^{\mathrm{T}}=\int_{\Omega_B}\rho_{B}(\tilde{U}_{A}^{B}+\tilde{\boldsymbol{x}}_{B})\cdot(\tilde{\boldsymbol{x}}_{B})^{\mathrm{T}}\mathrm{d}V\\ \boldsymbol{M}_{34}^{B}=(\boldsymbol{M}_{43}^{B})^{\mathrm{T}}=m_{B}(\tilde{\boldsymbol{x}}_{B_G})^{\mathrm{T}},\ \boldsymbol{M}_{44}^{B}=\int_{\Omega_B}\rho_{B}\tilde{\boldsymbol{x}}_{B}\cdot(\tilde{\boldsymbol{x}}_{B})^{\mathrm{T}}\mathrm{d}V\end{cases} \tag{A.2}$$

（3）摇架部分质量矩阵：

$$\begin{cases}\boldsymbol{M}_{11}^{C}=\boldsymbol{M}_{33}^{C}=\boldsymbol{M}_{55}^{C}=\boldsymbol{M}_{13}^{C}=(\boldsymbol{M}_{31}^{C})^{\mathrm{T}}=\boldsymbol{M}_{15}^{C}=(\boldsymbol{M}_{51}^{B})^{\mathrm{T}}=\boldsymbol{M}_{35}^{C}=(\boldsymbol{M}_{53}^{C})^{\mathrm{T}}=m_{C}\mathbf{1}_{3\times3}\\ \boldsymbol{M}_{12}^{C}=(\boldsymbol{M}_{21}^{C})^{\mathrm{T}}=m_{C}(\tilde{U}_{A}^{C}+\tilde{\boldsymbol{x}}_{C_G})^{\mathrm{T}},\ \boldsymbol{M}_{14}^{C}=(\boldsymbol{M}_{41}^{C})^{\mathrm{T}}=m_{C}(\tilde{U}_{B}^{C}+\tilde{\boldsymbol{x}}_{C_G})^{\mathrm{T}}\\ \boldsymbol{M}_{16}^{C}=(\boldsymbol{M}_{61}^{C})^{\mathrm{T}}=m_{C}(\tilde{\boldsymbol{x}}_{C_G})^{\mathrm{T}},\ \boldsymbol{M}_{22}^{C}=\int_{\Omega_C}\rho_{C}(\tilde{U}_{A}^{C}+\tilde{\boldsymbol{x}}_{C})\cdot(\tilde{U}_{A}^{C}+\tilde{\boldsymbol{x}}_{C})^{\mathrm{T}}\mathrm{d}V\\ \boldsymbol{M}_{23}^{C}=(\boldsymbol{M}_{32}^{C})^{\mathrm{T}}=m_{C}(\tilde{U}_{A}^{C}+\tilde{\boldsymbol{x}}_{C_G})\\ \boldsymbol{M}_{24}^{C}=(\boldsymbol{M}_{42}^{C})^{\mathrm{T}}=\int_{\Omega_C}\rho_{C}(\tilde{U}_{A}^{C}+\tilde{\boldsymbol{x}}_{C})\cdot(\tilde{U}_{B}^{C}+\tilde{\boldsymbol{x}}_{C})^{\mathrm{T}}\mathrm{d}V\\ \boldsymbol{M}_{25}^{C}=(\boldsymbol{M}_{52}^{C})^{\mathrm{T}}=m_{C}(\tilde{U}_{A}^{C}+\tilde{\boldsymbol{x}}_{C_G})\\ \boldsymbol{M}_{26}^{C}=(\boldsymbol{M}_{62}^{C})^{\mathrm{T}}=\int_{\Omega_C}\rho_{C}(\tilde{U}_{A}^{C}+\tilde{\boldsymbol{x}}_{C})\cdot(\tilde{\boldsymbol{x}}_{C})^{\mathrm{T}}\mathrm{d}V\\ \boldsymbol{M}_{34}^{C}=(\boldsymbol{M}_{43}^{C})^{\mathrm{T}}=m_{C}(\tilde{U}_{B}^{C}+\tilde{\boldsymbol{x}}_{C_G})^{\mathrm{T}},\ \boldsymbol{M}_{36}^{C}=(\boldsymbol{M}_{63}^{C})^{\mathrm{T}}=m_{C}(\tilde{\boldsymbol{x}}_{C_G})^{\mathrm{T}}\\ \boldsymbol{M}_{44}^{C}=\int_{\Omega_C}\rho_{C}(\tilde{U}_{B}^{C}+\tilde{\boldsymbol{x}}_{C})\cdot(\tilde{U}_{B}^{C}+\tilde{\boldsymbol{x}}_{C})^{\mathrm{T}}\mathrm{d}V,\ \boldsymbol{M}_{45}^{C}=m_{C}(\tilde{U}_{B}^{C}+\tilde{\boldsymbol{x}}_{C_G})\end{cases}$$

$$
\begin{cases}
\boldsymbol{M}_{46}^{C} = (\boldsymbol{M}_{64}^{C})^{\mathrm{T}} = \int_{\Omega_C} \rho_C (\tilde{\boldsymbol{U}}_B^C + \tilde{\boldsymbol{x}}_C) \cdot (\tilde{\boldsymbol{x}}_C)^{\mathrm{T}} \mathrm{d}V \\
\boldsymbol{M}_{56}^{C} = (\boldsymbol{M}_{65}^{C})^{\mathrm{T}} = m_C (\tilde{\boldsymbol{x}}_{C_G})^{\mathrm{T}},\ \boldsymbol{M}_{66}^{C} = \int_{\Omega_C} \rho_C \tilde{\boldsymbol{x}}_C \cdot (\tilde{\boldsymbol{x}}_C)^{\mathrm{T}} \mathrm{d}V
\end{cases} \tag{A.3}
$$

（4）后坐部分质量矩阵：

$$
\begin{aligned}
\boldsymbol{M}_{11}^{D} &= \boldsymbol{M}_{33}^{D} = \boldsymbol{M}_{55}^{D} = \boldsymbol{M}_{77}^{D} = \boldsymbol{M}_{13}^{D} = (\boldsymbol{M}_{31}^{D})^{\mathrm{T}} = \boldsymbol{M}_{15}^{D} = (\boldsymbol{M}_{51}^{D})^{\mathrm{T}} = \boldsymbol{M}_{17}^{D} = (\boldsymbol{M}_{71}^{D})^{\mathrm{T}} \\
&= \boldsymbol{M}_{35}^{D} = (\boldsymbol{M}_{53}^{D})^{\mathrm{T}} = \boldsymbol{M}_{37}^{D} = (\boldsymbol{M}_{73}^{D})^{\mathrm{T}} = \boldsymbol{M}_{57}^{D} = (\boldsymbol{M}_{75}^{D})^{\mathrm{T}} = m_D \boldsymbol{1}_{3\times 3}
\end{aligned}
$$

$$\boldsymbol{M}_{12}^{D} = (\boldsymbol{M}_{21}^{D})^{\mathrm{T}} = m_D (\tilde{\boldsymbol{U}}_A^D + \tilde{\boldsymbol{x}}_{CD} + \tilde{\boldsymbol{x}}_{D_G})^{\mathrm{T}}$$

$$\boldsymbol{M}_{14}^{D} = (\boldsymbol{M}_{41}^{D})^{\mathrm{T}} = m_D (\tilde{\boldsymbol{U}}_B^D + \tilde{\boldsymbol{x}}_{CD} + \tilde{\boldsymbol{x}}_{D_G})^{\mathrm{T}}$$

$$\boldsymbol{M}_{16}^{D} = (\boldsymbol{M}_{61}^{D})^{\mathrm{T}} = m_D (\tilde{\boldsymbol{U}}_C^D + \tilde{\boldsymbol{x}}_{CD} + \tilde{\boldsymbol{x}}_{D_G})^{\mathrm{T}},\ \boldsymbol{M}_{18}^{D} = (\boldsymbol{M}_{81}^{D})^{\mathrm{T}} = m_D (\tilde{\boldsymbol{x}}_{D_G})^{\mathrm{T}}$$

$$
\begin{aligned}
\boldsymbol{M}_{19}^{D} &= (\boldsymbol{M}_{91}^{D})^{\mathrm{T}} = \boldsymbol{M}_{39}^{D} = (\boldsymbol{M}_{93}^{D})^{\mathrm{T}} = \boldsymbol{M}_{59}^{D} = (\boldsymbol{M}_{95}^{D})^{\mathrm{T}} = \boldsymbol{M}_{79}^{D} = (\boldsymbol{M}_{97}^{D})^{\mathrm{T}} \\
&= \sum_{e=1}^{m_D} \int_{\Omega_{Da}} \rho_{Da} \boldsymbol{Z}_e^{Da} \boldsymbol{N}_e(\boldsymbol{\zeta}) \mathrm{d}V + \left(\int_{\Omega_{Db}} \rho_{Db} \boldsymbol{Z}_{Db} \mathrm{d}V\right) \boldsymbol{N}_D(\boldsymbol{0}) + \left(\int_{\Omega_{Dc}} \rho_{Dc} \boldsymbol{Z}_{Dc} \mathrm{d}V\right) \boldsymbol{N}_D(\boldsymbol{l}_{Ds})
\end{aligned}
$$

$$\boldsymbol{M}_{22}^{D} = \int_{\Omega_D} \rho_D (\tilde{\boldsymbol{U}}_A^D + \tilde{\boldsymbol{x}}_{CD} + \tilde{\boldsymbol{x}}_D)(\tilde{\boldsymbol{U}}_A^D + \tilde{\boldsymbol{x}}_{CD} + \tilde{\boldsymbol{x}}_D)^{\mathrm{T}} \mathrm{d}V$$

$$\boldsymbol{M}_{23}^{D} = (\boldsymbol{M}_{32}^{D})^{\mathrm{T}} = m_D (\tilde{\boldsymbol{U}}_A^D + \tilde{\boldsymbol{x}}_{CD} + \tilde{\boldsymbol{x}}_{D_G})$$

$$\boldsymbol{M}_{24}^{D} = (\boldsymbol{M}_{42}^{D})^{\mathrm{T}} = \int_{\Omega_D} \rho_D (\tilde{\boldsymbol{U}}_A^D + \tilde{\boldsymbol{x}}_{CD} + \tilde{\boldsymbol{x}}_D) \cdot (\tilde{\boldsymbol{U}}_B^D + \tilde{\boldsymbol{x}}_{CD} + \tilde{\boldsymbol{x}}_D)^{\mathrm{T}} \mathrm{d}V$$

$$\boldsymbol{M}_{25}^{D} = (\boldsymbol{M}_{52}^{D})^{\mathrm{T}} = m_D (\tilde{\boldsymbol{U}}_A^D + \tilde{\boldsymbol{x}}_{CD} + \tilde{\boldsymbol{x}}_{D_G})$$

$$\boldsymbol{M}_{26}^{D} = (\boldsymbol{M}_{62}^{D})^{\mathrm{T}} = \int_{\Omega_D} \rho_D (\tilde{\boldsymbol{U}}_A^D + \tilde{\boldsymbol{x}}_{CD} + \tilde{\boldsymbol{x}}_D) \cdot (\tilde{\boldsymbol{U}}_C^D + \tilde{\boldsymbol{x}}_{CD} + \tilde{\boldsymbol{x}}_D)^{\mathrm{T}} \mathrm{d}V$$

$$\boldsymbol{M}_{27}^{D} = (\boldsymbol{M}_{72}^{D})^{\mathrm{T}} = m_D (\tilde{\boldsymbol{U}}_A^D + \tilde{\boldsymbol{x}}_{CD} + \tilde{\boldsymbol{x}}_{D_G})$$

$$\boldsymbol{M}_{28}^{D} = (\boldsymbol{M}_{82}^{D})^{\mathrm{T}} = \int_{\Omega_D} \rho_D (\tilde{\boldsymbol{U}}_A^D + \tilde{\boldsymbol{x}}_{CD} + \tilde{\boldsymbol{x}}_D) \cdot (\tilde{\boldsymbol{x}}_D)^{\mathrm{T}} \mathrm{d}V$$

$$\boldsymbol{M}_{29}^{D} = (\boldsymbol{M}_{92}^{D})^{\mathrm{T}} = (\tilde{\boldsymbol{U}}_A^D + \tilde{\boldsymbol{x}}_{CD}) \cdot \boldsymbol{M}_I^D + \boldsymbol{M}_{89}^{D}$$

$$\boldsymbol{M}_{34}^{D} = (\boldsymbol{M}_{43}^{D})^{\mathrm{T}} = m_D (\tilde{\boldsymbol{U}}_B^D + \tilde{\boldsymbol{x}}_{CD} + \tilde{\boldsymbol{x}}_{D_G})^{\mathrm{T}}$$

$$\boldsymbol{M}_{36}^{D} = (\boldsymbol{M}_{63}^{D})^{\mathrm{T}} = m_D (\tilde{\boldsymbol{U}}_C^D + \tilde{\boldsymbol{x}}_{CD} + \tilde{\boldsymbol{x}}_{D_G})^{\mathrm{T}}$$

$$\boldsymbol{M}_{38}^{D} = (\boldsymbol{M}_{83}^{D})^{\mathrm{T}} = m_D (\tilde{\boldsymbol{x}}_{D_G})^{\mathrm{T}}$$

$$\boldsymbol{M}_{44}^{D} = \int_{\Omega_D} \rho_D (\tilde{\boldsymbol{U}}_B^D + \tilde{\boldsymbol{x}}_{CD} + \tilde{\boldsymbol{x}}_D) \cdot (\tilde{\boldsymbol{U}}_B^D + \tilde{\boldsymbol{x}}_{CD} + \tilde{\boldsymbol{x}}_D)^{\mathrm{T}} \mathrm{d}V$$

$$\boldsymbol{M}_{45}^{D} = (\boldsymbol{M}_{54}^{D})^{\mathrm{T}} = m_D (\tilde{\boldsymbol{U}}_B^D + \tilde{\boldsymbol{x}}_{CD} + \tilde{\boldsymbol{x}}_{D_G})$$

$$\boldsymbol{M}_{46}^{D} = (\boldsymbol{M}_{64}^{D})^{\mathrm{T}} = \int_{\Omega_D} \rho_D (\tilde{\boldsymbol{U}}_B^D + \tilde{\boldsymbol{x}}_{CD} + \tilde{\boldsymbol{x}}_D) \cdot (\tilde{\boldsymbol{U}}_C^D + \tilde{\boldsymbol{x}}_{CD} + \tilde{\boldsymbol{x}}_D)^{\mathrm{T}} \mathrm{d}V$$

$$\boldsymbol{M}_{47}^{D} = (\boldsymbol{M}_{74}^{D})^{\mathrm{T}} = m_D(\tilde{\boldsymbol{U}}_B^D + \tilde{\boldsymbol{x}}_{CD} + \tilde{\boldsymbol{x}}_{D_G})$$

$$\boldsymbol{M}_{48}^{D} = (\boldsymbol{M}_{84}^{D})^{\mathrm{T}} = \int_{\Omega_D} \rho_D(\tilde{\boldsymbol{U}}_B^D + \tilde{\boldsymbol{x}}_{CD} + \tilde{\boldsymbol{x}}_D)\cdot(\tilde{\boldsymbol{x}}_D)^{\mathrm{T}}\mathrm{d}V$$

$$\boldsymbol{M}_{49}^{D} = (\boldsymbol{M}_{94}^{D})^{\mathrm{T}} = (\tilde{\boldsymbol{U}}_B^D + \tilde{\boldsymbol{x}}_{CD})\cdot \boldsymbol{M}_I^D + \boldsymbol{M}_{89}^D$$

$$\boldsymbol{M}_{56}^{D} = (\boldsymbol{M}_{65}^{D})^{\mathrm{T}} = m_D(\tilde{\boldsymbol{U}}_C^D + \tilde{\boldsymbol{x}}_{CD} + \tilde{\boldsymbol{x}}_{D_G})^{\mathrm{T}},\ \boldsymbol{M}_{58}^{D} = (\boldsymbol{M}_{85}^{D})^{\mathrm{T}} = m_D(\tilde{\boldsymbol{x}}_{D_G})^{\mathrm{T}}$$

$$\boldsymbol{M}_{66}^{D} = \int_{\Omega_D} \rho_D(\tilde{\boldsymbol{U}}_C^D + \tilde{\boldsymbol{x}}_{CD} + \tilde{\boldsymbol{x}}_D)\cdot(\tilde{\boldsymbol{U}}_C^D + \tilde{\boldsymbol{x}}_{CD} + \tilde{\boldsymbol{x}}_D)^{\mathrm{T}}\mathrm{d}V$$

$$\boldsymbol{M}_{67}^{D} = (\boldsymbol{M}_{76}^{D})^{\mathrm{T}} = m_D(\tilde{\boldsymbol{U}}_C^D + \tilde{\boldsymbol{x}}_{CD} + \tilde{\boldsymbol{x}}_{D_G})$$

$$\boldsymbol{M}_{68}^{D} = (\boldsymbol{M}_{86}^{D})^{\mathrm{T}} = \int_{\Omega_D} \rho_D(\tilde{\boldsymbol{U}}_C^D + \tilde{\boldsymbol{x}}_{CD} + \tilde{\boldsymbol{x}}_D)\cdot(\tilde{\boldsymbol{x}}_D)^{\mathrm{T}}\mathrm{d}V$$

$$\boldsymbol{M}_{69}^{D} = (\boldsymbol{M}_{96}^{D})^{\mathrm{T}} = (\tilde{\boldsymbol{U}}_C^D + \tilde{\boldsymbol{x}}_{CD})\cdot \boldsymbol{M}_I^D + \boldsymbol{M}_{89}^D$$

$$\boldsymbol{M}_{78}^{D} = (\boldsymbol{M}_{87}^{D})^{\mathrm{T}} = m_D(\tilde{\boldsymbol{x}}_{D_G})^{\mathrm{T}}$$

$$\boldsymbol{M}_{88}^{D} = \int_{\Omega_D} \rho_D \tilde{\boldsymbol{x}}_D \cdot (\tilde{\boldsymbol{x}}_D)^{\mathrm{T}}\mathrm{d}V$$

$$\boldsymbol{M}_{89}^{D} = (\boldsymbol{M}_{98}^{D})^{\mathrm{T}} = \sum_{e=1}^{m_D}\int_{\Omega_{Da}} \tilde{\boldsymbol{x}}_e^{Da}\boldsymbol{Z}_e^{Da}\boldsymbol{N}_e\mathrm{d}V + \int_{\Omega_{Db}} \tilde{\boldsymbol{x}}_{Db}\boldsymbol{Z}_{Db}\mathrm{d}V\boldsymbol{N}_D(\boldsymbol{0}) + \int_{\Omega_{Dc}} \tilde{\boldsymbol{x}}_{Dc}\boldsymbol{Z}_{Dc}\mathrm{d}V\boldsymbol{N}_D(\boldsymbol{l}_{Ds})$$

$$\begin{aligned}\boldsymbol{M}_{99}^{D} = &\sum_{e=1}^{m_D}\int_{\Omega_{Da}} \rho_{Da}(\boldsymbol{Z}_e^{Da}\boldsymbol{N}_e(\boldsymbol{\zeta}))^{\mathrm{T}}\boldsymbol{Z}_e^{Da}\boldsymbol{N}_e(\boldsymbol{\zeta})\mathrm{d}V + (N_1(\boldsymbol{0}))^{\mathrm{T}}\int_{\Omega_{Db}}\rho_{Db}(\boldsymbol{Z}_{Db})^{\mathrm{T}}\boldsymbol{Z}_{Db}\mathrm{d}V\boldsymbol{N}_D(\boldsymbol{0})\\ &+ (\boldsymbol{N}_D(\boldsymbol{l}_{Ds}))^{\mathrm{T}}\int_{\Omega_{Dc}}\rho_{Dc}(\boldsymbol{Z}_{Dc})^{\mathrm{T}}\boldsymbol{Z}_{Dc}\mathrm{d}V\boldsymbol{N}_D(\boldsymbol{l}_{Ds})\end{aligned} \tag{A.4}$$

$$m_D = \int_{\Omega_D}\rho_D\mathrm{d}V$$

$$m_D\tilde{\boldsymbol{x}}_{D_G} = \int_{\Omega_D}\rho_D\tilde{\boldsymbol{x}}_D\mathrm{d}V = \int_{\Omega_{Da}}\rho_{Da}\tilde{\boldsymbol{x}}_{Da}\mathrm{d}V + \int_{\Omega_{Db}}\rho_{Db}\tilde{\boldsymbol{x}}_{Db}\mathrm{d}V + \int_{\Omega_{Dc}}\rho_{Dc}\tilde{\boldsymbol{x}}_{Dc}\mathrm{d}V$$

$$\tilde{\boldsymbol{x}}_e^{Da} = \begin{bmatrix} 0 & -x_3^D(\zeta) & x_2^D(\zeta) \\ x_3^D(\zeta) & 0 & -\sum\limits_{I=n^e}^{n^e+1} x_{1I}^D N_I(\zeta) \\ -x_2^D(\zeta) & \sum\limits_{I=n^e}^{n^e+1} x_{1I}^D N_I(\zeta) & 0 \end{bmatrix} \tag{A.5}$$

$$\boldsymbol{M}_I^D = \sum_{e=1}^{m_D}\int_{\Omega_{Da}}\boldsymbol{Z}_e^{Da}\boldsymbol{N}_e\mathrm{d}V + \left(\int_{\Omega_{Db}}\boldsymbol{Z}_{Db}\mathrm{d}V\right)\boldsymbol{N}_D(\boldsymbol{0}) + \left(\int_{\Omega_{Dc}}\boldsymbol{Z}_{Dc}\mathrm{d}V\right)\boldsymbol{N}_D(\boldsymbol{l}_{Ds}) \tag{A.6}$$

（5）弹丸部分质量矩阵：由于 $\boldsymbol{x}_{Q_G}$ 很小，在 $\boldsymbol{M}_{ij}^{Q}$、$\boldsymbol{F}_{iQ}^{I}$ 的表达式中，忽略了 $\boldsymbol{x}_{Q_G}$ 项的影响。

$$\boldsymbol{M}_{11}^{Q} = m_Q\boldsymbol{1}_{3\times 3}$$

$$\boldsymbol{M}_{12}^{Q} = (\boldsymbol{M}_{21}^{Q})^{\mathrm{T}} = m_Q(\tilde{\boldsymbol{U}}_A^D + \tilde{\boldsymbol{x}}_{CD} + \tilde{\boldsymbol{x}}_1^{Dq} + \tilde{\boldsymbol{l}}_{Q_E} + \tilde{\boldsymbol{e}}_Q)^{\mathrm{T}}$$

$$\boldsymbol{M}_{13}^{Q}=(\boldsymbol{M}_{31}^{Q})^{\mathrm{T}}=m_{Q}\mathbf{1}_{3\times3}$$

$$\boldsymbol{M}_{14}^{Q}=(\boldsymbol{M}_{41}^{Q})^{\mathrm{T}}=m_{Q}(\tilde{\boldsymbol{U}}_{B}^{D}+\tilde{\boldsymbol{x}}_{CD}+\tilde{\boldsymbol{x}}_{1}^{Dq}+\tilde{\boldsymbol{l}}_{Q_E}+\tilde{\boldsymbol{e}}_{Q})^{\mathrm{T}},\ \boldsymbol{M}_{15}^{Q}=(\boldsymbol{M}_{51}^{Q})^{\mathrm{T}}=m_{Q}\mathbf{1}_{3\times3}$$

$$\boldsymbol{M}_{16}^{Q}=(\boldsymbol{M}_{61}^{Q})^{\mathrm{T}}=(\tilde{\boldsymbol{U}}_{C}^{D}+\tilde{\boldsymbol{x}}_{CD}+\tilde{\boldsymbol{x}}_{1}^{Dq}+\tilde{\boldsymbol{l}}_{Q_E}+\tilde{\boldsymbol{e}}_{Q})^{\mathrm{T}},\ \boldsymbol{M}_{17}^{Q}=(\boldsymbol{M}_{71}^{Q})^{\mathrm{T}}=m_{Q}\mathbf{1}_{3\times3}$$

$$\boldsymbol{M}_{18}^{Q}=(\boldsymbol{M}_{81}^{Q})^{\mathrm{T}}=m_{Q}(\tilde{\boldsymbol{x}}_{1}^{Dq}+\tilde{\boldsymbol{l}}_{Q_E}+\tilde{\boldsymbol{e}}_{Q})^{\mathrm{T}},\ \boldsymbol{M}_{19}^{Q}=(\boldsymbol{M}_{91}^{Q})^{\mathrm{T}}=m_{Q}\boldsymbol{Z}_{Dq}\boldsymbol{N}_{D}(\boldsymbol{x}_{1}^{Dq})$$

$$\boldsymbol{M}_{1(10)}^{Q}=(\boldsymbol{M}_{(10)1}^{Q})^{\mathrm{T}}=m_{Q}(\tilde{\boldsymbol{l}}_{Q_E}+\tilde{\boldsymbol{e}}_{Q})^{\mathrm{T}},\ \boldsymbol{M}_{1(11)}^{Q}=(\boldsymbol{M}_{(11)1}^{Q})^{\mathrm{T}}=m_{Q}\boldsymbol{F}_{Dq}$$

$$\boldsymbol{M}_{1(12)}^{Q}=(\boldsymbol{M}_{(12)1}^{Q})^{\mathrm{T}}=m_{Q}\mathbf{1}_{3\times3},\ \boldsymbol{M}_{1(13)}^{Q}=(\boldsymbol{M}_{(13)1}^{Q})^{\mathrm{T}}=m_{Q}(\tilde{\boldsymbol{l}}_{Q_E}+\tilde{\boldsymbol{e}}_{Q})^{\mathrm{T}}$$

$$\boldsymbol{M}_{1(14)}^{Q}=(\boldsymbol{M}_{(14)1}^{Q})^{\mathrm{T}}=\boldsymbol{M}_{Qf}$$

$$\boldsymbol{M}_{22}^{Q}=m_{Q}(\tilde{\boldsymbol{U}}_{A}^{D}+\tilde{\boldsymbol{x}}_{CD}+\tilde{\boldsymbol{x}}_{1}^{Dq}+\tilde{\boldsymbol{l}}_{Q_E})\cdot(\tilde{\boldsymbol{U}}_{A}^{D}+\tilde{\boldsymbol{x}}_{CD}+\tilde{\boldsymbol{x}}_{1}^{Dq}+\tilde{\boldsymbol{l}}_{Q_E})^{\mathrm{T}}+\boldsymbol{I}_{Q}$$

$$\boldsymbol{M}_{23}^{Q}=(\boldsymbol{M}_{32}^{Q})^{\mathrm{T}}=m_{Q}(\tilde{\boldsymbol{U}}_{A}^{D}+\tilde{\boldsymbol{x}}_{CD}+\tilde{\boldsymbol{x}}_{1}^{Dq}+\tilde{\boldsymbol{l}}_{Q_E}+\tilde{\boldsymbol{e}}_{Q})$$

$$\boldsymbol{M}_{24}^{Q}=(\boldsymbol{M}_{42}^{Q})^{\mathrm{T}}=m_{Q}(\tilde{\boldsymbol{U}}_{A}^{D}+\tilde{\boldsymbol{x}}_{CD}+\tilde{\boldsymbol{x}}_{1}^{Dq}+\tilde{\boldsymbol{l}}_{Q_E})\cdot(\tilde{\boldsymbol{U}}_{B}^{D}+\tilde{\boldsymbol{x}}_{CD}+\tilde{\boldsymbol{x}}_{1}^{Dq}+\tilde{\boldsymbol{l}}_{Q_E})^{\mathrm{T}}+\boldsymbol{I}_{Q}$$

$$\boldsymbol{M}_{25}^{Q}=(\boldsymbol{M}_{52}^{Q})^{\mathrm{T}}=m_{Q}(\tilde{\boldsymbol{U}}_{A}^{D}+\tilde{\boldsymbol{x}}_{CD}+\tilde{\boldsymbol{x}}_{1}^{Dq}+\tilde{\boldsymbol{l}}_{Q_E}+\tilde{\boldsymbol{e}}_{Q})$$

$$\boldsymbol{M}_{26}^{Q}=(\boldsymbol{M}_{62}^{Q})^{\mathrm{T}}=m_{Q}(\tilde{\boldsymbol{U}}_{A}^{D}+\tilde{\boldsymbol{x}}_{CD}+\tilde{\boldsymbol{x}}_{1}^{Dq}+\tilde{\boldsymbol{l}}_{Q_E})\cdot(\tilde{\boldsymbol{U}}_{C}^{D}+\tilde{\boldsymbol{x}}_{CD}+\tilde{\boldsymbol{x}}_{1}^{Dq}+\tilde{\boldsymbol{l}}_{Q_E})^{\mathrm{T}}+\boldsymbol{I}_{Q}$$

$$\boldsymbol{M}_{27}^{Q}=(\boldsymbol{M}_{72}^{Q})^{\mathrm{T}}=m_{Q}(\tilde{\boldsymbol{U}}_{A}^{D}+\tilde{\boldsymbol{x}}_{CD}+\tilde{\boldsymbol{x}}_{1}^{Dq}+\tilde{\boldsymbol{l}}_{Q_E}+\tilde{\boldsymbol{e}}_{Q})$$

$$\boldsymbol{M}_{28}^{Q}=(\boldsymbol{M}_{82}^{Q})^{\mathrm{T}}=m_{Q}(\tilde{\boldsymbol{U}}_{A}^{D}+\tilde{\boldsymbol{x}}_{CD}+\tilde{\boldsymbol{x}}_{1}^{Dq}+\tilde{\boldsymbol{l}}_{Q_E})\cdot(\tilde{\boldsymbol{x}}_{1}^{Dq}+\tilde{\boldsymbol{l}}_{Q_E})^{\mathrm{T}}+\boldsymbol{I}_{Q}$$

$$\boldsymbol{M}_{29}^{Q}=(\boldsymbol{M}_{92}^{Q})^{\mathrm{T}}=m_{Q}(\tilde{\boldsymbol{U}}_{A}^{D}+\tilde{\boldsymbol{x}}_{CD}+\tilde{\boldsymbol{x}}_{1}^{Dq}+\tilde{\boldsymbol{l}}_{Q_E}+\tilde{\boldsymbol{e}}_{Q})\cdot\boldsymbol{Z}_{Dq}\boldsymbol{N}_{D}(\boldsymbol{x}_{1}^{Dq})$$

$$\boldsymbol{M}_{2(10)}^{Q}=(\boldsymbol{M}_{(10)2}^{Q})^{\mathrm{T}}=m_{Q}(\tilde{\boldsymbol{U}}_{A}^{D}+\tilde{\boldsymbol{x}}_{CD}+\tilde{\boldsymbol{x}}_{1}^{Dq}+\tilde{\boldsymbol{l}}_{Q_E})\cdot(\tilde{\boldsymbol{l}}_{Q_E})^{\mathrm{T}}+\boldsymbol{I}_{Q}$$

$$\boldsymbol{M}_{2(11)}^{Q}=(\boldsymbol{M}_{(11)2}^{Q})^{\mathrm{T}}=m_{Q}(\tilde{\boldsymbol{U}}_{A}^{D}+\tilde{\boldsymbol{x}}_{CD}+\tilde{\boldsymbol{x}}_{1}^{Dq}+\tilde{\boldsymbol{l}}_{Q_E}+\tilde{\boldsymbol{e}}_{Q})\cdot\boldsymbol{F}_{Dq}$$

$$\boldsymbol{M}_{2(12)}^{Q}=(\boldsymbol{M}_{(12)2}^{Q})^{\mathrm{T}}=m_{Q}(\tilde{\boldsymbol{U}}_{A}^{D}+\tilde{\boldsymbol{x}}_{CD}+\tilde{\boldsymbol{x}}_{1}^{Dq}+\tilde{\boldsymbol{l}}_{Q_E}+\tilde{\boldsymbol{e}}_{Q})$$

$$\boldsymbol{M}_{2(13)}^{Q}=(\boldsymbol{M}_{(13)2}^{Q})^{\mathrm{T}}=m_{Q}(\tilde{\boldsymbol{U}}_{A}^{D}+\tilde{\boldsymbol{x}}_{CD}+\tilde{\boldsymbol{x}}_{1}^{Dq}+\tilde{\boldsymbol{l}}_{Q_E})\cdot(\tilde{\boldsymbol{l}}_{Q_E})^{\mathrm{T}}+\boldsymbol{I}_{Q}$$

$$\boldsymbol{M}_{2(14)}^{Q}=(\boldsymbol{M}_{(14)2}^{Q})^{\mathrm{T}}=m_{Q}(\tilde{\boldsymbol{U}}_{A}^{D}+\tilde{\boldsymbol{x}}_{CD}+\tilde{\boldsymbol{x}}_{1}^{Dq}+\tilde{\boldsymbol{l}}_{Q_E}+\tilde{\boldsymbol{e}}_{Q})\cdot\boldsymbol{M}_{Qf}+\int_{\Omega_{Qf}}\rho_{Qf}\tilde{\boldsymbol{x}}_{Qf}\cdot\boldsymbol{N}_{Qf}\mathrm{d}V$$

$$\boldsymbol{M}_{33}^{Q}=m_{Q}\mathbf{1}_{3\times3},\ \boldsymbol{M}_{34}^{Q}=(\boldsymbol{M}_{43}^{Q})^{\mathrm{T}}=m_{Q}(\tilde{\boldsymbol{U}}_{B}^{D}+\tilde{\boldsymbol{x}}_{CD}+\tilde{\boldsymbol{x}}_{1}^{Dq}+\tilde{\boldsymbol{l}}_{Q_E}+\tilde{\boldsymbol{e}}_{Q})^{\mathrm{T}}$$

$$\boldsymbol{M}_{35}^{Q}=(\boldsymbol{M}_{53}^{Q})^{\mathrm{T}}=m_{Q}\mathbf{1}_{3\times3}$$

$$\boldsymbol{M}_{36}^{Q}=(\boldsymbol{M}_{63}^{Q})^{\mathrm{T}}=m_{Q}(\tilde{\boldsymbol{U}}_{C}^{D}+\tilde{\boldsymbol{x}}_{CD}+\tilde{\boldsymbol{x}}_{1}^{Dq}+\tilde{\boldsymbol{l}}_{Q_E}+\tilde{\boldsymbol{e}}_{Q})^{\mathrm{T}},\ \boldsymbol{M}_{37}^{Q}=(\boldsymbol{M}_{73}^{Q})^{\mathrm{T}}=m_{Q}\mathbf{1}_{3\times3}$$

$$\boldsymbol{M}_{38}^{Q}=(\boldsymbol{M}_{83}^{Q})^{\mathrm{T}}=m_{Q}(\tilde{\boldsymbol{x}}_{1}^{Dq}+\tilde{\boldsymbol{l}}_{Q_E}+\tilde{\boldsymbol{e}}_{Q})^{\mathrm{T}},\ \boldsymbol{M}_{39}^{Q}=(\boldsymbol{M}_{93}^{Q})^{\mathrm{T}}=m_{Q}\boldsymbol{Z}_{Dq}\boldsymbol{N}_{D}(\boldsymbol{x}_{1}^{Dq})$$

$$\boldsymbol{M}_{3(10)}^{Q}=(\boldsymbol{M}_{(10)3}^{Q})^{\mathrm{T}}=m_{Q}(\tilde{\boldsymbol{l}}_{Q_E}+\tilde{\boldsymbol{e}}_{Q})^{\mathrm{T}},\ \boldsymbol{M}_{3(11)}^{Q}=(\boldsymbol{M}_{(11)3}^{Q})^{\mathrm{T}}=m_{Q}\boldsymbol{F}_{Dq}$$

$$\boldsymbol{M}_{3(12)}^{Q}=(\boldsymbol{M}_{(12)3}^{Q})^{\mathrm{T}}=m_{Q}\mathbf{1}_{3\times3},\ \boldsymbol{M}_{3(13)}^{Q}=(\boldsymbol{M}_{(13)3}^{Q})^{\mathrm{T}}=m_{Q}(\tilde{\boldsymbol{l}}_{Q_E}+\tilde{\boldsymbol{e}}_{Q})^{\mathrm{T}},$$

$$\boldsymbol{M}_{3(14)}^{Q}=(\boldsymbol{M}_{(14)3}^{Q})^{\mathrm{T}}=\boldsymbol{M}_{Qf}$$

$$\boldsymbol{M}_{44}^{Q}=m_{Q}(\tilde{\boldsymbol{U}}_{B}^{D}+\tilde{\boldsymbol{x}}_{CD}+\tilde{\boldsymbol{x}}_{1}^{Dq}+\tilde{\boldsymbol{l}}_{Q_E})\cdot(\tilde{\boldsymbol{U}}_{B}^{D}+\tilde{\boldsymbol{x}}_{CD}+\tilde{\boldsymbol{x}}_{1}^{Dq}+\tilde{\boldsymbol{l}}_{Q_E})^{\mathrm{T}}+\boldsymbol{I}_{Q}$$

$$\boldsymbol{M}_{45}^{Q}=(\boldsymbol{M}_{54}^{Q})^{\mathrm{T}}=m_{Q}(\tilde{\boldsymbol{U}}_{B}^{D}+\tilde{\boldsymbol{x}}_{CD}+\tilde{\boldsymbol{x}}_{1}^{Dq}+\tilde{\boldsymbol{l}}_{Q_E}+\tilde{\boldsymbol{e}}_{Q})$$

$$\boldsymbol{M}_{46}^{Q}=m_{Q}(\tilde{\boldsymbol{U}}_{B}^{D}+\tilde{\boldsymbol{x}}_{CD}+\tilde{\boldsymbol{x}}_{1}^{Dq}+\tilde{\boldsymbol{l}}_{Q_E})\cdot(\tilde{\boldsymbol{U}}_{C}^{D}+\tilde{\boldsymbol{x}}_{CD}+\tilde{\boldsymbol{x}}_{1}^{Dq}+\tilde{\boldsymbol{l}}_{Q_E})^{\mathrm{T}}+\boldsymbol{I}_{Q}$$

$$\boldsymbol{M}_{47}^{Q}=(\boldsymbol{M}_{74}^{Q})^{\mathrm{T}}=m_{Q}(\tilde{\boldsymbol{U}}_{B}^{D}+\tilde{\boldsymbol{x}}_{CD}+\tilde{\boldsymbol{x}}_{1}^{Dq}+\tilde{\boldsymbol{l}}_{Q_E}+\tilde{\boldsymbol{e}}_{Q})$$

$$\boldsymbol{M}_{48}^{Q}=m_{Q}(\tilde{\boldsymbol{U}}_{B}^{D}+\tilde{\boldsymbol{x}}_{CD}+\tilde{\boldsymbol{x}}_{1}^{Dq}+\tilde{\boldsymbol{l}}_{Q_E})\cdot(\tilde{\boldsymbol{x}}_{1}^{Dq}+\tilde{\boldsymbol{l}}_{Q_E})^{\mathrm{T}}+\boldsymbol{I}_{Q}$$

$$\boldsymbol{M}_{49}^{Q}=(\boldsymbol{M}_{94}^{Q})^{\mathrm{T}}=m_{Q}(\tilde{\boldsymbol{U}}_{B}^{D}+\tilde{\boldsymbol{x}}_{CD}+\tilde{\boldsymbol{x}}_{1}^{Dq}+\tilde{\boldsymbol{l}}_{Q_E}+\tilde{\boldsymbol{e}}_{Q})\cdot\boldsymbol{Z}_{Dq}\boldsymbol{N}_{D}(\boldsymbol{x}_{1}^{Dq})$$

$$\boldsymbol{M}_{4(10)}^{Q}=(\boldsymbol{M}_{(10)4}^{Q})^{\mathrm{T}}=m_{Q}(\tilde{\boldsymbol{U}}_{C}^{D}+\tilde{\boldsymbol{x}}_{CD}+\tilde{\boldsymbol{x}}_{1}^{Dq}+\tilde{\boldsymbol{l}}_{Q_E})\cdot(\tilde{\boldsymbol{l}}_{Q_E})^{\mathrm{T}}+\boldsymbol{I}_{Q}$$

$$\boldsymbol{M}_{4(11)}^{Q}=(\boldsymbol{M}_{(11)4}^{Q})^{\mathrm{T}}=m_{Q}(\tilde{\boldsymbol{U}}_{C}^{D}+\tilde{\boldsymbol{x}}_{CD}+\tilde{\boldsymbol{x}}_{1}^{Dq}+\tilde{\boldsymbol{l}}_{Q_E}+\tilde{\boldsymbol{e}}_{Q})\cdot\boldsymbol{F}_{Dq}$$

$$\boldsymbol{M}_{4(12)}^{Q}=(\boldsymbol{M}_{(12)4}^{Q})^{\mathrm{T}}=m_{Q}(\tilde{\boldsymbol{U}}_{C}^{D}+\tilde{\boldsymbol{x}}_{CD}+\tilde{\boldsymbol{x}}_{1}^{Dq}+\tilde{\boldsymbol{l}}_{Q_E}+\tilde{\boldsymbol{e}}_{Q})$$

$$\boldsymbol{M}_{4(13)}^{Q}=(\boldsymbol{M}_{(13)4}^{Q})^{\mathrm{T}}=m_{Q}(\tilde{\boldsymbol{U}}_{C}^{D}+\tilde{\boldsymbol{x}}_{CD}+\tilde{\boldsymbol{x}}_{1}^{Dq}+\tilde{\boldsymbol{l}}_{Q_E})\cdot(\tilde{\boldsymbol{l}}_{Q_E})^{\mathrm{T}}+\boldsymbol{I}_{Q}$$

$$\boldsymbol{M}_{4(14)}^{Q}=(\boldsymbol{M}_{(14)4}^{Q})^{\mathrm{T}}=m_{Q}(\tilde{\boldsymbol{U}}_{C}^{D}+\tilde{\boldsymbol{x}}_{CD}+\tilde{\boldsymbol{x}}_{1}^{Dq}+\tilde{\boldsymbol{l}}_{Q_E}+\tilde{\boldsymbol{e}}_{Q})\cdot\boldsymbol{M}_{Qf}+\int_{\Omega_{Qf}}\rho_{Qf}\tilde{\boldsymbol{x}}_{Qf}\cdot\boldsymbol{N}_{Qf}\mathrm{d}V$$

$$\boldsymbol{M}_{55}^{Q}=m_{Q}\mathbf{1}_{3\times 3},\ \boldsymbol{M}_{56}^{Q}=(\boldsymbol{M}_{65}^{Q})^{\mathrm{T}}=m_{Q}(\tilde{\boldsymbol{U}}_{C}^{D}+\tilde{\boldsymbol{x}}_{CD}+\tilde{\boldsymbol{x}}_{1}^{Dq}+\tilde{\boldsymbol{l}}_{Q_E}+\tilde{\boldsymbol{e}}_{Q})^{\mathrm{T}}$$

$$\boldsymbol{M}_{57}^{Q}=(\boldsymbol{M}_{75}^{Q})^{\mathrm{T}}=m_{Q}\mathbf{1}_{3\times 3}$$

$$\boldsymbol{M}_{58}^{Q}=(\boldsymbol{M}_{85}^{Q})^{\mathrm{T}}=m_{Q}(\tilde{\boldsymbol{x}}_{1}^{Dq}+\tilde{\boldsymbol{l}}_{Q_E}+\tilde{\boldsymbol{e}}_{Q})^{\mathrm{T}},\ \boldsymbol{M}_{59}^{Q}=(\boldsymbol{M}_{95}^{Q})^{\mathrm{T}}=m_{Q}\boldsymbol{Z}_{Dq}\boldsymbol{N}_{D}(\boldsymbol{x}_{1}^{Dq})$$

$$\boldsymbol{M}_{5(10)}^{Q}=(\boldsymbol{M}_{(10)5}^{Q})^{\mathrm{T}}=m_{Q}(\tilde{\boldsymbol{l}}_{Q_E}+\tilde{\boldsymbol{e}}_{Q})^{\mathrm{T}},\ \boldsymbol{M}_{5(11)}^{Q}=(\boldsymbol{M}_{(11)5}^{Q})^{\mathrm{T}}=m_{Q}\boldsymbol{F}_{Dq}$$

$$\boldsymbol{M}_{5(12)}^{Q}=(\boldsymbol{M}_{(12)5}^{Q})^{\mathrm{T}}=m_{Q}\mathbf{1}_{3\times 3},\ \boldsymbol{M}_{5(13)}^{Q}=(\boldsymbol{M}_{(13)5}^{Q})^{\mathrm{T}}=m_{Q}(\tilde{\boldsymbol{l}}_{Q_E}+\tilde{\boldsymbol{e}}_{Q})^{\mathrm{T}}$$

$$\boldsymbol{M}_{5(14)}^{Q}=(\boldsymbol{M}_{(14)5}^{Q})^{\mathrm{T}}=\boldsymbol{M}_{Qf}$$

$$\boldsymbol{M}_{66}^{Q}=m_{Q}(\tilde{\boldsymbol{U}}_{C}^{D}+\tilde{\boldsymbol{x}}_{CD}+\tilde{\boldsymbol{x}}_{1}^{Dq}+\tilde{\boldsymbol{l}}_{Q_E})\cdot(\tilde{\boldsymbol{U}}_{C}^{D}+\tilde{\boldsymbol{x}}_{CD}+\tilde{\boldsymbol{x}}_{1}^{Dq}+\tilde{\boldsymbol{l}}_{Q_E})^{\mathrm{T}}+\boldsymbol{I}_{Q}$$

$$\boldsymbol{M}_{67}^{Q}=(\boldsymbol{M}_{76}^{Q})^{\mathrm{T}}=m_{Q}(\tilde{\boldsymbol{U}}_{C}^{D}+\tilde{\boldsymbol{x}}_{CD}+\tilde{\boldsymbol{x}}_{1}^{Dq}+\tilde{\boldsymbol{l}}_{Q_E}+\tilde{\boldsymbol{e}}_{Q})$$

$$\boldsymbol{M}_{68}^{Q}=(\boldsymbol{M}_{86}^{Q})^{\mathrm{T}}=m_{Q}(\tilde{\boldsymbol{U}}_{C}^{D}+\tilde{\boldsymbol{x}}_{CD}+\tilde{\boldsymbol{x}}_{1}^{Dq}+\tilde{\boldsymbol{l}}_{Q_E})\cdot(\tilde{\boldsymbol{x}}_{1}^{Dq}+\tilde{\boldsymbol{l}}_{Q_E})^{\mathrm{T}}+\boldsymbol{I}_{Q}$$

$$\boldsymbol{M}_{69}^{Q}=(\boldsymbol{M}_{96}^{Q})^{\mathrm{T}}=m_{Q}(\tilde{\boldsymbol{U}}_{C}^{D}+\tilde{\boldsymbol{x}}_{CD}+\tilde{\boldsymbol{x}}_{1}^{Dq}+\tilde{\boldsymbol{l}}_{Q_E}+\tilde{\boldsymbol{e}}_{Q})\cdot\boldsymbol{Z}_{Dq}\boldsymbol{N}_{D}(\boldsymbol{x}_{1}^{Dq})$$

$$\boldsymbol{M}_{6(10)}^{Q}=(\boldsymbol{M}_{(10)6}^{Q})^{\mathrm{T}}=m_{Q}(\tilde{\boldsymbol{U}}_{C}^{D}+\tilde{\boldsymbol{x}}_{CD}+\tilde{\boldsymbol{x}}_{1}^{Dq}+\tilde{\boldsymbol{l}}_{Q_E})\cdot(\tilde{\boldsymbol{l}}_{Q_E})^{\mathrm{T}}+\boldsymbol{I}_{Q}$$

$$\boldsymbol{M}_{6(11)}^{Q}=(\boldsymbol{M}_{(11)6}^{Q})^{\mathrm{T}}=m_{Q}(\tilde{\boldsymbol{U}}_{C}^{D}+\tilde{\boldsymbol{x}}_{CD}+\tilde{\boldsymbol{x}}_{1}^{Dq}+\tilde{\boldsymbol{l}}_{Q_E}+\tilde{\boldsymbol{e}}_{Q})\cdot\boldsymbol{F}_{Dq}$$

$$\boldsymbol{M}_{6(12)}^{Q}=(\boldsymbol{M}_{(12)6}^{Q})^{\mathrm{T}}=m_{Q}(\tilde{\boldsymbol{U}}_{C}^{D}+\tilde{\boldsymbol{x}}_{CD}+\tilde{\boldsymbol{x}}_{1}^{Dq}+\tilde{\boldsymbol{l}}_{Q_E}+\tilde{\boldsymbol{e}}_{Q})$$

$$\boldsymbol{M}_{6(13)}^{Q}=(\boldsymbol{M}_{(13)6}^{Q})^{\mathrm{T}}=m_{Q}(\tilde{\boldsymbol{U}}_{C}^{D}+\tilde{\boldsymbol{x}}_{CD}+\tilde{\boldsymbol{x}}_{1}^{Dq}+\tilde{\boldsymbol{l}}_{Q_E})\cdot(\tilde{\boldsymbol{l}}_{Q_E})^{\mathrm{T}}+\boldsymbol{I}_{Q}$$

$$\boldsymbol{M}_{6(14)}^{Q}=(\boldsymbol{M}_{(14)6}^{Q})^{\mathrm{T}}=m_{Q}(\tilde{\boldsymbol{U}}_{C}^{D}+\tilde{\boldsymbol{x}}_{CD}+\tilde{\boldsymbol{x}}_{1}^{Dq}+\tilde{\boldsymbol{l}}_{Q_E}+\tilde{\boldsymbol{e}}_{Q})\cdot\boldsymbol{M}_{Qf}+\int_{\Omega_{Qf}}\rho_{Qf}\tilde{\boldsymbol{x}}_{Qf}\cdot\boldsymbol{N}_{Qf}\mathrm{d}V$$

$$\boldsymbol{M}_{77}^{Q}=m_{Q}\mathbf{1}_{3\times3},\ \boldsymbol{M}_{78}^{Q}=(\boldsymbol{M}_{87}^{Q})^{\mathrm{T}}=m_{Q}(\tilde{\boldsymbol{x}}_{1}^{Dq}+\tilde{\boldsymbol{l}}_{Q_E}+\tilde{\boldsymbol{e}}_{Q})^{\mathrm{T}}$$

$$\boldsymbol{M}_{79}^{Q}=(\boldsymbol{M}_{97}^{Q})^{\mathrm{T}}=m_{Q}\boldsymbol{Z}_{Dq}\boldsymbol{N}_{D}(\boldsymbol{x}_{1}^{Dq}),\ \boldsymbol{M}_{7(10)}^{Q}=(\boldsymbol{M}_{(10)7}^{Q})^{\mathrm{T}}=m_{Q}(\tilde{\boldsymbol{l}}_{Q_E}+\tilde{\boldsymbol{e}}_{Q})^{\mathrm{T}}$$

$$\boldsymbol{M}_{7(11)}^{Q}=(\boldsymbol{M}_{(11)7}^{Q})^{\mathrm{T}}=m_{Q}\boldsymbol{F}_{Dq},\ \boldsymbol{M}_{7(12)}^{Q}=(\boldsymbol{M}_{(12)7}^{Q})^{\mathrm{T}}=m_{Q}\mathbf{1}_{3\times3}$$

$$\boldsymbol{M}_{7(13)}^{Q}=(\boldsymbol{M}_{(13)7}^{Q})^{\mathrm{T}}=m_{Q}(\tilde{\boldsymbol{l}}_{Q_E}+\tilde{\boldsymbol{e}}_{Q})^{\mathrm{T}},\ \boldsymbol{M}_{7(14)}^{Q}=(\boldsymbol{M}_{(14)7}^{Q})^{\mathrm{T}}=\boldsymbol{M}_{Qf}$$

$$\boldsymbol{M}_{88}^{Q}=m_{Q}(\tilde{\boldsymbol{x}}_{1}^{Dq}+\tilde{\boldsymbol{l}}_{Q_E})\cdot(\tilde{\boldsymbol{x}}_{1}^{Dq}+\tilde{\boldsymbol{l}}_{Q_E})^{\mathrm{T}}+\boldsymbol{I}_{Q}$$

$$\boldsymbol{M}_{89}^{Q}=(\boldsymbol{M}_{98}^{Q})^{\mathrm{T}}=m_{Q}(\tilde{\boldsymbol{x}}_{1}^{Dq}+\tilde{\boldsymbol{l}}_{Q_E}+\tilde{\boldsymbol{e}}_{Q})\cdot\boldsymbol{Z}_{Dq}\boldsymbol{N}_{D}(\boldsymbol{x}_{1}^{Dq})$$

$$\boldsymbol{M}_{8(10)}^{Q}=(\boldsymbol{M}_{(10)8}^{Q})^{\mathrm{T}}=m_{Q}(\tilde{\boldsymbol{x}}_{1}^{Dq}+\tilde{\boldsymbol{l}}_{Q_E})\cdot(\tilde{\boldsymbol{l}}_{Q_E})^{\mathrm{T}}+\boldsymbol{I}_{Q}$$

$$\boldsymbol{M}_{8(11)}^{Q}=(\boldsymbol{M}_{(11)8}^{Q})^{\mathrm{T}}=m_{Q}(\tilde{\boldsymbol{x}}_{1}^{Dq}+\tilde{\boldsymbol{l}}_{Q_E}+\tilde{\boldsymbol{e}}_{Q})\cdot\boldsymbol{F}_{Dq}$$

$$\boldsymbol{M}_{8(12)}^{Q}=(\boldsymbol{M}_{(12)8}^{Q})^{\mathrm{T}}=m_{Q}(\tilde{\boldsymbol{x}}_{1}^{Dq}+\tilde{\boldsymbol{l}}_{Q_E}+\tilde{\boldsymbol{e}}_{Q})$$

$$\boldsymbol{M}_{8(13)}^{Q}=(\boldsymbol{M}_{(13)8}^{Q})^{\mathrm{T}}=m_{Q}(\tilde{\boldsymbol{x}}_{1}^{Dq}+\tilde{\boldsymbol{l}}_{Q_E})\cdot(\tilde{\boldsymbol{l}}_{Q_E})^{\mathrm{T}}+\boldsymbol{I}_{Q}$$

$$\boldsymbol{M}_{8(14)}^{Q}=(\boldsymbol{M}_{(14)8}^{Q})^{\mathrm{T}}=m_{Q}(\tilde{\boldsymbol{x}}_{1}^{Dq}+\tilde{\boldsymbol{l}}_{Q_E}+\tilde{\boldsymbol{e}}_{Q})\cdot\boldsymbol{M}_{Qf}+\int_{\Omega_{Qf}}\rho_{Qf}\tilde{\boldsymbol{x}}_{Qf}\cdot\boldsymbol{N}_{Qf}\mathrm{d}V$$

$$\boldsymbol{M}_{99}^{Q}=m_{Q}(\boldsymbol{Z}_{Dq}\boldsymbol{N}_{D}(\boldsymbol{x}_{1}^{Dq}))^{\mathrm{T}}\boldsymbol{Z}_{Dq}\boldsymbol{N}_{D}(\boldsymbol{x}_{1}^{Dq})$$

$$\boldsymbol{M}_{9(10)}^{Q}=(\boldsymbol{M}_{(10)9}^{Q})^{\mathrm{T}}=m_{Q}(\boldsymbol{Z}_{Dq}\boldsymbol{N}_{Dq}(\boldsymbol{x}_{1}^{Dq}))^{\mathrm{T}}\cdot(\tilde{\boldsymbol{l}}_{Q_E}+\tilde{\boldsymbol{e}}_{Q})^{\mathrm{T}}$$

$$\boldsymbol{M}_{9(11)}^{Q}=(\boldsymbol{M}_{(11)9}^{Q})^{\mathrm{T}}=m_{Q}((\boldsymbol{Z}_{Dq})\boldsymbol{N}_{Dq}(\boldsymbol{x}_{1}^{Dq}))^{\mathrm{T}}\cdot\boldsymbol{F}_{Dq}$$

$$\boldsymbol{M}_{9(12)}^{Q}=(\boldsymbol{M}_{(12)9}^{Q})^{\mathrm{T}}=m_{Q}((\boldsymbol{Z}_{Dq})\boldsymbol{N}_{Dq}(\boldsymbol{x}_{1}^{Dq}))^{\mathrm{T}}$$

$$\boldsymbol{M}_{9(13)}^{Q}=(\boldsymbol{M}_{(13)9}^{Q})^{\mathrm{T}}=m_{Q}((\boldsymbol{Z}_{Dq})\boldsymbol{N}_{Dq}(\boldsymbol{x}_{1}^{Dq}))^{\mathrm{T}}\cdot(\tilde{\boldsymbol{l}}_{Q_E}+\tilde{\boldsymbol{e}}_{Q})^{\mathrm{T}}$$

$$\boldsymbol{M}_{9(14)}^{Q}=(\boldsymbol{M}_{(14)9}^{Q})^{\mathrm{T}}=((\boldsymbol{Z}_{Dq})\boldsymbol{N}_{Dq}(\boldsymbol{x}_{1}^{Dq}))^{\mathrm{T}}\cdot\boldsymbol{M}_{Qf}$$

$$\boldsymbol{M}_{(10)(10)}^{Q}=m_{Q}\tilde{\boldsymbol{l}}_{Q_E}\cdot(\tilde{\boldsymbol{l}}_{Q_E})^{\mathrm{T}}+\boldsymbol{I}_{Q},\ \boldsymbol{M}_{(10)(11)}^{Q}=(\boldsymbol{M}_{(11)(10)}^{Q})^{\mathrm{T}}=m_{Q}(\tilde{\boldsymbol{l}}_{Q_E}+\tilde{\boldsymbol{e}}_{Q})\cdot\boldsymbol{F}_{Dq}$$

$$\boldsymbol{M}_{(10)(12)}^{Q}=(\boldsymbol{M}_{(12)(10)}^{Q})^{\mathrm{T}}=m_{Q}(\tilde{\boldsymbol{l}}_{Q_E}+\tilde{\boldsymbol{e}}_{Q}),\ \boldsymbol{M}_{(10)(13)}^{Q}=(\boldsymbol{M}_{(13)(10)}^{Q})^{\mathrm{T}}=m_{Q}\tilde{\boldsymbol{l}}_{Q_E}\cdot(\tilde{\boldsymbol{l}}_{Q_E})^{\mathrm{T}}+\boldsymbol{I}_{Q}$$

$$\boldsymbol{M}_{(10)(14)}^{Q}=(\boldsymbol{M}_{(14)(10)}^{Q})^{\mathrm{T}}=(\tilde{\boldsymbol{l}}_{Q_E}+\tilde{\boldsymbol{e}}_{Q})\cdot\boldsymbol{M}_{Qf}+\int_{\Omega_{Qf}}\rho_{Qf}\tilde{\boldsymbol{x}}_{Qf}\cdot\boldsymbol{N}_{Qf}\mathrm{d}V$$

$$\boldsymbol{M}_{(11)(11)}^{Q}=m_{Q}(\boldsymbol{F}_{Dq})^{\mathrm{T}}\cdot\boldsymbol{F}_{Dq},\ \boldsymbol{M}_{(11)(12)}^{Q}=(\boldsymbol{M}_{(12)(11)}^{Q})^{\mathrm{T}}=m_{Q}(\boldsymbol{F}_{Dq})^{\mathrm{T}}$$

$$\boldsymbol{M}_{(11)(13)}^{Q}=(\boldsymbol{M}_{(13)(11)}^{Q})^{\mathrm{T}}=m_{Q}(\boldsymbol{F}_{Dq})^{\mathrm{T}}\cdot(\tilde{\boldsymbol{l}}_{Q_E}+\tilde{\boldsymbol{e}}_{Q})^{\mathrm{T}}$$

$$\boldsymbol{M}_{(11)(14)}^{Q}=(\boldsymbol{M}_{(14)(11)}^{Q})^{\mathrm{T}}=(\boldsymbol{F}_{Dq})^{\mathrm{T}}\cdot\boldsymbol{M}_{Qf}$$

$$\boldsymbol{M}_{(12)(12)}^{Q}=m_{Q}\mathbf{1}_{3\times3},\ \boldsymbol{M}_{(12)(13)}^{Q}=(\boldsymbol{M}_{(13)(12)}^{Q})^{\mathrm{T}}=m_{Q}(\tilde{\boldsymbol{l}}_{Q_E}+\tilde{\boldsymbol{e}}_{Q})^{\mathrm{T}}$$

$$\boldsymbol{M}_{(12)(14)}^{Q}=(\boldsymbol{M}_{(14)(12)}^{Q})^{\mathrm{T}}=\boldsymbol{M}_{Qf}$$

$$\boldsymbol{M}_{(13)(13)}^{Q}=m_{Q}\tilde{\boldsymbol{l}}_{Q_E}\cdot(\tilde{\boldsymbol{l}}_{Q_E})^{\mathrm{T}}+\boldsymbol{I}_{Q}$$

$$\boldsymbol{M}^{Q}_{(13)(14)} = (\boldsymbol{M}^{Q}_{(14)(13)})^{\mathrm{T}} = (\tilde{\boldsymbol{l}}_{Q_E} + \tilde{\boldsymbol{e}}_{Q}) \cdot \boldsymbol{M}_{Qf} + \int_{\Omega_{Qf}} \rho_{Qf} \tilde{\boldsymbol{x}}_{Qf} \cdot \boldsymbol{N}_{Qf} \mathrm{d}V$$

$$\boldsymbol{M}^{Q}_{(14)(14)} = \int_{\Omega_{Qf}} \rho_{Qf} (\boldsymbol{N}_{Qf})^{\mathrm{T}} \cdot \boldsymbol{N}_{Qf} \mathrm{d}V \tag{A.7}$$

记

$$\begin{cases} \boldsymbol{I}_{Q} = \int_{\Omega_{Qe}} \rho_{Qe} \tilde{\boldsymbol{x}}_{Qe} \cdot (\tilde{\boldsymbol{x}}_{Qe})^{\mathrm{T}} \mathrm{d}V + \int_{\Omega_{Qf}} \rho_{Qf} \tilde{\boldsymbol{x}}_{Qf} \cdot (\tilde{\boldsymbol{x}}_{Qf})^{\mathrm{T}} \mathrm{d}V,\ \boldsymbol{M}_{Qf} = \int_{\Omega_{Qf}} \rho_{Qf} \boldsymbol{N}_{Qf} \mathrm{d}V \\ \boldsymbol{Z}_{Dq} = \begin{bmatrix} 1 & 0 & 0 & 0 & 0 & 0 \\ 0 & 1 & 0 & 0 & 0 & -x_1^{Dq} \\ 0 & 0 & 1 & x_1^{Dq} & 0 & 0 \end{bmatrix} \end{cases} \tag{A.8}$$

附录 B　火炮发射系统基本参数表

火炮发射系统的基本参数包括弹丸部分、后坐部分、摇架部分、上架部分、底盘部分等 5 个分系统的基本参数，这些参数对应的符号、分布类型、统计特征量符号等在附表 B.1 ~ 附表 B.5 中给出。这里统计特征量包括均值和均方差/协方差矩阵等。

（1）弹丸基本参数见附表 B.1。

附表 B.1　弹丸基本参数一览表

序号	部件名称	参 数 名 称	参数符号	分布类型	统计特征量符号	
1	几何参数	弹丸长度	l_Q		μ_{l_Q}	σ_{l_Q}
2		弹丸几何中心位置	l_{Q_E}	高斯	$\mu_{l_{Q_E}}$	$\sigma_{l_{Q_E}}$
3		弹丸质心位置	$\boldsymbol{e}_Q$	高斯	$\boldsymbol{\mu}_{\boldsymbol{e}_Q}$	$\boldsymbol{\Sigma}_{\boldsymbol{e}_Q}$
4		弹丸外径	r_Q		μ_{r_Q}	σ_{r_Q}
5		上弹带轴向位置	l_1^{Qf}		$\mu_{l_1^{Qf}}$	$\sigma_{l_1^{Qf}}$
6		上弹带宽度	B_1^{Qf}		$\mu_{B_1^{Qf}}$	$\sigma_{B_1^{Qf}}$
7		下弹带轴向位置	l_2^{Qf}		$\mu_{l_2^{Qf}}$	$\sigma_{l_2^{Qf}}$
8		下弹带宽度	B_2^{Qf}		$\mu_{B_2^{Qf}}$	$\sigma_{B_2^{Qf}}$
9		前定心部中心轴向位置	l_1^Q		$\mu_{l_1^Q}$	$\sigma_{l_1^Q}$
10		前定心部宽度	B_1^Q		$\mu_{B_1^Q}$	$\sigma_{B_1^Q}$
11		后定心部中心轴向位置	l_2^Q		$\mu_{l_2^Q}$	$\sigma_{l_2^Q}$
12		后定心部宽度	B_2^Q		$\mu_{B_2^Q}$	$\sigma_{B_2^Q}$
13	物理参数	弹丸质量	m_Q		μ_{m_Q}	σ_{m_Q}
14		弹丸质量密度	ρ_Q		μ_{ρ_Q}	σ_{ρ_Q}
15		弹丸几何中心转动惯量	$\boldsymbol{I}_Q$		$\boldsymbol{\mu}_{\boldsymbol{I}_Q}$	$\boldsymbol{\Sigma}_{\boldsymbol{I}_Q}$
16		弹丸本体质量	m_{Qe}		$\mu_{m_{Qe}}$	$\sigma_{m_{Qe}}$
17		弹丸质量密度	ρ_{Qe}		$\mu_{\rho_{Qe}}$	$\sigma_{\rho_{Qe}}$
18		弹丸几何中心转动惯量	$\boldsymbol{I}_{Qe}$		$\boldsymbol{\mu}_{\boldsymbol{I}_{Qe}}$	$\boldsymbol{\Sigma}_{\boldsymbol{I}_{Qe}}$
19		弹带质量	m_{Qf}		$\mu_{m_{Qf}}$	$\sigma_{m_{Qf}}$
20		弹带质量密度	ρ_{Qf}		$\mu_{\rho_{Qf}}$	$\sigma_{\rho_{Qf}}$
21		弹带几何中心转动惯量	$\boldsymbol{I}_{Qf}$		$\boldsymbol{\mu}_{\boldsymbol{I}_{Qe}}$	$\boldsymbol{\Sigma}_{\boldsymbol{I}_{Qe}}$

（续表）

序号	部件名称	参 数 名 称	参数符号	分布类型	统计特征量符号	
22	物理参数	弹带弹性模量	E_{Qf}		$\mu_{E_{Qf}}$	$\sigma_{E_{Qf}}$
23		弹带泊松系数	ν_{Qf}		$\mu_{\nu_{Qf}}$	$\sigma_{\nu_{Qf}}$
24		弹带热膨胀系数	α_{Qf_b}		$\mu_{\alpha_{Qf_b}}$	$\sigma_{\alpha_{Qf_b}}$
25		弹带热比容	c_{Qf}		$\mu_{c_{Qf}}$	$\sigma_{c_{Qf}}$
26		弹带屈服强度	σ_{Qf}		$\mu_{\sigma_{Qf}}$	$\sigma_{\sigma_{Qf}}$
27		弹带熔点温度	θ_{Qf_m}		$\mu_{\theta_{Qf_m}}$	$\sigma_{\theta_{Qf_m}}$
28		弹带本构关系参数 $\boldsymbol{A}_{Qf}$	A_1^{Qf}		$\mu_{A_1^{Qf}}$	$\boldsymbol{\Sigma}_{\boldsymbol{A}_{Qf}}$
29			A_2^{Qf}		$\mu_{A_2^{Qf}}$	
30			A_3^{Qf}		$\mu_{A_3^{Qf}}$	
31			A_4^{Qf}		$\mu_{A_4^{Qf}}$	
32			A_5^{Qf}		$\mu_{A_5^{Qf}}$	
33		弹带材料损伤参数 $\boldsymbol{D}_{Qf}$	D_1^{Qf}		$\mu_{D_1^{Qf}}$	$\boldsymbol{\Sigma}_{\boldsymbol{D}_{Qf}}$
34			D_2^{Qf}		$\mu_{D_2^{Qf}}$	
35			D_3^{Qf}		$\mu_{D_3^{Qf}}$	
36			D_4^{Qf}		$\mu_{D_4^{Qf}}$	
37			D_5^{Qf}		$\mu_{D_5^{Qf}}$	

（2）后坐部分基本参数见附表 B.2。

附表 B.2　后坐部分基本参数一览表

序号	部件名称	参 数 名 称	参数符号	分布类型	统计特征量符号	
1	几何参数	后坐部分装配位置	$\boldsymbol{U}_C^D$	高斯	$\boldsymbol{\mu}_{\boldsymbol{U}_C^D}$	$\boldsymbol{\Sigma}_{\boldsymbol{U}_C^D}$
2		身管长度	l_{Ds}		$\mu_{l_{Ds}}$	$\sigma_{l_{Ds}}$
3		后坐部分质心位置	$\boldsymbol{x}_{D_G}$	高斯	$\boldsymbol{\mu}_{\boldsymbol{x}_{D_G}}$	$\boldsymbol{\Sigma}_{\boldsymbol{x}_{D_G}}$
4		身管外形	$\boldsymbol{f}_D$	高斯	$\boldsymbol{\mu}_{\boldsymbol{f}_D}$	$\boldsymbol{\Sigma}_{\boldsymbol{f}_D}$
5		膛线缠度	η_d		μ_{η_d}	σ_{η_d}
6		膛线阴线半径	r_y		μ_{r_y}	σ_{r_y}
7		膛线阳线半径	r_d		μ_{r_d}	σ_{r_d}
8		药室部分形状特征点位置	$\boldsymbol{x}_{Dd}$		$\boldsymbol{\mu}_{\boldsymbol{x}_{Dd}}$	$\boldsymbol{\Sigma}_{\boldsymbol{x}_{Dd}}$
9		药室部分形状特征点半径	$r_d(\boldsymbol{x}_{Dd})$		$\mu_{r_d(\boldsymbol{x}_{Dd})}$	$\sigma_{r_d(\boldsymbol{x}_{Dd})}$
10		炮尾炮闩质心位置	$\boldsymbol{x}_{Db}$		$\boldsymbol{\mu}_{\boldsymbol{x}_{Db}}$	$\boldsymbol{\Sigma}_{\boldsymbol{x}_{Db}}$
11		炮口制退器质心位置	$\boldsymbol{x}_{Dc}$		$\boldsymbol{\mu}_{\boldsymbol{x}_{Dc}}$	$\boldsymbol{\Sigma}_{\boldsymbol{x}_{Dc}}$

（续表）

序号	部件名称	参 数 名 称	参数符号	分布类型	统计特征量符号	
12	几何参数	制退机炮尾安装位置	$\boldsymbol{x}_{Dz}$		$\boldsymbol{\mu}_{\boldsymbol{x}_{Dz}}$	$\boldsymbol{\Sigma}_{\boldsymbol{x}_{Dz}}$
13		复进机炮尾安装位置	$\boldsymbol{x}_{Df}$		$\boldsymbol{\mu}_{\boldsymbol{x}_{Df}}$	$\boldsymbol{\Sigma}_{\boldsymbol{x}_{Df}}$
14		防转驻栓炮尾安装位置	$\boldsymbol{x}_{Dr}$		$\boldsymbol{\mu}_{\boldsymbol{x}_{Dr}}$	$\boldsymbol{\Sigma}_{\boldsymbol{x}_{Dr}}$
15	物理参数	后坐部分质量	m_D		μ_{m_D}	σ_{m_D}
16		身管质量密度	ρ_D		μ_{ρ_D}	σ_{ρ_D}
17		后坐部分质心转动惯量	$\bar{\boldsymbol{I}}_D$		$\boldsymbol{\mu}_{\bar{I}_D}$	$\boldsymbol{\Sigma}_{\bar{I}_D}$
18		身管弹性模量	E_D		μ_{E_D}	σ_{E_D}
19		身管泊松系数	ν_D		μ_{ν_D}	σ_{ν_D}
20		身管热膨胀系数	α_D		μ_{α_D}	σ_{α_D}
21		身管热比容	c_D		μ_{c_D}	σ_{c_D}
22		身管屈服强度	σ_{Db}		$\mu_{\sigma_{Db}}$	$\sigma_{\sigma_{Db}}$
23		身管熔点温度	θ_{Dm}		$\mu_{\theta_{Dm}}$	$\sigma_{\theta_{Dm}}$
24		复进机初始气压	p_{Dp0}		$\mu_{p_{Dp0}}$	$\sigma_{p_{Dp0}}$

（3）摇架部分基本参数见附表 B.3。

附表 B.3　摇架部分基本参数一览表

序号	部件名称	参 数 名 称	参数符号	分布类型	统计特征量符号	
1	几何参数	左耳轴摇架装配位置	$\boldsymbol{U}_B^{C1}$		$\boldsymbol{\mu}_{\boldsymbol{U}_B^{C1}}$	$\boldsymbol{\Sigma}_{\boldsymbol{U}_B^{C1}}$
2		右耳轴摇架装配位置	$\boldsymbol{U}_B^{C2}$		$\boldsymbol{\mu}_{\boldsymbol{U}_B^{C2}}$	$\boldsymbol{\Sigma}_{\boldsymbol{U}_B^{C2}}$
3		摇架部分质心位置	$\boldsymbol{x}_{C_G}$	高斯	$\boldsymbol{\mu}_{\boldsymbol{x}_{C_G}}$	$\boldsymbol{\Sigma}_{\bar{\boldsymbol{x}}_{C_G}}$
4		制退机摇架安装位置	$\boldsymbol{x}_{Cz}$		$\boldsymbol{\mu}_{\boldsymbol{x}_{Cz}}$	$\boldsymbol{\Sigma}_{\boldsymbol{x}_{Cz}}$
5		复进机摇架安装位置	$\boldsymbol{x}_{Cf}$		$\boldsymbol{\mu}_{\boldsymbol{x}_{Cf}}$	$\boldsymbol{\Sigma}_{\boldsymbol{x}_{Cf}}$
6		防转驻栓室摇架安装位置	$\boldsymbol{x}_{Cr}$		$\boldsymbol{\mu}_{\boldsymbol{x}_{Cr}}$	$\boldsymbol{\Sigma}_{\boldsymbol{x}_{Cr}}$
7		前套筒位置	$\boldsymbol{x}_1^{Cs}$		$\boldsymbol{\mu}_{\boldsymbol{x}_1^{Cs}}$	$\boldsymbol{\Sigma}_{\boldsymbol{x}_1^{Cs}}$
8		前套筒宽度、内外半径	$\boldsymbol{B}_1^{Cs}$		$\boldsymbol{\mu}_{\boldsymbol{B}_1^{Cs}}$	$\boldsymbol{\Sigma}_{\boldsymbol{B}_1^{Cs}}$
9		后套筒位置	$\boldsymbol{x}_2^{Cs}$		$\boldsymbol{\mu}_{\boldsymbol{x}_2^{Cs}}$	$\boldsymbol{\Sigma}_{\boldsymbol{x}_2^{Cs}}$
10		前套筒宽度、内外半径	$\boldsymbol{B}_2^{Cs}$		$\boldsymbol{\mu}_{\boldsymbol{B}_2^{Cs}}$	$\boldsymbol{\Sigma}_{\boldsymbol{B}_2^{Cs}}$
11		高平机 1 摇架安装位置	$\boldsymbol{x}_1^{Cp}$		$\boldsymbol{\mu}_{\boldsymbol{x}_1^{Cp}}$	$\boldsymbol{\Sigma}_{\boldsymbol{x}_1^{Cp}}$
12		高平机 2 摇架安装位置	$\boldsymbol{x}_2^{Cp}$		$\boldsymbol{\mu}_{\boldsymbol{x}_2^{Cp}}$	$\boldsymbol{\Sigma}_{\boldsymbol{x}_2^{Cp}}$
13	物理参数	摇架部分质量	m_C		μ_{m_C}	σ_{m_C}
14		摇架质量密度	ρ_C		μ_{ρ_C}	σ_{ρ_C}

（续表）

序号	部件名称	参 数 名 称	参数符号	分布类型	统计特征量符号	
15	物理参数	摇架部分质心转动惯量	$\bar{\boldsymbol{I}}_C$		$\boldsymbol{\mu}_{\bar{I}_C}$	$\boldsymbol{\Sigma}_{\bar{I}_C}$
16		摇架弹性模量	E_C		μ_{E_C}	σ_{E_C}
17		摇架泊松系数	ν_C		μ_{ν_C}	σ_{ν_C}
18		高平机油缸 1 初始压力	p_{10}^{Cp}		$\mu_{p_{10}^{Cp}}$	$\sigma_{p_{10}^{Cp}}$
19		高平机油缸 2 初始压力	p_{20}^{Cp}		$\mu_{p_{20}^{Cp}}$	$\sigma_{p_{20}^{Cp}}$

（4）上架部分基本参数见附表 B.4。

附表 B.4　上架部分基本参数一览表

序号	部件名称	参 数 名 称	参数符号	分布类型	统计特征量符号	
1	几何参数	左耳轴座上架装配位置	$\boldsymbol{U}_A^{B1}$		$\boldsymbol{\mu}_{U_A^{B1}}$	$\boldsymbol{\Sigma}_{U_A^{B1}}$
2		右耳轴座上架装配位置	$\boldsymbol{U}_A^{B2}$		$\boldsymbol{\mu}_{U_A^{B2}}$	$\boldsymbol{\Sigma}_{U_A^{B2}}$
3		上架部分质心位置	$\boldsymbol{x}_{B_G}$	高斯	$\boldsymbol{\mu}_{x_{B_G}}$	$\boldsymbol{\Sigma}_{x_{B_G}}$
4		高平机 1 上架安装位置	$\boldsymbol{x}_1^{Bp}$		$\boldsymbol{\mu}_{x_1^{Bp}}$	$\boldsymbol{\Sigma}_{x_1^{Bp}}$
5		高平机 2 上架安装位置	$\boldsymbol{x}_2^{Bp}$		$\boldsymbol{\mu}_{x_2^{Bp}}$	$\boldsymbol{\Sigma}_{x_2^{Bp}}$
6		方向机上架安装位置	$\boldsymbol{x}_{Bf}$		$\boldsymbol{\mu}_{x_{Bf}}$	$\boldsymbol{\Sigma}_{x_{Bf}}$
7	物理参数	上架部分质量	m_B		μ_{m_B}	σ_{m_B}
8		上架质量密度	ρ_B		μ_{ρ_B}	σ_{ρ_B}
9		上架部分质心转动惯量	$\bar{\boldsymbol{I}}_B$		$\boldsymbol{\mu}_{\bar{I}_B}$	$\boldsymbol{\Sigma}_{\bar{I}_B}$
10		上架弹性模量	E_B		μ_{E_B}	σ_{E_B}
11		上架泊松系数	ν_B		μ_{ν_B}	σ_{ν_B}

（5）底盘部分基本参数见附表 B.5。

附表 B.5　底盘部分基本参数一览表

序号	部件名称	参 数 名 称	参数符号	分布类型	统计特征量符号	
1	几何参数	座圈底盘装配位置	$\boldsymbol{U}_G^A$		$\boldsymbol{\mu}_{U_G^A}$	$\boldsymbol{\Sigma}_{U_G^A}$
2		底盘部分质心位置	$\boldsymbol{x}_{A_G}$		$\boldsymbol{\mu}_{x_{A_G}}$	$\boldsymbol{\Sigma}_{x_{A_G}}$
3		千斤顶缸筒 1 底盘位置	$\boldsymbol{x}_{11}^{Aa}$		$\boldsymbol{\mu}_{x_{11}^{Aa}}$	$\boldsymbol{\Sigma}_{x_{11}^{Aa}}$
4		千斤顶缸筒 2 底盘位置	$\boldsymbol{x}_{21}^{Aa}$		$\boldsymbol{\mu}_{x_{21}^{Aa}}$	$\boldsymbol{\Sigma}_{x_{21}^{Aa}}$
5		千斤顶缸杆 1 位置	$\boldsymbol{x}_{12}^{Aa}$		$\boldsymbol{\mu}_{x_{12}^{Aa}}$	$\boldsymbol{\Sigma}_{x_{12}^{Aa}}$
6		千斤顶缸杆 2 位置	$\boldsymbol{x}_{22}^{Aa}$		$\boldsymbol{\mu}_{x_{22}^{Aa}}$	$\boldsymbol{\Sigma}_{x_{22}^{Aa}}$
7		座盘缸筒底盘安装位置	$\boldsymbol{x}_1^{Ab}$		$\boldsymbol{\mu}_{x_1^{Ab}}$	$\boldsymbol{\Sigma}_{x_1^{Ab}}$
8		座盘缸杆安装位置	$\boldsymbol{x}_2^{Ab}$		$\boldsymbol{\mu}_{x_2^{Ab}}$	$\boldsymbol{\Sigma}_{x_2^{Ab}}$

（续表）

序号	部件名称	参 数 名 称	参数符号	分布类型	统计特征量符号	
9	几何参数	大架 1 底盘安装位置	$\boldsymbol{x}_{11}^{Ar}$		$\boldsymbol{\mu}_{x_{11}^{Ar}}$	$\boldsymbol{\Sigma}_{x_{11}^{Ar}}$
10		大架 2 底盘安装位置	$\boldsymbol{x}_{21}^{Ar}$		$\boldsymbol{\mu}_{x_{21}^{Ar}}$	$\boldsymbol{\Sigma}_{x_{21}^{Ar}}$
11		驻锄 1 大架安装位置	$\boldsymbol{x}_{12}^{Ar}$		$\boldsymbol{\mu}_{x_{12}^{Ar}}$	$\boldsymbol{\Sigma}_{x_{12}^{Ar}}$
12		驻锄 2 大架安装位置	$\boldsymbol{x}_{22}^{Ar}$		$\boldsymbol{\mu}_{x_{22}^{Ar}}$	$\boldsymbol{\Sigma}_{x_{22}^{Ar}}$
13		油缸筒 1 底盘安装位置	$\boldsymbol{x}_{11}^{Ap}$		$\boldsymbol{\mu}_{x_{11}^{Ap}}$	$\boldsymbol{\Sigma}_{x_{11}^{Ap}}$
14		油缸筒 2 底盘安装位置	$\boldsymbol{x}_{21}^{Ap}$		$\boldsymbol{\mu}_{x_{21}^{Ap}}$	$\boldsymbol{\Sigma}_{x_{21}^{Ap}}$
15		油缸杆 1 大架安装位置	$\boldsymbol{x}_{12}^{Ap}$		$\boldsymbol{\mu}_{x_{12}^{Ap}}$	$\boldsymbol{\Sigma}_{x_{12}^{Ap}}$
16		油缸杆 2 大架安装位置	$\boldsymbol{x}_{22}^{Ap}$		$\boldsymbol{\mu}_{x_{22}^{Ap}}$	$\boldsymbol{\Sigma}_{x_{22}^{Ap}}$
17	物理参数	底盘部分质量	m_A		μ_{m_A}	σ_{m_A}
18		底盘材料质量密度	ρ_A		μ_{ρ_A}	σ_{ρ_A}
19		底盘部分质心转动惯量	$\bar{\boldsymbol{I}}_A$		$\boldsymbol{\mu}_{\bar{I}_A}$	$\boldsymbol{\Sigma}_{\bar{I}_A}$
20		底盘部分材料弹性模量	E_A		μ_{E_A}	σ_{E_A}
21		底盘部分材料泊松系数	ν_A		μ_{ν_A}	σ_{ν_A}
22		千斤顶油缸 1 初始压力	p_{10}^{Aa}		$\mu_{p_{10}^{Aa}}$	$\sigma_{p_{10}^{Aa}}$
23		千斤顶油缸 2 初始压力	p_{20}^{Aa}		$\mu_{p_{20}^{Aa}}$	$\sigma_{p_{20}^{Aa}}$
24		座盘油缸初始压力	p_{10}^{Ab}		$\mu_{p_{10}^{Ab}}$	$\sigma_{p_{10}^{Ab}}$
25		大架油缸 1 初始压力	p_{10}^{Ap}		$\mu_{p_{10}^{Ap}}$	$\sigma_{p_{10}^{Ap}}$
26		大架油缸 2 初始压力	p_{20}^{Ap}		$\mu_{p_{20}^{Ap}}$	$\sigma_{p_{20}^{Ap}}$